研究生教学用书

非线性光学

（第二版）

石顺祥　陈国夫
赵　卫　刘继芳　编著

西安电子科技大学出版社

内 容 简 介

本书基于极化理论，采用半经典理论体系，详尽地讲解了非线性光学的理论基础，讨论了一些重要的非线性光学学科分支，其内容包括光与物质相互作用的稳态过程、动态过程和瞬态过程。全书共分 10 章：前 3 章为基础理论，在简述非线性光学经典理论的基础上，利用量子力学理论和光的电磁理论讨论了物质对光的响应特性和辐射特性；第 4、5 章讨论了各种稳态二阶与三阶非线性光学效应；第 6 章讨论了瞬态相干光学；后 4 章分别较系统地讨论了非线性光学领域中的 4 个分支内容：非线性光学相位共轭与光学双稳态技术，光折变非线性光学，超短光脉冲非线性光学，光纤非线性光学。

本书可作为光学、光学工程、物理电子学、物理等专业"非线性光学"课程的研究生教材，亦可作为其他相关专业师生及科技人员的参考书。

图书在版编目(CIP)数据

非线性光学/石顺祥等编著. —2 版.
—西安：西安电子科技大学出版社，2012.10(2021.4 重印)
ISBN 978-7-5606-2779-3

Ⅰ. ①非…　Ⅱ. ①石…　Ⅲ. ①非线性光学—研究生—教材　Ⅳ. ①O437

中国版本图书馆 CIP 数据核字(2012)第 054505 号

责任编辑　阎　彬　李惠萍
出版发行　西安电子科技大学出版社(西安市太白南路 2 号)
电　　话　(029)88242885　88201467　　邮　　编　710071
网　　址　www.xduph.com　　电子邮箱　xdupfxb001@163.com
经　　销　新华书店
印刷单位　咸阳华盛印务有限责任公司
版　　次　2012 年 10 月第 2 版　2021 年 4 月第 8 次印刷
开　　本　787 毫米×1092 毫米　1/16　印张 33.5
字　　数　794 千字
印　　数　13 001～15 000 册
定　　价　69.00 元
ISBN 978-7-5606-2779-3/O

XDUP 3071002-8

第二版序

非线性光学是随着激光技术的出现而发展形成的一门新兴的学科分支，是近代科学前沿最为活跃的学科领域之一。非线性光学研究光和物质相互作用过程中出现的一系列新现象，探索光和物质相互作用的本质和规律，为一系列具有重要应用价值的科学技术提供新的物理基础。近数十年来非线性光学研究取得了极其丰硕的成果，极大地推动着科学技术的发展，而非线性光学本身在此过程中也在不断提高、发展与完善。“非线性光学”课程已经成为光学和光学工程研究生的必修课。另外，从事非线性光学研究的人数还在不断增加，了解和认识各种新的光学现象，也必须具有关于光的非线性的基础知识。

2003年3月，西安电子科技大学石顺祥教授、西安光学精密机械研究所陈国夫研究员及其研究集体，在长期从事非线性光学、超短光脉冲技术的研究工作和多年的研究生教学工作的基础上，编著出版了《非线性光学》一书，我曾有幸为该书作序。我很欣慰地看到，这本书在2004年已经被教育部列为全国研究生推荐教材，被广泛采用。

《非线性光学》一书出版已近十年，在这期间非线性光学学科又有长足的进展，取得了丰硕的成果，作者适时地根据非线性光学的发展，结合自己在非线性光学领域中的科研工作，认真总结了该书在教学使用中的情况，进行了修订和扩编，拟出版《非线性光学(第二版)》。新版的《非线性光学》保持了科学的严谨性，理论与实验结合，而且条理更清晰，逻辑性更强，更加适合作为研究生教学用书，对于从事近代光学研究的人员，也是一本很好的参考用书。

新版增加的非线性光学材料、光学双稳态、准相位匹配技术等内容很重要，应视为非线性光学发展必不可少的组成部分。作者的执着追求和严谨学风为这本书带来了崭新的面貌。这本书将会对我国研究生教育和相关科学的发展做出新的贡献。

中国科学院院士

刘颂豪

2012年6月18日

作 者 简 介

石顺祥，1965年毕业于西安军事电信工程学院，现任西安电子科技大学教授、博士生导师、学科带头人、校教学名师，享受政府特殊津贴。长期以来，为本科生和研究生主讲了20余门课程，获陕西省优秀教学成果一等奖、二等奖各1项。主要研究领域为非线性光学与技术、光电子技术及应用、超短脉冲技术。多项研究成果达到国际先进水平，获省部级科技进步三等奖5项，国家发明专利10项，已在国内外刊物上发表学术论文120余篇。已出版《非线性光学》《光的电磁理论——光波的传播与控制》《物理光学与应用光学》《光电子技术及其应用》《光纤技术及应用》等10部著作，获电子部优秀教材二等奖2项。

陈国夫，研究员，博士生导师。中国科学院西安光学精密机械研究所瞬态光学与光子技术国家重点实验室原主任，是我国著名瞬态光学专家和超短脉冲激光技术研究领域的开创者之一，曾取得多项国际国内领先水平的研究成果，获国家和省部级科技奖二等奖以上10项，在国内外刊物上发表学术论文200余篇。曾任第七届陕西省政协常委、第八届全国人大代表，荣获“陕西省劳动模范”、“国家级有突出贡献专家”等多项荣誉称号。

赵卫，博士，研究员，博士生导师，任中国科学院西安光学精密机械研究所瞬态光学与光子技术国家重点实验室主任。曾在英国卢瑟福实验室激光中心、英国巴斯大学物理学院及英国帝国理工学院物理系进行合作研究。主要从事超快光学、高能光纤激光、超高速光子网络等研究。在国内外刊物上发表学术论文200多篇，授权国内外发明专利30多项。曾获得中国科学院王宽诚西部学者突出贡献奖、国际高速成像和光子学研究领域的最高奖"高速成像金奖(High - Speed - Imaging Gold Award)"、国家新世纪百千万工程国家级人选、陕西省有突出贡献专家等荣誉。同时兼任国家863专家、中国光学学会常务理事、国际高速成像与光子学专业委员会中国国家代表等。

刘继芳，教授，理学博士，陕西富平人。中国物理学会会员，中国光学学会会员。现在西安电子科技大学从事非线性光学及光学信息处理等领域的教学研究工作。讲授"普通物理"、"激光原理与技术"、"光电子技术"、"傅立叶光学"和"概率论与数理统计"等本科生课程以及"现代光学"和"激光技术实验"等硕士研究生课程。合作出版本科生教材《光电子技术》《光电子技术及其应用》《激光原理与技术》《光纤技术及应用》和研究生教材《非线性光学》《光的电磁理论——光波的传播与控制》《现代光学》等。

前　　言

本书第一版于2003年3月在西安电子科技大学研究生院和中国科学院西安光学精密机械研究所的支持下，由西安电子科技大学出版社出版，并得到了国内同行的厚爱，已被许多高校选作研究生“非线性光学”课程的教材或参考书。2004年，本书被教育部列为全国研究生推荐教材。

本书第一版已出版近十年，先后印刷了四次，这期间有不少读者以各种方式对本书第一版的定位、体系和撰写给予了肯定，并与作者就本书的教学进行了交流。作者结合自己在非线性光学领域中的科研工作，认真地总结了本书第一版在教学中的使用情况，并根据非线性光学的发展状况，修订、编写了本书。

本书保留了第一版的基本结构，对内容作了以下修改和补充：对第1章至第6章有关非线性光学的基础理论部分，进行了某些顺序的调整，加强了概念叙述的严密性，并增加了非线性光学材料、准相位匹配技术等部分内容；第7章对非线性光学相位共轭技术等内容进行了调整，增加了光学双稳态的内容；第8章根据作者的科研工作，增加了一些光折变效应的应用内容；第9章、第10章根据超短脉冲技术和光纤应用技术的发展，结合作者的科研工作，增加了一些新的技术内容。

非常感谢关心和帮助本书出版的同行和读者。

期望本书的出版有助于推进国内研究生“非线性光学”课程的教学工作。

衷心期望并热忱欢迎专家、同行和读者多提宝贵意见。

作　者

2012年4月

第一版前言

非线性光学是激光问世后发展起来的一门新兴的学科分支，并已成为近代科学前沿最为活跃的学科领域之一。数十年来，我国的非线性光学研究得到了飞速的发展，取得了丰硕的成果。为适应我国非线性光学发展的形势，为培养该领域及相关专业研究生，我们在长期从事科学研究、研究生培养以及为研究生开设"非线性光学"课程和编写教材的基础上，编著了这本《非线性光学》教科书。

本书采用半经典理论体系讨论非线性光学现象，详尽地讲解了非线性光学的理论基础，讨论了一些当前重要的非线性光学的学科分支，其内容包括光与物质相互作用的稳态过程、动态过程和瞬态过程。全书共分为10章：前三章为基本概念与原理，在简述非线性光学经典理论之后，利用量子力学理论和光的电磁理论讨论了物质对光的响应特性和辐射特性；第四、五章讨论了各种稳态二阶与三阶非线性光学效应；第六章讨论了瞬态相干光学效应；后面四章分别较系统地讨论了非线性光学领域中的四个分支内容：非线性光学相位共轭技术，光折变非线性光学，超短光脉冲非线性光学，光纤非线性光学。在内容选取上，既注意非线性光学学科的理论系统性，又注意取材的先进性，特别注重物理概念及理论与实验的结合。在内容编写中，特别注意科学性、逻辑性及符合由浅入深的认识规律。为便于教学和读者自学，每一章都选编了部分习题，并给出了主要的参考文献。

本书由石顺祥主编，石顺祥编写第一至六章，刘继芳编写第七、八章，陈国夫编写第九章，赵卫编写第十章。

在本书的定稿过程中，西北大学张纪岳教授审阅了全部书稿并提出了许多宝贵意见，在此表示感谢。在本书的编写过程中，得到了西安电子科技大学研究生院、中科院西安光学精密机械研究所研究生部、瞬态光学技术国家重点实验室及西安电子科技大学激光教研室的支持和帮助，在此也一并表示感谢。

由于作者水平有限，不妥或错误之处在所难免，恳望读者批评指正。

此书的出版得到了西安电子科技大学研究生教材建设基金的资助。

作　者

2002年10月

本书符号特别说明

1. 按照国家标准，本书矢量用单字母表示时，采用黑体斜体，如 $\boldsymbol{a}$、$\boldsymbol{M}$；

相应地，由于读者用手书写矢量时无法表示黑体，故采用字母上面带一条箭线的白体斜体字母表示矢量，如$\vec{a}$、$\vec{M}$。

2. 按照国家标准，张量也应用黑体斜体字母表示，但本书为了与矢量区别，张量采用黑体正体字母表示，如 $\mathbf{T}$、$\boldsymbol{\varepsilon}$；

相应地，用手书写二阶张量时，可采用字母上面带两条箭线的白体斜体字母表示，如$\vec{\vec{T}}$、$\vec{\vec{\varepsilon}}$；三阶张量可采用字母上面带有三条箭线的白体斜体字母表示，如$\vec{\vec{\vec{T}}}$、$\vec{\vec{\vec{\varepsilon}}}$；以此类推。用手书写张量时，也可采用字母上面带有两条箭线或双向箭线的白体斜体字母表示，如 $\overrightarrow{\overrightarrow{T}}$ 、$\overrightarrow{\overrightarrow{\varepsilon}}$ 或$\overleftrightarrow{T}$、$\overleftrightarrow{\varepsilon}$。

目　录

绪 论

混沌初开，世界就是非线性的。光学现象与其它任何物理现象一样，从根本上来讲也是非线性的。

1. 非线性光学概述

众所周知，光在介质中的传播过程就是光与介质相互作用的过程，对于这个动态过程，可以按照介质对光的响应和辐射过程进行描述。如果采用极化理论，可以认为光在介质中传播时，将感应极化，所产生的极化强度作为激励源又将产生光辐射，这个光辐射就是在介质中传播的光波。如果介质对光的响应呈线性关系，所产生的光学现象就属于线性光学范畴，光在介质中的传播规律遵从独立传播原理和线性叠加原理；如果介质对光的响应呈非线性关系，所产生的光学现象就属于非线性光学范畴，光在介质中的传播会产生新的频率，不同频率的光波之间会产生耦合，独立传播原理和线性叠加原理不再成立。表0-1列出了线性光学和非线性光学之间的主要区别。

表 0-1 线性光学和非线性光学之间的主要区别

线性光学	非线性光学
一束光在介质中传播，可以通过干涉、衍射、折射来改变其传播方向和空间分布，但光的频率不变，与介质无能量交换	一束频率确定的光，可以通过介质的非线性作用转换成其他频率的光(倍频等)，或产生一系列光谱周期分布的不同频率和光强的光(受激散射等)
多束光在介质中传播，不改变各自的频率，不发生能量相互交换，各光束的相位信息不能相互传递	多束光在介质中传播，可能产生新的频率，发生能量的相互转移，光束间可以传递相位信息，两束光的相位可以互相共轭（三波、四波混频，光学相位共轭等）
光与介质相互作用，不改变介质的物理参量，介质物理参量是频率的函数，与光场强度变化无关	光与介质相互作用，介质的物理参量是光场强度的函数（非线性吸收和色散、光克尔效应、自聚焦等）
光束通过光学系统，其入射光强与透射光强之间一般呈线性关系	光束通过光学系统，入射光强与透射光强之间呈非线性关系（光限制、光学双稳、光开关等）

2. 非线性光学的发展

光在介质中传播时，介质对光的作用可以表现为热响应、电致伸缩响应、电子轨道畸变响应、光折变响应、光极化响应等不同的物理机制，不同的响应过程应采用不同的物理参量和方法描述，但就其非线性光学的作用过程而言，可以采用极化理论描述，即认为光与介质的相互作用产生了非线性极化，光电场 $\boldsymbol{E}$ 在介质中将感应产生非线性极化强度 $\boldsymbol{P}$，介质的响应特性可以利用极化率张量 χ 表征(注：本书中将所有张量用黑正体表示，以区别于矢量)。对于线性光学现象，极化强度 $\boldsymbol{P}$ 与光电场 $\boldsymbol{E}$ 的关系为

$$\boldsymbol{P} = \varepsilon_0 \chi \cdot \boldsymbol{E}$$

式中，极化率张量 χ 是与光电场 $\boldsymbol{E}$ 无关的常量；对于非线性光学现象，极化强度 $\boldsymbol{P}$ 与光电场 $\boldsymbol{E}$ 的关系为

$$\boldsymbol{P} = \varepsilon_0 \chi(\boldsymbol{E}) \cdot \boldsymbol{E}$$

式中，表征介质极化响应特性的极化率张量 $\chi(\boldsymbol{E})$ 与光电场 $\boldsymbol{E}$ 有关。

对于非线性光学过程，如果入射光频率远离介质共振区或者入射光场比较弱，则产生的极化强度与光电场的关系可以采用下面的级数形式表示：

$$\begin{aligned}\boldsymbol{P} &= \varepsilon_0 \chi^{(1)} \cdot \boldsymbol{E} + \varepsilon_0 \chi^{(2)} : \boldsymbol{E}\boldsymbol{E} + \varepsilon_0 \chi^{(3)} \vdots \boldsymbol{E}\boldsymbol{E}\boldsymbol{E} + \cdots \\ &= \boldsymbol{P}^{(1)} + \boldsymbol{P}^{(2)} + \boldsymbol{P}^{(3)} + \cdots\end{aligned}$$

式中，$\chi^{(1)}$、$\chi^{(2)}$、$\chi^{(3)}$、…分别是介质的线性极化率、二阶极化率、三阶极化率、…，它们分别是二阶张量、三阶张量、四阶张量、…；$\boldsymbol{P}^{(1)}$、$\boldsymbol{P}^{(2)}$、$\boldsymbol{P}^{(3)}$、…分别是线性极化强度、二阶极化强度、三阶极化强度、…。由非线性光学理论可以证明[1]，上式中相邻两项之比为

$$\left|\frac{P^{(r+1)}}{P^{(r)}}\right| \sim \left|\frac{E}{E_{原子}}\right|$$

式中，$E_{原子}$是介质中的原子内场，典型值为 3×10^{10} V/m。在激光出现之前，一般光源所产生的光电场即使经过聚焦也远小于 $E_{原子}$，因此，很难观察到非线性光学现象。1960 年激光器诞生，所产生的激光很容易达到这样强的光电场。1961 年，美国密执安大学的夫朗肯(Franken)等人[2]利用红宝石激光器首次进行了二次谐波产生的非线性光学实验；之后，布卢姆伯根(Bloembergen)等人[3]在 1962 年对光学混频等非线性光学现象进行了开创性的理论研究工作。这些工作标志着非线性光学的诞生。从那时起，非线性光学逐渐发展成为现代光学的一门重要学科分支。经过人们五十多年的研究，非线性光学得到了飞速的发展，并使古老的光学焕发了青春。

非线性光学的发展经历了几个阶段[4][5]：20 世纪 60 年代是非线性光学发展的早期阶段，在这一阶段主要进行了二次谐波产生(倍频)、和频、差频、受激喇曼散射、受激布里渊散射、饱和吸收、双光子吸收、光参量振荡器、自聚焦、光子回波、自感应透明等非线性光学现象的观察和研究；20 世纪 70 年代后，非线性光学进入深入发展的阶段，相继发现了许多重要的非线性光学效应，进行了自旋反转受激喇曼散射、光学悬浮、消多普勒加宽、双光子吸收光谱技术、相干反斯托克斯喇曼光谱学、非线性光学相位共轭技术、光学双稳效应等非线性光学现象的研究；20 世纪 80 年代，备受人们关注的非线性光学新研究课题是光学分叉和混沌、光学压缩态、多光子原子电离现象、光纤孤子等，并且对非线性光学材料的研究也取得了重大进展，在以往大量使用 KDP、$LiNbO_3$等非线性光学晶体的基础上，相继发现了 KTP、BBO、LBO 等新型非线性光学晶体，并开展了有机非线性晶体材料的研究以及非线性光子晶体理论和器件的研究；20 世纪 90 年代以来，最引人注目的非线性光学进展是利用新型非线性晶体研制出宽波段可调谐连续或脉冲光参量振荡器、光参量放大器，开展了飞秒非线性光学的研究，推动了飞秒激光在多学科研究领城内的应用，并且基于光学压缩态的成功产生，开展了压缩态光学在高精度原子光谱、低噪声光通信、高

精度测量等方面的应用研究。目前，非线性光学已逐渐由基础研究阶段进入到应用基础研究和应用研究阶段。

非线性光学研究的发展趋势是[6]：研究对象从稳态转向动态；从连续、宽脉冲转向纳秒、皮秒和飞秒，甚至阿秒超短脉冲；从强光非线性研究转向弱光非线性研究；从基态—激发态跃迁非线性光学研究转向激发态—更高激发态跃迁非线性光学研究；从共振峰处现象研究转向非共振区现象研究；从二能级系统研究转向多能级系统研究；研究介质从宏观尺度到介观尺度、再到微观尺度。非线性光学材料研究的发展趋势是：从晶体材料到非晶体材料；从无机材料到有机材料；从对称材料到非对称材料（手性材料）；从单一材料到复合材料；从高维材料到低维材料；从宏观材料到纳米材料。

3. 研究非线性光学的意义

研究非线性光学的意义在于以下几点。首先，可以开拓新的相干光波段，提供从远红外（8 μm～14 μm）到亚毫米波、从真空紫外到X射线的各种波段的相干光源。其次，可以解决诸如激光放大中的自聚焦、激光打靶中的受激散射损耗等影响激光发展的激光技术问题。第三，可以提供一些新技术，并向其它学科渗透，促进这些学科的发展。例如，伴随非线性光学的发展，出现了非线性激光光谱学，大大提高了光谱分辨率；通过非线性光学相位共轭效应的研究，产生了非线性光学相位共轭技术，促进了自适应光学的发展；在光纤和光波导非线性光学中，研究了光纤光弧子的产生和传输，推动了光弧子通信的发展；在超高速光纤通信的全光信息处理技术中，尽管器件的功能庞杂，种类繁多，但基本思想均基于各种非线性光学效应；对于表面、界面与多量子阱非线性过程的研究，已成为探测表面物理和化学的工具。第四，由于非线性光学现象是光与物质相互作用的体现，因而可以利用非线性光学研究物质结构，并且对于许多非线性光学现象的研究已经成为获取原子、分子微观性质信息的一种手段。

现在，人们对于非线性光学的研究，正逐渐从认识光和物质相互作用过程的现象、本质和规律性转向利用非线性光学原理产生极端物质条件所需的非线性光学过程，这些过程的实现孕育着科学技术上的重大突破，对未来科学技术的发展将产生深远的影响。

4. 非线性光学理论

从光与物质相互作用的基本观点出发，非线性光学有三种理论研究体系：经典理论体系、半经典理论体系和全量子理论体系。在经典理论体系中，认为光场是经典电磁波场，用麦克斯韦理论描述；介质由经典振子组成，用经典力学描述。在半经典理论体系中，认为光场是经典电磁波场，用麦克斯韦理论描述；介质是由具有量子性的粒子组成的，用量子力学描述。在全量子理论体系中，认为光场是量子化的场，用量子光学描述；介质是由具有量子性的粒子组成的，用量子力学描述。在现阶段，利用经典理论、半经典理论已经能够处理实际应用中的大部分非线性光学问题。

为了推动非线性光学在我国的发展，作者在长期为研究生讲授“非线性光学”课程、编著《非线性光学》（过巳吉主编）教材和进行非线性光学技术研究的基础上，2003年编著出版了《非线性光学》一书，此书在2004年被教育部遴选列为全国研究生推荐教材。经过近十年的使用，作者根据教学需求和非线性光学的发展，修订出版了这本《非线性光学（第二版）》。

根据研究生教学大纲的要求，《非线性光学(第二版)》仍定位于半经典理论体系，利用极化理论研究非线性光学问题。全书共有 10 章，前 6 章为非线性光学的理论基础，后 4 章讨论了当前非线性光学研究领域中的几个重要分支内容。为了便于理解用量子力学处理非线性光学响应特性的理论，第 1 章简单介绍了非线性光学响应特性的经典描述，给出了相应的非线性光学极化率的表示式和性质。第 2 章至第 6 章重点讲授了光与介质相互作用的半经典理论，利用量子力学微扰理论、二能级原子系统与光场相互作用的稳态理论和瞬态相干光学的矢量描述理论，求解了密度算符运动方程，讨论了介质对光场作用的响应特性，并进一步利用光的电磁理论描述了非线性介质中光波的传播特性，介绍了光在非线性介质中的稳态二阶、三阶非线性光学效应和瞬态相干光学效应，论述了非线性光学相位匹配和准相位匹配技术，简单介绍了常用的非线性光学材料。第 7 章至第 10 章讨论了非线性光学相位共轭技术和光学双稳态、光折变非线性光学、超短光脉冲非线性光学和光纤非线性光学，这些章节可以看做是非线性光学理论的具体应用，也可以说是人们在非线性光学领域内所进行的研究工作的总结。

在这里，作者特别推荐几本非线性光学领域的经典著作，即非线性光学创始人、诺贝尔物理学奖获得者 N. Bloembergen 在 1965 年出版的《Nonlinear Optical》[3]，P. N. Butcher 教授在 1965 年出版的《Nonlinear Optical Phenomena》[7]，非线性光学权威专家 Y. R. Shen (沈元壤)在 1984 年出版的《The Principles of Nonlinear Optics》[1]。

参 考 文 献

[1] Shen Y R. The Principles of Nonlinear Optics. John Wiley & Sons, Inc., 1984

[2] Franken P A, et al. Phys. Rev. Lett., 1961, 7:118

[3] Bloembergen N. Nonlinear Optics. New York: Benjamin, 1965

[4] 石顺祥，陈国夫，赵卫，等. 非线性光学. 西安：西安电子科技大学出版社，2003

[5] 钱士雄，王恭明. 非线性光学. 上海：复旦大学出版社，2001

[6] 李淳飞. 非线性光学. 哈尔滨：哈尔滨工业大学出版社，2005

[7] Butcher P N. Nonlinear Optical Phenomena. Colunbus: Ohio Staie Uni. Press, 1965

第 1 章　非线性介质响应特性的经典描述

基于极化理论，本章简单地介绍非线性介质响应特性的经典描述，从经典电偶极振子模型出发，导出非线性光学极化率的表示式，并讨论极化率张量的若干基本性质。

1.1　极化率的色散特性

1.1.1　介质中的麦克斯韦方程

由光的电磁理论已知，光波是光频电磁波，它在介质中的传播规律遵从麦克斯韦方程：

$$\left.\begin{aligned}\nabla\times\boldsymbol{E}&=-\frac{\partial\boldsymbol{B}}{\partial t}\\ \nabla\times\boldsymbol{H}&=\frac{\partial\boldsymbol{D}}{\partial t}+\boldsymbol{J}\\ \nabla\cdot\boldsymbol{D}&=\rho\\ \nabla\cdot\boldsymbol{B}&=0\end{aligned}\right\}\tag{1.1-1}$$

及物质方程：

$$\left.\begin{aligned}\boldsymbol{D}&=\varepsilon_0\boldsymbol{E}+\boldsymbol{P}\\ \boldsymbol{B}&=\mu_0\boldsymbol{H}+\mu_0\boldsymbol{M}\\ \boldsymbol{J}&=\sigma\boldsymbol{E}\end{aligned}\right\}\tag{1.1-2}$$

上面两式中的 $\boldsymbol{J}$ 和 ρ 分别为介质中的自由电流密度和自由电荷密度，ε_0 为真空介电常数，μ_0 为真空磁导率，σ 为介质的电导率，$\boldsymbol{P}$ 为介质的极化强度，$\boldsymbol{M}$ 为介质的磁化强度。由于我们研究的光与物质的相互作用主要是电作用，因此可以假定介质是非磁性的，而且无自由电荷，即 $\boldsymbol{M}=0$，$\boldsymbol{J}=0$，$\rho=0$。所以，上述方程可简化为

$$\left.\begin{aligned}\nabla\times\boldsymbol{E}&=-\frac{\partial\boldsymbol{B}}{\partial t}\\ \nabla\times\boldsymbol{H}&=\frac{\partial\boldsymbol{D}}{\partial t}\\ \nabla\cdot\boldsymbol{D}&=0\\ \nabla\cdot\boldsymbol{B}&=0\end{aligned}\right\}\tag{1.1-3}$$

$$\left.\begin{aligned} \boldsymbol{D} &= \varepsilon_0\boldsymbol{E} + \boldsymbol{P} = \boldsymbol{\varepsilon}\cdot\boldsymbol{E} \\ \boldsymbol{B} &= \mu_0\boldsymbol{H} \end{aligned}\right\} \tag{1.1-4}$$

式中，$\boldsymbol{\varepsilon}$是介质的介电常数张量。在本书中，我们均采用国际单位制。

光在介质中传播时，由于光电场的作用，将产生极化强度。一般情况下，极化强度应包含线性极化强度和非线性极化强度，即

$$\boldsymbol{P} = \boldsymbol{P}_{\mathrm{L}} + \boldsymbol{P}_{\mathrm{NL}} \tag{1.1-5}$$

当光电场强度很弱时，可以忽略$\boldsymbol{P}_{\mathrm{NL}}$，仅保留$\boldsymbol{P}_{\mathrm{L}}$，这就是通常的线性光学问题。当光电场强度较强时，必须考虑$\boldsymbol{P}_{\mathrm{NL}}$，并可以将其表示成级数形式：

$$\boldsymbol{P}_{\mathrm{NL}} = \boldsymbol{P}^{(2)} + \boldsymbol{P}^{(3)} + \cdots + \boldsymbol{P}^{(r)} + \cdots \tag{1.1-6}$$

其中，$\boldsymbol{P}^{(r)}$是与光电场$\boldsymbol{E}$的r次方有关的非线性极化强度分量，称为r阶非线性极化强度。在这里，只考虑电偶极矩近似，完全忽略电四极矩及多极矩的影响。当光电场强度很强时，上述非线性极化强度的级数表示形式不再成立。特别是，当光电场强度非常强时，光作用于介质将会产生许多新的光学现象，例如激光产生和加热等离子体，激光感生粒子发射，激光产生气体击穿等，此时的光学现象可归于强光光学的研究范畴。

在本书中，除了特别指明外，光电场和极化强度均采用通常的复数表示法。对于实光电场$\boldsymbol{E}(\boldsymbol{r},t)$，其表示式为

$$\boldsymbol{E}(\boldsymbol{r},t) = \boldsymbol{E}_0(\boldsymbol{r})\cos(\omega t + \varphi) \tag{1.1-7}$$

或

$$\boldsymbol{E}(\boldsymbol{r},t) = \boldsymbol{E}(\omega)\mathrm{e}^{-\mathrm{i}\omega t} + \boldsymbol{E}^*(\omega)\mathrm{e}^{\mathrm{i}\omega t} \tag{1.1-8}$$

式中的$\boldsymbol{E}(\omega)$为频域复振幅，且有

$$\boldsymbol{E}(\omega) = \frac{1}{2}\boldsymbol{E}_0(\boldsymbol{r})\mathrm{e}^{-\mathrm{i}\varphi(\boldsymbol{r})} \tag{1.1-9}$$

$\boldsymbol{E}_0(\boldsymbol{r})$是光电场中的实振幅大小。对于极化强度，其表示式为

$$\boldsymbol{P}(\boldsymbol{r},t) = \boldsymbol{P}(\omega)\mathrm{e}^{-\mathrm{i}\omega t} + \boldsymbol{P}^*(\omega)\mathrm{e}^{\mathrm{i}\omega t} \tag{1.1-10}$$

式中的$\boldsymbol{P}(\omega)$为频域复振幅。

考虑到光电场强度$\boldsymbol{E}(\boldsymbol{r},t)$和极化强度$\boldsymbol{P}(\boldsymbol{r},t)$的真实性，应有

$$\boldsymbol{E}^*(\omega) = \boldsymbol{E}(-\omega) \tag{1.1-11}$$

$$\boldsymbol{P}^*(\omega) = \boldsymbol{P}(-\omega) \tag{1.1-12}$$

1.1.2 极化率的色散特性

1. 介质极化的响应函数

1）线性响应函数

众所周知，因果性原理是物理学中的普遍规律。当光在介质中传播时，t时刻介质所感应的线性极化强度$\boldsymbol{P}(t)$不仅与t时刻的光电场$\boldsymbol{E}(t)$有关，还与t时刻前所有的光电场有关，也就是说，t时刻的感应极化强度与产生极化的光电场的历史有关。

现假定在时刻t以前任一时刻τ的光电场为$\boldsymbol{E}(\tau)$，它对在时间间隔$t-\tau$后的极化强度的贡献为$\mathrm{d}\boldsymbol{P}(t)$，且有

$$\mathrm{d}\boldsymbol{P}(t) = \varepsilon_0\mathbf{R}(t-\tau)\cdot\boldsymbol{E}(\tau)\mathrm{d}\tau \tag{1.1-13}$$

式中，$\mathbf{R}(t-\tau)$为介质的线性响应函数，它是一个二阶张量，则 t 时刻的感应极化强度为

$$\boldsymbol{P}(t)=\int_{-\infty}^{t}\varepsilon_0\mathbf{R}(t-\tau)\cdot\boldsymbol{E}(\tau)\mathrm{d}\tau \tag{1.1-14}$$

对上式进行变量代换，将 $t-\tau$ 用 τ' 代替，则有

$$\boldsymbol{P}(t)=-\int_{\infty}^{0}\varepsilon_0\mathbf{R}(\tau')\cdot\boldsymbol{E}(t-\tau')\mathrm{d}\tau'$$

考虑到积分变量的任意性，用 τ 替换 τ'，上式变为

$$\boldsymbol{P}(t)=\int_{0}^{\infty}\varepsilon_0\mathbf{R}(\tau)\cdot\boldsymbol{E}(t-\tau)\mathrm{d}\tau \tag{1.1-15}$$

这就是说，在介质中，t 时刻所感应的极化强度由 t 时刻前所有 $t-\tau$ 时刻($\tau>0$)的光电场所确定。实际上，式(1.1-14)就是极化强度与光电场之间的普遍关系，也就是介质极化响应因果性原理的数学表达式。

另外，由因果性原理，$t'>t$ 时的光电场 $\boldsymbol{E}(t')$对 $\boldsymbol{P}(t)$是没有贡献的，即在式(1.1-14)中，有

$$\mathbf{R}(t-\tau)=0 \qquad \tau>t \tag{1.1-16}$$

所以有

$$\boldsymbol{P}(t)=\int_{-\infty}^{\infty}\varepsilon_0\mathbf{R}(t-\tau)\cdot\boldsymbol{E}(\tau)\mathrm{d}\tau=\int_{-\infty}^{\infty}\varepsilon_0\mathbf{R}(\tau)\cdot\boldsymbol{E}(t-\tau)\mathrm{d}\tau \tag{1.1-17}$$

因为光电场 $\boldsymbol{E}(t)$和极化强度 $\boldsymbol{P}(t)$都是实函数，所以线性响应函数 $\mathbf{R}(\tau)$必须是实函数才能保证上式成立，这个条件就是响应函数所满足的真实性条件。

2）非线性响应函数

二阶非线性极化强度 $\boldsymbol{P}^{(2)}(t)$与光电场 $\boldsymbol{E}(t)$成二次方关系，按因果性原理应有

$$\boldsymbol{P}^{(2)}(t)=\varepsilon_0\int_{-\infty}^{\infty}\mathrm{d}\tau_1\int_{-\infty}^{\infty}\mathrm{d}\tau_2\mathbf{R}^{(2)}(\tau_1,\tau_2):\boldsymbol{E}(t-\tau_1)\boldsymbol{E}(t-\tau_2) \tag{1.1-18}$$

式中，$\mathbf{R}^{(2)}(\tau_1,\tau_2)$是三阶张量，称为介质的二阶极化响应函数。

三阶非线性极化强度 $\boldsymbol{P}^{(3)}(t)$与光电场 $\boldsymbol{E}(t)$成三次方关系，按因果性原理应有

$$\boldsymbol{P}^{(3)}(t)=\varepsilon_0\int_{-\infty}^{\infty}\mathrm{d}\tau_1\int_{-\infty}^{\infty}\mathrm{d}\tau_2\int_{-\infty}^{\infty}\mathrm{d}\tau_3\mathbf{R}^{(3)}(\tau_1,\tau_2,\tau_3)\vdots\boldsymbol{E}(t-\tau_1)\boldsymbol{E}(t-\tau_2)\boldsymbol{E}(t-\tau_3) \tag{1.1-19}$$

式中 $\mathbf{R}^{(3)}(\tau_1,\tau_2,\tau_3)$是四阶张量，称为介质的三阶极化响应函数。

同样，对于 r 阶非线性极化强度 $\boldsymbol{P}^{(r)}(t)$而言，有

$$\begin{aligned}\boldsymbol{P}^{(r)}(t)=&\varepsilon_0\int_{-\infty}^{\infty}\mathrm{d}\tau_1\int_{-\infty}^{\infty}\mathrm{d}\tau_2\cdots\int_{-\infty}^{\infty}\mathrm{d}\tau_r\\&\times\mathbf{R}^{(r)}(\tau_1,\tau_2,\cdots,\tau_r)|\boldsymbol{E}(t-\tau_1)\boldsymbol{E}(t-\tau_2)\cdots\boldsymbol{E}(t-\tau_r)\end{aligned} \tag{1.1-20}$$

式中，$\mathbf{R}^{(r)}(\tau_1,\tau_2,\cdots,\tau_r)$是 $r+1$ 阶张量，称为介质的 r 阶极化响应函数，$\mathbf{R}^{(r)}(\tau_1,\tau_2,\cdots,\tau_r)$与 $\boldsymbol{E}(t-\tau_1)$之间的竖线表示 r 个点。

2. 介质极化率的频率色散

上面，我们在时间域内讨论了介质的极化强度与光电场的关系，引入了介质极化的响应函数。如果响应函数已知，原则上可以对介质的光学响应特性给出完整的描述。但实际上，由于非线性光学经常是在频率域内讨论介质的极化过程，因此，通常采用极化率张量

表征介质的响应特性。下面，我们通过傅里叶变换，在频率域内引入介质极化率张量，并讨论其色散关系。

1）线性极化率张量

对于式(1.1－15)所表示的线性极化强度关系，取 $\boldsymbol{E}(t)$ 和 $\boldsymbol{P}^{(1)}(t)$ 的傅里叶变换：

$$\boldsymbol{E}(t)=\int_{-\infty}^{\infty}\boldsymbol{E}(\omega)\mathrm{e}^{-\mathrm{i}\omega t}\,\mathrm{d}\omega \tag{1.1-21}$$

$$\boldsymbol{P}^{(1)}(t)=\int_{-\infty}^{\infty}\boldsymbol{P}^{(1)}(\omega)\mathrm{e}^{-\mathrm{i}\omega t}\,\mathrm{d}\omega \tag{1.1-22}$$

则有

$$\boldsymbol{P}^{(1)}(t)=\int_{-\infty}^{\infty}\boldsymbol{P}^{(1)}(\omega)\mathrm{e}^{-\mathrm{i}\omega t}\,\mathrm{d}\omega=\int_{-\infty}^{\infty}\varepsilon_0\mathbf{R}^{(1)}(\tau)\cdot\int_{-\infty}^{\infty}\boldsymbol{E}(\omega)\mathrm{e}^{-\mathrm{i}\omega(t-\tau)}\,\mathrm{d}\omega\,\mathrm{d}\tau \tag{1.1-23}$$

利用频率域内线性极化强度复振幅 $\boldsymbol{P}^{(1)}(\omega)$ 与光电场复振幅 $\boldsymbol{E}(\omega)$ 的定义关系式

$$\boldsymbol{P}^{(1)}(\omega)=\varepsilon_0\boldsymbol{\chi}^{(1)}(\omega)\cdot\boldsymbol{E}(\omega) \tag{1.1-24}$$

有

$$\boldsymbol{P}^{(1)}(t)=\varepsilon_0\int_{-\infty}^{\infty}\boldsymbol{\chi}^{(1)}(\omega)\cdot\boldsymbol{E}(\omega)\mathrm{e}^{-\mathrm{i}\omega t}\,\mathrm{d}\omega \tag{1.1-25}$$

比较式(1.1－23)和式(1.1－25)，可得

$$\boldsymbol{\chi}^{(1)}(\omega)=\int_{-\infty}^{\infty}\mathbf{R}^{(1)}(\tau)\mathrm{e}^{\mathrm{i}\omega\tau}\,\mathrm{d}\tau \tag{1.1-26}$$

式(1.1－25)和式(1.1－26)就是线性极化强度 $\boldsymbol{P}^{(1)}(t)$ 和线性极化率张量 $\boldsymbol{\chi}^{(1)}(\omega)$ 的表示式。

由此可见，线性极化率张量是频率的函数，所表示的介质频率色散特性乃是因果性原理的直接结果。再由式(1.1－26)关系可见，如果频率 ω 是复数，即 $\omega=\omega'+\mathrm{i}\omega''$，则当 $\omega''>0$ 时，在复数频率平面的上半平面内有

$$\boldsymbol{\chi}^{(1)}(\omega)=\int_{-\infty}^{\infty}\mathbf{R}^{(1)}(\tau)\mathrm{e}^{\mathrm{i}(\omega'+\mathrm{i}\omega'')\tau}\,\mathrm{d}\tau \tag{1.1-27}$$

式中的被积函数含有指数衰减因子 $\exp(-\omega''\tau)$，因而上式积分是收敛的。这样，在复数频率的上半平面内，$\boldsymbol{\chi}^{(1)}(\omega)$ 是一个解析函数。

线性极化率 $\chi^{(1)}(\omega)$ 是一个复数，$\chi^{(1)}(\omega)=\chi'(\omega)+\mathrm{i}\chi''(\omega)$，其实部与虚部之间的关系称为色散关系，由所谓克雷默斯-克朗尼(Kramers－Kroning)关系[1]给出：

$$\chi'(\omega)=\frac{1}{\pi}\,\mathrm{P.V.}\int_{-\infty}^{\infty}\frac{\chi''(\Omega)}{\Omega-\omega}\,\mathrm{d}\Omega \tag{1.1-28}$$

$$\chi''(\omega)=-\frac{1}{\pi}\,\mathrm{P.V.}\int_{-\infty}^{\infty}\frac{\chi'(\Omega)}{\Omega-\omega}\,\mathrm{d}\Omega \tag{1.1-29}$$

式中，P.V.表示柯西主值积分。

如果线性极化率 $\chi^{(1)}(\omega)$ 满足交叉对称关系

$$\chi^{(1)*}(\omega)=\chi^{(1)}(-\omega) \tag{1.1-30}$$

则有

$$\chi'(\omega)=\chi'(-\omega) \tag{1.1-31}$$

$$\chi''(\omega)=-\chi''(-\omega) \tag{1.1-32}$$

即 $\chi'(\omega)$ 是频率 ω 的偶函数，$\chi''(\omega)$ 是频率 ω 的奇函数。这时，式(1.1－28)和式(1.1－29)式便分别变为

$$\chi'(\omega) = \frac{2}{\pi}\text{P. V.}\int_0^{\infty}\frac{\chi''(\Omega)\Omega}{\Omega^2-\omega^2}\mathrm{d}\Omega \tag{1.1-33}$$

$$\chi''(\omega) = -\frac{2\omega}{\pi}\text{P. V.}\int_0^{\infty}\frac{\chi'(\Omega)}{\Omega^2-\omega^2}\mathrm{d}\Omega \tag{1.1-34}$$

由 $\chi^{(1)}(\omega)$的色散关系可知，只要我们知道极化率实部或虚部中的任何一个，便可通过色散关系求出另外一个，从而获得介质极化的全部知识。

2) 非线性极化率张量

对于非线性极化强度，进行类似上面的处理，可以得到非线性极化率张量关系式。

将式(1.1 - 18)中的光电场 $\boldsymbol{E}(t-\tau)$进行傅里叶变换，可得

$$\boldsymbol{P}^{(2)}(t) = \varepsilon_0\int_{-\infty}^{\infty}\mathrm{d}\tau_1\int_{-\infty}^{\infty}\mathrm{d}\tau_2\mathbf{R}^{(2)}(\tau_1,\tau_2):\int_{-\infty}^{\infty}\mathrm{d}\omega_1 \times\int_{-\infty}^{\infty}\mathrm{d}\omega_2\boldsymbol{E}(\omega_1)\boldsymbol{E}(\omega_2)\mathrm{e}^{-\mathrm{i}(\omega_1+\omega_2)t}\mathrm{e}^{\mathrm{i}(\omega_1\tau_1+\omega_2\tau_2)} \tag{1.1-35}$$

若将二阶非线性极化强度表示成如下形式：

$$\boldsymbol{P}^{(2)}(t) = \varepsilon_0\int_{-\infty}^{\infty}\mathrm{d}\omega_1\int_{-\infty}^{\infty}\mathrm{d}\omega_2\chi^{(2)}(\omega_1,\omega_2):\boldsymbol{E}(\omega_1)\boldsymbol{E}(\omega_2)\mathrm{e}^{-\mathrm{i}(\omega_1+\omega_2)t} \tag{1.1-36}$$

并与式(1.1 - 35)式进行比较，可以得到二阶极化率张量表示式为

$$\chi^{(2)}(\omega_1,\omega_2) = \int_{-\infty}^{\infty}\mathrm{d}\tau_1\int_{-\infty}^{\infty}\mathrm{d}\tau_2\mathbf{R}^{(2)}(\tau_1,\tau_2)\mathrm{e}^{\mathrm{i}(\omega_1\tau_1+\omega_2\tau_2)} \tag{1.1-37}$$

若将三阶非线性极化强度表示成如下形式：

$$\boldsymbol{P}^{(3)}(t) = \varepsilon_0\int_{-\infty}^{\infty}\mathrm{d}\omega_1\int_{-\infty}^{\infty}\mathrm{d}\omega_2\int\mathrm{d}\omega_3\chi^{(3)}(\omega_1,\omega_2,\omega_3)\vdots\boldsymbol{E}(\omega_1)\boldsymbol{E}(\omega_2)\boldsymbol{E}(\omega_3)e^{-\mathrm{i}(\omega_1+\omega_2+\omega_3)t} \tag{1.1-38}$$

可以得到三阶极化率张量表示式为

$$\chi^{(3)}(\omega_1,\omega_2,\omega_3) = \int_{-\infty}^{\infty}\mathrm{d}\tau_1\int_{-\infty}^{\infty}\mathrm{d}\tau_2\int_{-\infty}^{\infty}\mathrm{d}\tau_3\mathbf{R}^{(3)}(\tau_1,\tau_2,\tau_3)\mathrm{e}^{\mathrm{i}(\omega_1\tau_1+\omega_2\tau_2+\omega_3\tau_3)} \tag{1.1-39}$$

同理，若将 r 阶非线性极化强度表示为

$$\boldsymbol{P}^{(r)}(t) = \varepsilon_0\int_{-\infty}^{\infty}\mathrm{d}\omega_1\int_{-\infty}^{\infty}\mathrm{d}\omega_2\cdots \times\int_{-\infty}^{\infty}\mathrm{d}\omega_r\chi^{(r)}(\omega_1,\ \omega_2,\ \cdots,\ \omega_r)\,|\,\boldsymbol{E}(\omega_1)\boldsymbol{E}(\omega_2)\cdots\boldsymbol{E}(\omega_r)\mathrm{e}^{-\mathrm{i}\sum\limits_{m=1}^{r}\omega_m t} \tag{1.1-40}$$

式中，$\chi^{(r)}(\omega_1,\omega_2,\cdots,\omega_r)$与 $\boldsymbol{E}(\omega_1)$之间的竖线表示 r 个点，则 r 阶极化率张量表示式为

$$\chi^{(r)}(\omega_1,\omega_2,\cdots,\omega_r) = \int_{-\infty}^{\infty}\mathrm{d}\tau_1\int_{-\infty}^{\infty}\mathrm{d}\tau_2\cdots\int_{-\infty}^{\infty}\mathrm{d}\tau_r\mathbf{R}^{(r)}(\tau_1,\tau_2,\cdots,\tau_r)\mathrm{e}^{\mathrm{i}(\omega_1\tau_1+\omega_2\tau_2+\cdots+\omega_r\tau_r)} \tag{1.1-41}$$

如果组成光波的各个频率分量是不连续的，则极化强度表示式中的积分应由求和代替，表示式为

$$\boldsymbol{P}^{(1)}(t) = \sum_n \varepsilon_0\chi^{(1)}(\omega_n)\cdot\boldsymbol{E}(\omega_n)\mathrm{e}^{-\mathrm{i}\omega_n t} \tag{1.1-42}$$

$$\boldsymbol{P}^{(2)}(t) = \sum_{m,n}\varepsilon_0\chi^{(2)}(\omega_m,\omega_n):\boldsymbol{E}(\omega_m)\boldsymbol{E}(\omega_n)\mathrm{e}^{-\mathrm{i}(\omega_m+\omega_n)t} \tag{1.1-43}$$

$$\boldsymbol{P}^{(3)}(t) = \sum_{m,n,l} \varepsilon_0 \chi^{(3)}(\omega_m,\omega_n,\omega_l) \vdots \boldsymbol{E}(\omega_m)\boldsymbol{E}(\omega_n)\boldsymbol{E}(\omega_l)\mathrm{e}^{-\mathrm{i}(\omega_m+\omega_n+\omega_l)t} \tag{1.1-44}$$

$$\vdots$$

$$\boldsymbol{P}^{(r)}(t) = \sum_{\alpha_1,\alpha_2,\cdots,\alpha_r} \varepsilon_0 \chi^{(r)}(\omega_{\alpha_1},\omega_{\alpha_2},\cdots,\omega_{\alpha_r}) | \boldsymbol{E}(\omega_{\alpha_1})\boldsymbol{E}(\omega_{\alpha_2})\cdots\boldsymbol{E}(\omega_{\alpha_r})\mathrm{e}^{-\mathrm{i}\sum_{m=1}^{r}\omega_{\alpha_m}t} \tag{1.1-45}$$

式中，m、n、l、α_1、α_2、…、α_r 包括所有的正值和负值。

通常，可以将上面的极化强度矢量关系写成其分量表示形式。例如，二阶极化强度分量的表示式为

$$P_\mu^{(2)}(t) = \varepsilon_0 \sum_{\substack{m,n\\ \alpha,\beta}} \chi_{\mu\alpha\beta}^{(2)}(\omega_m,\ \omega_n)E_\alpha(\omega_m)E_\beta(\omega_n)\mathrm{e}^{-\mathrm{i}(\omega_m+\omega_n)t} \tag{1.1-46}$$

式中，$\chi_{\mu\alpha\beta}^{(2)}(\omega_m,\ \omega_n)$是二阶极化率张量分量，$\mu,\alpha,\beta=x,y,z$。在该式中的任意一项

$$\varepsilon_0\chi_{\mu\alpha\beta}^{(2)}(\omega_m,\ \omega_n)E_\alpha(\omega_m)E_\beta(\omega_n)\mathrm{e}^{-\mathrm{i}(\omega_m+\omega_n)t}$$

表示由频率为 ω_m、振动方向为 α 的光电场分量 $E_\alpha(\omega_m,t)$和频率为 ω_n、振动方向为 β 的光电场分量 $E_\beta(\omega_n,t)$，通过二阶非线性相互作用产生的在 μ 方向上振动、频率为 $\omega_m+\omega_n$ 的二阶极化强度分量 $P_\mu^{(2)}(\omega_m+\omega_n,t)$。考虑到爱因斯坦(Einstein)求和规则，可以省略式(1.1-46)中对 α、β 的求和号，表示为

$$P_\mu^{(2)}(t) = \varepsilon_0 \sum_{m,n} \chi_{\mu\alpha\beta}^{(2)}(\omega_m,\omega_n)E_\alpha(\omega_m)E_\beta(\omega_n)\mathrm{e}^{-\mathrm{i}(\omega_m+\omega_n)t} \tag{1.1-47}$$

同理，三阶极化强度分量的一般表示式为

$$P_\mu^{(3)}(t) = \varepsilon_0 \sum_{m,n,l} \chi_{\mu\alpha\beta\gamma}^{(3)}(\omega_m,\omega_n,\omega_l)E_\alpha(\omega_m)E_\beta(\omega_n)E_\gamma(\omega_l)\mathrm{e}^{-\mathrm{i}(\omega_m+\omega_n+\omega_l)t} \tag{1.1-48}$$

其中任意一项

$$\varepsilon_0\chi_{\mu\alpha\beta\gamma}^{(3)}(\omega_m,\omega_n,\omega_l)E_\alpha(\omega_m)E_\beta(\omega_n)E_\gamma(\omega_l)\mathrm{e}^{-\mathrm{i}(\omega_m+\omega_n+\omega_l)t}$$

表示由频率为 ω_m、振动方向为 α 的光电场分量 $E_\alpha(\omega_m,t)$，频率为 ω_n、振动方向为 β 的光电场分量 $E_\beta(\omega_n,t)$及频率为 ω_l、振动方向为 γ 的光电场分量 $E_\gamma(\omega_l,t)$，通过三阶非线性相互作用产生的在 μ 方向上振动、频率为 $\omega_m+\omega_n+\omega_l$ 的三阶极化强度分量 $P_\mu^{(3)}(\omega_m+\omega_n+\omega_l,\ t)$。

3. 介质极化率的空间色散[2,3]

上面讨论了介质极化率的频率色散特性，并指出，这种频率色散特性起因于极化强度与光电场的时间变化率有关，是时间域内因果性原理的直接结果。此外，由于介质内给定空间点的极化强度不仅与该点的光电场有关，而且与邻近空间点的光电场有关，即与光电场的空间变化率有关，因而导致极化率张量 χ 与光波波矢 $\boldsymbol{k}$ 有关，这种 χ 与波矢 $\boldsymbol{k}$ 的依赖关系叫做介质极化率的空间色散，其空间色散关系可以通过空间域的傅里叶变换得到。

如果同时考虑介质极化率的频率色散特性与空间色散特性，介质极化率张量可以表示为 $\chi(\omega,\boldsymbol{k})$。在光频情况下，因为光频辐射波长比电子轨道半径与晶格间的距离大得多，因而在大多数情况下，$\chi(\omega,\ \boldsymbol{k})$的空间色散可以不考虑。但是在下面两种情况下，空间色散效应变得很重要。① 空间色散效应虽然小，但由于它的存在所引起的现象却是唯一的。例如，光沿着某些各向异性介质的光轴方向传播时所表现出的旋光现象。② 空间色散效应十分大，大到可以与其它光学现象相竞争。例如，在反常色散区域内折射率可以变得很大，而大的折射率意味着在介质中传播光的波长很短，这时，在原子范围内的光电场就不能看

做恒量。在折射率很大的情况下，除正常的传播模式之外，还允许传播附加的模式，并且附加模式与正常模式干涉会产生新的效应[4]。

1.1.3　极化率的单位[5]

上面引入了宏观介质的极化率 $\chi^{(r)}$，实际上在文献中还经常用到单个原子极化率这个参量，我们用符号 $\chi^{(r)\text{mic}}$ 表示。宏观极化率与单个原子极化率间的关系为

$$\chi^{(r)} = n\chi^{(r)\text{mic}} \tag{1.1-49}$$

其中，n 为介质的原子数密度。在国际单位制(SI)中，$\chi^{(r)}$ 和 $\chi^{(r)\text{mic}}$ 的单位分别为

$$\chi^{(r)}:\quad \left(\frac{\text{m}}{\text{V}}\right)^{r-1}$$

$$\chi^{(r)\text{mic}}:\quad \text{m}^3\left(\frac{\text{m}}{\text{V}}\right)^{r-1}$$

由于目前仍有文献使用高斯单位制(c.g.s./e.s.u.)，所以，下面给出 $\chi^{(r)}$ 和 $\chi^{(r)\text{mic}}$ 在 c.g.s./e.s.u. 单位制中的单位：

$$\chi^{(r)}:\quad \left(\frac{\text{cm}^3}{\text{erg}}\right)^{(r-1)/2}$$

$$\chi^{(r)\text{mic}}:\quad \text{cm}^3\left(\frac{\text{cm}^3}{\text{erg}}\right)^{(r-1)/2}$$

在两种单位制中，线性极化率 $\chi^{(1)}$ 都是无量纲的，其它阶非线性极化率张量之间的关系为

$$\frac{\chi^{(r)}(\text{SI})}{\chi^{(r)}(\text{e.s.u.})} = \frac{4\pi}{(3\times 10^4)^{r-1}} \tag{1.1-50}$$

$$\frac{\chi^{(r)\text{mic}}(\text{SI})}{\chi^{(r)\text{mic}}(\text{e.s.u.})} = \frac{4\pi}{10^6(3\times 10^4)^{r-1}} \tag{1.1-51}$$

1.2　非线性光学极化率的经典描述[6]

光与物质相互作用的经典理论认为，光在介质中传播时，介质对光的响应是电偶极振子在光电场作用下振动所产生的极化，其极化强度为

$$\boldsymbol{P}(t) = -ne\boldsymbol{r}(t) \tag{1.2-1}$$

式中，n 是单位体积内的振子数，e 是电子电荷，$\boldsymbol{r}(t)$ 是电子在光电场作用下离开平衡位置的位移。下面，根据牛顿定律确定一维振子的线性响应和非线性响应。

1.2.1　一维振子的线性响应

设介质是一个含有固有振动频率为 ω_0 的振子的集合。振子模型是原子中电子运动的一种粗略模型，即认为介质的每一个原子中的电子都受到一个弹性恢复力作用，使其保持在平衡位置上。当原子受到外加光电场作用时，原子中的电子作强迫振动，运动方程为

$$\frac{\text{d}^2 r}{\text{d}t^2} + 2h\frac{\text{d}r}{\text{d}t} + \omega_0^2 r = -\frac{e}{m}E \tag{1.2-2}$$

式中，h 是阻尼系数，m 是电子的质量。现将 r 和 E 傅里叶展开：

$$r(t)=\int_{-\infty}^{\infty}r(\omega)\mathrm{e}^{-\mathrm{i}\omega t}\,\mathrm{d}\omega \tag{1.2-3}$$

$$E(t)=\int_{-\infty}^{\infty}E(\omega)\mathrm{e}^{-\mathrm{i}\omega t}\,\mathrm{d}\omega \tag{1.2-4}$$

由于方程(1.2－2)是一个线性微分方程，因此其解 $r(t)$ 只与光电场 $E(t)$ 成线性关系，所以对任何一个频率分量都可以得到

$$-\omega^2 r(\omega)-2\mathrm{i}h\omega r(\omega)+\omega_0^2 r(\omega)=-\frac{e}{m}E(\omega)$$

由此可解得

$$r(\omega)=-\frac{e}{m}E(\omega)\frac{1}{\omega_0^2-\omega^2-2\mathrm{i}h\omega} \tag{1.2-5}$$

根据介质极化强度的定义，单位体积内的电偶极矩复振幅 $P(\omega)$ 为

$$P(\omega)=-ner(\omega)=\frac{ne^2}{m}E(\omega)\frac{1}{\omega_0^2-\omega^2-2\mathrm{i}h\omega} \tag{1.2-6}$$

再根据式(1.1－24)的关系，并考虑一维情况，可得

$$\chi^{(1)}(\omega)=\frac{P(\omega)}{\varepsilon_0 E(\omega)}=\frac{ne^2}{\varepsilon_0 m}\frac{1}{\omega_0^2-\omega^2-2\mathrm{i}h\omega} \tag{1.2-7}$$

如果引入符号

$$F(\omega)=\frac{1}{\omega_0^2-\omega^2-2\mathrm{i}h\omega} \tag{1.2-8}$$

则

$$\chi^{(1)}(\omega)=\frac{ne^2}{\varepsilon_0 m}F(\omega)=\chi'(\omega)+\mathrm{i}\chi''(\omega) \tag{1.2-9}$$

式中

$$\left.\begin{aligned}\chi'(\omega)&=\frac{ne^2}{\varepsilon_0 m}\frac{\omega_0^2-\omega^2}{(\omega_0^2-\omega^2)^2+4h^2\omega^2}\\ \chi''(\omega)&=\frac{ne^2}{\varepsilon_0 m}\frac{2h\omega}{(\omega_0^2-\omega^2)^2+4h^2\omega^2}\end{aligned}\right\} \tag{1.2-10}$$

很明显，线性极化率 $\chi^{(1)}(\omega)$ 的实部和虚部都是 ω 的函数。根据光的传输理论，线性极化率的实部描述光在介质中传输时相位延迟的频率色散特性，虚部则描述介质对光传输的吸收(或放大)特性。实部 $\chi'(\omega)$ 和虚部 $\chi''(\omega)$ 随频率变化的曲线如图 1.2－1 所示。$\chi''(\omega)$ 曲线在中心(共振)频率 ω_0 处有一个峰值，具有罗仑兹(Lorentz)线型，其半功率点全宽度为 $2h$，且 h 也是 $\chi'(\omega)$ 曲线峰值处的频率与中心频率 ω_0 之差。如果频率 ω 远离共振频率 ω_0，即$\omega-\omega_0$大于

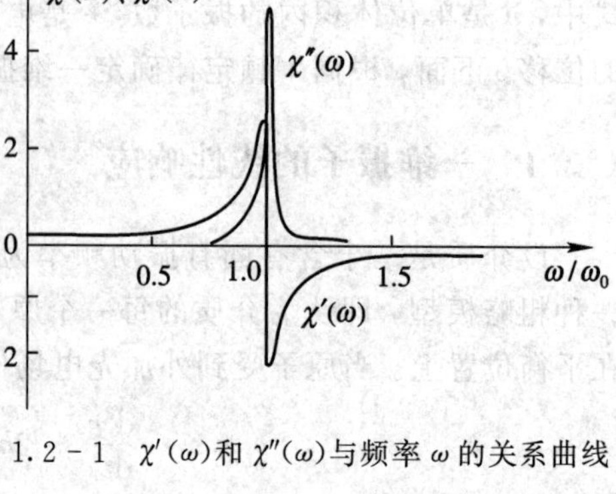

图 1.2－1　$\chi'(\omega)$ 和 $\chi''(\omega)$ 与频率 ω 的关系曲线

几个线宽，则 $\chi''(\omega)$可以忽略不计，则频率为 ω 的光波在介质中将无吸收地传输。

1.2.2　一维振子的非线性响应

为了描述非线性光学现象，必须考虑振子的非线性响应。如果振子恢复力中存在小的非简谐项，在考虑到三次项时，非简谐力为

$$-m\omega_0^2 r + mAr^2 + mBr^3$$

其中，A 和 B 是表征非简谐效应的参数。这时，振子运动方程为

$$\frac{d^2 r}{dt^2} + 2h\frac{dr}{dt} + \omega_0^2 r - Ar^2 - Br^3 = -\frac{e}{m}E \tag{1.2-11}$$

给定光电场 E，即可解出 r，再由 $P=-ner$，就可以求出非线性极化强度和非线性极化率。

1. 单个频率光场的情况

假设频率为 ω 的光电场表示式为

$$E = E(\omega)e^{-i\omega t} + E^*(\omega)e^{i\omega t} \tag{1.2-12}$$

由于方程式(1.2-11)是非线性的，直接求解十分困难，而考虑到振子恢复力中的非简谐项较小，可以根据微扰理论求解。将 r 展成幂级数形式：

$$r = \sum_{k=1}^{\infty} r_k \quad r_k : (E)^k \tag{1.2-13}$$

并代入式(1.2-11)后，可以得到一系列 r_k 所满足的方程。在每一个方程中所包含的项，对于光电场来说都具有相同的阶次。这一系列方程中最低阶次的三个方程是

$$\frac{d^2 r_1}{dt^2} + 2h\frac{dr_1}{dt} + \omega_0^2 r_1 = -\frac{e}{m}E \tag{1.2-14}$$

$$\frac{d^2 r_2}{dt^2} + 2h\frac{dr_2}{dt} + \omega_0^2 r_2 = Ar_1^2 \tag{1.2-15}$$

$$\frac{d^2 r_3}{dt^2} + 2h\frac{dr_3}{dt} + \omega_0^2 r_3 = 2Ar_1 r_2 + Br_1^3 \tag{1.2-16}$$

其中，式(1.2-14)是关于 r_1 的线性微分方程，根据前面线性响应的讨论即可求出其解 r_1。如果将求得的 r_1 表示式代入式(1.2-15)，即可得到关于 r_2 的线性微分方程，并可求得 r_2 的表示式。进一步，将 r_1、r_2 的表示式代入式(1.2-16)，同样也可求得 r_3 的表示式。r_1、r_2 和 r_3 的表示式分别为

$$r_1(t) = -\frac{e}{m}E(\omega)F(\omega)e^{-i\omega t} + \text{c.c.} \tag{1.2-17}$$

$$\begin{aligned} r_2(t) = {} & \frac{e^2}{m^2}AE^2(\omega)F(2\omega)F(\omega)F(\omega)e^{-i2\omega t} \\ & + \frac{e^2}{m^2}AE(\omega)E^*(\omega)F(0)F(\omega)F(-\omega) + \text{c.c.} \end{aligned} \tag{1.2-18}$$

$$\begin{aligned} r_3(t) = {} & -\frac{e^3}{m^3}E^3(\omega)[2A^2F(2\omega) + B]F(3\omega)F^3(\omega)e^{-i3\omega t} \\ & - \frac{e^3}{m^3}E^2(\omega)E^*(\omega)\left[2A^2F(2\omega) + \frac{4A^2}{\omega_0^2} + 3B\right]F^3(\omega)F(-\omega)e^{-i\omega t} + \text{c.c.} \end{aligned} \tag{1.2-19}$$

上面式中的 F 符号是根据式(1.2－8)定义的，c.c.是式中右边各项的复数共轭项。

如果将极化强度 P 写成如下级数形式：

$$P(t)=\sum_{k=1}^{\infty}P^{(k)}(t) \tag{1.2-20}$$

式中

$$P^{(k)}(t)=-ner_k(t) \tag{1.2-21}$$

是第 k 阶极化强度，则二阶极化强度为

$$P^{(2)}(t)=-ner_2(t)=-\frac{ne^3}{m^2}AE^2(\omega)F(2\omega)F(\omega)F(\omega)e^{-i2\omega t}$$

$$-\frac{ne^3}{m^2}AE(\omega)E^*(\omega)F(0)F(\omega)F(-\omega)+c.c. \tag{1.2-22}$$

按照极化强度与光电场的关系，可将上式写成如下形式：

$$P^{(2)}(t)=\varepsilon_0\chi^{(2)}(\omega,\omega)E^2(\omega)e^{-i2\omega t}+\varepsilon_0\chi^{(2)}(\omega,-\omega)E(\omega)E(-\omega)+c.c. \tag{1.2-23}$$

式中，$\chi^{(2)}(\omega,\omega)$和 $\chi^{(2)}(\omega,-\omega)$是二阶极化率。比较式(1.2－22)和式(1.2－23)，可得这两个二阶极化率分别为

$$\chi^{(2)}(\omega,\omega)=-A\frac{ne^3}{\varepsilon_0m^2}F(\omega+\omega)F(\omega)F(\omega) \tag{1.2-24}$$

$$\chi^{(2)}(\omega,-\omega)=-A\frac{ne^3}{\varepsilon_0m^2}F(0)F(\omega)F(-\omega) \tag{1.2-25}$$

这两个表示式是一般形式

$$\chi^{(2)}(\omega_1,\omega_2)=-A\frac{ne^3}{\varepsilon_0m^2}F(\omega_1+\omega_2)F(\omega_1)F(\omega_2) \tag{1.2-26}$$

的特殊情况。同理可得

$$\begin{aligned}P^{(3)}(t)&=-ner_3(t)\\&=\frac{ne^4}{m^3}E^3(\omega)[2A^2F(2\omega)+B]F(3\omega)F^3(\omega)e^{-i3\omega t}\\&\quad+\frac{ne^4}{m^3}E^2(\omega)E^*(\omega)\left[2A^2F(2\omega)+\frac{4A^2}{\omega_0^2}+3B\right]F^3(\omega)F(-\omega)e^{-i\omega t}+c.c.\end{aligned} \tag{1.2-27}$$

也可将式(1.2－27)写为

$$P^{(3)}(t)=\varepsilon_0\chi^{(3)}(\omega,\omega,\omega)E^3(\omega)e^{-i3\omega t}+3\varepsilon_0\chi^{(3)}(\omega,\omega,-\omega)E^2(\omega)E^*(\omega)e^{-i\omega t}+c.c. \tag{1.2-28}$$

上式右边第二项中的因子 3 是考虑到极化率的本征对易对称性而引入的，在后面讨论了极化率的性质后，便可理解其意义。式中的三阶非线性极化率分别为

$$\chi^{(3)}(\omega,\omega,\omega)=\frac{ne^4}{\varepsilon_0m^3}[2A^2F(2\omega)+B]F(3\omega)F^3(\omega) \tag{1.2-29}$$

$$\chi^{(3)}(\omega,\omega,-\omega)=\frac{ne^4}{3\varepsilon_0m^3}[2A^2F(2\omega)+4A^2F(0)+3B]F^3(\omega)F(-\omega) \tag{1.2-30}$$

这两个表示式可以通过下面三阶非线性极化率的一般表示式

$$\chi^{(3)}(\omega_1,\omega_2,\omega_3)=\frac{ne^4}{\varepsilon_0m^3}\left\{B+\frac{2}{3}A^2[F(\omega_1+\omega_2)+F(\omega_2+\omega_3)+F(\omega_3+\omega_1)]\right\}$$

$$\times F(\omega_1+\omega_2+\omega_3)F(\omega_1)F(\omega_2)F(\omega_3) \tag{1.2-31}$$

在假定 $\omega_1=\omega_2=\omega$，$\omega_3=\pm\omega$ 的情况下分别得到。

由式(1.2-23)和式(1.2-28)所表示的 $P^{(2)}(t)$ 和 $P^{(3)}(t)$ 可以看到，由于是非线性响应，频率为 ω 的光电场在介质中引起的极化强度不仅具有频率为 ω 的分量，而且还有频率为 2ω、3ω 和直流分量，相应这些不同频率的极化强度，将辐射频率为 2ω、3ω 的光波。如果考虑更高阶次的非线性极化强度，就将有更高次的谐波产生。但实际上，目前一般都未考虑高于三阶非线性效应的问题。

2. 包含多个频率分量光电场的情况

假设光电场包含有多个频率分量，用复数表示时，可以写成如下形式：

$$E=\sum_n E(\omega_n)\mathrm{e}^{-\mathrm{i}\omega_n t} \tag{1.2-32}$$

式中，$n\neq 0$、可正可负；$E(\omega_n)$ 是频率为 ω_n 的光场的复振幅。考虑到光电场的真实性，应有

$$\omega_{-n}=-\omega_n \tag{1.2-33}$$

$$E(\omega_{-n})=E(-\omega_n)=E^*(\omega_n) \tag{1.2-34}$$

相应的极化强度表示式为

$$P^{(1)}(t)=\varepsilon_0\sum_n \chi^{(1)}(\omega_n)E(\omega_n)\mathrm{e}^{-\mathrm{i}\omega_n t} \tag{1.2-35}$$

$$P^{(2)}(t)=\varepsilon_0\sum_{m,n} \chi^{(2)}(\omega_m,\omega_n)E(\omega_m)E(\omega_n)\mathrm{e}^{-\mathrm{i}(\omega_m+\omega_n)t} \tag{1.2-36}$$

$$P^{(3)}(t)=\varepsilon_0\sum_{m,n,l} \chi^{(3)}(\omega_m,\omega_n,\omega_l)E(\omega_m)E(\omega_n)E(\omega_l)\mathrm{e}^{-\mathrm{i}(\omega_m+\omega_n+\omega_l)t} \tag{1.2-37}$$

要强调指出的是，式中对 m，n，l 求和时，应包括所有非零的正值与负值。例如，设有两个频率分量 ω_1 和 ω_2，相应于式(1.2-36)中 m 和 n 的可取值为

$$m=1,\ 2,\ -1,\ -2$$

$$n=1,\ 2,\ -1,\ -2$$

所以，$P^{(2)}(t)$ 的展开式中共有 16 项，即

$$\begin{aligned}
P^{(2)}(t)=&\varepsilon_0\sum_{m,n} \chi^{(2)}(\omega_m,\omega_n)E(\omega_m)E(\omega_n)\mathrm{e}^{-\mathrm{i}(\omega_m+\omega_n)t}\\
=&\varepsilon_0\chi^{(2)}(\omega_1,\omega_2)E(\omega_1)E(\omega_2)\mathrm{e}^{-\mathrm{i}(\omega_1+\omega_2)t}+\varepsilon_0\chi^{(2)}(\omega_1,-\omega_2)E(\omega_1)E^*(\omega_2)\mathrm{e}^{-\mathrm{i}(\omega_1-\omega_2)t}\\
&+\varepsilon_0\chi^{(2)}(\omega_1,-\omega_1)E(\omega_1)E^*(\omega_1)+\varepsilon_0\chi^{(2)}(\omega_1,\omega_1)E(\omega_1)E(\omega_1)\mathrm{e}^{-\mathrm{i}2\omega_1 t}\\
&+\varepsilon_0\chi^{(2)}(-\omega_1,\omega_2)E^*(\omega_1)E(\omega_2)\mathrm{e}^{-\mathrm{i}(\omega_2-\omega_1)t}+\varepsilon_0\chi^{(2)}(-\omega_1,-\omega_2)E^*(\omega_1)E^*(\omega_2)\mathrm{e}^{\mathrm{i}(\omega_1+\omega_2)t}\\
&+\varepsilon_0\chi^{(2)}(-\omega_1,-\omega_1)E^*(\omega_1)E^*(\omega_1)\mathrm{e}^{\mathrm{i}2\omega_1 t}+\varepsilon_0\chi^{(2)}(-\omega_1,\omega_1)E^*(\omega_1)E(\omega_1)\\
&+\varepsilon_0\chi^{(2)}(\omega_2,\omega_2)E(\omega_2)E(\omega_2)\mathrm{e}^{-\mathrm{i}2\omega_2 t}+\varepsilon_0\chi^{(2)}(\omega_2,-\omega_2)E(\omega_2)E^*(\omega_2)\\
&+\varepsilon_0\chi^{(2)}(\omega_2,-\omega_1)E(\omega_2)E^*(\omega_1)\mathrm{e}^{-\mathrm{i}(\omega_2-\omega_1)t}+\varepsilon_0\chi^{(2)}(\omega_2,\omega_1)E(\omega_2)E(\omega_1)\mathrm{e}^{-\mathrm{i}(\omega_2+\omega_1)t}\\
&+\varepsilon_0\chi^{(2)}(-\omega_2,\omega_2)E^*(\omega_2)E(\omega_2)+\varepsilon_0\chi^{(2)}(-\omega_2,-\omega_2)E^*(\omega_2)E^*(\omega_2)\mathrm{e}^{\mathrm{i}2\omega_2 t}\\
&+\varepsilon_0\chi^{(2)}(-\omega_2,-\omega_1)E^*(\omega_2)E^*(\omega_1)\mathrm{e}^{\mathrm{i}(\omega_1+\omega_2)t}+\varepsilon_0\chi^{(2)}(-\omega_2,\omega_1)E^*(\omega_2)E(\omega_1)\mathrm{e}^{-\mathrm{i}(\omega_1-\omega_2)t}
\end{aligned} \tag{1.2-38}$$

待后面讨论了极化率张量的基本性质后，就可以知道上式中有些项是相同的，能够合并，因此项数可以减少。

1.3 极化率的一般性质

如前所述，极化率表征了介质对光波引起极化的响应特性，它有许多性质，在非线性光学的实际应用中起着重要的作用。这些性质只有通过量子力学理论分析才能完全了解。在这里，我们仅讨论几种可以利用经典理论描述的性质，其它性质留待第2章讨论。

1.3.1 真实性条件

由前面的讨论已知，介质的线性极化率张量 $\chi^{(1)}(\omega)$与线性极化响应函数 $\mathbf{R}^{(1)}(\tau)$有如下关系：

$$\chi^{(1)}(\omega)=\int_{-\infty}^{\infty}\mathbf{R}^{(1)}(\tau)e^{i\omega\tau}\,d\tau \tag{1.3-1}$$

因此，对极化率张量取复共轭，应有

$$[\chi^{(1)}(\omega)]^*=\int_{-\infty}^{\infty}[\mathbf{R}^{(1)}(\tau)]^*\ e^{-i\omega^*\tau}\,d\tau=\chi^{(1)}(-\omega^*) \tag{1.3-2}$$

上式中已考虑了介质极化响应函数为实数和频率为复数的特性。

同理可证：

$$\left.\begin{aligned}&[\chi^{(2)}(\omega_1,\omega_2)]^*=\chi^{(2)}(-\omega_1^*,-\omega_2^*)\\&[\chi^{(3)}(\omega_1,\omega_2,\omega_3)]^*=\chi^{(3)}(-\omega_1^*,-\omega_2^*,-\omega_3^*)\\&\quad\vdots\\&[\chi^{(r)}(\omega_1,\omega_2,\cdots,\omega_r)]^*=\chi^{(r)}(-\omega_1^*,-\omega_2^*,\cdots,-\omega_r^*)\end{aligned}\right\} \tag{1.3-3}$$

由于上面的关系保证了各阶极化强度 $\boldsymbol{P}^{(1)}$，$\boldsymbol{P}^{(2)}$，…，$\boldsymbol{P}^{(r)}$，…是实数的特性，所以称之为极化率张量的真实性条件。

如果考察一维振子的线性、非线性极化率表示式(1.2-9)、式(1.2-26)、式(1.2-31)和 $F(\omega)$的表示式，在频率为实数的情况下，可以很容易得到

$$\left.\begin{aligned}&[\chi^{(1)}(\omega)]^*=\chi^{(1)}(-\omega)\\&[\chi^{(2)}(\omega_1,\omega_2)]^*=\chi^{(2)}(-\omega_1,-\omega_2)\\&[\chi^{(3)}(\omega_1,\omega_2,\omega_3)]^*=\chi^{(3)}(-\omega_1,-\omega_2,-\omega_3)\end{aligned}\right\} \tag{1.3-4}$$

1.3.2 本征对易对称性

由一维振子的二阶非线性极化率表示式(1.2-26)和 $F(\omega)$表示式可以看出

$$\chi^{(2)}(\omega_1,\omega_2)=\chi^{(2)}(\omega_2,\omega_1) \tag{1.3-5}$$

该式表明，交换两个频率为 ω_1 和 ω_2 的相互作用光电场的次序，二阶极化率保持不变，相应的两个极化强度 $P^{(2)}_{(\omega_1+\omega_2)}(t)$和 $P^{(2)}_{(\omega_2+\omega_1)}(t)$相等。推广到三维极化率张量的情况，除要考虑光电场的振动频率外，还要考虑光电场的振动方向。由前面的讨论已知，频率为 ω_1 和 ω_2

的光电场所产生的极化强度包含许多过程，对于其中 $\omega_1+\omega_2$ 频率成分的极化强度 x 分量，有如下一项表示关系：

$$[P^{(2)}_{(\omega_1+\omega_2)}(t)]_x = \varepsilon_0\chi^{(2)}_{xyx}(\omega_1,\omega_2)E_y(\omega_1)E_x(\omega_2)\mathrm{e}^{-\mathrm{i}(\omega_1+\omega_2)t}$$

这个关系表征了这样一个过程：频率为 ω_1、振动方向为 y 的光电场分量与频率为 ω_2、振动方向为 x 的光电场分量，通过二次非线性作用，产生了频率为$\omega_1+\omega_2$的极化强度的 x 分量。而对于$[P^{(2)}_{(\omega_2+\omega_1)}(t)]_x$ 分量，有如下一项关系：

$$[P^{(2)}_{(\omega_2+\omega_1)}(t)]_x = \varepsilon_0\chi^{(2)}_{xxy}(\omega_2,\ \omega_1)E_x(\omega_2)E_y(\omega_1)\mathrm{e}^{-\mathrm{i}(\omega_2+\omega_1)t}$$

它表示频率为 ω_2、振动方向为 x 的光电场分量与频率为 ω_1、振动方向为 y 的光电场分量，通过二次非线性作用，产生了频率为 $\omega_2+\omega_1$ 的极化强度的 x 分量。由于根据实际的物理过程有

$$[P^{(2)}_{(\omega_1+\omega_2)}(t)]_x = [P^{(2)}_{(\omega_2+\omega_1)}(t)]_x$$

所以有

$$\chi^{(2)}_{xyx}(\omega_1,\omega_2) = \chi^{(2)}_{xxy}(\omega_2,\omega_1)$$

对于一般情况，应有

$$\chi^{(2)}_{\mu\alpha\beta}(\omega_1,\omega_2) = \chi^{(2)}_{\mu\beta\alpha}(\omega_2,\omega_1) \tag{1.3-6}$$

这个关系表明，二阶非线性极化率张量元素中的配对(ω_1,α)与(ω_2,β)交换次序，其值不变。因为这种将配对(ω_1,α)与(ω_2,β)交换次序，相应的二阶极化率张量元素保持不变的性质是极化率张量固有的，故称之为极化率张量的本征对易对称性。

类似地，三阶非线性极化率张量 $\chi^{(3)}_{\mu\alpha\beta\gamma}(\omega_1,\omega_2,\omega_3)$也具有本征对易对称性，即将配对$(\omega_1,\alpha)$，$(\omega_2,\beta)$和$(\omega_3,\gamma)$任意交换次序，相应的张量元素相等：

$$\begin{aligned}\chi^{(3)}_{\mu\alpha\beta\gamma}(\omega_1,\omega_2,\omega_3) &= \chi^{(3)}_{\mu\beta\alpha\gamma}(\omega_2,\omega_1,\omega_3)\\ &= \chi^{(3)}_{\mu\alpha\gamma\beta}(\omega_1,\omega_3,\omega_2) = \chi^{(3)}_{\mu\beta\gamma\alpha}(\omega_2,\omega_3,\omega_1)\\ &= \chi^{(3)}_{\mu\gamma\alpha\beta}(\omega_3,\omega_1,\omega_2) = \chi^{(3)}_{\mu\gamma\beta\alpha}(\omega_3,\omega_2,\omega_1)\end{aligned} \tag{1.3-7}$$

对于 r 阶非线性极化率张量元素 $\chi^{(r)}_{\mu\alpha_1\alpha_2\cdots\alpha_r}(\omega_1,\ \omega_2,\ \cdots,\ \omega_r)$，其本征对易对称性表现为所有配对$(\omega_1,\ \alpha_1)$，$(\omega_2,\ \alpha_2)$，…，$(\omega_r,\ \alpha_r)$的 $r!$ 种对易下，相应的张量元素保持不变。因此，r 阶非线性极化强度复振幅分量可以表示为

$$P^{(r)}_\mu(\omega_1+\omega_2+\cdots+\omega_r) = r![\varepsilon_0\chi^{(r)}_{\mu\alpha_1\alpha_2\cdots\alpha_r}(\omega_1,\ \omega_2,\ \cdots,\ \omega_r)E_{\alpha_1}(\omega_1)E_{\alpha_2}(\omega_2)\cdots E_{\alpha_r}(\omega_r)] \tag{1.3-8}$$

如果在 ω_1，ω_2，…，ω_r的 r 个频率中，有一些频率相等，则有

$$P^{(r)}_\mu(\omega_1+\omega_2+\cdots+\omega_r) = D[\varepsilon_0\chi^{(r)}_{\mu\alpha_1\alpha_2\cdots\alpha_r}(\omega_1,\ \omega_2,\ \cdots,\ \omega_r)E_{\alpha_1}(\omega_1)E_{\alpha_2}(\omega_2)\cdots E_{\alpha_r}(\omega_r)] \tag{1.3-9}$$

式中，系数 D 称为简并因子，对于式(1.2-32)定义的光电场表示式，简并因子为

$$D = \frac{r!}{p!q!\cdots l!} \tag{1.3-10}$$

分母中的 p，q，…，l 分别为外加光电场中配对相同项$(\omega_p,\ \alpha_p)$，$(\omega_q,\ \alpha_q)$，…，$(\omega_l,\ \alpha_l)$的个数。由此，我们回顾一下式(1.2-28)中的因子 3，它正是由于三阶非线性极化率

$\chi^{(3)}(\omega, \omega, -\omega)$具有本征对易对称性

$$\chi^{(3)}(\omega, \omega, -\omega) = \chi^{(3)}(\omega, -\omega, \omega) = \chi^{(3)}(-\omega, \omega, \omega)$$

导致的简并因子 $D=3!/2!=3$。

在有些文献中，光电场强度定义式为

$$E = \frac{1}{2}\sum_n E(\omega_n)\mathrm{e}^{-\mathrm{i}\omega_n t} \tag{1.3-11}$$

对于这种情况，极化强度复振幅分量表示式(1.3-9)仍然成立，但是简并因子变为

$$D = 2^{s+\sigma-r}\left(\frac{r!}{p!q!\cdots l!}\right) \tag{1.3-12}$$

式中，s 为外加零频场的个数；当 $\omega_\sigma=\omega_1+\omega_2+\cdots+\omega_r=0$ 时，$\sigma=0$；当 $\omega_\sigma\neq 0$ 时，$\sigma=1$。因此，相应于无外加零频场分量的光频 ω_σ的极化强度，简并因子为

$$D = 2^{1-r}\left(\frac{r!}{p!q!\cdots l!}\right) \tag{1.3-13}$$

1.3.3 完全对易对称性

对于 $F(\omega)$的定义式(1.2-8)，如果将其展成实部和虚部表示形式，则有

$$F(\omega) = \frac{\omega_0^2-\omega^2}{(\omega_0^2-\omega^2)^2+4h^2\omega^2} + \mathrm{i}\frac{2h\omega}{(\omega_0^2-\omega^2)^2+4h^2\omega^2} \tag{1.3-14}$$

当外加光电场频率 ω 远离共振频率 ω_0 时，式中的虚部可以忽略不计。此时，介质与外加光电场之间没有能量交换，$F(\omega)$为实数，且有

$$F(\omega) = F(-\omega) \tag{1.3-15}$$

由此，根据经典振子模型所导出的一维极化率 $\chi^{(1)}(\omega)$、$\chi^{(2)}(\omega_1, \omega_2)$和$\chi^{(3)}(\omega_1,\omega_2,\omega_3)$的表示式(1.2-9)、式(1.2-26)和式(1.2-31)，可以得到如下结论：

在 $\chi^{(1)}(\omega)$的表示式中，用$-\omega$ 代替 ω 时，其值不变，即有

$$\chi^{(1)}(-\omega) = \chi^{(1)}(\omega) \tag{1.3-16}$$

在 $\chi^{(2)}(\omega_1,\omega_2)$的表示式中，用$-(\omega_1+\omega_2)$代替 ω_1 或 ω_2，其值不变，即有

$$\chi^{(2)}[-(\omega_1+\omega_2), \omega_2] = \chi^{(2)}[\omega_1, -(\omega_1+\omega_2)] = \chi^{(2)}(\omega_1,\omega_2) \tag{1.3-17}$$

在 $\chi^{(3)}(\omega_1, \omega_2, \omega_3)$的表示式中，用$-(\omega_1+\omega_2+\omega_3)$代替 ω_1、ω_2 或 ω_3 时，其值不变，即有

$$\begin{aligned}\chi^{(3)}[-(\omega_1+\omega_2+\omega_3), \omega_2,\omega_3] &= \chi^{(3)}[\omega_1, -(\omega_1+\omega_2+\omega_3), \omega_3] \\ &= \chi^{(3)}[\omega_1,\omega_2, -(\omega_1+\omega_2+\omega_3)] \\ &= \chi^{(3)}(\omega_1,\omega_2,\omega_3)\end{aligned} \tag{1.3-18}$$

在此再次强调指出，对于上述一维情况，当光频远离共振区时，介质无耗，极化率是实数，有上述对易对称性。对于三维情况，可以从二阶极化强度分量$[P^{(2)}_{(\omega_1+\omega_2)}(t)]_\mu$ 的表示式

$$[P^{(2)}_{(\omega_1+\omega_2)}(t)]_\mu = \varepsilon_0\chi^{(2)}_{\mu\alpha\beta}(\omega_1,\omega_2)E_\alpha(\omega_1)E_\beta(\omega_2)\mathrm{e}^{-\mathrm{i}(\omega_1+\omega_2)t} \tag{1.3-19}$$

出发进行讨论。上面这个式子表示频率为 ω_1 光电场的 α 分量与频率为 ω_2 光电场的 β 分量，

通过二次非线性作用产生了频率为 $\omega_1+\omega_2$ 的极化强度的 μ 分量，即频率 $\omega_1+\omega_2$ 是与脚标 μ 对应的。所以在三维情况下，若将二阶极化率张量元素表示为 $\chi^{(2)}_{\mu\alpha\beta}[-(\omega_1+\omega_2),\ \omega_1,\ \omega_2]$，其中将产生的频率 $\omega_1+\omega_2$ 表示为负值，则相应于式(1.3－17)的对易，可以将配对 (ω_1,α)、(ω_2,β) 和 $[-(\omega_1+\omega_2),\mu]$ 一起考虑，任意交换它们的次序，其值不变。例如，有

$$\begin{aligned}\chi^{(2)}_{\mu\alpha\beta}[-(\omega_1+\omega_2),\omega_1,\omega_2] &= \chi^{(2)}_{\alpha\mu\beta}[\omega_1,-(\omega_1+\omega_2),\omega_2]\\ &= \chi^{(2)}_{\beta\alpha\mu}[\omega_2,\omega_1,-(\omega_1+\omega_2)]\end{aligned}\tag{1.3-20}$$

同理，若将三阶极化率张量元素表示为 $\chi^{(3)}_{\mu\alpha\beta\gamma}[-(\omega_1+\omega_2+\omega_3),\ \omega_1,\omega_2,\omega_3]$，则将所有配对 (ω_1,α)、(ω_2,β)、(ω_3,γ) 和 $[-(\omega_1+\omega_2+\omega_3),\mu]$ 任意交换次序，其值不变。对于一般的三阶极化率张量元素而言，这种交换方式共有 4! 种。

上述包括极化率张量元素中第一个指标在内的所有配对，任意交换次序其值不变的性质称为极化率张量的完全对易对称性。

对于一般的 r 阶非线性极化率张量，有 $(r+1)!$ 种完全对易方式。

1.3.4　空间对称性

前面的讨论已经指出，在三维空间中，介质的极化率是张量，其中，线性极化率 $\chi^{(1)}$ 是二阶张量，一般情况下有 9 个元素；二阶极化率 $\chi^{(2)}$ 是三阶张量，一般情况下有 27 个元素；三阶极化率 $\chi^{(3)}$ 是四阶张量，一般情况下有 81 个元素；……；r 阶极化率 $\chi^{(r)}$ 是 $r+1$ 阶张量。由于晶体的结构具有空间对称性，这种空间对称性必然对极化率张量施予限制，导致极化率张量的非零元素大大减少。例如，$\chi^{(1)}$ 的非零元素少于 9 个，$\chi^{(2)}$ 的非零元素少于 27 个，$\chi^{(3)}$ 的非零元素少于 81 个，而且，其独立元素数目可能更少。非零元素、独立元素的多少与晶体的对称类型有关，对称性越高，非零元素、独立元素数目越少。根据晶体的对称特性，人们已求出晶体七大晶系中可能存在的 32 个晶类的一阶、二阶和三阶极化率张量的空间对称性形式，并已制成表[7]。我们在本书的附录中给出了各类晶体的极化率张量形式，由此，可以对各类晶体的极化率张量的空间对称性有一个概略了解。

下面，我们仅从具有对称中心的晶体没有偶数阶极化率张量这个事实，说明晶体的空间对称性对极化率张量形式的限制。

如果晶体具有对称中心，则由式(1.1－42)、式(1.1－43)和式(1.1－44)所表示的 $\boldsymbol{P}^{(1)}(t)$、$\boldsymbol{P}^{(2)}(t)$ 和 $\boldsymbol{P}^{(3)}(t)$ 关系式，在 $x\to -x$，$y\to -y$，$z\to -z$ 的坐标变换下，$\boldsymbol{E}$ 和 $\boldsymbol{P}$ 都改变了方向，导致 $\boldsymbol{P}^{(1)}(t)$ 和 $\boldsymbol{P}^{(3)}(t)$ 的关系式不变，而 $\boldsymbol{P}^{(2)}(t)$ 的关系式变为

$$-\boldsymbol{P}^{(2)}(t)=\sum_{m,n}\varepsilon_0\chi^{(2)}(\omega_m,\omega_n):\boldsymbol{E}(\omega_m)\boldsymbol{E}(\omega_n)\mathrm{e}^{-\mathrm{i}(\omega_m+\omega_n)t}$$

根据晶体中心对称的要求，$\boldsymbol{P}^{(2)}(t)$ 不应改变，所以上式如若成立，唯一的可能是 $\boldsymbol{P}^{(2)}(t)=0$。又因 $\boldsymbol{E}(\omega_m)\neq 0$，$\boldsymbol{E}(\omega_n)\neq 0$，故只有 $\chi^{(2)}(\omega_m,\ \omega_n)=0$。类似地，也可以证明其他偶数阶非线性极化率等于零。由此，我们得到一个十分重要的结论：具有对称中心的晶体，偶数阶非线性极化率为零。由于具有压电效应的晶体都没有对称中心，因而它们的二阶极化率不可能等于零。

习 题

1-1 证明 $\chi^{(1)}(\omega)$在频率复平面的上半面内是一个解析函数，并求出极点位置。

1-2 由因果性原理导出三维空间 $\chi^{(r)}(\omega_1, \omega_2, \cdots, \omega_r)$与 $\mathbf{R}^{(r)}(\tau_1, \tau_2, \cdots, \tau_r)$的关系式(1.1-41)。

1-3 推导克雷默斯—克朗尼关系。

1-4 由线性极化率的表示式导出：

(1) 罗仑兹线型吸收曲线的半宽度。

(2) 色散曲线的峰值位置。

(3) 光频远离共振区时，比较 χ'和 χ''的大小，由此得出什么样的结论？

1-5 假定电场表示式为

$$E = \frac{1}{2}E_0(\omega)\mathrm{e}^{-\mathrm{i}\omega t} + \mathrm{c.c.}$$

由振子运动方程式(1.2-11)导出三阶极化率表示式。

1-6 现有三个频率 ω_1、ω_2 和 ω_3，试写出考虑到极化率的本征对易对称性的一维极化强度 $P^{(3)}(t)$的完整表示式。

1-7 试由式(1.1-45)出发，利用光电场和极化强度的真实性条件，证明非线性极化率的真实性。

1-8 试证明：当光电场采用式(1.3-11)定义时，极化强度复振幅分量表示式(1.3-9)仍然成立，当有 m 个光场相同时，简并因子为 $D=2^{1-r}(r!/m!)$。

参 考 文 献

[1] Maitland A and Dunn M H. Laser Physics. North-Holland Publishing Company, Amsterdam, 1969, Appendix A, P340

[2] Interaction of Radiation with Condensed Matter. IAEA, Vienna, Vol. 1, 1977, P13

[3] 朗道 Л Д，栗弗席兹 E M. 连续媒质电动力学. 周奇，译. 北京：人民教育出版社，1979

[4] Agranovich V M, Ginzburg V L. Sov. Phys., USP, 1962, 5:323; 1963, 5:675

[5] Hanna D C, et al. Nonlinear Optics of Free Atoms and Molecules. New York: Springer-Verlag Berlin Heidelberg, 1979, Appendix

[6] 过巳吉. 非线性光学. 西安：西北电讯工程学院出版社，1986

[7] Butcher P N. Nonlinear Optics Phenomena. Ohio State Uni. Press, Columbus, 1965: 43-49

第 2 章　非线性介质响应特性的量子力学描述

本章将采用量子力学理论描述介质中带电粒子体系在光电场作用下的运动规律，根据密度算符运动方程，导出表征非线性介质响应特性的非线性极化率张量的表示式，并讨论极化率张量的基本性质。

2.1　密度算符及其运动方程[1]

2.1.1　量子力学中的一些基本概念和结论

(1) 一个动力学体系的状态可以用一个归一化的波函数 ψ 描述。ψ 是系统位置和自旋坐标的函数，满足

$$\int \psi^* \psi \, \mathrm{d}\tau = 1 \tag{2.1-1}$$

式中的积分表示对系统的所有坐标积分，并对自旋求和。

(2) 在量子力学中，系统的任一个动力学量 o 都有一个线性算符与之相对应，可用符号 $\hat{o}$ 表示。对于处在状态 ψ 中的系统，进行力学量 o 的重复测量，其平均值就是系统处于 ψ 状态中的 $\hat{o}$ 的期望值，即

$$\langle \hat{o} \rangle = \int \psi^* \hat{o} \psi \, \mathrm{d}\tau \tag{2.1-2}$$

(3) 如果某时刻系统的状态已被确定，则以后时刻系统状态随时间变化的规律，由与时间有关的薛定谔(Schrödinger)方程

$$\mathrm{i}\hbar \frac{\partial \psi}{\partial t} = \hat{H} \psi \tag{2.1-3}$$

确定。该方程是波函数 ψ 的运动方程，式中 $\hat{H}$ 是系统能量的哈密顿(Hamiltonian)算符。

(4) 状态的表象。在量子力学中，描述状态和力学量的方式可以不同，例如，状态可以用以坐标为变量的波函数描述，也可以用以动量为变量的波函数描述，相应的力学量算符也不同。所谓表象，就是量子力学中对状态和力学量的具体表示方式，不同的表示方式称为不同的表象。一个表象就是一组完全、正交的波函数 $\{u_i\}$。所谓正交，就是

$$\int u_i^* u_j \, \mathrm{d}\tau = \delta_{ij} = \begin{cases} 1, & i = j \\ 0, & i \neq j \end{cases} \tag{2.1-4}$$

所谓完全，就是任意波函数 ψ 都可以用 $\{u_i\}$ 展开：

$$\psi(\boldsymbol{r},t) = \sum_i a_i(t) u_i(\boldsymbol{r}) \tag{2.1-5}$$

在量子力学中，表象的选择是任意的，完全取决于所讨论的问题，选择得恰当，可以使问题的讨论大为简化。

式(2.1－5)的意义是：如果$\psi(\boldsymbol{r},t)$是坐标表象中的波函数，$u_i(\boldsymbol{r})$是在另一特定表象中的本征函数，则该式说明在坐标表象中所描述的状态，在另一特定表象中是用一组数a_i来描述的。在量子力学中，将$\{a_i(t)\}$称做这个状态在特定表象中的波函数，且数a_i满足

$$a_i = \int u_i^* \psi \, \mathrm{d}\tau \tag{2.1-6}$$

(5) 力学量算符的矩阵元o_{ij}。按量子力学理论，力学量算符$\hat{o}$在某表象中的矩阵元为

$$o_{ij} = \int u_i^* \hat{o} \, u_j \, \mathrm{d}\tau \tag{2.1-7}$$

如果力学量o是实数，则期望值$\langle \hat{o} \rangle$亦必是实数，且矩阵元满足

$$o_{ij}^* = o_{ji} \tag{2.1-8}$$

通常将满足式(2.1－8)的矩阵$[o_{ij}]$叫做厄米(Hermit)矩阵，相应的算符是厄米算符。

在量子力学中，实数的力学量都可以用一个厄米算符表示，相应有一个厄米矩阵。一个厄米算符满足如下一般形式的关系，即

$$\left[\int \psi^* \hat{o} \, \varphi \, \mathrm{d}\tau\right]^* = \int \varphi^* \hat{o} \, \psi \, \mathrm{d}\tau \tag{2.1-9}$$

式中φ和ψ是两个任意的波函数，它们不一定属于相同的表象。

(6) 力学量算符矩阵的迹。一个力学量算符$\hat{o}$矩阵的迹为

$$\mathrm{tr}\{\hat{o}\} = \sum_i o_{ii} \tag{2.1-10}$$

即力学量算符矩阵的迹是矩阵对角元之和。

(7) 幺正变换。一个态矢量从一个表象经过一个变换$\boldsymbol{S}$变到另一个表象，如果满足

$$\boldsymbol{S}\boldsymbol{S}^+ = \boldsymbol{I} \tag{2.1-11}$$

则变换$\boldsymbol{S}$叫做幺正变换，式中$\boldsymbol{S}^+$是$\boldsymbol{S}$的共轭矩阵，$\boldsymbol{I}$是单位矩阵。

量子力学已证明，在幺正变换下，矩阵的迹不变。以后，我们经常用到以下两条规则：

① 几个算符线性组合的迹等于单个算符迹的线性组合，即有

$$\mathrm{tr}\{c_1\hat{o}_1 + c_2\hat{o}_2 + \cdots\} = c_1\,\mathrm{tr}\{\hat{o}_1\} + c_2\,\mathrm{tr}\{\hat{o}_2\} + \cdots \tag{2.1-12}$$

② 循环对易规则。几个算符乘积的迹，在循环对易下是不变的，即有

$$\mathrm{tr}\{\hat{A}\hat{B}\hat{C}\cdots\hat{X}\hat{Y}\} = \mathrm{tr}\{\hat{Y}\hat{A}\hat{B}\hat{C}\cdots\hat{X}\} = \mathrm{tr}\{\hat{X}\hat{Y}\hat{A}\hat{B}\hat{C}\cdots\} \tag{2.1-13}$$

(8) 薛定谔表象的矩阵表示。由量子力学已知，波函数$\psi(\boldsymbol{r},t)$在某表象中可看做一列矩阵，即

$$\boldsymbol{\Psi} = \begin{bmatrix} a_1(t) \\ a_2(t) \\ \vdots \\ a_n(t) \end{bmatrix} \tag{2.1-14}$$

若将式(2.1－5)代入式(2.1－3)，并以$u_m^*(\boldsymbol{r})$左乘等式两边，再对$\boldsymbol{r}$变化的整个空间积分，可得

$$\mathrm{i}\hbar\frac{\mathrm{d}}{\mathrm{d}t}\begin{bmatrix}a_1(t)\\a_2(t)\\\vdots\\a_n(t)\\\vdots\end{bmatrix}=\begin{bmatrix}H_{11}H_{12}\cdots H_{1n}\cdots\\H_{21}H_{22}\cdots H_{2n}\cdots\\\vdots\\H_{n1}H_{n2}\cdots H_{nn}\cdots\\\vdots\end{bmatrix}\begin{bmatrix}a_1(t)\\a_2(t)\\\vdots\\a_n(t)\\\vdots\end{bmatrix}$$

并可简写为

$$\mathrm{i}\hbar\frac{\mathrm{d}}{\mathrm{d}t}\Psi=\hat{H}\Psi \tag{2.1-15}$$

该式就是薛定谔方程在该表象中的矩阵表示。

(9) 薛定谔表象、相互作用表象和海森堡(Heisenberg)表象。考虑到物质与光电场的作用，哈密顿算符 $\hat{H}$ 包括未微扰哈密顿算符 $\hat{H}_0$ 和相互作用哈密顿算符 $\hat{H}_1$，即

$$\hat{H}=\hat{H}_0+\hat{H}_1 \tag{2.1-16}$$

相应的薛定谔方程为

$$\mathrm{i}\hbar\frac{\partial\psi}{\partial t}=(\hat{H}_0+\hat{H}_1)\psi \tag{2.1-17}$$

其解为

$$\psi(t)=\psi(0)\mathrm{e}^{-\mathrm{i}\frac{\hat{H}t}{\hbar}} \tag{2.1-18}$$

我们感兴趣的是代表可观察量的某些算符的期望值，一般来说，是时间的函数，即 $\langle\hat{o}\rangle(t)$。所谓薛定谔表象，就是在这个表象中，函数 $\psi(t)$ 是时间的函数，但算符不随时间变化，所以有

$$\langle\hat{o}\rangle(t)=\int\psi^*(t)\hat{o}(0)\psi(t)\,\mathrm{d}\tau \tag{2.1-19}$$

式中，$\hat{o}(0)$ 表示算符本身不随时间变化。

如果将式(2.1-18)代入式(2.1-19)，则有

$$\langle\hat{o}\rangle(t)=\int\psi^*(0)\mathrm{e}^{\mathrm{i}\frac{\hat{H}_1t}{\hbar}}\mathrm{e}^{\mathrm{i}\frac{\hat{H}_0t}{\hbar}}\hat{o}(0)\mathrm{e}^{-\mathrm{i}\frac{\hat{H}_0t}{\hbar}}\mathrm{e}^{-\mathrm{i}\frac{\hat{H}_1t}{\hbar}}\psi(0)\,\mathrm{d}\tau \tag{2.1-20}$$

令

$$\psi^I(t)=\mathrm{e}^{-\mathrm{i}\frac{\hat{H}_1t}{\hbar}}\psi(0) \tag{2.1-21}$$

则

$$\langle\hat{o}\rangle(t)=\int[\psi^I(t)]^*\hat{o}^I(t)\psi^I(t)\,\mathrm{d}\tau \tag{2.1-22}$$

式中

$$\hat{o}^I(t)=\mathrm{e}^{\mathrm{i}\frac{\hat{H}_0t}{\hbar}}\hat{o}(0)\mathrm{e}^{-\mathrm{i}\frac{\hat{H}_0t}{\hbar}} \tag{2.1-23}$$

是相互作用表象中的力学量算符，$\psi^I(t)$ 是相互作用表象中的态矢量。

在海森堡表象中，态矢量与时间无关，但算符与时间有关，即

$$\langle\hat{o}\rangle(t)=\int\psi^*(0)\mathrm{e}^{\mathrm{i}\frac{\hat{H}t}{\hbar}}\hat{o}(0)\mathrm{e}^{-\mathrm{i}\frac{\hat{H}t}{\hbar}}\psi(0)\,\mathrm{d}\tau=\int\psi^*(0)\hat{o}(t)\psi(0)\,\mathrm{d}\tau \tag{2.1-24}$$

式中

$$\hat{o}(t)=e^{i\frac{\hat{H}t}{\hbar}}\hat{o}(0)e^{-i\frac{\hat{H}t}{\hbar}} \tag{2.1-25}$$

由上式所定义的海森堡算符 $\hat{o}(t)$服从如下的运动方程：

$$\frac{d}{dt}\hat{o}(t)=\frac{i}{\hbar}[\hat{H}\hat{o}-\hat{o}\hat{H}]=\frac{i}{\hbar}[\hat{H},\hat{o}] \tag{2.1-26}$$

式中，$[\hat{H},\hat{o}]$是泊松(Poisson)括号。

(10) 投影算符。对于态 ψ 的投影算符 $\hat{P}(\psi)$，定义为

$$\hat{P}(\psi)\varphi=\psi\int\psi^{*}\varphi\,d\tau \tag{2.1-27}$$

式中，φ是任意函数。之所以将 $\hat{P}(\psi)$叫做投影算符，是因为如果 ψ 是一完全正交集合中的一个元素，则 $\hat{P}(\psi)\varphi$表示从 φ的展开式中挑出属于态 ψ 的贡献。投影算符的矩阵元为

$$[\hat{P}(\psi)]_{ij}=\int u_i^{*}\hat{P}(\psi)u_j\,d\tau=\int u_i^{*}\psi\,d\tau\int\psi^{*}u_j\,d\tau=a_ia_j^{*} \tag{2.1-28}$$

式中，$\{u_i\}$是某一表象的完全正交集。

引入投影算符后，可以利用它来计算力学量算符的期望值，即有

$$\begin{aligned}\langle\hat{o}\rangle&=\int\psi^{*}\hat{o}\psi\,d\tau=\int\sum_j a_j^{*}u_j^{*}\hat{o}\sum_i a_iu_i\,d\tau\\&=\sum_{i,j}a_j^{*}a_io_{ji}=\sum_{i,j}[\hat{P}(\psi)]_{ij}o_{ji}\\&=\sum_i[\hat{P}(\psi)\hat{o}]_{ii}=\mathrm{tr}\{\hat{P}(\psi)\hat{o}\}\end{aligned} \tag{2.1-29}$$

下面，我们导出投影算符的运动方程。假定 φ是一个与时间无关的任意波函数，由投影算符的定义式(2.1-27)有

$$i\hbar\frac{\partial}{\partial t}[\hat{P}(\psi)\varphi]=\left(i\hbar\frac{\partial}{\partial t}\psi\right)\int\psi^{*}\varphi\,d\tau+\psi\int i\hbar\frac{\partial}{\partial t}\psi^{*}\varphi\,d\tau$$

利用薛定谔方程式(2.1-3)和 $\hat{H}$是厄米算符的性质，可将上式变为

$$\begin{aligned}i\hbar\frac{\partial}{\partial t}[\hat{P}(\psi)\varphi]&=\hat{H}\hat{P}(\psi)\varphi-\psi\int\varphi\hat{H}^{*}\psi^{*}\,d\tau\\&=\hat{H}\hat{P}(\psi)\varphi-\psi\int\psi^{*}\hat{H}\varphi\,d\tau\\&=\hat{H}\hat{P}(\psi)\varphi-\hat{P}(\psi)\hat{H}\varphi\end{aligned} \tag{2.1-30}$$

因为波函数 φ是任意的，所以在上式中可将 φ略去，从而得到投影算符的运动方程为

$$i\hbar\frac{\partial}{\partial t}\hat{P}(\psi)=[\hat{H},\hat{P}(\psi)] \tag{2.1-31}$$

式中，$[\hat{H},P(\psi)]$为泊松括号。

由于投影算符的运动方程是直接由薛定谔方程推导出来的，所以 $\hat{P}(\psi)$的运动方程可以完全替代 ψ 的运动方程。因此，投影算符 $\hat{P}(\psi)$除用来计算期望值$\langle\hat{o}\rangle$外，还提供了描述系统物理状态的一种方法。

2.1.2　密度算符及其运动方程

我们知道，要求得量子力学体系的某个力学量 o 的宏观表现，即期望值 $\langle\hat{o}\rangle$，必须精确知道系统的状态，最多只能相差一个不重要的相位因子。实际上，很少有可能得到这种知识。例如，我们研究一个由 N 个无自旋的粒子组成的系统，因为系统有 $3N$ 个自由度，要精确确定该系统的状态，至少要测量 $3N$ 个量，显然，对于一个由 $N\approx10^{23}$ 个分子组成的宏观系统来说，这个任务是不可能完成的，我们至多能得到系统的相关统计知识，譬如说，系统处在可能状态 ψ_n 的概率是多少。如果系统可能的状态有

$$\psi_1,\ \psi_2,\ \cdots,\ \psi_n,\ \cdots$$

相应的概率为

$$p_1,\ p_2,\ \cdots,\ p_n,\ \cdots$$

在这种情况下，就要从量子力学范围过渡到量子统计的范围去讨论问题。按式(2.1－29)，系统处在各可能状态上的力学量 o 的平均值分别是

$$\mathrm{tr}\{\hat{P}(\psi_1)\hat{o}\},\ \mathrm{tr}\{\hat{P}(\psi_2)\hat{o}\},\ \cdots,\ \mathrm{tr}\{\hat{P}(\psi_n)\hat{o}\},\ \cdots$$

则力学量算符 $\hat{o}$ 的期望值 $\langle\hat{o}\rangle$ 为

$$\langle\hat{o}\rangle=\sum_n p_n\,\mathrm{tr}\{\hat{P}(\psi_n)\hat{o}\}=\mathrm{tr}\{\hat{\rho}\,\hat{o}\} \tag{2.1-32}$$

式中定义的

$$\hat{\rho}=\sum_n p_n\hat{P}(\psi_n) \tag{2.1-33}$$

称为系统的密度算符。之所以叫密度算符，是因为它是经典统计力学中的概率密度在相空间中的量子力学模拟。于是，对于只能知道系统的统计知识的情况来说，必须用密度算符去描述，并用它计算期望值。

下面，我们推导描述密度算符 $\hat{\rho}$ 随时间变化的运动方程。

因为 p_n 表示系统处在各可能态 ψ_n 的概率，所以它当然与时间无关。由式(2.1－33)，有

$$\mathrm{i}\hbar\frac{\partial}{\partial t}\hat{\rho}=\mathrm{i}\hbar\sum_n p_n\frac{\partial}{\partial t}\hat{P}(\psi_n)$$

利用投影算符的运动方程式(2.1－31)，将上式变为

$$\begin{aligned}\mathrm{i}\hbar\frac{\partial}{\partial t}\hat{\rho}&=\sum_n p_n[\hat{H},\ \hat{P}(\psi_n)]=\Big[\hat{H},\ \sum_n p_n\hat{P}(\psi_n)\Big]\\&=[\hat{H},\ \hat{\rho}]\end{aligned} \tag{2.1-34}$$

上述关系式(2.1－32)～式(2.1－34)，是以后我们推导非线性光学极化率张量 $\chi^{(r)}$ 表示式的基础。

2.1.3　几点说明

在利用密度算符推导极化率张量之前，有几个问题需要说明。

1）密度算符的迹

由式(2.1－32)可知，系统的力学量算符的期望值 $\langle\hat{o}\rangle$ 为

$$\langle \hat{o} \rangle = \mathrm{tr}\{\hat{\rho}\,\hat{o}\}$$

因为力学量 o 是任意的，所以，如果令 $o=1$，则上式也应成立。这样就有

$$\langle 1 \rangle = 1 = \mathrm{tr}\{\hat{\rho}\}$$

即密度算符的迹等于 1：

$$\mathrm{tr}\{\hat{\rho}\} = 1 \tag{2.1-35}$$

2）热平衡状态的密度算符

对于所讨论的实际问题，总是认为系统受光电场作用前处于热平衡状态。因此，在求解密度算符的运动方程时，通常都把热平衡状态下的密度算符作为初始条件。

由于密度算符的迹等于 1，所以热平衡状态下的密度算符的迹也应等于 1，即

$$\mathrm{tr}\{\hat{\rho}_0\} = 1 \tag{2.1-36}$$

现在假设没有外加光电场时系统的哈密顿算符为 $\hat{H}_0$，有外加光电场时的哈密顿算符为 $\hat{H}$。按照量子力学理论，未微扰哈密顿 $\hat{H}_0$ 的本征值方程为

$$\hat{H}_0\psi_n = E_n\psi_n \tag{2.1-37}$$

其中，能量本征态 $\{\psi_n\}$ 是完全、正交的，它们所形成的表象叫能量表象。

在热平衡条件下，系统处在能量本征态 ψ_n 上的概率 p_n 也就是系统处在能量为 E_n 的本征态 ψ_n 上的概率，由玻尔兹曼(Boltzman)分布知

$$p_n = A\mathrm{e}^{-E_n/KT} \tag{2.1-38}$$

式中，A 是归一化常数，由 $\sum\limits_n p_n = 1$ 确定；K 是玻尔兹曼常数；T 是系统的绝对温度。由式(2.1-33)，热平衡状态下的密度算符为

$$\hat{\rho}_0 = A\sum_n \mathrm{e}^{-E_n/KT}\hat{P}(\psi_n) \tag{2.1-39}$$

引入指数算符 $\exp(-\hat{H}_0/KT)$，并将其展成级数形式，即

$$\mathrm{e}^{-\hat{H}_0/KT} = \sum_{s=0}^{\infty}\frac{1}{s!}\left(-\frac{\hat{H}_0}{KT}\right)^s \tag{2.1-40}$$

则

$$\mathrm{e}^{-\hat{H}_0/KT}\psi_n = \mathrm{e}^{-E_n/KT}\psi_n \tag{2.1-41}$$

因此有

$$\hat{\rho}_0\varphi = A\sum \mathrm{e}^{-E_n/KT}\hat{P}(\psi_n)\varphi = A\mathrm{e}^{-\hat{H}_0/KT}\varphi \tag{2.1-42}$$

式中，φ 是任意的波函数，且 $\varphi = \sum\limits_n a_n\psi_n$。既然上式中 φ 是任意的波函数，所以有

$$\hat{\rho}_0 = A\mathrm{e}^{-\hat{H}_0/KT} \tag{2.1-43}$$

将式(2.1-43)代入式(2.1-36)，就有

$$\mathrm{tr}\{\hat{\rho}_0\} = \mathrm{tr}\{A\mathrm{e}^{-\hat{H}_0/KT}\} = 1$$

由此可求得归一化常数 A 为

$$A = [\mathrm{tr}\{\mathrm{e}^{-\hat{H}_0/KT}\}]^{-1} \tag{2.1-44}$$

3) 能量表象中 $\hat{H}_0$ 和 $\hat{\rho}_0$ 的矩阵对角化

由量子力学已知，矩阵的迹可以在任意表象中进行计算。但如下所述，由于在能量表象中 $\hat{H}_0$ 和 $\hat{\rho}_0$ 的矩阵是对角化的，可以大大简化计算步骤，所以在以后的计算中，矩阵的迹都是在能量表象中进行的。

在能量表象中，未微扰哈密顿算符矩阵元为

$$(\hat{H}_0)_{mn} = \int \psi_m^* \hat{H}_0 \psi_n \, d\tau = \int \psi_m^* E_n \psi_n \, d\tau = E_n \delta_{mn} \tag{2.1-45}$$

热平衡状态下的密度算符矩阵元为

$$(\hat{\rho}_0)_{mn} = \int \psi_m^* A e^{-\hat{H}_0/KT} \psi_n \, d\tau = A e^{-E_n/KT} \delta_{mn} \tag{2.1-46}$$

由此可见，在能量表象中，$\hat{H}_0$ 和 $\hat{\rho}_0$ 的矩阵都是对角化的形式。

如果 $f(\hat{H}_0)$是 $\hat{H}_0$任意函数，并且可以展开为幂级数的形式，就有

$$f(\hat{H}_0)\psi_n = f(E_n)\psi_n \tag{2.1-47}$$

及

$$[f(\hat{H}_0)]_{mn} = \int \psi_m^* f(\hat{H}_0) \psi_n \, d\tau = f(E_n)\delta_{mn} \tag{2.1-48}$$

这表明，未微扰哈密顿算符 $\hat{H}_0$ 的任意函数 $f(\hat{H}_0)$的矩阵，在能量表象中也是对角化的。

2.2　非线性极化率的微扰理论

这一节将基于密度算符运动方程，利用微扰理论的方法，导出非线性光学极化率张量表示式。主要思路是：将密度算符表示成微扰级数形式，求解密度算符运动方程，得到系统在外加光电场作用下的密度算符级数表达式，然后通过求解电偶极矩算符的期望值，得出非线性极化强度的一般表示式，再根据极化率张量的定义，导出非线性光学极化率张量的表示公式。

2.2.1　密度算符的微扰级数

1. 密度算符的微扰级数

现在我们讨论一个原来处于热平衡状态的系统，受到外来光电场作用后的密度算符。例如，固体中荷电粒子所组成的系统，它的哈密顿算符为

$$\hat{H}(t) = \hat{H}_0 + \hat{H}_1(t) \tag{2.2-1}$$

式中，$\hat{H}_0$ 是未微扰哈密顿算符，$\hat{H}_1(t)$是外加光电场作用引起的微扰哈密顿算符。在 $t \to -\infty$ 时，系统处于热平衡状态，因此，

$$\hat{H}_1(t) = \hat{H}_1(-\infty) = 0 \tag{2.2-2}$$

$$\hat{\rho}(t) = \hat{\rho}(-\infty) = \hat{\rho}_0 \tag{2.2-3}$$

根据密度算符的运动方程(2.1-34)，有

$$i\hbar \frac{\partial}{\partial t}\hat{\rho}(t) = [\hat{H}, \hat{\rho}(t)] = [\hat{H}_0, \hat{\rho}(t)] + [\hat{H}_1(t), \hat{\rho}(t)] \tag{2.2-4}$$

因为 $\hat{H}_1(t)$ 是一个微扰，所以可将式(2.2－4)中的解 $\rho(t)$ 用一个微扰级数表示，即

$$\hat{\rho}(t) = \hat{\rho}_0 + \hat{\rho}_1(t) + \hat{\rho}_2(t) + \cdots + \hat{\rho}_r(t) + \cdots \tag{2.2-5}$$

式中，$\hat{\rho}_0$ 是热平衡状态下系统的密度算符；$\hat{\rho}_1$ 是微扰 $\hat{H}_1(t)$ 的线性函数；$\hat{\rho}_2$ 是与微扰 $\hat{H}_1(t)$ 有二次关系的项；……；$\hat{\rho}_r$ 是与微扰 $\hat{H}_1(t)$ 有 r 次关系的项；……。初始条件为

$$\left.\begin{aligned} &\hat{\rho}(-\infty) = \hat{\rho}_0 \\ &\hat{\rho}_r(-\infty) = 0 \quad r = 1, 2, \cdots \end{aligned}\right\} \tag{2.2-6}$$

2. $\hat{\rho}_r(t)$ 的一般表示式

将式(2.2－5)代入式(2.2－4)，有

$$\begin{aligned} i\hbar \frac{\partial}{\partial t}[\hat{\rho}_0 + \hat{\rho}_1(t) + \hat{\rho}_2(t) + \cdots + \hat{\rho}_r(t) + \cdots] \\ = [\hat{H}_0, \hat{\rho}_0 + \hat{\rho}_1(t) + \hat{\rho}_2(t) + \cdots + \hat{\rho}_r(t) + \cdots] \\ + [\hat{H}_1(t), \hat{\rho}_0 + \hat{\rho}_1(t) + \hat{\rho}_2(t) + \cdots + \hat{\rho}_r(t) + \cdots] \end{aligned} \tag{2.2-7}$$

如果使上面等式两边具有相同 $\hat{H}_1(t)$ 幂的项相等，就可以得到密度算符 $\hat{\rho}(t)$ 的微扰级数中各项所满足的微分方程：

$$i\hbar \frac{\partial}{\partial t}\hat{\rho}_0 = [\hat{H}_0, \hat{\rho}_0] \tag{2.2-8}$$

$$i\hbar \frac{\partial}{\partial t}\hat{\rho}_1(t) = [\hat{H}_0, \hat{\rho}_1(t)] + [\hat{H}_1(t), \hat{\rho}_0] \tag{2.2-9}$$

$$i\hbar \frac{\partial}{\partial t}\hat{\rho}_2(t) = [\hat{H}_0, \hat{\rho}_2(t)] + [\hat{H}_1(t), \hat{\rho}_1(t)] \tag{2.2-10}$$

$$\vdots$$

$$i\hbar \frac{\partial}{\partial t}\hat{\rho}_r(t) = [\hat{H}_0, \hat{\rho}_r(t)] + [\hat{H}_1(t), \hat{\rho}_{r-1}(t)] \tag{2.2-11}$$

$$\vdots$$

因为 $\hat{H}_0$ 和 $\hat{\rho}_0$ 是可对易的，所以上面的式(2.2－8)是一个恒等式，不能由此式求出 $\hat{\rho}_0$。但因 $\hat{\rho}_0$ 是热平衡状态下系统的密度算符，已在上一节给出。将已知的 $\hat{\rho}_0$ 代入式(2.2－9)，并考虑到初始条件 $\hat{\rho}_1(-\infty)=0$，即可求出解 $\hat{\rho}_1(t)$。再将求出的 $\hat{\rho}_1(t)$ 代入式(2.2－10)，并考虑到初始条件 $\hat{\rho}_2(-\infty)=0$，可求出解 $\hat{\rho}_2(t)$。依此类推，可求得微扰级数中的各项。

现在假定 $\hat{\rho}_{r-1}(t)$ 为已知，我们求解方程(2.2－11)[2]。

求解式(2.2－11)这一类微分方程的方法，与求解线性非齐次微分方程

$$\frac{dy}{dt} = f(t)y + g(t) \tag{2.2-12}$$

的方法相似，可以采用积分因子法求解。对于方程(2.2－12)的积分因子法求解，首先要寻

找一个积分因子 $I(t)$，该积分因为 $I(t)$ 使得下式成立：

$$I(t)\left[\frac{\mathrm{d}y}{\mathrm{d}t}-f(t)y\right]=\frac{\mathrm{d}}{\mathrm{d}t}[I(t)y]$$

由此可以得到如下两个微分方程：

$$\frac{\mathrm{d}I(t)}{\mathrm{d}t}=-I(t)f(t)$$

$$\frac{\mathrm{d}}{\mathrm{d}t}[I(t)y]=g(t)I(t)$$

根据第一个微分方程可以求出积分因子 $I(t)$，然后将其代入第二个微分方程，即可求得

$$y=\mathrm{e}^{\int_0^t f(\tau)\mathrm{d}\tau}\int_{t_0}^{t}\mathrm{e}^{-\int_0^\tau f(\tau')\mathrm{d}\tau'}g(\tau)\mathrm{d}\tau \tag{2.2-13}$$

式中的 t_0 由初始条件 $y(t_0)=0$ 确定。

类似地，对式(2.2-11)微分方程的求解，也首先要寻找积分因子，只是因为现在式中的 $\hat{H}_0$ 和 $\hat{\rho}_r(t)$ 等都是算符，开始并不知道利用积分因子是左乘还是右乘，或是同时在两边都乘一个积分因子。为了不失其普遍性，可以同时左乘一个积分因子 $\hat{V}_0(t)$，右乘一个积分因子 $\hat{U}_0(t)$，使得下式成立：

$$\hat{V}_0(t)\left\{\mathrm{i}\hbar\frac{\partial}{\partial t}\hat{\rho}_r(t)-[\hat{H}_0,\hat{\rho}_r(t)]\right\}\hat{U}_0(t)=\mathrm{i}\hbar\frac{\partial}{\partial t}\{\hat{V}_0(t)\hat{\rho}_r(t)\hat{U}_0(t)\} \tag{2.2-14}$$

进而，将左边的泊松括号展开，并作出右边的微分，经过整理后得到

$$\left\{\mathrm{i}\hbar\frac{\partial}{\partial t}\hat{V}_0(t)+\hat{V}_0(t)\hat{H}_0\right\}\hat{\rho}_r(t)\hat{U}_0(t)+\hat{V}_0(t)\hat{\rho}_r(t)\left\{\mathrm{i}\hbar\frac{\partial}{\partial t}\hat{U}_0(t)-\hat{H}_0\hat{U}_0(t)\right\}=0 \tag{2.2-15}$$

由上式可见，如果式中两个大括号中的量都等于零，显然满足方程。这样，我们便得到一对非耦合的积分因子所满足的微分方程：

$$\mathrm{i}\hbar\frac{\partial}{\partial t}\hat{V}_0(t)=-\hat{V}_0(t)\hat{H}_0 \tag{2.2-16}$$

$$\mathrm{i}\hbar\frac{\partial}{\partial t}\hat{U}_0(t)=\hat{H}_0\hat{U}_0(t) \tag{2.2-17}$$

式(2.2-16)和式(2.2-17)的解分别为

$$\hat{V}_0(t)=\mathrm{e}^{\mathrm{i}\hat{H}_0 t/\hbar} \tag{2.2-18}$$

$$\hat{U}_0(t)=\mathrm{e}^{-\mathrm{i}\hat{H}_0 t/\hbar}=\hat{V}_0(-t) \tag{2.2-19}$$

积分因子 $\hat{U}_0(t)$ 实际上是未微扰与时间有关的演化算符(幺正算符)，它是未微扰与时间有关的薛定谔方程

$$\mathrm{i}\hbar\frac{\partial}{\partial t}\psi(t)=\hat{H}_0\psi(t) \tag{2.2-20}$$

的解。积分因子 $\hat{U}_0(t)$ 和 $\hat{V}_0(t)$ 有如下一些性质：

① $\hat{U}_0(t)$ 与 $\hat{V}_0(t')$ 是可对易的，t 和 t' 表示任意时间；

② 设 $f(\hat{H}_0)$ 是 $\hat{H}_0$ 的任意函数，则 $\hat{U}_0(t)$、$\hat{V}_0(t)$ 与任何 $f(\hat{H}_0)$ 可对易；

③ 由式(2.2-19)可得

$$\hat{U}_0(t)\hat{U}_0(t') = e^{-i\hat{H}_0 t/\hbar}e^{-i\hat{H}_0 t'/\hbar} = \hat{U}_0(t+t') \tag{2.2-21}$$

所以

$$\hat{U}_0(t)\hat{U}_0(-t) = \hat{U}_0(0) = 1 \tag{2.2-22}$$

现在利用上面求得的积分因子 $\hat{V}_0(t)$ 和 $\hat{U}_0(t)$ 分别左乘和右乘式(2.2-11)，得

$$\hat{V}_0(t)i\hbar\frac{\partial}{\partial t}\hat{\rho}_r(t)\hat{U}_0(t) = \hat{V}_0(t)[\hat{H}_0,\hat{\rho}_r(t)]\hat{U}_0(t) + \hat{V}_0(t)[\hat{H}_1(t),\hat{\rho}_{r-1}(t)]\hat{U}_0(t)$$

利用式(2.2-14)，上式变为

$$\begin{aligned} i\hbar\frac{\partial}{\partial t}\{\hat{V}_0(t)\hat{\rho}_r(t)\hat{U}_0(t)\} &= \hat{V}_0(t)[\hat{H}_1(t),\hat{\rho}_{r-1}(t)]\hat{U}_0(t) \\ &= \hat{U}_0(-t)[\hat{H}_1(t),\hat{\rho}_{r-1}(t)]\hat{U}_0(t) \end{aligned}$$

对该式积分，得

$$i\hbar\hat{U}_0(-t)\hat{\rho}_r\hat{U}_0(t) = \int_{-\infty}^{t} dt_1\hat{U}_0(-t_1)[\hat{H}_1(t_1),\hat{\rho}_{r-1}(t_1)]\hat{U}_0(t_1) \tag{2.2-23}$$

式中的积分下限是根据初始条件 $\hat{\rho}_r(-\infty)=0$ 确定的。由此可见，只要 $\hat{\rho}_{r-1}(t)$ 已知，即可由式(2.2-23)求得 $\hat{\rho}_r(t)$。

在式(2.2-23)中，展开泊松括号，并在 $\hat{H}_1(t_1)$ 和 $\hat{\rho}_{r-1}(t)$ 之间插入 $\hat{U}_0(t_1)\hat{U}_0(-t_1)$，可得

$$\hat{U}_0(-t)\hat{\rho}_r(t)\hat{U}_0(t) = (i\hbar)^{-1}\int_{-\infty}^{t} dt_1[\hat{H}_1^I(t_1),\ \hat{U}_0(-t_1)\hat{\rho}_{r-1}(t_1)\hat{U}_0(t_1)] \tag{2.2-24}$$

式中

$$\hat{H}_1^I(t) = \hat{U}_0(-t)\hat{H}_1(t)\hat{U}_0(t) \tag{2.2-25}$$

按照式(2.1-23)，$\hat{H}_1^I(t)$ 就是在相互作用表象中的微扰哈密顿算符。

现令 $r=1$，则由式(2.2-24)得

$$\hat{U}_0(-t)\hat{\rho}_1(t)\hat{U}_0(t) = (i\hbar)^{-1}\int_{-\infty}^{t} dt_1[\hat{H}_1^I(t_1),\ \hat{U}_0(-t_1)\hat{\rho}_0\hat{U}_0(t_1)]$$

因为热平衡状态下的密度算符 $\hat{\rho}_0$ 和未微扰与时间有关的演化算符 $\hat{U}_0(t)$ 是可对易的，所以

$$\hat{U}_0(-t)\hat{\rho}_1(t)\hat{U}_0(t) = (i\hbar)^{-1}\int_{-\infty}^{t} dt_1[\hat{H}_1^I(t_1),\ \hat{\rho}_0] \tag{2.2-26}$$

若令式(2.2-24)中的 $r=2$，并将式(2.2-26)的 $\hat{\rho}_1(t)$ 代入，可得

$$\hat{U}_0(-t)\hat{\rho}_2(t)\hat{U}_0(t) = (i\hbar)^{-2}\int_{-\infty}^{t} dt_1\int_{-\infty}^{t_1} dt_2[\hat{H}_1^I(t_1),\ [\hat{H}_1^I(t_2),\ \hat{\rho}_0]] \tag{2.2-27}$$

进一步，将式(2.2-27)式代入 $r=3$ 的式(2.2-24)，可得

$$\hat{U}_0(-t)\hat{\rho}_3(t)\hat{U}_0(t) = (i\hbar)^{-3}\int_{-\infty}^{t} dt_1\int_{-\infty}^{t_1} dt_2\int_{-\infty}^{t_2} dt_3[\hat{H}_1^I(t_1),\ [\hat{H}_1^I(t_2),\ [\hat{H}_1^I(t_3),\ \hat{\rho}_0]]] \tag{2.2-28}$$

依次类推，可得 r 为任意值时，有

$$\hat{U}_0(-t)\hat{\rho}_r(t)\hat{U}_0(t)=(\mathrm{i}\hbar)^{-r}\int_{-\infty}^{t}\mathrm{d}t_1\int_{-\infty}^{t_1}\mathrm{d}t_2\cdots\int_{-\infty}^{t_{r-1}}\mathrm{d}t_r$$
$$\times[\hat{H}_1^I(t_1),[\hat{H}_1^I(t_2),[\cdots,[\hat{H}_1^I(t_r),\rho_0],\cdots]]]\tag{2.2-29}$$

现在用 $\hat{U}_0(t)$ 和 $\hat{U}_0(-t)$ 分别左乘和右乘式(2.2－29)，最后求得 $\hat{\rho}_r(t)$ 的表示式为

$$\hat{\rho}_r(t)=(\mathrm{i}\hbar)^{-r}\hat{U}_0(t)\int_{-\infty}^{t}\mathrm{d}t_1\int_{-\infty}^{t_1}\mathrm{d}t_2\cdots$$
$$\times\int_{-\infty}^{t_{r-1}}\mathrm{d}t_r[\hat{H}_1^I(t_1),[\hat{H}_1^I(t_2),[\cdots,[\hat{H}_1^I(t_r),\hat{\rho}_0],\cdots]]]\hat{U}_0(-t)\tag{2.2-30}$$

2.2.2　极化强度的一般表示式

假设所研究的介质足够小，以致在体积 V 内的光电场 $\boldsymbol{E}(t)$ 的空间变化可以不考虑。另外，与光电场相联系的磁场所引起的效应也不考虑。再假定 V 内含有 N 个荷电粒子(电子和离子)，并用 q_i 和 $\boldsymbol{r}_i$ 分别表示第 i 个粒子所带的电荷和它的位置矢量，则荷电粒子系统的偶极矩为

$$\boldsymbol{R}=\sum_i q_i\boldsymbol{r}_i\tag{2.2-31}$$

设介质的宏观极化强度为 $\boldsymbol{P}(t)$，按照定义，$\boldsymbol{P}(t)$ 是单位体积内的偶极矩算符的期望值，即

$$\boldsymbol{P}(t)=\frac{1}{V}\langle\hat{\boldsymbol{R}}\rangle=\frac{1}{V}\mathrm{tr}\{\hat{\rho}\hat{\boldsymbol{R}}\}\tag{2.2-32}$$

式中，$\hat{\rho}=\hat{\rho}(t)$ 就是荷电粒子系统的密度算符(假定 V 内有足够多的粒子，可以不考虑电偶极矩密度的起伏)。可见，要得到 $\boldsymbol{P}(t)$，必须先知道 $\hat{\rho}(t)$。若将密度算符的微扰级数式(2.2－5)代入上式，可写为

$$\boldsymbol{P}(t)=\boldsymbol{P}^{(0)}+\boldsymbol{P}^{(1)}+\boldsymbol{P}^{(2)}+\cdots+\boldsymbol{P}^{(r)}+\cdots\tag{2.2-33}$$

式中

$$\left.\begin{aligned}\boldsymbol{P}^{(0)}&=V^{-1}\,\mathrm{tr}\{\hat{\rho}_0\hat{\boldsymbol{R}}\}\\ \boldsymbol{P}^{(1)}&=V^{-1}\,\mathrm{tr}\{\hat{\rho}_1(t)\hat{\boldsymbol{R}}\}\\ \boldsymbol{P}^{(2)}&=V^{-1}\,\mathrm{tr}\{\hat{\rho}_2(t)\hat{\boldsymbol{R}}\}\\ &\vdots\\ \boldsymbol{P}^{(r)}&=V^{-1}\,\mathrm{tr}\{\hat{\rho}_r(t)\hat{\boldsymbol{R}}\}\\ &\vdots\end{aligned}\right\}\tag{2.2-34}$$

2.2.3　非线性光学极化率张量表示式

现在的任务是将上面得到的非线性极化强度一般表示式 $\boldsymbol{P}^{(r)}=V^{-1}\,\mathrm{tr}\{\hat{\rho}_r(t)\hat{\boldsymbol{R}}\}$，化成非

线性极化强度的式(1.1-40)定义形式，或其分量形式：

$$P_{\mu}^{(r)}(t)=\varepsilon_0\int_{-\infty}^{\infty}\mathrm{d}\omega_1\int_{-\infty}^{\infty}\mathrm{d}\omega_2\cdots\int_{-\infty}^{\infty}\mathrm{d}\omega_r\chi_{\mu\alpha_1\alpha_2\cdots\alpha_r}^{(r)}(\omega_1,\omega_2,\cdots,\omega_r)$$

$$\times E_{\alpha_1}(\omega_1)E_{\alpha_2}(\omega_2)\cdots E_{\alpha_r}(\omega_r)\mathrm{e}^{-\mathrm{i}\sum\limits_{m=1}^{r}\omega_m t}\tag{2.2-35}$$

进而求出极化率张量 $\chi^{(r)}(\omega_1,\omega_2,\cdots,\omega_r)$，或其张量元素 $\chi_{\mu\alpha_1\alpha_2\cdots\alpha_r}^{(r)}(\omega_1,\omega_2,\cdots,\omega_r)$。

下面较详细地讨论 $r=1$ 和 $r=2$ 的情况，然后将结果推广到任意 r 值的情况。

1. 一阶极化率张量元素表示式

$r=1$ 时，由式(2.2-34)式，有

$$P_{\mu}^{(1)}(t)=V^{-1}\,\mathrm{tr}\{\hat{\rho}_1(t)\hat{R}_{\mu}\}\tag{2.2-36}$$

由式(2.2-30)，令 $r=1$，有

$$\hat{\rho}_1(t)=(\mathrm{i}\hbar)^{-1}\hat{U}_0(t)\int_{-\infty}^{t}\mathrm{d}t_1[\hat{H}_1^I(t_1),\ \hat{\rho}_0]\hat{U}_0(-t)\tag{2.2-37}$$

代入式(2.2-36)，得到

$$P_{\mu}^{(1)}(t)=V^{-1}\mathrm{tr}\{(\mathrm{i}\hbar)^{-1}\hat{U}_0(t)\int_{-\infty}^{t}\mathrm{d}t_1[\hat{H}_1^I(t_1),\ \hat{\rho}_0]\hat{U}_0(-t)\hat{R}_{\mu}\}\tag{2.2-38}$$

按式(2.2-25)，有

$$H_1^I(t)=\hat{U}_0(-t)\hat{H}_1(t)\hat{U}_0(t)=\hat{U}_0(-t)[-\hat{\boldsymbol{R}}\cdot\boldsymbol{E}(t)]\hat{U}_0(t)\tag{2.2-39}$$

式中

$$\hat{H}_1(t)=-\hat{\boldsymbol{R}}\cdot\boldsymbol{E}(t)\tag{2.2-40}$$

是电偶极矩在光电场 $\boldsymbol{E}(t)$ 中的附加能量算符。如果引入符号

$$\hat{\boldsymbol{R}}^I(t)=\hat{U}_0(-t)\hat{\boldsymbol{R}}\hat{U}_0(t)\tag{2.2-41}$$

它是在相互作用表象中系统的电偶极矩算符，则考虑到经典物理量 $\boldsymbol{E}(t)$ 与算符 $\hat{U}_0(t)$ 是可对易的，相互作用表象中的微扰哈密顿算符为

$$\hat{H}_1^I(t)=\hat{U}_0(-t)[-\boldsymbol{E}(t)\cdot\hat{\boldsymbol{R}}]\hat{U}_0(t)=-\boldsymbol{E}(t)\cdot\hat{U}_0(-t)\hat{\boldsymbol{R}}\hat{U}_0(t)$$

$$=-\hat{R}_{\alpha}^I(t)E_{\alpha}(t)\tag{2.2-42}$$

又

$$[\hat{H}_1^I(t),\ \hat{\rho}_0]=[-\hat{R}_{\alpha}^I(t)E_{\alpha}(t),\ \hat{\rho}_0]=-E_{\alpha}(t)[\hat{R}_{\alpha}^I(t),\ \hat{\rho}_0]\tag{2.2-43}$$

所以式(2.2-38)可变为

$$P_{\mu}^{(1)}(t)=V^{-1}\,\mathrm{tr}\{(\mathrm{i}\hbar)^{-1}\hat{U}_0(t)\int_{-\infty}^{t}\mathrm{d}t_1[-[\hat{R}_{\alpha}^I(t_1),\ \hat{\rho}_0]E_{\alpha}(t_1)\hat{U}_0(-t)\hat{R}_{\mu}]\}$$

$$=-(\mathrm{i}\hbar V)^{-1}\,\mathrm{tr}\{\hat{U}_0(t)\int_{-\infty}^{t}\mathrm{d}t_1[E_{\alpha}(t_1)[\hat{R}_{\alpha}^I(t_1),\ \hat{\rho}_0]\hat{U}_0(-t)\hat{R}_{\mu}]\}\tag{2.2-44}$$

因为 $\hat{U}_0(t)$ 与 $E_{\alpha}(t_1)$ 可对易，且矩阵线性组合的迹等于矩阵迹的线性组合，所以

$$P_{\mu}^{(1)}(t)=-(\mathrm{i}\hbar V)^{-1}\int_{-\infty}^{t}\mathrm{d}t_1E_{\alpha}(t_1)\mathrm{tr}\{\hat{U}_0(t)[\hat{R}_{\alpha}^I(t_1),\ \hat{\rho}_0]\hat{U}_0(-t)\hat{R}_{\mu}\}\tag{2.2-45}$$

如果将 $E_\alpha(t_1)$傅里叶变换，可得

$$P_\mu^{(1)}(t) = -(\mathrm{i}\hbar V)^{-1}\int_{-\infty}^{\infty}\mathrm{d}\omega\int_{-\infty}^{t}\mathrm{d}t_1\mathrm{e}^{-\mathrm{i}\omega(t_1-t)}$$

$$\times\ \mathrm{tr}\{\hat{U}_0(t)[\hat{R}_\alpha^I(t_1),\ \hat{\rho}_0]\hat{U}_0(-t)\hat{R}_\mu\}E_\alpha(\omega)\mathrm{e}^{-\mathrm{i}\omega t} \qquad (2.2-46)$$

现将式(2.2 - 46)与一阶极化强度分量定义式

$$P_\mu^{(1)}(t) = \int_{-\infty}^{\infty}\varepsilon_0\chi_{\mu\alpha}^{(1)}(\omega)E_\alpha(\omega)\mathrm{e}^{-\mathrm{i}\omega t}\,\mathrm{d}\omega \qquad (2.2-47)$$

相比较，便可求得一阶极化率张量元素为

$$\chi_{\mu\alpha}^{(1)}(\omega) = -\frac{1}{\varepsilon_0}(\mathrm{i}\hbar V)^{-1}\int_{-\infty}^{t}\mathrm{d}t_1\ \mathrm{tr}\{\hat{U}_0(t)[\hat{R}_\alpha^I(t_1),\ \hat{\rho}_0]\hat{U}_0(-t)\hat{R}_\mu\}\mathrm{e}^{-\mathrm{i}\omega(t_1-t)} \qquad (2.2-48)$$

展开式中的泊松括号，利用关系

$$\hat{U}_0(t)\hat{R}_\alpha^I(t_1)\hat{U}_0(-t) = \hat{R}_\alpha^I(t_1-t) \qquad (2.2-49)$$

再改变积分变量(用 t_1 代替 t_1-t)，最后可得

$$\chi_{\mu\alpha}^{(1)}(\omega) = -\frac{1}{\varepsilon_0}(\mathrm{i}\hbar V)^{-1}\int_{-\infty}^{0}\mathrm{d}t_1\ \mathrm{tr}\{\hat{\rho}_0[\hat{R}_\mu,\ \hat{R}_\alpha^I(t_1)]\}\mathrm{e}^{-\mathrm{i}\omega t_1} \qquad (2.2-50)$$

2. 二阶极化率张量表示式

$r=2$ 时，由式(2.2 - 34)和式(2.2 - 27)，可得

$$\begin{aligned}P_\mu^{(2)}(t) &= V^{-1}\ \mathrm{tr}\{\hat{\rho}_2(t)\hat{R}_\mu\}\\ &= V^{-1}\ \mathrm{tr}\{(\mathrm{i}\hbar)^{-2}\hat{U}_0(t)\int_{-\infty}^{t}\mathrm{d}t_1\int_{-\infty}^{t_1}\mathrm{d}t_2[\hat{H}_1^I(t_1),\ [\hat{H}_1^I(t_2),\ \hat{\rho}_0]]\hat{U}_0(-t)\hat{R}_\mu\}\end{aligned} \qquad (2.2-51)$$

利用式(2.2 - 42)和式(2.2 - 43)关系，有

$$\hat{H}_1^I(t_1) = -\hat{R}_\alpha^I(t_1)E_\alpha(t_1)$$

$$\hat{H}_1^I(t_2) = -\hat{R}_\beta^I(t_2)E_\beta(t_2)$$

$$[\hat{H}_1^I(t_2),\ \hat{\rho}_0] = -E_\beta(t_2)[\hat{R}_\beta^I(t_2),\ \hat{\rho}_0]$$

再根据 $E_\alpha(t_1)$和 $E_\beta(t_2)$与 $\hat{U}_0(t)$可对易，并利用恒等对易规则：

$$\left[\sum_i a_i\hat{o}_i,\ \sum_j b_j\hat{o}_j\right] = \sum_i\sum_j a_ib_j[\hat{o}_i,\ \hat{o}_j]$$

则式(2.2 - 51)变为

$$P_\mu^{(2)}(t) = V^{-1}(-\mathrm{i}\hbar)^{-2}\ \mathrm{tr}\left\{\int_{-\infty}^{t}\mathrm{d}t_1\int_{-\infty}^{t_1}\mathrm{d}t_2E_\alpha(t_1)E_\beta(t_2)\right.$$

$$\left.\times\ \hat{U}_0(t)[\hat{R}_\alpha^I(t_1),[\hat{R}_\beta^I(t_2),\ \hat{\rho}_0]]\hat{U}_0(-t)\hat{R}_\mu\right\} \qquad (2.2-52)$$

进一步，将 $E_\alpha(t_1)$和 $E_\beta(t_2)$进行傅里叶变换，可得

$$P_\mu^{(2)}(t) = V^{-1}(-\mathrm{i}\hbar)^{-2}\int_{-\infty}^{t}\mathrm{d}t_1\int_{-\infty}^{t_1}\mathrm{d}t_2\int_{-\infty}^{\infty}\mathrm{d}\omega_1E_\alpha(\omega_1)\mathrm{e}^{-\mathrm{i}\omega_1 t}\mathrm{e}^{-\mathrm{i}\omega_1(t_1-t)}$$

$$\times\int_{-\infty}^{\infty}\mathrm{d}\omega_2E_\beta(\omega_2)\mathrm{e}^{-\mathrm{i}\omega_2 t}\mathrm{e}^{-\mathrm{i}\omega_2(t_2-t)}$$

$$\times\ \mathrm{tr}\{\hat{U}_0(t)[\hat{R}_\alpha^I(t_1),\ [\hat{R}_\beta^I(t_2),\ \hat{\rho}_0]]\hat{U}_0(-t)\hat{R}_\mu\} \qquad (2.2-53)$$

若将式中的泊松括号展开，在 $\hat{R}_\alpha^I(t_1)$、$\hat{R}_\beta^I(t_2)$和 $\hat{\rho}_0$ 间乘进因子 $\hat{U}_0(-t)\hat{U}_0(t)$，并利用式

(2.2－41)定义的$\hat{\boldsymbol{R}}^I(t)$，可将式(2.2－53)中的迹变为

$$\mathrm{tr}\{\hat{R}_\alpha^I(t_1-t)\hat{R}_\beta^I(t_2-t)\hat{\rho}_0\hat{R}_\mu-\hat{R}_\alpha^I(t_1-t)\hat{\rho}_0\hat{R}_\beta^I(t_2-t)\hat{R}_\mu$$
$$-\hat{R}_\beta^I(t_2-t)\hat{\rho}_0\hat{R}_\alpha^I(t_1-t)\hat{R}_\mu+\hat{\rho}_0\hat{R}_\beta^I(t_2-t)\hat{R}_\alpha^I(t_1-t)\hat{R}_\mu\}$$

对式(2.2－53)作变量代换(将式中的$t_1\to t_1'+t$，$t_2\to t_2'+t$，再将t_1'和t_2'分别用t_1和t_2替代)，并利用式(2.1－13)规则，最后求得

$$P_\mu^{(2)}(t)=V^{-1}(-\mathrm{i}\hbar)^{-2}\int_{-\infty}^{0}\mathrm{d}t_1\int_{-\infty}^{t_1}\mathrm{d}t_2\int_{-\infty}^{\infty}\mathrm{d}\omega_1\int_{-\infty}^{\infty}\mathrm{d}\omega_2$$
$$\times E_\alpha(\omega_1)E_\beta(\omega_2)\mathrm{e}^{-\mathrm{i}(\omega_1+\omega_2)t}\mathrm{e}^{-\mathrm{i}(\omega_1t_1+\omega_2t_2)}\mathrm{tr}\{\hat{\rho}_0[[\hat{R}_\mu,\hat{R}_\alpha^I(t_1)],\hat{R}_\beta^I(t_2)]\}$$

(2.2－54)

将上式与二阶极化强度分量的定义式

$$P_\mu^{(2)}=\int_{-\infty}^{\infty}\mathrm{d}\omega_1\int_{-\infty}^{\infty}\mathrm{d}\omega_2\chi_{\mu\alpha\beta}^{(2)}(\omega_1,\omega_2)E_\alpha(\omega_1)E_\beta(\omega_2)\mathrm{e}^{-\mathrm{i}(\omega_1+\omega_2)t}\qquad(2.2-55)$$

相比较，便求得二阶极化率张量元素表示式为

$$\chi_{\mu\alpha\beta}^{(2)}(\omega_1,\omega_2)=\frac{1}{\varepsilon_0}V^{-1}(-\mathrm{i}\hbar)^{-2}\int_{-\infty}^{0}\mathrm{d}t_1\int_{-\infty}^{t_1}\mathrm{d}t_2$$
$$\times\mathrm{tr}\{\hat{\rho}_0[[\hat{R}_\mu,\hat{R}_\alpha^I(t_1)],\hat{R}_\beta^I(t_2)]\}\mathrm{e}^{-\mathrm{i}(\omega_1t_1+\omega_2t_2)}\qquad(2.2-56)$$

在第1章中我们已经指出，极化率张量应具有本征对易对称性，即有

$$\chi_{\mu\alpha\beta}^{(2)}(\omega_1,\omega_2)=\chi_{\mu\beta\alpha}^{(2)}(\omega_2,\omega_1)$$

但由上面导出的$\chi_{\mu\alpha\beta}^{(2)}(\omega_1,\omega_2)$的表示式(2.2－56)，在配对$(\omega_1,\alpha)$和$(\omega_2,\beta)$交换后，$\chi_{\mu\alpha\beta}^{(2)}(\omega_1,\omega_2)\neq\chi_{\mu\beta\alpha}^{(2)}(\omega_2,\omega_1)$，也就是说，式(2.2－56)所表示的$\chi_{\mu\alpha\beta}^{(2)}(\omega_1,\omega_2)$不具有本征对易对称性，为使$\chi_{\mu\alpha\beta}^{(2)}(\omega_1,\omega_2)$具有本征对易对称性，我们可以用

$$\frac{1}{2}[\chi_{\mu\alpha\beta}^{(2)}(\omega_1,\omega_2)+\chi_{\mu\beta\alpha}^{(2)}(\omega_2,\omega_1)]$$

代替$\chi_{\mu\alpha\beta}^{(2)}(\omega_1,\omega_2)$。这样，式(2.2－56)在配对$(\omega_1,\alpha)$和$(\omega_2,\beta)$对易下是不变的，也就是说，具有本征对易对称的性质。所以，具有本征对易对称性的二阶极化率张量元素的表示式应为

$$\chi_{\mu\alpha\beta}^{(2)}(\omega_1,\omega_2)=\frac{1}{\varepsilon_0}V^{-1}(-\mathrm{i}\hbar)^{-2}\frac{\hat{\mathrm{S}}}{2!}\int_{-\infty}^{0}\mathrm{d}t_1\int_{-\infty}^{t_1}\mathrm{d}t_2$$
$$\times\mathrm{tr}\{\hat{\rho}_0[[\hat{R}_\mu,\hat{R}_\alpha^I(t_1)],\hat{R}_\beta^I(t_2)]\}\mathrm{e}^{-\mathrm{i}(\omega_1t_1+\omega_2t_2)}\qquad(2.2-57)$$

式中，$\hat{\mathrm{S}}$是一种对称化算符，它表示在式(2.2－57)中，对配对(ω_1,α)和(ω_2,β)所有可能的对易求和。

3. 三阶和r阶极化率张量元素

由一阶和二阶极化率张量元素$\chi_{\mu\alpha}^{(1)}(\omega)$和$\chi_{\mu\alpha\beta}^{(2)}(\omega_1,\omega_2)$的表示式(2.2－50)和式(2.2－57)，我们可以立即写出三阶极化率张量元素$\chi_{\mu\alpha\beta\gamma}^{(3)}(\omega_1,\omega_2,\omega_3)$和$r$阶极化率张量元素$\chi_{\mu\alpha_1\alpha_2\cdots\alpha_r}^{(r)}(\omega_1,\omega_2,\cdots,\omega_r)$的表示式分别为[3]

$$\chi^{(3)}_{\mu\alpha\beta\gamma}(\omega_1,\omega_2,\omega_3)=\frac{1}{\varepsilon_0}V^{-1}(-\mathrm{i}\hbar)^{-3}\frac{\hat{S}}{3!}\int_{-\infty}^{0}\mathrm{d}t_1\int_{-\infty}^{t_1}\mathrm{d}t_2\int_{-\infty}^{t_2}\mathrm{d}t_3$$
$$\times\mathrm{tr}\{\hat{\rho}_0[[[\hat{R}_\mu,\hat{R}^I_\alpha(t_1)],\hat{R}^I_\beta(t_2)],\hat{R}^I_\gamma(t_3)]\}$$
$$\times\mathrm{e}^{-\mathrm{i}(\omega_1t_1+\omega_2t_2+\omega_3t_3)}\qquad(2.2-58)$$

$$\chi^{(r)}_{\mu\alpha_1\alpha_2\cdots\alpha_r}(\omega_1,\omega_2,\cdots,\omega_r)=\frac{1}{\varepsilon_0}V^{-1}(-\mathrm{i}\hbar)^{-r}\frac{\hat{S}}{r!}\int_{-\infty}^{0}\mathrm{d}t_1\int_{-\infty}^{t_1}\mathrm{d}t_2\cdots\int_{-\infty}^{t_{r-1}}\mathrm{d}t_r$$
$$\times\mathrm{tr}\{\hat{\rho}_0[\cdots[[\hat{R}_\mu,\hat{R}^I_{\alpha_1}(t_1)],\hat{R}^I_{\alpha_2}(t_2)],\cdots\hat{R}^I_{\alpha_r}(t_r)]\}$$
$$\times\mathrm{e}^{-\mathrm{i}\sum_{m=1}^{r}\omega_mt_m}\qquad(2.2-59)$$

式中，$\hat{S}$是对称化算符，在式(2.2-58)中表示对配对(ω_1,α)、(ω_2,β)和(ω_3,γ)所有可能的对易求和，在式(2.2-59)中表示对配对(ω_1,α_1)、(ω_2,α_2)、…、(ω_r,α_r)所有可能的$r!$个对易求和。

至此，我们利用微扰理论的方法，通过密度算符导出了各阶极化率张量元素的表示式。这些表示式可应用于任何介质，它是研究介质非线性光学性质的基础。

2.3　近独立分子体系的极化率

这一节将利用上面得到的普遍结论，讨论一个不可区分的、独立的、取向相同的全同分子体系，导出这种体系中的极化率张量表示式，并讨论其性质。这种体系对任何实际的介质来说都是一个十分理想的模型，其概念简单，易于理解。

2.3.1　近独立分子体系的极化率张量

1. 极化率张量表示式

上一节所讨论的极化率张量表示式中的算符，都是与介质的小体积V内整个粒子系统相联系着的。如果这种粒子系统由近独立分子集合而成，就可以很容易证明这种多粒子算符可用单个分子的算符表示，单个分子算符只与单个分子相联系，而且与不同分子相联系的算符之间是可对易的。

1）多粒子系统的算符用单分子算符表示

假定在体积V中有M个分子，其中第m个分子的未微扰哈密顿算符和电偶极矩算符分别为$\hat{H}_m$和$\hat{\boldsymbol{R}}_m$，则整个集合的未微扰哈密顿算符和电偶极矩算符分别为

$$\hat{H}_0=\sum_m\hat{H}_m\qquad(2.3-1)$$

$$\hat{\boldsymbol{R}}=\sum_m\hat{\boldsymbol{R}}_m\qquad(2.3-2)$$

因为单个分子的哈密顿算符之间是可对易的，所以整个集合在热平衡状态下的密度算符为

$$\hat{\rho}_0=A\mathrm{e}^{-\hat{H}_0/KT}=\hat{\rho}_1\hat{\rho}_2\cdots\hat{\rho}_m\cdots\hat{\rho}_M\qquad(2.3-3)$$

式中

$$\hat{\rho}_m = A^{1/M}\mathrm{e}^{-\hat{H}_m/KT} \tag{2.3-4}$$

是在热平衡状态下第 m 个分子的密度算符。

同样，整个集合的未微扰与时间有关的演化算符 $\hat{U}_0(t)$ 为

$$\hat{U}_0(t) = \mathrm{e}^{-\mathrm{i}\hat{H}_0 t/\hbar} = \hat{U}_1(t)\hat{U}_2(t)\cdots\hat{U}_m(t)\cdots\hat{U}_M(t) \tag{2.3-5}$$

式中

$$\hat{U}_m(t) = \mathrm{e}^{-\mathrm{i}\hat{H}_m t/\hbar} \tag{2.3-6}$$

是第 m 个分子的未微扰与时间有关的演化算符，显然有

$$\hat{U}_m(-t)\hat{U}_m(t) = 1 \tag{2.3-7}$$

及

$$[\hat{U}_m(t),\ \hat{\boldsymbol{R}}_l] = 0,\quad m \neq l \tag{2.3-8}$$

在相互作用表象中，整个集合的电偶极矩算符为

$$\hat{\boldsymbol{R}}^I(t) = \hat{U}_0(-t)\hat{\boldsymbol{R}}\hat{U}_0(t) = \sum_m \hat{\boldsymbol{R}}^I_m(t) \tag{2.3-9}$$

式中

$$\hat{\boldsymbol{R}}^I_m(t) = \hat{U}_m(-t)\hat{\boldsymbol{R}}^I_m\hat{U}_m(t) \tag{2.3-10}$$

是在相互作用表象中，第 m 个分子的电偶极矩算符。

2) 极化率张量表示式中的迹用单个分子的算符表示

由式(2.2-50)、式(2.2-57)、式(2.2-58)和式(2.2-59)所表示的一阶、二阶、三阶和 r 阶极化率张量元素的表示式可见，若将式中的电偶极矩算符用单个分子的电偶极矩算符表示，则不管是哪一阶极化率张量元素表示式中的迹，都有如下形式：

$$F = \mathrm{tr}\left\{\hat{\rho}_0 \sum_m \hat{C}_m\right\} \tag{2.3-11}$$

式中的 $\hat{C}_m$ 对于 r 阶极化率张量元素为

$$\hat{C}_m = [\cdots[[\hat{R}^I_{m\mu},\ \hat{R}^I_{m\alpha_1}(t_1)],\ \hat{R}^I_{m\alpha_2}(t_2)],\ \cdots,\ \hat{R}^I_{m\alpha_r}(t_r)] \tag{2.3-12}$$

这个 $\hat{C}_m$ 表示的是与第 m 个分子相联系的电偶极矩算符的多重换位子。

为得到近独立分子体系的极化率张量元素的具体表示式，必须计算式(2.3-11)形式的迹，而对于迹的计算，可以在任意表象中进行。在这里，比较方便的是利用如下的表象：在这个表象中，多分子体系的波函数可以用单分子波函数的乘积表示。

假定 $\boldsymbol{r}_m$ 表示第 m 个分子的所有内部坐标(设质心是静止的)，$\{u(a,\ \boldsymbol{r}_m)\}$ 表示第 m 个分子 a 表象的分子波函数集合，这里的 a 表示波函数集合中不同成员的一种符号，则整个分子集合的表象由如下一组波函数乘积给出：

$$\{\varphi_A\} = \{u(a_1,\boldsymbol{r}_1)u(a_2,\boldsymbol{r}_2)\cdots u(a_m,\boldsymbol{r}_m)\cdots u(a_M,\boldsymbol{r}_M)\} \tag{2.3-13}$$

式中，A 表示单分子符号 a_1、a_2、…、a_m、…、a_M 的集合，每个符号 a_m 包含单分子波函数的所有可能的成员。

现在利用式(2.3-13)来计算式(2.3-11)的迹。因为迹是矩阵对角元之和，所以有

$$F=\sum_A\int\mathrm{d}\tau_1\int\mathrm{d}\tau_2\cdots\int\mathrm{d}\tau_m\cdots\int\mathrm{d}\tau_M\varphi_A^*\hat{\rho}_1\hat{\rho}_2\cdots\hat{\rho}_m\cdots\hat{\rho}_M\sum_m\hat{C}_m\varphi_A$$
$$=\sum_m\sum_A\int\mathrm{d}\tau_1\int\mathrm{d}\tau_2\cdots\int\mathrm{d}\tau_m\cdots\int\mathrm{d}\tau_M\varphi_A^*\hat{\rho}_1\hat{\rho}_2\cdots\hat{\rho}_m\cdots\hat{\rho}_M\hat{C}_m\varphi_A \tag{2.3-14}$$

式中，$\mathrm{d}\tau_m$ 是第 m 个分子所占有空间的体积元。又因单个分子密度算符间是可对易的，我们可将 $\hat{\rho}_m$ 移到 $\hat{C}_m$ 的左边。这样，式(2.3－14)中的算符是单分子算符的乘积，波函数是单分子波函数的乘积，故多分子积分可分解为单分子积分的乘积。因此，考虑到对 A 求和包含了对所有 a_1、a_2、…、a_M 求和，式(2.3－14)可简化为

$$F=\sum_m\mathrm{tr}\{\hat{\rho}_1\}\mathrm{tr}\{\hat{\rho}_2\}\cdots\mathrm{tr}\{\hat{\rho}_m\hat{C}_m\}\cdots\mathrm{tr}\{\hat{\rho}_M\} \tag{2.3-15}$$

式中，因为第 m 个分子的密度算符 $\hat{\rho}_m$ 的迹为

$$\mathrm{tr}\{\hat{\rho}_m\}=\sum_a\int\mathrm{d}\tau_m u^*(a,\boldsymbol{r}_m)\hat{\rho}_m u(a,\boldsymbol{r}_m) \tag{2.3-16}$$

又因为假定分子是全同的，并且取向也是相同的，应有

$$\mathrm{tr}\{\hat{\rho}_1\}=\mathrm{tr}\{\hat{\rho}_2\}=\cdots=\mathrm{tr}\{\hat{\rho}_m\}=\cdots=\mathrm{tr}\{\hat{\rho}_M\} \tag{2.3-17}$$

所以代入式(2.3－15)后，得

$$F=M[\mathrm{tr}\{\hat{\rho}_1\}]^{M-1}\,\mathrm{tr}\{\hat{\rho}_1\hat{C}_1\} \tag{2.3-18}$$

上式中已利用第一个分子代替了所有其它分子。

进一步，由于式(2.3－11)对任何 $\hat{C}_m$ 都成立，所以可先假定 $\hat{C}_m$ 为某一个值，例如假定 $\hat{C}_m=1/M$，则按式(2.3－11)，有

$$F=\mathrm{tr}\left\{\hat{\rho}_0 M\frac{1}{M}\right\}=\mathrm{tr}\{\hat{\rho}_0\}=1$$

再由式(2.3－18)，得

$$F=1=M[\mathrm{tr}\{\hat{\rho}_1\}]^{M-1}\,\mathrm{tr}\{\hat{\rho}_1\hat{C}_1\}=[\mathrm{tr}\{\hat{\rho}_1\}]^M$$

所以

$$\mathrm{tr}\{\hat{\rho}_1\}=1 \tag{2.3-19}$$

这表示，单分子密度算符 $\hat{\rho}_1$ 是归一化的。因而对任意 $\hat{C}_m$ 来说，有

$$F=M[\mathrm{tr}\{\hat{\rho}_1\}]^{M-1}\,\mathrm{tr}\{\hat{\rho}_1\hat{C}_1\}=M\,\mathrm{tr}\{\hat{\rho}_1\hat{C}_1\} \tag{2.3-20}$$

由此可见，为计算不可区分的、独立的分子系统所组成的介质的极化率张量表示式的迹，只要计算单分子的迹 $\mathrm{tr}\{\hat{\rho}_1\hat{C}_1\}$ 即可，其中 $\hat{\rho}_1$ 是单分子密度算符，$\hat{C}_1$ 是相应的单分子的多重换位子算符。

3) 单分子迹 $\mathrm{tr}\{\hat{\rho}_1\hat{C}_1\}$ 的表示式

前面，我们都是用 $\hat{H}_0$、$\hat{\rho}_0$ 和 $\hat{\boldsymbol{R}}$ 分别表示多粒子系统的未微扰哈密顿算符、热平衡状态下的密度算符和电偶极矩算符，用 $\hat{U}_0(t)$ 和 $\hat{\boldsymbol{R}}^I(t)$ 分别表示多粒子系统的未微扰与时间有关的演化算符和相互作用表象中的电偶极矩算符。从现在起，我们用它们来表示单个分子的相应的量。

为了计算迹 $\mathrm{tr}\{\hat{\rho}_0\hat{C}\}$，需要给出 $\hat{\rho}_0$ 和 $\hat{C}$ 的矩阵元，这就涉及选择表象的问题。因为表象的选择是任意的，为计算方便起见，可以利用能量表象。在能量表象中，我们上面引入的单分子表象 $\{u(a,\boldsymbol{r})\}$ 中的 $u(a,\boldsymbol{r})$ 是 $\hat{H}_0$ 的本征函数，相应的本征值为 E_a，它们由本征值方程 $\hat{H}_0u(a,\boldsymbol{r})=E_au(a,\boldsymbol{r})$ 确定。在能量表象中，凡是哈密顿算符 $\hat{H}_0$ 的函数的算符，其矩阵都是对角化的。不难求得

$$[\hat{\rho}_0]_{ba}=\int u^*(b,\boldsymbol{r})\hat{\rho}_0u(a,\boldsymbol{r})\mathrm{d}\tau=A^{1/M}\mathrm{e}^{-E_a/KT}\delta_{ab}=\rho^0_{aa}\delta_{ab} \tag{2.3-21}$$

$$[\hat{U}_0(t)]_{ab}=\int u^*(a,\boldsymbol{r})\hat{U}_0u(b,\boldsymbol{r})\mathrm{d}\tau=\mathrm{e}^{-\mathrm{i}E_bt/\hbar}\delta_{ab} \tag{2.3-22}$$

$$[\hat{U}_0(t)]_{ba}=\mathrm{e}^{-\mathrm{i}E_at/\hbar}\delta_{ab} \tag{2.3-23}$$

$$[\hat{R}^I_\alpha(t)]_{ab}=[\hat{U}_0(-t)\hat{R}_\alpha\hat{U}_0(t)]_{ab}=\mathrm{e}^{\mathrm{i}\omega_{ab}t}R^\alpha_{ab} \tag{2.3-24}$$

式中，R^α_{ab} 是电偶极矩分量 $\hat{R}_\alpha$ 算符的第 ab 个矩阵元素(第 a 行和第 b 列相交处的矩阵元素)，$\hbar\omega_{ab}$ 是两个能态 a 和 b 之间的能量差。利用式(2.3-21)～式(2.3-24)，很容易求得一阶、二阶和三阶极化率张量元素表示式中的迹，它们分别为

一阶：

$$\mathrm{tr}\{\hat{\rho}_0\hat{C}\}=\sum_{a,b}\rho^0_{aa}\{R^\mu_{ab}R^\alpha_{ba}\mathrm{e}^{-\mathrm{i}\omega_{ab}t_1}-R^\alpha_{ab}R^\mu_{ba}\mathrm{e}^{\mathrm{i}\omega_{ab}t_1}\} \tag{2.3-25}$$

二阶：

$$\begin{aligned}\mathrm{tr}\{\hat{\rho}_0\hat{C}\}=\sum_{a,b,c}\rho^0_{aa}\{&R^\mu_{ab}R^\alpha_{bc}R^\beta_{ca}\mathrm{e}^{\mathrm{i}(\omega_{bc}t_1+\omega_{ca}t_2)}-R^\alpha_{ab}R^\mu_{bc}R^\beta_{ca}\mathrm{e}^{\mathrm{i}(\omega_{ab}t_1+\omega_{ca}t_2)}\\&+R^\beta_{ab}R^\alpha_{bc}R^\mu_{ca}\mathrm{e}^{\mathrm{i}(\omega_{ab}t_2+\omega_{bc}t_1)}-R^\beta_{ab}R^\mu_{bc}R^\alpha_{ca}\mathrm{e}^{\mathrm{i}(\omega_{ab}t_2+\omega_{ca}t_1)}\}\end{aligned} \tag{2.3-26}$$

三阶：

$$\begin{aligned}\mathrm{tr}\{\hat{\rho}_0\hat{C}\}=\sum_{a,b,c,d}\rho^0_{aa}\{&R^\mu_{ab}R^\alpha_{bc}R^\beta_{cd}R^\gamma_{da}\,\mathrm{e}^{\mathrm{i}(\omega_{bc}t_1+\omega_{cd}t_2+\omega_{da}t_3)}-R^\alpha_{ab}R^\mu_{bc}R^\beta_{cd}R^\gamma_{da}\,\mathrm{e}^{\mathrm{i}(\omega_{ab}t_1+\omega_{cd}t_2+\omega_{da}t_3)}\\&-R^\beta_{ab}R^\mu_{bc}R^\alpha_{cd}R^\gamma_{da}\,\mathrm{e}^{\mathrm{i}(\omega_{ab}t_2+\omega_{cd}t_1+\omega_{da}t_3)}+R^\beta_{ab}R^\alpha_{bc}R^\mu_{cd}R^\gamma_{da}\,\mathrm{e}^{\mathrm{i}(\omega_{ab}t_2+\omega_{bc}t_1+\omega_{da}t_3)}\\&-R^\gamma_{ab}R^\mu_{bc}R^\alpha_{cd}R^\beta_{da}\,\mathrm{e}^{\mathrm{i}(\omega_{ab}t_3+\omega_{cd}t_1+\omega_{da}t_2)}+R^\gamma_{ab}R^\alpha_{bc}R^\mu_{cd}R^\beta_{da}\,\mathrm{e}^{\mathrm{i}(\omega_{ab}t_3+\omega_{bc}t_1+\omega_{da}t_2)}\\&+R^\gamma_{ab}R^\beta_{bc}R^\mu_{cd}R^\alpha_{da}\,\mathrm{e}^{\mathrm{i}(\omega_{ab}t_3+\omega_{bc}t_2+\omega_{da}t_1)}-R^\gamma_{ab}R^\beta_{bc}R^\alpha_{cd}R^\mu_{da}\,\mathrm{e}^{\mathrm{i}(\omega_{ab}t_3+\omega_{bc}t_2+\omega_{cd}t_1)}\}\end{aligned} \tag{2.3-27}$$

式中，已利用 ρ^0_{aa} 代替 $(\hat{\rho}_0)_{aa}$，R^μ_{ab} 代替 $(\hat{R}_\mu)_{ab}$ 等。

因为通常只讨论到三阶非线性极化效应，故从实际考虑出发，导出三阶非线性极化率张量元素中的迹已经足够。当然，对于更高阶非线性极化率张量元素中的迹，也可以按上述方法求得。

4) 极化率张量元素的表示式

由式(2.2-50)，并利用式(2.3-20)和式(2.3-25)，可以给出一阶极化率张量元素的表示式为

$$\chi^{(1)}_{\mu\alpha}(\omega)=-\frac{n}{\varepsilon_0}(\mathrm{i}\hbar)^{-1}\int_{-\infty}^0\mathrm{d}t_1\Big\{\sum_{a,b}\rho^0_{aa}R^\mu_{ab}R^\alpha_{ba}\mathrm{e}^{-\mathrm{i}(\omega+\omega_{ab})t_1}-\sum_{a,b}\rho^0_{aa}R^\alpha_{ab}R^\mu_{ba}\,\mathrm{e}^{-\mathrm{i}(\omega-\omega_{ab})t_1}\Big\} \tag{2.3-28}$$

式中，$n=M/V$ 是分子数密度。对上式进行积分可以看到：当 ω 是实数时，$\chi^{(1)}_{\mu\alpha}(\omega)$ 不收敛，只有频率 ω 在复数频率平面的上半平面内取值时，积分才是收敛的，这与讨论式

(1.1－26)时的结论是一致的。在这种情况下，对式(2.3－28)积分得到

$$\chi_{\mu\alpha}^{(1)}(\omega)=-\frac{n}{\varepsilon_0\hbar}\sum_{a,b}\rho_{aa}^{0}\left[\frac{R_{ab}^{\mu}R_{ba}^{\alpha}}{\omega+\omega_{ab}}-\frac{R_{ab}^{\alpha}R_{ba}^{\mu}}{\omega-\omega_{ab}}\right] \tag{2.3-29}$$

这就是我们要求的一阶极化率张量元素的表示式。

同样，由式(2.2－57)，并利用式(2.3－20)和式(2.3－26)可以求得

$$\begin{aligned}\chi_{\mu\alpha\beta}^{(2)}(\omega_1,\omega_2)=&\frac{\hat{S}}{2}\frac{n}{\varepsilon_0\hbar^2}\sum_{a,b,c}\rho_{aa}^{0}\\&\times\left\{\frac{R_{ab}^{\mu}R_{bc}^{\alpha}R_{ca}^{\beta}}{(\omega_2+\omega_{ac})(\omega_1+\omega_2+\omega_{ab})}-\frac{R_{ab}^{\alpha}R_{bc}^{\mu}R_{ca}^{\beta}}{(\omega_2+\omega_{ac})(\omega_1+\omega_2+\omega_{bc})}\right.\\&\left.-\frac{R_{ab}^{\beta}R_{bc}^{\mu}R_{ca}^{\alpha}}{(\omega_2+\omega_{ba})(\omega_1+\omega_2+\omega_{bc})}+\frac{R_{ab}^{\beta}R_{bc}^{\alpha}R_{ca}^{\mu}}{(\omega_2+\omega_{ba})(\omega_1+\omega_2+\omega_{ca})}\right\}\end{aligned} \tag{2.3-30}$$

因为上式中含有对称化算符 $\hat{S}$，因此，式中任何一项在(ω_1，α)和(ω_2，β)对易下不影响最后结果。现在，将式(2.3－30)第三项中的(ω_1，α)和(ω_2，β)进行对易，并与第二项相加，最后求得二阶极化率张量元素为

$$\begin{aligned}\chi_{\mu\alpha\beta}^{(2)}(\omega_1,\omega_2)=&\frac{\hat{S}}{2}\frac{n}{\varepsilon_0\hbar^2}\sum_{a,b,c}\rho_{aa}^{0}\left\{\frac{R_{ab}^{\mu}R_{bc}^{\alpha}R_{ca}^{\beta}}{(\omega_{ab}+\omega_1+\omega_2)(\omega_{ac}+\omega_2)}\right.\\&\left.+\frac{R_{ab}^{\alpha}R_{bc}^{\mu}R_{ca}^{\beta}}{(\omega_{ab}-\omega_1)(\omega_{ac}+\omega_2)}+\frac{R_{ab}^{\alpha}R_{bc}^{\beta}R_{ca}^{\mu}}{(\omega_{ab}-\omega_1)(\omega_{ac}-\omega_1-\omega_2)}\right\}\end{aligned} \tag{2.3-31}$$

利用同样的方法和步骤，由式(2.2－58)，再利用式(2.3－20)和式(2.3－27)可以求得三阶极化率张量元素表示式为

$$\begin{aligned}\chi_{\mu\alpha\beta\gamma}^{(3)}(\omega_1,\omega_2,\omega_3)=&\frac{\hat{S}}{3!}\frac{n}{\varepsilon_0\hbar^3}\sum_{a,b,c,d}\rho_{aa}^{0}\left\{\frac{R_{ab}^{\mu}R_{bc}^{\alpha}R_{cd}^{\beta}R_{da}^{\gamma}}{(\omega_{ba}-\omega_1-\omega_2-\omega_3)(\omega_{ca}-\omega_2-\omega_3)(\omega_{da}-\omega_3)}\right.\\&+\frac{R_{ab}^{\alpha}R_{bc}^{\mu}R_{cd}^{\beta}R_{da}^{\gamma}}{(\omega_{ba}+\omega_1)(\omega_{ca}-\omega_2-\omega_3)(\omega_{da}-\omega_3)}\\&+\frac{R_{ab}^{\alpha}R_{bc}^{\beta}R_{cd}^{\mu}R_{da}^{\gamma}}{(\omega_{ba}+\omega_1)(\omega_{ca}+\omega_1+\omega_2)(\omega_{da}-\omega_3)}\\&\left.+\frac{R_{ab}^{\alpha}R_{bc}^{\beta}R_{cd}^{\gamma}R_{da}^{\mu}}{(\omega_{ba}+\omega_1)(\omega_{ca}+\omega_1+\omega_2)(\omega_{da}+\omega_1+\omega_2+\omega_3)}\right\}\end{aligned} \tag{2.3-32}$$

2. 极化率张量元素表示式的费曼(Feymman)图示法[4]

下面介绍一种费曼图表示法，通过该方法可以很容易地写出任意阶极化率张量元素的表示式。我们用向下的箭头表示正的频率，对应于光子的湮灭；用向上的箭头表示负的频率，对应于光子的产生。这样，在极化率张量元素表示式分母中，形式为 $\hbar(\omega_{b_n a}-\omega_n)$的因子表示粒子从态 b_n 跃迁到态 a 时，粒子向辐射场中发射一个频率为 ω_n 的光子。例如，式(2.3－32)中的因子($\omega_{ba}-\omega_1-\omega_2-\omega_3$)，表示粒子从态 b 跃迁到态 a 时，产生一个频率为($\omega_1+\omega_2+\omega_3$)的光子，并用向上的箭头表示，以频率 $\omega_\sigma=-(\omega_1+\omega_2+\omega_3)$表征。又如，($\omega_{ca}-\omega_2-\omega_3$)因子表示粒子从态 c 跃迁到态 a 时，产生一个频率为 $\omega_2+\omega_3$ 的光子(等价于一个频率为 ω_σ 的光子和一个频率为 ω_1 的光子的能量差)。于是，式(2.3－32)求和中的各项可以分别用如下的费曼图表示：

第一项

$$\frac{R_{ab}^{\mu}R_{bc}^{\alpha}R_{cd}^{\beta}R_{da}^{\gamma}}{(\omega_{ba}-\omega_1-\omega_2-\omega_3)(\omega_{ca}-\omega_2-\omega_3)(\omega_{da}-\omega_3)}$$

$\Downarrow$

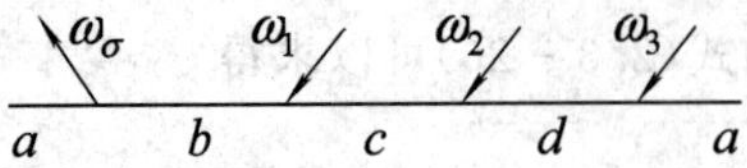

第二项

$$\frac{R_{ab}^{\alpha}R_{bc}^{\mu}R_{cd}^{\beta}R_{da}^{\gamma}}{(\omega_{ba}+\omega_1)(\omega_{ca}-\omega_2-\omega_3)(\omega_{da}-\omega_3)}$$

$\Downarrow$

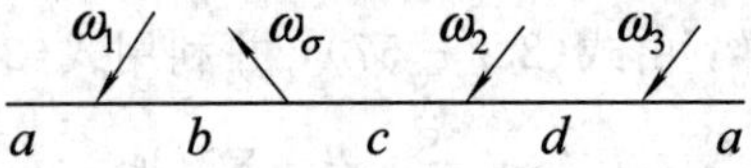

第三项

$$\frac{R_{ab}^{\alpha}R_{bc}^{\beta}R_{cd}^{\mu}R_{da}^{\gamma}}{(\omega_{ba}+\omega_1)(\omega_{ca}+\omega_1+\omega_2)(\omega_{da}-\omega_3)}$$

$\Downarrow$

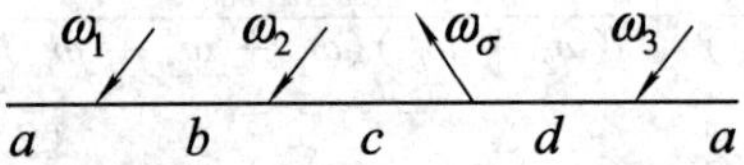

第四项

$$\frac{R_{ab}^{\alpha}R_{bc}^{\beta}R_{cd}^{\gamma}R_{da}^{\mu}}{(\omega_{ba}+\omega_1)(\omega_{ca}+\omega_1+\omega_2)(\omega_{da}+\omega_1+\omega_2+\omega_3)}$$

$\Downarrow$

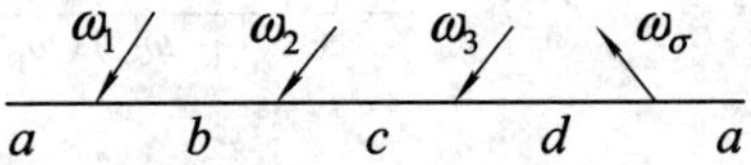

仿照上述费曼图示方法，可以很容易写出(例如)具有两个泵浦的受激超喇曼散射过程的五阶极化率张量元素 $\chi^{(5)}_{\mu\alpha_1\alpha_2\alpha_3\alpha_4\alpha_5}(-\omega_s, \omega_{p_1}, \omega_{p_2}, -\omega_{p_2}, -\omega_{p_1}, \omega_s)$的表示式为

$$\chi^{(5)}_{\mu\alpha_1\alpha_2\alpha_3\alpha_4\alpha_5}(-\omega_s,\omega_{p_1},\omega_{p_2},-\omega_{p_2},-\omega_{p_1},\omega_s)$$

$$=\frac{\hat{S}}{5!}\frac{n}{\varepsilon_0\hbar^5}\sum_{a,b,c,d,e,f}\rho_{aa}^{0}$$

$\times\Big\{$

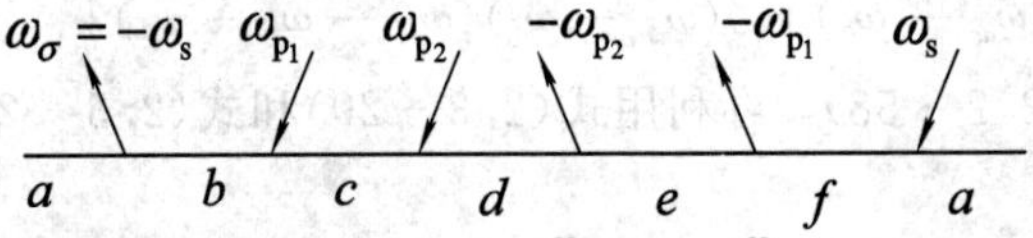

$+$

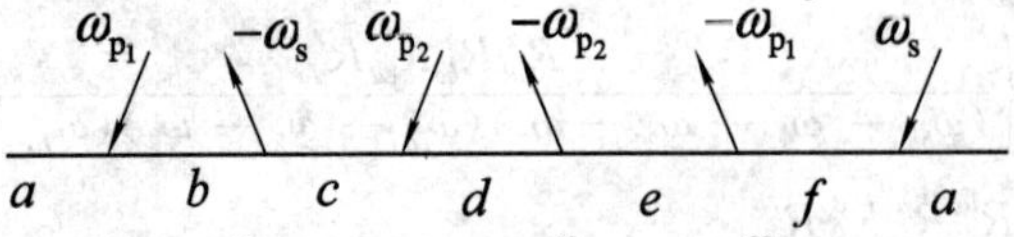

$+$

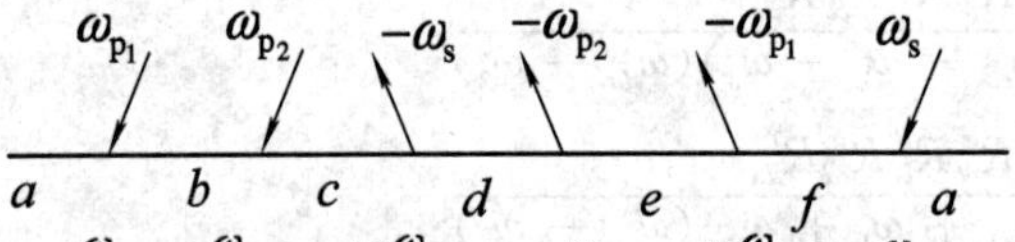

$+$

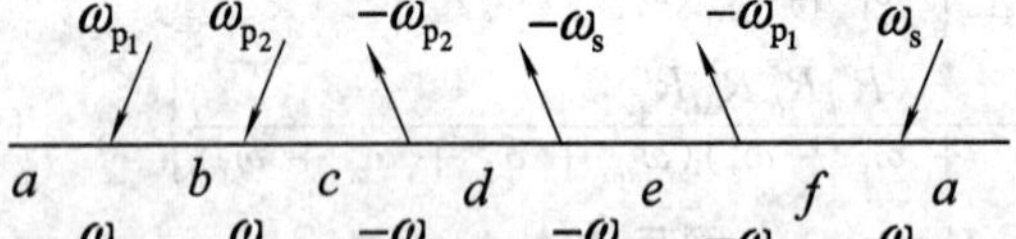

$+$

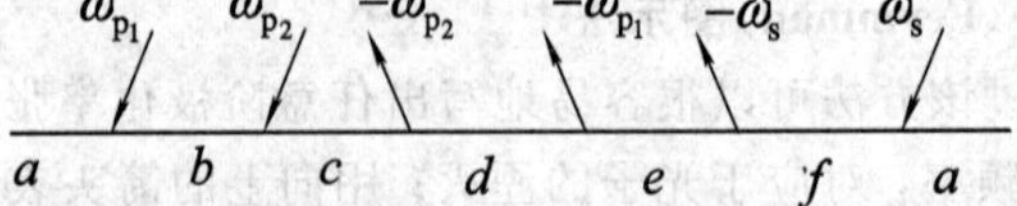

$+$

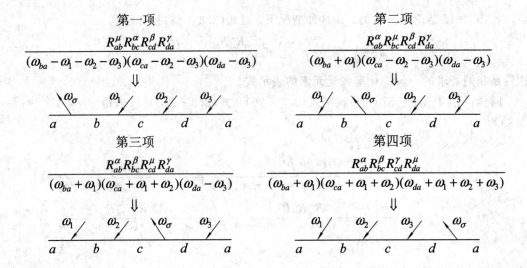

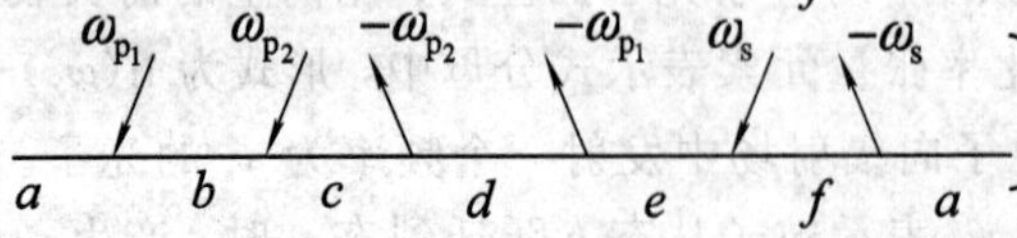

$\Big\}$

$$=\frac{\hat{S}}{5!}\frac{n}{\varepsilon_0\hbar^5}\sum_{a,b,c,d,e,f}\rho_{aa}^{0}$$

$$\times\Big\{\frac{R_{ab}^{\mu}R_{bc}^{\alpha_1}R_{cd}^{\alpha_2}R_{de}^{\alpha_3}R_{ef}^{\alpha_4}R_{fa}^{\alpha_5}}{(\omega_{ba}-\omega_s)(\omega_{ca}-\omega_s+\omega_{p_1})(\omega_{da}-\omega_s+\omega_{p_1}+\omega_{p_2})(\omega_{ea}+\omega_{p_1}-\omega_s)(\omega_{fa}-\omega_s)}$$

$$
\begin{aligned}
&+\frac{R_{ab}^{\alpha_1}R_{bc}^{\mu}R_{cd}^{\alpha_2}R_{de}^{\alpha_3}R_{ef}^{\alpha_4}R_{fa}^{\alpha_5}}{(\omega_{ba}+\omega_{p_1})(\omega_{ca}-\omega_s+\omega_{p_1})(\omega_{da}-\omega_s+\omega_{p_1}+\omega_{p_2})(\omega_{ea}+\omega_{p_1}-\omega_s)(\omega_{fa}-\omega_s)}\\
&+\frac{R_{ab}^{\alpha_1}R_{bc}^{\alpha_2}R_{cd}^{\mu}R_{de}^{\alpha_3}R_{ef}^{\alpha_4}R_{fa}^{\alpha_5}}{(\omega_{ba}+\omega_{p_1})(\omega_{ca}+\omega_{p_1}+\omega_{p_2})(\omega_{da}-\omega_s+\omega_{p_1}+\omega_{p_2})(\omega_{ea}+\omega_{p_1}-\omega_s)(\omega_{fa}-\omega_s)}\\
&+\frac{R_{ab}^{\alpha_1}R_{bc}^{\alpha_2}R_{cd}^{\alpha_3}R_{de}^{\mu}R_{ef}^{\alpha_4}R_{fa}^{\alpha_5}}{(\omega_{ba}+\omega_{p_1})(\omega_{ca}+\omega_{p_1}+\omega_{p_2})(\omega_{da}+\omega_{p_1})(\omega_{ea}-\omega_s+\omega_{p_1})(\omega_{fa}-\omega_s)}\\
&+\frac{R_{ab}^{\alpha_1}R_{bc}^{\alpha_2}R_{cd}^{\alpha_3}R_{de}^{\alpha_4}R_{ef}^{\mu}R_{fa}^{\alpha_5}}{(\omega_{ba}+\omega_{p_1})(\omega_{ca}+\omega_{p_1}+\omega_{p_2})(\omega_{da}+\omega_{p_1})(\omega_{ea})(\omega_{fa}-\omega_s)}\\
&\left.+\frac{R_{ab}^{\alpha_1}R_{bc}^{\alpha_2}R_{cd}^{\alpha_3}R_{de}^{\alpha_4}R_{ef}^{\alpha_5}R_{fa}^{\mu}}{(\omega_{ba}+\omega_{p_1})(\omega_{ca}+\omega_{p_1}+\omega_{p_2})(\omega_{da}+\omega_{p_1})(\omega_{ea})(\omega_{fa}+\omega_s)}\right\}
\end{aligned}
\tag{2.3 - 33}
$$

这里给出的五阶极化率张量元素符号 $\chi^{(5)}_{\mu\alpha_1\alpha_2\alpha_3\alpha_4\alpha_5}(-\omega_s,\omega_{p_1},\omega_{p_2},-\omega_{p_2},-\omega_{p_1},\omega_s)$ 中，已将 $\omega_\sigma=-\omega_s$ 写在小括号内，并与 μ 构成一个配对。

由此很容易写出任意 r 阶极化率张量元素 $\chi^{(r)}_{\mu\alpha_1\alpha_2\cdots\alpha_r}(\omega_1,\omega_2,\cdots,\omega_r)$ 的表示式为

$$
\begin{aligned}
&\chi^{(r)}_{\mu\alpha_1\alpha_2\cdots\alpha_r}(\omega_1,\omega_2,\cdots,\omega_r)\\
&=\frac{\hat{S}}{r!}\frac{n}{\varepsilon_0\hbar^r}\sum_{a,b_1,b_2,\cdots,b_r}\rho_{aa}^0\\
&\times\left\{\frac{R_{ab_1}^{\mu}R_{b_1b_2}^{\alpha_1}R_{b_2b_3}^{\alpha_2}\cdots R_{b_ra}^{\alpha_r}}{(\omega_{b_1a}-\omega_1-\omega_2-\cdots-\omega_r)(\omega_{b_2a}-\omega_2-\cdots-\omega_r)\cdots(\omega_{b_ra}-\omega_r)}\right.\\
&+\frac{R_{ab_1}^{\alpha_1}R_{b_1b_2}^{\mu}R_{b_2b_3}^{\alpha_2}\cdots R_{b_ra}^{\alpha_r}}{(\omega_{b_1a}+\omega_1)(\omega_{b_2a}-\omega_2-\cdots-\omega_r)\cdots(\omega_{b_ra}-\omega_r)}\\
&+\cdots\\
&\left.+\frac{R_{ab_1}^{\alpha_1}R_{b_1b_2}^{\alpha_2}R_{b_2b_3}^{\alpha_3}\cdots R_{b_ra}^{\mu}}{(\omega_{b_1a}+\omega_1)(\omega_{b_2a}+\omega_1+\omega_2)(\omega_{b_3a}+\omega_1+\omega_2+\omega_3)\cdots(\omega_{b_ra}+\omega_1+\cdots+\omega_r)}\right\}
\end{aligned}
\tag{2.3 - 34}
$$

式(2.3 - 34)共有 $r+1$ 项。

2.3.2　极化率张量的性质

在第 1 章中，我们已经讨论了极化率张量的真实性、本征对易对称性、完全对易对称性和空间对称性。现在我们将基于前面得到的极化率张量元素的具体表示式，进一步讨论极化率张量的完全对易对称性、克莱曼(Kleinman)对称性、时间反演对称性及其相关问题。

1. 极化率张量的完全对易对称性

1) 极化率张量的完全对易对称性

由式(2.3 - 29)的一阶极化率张量元素的表示式可以看出，如果交换指标 α 和 μ，并且用 $-\omega$ 代替 ω，即在 $(\omega,\alpha)\leftrightarrow(-\omega,\mu)$ 的情况下，式(2.3 - 29)右边的结果不变，这时有

$$\chi^{(1)}_{\alpha\mu}(-\omega)=-\frac{n}{\varepsilon_0\hbar}\sum_{a,b}\rho_{aa}^0\left[\frac{R_{ab}^{\alpha}R_{ba}^{\mu}}{\omega_{ab}-\omega}+\frac{R_{ab}^{\mu}R_{ba}^{\alpha}}{\omega_{ab}+\omega}\right]=\chi^{(1)}_{\mu\alpha}(\omega)\tag{2.3 - 35}$$

这就是一阶极化率张量的完全对易对称性。

为了更清楚地表示出完全对易对称性，我们令 $\omega_\sigma=-\omega$，并将其写在极化率张量元素符号的变量中，使 ω_σ 与 μ 相联系，ω 与 α 相联系，则其完全对易对称性可表示为

$$\chi_{\mu\alpha}^{(1)}(\omega_\sigma,\omega)=\chi_{\alpha\mu}^{(1)}(\omega,\omega_\sigma) \tag{2.3-36}$$

并可将一阶极化率张量元素简化为如下形式：

$$\chi_{\mu\alpha}^{(1)}(\omega_\sigma,\omega)=\frac{n}{\varepsilon_0\hbar}\hat{S}_T\sum_{a,b}\rho_{aa}^0\left(\frac{R_{ab}^\mu R_{ba}^\alpha}{\omega_{ba}+\omega_\sigma}\right) \tag{2.3-37}$$

式中的符号 $\hat{S}_T$ 叫完全对称化算符，它表示对配对(ω_σ,μ)和(ω,α)所有可能的对易求和。

同样，由式(2.3-31)的二阶极化率张量元素的表示式出发，如令 $\omega_\sigma=-(\omega_1+\omega_2)$，并对式中第一项作$(\omega_\sigma\mu,\ \omega_1\alpha,\ \omega_2\beta)\rightarrow(\omega_1\alpha,\omega_\sigma\mu,\ \omega_2\beta)$的对易，即得到第二项；如对第一项作$(\omega_\sigma\mu,\omega_1\alpha,\omega_2\beta)\rightarrow(\omega_\sigma\mu,\omega_1\alpha,\omega_2\beta)$的对易，即是恒等对易，对易后仍是第一项；如对第一项作$(\omega_\alpha\mu,\omega_1\alpha,\omega_2\beta)\rightarrow(\omega_1\alpha,\omega_2\beta,\omega_\sigma\mu)$的对易，即得到式中的第三项。又因为式(2.3-31)中包括本征对称化算符 $\hat{S}$，即包括配对$(\omega,\alpha)\leftrightarrow(\omega_2,\beta)$的项，因此，若计及本征对称化算符 $\hat{S}$的作用，式(2.3-31)大括号中实际上有六项，这六项都可以从第一项的表示式在配对(ω_σ,μ)、(ω_1,α)和(ω_2,β)的各种可能的对易下得到。所以式(2.3-31)可以写成更加简单的形式：

$$\chi_{\mu\alpha\beta}^{(2)}(\omega_\sigma,\omega_1,\omega_2)=\frac{n}{2!\varepsilon_0\hbar^2}\hat{S}_T\sum_{a,b,c}\rho_{aa}^0\frac{R_{ab}^\mu R_{bc}^\alpha R_{ca}^\beta}{(\omega_{ba}-\omega_1-\omega_2)(\omega_{ca}-\omega_2)} \tag{2.3-38}$$

式中，$\hat{S}_T$ 仍是完全对称化算符，它表示对式(2.3-38)中的项，在(ω_σ,μ)、(ω_1,α)和(ω_2,β)所有可能的六种对易下所得到的项求和，因而在任何一种对易下，$\chi_{\mu\alpha\beta}^{(2)}(\omega_\sigma,\omega_1,\omega_2)$是不变的，这就是二阶极化率张量的完全对易对称性。例如：

$$\begin{aligned}\chi_{\mu\alpha\beta}^{(2)}(\omega_\sigma,\omega_1,\omega_2)&=\chi_{\alpha\beta\mu}^{(2)}(\omega_1,\omega_\sigma,\omega_2)=\chi_{\beta\alpha\mu}^{(2)}(\omega_2,\omega_1,\omega_\sigma)\\&=\chi_{\mu\beta\alpha}(\omega_\sigma,\omega_2,\omega_1)=\chi_{\alpha\beta\mu}^{(2)}(\omega_1,\omega_2,\omega_\sigma)=\chi_{\beta\mu\alpha}^{(2)}(\omega_2,\omega_\sigma,\omega_1)\end{aligned} \tag{2.3-39}$$

对于三阶极化率张量元素表示式(2.3-32)，令 $\omega_\sigma=-(\omega_1+\omega_2+\omega_3)$，则在配对$(\omega_\sigma,\ \mu)$、$(\omega_1,\ \alpha)$、$(\omega_2,\ \beta)$和$(\omega_3,\ \gamma)$间进行对易，可分别由第一项得到第二项、第三项和第四项。另外，因为式(2.3-32)中含有本征对称化算符 $\hat{S}$，式中每一项对应着配对(ω_1,α)、(ω_2,β)和(ω_3,γ)的六种可能的对易，因此，式(2.3-32)的展开式中一共有 24 项。所以，式(2.3-32)可简化为

$$\begin{aligned}&\chi_{\mu\alpha\beta\gamma}^{(3)}(\omega_\sigma,\omega_1,\omega_2,\omega_3)\\&=\frac{n}{3!\varepsilon_0\hbar^3}\hat{S}_T\sum_{a,b,c,d}\rho_{aa}^0\left[\frac{R_{ab}^\mu R_{bc}^\alpha R_{cd}^\beta R_{da}^\gamma}{(\omega_{ba}-\omega_1-\omega_2-\omega_3)(\omega_{ca}-\omega_2-\omega_3)(\omega_{da}-\omega_3)}\right]\end{aligned} \tag{2.3-40}$$

式中，完全对称化算符 $\hat{S}_T$ 表示对式中的项在配对(ω_σ,μ)、(ω_1,α)、(ω_2,β)和(ω_3,γ)所有 24 种可能的对易下求和。显然，在任何一种对易下，$\chi_{\mu\alpha\beta\gamma}^{(3)}(\omega_\sigma,\omega_1,\omega_2,\omega_3)$是不变的，例如，

$$\chi_{\mu\alpha\beta\gamma}^{(3)}(\omega_\sigma,\omega_1,\omega_2,\omega_3)=\chi_{\alpha\mu\beta\gamma}^{(3)}(\omega_1,\omega_\sigma,\omega_2,\omega_3)=\cdots \tag{2.3-41}$$

这就是三阶极化率张量的完全对易对称性。

最后，将上述结果推广到第 r 阶极化率张量的情况中，有

$$\chi_{\mu\alpha_1\alpha_2\cdots\alpha_r}^{(r)}(\omega_\sigma,\omega_1,\omega_2,\cdots,\omega_r)=\frac{n}{r!\varepsilon_0\hbar^r}\hat{S}_T\sum_{a,b_1,b_2,\cdots,b_r}\rho_{aa}^0\frac{R_{ab_1}^\mu R_{b_1b_2}^{\alpha_1}R_{b_2b_3}^{\alpha_2}\cdots R_{b_ra}^{\alpha_r}}{D(a,b_1,\cdots,b_r;\ \omega_1,\cdots,\ \omega_r)} \tag{2.3-42}$$

式中

$$D(a,b_1,\cdots,b_r;\omega_1,\cdots,\omega_r)=(\omega_{b_1a}-\omega_1-\omega_2-\cdots-\omega_r)(\omega_{b_2a}-\omega_2-\cdots-\omega_r)\cdots\times(\omega_{b_ra}-\omega_r)\tag{2.3-43}$$

$\hat{S}_T$ 也是前面引入的完全对称化算符。

2) 极化率张量完全对易对称性的条件

前面我们在推导极化率张量元素 $\chi_{\mu\alpha}^{(1)}(\omega)$、$\chi_{\mu\alpha\beta}^{(2)}(\omega_1,\omega_2)$ 和 $\chi_{\mu\alpha\beta\gamma}^{(3)}(\omega_1,\omega_2,\omega_3)$ 等表示式时看到，极化率张量元素在实数频率轴上存在奇点，这意味着此时它们描述极化过程变得无效。事实上，介质中总是存在驰豫效应，因此，在极化率张量元素表示式的各项分母中要附加阻尼项。在这种情况下，奇点不再存在，但同时，上面讨论的极化率张量的完全对易对称性也不再成立。通常，将不考虑附加阻尼项的介质叫做非弛豫介质，它实际上是介质弛豫趋于零的一种理想化介质。

如果在实际工作中，介质中的光频及其组合频率均不与任何跃迁频率一致，则即使对于非弛豫介质，仍能保证极化率张量不发散。因此，当介质中的光频及其组合频率远离共振区时，奇点可以避免，极化率张量元素表示式的各项分母中的附加阻尼项可以忽略，在这种条件下，极化率张量的完全对易对称性得以成立。

3) 完全对易对称性的若干物理结果

当介质极化率张量存在完全对易对称性时，将有如下几个很重要的物理结果。

(1) 同一个极化率张量可以表示不同的物理过程。当介质极化率张量存在完全对易对称性时，由 $r+1$ 个实数频率 ω_1、ω_2、$\cdots$、ω_r、$\omega_\sigma(=-(\omega_1+\omega_2+\cdots+\omega_r))$ 中的任意 r 个，通过 r 阶极化所进行的 $r+1$ 个不同的物理过程，都由相同的极化率张量决定。

以二阶极化效应为例，频率为 ω_1 和 ω_2 的两个光电场会产生和频率为 $\omega_1+\omega_2$ 的极化强度：

$$P_\mu^{(2)}(\omega_1+\omega_2)=2\varepsilon_0\chi_{\mu\alpha\beta}^{(2)}(-(\omega_1+\omega_2),\omega_1,\omega_2)E_\alpha(\omega_1)E_\beta(\omega_2)$$

式中，因子 2 来自于极化率张量的本征对易对称性。另外，频率为 $\omega_1+\omega_2$ 和 ω_2 的两个光电场可以产生频率为 ω_1 的差频极化强度：

$$P_\alpha^{(2)}(\omega_1)=2\varepsilon_0\chi_{\alpha\mu\beta}^{(2)}(\omega_1,-(\omega_1+\omega_2),\omega_2)E_\mu^*(\omega_1+\omega_2)E_\beta(\omega_2)$$

式中的因子 2 也来自于极化率张量的本征对易对称性。因为二阶极化率张量 $\chi^{(2)}(-(\omega_1+\omega_2),\omega_1,\omega_2)$ 具有完全对易对称性，所以有

$$\chi_{\mu\alpha\beta}^{(2)}(-(\omega_1+\omega_2),\omega_1,\omega_2)=\chi_{\alpha\mu\beta}^{(2)}(\omega_1,-(\omega_1+\omega_2),\omega_2)\tag{2.3-44}$$

可见，上面两个不同的过程由相同的参量，即由相同的二阶极化率张量元素确定。

又如，利用红宝石激光在 KDP 晶体中进行的光整流效应和电光效应，分别由 $\chi_{\mu\alpha\beta}^{(2)}(0,-\omega,\omega)$ 和 $\chi_{\alpha\mu\beta}^{(2)}(-\omega,0,\omega)$ 描述，根据极化率张量的完全对易对称性，有

$$\chi_{\mu\alpha\beta}^{(2)}(0,-\omega,\omega)=\chi_{\alpha\mu\beta}^{(2)}(-\omega,0,\omega)\tag{2.3-45}$$

所以，对于光整流效应和电光效应这两个不同的物理过程，由相同的参量确定。

(2) 曼利-罗(Manley-Rowe)功率关系。这个关系描述了在满足完全对易对称性的条件下，介质中非线性光学过程的能量转换特性。在这里，以二阶极化过程为例进行讨论。

① 二阶极化强度表示式。假定介质开始受到不可公约的两个频率 ω' 和 ω'' 的光电场作

用，由于非线性效应，可能产生如下的组合频率：

$$\omega_{mn} = m\omega' + n\omega'' \tag{2.3-46}$$

式中，m 和 n 是整数，可正、可负，也可为零。这时，在介质中的总光电场为

$$\boldsymbol{E}(t) = \sum_{m,n} \boldsymbol{E}_{mn} \mathrm{e}^{-\mathrm{i}\omega_{mn}t} \tag{2.3-47}$$

因为 $\boldsymbol{E}(t)$ 是实数，且

$$\omega_{(-m)(-n)} = -m\omega' - n\omega'' = -\omega_{mn} \tag{2.3-48}$$

所以要求

$$\boldsymbol{E}_{(-m)(-n)} = \boldsymbol{E}_{mn}^{*} \tag{2.3-49}$$

下面，我们从二阶极化强度

$$\boldsymbol{P}^{(2)}(t) = \sum_{m_1,m_2} \varepsilon_0 \chi^{(2)}(\omega_{m_1},\omega_{m_2}) : \boldsymbol{E}_{m_1}\boldsymbol{E}_{m_2} \mathrm{e}^{-\mathrm{i}(\omega_{m_1}+\omega_{m_2})t} \tag{2.3-50}$$

出发，导出频率为 ω_{mn} 的二阶极化强度 μ 分量的表示式。式(2.3-50)中的 ω_{m_1} 和 ω_{m_2} 是频率 ω' 和 ω'' 的各种可能的组合频率，可写为

$$\omega_{m_1} = p\omega' + q\omega'' = \omega_{pq} \tag{2.3-51}$$

$$\omega_{m_2} = r\omega' + s\omega'' = \omega_{rs} \tag{2.3-52}$$

二阶极化强度 $\boldsymbol{P}^{(2)}(t)$ 还可以写成如下形式：

$$\boldsymbol{P}^{(2)}(t) = \sum_{m,n} \boldsymbol{P}_{mn}^{(2)} \mathrm{e}^{-\mathrm{i}\omega_{mn}t} \tag{2.3-53}$$

因为

$$\omega_{m_1} + \omega_{m_2} = (p+r)\omega' + (q+s)\omega''$$

$$\omega_{mn} = m\omega' + n\omega''$$

所以，当满足关系

$$\left.\begin{aligned} p + r = m \\ q + s = n \end{aligned}\right\} \tag{2.3-54}$$

时，式(2.3-50)与式(2.3-53)一致。又因为给定 m 和 n 时，p、q、r 和 s 可以取不同的值，所以式(2.3-50)极化强度的 μ 分量可写为

$$P_{\mu}^{(2)}(t) = \sum_{p,q,r,s} \varepsilon_0 \chi_{\mu\alpha\beta}^{(2)}(\omega_{pq},\omega_{rs})(E_{pq})_{\alpha}(E_{rs})_{\beta} \mathrm{e}^{-\mathrm{i}(\omega_{pq}+\omega_{rs})t} \delta_{\mathrm{K}}(m,p+r)\delta_{\mathrm{K}}(n,q+s) \tag{2.3-55}$$

式中含有两个克朗尼克(Kronecker)δ 符号：$\delta_{\mathrm{K}}(m,\ p+r)$ 和 $\delta_{\mathrm{K}}(n,\ q+s)$，它们分别为

$$\delta_{\mathrm{K}}(m,\ p+r) = \begin{cases} 1, & m = p+r \\ 0, & m \neq p+r \end{cases} \tag{2.3-56}$$

$$\delta_{\mathrm{K}}(n,\ q+s) = \begin{cases} 1, & n = q+s \\ 0, & n \neq q+s \end{cases} \tag{2.3-57}$$

由式(2.3-55)，可以给出频率为 ω_{mn} 的二阶极化强度 μ 分量的表示式为

$$\begin{aligned} (P_{mn}^{(2)}(t))_{\mu} &= \sum_{p,q,r,s} \varepsilon_0 \chi_{\mu\alpha\beta}^{(2)}(\omega_{pq},\omega_{rs})(E_{pq})_{\alpha}(E_{rs})_{\beta}\delta_{\mathrm{K}}(m,p+r)\delta_{\mathrm{K}}(n,q+s)\mathrm{e}^{-\mathrm{i}\omega_{mn}t} \\ &= (P_{mn}^{(2)})_{\mu} \mathrm{e}^{-\mathrm{i}\omega_{mn}t} \end{aligned} \tag{2.3-58}$$

式中

$$(P_{mn}^{(2)})_{\mu}=\sum_{p,q,r,s}\varepsilon_0\chi_{\mu\alpha\beta}^{(2)}(\omega_{pq},\omega_{rs})(E_{pq})_{\alpha}(E_{rs})_{\beta}\delta_{\mathrm{K}}(m,p+r)\delta_{\mathrm{K}}(n,q+s)\tag{2.3-59}$$

因为 $\boldsymbol{P}(t)$ 是实数，在式(2.3-53)中的 $\boldsymbol{P}_{mn}^{(2)}$ 应有关系

$$(\boldsymbol{P}_{mn}^{(2)})^{*}=\boldsymbol{P}_{(-m)(-n)}^{(2)}\tag{2.3-60}$$

② 输入到单位体积介质中的功率关系。根据光的电磁理论，光电场对介质极化所消耗的平均功率为

$$W=\langle\boldsymbol{E}\cdot\frac{\partial\boldsymbol{P}}{\partial t}\rangle\tag{2.3-61}$$

频率为 ω_{mn} 的光电场通过二阶极化输入到单位体积介质中的总功率为

$$\begin{aligned}W_{mn}&=\langle\{\boldsymbol{E}_{mn}\mathrm{e}^{-\mathrm{i}\omega_{mn}t}+\boldsymbol{E}_{mn}^{*}\mathrm{e}^{\mathrm{i}\omega_{mn}t}\}\cdot\frac{\mathrm{d}}{\mathrm{d}t}\{\boldsymbol{P}_{mn}^{(2)}\mathrm{e}^{-\mathrm{i}\omega_{mn}t}+(\boldsymbol{P}_{mn}^{(2)})^{*}\mathrm{e}^{\mathrm{i}\omega_{mn}t}\}\rangle\\&=2\,\mathrm{Re}[\mathrm{i}\omega_{mn}\boldsymbol{E}_{mn}\cdot(\boldsymbol{P}_{mn}^{(2)})^{*}]=2\,\mathrm{Re}[\mathrm{i}\omega_{mn}(E_{mn})_{\mu}(P_{(-m)(-n)}^{(2)})_{\mu}]\end{aligned}\tag{2.3-62}$$

③ 曼利-罗功率关系。由式(2.3-59)和式(2.3-62)，有

$$\begin{aligned}\sum_{m,n}\frac{mW_{mn}}{\omega_{mn}}=2\,\mathrm{Re}\{\mathrm{i}\sum_{m,n,p,q,r,s}&[\varepsilon_0 m\chi_{\mu\alpha\beta}^{(2)}(\omega_{pq},\omega_{rs})\\&\times(E_{mn})_{\mu}(E_{pq})_{\alpha}(E_{rs})_{\beta}\delta_{\mathrm{K}}(-m,p+r)\delta_{\mathrm{K}}(-n,q+s)]\}\end{aligned}\tag{2.3-63}$$

如果将上式两边交换求和的变量，即 $(m,n,\mu)\leftrightarrow(p,q,\alpha)$，则有

$$\begin{aligned}\sum_{p,q}\frac{pW_{pq}}{\omega_{pq}}=2\,\mathrm{Re}\{\mathrm{i}\sum_{m,n,p,q,r,s}&[\varepsilon_0 p\chi_{\alpha\mu\beta}^{(2)}(\omega_{mn},\omega_{rs})\\&\times(E_{pq})_{\alpha}(E_{mn})_{\mu}(E_{rs})_{\beta}\delta_{\mathrm{K}}(-p,m+r)\delta_{\mathrm{K}}(-q,n+s)]\}\end{aligned}\tag{2.3-64}$$

因为 m、n 和 p、q 均为任意整数，可正、可负，也可为零，所以有

$$\sum_{p,q}\frac{pW_{pq}}{\omega_{pq}}=\sum_{m,n}\frac{mW_{mn}}{\omega_{mn}}\tag{2.3-65}$$

又因

$$\delta_{\mathrm{K}}(-p,m+r)=\delta_{\mathrm{K}}(-m,p+r)\tag{2.3-66}$$

$$\delta_{\mathrm{K}}(-q,n+s)=\delta_{\mathrm{K}}(-n,q+s)\tag{2.3-67}$$

所以式(2.3-64)可改写为

$$\begin{aligned}\sum_{m,n}\frac{mW_{mn}}{\omega_{mn}}=2\,\mathrm{Re}\{\mathrm{i}\sum_{m,n,p,q,r,s}&[\varepsilon_0 p\chi_{\alpha\mu\beta}^{(2)}(\omega_{mn},\omega_{rs})\\&\times(E_{pq})_{\alpha}(E_{mn})_{\mu}(E_{rs})_{\beta}\delta_{\mathrm{K}}(-m,p+r)\delta_{\mathrm{K}}(-n,q+s)]\}\end{aligned}\tag{2.3-68}$$

若考虑到极化率张量 $\chi^{(2)}$ 的完全对易对称性，则式(2.3-63)和式(2.3-68)除了求和号中的 m 与 p 不同外，其它因子都相同。按同样方法进行，若将 $(r,s,\beta)\leftrightarrow(m,n,\mu)$ 时，所得结果只是在式(2.3-63)中将求和号中的 m 用 r 代替，其它因子都不变，即有

$$\begin{aligned}\sum_{m,n}\frac{mW_{mn}}{\omega_{mn}}=2\,\mathrm{Re}\{\mathrm{i}\sum_{m,n,p,q,r,s}&[\varepsilon_0 r\chi_{\beta\alpha\mu}^{(2)}(\omega_{pq},\omega_{mn})\\&\times(E_{rs})_{\beta}(E_{pq})_{\alpha}(E_{mn})_{\mu}\delta_{\mathrm{K}}(-m,p+r)\delta_{\mathrm{K}}(-n,q+s)]\}\end{aligned}\tag{2.3-69}$$

将式(2.3-63)、式(2.3-68)和式(2.3-69)相加，可以得到

$$\sum_{m,n}\frac{mW_{mn}}{\omega_{mn}}=\frac{2}{3}\operatorname{Re}\Big\{\mathrm{i}\sum_{m,n,p,q,r,s}\big[\varepsilon_0(m+p+r)\chi^{(2)}_{\mu\alpha\beta}(\omega_{pq},\omega_{rs})\\ \times(E_{mn})_\mu(E_{pq})_\alpha(E_{rs})_\beta\delta_K(-m,p+r)\delta_K(-n,q+s)\big]\Big\} \tag{2.3-70}$$

又由 $\delta_K(-m,p+r)$的性质知道，只有当$-m=p+r$时，$\delta_K(-m,p+r)$才不为零。而$-m=p+r$时，有$m+p+r=0$。因此，不管m,p和r值如何，式(2.3-70)总为零，即有

$$\sum_{m,n}\frac{mW_{mn}}{\omega_{mn}}=0 \tag{2.3-71}$$

类似可以得到

$$\sum_{m,n}\frac{nW_{mn}}{\omega_{mn}}=0 \tag{2.3-72}$$

应当明确，上面所引入的W_{mn}是在频率ω_{mn}上通过二阶极化输入到单位体积介质中的功率，如果把W_{mn}理解为通过r阶极化在频率ω_{mn}上输入到单位体积介质中的功率，式(2.3-71)式和式(2.3-72)仍然有效[5]。如果把所有阶极化相对应的关系加起来，则W_{mn}就应理解为在频率ω_{mn}上通过所有阶极化效应输入到单位体积介质内的总功率。在这样的理解下，式(2.3-71)和式(2.3-72)就是曼利-罗功率关系。

④ 曼利-罗功率关系的另外形式。由式(2.3-62)，当用$(-m,-n)$代替(m,n)时，便有

$$W_{(-m)(-n)}=2\operatorname{Re}[\mathrm{i}\omega_{(-m)(-n)}\boldsymbol{E}_{(-m)(-n)}\cdot(\boldsymbol{P}^{(2)}_{(-m)(-n)})^*]\\ =-2\operatorname{Re}[\mathrm{i}\omega_{mn}\boldsymbol{E}^*_{mn}\cdot(\boldsymbol{P}^{(2)}_{(-m)(-n)})^*]=W_{mn} \tag{2.3-73}$$

又

$$\omega_{m(-n)}=m\omega'-n\omega''=-\omega_{(-m)n} \tag{2.3-74}$$

$$W_{m(-n)}=W_{(-m)n} \tag{2.3-75}$$

就有

$$\sum_{m,n}\frac{mW_{mn}}{\omega_{mn}}=\sum_{m=-\infty}^{-1}\sum_{n=-\infty}^{\infty}\frac{mW_{mn}}{\omega_{mn}}+\sum_{m=1}^{\infty}\sum_{n=-\infty}^{\infty}\frac{mW_{mn}}{\omega_{mn}}\\ =\sum_{m=1}^{\infty}\sum_{n=-\infty}^{\infty}\frac{-mW_{(-m)n}}{\omega_{(-m)n}}+\sum_{m=1}^{\infty}\sum_{n=-\infty}^{\infty}\frac{mW_{mn}}{\omega_{mn}}\\ =\sum_{m=1}^{\infty}\sum_{n=-\infty}^{\infty}\frac{-mW_{(-m)(-n)}}{\omega_{(-m)(-n)}}+\sum_{m=1}^{\infty}\sum_{n=-\infty}^{\infty}\frac{mW_{mn}}{\omega_{mn}}$$

考虑到式(2.3-73)和式(2.3-48)，上式变为

$$\sum_{m,n}\frac{mW_{mn}}{\omega_{mn}}=2\sum_{m=1}^{\infty}\sum_{n=-\infty}^{\infty}\frac{mW_{mn}}{\omega_{mn}}=0 \tag{2.3-76}$$

同理可得

$$\sum_{m,n}\frac{nW_{mn}}{\omega_{mn}}=2\sum_{n=1}^{\infty}\sum_{m=\infty}^{\infty}\frac{nW_{mn}}{\omega_{mn}}=0 \tag{2.3-77}$$

由此可得曼利-罗功率关系的另一种形式：

$$\sum_{m=1}^{\infty}\sum_{n=-\infty}^{\infty}\frac{mW_{mn}}{\omega_{mn}}=\sum_{n=1}^{\infty}\sum_{m=-\infty}^{\infty}\frac{nW_{mn}}{\omega_{mn}}=0 \tag{2.3-78}$$

以后我们会遇到一些具体非线性光学过程的曼利-罗关系，它们是这里讨论的曼利-罗关系的特殊情况。

2. 克莱曼对称性[6]

克莱曼已经证明，如果非线性极化起源于电子而不是离子，并且晶体对所讨论的非线性过程中的所有光频率都是透明的，即如果在 ω_1、ω_2 和 $\omega_1+\omega_2$ 的频率范围内晶体是无耗的，折射率的色散现象可以忽略不计，则二阶非线性极化率张量元素 $\chi^{(2)}_{\mu\alpha\beta}(-(\omega_1+\omega_2),\omega_1,\omega_2)$ 在所有指标 μ、α 和 β 对易下是不变的。因为这种对称性首先由克莱曼所研究，故称其为克莱曼对称性。

3. 极化率张量的时间反演对称性

1) 时间反演的意义

在经典力学中，时间反演就是用 $-t$ 代替 t，即改变时间的测量方向。对于经典力学来说，有两类重要的力学变量：一类变量在时间反演下不改变符号，例如，位置坐标、位置坐标的函数、动量的偶函数(如动能)等；另一类变量在时间反演下改变符号，例如，动量、动量的奇函数的量、角动量等。

在量子力学中，对应每一个经典力学量都有一个力学量算符，其中，与时间反演不变号的经典力学量相应的算符，在薛定谔表象中是实数算符，例如：

坐标算符　$\hat{x}$

哈密顿算符　$\hat{H}=\hat{T}+\hat{U}(x,y,z)=-\dfrac{\hbar^2}{2m}\nabla^2+U(x,y,z)$

动量矩平方算符

$$\hat{L}^2=-\hbar^2\left\{\left(y\frac{\partial}{\partial z}-z\frac{\partial}{\partial y}\right)^2+\left(z\frac{\partial}{\partial x}-x\frac{\partial}{\partial z}\right)^2+\left(x\frac{\partial}{\partial y}-y\frac{\partial}{\partial x}\right)^2\right\}$$

而与时间反演变号的经典力学量相应的算符，在薛定谔表象中是纯虚数算符，例如：

动量算符　$\hat{P}_x=\dfrac{\hbar}{\mathrm{i}}\dfrac{\partial}{\partial x}$

动量矩算符　$\hat{L}_x=\dfrac{\hbar}{\mathrm{i}}\left(y\dfrac{\partial}{\partial z}-z\dfrac{\partial}{\partial y}\right)$

由此可见，在量子力学中，时间反演的运算，对一个无自旋的粒子系统来说，在薛定谔表象中等效于对算符进行复数共轭运算：对于实数算符，在时间反演下符号不变；对于虚数算符，在时间反演下符号改变。

2) 极化率张量的时间反演对称性

极化率张量的时间反演对称性实际上是哈密顿在时间反演下不变所引起的一种对称性。

现在分析式(2.3-42)表示的第 r 阶极化率张量元素中的各个因子特征。

(1) 电偶极矩算符的矩阵元是实数。按定义，电偶极矩矩阵元为

$$R^{\alpha}_{ab}=\int u^*(a,\boldsymbol{r})\hat{R}_{\alpha}u(b,\boldsymbol{r})\mathrm{d}\tau \tag{2.3-79}$$

式中，$u(a,\boldsymbol{r})$是分子哈密顿算符 $\hat{H}_0$ 的本征函数。如果带电粒子无自旋，并且分子不受外加恒磁场作用，则哈密顿算符 $\hat{H}_0$ 是时间反演不变的，它是实数，其能量本征函数 $u(a,\boldsymbol{r})$也可选择为实数。另外，电偶极矩仅与粒子电荷和位置坐标有关，所以也是实数。因此，由式(2.3-79)确定的 R^{α}_{ab}是实数，式(2.3-42)中的所有电偶极矩矩阵元都是实数。

(2) 热平衡状态下密度算符矩阵元 ρ^0_{aa}是实数。由前面的讨论已知，ρ^0_{aa}由式(2.1-46)

给出：

$$\rho_{aa}^{0}=Ae^{-E_a/kT}$$

式中的 A 由式(2.1－44)给出。因为哈密顿算符 $\hat{H}_0$ 是实数，故 A 也是实数，所以 ρ_{aa}^{0} 也是实数。

(3) 式(2.3－42)分母中的跃迁频率 ω_{ab} 等均为实数。

根据以上分析，对式(2.3－42)进行复数共轭运算，其结果仅仅是用 ω_1^*、ω_2^*、…、ω_r^* 代替 ω_1、ω_2、…、ω_r，即

$$[\chi_{\mu\alpha_1\alpha_2\cdots\alpha_r}^{(r)}(\omega_1,\omega_2,\cdots,\omega_r)]^*=\chi_{\mu\alpha_1\alpha_2\cdots\alpha_r}^{(r)}(\omega_1^*,\omega_2^*,\cdots,\omega_r^*) \tag{2.3-80}$$

考虑到极化率张量的真实性条件(式(1.3－3))，有

$$\chi_{\mu\alpha_1\alpha_2\cdots\alpha_r}^{(r)}(\omega_1^*,\omega_2^*,\cdots,\omega_r^*)=\chi_{\mu\alpha_1\alpha_2\cdots\alpha_r}^{(r)}(-\omega_1^*,-\omega_2^*,\cdots,-\omega_r^*) \tag{2.3-81}$$

也即有

$$\chi_{\mu\alpha_1\alpha_2\cdots\alpha_r}^{(r)}(\omega_1,\omega_2,\cdots,\omega_r)=\chi_{\mu\alpha_1\alpha_2\cdots\alpha_r}^{(r)}(-\omega_1,-\omega_2,\cdots,-\omega_r) \tag{2.3-82}$$

这表示，当所有频率 ω_1、ω_2、…、ω_r 都变为负值时，$\chi^{(r)}$ 不变，这种对称性称为极化率张量的时间反演对称性。

3) $\chi^{(1)}$ 是对称张量

由极化率张量具有时间反演对称性，可以得到一个很重要的结论：一阶极化率张量是一个对称张量。

由式(2.3－82)，令 $r=1$，有

$$\chi_{\mu\alpha}^{(1)}(\omega)=\chi_{\mu\alpha}^{(1)}(-\omega) \tag{2.3-83}$$

又根据一阶极化率张量的完全对易对称性，有

$$\chi_{\mu\alpha}^{(1)}(\omega)=\chi_{\alpha\mu}^{(1)}(-\omega) \tag{2.3-84}$$

比较上面二式，可得

$$\chi_{\mu\alpha}^{(1)}(-\omega)=\chi_{\alpha\mu}^{(1)}(-\omega) \tag{2.3-85}$$

或

$$\chi_{\mu\alpha}^{(1)}(\omega)=\chi_{\alpha\mu}^{(1)}(\omega) \tag{2.3-86}$$

即一阶极化率张量是一个对称张量。

2.4 分子间有弱相互作用介质的极化率张量

这一节主要讨论考虑分子间有弱相互作用时的介质极化率张量表示式，所采用的方法是对已经得到的近独立分子体系极化率张量表示式进行唯象地修正。对于分子间有较强的相互作用的情况，必须利用式(2.2－59)的一般表示式进行计算。

2.4.1 分子间弱相互作用的效应

假定我们讨论单分子的两个能态 a 和 b，相应的两个本征态能量分别为 $E_a=\hbar\omega_a$ 和 $E_b=\hbar\omega_b$。如果考虑分子间有弱相互作用，则将引起单分子能级位置有一个不确定的量，这

个不确定量的大小与分子间的相互作用能量的量级相同。

设能态 a 的不确定量为 $\hbar\Gamma_a$，能态 b 的不确定量为 $\hbar\Gamma_b$，则在分子能态 a 和 b 之间的跃迁频率

$$\omega_{ab}=\frac{E_a-E_b}{\hbar}=\omega_a-\omega_b \tag{2.4-1}$$

也有一个不确定量

$$\Gamma_{ab}=\Gamma_a+\Gamma_b=\Gamma_{ba} \tag{2.4-2}$$

它表示在分子能态 a 和 b 之间跃迁的共振频率有一定的宽度，此宽度的数量级为 Γ_{ab}，且 $\Gamma_{ab}=\Gamma_{ba}$。

另外，由量子力学已知，如果能级的能量有一个不确定量 ΔE，就表明粒子在能级上有一定的寿命 Δt，且由测不准关系有

$$\Delta E\Delta t\geqslant\frac{\hbar}{2} \tag{2.4-3}$$

而按照经典振子模型的观点，粒子在能级上有一定的寿命，相当于振子受到一定的阻尼，在其共振响应表示式的分母中要附加一个阻尼项。因而可以唯象地认为，考虑到分子间存在弱的耦合，其效应相当于在前面得到的极化率表示式中，将分母中的实数跃迁频率 ω_{ab}用复数频率 $\omega_{ab}\pm\mathrm{i}\Gamma_{ab}$代替。

2.4.2 极化率张量表示式的修正

1. 一阶极化率张量表示式的修正

上一节给出了忽略分子间相互作用时的一阶极化率张量元素的表示式：

$$\chi_{\mu\alpha}^{(1)}=\frac{n}{\varepsilon_0\hbar}\sum_{a,b}\rho_{aa}^0\left[\frac{R_{ab}^{\mu}R_{ba}^{\alpha}}{\omega_{ba}-\omega}+\frac{R_{ab}^{\alpha}R_{bc}^{\mu}}{\omega_{ba}+\omega}\right] \tag{2.4-4}$$

如果考虑分子间有弱的相互作用，则在分母中应引入阻尼项($\pm\mathrm{i}\Gamma_{ab}$)，并且，考虑到极化率张量的解析要求，应将上式中处在实数轴上的极点移到下半个复数频率平面内。由此，可以得到考虑分子间弱相互作用介质的一阶极化率张量元素表示式为

$$\chi_{\mu\alpha}^{(1)}(\omega)=\frac{n}{\varepsilon_0\hbar}\sum_{a,b}\rho_{aa}^0\left[\frac{R_{ab}^{\mu}R_{ba}^{\alpha}}{\omega_{ba}-\omega-\mathrm{i}\Gamma_{ba}}+\frac{R_{ab}^{\alpha}R_{ba}^{\mu}}{\omega_{ba}+\omega+\mathrm{i}\Gamma_{ba}}\right] \tag{2.4-5}$$

2. 考虑分子间弱相互作用的极化率张量的性质

1) 态 a 和 b 之间跃迁的共振线宽

我们将从每单位体积的介质通过线性极化吸收的功率关系出发，证明 Γ_{ab}就是态 a 和 b 之间跃迁的共振线宽。

假定介质受到光电场

$$\boldsymbol{E}(t)=\boldsymbol{E}(\omega)\mathrm{e}^{-\mathrm{i}\omega t}+\boldsymbol{E}^*(\omega)\mathrm{e}^{\mathrm{i}\omega t}$$

的作用，其光频 ω 接近某一对能态 1 和 2 之间的跃迁频率，则根据式(2.3-62)，通过线性极化每单位体积介质吸收的功率为

$$W=2\,\mathrm{Re}[\mathrm{i}\omega\boldsymbol{E}\cdot(\boldsymbol{P}^{(1)})^*]=2\,\mathrm{Re}[-\mathrm{i}\omega\boldsymbol{E}^*\cdot\boldsymbol{P}^{(1)}]=2\,\mathrm{Re}[-\mathrm{i}\omega\varepsilon_0\chi_{\mu\alpha}^{(1)}(\omega)E_{\mu}^*E_{\alpha}] \tag{2.4-6}$$

因为 $\omega_{12}=-\omega_{21}$，$\Gamma_{12}=\Gamma_{21}$，所以由式(2.4-5)式有

$$\begin{aligned}\chi_{\mu\alpha}^{(1)}(\omega)=\frac{n}{\varepsilon_0\hbar}\Bigg\{&\rho_{11}^0\left[\frac{R_{11}^\mu R_{11}^\alpha}{\omega_{11}-\omega-\mathrm{i}\Gamma_{11}}+\frac{R_{11}^\alpha R_{11}^\mu}{\omega_{11}+\omega+\mathrm{i}\Gamma_{11}}\right]\\&+\rho_{11}^0\left[\frac{R_{12}^\mu R_{21}^\alpha}{\omega_{21}-\omega-\mathrm{i}\Gamma_{21}}+\frac{R_{12}^\alpha R_{21}^\mu}{\omega_{21}+\omega+\mathrm{i}\Gamma_{21}}\right]\\&+\rho_{22}^0\left[\frac{R_{21}^\mu R_{12}^\alpha}{\omega_{12}-\omega-\mathrm{i}\Gamma_{12}}+\frac{R_{21}^\alpha R_{12}^\mu}{\omega_{12}+\omega+\mathrm{i}\Gamma_{12}}\right]\\&+\rho_{22}^0\left[\frac{R_{22}^\mu R_{22}^\alpha}{\omega_{22}-\omega-\mathrm{i}\Gamma_{22}}+\frac{R_{22}^\alpha R_{22}^\mu}{\omega_{22}+\omega+\mathrm{i}\Gamma_{22}}\right]\Bigg\}\end{aligned}\tag{2.4-7}$$

又因 $\omega_{11}=\omega_{22}=0$，电偶极矩的对角矩阵元 R_{aa}^α 等都等于零，且电偶极矩算符是厄密算符，$R_{ab}^\mu=(R_{ba}^\mu)^*$，所以式(2.4-7)中第一项和第四项等于零，并且考虑到第二项和第三项中分母为 $\omega_{21}+\omega+\mathrm{i}\Gamma_{21}$ 的项与分母为 $\omega_{21}-\omega-\mathrm{i}\Gamma_{21}$ 的项相比可以忽略不计(假定 $E_2>E_1$)，因此有

$$\chi_{\mu\alpha}^{(1)}(\omega)=\frac{n}{\varepsilon_0\hbar}\left(\rho_{11}^0-\rho_{22}^0\right)\left(\frac{R_{12}^\mu R_{21}^\alpha}{\omega_{21}-\omega-\mathrm{i}\Gamma_{21}}\right)\tag{2.4-8}$$

写成一般形式为

$$\chi_{\mu\alpha}^{(1)}(\omega)=\frac{n}{\varepsilon_0\hbar}\left(\rho_{aa}^0-\rho_{bb}^0\right)\left(\frac{R_{ab}^\mu R_{ba}^\alpha}{\omega_{ba}-\omega-\mathrm{i}\Gamma_{ba}}\right)\tag{2.4-9}$$

将上式代入式(2.4-6)后，得出

$$W=\frac{2n\omega}{\hbar}(\rho_{aa}^0-\rho_{bb}^0)\ \mathrm{Re}\left[\mathrm{i}\,\frac{E_\mu^*E_\alpha R_{ab}^\mu R_{ba}^\alpha}{\omega_{ba}-\omega-\mathrm{i}\Gamma_{ba}}\right]\tag{2.4-10}$$

式中方括号内的($\mathrm{i}E_\mu^*R_{ab}^\mu E_\alpha R_{ba}^\alpha$)可写成

$$\mathrm{i}(E_\mu^*R_{ab}^\mu)(E_\alpha R_{ba}^\alpha)=\mathrm{i}(\boldsymbol{E}^*\cdot\boldsymbol{R}_{ba}^*)(\boldsymbol{E}\cdot\boldsymbol{R}_{ba})=\mathrm{i}|\boldsymbol{E}\cdot\boldsymbol{R}_{ba}|^2\tag{2.4-11}$$

在上式中已利用了电偶极矩算符是厄米算符的性质。将式(2.4-11)代入式(2.4-10)后，得到

$$W=\frac{2n\omega}{\hbar}(\rho_{aa}^0-\rho_{bb}^0)|\boldsymbol{E}\cdot\boldsymbol{R}_{ba}|^2\frac{\Gamma_{ba}}{(\omega_{ba}-\omega)^2+\Gamma_{ba}^2}\tag{2.4-12}$$

如果 $\omega\approx\omega_{ba}$，并且 $\omega_{ba}>0$(这表示 $E_b>E_a$)，则根据玻尔兹曼分布有 $\rho_{aa}^0>\rho_{bb}^0$，由此可知 $W>0$，这表示介质从光电场中吸收能量，且在 $\omega\approx\omega_{ba}$ 处有一个共振吸收峰。吸收与频率的关系由因子 $\Gamma_{ba}/[(\omega_{ba}-\omega)^2+\Gamma_{ba}^2]$ 确定，为罗仑兹线型函数，在半功率点处的半宽度为 Γ_{ba}。

2) 时间反演对称性不成立

在考虑分子间的弱相互作用时，由式(2.4-5)有

$$\chi_{\mu\alpha}^{(1)}(-\omega)=\frac{n}{\varepsilon_0\hbar}\sum_{a,b}\rho_{aa}^0\left[\frac{R_{ab}^\mu R_{ba}^\alpha}{\omega_{ba}+\omega-\mathrm{i}\Gamma_{ba}}+\frac{R_{ab}^\alpha R_{ba}^\mu}{\omega_{ba}-\omega+\mathrm{i}\Gamma_{ab}}\right]\tag{2.4-13}$$

将该式与式(2.4-5)比较，显然

$$\chi_{\mu\alpha}^{(1)}(-\omega)\neq\chi_{\mu\alpha}^{(1)}(\omega)\tag{2.4-14}$$

这说明计及分子间的弱相互作用后，极化率张量的时间反演对称性不再成立。

如果入射光频远离共振区，即 $|\omega-\omega_{ba}|\gg\Gamma_{ba}$，可将线宽忽略不计，便有

$$\chi_{\mu\alpha}^{(1)}(\omega)=\frac{n}{\varepsilon_0\hbar}\sum_{a,b}\rho_{aa}^0\left[\frac{R_{ab}^\mu R_{ba}^\alpha}{\omega_{ba}-\omega}+\frac{R_{ab}^\alpha R_{ba}^\mu}{\omega_{ba}+\omega}\right]\tag{2.4-15}$$

$$\chi_{\mu\alpha}^{(1)}(-\omega)=\frac{n}{\varepsilon_0\hbar}\sum_{a,b}\rho_{aa}^0\left[\frac{R_{ab}^{\mu}R_{ba}^{\alpha}}{\omega_{ba}+\omega}+\frac{R_{ab}^{\alpha}R_{ba}^{\mu}}{\omega_{ba}-\omega}\right]\tag{2.4-16}$$

考虑到电偶极矩矩阵元都是实数，所以

$$R_{ab}^{\mu}=(R_{ba}^{\mu})^{*}=R_{ba}^{\mu}\tag{2.4-17}$$

便有

$$\chi_{\mu\alpha}^{(1)}(\omega)=\chi_{\mu\alpha}^{(1)}(-\omega)\tag{2.4-18}$$

这说明在远离共振区的情况下，极化率张量具有时间反演对称性。

3）完全对易对称性不成立

如上同样分析，当 $\Gamma_{ba}\neq 0$ 时，极化率张量的完全对易对称性也不再成立，即

$$\chi_{\mu\alpha}^{(1)}(\omega)\neq\chi_{\alpha\mu}^{(1)}(-\omega)\tag{2.4-19}$$

只有当远离共振区时，Γ_{ba}可以忽略不计，极化率张量才有完全对易对称性。

但是，不管频率是复数还是实数，一阶极化率张量 $\chi^{(1)}(\omega)$均是一个对称张量：

$$\begin{aligned}\chi_{\alpha\mu}^{(1)}(\omega)&=\frac{n}{\varepsilon_0\hbar}\sum_{a,b}\rho_{aa}^0\left[\frac{R_{ab}^{\alpha}R_{ba}^{\mu}}{\omega_{ba}-\omega-\mathrm{i}\Gamma_{ba}}+\frac{R_{ab}^{\mu}R_{ba}^{\alpha}}{\omega_{ba}+\omega+\mathrm{i}\Gamma_{ba}}\right]\\&=\frac{n}{\varepsilon_0\hbar}\sum_{a,b}\rho_{aa}^0\left[\frac{R_{ab}^{\mu}R_{ba}^{\alpha}}{\omega_{ba}-\omega-\mathrm{i}\Gamma_{ba}}+\frac{R_{ab}^{\alpha}R_{ba}^{\mu}}{\omega_{ba}+\omega+\mathrm{i}\Gamma_{ba}}\right]=\chi_{\mu\alpha}^{(1)}(\omega)\end{aligned}\tag{2.4-20}$$

3. 高阶极化率张量元素表示式的修正

对于高阶极化率张量元素表示式的修正，与一阶极化率张量的修正方法类似。当考虑分子间有弱相互作用时，只要将式(2.3-34)中的跃迁频率 ω_{ba}等用 $\omega_{ba}\pm\mathrm{i}\Gamma_{ba}$等代替即可。至于是用 $\omega_{ba}+\mathrm{i}\Gamma_{ba}$还是用 $\omega_{ba}-\mathrm{i}\Gamma_{ba}$代替，则由因果性条件确定，即应保证极化率张量的极点出现在复数频率平面的下半平面内。所以，二阶、三阶极化率张量元素的表示式分别为

$$\begin{aligned}&\chi_{\mu\alpha\beta}^{(2)}(\omega_1,\omega_2)\\&=\frac{\hat{S}}{2}\frac{n}{\varepsilon_0\hbar^2}\sum_{a,b,c}\rho_{aa}^0\left\{\frac{R_{ab}^{\mu}R_{bc}^{\alpha}R_{ca}^{\beta}}{(\omega_{ba}-\omega_1-\omega_2-\mathrm{i}\Gamma_{ba})(\omega_{ca}-\omega_2-\mathrm{i}\Gamma_{ca})}\right.\\&\quad\left.+\frac{R_{ab}^{\alpha}R_{bc}^{\mu}R_{ca}^{\beta}}{(\omega_{ba}+\omega_1+\mathrm{i}\Gamma_{ba})(\omega_{ca}-\omega_2-\mathrm{i}\Gamma_{ca})}+\frac{R_{ab}^{\alpha}R_{bc}^{\beta}R_{ca}^{\mu}}{(\omega_{ba}+\omega_1+\mathrm{i}\Gamma_{ba})(\omega_{ca}+\omega_1+\omega_2+\mathrm{i}\Gamma_{ca})}\right\}\end{aligned}\tag{2.4-21}$$

$$\begin{aligned}&\chi_{\mu\alpha\beta\gamma}^{(3)}(\omega_1,\omega_2,\omega_3)\\&=\frac{\hat{S}}{3!}\frac{n}{\varepsilon_0\hbar^3}\sum_{a,b,c,d}\rho_{aa}^0\times\left\{\frac{R_{ab}^{\mu}R_{bc}^{\alpha}R_{cd}^{\beta}R_{da}^{\gamma}}{(\omega_{ba}-\omega_1-\omega_2-\omega_3-\mathrm{i}\Gamma_{ba})(\omega_{ca}-\omega_2-\omega_3-\mathrm{i}\Gamma_{ca})(\omega_{da}-\omega_3-\mathrm{i}\Gamma_{da})}\right.\\&\quad+\frac{R_{ab}^{\alpha}R_{bc}^{\mu}R_{cd}^{\beta}R_{da}^{\gamma}}{(\omega_{ba}+\omega_1+\mathrm{i}\Gamma_{ba})(\omega_{ca}-\omega_2-\omega_3-\mathrm{i}\Gamma_{ca})(\omega_{da}-\omega_3-\mathrm{i}\Gamma_{da})}\\&\quad+\frac{R_{ab}^{\alpha}R_{bc}^{\beta}R_{cd}^{\mu}R_{da}^{\gamma}}{(\omega_{ba}+\omega_1+\mathrm{i}\Gamma_{ba})(\omega_{ca}+\omega_1+\omega_2+\mathrm{i}\Gamma_{ca})(\omega_{da}-\omega_3-\mathrm{i}\Gamma_{da})}\\&\quad\left.+\frac{R_{ab}^{\alpha}R_{bc}^{\beta}R_{cd}^{\gamma}R_{da}^{\mu}}{(\omega_{ba}+\omega_1+\mathrm{i}\Gamma_{ba})(\omega_{ca}+\omega_1+\omega_2+\mathrm{i}\Gamma_{ca})(\omega_{da}+\omega_1+\omega_2+\omega_3+\mathrm{i}\Gamma_{da})}\right\}\end{aligned}\tag{2.4-22}$$

实际上，为了获得上述分子间有弱相互作用介质的非线性极化率表示式，式中因子的

虚部正负号的选择规则，结合费曼图进行是很方便的[7]：在费曼图中，箭头 ω_σ 右边的共振分母的因子中取 $-\mathrm{i}\Gamma$ 的形式；在其左边的共振分母的因子中取 $+\mathrm{i}\Gamma$ 的形式。

与讨论一阶极化率张量 $\chi^{(1)}(\omega)$ 的情况一样，对于高阶极化率张量表示式，当频率 ω_1、ω_2、ω_3、… 以及它们的组合频率远离所有跃迁频率时，线宽 Γ_{ba}、Γ_{ca} 和 Γ_{da} 等均可以忽略不计，在这种情况下，极化率张量具有完全对易对称性和时间反演对称性，否则，这两种对称性不复存在。

2.5 共振增强介质的极化率

共振增强是非线性光学中的一个很重要的效应，它是指参与作用的各入射光频率或其任意的频率组合，十分接近某些本征跃迁共振频率时所发生的极化率明显增强的现象。这种共振增强效应对许多实际的非线性光学过程来说非常有利，但在某些情况下，又会引起介质粒子在某些能级之间产生直接共振吸收跃迁，导致光能量的显著吸收，这对实际的非线性光学过程又很不利。所以，人们往往需要在这两种影响之间权衡。例如，在二次非线性光学过程中，人们均采用具有较高转换效率的透明压电晶体作介质，避免了由于共振跃迁导致的光能吸收。但在三次非线性光学混频过程中，由于通常的非共振情况产生的效率过低，人们往往采用共振增强效应加以弥补。

为便于说明，首先简单介绍一阶和二阶极化的共振增强效应，然后再着重讨论比较有实际应用价值的三阶极化的共振增强效应。

2.5.1 一阶共振增强效应

在一阶极化率张量元素表示式(2.4 - 5)中，首先考虑对 a、b 的求和。假定介质为二能级系统，低能级以 o 标记，高能级以 t 标记，本征跃迁共振频率为 ω_{to}，则在求和过程中，a、b 可分别为 o 和 t，可得

$$\chi^{(1)}_{\mu\alpha}(-\omega,\omega)=\frac{n}{\varepsilon_0\hbar}\left[\rho^0_{oo}\left(\frac{R^\mu_{ot}R^\alpha_{to}}{\omega_{to}-\omega-\mathrm{i}\Gamma_{to}}+\frac{R^\alpha_{ot}R^\mu_{to}}{\omega_{to}+\omega+\mathrm{i}\Gamma_{to}}\right)\right.$$
$$\left.+\rho^0_{tt}\left(\frac{R^\mu_{to}R^\alpha_{ot}}{\omega_{ot}-\omega-\mathrm{i}\Gamma_{ot}}+\frac{R^\alpha_{to}R^\mu_{ot}}{\omega_{ot}+\omega+\mathrm{i}\Gamma_{ot}}\right)\right] \qquad (2.5-1)$$

今若入射光频率 $\omega\approx\omega_{to}$，则上式中的第一、四项因分母值很小，其分数值很大，而第二、三项则因分母值很大，可以忽略。因而，共振极化率为

$$\chi^{(1)}_{\mu\alpha}(-\omega,\omega)=\frac{n}{\varepsilon_0\hbar}(\rho^0_{oo}-\rho^0_{tt})\frac{R^\mu_{ot}R^\alpha_{to}}{\omega_{to}-\omega-\mathrm{i}\Gamma_{to}}$$
$$=\frac{1}{\varepsilon_0\hbar}(n_o-n_t)\frac{R^\mu_{ot}R^\alpha_{to}}{\omega_{to}-\omega-\mathrm{i}\Gamma_{to}} \qquad (2.5-2)$$

上式中已经利用了 ρ^0_{aa} 是热平衡状态下粒子处在 a 态上的概率的概念，因此，$(n_o-n_t)=n(\rho^0_{oo}-\rho^0_{tt})$ 是热平衡状态下，低、高能级上的粒子数密度差。在式(2.5 - 2)中，实部决定了共振作用情况下介质的折射率(色散)特性，而虚部则决定了介质的吸收($n_o>n_t$)或者增益($n_o<n_t$)特性，Γ_{to} 对应着共振跃迁吸收谱线的自然线宽。

2.5.2　二阶共振增强效应

由二阶极化率张量关系表示式(2.4－21)，将 $\hat{S}$ 展开，得到

$$\begin{aligned}\chi^{(2)}_{\mu\alpha\beta}(-(\omega_1+\omega_2),\omega_1,\omega_2)=&\frac{n}{2\varepsilon_0\hbar^2}\sum_{a,b,c}\rho^0_{aa}\\&\times\left[\frac{R^\mu_{ab}R^\alpha_{bc}R^\beta_{ca}}{(\omega_{ba}-\omega_1-\omega_2-\mathrm{i}\Gamma_{ba})(\omega_{ca}-\omega_2-\mathrm{i}\Gamma_{ca})}\right.\\&+\frac{R^\mu_{ab}R^\beta_{bc}R^\alpha_{ca}}{(\omega_{ba}-\omega_2-\omega_1-\mathrm{i}\Gamma_{ba})(\omega_{ca}-\omega_1-\mathrm{i}\Gamma_{ca})}\\&+\frac{R^\alpha_{ab}R^\mu_{bc}R^\beta_{ca}}{(\omega_{ba}+\omega_1+\mathrm{i}\Gamma_{ba})(\omega_{ca}-\omega_2-\mathrm{i}\Gamma_{ca})}\\&+\frac{R^\beta_{ab}R^\mu_{ba}R^\alpha_{ca}}{(\omega_{ba}+\omega_2+\mathrm{i}\Gamma_{ba})(\omega_{ca}-\omega_1-\mathrm{i}\Gamma_{ca})}\\&+\frac{R^\alpha_{ab}R^\beta_{bc}R^\mu_{ca}}{(\omega_{ba}+\omega_1+\mathrm{i}\Gamma_{ba})(\omega_{ca}+\omega_1+\omega_2+\mathrm{i}\Gamma_{ca})}\\&\left.+\frac{R^\beta_{ab}R^\alpha_{bc}R^\mu_{ca}}{(\omega_{ba}+\omega_2+\mathrm{i}\Gamma_{ba})(\omega_{ca}+\omega_2+\omega_1+\mathrm{i}\Gamma_{ca})}\right]\end{aligned}\tag{2.5-3}$$

现仍然假定介质为二能级系统，并考虑双光子共振 $\omega_{to}\approx\omega_1+\omega_2$ 的情况，则当 $a=o$ 时，相应第一、二项有共振增强贡献，其它各项的贡献可略；当 $a=t$ 时，相应第五、六项有共振增强贡献，其它各项的贡献可略。适当整理可得

$$\begin{aligned}\chi^{(2)}_{\mu\alpha\beta}(-(\omega_1+\omega_2),\omega_1,\omega_2)=&\frac{n}{2\varepsilon_0\hbar^2}\frac{1}{\omega_{to}-\omega_1-\omega_2-\mathrm{i}\Gamma_{to}}\\&\times\sum_b\left\{\rho^0_{oo}\left[\frac{R^\mu_{ot}R^\alpha_{tb}R^\beta_{bo}}{\omega_{bo}-\omega_2-\mathrm{i}\Gamma_{bo}}+\frac{R^\mu_{ot}R^\beta_{tb}R^\alpha_{bo}}{\omega_{bo}-\omega_1-\mathrm{i}\Gamma_{bo}}\right]\right.\\&\left.-\rho^0_{tt}\left[\frac{R^\alpha_{tb}R^\beta_{bo}R^\mu_{ot}}{\omega_{bt}+\omega_1+\mathrm{i}\Gamma_{bt}}+\frac{R^\beta_{tb}R^\alpha_{bo}R^\mu_{ot}}{\omega_{bt}+\omega_2+\mathrm{i}\Gamma_{bt}}\right]\right\}\end{aligned}\tag{2.5-4}$$

进一步，假定单光子共振可以忽略，即 $\mathrm{i}\Gamma_{bo}\approx0$、$\mathrm{i}\Gamma_{bt}\approx0$，且因 $\omega_{bt}=\omega_{bo}+\omega_{ot}=\omega_{bo}-\omega_{to}\approx\omega_{bo}-(\omega_1+\omega_2)$，则上式可简化为

$$\begin{aligned}\chi^{(2)}_{\mu\alpha\beta}(-(\omega_1+\omega_2),\omega_1,\omega_2)=&\frac{n}{2\varepsilon_0\hbar^2}\frac{\rho^0_{oo}-\rho^0_{tt}}{\omega_{to}-\omega_1-\omega_2-\mathrm{i}\Gamma_{to}}\\&\times\sum_b R^\mu_{ot}\left[\frac{R^\alpha_{tb}R^\beta_{bo}}{\omega_{bo}-\omega_2}+\frac{R^\beta_{tb}R^\alpha_{bo}}{\omega_{bo}-\omega_1}\right]\\=&\frac{1}{2\varepsilon_0\hbar^2}\frac{n_o-n_t}{\omega_{to}-\omega_1-\omega_2-\mathrm{i}\Gamma_{to}}R^\mu_{ot}f^*_{\alpha\beta}(\omega_1,\omega_2)\end{aligned}\tag{2.5-5}$$

式中，引入了符号

$$f_{\alpha\beta}(\omega_1,\omega_2)=\sum_b\left[\frac{R^\alpha_{ob}R^\beta_{bt}}{\omega_{bo}-\omega_1}+\frac{R^\beta_{ob}R^\alpha_{bt}}{\omega_{bo}-\omega_2}\right]\tag{2.5-6}$$

由于电偶极矩算符是厄米算符，有

$$f_{\alpha\beta}^{*}(\omega_1,\ \omega_2)=\sum_b\left[\frac{R_{ob}^{\alpha}R_{bt}^{\beta}}{\omega_{bo}-\omega_1}+\frac{R_{ob}^{\beta}R_{bt}^{\alpha}}{\omega_{bo}-\omega_2}\right]^{*}=\sum_b\left[\frac{R_{tb}^{\alpha}R_{bo}^{\beta}}{\omega_{bo}-\omega_2}+\frac{R_{tb}^{\beta}R_{bo}^{\alpha}}{\omega_{bo}-\omega_1}\right]\tag{2.5-7}$$

2.5.3 三阶共振增强效应

1. 三阶极化率的双光子和频共振增强

现在考虑同时入射三个频率 ω_1、ω_2 和 ω_3，产生第四个频率 $\omega_1+\omega_2+\omega_3$ 的四波混频过程。设其中两个频率 ω_2、ω_3 之和 $\omega_2+\omega_3$ 与介质的某一本征跃迁频率 ω_{to}发生共振，亦即满足条件 $\omega_{to}-(\omega_2+\omega_3)\approx 0$。在对三阶极化率张量元素表示式(2.4-22)的求和运算中，分别取 a、c 等于 o、t，其中第一、二项有共振增强贡献，而第三、四项在进行本征对易运算后，也有共振增强贡献。若将非共振增强项忽略，经过整理可得

$$\begin{aligned}\chi_{\mu\alpha\beta\gamma}^{(3)}(-(\omega_1+\omega_2+\omega_3),\ \omega_1,\omega_2,\omega_3)=&\frac{n}{6\varepsilon_0\hbar^3}\frac{\rho_{oo}^{0}-\rho_{tt}^{0}}{\omega_{to}-(\omega_2+\omega_3)-\mathrm{i}\Gamma_{to}}\\&\times\sum_b\left[\frac{R_{ob}^{\mu}R_{bt}^{\alpha}}{\omega_{bo}-\omega_1-\omega_2-\omega_3}+\frac{R_{ob}^{\alpha}R_{bt}^{\mu}}{\omega_{bo}+\omega_1}\right]\\&\times\sum_b\left[\frac{R_{tb}^{\beta}R_{bo}^{\gamma}}{\omega_{bo}-\omega_3}+\frac{R_{tb}^{\gamma}R_{bo}^{\beta}}{\omega_{bo}-\omega_2}\right]\end{aligned}\tag{2.5-8}$$

在上式推导中，已忽略了其它频率组合的共振作用，因此在方括号中将相应的阻尼因子 Γ 忽略；此外，还利用了条件 $\omega_{bt}=\omega_{bo}+\omega_{ot}=\omega_{bo}-\omega_{to}\approx\omega_{bo}-(\omega_2+\omega_3)$。进一步，采用前面引入的符号 f，可将上式简化为

$$\begin{aligned}\chi_{\mu\alpha\beta\gamma}^{(3)}(-(\omega_1+\omega_2+\omega_3),\ \omega_1,\ \omega_2,\ \omega_3)=&\frac{1}{6\varepsilon_0\hbar^3}\frac{n_o-n_t}{\omega_{to}-(\omega_2+\omega_3)-\mathrm{i}\Gamma_{to}}\\&\times f_{\mu\alpha}(\omega_1+\omega_2+\omega_3,\ -\omega_1)f_{\gamma\beta}^{*}(\omega_3,\ \omega_2)\end{aligned}\tag{2.5-9}$$

由上式可见，$\omega_2+\omega_3$ 愈接近 ω_{to}，则 $\chi_{\mu\alpha\beta\gamma}^{(3)}$明显地增大。这种双光子和频增强效应，已被广泛地用于光学三次谐波产生和四波混频等非线性和频光学过程中。

如果入射的三个光波中有两个的频率相同，这就是通常的双光子吸收过程。在满足双光子共振 $\omega_{to}\approx\omega_1+\omega_2$ 的情况下，可由式(2.4-22)导出描述该过程的三阶极化率张量元素 $\chi_{\mu\alpha\beta\gamma}^{(3)}(-\omega_1,\ -\omega_2,\ \omega_1,\ \omega_2)$为

$$\begin{aligned}\chi_{\mu\alpha\beta\gamma}^{(3)}(-\omega_1,\ -\omega_2,\ \omega_1,\ \omega_2)=&\frac{n_o-n_t}{6\varepsilon_0\hbar^3(\omega_{to}-\omega_1-\omega_2-\mathrm{i}\Gamma_{to})}\\&\times\sum_b\left[\frac{R_{ob}^{\mu}R_{bt}^{\alpha}}{\omega_{bo}-\omega_1}+\frac{R_{ob}^{\alpha}R_{bt}^{\mu}}{\omega_{bo}-\omega_2}\right]\\&\times\sum_b\left[\frac{R_{bo}^{\beta}R_{tb}^{\gamma}}{\omega_{bo}-\omega_1}+\frac{R_{bo}^{\gamma}R_{tb}^{\beta}}{\omega_{bo}-\omega_2}\right]\\=&\frac{n_o-n_t}{6\varepsilon_0\hbar^3(\omega_{to}-\omega_1-\omega_2-\mathrm{i}\Gamma_{to})}f_{\mu\alpha}(\omega_1,\omega_2)f_{\gamma\beta}^{*}(\omega_2,\omega_1)\end{aligned}\tag{2.5-10}$$

作为一个示例，下面较详细地讨论三次谐波产生的双光子和频增强的三阶非线性极化率张量元素 $\chi^{(3)}_{\mu\alpha\beta\gamma}(-3\omega,\omega,\omega,\omega)$。

假定原子具有如图 2.5－1 所示的简化能级图：有四个电子能级，其中能级 0 和 2 的宇称相同；能级 1 和 3 的宇称相同，但与 0 和 2 的宇称相反。这表明在电偶极跃迁的情况下，能级间产生的电偶极跃迁应如图 2.5－1 中的箭头所示。

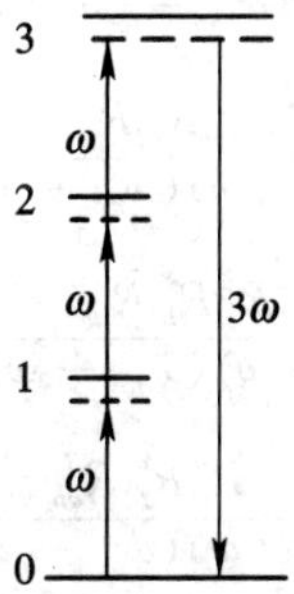

图 2.5－1　由简单四能级系统产生三次谐波

首先，按式(2.4－22)写出三次谐波产生的三阶极化率张量元素 $\chi^{(3)}_{\mu\alpha\beta\gamma}(-3\omega,\omega,\omega,\omega)$的表示式为

$$
\begin{aligned}
\chi^{(3)}_{\mu\alpha\beta\gamma}(-3\omega,\omega,\omega,\omega) = & \hat{S}\frac{n}{3!\varepsilon_0\hbar^3}\sum_{a,b,c,d}\rho^0_{aa} \\
& \times\left[\frac{R^{\mu}_{ab}R^{\alpha}_{bc}R^{\beta}_{cd}R^{\gamma}_{da}}{(\omega_{ba}-3\omega-\mathrm{i}\Gamma_{ba})(\omega_{ca}-2\omega-\mathrm{i}\Gamma_{ca})(\omega_{da}-\omega-\mathrm{i}\Gamma_{da})}\right. \\
& +\frac{R^{\alpha}_{ab}R^{\mu}_{bc}R^{\beta}_{cd}R^{\gamma}_{da}}{(\omega_{ba}+\omega+\mathrm{i}\Gamma_{ba})(\omega_{ca}-2\omega-\mathrm{i}\Gamma_{ca})(\omega_{da}-\omega-\mathrm{i}\Gamma_{da})} \\
& +\frac{R^{\alpha}_{ab}R^{\beta}_{bc}R^{\mu}_{cd}R^{\gamma}_{da}}{(\omega_{ba}+\omega+\mathrm{i}\Gamma_{ba})(\omega_{ca}+2\omega+\mathrm{i}\Gamma_{ca})(\omega_{da}-\omega-\mathrm{i}\Gamma_{da})} \\
& \left.+\frac{R^{\alpha}_{ab}R^{\beta}_{bc}R^{\gamma}_{cd}R^{\mu}_{da}}{(\omega_{ba}+\omega+\mathrm{i}\Gamma_{ba})(\omega_{ca}+2\omega+\mathrm{i}\Gamma_{ca})(\omega_{da}+3\omega+\mathrm{i}\Gamma_{da})}\right]
\end{aligned}
\tag{2.5-11}
$$

由式(2.5－11)可见，对于双光子共振增强来说，第一项和第二项中的因子

$$\omega_{ca}-2\omega-\mathrm{i}\Gamma_{ca}\approx 0$$

第三项和第四项中的因子

$$\omega_{ca}+2\omega+\mathrm{i}\Gamma_{ca}\approx 0$$

对于前者，要求 c 是终态，a 是基态；对于后者，要求 a 是终态，c 是基态。这样，由式(2.5－11)中第一项和第二项得到

$$
\begin{aligned}
& \hat{S}\frac{n}{3!\varepsilon_0\hbar^3}\sum_{b,d}\rho^0_{oo}\frac{1}{\omega_{to}-2\omega-\mathrm{i}\Gamma_{to}} \\
& \times\left[\frac{R^{\mu}_{ob}R^{\alpha}_{bt}R^{\beta}_{td}R^{\gamma}_{do}}{(\omega_{bo}-3\omega-\mathrm{i}\Gamma_{bo})(\omega_{do}-\omega-\mathrm{i}\Gamma_{do})}+\frac{R^{\alpha}_{ob}R^{\mu}_{bt}R^{\beta}_{td}R^{\gamma}_{do}}{(\omega_{bo}+\omega+\mathrm{i}\Gamma_{bo})(\omega_{do}-\omega-\mathrm{i}\Gamma_{do})}\right]
\end{aligned}
\tag{2.5-12}
$$

现将上式按对称化算符展开，并略去分母各个因子中的阻尼因子(共振因子项除外)，则式(2.5－12)变为

$$\frac{n}{3!\varepsilon_0\hbar^3}\rho_{oo}^0\frac{1}{\omega_{to}-2\omega-\mathrm{i}\Gamma_{to}}$$

$$\times\sum_{b,d}\left[\frac{R_{ob}^{\mu}R_{bt}^{\alpha}R_{td}^{\beta}R_{do}^{\gamma}}{(\omega_{bo}-3\omega)(\omega_{do}-\omega)}+\frac{R_{ob}^{\mu}R_{bt}^{\alpha}R_{td}^{\gamma}R_{do}^{\beta}}{(\omega_{bo}-3\omega)(\omega_{do}-\omega)}+\frac{R_{ob}^{\alpha}R_{bt}^{\mu}R_{td}^{\beta}R_{do}^{\gamma}}{(\omega_{bo}+\omega)(\omega_{do}-\omega)}\right.$$

$$+\frac{R_{ob}^{\alpha}R_{bt}^{\mu}R_{td}^{\gamma}R_{do}^{\beta}}{(\omega_{bo}+\omega)(\omega_{do}-\omega)}+\frac{R_{ob}^{\mu}R_{bt}^{\beta}R_{td}^{\alpha}R_{do}^{\gamma}}{(\omega_{bo}-3\omega)(\omega_{do}-\omega)}+\frac{R_{ob}^{\mu}R_{bt}^{\beta}R_{td}^{\gamma}R_{do}^{\alpha}}{(\omega_{bo}-3\omega)(\omega_{do}-\omega)}$$

$$+\frac{R_{ob}^{\beta}R_{bt}^{\mu}R_{td}^{\alpha}R_{do}^{\gamma}}{(\omega_{bo}+\omega)(\omega_{do}-\omega)}+\frac{R_{ob}^{\beta}R_{bt}^{\mu}R_{td}^{\gamma}R_{do}^{\alpha}}{(\omega_{bo}+\omega)(\omega_{do}-\omega)}+\frac{R_{ob}^{\mu}R_{bt}^{\gamma}R_{td}^{\alpha}R_{do}^{\beta}}{(\omega_{bo}-3\omega)(\omega_{do}-\omega)}$$

$$\left.+\frac{R_{ob}^{\mu}R_{bt}^{\gamma}R_{td}^{\beta}R_{do}^{\alpha}}{(\omega_{bo}-3\omega)(\omega_{do}-\omega)}+\frac{R_{ob}^{\gamma}R_{bt}^{\mu}R_{td}^{\alpha}R_{do}^{\beta}}{(\omega_{bo}+\omega)(\omega_{do}-\omega)}+\frac{R_{ob}^{\gamma}R_{bt}^{\mu}R_{td}^{\beta}R_{do}^{\alpha}}{(\omega_{bo}+\omega)(\omega_{do}-\omega)}\right] \quad (2.5-13)$$

上式括号中的第一、第二、第三和第四项之和为

$$\sum_{b,d}\left\{\left[\frac{R_{ob}^{\mu}R_{bt}^{\alpha}}{(\omega_{bo}-3\omega)}+\frac{R_{ob}^{\alpha}R_{bt}^{\mu}}{(\omega_{bo}+\omega)}\right]\left[\frac{R_{td}^{\beta}R_{do}^{\gamma}}{(\omega_{do}-\omega)}+\frac{R_{td}^{\gamma}R_{do}^{\beta}}{(\omega_{do}-\omega)}\right]\right\}$$

$$=\sum_{b}\left[\frac{R_{ob}^{\mu}R_{bt}^{\alpha}}{(\omega_{bo}-3\omega)}+\frac{R_{ob}^{\alpha}R_{bt}^{\mu}}{(\omega_{bo}+\omega)}\right]\sum_{d}\left[\frac{R_{td}^{\beta}R_{do}^{\gamma}}{(\omega_{do}-\omega)}+\frac{R_{td}^{\gamma}R_{do}^{\beta}}{(\omega_{do}-\omega)}\right]$$

$$=f_{\mu\alpha}(3\omega,-\omega)f_{\gamma\beta}^{*}(\omega,\omega) \quad (2.5-14)$$

同理，式(2.5－13)括号中第五项到第八项这四项之和为

$$f_{\mu\beta}(3\omega,\ -\omega)f_{\alpha\gamma}^{*}(\omega,\ \omega) \quad (2.5-15)$$

第九项到第十二项这四项之和为

$$f_{\mu\gamma}(3\omega,\ -\omega)f_{\beta\alpha}^{*}(\omega,\omega) \quad (2.5-16)$$

现将式(2.5－14)～式(2.5－16)代入式(2.5－13)后，便得到式(2.5－11)中第一、二两项的结果为

$$\frac{n}{3!\varepsilon_0\hbar^3}\frac{1}{\omega_{to}-2\omega-\mathrm{i}\Gamma_{to}}\rho_{oo}^0[f_{\mu\alpha}(3\omega,-\omega)f_{\gamma\beta}^{*}(\omega,\omega)$$

$$+f_{\mu\beta}(3\omega,-\omega)f_{\alpha\gamma}^{*}(\omega,\omega)+f_{\mu\gamma}(3\omega,-\omega)f_{\beta\alpha}^{*}(\omega,\omega)] \quad (2.5-17)$$

如果基态 o 是简并的，则上式应为

$$\frac{n}{3!\varepsilon_0\hbar^3}\frac{1}{\omega_{to}-2\omega-\mathrm{i}\Gamma_{to}}\sum_{o\text{的简并度}}\rho_{oo}^0[f_{\mu\alpha}(3\omega,-\omega)f_{\gamma\beta}^{*}(\omega,\omega)$$

$$+f_{\mu\beta}(3\omega,-\omega)f_{\alpha\gamma}^{*}(\omega,\omega)+f_{\mu\gamma}(3\omega,-\omega)f_{\beta\alpha}^{*}(\omega,\omega)] \quad (2.5-18)$$

在式(2.5－11)中，第三、四项对共振增强极化率的贡献为

$$-\hat{S}\frac{n}{3!\varepsilon_0\hbar^3}\sum_{t\text{的简并度}}\rho_{tt}^0\frac{1}{\omega_{to}-2\omega-\mathrm{i}\Gamma_{to}}\times\sum_{b,d}\left[\frac{R_{tb}^{\alpha}R_{bo}^{\beta}R_{od}^{\mu}R_{dt}^{\gamma}}{(\omega_{bt}+\omega)(\omega_{dt}-\omega)}+\frac{R_{tb}^{\alpha}R_{bo}^{\beta}R_{od}^{\gamma}R_{dt}^{\mu}}{(\omega_{bt}+\omega)(\omega_{dt}+3\omega)}\right]$$

$$(2.5-19)$$

上式已考虑到终态能级也是简并的情况，并已将非共振项中的阻尼因子忽略。若将关系式

$$\omega_{bt}=\omega_{bo}+\omega_{ot}=\omega_{bo}-\omega_{to}\approx\omega_{bo}-2\omega$$
$$\omega_{dt}\approx\omega_{do}-2\omega$$

代入式(2.5－19)，则得

$$-\hat{S}\frac{n}{3!\varepsilon_0\hbar^3}\sum_{t\text{的简并度}}\rho_{tt}^0\frac{1}{\omega_{to}-2\omega-\mathrm{i}\Gamma_{to}}\times\sum_{b,d}\left[\frac{R_{tb}^{\alpha}R_{bo}^{\beta}R_{od}^{\mu}R_{dt}^{\gamma}}{(\omega_{bo}-\omega)(\omega_{do}-3\omega)}+\frac{R_{tb}^{\alpha}R_{bo}^{\beta}R_{od}^{\gamma}R_{dt}^{\mu}}{(\omega_{bo}-\omega)(\omega_{do}+\omega)}\right]\tag{2.5－20}$$

将上式方括号中的因子按对称化算符 $\hat{S}$ 展开，可以得到与式(2.5－17)方括号中一样的因子。这样，最后求得三次谐波产生的双光子共振增强的极化率张量元素为

$$\begin{aligned}\chi_{\mu\alpha\beta\gamma}^{(3)}(-3\omega,\omega,\omega,\omega)=&\frac{n}{3!\varepsilon_0\hbar^3}\frac{1}{\omega_{to}-2\omega-\mathrm{i}\Gamma_{to}}\sum_{o,t\text{的简并度}}(\rho_{oo}^0-\rho_{tt}^0)\\&\times[f_{\mu\alpha}(3\omega,-\omega)f_{\gamma\beta}^*(\omega,\omega)\\&+f_{\mu\beta}(3\omega,-\omega)f_{\alpha\gamma}^*(\omega,\omega)\\&+f_{\mu\gamma}(3\omega,-\omega)f_{\beta\alpha}^*(\omega,\omega)]\end{aligned}\tag{2.5－21}$$

如果非线性介质是各向同性的钠金属蒸气，则由图 2.5－2 所示的钠能级图可以清楚地看到，对红宝石激光波长而言，3s 和 3d 的两能级间的能量差近似等于 $2\hbar\omega$，所以钠蒸气中的三次谐波产生过程具有双光子共振增强的 $\chi^{(3)}(-3\omega,\omega,\omega,\omega)$。

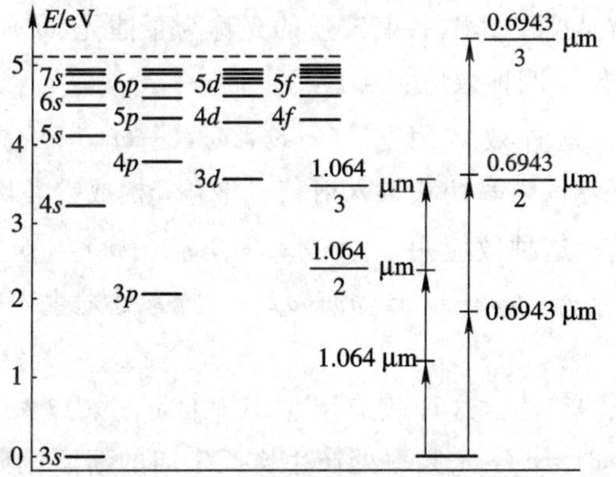

图 2.5－2　钠的能级图

现在假定入射频率为 ω 的激光场的振动方向在 z 方向，则电偶极矩矩阵元只有 z 分量，即 $R_{ij}=-e\langle i|z|j\rangle$，而且三阶极化率张量元素只有 $\chi_{zzzz}^{(3)}(-3\omega,\omega,\omega,\omega)$ 分量。根据式(2.5－21)，有

$$\begin{aligned}\chi^{(3)}(-3\omega,\omega,\omega,\omega)=&\frac{n}{2\varepsilon_0\hbar^3}\frac{1}{\omega_{to}-2\omega-\mathrm{i}\Gamma_{to}}\\&\times\sum_{o,t\text{的简并度}}(\rho_{oo}^0-\rho_{tt}^0)f(3\omega,-\omega)f^*(\omega,\omega)\end{aligned}\tag{2.5－22}$$

式中

$$f(3\omega,-\omega)=\sum_b\left\{\frac{R_{ob}R_{bt}}{\omega_{bo}-3\omega}+\frac{R_{ob}R_{bt}}{\omega_{bo}+\omega}\right\}\tag{2.5－23}$$

$$f^*(\omega,\omega)=\sum_d\left\{\frac{R_{td}R_{do}}{\omega_{do}-\omega}+\frac{R_{td}R_{do}}{\omega_{do}-\omega}\right\}\tag{2.5-24}$$

2. 三阶极化率的双光子差频共振增强

现在考虑 ω_1、ω_2 和 ω_3 产生 $\omega_1-\omega_2+\omega_3$ 的四波混频过程，其中两个入射光频率之差正好与介质某一本征跃迁频率发生共振，例如 $\omega_{to}\approx\omega_2-\omega_3$。此时，由式(2.4-22)出发，可导出描述该过程的三阶极化率张量元素为

$$\begin{aligned}&\chi^{(3)}_{\mu\alpha\beta\gamma}(-(\omega_1-\omega_2+\omega_3),\omega_1,-\omega_2,\omega_3)\\&=\frac{n}{3!\varepsilon_0\hbar^3}\frac{\rho^0_{oo}-\rho^0_{tt}}{\omega_{to}-(\omega_2-\omega_3)+\mathrm{i}\Gamma_{to}}\\&\quad\times\sum_b\left[\frac{R^\mu_{ob}R^\alpha_{bt}}{\omega_{bo}+\omega_1-\omega_2+\omega_3}+\frac{R^\alpha_{ob}R^\mu_{bt}}{\omega_{bo}-\omega_1}\right]\sum_b\left[\frac{R^\beta_{ob}R^\gamma_{bt}}{\omega_{bo}-\omega_2}+\frac{R^\gamma_{ob}R^\beta_{bt}}{\omega_{bo}+\omega_3}\right]\\&=\frac{n_o-n_t}{3!\varepsilon_0\hbar^3[\omega_{to}-(\omega_2+\omega_3)+\mathrm{i}\Gamma_{to}]}f_{\mu\alpha}(-(\omega_1-\omega_2+\omega_3),\omega_1)f_{\gamma\beta}(-\omega_3,\omega_2)\end{aligned}\tag{2.5-25}$$

在实际工作中，ω_{to}常选取为介质的喇曼跃迁频率，这时将发生所谓的喇曼共振增强的四波混频过程，利用式(2.5-25)可以描述各种喇曼共振四波混频过程。通常情况下，均采用两束不同频率的单色光入射，其中一束较强的光称为泵浦光(ω_p)，另一束较弱的光称为信号光(ω_s)，则可能发生如下四种效应：

(1) 喇曼增益效应。这种效应用 $\chi^{(3)}(-\omega_s,\omega_p,-\omega_p,\omega_s)$描述，其中 $\omega_p>\omega_s$，在 $\omega=\omega_p-(\omega_p-\omega_s)=\omega_p-\omega_{to}=\omega_s$频率处获得入射信号增益，构成喇曼增益光谱术的基础。

(2) 反喇曼衰减效应。这种效应用 $\chi^{(3)}(-\omega_s,\omega_p,\omega_s,-\omega_p)=[\chi^{(3)}(\omega_s,-\omega_p,-\omega_s,\omega_p)]^*$描述，其中 $\omega_s>\omega_p$，在 $\omega=\omega_p-(\omega_p-\omega_s)=\omega_p+\omega_{to}=\omega_s$ 频率处发生入射信号衰减，成为反喇曼光谱术的基础。

(3) 相干斯托克斯光的产生。这种效应用 $\chi^{(3)}(-(2\omega_s-\omega_p),\omega_s,-\omega_p,\omega_s)$描述，其中 $\omega_p>\omega_s$，在 $\omega=\omega_s-(\omega_p-\omega_s)=\omega_s-\omega_{to}$频率处产生空间定向的新斯托克斯频移光束。

(4) 相干反斯托克斯光的产生。这种效应用 $\chi^{(3)}(-(2\omega_p-\omega_s),\omega_p,\omega_p,-\omega_s)=[\chi^{(3)}((2\omega_p-\omega_s),-\omega_p,-\omega_p,\omega_s)]^*$描述，其中 $\omega_p>\omega_s$，在 $\omega=\omega_p+(\omega_p-\omega_s)=\omega_p+\omega_{to}$频率处产生空间定向的新反斯托克斯频移光束，是相干反斯托克斯喇曼光谱术的基础。

作为一个示例，下面较详细地讨论受激喇曼散射过程的三阶非线性极化率张量元素 $\chi^{(3)}_{\mu\alpha\beta\gamma}(-\omega_s,\omega_p,-\omega_p,\omega_s)$。

假定有两个频率为 ω_p 和 ω_s 的光场，满足 $\omega_p-\omega_s\approx\omega_{to}$，这里的 ω_{to}表示分子基态 o 和终态 t 之间的跃迁频率。在频率为 ω_p 的泵浦光场作用下，频率为 ω_s 的信号光被放大，这个过程就是第 5 章我们将要讨论的受激喇曼散射过程。控制受激喇曼散射过程的极化率张量为$\chi^{(3)}(-\omega_s,\omega_p,-\omega_p,\omega_s)$。根据式(2.4-22)，受激喇曼散射过程的三阶极化率张量元素$\chi^{(3)}_{\mu\alpha\beta\gamma}(-\omega_s,\omega_p,-\omega_p,\omega_s)$的表示式为

$$
\begin{aligned}
&\chi^{(3)}_{\mu\alpha\beta\gamma}(-\omega_s,\omega_p,-\omega_p,\omega_s) \\
&= \hat{S}\frac{n}{3!\varepsilon_0\hbar^3}\sum_{a,b,c,d}\rho^0_{aa}\times\left[\frac{R^\mu_{ab}R^\alpha_{bc}R^\beta_{cd}R^\gamma_{da}}{(\omega_{ba}-\omega_s-\mathrm{i}\Gamma_{ba})(\omega_{ca}-\omega_s+\omega_p-\mathrm{i}\Gamma_{ca})(\omega_{da}-\omega_s+\omega_p-\omega_p-\mathrm{i}\Gamma_{da})}\right. \\
&\quad+\frac{R^\alpha_{ab}R^\mu_{bc}R^\beta_{cd}R^\gamma_{da}}{(\omega_{ba}+\omega_p+\mathrm{i}\Gamma_{ba})(\omega_{ca}+\omega_p-\omega_s-\mathrm{i}\Gamma_{ca})(\omega_{da}+\omega_p-\omega_s-\omega_p-\mathrm{i}\Gamma_{da})} \\
&\quad+\frac{R^\alpha_{ab}R^\beta_{bc}R^\mu_{cd}R^\gamma_{da}}{(\omega_{ba}+\omega_p+\mathrm{i}\Gamma_{ba})(\omega_{ca}+\omega_p-\omega_p+\mathrm{i}\Gamma_{ca})(\omega_{da}+\omega_p-\omega_p-\omega_s-\mathrm{i}\Gamma_{da})} \\
&\quad\left.+\frac{R^\alpha_{ab}R^\beta_{bc}R^\gamma_{cd}R^\mu_{da}}{(\omega_{ba}+\omega_p+\mathrm{i}\Gamma_{ba})(\omega_{ca}+\omega_p-\omega_p+\mathrm{i}\Gamma_{ca})(\omega_{da}+\omega_p-\omega_p+\omega_s+\mathrm{i}\Gamma_{da})}\right]
\end{aligned}
\tag{2.5-26}
$$

我们首先要考察上式，寻找包含共振因子$[\omega_{to}-(\omega_p-\omega_s)]$的项。为简单起见，假定介质处于绝对零度，这样，当$a$是基态$o$时，$\rho^0_{aa}=1$，而为其它态时，$\rho^0_{aa}=0$。考察式(2.5-26)可以看出：第一项和第二项中的因子没有$[\omega_{to}-(\omega_p-\omega_s)]$的形式；第三项和第四项中的因子$[\omega_{ca}+\omega_p-\omega_p+\mathrm{i}\Gamma_{ca}]$，在配对$(\omega_p,\alpha)$、$(-\omega_p,\beta)$和$(\omega_s,\gamma)$的对易下，可能具有$(\omega_{to}-\omega_p+\omega_s+\mathrm{i}\Gamma_{to})$的形式，例如，作$(\omega_s\gamma,(-\omega_p)\beta,\omega_p\alpha)\to(\omega_p\alpha,(-\omega_p)\beta,\omega_s\gamma)$的代换，且当$c=t$和$a=o$时，因子$(\omega_{ca}+\omega_p-\omega_p+\mathrm{i}\Gamma_{ca})$便可变为$(\omega_{to}-\omega_p+\omega_s+\mathrm{i}\Gamma_{to})$的形式。事实上，对式中第三项按对称化算符$\hat{S}$展开时有

$$
\begin{aligned}
&\frac{n}{3!\varepsilon_0\hbar^3}\sum_{b,d}\left[\frac{R^\alpha_{ob}R^\beta_{bt}R^\mu_{td}R^\gamma_{do}}{(\omega_{bo}+\omega_p+\mathrm{i}\Gamma_{bo})(\omega_{to}+\omega_p-\omega_p+\mathrm{i}\Gamma_{to})(\omega_{do}-\omega_s-\mathrm{i}\Gamma_{do})}\right. \\
&\quad+\frac{R^\alpha_{ob}R^\gamma_{bt}R^\mu_{td}R^\beta_{do}}{(\omega_{bo}+\omega_p+\mathrm{i}\Gamma_{bo})(\omega_{to}+\omega_s+\omega_p+\mathrm{i}\Gamma_{to})(\omega_{do}+\omega_p-\mathrm{i}\Gamma_{do})} \\
&\quad+\frac{R^\beta_{ob}R^\alpha_{bt}R^\mu_{td}R^\gamma_{do}}{(\omega_{bo}-\omega_p+\mathrm{i}\Gamma_{bo})(\omega_{to}-\omega_p+\omega_p+\mathrm{i}\Gamma_{to})(\omega_{do}-\omega_s-\mathrm{i}\Gamma_{do})} \\
&\quad+\frac{R^\beta_{ob}R^\gamma_{bt}R^\mu_{td}R^\alpha_{do}}{(\omega_{bo}-\omega_p+\mathrm{i}\Gamma_{bo})(\omega_{to}-\omega_p+\omega_s+\mathrm{i}\Gamma_{to})(\omega_{do}-\omega_p-\mathrm{i}\Gamma_{do})} \\
&\quad+\frac{R^\gamma_{ob}R^\alpha_{bt}R^\mu_{td}R^\beta_{do}}{(\omega_{bo}+\omega_s+\mathrm{i}\Gamma_{bo})(\omega_{to}+\omega_p+\omega_s+\mathrm{i}\Gamma_{to})(\omega_{do}+\omega_p-\mathrm{i}\Gamma_{do})} \\
&\quad\left.+\frac{R^\gamma_{ob}R^\beta_{bt}R^\mu_{td}R^\alpha_{do}}{(\omega_{bo}+\omega_s+\mathrm{i}\Gamma_{bo})(\omega_{to}-\omega_p+\omega_s+\mathrm{i}\Gamma_{to})(\omega_{do}-\omega_p-\mathrm{i}\Gamma_{do})}\right]
\end{aligned}
\tag{2.5-27}
$$

显然，上式中第四项和第六项分母含有共振因子$(\omega_{to}-\omega_p+\omega_s+\mathrm{i}\Gamma_{to})$，而其它项与这两项相比，因分母较大，分数值较小，可以忽略不计。这样，式(2.5-27)便变为

$$
\frac{n}{3!\varepsilon_0\hbar^3}\frac{1}{\omega_{to}-\omega_p+\omega_s+\mathrm{i}\Gamma_{to}}\times\sum_{b,d}\left[\frac{R^\beta_{ob}R^\gamma_{bt}R^\mu_{td}R^\alpha_{do}}{(\omega_{bo}-\omega_p)(\omega_{do}-\omega_p)}+\frac{R^\gamma_{ob}R^\beta_{bt}R^\mu_{td}R^\alpha_{do}}{(\omega_{bo}+\omega_s)(\omega_{do}-\omega_p)}\right]
\tag{2.5-28}
$$

按同样的方法，将式(2.5-26)中第四项按对称化算符$\hat{S}$展开后可得

$$
\frac{n}{3!\varepsilon_0\hbar^3}\frac{1}{\omega_{to}-\omega_p+\omega_s+\mathrm{i}\Gamma_{to}}\times\sum_{b,d}\left[\frac{R^\beta_{ob}R^\gamma_{bt}R^\alpha_{td}R^\mu_{do}}{(\omega_{bo}-\omega_p)(\omega_{do}+\omega_s)}+\frac{R^\gamma_{ob}R^\beta_{bt}R^\alpha_{td}R^\mu_{do}}{(\omega_{bo}+\omega_s)(\omega_{do}+\omega_s)}\right]
\tag{2.5-29}
$$

将式(2.5-28)和式(2.5-29)相加，得到

$$\chi^{(3)}_{\mu\alpha\beta\gamma}(-\omega_s,\omega_p,-\omega_p,\omega_s)=\frac{n}{3!\varepsilon_0\hbar^3}\frac{1}{\omega_{to}-\omega_p+\omega_s+\mathrm{i}\Gamma_{to}}$$

$$\times\sum_{b,d}\left[\frac{R^\beta_{ob}R^\gamma_{bt}R^\mu_{td}R^\alpha_{do}}{(\omega_{bo}-\omega_p)(\omega_{do}-\omega_p)}+\frac{R^\gamma_{ob}R^\beta_{bt}R^\mu_{td}R^\alpha_{do}}{(\omega_{bo}+\omega_s)(\omega_{do}-\omega_p)}\right.$$

$$\left.+\frac{R^\beta_{ob}R^\gamma_{bd}R^\alpha_{td}R^\mu_{do}}{(\omega_{bo}-\omega_p)(\omega_{do}+\omega_s)}+\frac{R^\gamma_{ob}R^\beta_{bt}R^\alpha_{td}R^\mu_{ao}}{(\omega_{bo}+\omega_s)(\omega_{do}+\omega_s)}\right]\tag{2.5-30}$$

注意，在给出式(2.5 - 28)～式(2.5 - 30)时，已假定频率 ω_p 和 ω_s 都不接近于分子的跃迁频率，所以在分母中除共振因子($\omega_{to}-\omega_p+\omega_s+\mathrm{i}\Gamma_{to}$)保留 Γ_{to}外，其它因子中的 Γ 均已忽略。

现将式(2.5 - 30)改写为

$$\chi^{(3)}_{\mu\alpha\beta\gamma}(-\omega_s,\omega_p,-\omega_p,\omega_s)=\frac{n}{3!\varepsilon_0\hbar^3}\frac{1}{\omega_{to}-\omega_p+\omega_s+\mathrm{i}\Gamma_{to}}\sum_{b,d}\left[\frac{R^\beta_{ob}R^\gamma_{bt}}{\omega_{bo}-\omega_p}+\frac{R^\gamma_{ob}R^\beta_{bt}}{\omega_{bo}+\omega_s}\right]$$

$$\times\left[\frac{R^\mu_{td}R^\alpha_{do}}{\omega_{do}-\omega_p}+\frac{R^\alpha_{td}R^\mu_{do}}{\omega_{do}+\omega_s}\right]\tag{2.5-31}$$

而其中

$$\sum_{b,d}\left[\frac{R^\beta_{ob}R^\gamma_{bt}}{\omega_{bo}-\omega_p}+\frac{R^\gamma_{ob}R^\beta_{bt}}{\omega_{bo}+\omega_s}\right]\left[\frac{R^\mu_{td}R^\alpha_{do}}{\omega_{do}-\omega_p}+\frac{R^\alpha_{td}R^\mu_{do}}{\omega_{do}+\omega_s}\right]$$

$$=\sum_{b}\left[\frac{R^\beta_{ob}R^\gamma_{bt}}{\omega_{bo}-\omega_p}+\frac{R^\gamma_{ob}R^\beta_{bt}}{\omega_{bo}+\omega_s}\right]\sum_{d}\left[\frac{R^\mu_{td}R^\alpha_{do}}{\omega_{do}-\omega_p}+\frac{R^\alpha_{td}R^\mu_{do}}{\omega_{do}+\omega_s}\right]$$

与前同样地引入符号：

$$f_{\beta\gamma}(\omega_p,-\omega_s)=\sum_{b}\left[\frac{R^\beta_{ob}R^\gamma_{bt}}{\omega_{bo}-\omega_p}+\frac{R^\gamma_{ob}R^\beta_{bt}}{\omega_{bo}+\omega_s}\right]\tag{2.5-32}$$

$$f^*_{\alpha\mu}(\omega_p,-\omega_s)=\sum_{d}\left[\frac{R^\alpha_{od}R^\mu_{dt}}{\omega_{do}-\omega_p}+\frac{R^\mu_{od}R^\alpha_{dt}}{\omega_{do}+\omega_s}\right]^*=\sum_{d}\left[\frac{R^\alpha_{do}R^\mu_{td}}{\omega_{do}-\omega_p}+\frac{R^\mu_{do}R^\alpha_{td}}{\omega_{do}+\omega_s}\right]$$

$$=\sum_{d}\left[\frac{R^\mu_{td}R^\alpha_{do}}{\omega_{do}-\omega_p}+\frac{R^\alpha_{td}R^\mu_{do}}{\omega_{do}+\omega_s}\right]\tag{2.5-33}$$

最后可得

$$\chi^{(3)}_{\mu\alpha\beta\gamma}(-\omega_s,\omega_p,-\omega_p,\omega_s)=\frac{n}{3!\varepsilon_0\hbar^3}\frac{1}{\omega_{to}-\omega_p+\omega_s+\mathrm{i}\Gamma_{to}}$$

$$\times f^*_{\alpha\mu}(\omega_p-\omega_s)f_{\beta\gamma}(\omega_p-\omega_s)\tag{2.5-34}$$

由该式可见，当满足关系

$$\omega_{to}\approx\omega_p-\omega_s$$

时，因分母因子($\omega_{to}-\omega_p+\omega_s+\mathrm{i}\Gamma_{to}$)很小，使得三阶极化率张量元素 $\chi^{(3)}_{\mu\alpha\beta\gamma}(-\omega_s,\omega_p,-\omega_p,\omega_s)$ 增大。式(2.5 - 34)就是受激喇曼散射过程的共振极化率表示式。

2.6 带电粒子可自由移动介质的极化率

前面，我们通过利用密度算符求电偶极矩算符期望值的方法，得到了介质中极化率张量的一般表示式：

$$\chi^{(r)}_{\mu\alpha_1\alpha_2\cdots\alpha_r}(\omega_1,\omega_2,\cdots,\omega_r)=\frac{1}{\varepsilon_0 Vr!}\hat{S}(-\mathrm{i}\hbar)^{-r}\int_{-\infty}^{0}\mathrm{d}t_1\int_{-\infty}^{t_1}\mathrm{d}t_2\cdots\int_{-\infty}^{t_{r-1}}\mathrm{d}t_r$$
$$\times\mathrm{tr}\{\hat{\rho}_0[\cdots,[[\hat{R}_\mu,\hat{R}^I_{\alpha_1}(t_1)],\hat{R}^I_{\alpha_2}(t_2)],\cdots,\hat{R}^I_{\alpha_r}(t_r)]\}$$
$$\times\mathrm{e}^{-\mathrm{i}\sum\limits_{m=1}^{r}\omega_m t_m}\tag{2.6-1}$$

如果在体积为 V 的介质中，荷电粒子可以自由地在其中运动，而不是被束缚在单个分子中，则电偶极矩矩阵元便与体积 V 的大小和形状有关，这就给计算电偶极矩矩阵元带来了困难。在这种情况下，若将式(2.6-1)变换成另外一种形式，便可解决这个困难。

2.6.1　极化率张量的另外一种形式

根据光的电磁理论，光电场在介质中将引起极化电流，极化电流密度的时间积分等于极化强度。于是，如果求出了在光电场作用下产生的极化电流，就可以求出极化强度，从而也就给出了极化率张量的另外一种表示形式。下面，我们循此思路，从密度算符运动方程出发，采用与前面同样的微扰处理方法，求出非线性极化率张量的表示式。在这里，求解过程从简，仅给出必要的结论。

1. 密度算符的微扰级数

如前所述，带电粒子系统的动力学行为可以利用在光电场作用下的密度算符 $\hat{\rho}(t)$ 的运动方程来描述，其初始条件就是整个系统在热平衡情况下的密度算符，它由式(2.1-43)确定。密度算符运动方程为

$$\frac{\mathrm{d}\hat{\rho}}{\mathrm{d}t}=\frac{1}{\mathrm{i}\hbar}[\hat{H},\hat{\rho}(t)]\tag{2.6-2}$$

式中，$\hat{H}$是运动的荷电粒子系统在光电场 $\boldsymbol{E}(t)$ 中的哈密顿算符，且

$$\hat{H}=\sum_j\frac{\hat{\boldsymbol{p}}_j^2}{2m_j}-\sum_j\frac{q_j}{m_j}\hat{\boldsymbol{p}}_j\cdot\boldsymbol{A}\tag{2.6-3}$$

这里，m_j、q_j、$\hat{\boldsymbol{p}}_j$ 分别为第 j 个带电粒子的质量、电荷和动量，$\boldsymbol{A}$ 是磁矢位，它是一个经典量。若定义

$$\hat{\boldsymbol{\Pi}}=\sum_j\frac{q_j}{m_j}\hat{\boldsymbol{p}}_j\tag{2.6-4}$$

为体积 V 内粒子的无场电流算符，则荷电粒子系统在光电场中的微扰能量 $\hat{H}_1$ 为

$$\hat{H}_1=-\sum_j\frac{q_j}{m_j}\hat{\boldsymbol{p}}_j\cdot\boldsymbol{A}=-\hat{\boldsymbol{\Pi}}\cdot\boldsymbol{A}\tag{2.6-5}$$

求解运动方程(2.6-2)时[9]，将其解 $\hat{\rho}(t)$ 表示为级数形式：

$$\hat{\rho}(t)=\hat{\rho}_0+\hat{\rho}_1(t)+\hat{\rho}_2(t)+\cdots+\hat{\rho}_r(t)+\cdots\tag{2.6-6}$$

则根据式(2.2-26)、式(2.2-49)，类似可以导出

$$\hat{\rho}_1(t) = (\mathrm{i}\hbar)^{-1}\hat{U}_0(t)\int_{-\infty}^{t} \mathrm{d}t_1[H_1^I(t_1),\ \hat{\rho}_0]\hat{U}(-t)$$

$$= -(\mathrm{i}\hbar)^{-1}\int_{-\infty}^{t} \mathrm{d}t_1 A_\alpha(t_1)[\hat{\Pi}_\alpha^I(t_1 - t),\ \hat{\rho}_0] \tag{2.6-7}$$

式中

$$\hat{H}_1^I(t) = \hat{U}_0(-t)\hat{H}_1(t)\hat{U}_0(t) = -\hat{U}_0(-t)\hat{\Pi}\hat{U}_0(t)\cdot \boldsymbol{A}$$

$$= -\hat{\Pi}^I(t)\cdot\boldsymbol{A} = -\hat{\Pi}_\alpha^I(t)A_\alpha \tag{2.6-8}$$

对式(2.6-7)的积分作变量代换，$t_1 - t \rightarrow t_1$，则有

$$\hat{\rho}_1(t) = -(\mathrm{i}\hbar)^{-1}\int_{-\infty}^{t} \mathrm{d}t_1 A_\alpha(t_1 + t)[\hat{\Pi}_\alpha^I(t_1),\ \hat{\rho}_0]\,\mathrm{d}t_1 \tag{2.6-9}$$

同理，根据式(2.2-27)、式(2.2-49)和式(2.6-8)，有

$$\hat{\rho}_2(t) = (\mathrm{i}\hbar)^{-2}\hat{U}_0(t)\int_{-\infty}^{t}\mathrm{d}t_1\int_{-\infty}^{t_1}\mathrm{d}t_2[\hat{H}_1^I(t_1),[\hat{H}_1^I(t_2),\ \hat{\rho}_0]]\hat{U}_0(-t)$$

$$= (-\mathrm{i}\hbar)^{-2}\int_{-\infty}^{t}\mathrm{d}t_1\int_{-\infty}^{t_1}\mathrm{d}t_2 A_{\alpha_1}(t_1)A_{\alpha_2}(t_2)[\hat{\Pi}_{\alpha_1}^I(t_1 - t),[\hat{\Pi}_{\alpha_2}^I(t_2 - t),\ \hat{\rho}_0]] \tag{2.6-10}$$

对该式中的积分进行变量代换：$t_1 - t \rightarrow t_1$，$t_2 - t \rightarrow t_2$，可得

$$\hat{\rho}_2(t) = (-\mathrm{i}\hbar)^{-2}\int_{-\infty}^{0}\mathrm{d}t_1\int_{-\infty}^{t_1}\mathrm{d}t_2 A_{\alpha_1}(t_1 + t)A_{\alpha_2}(t_2 + t)[\hat{\Pi}_{\alpha_1}^I(t_1),[\hat{\Pi}_{\alpha_2}^I(t_2),\ \hat{\rho}_0]] \tag{2.6-11}$$

依次对各阶密度算符作类似上述的运算，最后求得

$$\hat{\rho}(t) = \hat{\rho}_0 + \sum_{r=1}^{\infty}(-\mathrm{i}\hbar)^{-r}\int_{-\infty}^{0}\mathrm{d}t_1\int_{-\infty}^{t_1}\mathrm{d}t_2\cdots\times\int_{-\infty}^{t_{r-1}}\mathrm{d}t_r A_{\alpha_1}(t_1 + t)A_{\alpha_2}(t_2 + t)\cdots A_{\alpha_r}(t_r + t)$$

$$\times[\hat{\Pi}_{\alpha_1}^I(t_1),[\hat{\Pi}_{\alpha_2}^I(t_2),\cdots,[\hat{\Pi}_{\alpha_r}^I(t_r),\ \hat{\rho}_0]\cdots]] \tag{2.6-12}$$

2. 电流密度表示式

根据电磁场理论关系，电流密度算符可表示为

$$\hat{\boldsymbol{J}} = \frac{1}{V}\sum_j \frac{q_j}{m_j}[\hat{\boldsymbol{p}}_j - q_j\boldsymbol{A}] = \frac{1}{V}[\hat{\boldsymbol{\Pi}} - \lambda\boldsymbol{A}] \tag{2.6-13}$$

式中

$$\lambda = \sum_j \frac{q_j^2}{m_j} \tag{2.6-14}$$

因此，宏观电流密度为

$$\boldsymbol{J}(t) = \mathrm{tr}\{\hat{\rho}(t)\hat{\boldsymbol{J}}\} = \frac{1}{V}\mathrm{tr}\{\hat{\rho}(t)\hat{\boldsymbol{\Pi}}\} - \frac{\lambda\boldsymbol{A}(t)}{V}\mathrm{tr}\{\hat{\rho}(t)\}$$

因为 $\mathrm{tr}\{\hat{\rho}(t)\} = 1$，所以有

$$\boldsymbol{J}(t) = \frac{1}{V}\mathrm{tr}\{\hat{\rho}(t)\hat{\boldsymbol{\Pi}}\} - \frac{\lambda}{V}\boldsymbol{A}(t) \tag{2.6-15}$$

当光电场较强，电流密度与光电场呈非线性关系时，$\boldsymbol{J}(t)$可表示为级数形式：

$$\boldsymbol{J}(t) = \sum_{r=1}^{\infty} \boldsymbol{J}^{(r)}(t) \tag{2.6-16}$$

式中，$\boldsymbol{J}^{(r)}(t)$与电场强度的 r 次幂成正比。又根据光电场 $\boldsymbol{E}(t)$与磁矢位 $\boldsymbol{A}(t)$的关系

$$\boldsymbol{E}(t) = -\frac{\mathrm{d}\boldsymbol{A}(t)}{\mathrm{d}t} \tag{2.6-17}$$

可将磁矢位 $\boldsymbol{A}(t)$用光电场的傅里叶分量表示：

$$\boldsymbol{A}(t) = \int_{-\infty}^{\infty} \boldsymbol{E}(\omega)\mathrm{e}^{-\mathrm{i}\omega t}\frac{\mathrm{d}\omega}{\mathrm{i}\omega} \tag{2.6-18}$$

所以，一阶电流密度分量 $J_{\mu}^{(1)}(t)$为

$$\begin{aligned} J_{\mu}^{(1)}(t) &= \frac{1}{V}\,\mathrm{tr}\{\hat{\rho}_1(t)\hat{\Pi}_{\mu}\} - \frac{\lambda}{V}A_{\mu}(t) \\ &= (-\mathrm{i}\hbar)^{-1}\frac{1}{V}\int_{-\infty}^{0}\mathrm{d}t_1\int_{-\infty}^{\infty}\frac{E_{\alpha}(\omega)\mathrm{e}^{-\mathrm{i}\omega(t_1+t)}}{\mathrm{i}\omega}\,\mathrm{tr}\{[\hat{\Pi}_{\alpha}^{I}(t_1),\ \hat{\rho}_0]\hat{\Pi}_{\mu}\}\mathrm{d}\omega \\ &\quad - \frac{\lambda}{V}\int_{-\infty}^{\infty}E_{\mu}(\omega)\mathrm{e}^{-\mathrm{i}\omega t}\frac{\mathrm{d}\omega}{\mathrm{i}\omega} \end{aligned} \tag{2.6-19}$$

r 阶电流密度分量 $J_{\mu}^{(r)}(t)$为

$$\begin{aligned} J_{\mu}^{(r)}(t) &= \frac{1}{V}\,\mathrm{tr}\{\hat{\rho}_r(t)\hat{\Pi}_{\mu}\} = (-\mathrm{i}\hbar)^{-r}\frac{1}{V} \\ &\quad \times \mathrm{tr}\Big\{\int_{-\infty}^{0}\mathrm{d}t_1\int_{-\infty}^{t_1}\mathrm{d}t_2\cdots\int_{-\infty}^{t_{r-1}}\mathrm{d}t_r A_{\alpha_1}(t_1+t)A_{\alpha_2}(t_2+t)\cdots A_{\alpha_r}(t_r+t) \\ &\quad \times [\hat{\Pi}_{\alpha_1}^{I}(t_1),\ [\hat{\Pi}_{\alpha_2}^{I}(t_2),\cdots,\ [\hat{\Pi}_{\alpha_r}^{I}(t_r),\ \hat{\rho}_0],\ \cdots]]\hat{\Pi}_{\mu}\Big\} \end{aligned} \tag{2.6-20}$$

利用式(2.6-18)关系，有

$$A_{\alpha_r}(t_r+t) = \int_{-\infty}^{\infty}E_{\alpha_r}(\omega_r)\,\mathrm{e}^{-\mathrm{i}\omega_r(t_r+t)}\frac{\mathrm{d}\omega}{\mathrm{i}\omega_r} \tag{2.6-21}$$

将该式代入式(2.6-20)，得

$$\begin{aligned} J_{\mu}^{(r)}(t) &= (-\mathrm{i}\hbar)^{-r}\frac{1}{V}\int_{-\infty}^{0}\mathrm{d}t_1\int_{-\infty}^{t_1}\mathrm{d}t_2\cdots\int_{-\infty}^{t_{r-1}}\mathrm{d}t_r\int_{-\infty}^{\infty}\frac{E_{\alpha_1}(\omega_1)\mathrm{e}^{-\mathrm{i}\omega_1(t_1+t)}}{\mathrm{i}\omega_1}\mathrm{d}\omega_1\cdots \\ &\quad \times\int_{-\infty}^{\infty}\frac{E_{\alpha_r}(\omega_r)\mathrm{e}^{-\mathrm{i}\omega_r(t_r+t)}}{\mathrm{i}\omega_r}\mathrm{d}\omega_r\,\mathrm{tr}\{[\hat{\Pi}_{\alpha_1}^{I}(t_1),\ [\hat{\Pi}_{\alpha_2}^{I}(t_2),\ \cdots,\ [\hat{\Pi}_{\alpha_r}^{I}(t_r),\hat{\rho}_0],\ \cdots]]\hat{\Pi}_{\mu}\} \end{aligned} \tag{2.6-22}$$

3. 极化强度表示式

根据极化强度与电流密度的关系

$$\boldsymbol{P}(t) = \int_{-\infty}^{t}\boldsymbol{J}(\tau)\mathrm{d}\tau \tag{2.6-23}$$

可得 r 阶极化强度与 r 阶电流密度的关系为

$$P_{\mu}^{(r)}(t) = \int_{-\infty}^{t}J_{\mu}^{(r)}(\tau)\mathrm{d}\tau \tag{2.6-24}$$

将式(2.6-22)的 $J_{\mu}^{(r)}(t)$代入后，可得

$$P_{\mu}^{(r)}(t)=\int_{-\infty}^{t}\mathrm{d}\tau\,\frac{(-\mathrm{i}\hbar)^{-r}}{V}\int_{-\infty}^{0}\mathrm{d}t_1\int_{-\infty}^{t_1}\mathrm{d}t_2\cdots\int_{-\infty}^{t_{r-1}}\mathrm{d}t_r\int_{-\infty}^{\infty}\mathrm{d}\omega_1\int_{-\infty}^{\infty}\mathrm{d}\omega_2\cdots\int_{-\infty}^{\infty}\mathrm{d}\omega_r$$
$$\times\frac{E_{\alpha_1}(\omega_1)E_{\alpha_2}(\omega_2)\cdots E_{\alpha_r}(\omega_r)}{\mathrm{i}^r\omega_1\omega_2\cdots\omega_r}\,\mathrm{e}^{-\mathrm{i}\tau\sum\limits_{m=1}^{r}\omega_m}\,\mathrm{e}^{-\mathrm{i}\sum\limits_{m=1}^{r}\omega_m t_m}$$
$$\times\,\mathrm{tr}\{\hat{\rho}_0[[\cdots,[[\hat{\Pi}_{\mu},\hat{\Pi}_{\alpha_1}^{I}(t_1)],\hat{\Pi}_{\alpha_2}^{I}(t_2)],\cdots],\hat{\Pi}_{\alpha_r}^{I}(t_r)]\}\tag{2.6-25}$$

这里，与2.3节中的讨论方法相同，当频率ω_1、ω_2、…、ω_r在复数频率平面的上半平面内取值时，上式对时间的积分是收敛的，这样，将式(2.6－25)对τ积分后，得

$$P_{\mu}^{(r)}(t)=\frac{(-\mathrm{i}\hbar)^{-r}}{V}\int_{-\infty}^{0}\mathrm{d}t_1\int_{-\infty}^{t_1}\mathrm{d}t_2\cdots\int_{-\infty}^{t_{r-1}}\mathrm{d}t_r\int_{-\infty}^{\infty}\mathrm{d}\omega_1\int_{-\infty}^{\infty}\mathrm{d}\omega_2\cdots\int_{-\infty}^{\infty}\mathrm{d}\omega_r$$
$$\times E_{\alpha_1}(\omega_1)E_{\alpha_2}(\omega_2)\cdots E_{\alpha_r}(\omega_r)\,\frac{1}{\mathrm{i}^{r+1}\omega_\sigma\omega_1\omega_2\cdots\omega_r}\,\mathrm{e}^{-\mathrm{i}t\sum\limits_{m=1}^{r}\omega_m}$$
$$\times\,\mathrm{tr}\{\hat{\rho}_0[[\cdots,[[\hat{\Pi}_{\mu},\hat{\Pi}_{\alpha_1}^{I}(t_1)],\hat{\Pi}_{\alpha_2}^{I}(t_2)],\cdots],\hat{\Pi}_{\alpha_r}^{I}(t_r)]\}\mathrm{e}^{-\mathrm{i}\sum\limits_{m=1}^{r}\omega_m t_m}\tag{2.6-26}$$

式中
$$\omega_\sigma=-(\omega_1+\omega_2+\cdots+\omega_r)\tag{2.6-27}$$

4. 极化率张量元素表示式

将式(2.6－26)与

$$P_{\mu}^{r}(t)=\varepsilon_0\int_{-\infty}^{\infty}\mathrm{d}\omega_1\int_{-\infty}^{\infty}\mathrm{d}\omega_2\cdots\int_{-\infty}^{\infty}\mathrm{d}\omega_r\chi_{\mu\alpha_1\alpha_2\cdots\alpha_r}^{(r)}(\omega_1,\omega_2,\cdots,\omega_r)$$
$$\times E_{\alpha_1}(\omega_1)E_{\alpha_2}(\omega_2)\cdots E_{\alpha_r}(\omega_r)\mathrm{e}^{-\mathrm{i}t\sum\limits_{m=1}^{r}\omega_m}\tag{2.6-28}$$

进行比较，可以得到第r阶极化率张量元素为

$$\chi_{\mu\alpha_1\alpha_2\cdots\alpha_r}^{(r)}(\omega_1,\omega_2,\cdots,\omega_r)=\frac{1}{\varepsilon_0\hbar^r V}\,\frac{1}{\mathrm{i}\omega_\sigma\omega_1\omega_2\cdots\omega_r}\int_{-\infty}^{0}\mathrm{d}t_1\int_{-\infty}^{t_1}\mathrm{d}t_2\cdots\int_{-\infty}^{t_{r-1}}\mathrm{d}t_r$$
$$\times\,\mathrm{tr}\{\hat{\rho}_0[[\cdots,[[\hat{\Pi}_{\mu},\hat{\Pi}_{\alpha_1}^{I}(t_1)],\hat{\Pi}_{\alpha_2}^{I}(t_2)],\cdots],\hat{\Pi}_{\alpha_r}^{I}(t_r)]\}$$
$$\times\,\mathrm{e}^{-\mathrm{i}\sum\limits_{m=1}^{r}\omega_m t_m}\tag{2.6-29}$$

考虑到极化率张量的本征对易对称性和各向同性项的贡献，第r阶极化率张量元素的一般表示式为

$$\chi_{\mu\alpha_1\alpha_2\cdots\alpha_r}^{(r)}(\omega_1,\omega_2,\cdots,\omega_r)=-\delta_{r1}\frac{\lambda}{\varepsilon_0 V\omega_1^2}\delta_{\mu\alpha_1}+\frac{1}{\varepsilon_0 r!}\hat{\mathrm{S}}\frac{1}{\mathrm{i}\omega_\sigma\omega_1\omega_2\cdots\omega_r V\hbar^r}$$
$$\times\int_{-\infty}^{0}\mathrm{d}t_1\int_{-\infty}^{t_1}\mathrm{d}t_2\cdots\int_{-\infty}^{t_{r-1}}\mathrm{d}t_r$$
$$\times\,\mathrm{tr}\{\hat{\rho}_0[[\cdots,[[\hat{\Pi}_{\mu},\hat{\Pi}_{\alpha_1}^{I}(t_1)],\hat{\Pi}_{\alpha_2}^{I}(t_2)],\cdots],\hat{\Pi}_{\alpha_r}^{I}(t_r)]\}$$
$$\times\,\mathrm{e}^{-\mathrm{i}\sum\limits_{m=1}^{r}\omega_m t_m}\tag{2.6-30}$$

式中，$\hat{S}$表示对配对(ω_1,α_1)、(ω_2,α_2)、…、(ω_r,α_r)所有可能的$r!$个对易求和的本征对称化算符；δ_{r1}表示在$r=1$时为1，$r\neq1$时为0；$\delta_{\mu\alpha_1}$表示单位张量元素。$\delta_{r1}\lambda\delta_{\mu\alpha}/(\varepsilon_0 V\omega_1^2)$只对一阶极化率张量有贡献，称为对一阶极化率张量的各向同性贡献。式(2.6-30)就是带电粒子在介质中自由移动情况下的极化率张量元素的表示式。

如进一步考虑近独立粒子体系的情况，作出式(2.6-30)对时间的积分，并考虑极化率张量的完全对易对称性，可以得到最后结果为[10]

$$\chi^{(r)}_{\mu\alpha_1\alpha_2\cdots\alpha_r}(\omega_1,\omega_2,\cdots,\omega_r)=-\delta_{r1}\frac{\lambda}{\varepsilon_0 V\omega_1^2}\delta_{\mu\alpha_1}+\frac{\hat{S}_T}{r!}[\mathrm{i}(-\mathrm{i}\hbar)^r\omega_\sigma\omega_1\omega_2\cdots\omega_r V]^{-1}$$
$$\times\sum_{a,b_1,\cdots,b_r}\rho^0_{aa}\frac{\Pi^{\mu}_{ab_1}\Pi^{\alpha_1}_{b_1b_2}\cdots\Pi^{\alpha_{r-1}}_{b_{r-1}b_r}\Pi^{\alpha_r}_{b_ra}}{D(a,b_1,\cdots,b_r;\ \omega_1,\omega_2,\cdots,\omega_r)}\tag{2.6-31}$$

式中，$\hat{S}_T$是完全对易对称化算符，$D(a,b_1,\cdots,b_r;\ \omega_1,\omega_2,\cdots,\omega_r)$和式(2.3-43)一样：

$$D(a,b_1,\cdots,b_r;\ \omega_1,\omega_2,\cdots,\omega_r)=(\omega_{b_1a}-\omega_1-\omega_2\cdots-\omega_r)$$
$$\times(\omega_{b_2a}-\omega_2\cdots-\omega_r)\cdots(\omega_{b_ra}-\omega_r)\tag{2.6-32}$$

现在，态符号a、b_1、…、b_r表示的是多粒子能量本征态；Π^{α}_{ab}是$\hat{\Pi}_\alpha$的第ab个矩阵元素。

将式(2.6-31)与式(2.3-42)比较，除式(2.6-31)中第一项(即各向同性项)外，另一项可直接由式(2.3-42)求得：只要将式(2.3-42)中的R_μ、R_{α_1}…分别用$\Pi_\mu/\mathrm{i}\omega_\sigma$、$\Pi_{\alpha_1}/\mathrm{i}\omega_1$、…代替即可。此外，因为这里的态$a$、$b_1$、…、$b_r$是指多粒子能量的本征态，故式中没有粒子数密度$n$。

文献[11]指出，当荷电粒子系统的未微扰哈密顿$\hat{H}_0$在时间反演不变时，即与时间反演算符对易的情况下，对任何粒子系统(不管有无自旋)，若$\hat{\Pi}$与时间反演算符是反对易的，则$\chi^{(r)}$具有时间反演对称性，即有

$$\chi^{(r)}_{\mu\alpha_1\alpha_2\cdots\alpha_r}(\omega_1,\omega_2,\cdots,\omega_r)=\chi^{(r)}_{\mu\alpha_1\alpha_2\cdots\alpha_r}(-\omega_1,-\omega_2,\cdots,-\omega_r)\tag{2.6-33}$$

2.6.2　电导率张量表示式

由非线性光学理论可知，当光电场比较强时，电流密度与光电场之间的关系应当是非线性的，因而可以将$\boldsymbol{J}(t)$写成

$$\boldsymbol{J}(t)=\sum_{r=1}^{\infty}\boldsymbol{J}^{(r)}(t)\tag{2.6-34}$$

式中的$\boldsymbol{J}^{(r)}(t)$与电场强度的r次幂成正比。与前面讨论的极化强度与电场的关系类似，第r阶电流密度分量表示式为

$$J^{(r)}_\mu(t)=\int_{-\infty}^{\infty}\mathrm{d}\omega_1\int_{-\infty}^{\infty}\mathrm{d}\omega_2\cdots\int_{-\infty}^{\infty}\mathrm{d}\omega_r\sigma^{(r)}_{\mu\alpha_1\alpha_2\cdots\alpha_r}(\omega_1,\omega_2,\cdots,\omega_r)$$
$$\times E_{\alpha_1}(\omega_1)E_{\alpha_2}(\omega_2)\cdots E_{\alpha_r}(\omega_r)\mathrm{e}^{-\mathrm{i}t\sum_{m=1}^{r}\omega_m}\tag{2.6-35}$$

式中，$\sigma^{(r)}_{\mu\alpha_1\alpha_2\cdots\alpha_r}(\omega_1,\omega_2,\cdots,\omega_r)$是第$r$阶电导率张量元素。

将式(2.6-22)与式(2.6-35)相比较，可以立即给出第r阶电导率张量元素的表示式为

$$\sigma^{(r)}_{\mu\alpha_1\alpha_2\cdots\alpha_r}(\omega_1,\omega_2,\cdots,\omega_r)=\frac{1}{V\hbar^r\omega_1\omega_2\cdots\omega_r}\int_{-\infty}^{0}\mathrm{d}t_1\int_{-\infty}^{t_1}\mathrm{d}t_2\cdots\int_{-\infty}^{t_{r-1}}\mathrm{d}t_r$$
$$\times\,\mathrm{tr}\{\hat{\rho}_0[[\cdots[\hat{\Pi}_\mu,\hat{\Pi}^I_{\alpha_1}(t_1)],\cdots],\hat{\Pi}^I_{\alpha_r}(t_r)]\}\mathrm{e}^{-\mathrm{i}\sum\limits_{m=1}^{r}\omega_m t_m} \tag{2.6-36}$$

在推导上式的过程中，已利用了迹的循环对易规则式(2.1-13)。

考虑到对一阶电导率张量的各向同性贡献，各阶电导率张量元素的表示式可以统一写成如下形式：

$$\sigma^{(r)}_{\mu\alpha_1\alpha_2\cdots\alpha_r}(\omega_1,\omega_2,\cdots,\omega_r)=-\delta_{r1}\frac{\lambda}{\mathrm{i}V\omega_1}\delta_{\mu\alpha_1}+\frac{1}{V\hbar^r\omega_1\omega_2\cdots\omega_r}\int_{-\infty}^{0}\mathrm{d}t_1\int_{-\infty}^{t_1}\mathrm{d}t_2\cdots\int_{-\infty}^{t_r}\mathrm{d}t_r$$
$$\times\,\mathrm{tr}\{\hat{\rho}_0[[\cdots,[\hat{\Pi}_\mu,\hat{\Pi}^I_{\alpha_1}(t_1)],\cdots],\hat{\Pi}^I_{\alpha_r}(t_r)]\}\mathrm{e}^{-\mathrm{i}\sum\limits_{m=1}^{r}\omega_m t_m} \tag{2.6-37}$$

2.7 有效场极化率

前面，我们一直运用 $\boldsymbol{P}=\varepsilon_0\chi\cdot\boldsymbol{E}$ 的关系确定极化强度。在运用该关系时应当明确，这里的 $\boldsymbol{E}$ 是介质内平均的宏观电场强度，$\boldsymbol{P}$ 是物理上无限小的介质内每单位体积的电偶极矩，它们都是宏观量。实际上，作用在单个偶极子处的电场强度并不是这个宏观电场强度，而应当是在单个电偶极子中心处的平均电场强度，即有效电场强度 $\boldsymbol{E}_{\mathrm{eff}}$，或称之为局域场强。所谓有效场强，是指介质外面真空中的源所产生的电场与介质中感生的电荷变化所产生的场之和。换句话说，$\boldsymbol{E}$ 与 $\boldsymbol{E}_{\mathrm{eff}}$ 的差别起因于介质电偶极子的相互作用。对于气体而言，因气体分子间距较大，其间作用很小，所以 $\boldsymbol{E}$ 与 $\boldsymbol{E}_{\mathrm{eff}}$ 的差别可以忽略不计。但对于凝聚物质来说，就必须区分 $\boldsymbol{E}$ 与 $\boldsymbol{E}_{\mathrm{eff}}$ 的差别。此时，如果用有效场定义极化强度，则相应的有效场极化率与前面定义的极化率不同。下面，我们具体讨论有效场极化率。

2.7.1 有效电场强度

罗仑兹证明[12]，在非极性气体、液体及立方晶体中，作用在分子上的有效场强为

$$\boldsymbol{E}_{\mathrm{eff}}=\boldsymbol{E}+\frac{\boldsymbol{P}}{3\varepsilon_0} \tag{2.7-1}$$

达尔文(Darwin)研究了金属中自由电子的情况后指出，作用在电子上的有效场强为

$$\boldsymbol{E}_{\mathrm{eff}}=\boldsymbol{E} \tag{2.7-2}$$

对于处于上述两种情况之间的各种介质的有效场的计算，是个很复杂的问题。这里给出一个经验表示形式：有效场强与宏观场强的关系为

$$\boldsymbol{E}_{\mathrm{eff}}=\boldsymbol{E}+L\boldsymbol{P} \tag{2.7-3}$$

为简单起见，取 L 为一标量。

下面，基于式(2.7-3)，讨论具有所谓局域束缚电子的立方晶体的有效场极化率。

2.7.2　有效场极化率

对于线性极化强度 $\boldsymbol{P}^{(1)}$，可以分别利用宏观场和有效场表示，且有

$$\boldsymbol{P} = \varepsilon_0\chi^{(1)}\boldsymbol{E} = \varepsilon_0\chi_{\text{eff}}^{(1)}\boldsymbol{E}_{\text{eff}} \tag{2.7-4}$$

将该式代入式(2.7-3)后，可以求得宏观场极化率 $\chi^{(1)}$ 与有效场极化率 $\chi_{\text{eff}}^{(1)}$ 之间的关系：

$$\chi^{(1)}(\omega) = f(\omega)\chi_{\text{eff}}^{(1)}(\omega) \tag{2.7-5}$$

有效光电场 $\boldsymbol{E}_{\text{eff}}$ 与宏观光电场 $\boldsymbol{E}$ 之间的关系：

$$\boldsymbol{E}_{\text{eff}}(\omega) = f(\omega)\boldsymbol{E}(\omega) \tag{2.7-6}$$

式中

$$f(\omega) = \frac{1}{1 - L\varepsilon_0\chi_{\text{eff}}^{(1)}(\omega)} \tag{2.7-7}$$

为有效场修正因子。

为了讨论二阶非线性极化的情况，考虑 $\omega_1+\omega_2=\omega_3$ 的和频过程。如果上述立方晶体的二阶极化率不等于零，则相应于频率为 $\omega_1+\omega_2$ 的极化强度 $\boldsymbol{P}(\omega_1+\omega_2)$ 按有效场定义的表示式为

$$\boldsymbol{P}(\omega_1 + \omega_2) = \varepsilon_0\chi_{\text{eff}}^{(1)}(\omega_1 + \omega_2)\boldsymbol{E}_{\text{eff}}(\omega_1 + \omega_2) + \boldsymbol{P}_{\text{eff}}^{(2)}(\omega_1 + \omega_2) \tag{2.7-8}$$

利用关系

$$\boldsymbol{E}_{\text{eff}}(\omega_1 + \omega_2) = \boldsymbol{E}(\omega_1 + \omega_2) + L\boldsymbol{P}(\omega_1 + \omega_2) \tag{2.7-9}$$

可以得到

$$\begin{aligned}\boldsymbol{P}(\omega_1 + \omega_2) &= \varepsilon_0 f(\omega_1 + \omega_2)\chi_{\text{eff}}^{(1)}(\omega_1 + \omega_2)\boldsymbol{E}(\omega_1 + \omega_2) + f(\omega_1 + \omega_2)\boldsymbol{P}_{\text{eff}}^{(2)}(\omega_1 + \omega_2)\\ &= \varepsilon_0\chi^{(1)}(\omega_1 + \omega_2)\boldsymbol{E}(\omega_1 + \omega_2) + f(\omega_1 + \omega_2)\boldsymbol{P}_{\text{eff}}^{(2)}(\omega_1 + \omega_2)\end{aligned} \tag{2.7-10}$$

由于频率为 $\omega_1+\omega_2$ 的极化强度 $\boldsymbol{P}(\omega_1+\omega_2)$ 按宏观场定义的表示式为

$$\boldsymbol{P}(\omega_1 + \omega_2) = \varepsilon_0\chi^{(1)}(\omega_1 + \omega_2)\boldsymbol{E}(\omega_1 + \omega_2) + \boldsymbol{P}^{(2)}(\omega_1 + \omega_2) \tag{2.7-11}$$

所以对比式(2.7-10)和式(2.7-11)，有

$$\begin{aligned}\boldsymbol{P}^{(2)}(\omega_1 + \omega_2) &= f(\omega_1 + \omega_2)\boldsymbol{P}_{\text{eff}}^{(2)}(\omega_1 + \omega_2)\\ &= f(\omega_1 + \omega_2)\varepsilon_0\chi_{\text{eff}}^{(2)}(\omega_1, \omega_2) : \boldsymbol{E}_{\text{eff}}(\omega_1)\boldsymbol{E}_{\text{eff}}(\omega_2)\\ &= \varepsilon_0 f(\omega_1 + \omega_2)f(\omega_1)f(\omega_2)\chi_{\text{eff}}^{(2)}(\omega_1, \omega_2) : \boldsymbol{E}(\omega_1)\boldsymbol{E}(\omega_2)\\ &= \varepsilon_0\chi^{(2)}(\omega_1, \omega_2) : \boldsymbol{E}(\omega_1)\boldsymbol{E}(\omega_2)\end{aligned} \tag{2.7-12}$$

因此

$$\chi^{(2)}(\omega_1, \omega_2) = f(\omega_1 + \omega_2)f(\omega_1)f(\omega_2)\chi_{\text{eff}}^{(2)}(\omega_1, \omega_2) \tag{2.7-13}$$

同理，可以求得三阶宏观场非线性极化率张量 $\chi^{(3)}(\omega_1,\omega_2,\omega_3)$ 与三阶有效场非线性极化率张量 $\chi_{\text{eff}}^{(3)}(\omega_1,\omega_2,\omega_3)$ 之间的关系为

$$\chi^{(3)}(\omega_1, \omega_2, \omega_3) = f(\omega_1 + \omega_2 + \omega_3)f(\omega_1)f(\omega_2)f(\omega_3)\chi_{\text{eff}}^{(3)}(\omega_1, \omega_2, \omega_3) \tag{2.7-14}$$

推广到更高阶的非线性极化率情况，阶数每增加一阶，就增加一项有效场的修正因子。对于 r 阶非线性极化率张量，有

$$\chi^{(r)}(\omega_1,\omega_2,\cdots,\omega_r) = f(\omega_1+\omega_2+\cdots+\omega_r)f(\omega_1)f(\omega_2)\cdots f(\omega_r)\chi_{\text{eff}}^{(r)}(\omega_1,\omega_2,\cdots,\omega_r) \tag{2.7-15}$$

2.8 准单色波的非线性极化

前面，我们讨论光波在介质中传播的极化过程时，特别强调了极化响应的因果性原理，即 t 时刻介质所感应的极化强度 $\boldsymbol{P}(t)$不仅与 t 时刻的光电场 $\boldsymbol{E}(t)$有关，还与 t 时刻前所有的光电场有关。一般情况下，极化强度与光电场之间呈现式(1.1-40)所示的因果性关系，只有单色波情况才满足瞬时关系，例如，对于线性极化强度有 $\boldsymbol{P}^{(1)}(\omega, t)=\varepsilon_0\chi^{(1)}(\omega)\cdot\boldsymbol{E}(\omega)\mathrm{e}^{-\mathrm{i}\omega t}=\varepsilon_0\chi^{(1)}(\omega)\cdot\boldsymbol{E}(\omega, t)$。实际上，在激光应用中，运用最多的光波是准单色波(例如脉冲激光、调 Q 激光、锁模激光等)，对于准单色波，必须考虑因果性关系。但是可以证明，在一定条件下，准单色波可以近似地表示成瞬时关系。显然，这对于非线性光学的实际应用研究非常重要。

这一节，我们将讨论准单色波在介质中的极化规律。

2.8.1 准单色波光电场

准单色波是指表观频率为 ω_0，振幅包络随时间慢变化的光波，其光电场表示式为

$$E(t) = \bar{E}_{\omega_0}(t)\mathrm{e}^{-\mathrm{i}\omega_0 t} + \text{c.c.} \tag{2.8-1}$$

式中，$\bar{E}_{\omega_0}(t)$是一个慢变化的包络函数。对线性极化强度来说，也有类似的表示式。将式(2.8-1)两边进行傅里叶变换：

$$\int_{-\infty}^{\infty} E(\omega)\mathrm{e}^{-\mathrm{i}\omega t}\,\mathrm{d}\omega = \int_{-\infty}^{\infty} \bar{E}_{\omega_0}(\Omega)\,\mathrm{e}^{-\mathrm{i}\Omega t}\mathrm{e}^{-\mathrm{i}\omega_0 t}\,\mathrm{d}\Omega + \int_{-\infty}^{\infty} \bar{E}_{\omega_0}^{*}(\Omega)\,\mathrm{e}^{-\mathrm{i}\Omega t}\,\mathrm{e}^{\mathrm{i}\omega_0 t}\,\mathrm{d}\Omega$$

式中，$\bar{E}_{\omega_0}(\Omega)$是包络函数 $\bar{E}_{\omega_0}(t)$的傅里叶分量。对于上式右边第一项，令 $\Omega+\omega_0\rightarrow\omega'$，对于第二项，令 $\Omega-\omega_0\rightarrow\omega''$，然后，将积分变量 ω'、ω''变换为 ω，得

$$\int_{-\infty}^{\infty} E(\omega)\,\mathrm{e}^{-\mathrm{i}\omega t}\,\mathrm{d}\omega = \int_{-\infty}^{\infty} \bar{E}_{\omega_0}(\omega-\omega_0)\,\mathrm{e}^{-\mathrm{i}\omega t}\,\mathrm{d}\omega + \int_{-\infty}^{\infty} \bar{E}_{\omega_0}^{*}(\omega+\omega_0)\,\mathrm{e}^{-\mathrm{i}\omega t}\,\mathrm{d}\omega$$

由此有

$$E(\omega) = \bar{E}_{\omega_0}(\omega-\omega_0) + \bar{E}_{\omega_0}^{*}(\omega+\omega_0) \tag{2.8-2}$$

该式给出了准单色波光电场的傅里叶分量与其振幅包络的傅里叶分量之间的关系。

2.8.2 准单色波的线性极化强度

1. 准单色波线性极化强度包络的表示式

准单色波线性极化强度表示式为

$$P^{(1)}(t) = \bar{P}_{\omega_0}^{(1)}(t)\,\mathrm{e}^{-\mathrm{i}\omega_0 t} + \text{c.c.} \tag{2.8-3}$$

根据线性极化强度与光电场关系的一般表示式

$$P^{(1)}(t) = \varepsilon_0\int_{-\infty}^{\infty} \chi^{(1)}(-\omega,\omega)E(\omega)\,\mathrm{e}^{-\mathrm{i}\omega t}\,\mathrm{d}\omega \tag{2.8-4}$$

并将式(2.8－2)代入后，得

$$P^{(1)}(t)=\varepsilon_0\int_{-\infty}^{\infty}\chi^{(1)}(-\omega,\omega)\,\mathrm{e}^{-\mathrm{i}\omega t}[\overline{E}_{\omega_0}(\omega-\omega_0)+\overline{E}^*_{\omega_0}(\omega+\omega_0)]\,\mathrm{d}\omega \quad (2.8-5)$$

比较式(2.8－3)和式(2.8－5)，可以得到线性强度包络函数 $\overline{P}^{(1)}_{\omega_0}(t)$为

$$\overline{P}^{(1)}_{\omega_0}(t)=\varepsilon_0\int_{-\infty}^{\infty}\chi^{(1)}(-\omega,\omega)\overline{E}_{\omega_0}(\omega-\omega_0)\,\mathrm{e}^{-\mathrm{i}(\omega-\omega_0)t}\,\mathrm{d}\omega \quad (2.8-6)$$

该式给出了极化强度包络函数与光电场包络的傅里叶分量之间的一般关系。

2. 绝热极限

假定光脉冲(准单色波)的载频 ω_0 处在介质的透明区域，则在 ω_0 附近的频率范围内，$\chi^{(1)}(-\omega,\omega)$是频率的慢变化函数，可将 $\chi^{(1)}(-\omega,\omega)$围绕 ω_0 展成台劳(Taylor)级数，这样，式(2.8－6)变为

$$\begin{aligned}\overline{P}^{(1)}_{\omega_0}(t)&=\varepsilon_0\int_{-\infty}^{\infty}\left[\chi^{(1)}(-\omega_0,\omega_0)+\left.\frac{\partial\chi^{(1)}(-\omega,\omega)}{\partial\omega}\right|_{\omega_0}(\omega-\omega_0)+\cdots\right]\\&\quad\times\overline{E}_{\omega_0}(\omega-\omega_0)\mathrm{e}^{-\mathrm{i}(\omega-\omega_0)t}\,\mathrm{d}\omega\\&=\varepsilon_0\chi^{(1)}(-\omega_0,\omega_0)\overline{E}_{\omega_0}(t)+\mathrm{i}\varepsilon_0\left.\frac{\partial\chi^{(1)}(-\omega,\omega)}{\partial\omega}\right|_{\omega_0}\frac{\mathrm{d}\overline{E}_{\omega_0}(t)}{\mathrm{d}t}+\cdots\end{aligned} \quad (2.8-7)$$

在这里，$\chi^{(1)}(-\omega,\omega)$和 $\overline{E}_{\omega_0}(t)$具有连续的高阶导数。根据式(2.8－7)，我们可以定义

$$\overline{\chi^{(1)}}(\omega_0)=\chi^{(1)}(-\omega_0,\omega_0)+\mathrm{i}\left.\frac{\partial\chi^{(1)}(-\omega,\omega)}{\partial\omega}\right|_{\omega_0}\frac{1}{\overline{E}_{\omega_0}(t)}\frac{\mathrm{d}\overline{E}_{\omega_0}(t)}{\mathrm{d}t}+\cdots \quad (2.8-8)$$

使得线性极化强度的包络函数 $\overline{P}^{(1)}_{\omega_0}(t)$具有如下简化形式：

$$\overline{P}^{(1)}_{\omega_0}(t)=\varepsilon_0\,\overline{\chi^{(1)}}(\omega_0)\overline{E}_{\omega_0}(t) \quad (2.8-9)$$

需要强调的是，这里的$\overline{\chi^{(1)}}(\omega_0)$不是极化率，并且 $\overline{P}^{(1)}_{\omega_0}(t)$不由 $\overline{E}_{\omega_0}(t)$瞬时确定，而是与场的历史有关。但是，如果能够使

$$\overline{\chi^{(1)}}(\omega_0)=\chi^{(1)}(-\omega_0,\omega_0) \quad (2.8-10)$$

则 t 时刻介质所感应的极化强度只与 t 时刻的瞬时场有关，满足这个条件的情况称为绝热极限，表示与外界无热交换。在这极限下有

$$\overline{P}^{(1)}_{\omega_0}(t)=\varepsilon_0\chi^{(1)}(-\omega_0,\omega_0)\overline{E}_{\omega_0}(t) \quad (2.8-11)$$

下面，我们具体讨论绝热极限近似条件的表示式。

由式(2.8－7)可见，如果满足条件

$$\left|\left(\frac{1}{\chi^{(1)}(-\omega_0,\omega_0)}\left.\frac{\partial\chi^{(1)}(-\omega,\omega)}{\partial\omega}\right|_{\omega_0}\right)\left(\frac{1}{\overline{E}_{\omega_0}(t)}\frac{\mathrm{d}\overline{E}_{\omega_0}(t)}{\mathrm{d}t}\right)\right|\ll 1 \quad (2.8-12)$$

则式(2.8－7)中的第二项可以忽略。另外，由式(2.4－5)，有

$$\left.\frac{\partial\chi^{(1)}_{\mu\alpha}(-\omega,\omega)}{\partial\omega}\right|_{\omega_0}=\frac{n}{\varepsilon_0\hbar}\sum_{a,b}\rho^0_{aa}\left[\frac{R^\mu_{ab}R^\alpha_{ba}}{(\omega_{ba}-\omega_0-\mathrm{i}\Gamma_{ba})^2}-\frac{R^\alpha_{ab}R^\mu_{ba}}{(\omega_{ba}+\omega_0+\mathrm{i}\Gamma_{ba})^2}\right] \quad (2.8-13)$$

今若 ω_0 接近某一跃迁频率 ω_{to}，则由式(2.4－5)和式(2.8－13)给出

$$\left|\frac{1}{\chi_{\mu\alpha}^{(1)}(-\omega_0,\omega_0)}\frac{\partial\chi_{\mu\alpha}^{(1)}(-\omega,\omega)}{\partial\omega}\bigg|_{\omega_0}\right|=\left|\frac{1}{\Delta-\mathrm{i}\Gamma}\right| \tag{2.8-14}$$

式中，Δ 是频率失调，并且等于 $\omega_{t0}-\omega_0$。将式(2.8-14)代入式(2.8-12)，便有

$$\left|\frac{1}{\Delta-\mathrm{i}\Gamma}\frac{1}{\bar{E}_{\omega_0}(t)}\frac{\mathrm{d}\bar{E}_{\omega_0}(t)}{\mathrm{d}t}\right|\ll 1 \tag{2.8-15}$$

因为式中$\dfrac{\mathrm{d}\bar{E}_{\omega_0}(t)}{\mathrm{d}t}$表示脉冲场包络函数的变化率，所以可将$\left[\dfrac{1}{\bar{E}_{\omega_0}(t)}\dfrac{\mathrm{d}\bar{E}_{\omega_0}(t)}{\mathrm{d}t}\right]^{-1}$理解为脉冲长度或脉冲上升时间，并用 τ_c 表示。这样式(2.8-15)可表示为

$$|\Delta-\mathrm{i}\Gamma|\tau_c\gg 1 \tag{2.8-16}$$

如果脉冲光的线宽用 $\Delta\omega$ 表示，则有 $\tau_c=1/\Delta\omega$。因此，可将式(2.8-16)改写为

$$\frac{|\Delta-\mathrm{i}\Gamma|}{\Delta\omega}\gg 1 \tag{2.8-17}$$

式中，$|\Delta-\mathrm{i}\Gamma|^{-1}$是时间的量纲，叫做介质对频率为 ω_0 的光辐射的响应时间。式(2.8-16)和式(2.8-17)就是我们要求的绝热极限近似条件的表示式。可见，如果脉冲长，或者介质响应时间短，则容易满足绝热条件；而若脉冲短，或介质响应时间长，则不容易满足绝热条件，由脉冲光电场引起的极化响应将与光场的历史有关。

2.8.3 准单色波的高阶极化强度

在这里，我们讨论准单色波的三阶极化强度。如果将前面得到的准单色波光电场的傅里叶分量关系

$$E(\omega_l)=\bar{E}_{\omega_{l0}}(\omega_l-\omega_{l0})+\bar{E}^*_{\omega_{l0}}(\omega_l+\omega_{l0}) \tag{2.8-18}$$

代入式(1.1-38)，便得到

$$\begin{aligned}P^{(3)}(t)=&\varepsilon_0\int_{-\infty}^{\infty}\mathrm{d}\omega_1\int_{-\infty}^{\infty}\mathrm{d}\omega_2\int_{-\infty}^{\infty}\mathrm{d}\omega_3\chi^{(3)}(\omega_1,\omega_2,\omega_3)\\&\times[\bar{E}_{\omega_{10}}(\omega_1-\omega_{10})+\bar{E}^*_{\omega_{10}}(\omega_1+\omega_{10})]\\&\times[\bar{E}_{\omega_{20}}(\omega_2-\omega_{20})+\bar{E}^*_{\omega_{20}}(\omega_2+\omega_{20})]\\&\times[\bar{E}_{\omega_{30}}(\omega_3-\omega_{30})+\bar{E}^*_{\omega_{30}}(\omega_3+\omega_{30})]\mathrm{e}^{-\mathrm{i}(\omega_1+\omega_2+\omega_3)t}\end{aligned} \tag{2.8-19}$$

现若研究准单色波的三次谐波产生过程，上式中的 $\omega_{10}=\omega_{20}=\omega_{30}=\omega_0$，$\omega_1=\omega_2=\omega_3=\omega$，由此可以得出

$$\begin{aligned}\bar{P}^{(3)}_{3\omega_0}(t)\mathrm{e}^{-\mathrm{i}3\omega_0 t}=&\varepsilon_0\int_{-\infty}^{\infty}\mathrm{d}\omega\int_{-\infty}^{\infty}\mathrm{d}\omega\int_{-\infty}^{\infty}\mathrm{d}\omega\chi^{(3)}(-3\omega,\omega,\omega,\omega)\\&\times\bar{E}_{\omega_0}(\omega-\omega_0)\bar{E}_{\omega_0}(\omega-\omega_0)\bar{E}_{\omega_0}(\omega-\omega_0)\mathrm{e}^{-\mathrm{i}3\omega t}\end{aligned} \tag{2.8-20}$$

类似线性极化的讨论过程，如载频 ω_0 处在介质的透明区域，则 $\chi^{(3)}(-3\omega,\omega,\omega,\omega)$的色散很小，可在 ω_0 附近展成台劳级数，式(2.8-20)变为

$$\begin{aligned}\bar{P}^{(3)}_{3\omega_0}(t)=&\varepsilon_0\left[\chi^{(3)}(-3\omega_0,\omega_0,\omega_0,\omega_0)+3\mathrm{i}\frac{\partial\chi^{(3)}(-3\omega,\omega,\omega,\omega)}{\partial\omega}\bigg|_{\omega_0}\frac{1}{\bar{E}_{\omega_0}(t)}\frac{\mathrm{d}\bar{E}_{\omega_0}(t)}{\mathrm{d}t}\right]\\&\times[\bar{E}_{\omega_0}(t)]^3+\cdots\end{aligned} \tag{2.8-21}$$

根据三阶极化率 $\chi^{(3)}$ 的表示式，计算其导数 $\left.\dfrac{\partial\chi^{(3)}(-3\omega,\omega,\omega,\omega)}{\partial\omega}\right|_{\omega_0}$ 可以发现，我们仍能得到式(2.8－16)的绝热极限近似条件表示式，不过这里的 $\Delta-\mathrm{i}\Gamma$ 与三次谐波极化率表示式分母中的数值为最小的一个因子相对应。例如，对于双光子共振极化率来说，有

$$|\omega_{to}-2\omega-\mathrm{i}\Gamma_{to}|\tau_c\gg1 \tag{2.8-22}$$

当满足这个条件时，三次谐波极化强度表示式为瞬时关系，其包络函数为

$$\overline{P}^{(3)}_{3\omega_0}(t)=\varepsilon_0\chi^{(3)}(-3\omega_0,\omega_0,\omega_0,\omega_0)[\overline{E}_{\omega_0}(t)]^3 \tag{2.8-23}$$

显然，对于其它过程也都有类似的绝热极限近似条件。实际上，在远离和接近共振过程的一个很宽的范围内，特别是在讨论皮秒脉冲的情况时，绝热极限近似条件式(2.8－16)总是能够满足。

2.8.4　准单色波载频 ω_0 接近共振频率的极化

上面我们讨论了准单色波与原子系统相互作用的时间满足

$$\tau_c\gg\frac{1}{|\Delta-\mathrm{i}\Gamma|} \tag{2.8-24}$$

时，其极化过程可以用瞬时响应描述。对于很短的脉冲(超短脉冲)，当它与共振吸收介质相互作用($\Delta=0$)，脉冲持续时间 $\tau_c\ll(1/\Gamma)$时，上述瞬时响应近似条件不再成立，必须考虑因果性原理[8]。

假定在热平衡状态下，原子处在基态 o 上，$\rho^0_{oo}=1$，对于其它态，$\rho^0_{aa}=0$，则由式(2.4－5)，可得一维极化率表示式为

$$\chi^{(1)}(-\omega,\omega)=\frac{n}{\varepsilon_0\hbar}\sum_b|R_{bo}|^2\left[\frac{1}{\omega_{bo}-\omega-\mathrm{i}\Gamma_{bo}}+\frac{1}{\omega_{bo}+\omega+\mathrm{i}\Gamma_{bo}}\right] \tag{2.8-25}$$

将该式代入式(2.8－4)，可得

$$P^{(1)}(t)=\varepsilon_0\int_{-\infty}^{\infty}\frac{n}{\varepsilon_0\hbar}\sum_b|R_{bo}|^2\left[\frac{1}{\omega_{bo}-\omega-\mathrm{i}\Gamma_{bo}}+\frac{1}{\omega_{bo}+\omega+\mathrm{i}\Gamma_{bo}}\right]E(\omega)\,\mathrm{e}^{-\mathrm{i}\omega t}\,\mathrm{d}\omega \tag{2.8-26}$$

进一步，如果考虑频率 ω 接近某一共振频率 ω_{bo}，则上式中第二项可略，并且去掉求和号，式(2.8－26)变为

$$\begin{aligned}P^{(1)}(t)&=\frac{n}{\hbar}|R_{bo}|^2\int_{-\infty}^{\infty}E(\omega)\mathrm{e}^{-\mathrm{i}\omega t}\frac{1}{\omega_{bo}-\omega-\mathrm{i}\Gamma_{bo}}\,\mathrm{d}\omega\\&=\frac{n}{\hbar}|R_{bo}|^2\int_{-\infty}^{\infty}E(\omega)\mathrm{e}^{-\mathrm{i}(\omega_{bo}-\mathrm{i}\Gamma_{bo})t}\frac{\mathrm{e}^{\mathrm{i}(\omega_{bo}-\omega-\mathrm{i}\Gamma_{bo})t}}{\omega_{bo}-\omega-\mathrm{i}\Gamma_{bo}}\,\mathrm{d}\omega\\&=\mathrm{i}\,\frac{n}{\hbar}|R_{bo}|^2\int_{-\infty}^{\infty}E(\omega)\mathrm{d}\omega\int_{-\infty}^{t}\mathrm{e}^{-\mathrm{i}(\omega_{bo}-\mathrm{i}\Gamma_{bo})t}\mathrm{e}^{\mathrm{i}(\omega_{bo}-\omega-\mathrm{i}\Gamma_{bo})\tau}\,\mathrm{d}\tau\\&=\mathrm{i}\,\frac{n}{\hbar}|R_{bo}|^2\int_{-\infty}^{t}\int_{-\infty}^{\infty}E(\omega)\mathrm{e}^{-\mathrm{i}\omega\tau}\,\mathrm{e}^{-\mathrm{i}\omega_{bo}(t-\tau)}\mathrm{e}^{-\Gamma_{bo}(t-\tau)}\,\mathrm{d}\omega\,\mathrm{d}\tau\end{aligned} \tag{2.8-27}$$

利用因果性原理，有

$$P^{(1)}(t)=\int_{-\infty}^{t}\varepsilon_0R(t-\tau)E(\tau)\,\mathrm{d}\tau=\int_{-\infty}^{t}\varepsilon_0R(t-\tau)\int_{-\infty}^{\infty}E(\omega)\mathrm{e}^{-\mathrm{i}\omega\tau}\,\mathrm{d}\omega\,\mathrm{d}\tau \tag{2.8-28}$$

将该式与式(2.8－27)比较，可得

$$R(t-\tau)=\mathrm{i}\frac{n}{\varepsilon_0\hbar}|R_{bo}|^2\mathrm{e}^{-\Gamma_{bo}(t-\tau)}\mathrm{e}^{-\mathrm{i}\omega_{bo}(t-\tau)} \tag{2.8-29}$$

再将式(2.8－29)代入式(2.8－28)，并利用式(2.8－1)后，得到

$$\overline{P}^{(1)}_{\omega_0}(t)=\mathrm{i}\frac{n}{\hbar}|R_{bo}|^2\int_{-\infty}^{t}\overline{E}_{\omega_0}(\tau)\mathrm{e}^{-(\mathrm{i}\Delta+\Gamma_{bo})(t-\tau)}\,\mathrm{d}\tau \tag{2.8-30}$$

式中

$$\Delta=\omega_{bo}-\omega_0 \tag{2.8-31}$$

最后，将式(2.8－30)进行分部积分，可以求得

$$\begin{aligned}\overline{P}^{(1)}_{\omega_0}(t)=&\ \mathrm{i}\frac{n}{\hbar}|R_{bo}|^2\\&\times\left[\int_{-\infty}^{t}\overline{E}_{\omega_0}(\tau)\mathrm{d}\tau+(\mathrm{i}\Delta+\Gamma_{bo})\int_{-\infty}^{t}\int_{-\infty}^{\tau}\overline{E}_{\omega_0}(\tau')\mathrm{d}\tau'\mathrm{e}^{-(\mathrm{i}\Delta+\Gamma_{bo})(t-\tau)}\mathrm{d}\tau\right]\end{aligned} \tag{2.8-32}$$

由式(2.8－32)可以清楚地看到，$\overline{P}^{(1)}_{\omega_0}(t)$与光电场的历史有关，这相当于介质对考察时刻前的入射光电场有记忆能力。特别是对于超短脉冲与共振介质的瞬态相干作用，正是由式(2.8－32)中的第一项积分，即由入射光电场对时间的积分$\int_{-\infty}^{t}\overline{E}_{\omega_0}(\tau)\,\mathrm{d}\tau$所决定。关于瞬态相干作用，我们将在第6章通过矢量模型法讨论。

最后应强调指出，式(2.8－7)和式(2.8－32)都是一阶极化强度展开式，它们是互补的。式(2.8－32)第一项只有在$|\Delta-\mathrm{i}\Gamma_{bo}|\tau_c\ll1$的情况下才是一个很好的近似，而$|\Delta-\mathrm{i}\Gamma_{bo}|\tau_c\ll1$的条件正好与绝热极限近似条件$|\Delta-\mathrm{i}\Gamma_{bo}|\tau_c\gg1$相反。一个极端的例子是，如果没有阻尼项，并且处于严格共振，则永远不能满足绝热极限条件，这时，式(2.8－32)中只有第一项。一般讲，式(2.8－32)适用于超短脉冲辐射，并且在研究相干脉冲的传播时很重要。

2.9　二能级原子系统的极化率

前面，我们利用微扰理论方法求解了密度算符运动方程，导出了非线性光学极化率表示式，并强调指出，微扰理论处理方法适用于光电场对介质的作用是一个微扰的场合，式(2.2－5)的级数形式应当收敛。对于入射光场远离共振区，或者入射光场的作用较弱的场合，微扰理论是一种很好的处理方法，可适用于目前人们研究的许多非线性光学过程。当然，如果微扰理论处理方法的条件不满足，式(2.2－5)的级数形式就不能很好地收敛，例如光与介质发生共振作用时，微扰理论处理方法便不再适用。

这一节我们将讨论非线性光学极化率的非微扰理论。以二能级原子系统为例，从密度算符运动方程出发，求出稳态情况下的严格解，并导出二能级原子系统极化率的解析表达式[13]。

2.9.1　二能级原子系统的密度矩阵方程

在2.1节中，我们引入了密度算符，并导出了密度算符的运动方程。如果考虑到介质

的弛豫特性，可将密度算符的运动方程表示为

$$\frac{\partial\hat{\rho}}{\partial t}=\frac{1}{\mathrm{i}\hbar}[\hat{H},\hat{\rho}]+\left(\frac{\partial\hat{\rho}}{\partial t}\right)_{\text{弛豫}} \tag{2.9-1}$$

相应的密度矩阵运动方程为

$$\mathrm{i}\hbar\left(\frac{\partial}{\partial t}+\mathrm{i}\omega_{mn}+\Gamma_{mn}\right)\rho_{mn}=[\hat{H}_1(t),\hat{\rho}]_{mn} \tag{2.9-2}$$

$$\mathrm{i}\hbar\left(\frac{\partial}{\partial t}+\frac{1}{\tau_n}\right)\rho_{nn}=[\hat{H}_1(t),\hat{\rho}]_{nn} \tag{2.9-3}$$

上面方程中，系统的哈密顿算符为

$$\hat{H}=\hat{H}_0+\hat{H}_1(t) \tag{2.9-4}$$

$\hat{H}_1(t)$是相互作用的哈密顿算符，在电偶极近似下，有

$$\hat{H}_1(t)=-\hat{\boldsymbol{P}}\cdot\boldsymbol{E}(\boldsymbol{r},t)=-e\hat{\boldsymbol{r}}\cdot\boldsymbol{E}(\boldsymbol{r},t) \tag{2.9-5}$$

式中，$\boldsymbol{E}(\boldsymbol{r},t)$为光电场。若无光电场时，哈密顿算符 $\hat{H}_0$ 的本征值为 E_n，则

$$\omega_{mn}=\frac{E_m-E_n}{\hbar} \tag{2.9-6}$$

方程中的 $\Gamma_{mn}(m\neq n)$为横向弛豫速率，满足

$$\left(\frac{\partial\rho_{mn}}{\partial t}\right)_{\text{弛豫}}=-\Gamma_{mn}\rho_{mn} \tag{2.9-7}$$

方程中的 $\dfrac{1}{\tau_n}=\sum\limits_k\gamma_{nk}$ 表示由能级 n 到其它各能级的衰变速率，τ_n 为 n 能级的寿命，满足

$$\left(\frac{\partial\rho_{nn}}{\partial t}-\frac{\partial\rho_{nn}^0}{\partial t}\right)_{\text{弛豫}}=-\frac{1}{\tau_n}(\rho_{nn}-\rho_{nn}^0) \tag{2.9-8}$$

式中，ρ_{nn}^0为热平衡状态下的密度算符对角矩阵元。有时将式(2.9-2)与式(2.9-3)合并在一起，表示为

$$\mathrm{i}\hbar\left[\frac{\partial}{\partial t}+\mathrm{i}\omega_{mn}+(1-\delta_{mn})\Gamma_{mn}+\delta_{mn}\frac{1}{\tau_n}\right]\rho_{mn}=[\hat{H}_1(t),\ \hat{\rho}]_{mn} \tag{2.9-9}$$

设二能级原子系统的基态为 o，激发态为 t，由式(2.9-2)得

$$\mathrm{i}\hbar\left(\frac{\partial}{\partial t}+\mathrm{i}\omega_{to}+\Gamma_{to}\right)\rho_{to}=\sum_k(H_{1tk}\rho_{ko}-\rho_{tk}H_{1ko}) \tag{2.9-10}$$

在电偶极近似下，由对称性的考虑已知

$$H_{1oo}=H_{1tt}=0$$

故得

$$\mathrm{i}\hbar\left(\frac{\partial}{\partial t}+\mathrm{i}\omega_{to}+\Gamma_{to}\right)\rho_{to}=H_{1to}(\rho_{oo}-\rho_{tt})$$

即

$$\frac{\partial}{\partial t}\rho_{to}=-\mathrm{i}\omega_{to}\rho_{to}-\Gamma_{to}\rho_{to}+\mathrm{i}\frac{P_{to}}{\hbar}E(\rho_{oo}-\rho_{tt}) \tag{2.9-11}$$

类似地，由式(2.9-3)得

$$\mathrm{i}\hbar\left(\frac{\partial}{\partial t}+\frac{1}{\tau_t}\right)\rho_{tt}=\sum_k(H_{1tk}\rho_{kt}-\rho_{tk}H_{1kt})=H_{1to}(\rho_{ot}-\rho_{to})$$

即

$$\frac{\partial}{\partial t}\rho_{tt} = \mathrm{i}\,\frac{P_{to}}{\hbar}E(\rho_{ot} - \rho_{to}) - \frac{1}{\tau_t}\rho_{tt} \tag{2.9-12}$$

将上式中的 t 与 o 对调，得

$$\frac{\partial}{\partial t}\rho_{oo} = \mathrm{i}\,\frac{P_{ot}}{\hbar}E(\rho_{to} - \rho_{ot}) - \frac{1}{\tau_o}\rho_{oo} \tag{2.9-13}$$

或将式(2.9-12)与式(2.9-13)组合在一起，得

$$\frac{\partial}{\partial t}(\rho_{oo} - \rho_{tt}) = \mathrm{i}\,\frac{2P_{ot}}{\hbar}E(\rho_{to} - \rho_{ot}) - \frac{(\rho_{oo} - \rho_{tt}) - (\rho_{oo} - \rho_{tt})_0}{T_1} \tag{2.9-14}$$

式中，$(\rho_{oo}-\rho_{tt})_0$ 表示没有外场作用时 $\rho_{oo}-\rho_{tt}$ 的平衡值，由 $\rho_{oo}-\rho_{tt}$ 弛豫到平衡值 $(\rho_{oo}-\rho_{tt})_0$ 的时间为 T_1，又叫做纵向弛豫时间。

2.9.2 二能级原子系统极化率表示式

1. 密度矩阵方程的稳态解

设作用到原子系统上的局域光电场 $E(t)$ 为

$$E(t) = E_0\cos\omega t = \frac{E_0}{2}(\mathrm{e}^{-\mathrm{i}\omega t} + \mathrm{e}^{\mathrm{i}\omega t}) \tag{2.9-15}$$

因由式(2.9-11)可以得到无外场作用时的 $\rho_{to}=\rho_{to}(0)\mathrm{e}^{(-\mathrm{i}\omega_{to}-\Gamma_{to})t}$，所以对于 $\omega\approx\omega_{to}$ 情况，可通过如下关系定义新的慢变化变量 a_{to} 和 a_{ot}：

$$\left.\begin{aligned}\rho_{to}(t) &= a_{to}(t)\mathrm{e}^{-\mathrm{i}\omega t}\\ \rho_{ot}(t) &= a_{ot}(t)\mathrm{e}^{\mathrm{i}\omega t}\end{aligned}\right\} \tag{2.9-16}$$

又由密度算符的厄米性知道

$$\rho_{ot} = \rho_{to}^{*} \tag{2.9-17}$$

所以，可将式(2.9-11)和式(2.9-14)改写为

$$\frac{\mathrm{d}}{\mathrm{d}t}a_{to} = \mathrm{i}(\omega - \omega_{to})a_{to} - \Gamma_{to}a_{to} + \frac{\mathrm{i}P_{to}}{\hbar}\,\frac{E_0}{2}(\rho_{oo} - \rho_{tt}) \tag{2.9-18}$$

$$\frac{\mathrm{d}}{\mathrm{d}t}(\rho_{oo} - \rho_{tt}) = \frac{\mathrm{i}P_{ot}}{\hbar}E_0(a_{to} - a_{ot}) - \frac{(\rho_{oo} - \rho_{tt}) - (\rho_{oo} - \rho_{tt})_0}{T_1} \tag{2.9-19}$$

在导出式(2.9-18)时，仅保留了 $\exp(-\mathrm{i}\omega t)$ 时间变化项，在导出式(2.9-19)时，仅保留了非指数时间变化项，忽略了 $\exp(2\mathrm{i}\omega t)$ 和 $\exp(-2\mathrm{i}\omega t)$ 项，这种忽略是因为在感兴趣的时间内，它们的贡献平均为零，这称为旋转波近似。

因为宏观极化强度，即电偶极矩系综平均值为

$$\langle\hat{P}\rangle = \mathrm{tr}\{\hat{\rho}\hat{P}\} = P_{to}(\rho_{ot} + \rho_{to}) = P_{to}(a_{to}\mathrm{e}^{-\mathrm{i}\omega t} + a_{to}^{*}\mathrm{e}^{\mathrm{i}\omega t}) \tag{2.9-20}$$

利用

$$\mathrm{e}^{\pm\mathrm{i}\omega t} = \cos\omega t \pm \mathrm{i}\sin\omega t$$

关系，式(2.9-20)可写为

$$\begin{aligned}\langle\hat{P}\rangle &= P_{to}[(a_{to}^{*} + a_{to})\cos\omega t + \mathrm{i}(a_{to}^{*} - a_{to})\sin\omega t]\\ &= 2P_{to}[\mathrm{Re}\,a_{to}\cos\omega t + \mathrm{Im}\,a_{to}\sin\omega t]\end{aligned} \tag{2.9-21}$$

式中，$\text{Re}a_{to}$和 $\text{Im}a_{to}$分别为 a_{to}的实部和虚部。所以，通过求解二能级密度矩阵方程(2.9-18)和式(2.9-19)，即可得到极化强度的表示式。

下面求密度矩阵的稳态解。设方程式(2.9-18)和式(2.9-19)左边等于零，得到

$$\mathrm{i}(\omega-\omega_{to})a_{to}-\Gamma_{to}a_{to}+\frac{\mathrm{i}P_{to}}{2\hbar}E_0(\rho_{oo}-\rho_{tt})=0 \tag{2.9-22}$$

$$\frac{\mathrm{i}P_{ot}}{\hbar}E_0(a_{to}-a_{ot})-\frac{(\rho_{oo}-\rho_{tt})-(\rho_{oo}-\rho_{tt})_0}{T_1}=0 \tag{2.9-23}$$

取式(2.9-22)的复数共轭，得

$$-\mathrm{i}(\omega-\omega_{to})a_{to}^*-\Gamma_{to}a_{to}^*-\frac{\mathrm{i}P_{to}}{2\hbar}E_0(\rho_{oo}-\rho_{tt})=0 \tag{2.9-24}$$

将式(2.9-22)与式(2.9-24)相加和相减，分别得

$$\mathrm{i}(\omega-\omega_{to})(a_{to}-a_{to}^*)-\Gamma_{to}(a_{to}+a_{to}^*)=0 \tag{2.9-25}$$

$$\mathrm{i}(\omega-\omega_{to})(a_{to}+a_{to}^*)-\Gamma_{to}(a_{to}-a_{to}^*)+2\mathrm{i}\Omega(\rho_{oo}-\rho_{tt})=0 \tag{2.9-26}$$

由式(2.9-23)得

$$2\mathrm{i}\Omega(a_{to}-a_{to}^*)=\frac{(\rho_{oo}-\rho_{tt})-(\rho_{oo}-\rho_{tt})_0}{T_1} \tag{2.9-27}$$

式中，$\Omega=\dfrac{P_{to}}{2\hbar}E_0$ 为进动频率。关于“进动频率”的称谓，在第 6 章矢量模型法讨论中有交待。将式(2.9-27)改写为

$$\rho_{oo}-\rho_{tt}=2\mathrm{i}T_1\Omega(a_{to}-a_{to}^*)+(\rho_{oo}-\rho_{tt})_0 \tag{2.9-28}$$

并代入式(2.9-26)，得

$$\mathrm{i}(\omega-\omega_{to})(a_{to}+a_{to}^*)-(\Gamma_{to}+4\Omega^2T_1)(a_{to}-a_{to}^*)+2\mathrm{i}\Omega(\rho_{oo}-\rho_{tt})_0=0 \tag{2.9-29}$$

进一步，将式(2.9-25)中的$(a_{to}-a_{to}^*)$关系代入式(2.9-29)，得到

$$2\,\text{Re}\,a_{to}=\frac{2\Omega(\omega_{to}-\omega)(\rho_{oo}-\rho_{tt})_0}{(\omega-\omega_{to})^2+\Gamma_{to}^2+4\Omega^2T_1\Gamma_{to}} \tag{2.9-30}$$

再将该式代入式(2.9-25)，得

$$2\,\text{Im}\,a_{to}=\frac{2\Omega(\rho_{oo}-\rho_{tt})_0\Gamma_{to}}{(\omega-\omega_{to})^2+\Gamma_{to}^2+4\Omega^2T_1\Gamma_{to}} \tag{2.9-31}$$

于是，由式(2.9-27)得

$$\rho_{oo}-\rho_{tt}=(\rho_{oo}-\rho_{tt})_0\frac{(\omega-\omega_{to})^2+\Gamma_{to}^2}{(\omega-\omega_{to})^2+\Gamma_{to}^2+4\Omega^2T_1\Gamma_{to}} \tag{2.9-32}$$

若原子数密度为 n，则由上式得

$$\Delta n=\Delta n_0\frac{(\omega-\omega_{to})^2+\Gamma_{to}^2}{(\omega-\omega_{to})^2+\Gamma_{to}^2+4\Omega^2T_1\Gamma_{to}} \tag{2.9-33}$$

式中，$\Delta n_0=n(\rho_{oo}-\rho_{tt})_0$ 为无外场时，基态能级 o 与激发态能级 t 上的原子数差。

2. 二能级原子系统的极化率

将式(2.9-30)和式(2.9-31)代入式(2.9-21)，可以得到宏观极化强度为

$$P = 2nP_{to}\left[\frac{\Omega(\omega_{to}-\omega)(\rho_{oo}-\rho_{tt})_0}{(\omega-\omega_{to})^2+\Gamma_{to}^2+4\Omega^2T_1\Gamma_{to}}\cos\omega t+\frac{\Omega(\rho_{oo}-\rho_{tt})_0\Gamma_{to}}{(\omega-\omega_{to})^2+\Gamma_{to}^2+4\Omega^2T_1\Gamma_{to}}\sin\omega t\right] \tag{2.9-34}$$

若令 $\Gamma_{to}=1/T_2$，其中 T_2 为横向弛豫时间，则上式可改写为

$$P = \frac{P_{to}^2\Delta n_0}{\hbar}T_2E_0\frac{\sin\omega t+(\omega_{to}-\omega)T_2\cos\omega t}{1+(\omega-\omega_{to})^2T_2^2+4\Omega^2T_1T_2} \tag{2.9-35}$$

若定义原子系统的极化率为 $\chi=\chi'+\mathrm{i}\chi''$，则极化强度可以表示为

$$P = E_0(\varepsilon_0\chi'\cos\omega t+\varepsilon_0\chi''\sin\omega t) \tag{2.9-36}$$

将式(2.9-36)与式(2.9-35)进行比较，可得

$$\chi' = \frac{P_{to}^2T_2\Delta n_0}{\varepsilon_0\hbar}\frac{(\omega_{to}-\omega)T_2}{1+(\omega-\omega_{to})^2T_2^2+4\Omega^2T_1T_2} \tag{2.9-37}$$

$$\chi'' = \frac{P_{to}T_2\Delta n_0}{\varepsilon_0\hbar}\frac{1}{1+(\omega-\omega_{to})^2T_2^2+4\Omega^2T_1T_2} \tag{2.9-38}$$

或

$$\chi = \chi'+\mathrm{i}\chi'' = \frac{P_{to}^2T_2\Delta n_0}{\varepsilon_0\hbar}\frac{(\omega_{to}-\omega)T_2+\mathrm{i}}{1+(\omega-\omega_{to})^2T_2^2+4\Omega^2T_1T_2} \tag{2.9-39}$$

由式(2.9-33)、式(2.9-37)、式(2.9-38)和式(2.9-39)可见，二能级原子系统的基态和激发态之间的原子数密度差 Δn、χ'、χ''(和 χ)都随着场强的增加而减小，这种现象称为饱和。当 $4\Omega^2T_1T_2>[1+(\omega-\omega_{to})^2T_2^2]$时，或代入 $\Omega=P_{to}E_0/2\hbar$ 后，$P_{to}^2E_0^2T_1T_2/\hbar^2>[1+(\omega-\omega_{to})^2T_2^2]$时，这种饱和现象变得更加明显。这时，将使得罗仑兹线型函数的半最大值的全宽度，由零场值时的 $\Delta\nu=(\pi T_2)^{-1}$，加宽到

$$\Delta\nu_{饱和} = \Delta\nu\sqrt{1+\frac{P_{to}^2E_0^2T_1T_2}{\hbar^2}} \tag{2.9-40}$$

2.10 非线性光学材料

2.10.1 非线性光学材料

1. 非线性光学材料

具有非线性光学性质的材料有很多种，不同的材料与光相互作用的物理机制不尽相同。例如，氧化物和铁电体材料的主要机制是外电光效应，光折变材料主要是内电光效应，液晶材料主要是分子取向，半导体材料主要是电子、激子机制，有机及聚合物材料主要是电子、分子极化与分子取向，纳米复合材料主要是表面等离子体激元，手性分子材料主要是分子电、磁极矩等。

在实际应用中，选择非线性光学材料的主要依据是：

(1) 应有较大的非线性极化率。这是最基本的但并非是唯一的要求，有时即使材料的非线性极化率不是很大，也可以(例如)通过增强入射激光功率获得所要求的非线性光学效应。

（2）具有合适的透明程度及足够的光学均匀性。在非线性光学工作频段内，材料对光的有害吸收及散射损耗应尽量小。

（3）容易实现相位匹配。

（4）非线性光学材料的损伤阈值较高，能够承受较大的激光功率或能量。

（5）有合适的响应时间，能够对宽度不同的脉冲激光或连续激光作出足够的响应。

2. 二阶非线性光学材料

二阶非线性光学材料大多数是不具有中心对称性的晶体。通常用于光学倍频、混频和光学参量振荡等效应的晶体有两大类。一类是氧化物和铁电晶体，典型的如磷酸二氢钾（KDP）、磷酸二氘钾（KD P）、铌酸锂（$LiNbO_3$）、碘酸锂（$LiIO_3$）、钛酸钡（$BaTiO_3$）、磷酸钛氧钾（KTP）、偏硼酸钡（BBO）和三硼酸锂（LBO）等，它们比较适宜于工作在可见光及近红外波段，并已获得了广泛的应用，许多已经商品化。这一类晶体的主要缺点是，多数氧化物晶体的非线性系数不高，已发现 LN 波导由于介稳扩散过程而不能长期保留其导波特性，特别是这些介电晶体无法与半导体集成而影响其小型化。另一类是半导体晶体，典型的如碲（Te）、硒化锌（ZnSe）、硒化镉（CdSe）、硒镓银（AgGaSe）、磷锗锌（$ZnGeP_2$）等，它们更适宜于工作在中红外波段，因其存在共振非线性效应而具有很大的非线性折射率和非线性吸收系数，成为非线性光学中极具挑战性的材料；但恰又因其非线性与共振条件相关，电子激发的弛豫导致响应速度的限制和耗散现象等问题仍需努力解决。

3. 三阶非线性光学材料

三阶非线性光学材料没有中心对称条件的限制，其范围很广，包括：① 各种惰性气体，常用于三次谐波产生、三阶混频，以获得紫外波长的相干光；② 碱金属和碱土金属的原子蒸气，如钠（Na）、钾（K）、铯（Cs）原子及钡（Ba）、锶（Sr）、钙（Ca）原子等，常用于产生共振的三阶混频、受激喇曼散射、相干反斯托克斯喇曼散射等效应，以实现激光在近红外、可见光及紫外波段间的频率变换及频率调谐；③ 各种有机液体及溶液，如二硫化碳（CS_2）、硝基苯、各种染料溶液等，由于这些介质有较大的三阶非线性极化率，常用来进行各种三阶非线性光学效应的实验观测，例如光学克尔效应、受激布里渊散射、简并四波混频及光学相位共轭效应、光学双稳态效应等；④ 液晶相及各向同性相中的各种液晶，由于液晶分子的取向排列有较长的弛豫时间，故其非线性光学效应有自己的特点，引起人们特殊的兴趣；⑤某些半导体晶体，最近发现有些半导体晶体，如 InSb，在红外区域有非常大的三阶非线性极化率，适合于做成各种非线性光学器件。

特别值得一提的是 20 世纪 80 年代开发研究的有机及聚合物材料，具有许多显著的特点。它与无机晶体材料的光学非线性源于材料的电子特性不同，其光学非线性主要与分子的结构性质有关，非线性极化源于非定域的 π 共轭电子体系，具有大 π 共轭结构，尤其是具有推拉电子结构的 π 共轭分子有较强的光电耦合特征，能得到大的非线性光学系数和短的光学响应时间。特别是，通过对有机非线性材料在分子的水平上进行结构设计，能取得最佳的光学非线性响应和其他特定的光学性质。有机及聚合物材料的可塑性又使得它容易成膜，可用 LB 技术制备类晶层状薄膜，也可制备具有高度有序取向的极化聚合物膜，这对于光波导是至关重要的。

人们研制了许多新型的有机三阶非线性光学材料，例如共轭型聚合物材料聚二乙炔

(PDA)、聚苯胺(PANI)、聚噻吩(PTh)及其衍生物等，偶氮苯聚合物，配位聚合物，金属有机化合物二芳基茂铁、酞菁和卟琳等。聚含物中的反式聚乙炔、聚噻吩和聚丁二炔，其 $\chi^{(3)}$ 值可达 10^{-9} esu，比无机半导体Ge、GaAs等材料高一至两个数量级，响应时间可达0.1 ps，也约提高一个数量级。有机材料特别是聚合物材料的热稳定性好，对皮秒脉冲的光损伤阈值比GaAs的量子阱器件高出几个数量级。目前三阶非线性光学效应使用的无机非线性材料，多是共振的，将导致吸收和热耗，共振激发态的寿命较长，因而响应时间也较长；而有机分子材料由于其独特的π键联化学结构可在非共振区产生大的光学非线性，使响应时间极短，仅决定于光脉冲的持续时间，可达到飞秒量级，还大大降低了材料热致非线性噪声信号的干扰。由于有机及聚合物材料具备优异的非线性光学特性，已成为许多学科的研究热点，特别是在超快三阶非线性效应的研究中，利用复合聚合物材料中分子间激发态电荷转移、纳米金属颗粒等离子体激元场增强效应和纳米硅光学非线性效应增强，已经同时获得了超大非线性光学系数(2到4个数量级的增强)和超快时间响应的新结果，其研究已进入具有应用背景的光电子技术阶段。

2.10.2 非线性光学晶体

在非线性光学中，大量运用非线性光学晶体[14]。按照非线性光学晶体的效应不同，可将其分为频率转换晶体、电光晶体和光折变晶体。

1. 频率转换晶体

非线性光学频率转换晶体主要用于激光倍频、和频、差频、多次倍频、参量振荡与放大等方面，以开拓相干光波长范围。按其透光波段范围来划分，可分为下述三类。

1) 从可见光到红外波段的频率转换晶体

在此波段内，人们对频率转换晶体研究得最多。研究表明，现有的无机化合物，如磷酸盐、铌酸盐、碘酸盐等，均存在着从可见光到红外波段的性能良好的频率转换晶体。

(1) 磷酸盐晶体。磷酸盐晶体主要有以下两种：

KDP型晶体是一类水溶液法生长的晶体，因其可以很容易地生长出高质量、特大尺寸的晶体，且具有透光波段从紫外到近红外，激光损伤阈值中等，易于实现相位匹配，倍频阈值功率为百毫瓦等优点，而成为较理想的频率转换晶体。

KTP晶体号称频率转换的“全能冠军”材料，可用高温溶液法、水热法生长，具有倍频系数大、透光波段宽、损伤阈值高、化学稳定性好等优点，现已在Nd：YAG激光频率转换中获得了广泛的应用。

(2) 铌酸盐晶体。铌酸盐晶体多为熔体提拉法生长，其中以 $LiNbO_3$ 晶体研究得最多，用量最多。铌酸盐晶体主要有：

$LiNbO_3$ 晶体简称LN晶体，用途极为广泛，集电光、声光、光弹、变频、光折变等效应于一身，可用于声表面波器件、滤波器、光波导、光导器件、Q开关、电光调制、传感器、倍频器等。

$KNbO_3$ 晶体具有优异的非线性光学性能、电光性能、光折变性能。$KNbO_3$ 晶体的激光损伤阈值不高(350 MW/cm^2)，但其倍频系数很大，可用于半导体激光器发射的毫瓦级激光倍频。

(3) 碘酸盐晶体。碘酸盐晶体均采用水溶液法生长，可应用的主要是 $\alpha-LiIO_3$，其优点是透光波段宽，能量转换效率高，易生长出优质大尺寸晶体。

2）紫外波段的频率转换晶体

目前，性能优良的紫外波段的非线性光学晶体有 BBO 晶体、LBO 晶体、CBO（三硼酸铯）晶体、CLBO（三硼酸铯锂）晶体、BIBO（三硼酸铋）晶体、KBBF（氟硼酸铍钾）晶体等，特别应提及的是，20 世纪 80 年代由中国科学院福建物质结构研究所研制成功的 BBO 晶体和 LBO 晶体。

BBO 晶体是国际上应用最多的一种紫外非线性光学晶体材料，已广泛用于 Nd：YAG 激光的二次、三次、四次和五次谐波产生。其突出优点是：非线性光学系数大、激光损伤阈值高（GW/cm^{2}量级）、宽的透光范围（190～3500 nm）、宽的相位匹配区间、高的光学均匀性。

LBO 晶体在国际上号称“中国晶体”，已广泛用于 Nd：YAG、Nd：YLF 激光的二倍频、三倍频，是宽带可调谐光参量振荡器的极优异的材料。其突出优点是：宽的透光范围、高光学均匀性、高的激光损伤阈值（18.8 GW/cm^2）、宽的相位匹配区间。

CLBO 晶体是一种新型的优质有发展前途的紫外非线性光学晶体，其紫外截止波长为 180 nm，目前的主要问题是潮性较严重。

KBBF 晶体是一种性能优异的真空紫外倍频晶体，不仅能实现 Nd：YAG 激光器 1.06 μm 波长的五倍频输出，还有可能实现六倍频输出，具有广泛的应用前景。

3）红外波段的频率转换晶体

目前，可用于红外波段，尤其是 5 μm 以上的频率转换晶体较少。过去已研究过的红外波段晶体，主要是黄铜矿结构型晶体，诸如 $AgGaS_2$、$AgGaSe_2$、$CdGeAs_2$、$AgGa(Se_{1-x}S_x)_2$、$AgAsSe_3$ 和 Tl_3AsSe_3等晶体。这些晶体的非线性光学系数虽然很大，但其转换效率多受到晶体光学质量和尺寸大小的限制，而得不到广泛应用。

2. 电光晶体

电光晶体在激光技术中有很重要的应用，可用于制作快速光快门、Q 开关、激光调制器、激光偏转器等。目前，已发现的主要电光晶体材料有 KD P、LN、LT、KTN、CuCl（氯化亚铜）、KTP 等。

总的看来，人们发现的电光晶体的品种并不少，但真正能满足各种技术并符合指标要求的却为数不多，而且多为人工无机晶体。虽然人们已对有机聚合物电光材料进行了大量研究，但其尚未达到实用化要求。

3. 光折变晶体

光折变现象是人们在 20 世纪 60 年代中期发现的一种新奇现象，是集光折变晶体中的电光效应与光电导效应于一身所表现出来的现象。光折变晶体是一类弱光非线性光学晶体材料，扩大了非线性光学晶体材料的研究领域。经过 40 年的研究，人们发现的光折变晶体可分为四类：铁电体氧化物、非铁电体氧化物、半导体型和有机光折变晶体。

铁电体氧化物光折变晶体主要有 $BaTiO_3$、$KNbO_3$、$LiNbO_3$、KTN、SBN（铌酸锶钡）、BNN（铌酸钡钠）、KNSBN（铌酸锶钡钾钠）等晶体；非铁电体氧化物光折变晶体主要有 BSO（硅酸铋）、BGO（锗酸铋）、BTO（钛酸铋）等晶体；半导体型光折变晶体有 Cr：GaAs、Fe：InP、V：CdTe 等晶体及 GaAs/AlGaAs 半导体量子阱光折变材料；有机光折变晶体的研究多集中于有机聚合物方面，因其具有许多优点，现已成为很有吸引力的研究方向。

有关光折变效应和光折变晶体的特性，将在第8章专门讨论。

习　题

2-1　推导三阶极化率张量元素的一般表示式。

2-2　推导近独立分子体系的三阶极化率张量元素表示式。

2-3　利用费曼图写出 $\chi^{(4)}_{\mu\alpha\beta\gamma\delta}(\omega_1,\omega_2,\omega_3,\omega_4)$、$\chi^{(5)}_{\mu\alpha\beta\gamma\delta_1\delta_2}(\omega_1,\omega_2,-\omega_3,\omega_4,-\omega_5)$的表示式及考虑分子间有弱相互作用时的表示式。

2-4　由$\langle \boldsymbol{E}\cdot\frac{\partial \boldsymbol{P}}{\partial t}\rangle$出发，求光波对介质三阶极化所消耗功率的表示式。

2-5　证明：$W_{m(-n)}=W_{(-m)n}$。

2-6　由一般的曼利-罗关系，写出和频过程和二次谐波产生过程的曼利—罗关系式。

2-7　导出 $\chi^{(2)}_{\mu\alpha\beta}(-\omega_1,\omega_2)$在 $\omega_2-\omega_1\approx\omega_{to}$时的共振极化率表示式。

2-8　导出 $\chi^{(3)}_{\mu\alpha\beta\gamma}(\omega_1,\omega_2,\omega_3)$在双光子和频 $\omega_1+\omega_2\approx\omega_{to}$时的共振极化率表示式。

2-9　由准单色波的二次非线性极化，导出绝热极限条件。

2-10　导出有效场极化率关系：

$$\chi^{(3)}(\omega_1,\omega_2,\omega_3)=f(\omega_1+\omega_2+\omega_3)f(\omega_1)f(\omega_2)f(\omega_3)\chi^{(3)}_{\text{eff}}(\omega_1,\omega_2,\omega_3)$$

2-11　导出带电粒子能在介质中自由移动情况下的二阶极化率张量表示式。

参考文献

[1]　过巳吉. 非线性光学. 西安：西北电讯工程学院出版社，1986

[2]　Butcher P N. Nonlinear Optical Phenomena. Ohio State Uni. Press，Colunbus，1965，53

[3]　Butcher P N. Nonlinear Opticsl Phenomena. Ohio State Uni. Press，Colunbus，1965，65

[4]　Hanna D C，et al. Nonlinear Optics of Free Atoms and Molecules. New York：Spring-Verlag Berlin Heidelberg，1979，23

[5]　Butcher P N. Nonlinear Optical Phenomena. Ohio State Uni. Press，Colunbus，1965，88

[6]　Kleiman D A. Phys. Rev.，1977，126：1962

[7]　Hanna D C，et al. Nonlinear Optics of Free Atoms and Molecales. New York：Spring-Verlag Berlin Heidelbeg 1979，35

[8]　Hanna D C，et al. Nonlinear Optics of Free Atoms and Molecales. New York：Spring-Verlag Berlin Heidelbeg 1979，40

[9]　Butcher P N and Mclean T P. The Nonlinear Constitutive Relation in Solids at Optical Frequencies. Proc. Phys. Soc.，1963，81:223

［10］ Butcher P N. Nonlinear Optical Phenomena. Ohio State Uni. Press，Colunbus，1965，139
［11］ Butcher P N and Mclean T P. Proc. Phys. Soc.，1964，83:573
［12］ Armstrong J A，et al. Interatction between Light Waves in a Nonlinear Dielectric. Rhys. Rev.，1918，127：1962
［13］ Yariv A. Quantum Electronics. Second Edition，John Wiley & Sons，Inc.，New York，1975，149
［14］ 张克从，王希敏. 非线性光学晶体科学. 2 版. 北京：科学出版社，2005

第 3 章　光波在非线性介质中传播的电磁理论

前面我们讨论了光波在介质中传播时的响应过程，给出了光电场在介质中产生的极化强度及介质的非线性极化率张量的表示式，并详细地讨论了它们的性质。由于介质极化强度随着时间变化，它们将作为场源产生辐射场，这些辐射场就是在介质中传播的光电场。这一章我们将从麦克斯韦方程出发，导出非线性介质中光电场所满足的波动方程，它们是描述各种非线性光学过程的基本方程。在这一章，我们还将讨论非线性光学中非常重要的相位匹配和准相位匹配概念，并为此首先简单地综述光波在各向异性介质中的传播规律，这些内容属于线性光学范畴。

3.1　光波在各向异性晶体中的传播特性[1,2,3]

3.1.1　光波在晶体中传播特性的解析法描述

1. 晶体的介电常数张量

由电磁场理论已知，介电常数是表征介质电学特性的参量。在各向同性介质中，电位移矢量 $\boldsymbol{D}$ 与电场矢量 $\boldsymbol{E}$ 满足如下关系：

$$\boldsymbol{D} = \varepsilon \boldsymbol{E} = \varepsilon_0 \varepsilon_r \boldsymbol{E} \tag{3.1-1}$$

由于介电常数 $\varepsilon=\varepsilon_0\varepsilon_r$ 是标量，所以电位移矢量 $\boldsymbol{D}$ 与电场矢量 $\boldsymbol{E}$ 的方向相同，即 $\boldsymbol{D}$ 矢量的每个分量只与 $\boldsymbol{E}$ 矢量的相应分量线性相关。对于各向异性晶体，$\boldsymbol{D}$ 和 $\boldsymbol{E}$ 间的关系为

$$\boldsymbol{D} = \boldsymbol{\varepsilon} \cdot \boldsymbol{E} = \varepsilon_0 \boldsymbol{\varepsilon}_r \cdot \boldsymbol{E} \tag{3.1-2}$$

介电常数 $\boldsymbol{\varepsilon}=\varepsilon_0\boldsymbol{\varepsilon}_r$ 是二阶张量，该关系的分量形式为

$$D_i = \varepsilon_0 \varepsilon_{ij} E_j, \quad i,j = x,y,z \tag{3.1-3}$$

这里的 ε_{ij} 是相对介电常数张量元素。由该式可见，电位移矢量 $\boldsymbol{D}$ 的每个分量与电场矢量 $\boldsymbol{E}$ 的各个分量均线性相关，在一般情况下，$\boldsymbol{D}$ 与 $\boldsymbol{E}$ 的方向不相同。

又由 2.3 节的讨论已知，$\chi^{(1)}$ 是对称张量，因而晶体的相对介电常数张量 $\boldsymbol{\varepsilon}_r$（$=1+\chi^{(1)}$）是一个对称张量，因此有六个独立分量。经过主轴变换后，在主轴坐标系中相对介电常数张量是对角张量，只有三个非零的对角元素，为

$$\begin{bmatrix} \varepsilon_{xx} & 0 & 0 \\ 0 & \varepsilon_{yy} & 0 \\ 0 & 0 & \varepsilon_{zz} \end{bmatrix} \tag{3.1-4}$$

ε_{xx}、ε_{yy}、ε_{zz}称为相对主介电常数。由麦克斯韦关系式

$$n = \sqrt{\varepsilon_r} \tag{3.1-5}$$

还可以定义三个主折射率 n_x、n_y、n_z。在主轴坐标系中，式 (3.1-3)可表示为

$$D_i = \varepsilon_0 \varepsilon_{ii} E_i, \quad i = x, y, z \tag{3.1-6}$$

对于自然界中存在的七大晶系：立方晶系、四方晶系、六方晶系、三方晶系、正交晶系、单斜晶系、三斜晶系，由于它们的空间对称性不同，其相对介电常数张量的形式也不同，分别如表 3.1-1 所示。由该表可见，三斜、单斜和正交晶系中，相对主介电常数 $\varepsilon_{xx} \neq \varepsilon_{yy} \neq \varepsilon_{zz}$，这几类晶体在光学上称为双轴晶体；三方、四方、六方晶系中，相对主介电常数$\varepsilon_{xx} = \varepsilon_{yy} \neq \varepsilon_{zz}$，这几类晶体在光学上称为单轴晶体；立方晶系在光学上是各向同性的，其相对主介电常数 $\varepsilon_{xx} = \varepsilon_{yy} = \varepsilon_{zz}$。

表 3.1-1　各晶系的相对介电常数张量矩阵

晶　系	在主轴坐标系中	在非主轴坐标系中	光学分类
三斜		$\begin{bmatrix} \varepsilon_{xx} & \varepsilon_{xy} & \varepsilon_{xz} \\ \varepsilon_{xy} & \varepsilon_{yy} & \varepsilon_{yz} \\ \varepsilon_{xz} & \varepsilon_{yz} & \varepsilon_{zz} \end{bmatrix}$	
单斜	$\begin{bmatrix} \varepsilon_{xx} & 0 & 0 \\ 0 & \varepsilon_{yy} & 0 \\ 0 & 0 & \varepsilon_{zz} \end{bmatrix}$	$\begin{bmatrix} \varepsilon_{xx} & 0 & \varepsilon_{xz} \\ 0 & \varepsilon_{yy} & 0 \\ \varepsilon_{zx} & 0 & \varepsilon_{zz} \end{bmatrix}$	双　轴
正交		$\begin{bmatrix} \varepsilon_{xx} & 0 & 0 \\ 0 & \varepsilon_{yy} & 0 \\ 0 & 0 & \varepsilon_{zz} \end{bmatrix}$	
三方 四方 六方	$\begin{bmatrix} \varepsilon_{xx} & 0 & 0 \\ 0 & \varepsilon_{xx} & 0 \\ 0 & 0 & \varepsilon_{zz} \end{bmatrix}$	$\begin{bmatrix} \varepsilon_{xx} & 0 & 0 \\ 0 & \varepsilon_{xx} & 0 \\ 0 & 0 & \varepsilon_{zz} \end{bmatrix}$	单　轴
立方	$\begin{bmatrix} \varepsilon_{xx} & 0 & 0 \\ 0 & \varepsilon_{xx} & 0 \\ 0 & 0 & \varepsilon_{xx} \end{bmatrix}$	$\begin{bmatrix} \varepsilon_{xx} & 0 & 0 \\ 0 & \varepsilon_{xx} & 0 \\ 0 & 0 & \varepsilon_{xx} \end{bmatrix}$	各向同性

2. 晶体光学的基本方程

在均匀、不导电、非磁性的晶体中，若没有自由电荷存在，麦克斯韦方程组为

$$\nabla \times \boldsymbol{H} = \frac{\partial \boldsymbol{D}}{\partial t} \tag{3.1-7}$$

$$\nabla \times \boldsymbol{E} = -\mu_0 \frac{\partial \boldsymbol{H}}{\partial t} \tag{3.1-8}$$

$$\nabla \cdot \boldsymbol{B} = 0 \tag{3.1-9}$$

$$\nabla \cdot \boldsymbol{D} = 0 \tag{3.1-10}$$

将式(3.1－7)和式(3.1－8)中的 $\boldsymbol{H}$ 消去，可以得到

$$\boldsymbol{D} = -\frac{n^2}{\mu_0 c^2}\boldsymbol{k} \times (\boldsymbol{k} \times \boldsymbol{E}) = \varepsilon_0 n^2[\boldsymbol{E} - \boldsymbol{k}(\boldsymbol{k} \cdot \boldsymbol{E})] \tag{3.1-11}$$

式中，$\boldsymbol{k}$ 为平面光波波法线方向的单位矢量，该式即为描述晶体光学性质的基本方程。方程(3.1－11)的分量形式为

$$D_i = \varepsilon_0 n^2[E_i - k_i(\boldsymbol{k} \cdot \boldsymbol{E})], \quad i = x, y, z \tag{3.1-12}$$

将 $D_i \sim E_i$ 的关系式(3.1－3)代入，经过整理可得

$$\frac{k_x^2}{\frac{1}{n^2} - \frac{1}{\varepsilon_{xx}}} + \frac{k_y^2}{\frac{1}{n^2} - \frac{1}{\varepsilon_{yy}}} + \frac{k_z^2}{\frac{1}{n^2} - \frac{1}{\varepsilon_{zz}}} = 0 \tag{3.1-13}$$

该式描述了在晶体中传播的光波波法线方向 $\boldsymbol{k}$ 与相应的折射率和晶体的主介电常数之间的关系，称为波法线菲涅耳(Fresnel)方程。

实际上，利用上述基本方程确定平面光波在晶体中传播特性的问题是求解本征值问题，其本征值为 n_m，相应的光电场本征矢为 $\boldsymbol{E}^{(m)}$，它们满足上述基本方程：

$$\boldsymbol{\varepsilon} \cdot \boldsymbol{E}^{(m)} = \varepsilon_0 n_m^2[\boldsymbol{E}^{(m)} - \boldsymbol{k}(\boldsymbol{k} \cdot \boldsymbol{E}^{(m)})] \tag{3.1-14}$$

并且，相应于一个 $\boldsymbol{k}$ 波矢方向，晶体中有两个可以传播的横向本征模(矢)。若用 $\boldsymbol{E}^{(n)}$ 标量乘式(3.1－14)，可得

$$\boldsymbol{E}^{(n)} \cdot [\boldsymbol{E}^{(m)} - \boldsymbol{k}(\boldsymbol{k} \cdot \boldsymbol{E}^{(m)})] = \frac{1}{\varepsilon_0 n_m^2}\boldsymbol{E}^{(n)} \cdot \boldsymbol{\varepsilon} \cdot \boldsymbol{E}^{(m)}$$

交换指标 m 和 n 后，有

$$\boldsymbol{E}^{(m)} \cdot [\boldsymbol{E}^{(n)} - \boldsymbol{k}(\boldsymbol{k} \cdot \boldsymbol{E}^{(n)})] = \frac{1}{\varepsilon_0 n_n^2}\boldsymbol{E}^{(m)} \cdot \boldsymbol{\varepsilon} \cdot \boldsymbol{E}^{(n)}$$

将上二式两边相减，考虑到介电常数张量 $\boldsymbol{\varepsilon}$ 是对称张量，可以得到

$$\frac{1}{\varepsilon_0}\left[\frac{1}{n_m^2} - \frac{1}{n_n^2}\right]\boldsymbol{E}^{(m)} \cdot \boldsymbol{\varepsilon} \cdot \boldsymbol{E}^{(n)} = 0 \tag{3.1-15}$$

如果 $n_m \neq n_n$，则有

$$\boldsymbol{E}^{(m)} \cdot \boldsymbol{\varepsilon} \cdot \boldsymbol{E}^{(n)} = 0, \quad m \neq n \tag{3.1-16}$$

如果 $n_m = n_n$，仍可选择本征矢使之满足该方程，并可选择本征矢使其满足归一化条件[4]：

$$\boldsymbol{E}^{(m)} \cdot \boldsymbol{\varepsilon} \cdot \boldsymbol{E}^{(m)} = 1 \tag{3.1-17}$$

将上面两个方程组合在一起，便给出权重正交性条件：

$$\boldsymbol{E}^{(m)} \cdot \boldsymbol{\varepsilon} \cdot \boldsymbol{E}^{(n)} = \delta_{mn} \tag{3.1-18}$$

或表示为

$$\boldsymbol{E}^{(m)} \cdot \boldsymbol{D}^{(n)} = \delta_{mn} \tag{3.1-19}$$

这个关系叫做双正交条件，它表明每一个矢量和指标不同的另一类型的矢量是正交的。

如果将 $\boldsymbol{D}^{(m)}$ 标量乘 $\boldsymbol{D}^{(n)}=\varepsilon_0 n_n^2[\boldsymbol{E}^{(n)}-\boldsymbol{k}(\boldsymbol{k}\cdot\boldsymbol{E}^{(n)})]$ 的等式两边，则有

$$\boldsymbol{D}^{(m)}\cdot[\boldsymbol{E}^{(n)}-\boldsymbol{k}(\boldsymbol{k}\cdot\boldsymbol{E}^{(n)})]=\frac{1}{\varepsilon_0 n_n^2}\boldsymbol{D}^{(m)}\cdot\boldsymbol{D}^{(n)} \tag{3.1-20}$$

$m\neq n$ 时，有

$$\boldsymbol{D}^{(m)}\cdot\boldsymbol{D}^{(n)}=0 \tag{3.1-21}$$

即晶体中两个自由传播模的电位移矢量是正交的。

由以上讨论可以得到，晶体中相应于某一波法线方向的两个本征模的光电场矢量方向、电位移矢量方向及光线方向的关系如图 3.1-1 所示。在一般情况下，这两个本征模的折射率或速度不相等。

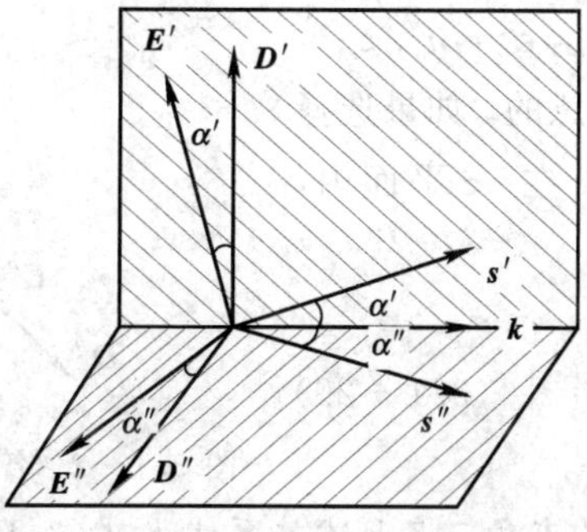

图 3.1-1　相应于给定 $\boldsymbol{k}$ 的 $\boldsymbol{D}$、$\boldsymbol{E}$、$\boldsymbol{s}$ 方向

3. 光在晶体中的传播规律

现将式(3.1-13)展开，可以得到一个关于 n^2 的二次方程，即

$$n^4(\varepsilon_{xx}k_x^2+\varepsilon_{yy}k_y^2+\varepsilon_{zz}k_z^2)-n^2[\varepsilon_{xx}\varepsilon_{yy}(k_x^2+k_y^2)+\varepsilon_{yy}\varepsilon_{zz}(k_y^2+k_z^2)+\varepsilon_{zz}\varepsilon_{xx}(k_z^2+k_x^2)]+\varepsilon_{xx}\varepsilon_{yy}\varepsilon_{zz}=0 \tag{3.1-22}$$

由此，我们可以利用式(3.1-19)和式(3.1-22)来分析确定各向同性介质(包括立方晶体)、单轴晶体及双轴晶体中光波传播模的本征值和本征矢。

1) 各向同性介质

这是最简单的一种情况。对于各向同性介质，有

$$\varepsilon_{xx}=\varepsilon_{yy}=\varepsilon_{zz}=\varepsilon_r=n_0^2$$

代入式(3.1-22)后，得

$$(n^2-\varepsilon_r)^2=0 \tag{3.1-23}$$

由此可得，折射率 n 为

$$n=\sqrt{\varepsilon_r}=n_0 \tag{3.1-24}$$

现令 $\boldsymbol{e}$ 是一个传播横向模光电场方向的单位矢量，并假定

$$\boldsymbol{E}^{(1)}=\frac{\boldsymbol{e}}{N_1} \tag{3.1-25}$$

式中，N_1 是一个归一化常数，相应的电位移矢量为

$$\boldsymbol{D}^{(1)}=\varepsilon\boldsymbol{E}^{(1)}=\varepsilon\frac{\boldsymbol{e}}{N_1} \tag{3.1-26}$$

利用归一化条件式(3.1-19)，可以求得 $N_1=\sqrt{\varepsilon}$。

对于另一个传播的横向模来说，按式(3.1-19)，应有 $\boldsymbol{D}^{(2)}\perp\boldsymbol{E}^{(1)}$，所以有

$$\boldsymbol{D}^{(2)}=\frac{\boldsymbol{k}\times\boldsymbol{e}}{N_2} \tag{3.1-27}$$

$$\boldsymbol{E}^{(2)}=\frac{\boldsymbol{k}\times\boldsymbol{e}}{\varepsilon N_2} \tag{3.1-28}$$

利用归一化条件式(3.1-19)，可求出归一化常数 $N_2=1/\sqrt{\varepsilon}$。

综上所述，在各向同性介质中的两个传播横向模的光电场矢量 $\boldsymbol{E}$ 和电位移矢量 $\boldsymbol{D}$ 都垂直于 $\boldsymbol{k}$，如图 3.1-2 所示，它们的折射率相等。

2) 单轴晶体

对于单轴晶体，有 $\varepsilon_{xx}=\varepsilon_{yy}=\varepsilon_{\perp}=n_o^2$，$\varepsilon_{zz}=\varepsilon_{/\!/}=n_e^2$，主轴 x、y 的方向是任意的。如果选择主轴方向使得光波传播方向 $\boldsymbol{k}$ 在 yz 平面内，则有如下关系：

$$\left.\begin{aligned}k_x&=0\\k_y&=\sin\theta\\k_z&=\cos\theta\end{aligned}\right\} \tag{3.1-29}$$

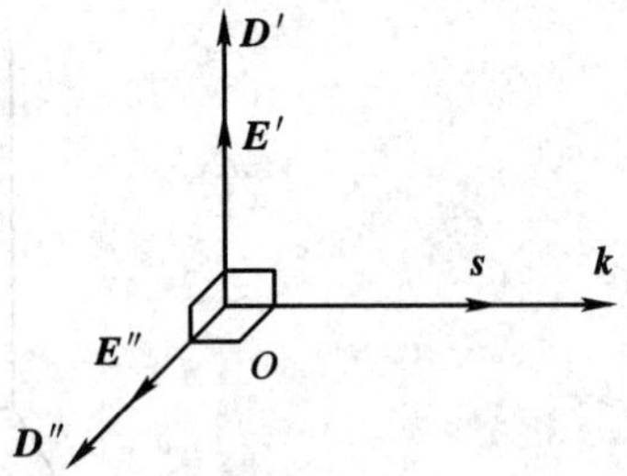

图 3.1-2 各向同性介质中 $\boldsymbol{E}$、$\boldsymbol{D}$、$\boldsymbol{k}$、$\boldsymbol{s}$ 的关系

式中，θ 是 z 轴与 $\boldsymbol{k}$ 方向之间的夹角。将上述关系代入式(3.1-22)，得

$$(n^2-\varepsilon_{\perp})[n^2(\varepsilon_{/\!/}\cos^2\theta+\varepsilon_{\perp}\sin^2\theta)-\varepsilon_{/\!/}\varepsilon_{\perp}]=0 \tag{3.1-30}$$

由此可见，对于满足上式第一个因子等于零，即 $n^2=\varepsilon_{\perp}$ 的光波来说，其折射率与光波的传播方向无关，称为寻常光(o 光)，折射率为 n_o。对于由上式第二个因子等于零所确定的光波，其折射率满足如下关系：

$$\frac{1}{n^2}=\frac{\cos^2\theta}{\varepsilon_{\perp}}+\frac{\sin^2\theta}{\varepsilon_{/\!/}} \tag{3.1-31}$$

该式表明，这个光波的折射率与光波的传播方向有关，称为非常光(e 光)，折射率表示为 $n_e(\theta)$。当 $\theta=0$ 时，$n_e^2(\theta=0)=\varepsilon_{\perp}$，即沿该方向传播的非常光的折射率与寻常光的折射率相等，$n_e(\theta=0)=n_o$，通常称该方向(z 轴)为光轴方向；当 $\theta=\pi/2$，即光波垂直于光轴方向传播时，非常光的折射率 $n_e(\theta=\pi/2)=n_e$。

对于寻常光来说，将 $n_o^2=\varepsilon_{\perp}$ 代入基本方程(3.1-11)，可以证明，除沿光轴方向传播外，E_y 和 E_z 分量均为零，仅有 E_x 分量。因此，寻常光的振动方向与光波传播方向 $\boldsymbol{k}$ 和光轴所组成的平面相垂直。当将非常光的折射率关系式(3.1-31)代入基本方程(3.1-11)时，可以证明其 $E_x=0$，而 E_y 和 E_z 分量均不为零。由此可见，非常光的振动方向在光波传播方向 $\boldsymbol{k}$ 与光轴所组成的平面内。进一步可以证明，假设非常光的光电场矢量 $\boldsymbol{E}$ 与电位移矢量 $\boldsymbol{D}$ 的夹角为 α，则有

$$\tan\alpha=\frac{1}{2}n_e^2(\theta)\sin2\theta\left(\frac{1}{\varepsilon_{\perp}}-\frac{1}{\varepsilon_{/\!/}}\right) \tag{3.1-32}$$

该 α 角实际上也就是光波波矢方向与光线(能量)方向之间的夹角。对于我们所感兴趣的大多数情况来说，$\varepsilon_{/\!/}$ 和 $\varepsilon_{\perp}$ 只相差百分之几，因而 $\tan\alpha$ 的值很小，可以用 α 代替。当 $\theta=0$ 或 $\pi/2$ 时，$\alpha=0$，这时光电场矢量 $\boldsymbol{E}$ 与 $\boldsymbol{k}$ 方向垂直，而对于 $\boldsymbol{k}$ 的其它方向，$\boldsymbol{E}$ 与 $\boldsymbol{k}$ 方向并不

垂直。

下面分析横向传播模式的本征矢。

对于寻常光的本征矢量有

$$\boldsymbol{D}^{(o)} = \varepsilon_0 \varepsilon_r \cdot \boldsymbol{E}^{(o)} = \varepsilon_0 \varepsilon_\perp \boldsymbol{E}^{(o)} \tag{3.1-33}$$

如果用 z_0 表示 z 轴方向的单位矢量，则 $\boldsymbol{E}^{(o)}$ 平行于 $(\boldsymbol{k}\times\boldsymbol{z}_0)$。所以，可令

$$\boldsymbol{E}^{(o)} = \frac{\boldsymbol{k}\times\boldsymbol{z}_0}{N_o} \tag{3.1-34}$$

利用归一化条件式(3.1－19)和矢量代数公式 $\boldsymbol{a}\cdot(\boldsymbol{b}\times\boldsymbol{c})=\boldsymbol{b}\cdot(\boldsymbol{c}\times\boldsymbol{a})$ 及 $\boldsymbol{c}\times(\boldsymbol{a}\times\boldsymbol{b})=(\boldsymbol{c}\cdot\boldsymbol{b})\boldsymbol{a}-(\boldsymbol{c}\cdot\boldsymbol{a})\boldsymbol{b}$，可得寻常光的归一化常数 N_o 为

$$N_o = \sqrt{\varepsilon_\perp[1-(\boldsymbol{k}\cdot\boldsymbol{z}_0)^2]} \tag{3.1-35}$$

对于非常光的本征矢，按式(3.1－19)应有

$$\boldsymbol{D}^{(e)} \perp \boldsymbol{E}^{(o)} \tag{3.1-36}$$

又因 $\boldsymbol{D}\perp\boldsymbol{k}$，所以 $\boldsymbol{D}^{(e)}$ 可表示为

$$\boldsymbol{D}^{(e)} = \frac{\boldsymbol{k}\times(\boldsymbol{k}\times\boldsymbol{z}_0)}{N_e} \tag{3.1-37}$$

相应的 $\boldsymbol{E}^{(e)}$ 为

$$\boldsymbol{E}^{(e)} = \frac{(\boldsymbol{\varepsilon})^{-1}\cdot[\boldsymbol{k}\times(\boldsymbol{k}\times\boldsymbol{z}_0)]}{N_e} \tag{3.1-38}$$

利用归一化条件式(3.1－19)和矢量代数公式，可以求得非常光的归一化常数 N_e 为

$$N_e = \frac{1}{\sqrt{\varepsilon_0}\, n_e(\theta)} \sqrt{1-(\boldsymbol{k}\cdot\boldsymbol{z}_0)^2} \tag{3.1-39}$$

式中的 $n_e(\theta)$ 为非常光的折射率，由式(3.1－31)决定。

单轴晶体中两个横向传播模的光电场矢量 $\boldsymbol{E}$ 和电位移矢量 $\boldsymbol{D}$ 与波矢 $\boldsymbol{k}$ 的方向关系如图 3.1－3 所示，可见，寻常光的 $\boldsymbol{E}^{(o)}$ 与 $\boldsymbol{D}^{(o)}$ 平行，非常光的 $\boldsymbol{E}^{(e)}$ 与 $\boldsymbol{D}^{(e)}$ 在一般情况下不平行。

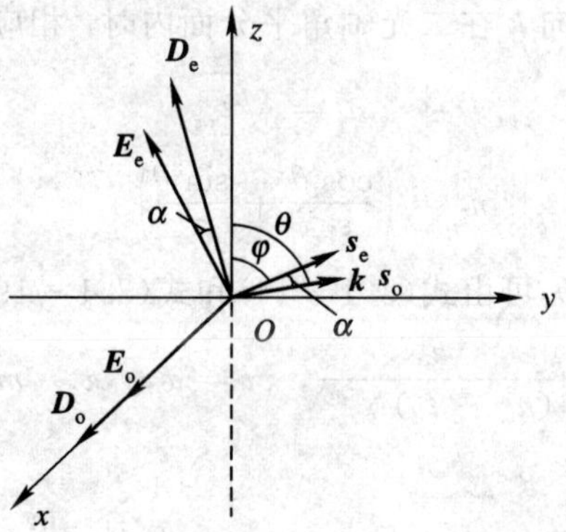

图 3.1－3　单轴晶体中的本征矢 $\boldsymbol{E}$ 和 $\boldsymbol{D}$

3）双轴晶体

介电常数张量三个主值都不相同的晶体具有两个光轴，称为双轴晶体。属于正交、单斜和三斜晶系的晶体都是双轴晶体。其中，正交晶体的对称性足够高，三个介电主轴方向都沿晶轴方向，单斜晶体只有一个主轴沿着晶轴方向，而三斜晶体的三个介电主轴都不沿晶轴方向，并且介电主轴相对晶轴的方向随频率而变。习惯上，主值按 $\varepsilon_{xx}<\varepsilon_{yy}<\varepsilon_{zz}$ 选取。所谓光轴，就是两个传播模具有相同相速度的方向。由式(3.1-13)可以证明，双轴晶体的两个光轴都在 xOz 平面内，并且与 z 轴的夹角分别为 β 和 $-\beta$，如图3.1-4 所示，β 值由下式给出：

$$\tan\beta=\sqrt{\frac{\varepsilon_{zz}(\varepsilon_{yy}-\varepsilon_{xx})}{\varepsilon_{xx}(\varepsilon_{zz}-\varepsilon_{yy})}} \tag{3.1-40}$$

β 小于 45°的晶体称为正双轴晶体；β 大于 45°的晶体称为负双轴晶体。由两个光轴构成的平面叫光轴面。

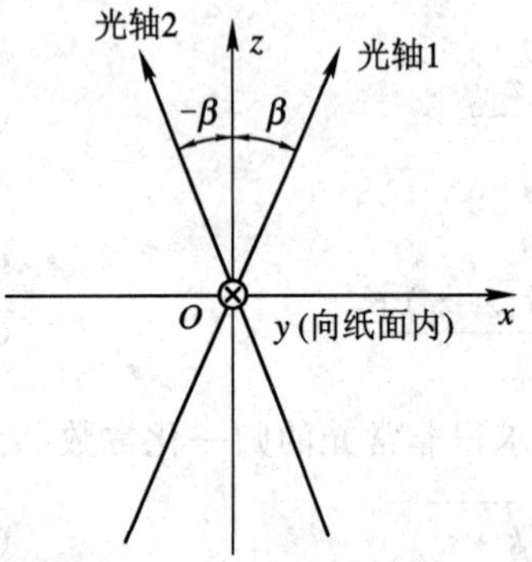

图 3.1-4 双轴晶体中光轴的取向

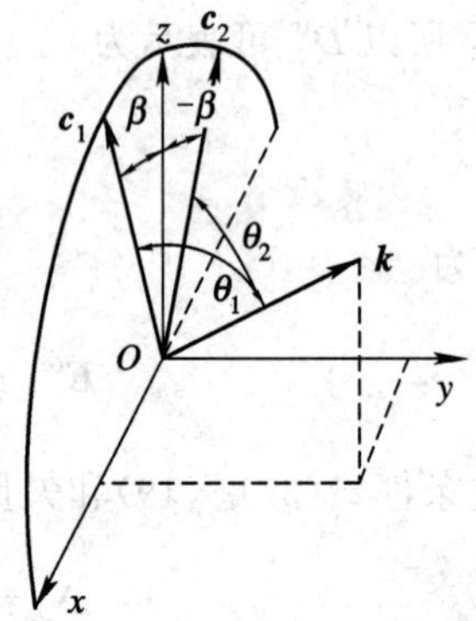

图 3.1-5 双轴晶体中 **k** 方向的取向

由式(3.1-13)出发可以证明，若光波波法线方向与二光轴方向的夹角为 θ_1 和 θ_2(见图3.1-5)，则相应的两个传播模的折射率满足下面关系：

$$\frac{1}{n_{1,2}^2}=\frac{\cos^2\left(\dfrac{\theta_1\pm\theta_2}{2}\right)}{\varepsilon_{xx}}+\frac{\sin^2\left(\dfrac{\theta_1\pm\theta_2}{2}\right)}{\varepsilon_{zz}} \tag{3.1-41}$$

当 $\theta_1=\theta_2=\theta$，即当波法线方向 $\boldsymbol{k}$ 在二光轴角平分面内时，相应两个传播模的折射率分别为

$$n_1=\sqrt{\varepsilon_{xx}} \tag{3.1-42}$$

$$n_2=\left(\frac{\cos^2\theta}{\varepsilon_{xx}}+\frac{\sin^2\theta}{\varepsilon_{zz}}\right)^{-1/2} \tag{3.1-43}$$

双轴晶体传播模的本征矢可由式(3.1-14)和式(3.1-19)求得，其电场分量形式为

$$E_i^{(m)}=\frac{k_i}{(n_m^2-\varepsilon_{ii})N^{(m)}},\quad i=x,y,z,\quad m=1,2 \tag{3.1-44}$$

式中

$$N^{(m)}=\left[\varepsilon_0\sum_{i=x,y,z}\frac{\varepsilon_{ii}k_i^2}{(n_m^2-\varepsilon_{ii})^2}\right]^{1/2} \tag{3.1-45}$$

相应的电位移矢量分量为

$$D_i^{(m)} = \frac{\varepsilon_0 \varepsilon_{ii} k_i}{(n_m^2 - \varepsilon_{ii}) N^{(m)}} \tag{3.1-46}$$

3.1.2　光波在晶体中传播特性的几何法描述

光波在晶体中的传播规律除了利用上述解析方法进行严格的描述外，还可以利用一些几何图形描述。这些几何图形能使我们直观地看出晶体中光波的各个矢量场间的方向关系，以及与各传播方向相应的光波的光速或折射率的空间取值分布。当然，几何方法仅仅是一种表示方法，它的基础仍然是光的电磁理论基本方程和基本关系。在这里，根据非线性光学的应用需要，仅介绍折射率椭球和折射率曲面两种几何描述方法。

1. 折射率椭球

由光的电磁理论知道，在主轴坐标系中，晶体中的电能密度为

$$w_e = \frac{1}{2}\boldsymbol{E} \cdot \boldsymbol{D} = \frac{1}{2\varepsilon_0}\left(\frac{D_x^2}{\varepsilon_{xx}} + \frac{D_y^2}{\varepsilon_{yy}} + \frac{D_z^2}{\varepsilon_{zz}}\right) \tag{3.1-47}$$

因而有

$$\frac{D_x^2}{2w_e\varepsilon_0\varepsilon_{xx}} + \frac{D_y^2}{2w_e\varepsilon_0\varepsilon_{yy}} + \frac{D_z^2}{2w_e\varepsilon_0\varepsilon_{zz}} = 1 \tag{3.1-48}$$

在给定电能密度 w_e 的情况下，该方程表示为 $\boldsymbol{D}(D_x, D_y, D_z)$ 空间的椭球面。若用 $\boldsymbol{r}^2$ 代替 $\boldsymbol{D}^2/2w_e\varepsilon_0$，式(3.1-48)可改写为

$$\frac{x^2}{\varepsilon_{xx}} + \frac{y^2}{\varepsilon_{yy}} + \frac{z^2}{\varepsilon_{zz}} = 1 \tag{3.1-49}$$

或

$$\frac{x^2}{n_x^2} + \frac{y^2}{n_y^2} + \frac{z^2}{n_z^2} = 1 \tag{3.1-50}$$

这个方程描述了一个在归一化 $\boldsymbol{D}$ 空间中的椭球，该椭球的三个主轴方向就是介电主轴方向，即这个方程就是在主轴坐标系中的折射率椭球方程。

利用折射率椭球可以确定晶体内沿任意方向 $\boldsymbol{k}$ 传播的两个独立传播模的折射率和相应电位移矢量 $\boldsymbol{D}$ 的方向。其步骤如下：如图 3.1-6 所示，从主轴坐标系的原点出发作波法线矢量 $\boldsymbol{k}$，再过坐标原点作与 $\boldsymbol{k}$ 垂直的平面(中心截面)$\Pi(\boldsymbol{k})$，$\Pi(\boldsymbol{k})$与椭球的截线为一椭圆，其半短轴和半长轴的矢径分别为 $\boldsymbol{r}_a(\boldsymbol{k})$和$\boldsymbol{r}_b(\boldsymbol{k})$，则

(1) 与波法线方向 $\boldsymbol{k}$ 相应的两个传播模的折射率 n_1 和 n_2，分别等于这个椭圆两个主轴的半轴长，即

$$n_1(\boldsymbol{k}) = |\boldsymbol{r}_a(\boldsymbol{k})|$$

$$n_2(\boldsymbol{k}) = |\boldsymbol{r}_b(\boldsymbol{k})|$$

(2) 与波法线方向 $\boldsymbol{k}$ 相应的两个传播模的 $\boldsymbol{D}$ 振动方向 $\boldsymbol{d}_1$ 和 $\boldsymbol{d}_2$，分别平行于 $\boldsymbol{r}_a$ 和 $\boldsymbol{r}_b$，即

$$\boldsymbol{d}_1(\boldsymbol{k}) = \frac{\boldsymbol{r}_a(\boldsymbol{k})}{|\boldsymbol{r}_a(\boldsymbol{k})|}$$

$$\boldsymbol{d}_2(\boldsymbol{k}) = \frac{\boldsymbol{r}_b(\boldsymbol{k})}{|\boldsymbol{r}_b(\boldsymbol{k})|}$$

这里，$\boldsymbol{d}$ 是 $\boldsymbol{D}$ 振动方向上的单位矢量。

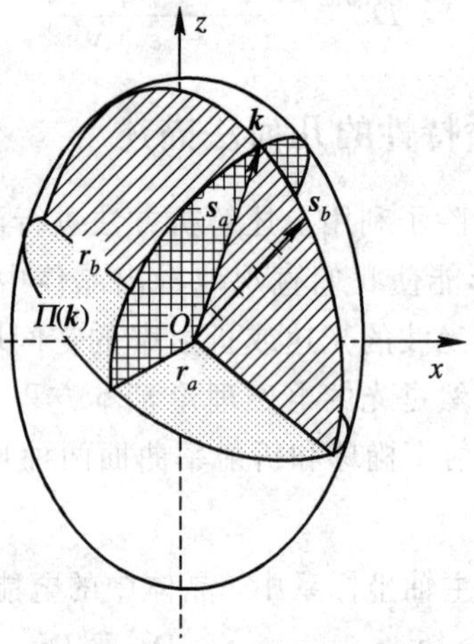

图 3.1-6 利用折射率椭球确定折射率和 $\boldsymbol{D}$ 振动方向图示

下面，利用折射率椭球确定各向同性介质、单轴晶体和双轴晶体的光学特性。

1）各向同性介质或立方晶体

在各向同性介质或立方晶体中，主介电常数 $\varepsilon_{xx}=\varepsilon_{yy}=\varepsilon_{zz}$，相应的主折射率 $n_x=n_y=n_z=n_0$，折射率椭球方程为

$$x^2+y^2+z^2=n_0^2 \tag{3.1-51}$$

这就是说，各向同性介质或立方晶体的折射率椭球是一个半径为 n_0 的球。因此，不论 $\boldsymbol{k}$ 沿什么方向，垂直于 $\boldsymbol{k}$ 的中心截面与球的交线均是半径为 n_0 的圆，不存在特定的长、短轴，因而相应二传播模的折射率相等，均为 n_0，其电位移矢量 $\boldsymbol{d}_1$ 和 $\boldsymbol{d}_2$ 正交，但可为任意方向。

2）单轴晶体

在单轴晶体中，$\varepsilon_{xx}=\varepsilon_{yy}\neq\varepsilon_{zz}$，或 $n_x=n_y=n_o$，$n_z=n_e\neq n_o$，因此，折射率椭球方程为

$$\frac{x^2}{n_o^2}+\frac{y^2}{n_o^2}+\frac{z^2}{n_e^2}=1 \tag{3.1-52}$$

这是一个旋转椭球面，旋转轴为 z 轴。若 $n_e>n_o$，称其为正单轴晶体；若 $n_e<n_o$，则称其为负单轴晶体。

现如图 3.1-7 所示，对于一个正单轴晶体的折射率椭球，光波 $\boldsymbol{k}$ 与 z 轴夹角为 θ，由于单轴晶体折射率椭球是一个旋转椭球，所以不失普遍性，可以选择坐标使 $\boldsymbol{k}$ 在 yOz 平面内。由此作出的中心截面 $\Pi(\boldsymbol{k})$ 与椭球的交线椭圆，其短半轴长度与 $\boldsymbol{k}$ 的方向无关，不管 $\boldsymbol{k}$ 方向如何，均为 n_o；长半轴长度则由 $\boldsymbol{k}$ 的方向而定，并且可以证明，其折射率 $n_e(\theta)$ 满足如下关系：

$$\frac{1}{n_e^2(\theta)}=\frac{\cos^2\theta}{n_o^2}+\frac{\sin^2\theta}{n_o^2} \tag{3.1-53}$$

相应于这两个折射率的传播模分别为寻常光（o 光）和非常光（e 光）。非常光折射率 $n_e(\theta)$ 随 θ 变化：$\theta=0$ 时，$n_e(\theta=0)=n_o$，相应的方向（z 轴）为光轴方向；$\theta=\pi/2$ 时，$n_e(\theta=\pi/2)=n_e$。相应于寻常光的电位移矢量 $\boldsymbol{D}_o$ 的振动方向，垂直于光轴（z 轴）与波法线方向 $\boldsymbol{k}$ 组成的平面；相应于非常光的电位移矢量 $\boldsymbol{D}_e(\theta)$ 的振动方向，在光轴（z 轴）与波法线方向 $\boldsymbol{k}$ 组成的平面内。

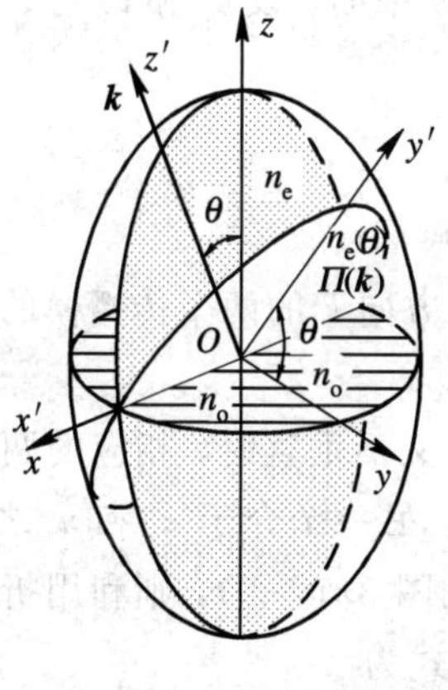

图 3.1-7　单轴晶体折射率椭球作图法

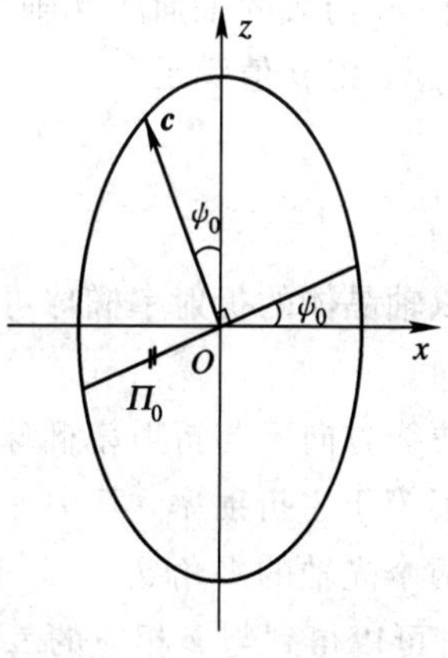

图 3.1-8　折射率椭球在 xOz 面上的截线

3）双轴晶体

双轴晶体中，$\varepsilon_{xx}\neq\varepsilon_{yy}\neq\varepsilon_{zz}$ 或 $n_x\neq n_y\neq n_z$，因此折射率椭球方程为

$$\frac{x^2}{n_x^2}+\frac{y^2}{n_y^2}+\frac{z^2}{n_z^2}=1 \tag{3.1-54}$$

若约定 $n_x<n_y<n_z$，则折射率椭球与 xOz 平面的交线椭圆(见图 3.1-8)方程为

$$\frac{x^2}{n_x^2}+\frac{z^2}{n_z^2}=1 \tag{3.1-55}$$

椭圆上任一点矢径 $\boldsymbol{r}$ 与 x 轴的夹角为 ψ，长度为 n，且 n 的大小在 n_x 和 n_z 间随 ψ 变化。由于 $n_x<n_y<n_z$，所以总可以找到某一矢径 $\boldsymbol{r}_0$，其长度为 $n=n_y$。设这个 $\boldsymbol{r}_0$ 与 x 轴的夹角为 ψ_0，则由式(3.1-55)可以确定 ψ_0 满足

$$\tan\psi_0=\pm\sqrt{\frac{n_z^2(n_y^2-n_x^2)}{n_x^2(n_z^2-n_y^2)}} \tag{3.1-56}$$

显然，矢径 $\boldsymbol{r}_0$ 与 y 轴组成的平面与折射率椭球的截线是一个半径为 n_y 的圆，若以 Π_0 表示该圆截面，则与 Π_0 面垂直的方向 $\boldsymbol{c}$ 即为光轴方向，由于相应的 Π_0 面及法线方向有两个，因此有两个光轴方向 $\boldsymbol{c}_1$ 和 $\boldsymbol{c}_2$，这就是双轴晶体名称的由来。实际上，$\boldsymbol{c}_1$ 和 $\boldsymbol{c}_2$ 对称地分布在 z 轴两侧，如图 3.1-9 所示。

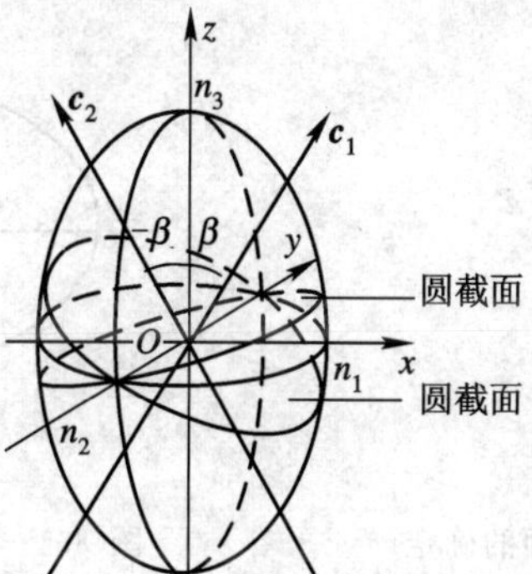

图 3.1-9　双轴晶体双光轴示意图

由 $\boldsymbol{c}_1$ 和 $\boldsymbol{c}_2$ 构成的平面叫光轴面，该光轴面即是 xOz 平面。设 $\boldsymbol{c}_1$ 和 $\boldsymbol{c}_2$ 与 z 轴的夹角分别为 β 和 $-\beta$，则 β 值满足

$$\tan\beta = \sqrt{\frac{n_z^2(n_y^2 - n_x^2)}{n_x^2(n_z^2 - n_y^2)}} \tag{3.1-57}$$

利用双轴晶体的折射率椭球可以确定相应于波法线方向 $\boldsymbol{k}$ 的两个传播模的折射率和光场振动方向。

当波法线方向 $\boldsymbol{k}$ 与折射率椭球的三个主轴既不平行又不垂直时，相应的两个传播模的折射率都不等于主折射率，其中一个介于 n_x 和 n_y 之间，另一个介于 n_y 和 n_z 之间。如果用波法线与两个光轴的夹角 θ_1 和 θ_2 来表示波法线方向(见图 3.1-5)，则利用折射率椭球的几何关系，可以得到与 $\boldsymbol{k}$ 相应的二传播模折射率的表示式为

$$\frac{1}{n_{1,2}^2} = \frac{\cos^2[(\theta_1 + \theta_2)/2]}{n_x^2} + \frac{\sin^2[(\theta_1 + \theta_2)/2]}{n_z^2} \tag{3.1-58}$$

当给定波法线方向 $\boldsymbol{k}$，并已知两个光轴的方向时，便可用作图法很方便地给出两个传播模矢量的振动面。

如图 3.1-10 所示，给定 $\boldsymbol{k}$ 方向后，通过双轴晶体折射率椭球的中心作垂直于 $\boldsymbol{k}$ 的中心截面 Π，则其截线椭圆的长、短轴方向就是与 $\boldsymbol{k}$ 相应的两个 $\boldsymbol{D}$ 矢量振动方向 $\boldsymbol{d}_1$ 和 $\boldsymbol{d}_2$，其半轴长度就是相应的折射率 n_1 和 n_2。设双轴晶体的光轴方向为 $\boldsymbol{c}_1$ 和 $\boldsymbol{c}_2$，垂直光轴的两个圆截面为 $\Pi_0^{(1)}$ 和 $\Pi_0^{(2)}$，这两个圆截面与 Π 面分别在 $\boldsymbol{r}_1$ 和 $\boldsymbol{r}_2$ 处相交，$\boldsymbol{r}_1$ 和 $\boldsymbol{r}_2$ 有相等的长度，它们与 Π 椭圆的主轴有相等的夹角(见图 3.1-10 和图 3.1-11)，所以 $\boldsymbol{d}_1$ 和 $\boldsymbol{d}_2$ 方向必是 $\boldsymbol{r}_1$ 和 $\boldsymbol{r}_2$ 两个方向的等分角线的方向。又因 $\boldsymbol{r}_1$ 垂直于 $\boldsymbol{c}_1$ 和 $\boldsymbol{k}$，所以它垂直于 $\boldsymbol{c}_1$ 和 $\boldsymbol{k}$ 组成的平面。同样，$\boldsymbol{r}_2$ 垂直于 $\boldsymbol{c}_2$ 和 $\boldsymbol{k}$ 组成的平面。设$(\boldsymbol{c}_1,\boldsymbol{k})$平面和$(\boldsymbol{c}_2,\boldsymbol{k})$平面与 Π 椭圆分别交于矢径 $\boldsymbol{r}_1'$ 和 $\boldsymbol{r}_2'$，则 $\boldsymbol{r}_1\perp\boldsymbol{r}_1'$，$\boldsymbol{r}_2\perp\boldsymbol{r}_2'$。所以，椭圆的主轴也等分 $\boldsymbol{r}_1'$ 和 $\boldsymbol{r}_2'$ 方向。由此可以得到如下结论：$\boldsymbol{D}$ 矢量的两个振动面$(\boldsymbol{d}_1,\boldsymbol{k})$和$(\boldsymbol{d}_2,\boldsymbol{k})$分别是$(\boldsymbol{c}_1,\boldsymbol{k})$和$(\boldsymbol{c}_2,\boldsymbol{k})$两个平面的内等分面和外等分面。

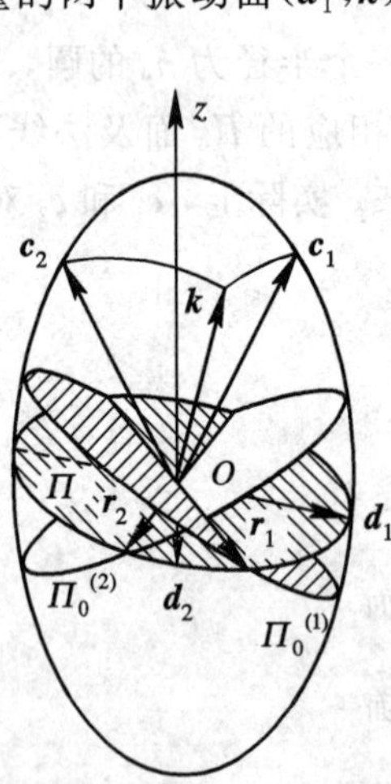

图 3.1-10 **D** 矢量振动面的确定

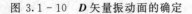

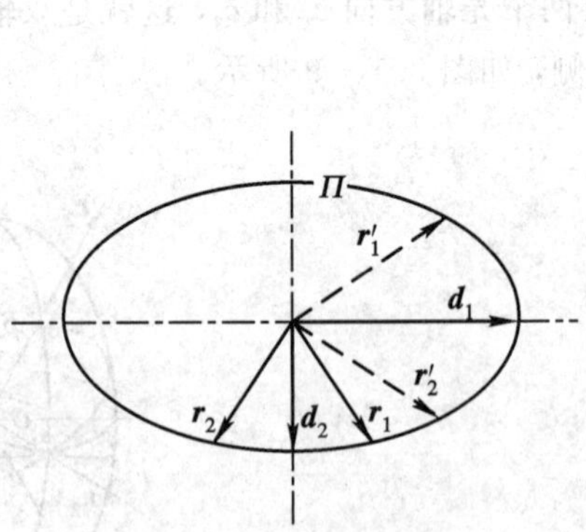

图 3.1-11 图 3.1-10 中的 Π 平面

最后应当指出，在双轴晶体中，由于折射率椭球没有旋转对称性，相应于 $\boldsymbol{k}$ 的两个传播模的折射率都与 $\boldsymbol{k}$ 的方向有关，因此这两个传播模都是非常光。所以在双轴晶体中，不

能采用 o 光和 e 光的称呼来区分这两个传播模。

2. 折射率曲面

折射率椭球可以用来确定与波法线方向 $\boldsymbol{k}$ 相应的两个传播模的折射率，但需要通过一定的作图过程才能实现。为了更直接地确定出与每一个波法线方向 $\boldsymbol{k}$ 相应的两个折射率，人们引入了折射率曲面。折射率曲面的矢径 $\boldsymbol{r}=n\boldsymbol{k}$，其方向平行于给定的波法线方向 $\boldsymbol{k}$，长度则等于与 $\boldsymbol{k}$ 相应的两个传播模的折射率。因此，折射率曲面必定是一个双壳层曲面。

实际上，根据折射率曲面的意义，式(3.1－13)就是它在主轴坐标系中的极坐标方程，其直角坐标方程为

$$(n_x^2x^2+n_y^2y^2+n_z^2z^2)(x^2+y^2+z^2)$$
$$-[n_x^2(n_y^2+n_z^2)x^2+n_y^2(n_z^2+n_x^2)y^2+n_z^2(n_x^2+n_y^2)z^2]+n_x^2n_y^2n_z^2=0 \quad (3.1-59)$$

这是一个四次曲面方程。

对于立方晶体，$n_x=n_y=n_z=n_0$，将其代入式(3.1－59)，得

$$x^2+y^2+z^2=n_0^2 \quad (3.1-60)$$

显然，这个折射率曲面是一个半径为 n_0 的球面，在所有的 $\boldsymbol{k}$ 方向上，折射率都等于 n_0，在光学上是各向同性的。

对于单轴晶体，$n_x=n_y=n_o$，$n_z=n_e$，将其代入式(3.1－59)，得

$$\left.\begin{aligned}&x^2+y^2+z^2=n_o^2\\&\frac{x^2+y^2}{n_e^2}+\frac{z^2}{n_o^2}=1\end{aligned}\right\} \quad (3.1-61)$$

可见，单轴晶体的折射率曲面是双壳层曲面，它是由半径为 n_o 的球面和以 z 轴为旋转轴的旋转椭球构成的，球面对应 o 光的折射率曲面，旋转椭球对应 e 光的折射率曲面，该二曲面在 z 轴上相切，z 轴为光轴。单轴晶体的折射率曲面在主轴截面上的截线如图 3.1－12

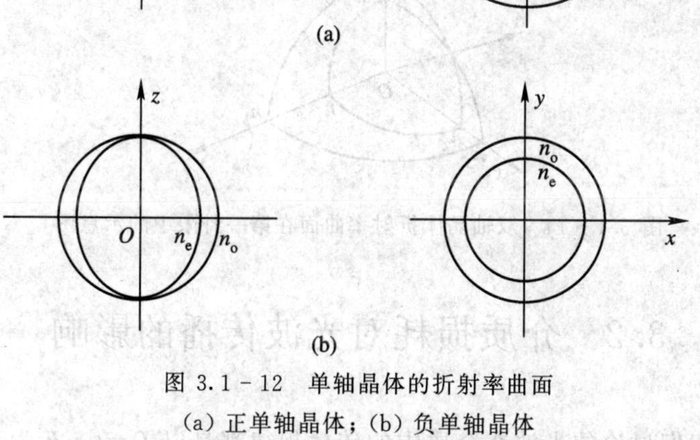

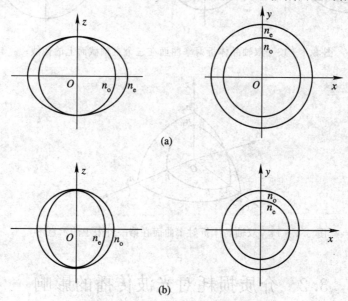

图 3.1－12　单轴晶体的折射率曲面

(a) 正单轴晶体；(b) 负单轴晶体

所示：对于正单轴晶体，$n_e>n_o$，球面内切于椭球；对于负单轴晶体，$n_o>n_e$，球面外切于椭球。与 z 轴夹角为 θ 的波法线方向 $\boldsymbol{k}$ 与折射率曲面相交时，相应的 o 光折射率为 n_o，e 光折射率为 $n_e(\theta)$，该 $n_e(\theta)$ 可由式(3.1-61)求出，表示式为

$$n_e(\theta)=\frac{n_o n_e}{\sqrt{n_o^2\sin^2\theta+n_e^2\cos^2\theta}} \tag{3.1-62}$$

该式也即为式(3.1-53)关系式。

对于双轴晶体，$n_x\neq n_y\neq n_z$，相应于式(3.1-59)的四次曲面在三个主轴截面上的截线，都是一个圆加上一个同心椭圆，它们的方程分别是

$$\left.\begin{aligned}
&yOz\text{ 平面}\quad (y^2+z^2-n_x^2)\left(\frac{y^2}{n_z^2}+\frac{z^2}{n_y^2}-1\right)=0\\
&zOx\text{ 平面}\quad (z^2+x^2-n_y^2)\left(\frac{z^2}{n_x^2}+\frac{x^2}{n_z^2}-1\right)=0\\
&xOy\text{ 平面}\quad (x^2+y^2-n_z^2)\left(\frac{x^2}{n_y^2}+\frac{y^2}{n_x^2}-1\right)=0
\end{aligned}\right\} \tag{3.1-63}$$

按约定，$n_x<n_y<n_z$，三个主轴截面上的截线如图 3.1-13 所示。折射率曲面的两个壳层有四个交点，就是 zOx 截面上的四个交点，在三维示意图中可以看出四个“脐窝”。图 3.1-14 给出了双轴晶体折射率曲面在第一卦限中的示意图。

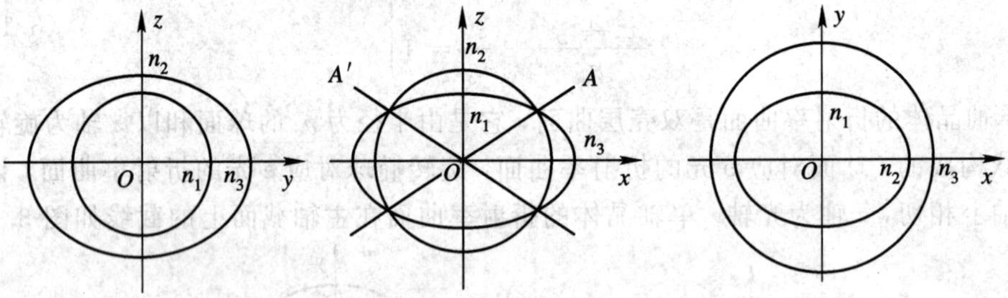

图 3.1-13 双轴晶体折射率曲面在三个主轴截面上的截线

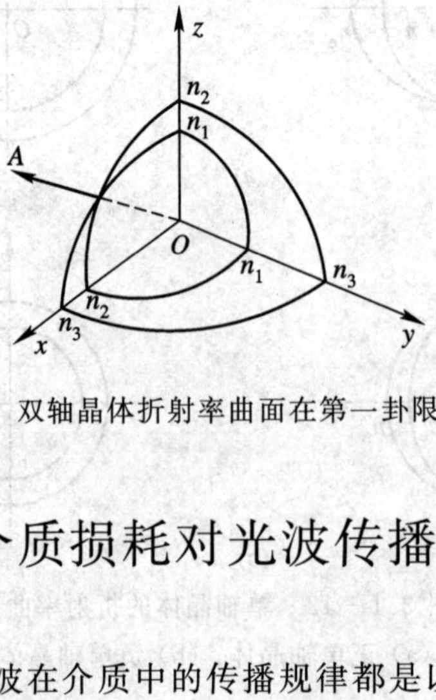

图 3.1-14 双轴晶体折射率曲面在第一卦限中的示意图

3.2 介质损耗对光波传播的影响

迄今为止，我们讨论的光波在介质中的传播规律都是以 $\boldsymbol{D}=\boldsymbol{\varepsilon}\cdot\boldsymbol{E}$ 为基础的，其中，$\boldsymbol{\varepsilon}$

是实数，表示介质无损耗。实际上介质总是有损耗的，在这种情况下，介电常数张量是复数，应表示为

$$\varepsilon(\omega) = \varepsilon'(\omega) + \mathrm{i}\varepsilon''(\omega) \tag{3.2-1}$$

因为通常所讨论的电介质的损耗都很小，因而可以将 $\varepsilon''(\omega)$的影响视为一个微扰。

令 n 和 $\boldsymbol{E}$ 分别表示在忽略介质损耗情况下所得到的折射率和光电场矢量，则式(3.1－11)可写成

$$\boldsymbol{D} = \varepsilon' \cdot \boldsymbol{E} = -\frac{n^2}{\mu_0 c^2}\boldsymbol{k} \times (\boldsymbol{k} \times \boldsymbol{E}) \tag{3.2-2}$$

如果考虑到损耗 ε''的影响，并令考虑到微扰影响后的折射率和光电场矢量分别为 n'和 $\boldsymbol{E}'$，则按式(3.1－11)应有

$$\varepsilon \cdot \boldsymbol{E}' = -\frac{(n')^2}{\mu_0 c^2}\boldsymbol{k} \times (\boldsymbol{k} \times \boldsymbol{E}') \tag{3.2-3}$$

或

$$\frac{(n')^2}{\mu_0 c^2}\boldsymbol{k} \times (\boldsymbol{k} \times \boldsymbol{E}') + \varepsilon'(\omega) \cdot \boldsymbol{E}' + \mathrm{i}\varepsilon''(\omega) \cdot \boldsymbol{E}' = 0 \tag{3.2-4}$$

若将 $\boldsymbol{E}'$标量乘式(3.2－2)，$\boldsymbol{E}$ 标量乘式(3.2－4)，并将所得二式相减，可得

$$\boldsymbol{E}' \cdot \varepsilon' \cdot \boldsymbol{E} + \frac{n^2}{\mu_0 c^2}\boldsymbol{E}' \cdot [\boldsymbol{k} \times (\boldsymbol{k} \times \boldsymbol{E})] - \frac{(n')^2}{\mu_0 c^2}\boldsymbol{E}$$
$$\cdot [\boldsymbol{k} \times (\boldsymbol{k} \times \boldsymbol{E}')] - \boldsymbol{E} \cdot \varepsilon' \cdot \boldsymbol{E}' - \mathrm{i}\boldsymbol{E} \cdot \varepsilon'' \cdot \boldsymbol{E}' = 0$$

或

$$\frac{(n')^2}{\mu_0 c^2}\boldsymbol{E} \cdot [\boldsymbol{k} \times (\boldsymbol{k} \times \boldsymbol{E}')] - \frac{n^2}{\mu_0 c^2}\boldsymbol{E}' \cdot [\boldsymbol{k} \times (\boldsymbol{k} \times \boldsymbol{E})] + \mathrm{i}\boldsymbol{E} \cdot \varepsilon'' \cdot \boldsymbol{E}' = 0 \tag{3.2-5}$$

这里已考虑到 ε'是对称张量，利用了等式：

$$\boldsymbol{E} \cdot \varepsilon' \cdot \boldsymbol{E}' = \boldsymbol{E}' \cdot \varepsilon' \cdot \boldsymbol{E} \tag{3.2-6}$$

另外，利用矢量恒等式$(\boldsymbol{a}\times\boldsymbol{b}) \cdot \boldsymbol{c}=\boldsymbol{a} \cdot (\boldsymbol{b}\times\boldsymbol{c})$，有

$$\begin{aligned}\boldsymbol{E} \cdot [\boldsymbol{k} \times (\boldsymbol{k} \times \boldsymbol{E}')] &= -(\boldsymbol{k} \times \boldsymbol{E}') \cdot (\boldsymbol{k} \times \boldsymbol{E}) \\ &= \boldsymbol{E}' \cdot [\boldsymbol{k} \times (\boldsymbol{k} \times \boldsymbol{E})]\end{aligned} \tag{3.2-7}$$

将式(3.2－7)代入式(3.2－5)后，便得

$$\frac{(n')^2}{\mu_0 c^2} = \frac{n^2}{\mu_0 c^2} + \frac{\mathrm{i}\boldsymbol{E} \cdot \varepsilon'' \cdot \boldsymbol{E}'}{(\boldsymbol{k} \times \boldsymbol{E}) \cdot (\boldsymbol{k} \times \boldsymbol{E}')} \tag{3.2-8}$$

或

$$(n')^2 = n^2 + \frac{1}{\varepsilon_0}\frac{\mathrm{i}\boldsymbol{E} \cdot \varepsilon'' \cdot \boldsymbol{E}'}{(\boldsymbol{k} \times \boldsymbol{E}) \cdot (\boldsymbol{k} \times \boldsymbol{E}')} \tag{3.2-9}$$

如果我们忽略上式右边 $\boldsymbol{E}$ 和 $\boldsymbol{E}'$之间的微小差别，将等式两边进行开方，并将平方根展开，可得

$$n' = n + \frac{\mathrm{i}\boldsymbol{E} \cdot \varepsilon'' \cdot \boldsymbol{E}}{2\varepsilon_0 n(\boldsymbol{k} \times \boldsymbol{E})^2} = n + \mathrm{i}K \tag{3.2-10}$$

式中

$$K = \frac{1}{2\varepsilon_0 n} \frac{\boldsymbol{E} \cdot \boldsymbol{\varepsilon}'' \cdot \boldsymbol{E}}{(\boldsymbol{k} \times \boldsymbol{E})^2} \tag{3.2-11}$$

叫做在 $\boldsymbol{k}$ 方向传播的光波的消光系数。

上述分析可见，由于介质有损耗，折射率是复数，其虚部 K 的存在表示光波在介质中传播时将被衰减。

3.3 非线性光学耦合波方程

以上我们讨论了光波在各类晶体中的传播规律，并没有涉及光波之间的耦合问题。实际上在非线性光学现象中，总是存在着光波之间的耦合。本节将由麦克斯韦方程出发，导出描述光波之间耦合规律的耦合波方程。

根据光的电磁理论，光波在非磁、均匀电介质中的波动方程为

$$\nabla^2 \boldsymbol{E} = \mu_0 \sigma \frac{\partial \boldsymbol{E}}{\partial t} + \mu_0 \varepsilon_0 \frac{\partial^2 \boldsymbol{E}}{\partial t^2} + \mu_0 \frac{\partial^2 \boldsymbol{P}}{\partial t^2} \tag{3.3-1}$$

式中，σ 是电导率；$\boldsymbol{P}$ 是极化强度，它包括线性极化强度 $\boldsymbol{P}_{\mathrm{L}}$ 和非线性极化强度 $\boldsymbol{P}_{\mathrm{NL}}$。如果将电场强度 $\boldsymbol{E}$ 和极化强度 $\boldsymbol{P}$ 用它们的傅里叶分量表示：

$$\boldsymbol{E}(\boldsymbol{r},t) = \sum_n \boldsymbol{E}(\omega_n,\boldsymbol{r}) \mathrm{e}^{-\mathrm{i}\omega_n t} \tag{3.3-2}$$

$$\boldsymbol{P}(\boldsymbol{r},t) = \sum_n \boldsymbol{P}(\omega_n,\boldsymbol{r}) \mathrm{e}^{-\mathrm{i}\omega_n t} \tag{3.3-3}$$

则对应每个频率分量来说，其波动方程为

$$\nabla^2 \boldsymbol{E}(\omega_n,\boldsymbol{r}) = -\mathrm{i}\mu_0 \sigma \omega_n \boldsymbol{E}(\omega_n,\boldsymbol{r}) - \mu_0 \varepsilon_0 \omega_n^2 \boldsymbol{E}(\omega_n,\boldsymbol{r}) - \mu_0 \omega_n^2 \boldsymbol{P}(\omega_n,\boldsymbol{r}) \tag{3.3-4}$$

1. 线性介质中单色平面波的波动方程

如果只考虑介质的线性响应，极化强度复振幅 $\boldsymbol{P}(\omega,\boldsymbol{r})$ 只包含线性极化强度复振幅 $\boldsymbol{P}_{\mathrm{L}}(\omega,\boldsymbol{r})$，即

$$\boldsymbol{P}(\omega_n,\boldsymbol{r}) = \boldsymbol{P}_{\mathrm{L}}(\omega_n,\boldsymbol{r}) = \varepsilon_0 \boldsymbol{\chi}^{(1)}(\omega_n) \cdot \boldsymbol{E}(\omega_n,\boldsymbol{r}) \tag{3.3-5}$$

将上式代入式(3.3－4)后，就得到熟知的单色波在线性介质中的波动方程：

$$\begin{aligned} \nabla^2 \boldsymbol{E}(\omega_n,\boldsymbol{r}) &= -\mathrm{i}\mu_0 \sigma \omega_n \boldsymbol{E}(\omega_n,\boldsymbol{r}) - \mu_0 \varepsilon_0 \omega_n^2 \boldsymbol{E}(\omega_n,\boldsymbol{r}) - \mu_0 \varepsilon_0 \omega_n^2 \boldsymbol{\chi}^{(1)}(\omega_n) \cdot \boldsymbol{E}(\omega_n,\boldsymbol{r}) \\ &= -\mathrm{i}\mu_0 \sigma \omega_n \boldsymbol{E}(\omega_n,\boldsymbol{r}) - \mu_0 \omega_n^2 \boldsymbol{\varepsilon}(\omega_n) \cdot \boldsymbol{E}(\omega_n,\boldsymbol{r}) \end{aligned} \tag{3.3-6}$$

式中

$$\boldsymbol{\varepsilon}(\omega_n) = \varepsilon_0 (1 + \boldsymbol{\chi}^{(1)}(\omega_n)) \tag{3.3-7}$$

是介电常数张量。方程(3.3－6)的解是一个平面波，具体形式可表示为

$$\boldsymbol{E}(\omega_n,\boldsymbol{r}) = E(\omega_n) \boldsymbol{a}(\omega_n) \mathrm{e}^{\mathrm{i}\boldsymbol{k}_n \cdot \boldsymbol{r}} \tag{3.3-8}$$

式中，$E(\omega_n)$ 为光电场的复振幅；$\boldsymbol{a}(\omega_n)$ 为光电场振动方向的单位矢量；$\boldsymbol{k}_n$ 为波矢。在介质有损耗的情况下，$\sigma \neq 0$，k_n 是复数；在介质无损耗情况下，k_n 是实数。

为了简化起见，假定平面波沿 z 轴传播，则 $\boldsymbol{k}_n = \pm k_n \boldsymbol{z}_0$，其中 $\boldsymbol{z}_0$ 是 z 轴正方向的单位矢量，正、负号分别表示沿 z 方向传播的前向波和反向波。对于前向波而言，若考虑到光电场复振幅随 z 变化，则式(3.3－8)可改写为

$$\boldsymbol{E}(\omega_n,z)=E(\omega_n,z)\boldsymbol{a}(\omega_n)\mathrm{e}^{\mathrm{i}k_n z} \tag{3.3-9}$$

这时指数因子中的波数 k_n 是实数，但复振幅 $E(\omega_n,z)$是 z 的函数，将式(3.3－9)代入方程式(3.3－6)后，波动方程为

$$\frac{\mathrm{d}^2E(\omega_n,z)}{\mathrm{d}z^2}\boldsymbol{a}(\omega_n)\mathrm{e}^{\mathrm{i}k_n z}+2\mathrm{i}k_n\boldsymbol{a}(\omega_n)\frac{\mathrm{d}E(\omega_n,z)}{\mathrm{d}z}\mathrm{e}^{\mathrm{i}k_n z}-k_n^2E(\omega_n,z)\boldsymbol{a}(\omega_n)\mathrm{e}^{\mathrm{i}k_n z}$$
$$=-\mathrm{i}\mu_0\sigma\omega_nE(\omega_n,z)\boldsymbol{a}(\omega_n)\mathrm{e}^{\mathrm{i}k_n z}-\mu_0\omega_n^2\boldsymbol{\varepsilon}(\omega_n)\cdot\boldsymbol{a}(\omega_n)E(\omega_n,z)\mathrm{e}^{\mathrm{i}k_n z} \tag{3.3-10}$$

假定光电场复振幅 $E(\omega_n,z)$的变化很慢，满足所谓的慢变化近似条件

$$\left|\frac{\mathrm{d}E(\omega_n,z)}{\mathrm{d}z}k_n\right|\gg\frac{\mathrm{d}^2E(\omega_n,z)}{\mathrm{d}z^2} \tag{3.3-11}$$

就有

$$2\mathrm{i}k_n\boldsymbol{a}(\omega_n)\frac{\mathrm{d}E(\omega_n,z)}{\mathrm{d}z}-\boldsymbol{a}(\omega_n)E(\omega_n,z)k_n^2+\mathrm{i}\mu_0\sigma\omega_nE(\omega_n,z)\boldsymbol{a}(\omega_n)$$
$$+\mu_0\omega_n^2E(\omega_n,z)\boldsymbol{\varepsilon}(\omega_n)\cdot\boldsymbol{a}(\omega_n)=0 \tag{3.3-12}$$

如果介质是无耗的，$\sigma=0$，相应的光电场复振幅 $E(\omega_n)$不随 z 变化，有 $\mathrm{d}E(\omega_n,z)/\mathrm{d}z=0$，则式(3.3－12)变为

$$-k_n^2\boldsymbol{a}(\omega_n)+\mu_0\omega_n^2\boldsymbol{\varepsilon}(\omega_n)\cdot\boldsymbol{a}(\omega_n)=0 \tag{3.3-13}$$

利用矢量恒等式 $\boldsymbol{a}\times(\boldsymbol{b}\times\boldsymbol{c})=(\boldsymbol{a}\cdot\boldsymbol{c})\boldsymbol{b}-(\boldsymbol{a}\cdot\boldsymbol{b})\boldsymbol{c}$，上式可近似改写为

$$k_n^2\boldsymbol{z}_0\times[\boldsymbol{z}_0\times\boldsymbol{a}(\omega_n)]+\mu_0\omega_n^2\boldsymbol{\varepsilon}(\omega_n)\cdot\boldsymbol{a}(\omega_n)=0 \tag{3.3-14}$$

实际上，该式就是由式(3.1－11)表示的单位光电场复振幅满足的基本方程。

2. 稳态情况下的非线性耦合波方程

现在进一步考虑介质对光电场的响应包含有非线性效应的情况。此时，极化强度的复振幅$\boldsymbol{P}(\omega_n,\boldsymbol{r})$为

$$\boldsymbol{P}(\omega_n,\boldsymbol{r})=\boldsymbol{P}_{\mathrm{L}}(\omega_n,\boldsymbol{r})+\boldsymbol{P}_{\mathrm{NL}}(\omega_n,\boldsymbol{r}) \tag{3.3-15}$$

式中，$\boldsymbol{P}_{\mathrm{NL}}(\omega_n,\boldsymbol{r})$是非线性极化强度频率为 ω_n 的傅里叶分量。这时，在介质无耗的情况下，波动方程(3.3－4)变为

$$\nabla^2\boldsymbol{E}(\omega_n,z)+\mu_0\omega_n^2\boldsymbol{\varepsilon}(\omega_n)\cdot\boldsymbol{E}(\omega_n,z)=-\mu_0\omega_n^2\boldsymbol{P}_{\mathrm{NL}}(\omega_n,z) \tag{3.3-16}$$

式中

$$\boldsymbol{P}_{\mathrm{NL}}(\omega_n,z)=\boldsymbol{P}^{(2)}(\omega_n,z)+\boldsymbol{P}^{(3)}(\omega_n,z)+\cdots \tag{3.3-17}$$

与线性介质响应相比，式(3.3－16)多了一项非线性激励项。由于这一激励项相对线性响应的贡献很小，因而在求解方程(3.3－16)时，常把非线性激励项作为一种微扰来处理。

如果现在仍假定光波沿着 z 方向传播，则方程(3.3－16)解的形式可表示为

$$\boldsymbol{E}(\omega_n,z)=E(\omega_n,z)[\boldsymbol{a}(\omega_n)+\boldsymbol{b}(\omega_n,z)]\mathrm{e}^{\mathrm{i}k_n z} \tag{3.3-18}$$

即在介质无耗情况下，由于非线性效应的存在，光电场的振动矢量和复振幅都是 z 的函数。但因非线性激励项是作为线性响应的一种微扰，所以可认为光电场复振幅是 z 的慢变化函数，且振动矢量的改变量 $\boldsymbol{b}(\omega_n,z)$既小、变化又慢(所谓变化慢，是指在辐射波长的范围内，量的改变很小)。现在将式(3.3－18)代入式(3.3－16)，并在等式左边略去所有包含 $\mathrm{d}^2E(\omega_n,z)/\mathrm{d}z^2$、$\mathrm{d}\boldsymbol{b}(\omega_n,z)/\mathrm{d}z$、$\mathrm{d}^2\boldsymbol{b}(\omega_n,z)/\mathrm{d}z^2$ 的项，在等式右边的非线性极化强度$\boldsymbol{P}(\omega_n,z)$

中略去 $\boldsymbol{b}(\omega_n,z)$，并用 $\boldsymbol{P}'_{\mathrm{NL}}(\omega_n,z)$表示。这样，我们得到如下关系：

$$-\left[2\mathrm{i}k_n\frac{\mathrm{d}E(\omega_n,z)}{\mathrm{d}z}-k_n^2E(\omega_n,z)\right]\boldsymbol{z}_0\times[\boldsymbol{z}_0\times(\boldsymbol{a}(\omega_n)+\boldsymbol{b}(\omega_n,z))]$$

$$+\mu_0\omega_n^2\boldsymbol{\varepsilon}(\omega_n)\cdot[\boldsymbol{a}(\omega_n)+\boldsymbol{b}(\omega_n,z)]E(\omega_n,z)=-\mu_0\omega_n^2\boldsymbol{P}'_{\mathrm{NL}}(\omega_n,z)\mathrm{e}^{-\mathrm{i}k_nz}\qquad(3.3-19)$$

现在用 $\boldsymbol{a}(\omega_n)$标量乘式(3.3－19)，用$[\boldsymbol{a}(\omega_n)+\boldsymbol{b}(\omega_n,z)]E(\omega_n,z)$标量乘式(3.3－14)，并将所得二式相减，可得

$$-\left[2\mathrm{i}k_n\frac{\mathrm{d}E(\omega_n,z)}{\mathrm{d}z}-k_n^2E(\omega_n,z)\right]\boldsymbol{a}(\omega_n)\cdot\{\boldsymbol{z}_0\times[\boldsymbol{z}_0\times(\boldsymbol{a}(\omega_n)+\boldsymbol{b}(\omega_n,z))]\}$$

$$+\mu_0\omega_n^2\boldsymbol{a}(\omega_n)\cdot\boldsymbol{\varepsilon}(\omega_n)\cdot[\boldsymbol{a}(\omega_n)+\boldsymbol{b}(\omega_n,z)]E(\omega_n,z)-[\boldsymbol{a}(\omega_n)+\boldsymbol{b}(\omega_n,z)]$$

$$\cdot\{\boldsymbol{z}_0\times[\boldsymbol{z}_0\times\boldsymbol{a}(\omega_n)]\}k_n^2E(\omega_n,z)-\mu_0\omega_n^2[\boldsymbol{a}(\omega_n)+\boldsymbol{b}(\omega_n,z)]\cdot\boldsymbol{\varepsilon}(\omega_n)\cdot\boldsymbol{a}(\omega_n)E(\omega_n,z)$$

$$=-\mu_0\omega_n^2\boldsymbol{a}(\omega_n)\cdot\boldsymbol{P}'_{\mathrm{NL}}(\omega_n,z)\mathrm{e}^{-\mathrm{i}k_nz}\qquad(3.3-20)$$

利用 $\boldsymbol{a}\cdot(\boldsymbol{b}\times\boldsymbol{c})=(\boldsymbol{a}\times\boldsymbol{b})\cdot\boldsymbol{c}$ 和 $(\boldsymbol{a}\times\boldsymbol{b})\times\boldsymbol{c}=\boldsymbol{c}\times(\boldsymbol{b}\times\boldsymbol{a})$，可以证明

$$k_n^2E(\omega_n,z)\boldsymbol{a}(\omega_n)\cdot\{\boldsymbol{z}_0\times[\boldsymbol{z}_0\times(\boldsymbol{a}(\omega_n)+\boldsymbol{b}(\omega_n,z))]\}$$

$$=k_n^2E(\omega_n,z)[\boldsymbol{a}(\omega_n)+\boldsymbol{b}(\omega_n,z)]\cdot\{\boldsymbol{z}_0\times[\boldsymbol{z}_0\times\boldsymbol{a}(\omega_n)]\}$$

又由于介电常数张量 $\boldsymbol{\varepsilon}(\omega_n)$是对称张量，有

$$[\boldsymbol{a}(\omega_n)+\boldsymbol{b}(\omega_n,z)]\cdot\boldsymbol{\varepsilon}(\omega_n)\cdot\boldsymbol{a}(\omega_n)=\boldsymbol{a}(\omega_n)\cdot\boldsymbol{\varepsilon}(\omega_n)\cdot[\boldsymbol{a}(\omega_n)+\boldsymbol{b}(\omega_n,z)]$$

所以式(3.3－20)可简化为

$$2\mathrm{i}k_n\frac{\mathrm{d}E(\omega_n,z)}{\mathrm{d}z}[\boldsymbol{a}(\omega_n)\times\boldsymbol{z}_0]\cdot\{\boldsymbol{z}_0\times[\boldsymbol{a}(\omega_n)+\boldsymbol{b}(\omega_n,z)]\}$$

$$=\mu_0\omega_n^2\boldsymbol{a}(\omega_n)\cdot\boldsymbol{P}'_{\mathrm{NL}}(\omega_n,z)\mathrm{e}^{-\mathrm{i}k_nz}\qquad(3.3-21)$$

因为 $\mathrm{d}E(\omega_n,z)/\mathrm{d}z$ 和 $\boldsymbol{b}(\omega_n,z)$是作为一个小量来处理的，所以在式(3.3－21)中可将它们的乘积项略去，由此求出标量复振幅 $E(\omega_n,z)$所满足的微分方程为

$$\frac{\mathrm{d}E(\omega_n,z)}{\mathrm{d}z}=\frac{\mathrm{i}\mu_0\omega_n^2}{2[\boldsymbol{z}_0\times\boldsymbol{a}(\omega_n)]^2k_n}\boldsymbol{a}(\omega_n)\cdot\boldsymbol{P}'_{\mathrm{NL}}(\omega_n,z)\mathrm{e}^{-\mathrm{i}k_nz}\qquad(3.3-22)$$

进一步，考虑到对于大多数介质来说，$|\boldsymbol{z}_0\times\boldsymbol{a}(\omega_n)|$的值接近于 1，即平面波的电场矢量基本上垂直于波法线方向 $\boldsymbol{k}_n$，可将式(3.3－22)简化为

$$\frac{\mathrm{d}E(\omega_n,z)}{\mathrm{d}z}=\frac{\mathrm{i}\mu_0\omega_n^2}{2k_n}\boldsymbol{a}(\omega_n)\cdot\boldsymbol{P}'_{\mathrm{NL}}(\omega_n,z)\mathrm{e}^{-\mathrm{i}k_nz}\qquad(3.3-23)$$

该式就是单色平面光波在稳态条件下的非线性耦合波方程，它是讨论光波混频过程的基本方程。

类似地，反向单色平面光波在稳态条件下的非线性耦合波方程为

$$\frac{\mathrm{d}E_B(\omega_n,z)}{\mathrm{d}z}=-\frac{\mathrm{i}\mu_0\omega_n^2}{2k_n}\boldsymbol{a}(\omega_n)\cdot\boldsymbol{P}'_{\mathrm{NL}}(\omega_n,z)\mathrm{e}^{\mathrm{i}k_nz}\qquad(3.3-24)$$

3. 一般情况下的耦合波方程

如果对光电场的时间和空间都进行傅里叶变换，即

$$\boldsymbol{E}(z,t)=\int\boldsymbol{E}(\boldsymbol{k},\omega)\mathrm{e}^{-\mathrm{i}(\omega t-\boldsymbol{k}\cdot\boldsymbol{z})}\,\mathrm{d}\omega\,\mathrm{d}\boldsymbol{k}\qquad(3.3-25)$$

式中，$\boldsymbol{k}$ 和 ω 分别为空间和时间角频率。将该 $\boldsymbol{E}(z,t)$关系式代入波动方程(3.3－1)中(假

定 $\sigma=0$)，即可得到[5]

$$(k^2-k_\omega^2)\boldsymbol{E}(\boldsymbol{k},\omega)=\frac{\omega^2}{\varepsilon_0 c^2}\boldsymbol{P}_{\mathrm{NL}}(\boldsymbol{k},\omega) \tag{3.3-26}$$

式中的 k_ω 是频率为 ω 的波数。将上式对 ω 和 $\boldsymbol{k}$ 积分后，便可直接给出光电场$\boldsymbol{E}(z,t)$。这种处理方法可推广应用到光束横向部分是变化的情况。

4. 准单色波的非线性耦合波方程

上面讨论了单色平面波在稳态条件下的耦合波方程。现在讨论相互作用波的振幅不仅是坐标的函数，而且还是时间函数的情况，即讨论时变振幅波的传播方程。

假设所讨论光波是沿 z 方向传播的准单色波，其光电场为

$$\boldsymbol{E}(z,t)=\overline{\boldsymbol{E}}_{\omega_0}(z,t)\mathrm{e}^{-\mathrm{i}(\omega_0 t-kz)} \tag{3.3-27}$$

则在 $\sigma=0$ 时，该光波满足的波动方程为

$$\frac{\partial^2\boldsymbol{E}(z,t)}{\partial z^2}=\mu_0\varepsilon_0\frac{\partial^2\boldsymbol{E}(z,t)}{\partial t^2}+\mu_0\frac{\partial^2\boldsymbol{P}(z,t)}{\partial t^2}=\mu_0\frac{\partial^2\boldsymbol{D}(z,t)}{\partial t^2}+\mu_0\frac{\partial^2\boldsymbol{P}_{\mathrm{NL}}(z,t)}{\partial t^2} \tag{3.3-28}$$

式中，$\boldsymbol{D}(z,t)=\varepsilon_0\boldsymbol{E}(z,t)+\boldsymbol{P}_{\mathrm{L}}(z,t)$。利用前面运用过的慢变化振幅(包络)近似，方程左边第一项因子近似给出

$$\frac{\partial^2\boldsymbol{E}(z,t)}{\partial z^2}\approx\left(\mathrm{i}2k\frac{\partial\overline{\boldsymbol{E}}_{\omega_0}(z,t)}{\partial z}-k^2\overline{\boldsymbol{E}}_{\omega_0}(z,t)\right)\mathrm{e}^{-\mathrm{i}(\omega_0 t-kz)} \tag{3.3-29}$$

如果将 $\boldsymbol{E}(z,t)$用傅里叶积分表示为

$$\boldsymbol{E}(z,t)=\int\boldsymbol{E}(\omega_0+\Omega)\mathrm{e}^{\mathrm{i}kz}\mathrm{e}^{-\mathrm{i}(\omega_0+\Omega)t}\,\mathrm{d}\Omega$$

则有

$$\boldsymbol{D}(z,t)=\int\varepsilon(\omega_0+\Omega)\boldsymbol{E}(\omega_0+\Omega)\mathrm{e}^{\mathrm{i}kz}\mathrm{e}^{-\mathrm{i}(\omega_0+\Omega)t}\,\mathrm{d}\Omega$$

于是，式(3.3-28)右边第一项因子可表示为

$$\begin{aligned}&\mu_0\frac{\partial^2\boldsymbol{D}(z,t)}{\partial t^2}\\&=\int-\mu_0(\omega_0+\Omega)^2\varepsilon(\omega_0+\Omega)\boldsymbol{E}(\omega_0+\Omega)\mathrm{e}^{\mathrm{i}kz}\mathrm{e}^{-\mathrm{i}(\omega_0+\Omega)t}\,\mathrm{d}\Omega\\&\approx\int-\mu_0\left[\omega_0^2\varepsilon(\omega_0)+2\omega_0\Omega\varepsilon(\omega_0)+\omega_0^2\Omega\frac{\mathrm{d}\varepsilon}{\mathrm{d}\omega}\right]\boldsymbol{E}(\omega_0+\Omega)\mathrm{e}^{\mathrm{i}kz}\mathrm{e}^{-\mathrm{i}(\omega_0+\Omega)t}\,\mathrm{d}\Omega\\&=\left[-\mu_0\omega_0^2\varepsilon(\omega_0)\overline{\boldsymbol{E}}_{\omega_0}(z,t)-\mathrm{i}2k\frac{1}{v_{\mathrm{g}}}\frac{\partial\overline{\boldsymbol{E}}_{\omega_0}(z,t)}{\partial t}\right]\mathrm{e}^{\mathrm{i}kz}\mathrm{e}^{-\mathrm{i}\omega_0 t}\end{aligned} \tag{3.3-30}$$

式中，$v_{\mathrm{g}}=(\mathrm{d}k/\mathrm{d}\omega)^{-1}$是群速度。将式(3.3-29)和式(3.3-30)代入式(3.3-28)，并利用

$$\frac{\partial^2\boldsymbol{P}_{\mathrm{NL}}(z,t)}{\partial t^2}\approx-\omega_0^2\boldsymbol{P}_{\mathrm{NL}}(z,t) \tag{3.3-31}$$

可以得到

$$\frac{\partial\overline{E}_{\omega_0}(z,t)}{\partial z}+\frac{1}{v_{\mathrm{g}}}\frac{\partial\overline{E}_{\omega_0}(z,t)}{\partial t}=\mathrm{i}\frac{\mu_0\omega_0^2}{2k}\boldsymbol{a}\cdot\boldsymbol{P}_{\omega_0}^{\mathrm{NL}}(z,t)\mathrm{e}^{-\mathrm{i}kz} \tag{3.3-32}$$

该方程即是光电场的时间和空间变量都满足慢变化条件的准单色波的耦合波方程。

类似地，相应于反向传播的准单色波的耦合波方程为

$$\frac{\partial \bar{E}^B_{\omega_0}(z,t)}{\partial z} - \frac{1}{v_g}\frac{\partial \bar{E}^B_{\omega_0}(z,t)}{\partial t} = -\mathrm{i}\frac{\mu_0\omega_0^2}{2k}\boldsymbol{a}\cdot\boldsymbol{P}^{\mathrm{NL}}_{\omega_0}(z,t)\mathrm{e}^{\mathrm{i}kz} \tag{3.3-33}$$

3.4 非线性介质中的场能量

1. 瞬时电磁能密度

由麦克斯韦方程组可以导出光电磁波在介质中如下形式的能量守恒定律：

$$\nabla\cdot(\boldsymbol{E}\times\boldsymbol{H}) = -\left(\boldsymbol{E}\cdot\frac{\partial\boldsymbol{D}}{\partial t}+\boldsymbol{H}\cdot\frac{\partial\boldsymbol{B}}{\partial t}\right) \tag{3.4-1}$$

式中，$\boldsymbol{E}\times\boldsymbol{H}$ 是玻印亭(Poynting)矢量。利用 $\boldsymbol{D}=\varepsilon_0\boldsymbol{E}+\boldsymbol{P}$ 和 $\boldsymbol{B}=\mu_0\boldsymbol{H}$ 关系，可将式(3.4-1)改写为

$$\nabla\cdot(\boldsymbol{E}\times\boldsymbol{H}) = -\left(\frac{1}{2}\varepsilon_0\frac{\partial E^2}{\partial t}+\frac{1}{2}\mu_0\frac{\partial H^2}{\partial t}\right)-\boldsymbol{E}\cdot\frac{\partial\boldsymbol{P}}{\partial t} \tag{3.4-2}$$

该式表明，单位时间流出单位体积的电磁能量等于电磁储能密度的减小率。如果介质的色散可以忽略不计，极化强度 $\boldsymbol{P}$ 可以表示为

$$\boldsymbol{P} = \varepsilon_0\chi^{(1)}\cdot\boldsymbol{E}+\varepsilon_0\chi^{(2)}:\boldsymbol{E}\boldsymbol{E}+\cdots \tag{3.4-3}$$

式(3.4-2)可以简化为

$$\nabla\cdot(\boldsymbol{E}\times\boldsymbol{H}) = -\frac{\partial}{\partial t}U(\boldsymbol{r},t) \tag{3.4-4}$$

式中

$$U(\boldsymbol{r},t) = \frac{1}{2}\varepsilon_0E^2+\frac{1}{2}\mu_0H^2+\varepsilon_0\left(\frac{1}{2}\boldsymbol{E}\cdot\chi^{(1)}\cdot\boldsymbol{E}+\frac{2}{3}\boldsymbol{E}\cdot\chi^{(2)}:\boldsymbol{E}\boldsymbol{E}+\cdots\right) \tag{3.4-5}$$

是瞬时电磁能密度。因为只有通过电场和极化强度的傅里叶分量才能定义电极化率，所以在存在色散的介质中上式不成立。实际上，更加有意义的是时间平均能量关系。

2. 平均电磁能密度[6]

1）线性响应情况

假定所讨论的光波是准单色波，其光电场表示式为

$$\boldsymbol{E}(\boldsymbol{r},t) = \bar{\boldsymbol{E}}_{\omega_0}(t)\mathrm{e}^{-\mathrm{i}(\omega_0t-\boldsymbol{k}\cdot\boldsymbol{r})}+\mathrm{c.c.} \tag{3.4-6}$$

将 $\bar{\boldsymbol{E}}_{\omega_0}(t)$ 表示成傅里叶积分，并写成如下形式：

$$\boldsymbol{E}(\boldsymbol{r},t) = \int\mathrm{d}\Omega\bar{\boldsymbol{E}}_{\omega_0}(\omega_0+\Omega)\mathrm{e}^{-\mathrm{i}(\omega_0t-\boldsymbol{k}\cdot\boldsymbol{r})-\mathrm{i}\Omega t}+\mathrm{c.c.} \tag{3.4-7}$$

相应的线性极化强度为

$$\boldsymbol{P}^{(1)}(\boldsymbol{r},t) = \int\mathrm{d}\Omega\varepsilon_0\chi^{(1)}(\omega_0+\Omega)\cdot\bar{\boldsymbol{E}}_{\omega_0}(\omega_0+\Omega)\mathrm{e}^{-\mathrm{i}(\omega_0t+\boldsymbol{k}\cdot\boldsymbol{r})-\mathrm{i}\Omega t}+\mathrm{c.c.} \tag{3.4-8}$$

因此有

$$\begin{aligned}\frac{\partial\boldsymbol{P}^{(1)}(\boldsymbol{r},t)}{\partial t} &= \int\mathrm{d}\Omega[-\mathrm{i}(\omega_0+\Omega)]\varepsilon_0\chi^{(1)}(\omega_0+\Omega)\cdot\boldsymbol{E}_{\omega_0}(\omega_0+\Omega)\mathrm{e}^{-\mathrm{i}(\omega_0t-\boldsymbol{k}\cdot\boldsymbol{r})-\mathrm{i}\Omega t}+\mathrm{c.c.}\\ &\approx\varepsilon_0\left[-\mathrm{i}\omega_0\chi^{(1)}(\omega_0)\cdot\bar{\boldsymbol{E}}_{\omega_0}(t)+\frac{\partial(\omega\chi^{(1)})}{\partial\omega}\Big|_{\omega_0}\frac{\partial\bar{\boldsymbol{E}}_{\omega_0}(t)}{\partial t}\right]\mathrm{e}^{-\mathrm{i}(\omega_0t-\boldsymbol{k}\cdot\boldsymbol{r})}+\mathrm{c.c.}\end{aligned} \tag{3.4-9}$$

考虑到线性极化率张量的性质，有 $\chi_{ij}^{(1)}(\omega)=[\chi_{ji}^{(1)}(-\omega)]^*$，对于有损耗介质，$\varepsilon=\varepsilon'+i\varepsilon''=\varepsilon_0(1+\chi^{(1)})$，则式(3.4-2)的时间平均为

$$\langle\nabla\cdot(\boldsymbol{E}\times\boldsymbol{H})\rangle=-\frac{\partial}{\partial t}\langle U^{(1)}\rangle-Q \tag{3.4-10}$$

式中

$$\langle U^{(1)}\rangle=\bar{\boldsymbol{E}}_{\omega_0}^*(t)\cdot\frac{\partial(\omega\varepsilon')}{\partial\omega}\Big|_{\omega_0}\cdot\bar{\boldsymbol{E}}_{\omega_0}(t)+\mu_0|\boldsymbol{H}(t)|^2 \tag{3.4-11}$$

$$Q=2\omega[\bar{\boldsymbol{E}}_{\omega_0}^*(t)\cdot\varepsilon''\cdot\bar{\boldsymbol{E}}_{\omega_0}(t)] \tag{3.4-12}$$

$\langle U^{(1)}\rangle$是储存在线性介质中的平均电磁能量密度，Q 是介质损耗的平均功率密度。因此，式(3.4-10)表征了线性介质的能量守恒关系。

2) 非线性响应情况

如果进一步考虑到非线性响应，在能量关系中还应包含非线性附加项。例如，考虑介质中通过 $\chi^{(2)}$ 进行的三波作用，这三个光波满足关系式：

$$\omega_1+\omega_2=\omega_3$$

$$\boldsymbol{k}_1+\boldsymbol{k}_2=\boldsymbol{k}_3$$

则对于无耗介质，利用 $\chi^{(2)}$ 的完全对易对称性，可以得到由此过程引入的附加平均储能密度：

$$\begin{aligned}\langle U^{(2)}\rangle=&2\varepsilon_0\bar{\boldsymbol{E}}_{\omega_{10}}^*(t)\cdot\chi^{(2)}(\omega_1=-\omega_2+\omega_3):\bar{\boldsymbol{E}}_{\omega_{20}}^*(t)\bar{\boldsymbol{E}}_{\omega_{30}}(t)\\&+\varepsilon_0\bar{\boldsymbol{E}}_{\omega_{10}}^*(t)\cdot\left[\omega_1\frac{\partial\chi^{(2)}(\omega_1)}{\partial\omega_1}+\omega_2\frac{\partial\chi^{(2)}(\omega_1)}{\partial\omega_2}+\omega_3\frac{\partial\chi^{(2)}(\omega_1)}{\partial\omega_3}\right]\\&:\bar{\boldsymbol{E}}_{\omega_{20}}^*(t)\bar{\boldsymbol{E}}_{\omega_{30}}(t)+\text{c.c.}\end{aligned} \tag{3.4-13}$$

该附加平均储能密度是由

$$\frac{\partial\langle U^{(2)}\rangle}{\partial t}=\langle\sum_{l=1}^{3}\boldsymbol{E}_l\cdot\frac{\partial\boldsymbol{P}_l^{(2)}}{\partial t}\rangle \tag{3.4-14}$$

得到的。当$|\omega_l\partial\chi^{(2)}/\partial\omega_l|\ll|\chi^{(2)}|$时，式(3.4-13)简化为

$$\langle U^{(2)}\rangle=2\varepsilon_0\bar{\boldsymbol{E}}_{\omega_{10}}^*(t)\cdot\chi^{(2)}(\omega_1=-\omega_2+\omega_3):\bar{\boldsymbol{E}}_{\omega_{20}}^*(t)\bar{\boldsymbol{E}}_{\omega_{30}}(t)+\text{c.c.} \tag{3.4-15}$$

在一般情况下，非吸收介质中的时间平均储能密度为

$$\langle U\rangle=\sum_{n=1}^{\infty}\langle U^{(n)}\rangle \tag{3.4-16}$$

式中，$\langle U^{(n)}\rangle$是介质中 $n+1$ 个光波通过 n 阶非线性耦合产生的时间平均储能密度，其表示式为

$$\begin{aligned}\langle U^{(n)}\rangle=&n\varepsilon_0\bar{\boldsymbol{E}}_{\omega_{(n+1)0}}^*(t)\cdot\chi^{(n)}(\omega_{n+1}=\omega_1+\cdots+\omega_n)|\bar{\boldsymbol{E}}_{\omega_{10}}(t)\bar{\boldsymbol{E}}_{\omega_{20}}(t)\cdots\bar{\boldsymbol{E}}_{\omega_{n0}}(t)\\&+\varepsilon_0\bar{\boldsymbol{E}}_{\omega_{(n+1)0}}^*(t)\cdot\left[\sum_{l=1}^{n+1}\omega_l\frac{\partial\chi^{(n)}}{\partial\omega_l}\right]|\bar{\boldsymbol{E}}_{\omega_{10}}(t)\bar{\boldsymbol{E}}_{\omega_{20}}(t)\cdots\bar{\boldsymbol{E}}_{\omega_{n0}}(t)+\text{c.c.}\end{aligned} \tag{3.4-17}$$

时间平均能量守恒关系为

$$\langle\nabla\cdot(\boldsymbol{E}\times\boldsymbol{H})\rangle=-\frac{\partial\langle U\rangle}{\partial t} \tag{3.4-18}$$

3.5 非线性光学相位匹配和准相位匹配

这一节将较详细地讨论非线性光学中的一个极为重要的问题，即所谓的非线性光学相位匹配和相位匹配条件。这个问题直接决定了某个非线性光学过程的效率，或者说是使所需要的非线性光学过程在众多可能发生的非线性光学过程中占优势。此外，本节还将简要介绍 20 世纪 90 年代发展起来的准相位匹配的概念。

3.5.1 相位匹配的概念

首先，我们以二次谐波产生过程为例，从辐射的相干叠加观点引入并说明相位匹配的概念。

假定频率为 ω 的基波射入非线性介质，由于二次非线性效应，将产生频率为 2ω 的二阶非线性极化强度，该极化强度作为一个激励源将产生频率为 2ω 的二次谐波辐射，并由介质输出，这就是二次谐波产生过程，或倍频过程。设介质对基波和二次谐波辐射的折射率分别为 n_1 和 n_2，又设基波光电场表示式为

$$\boldsymbol{E}_\omega = \boldsymbol{E}_1\cos(\omega t - k_1 z) = \boldsymbol{E}(\omega)\mathrm{e}^{-\mathrm{i}\omega t} + \mathrm{c.c.} \tag{3.5-1}$$

式中

$$E(\omega) = \frac{1}{2}E_1\mathrm{e}^{\mathrm{i}k_1 z}$$

$$k_1 = \frac{2\pi}{\lambda_1} = \frac{n_1\omega}{c}$$

则由二次非线性效应产生的频率为 2ω 的极化强度 $\boldsymbol{P}_{2\omega}^{(1)}(t)$ 为

$$\begin{aligned}\boldsymbol{P}_{2\omega}^{(2)}(t) &= \frac{1}{4}\varepsilon_0\chi^{(2)}(\omega,\omega):\boldsymbol{E}_1\boldsymbol{E}_1\mathrm{e}^{-\mathrm{i}(2\omega t-2k_1 z)} + \frac{1}{4}\varepsilon_0\chi^{(2)}(-\omega,-\omega):\boldsymbol{E}_1\boldsymbol{E}_1\mathrm{e}^{\mathrm{i}(2\omega t-2k_1 z)}\\ &= \frac{1}{2}\varepsilon_0\chi^{(2)}(\omega,\omega):\boldsymbol{E}_1\boldsymbol{E}_1\cos(2\omega t - 2k_1 z)\end{aligned} \tag{3.5-2}$$

在这里，已利用了无耗介质极化率张量的时间反演对称性特性：

$$\chi^{(2)}(\omega,\omega) = \chi^{(2)}(-\omega,-\omega)$$

由式(3.5-2)可见，二阶非线性极化强度的空间变化是由基波传播常数的二倍 $2k_1$ 决定的，而不是由二次谐波的传播常数 $k_2=n_2 2\omega/c$ 决定的，它将发射频率为 2ω 的辐射。

如图 3.5-1 所示，距入射端 z 处、厚度为 $\mathrm{d}z$ 的一薄层介质，在输出端所产生的二次谐波光电场为

$$\mathrm{d}E_{2\omega} \propto \cos[2\omega(t-t') - 2k_1 z]\mathrm{d}z$$

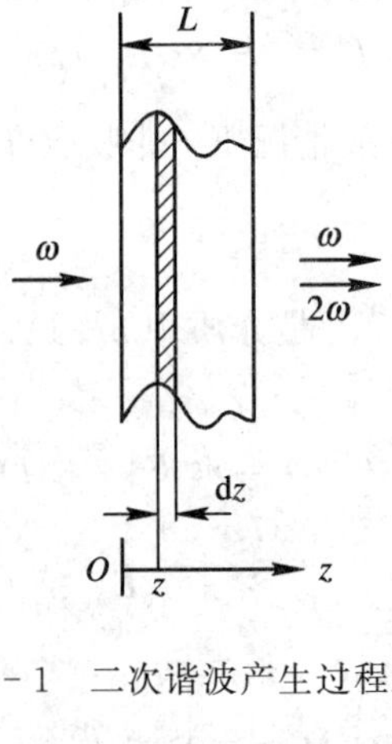

图 3.5-1 二次谐波产生过程示意图

式中，t' 是频率为 2ω 的辐射传播距离 $L-z$ 所需要的时间，且有

$$t' = \frac{L-z}{v_2} = \frac{(L-z)k_2}{2\omega}$$

则在介质输出端总的二次谐波光电场为

$$E_{2\omega}=\int_0^L \mathrm{d}E_{2\omega}\propto\int_0^L\cos[2\omega(t-t')-2k_1z]\,\mathrm{d}z$$
$$=\int_0^L\cos[2\omega t-(2k_1-k_2)z-k_2L]\,\mathrm{d}z$$
$$=L\cos\left[2\omega t-\frac{(2k_1+k_2)L}{2}\right]\frac{\sin\dfrac{\Delta kL}{2}}{\dfrac{\Delta kL}{2}} \tag{3.5-3}$$

式中 $\Delta k=2k_1-k_2$。由此可以得到介质输出端总的二次谐波的辐射强度为

$$I_{2\omega}\propto L^2\frac{\sin^2\left(\dfrac{\Delta kL}{2}\right)}{\left(\dfrac{\Delta kL}{2}\right)^2}=L^2\frac{\sin^2\left[\dfrac{\omega}{c}(n_1-n_2)L\right]}{\left[\dfrac{\omega}{c}(n_1-n_2)L\right]^2} \tag{3.5-4}$$

由于介质的色散效应，一般讲，$n_1\neq n_2$，即 $\Delta k\neq 0$，因此，$\mathrm{d}E_{2\omega}$的相位因子是 z 的函数，这意味着不同 z 处的 $\mathrm{d}z$ 薄层所贡献的输出二次谐波辐射不能同相位叠加，有时甚至相互抵消，使总的二次谐波强度输出很小。只有当 $\Delta k=0$ 时，此相位因子才与 z 无关，这时，不同坐标 z 处的薄层所发射的二次谐波辐射在输出端能够同相位叠加，并使总的二次谐波功率输出达到最大值。$\Delta k=0$ 称为相位匹配，而称 $\Delta k\neq 0$ 为相位失配。

当 $\Delta k\neq 0$ 时，$\Delta kL/2=(2k_1-k_2)L/2=\omega(n_1-n_2)L/c\neq 0$，其实质是表明在介质内传播距离上，后一时刻和前一时刻所产生的二次谐波辐射之间存在相位差。观察相邻 Δz 的两个小区域，当相位差 $\omega(n_1-n_2)\Delta z/c=m\pi$ 时，这两个小区域辐射的二次谐波恰好反相，互相抵消。只有 $\omega(n_1-n_2)\Delta z/c=(2m+1)\pi/2$ 时，这两个小区域辐射的二次谐波才是互相加强的。定义 $\Delta kL/2=\omega(n_1-n_2)L/c=\pi/2$ 时的介质长度为相干长度 L_c，且

$$L_c=\frac{\lambda_1}{4(n_1-n_2)} \tag{3.5-5}$$

在正常色散的情况下，L_c 约为几微米至 100 微米。

下面，我们再从能量转换的角度理解相位匹配概念。在二次谐波产生的动态过程中，基波和所产生的二次谐波之间能量是瞬时相互耦合转换的。入射基波在介质内产生非线性极化强度 $P_{2\omega}^{(2)}$，而 $P_{2\omega}^{(2)}$ 作为激励源将发射二次谐波辐射。在介质输入端，$P_{2\omega}^{(2)}$ 与发射的二次谐波之间有一个合适的相位关系。显然，只有在介质整个作用距离内始终保持这个相位关系，$P_{2\omega}^{(2)}$ 才能不断地发射二次谐波，二次谐波能量才会不断地增长，这要求二次谐波辐射的波数 k_2 与 $P_{2\omega}^{(2)}$ 的空间变化 $2k_1$ 相等，即 $\Delta k=2k_1-k_2=0$。如果 $\Delta k\neq 0$，则经过一段距离后，两者的相对相位发生变化，不能保持初始时合适的相位关系，$P_{2\omega}^{(2)}$ 的发射受阻碍。当它们之间相位发生 π 变化时，$P_{2\omega}^{(2)}$ 不再发射能量，而是吸收二次谐波能量，并通过非线性极化强度 $P_{\omega}^{(2)}$ 发射基波辐射，将二次谐波能量通过非线性极化反转换到基波中去。在第一个相干长度 L_c 或其奇数倍的范围内，光能量主要是从基波向二次谐波耦合转换，而在第二个相干长度($L_c\sim 2L_c$)或其偶数倍的范围内，光能量则主要是从二次谐波向基波耦合转换。显然，相应于 $\Delta k=0$ 的相位匹配状态，是二次谐波产生过程效率最高的状态，而相应于 $\Delta k\neq 0$ 的相位失配状态，二次谐波产生过程的效率大大降低。

在相位匹配情况下，$\Delta k=0$，因此有

$$2k_1 = k_2 \tag{3.5-6}$$

或

$$n_1 = n_2 \tag{3.5-7}$$

$$v_1 = v_2 \tag{3.5-8}$$

通常将式(3.5－6)、式(3.5－7)、式(3.5－8)所给出的条件称为相位匹配条件。

实际上，从辐射的量子观点可以很容易地引入相位匹配条件。如果我们认为基波和二次谐波都是由光子组成的，沿传播方向的光子动量分别为 $\hbar \boldsymbol{k}_1$ 和 $\hbar \boldsymbol{k}_2$，则根据量子观点，二次谐波产生过程就是因介质的非线性效应，湮灭两个基波光子、产生一个二次谐波光子的过程。这种过程必须同时遵守能量守恒条件

$$\hbar\omega + \hbar\omega = \hbar 2\omega \tag{3.5-9}$$

和动量守恒条件

$$\hbar \boldsymbol{k}_1 + \hbar \boldsymbol{k}_1 = \hbar \boldsymbol{k}_2 \tag{3.5-10}$$

显然，只有满足相位匹配条件 $2\boldsymbol{k}_1 = \boldsymbol{k}_2$ 时，二次谐波产生过程才能发生。

根据以上关于二次谐波产生过程的相位匹配概念的讨论，我们可以将相位匹配条件推广到多波混频的非线性光学过程中。例如，对于 $\omega_1 + \omega_2 = \omega_3$ 的三波混频过程，相位匹配条件为

$$\boldsymbol{k}_1 + \boldsymbol{k}_2 = \boldsymbol{k}_3 \tag{3.5-11}$$

式中，$\boldsymbol{k}_1$、$\boldsymbol{k}_2$ 和 $\boldsymbol{k}_3$ 是频率为 ω_1、ω_2 和 ω_3 的三束光波在非线性介质中的波矢。该式已考虑了所有三束光波不一定共线的情况，所以它是适合一般三波混频过程的相位匹配条件的表示式。与这个过程相联系的相干长度为

$$L_c = \frac{\pi}{|\boldsymbol{k}_1 + \boldsymbol{k}_2 - \boldsymbol{k}_3|} \tag{3.5-12}$$

如果三束光波的波矢都在同一直线上，相应的相位匹配叫共线相位匹配；三束光波的波矢不在同一直线上的相位匹配叫非共线相位匹配。

3.5.2 相位匹配方法

由上所述，在二次谐波产生过程中，相位匹配条件是指基波和二次谐波在介质中的传播速度相等，或折射率相等。但对于一般光学介质而言，由于色散效应，其折射率随着频率变化，不同频率的光波，折射率不可能相等。例如在正常色散区，频率高的光波折射率较高，即有 $n_2 > n_1$。因此，对于存在色散效应的介质，要想实现相位匹配条件必须采取某种措施。

下面介绍两种实现相位匹配的方法：第一种是利用晶体的双折射特性补偿晶体的色散效应，实现相位匹配；第二种是在气体工作物质中，利用缓冲气体提供必要的色散，实现相位匹配。

1. 晶体中的相位匹配

1) 角度相位匹配——临界相位匹配

(1) 角度相位匹配的概念。图 3.5－2 是负单轴晶体 KDP 中寻常光和非常光的色散曲线。可以看出，随着光波长的增长，折射率减小。在二次谐波产生过程中，如果取基波(波

长为 0.6943 μm)为寻常光偏振，二次谐波(波长为 0.3471 μm)为非常光偏振，则基波折射率 n_o^ω 介于二次谐波的两个主折射率 $n_o^{2\omega}$ 和 $n_e^{2\omega}$ 之间。于是，只要选择合适的光传播方向($\theta_m=50.4°$)，就可以实现相位匹配条件 $n_o^\omega=n_e^{2\omega}(\theta=50.4°)$。这种使基波与二次谐波有不同的偏振态，通过选择特定光传播方向实现相位匹配的方法称为角度相位匹配。这个能保证相位匹配的光传播方向的空间角度叫做相位匹配角。

这种实现相位匹配的方法可以通过 KDP 晶体的折射率曲面很清楚地看出。图 3.5-3 示出了 KDP 晶体相应于基波频率和二次谐波频率的折射率曲面。由图可见，基波的寻常光折射率曲面与二次谐波的非常光折射率曲面有两个圆交线(在图中看到四个点)，若交点 P 对应的方向与光轴 Oz 方向的夹角为 θ_m，恰好是入射到晶体中的基波法线方向与光轴方向的夹角，就有 $n_o^\omega=n_e^{2\omega}(\theta_m)$，则该 θ_m 就是相位匹配角。

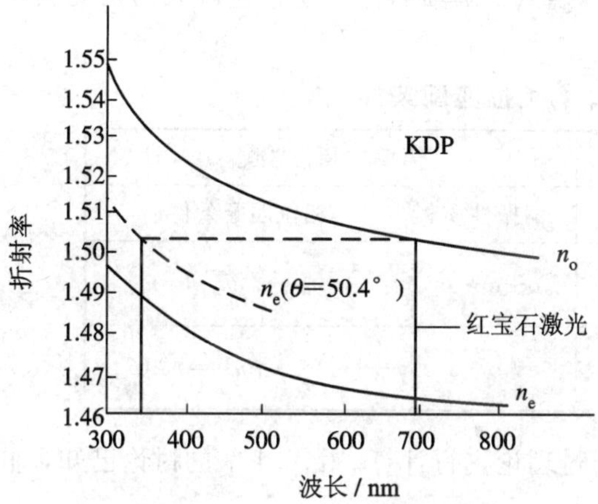

图 3.5-2　KDP 晶体的色散曲线

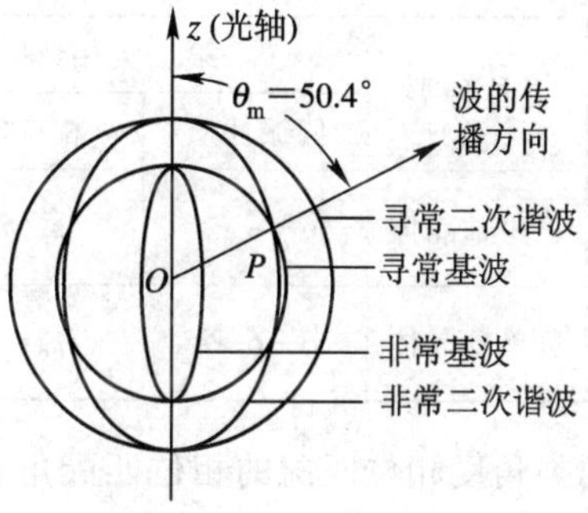

图 3.5-3　KDP 晶体折射率曲面通过光轴的截面

应当指出的是，并不是任意晶体对任意波长都能实现相位匹配。例如，若非线性光学材料是正单轴石英晶体，基波选为非常光，二次谐波选为寻常光，则如图 3.5-4 所示，因 $n_e^\omega(\theta)$ 均小于 $n_o^{2\omega}$，即石英晶体缺乏足够的双折射补偿频率色散效应，不能实现相位匹配。同样，由图 3.5-5 所示的石英晶体的折射率曲面可见，因其基波频率的两个折射率曲面完全位于二次谐波频率的两个折射率曲面之内，所以没有任何光传播方向能实现相位匹配。

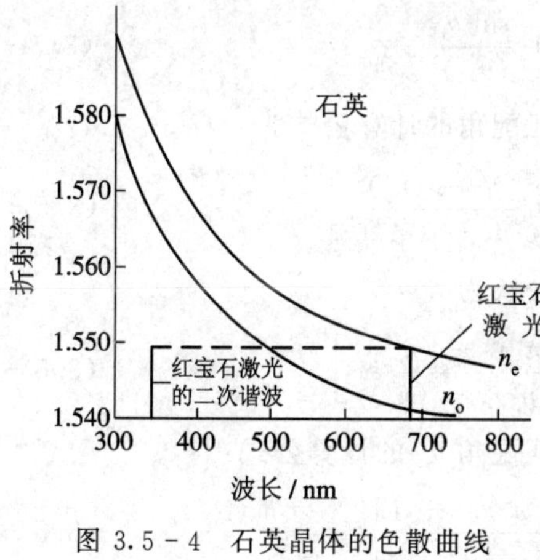

图 3.5-4　石英晶体的色散曲线

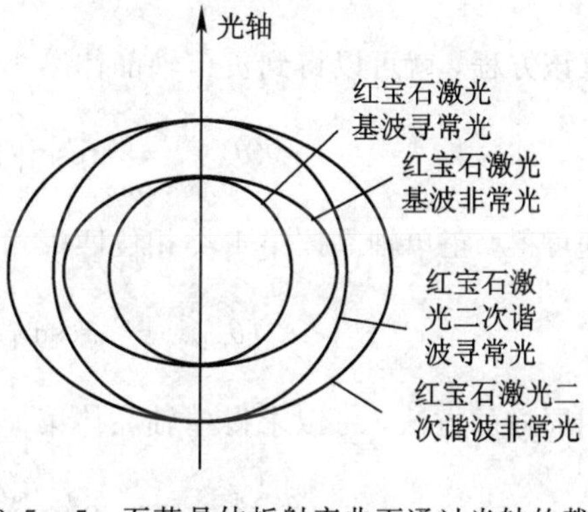

图 3.5-5　石英晶体折射率曲面通过光轴的截面

(2) 相位匹配角的计算。

① 共线相位匹配。首先讨论单轴晶体的相位匹配角的计算。

按照入射基波的不同偏振方式，可将角度相位匹配分为两类。一类是入射的基波取单一的线偏振光(如寻常光)，产生的二次谐波取另一种状态的线偏振光(如非常光)，这种方式通常称为第Ⅰ类相位匹配方式。例如，对于上面讨论的负单轴晶体，两束波矢方向均与光轴成 θ_m 角、频率为 ω 的寻常光通过非线性晶体的作用，产生波矢仍沿 θ_m 角方向、频率为 2ω 的非常光，其相位匹配条件为 $n_o^{\omega}=n_e^{2\omega}(\theta_m)$，这一种二次谐波产生过程可以用符号 o+o→e 表示。另一类相位匹配方式是，基波取两种偏振态(寻常光和非常光)，而二次谐波取单一偏振态(如非常光)，这种方式称为第Ⅱ类相位匹配方式，记作 e+o→e。对于第Ⅱ类相位匹配方式，在非线性极化过程中，由于基波中的寻常光和非常光的折射率不同，故其 k_1 也不同，这时相位匹配条件为 $\Delta k=k_{1o}+k_{1e}-k_{2e}=0$。单轴晶体在正常色散区的两类相位匹配方式的相位匹配条件如表 3.5-1 所示。

表 3.5-1 单轴晶体的相位匹配条件

晶体种类	第Ⅰ类相位匹配		第Ⅱ类相位匹配	
	偏振性质	相位匹配条件	偏振性质	相位匹配条件
正单轴晶体	e+e→o	$n_e^{\omega}(\theta_m)=n_o^{2\omega}$	o+e→o	$\frac{1}{2}[n_o^{\omega}+n_e^{\omega}(\theta_m)]=n_o^{2\omega}$
负单轴晶体	o+o→e	$n_o^{\omega}=n_e^{2\omega}(\theta_m)$	e+o→e	$\frac{1}{2}[n_e^{\omega}(\theta_m)+n_o^{\omega}]=n_e^{2\omega}(\theta_m)$

两类角度相位匹配的相位匹配角 θ_m 可以通过理论进行计算。由 3.1 节的讨论已知，非常光折射率 $n_e(\theta)$ 与方向 θ 的关系为

$$\frac{1}{n_e^2(\theta)}=\frac{\cos^2\theta}{n_o^2}+\frac{\sin^2\theta}{n_e^2} \tag{3.5-13}$$

所以对二次谐波有

$$\frac{1}{[n_e^{2\omega}(\theta)]^2}=\frac{\cos^2\theta}{(n_o^{2\omega})^2}+\frac{\sin^2\theta}{(n_e^{2\omega})^2} \tag{3.5-14}$$

对于负单轴晶体，当满足第Ⅰ类相位匹配条件时，应有

$$\frac{1}{(n_o^{\omega})^2}=\frac{\cos^2\theta_m}{(n_o^{2\omega})^2}+\frac{\sin^2\theta_m}{(n_e^{2\omega})^2} \tag{3.5-15}$$

求解该方程，就可以得到负单轴晶体第Ⅰ类相位匹配角的计算公式为

$$(\theta_m^{\mathrm{I}})^{负}=\arcsin\left[\left(\frac{n_e^{2\omega}}{n_o^{\omega}}\right)^2\frac{(n_o^{2\omega})^2-(n_o^{\omega})^2}{(n_o^{2\omega})^2-(n_e^{2\omega})^2}\right]^{1/2} \tag{3.5-16}$$

同理可得，正单轴晶体第Ⅰ类相位匹配角的计算公式为

$$(\theta_m^{\mathrm{I}})^{正}=\arcsin\left[\left(\frac{n_e^{\omega}}{n_o^{2\omega}}\right)^2\frac{(n_o^{\omega})^2-(n_o^{2\omega})^2}{(n_o^{\omega})^2-(n_e^{\omega})^2}\right]^{1/2} \tag{3.5-17}$$

利用同样的方法，可以求得单轴晶体第Ⅱ类相位匹配角 θ_m 的计算公式：

$$(\theta_m^{\mathrm{II}})^{正}=\arcsin\left\{\frac{[n_o^{\omega}/(2n_o^{2\omega}-n_o^{\omega})]^2-1}{(n_o^{\omega}/n_e^{\omega})^2-1}\right\}^{1/2} \tag{3.5-18}$$

$$\left[\frac{\cos^2(\theta_m^{\mathrm{II}})^{负}}{(n_o^{2\omega})^2}+\frac{\sin^2(\theta_m^{\mathrm{II}})^{负}}{(n_e^{2\omega})^2}\right]^{-1/2}=\frac{1}{2}\left\{n_o^{\omega}+\left[\frac{\cos^2(\theta_m^{\mathrm{II}})^{负}}{(n_o^{\omega})^2}+\frac{\sin^2(\theta_m^{\mathrm{II}})^{负}}{(n_e^{\omega})^2}\right]^{-1/2}\right\} \tag{3.5-19}$$

对于负单轴晶体的第Ⅱ类相位匹配角$(\theta_m^{\mathrm{II}})^{负}$，不能从式(3.5－19)得到显式解。

上面讨论的是二次谐波产生过程中的相位匹配。在一般情况下，如果有三束光波作用，例如差频过程 $\omega_2=\omega_3-\omega_1$，也有第Ⅰ类和第Ⅱ类相位匹配之分。第Ⅰ类相位匹配是 ω_1 和 ω_3 两束光具有相同的偏振方向，即两者都是寻常光或都是非常光；第Ⅱ类相位匹配是 ω_1 和 ω_3 两束光有正交的偏振方向，即一束光是寻常光，另一束光是非常光。在每种情况下，相位匹配条件都是

$$n_2\omega_2=n_3\omega_3-n_1\omega_1 \tag{3.5-20}$$

或

$$n_2=\frac{\omega_3}{\omega_2}n_3-\frac{\omega_1}{\omega_2}n_1=n_3+\frac{\omega_1}{\omega_2}(n_3-n_1) \tag{3.5-21}$$

$$n_2=n_1+\frac{\omega_3}{\omega_2}(n_3-n_1) \tag{3.5-22}$$

由此可见，如果非线性介质是负单轴晶体，为实现第Ⅰ类相位匹配，当 ω_1 和 ω_3 光波都是寻常光时，由式(3.5－21)有

$$n_2=n_{3o}+\frac{\omega_1}{\omega_2}(n_{3o}-n_{1o})>n_{3o} \tag{3.5-23}$$

在正常色散的情况下，这个关系显然不可能成立。如果 ω_1 和 ω_3 光波都是非常光，则有

$$n_2=n_{3e}+\frac{\omega_1}{\omega_2}(n_{3e}-n_{1e})>n_{3e} \tag{3.5-24}$$

当 ω_2光波是寻常光时，有可能 $n_{2o}>n_{3e}$。故对采用负单轴晶体产生的差频过程来说，第Ⅰ类相位匹配方式的光波偏振状态只能是 ω_1和 ω_3光波是非常光、ω_2光波为寻常光。

对于产生远红外波的差频过程来说，$\omega_2\ll\omega_3\approx\omega_1$，近似有 $n_1=n_3=n_{13}$，按式(3.5－20)形式的相位匹配条件，近似有

$$n_2=n_{13} \tag{3.5-25}$$

如果非线性介质仍为负单轴晶体，则同样可以根据式(3.5－21)即可确定满足相位匹配的光波偏振状态。例如，如果 ω_1和 ω_3光波是寻常光，由式(3.5－21)可得

$$n_2\approx n_{3o}=n_{1o} \tag{3.5-26}$$

因为通常用于产生远红外波的晶体具有反常色散，即 $dn/d\omega<0$，所以应有关系：

$$n_{2e}<n_{2o},\quad n_{2o}>n_{3o} \tag{3.5-27}$$

比较式(3.5－26)和式(3.5－27)可以看出，只有 ω_2光波是非常光时，才能满足相位匹配。因此该差频过程应是 ω_1和 ω_3光波为寻常光，ω_2光波为非常光的第Ⅰ类相位匹配方式。

如果利用 CO_2 激光在一个正单轴晶体 $ZnGeP_2$(半导体晶体)中混合产生远红外波，可以利用第Ⅱ类相位匹配[7]。这时 ω_2 和 ω_1 光波是寻常光，ω_3 光波是非常光，产生的 ω_2 频率范围为 70～110 cm^{-1}，相位匹配角 θ_m 的范围为 40°～55°。

对于双轴晶体产生二次谐波的相位匹配来说，寻找匹配方向的方法和单轴晶体一样，也是根据基波和二次谐波的折射率曲面的交点来确定的。文献[8]中讨论了在光学上性能

很好的双轴晶体的相位匹配的情况。这里所说的光学上性能很好，是指晶体折射率椭球主轴方向不随频率变化，有小的正常色散，并且在基频和二次谐波频率之间的色散近似相等。在双轴晶体中，折射率需利用方程[9]

$$\frac{\sin^2\theta\cos^2\varphi}{n^{-2}-n_x^{-2}}+\frac{\sin^2\theta\sin^2\varphi}{n^{-2}-n_y^{-2}}+\frac{\cos^2\theta}{n^{-2}-n_z^{-2}}=0 \tag{3.5-28}$$

并借助计算机进行计算，得出相位匹配的轨迹。式中，n_x、n_y、n_z 是晶体的三个主折射率，并规定 $n_x<n_y<n_z$。给定相位匹配类型的相位匹配方向不仅与 θ 有关，而且与方位角 φ 有关。图 3.5-6 示出了文献[8]中给出的具有 $n_{2z}>n_{1z}$，$n_{2y}>n_{1y}$，$n_{2x}>n_{1x}$ 以及 $n_{2x}>(n_{1x}+n_{1y})/2$，$n_{2y}<(n_{1y}+n_{1z})/2$ 的双轴晶体，第Ⅰ类和第Ⅱ类相位匹配的方向。第Ⅰ类相位匹配方向在围绕光轴的锥面内；第Ⅱ类相位匹配方向在围绕光轴和 z 轴的锥面内。图 3.5-6 中右上角示出的是相位匹配方向在 x-z 平面内的轨迹。

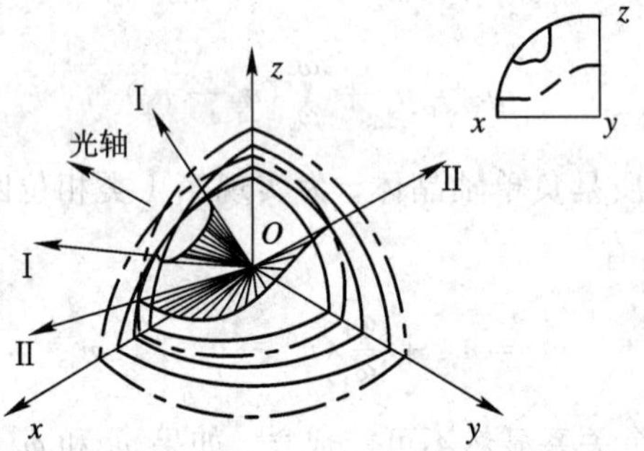

图 3.5-6　双轴晶体相位匹配方向示意图

② 非共线相位匹配。利用晶体的双折射特性实现共线相位匹配普遍地应用于可见光和近红外区域的二次谐波产生及和频、差频等过程，只有比较少的双折射晶体适合于远红外差频的产生。但有一些立方晶系的非线性半导体如 InSb、GaAs、CdTe 等，可以利用 CO_2 激光产生远红外差频。不过因为这些晶体是立方晶体，缺乏双折射，因此必须采用其它的相位匹配方式，例如非共线相位匹配方式就是其中一种。

对于非共线相位匹配，入射在介质上的两束光的传播方向有一夹角，如图 3.5-7 所示。设两束入射光的频率分别为 ω_3 和 ω_1，相应的波矢为 $\boldsymbol{k}_3$ 和 $\boldsymbol{k}_1$，所产生的远红外差频 ω_2 辐射的波矢为 $\boldsymbol{k}_2$，则根据相位匹配条件或动量守恒要求

$$\Delta \boldsymbol{k}=\boldsymbol{k}_2-\boldsymbol{k}_3+\boldsymbol{k}_1=0 \tag{3.5-29}$$

可以证明，如果非线性晶体具有反常色散，即远红外差频 ω_2 辐射的折射率大于二输入光束的折射率，则此二光束的非线性混合可以获得相位匹配的远红外差频的产生。

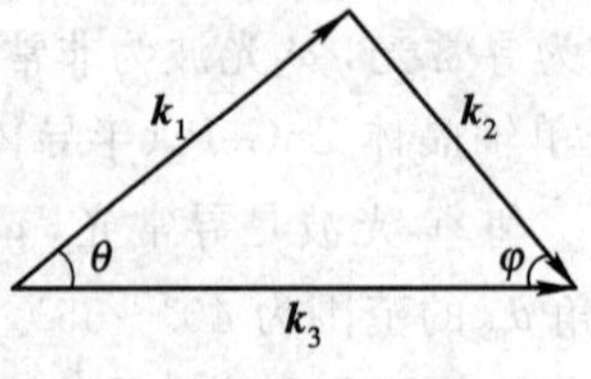

图 3.5-7　非共线相位匹配波矢方向图

根据图 3.5 - 7，有

$$\sin\frac{\theta}{2}=\left[\frac{(n_2\omega_2)^2-(n_3\omega_3-n_1\omega_1)^2}{4n_3n_1\omega_3\omega_1}\right]^{1/2} \tag{3.5 - 30}$$

和

$$\cos\varphi=\left[1+2\frac{\omega_1}{\omega_2}\sin^2\frac{\theta}{2}\right]\left[1+4\frac{\omega_3\omega_1}{\omega_2^2}\sin^2\frac{\theta}{2}\right]^{-1/2} \tag{3.5 - 31}$$

式中，n_1、n_2 和 n_3 分别是频率为 ω_1、ω_2 和 ω_3 辐射的折射率。为简单起见，假定 $n_3=n_1=n_{13}$，$n_2=n_{13}+\Delta n$，则式(3.5 - 30)和式(3.5 - 31)可以写为

$$\sin\theta\approx\theta=\frac{\omega_2}{\sqrt{\omega_3\omega_1}}\left(\frac{2\Delta n}{n_{13}}\right)^{1/2} \tag{3.5 - 32}$$

和

$$\varphi=\left(\frac{2\Delta n}{n}\right)^{1/2} \tag{3.5 - 33}$$

可见，只有当 $\Delta n\geqslant 0$ 时，$\sin\theta$ 才是实数，问题才有意义。所以，只有反常色散的非线性介质才能通过两束光的非线性混合获得非共线相位匹配的远红外差频。

对于二次谐波产生过程来说，在非共线相位匹配时，相位匹配条件的一般表示式为

$$\boldsymbol{k}_1+\boldsymbol{k}_1'=\boldsymbol{k}_2 \tag{3.5 - 34}$$

在具体分析时，必须明确采用什么样的晶体，以及是第Ⅰ类还是第Ⅱ类相位匹配。如果 $\boldsymbol{k}_1$、$\boldsymbol{k}_1'$ 和 $\boldsymbol{k}_2$ 与光轴之间的夹角分别为 θ_1、θ_1' 和 θ_2，则有

$$\left.\begin{aligned}|\boldsymbol{k}_1|\cos\theta_1+|\boldsymbol{k}_1'|\cos\theta_1'&=|\boldsymbol{k}_2|\cos\theta_2\\|\boldsymbol{k}_1|\sin\theta_1+|\boldsymbol{k}_1'|\sin\theta_1'&=|\boldsymbol{k}_2|\sin\theta_2\end{aligned}\right\} \tag{3.5 - 35}$$

现假定所使用的是负单轴晶体，并利用第Ⅰ类相位匹配方式，则波矢 $\boldsymbol{k}_1$ 和 $\boldsymbol{k}_1'$ 基波都应是寻常光，二次谐波是非常光，因而

$$|\boldsymbol{k}_1|=|\boldsymbol{k}_1'|=\frac{n_1\omega_1}{c}=\frac{n_1'\omega_1}{c},\ |\boldsymbol{k}_2|=\frac{n_2(\theta_2)\omega_2}{c}$$

由简单的几何关系可得

$$\theta_2=\frac{1}{2}(\theta_1'+\theta_1) \tag{3.5 - 36}$$

进一步，由式(3.5 - 35)得到

$$n_2(\theta_2)=n_1\cos\frac{1}{2}(\theta_1-\theta'_1) \tag{3.5 - 37}$$

并可表示为

$$\left(\frac{\cos^2\theta_2}{n_{2o}^2}+\frac{\sin^2\theta_2}{n_{2e}^2}\right)^{-1/2}=n_{1o}\cos\frac{1}{2}(\theta_1-\theta_1') \tag{3.5 - 38}$$

因此，给定 θ_1、θ_1' 和 θ_2 中任何一个值，便可由式(3.5 - 36)和式(3.5 - 38)求解出另外两个 θ 值。对于负单轴晶体的第Ⅱ类相位匹配，以及正单轴晶体的第Ⅰ类和第Ⅱ类相位匹配，都可以类似地进行分析。

2) 温度相位匹配——非临界相位匹配

由上所述，角度相位匹配是简易可行的相位匹配方法，在二次谐波产生及其它混频过

程中已被广泛地采用。但是，在应用角度相位匹配时，存在如下问题：

(1) 走离效应。通过调整光传播方向的角度实现相位匹配时，参与非线性作用的光束选取不同的偏振态，就使得有限孔径内的光束间产生分离。例如，在二次谐波产生过程中，当晶体内光传播方向与光轴夹角 $\theta=\theta_m$ 时，寻常光的波法线方向与光线方向一致，而对于非常光，其波法线方向与光线方向不一致，在整个晶体长度中，使得不同偏振态的基波与二次谐波的光线方向逐渐分离，从而使转换效率下降，这就是走离效应。

这里以负单轴晶体第Ⅰ类相位匹配为例来说明。图 3.5-8 表示了 $n_{2e}(\theta)$ 和 n_{1o} 折射率曲面在 $x-z$ 面内的截线，两截线相交于 A。基波(o 光)进入晶体后，沿 OA(即 z 轴)方向传播。二次谐波(e 光)的波矢方向亦是 OA 方向，但其光线方向却沿着 $n_{2e}(\theta)$ 曲线在 A 点处的法线方向——α 角方向传播。α 角称为走离角，且

$$\tan\alpha = \frac{1}{2}(n_o^{\omega})^2[(n_o^{2\omega})^{-2} - (n_e^{2\omega})^{-2}]\sin(2\theta_m) \tag{3.5-39}$$

大多数晶体的走离角 α 在 1°～5°之间。

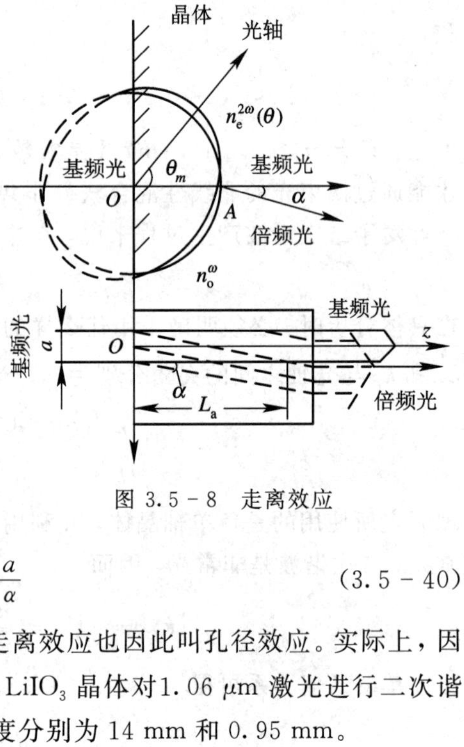

图 3.5-8 走离效应

走离效应使基波在晶体内沿传播方向感应的极化强度不断辐射出的二次谐波始终偏离基波 α 角，所以从晶体射出的二次谐波光斑被“拉长”了(如图 3.5-8 下方所示)。如果基波强度为高斯分布，则二次谐波的光强度只能是准高斯分布，即走离效应使二次谐波功率密度降低。这种降低是因为走离效应使得晶体各部分产生的二次谐波相干叠加的长度缩短了所致。设基波光束直径为 a，则基波和二次谐波光的水平重叠长度为

$$L_a = \frac{a}{\tan\alpha} \approx \frac{a}{\alpha} \tag{3.5-40}$$

显然，a 越小，L_a 愈短，所以把 L_a 叫做孔径长度，走离效应也因此叫孔径效应。实际上，因 α 角很小，一般晶体的 L_a 是比较大的。例如，利用 $LiIO_3$ 晶体对1.06 μm 激光进行二次谐波产生，当 a 为 1 mm 和 70 μm 时，对应的孔径长度分别为 14 mm 和 0.95 mm。

对于第Ⅱ类相位匹配，基波分别为 o 光和 e 光，当它们在空间上完全分离时，就不能产生二次谐波。

(2) 输入光发散引起相位失配。实际光束都不是理想均匀平面波，而是具有一定的发散角。根据傅里叶光学，任一非理想的平面波光束都可视为具有不同方向波矢的均匀平面光波的叠加。而具有不同波矢方向的平面波不可能在同一相位匹配角 θ_m 方向达到相位匹配。为了使发散不致影响二次谐波产生器件的高转换效率，定义一个二次谐波接受角 $\delta\theta$。根据前述相位匹配原理，相位失配是以 $\Delta kL/2$ 表征的，规定在相位匹配角 θ_m 两侧 $\pm\delta\theta$ 范围内，最大失配量限制在 $\Delta kL/2=\pi/2$，即

$$\Delta k = \frac{\pi}{L} \tag{3.5-41}$$

这相应于在小信号近似下转换效率下降到最大值(相位匹配时)的 0.405。对于负单轴晶体

第Ⅰ类相位匹配方式(o+o→e)，$\Delta k=[n_o^{\omega}-n_e^{2\omega}(\theta)]2\omega/c$，将 Δk 在 $\theta\approx\theta_m$处展成台劳级数：

$$\Delta k=\Delta k|_{\theta=\theta_m}+\left.\frac{\partial\Delta k}{\partial\theta}\right|_{\theta=\theta_m}\Delta\theta+\cdots \tag{3.5-42}$$

式中，第一项在 $\theta=\theta_m$ 处为 0。由此，若只计级数的第二项，可求得 Δk 与偏离角 $\Delta\theta(=\theta-\theta_m)$的关系式：

$$\Delta k=\frac{\omega}{c}\sin(2\theta_m)(n_o^{\omega})^3\left[(n_e^{2\omega})^{-2}-(n_o^{2\omega})^{-2}\right]\Delta\theta \tag{3.5-43}$$

对于第Ⅱ类相位匹配方式(e+o→e)，Δk 与偏离角 $\Delta\theta$ 的关系式为

$$\Delta k=\frac{\omega}{c}\sin(2\theta_m)\left\{[n_e^{2\omega}(\theta_m)]^3\left[(n_e^{2\omega})^{-2}-(n_o^{2\omega})^{-2}\right]-\frac{1}{2}[n_e^{\omega}(\theta_m)]^3\left[(n_e^{\omega})^{-2}-(n_o^{\omega})^{-2}\right]\right\}\Delta\theta \tag{3.5-44}$$

根据式(3.5-41)、式(3.5-43)和式(3.5-44)，即可求出偏离角的限制量，即二次谐波接受角 $\delta\theta$，相应的二次谐波相位匹配允许的入射光角宽度(发散角)为 $2\delta\theta$。经常采用的非线性晶体的特性及其接受角，在表3.5-2中列出。

进一步，由式(3.5-43)和式(3.5-44)可以看出，相位失配 Δk 与偏离角 $\Delta\theta$ 成线性关系，所以角度相位匹配对于角度相对 θ_m的变化很敏感。因此，通常称角度相位匹配为临界相位匹配。

(3) 输入光束的谱线宽度引起相位失配。实际上，任何一束光都是具有一定谱线宽度的非理想单色波，由于混频或二次谐波产生过程的相位匹配角随着波长的不同而发生变化，所以同一束光中所有的频率分量不可能在同一个匹配角下达到相位匹配。如果在 $\lambda=\lambda_0$ 中心波长上完全相位匹配，则与(2)相仿，可以将 Δk 在 λ_0附近展成台劳级数，根据式(3.5-41)的最大失配量定义二次谐波接受线宽 $\delta\lambda$。若只计展开级数的第二项，可求得 Δk 与偏离中心波长 λ_0的关系为

$$\Delta k=\frac{\partial(\Delta k)}{\partial\lambda}\Delta\lambda \tag{3.5-45}$$

已知匹配角附近的 $\partial(\Delta k)/\partial\lambda$，就可求出接受线宽 $\delta\lambda$。不同晶体的 $\partial(\Delta k)/\partial\lambda$ 数值有很大差异，接受线宽也就不同。例如，对1.06 μm激光的二次谐波产生，KDP晶体第Ⅰ类相位匹配的 $\partial(\Delta k)/\partial\lambda\approx2.5\times10^{-8}(\text{nm})^{-2}$，而 $LiNbO_3$ 晶体的 $\partial(\Delta k)/\partial\lambda\approx130\times10^{-8}(\text{nm})^{-2}$，所以在晶体长度相同的条件下，KDP晶体接受线宽要比 $LiNbO_3$ 晶体宽得多。

根据上述角度相位匹配的实际问题讨论，我们来看图3.5-9所示的 $LiNbO_3$ 晶体的折射率曲面。如果能够使得相位匹配角 $\theta_m=90°$，即在垂直于光轴的方向上实现相位匹配，则光束走离效应的限制就可以消除，二次谐波接受角 $\delta\theta$ 的限制也可以放宽。此时，基波的寻常光折射率曲面恰好与二次谐波非常光折射率曲面相切。为了实现这种90°匹配角的相位匹配，可以利用有些晶体(如 $LiNbO_3$、KDP等)折射率的双折射量与色散是其温度敏感函数的特点，即 n_e 随温度的改变量比 n_o 随温度的改变量大得多，通过适当调节晶体的温度，可实现 $\theta_m=90°$的相位匹配(见图3.5-10)。由于这种相位匹配方式是通过调节温度实现的，所以称为温度相位匹配。又由于温度相位匹配对角度的偏离不甚敏感，所以又叫做非临界相位匹配。某些晶体相位匹配温度 T_m 的大小，也列于表3.5-2中。

表 3.5－2 常用非线性晶体的特性

晶体	对称类型	透明波段 /μm	折射率(20℃)			非线性系数 /(pm/V)	破坏阈值			线性吸收系数		倍频基波波长 /μm	匹配角 /(°)	匹配形式	匹配温度 /℃	接受温度 $2\delta TL$ /℃·cm	接受角 $2\delta\theta L$ /mrad·cm
			波长 /μm	n_o	n_e		波长 /μm	τ_p /ns	I /(GW/cm²)	波长 /μm	α /cm^{-1}						
KH_2PO_4 (KDP)	$\bar{4}2m$	0.2～1.5	0.347	1.54	1.49	$d_{36}=0.43(1.06\mu m)$	0.6943	20	0.4	0.78	0.024	1.06	41(Ⅰ) 59(Ⅱ)	Ⅰ,Ⅱ	23	3.5	1.0
			0.53	1.51	1.47		0.53	0.2	17	0.89	0.015	0.946			23		
			0.694	1.51	1.47		1.06	0.2	23	1.06	0.03	0.53	47	Ⅰ	23		
			1.06	1.49	1.46							0.6943	50.6	Ⅰ			
												0.5145	90	Ⅰ	−13.7		
												0.56～0.77	66～45	Ⅰ			
KD_2PO_4 (KD* P)	$\bar{4}2m$	0.2～1.5	0.347	1.53	1.49	$d_{36}=0.40(1.06\mu m)$	1.06	10	0.5	0.53	0.005	1.06	37	Ⅰ	20	6.7	1.7
			0.53	1.51	1.47		1.06	0.25	6	1.06	0.005	1.06	53.5	Ⅱ	23		
			0.694	1.50	1.48							0.532	90	Ⅰ	40.6		
			1.06	1.49	1.46							0.6943	52	Ⅰ	25		
$NH_4H_2PO_4$ (ADP)	$\bar{4}2m$	0.2～1.5	0.265	1.59	1.54	$d_{36}=0.53(1.06\mu m)$	1.06	60	0.5	0.79	0.03	1.06	42	Ⅰ	23	0.8	32
			0.347	1.55	1.50					0.86	0.038	0.53	90	Ⅰ	50		
			0.53	1.53	1.48					1.06	0.1	0.6943	62	Ⅰ	23		
			0.694	1.52	1.48							0.56～0.63	70～85	Ⅰ	20		
			1.06	1.51	1.47							0.4965	90	Ⅰ	−93.2		
												0.5017	90	Ⅰ	−68.4		
												0.5145	90	Ⅰ	−10.2		
CsH_2AsO_4 (CDA)	$\bar{4}2m$	0.26～1.43	0.347	1.60	1.57	$d_{36}=0.40\mu m$ $(1.06\mu m)$	0.53	10	0.6	1.06	0.04	1.06	90	Ⅰ	31～63	5.8	70
			0.532	1.57	1.55		1.06	10	0.5			1.06	83.5～87	Ⅰ	20		
			0.694	1.56	1.54		1.06	0.007	>4			1.06	90	Ⅰ	46		
			1.064	1.55	1.53												

续表 1

晶　体	对称类型	透明波段 /μm	折射率(20℃) 波长 /μm	n_o	n_e	非线性系数 /(pm/V)	破坏阈值 波长 /μm	τ_p /ns	I /(GW/cm^2)	线性吸收系数 波长 /μm	α /cm^{-1}	倍频基波波长 /μm	匹配角 /(°)	匹配形式	匹配温度 /℃	接受温度 $2\delta TL$ /℃·cm	接受角 $2\delta\theta L$ /mrad·cm
			0.347	1.59	1.57		1.06	12	>0.26	1.06	0.02	1.06	90	Ⅰ	~100		
CsD_2AsO_4 (CD* A)	$\bar{4}2m$	0.27~1.66	0.532	1.57	1.55	d_{36}=0.40(1.06μm)						1.06	79	Ⅰ	>23	6	70
			0.694	1.56	1.54												
			1.06	1.55	1.53												
			0.347	1.53	1.50		0.6943	10	0.2	0.3545	0.015	0.6943	67	Ⅰ	20		
			0.532	1.51	1.48		1.06	12	>0.3	0.5321	0.01	1.064	50.6	Ⅰ,Ⅱ	20		
RbH_2PO_4 (RDP)	$\bar{4}2m$	0.22~1.4				d_{36}=0.40(1.06μm)							(Ⅰ),	Ⅰ			
			0.694	1.50	1.47					1.064	0.04	0.6276~	83(Ⅱ)		20~98		
			1.034	1.50	1.47							0.6370	90				
			0.347	1.60	1.55		0.694	10	0.35	0.3547	0.05	0.6943	80	Ⅰ	20		
RbH_2AsO_4 (RDA)	$\bar{4}2m$	0.26~1.46	0.694	1.55	1.50	d_{36}=0.39(0.6943μm)				0.5321	0.03	0.6943	90	Ⅰ	96.5	3.3	40
										1.064	0.35	1.064	80	Ⅰ	25		
			0.347	1.98	1.82		0.347	10	0.05	0.347	0.3	0.6943	52	Ⅰ	23		
$LiIO_3$	6	0.31~5.5	0.532	1.90	1.75	d_{15}=5.53(1.06μm)	0.53	15	0.04	1.03	0.06	1.06	29.4	Ⅰ			0.6
			0.694	1.88	1.73		0.53	0.015	7								
			1.064	1.86	1.72		1.06	20	0.06								
			0.53	2.33	2.23		0.53	15	0.01	0.8~	0.08	1.15	90	Ⅰ	169~		
										2.6					281		
			0.694	2.28	2.19	d_{15}=5.45(1.06μm)	0.53	0.007	>10			1.064	90	Ⅰ	−8		
$LiNbO_3$	3m	0.4~5				d_{22}=2.76(1.06μm)									~165	0.6	50
			1.06	2.23	2.16		1.06	30	0.12								
							1.06	0.006	>10								

续表 2

晶体	对称类型	透明波段 /μm	折射率(20℃)			非线性系数 /(pm/V)	破坏阈值			线性吸收系数		倍频基波波长 /μm	匹配角 /(°)	匹配形式	匹配温度 /℃	接受温度 $2\delta TL$ /℃·cm	接受角 $2\delta\theta L$ /mrad·cm
			波长 /μm	n_o	n_e		波长 /μm	τ_p /ns	I /(GW/cm^2)	波长 /μm	α /cm^{-1}						
Ag_3AsS_3	3m	0.6～13	0.694	2.96	2.69		0.694	14	0.003	0.694	0.2	10.6	22.5	Ⅰ			
			1.06	2.82	2.58	d_{15}=11.3(10.6μm)	1.06	18	0.02	1.06	0.1						
			10.6	2.70	2.50	d_{22}=18.0(10.6μm)	10.6	220	0.05	9.2	0.29	2.06					
										10.6	0.45	2.7～2.9					
Ag_3SbS_3	3m	0.7～14	1.06	2.86	2.67	d_{15}=8.38(10.6μm)	1.06	17.5	0.02	10.6	0.5	10.6	24～30	Ⅰ			
			10.6	2.73	2.61	d_{22}=9.22(10.6μm)	10.6	200	0.05	0.75～13.5	<1						
$AgGaS_2$	$\bar{4}2m$	0.5～13	0.53	2.65	2.62		0.59	500	0.002	0.6～12	<0.09	10.6	67.5	Ⅰ			
			0.694	2.52	2.47	d_{36}=13.4(10.6μm)	0.625	500	0.003			3.39	33	Ⅰ			
			1.06	2.45	2.40		0.6943	10	0.02								
			5.3	2.39	2.34		1.06	35	0.025								
			10.6	2.34	2.29		10.6	200	0.025								
AgGaSe	$\bar{4}2m$	0.71～18	1.06	2.7	2.68		10.6	200	>0.002			10.6	57.5	Ⅱ	98		
			5.3	2.61	2.58	d_{36}=33.1(10.6μm)											
			10.6	2.59	2.56												
$ZnGeP_2$	$\bar{4}2m$	0.74～12	1.06	3.23	3.23		1.06	30	0.003	1	3						
			5.3	3.11	3.15	d_{36}=75.4(10.6μm)				3.5	0.4						
			10.6	3.07	3.11					10.6	0.9						
$CdGeAs_2$	$\bar{4}2m$	2.4～18	5.3	3.53	3.62		10.6	160	0.04	9～11	0.23	10.6	52(Ⅱ)	Ⅱ	23		
			10.6	3.50	3.59	d_{36}=234(10.6μm)				2.4～9	>0.23	10.6	35(Ⅰ)	Ⅰ	−196		
										11～18	>0.23						

续表 3

晶 体	对称类型	透明波段 /μm	折射率(20℃) 波长 /μm	n_o	n_e	非线性系数 /(pm/V)	破坏阈值 波长 /μm	τ_p /ns	I /(GW/cm²)	线性吸收系数 波长 /μm	α /cm⁻¹	倍频基波 波长 /μm	匹配角 /(°)	匹配形式	匹配温度 /℃	接受温度 $2\delta TL$ /℃·cm	接受角 $2\delta\theta L$ /mrad·cm
GaSe	$\bar{6}2m$	0.65～18	0.694	2.98	2.72	$d_{22}=54.5(10.6\mu m)$	0.694	25	0.02	0.7	<0.3	10.6	12.6				
			1.06	2.91	2.57		1.06	10	0.035	1.06	<0.25	5.3	10.2				
			5.3	2.83	2.46							2.36	18.6				
			10.6	2.81	2.44												
CdSe	6mm	0.75～20	1.06	2.54	2.56	$d_{15}=18.0(10.6\mu m)$	1.833	300	0.03	4	0.04						
			2.36	2.46	2.48		2.36	30	0.05	10.6	0.016						
			10.6	2.43	2.44					16	0.72						
HgS	32	0.63～13.5	0.694	2.83	3.15	$d_{11}=50.3(10.6\mu m)$	1.06	17	0.04	0.63	1.7	10.6	20.8	Ⅰ	23		
			1.06	2.70	2.99					0.67	1.4						
			5.3	2.63	2.88					5.3	0.032						
			10.6	2.60	2.85					10.6	0.073						
Se	32	0.7～21	1.06	2.79	3.61	$d_{11}=96.3(10.6\mu m)$				5.3	1.4	10.6	5.5	Ⅰ	23		
			10.6	2.64	3.48	$d_{11}=184(28\mu m)$				10.6	1.09						
Te	32	3.8～32	5.3	4.86	6.30	$d_{11}=649(10.6\mu m)$	10.6	190	0.045	5.3	1.32	10.6	14(Ⅰ)	Ⅰ,Ⅱ	23		
			10.6	4.80	6.25	$d_{11}=574(28\mu m)$				10.6	0.96	10.2	20(Ⅱ)		23		
			14	4.78	6.23												
			28	4.71	6.18												
β-BaB_2O_4	3	0.19～3	1.064	1.66	1.54	$d_{11}=1.78(1.079\mu m)$	1.064	7.5	2			1.064	21	Ⅰ	23		1.2
		0.19～3	0.532	1.67	1.55	$d_{22}=0.13(1.079\mu m)$	0.6943	0.02	10			0.6943	35	Ⅰ	23		
			0.3547	1.70	1.58	$d_{31}=0.13(1.079\mu m)$						0.532	48	Ⅰ	23		
			0.2660	1.78	1.62												

续表 4

晶体	对称类型	透明波段 /μm	折射率(20℃) 波长/μm	n_o / n_x	n_y	n_e / n_z	非线性系数 /(pm/V)	破坏阈值 波长/μm	破坏阈值 τ_p /ns	破坏阈值 I /(GW/cm^2)	线性吸收系数 波长/μm	线性吸收系数 α /cm^{-1}	倍频基波波长 /μm	匹配角 /(°)	匹配形式	匹配温度 /℃	接受温度 $2\delta TL$ /℃·cm	接受角 $2\delta\theta L$ /mrad·cm
$(NH_2)_2CO$ (Urea)	$\bar{4}2m$	0.21 ~1.4	1.064 0.532 0.3547 0.266	1.48 1.49 1.52 1.56		1.58 1.60 1.62 1.67	$d_{36}=1.4(0.476\mu m)$	1.064 0.532		5 3			0.532 0.694	58.4 57.6	Ⅰ Ⅱ	23 23		
以下为 双轴晶体			波长(μm)	n_x	n_y	n_z												
$KTiOPO_4$ (KTP)	$mm2$	0.35 ~4.0	0.5 1.0 1.5	1.787 1.740 1.725	1.797 1.749 1.736	1.898 1.831 1.818	$d_{31}\sim5.8$ $d_{24}\sim6.8$ $d_{32}\sim4.5$ $d_{33}\sim12$ $d_{15}\sim5.4(1.06\mu m)$	1.06	20	0.16	1.03 0.53	~0.01 ~0.01	1.06 1.06		Ⅰ Ⅱ	23 23	>50 >50	50 50
C_6H_4 (NH_2) (NO_2) (mNA)	$mm2$	0.53 ~1.45	0.450 0.546 0.590 0.656 1.06	— 1.705 1.685 1.67 1.61	— 1.740 1.725 1.71 1.65	1.875 1.870 — 1.86 1.85	$d_{31}=d_{15}=37$ $d_{32}=d_{24}=1$ $d_{33}=37$	1.06	25	>0.2	1.06 0.53	1.2~5	1.06 1.06		Ⅰ Ⅱ	23 23		
Ba_2Na Nb_5O_{15} (BSN)	$mm2$	0.38 ~6.0	0.4579 0.4880 0.5017 0.532 1.064	2.428 2.399 2.388 2.367 2.258	2.427 2.397 2.386 2.366 2.257	2.293 2.273 2.265 2.250 2.170	$d_{15}=d_{31}=d_{32}=13.1$ $d_{24}=12.4$ $d_{33}=18$	1.06		0.04	1.06	~0.01	1.064	90($\varphi=0$)	Ⅰ	~100	0.6	50
HIO_3	222	0.3 ~1.6	0.532 1.064	1.855 1.813	1.983 1.928	2.012 1.951	$d_{14}=4.5$		0.6943	1			1.064 1.064	41.5 ($\varphi=0$) 60.0 ($\varphi=0$) 24($\varphi=0$) 38($\varphi=90$)	Ⅰ Ⅰ Ⅱ Ⅱ			

注：将 d_{SI}乘以$\frac{3}{4\pi}\times10^4$ 就可转换为 d_{esu}。

利用与前述类似的方法，可以推导出温度相位匹配时允许的温度宽度。对于负单轴晶体第一类相位匹配，其值为

$$\delta T \approx \left(\frac{\pi c}{\omega L}\right)\left|\frac{\partial}{\partial T}[n_o(\omega)-n_e(2\omega,\ \theta_m)]\right|^{-1} \tag{3.5-46}$$

对于第Ⅱ类相位匹配，其值为

$$\delta T \approx \left(\frac{2\pi c}{\omega L}\right)\left|\frac{\partial}{\partial T}[n_e(\omega,\ \theta_m)+n_o(\omega)-n_e(2\omega,\ \theta_m)]\right|^{-1} \tag{3.5-47}$$

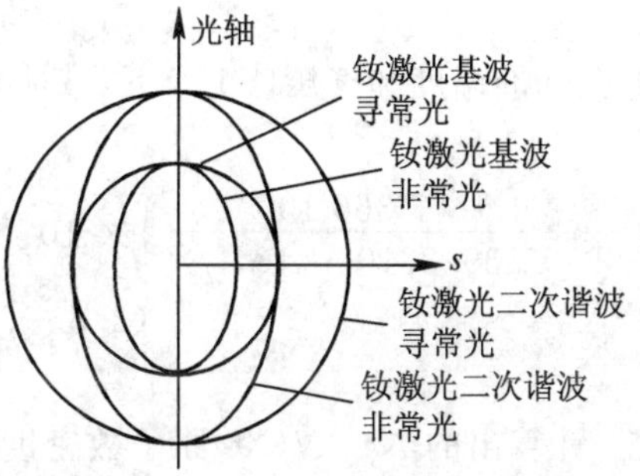

图 3.5-9　90°相位匹配时的折射率曲面

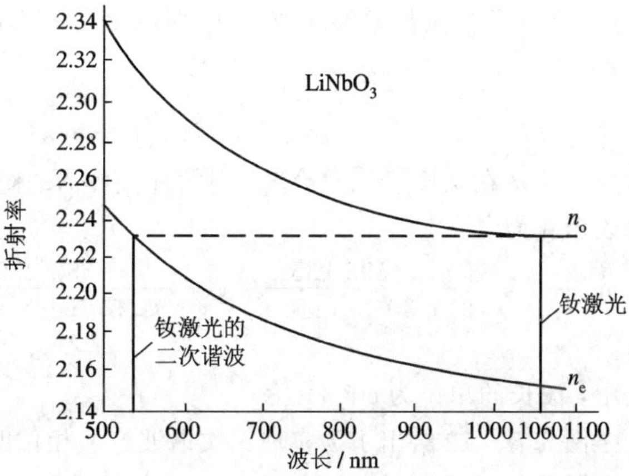

图 3.5-10　$LiNbO_3$ 晶体在匹配温度下的色散曲线

2. 气态工作物质中的相位匹配

在实际的非线性光学过程中，有时采用碱金属蒸气作为非线性介质。这是因为碱金属蒸气能提供合适的能级，使所用激光频率满足三阶非线性极化率共振增强的要求，从而可大大提高非线性过程的效率。在这种情况下，可以利用附加缓冲气体来达到相位匹配的目的。

图 3.5-11 示出了铷(Rb)蒸气中，1.06 μm 三次谐波产生过程的相位匹配原理。由该图可见，基波(1.06 μm)和三次谐波(0.35 μm)处在铷蒸气的反常色散区(相应于 5s-5p 跃迁)的两侧，因而 $\Delta k=k_3-3k_1<0$，是负值。为了实现相位匹配，可充入具有正常色散的惰性气体氙(Xe)。只要充入氙气的压强足够高，调节混合气体相应波长的折射率，使得 $\Delta k=k_3-3k_1=3\omega_1(n_3-n_1)/c=0$，就可达到相位匹配的要求。

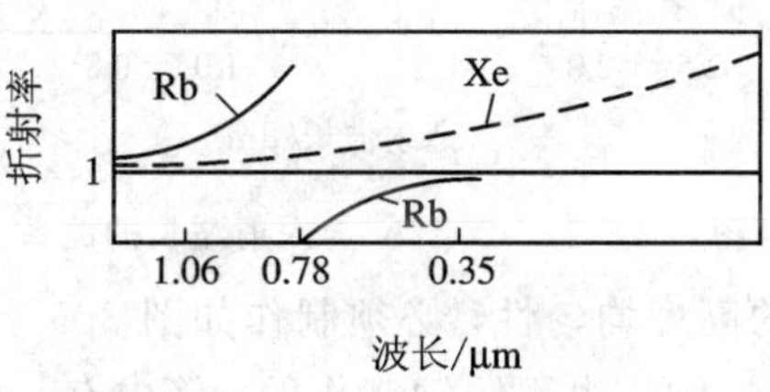

图 3.5-11　铷和氙的色散曲线

为了计算所需要的缓冲气体对碱金属蒸气的压强比，必须知道其折射率与波长的关系。碱金属蒸气的折射率由塞尔迈耶尔(Sellmaier)方程给出[10]

$$n(\lambda)-1=\frac{Ne^2}{8\pi^2mc^2\varepsilon_0}\sum_{i,j}\frac{\overline{\rho(i)}f_{ij}}{\dfrac{1}{\lambda_{ij}^2}-\dfrac{1}{\lambda^2}}=\frac{Nr_e}{2\pi}\sum_{i,j}\frac{\overline{\rho(i)}f_{ij}}{\dfrac{1}{\lambda_{ij}^2}-\dfrac{1}{\lambda^2}} \tag{3.5-48}$$

式中，N 是原子数密度，r_e 是经典电子半径（2.8×10^{-15} m），f_{ij}是从能级 i 到能级 j、波长为 λ_{ij}的跃迁的振子强度，$\overline{\rho(i)}$是能级 i 的集居数百分数。蒸气的原子数密度 N 与蒸气压 P 的关系是

$$N=9.66084\times10^{24}\frac{P}{T}\quad(\text{原子数}/\text{m}^3) \tag{3.5-49}$$

其中，P 的单位是托（133.322 Pa）。对碱金属来说，在压强大约为 1 托时，蒸气压 P 可近似表示为

$$P=\mathrm{e}^{\left(-\frac{a}{T}+d\right)} \tag{3.5-50}$$

常数 a 和 d 在文献[10]中给出。对缓冲气体 Xe 来说，在标准温度和气压（STP）下，其折射率表示式为[11]

$$n_{\mathrm{Xe}}-1\approx\left\{\frac{393\,235}{46.3012-10^{-8}/\lambda^2}+\frac{393\,235}{59.5779-10^{-8}/\lambda^2}+\frac{7\,366\,100}{139.8310-10^{-8}/\lambda^2}\right\}\times10^{-8} \tag{3.5-51}$$

式中，波长的单位为 cm。

图 3.5－12 给出了为实现三次谐波产生相位匹配，计算出的 N_{Xe}/N（Xe 原子数密度与碱金属蒸气原子数密度之比）与入射波长的关系。

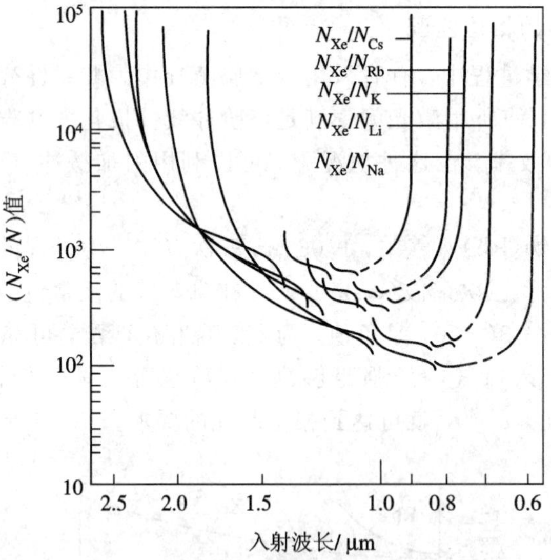

图 3.5－12 N_{Xe}/N 与入射波长的关系

为了保持气体混合物的高度均匀性，必须制作如图 3.5－13 所示的特殊的管状加热炉——热管炉。通常热管炉主体是由不锈钢制作的，管内有一个芯子，用几圈不锈钢网做成。开始，一定量的金属位于管子的中央部分，并将缓冲气体引入管内，使其压强等于工作时的压强（即与工作时所要求的金属蒸气压强相对应的压强）。然后将管子的中央部分加热，金属被熔化。当进一步加热时，金属蒸气便充满整个管子。冷却环放在加热器和窗口

之间，可以保证金属蒸气在这里被冷却，并通过毛细管作用从管芯流向中央加热区，从而使窗口免受金属玷污。

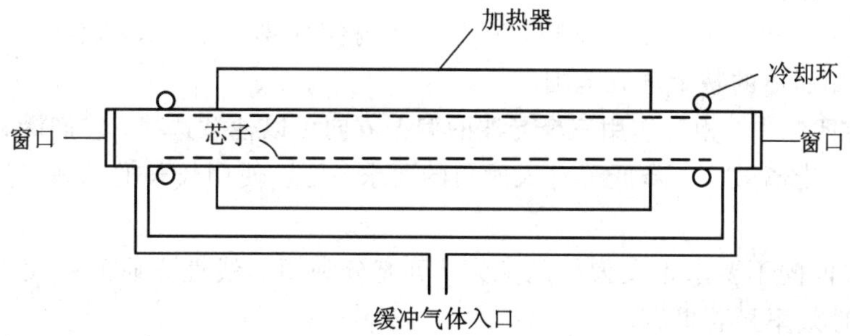

图 3.5-13 热管炉示意图

气体介质中实现相位匹配的另一种方法是在反常色散区域附近选择相互作用频率。由于在这种方法中只使用一种气体，就避免了要求气体混合物具有高度均匀性的问题，以及压力增宽引起的附加吸收。皮约克仑(Bjorklund)等人指出[12]，这种相位匹配方法可以用于和频和差频产生，而且在红外到真空紫外这样宽的光谱范围内都可以达到相位匹配。例如，对于四波混频过程 $\omega_4=\omega_1+\omega_2+\omega_3$，为了使非线性极化率比较大，可以选择两个输入频率 ω_1 和 ω_2，使 $\omega_1+\omega_2$ 与基态 $|g\rangle$和同宇称的$|f\rangle$态之间的双光子跃迁($\hbar\omega_{fg}$)精确共振；第三个输入频率 ω_3 的选择，由该过程应产生所需要的频率 $\omega_4=\omega_1+\omega_2+\omega_3$ 确定。相位匹配要求 $n_4\omega_4=n_1\omega_1+n_2\omega_2+n_3\omega_3$，对于每个频率可以假定其折射率的贡献主要来自于基态和反宇称的单一中间态之间的允许跃迁。这种简单的三能级模型的假定，对于很多双光子共振四波混频过程都是合适的。因此，由产生频率 ω_4 及$\omega_1+\omega_2$ 等于 ω_{fg}的要求，ω_3 将被确定；为了实现相位匹配，ω_2 应调整到一个特殊值，从而 ω_1 也就被完全确定了。

3.5.3 准相位匹配(QPM)

1. 准相位匹配概述

前面已经指出，为了有效地利用非线性材料进行诸如二次谐波产生、和频和差频等混频过程，必须满足相位匹配条件。目前人们广泛采用的角度相位匹配方法，是利用晶体的双折射特性补偿其色散效应。这种方法受到了光波的波矢方向和偏振方向要求的限制，只能在特定的晶体上实现固定波长的相位匹配。近年来，随着光电子制造技术的发展，人们又发展起了另外一种可以获得高效非线性光学混频过程的准相位匹配技术。

实际上，早在 1962 年诺贝尔物理奖得主 N. Bloembergen 等人[13]就已提出，利用非线性极化率的周期跃变可以实现非线性光学频率转换效率的增强，这就是准相位匹配的概念。但是，由于当时加工制作工艺落后，无法制造出准相位匹配所需的晶体，因此在相当的一段时间内，准相位匹配仅仅停留在理论阶段，没有得到实用。20 世纪 90 年代以来，随着周期极化晶体(例如 PPLN、PPLT、PPKTP 晶体等)制作工艺的成熟，特别是外加电场极化法的成熟，准相位匹配技术进入了各种应用领域。例如该技术已用于获得绿光、蓝光和紫光输出，可将半导体激光器的红光变为蓝光，可实现红光输出的光参量振荡器。

与双折射角度相位匹配相比，准相位匹配是利用非线性介质光学性质的周期性分布补偿相位失配的[3]，这种准相位匹配方式对于非线性介质中的耦合光波没有波矢方向和偏振方向的限制，只需要选择介质合适的周期性结构。具体来说，其优点如下：

① 准相位匹配是通过周期极化结构来获得有效能量转换的，与材料的内在特性无关，晶体可以没有或有很小的双折射效应，对透光区内任意波长的光波都不存在匹配的限制，理论上能够利用晶体的整个透光范围。

② 准相位匹配中，相互作用三个光波的偏振方向可以任意选择，它们沿着同一晶轴方向传播，不存在走离效应，降低了对入射角的要求，可以使用较长的晶体，获得较大的转换效率。

③ 准相位匹配不要求正交偏振的光束，可充分利用非线性介质的最大非线性光学系数，使得非线性效率显著提高。

④ 准相位匹配通过选择适当的极化周期，能够在任意工作点实现非临界相位匹配，对基波光束发散角和晶体调整角的要求降低，且有较高的效率。

⑤ 准相位匹配中，只需设计出各种不同周期的畴反转，通过调谐极化周期、泵浦波长和晶体温度，就可简单地实现输出波长调谐。

正是由于上述优点，准相位匹配技术已成为当前非线性光学领域中的一个研究热点。

2. 准相位匹配原理

这里，以二次谐波产生过程为例说明准相位匹配原理。如前所述，非线性介质中的二次谐波辐射强度为

$$I_{2\omega} \propto z^2 \frac{\sin^2(\Delta kz/2)}{(\Delta kz/2)^2} \tag{3.5-52}$$

可见，相位匹配时，$\Delta k=0$，$I_{2\omega}\propto z^2$，二次谐波强度的变化规律如图 3.5-14 中的相应曲线所示，随着 z 的增大，光强呈二次方关系递增；相位失配时，$\Delta k\neq 0$，$I_{2\omega}\propto \sin^2(\Delta kz/2)$：在相干长度 L_c 内，由于基波能量向二次谐波的耦合转换，二次谐波强度呈增强趋势，而当 $L_c<z<2L_c$ 时，二次谐波强度呈下降趋势，此时实际上是所产生的二次谐波能量向基波耦合，并依次周而复始。相位失配时，二次谐波转换效率非常低。

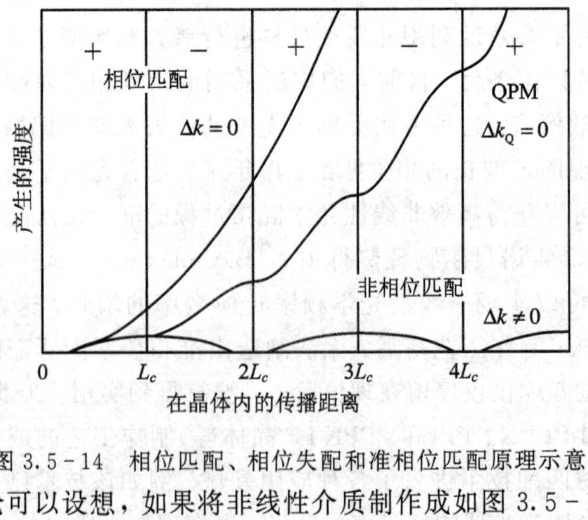

图 3.5-14　相位匹配、相位失配和准相位匹配原理示意图

根据上面的讨论可以设想，如果将非线性介质制作成如图 3.5-15 所示的以 $2L_c$(或其奇数倍)为周期、周期性地改变晶体铁电畴自发极化方向的结构，就可以保证在每个相干

长度内，均使能流从基波耦合到二次谐波，补偿了相位失配。在这种对晶体铁电畴自发极化方向进行的周期性调制中，相邻两薄片铁电畴自发极化方向的反向，等效于其 xyz 坐标系的 x 轴旋转 180°，因而与奇数阶张量相联系的铁电畴的物理性质，如由二次非线性极化率引起的倍频效应、线性电光效应等都是同值。这类周期极化的晶体，其物理性质不再是常数，而是周期性函数。

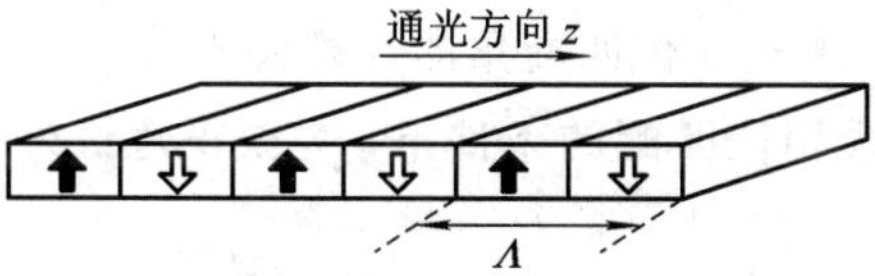

图 3.5 - 15　周期极化晶体结构

上述周期极化晶体中的非线性光学混频过程，在光波的传播方向上，允许其光波波矢有一定的失配，但是这个失配可以通过周期调制的介电晶体的倒格矢(或周期波矢) $K_m = m2\pi/\Lambda$(m 为奇数)进行补偿，其相位失配量为

$$\Delta k_Q = 2k_1 - k_2 - K_m \tag{3.5 - 53}$$

只要相位失配量 $\Delta k_Q = 0$，即可实现准相位匹配。在准相位匹配时，晶体的极化周期满足

$$\Lambda = \frac{m \cdot 2\pi}{2k_1 - k_2} \quad (m\text{ 为奇数}) \tag{3.5 - 54}$$

利用二次谐波产生过程相干长度的表示式(3.5 - 5)，可得

$$\Lambda = 2mL_c \quad (m\text{ 为奇数}) \tag{3.5 - 55}$$

所以，利用图 3.5 - 15 所示周期极化晶体可以实现准相位匹配。

图 3.5 - 14 给出了准相位匹配二次谐波产生光强度随传播距离的变化示意图。尽管晶体有一定的相位失配，但因可以选择晶体大的非线性系数，晶体长度可以较长，所以实际的频率转换效率可以比双折射角度相位匹配大许多。

习　题

3 - 1　证明单轴晶体中，单位波矢为 $\boldsymbol{k}$ 的非常光的光线传播方向 $\boldsymbol{t}$ 为

$$\boldsymbol{t} = \frac{\boldsymbol{\varepsilon} \cdot \boldsymbol{k}}{[\boldsymbol{k} \cdot \boldsymbol{\varepsilon} \cdot \boldsymbol{\varepsilon} \cdot \boldsymbol{k}]^{1/2}}$$

并证明，在这种情况下波矢方向与光线方向的夹角为

$$\tan\alpha = \frac{1}{2}[n_e(\theta)]^2 \sin 2\theta \left(\frac{1}{\varepsilon_\perp} - \frac{1}{\varepsilon_{/\!/}}\right)$$

3 - 2　导出双轴晶体中，任意波矢 $\boldsymbol{k}$ 方向上的折射率表示式和式(3.1 - 41)。

3 - 3　由折射率椭球公式导出双轴晶体中，相应于波矢 $\boldsymbol{k}$ 在 yOz 平面内的两个传播模的折射率分别为

$$n_1 = \left[\frac{\sin^2\theta}{\varepsilon_{zz}} + \frac{\cos^2\theta}{\varepsilon_{xx}}\right]^{-1/2}$$

$$n_2 = (\varepsilon_{xx})^{1/2}$$

式中，θ 为 $\boldsymbol{k}$ 与二光轴间的等夹角值。

3-4 证明式(3.2-6)：

$$\boldsymbol{E} \cdot \varepsilon' \cdot \boldsymbol{E}' = \boldsymbol{E}' \cdot \varepsilon' \cdot \boldsymbol{E}$$

3-5 推导一般情况下的耦合波方程(3.3-26)。

3-6 推导 $\langle U^{(2)} \rangle$、$\langle U^{(3)} \rangle$ 表示式。

3-7 推导单轴晶体第Ⅱ类相位匹配角的计算公式。

3-8 试证明在非共线相位匹配的条件下，为获得远红外差频光(ω_1、$\omega_2 \gg \omega_3$)，晶体必须具有反常色散特性。

3-9 分析负单轴晶体中，在正常色散情况下，满足第Ⅰ、Ⅱ类相位匹配条件的和频过程($\omega_1+\omega_2=\omega_3$)各光波的偏振状态。

3-10 分析正单轴晶体中，在反常色散的情况下，满足第Ⅰ、Ⅱ类相位匹配条件的和频过程($\omega_1+\omega_2=\omega_3$)各光波的偏振状态。

3-11 在倍频过程中，利用正单轴晶体实现第Ⅱ类相位匹配时，试确定 $\boldsymbol{k}_1$、$\boldsymbol{k}_1'$、$\boldsymbol{k}_2$ 与光轴间的夹角。

参考文献

[1] 过巳吉. 非线性光学. 西安：西北电讯工程学院出版社，1986

[2] 石顺祥，王学恩，刘劲松. 物理光学与应用光学. 2版. 西安：西安电子科技大学出版社，2008

[3] 石顺祥，刘继芳，孙艳玲. 光的电磁理论：光波的传播与控制. 西安：西安电子科技大学出版社，2006

[4] Nilson D F. Electric, Optic. & Acoustic Interactions in Dielectrics. John Wiley & Sons, Inc., 1979, 168

[5] Hanna D C, et al. Nonliear Optics of Free Atoms and Molecrles. New York: Springer-Verlag Berlin Heidelberg, 1979, 88

[6] Shen Y R. The Principles of Nonlinear Optics. John Wiley & Sons, Inc., 1984

[7] Shen Y R. Nonlinear Infrared Generation. New York: Springer-Verlag Berlin Heidelberg, 1977, 33

[8] Hobden M V. Phase-Matched Second Harmonic Generation in Biaxial Crystals. J. Appl. Phys, 1967, 38(11): 4365

[9] Born M and Wolf E. Principles of Optics. Pergaman Press, 1959, 678

[10] Hanna D C, et al. Nonliear Optics of Free Atoms and Molecrles. New York: Springer-Verlag Berlin Heidelery, 1979, 146

[11] Miles P B and Harris S E. Optical Third: Harnomic Generation in Alkali Metal

Vapors. IEEE J. QE，1973，QE－9(4)

[12] Bjorklund G C，et al. Appl. Plays. Lett.，1976，29(470)；1977，31(330)

[13] Armstong J A，Bloembergen N，et al. Interaction between light wave in a nonlinear dielectric. Phys. Rev.，1962，127：1918-1939

第4章 二阶非线性光学效应

前面几章我们讨论了光与介质相互作用的基本理论，给出了描述介质对光场响应的基本参量和介质辐射光场的基本方程。下面两章，我们将介绍一些重要的稳态二阶、三阶非线性光学效应，给出利用上述非线性光学基础理论分析这些非线性光学效应的基本方法。

在这一章，我们主要讨论二阶非线性光学效应[1]：线性电光效应、光整流效应、和频和差频产生、二次谐波产生、参量变换、参量放大与振荡等。应当指出的是，这一章所讨论的介质都是没有反演对称的介质，而且为简单起见，假定所讨论的效应都远离共振区。因此，$\chi^{(1)}$和$\chi^{(2)}$都是实数，具有完全对易对称性和时间反演对称性。

4.1 线性电光效应

线性电光效应也叫普克尔(Pockler)效应。当没有反演中心的晶体受到直流电场或低频电场作用时，其折射率发生与外加电场成线性关系的变化。应当指出的是，这里所说的低频电场是与光频比较而言，所以微波频率也包括在内。

线性电光效应是一种特殊的二阶非线性光学效应。在这里，作用于介质的两个电场，一个是光电场，另一个是低频电场或直流电场，在这两个电场的作用下产生了二阶非线性极化。假定直流电场为$\boldsymbol{E}_0$、光电场为$\boldsymbol{E}\exp(-\mathrm{i}\omega t)+\text{c.c.}$，则根据极化强度的一般表示式(1.1-42)和式(1.1-43)，有

$$\boldsymbol{P}^{(1)}(t)=\varepsilon_0\chi^{(1)}(0)\cdot\boldsymbol{E}_0+\varepsilon_0[\chi^{(1)}(\omega)\cdot\boldsymbol{E}\mathrm{e}^{-\mathrm{i}\omega t}+\text{c.c.}] \tag{4.1-1}$$

$$\begin{aligned}\boldsymbol{P}^{(2)}(t)=&\varepsilon_0\chi^{(2)}(0,0):\boldsymbol{E}_0\boldsymbol{E}_0+2\varepsilon_0\chi^{(2)}(\omega,-\omega):\boldsymbol{E}\boldsymbol{E}^*\\&+2\varepsilon_0[\chi^{(2)}(\omega,0):\boldsymbol{E}\boldsymbol{E}_0\mathrm{e}^{-\mathrm{i}\omega t}+\text{c.c.}]\\&+\varepsilon_0[\chi^{(2)}(\omega,\omega):\boldsymbol{E}\boldsymbol{E}\mathrm{e}^{-\mathrm{i}2\omega t}+\text{c.c.}]\end{aligned} \tag{4.1-2}$$

因此，相应于频率为ω的极化强度分量表示式为

$$\begin{aligned}P_\mu(\omega,t)&=\varepsilon_0[\chi_{\mu\alpha}^{(1)}(\omega)E_\alpha\mathrm{e}^{-\mathrm{i}\omega t}+\text{c.c.}]+2\varepsilon_0[\chi_{\mu\alpha\beta}^{(2)}(\omega,0)E_\alpha E_{0\beta}\mathrm{e}^{-\mathrm{i}\omega t}+\text{c.c.}]\\&=\varepsilon_0\{[\chi_{\mu\alpha}^{(1)}(\omega)+2\chi_{\mu\alpha\beta}^{(2)}(\omega,0)E_{0\beta}]E_\alpha\mathrm{e}^{-\mathrm{i}\omega t}+\text{c.c.}\}\end{aligned} \tag{4.1-3}$$

由此可见，直流电场的作用使得介质对频率为ω的极化率张量改变了$2\chi_{\mu\alpha\beta}^{(2)}(\omega,0)E_{0\beta}$。在这种情况下，电位移矢量分量表示式为

$$D_\mu=\varepsilon_0E_\mu+P_\mu^\omega=\varepsilon_0(\varepsilon_{\mu\alpha}+2\chi_{\mu\alpha\beta}^{(2)}(\omega,0)E_{0\beta})E_\alpha=\varepsilon_0(\varepsilon_{\mu\alpha})_{\text{eff}}E_\alpha \tag{4.1-4}$$

这里的 $\varepsilon_{\mu\alpha}$是相对介电常数张量元素。因此，由于直流电场的作用，使频率为 ω 的相对介电常数张量产生了一个变化量 $\delta\varepsilon_{\mu\alpha}(\omega)$：

$$\delta\varepsilon_{\mu\alpha} = 2\chi^{(2)}_{\mu\alpha\beta}(\omega,0)E_{0\beta} \tag{4.1-5}$$

下面，利用折射率椭球的几何法和麦克斯韦方程的解析法讨论线性电光效应。

1. 折射率椭球几何法描述

第 3 章中已指出，在主轴坐标系中，介质的折射率椭球表示式为

$$\frac{x^2}{n_x^2} + \frac{y^2}{n_y^2} + \frac{z^2}{n_z^2} = 1 \tag{4.1-6}$$

而由上面所述，当直流电场 $\boldsymbol{E}_0$ 作用于介质时，引起了介电常数张量的变化，因此也就引起了折射率椭球方程的系数 $1/n_x^2$、$1/n_y^2$、$1/n_z^2$ 发生变化。所以，在有直流电场存在时，折射率椭球方程变成如下一般形式：

$$\left(\frac{1}{n^2}\right)_1 x^2 + \left(\frac{1}{n^2}\right)_2 y^2 + \left(\frac{1}{n^2}\right)_3 z^2 + 2\left(\frac{1}{n^2}\right)_4 yz + 2\left(\frac{1}{n^2}\right)_5 zx + 2\left(\frac{1}{n^2}\right)_6 xy = 1 \tag{4.1-7}$$

当直流电场为零，且 x、y、z 轴分别平行于三个介电主轴时，有

$$\left.\begin{aligned}
\left(\frac{1}{n^2}\right)_1\bigg|_{E_0=0} &= \frac{1}{n_x^2}, & \left(\frac{1}{n^2}\right)_4\bigg|_{E_0=0} &= 0\\
\left(\frac{1}{n^2}\right)_2\bigg|_{E_0=0} &= \frac{1}{n_y^2}, & \left(\frac{1}{n^2}\right)_5\bigg|_{E_0=0} &= 0\\
\left(\frac{1}{n^2}\right)_3\bigg|_{E_0=0} &= \frac{1}{n_z^2}, & \left(\frac{1}{n^2}\right)_6\bigg|_{E_0=0} &= 0
\end{aligned}\right\} \tag{4.1-8}$$

因为折射率椭球方程系数 $(1/n^2)_n$ 的改变与相对介电常数张量元素倒数的改变 $\delta(1/\varepsilon_{\mu\alpha})$ 相对应，所以，可通过导出 $\delta(1/\varepsilon_{\mu\alpha})$ 的表示式来确定折射率椭球方程系数的改变量。现令 $\boldsymbol{\varepsilon}$ 和 $(\boldsymbol{\varepsilon})^{-1}$ 分别表示没有直流电场时的介电常数张量及其倒数，又令 $\delta\boldsymbol{\varepsilon}$ 和 $\delta(\boldsymbol{\varepsilon})^{-1}$ 分别表示由直流电场引起的介电常数张量 $\boldsymbol{\varepsilon}$ 及其倒数 $(\boldsymbol{\varepsilon})^{-1}$ 的改变量，因而当直流电场存在时，总的介电常数张量的倒数为 $(\boldsymbol{\varepsilon})^{-1}+\delta(\boldsymbol{\varepsilon})^{-1}$。而 $(\boldsymbol{\varepsilon})^{-1}+\delta(\boldsymbol{\varepsilon})^{-1}$ 的倒数正好就是 $\boldsymbol{\varepsilon}+\delta\boldsymbol{\varepsilon}$，即有

$$\frac{1}{(\boldsymbol{\varepsilon})^{-1} + \delta(\boldsymbol{\varepsilon})^{-1}} = \boldsymbol{\varepsilon} + \delta\boldsymbol{\varepsilon} \tag{4.1-9}$$

由于

$$\frac{1}{(\boldsymbol{\varepsilon})^{-1} + \delta(\boldsymbol{\varepsilon})^{-1}} = \frac{\boldsymbol{\varepsilon}}{[(\boldsymbol{\varepsilon})^{-1} + \delta(\boldsymbol{\varepsilon})^{-1}]\boldsymbol{\varepsilon}} = \frac{\boldsymbol{\varepsilon}}{1 + \delta(\boldsymbol{\varepsilon})^{-1}\boldsymbol{\varepsilon}} = \boldsymbol{\varepsilon} - \boldsymbol{\varepsilon}\delta(\boldsymbol{\varepsilon})^{-1}\boldsymbol{\varepsilon} \tag{4.1-10}$$

因而比较式(4.1-9)和式(4.1-10)，可给出

$$\delta\boldsymbol{\varepsilon} = -\boldsymbol{\varepsilon}\delta(\boldsymbol{\varepsilon})^{-1}\boldsymbol{\varepsilon} \tag{4.1-11}$$

如果将上式按相对于 $\boldsymbol{\varepsilon}$ 的主轴表示，则有

$$\delta\varepsilon_{\mu\alpha} = -\varepsilon_{\mu\mu}\varepsilon_{\alpha\alpha}\delta(\varepsilon_{\mu\alpha})^{-1} \tag{4.1-12}$$

或

$$\delta(\varepsilon_{\mu\alpha})^{-1} = -\frac{\delta\varepsilon_{\mu\alpha}}{\varepsilon_{\mu\mu}\varepsilon_{\alpha\alpha}} \tag{4.1-13}$$

现将式(4.1－5)代入式(4.1－13)，可得

$$\delta(\varepsilon_{\mu\alpha})^{-1}=-\frac{2\chi^{(2)}_{\mu\alpha\beta}(\omega,0)E_{0\beta}}{\varepsilon_{\mu\mu}\varepsilon_{\alpha\alpha}} \tag{4.1-14}$$

若令

$$-\frac{2\chi^{(2)}_{\mu\alpha\beta}(\omega,0)}{\varepsilon_{\mu\mu}\varepsilon_{\alpha\alpha}}=\gamma_{\mu\alpha\beta} \tag{4.1-15}$$

则式(4.1－14)变为

$$\delta(\varepsilon_{\mu\alpha})^{-1}=\gamma_{\mu\alpha\beta}E_{0\beta} \tag{4.1-16}$$

式中，$\gamma_{\mu\alpha\beta}$为线性电光张量元素。考虑到极化率张量的完全对易对称性和时间反演对称性，由式(4.1－15)可知，线性电光张量元素$\gamma_{\mu\alpha\beta}(\omega,0)$相对于脚标$\mu$、$\alpha$是对称的，即有

$$\gamma_{\mu\alpha\beta}=\gamma_{\alpha\mu\beta}$$

考虑到这种对称性后，$\gamma_{\mu\alpha\beta}$中的脚标$\mu\alpha$可以简化为一个脚标，即

$$\begin{array}{rcccccc}(\mu\alpha)= & xx & yy & zz & yz & zx & xy\\ & 1 & 2 & 3 & 4 & 5 & 6\end{array}$$

所以，线性电光张量可表示成下面的矩阵：

$$\begin{bmatrix}\gamma_{11} & \gamma_{12} & \gamma_{13}\\ \gamma_{21} & \gamma_{22} & \gamma_{23}\\ \gamma_{31} & \gamma_{32} & \gamma_{33}\\ \gamma_{41} & \gamma_{42} & \gamma_{43}\\ \gamma_{51} & \gamma_{52} & \gamma_{53}\\ \gamma_{61} & \gamma_{62} & \gamma_{63}\end{bmatrix} \tag{4.1-17}$$

式(4.1－16)可改写为

$$\delta(\varepsilon_{\mu})^{-1}=\delta\left(\frac{1}{n^2}\right)_{\mu}=\gamma_{\mu\alpha}E_{\alpha}\quad(\mu=1,2,3,4,5,6;\ \alpha=1,2,3) \tag{4.1-18}$$

将上式写成矩阵形式，即有

$$\begin{bmatrix}\delta\left(\frac{1}{n^2}\right)_1\\ \delta\left(\frac{1}{n^2}\right)_2\\ \delta\left(\frac{1}{n^2}\right)_3\\ \delta\left(\frac{1}{n^2}\right)_4\\ \delta\left(\frac{1}{n^2}\right)_5\\ \delta\left(\frac{1}{n^2}\right)_6\end{bmatrix}=\begin{bmatrix}\gamma_{11} & \gamma_{12} & \gamma_{13}\\ \gamma_{21} & \gamma_{22} & \gamma_{23}\\ \gamma_{31} & \gamma_{32} & \gamma_{33}\\ \gamma_{41} & \gamma_{42} & \gamma_{43}\\ \gamma_{51} & \gamma_{52} & \gamma_{53}\\ \gamma_{61} & \gamma_{62} & \gamma_{63}\end{bmatrix}\begin{bmatrix}E_1\\ E_2\\ E_3\end{bmatrix} \tag{4.1-19}$$

表4.1－1给出了各种对称类型晶体的线性电光矩阵形式。表4.1－2给出了若干电光材料及其特性。

表 4.1-1　各种对称类型晶体的线性电光矩阵形式

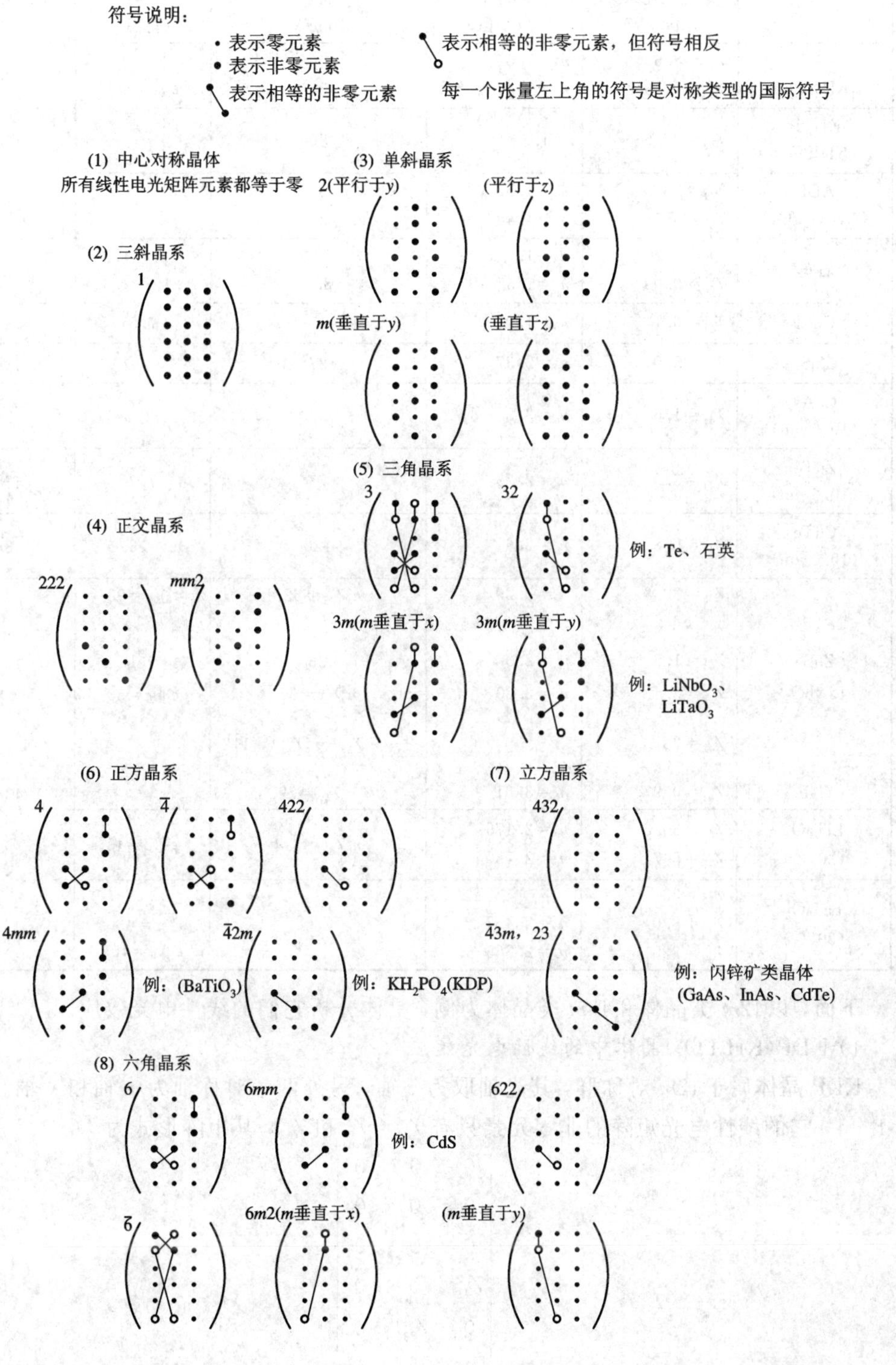
符号说明：
· 表示零元素
● 表示非零元素
表示相等的非零元素
表示相等的非零元素，但符号相反
每一个张量左上角的符号是对称类型的国际符号
(1) 中心对称晶体
所有线性电光矩阵元素都等于零
(2) 三斜晶系
1
(3) 单斜晶系
2(平行于y)
(平行于z)
m(垂直于y)
(垂直于z)
(4) 正交晶系
222
mm2
(5) 三角晶系
3
32
例：Te、石英
3m(m垂直于x)
3m(m垂直于y)
例：LiNbO$_3$、LiTaO$_3$
(6) 正方晶系
4
$\bar{4}$
422
4mm
例：(BaTiO$_3$)
$\bar{4}$2m
例：KH$_2$PO$_4$(KDP)
(7) 立方晶系
432
$\bar{4}$3m，23
例：闪锌矿类晶体
(GaAs、InAs、CdTe)
(8) 六角晶系
6
6mm
例：CdS
622
$\bar{6}$
6m2(m垂直于x)
(m垂直于y)

表 4.1－2 若干线性电光材料及其特性

材料	室温电光系数 /(pm/V)	折射率 (典型值)	$n_o^3\gamma$ /(pm/V)	$\varepsilon/\varepsilon_0$ (室温)	点群对称性 (国际符号)
KDP (KH_2PO_4)	$\gamma_{41}=8.6$ $\gamma_{63}=10.6$	$n_o=1.51$ $n_e=1.47$	29 34	$\varepsilon\parallel c=20$ $\varepsilon\perp c=45$	$\bar{4}2m$
KD^*P (KD_2PO_4)	$\gamma_{63}=23.6$	～1.50	80	$\varepsilon\parallel c=50$ (24 ℃)	$\bar{4}2m$
ADP ($NH_4H_2PO_4$)	$\gamma_{41}=28$ $\gamma_{63}=8.5$	$n_o=1.52$ $n_e=1.48$	95 27	$\varepsilon\parallel c=12$	$\bar{4}2m$
石英	$\gamma_{41}=0.2$ $\gamma_{63}=0.93$	$n_o=1.54$ $n_e=1.55$	0.7 3.4	$\varepsilon\parallel c\sim4.3$ $\varepsilon\perp c\sim4.3$	32
CuCl	$\gamma_{41}=6.1$	$n_o=1.97$	47	7.5	$\bar{4}3m$
ZnS	$\gamma_{41}=2.0$	$n_o=2.37$	27	～10	$\bar{4}3m$
GaAs (10.6 μm)	$\gamma_{41}=1.6$	$n_o=3.34$	59	11.5	$\bar{4}3m$
ZnTe (10.6 μm)	$\gamma_{41}=3.9$	$n_o=2.79$	77	7.3	$\bar{4}3m$
CdTe (10.6 μm)	$\gamma_{41}=6.8$	$n_o=2.6$	120	7.3	$\bar{4}3m$
	$\gamma_{33}=30.8$	$n_o=2.29$	$n_e^3\gamma_{33}=328$	$\varepsilon\perp c=98$	
	$\gamma_{13}=8.6$				
ZnSe	$\gamma_{41}=1.8$	$n_o=2.3$	26	9.1	$\bar{4}3m$
$LiNbO_3$	$\gamma_{22}=3.4$	$n_e=2.20$	$n_o^3\gamma_{22}=37$	$\varepsilon\parallel c=50$	3m
	$\gamma_{42}=28$		$\frac{1}{2}(n_e^3\gamma_{33}-n_o^3\gamma_{13})=112$		
GaP	$\gamma_{41}=0.97$	$n_o=3.31$	$n_o^3\gamma_{41}=29$		$\bar{4}3m$
$LiTaO_3$ (30 ℃)	$\gamma_{33}=30.3$ $\gamma_{13}=5.7$	$n_o=2.175$ $n_e=2.180$	$n_e^3\gamma_{33}=314$	$\varepsilon\parallel c=43$	3m
$BaTiO_3$ (30 ℃)	$\gamma_{33}=23$ $\gamma_{13}=8.0$ $\gamma_{42}=820$	$n_o=2.437$ $n_e=2.365$	$n_e^3\gamma_{33}=334$	$\varepsilon\perp c=4300$ $\varepsilon\parallel c=106$	4mm

下面，以$\bar{4}2m$类晶体和$\bar{4}3m$类晶体为例，具体分析它们的线性电光效应。

1) KDP(KH_2PO_4)晶体中的线性电光效应

KDP 晶体属于$\bar{4}2m$对称群，其光轴取为 z 轴，另外两个对称轴为 x 轴和 y 轴。根据表 4.1－1，它的线性电光矩阵的非零元素只有 $\gamma_{41}=\gamma_{52}$和 γ_{63}，其矩阵形式为

$$
\begin{bmatrix}
0 & 0 & 0 \\
0 & 0 & 0 \\
0 & 0 & 0 \\
\gamma_{41} & 0 & 0 \\
0 & \gamma_{41} & 0 \\
0 & 0 & \gamma_{63}
\end{bmatrix}
\qquad (4.1-20)
$$

无外加直流电场时，KDP 晶体的折射率椭球为旋转椭球，其折射率椭球方程为

$$\frac{x^2}{n_o^2}+\frac{y^2}{n_o^2}+\frac{z^2}{n_e^2}=1 \tag{4.1-21}$$

当外加直流电场 $\boldsymbol{E}_0$ 时，其折射率椭球方程应表示为如下一般形式：

$$\frac{x^2}{n_1^2}+\frac{y^2}{n_2^2}+\frac{z^2}{n_3^2}+\frac{2yz}{n_4^2}+\frac{2zx}{n_5^2}+\frac{2xy}{n_6^2}=1 \tag{4.1-22}$$

由式(4.1－19)关系，有

$$\delta\left(\frac{1}{n^2}\right)_1=0,\quad \delta\left(\frac{1}{n^2}\right)_4=\gamma_{41}E_1,\quad \delta\left(\frac{1}{n^2}\right)_2=0$$

$$\delta\left(\frac{1}{n^2}\right)_5=\gamma_{41}E_2,\quad \delta\left(\frac{1}{n^2}\right)_3=0,\quad \delta\left(\frac{1}{n^2}\right)_6=\gamma_{63}E_3$$

所以，$\boldsymbol{E}_0\neq0$ 时，KDP 晶体的折射率椭球为

$$\frac{x^2}{n_o^2}+\frac{y^2}{n_o^2}+\frac{z^2}{n_e^2}+2\gamma_{41}E_{0x}yz+2\gamma_{41}E_{0y}zx+2\gamma_{63}E_{0z}xy=1 \tag{4.1-23}$$

可见，直流电场 $\boldsymbol{E}_0$ 的作用使折射率椭球方程中产生了交叉项，这表示椭球的主轴发生了改变，其光学性质由单轴晶体变为双轴晶体。因此，为确定外加直流电场对光波在晶体中传播特性的影响，需要寻求这个新的折射率椭球的主轴方向及相应于电场 $\boldsymbol{E}_0$ 存在时折射率的大小。

现在考虑一种特殊情况，假定外加的直流电场 $\boldsymbol{E}_0$ 平行于光轴(z 轴)方向，即

$$\boldsymbol{E}_0=\boldsymbol{k}E_{0z},\qquad E_{0x}=E_{0y}=0 \tag{4.1-24}$$

则折射率椭球方程(4.1－23)变为

$$\frac{x^2}{n_o^2}+\frac{y^2}{n_o^2}+\frac{z^2}{n_e^2}+2\gamma_{63}E_{0z}xy=1 \tag{4.1-25}$$

如果选取一个新的坐标系(x', y', z')，在这个新坐标系中，使折射率椭球方程不包含交叉项，即

$$\frac{x'^2}{n_{x'}^2}+\frac{y'^2}{n_{y'}^2}+\frac{z'^2}{n_{z'}^2}=1 \tag{4.1-26}$$

则椭球的主轴方向即为 x'、y'、z' 轴方向，椭球主轴的长度为 $2n_{x'}$、$2n_{y'}$、$2n_{z'}$，并且一般来讲，它们与外加电场是有关的。

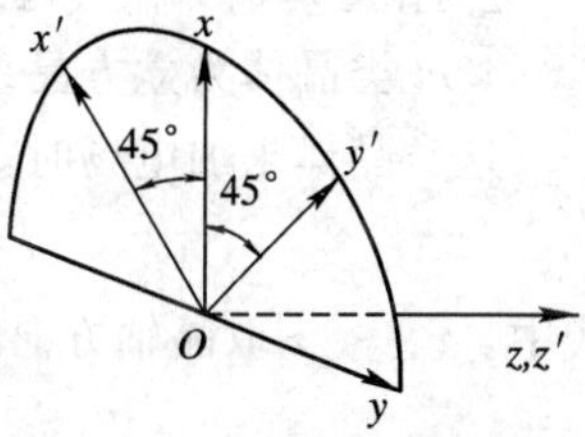

图 4.1－1　坐标变换关系

进一步，由式(4.1－25)可以看出，折射率椭球方程相对于 x、y 是对称的，而且交叉项中没有 z 坐标，所以 x、y、z 和 x'、y'、z'之间有如下变换关系(见图 4.1－1)：

$$\left.\begin{aligned}x&=x'\cos45°+y'\sin45°\\ y&=-x'\sin45°+y'\cos45°\\ z&=z'\end{aligned}\right\} \tag{4.1-27}$$

将式(4.1－27)代入式(4.1－25)，有

$$\left(\frac{1}{n_o^2}-\gamma_{63}E_{0z}\right)(x')^2+\left(\frac{1}{n_o^2}+\gamma_{63}E_{0z}\right)(y')^2+\frac{1}{n_e^2}(z')^2=1 \tag{4.1-28}$$

比较式(4.1－26)和式(4.1－28)，即可以得到折射率椭球在主轴上的长度 $2n_{x'}$、$2n_{y'}$、$2n_{z'}$。由于

$$\frac{1}{n_{x'}^2}=\frac{1}{n_o^2}-\gamma_{63}E_{0z}$$

假定$\gamma_{63}E_{0z}\ll 1/n_o^2$，并利用微分关系

$$dn=\frac{n^3}{2}d\left(\frac{1}{n^2}\right)$$

便有$n_{x'}-n_o=dn_{x'}=\frac{1}{2}n_o^3\gamma_{63}E_{0z}$，或

$$n_{x'}=n_o+\frac{1}{2}n_o^3\gamma_{63}E_{0z} \tag{4.1-29a}$$

同样有

$$n_{y'}=n_o-\frac{1}{2}n_o^3\gamma_{63}E_{0z} \tag{4.1-29b}$$

$$n_{z'}=n_z=n_e \tag{4.1-29c}$$

由以上的讨论可知，由于外加直流电场E_{0z}的作用，介电常数张量发生了变化，即$\delta\varepsilon_{\mu\alpha}=2\chi_{\mu\alpha\beta}^{(2)}(\omega,0)E_{0z}$，或折射率发生了变化，如式(4.1-29)所示。不过，这种变化一般讲是很小的，但是由于光波的波长很短，因而当光波通过几厘米长的晶体时，便产生了明显的相位变化。例如，如果KDP晶体上的外加电场为10^6 V/m，由表4.1-2查得$\gamma_{63}=10.6\times10^{-12}$ m/V，则由式(4.1-29a)给出折射率的变化为$|dn_{x'}|=n_o^3\gamma_{63}E_{0z}/2\approx 1.8\times10^{-5}$。因而，当波长为1 μm、振动方向为$x'$的光波沿$z$轴方向通过5 cm长的KDP晶体后，便有

$$\varphi=\frac{2\pi}{\lambda}dnL=\frac{2\pi}{1\times10^{-4}}\times1.8\times10^{-5}\times5\approx2\pi$$

的相位变化。通常称这种外加电场平行于光波传播方向的电光效应为纵向运用；如果外加电场与光波的传播方向相互垂直，则称其为横向运用。

2) $\bar{4}3m$类晶体的线性电光效应(横向运用)

$\bar{4}3m$类晶体为立方晶系类，属于这类晶系的晶体有CuCl、ZnS、GaAs、ZnTe等。

这类晶体未加电场时，光学性质是各向同性的，其折射率椭球为旋转球面，方程式为

$$x^2+y^2+z^2=n_0^2 \tag{4.1-30}$$

式中，x、y、z取晶轴方向。$\bar{4}3m$类晶体的线性电光矩阵为

$$\begin{bmatrix} 0 & 0 & 0 \\ 0 & 0 & 0 \\ 0 & 0 & 0 \\ \gamma_{41} & 0 & 0 \\ 0 & \gamma_{41} & 0 \\ 0 & 0 & \gamma_{41} \end{bmatrix} \tag{4.1-31}$$

外加直流电场$\boldsymbol{E}_0$后的折射率椭球方程为

$$\frac{x^2}{n_0^2}+\frac{y^2}{n_0^2}+\frac{z^2}{n_0^2}+2\gamma_{41}(E_{0x}yz+E_{0y}zx+E_{0z}xy)=1 \tag{4.1-32}$$

现在假定沿z方向外加直流电场，即

$$\boldsymbol{E}_0=\boldsymbol{k}E_{0z} \tag{4.1-33}$$

则折射率椭球方程(4.1-32)变为

$$\frac{x^2}{n_0^2}+\frac{y^2}{n_0^2}+\frac{z^2}{n_0^2}+2\gamma_{41}E_{0z}xy=1 \tag{4.1-34}$$

利用与 KDP 晶体类似的处理方法，可以得到如下结论：晶体外加直流电场 E_{0z}后，光学性质由各向同性变为双轴晶体，其折射率椭球的三个主轴系由未加直流电场时的三个主轴绕 z 轴旋转 45°得到，相应的主折射率大小为

$$\left.\begin{aligned} n_{x'} &= n_0+\frac{1}{2}n_0^3\gamma_{41}E_{0z}\\ n_{y'} &= n_0-\frac{1}{2}n_0^3\gamma_{41}E_{0z}\\ n_{z'} &= n_0 \end{aligned}\right\} \tag{4.1-35}$$

当光波在 xOy 平面内沿着 x、y 轴的对角线方向，或者说光波沿 x' 方向通过长度为 L 的晶体时，振动方向为 y' 和 z' 的二光波分量的相对相移(通常称为电光延迟)为

$$\Delta\varphi=\frac{\pi}{\lambda}\frac{L}{d}n_0^3\gamma_{41}U \tag{4.1-36}$$

式中，L 是沿光传播方向上晶体的长度，d 是沿外加电场方向上晶体的厚度，U 是外加直流电压。

如果外加电场垂直于(111)面，电场表示式为

$$\boldsymbol{E}_0=\frac{E_0}{\sqrt{3}}(\boldsymbol{e}_1+\boldsymbol{e}_2+\boldsymbol{e}_3) \tag{4.1-37}$$

式中，$\boldsymbol{e}_1$、$\boldsymbol{e}_2$、$\boldsymbol{e}_3$ 是沿立方体边棱的单位矢量，则在外电场作用下，晶体由各向同性变为单轴晶体，光轴方向(z')就是外加电场的方向，折射率椭球的另外两个主轴 x' 和 y' 的方向可以在(111)面内任意选取，相应的三个主轴折射率分别为

$$\left.\begin{aligned} n_{x'} &= n_{y'} = n_0+\frac{1}{2\sqrt{3}}n_0^3\gamma_{41}E_0\\ n_{z'} &= n_0-\frac{1}{\sqrt{3}}n_0^3\gamma_{41}E_0 \end{aligned}\right\} \tag{4.1-38}$$

当光波沿垂直于 z' 的方向(例如 x' 方向)传播时，电光延迟(振动方向为 y' 和 z' 的二光波分量的相对相移)为

$$\Delta\varphi=\frac{\sqrt{3}\,\pi}{\lambda}\frac{L}{d}n_0^3\gamma_{41}U \tag{4.1-39}$$

式中，L 为晶体沿光传播方向的长度，d 为晶体沿外加电场方向的厚度，U 是外加直流电压。

2. 麦克斯韦方程解析法描述

如前所述，线性电光效应是一种二阶非线性光学效应，由于直流电场的作用，使介质对频率为 ω 光波的相对介电常数张量变为

$$(\varepsilon_{\mu\alpha})_{\text{eff}}=\varepsilon_{\mu\alpha}+2\chi^{(2)}_{\mu\alpha\beta}E_{0\beta} \tag{4.1-40}$$

将其代入描述晶体光学性质的基本方程(3.1-11)中，得

$$\boldsymbol{D}=\frac{n^2}{\mu_0c^2}[\boldsymbol{E}-\boldsymbol{k}(\boldsymbol{k}\cdot\boldsymbol{E})]=\varepsilon_0\boldsymbol{\varepsilon}_{\text{eff}}\cdot\boldsymbol{E} \tag{4.1-41}$$

求解该方程即可确定外加直流电场后晶体中的本征矢及相应的本征值，从而可以确定任意

光波在晶体中的传播特性。

下面仍以 KDP 晶体和$\bar{4}3m$ 类晶体为例，利用解析法讨论它们的线性电光效应。

1) KDP 晶体的线性电光效应

假定外加直流电场平行于光轴(z 轴)，并且根据$\bar{4}2m$ 类晶体的二阶极化率张量形式

$$\begin{bmatrix} 0 & 0 & 0 & xyz & xzy & 0 & 0 & 0 & 0 \\ 0 & 0 & 0 & 0 & 0 & xzy & xyz & 0 & 0 \\ 0 & 0 & 0 & 0 & 0 & 0 & 0 & zxy & zxy \end{bmatrix}$$

KDP 晶体的有效相对介电常数张量元素可表示为

$$(\varepsilon_{\mu\alpha})_{\text{eff}} = \varepsilon_{\mu\alpha} + 2\chi^{(2)}_{\mu\alpha\beta}E_{0\beta} = \varepsilon_{\mu\alpha} + 2\chi^{(2)}_{\mu\alpha z}E_{0z} \tag{4.1-42}$$

写成矩阵的形式为

$$(\varepsilon_r)_{\text{eff}} = \begin{bmatrix} \varepsilon_{xx} & 2\chi^{(2)}_{xyz}E_{0z} & 0 \\ 2\chi^{(2)}_{xyz}E_{0z} & \varepsilon_{xx} & 0 \\ 0 & 0 & \varepsilon_{zz} \end{bmatrix} \tag{4.1-43}$$

将其代入基本方程(4.1-41)，得

$$\begin{bmatrix} \varepsilon_{xx} & 2\chi^{(2)}_{xyz}E_{0z} & 0 \\ 2\chi^{(2)}_{xyz}E_{0z} & \varepsilon_{xx} & 0 \\ 0 & 0 & \varepsilon_{zz} + k_z k_z n^2 \end{bmatrix} \begin{bmatrix} E_x(\omega) \\ E_y(\omega) \\ E_z(\omega) \end{bmatrix} = \begin{bmatrix} n^2 & 0 & 0 \\ 0 & n^2 & 0 \\ 0 & 0 & n^2 \end{bmatrix} \begin{bmatrix} E_x(\omega) \\ E_y(\omega) \\ E_z(\omega) \end{bmatrix} \tag{4.1-44}$$

其中，$E_z(\omega)$分量满足的方程为

$$(\varepsilon_{zz} + k_z k_z n^2)E_z(\omega) = n^2 E_z(\omega) \tag{4.1-45}$$

该方程要求 $E_z(\omega)=0$，即表明沿 z 方向传播的光波是横波。方程(4.1-44)有解的条件是系数行列式等于零，即

$$\begin{vmatrix} \varepsilon_{xx} - n^2 & 2\chi^{(2)}_{xyz}E_{0z} \\ 2\chi^{(2)}_{xyz}E_{0z} & \varepsilon_{zz} - n^2 \end{vmatrix} = 0 \tag{4.1-46}$$

由此可得

$$\left.\begin{aligned} n_1^2 &= \varepsilon_{xx} - 2\chi^{(2)}_{xyz}E_{0z} \\ n_2^2 &= \varepsilon_{xx} + 2\chi^{(2)}_{xyz}E_{0z} \end{aligned}\right\} \tag{4.1-47}$$

或

$$\left.\begin{aligned} n_1 &= n_\text{o}\left(1 - \frac{\chi^{(2)}_{xyz}E_{0z}}{n_\text{o}^2}\right) \\ n_2 &= n_\text{o}\left(1 + \frac{\chi^{(2)}_{xyz}E_{0z}}{n_\text{o}^2}\right) \end{aligned}\right\} \tag{4.1-48}$$

这里所求得的折射率 n_1 和 n_2 对应于折射率椭球几何法中的 $n_{x'}$ 和 $n_{y'}$，即

$$\left.\begin{aligned} n_1 &= n_\text{o} - \frac{\chi^{(2)}_{xyz}E_{0z}}{n_\text{o}} = n_\text{o} + \frac{1}{2}n_\text{o}^3\gamma_{63}E_{0z} = n_{x'} \\ n_2 &= n_\text{o} + \frac{\chi^{(2)}_{xyz}E_{0z}}{n_\text{o}} = n_\text{o} - \frac{1}{2}n_\text{o}^3\gamma_{63}E_{0z} = n_{y'} \end{aligned}\right\} \tag{4.1-49}$$

式中已利用了式(4.1-15)关系：

$$\gamma_{63} = -\frac{2\chi_{xyz}^{(2)}}{n_o^4} \tag{4.1-50}$$

现将本征值 n_1^2 和 n_2^2 分别代入本征值方程(4.1－44)，便可求得相应的本征矢为

$$\boldsymbol{E}_1 = \boldsymbol{E}_0(\omega)\begin{bmatrix} 1 \\ -1 \end{bmatrix} \tag{4.1-51a}$$

$$\boldsymbol{E}_2 = \boldsymbol{E}_0(\omega)\begin{bmatrix} 1 \\ 1 \end{bmatrix} \tag{4.1-51b}$$

这表示沿 z 轴(光轴)方向传播的两个偏振方向正交的光波有不同的折射率($E_{0z}=0$ 时，这两个偏振方向正交的光波的折射率相等，都为 n_o)。由此可得，沿$\bar{4}2m$ 晶体的 z 轴方向外加直流电场 E_{0z}，将使沿 z 方向传播的二偏振方向正交的光波经过距离 L 后，产生相对相移(电光延迟)

$$\Delta\varphi = \frac{2\pi}{\lambda}\mathrm{d}nL = \frac{4\pi\chi_{xyz}^{(2)}E_{0z}L}{\lambda n_o} = \frac{4\pi\chi_{xyz}^{(2)}U}{\lambda n_o} \tag{4.1-52}$$

式中，U 为沿晶体光轴方向外加的直流电压。

2) $\bar{4}3m$ 类晶体的线性电光效应(横向运用)

$\bar{4}3m$ 类晶体的二阶非线性极化率张量的形式为

$$\begin{bmatrix} 0 & 0 & 0 & xyz & xyz & 0 & 0 & 0 & 0 \\ 0 & 0 & 0 & 0 & 0 & xyz & xyz & 0 & 0 \\ 0 & 0 & 0 & 0 & 0 & 0 & 0 & xyz & xyz \end{bmatrix}$$

其二阶非线性极化率张量元素有如下对称性：

$$\chi_{xyz}^{(2)} = \chi_{xzy}^{(2)} = \chi_{zxy}^{(2)} = \chi_{zyx}^{(2)} = \chi_{yzx}^{(2)} = \chi_{yxz}^{(2)}$$

假设外加直流电场的方向为 z 方向，光波在 xOy 平面内沿着 x、y 轴的对角线方向传播，因而有

$$k_x = |\boldsymbol{k}|\cos 45° = \frac{\sqrt{2}}{2}, \qquad k_y = |\boldsymbol{k}|\sin 45° = \frac{\sqrt{2}}{2}$$

式中，$\boldsymbol{k}$ 表示光波传播方向的单位矢量，所以有效相对介电常数张量为

$$(\varepsilon_r)_{\text{eff}} = \begin{bmatrix} \varepsilon_r & 2\chi_{xyz}^{(2)}E_{0z} & 0 \\ 2\chi_{xyz}^{(2)}E_{0z} & \varepsilon_r & 0 \\ 0 & 0 & \varepsilon_r \end{bmatrix} \tag{4.1-53}$$

这样，由基本方程(4.1－41)可得

$$\begin{bmatrix} \varepsilon_r & 2\chi_{xyz}^{(2)}E_{0z} & 0 \\ 2\chi_{xyz}^{(2)}E_{0z} & \varepsilon_r & 0 \\ 0 & 0 & \varepsilon_r \end{bmatrix}\begin{bmatrix} E_x(\omega) \\ E_y(\omega) \\ E_z(\omega) \end{bmatrix} = \begin{bmatrix} n^2 & 0 & 0 \\ 0 & n^2 & 0 \\ 0 & 0 & n^2 \end{bmatrix}\begin{bmatrix} E_x(\omega) \\ E_y(\omega) \\ E_z(\omega) \end{bmatrix} - \begin{bmatrix} k_x^2 n^2 & k_x k_y n^2 & 0 \\ k_y k_x n^2 & k_y^2 n^2 & 0 \\ 0 & 0 & 0 \end{bmatrix}\begin{bmatrix} E_x(\omega) \\ E_y(\omega) \\ E_z(\omega) \end{bmatrix} \tag{4.1-54}$$

利用求解本征值方程的标准方法，可解得光波传播模的本征值为

$$n_1^2 = \varepsilon_r \tag{4.1-55a}$$

$$n_2^2 = \varepsilon_r - 2\chi_{xyz}^{(2)} E_{0z} \tag{4.1-55b}$$

相应的本征矢为

$$\boldsymbol{E}_1 = \boldsymbol{E}_0(\omega)\begin{bmatrix}0\\0\\1\end{bmatrix} \tag{4.1-56a}$$

$$\boldsymbol{E}_2 = \boldsymbol{E}_0(\omega)\begin{bmatrix}1\\-1\\0\end{bmatrix} \quad 或 \quad E_x = E_y \tag{4.1-56b}$$

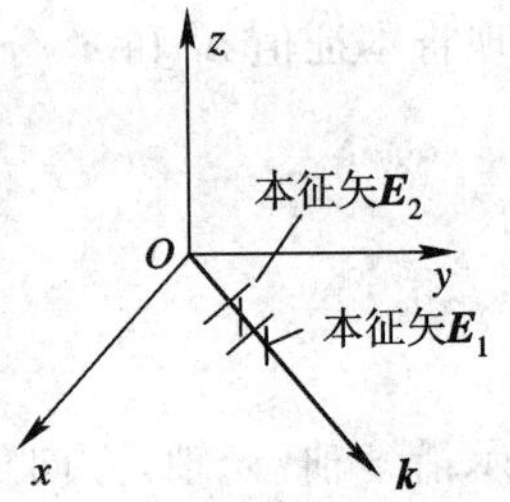

图 4.1-2 $\bar{4}3m$ 晶体横向运用时的本征矢示意

这表示，$\boldsymbol{E}_1$ 沿着外加直流电场的方向振动，其折射率不受外场影响；$\boldsymbol{E}_2$ 在 xOy 平面内振动，并且与光波的传播方向 $\boldsymbol{k}$ 和外加直流电场的方向相垂直，它的折射率受外加电场的影响。$\boldsymbol{E}_1$ 和 $\boldsymbol{E}_2$ 与光波的传播方向和外加直流电场方向之间的相对几何关系如图 4.1-2 所示。

4.2 光整流效应和亚皮秒光整流效应

4.2.1 光整流效应

光整流效应是人们最早发现的非线性光学效应之一。所谓光整流效应，就是一个高强度单色激光通过非线性介质，由于二阶非线性差频过程产生一个直流极化场 $\boldsymbol{P}_0$，并在介质中建立一个直流电场的现象。1962 年，巴斯(Bass)等人[2]利用调 Q 红宝石激光照射 KDP 和 KD^*P 晶体，结果在垂直晶体光轴的表面电极上，测量出大约几百微伏的直流电压。

今取一个平行板电容器，其内充满 KDP 晶体，z 轴(光轴)方向垂直于电容器板，一束频率为 ω 的光波在 xOy 平面内传播。为使问题简化，不考虑衍射效应，且认为光波完全充满这一块与电容器板不接触的晶体，同时忽略非线性效应对光波传播的影响。

若光波电场的空间变化部分为

$$\boldsymbol{E} = E_0 \boldsymbol{a} e^{i\frac{\omega n}{c}\boldsymbol{k}\cdot\boldsymbol{r}} \tag{4.2-1}$$

式中，E_0为光波电场的振幅，$\boldsymbol{a}$ 为光振动方向的单位矢量，$\boldsymbol{k}$ 为光波传播方向的单位矢量，则由于二次非线性差频过程将产生直流极化：

$$\boldsymbol{P}_0 = 2\varepsilon_0 \chi^{(2)}(\omega, -\omega) : \boldsymbol{E}\boldsymbol{E}^* = 2\varepsilon_0 |E_0|^2 \chi^{(2)}(\omega, -\omega) : \boldsymbol{a}\boldsymbol{a} \tag{4.2-2}$$

根据上面的假定，光波在 KDP 晶体中传播时，其寻常光分量有 $a_x \neq 0$、$a_y \neq 0$、$a_z = 0$，非常光分量有 $a_x = a_y = 0$、$a_z \neq 0$；又根据 KDP 晶体 $\chi^{(2)}$ 的空间对称性，只有$\chi_{\mu\alpha\beta}^{(2)}(\omega, -\omega)$中三个脚标都不相同的元素才不为零，所以，只有寻常光的 $P_{0z} \neq 0$，且

$$\begin{aligned} P_{0z} &= 2\varepsilon_0 |E_0|^2 [\chi_{zxy}^{(2)}(\omega, -\omega) a_x a_y + \chi_{zyx}^{(2)}(\omega, -\omega) a_y a_x] \\ &= 4\varepsilon_0 |E_0|^2 \chi_{zxy}^{(2)}(\omega, -\omega) a_x a_y \end{aligned} \tag{4.2-3}$$

这表示在 z 方向有一个恒定的极化强度分量 P_{0z}。假设光波的传播方向 $\boldsymbol{k}$ 与晶轴 x 之间的夹角为 θ，则有

$$a_x = -\sin\theta, \quad a_y = \cos\theta$$

将其代入式(4.2-3)，便得

$$P_{0z} = -2\varepsilon_0 |E_0|^2 \chi_{zxy}^{(2)}(\omega, -\omega)\sin 2\theta \tag{4.2-4}$$

由此可见，非线性介质中传播的寻常光，将在被光波所占有的区域内，产生一个恒定的极化强度 P_{0z}，因而将建立一个直流电场。

需要指出的是，考虑到二阶非线性极化率张量的完全对易对称性和时间反演对称性，应有

$$\chi_{\mu\alpha\beta}^{(2)}(\omega, -\omega) = \chi_{\beta\alpha\mu}^{2}(\omega, 0) = \chi_{\alpha\beta\mu}^{(2)}(-\omega, 0) = \chi_{\beta\alpha\mu}^{(2)}(-\omega, 0)$$

而由上一节的讨论已知，极化率张量 $\chi^{(2)}(\omega, 0)$描述的是线性电光效应，它的元素可与电光张量元素相联系，所以，描述光整流效应的极化率张量 $\chi^{(2)}(\omega, -\omega)$元素也可以用电光张量元素表示。而且，实际上光整流效应就是一种反电光效应。

4.2.1　亚皮秒光整流效应

尽管上述(静态)光整流效应因缺乏实际的应用背景，没有受到人们的重视，但是人们已经注意到[3]，光整流效应以它固有的高速响应(约 10^{-13} s)特性，可望在高速光探测和短电脉冲产生方面获得某些应用。

特别是，超短光脉冲的发展为光整流效应的研究和应用开辟了新的途径。根据傅里叶变换理论，一个脉冲光束可以分解为一系列单色光束的叠加，其频谱决定于光脉冲的中心频率和脉冲宽度。在非线性介质中，入射脉冲激光的各个单色分量不再独立传播，它们之间将发生混合，其中差频混合过程将产生一个随时间变化的低频振荡的电极化场，而这种低频电极化场将辐射低频电磁波，其频率上限与入射激光脉冲宽度有关。若入射激光脉宽为亚皮秒量级，辐射电磁波的频率上限约为太赫兹(10^{12} Hz)。因此，一个入射脉冲激光可以通过这个非线性差频过程，辐射直到太赫兹的宽频带电磁波。所以，这种光整流效应可称为亚皮秒光整流效应或太赫兹光整流效应[4]。

若入射激光脉冲光电场的傅里叶谱为 $E(\omega)$，则介质中频率为 Ω 的低频振荡极化强度为

$$P_\mu(\Omega) = \varepsilon_0 \int_{\omega_0-\Delta\omega/2}^{\omega_0+\Delta\omega/2} \chi_{\mu\alpha\beta}^{(2)}(-\Omega, \omega+\Omega, -\omega) E_\alpha(\omega+\Omega) E_\beta^*(\omega)\,\mathrm{d}\omega \tag{4.2-5}$$

式中，$\chi_{\mu\alpha\beta}^{(2)}(-\Omega, \omega+\Omega, -\omega)$是二阶非线性极化率张量元素，$\omega_0$是入射激光脉冲的中心频率，$\Delta\omega$ 是入射激光的频谱宽度。若 τ 是入射激光的脉冲宽度，则根据测不准原理，$\tau \approx 1/\Delta\omega$。一般来说，$\chi_{\mu\alpha\beta}^{(2)}$是相应波频(包括 ω_0和 Ω)的函数。当入射激光的中心频率远离晶体的共振频率时，$\chi_{\mu\alpha\beta}^{(2)}$随频率的变化很小，可近似认为是一个等效的二阶非线性极化率张量元 $\chi_{\mu\alpha\beta}$。它的数值和单色光光整流效应系数非常接近，可看做是某种平均结果。根据电偶极矩辐射的远场近似[5]，频率为 Ω 的电磁辐射场正比于其相应频率的电极化场，辐射场在特定振动方向上的电场强度为

$$E^{\mathrm{rd}}(\Omega) \sim \Omega^2 P(\Omega) \sim \Omega^2 d_{\mu\alpha\beta}^{\Omega} \int_{\omega_0-\Delta\omega/2}^{\omega_0+\Delta\omega/2} E_\alpha(\omega+\Omega) E_\beta^*(\omega)\,\mathrm{d}\omega \tag{4.2-6}$$

亚皮秒光整流效应的实验和测试技术描述，可参见本章参考文献[4]。

亚皮秒光整流效应作为一种特殊的非线性现象，在光电子技术和材料的研发中，有着

广泛的应用领域：亚皮秒光整流效应可以作为一种非接触探测手段研究非线性材料的电光效应；可以用于测量非线性材料的二阶非线性极化张量元素之间的比值；可以制作新型的快速电磁探针；可以在非线性介质内产生快速变化的强电场，研究材料在强电场下的性质；特别是，在当前基础科学和军事国防领域内有广阔应用前景的太赫兹技术中，亚皮秒光整流效应是产生脉冲太赫兹辐射波的一种主要方法。

4.3 三波混频及和频、差频产生

这一节讨论的由二阶非线性极化引起的三波混频现象是指，两个频率不同的单色光同时入射到非线性介质中，产生和频与差频的效应。例如，对于频率为 ω_1、ω_2 和 $\omega_3=\omega_1+\omega_2$ 的三个光波，当入射 ω_1 和 ω_2 时，由于二阶非线性作用，将产生频率为 ω_3 的非线性极化强度，进而由这个非线性极化强度产生频率为 ω_3 的光场，这就是和频产生过程；在入射 ω_1 和 ω_3 时，由于二阶非线性作用，将产生频率为 ω_2 的非线性极化强度，进而产生频率为 ω_2 的光场，这就是差频产生过程。要想在非线性介质的众多非线性光学过程中保证和频或差频产生，必须使这些过程满足相位匹配条件：

$$\boldsymbol{k}_1+\boldsymbol{k}_2-\boldsymbol{k}_3=0$$

相位匹配条件可以十分普遍地用来把我们所需要的过程从所有可能产生的过程中分离出来。如果满足条件 $\boldsymbol{k}_1+\boldsymbol{k}_2-\boldsymbol{k}_3=0$，我们就可以只考虑 ω_1、ω_2 和 $\omega_3=\omega_1+\omega_2$ 这三个频率的光波耦合，而完全不考虑这三个频率的光波与所有其它频率光波的任何耦合。这三个频率光波在非线性介质中的耦合，使得其中任何一对光波一起感应一个极化强度，这个极化强度的振荡频率就是相应的第三束光波的频率。

4.3.1 三波混频的耦合波方程组

由二阶非线性极化强度的一般表示式(1.2-36)，可以得到三波混频中任何一对光波所感应的非线性极化强度复振幅为

$$\boldsymbol{P}^{(2)}(\omega_1)=2\varepsilon_0\chi^{(2)}(\omega_3,-\omega_2):\boldsymbol{E}(\omega_3,z)\boldsymbol{E}^*(\omega_2,z) \tag{4.3-1}$$

$$\boldsymbol{P}^{(2)}(\omega_2)=2\varepsilon_0\chi^{(2)}(\omega_3,-\omega_1):\boldsymbol{E}(\omega_3,z)\boldsymbol{E}^*(\omega_1,z) \tag{4.3-2}$$

$$\boldsymbol{P}^{(2)}(\omega_3)=2\varepsilon_0\chi^{(2)}(\omega_1,\omega_2):\boldsymbol{E}(\omega_1,z)\boldsymbol{E}(\omega_2,z) \tag{4.3-3}$$

根据方程(3.3-23)，三个频率 ω_1、ω_2 和 ω_3 的光电场标量复振幅 $E(\omega_1,z)$、$E(\omega_2,z)$和 $E(\omega_3,z)$满足的微分方程分别为

$$\frac{\mathrm{d}E(\omega_1,z)}{\mathrm{d}z}=\frac{\mathrm{i}\omega_1^2\mu_0}{2k_1}\boldsymbol{a}(\omega_1)\cdot\boldsymbol{P}'_{\mathrm{NL}}(\omega_1,z)\mathrm{e}^{-\mathrm{i}k_1z} \tag{4.3-4}$$

$$\frac{\mathrm{d}E(\omega_2,z)}{\mathrm{d}z}=\frac{\mathrm{i}\omega_2^2\mu_0}{2k_2}\boldsymbol{a}(\omega_2)\cdot\boldsymbol{P}'_{\mathrm{NL}}(\omega_2,z)\mathrm{e}^{-\mathrm{i}k_2z} \tag{4.3-5}$$

$$\frac{\mathrm{d}E(\omega_3,z)}{\mathrm{d}z}=\frac{\mathrm{i}\omega_3^2\mu_0}{2k_3}\boldsymbol{a}(\omega_3)\cdot\boldsymbol{P}'_{\mathrm{NL}}(\omega_3,z)\mathrm{e}^{-\mathrm{i}k_3z} \tag{4.3-6}$$

式中

$$\boldsymbol{P}'_{\mathrm{NL}}(\omega_1,z)=2\varepsilon_0\chi^{(2)}(\omega_3,-\omega_2):\boldsymbol{a}(\omega_3)\boldsymbol{a}(\omega_2)E(\omega_3,z)E^*(\omega_2,z)\mathrm{e}^{\mathrm{i}(k_3-k_2)z} \tag{4.3-7}$$

$$\boldsymbol{P}'_{\mathrm{NL}}(\omega_2,z)=2\varepsilon_0\chi^{(2)}(\omega_3,-\omega_1):\boldsymbol{a}(\omega_3)\boldsymbol{a}(\omega_1)E(\omega_3,z)E^*(\omega_1,z)\mathrm{e}^{\mathrm{i}(k_3-k_1)z} \tag{4.3-8}$$

$$\boldsymbol{P}'_{\mathrm{NL}}(\omega_3,z)=2\varepsilon_0\chi^{(2)}(\omega_1,\omega_2):\boldsymbol{a}(\omega_1)\boldsymbol{a}(\omega_2)E(\omega_1,z)E(\omega_2,z)\mathrm{e}^{\mathrm{i}(k_1+k_2)z} \tag{4.3-9}$$

将式(4.3-7)～式(4.3-9)分别代入式(4.3-4)～式(4.3-6)，并令

$$\Delta k=k_1+k_2-k_3 \tag{4.3-10}$$

可得

$$\frac{\mathrm{d}E(\omega_1,z)}{\mathrm{d}z}=\frac{\mathrm{i}\omega_1^2}{k_1c^2}[\chi^{(2)}(\omega_3,-\omega_2)\vdots\boldsymbol{a}(\omega_1)\boldsymbol{a}(\omega_3)\boldsymbol{a}(\omega_2)]E(\omega_3,z)E^*(\omega_2,z)\mathrm{e}^{-\mathrm{i}\Delta kz} \tag{4.3-11}$$

$$\frac{\mathrm{d}E(\omega_2,z)}{\mathrm{d}z}=\frac{\mathrm{i}\omega_2^2}{k_2c^2}[\chi^{(2)}(\omega_3,-\omega_1)\vdots\boldsymbol{a}(\omega_2)\boldsymbol{a}(\omega_3)\boldsymbol{a}(\omega_1)]E(\omega_3,z)E^*(\omega_1,z)\mathrm{e}^{-\mathrm{i}\Delta kz} \tag{4.3-12}$$

$$\frac{\mathrm{d}E(\omega_3,z)}{\mathrm{d}z}=\frac{\mathrm{i}\omega_3^2}{k_3c^2}[\chi^{(2)}(\omega_1,\omega_2)\vdots\boldsymbol{a}(\omega_3)\boldsymbol{a}(\omega_1)\boldsymbol{a}(\omega_2)]E(\omega_1,z)E(\omega_2,z)\mathrm{e}^{\mathrm{i}\Delta kz} \tag{4.3-13}$$

上面三式方括号中标量乘的定义为

$$\chi^{(2)}\vdots\boldsymbol{abc}=\sum_{\alpha,\beta,\gamma=x,y,z}\chi^{(2)}_{\alpha\beta\gamma}a_\alpha b_\beta c_\gamma \tag{4.3-14}$$

如果介质对频率 ω_1、ω_2 和 ω_3 的光波都是无耗的，即 ω_1、ω_2 和 ω_3 远离共振区，则上面方程中的 $\chi^{(2)}(\omega_3,-\omega_2)$、$\chi^{(2)}(\omega_3,-\omega_1)$和 $\chi^{(2)}(\omega_1,\omega_2)$都是实数。进一步考虑到它们的完全对易对称性，不难证明式(4.3-11)～式(4.3-13)中的方括号都相等。这样，我们就可以引入一个实数 $\chi^{(2)}_{\mathrm{eff}}$ 表示它们，即

$$\begin{aligned}\chi^{(2)}_{\mathrm{eff}}&=\chi^{(2)}(\omega_1,\omega_2)\vdots\boldsymbol{a}(\omega_3)\boldsymbol{a}(\omega_1)\boldsymbol{a}(\omega_2)\\&=\chi^{(2)}(\omega_3,-\omega_2)\vdots\boldsymbol{a}(\omega_1)\boldsymbol{a}(\omega_3)\boldsymbol{a}(\omega_2)\\&=\chi^{(2)}(\omega_3,-\omega_1)\vdots\boldsymbol{a}(\omega_2)\boldsymbol{a}(\omega_3)\boldsymbol{a}(\omega_1)\end{aligned} \tag{4.3-15}$$

它是标量，给出了三束光波之间耦合强度的一个量度，称为有效非线性极化率。这样一来，方程(4.3-11)～(4.3-13)可以进一步简化为

$$\frac{\mathrm{d}E(\omega_1,z)}{\mathrm{d}z}=\frac{\mathrm{i}\omega_1^2}{k_1c^2}\chi^{(2)}_{\mathrm{eff}}E(\omega_3,z)E^*(\omega_2,z)\mathrm{e}^{-\mathrm{i}\Delta kz} \tag{4.3-16}$$

$$\frac{\mathrm{d}E(\omega_2,z)}{\mathrm{d}z}=\frac{\mathrm{i}\omega_2^2}{k_2c^2}\chi^{(2)}_{\mathrm{eff}}E(\omega_3,z)E^*(\omega_1,z)\mathrm{e}^{-\mathrm{i}\Delta kz} \tag{4.3-17}$$

$$\frac{\mathrm{d}E(\omega_3,z)}{\mathrm{d}z}=\frac{\mathrm{i}\omega_3^2}{k_3c^2}\chi^{(2)}_{\mathrm{eff}}E(\omega_1,z)E(\omega_2,z)\mathrm{e}^{\mathrm{i}\Delta kz} \tag{4.3-18}$$

上面三式就是我们所要求的三波混频的耦合波方程组。

4.3.2 曼利-罗关系

现将式(4.3-16)乘$\frac{k_1}{\omega_1}E^*(\omega_1,z)$，式(4.3-17)乘$\frac{k_2}{\omega_2}E^*(\omega_2,z)$，式(4.3-18)的复数共轭乘$\frac{k_3}{\omega_3}E(\omega_3,z)$，再将所得三式相加，可得

$$\frac{k_1}{\omega_1}E^*(\omega_1,z)\frac{dE(\omega_1,z)}{dz}+\frac{k_2}{\omega_2}E^*(\omega_2,z)\frac{dE(\omega_2,z)}{dz}+\frac{k_3}{\omega_3}E(\omega_3,z)\frac{dE^*(\omega_3,z)}{dz}=0 \tag{4.3-19}$$

在得到上式时已利用了关系 $\omega_1+\omega_2=\omega_3$。现再取式(4.3-19)的复数共轭并与式(4.3-19)相加，有

$$\frac{k_1}{\omega_1}\frac{d}{dz}|E(\omega_1,z)|^2+\frac{k_2}{\omega_2}\frac{d}{dz}|E(\omega_2,z)|^2+\frac{k_3}{\omega_3}\frac{d}{dz}|E(\omega_3,z)|^2=0$$

对该式积分，得

$$\frac{k_1}{\omega_1}|E(\omega_1,z)|^2+\frac{k_2}{\omega_2}|E(\omega_2,z)|^2+\frac{k_3}{\omega_3}|E(\omega_3,z)|^2=\text{常数} \tag{4.3-20}$$

利用能流密度 S_ω 的表示式

$$S_\omega=\frac{1}{2}\varepsilon|2E(\omega)|^2v=\frac{2}{\mu_0}\frac{k}{\omega}|E(\omega)|^2 \tag{4.3-21}$$

式(4.3-20)可表示为

$$S_{\omega_1}+S_{\omega_2}+S_{\omega_3}=\text{常数} \tag{4.3-22}$$

该式表明，进行三波混频的光波所携带的总能量通量在介质内处处相等，光场与介质之间没有能量交换。实际上，这正是我们上面假定这三束耦合光波的频率远离共振区、极化率张量具有完全对易对称性的必然结果。因此，我们在这里再一次看到极化率张量为实数是与介质无损耗相联系着的。

此外，我们还可以由式(4.3-16)～式(4.3-18)得到三波混频中光波能量关系的其它表示式。例如，由式(4.3-16)和式(4.3-17)消去 $\chi_{\text{eff}}^{(2)}$后，可以得到

$$\frac{k_1}{\omega_1^2}E^*(\omega_1,z)\frac{dE(\omega_1,z)}{dz}-\frac{k_2}{\omega_2^2}E^*(\omega_2,z)\frac{dE(\omega_2,z)}{dz}=0$$

取上式的复数共轭，并与之相加，积分后得

$$\frac{k_1}{\omega_1^2}|E(\omega_1,z)|^2-\frac{k_2}{\omega_2^2}|E(\omega_2,z)|=\text{常数} \tag{4.3-23}$$

利用能量密度 S_ω 表示式，上式变为

$$\frac{S_{\omega_1}}{\omega_1}-\frac{S_{\omega_2}}{\omega_2}=\text{常数} \tag{4.3-24}$$

同样，可以得到另外两个关系式：

$$\frac{S_{\omega_1}}{\omega_1}+\frac{S_{\omega_3}}{\omega_3}=\text{常数} \tag{4.3-25}$$

$$\frac{S_{\omega_2}}{\omega_2}+\frac{S_{\omega_3}}{\omega_3}=\text{常数} \tag{4.3-26}$$

由式(4.3－24)、式(4.3－25)和式(4.3－26)中的任何两式，都可以确定出第三个式子。同时，由上面三个关系式一起便可得到能量守恒关系式(4.3－22)。

由式(4.3－24)～式(4.3－26)所组成的关系式称为曼利-罗关系。这一关系还可以利用光子通量表示出来。因为 $S_\omega/\hbar\omega$ 表示光场中频率为 ω 的光子平均通量，所以式(4.3－24)～式(4.3－26)又可表示为

$$N_{\omega_1} - N_{\omega_2} = \text{常数} \tag{4.3-27}$$

$$N_{\omega_1} + N_{\omega_3} = \text{常数} \tag{4.3-28}$$

$$N_{\omega_2} + N_{\omega_3} = \text{常数} \tag{4.3-29}$$

同样，能量守恒关系式(4.3－22)可表示为

$$\omega_1 N_{\omega_1} + \omega_2 N_{\omega_2} + \omega_3 N_{\omega_3} = \text{常数} \tag{4.3-30}$$

由这些关系可以说明，因为光场与介质之间没有任何能量交换，所以频率为 ω_1 和 ω_2 的光子只能一同产生或一同消失，而与此同时，就有一个频率为 ω_3 的光子消失或产生。

4.3.3　和频产生

上面给出的方程组(4.3－16)～(4.3－18)是讨论非线性介质中三波(ω_1、ω_2、$\omega_3=\omega_1+\omega_2$)混频的基本耦合波方程组。现在我们首先讨论和频产生的情况。

假定非线性介质中开始没有频率为 ω_3 的光波分量，该分量是由入射频率为 ω_1 和 ω_2 的光波混合产生的，因而可称 ω_1 和 ω_2 光波为泵浦光，称 ω_3 为信号光。在这种情况下，为确定所产生的频率为 ω_3 的信号光波电场的变化规律，需要在给定入射光电场 $E(\omega_1,0)$ 和 $E(\omega_2,0)$ 的条件下，求解基本耦合波方程组。为求解这个方程组，通常可以采用两种方法，即小信号近似理论和大信号理论。小信号近似理论认为在光混频过程中，频率为 ω_1 和 ω_2 的泵浦光波强度改变很小，以致于可认为它们的强度在光波耦合过程中是不变化的，此时可以把式(4.3－16)～式(4.3－18)中的 $E(\omega_1,z)$ 和 $E(\omega_2,z)$ 视做常数，因此只需求解式(4.3－18)一个方程即可；大信号理论则认为在光混频过程中，需要考虑泵浦抽空效应，ω_1、ω_2 和 ω_3 光波强度都在变化，此时为确定信号光场 $E(\omega_3,z)$ 的变化规律，必须同时求解式(4.3－16)～式(4.3－18)三个方程。

1. 小信号近似理论处理

在满足相位匹配条件下，即 $\Delta k=0$ 时，方程(4.3－18)的解为

$$E(\omega_3,z) = \frac{\mathrm{i}\omega_3^2}{k_3c^2}\chi_{\mathrm{eff}}^{(2)}E(\omega_1,0)E(\omega_2,0)z \tag{4.3-31}$$

这就是在小信号近似和满足相位匹配条件下所得到的和频光电场 $E(\omega_3,z)$ 的变化规律。

现假设频率为 $\omega_l(l=1,2,3)$ 的光电场表示式为

$$\boldsymbol{E} = \boldsymbol{a}(\omega_l)\left[\frac{1}{2}E_0(\omega_l,z)\mathrm{e}^{-\mathrm{i}(\omega_l t - k_l z + \varphi_{\omega_l})}\right] \tag{4.3-32}$$

与前面的表示式

$$\boldsymbol{E} = \boldsymbol{E}(\omega_l,z)\mathrm{e}^{-\mathrm{i}\omega_l t} + \mathrm{c.c.}$$

相比较，有

$$\boldsymbol{E}(\omega_l,z)=\frac{1}{2}E_0(\omega_l,z)\mathrm{e}^{\mathrm{i}(k_l z-\varphi_{\omega_l})}\boldsymbol{a}(\omega_l)$$

再与式(3.3－9)相比较，有

$$E(\omega_l,z)=\frac{1}{2}E_0(\omega_l,z)\mathrm{e}^{-\mathrm{i}\varphi_{\omega_l}}$$

式中 $E_0(\omega_l,z)$ 和 φ_{ω_l} 分别是频率为 ω_l 的光电场的实数振幅和相位常数。将该式代入式(4.3－31)，便有

$$E_0(\omega_3,z)=\frac{\omega_3^2}{2k_3c^2}|\chi_{\mathrm{eff}}^{(2)}|E_0(\omega_1,0)E_0(\omega_2,0)\mathrm{e}^{\mathrm{i}\left(\varphi_{\omega_3}-\varphi_{\omega_1}-\varphi_{\omega_2}\pm\frac{\pi}{2}\right)}z \tag{4.3－33}$$

式中，$\pi/2$ 前的正、负号与 $\chi_{\mathrm{eff}}^{(2)}$ 的正、负相同。因为式(4.3－33)中除指数项外，其它参量都是实数，因而要求指数项的虚部必须为零，即要求

$$\varphi_{\omega_3}-\varphi_{\omega_1}-\varphi_{\omega_2}\pm\frac{\pi}{2}=0 \tag{4.3－34}$$

式(4.3－33)和式(4.3－34)表明，频率为 ω_3 的和频光电场随 z 线性增加，并且其相位常数 φ_{ω_3} 和 φ_{ω_1}、φ_{ω_2} 之间的关系由式(4.3－34)确定。当然，实际上和频 ω_3 的光电场并不能随 z 的增大无限制地增加，这是因为当频率为 ω_1 和 ω_2 的两束光波中较弱的一束光所携带的功率被抽空，ω_3 的功率逐渐增大时，会出现饱和现象。

2. 大信号理论处理

在 ω_1 和 ω_2 入射光电场振幅为 $E_0(\omega_1,0)$ 和 $E_0(\omega_2,0)$ 的情况下，式(4.3－16)～式(4.3－18)的一般解为[6]

$$E_0(\omega_3,z)=\left(\frac{k_2\omega_3^2}{k_3\omega_2^2}\right)^{1/2}E_0(\omega_2,0)\mathrm{sn}(u,k) \tag{4.3－35}$$

式中

$$u=\frac{1}{2c^2}\left(\frac{\omega_2^2\omega_3^2}{k_2k_3}\right)^{1/2}|\chi_{\mathrm{eff}}^{(2)}|E_0(\omega_1,0)z \tag{4.3－36}$$

$$k=\left(\frac{\omega_1^2k_2}{\omega_2^2k_1}\right)^{1/2}\frac{E_0(\omega_2,0)}{E_0(\omega_1,0)} \tag{4.3－37}$$

在这里，频率为 ω_2 的光电场分量已表示为入射光频率为 ω_1 和 ω_2 两个分量中强度较弱的一个。$\mathrm{sn}(u,k)$ 是以 u 和 k 为参变量的雅可比椭圆函数，它是由第一类椭圆积分逆变换得来的。已知第一类椭圆积分为

$$F(k,\varphi)=\int_0^{\varphi}\frac{\mathrm{d}\varphi}{\sqrt{1-k^2\sin^2\varphi}}=u$$

该椭圆积分的逆变换 $\sin\varphi$ 是 u 和 k 的函数，用 $\mathrm{sn}(u,k)$ 表示，即为雅可比椭圆函数，所以有

$$\mathrm{sn}(u,k)=\sin\varphi \tag{4.3－38}$$

因为 $\sin\varphi$ 是周期函数，所以 $\mathrm{sn}(u,k)$ 也是周期函数，而且最大值等于 1。

由式(4.3－35)可以看出，$E_0(\omega_3,z)$ 的最大值由较弱的一个光电场分量 ω_2 确定。此外，因 u 很小时，$\mathrm{sn}(u,k)\approx u$，所以当 z 很小时，式(4.3－35)变为

$$E_0(\omega_3,z)=\frac{\omega_3^2}{2c^2k_3}|\chi_{\mathrm{eff}}^{(2)}|E_0(\omega_1,0)E_0(\omega_2,0)z \tag{4.3－39}$$

这表明在 z 很小的情况下，一般解式(4.3－35)就变为小信号近似理论中的结果式(4.3－33)和式(4.3－34)。

对于一般解式(4.3－35)，还可以用光子通量来表示。因为频率为 ω 的光电场的平均光子通量 N_ω 与 $(k/\omega^2)E_0^2(\omega)$ 成正比，所以式(4.3－35)可以改写为

$$N_{\omega_3}(z) = N_{\omega_2}(0)\ \mathrm{sn}^2\left[\frac{z}{l_M}, \frac{\sqrt{N_{\omega_2}(0)}}{\sqrt{N_{\omega_1}(0)}}\right] \tag{4.3-40}$$

式中

$$l_M = \left[\frac{1}{2c^2}\left(\frac{\omega_2^2\omega_3^2}{k_2k_3}\right)^{1/2}|\chi_{\text{eff}}^{(2)}|E_0(\omega_1,0)\right]^{-1} \tag{4.3-41}$$

是表征产生混频过程速率的一个特征长度。

N_{ω_1}、N_{ω_2} 和 N_{ω_3} 随 z 的变化规律如图 4.3－1 所示，图中 p 是光子通量随 z 变化的周期。可以证明，当 $[N_{\omega_2}(0)/N_{\omega_1}(0)]\ll 1$ 时，光子通量的振荡周期 $p\to\pi l_M$；随着比值 $[N_{\omega_2}(0)/N_{\omega_1}(0)]$ 的增大，振荡周期 p 也随之增大；在 $[N_{\omega_2}(0)/N_{\omega_1}(0)]=1$ 的极限情况下，$p\to\infty$，这时函数 $\mathrm{sn}(u,k)=\mathrm{th}(u)$，不再为周期函数，把它代入式(4.3－35)中，有

$$E_0(\omega_1,z) = \left(\frac{k_2\omega_3^2}{k_3\omega_2^2}\right)^{1/2} E_0(\omega_2,0)\ \mathrm{th}\left(\frac{z}{l_M}\right) \tag{4.3-42}$$

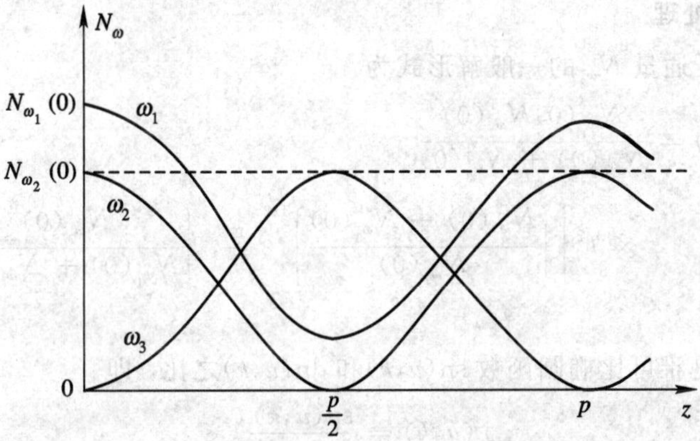

图 4.3－1　在相位匹配条件下，N_ω 随 z 变化规律

最后，由式(4.3－42)可见，在 z 很小的情况下，利用 $\mathrm{sn}(u,k)\approx u$，有

$$N_{\omega_3} = N_{\omega_2}(0)\left(\frac{z}{l_M}\right)^2 \tag{4.3-43}$$

这就是我们前面所讨论的小信号近似理论用光子通量表示的解。同时由式(4.3－40)可以看出，所产生的和频 ω_3 的最大光子通量决定于原来存在的两个分量中较弱的一个光子通量 $N_{\omega_2}(0)$。

4.3.4　差频产生

现在讨论由已知频率为 ω_3 和 ω_1 的光电场产生频率为 $\omega_2=\omega_3-\omega_1$ 的差频光电场的规律，求解的基本方程仍然是式(4.3－16)～式(4.3－18)。

1. 小信号近似理论处理

在 z 很小的情况下，可以将 $E(\omega_3,z)$ 和 $E(\omega_1,z)$ 看做常数，在完全相位匹配条件下直接积分式(4.3-17)，可得

$$E_0(\omega_2,z)=\frac{1}{2}\frac{\omega_2^2}{k_2c^2}|\chi_{\text{eff}}^{(2)}|E_0(\omega_3,0)E_0(\omega_1,0)z \tag{4.3-44}$$

以及

$$\varphi_{\omega_1}+\varphi_{\omega_2}-\varphi_{\omega_3}\pm\frac{\pi}{2}=0 \tag{4.3-45}$$

式中，$\pi/2$ 前面的正、负号与 $\chi_{\text{eff}}^{(2)}$ 的符号相同。式(4.3-44)表明，差频光波的振幅随 z 线性增加。与和频产生的情况相同，也可以得到曼利－罗关系的式(4.3-24)～式(4.3-26)和式(4.3-27)～式(4.3-29)。由这些关系还可以得到差频光波的光子通量表示式为

$$N_{\omega_2}(z)=N_{\omega_3}(0)\left(\frac{z}{l_M}\right)^2 \tag{4.3-46}$$

式中，l_M 就是由式(4.3-41)定义的用来表征混频过程速率的特征长度。显然，能够产生差频光波的最大光子通量是初始时刻频率为 ω_3 的光子通量 $N_{\omega_3}(0)$。如果利用 l_M 表示式(4.3-44)，则有

$$E_0(\omega_2,z)=\left(\frac{k_3\omega_2^2}{k_2\omega_3^2}\right)^{1/2}E_0(\omega_3,0)\frac{z}{l_M} \tag{4.3-47}$$

2. 大信号理论处理

差频光波的光子通量 N_{ω_2} 的一般解形式为

$$N_{\omega_2}(z)=\frac{N_{\omega_1}(0)N_{\omega_3}(0)}{N_{\omega_1}(0)+N_{\omega_3}(0)}\times f^2\left[\left(\frac{N_{\omega_1}(0)+N_{\omega_3}(0)}{N_{\omega_1}(0)}\right)^{1/2}\frac{z}{l_M},\left(\frac{N_{\omega_3}(0)}{N_{\omega_1}(0)+N_{\omega_3}(0)}\right)^{1/2}\right] \tag{4.3-48}$$

式中，函数 $f(u,k)$ 是雅可比椭圆函数 $\text{sn}(u,k)$ 和 $\text{dn}(u,k)$ 之比，即

$$f(u,k)=\frac{\text{sn}(u,k)}{\text{dn}(u,k)} \tag{4.3-49}$$

其中

$$\text{dn}[u,k]=\sqrt{1-k^2\,\text{sn}^2(u,k)} \tag{4.3-50}$$

关于 N_{ω_1}、N_{ω_2} 和 N_{ω_3} 随 z 变化的规律如图 4.3-2 所示。

差频产生过程可用于产生长波长的红外辐射。例如，两个温度稍稍不同的红宝石激光器的输出，在 $LiNbO_3$ 晶体中混合时，可以得到波数为 1～8 cm^{-1} 的辐射。利用一台红宝石激光器的输出和一台可调谐染料激光器的输出，在 Ag_2AsS_3（硫砷银矿）中混合时，可在 5 μm 和 10 μm 波长附近产生可调谐的红外输出。目前，差频也已成为产生太赫兹波的重要手段。

最后应当指出，综上所述和频过程和差频过程并由图 4.3-1 和图 4.3-2 可见，在非线性介质中的和频过程和差频过程，实际上是以 $p/2$ 为周期交替进行的。这种情况只要考

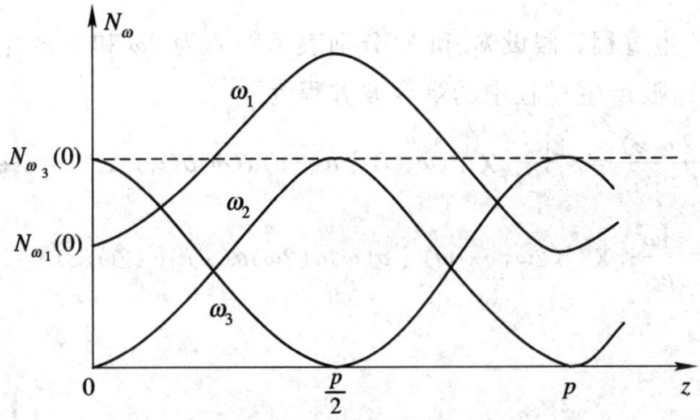

图 4.3-2　在相位匹配条件下 N_ω 随 z 的变化规律

虑非线性介质中的三波混频过程的物理机制，就很容易理解。在非线性介质中的每一点上，都同时存在着 ω_1 和 ω_2 产生 ω_3 光场的和频过程（ω_1 和 ω_2 光波向 ω_3 光波耦合能量）、ω_3 和 ω_1 产生 ω_2 光场及 ω_3 和 ω_2 产生 ω_1 光场的差频过程（ω_3 光波向 ω_1 和 ω_2 光波耦合能量），只是因为初始条件不同，在某一区域以和频过程为主，而在另一区域则以差频过程为主。

4.4　二次谐波产生(SHG)

二次谐波产生是非线性光学混频中最典型、最重要、最基本的技术，也是应用最广泛的一种技术。早在 1961 年，夫朗肯等人就用石英晶体对红宝石激光（波长为 0.6943 μm）进行了二次谐波产生的实验，获得了波长为 0.3471 μm 的紫外光，不过当时的转换效率很低，仅为 10^{-8} 量级。1962 年乔特迈（Giordmaine）[7] 和马克尔（Maker）[8] 等人分别提出了相位匹配技术，这才使得二次谐波产生及光混频过程有可能达到较高的转换效率。特别是伴随着调 Q 技术、超短脉冲激光技术的发展，伴随着优良非线性晶体的获得，已经很容易使二次谐波产生效率达到 70%～80%，使得二次谐波产生和光混频成为激光技术中频率转换的重要手段。例如，钕离子固体激光器的输出波长为 1.06 μm，通过二次谐波产生过程可以得到波长为 0.53 μm 的绿光，再进行一次二次谐波产生过程可以得到波长为 0.265 μm 的紫外光，将基波分别与二次谐波和四次谐波混频可以获得三次谐波（波长为 0.353 μm）及五次谐波（波长为 0.212 μm）。当用这些新产生的波长再去激励可调谐染料激光器、光参量振荡器或受激喇曼散射频移器时，就可以获得新的可调谐波段。光混频不仅可以使激光波长向紫外扩展，也可以使它向红外乃至远红外扩展。显然，这对于开拓激光在光谱技术中的应用谱区，以及在许多其它领域中的应用有重要意义。

4.4.1　理想均匀平面波的二次谐波产生

1. 二次谐波产生

二次谐波产生是和频产生的特殊情况，但不能简单地将 $\omega_1=\omega_2$ 代入上节对和频产生进行讨论所得到的结果中，这是因为当 $\omega_1=\omega_2$ 时，除由 ω_1 和 ω_2 产生和频外，还分别有 ω_1 和 ω_2 的二次谐波产生的过程，但在上节讨论和频产生规律时，并没有考虑这些二次谐波产生过程。

对于二次谐波产生过程，假设 $k_{2\omega}$和 k_ω 分别表示频率为 2ω 和 ω 的光波传播常数，则按式(3.3－23)，二次谐波产生过程中的耦合波方程为

$$\frac{\mathrm{d}E(2\omega,z)}{\mathrm{d}z}=\frac{2\mathrm{i}\omega^2}{k_{2\omega}c^2}[\chi^{(2)}(\omega,\omega)\vdots\boldsymbol{a}(2\omega)\boldsymbol{a}(\omega)\boldsymbol{a}(\omega)]E^2(\omega,z)\mathrm{e}^{\mathrm{i}\Delta kz} \tag{4.4-1}$$

$$\frac{\mathrm{d}E(\omega,z)}{\mathrm{d}z}=\frac{\mathrm{i}\omega^2}{k_\omega c^2}[\chi^{(2)}(2\omega,-\omega)\vdots\boldsymbol{a}(\omega)\boldsymbol{a}(2\omega)\boldsymbol{a}(\omega)]E(2\omega,z)E^*(\omega,z)\mathrm{e}^{-\mathrm{i}\Delta kz} \tag{4.4-2}$$

式中

$$\Delta k=2k_\omega-k_{2\omega} \tag{4.4-3}$$

方括号中标量乘的定义见式(4.3－14)。与论证式(4.3－15)类似，如果介质在频率 ω 和 2ω 处是无耗的，则张量 $\chi^{(2)}(\omega,\omega)$是实数，就有

$$\chi^{(2)}_{\mu\alpha\beta}(\omega,\omega)=\chi^{(2)}_{\alpha\mu\beta}(-2\omega,\omega)=\chi^{(2)}_{\alpha\mu\beta}(2\omega,-\omega) \tag{4.4-4}$$

上式中最后一个等式已利用了极化率张量的时间反演对称性。因此，式(4.4－1)和式(4.4－2)中方括号相等，并令其等于 $\chi^{(2)}_{\text{eff}}$，即有

$$\frac{\mathrm{d}E(2\omega,z)}{\mathrm{d}z}=\frac{2\mathrm{i}\omega^2}{k_{2\omega}c^2}\chi^{(2)}_{\text{eff}}E^2(\omega,z)\mathrm{e}^{\mathrm{i}\Delta kz} \tag{4.4-5}$$

$$\frac{\mathrm{d}E(\omega,z)}{\mathrm{d}z}=\frac{\mathrm{i}\omega^2}{k_\omega c^2}\chi^{(2)}_{\text{eff}}E(2\omega,z)E^*(\omega,z)\mathrm{e}^{-\mathrm{i}\Delta kz} \tag{4.4-6}$$

由以上两式消去 $\chi^{(2)}_{\text{eff}}$，可以得到

$$\frac{1}{2}k_{2\omega}|E(2\omega,z)|^2+k_\omega|E(\omega,z)|^2=\text{常数} \tag{4.4-7}$$

或用能流密度表示时，可得如下关系式

$$S_{2\omega}+S_\omega=\text{常数} \tag{4.4-8}$$

现在我们来求解方程(4.4－5)和(4.4－6)。假设初始条件为

$$\left.\begin{aligned}E(\omega,z)|_{z=0}&=E(\omega,0)\\E(2\omega,z)|_{z=0}&=0\end{aligned}\right\} \tag{4.4-9}$$

则由式(4.4－7)有

$$\frac{1}{2}k_{2\omega}|E(2\omega,z)|^2+k_\omega|E(\omega,z)|^2=k_\omega|E(\omega,0)|^2 \tag{4.4-10}$$

因而有

$$|E(\omega,z)|^2=\frac{k_{2\omega}}{2k_\omega}\left[\frac{2k_\omega}{k_{2\omega}}|E(\omega,0)|^2-|E(2\omega,z)|^2\right] \tag{4.4-11}$$

若光电场按式(4.3－32)表示，则由式(4.4－5)给出

$$\frac{1}{2}\frac{\mathrm{d}E_0(2\omega,z)}{\mathrm{d}z}\mathrm{e}^{-\mathrm{i}\varphi_{2\omega}}=\frac{2\mathrm{i}\omega^2}{k_{2\omega}c^2}\chi^{(2)}_{\text{eff}}\frac{E_0^2(\omega,z)}{4}\mathrm{e}^{-\mathrm{i}2\varphi_\omega}\mathrm{e}^{\mathrm{i}\Delta kz} \tag{4.4-12}$$

在相位匹配条件下，即 $\Delta k=0$ 时，式(4.4－11)和式(4.4－12)变为

$$E_0^2(\omega,z)=E_0^2(\omega,0)-E_0^2(2\omega,z) \tag{4.4-13}$$

和

$$\frac{\mathrm{d}E_0(2\omega,z)}{\mathrm{d}z}=\frac{\omega^2}{k_{2\omega}c^2}|\chi_{\mathrm{eff}}^{(2)}|[E_0^2(\omega,0)-E_0^2(2\omega,z)]\mathrm{e}^{\mathrm{i}(\varphi_{2\omega}-2\varphi_\omega\pm\frac{\pi}{2})} \tag{4.4-14}$$

因为上式除指数项外，其它各量都是实数，故要求

$$\varphi_{2\omega}-2\varphi_\omega\pm\frac{\pi}{2}=0 \tag{4.4-15}$$

这样，式(4.4-14)变成

$$\frac{\mathrm{d}E_0(2\omega,z)}{\mathrm{d}z}=\frac{\omega^2}{k_{2\omega}c^2}|\chi_{\mathrm{eff}}^{(2)}|[E_0^2(\omega,0)-E_0^2(2\omega,z)] \tag{4.4-16}$$

求解方程(4.4-16)时，利用如下积分公式：

$$\int\frac{\mathrm{d}x}{a^2-x^2}=\frac{1}{a}\,\mathrm{th}^{-1}\left(\frac{x}{a}\right)$$

可得

$$E_0(2\omega,z)=E_0(\omega,0)\,\mathrm{th}\left[\frac{\omega^2}{k_{2\omega}c^2}|\chi_{\mathrm{eff}}^{(2)}|E_0(\omega,0)z\right] \tag{4.4-17}$$

若令

$$l_{\mathrm{SH}}=\left[\frac{\omega^2}{k_{2\omega}c^2}|\chi_{\mathrm{eff}}^{(2)}|E_0(\omega,0)\right]^{-1} \tag{4.4-18}$$

为表征二次谐波产生过程速率的特征长度，则式(4.4-17)简化为

$$E_0(2\omega,z)=E_0(\omega,0)\,\mathrm{th}\left(\frac{z}{l_{\mathrm{SH}}}\right) \tag{4.4-19}$$

再将式(4.4-19)代入式(4.4-13)后，便得到

$$E_0(\omega,z)=E_0(\omega,0)\,\mathrm{sech}\left(\frac{z}{l_{\mathrm{SH}}}\right) \tag{4.4-20}$$

式(4.4-19)和式(4.4-20)的图解关系如图 4.4-1 所示。由图可见，在完全相位匹配的条件下，二次谐波场的振幅从零开始逐渐增大，当 $z=l_{\mathrm{SH}}$时，大约有一半的基波功率转变为二次谐波功率，最后，基波功率全部转变为二次谐波功率。

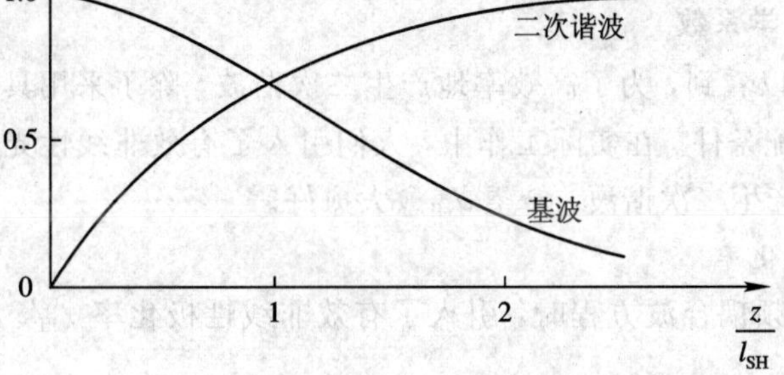

图 4.4-1　相位匹配条件下二次谐波产生规律

当 z 很小时，因为 $\text{th}\left(\frac{z}{l_{SH}}\right)\approx\frac{z}{l_{SH}}$，所以式(4.4-19)可变为

$$E_0(2\omega,z)=E_0(\omega,0)\frac{z}{l_{SH}} \tag{4.4-21}$$

因此，二次谐波振幅 $E_0(2\omega,z)$随 z 线性地增大，增大的速率由 l_{SH}表征；所产生的二次谐波相位 $\varphi_{2\omega}$与基波相位 φ_ω 的关系由式(4.4-15)确定。

如果没有完全达到相位匹配条件，即 $\Delta k\neq0$，并且假定在小信号近似的条件下工作，则式(4.4-5)可表示为

$$\frac{dE(2\omega,z)}{dz}=\frac{2i\omega^2}{k_{2\omega}c^2}\chi_{\text{eff}}^{(2)}E^2(\omega,0)e^{i\Delta kz} \tag{4.4-22}$$

积分后得

$$E(2\omega,z)=\frac{4\omega^2}{k_{2\omega}c^2}\chi_{\text{eff}}^{(2)}E^2(\omega,0)e^{i\frac{\Delta kz}{2}}\frac{\sin(\Delta kz/2)}{\Delta k} \tag{4.4-23}$$

所以

$$|E(2\omega,z)|^2=\frac{1}{4}E_0^2(2\omega,z)=\left(\frac{4\omega^2}{k_{2\omega}c^2}\right)^2|\chi_{\text{eff}}^{(2)}|^2|E(\omega,0)|^2|E(\omega,0)|^2\frac{1}{4}\frac{\sin^2(\Delta kz/2)}{(\Delta k/2)^2} \tag{4.4-24}$$

又因为

$$|E(\omega,0)|^2=\frac{1}{4}E_0^2(\omega,0)$$

将其代入式(4.4-24)后便得

$$E_0(2\omega,z)=\frac{\omega^2}{k_{2\omega}c^2}|\chi_{\text{eff}}^{(2)}|E_0^2(\omega,0)\frac{\sin(\Delta kz/2)}{\Delta k/2}=E_0(\omega,0)\frac{\sin(\Delta kz/2)}{\Delta kl_{SH}/2} \tag{4.4-25}$$

由此可见，在相位失配条件下，当基波和二次谐波通过非线性介质时，二次谐波的光电场振幅在零与最大值$[2E_0(\omega,0)/(\Delta kl_{SH})]$之间振荡，振荡周期为 $4\pi/\Delta k$。根据第 3 章关于二次谐波相干长度 L_c 的定义($L_c=\pi/\Delta k$)可以看出，二次谐波光电场振幅的振荡周期四倍于相干长度，而二次谐波功率的振荡周期为相干长度的二倍。从二次谐波产生过程的能量耦合角度来看，在第一个相干长度范围内，基波能量向二次谐波耦合，在第二个相干长度范围内，则是二次谐波能量向基波耦合。当相位失配程度增大时，即当 Δk 增大时，二次谐波的最大振幅减少。

2. 有效非线性光学系数

由上面的讨论可以看到，为了高效率地产生二次谐波，除了采用具有高非线性的介质外，还应满足相位匹配条件。在实际工作中，人们引入了有效非线性光学系数 d_{eff}的概念，并指出，为了高效地产生二次谐波，希望 d_{eff}愈大愈好。

1) 有效非线性极化率

前面求解三波混频耦合波方程时，引入了有效非线性极化率 $\chi_{\text{eff}}^{(2)}$。例如，对于频率为 ω_3 的和频过程，有

$$\begin{aligned}\chi_{\text{eff}}^{(2)}&=\boldsymbol{a}(\omega_3)\cdot\chi^{(2)}(\omega_1,\omega_2):\boldsymbol{a}(\omega_1)\boldsymbol{a}(\omega_2)\\&=\chi^{(2)}(\omega_1,\omega_2)\vdots\boldsymbol{a}(\omega_3)\boldsymbol{a}(\omega_1)\boldsymbol{a}(\omega_2)\end{aligned} \tag{4.4-26}$$

这个有效非线性极化率实际上表示了频率为 ω_1 和 ω_2 的两个单位光电场，通过 $\chi^{(2)}(\omega_1,\omega_2)$ 产生频率为 ω_3 的非线性极化强度在 $\boldsymbol{a}(\omega_3)$ 方向上的投影。由讨论可见，耦合波方程的解与有效非线性极化率有关，而不与非线性极化率张量中的每个元素单独发生关系。从物理上来看这是很显然的，因为所产生的非线性极化强度中只有与 $\boldsymbol{a}(\omega_3)$ 方向一致的分量才与 $\boldsymbol{a}(\omega_3)$ 偏振方向的光波发生耦合，而与 $\boldsymbol{a}(\omega_3)$ 方向垂直的分量与 $\boldsymbol{a}(\omega_3)$ 偏振方向的光波不发生耦合。

将式(4.4-26)改写为

$$\chi_{\text{eff}}^{(2)} = \chi_{\mu\alpha\beta}^{(2)}(\omega_1,\omega_2)a_\mu(\omega_3)a_\alpha(\omega_1)a_\beta(\omega_2) \tag{4.4-27}$$

明显可见，有效非线性极化率除表征介质的非线性特性外，还与混频光场的偏振方向有关。

前面我们已经讨论过，为了在晶体中实现相位匹配，参与非线性作用的三个光波应取特定的偏振方向：对于正单轴晶体，三个光波的偏振方向 $\boldsymbol{a}(\omega_1)$、$\boldsymbol{a}(\omega_2)$ 和 $\boldsymbol{a}(\omega_3)$ 应取 e e o (第Ⅰ类相位匹配)或 e o o(第Ⅱ类相位匹配)；对于负单轴晶体，$\boldsymbol{a}(\omega_1)$、$\boldsymbol{a}(\omega_2)$ 和 $\boldsymbol{a}(\omega_3)$ 应取 o o e(第Ⅰ类相位匹配)或 o e e(第Ⅱ类相位匹配)。对于同一类晶体，这四种过程的有效非线性极化率是不同的，但是因为 $\boldsymbol{a}(\omega_1)$、$\boldsymbol{a}(\omega_2)$ 和 $\boldsymbol{a}(\omega_3)$ 不是取 o 光偏振就是取 e 光偏振，所以为了推导上述四种过程的有效非线性极化率的表达式，可以首先写出 o 光和 e 光的单位偏振矢量，然后根据各类晶体的非线性极化率张量 $\chi^{(2)}$ 的形式，利用式(4.4-27)求出各类晶体中两种相位匹配形式、四种作用过程的有效非线性极化率。

若取晶体坐标如图 4.4-2 所示，则其 o 光单位偏振矢量和 e 光单位偏振矢量分别为

$$\boldsymbol{a}^{\text{o}} = \begin{pmatrix} \sin\varphi \\ -\cos\varphi \\ 0 \end{pmatrix} \tag{4.4-28}$$

$$\boldsymbol{a}^{\text{e}} = \begin{pmatrix} -\cos\theta\cos\varphi \\ -\cos\theta\sin\varphi \\ \sin\theta \end{pmatrix} \tag{4.4-29}$$

这里的角度 θ 为波矢量与光轴的夹角，它由相位匹配条件的要求确定；φ 角为波矢量的方位角。

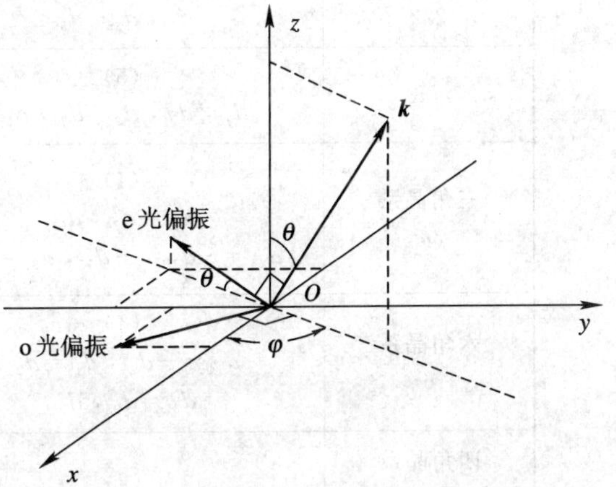

图 4.4-2　o 光偏振与 e 光偏振在各晶轴上的投影

2) 有效非线性光学系数

在非线性光学中，除了采用非线性极化率张量 $\chi^{(2)}$ 描述非线性作用外，实验工作者习惯上更常采用非线性光学系数 **d** 描述非线性相互作用。**d** 与 $\chi^{(2)}$ 有如下关系[9]：

$$\chi_{\mu\alpha\beta}^{(2)}(\omega_1,\omega_2) = d_{\mu\alpha\beta}(\omega_1,\omega_2) \tag{4.4-30}$$

$$\chi_{\mu\alpha\beta}^{(2)}(\omega,\omega) = 2d_{\mu\alpha\beta}(\omega,\omega) \tag{4.4-31}$$

若用 **d** 替代三波混频耦合波方程中的 $\chi^{(2)}$，同样可以得到有效非线性光学系数 d_{eff}：

$$d_{\text{eff}} = \boldsymbol{a}(\omega_3)\cdot\mathbf{d}(\omega_1,\omega_2):\boldsymbol{a}(\omega_1)\boldsymbol{a}(\omega_2) \tag{4.4-32}$$

它是一个标量，同样表征了光混频中的光波耦合。

下面推导二次谐波产生的有效非线性光学系数，其方法对于和频、差频产生同样适用。

根据非线性极化率张量的本征对易对称性，二次谐波产生的非线性光学系数$d_{\mu\alpha\beta}(\omega,\omega)$的后两个脚标交换位置保持不变，因此可以使用简化脚标，将其表示成$d_{\mu l}(2\omega)$，相应的约化关系为

$$\begin{array}{ccccccc} \alpha\beta(\beta\alpha)= & xx & yy & zz & yz(zy) & zx(xz) & xy(yx) \\ l= & 1 & 2 & 3 & 4 & 5 & 6 \end{array}$$

由于$\mu=1, 2, 3$，$l=1, 2, 3, 4, 5, 6$，所以$d_{\mu l}$共有 18 个元素，其矩阵表示形式为

$$\begin{bmatrix} d_{11} & d_{12} & d_{13} & d_{14} & d_{15} & d_{16} \\ d_{21} & d_{22} & d_{23} & d_{24} & d_{25} & d_{26} \\ d_{31} & d_{32} & d_{33} & d_{34} & d_{35} & d_{36} \end{bmatrix} \tag{4.4-33}$$

进一步，由于晶体的空间对称性，$d_{\mu l}$的独立元素数目还会大大减少。表 4.4-1 列举了某些晶类的$d_{\mu l}(2\omega)$独立分量数目，其中，A是只考虑本征对易对称性和空间对称性时不为零的独立分量数目；B是具有完全对易对称性时不为零的独立分量数目。

表 4.4-1 某些晶类的 $d_{\mu l}(2\omega)$ 独立分量数目

晶类和晶系	A	B
正交晶系 222	(3) d_{14}, d_{25}, d_{36}	(1) $d_{14}=d_{25}=d_{36}$
$mn2$	(5) d_{15}, d_{24}, d_{31}, d_{32}, d_{33}	(3) $d_{15}=d_{31}$, $d_{24}=d_{32}$
三角晶系 $3m$	(4) $d_{15}=d_{24}$, d_{33} $d_{22}=-d_{21}=-d_{15}$, $d_{31}=d_{32}$	(3) $d_{31}=d_{15}$
六角晶系 6	(4) $d_{14}=-d_{25}$, $d_{15}=d_{24}$ $d_{31}=d_{32}$, d_{33}	(2) $d_{14}=0$ $d_{24}=d_{32}$
四角晶系 $\bar{4}2m$ ($2\perp z$)	(2) $d_{14}=d_{25}$, d_{36}	(1) $d_{14}=d_{36}$
立方晶系 $\bar{4}3m$	(1) $d_{14}=d_{25}=d_{36}$	(1) $d_{14}=d_{25}=d_{36}$

对于二次谐波产生的有效非线性光学系数$d_{\text{eff}}=\boldsymbol{a}_2\cdot\mathbf{d}:\boldsymbol{a}_1\boldsymbol{a}_1'$（基波偏振的两个单位矢量$\boldsymbol{a}_1$和$\boldsymbol{a}_1'$可以不是同一偏振态）中的$\boldsymbol{a}_1\boldsymbol{a}_1'$，可以用列矢量表示，此列矢量有 6 个分量，分别为

$$(\boldsymbol{a}_1\boldsymbol{a}_1')_1=a_{1x}a_{1x}' \qquad (\boldsymbol{a}_1\boldsymbol{a}_1')_2=a_{1y}a_{1y}' \qquad (\boldsymbol{a}_1\boldsymbol{a}_1')_3=a_{1z}a_{1z}'$$

$$(\boldsymbol{a}_1\boldsymbol{a}_1')_4=a_{1y}a_{1z}'+a_{1z}a_{1y}' \quad (\boldsymbol{a}_1\boldsymbol{a}_1')_5=a_{1x}a_{1z}'+a_{1z}a_{1x}' \quad (\boldsymbol{a}_1\boldsymbol{a}_1')_6=a_{1x}a_{1y}'+a_{1y}a_{1x}'$$

于是，d_{eff}可以用矩阵运算表示为

$$d_{\text{eff}} = [a_{2x} \quad a_{2y} \quad a_{2z}] \begin{bmatrix} d_{11} & d_{12} & d_{13} & d_{14} & d_{15} & d_{16} \\ d_{21} & d_{22} & d_{23} & d_{24} & d_{25} & d_{26} \\ d_{31} & d_{32} & d_{33} & d_{34} & d_{35} & d_{36} \end{bmatrix} \begin{bmatrix} a_{1x}a_{1x}' \\ a_{1y}a_{1y}' \\ a_{1z}a_{1z}' \\ a_{1y}a_{1z}' + a_{1z}a_{1y}' \\ a_{1x}a_{1z}' + a_{1z}a_{1x}' \\ a_{1x}a_{1y}' + a_{1y}a_{1x}' \end{bmatrix} \tag{4.4-34}$$

相应于两种相位匹配形式、四种作用过程的有效非线性光学系数的具体算式分别为

$$d_{\text{eff}} = [\sin\varphi \quad -\cos\varphi \quad 0][d] \begin{bmatrix} \cos^2\theta\cos^2\varphi \\ \cos^2\theta\sin^2\varphi \\ \sin^2\theta \\ -\sin 2\theta\sin\varphi \\ -\sin 2\theta\cos\varphi \\ \cos^2\theta\sin 2\varphi \end{bmatrix} \quad (\text{e e o}) \tag{4.4-35}$$

$$d_{\text{eff}} = [\sin\varphi \quad -\cos\varphi \quad 0][d] \begin{bmatrix} -\frac{1}{2}\cos\theta\sin 2\varphi \\ \frac{1}{2}\cos\theta\sin 2\varphi \\ 0 \\ -\sin\theta\cos\varphi \\ \sin\theta\sin\varphi \\ \cos\theta\cos 2\varphi \end{bmatrix} \quad (\text{e o o}) \tag{4.4-36}$$

$$d_{\text{eff}} = [-\cos\theta\cos\varphi \quad -\cos\theta\sin\varphi \quad \sin\theta][d] \begin{bmatrix} \sin^2\varphi \\ \cos^2\varphi \\ 0 \\ 0 \\ 0 \\ -\sin 2\varphi \end{bmatrix} \quad (\text{o o e}) \tag{4.4-37}$$

$$d_{\text{eff}} = [-\cos\theta\cos\varphi \quad -\cos\theta\sin\varphi \quad \sin\theta][d] \begin{bmatrix} -\frac{1}{2}\cos\theta\sin 2\varphi \\ \frac{1}{2}\cos\theta\sin 2\varphi \\ 0 \\ -\sin\theta\cos\varphi \\ \sin\theta\sin\varphi \\ \cos\theta\cos 2\varphi \end{bmatrix} \quad (\text{o e e}) \tag{4.4-38}$$

这里的矩阵$[d]$即是式(4.4-33)表示的矩阵。

对于一般输入为两个不同频率的混频过程，当克莱曼近似关系成立时，$\chi^{(2)}_{\mu\alpha\beta}$与频率无关，且因 $\chi^{(2)}_{\mu\alpha\beta}(\omega_1,\omega_2)=\chi^{(2)}_{\mu\beta\alpha}(\omega_1,\omega_2)$，所以后面两个脚标可简化成一个脚标，表示成 $\chi^{(2)}_{\mu l}$。因此有效非线性极化率 $\chi^{(2)}_{\text{eff}}$ 也可用式(4.4-35)～式(4.4-38)来确定，只是此时$\chi^{(2)}_{\text{eff}}=2d_{\text{eff}}$。

通常文献中给出的数值是二次谐波产生的非线性光学系数 $d_{\mu l}$，而不是 $\chi_{\mu l}^{(2)}$，这在使用时要注意。

现以 KDP 晶体为例，说明 d_{eff}的求法。KDP 晶体属$\bar{4}2m$ 晶类、负单轴晶体，非零张量元素有：$d_{14}=d_{25}$，d_{36}。对于第 Ⅰ 类相位匹配形式(o o e)，利用等式(4.4-37)立即可以得到

$$(d_{eff})_{Ⅰ} = -d_{36}\sin\theta\sin2\varphi \tag{4.4-39}$$

对于第Ⅱ类相位匹配形式(o e e)，利用等式(4.4-38)也可很容易得到

$$(d_{eff})_{Ⅱ} = \frac{1}{2}(d_{14}+d_{36})\sin2\theta\cos2\varphi \tag{4.4-40}$$

如果克莱曼对称性成立，则有 $d_{14}=d_{36}$，因此

$$(d_{eff})_{Ⅱ} = d_{14}\sin2\theta\cos2\varphi \tag{4.4-41}$$

对于其它各类单轴晶体，其有效非线性光学系数列于表 4.4-2 中。从 KDP 晶体的有效非线性光学系数表示式(4.4-39)及式(4.4-40)可以看出，d_{eff}的大小与角度 θ 和 φ 的数值有关。θ 角取决于相位匹配条件，不能任意取，而 φ 角的取值应使 d_{eff}值最大。对于 KDP 晶体，第Ⅰ类相位匹配应取 $\varphi=45°$，第Ⅱ类相位匹配应取 $\varphi=0°$或 90°。

对于双轴晶体的有效非线性光学系数 d_{eff}的计算，可参看参考文献[10]。

4.4.2 高斯光束的二次谐波产生

前面讨论了理想均匀平面波的二次谐波产生。由于作为基波输入的光束通常是由激光器产生的，往往是 TEM_{00}基模高斯光束，所以本节讨论基模高斯光束的二次谐波产生。

假设基波 TEM_{00}模高斯光束的电场由下式表示：

$$E_1(\boldsymbol{r},t) = \frac{1}{2}[E_{01}(\boldsymbol{r})e^{-i\omega_1 t} + c.c.] \tag{4.4-42}$$

式中

$$E_{01}(x,y,z) = \frac{E_{10}}{1+i\xi_1}e^{ik_1 z}e^{-\frac{k_1 r^2}{b_1(1+i\xi_1)}} = \frac{E_{10}}{\sqrt{1+\xi_1^2}}e^{i(k_1 z-\arctan\xi_1)}e^{-\frac{k_1 r^2}{b_1(1+i\xi_1)}} \tag{4.4-43}$$

其中，$b_1=k_1 w_{10}^2$为共焦参量，w_{10}为光束束腰半径；$\xi_1=\dfrac{2(z-f)}{b_1}$为聚焦参量，它是视 $z=f$ 为焦点的归一化 z 坐标；$r^2=x^2+y^2$。高斯光束轮廓如图 4.4-3 所示。

下面分几种情况进行讨论

1) 近场($\xi_1\ll1$)、不考虑走离效应

此时，TEM_{00}模高斯光束电场表达式可简化为

$$E_{01}(x,y,z) = E_{10}e^{-\frac{k_1 r^2}{b_1}}e^{ik_1 z} \tag{4.4-44}$$

该式表明，在近场区高斯光束的波阵面为平面，因此可以利用平面波情况下的耦合波方程(4.4-1)进行讨论，只是在这里应以 $E_{10}e^{-\frac{k_1 r^2}{b_1}}$ 代替方程中的 $E(\omega_1,z)$，以 $2d_{eff}$代替 $\chi_{eff}^{(2)}$。于是，耦合波方程为

$$\frac{dE_{02}}{dz} = i\frac{\omega}{n_2 c}d_{eff}E_{10}^2 e^{-\frac{2k_1 r^2}{b_1}}e^{i\Delta kz} \tag{4.4-45}$$

表 4.4-2　13 类单轴晶体的有效非线性光学系数 d_{eff}

(a) 不考虑克莱曼近似关系

晶　类	e e o	o e e	o o e	e o o
6 和 4	$-d_{14}\sin2\theta$	$\frac{1}{2}d_{14}\sin2\theta$	$d_{31}\sin\theta$	$d_{15}\sin\theta$
622 和 422	$-d_{14}\sin2\theta$	$\frac{1}{2}d_{14}\sin2\theta$	0	0
$6mm$ 和 $4mm$	0	0	$d_{31}\sin\theta$	$d_{15}\sin\theta$
$\bar{6}m2$	$d_{22}\cos^2\theta\cos3\varphi$	$d_{22}\cos^2\theta\cos3\varphi$	$-d_{22}\cos\theta\sin3\varphi$	$-d_{22}\cos\theta\sin3\varphi$
$3m$	$d_{22}\cos^2\theta\cos3\varphi$	$d_{22}\cos^2\theta\cos3\varphi$	$d_{31}\sin\theta-d_{22}\cos\theta\sin3\varphi$	$d_{15}\sin\theta-d_{22}\cos\theta\sin3\varphi$
$\bar{6}$	$\cos^2\theta(d_{11}\sin3\varphi+d_{22}\cos3\varphi)$	$\cos^2\theta(d_{11}\sin3\varphi+d_{22}\cos3\varphi)$	$\cos\theta(d_{11}\cos3\varphi-d_{22}\sin3\varphi)$	$\cos\theta(d_{11}\cos3\varphi-d_{22}\sin3\varphi)$
3	$\cos^2\theta(d_{11}\sin3\varphi+d_{22}\cos3\varphi)$ $-d_{14}\sin2\theta$	$\cos^2\theta(d_{11}\sin3\varphi+d_{22}\cos3\varphi)+\frac{1}{2}d_{14}\sin2\theta$	$\cos\theta(d_{11}\cos3\varphi-d_{22}\sin3\varphi)$ $+d_{31}\sin\theta$	$\cos\theta(d_{11}\cos3\varphi-d_{22}\sin3\varphi)$ $+d_{15}\sin\theta$
32	$d_{11}\cos^2\theta\sin3\varphi-d_{14}\sin2\theta$	$d_{11}\cos^2\theta\sin3\varphi+\frac{1}{2}d_{14}\sin2\theta$	$d_{11}\cos\theta\cos3\varphi$	$d_{11}\cos\theta\cos3\varphi$
$\bar{4}$	$(d_{14}\cos2\varphi-d_{15}\sin2\varphi)\sin2\theta$	$\frac{1}{2}(d_{14}+d_{36})\cos2\varphi\sin2\theta$ $-\frac{1}{2}(d_{15}+d_{31})\sin2\varphi\sin2\theta$	$-\sin\theta(d_{31}\cos2\varphi+d_{36}\sin2\varphi)$	$-\sin\theta(d_{15}\cos2\varphi+d_{14}\sin2\varphi)$
$\bar{4}2m$	$d_{14}\sin2\theta\cos2\varphi$	$\frac{1}{2}(d_{14}+d_{36})\cos2\varphi\sin2\theta$	$-d_{36}\sin\theta\sin2\varphi$	$-d_{14}\sin\theta\sin2\varphi$

(b) 克莱曼近似关系成立情况

晶　类	e e o 及 o e e	o o e 及 e o o	晶类	e e o 及 o e e	o o e 及 e o o
6 和 4	0	$d_{15}\sin\theta$	$\bar{6}$	$\cos^2\theta(d_{11}\sin3\varphi+d_{22}\cos3\varphi)$	$\cos\theta(d_{11}\cos3\varphi-d_{22}\sin3\varphi)$
622 和 422	0	0	3	$\cos^2\theta(d_{11}\sin3\varphi+d_{22}\cos3\varphi)$	$d_{15}\sin\theta+\cos\theta(d_{11}\cos3\varphi-d_{22}\sin3\varphi)$
$6mm$ 和 $4mm$	0	$d_{15}\sin\theta$	32	$d_{11}\cos^2\theta\sin3\varphi$	$d_{11}\cos\theta\cos3\varphi$
$\bar{6}m2$	$d_{22}\cos^2\theta\cos3\varphi$	$-d_{22}\cos\theta\sin3\varphi$	$\bar{4}$	$\sin2\theta(d_{14}\cos2\varphi-d_{15}\sin2\varphi)$	$-\sin\theta(d_{14}\sin2\varphi+d_{15}\cos2\varphi)$
$3m$	$d_{22}\cos^2\theta\cos3\varphi$	$d_{15}\sin\theta-d_{22}\cos\theta\sin3\varphi$	$\bar{4}2m$	$d_{14}\sin2\theta\cos2\varphi$	$-d_{14}\sin\theta\sin2\varphi$

在小信号近似情况下可得

$$E_{02}=\mathrm{i}\,\frac{2\pi l d_{\mathrm{eff}}}{n_2\lambda_1}E_{10}^2\mathrm{e}^{-\frac{2k_1r^2}{b_1}}\ \mathrm{e}^{\mathrm{i}\frac{\Delta kl}{2}}\frac{\sin(\Delta kl/2)}{\Delta kl/2}\tag{4.4-46}$$

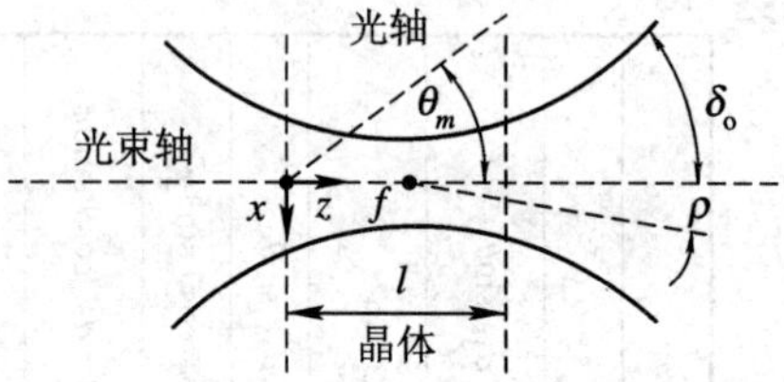

图 4.4-3 高斯光束

基波高斯光束功率为

$$\begin{aligned}P_1&=\frac{n_1c\varepsilon_0}{2}\int_0^{2\pi}\int_0^{\infty}|E_{01}(r)|^2r\,\mathrm{d}r\,\mathrm{d}\varphi\\&=\frac{n_1c\varepsilon_0}{2}|E_{10}|^2\left(\frac{\pi w_{10}^2}{2}\right)=I_{10}\left(\frac{\pi w_{10}^2}{2}\right)\end{aligned}\tag{4.4-47}$$

式中，$w_{10}=(k_1/b_1)^{-1/2}$为基波光束束腰半径，$I_{10}=\frac{n_1c\varepsilon_0}{2}|E_{10}|^2$为光束的中心光强。二次谐波功率为

$$P_2=\frac{n_2c\varepsilon_0}{2}\int_0^{2\pi}\int_0^{\infty}|E_{02}|^2r\,\mathrm{d}r\,\mathrm{d}\varphi=\frac{8\pi^2l^2d_{\mathrm{eff}}^2}{n_1^2n_2\lambda_1^2c\varepsilon_0}\,\frac{P_1^2}{\pi w_{10}^2}\,\frac{\sin^2(\Delta kl/2)}{(\Delta kl/2)^2}\tag{4.4-48}$$

因此，二次谐波产生效率η为

$$\eta=\frac{P_2}{P_1}=\frac{8\pi^2l^2d_{\mathrm{eff}}^2}{n_1^2n_2\lambda_1^2c\varepsilon_0}\,\frac{P_1}{\pi w_{10}^2}\,\frac{\sin^2(\Delta kl/2)}{(\Delta kl/2)^2}\tag{4.4-49}$$

由式(4.4-46)可以看出，二次谐波也是高斯光束，它的束腰半径w_{20}为

$$w_{20}=\sqrt{\frac{b_1}{2k_1}}=\frac{w_{10}}{\sqrt{2}}\tag{4.4-50}$$

2) 近场($\xi_1\ll1$)、考虑走离效应[11]

为讨论简单起见，假定满足相位匹配条件($\Delta k=0$)，并假定走离发生在xOz平面内(见图 4.4-4)，走离角为ρ，且只讨论小信号近似。

由于考虑的是近场情况，所以仍可采用平面波耦合波方程(4.4-45)，但是在计算晶体输出面上的总谐波场时，积分路径必须沿着能量传播方向(与z轴夹角为ρ)。在这种情况下，晶体输出面上某点$B(x,y,l)$的二次谐波场幅度$E_{02}(x,y,l)$，应是虚线AB上各点的非线性极化发射的二次谐波场的叠加。因此，对方程(4.4-45)的积分为

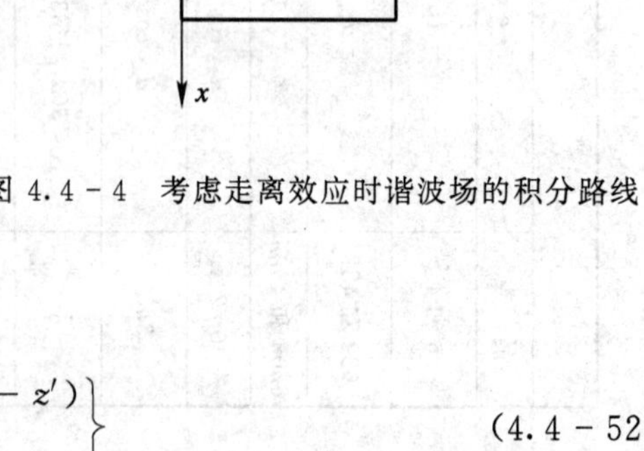

图 4.4-4 考虑走离效应时谐波场的积分路线

$$E_{02}(x,y,l)=\mathrm{i}\,\frac{\omega}{n_2c}d_{\mathrm{eff}}E_{10}^2\int_0^l\mathrm{e}^{-\frac{2k_1}{b_1}(x'^2+y'^2)}\,\mathrm{d}z'\tag{4.4-51}$$

式中，x'、y'、z'是积分路径AB上各点的坐标：

$$\left.\begin{aligned}x'&=x-\rho(l-z')\\y'&=y\end{aligned}\right\}\tag{4.4-52}$$

将式(4.4-52)代入式(4.4-51)，可得

$$E_{02}(x,y,l)=\mathrm{i}\frac{\omega}{n_2c}d_{\mathrm{eff}}E_{10}^2\int_0^l \mathrm{e}^{\left\{-\frac{2k_1}{b_1}[x-\rho(l-z')]^2-\frac{2k_1}{b_1}y^2\right\}}\mathrm{d}z' \tag{4.4-53}$$

引入归一化坐标[12]

$$\left.\begin{aligned} u &= \sqrt{2}(x-\rho l)\sqrt{\frac{k_1}{b_1}} \\ \tau &= \sqrt{2}\rho z'\sqrt{\frac{k_1}{b_1}} \\ t &= \sqrt{2}\rho l\sqrt{\frac{k_1}{b_1}}=\sqrt{2\pi}\frac{l}{l_a}\end{aligned}\right\} \tag{4.4-54}$$

式中，l_a 是高斯光束的走离长度，定义为

$$l_a=\frac{\sqrt{\pi}}{\rho}\sqrt{\frac{b_1}{k_1}}=\frac{\sqrt{\pi}w_{10}}{\rho} \tag{4.4-55}$$

并且定义积分

$$F(u,t)=\frac{1}{t}\int_0^t \mathrm{e}^{-(u+\tau)^2}\mathrm{d}\tau \tag{4.4-56}$$

则式(4.4-53)可表示为

$$E_{02}(x,y,l)=\mathrm{i}\frac{\omega}{n_2c}d_{\mathrm{eff}}E_{10}^2\mathrm{e}^{-\frac{2k_1}{b_1}y^2}lF(u,t) \tag{4.4-57}$$

函数 $F(u,t)$ 描述了晶体双折射引起二次谐波场的扭变。当没有双折射($\rho=0$)时，$F(u,t)=\exp\left(-2\frac{k_1x^2}{b_1}\right)$，二次谐波场在 x 方向也是高斯分布。图 4.4-5 示出了不同 t 值下，函数 $F^2(u,t)$ 的变化规律。由图可见，晶体的双折射特性越严重，二次谐波场在 x 方向拉得越宽，峰值强度也越低。

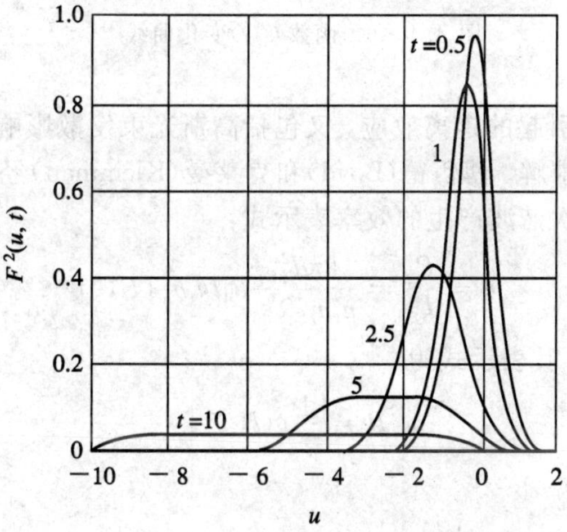

图 4.4-5　不同 t 值下，函数 $F^2(u,t)$ 的变化曲线

二次谐波场的总功率为

$$P_2=\frac{n_2c\varepsilon_0}{2}\int_{-\infty}^{\infty}\int_{-\infty}^{\infty}|E_{02}(x,y,l)|^2\mathrm{d}x\,\mathrm{d}y \tag{4.4-58}$$

将式(4.4－57)代入上式可得

$$P_2=\frac{\omega^4}{n_2^2c^2}d_{\text{eff}}^2\frac{n_2c\varepsilon_0}{2}E_{10}^4\frac{\sqrt{\pi}b_1}{2k_1}l^2\int_{-\infty}^{\infty}F^2(u,t)\mathrm{d}x=\frac{8\pi^2l^2d_{\text{eff}}^2}{n_1^2n_2\lambda_1^2c\varepsilon_0}\frac{P_1^2}{\pi w_{10}^2}G(t) \tag{4.4-59}$$

式中，函数 $G(t)$定义为

$$G(t)=\sqrt{\frac{2}{\pi}}\int_{-\infty}^{\infty}F^2(u,t)\mathrm{d}x \tag{4.4-60}$$

因此，二次谐波产生的效率为

$$\eta=\frac{P_2}{P_1}=\frac{8\pi^2l^2d_{\text{eff}}^2}{n_1^2n_2\lambda_1^2c\varepsilon_0}\frac{P_1}{\pi w_{10}^2}G(t) \tag{4.4-61}$$

图 4.4－6 是函数 $G(t)$随 t 变化的关系曲线。由于 t 正比于走离角 ρ，所以 t 越大，表示双折射越大。因此，由上式可见，双折射越大，二次谐波产生效率越低。

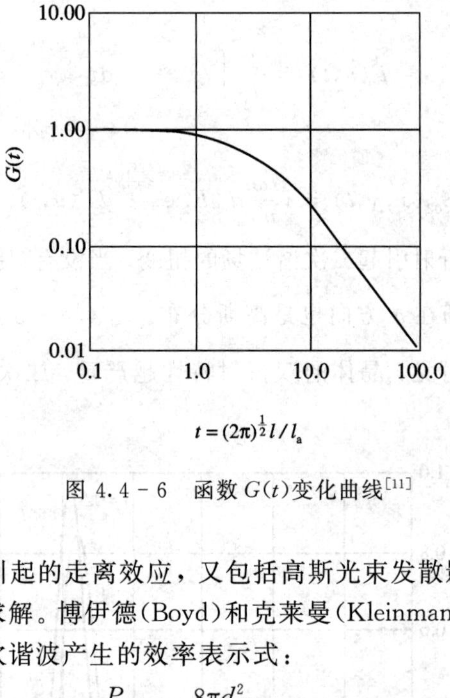

图 4.4－6　函数 $G(t)$变化曲线[11]

3）一般情况

对于既包括双折射引起的走离效应，又包括高斯光束发散影响的一般情况，不能直接采用平面波耦合波方程求解。博伊德(Boyd)和克莱曼(Kleinman)经过详细证明[13]，给出了远场情况下高斯光束二次谐波产生的效率表示式：

$$\eta=\frac{P_2}{P_1}=\frac{8\pi d_{\text{eff}}^2}{n_1^2n_2\lambda_1^2c\varepsilon_0}P_1lk_1h_{\text{m}}(B,\zeta) \tag{4.4-62}$$

式中，B 是双折射参量，其表示式为

$$B=\frac{1}{2}\rho(lk_1)^{1/2} \tag{4.4-63}$$

ζ 是聚焦参数，表示式为

$$\zeta=\frac{l}{b_1} \tag{4.4-64}$$

函数 $h_{\text{m}}(B,\zeta)$的数学表达式比较复杂，这里不再引入。式(4.4－62)是最佳匹配下的效率公式，即 $h_{\text{m}}(B,\zeta)$是函数 $h(B,\zeta)$在最佳 Δk 下所取得的极值。在一定 B、ζ 下，并非 $\Delta k=0$ 时的二次谐波产生效率最高，这一点与平面波的二次谐波产生不同。函数在各种 B 值下的关系曲线如图 4.4－7 所示。由图 4.4－7 可见，对各个 B 值，$h_{\mathrm{m}}(B,\zeta)$都有一个极大值 $h_{\mathrm{mm}}(B)$。函数 $h_{\mathrm{mm}}(B)$与 B 的关系如图 4.4－8 所示。当 $B=0$ 时，$h_{\mathrm{m}}(B,\zeta)$的极大值在 $\zeta=2.84$ 处。

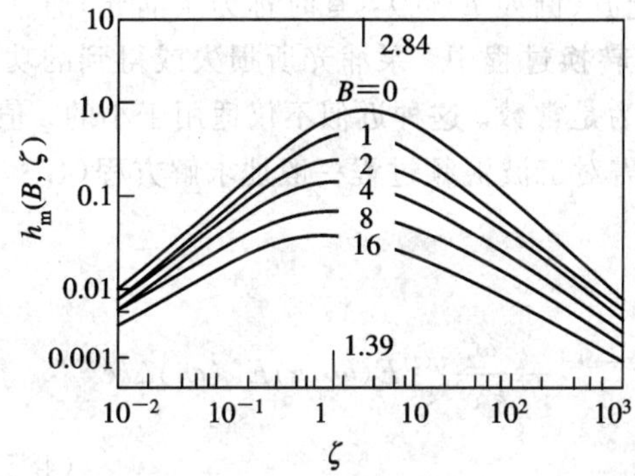

图 4.4－7　函数 $h_{\mathrm{m}}(B,\zeta)$在各种 B 值下与 ζ 的关系曲线

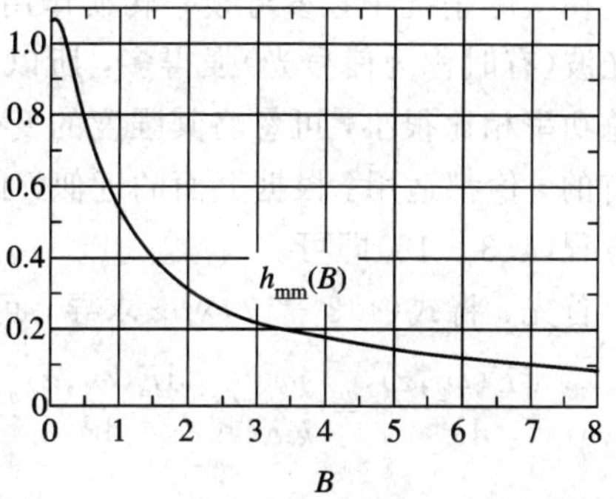

图 4.4－8　函数 $h_{\mathrm{mm}}(B)$与 B 的关系曲线

最后，我们列出各种极限情况下的效率公式：

$$\eta=\frac{P_2}{P_1}=\frac{8\pi d_{\mathrm{eff}}^2}{n_1^2 n_2 \lambda_1^2 c\varepsilon_0}\frac{P_1}{w_{10}^2}\begin{cases} l^2, & l_{\mathrm{a}},l_{\mathrm{f}}\gg l \\ ll_{\mathrm{a}}, & l_{\mathrm{f}}\gg l\gg l_{\mathrm{a}} \\ l_{\mathrm{f}}l_{\mathrm{a}}, & l\gg l_{\mathrm{f}}\gg l_{\mathrm{a}} \\ 4l_{\mathrm{f}}^2, & l\gg l_{\mathrm{a}}\gg l_{\mathrm{f}} \\ 4.75l_{\mathrm{f}}^2, & l_{\mathrm{a}}\gg l\gg l_{\mathrm{f}} \end{cases} \tag{4.4-65}$$

式中，l_{f} 称为高斯光束的有效焦长：

$$l_{\mathrm{f}}=\frac{\pi}{2}b_1 \tag{4.4-66}$$

式(4.4－65)中第一个极限情况相当于近场、无双折射情况，此时 $h_{\mathrm{m}}(B,\zeta)\approx l/b_1$；在第二、三种情况中，走离长度 l_{a} 都限制了作用长度，其中第二种情况是弱聚焦的高斯光束，第三种情况是强聚焦的高斯光束；最后两种情况都是强聚焦，但第四种情况的双折射大，最后一种情况的双折射小，可以忽略。

4.5　参量转换

在 4.3 节中，我们详细地讨论了和频($\omega_3=\omega_1+\omega_2$)和差频($\omega_2=\omega_3-\omega_1$)产生的规律。在讨论中，我们假定参与混频过程的两个光波一个强一个弱，于是，在混频过程中伴随着较弱光波(对和频过程是 ω_2，对差频过程是 ω_3)的减小，和频 ω_3 或差频 ω_2 产生出来，其最大功率受原来较弱光波功率的限制，并且如曼利-罗关系所看到的，非线性介质在混频过程中不参与能量的净交换。

通常，人们沿用电子学中同类问题的习惯名称，将非线性过程中介质本身不参与能量净交换，但光波频率可以发生转换的作用称为参量转换作用。参量转换分为参量上转换和参量下转换：对应于和频产生过程来说，由频率较低的信号辐射转换为频率较高的辐射，叫参量上转换；对应于差频产生过程来说，由频率较高的信号辐射转换为频率较低的辐射，叫参量下转换。

4.5.1 参量转换的理论分析

在实际情况中，参与频率转换作用的强光波(例如 $E(\omega_1)$，有时称为泵浦光)通常都比弱光波(有时称为信号光)强得多，所以在频率转换过程中，泵浦光所损失或得到的功率与其总功率相比很小，可忽略其强度的变化，认为是常数。这种近似不仅适用于小的 z 值，对所有的 z 值都适用。根据上面的近似，我们只需对三波混频过程一般地求解方程(4.3-17)和方程(4.3-18)即可。

首先，将式(4.3-17)对 z 求导，可得

$$\frac{\mathrm{d}^2E(\omega_2,z)}{\mathrm{d}z^2}=\frac{\mathrm{i}\omega_2^2}{k_2c^2}\chi_{\mathrm{eff}}^{(2)}\frac{\mathrm{d}E(\omega_3,z)}{\mathrm{d}z}E^*(\omega_1)\mathrm{e}^{-\mathrm{i}\Delta kz}+\frac{\omega_2^2}{k_2c^2}\chi_{\mathrm{eff}}^{(2)}E(\omega_3,z)E^*(\omega_1)\Delta k\mathrm{e}^{-\mathrm{i}\Delta kz} \tag{4.5-1}$$

若将式(4.3-17)变换为

$$E(\omega_3,z)=\frac{k_2c^2}{\mathrm{i}\omega_2^2\chi_{\mathrm{eff}}^{(2)}E^*(\omega_1)}\frac{\mathrm{d}E(\omega_2,z)}{\mathrm{d}z}\mathrm{e}^{\mathrm{i}\Delta kz}$$

并与式(4.3-18)一起代入式(4.5-1)，就可得到 $E(\omega_2,z)$ 满足的二阶微分方程：

$$\frac{\mathrm{d}^2E(\omega_2,z)}{\mathrm{d}z^2}+\mathrm{i}\Delta k\frac{\mathrm{d}E(\omega_2,z)}{\mathrm{d}z}+\frac{1}{l_{\mathrm{M}}^2}E(\omega_2,z)=0 \tag{4.5-2}$$

式中，l_{M} 是由式(4.3-41)定义的特征长度。

对于参量下转换过程，起始条件为

$$E(\omega_2,z)\big|_{z=0}=E(\omega_2,0)=0 \tag{4.5-3}$$

按式(4.3-17)，有

$$\left.\frac{\mathrm{d}E(\omega_2,z)}{\mathrm{d}z}\right|_{z=0}=\frac{\mathrm{i}\omega_2^2}{k_2c^2}\chi_{\mathrm{eff}}^{(2)}E(\omega_3,0)E^*(\omega_1,0) \tag{4.5-4}$$

在这种条件下求解微分方程(4.5-2)，结果为

$$E(\omega_2,z)=\frac{\mathrm{i}\omega_2^2}{k_2c^2}\chi_{\mathrm{eff}}^{(2)}E(\omega_3,0)E^*(\omega_1,0)\frac{1}{\left[\frac{1}{l_{\mathrm{M}}^2}+\left(\frac{\Delta k}{2}\right)^2\right]^{1/2}}\times\mathrm{e}^{-\mathrm{i}\frac{\Delta kz}{2}}\sin\left\{\left[\frac{1}{l_{\mathrm{M}}^2}+\left(\frac{\Delta k}{2}\right)^2\right]^{1/2}z\right\} \tag{4.5-5}$$

和

$$N_{\omega_2}(z)=\frac{N_{\omega_3}(0)}{l_{\mathrm{M}}^2}\frac{1}{\frac{1}{l_{\mathrm{M}}^2}+\left(\frac{\Delta k}{2}\right)^2}\sin^2\left\{\left[\frac{1}{l_{\mathrm{M}}^2}+\left(\frac{\Delta k}{2}\right)^2\right]^{1/2}z\right\} \tag{4.5-6}$$

再利用曼利-罗关系

$$N_{\omega_2}+N_{\omega_3}=\text{常数}=N_{\omega_3}(0)$$

可得

$$N_{\omega_3}(z)=N_{\omega_3}(0)\frac{1+\left(\frac{\Delta kl_{\mathrm{M}}}{2}\right)^2-\sin^2\left\{\left[\frac{1}{l_{\mathrm{M}}^2}+\left(\frac{\Delta k}{2}\right)^2\right]^{1/2}z\right\}}{1+\left(\frac{\Delta kl_{\mathrm{M}}}{2}\right)^2} \tag{4.5-7}$$

式(4.5－6)和式(4.5－7)就是参量下转换过程中，ω_2 和 ω_3 光波光子通量随距离 z 变化的关系式。

对于参量上转换过程，光子通量随距离 z 变化的关系式可以从式(4.5－6)和式(4.5－7)直接给出，只是需要交换式中的频率 ω_2 和 ω_3。这时有

$$N_{\omega_3}(z)=\frac{N_{\omega_2}(0)}{l_{\rm M}^2\left[\frac{1}{l_{\rm M}^2}+\left(\frac{\Delta k}{2}\right)^2\right]}\sin^2\left\{\left[\frac{1}{l_{\rm M}^2}+\left(\frac{\Delta k}{2}\right)^2\right]^{1/2}z\right\} \tag{4.5-8}$$

和

$$N_{\omega_2}(z)=N_{\omega_2}(0)\frac{1+\left(\frac{\Delta k l_{\rm M}}{2}\right)^2-\sin^2\left\{\left[\frac{1}{l_{\rm M}^2}+\left(\frac{\Delta k}{2}\right)^2\right]^{1/2}z\right\}}{1+\left(\frac{\Delta k l_{\rm M}}{2}\right)^2} \tag{4.5-9}$$

4.5.2　参量上转换

参量上转换实验装置的示意图如图 4.5－1 所示。第一个观察到参量上转换的实验所利用的非线性晶体是 KDP，红宝石激光器发出的激光作为泵浦光，光脉冲的平均功率为 1 kW，信号光是用水银灯发出的谱线，每条谱线的功率大约为 10 mW 量级，所以信号光的强度比泵浦光强度小得多(相差约 10^5 倍)。在实验中尽可能使之满足相位匹配条件，得到大约 10^{-9} W 的产生波功率，可见其上转换效率是很低的。在这样小的转换输出强度情况下，上转换输出强度与输入信号强度之间存在着线性关系，这种关系正如式(4.5－8)所示。

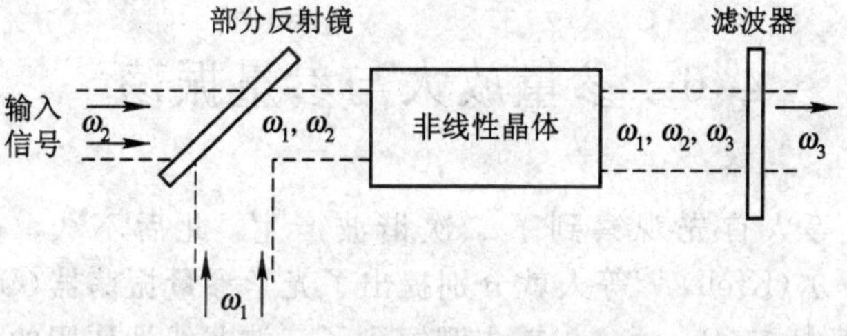

图 4.5－1　参量上转换实验示意图

研究参量上转换的实际意义在于，可以利用这种频率上转换过程实现红外信号及红外图像的探测。将红外波段很弱的信号或很弱的图像上转换到可见光范围，虽然上转换效率很低，但因在可见光区域有比较灵敏的探测器和拾像器件，所以可以通过提高可见光区域的探测能力补偿上转换效率低的不足。显然，参量上转换技术对于红外弱信号探测是一个改进。可以说，对于红外成像系统、红外光谱学、天文学、远距离监测等方面的应用向前迈出的重要一步，上转换系统起了促进作用。米德温特(Midwinter)在 1968 年首次利用参量上转换方法将红外图像转换为可见光图像[14]。他使用高度准直的红宝石多模激光在 $LiNbO_3$ 晶体中与 1.6 μm 的红外辐射和频，得到了在 60 mrad 场中分辨率为 50 条线的可见图像。应当明确指出的是，图像上转换之所以可能，是相位匹配条件满足及上转换强度与信号强度之间成线性关系这两者共同作用的结果。只有这样，在参量上转换过程中图像才不失真。

假设某物体受到一单色红外源的照射，则该物体投射到非线性晶体上的红外波前的每个平面波傅里叶分量(波矢为 $\boldsymbol{k}_{IR}$)与平面泵浦波(波矢为 $\boldsymbol{k}_L$)混频，产生相应的上转换(和频)可见光光波(波矢为 $\boldsymbol{k}_v$)，其强度如式(4.5-8)所示。在低转换效率，或者说在泵浦光波强度很小的情况下，每个可见光波强度都和红外波强度与因子 $\text{sinc}^2(\Delta kl/2)$之积成比例。在满足相位匹配条件

$$\boldsymbol{k}_{IR}+\boldsymbol{k}_L=\boldsymbol{k}_v \tag{4.5-10}$$

下，就确定了泵浦光波、红外波和可见光波的特定传播方向，即如图 4.5-2 所示，确定了 θ_{IR}和 θ_v之间唯一的关系。这里 θ_{IR}是红外光波方向与泵浦光波方向之间的夹角，θ_v是可见光波方向与泵浦光波方向之间的夹角。因此，可见光波的强度正比于红外波的强度，红外图像信息就转变成了可见光图像。又因为 k_v、$k_L \gg k_{IR}$，所以 $\theta_v \approx \theta_{IR}(k_{IR}/k_v)$。这表明可见光上转换图像相对原来的红外物缩小到 λ_v/λ_{IR}，这里 λ_v 是可见光波长，λ_{IR}是红外波的波长。

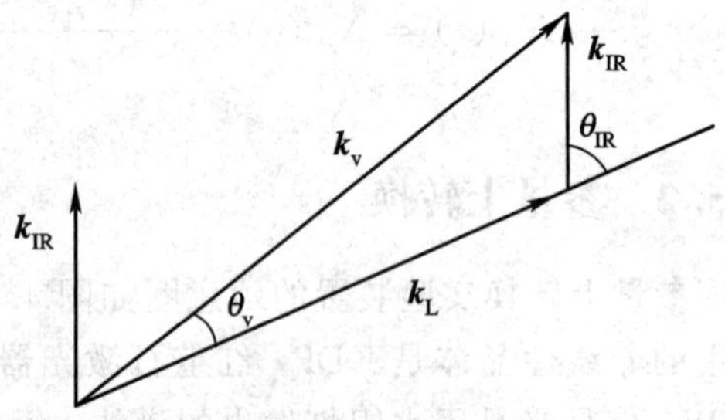

图 4.5-2 参量上转换过程的波矢关系

应当注意，上转换装置本身并没有成像能力，只能利用有关的光学元件将图像投射到上转换的非线性介质输入面上。上转换装置所起的作用只是把图像的波长从红外波段转换到可见光波段。图像上转换器是放大率为 λ_{IR}/λ_v 的非聚焦系统，其孔径等于泵浦激光束的直径(假定它小于晶体的通光孔径)，其视场由相位匹配条件决定。

4.6 参量放大与参量振荡

1961 年夫朗肯等人首先观察到了二次谐波产生，此后不久，在 1962 年金斯顿(Kingston)[15]、克罗尔(Kroll)[16]等人就分别提出了光学参量振荡器(OPO)的建议，1965 年王氏(Wang)和雷斯特尔(Racetle)[17]首先观察到了三波非线性作用的参量增益，同年乔特迈和米勒(Miller)[18]制成了第一台光学参量振荡器。由于光学参量振荡器可以提供从可见光一直到红外光的可调谐相干辐射，因此它在光谱研究中有着广阔的应用前景。现在，光学参量振荡器已广泛应用于大气污染的遥测、光化学、同位素分离及激光技术等许多领域中。

光学参量放大在原理上同微波参量放大极为相似。光学参量放大实质上是一个差频产生的三波混频过程。根据曼利-罗关系可知，在差频过程中，每湮灭一个最高频率的光子，同时要产生两个低频光子，在此过程中这两个低频光波获得增益，因此可作为它们的放大器。例如将一个强的高频光(泵浦光)和一个弱的低频光(信号光)同时射入非线性晶体，就可以产生差频光(称为空闲光、闲置光)，而弱的信号光被放大了。若信号光、空闲光同泵浦光多次通过非线性晶体，则它们可以多次得到放大。进一步，如果将非线性晶体置于谐振腔中，就可构成光学参量振荡器：用强的泵浦光照射谐振腔中的非线性晶体，当增益超过损耗时，就可以从噪声中建立起相当强的信号光及空闲光。当然，在光学参量振荡器中

建立起来的两种频率的光波，任何一个光波都可以称为“信号”或“空闲”光，区别哪个是信号光，哪个是空闲光是没有意义的，名词的区别仅在于表明它们是两种不同的频率(或波长)。光学参量振荡器的谐振腔可以同时对信号频率和空闲频率共振，也可以对其中一个频率共振。前者通常称为双共振光学参量振荡器(DRO)，后者通常称为单共振光学参量振荡器(SRO)。

在这里，特别应当强调指出的是，光学参量振荡器是很好的相干光光源，而目前广泛使用的激光振荡器也是很好的相干光光源，但是它们的物理机制不同：在激光放大器和激光振荡器中，增益来源于原子或分子能级之间的粒子数反转，其本质是受激辐射放大；而在光学参量放大器和光学参量振荡器中，增益来源于非线性介质中光波之间的耦合，其本质是非线性频率转换。

4.6.1　参量放大

根据上述光学参量放大原理可见，描述参量放大特性的基本方程仍是耦合波方程(4.3-16)～方程(4.3-18)。一般情况下，该方程中的任何一个光电场振幅 $E(\omega_1, z)$、$E(\omega_2, z)$和 $E(\omega_3, z)$都不能认为是不变的，即使泵浦光 $E(\omega_3, z)$原则上也可以减小到零，而同时信号光 $E(\omega_1)$和空闲光$E(\omega_2)$得到不断地增大。但是，如果在所讨论的范围内，虽然信号光和空闲光已发生了显著的变化，但泵浦光还未显著地减小，则此时仍可把泵浦光 $E(\omega_3)$看做常数。利用这种近似，就只需要求解方程(4.3-16)和方程(4.3-17)。

首先，我们根据光子通量表示式

$$N_\omega = \frac{S_\omega}{\hbar\omega} = 2\sqrt{\frac{\varepsilon_0}{\mu_0}}\frac{n|E(\omega)|^2}{\hbar\omega} \tag{4.6-1}$$

利用关系

$$E(\omega) = \frac{1}{2}\sqrt{\frac{\omega}{n}}A_\omega \tag{4.6-2}$$

引入 A_ω。如果求出 A_ω，给出$|A_\omega|^2$，就可以直接得到光子通量(只相差一个常数)。据此，对耦合波方程(4.3-16)进行变量代换，可得

$$\frac{\mathrm{d}A_1}{\mathrm{d}z} = \mathrm{i}\sqrt{\frac{\omega_1\omega_2}{n_1 n_2}}\sqrt{\mu_0\varepsilon_0}\chi_{\mathrm{eff}}^{(2)}E_3 A_2^* \mathrm{e}^{-\Delta kz} \tag{4.6-3}$$

令

$$\sqrt{\frac{\omega_1\omega_2}{n_1 n_2}}\sqrt{\mu_0\varepsilon_0}\chi_{\mathrm{eff}}^{(2)}E_3 = \Gamma_0 \tag{4.6-4}$$

则有

$$\frac{\mathrm{d}A_1}{\mathrm{d}z} = \mathrm{i}\Gamma_0 A_2^* \mathrm{e}^{-\mathrm{i}\Delta kz} \tag{4.6-5}$$

同理，由式(4.3-17)，可得

$$\frac{\mathrm{d}A_2^*}{\mathrm{d}z} = -\mathrm{i}\Gamma_0 A_1 \mathrm{e}^{\mathrm{i}\Delta kz} \tag{4.6-6}$$

因此，A_1和 A_2^* 满足如下微分方程：

$$\frac{\mathrm{d}^2 A_1}{\mathrm{d}z^2} + \mathrm{i}\Delta k\frac{\mathrm{d}A_1}{\mathrm{d}z} - \Gamma_0^2 A_1 = 0 \tag{4.6-7}$$

$$\frac{d^2A_2^*}{dz^2}-i\Delta k\frac{dA_2^*}{dz}-\Gamma_0^2A_2^*=0 \tag{4.6-8}$$

边界条件为

$$\left.\begin{aligned} A_1(z)\big|_{z=0}&=A_1(0)\\ A_2^*(z)\big|_{z=0}&=A_2^*(0)\\ \frac{dA_1}{dz}\Big|_{z=0}&=i\Gamma_0A_2^*(0) \end{aligned}\right\} \tag{4.6-9}$$

求解方程(4.6-7)，可得

$$A_1e^{i\frac{\Delta kz}{2}}=A_1(0)\left[\mathrm{ch}(\Gamma z)+\frac{i\Delta k}{2\Gamma}\mathrm{sh}(\Gamma z)\right]+\frac{i\Gamma_0}{\Gamma}A_2^*(0)\,\mathrm{sh}(\Gamma z) \tag{4.6-10}$$

式中

$$\Gamma=\sqrt{\Gamma_0^2-\left(\frac{\Delta k}{2}\right)^2} \tag{4.6-11}$$

是增益系数，Γ_0是 $\Delta k=0$ 时的增益系数。求解方程(4.6-8)，可得

$$A_2^*e^{-i\frac{\Delta kz}{2}}=A_2^*(0)\left[\mathrm{ch}(\Gamma z)-\frac{i\Delta k}{2\Gamma}\mathrm{sh}(\Gamma z)\right]-\frac{i\Gamma_0}{\Gamma}A_1(0)\,\mathrm{sh}(\Gamma z) \tag{4.6-12}$$

式(4.6-10)和式(4.6-12)表示了在一般情况下，信号光和空闲光随其通过非线性晶体距离 z 的变化规律，也就是频率为 ω_3的泵浦光同时放大频率为 ω_1和 ω_2的信号光和空闲光随 z 变化的一般规律。

当 $A_2(0)=0$ 时，由式(4.6-10)可以得到频率为 ω_1的信号光的功率增益 $G(z)$为

$$G(z)=\left|\frac{A_1(z)}{A_1(0)}\right|^2=1+\frac{\Gamma_0^2}{\Gamma^2}\mathrm{sh}^2(\Gamma z) \tag{4.6-13}$$

4.6.2 参量振荡

1. 参量振荡器的结构

如上所述，由于泵浦光与信号光在非线性介质中相互作用，信号光得到放大，同时空闲光也得到了放大。如果将非线性介质放在谐振腔内，并使这个谐振腔对信号光和空闲光共振，在参量放大的增益超过损耗时，信号光和空闲光便会同时产生振荡。

图 4.6-1 示出了一种对信号光和空闲光双共振的参量振荡器的原理结构。图中，频率为 ω_3的激光作为参量振荡器的泵浦光，所产生的增益可使 ω_1和 ω_2光波在含有非线性晶体的光学谐振腔内产生振荡。与激光器不同的是，参量振荡器的增益是单向的，当 ω_1和 ω_2光

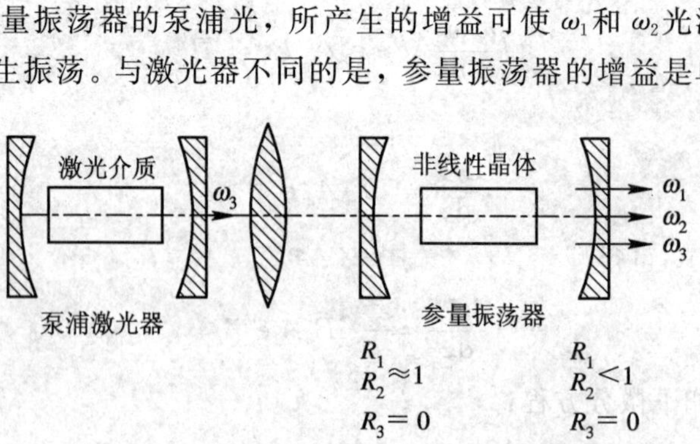

图 4.6-1 双共振参量振荡器示意图

波经腔镜反射回来通过晶体时，增益得不到增强反而要受到损失。

2. 参量振荡器的振荡条件

下面，我们从式(4.6－10)和式(4.6－12)出发，根据光波振荡自洽条件，导出参量振荡器的振荡条件。

分析参量振荡的基本模型如图 4.6－2 所示。为简单起见，假定非线性晶体本身作为一个光学谐振腔，其两端对信号光和空闲光的反射率 $R_{1,2}=|r_{1,2}|^2$，r 为反射系数。腔镜对泵浦光是透明的。

假定在腔中任一平面 z 处的信号光可以用下面的行"矢量"描述：

$$\widetilde{\boldsymbol{A}}(z)=\begin{bmatrix}A_1(z)e^{ik_1z}\\A_2^*(z)e^{-ik_2z}\end{bmatrix}\qquad(4.6-14)$$

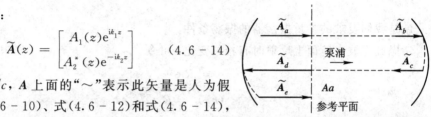

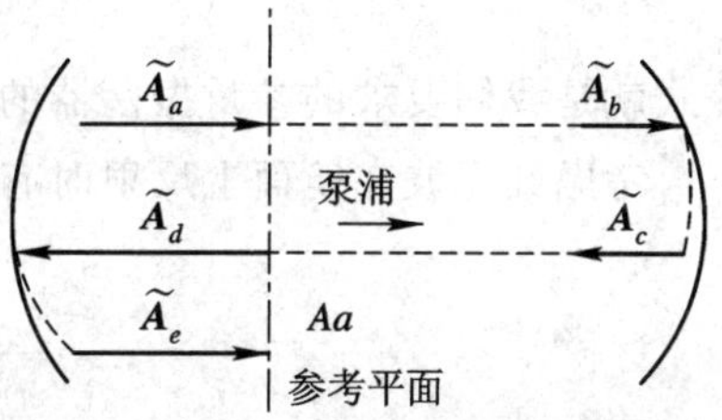

图 4.6－2　推导参量振荡条件的模型

式中，$k_i=\omega_i n_i/c$，$\boldsymbol{A}$ 上面的"～"表示此矢量是人为假设的。按式(4.6－10)、式(4.6－12)和式(4.6－14)，在非线性晶体内通过腔长 l 时的 $\widetilde{\boldsymbol{A}}(l)$ 为

$$\widetilde{\boldsymbol{A}}(l)=\begin{bmatrix}A_1(l)e^{ik_1l}\\A_2^*(l)e^{-ik_2l}\end{bmatrix}$$

$$=\begin{bmatrix}e^{i(k_1-\frac{\Delta k}{2})l}\left[\cosh(\Gamma l)+\dfrac{i\Delta k}{2\Gamma}\sinh(\Gamma l)\right] & ie^{i(k_1-\frac{\Delta k}{2})l}\dfrac{\Gamma_0}{\Gamma}\sinh(\Gamma l)\\ -ie^{-i(k_2-\frac{\Delta k}{2})l}\dfrac{\Gamma_0}{\Gamma}\sinh(\Gamma l) & e^{-i(k_2-\frac{\Delta k}{2})l}\left[\cosh(\Gamma l)-\dfrac{i\Delta k}{2\Gamma}\sinh(\Gamma l)\right]\end{bmatrix}\begin{bmatrix}A_1(0)\\A_2^*(0)\end{bmatrix}$$

(4.6－15)

如果 $\widetilde{\boldsymbol{A}}(z)$ 在谐振腔内往返一周保持不变，就表示信号光和空闲光处于稳定的振荡状态，由此可推导出参量振荡器的振荡条件。

假设在图 4.6－2 中腔镜左端处的场矢量为 $\widetilde{\boldsymbol{A}}_a$，经过如下四个矩阵变换：从左向右的传播、在右边镜子上的反射、从右向左的传播(在这个过程中没有参量增益)、在左边镜子上的反射，由矢量 $\widetilde{\boldsymbol{A}}_a$ 变换为 $\widetilde{\boldsymbol{A}}_e$。如果再假设振荡器是在相位匹配条件($\Delta k=0$)下运行的，就有

$$\widetilde{\boldsymbol{A}}_e=\begin{bmatrix}r_1&0\\0&r_2^*\end{bmatrix}\begin{bmatrix}e^{ik_1l}&0\\0&e^{-ik_2l}\end{bmatrix}\begin{bmatrix}r_1&0\\0&r_2^*\end{bmatrix}\begin{bmatrix}e^{ik_1l}\cosh(\Gamma_0l)&ie^{ik_1l}\sinh(\Gamma_0l)\\-ie^{-ik_2l}\sinh(\Gamma_0l)&e^{-ik_2l}\cosh(\Gamma_0l)\end{bmatrix}\widetilde{\boldsymbol{A}}_a$$

(4.6－16)

或者简写为

$$\widetilde{\boldsymbol{A}}_e=\boldsymbol{M}\widetilde{\boldsymbol{A}}_a\qquad(4.6-17)$$

这里

$$\boldsymbol{M}=\begin{bmatrix}r_1^2\cosh(\Gamma_0l)e^{i2k_1l}&ir_1^2\sinh(\Gamma_0l)e^{i2k_1l}\\-i(r_2^*)^2\sinh(\Gamma_0l)e^{-i2k_2l}&(r_2^*)^2\cosh(\Gamma_0l)e^{-i2k_2l}\end{bmatrix}\qquad(4.6-18)$$

自洽条件要求

$$\widetilde{\boldsymbol{A}}_e=\widetilde{\boldsymbol{A}}_a\qquad(4.6-19)$$

或

$$\widetilde{\boldsymbol{A}}_a = \boldsymbol{M}\widetilde{\boldsymbol{A}}_a \tag{4.6-20}$$

即要求

$$(\boldsymbol{M} - \boldsymbol{I})\widetilde{\boldsymbol{A}}_a = 0 \tag{4.6-21}$$

上式具有非零解的条件是

$$\det(\boldsymbol{M} - \boldsymbol{I}) = 0 \tag{4.6-22}$$

因而有

$$[r_1^2 \cosh(\Gamma_0 l)e^{i2k_1 l} - 1][(r_2^*)^2 \cosh(\Gamma_0 l)e^{-2k_2 l} - 1] = r_1^2 (r_2^*)^2 \sinh^2(\Gamma_0 l)e^{-i2(k_2-k_1)l} \tag{4.6-23}$$

该式就是我们要求的参量振荡器的振荡条件。

考虑到光波在镜面上反射时有相位变化，可令

$$\left.\begin{aligned} r_1^2 &= R_1 e^{i\varphi_1} \\ (r_2^*)^2 &= R_2 e^{-i\varphi_2} \end{aligned}\right\} \tag{4.6-24}$$

因为对振荡器而言，增益系数 Γ_0 不能为负值，因此，如果 $R_1=1$、$R_2=1$，则最小增益阈值 $(\Gamma_0)_{th}=0$，代入式(4.6-23)后有

$$[e^{i(2k_1 l+\varphi_1)} - 1][e^{-i(2k_2 l+\varphi_2)} - 1] = 0$$

由此便得到如下关系：

$$\left.\begin{aligned} 2k_1 l + \varphi_1 &= 2m\pi \\ 2k_2 l + \varphi_2 &= 2n\pi \end{aligned}\right\} \tag{4.6-25}$$

式中，m 和 n 是两个整数。由此可见，信号光和空闲光的振荡频率 ω_1 和 ω_2 必须与光学谐振腔的两个纵模相对应。

下面，我们利用参量振荡条件式(4.6-23)导出两类重要的参量振荡器的阈值条件。

3. 参量振荡器的阈值条件

1) 双共振参量振荡器的阈值条件

所谓双共振参量振荡器，就是对频率为 ω_1 的信号光和频率为 ω_2 的空闲光都有高品质因素值的振荡器。将式(4.6-25)和式(4.6-24)代入式(4.6-23)后，便得到双共振情况下的参量振荡条件为

$$[R_1 \cosh(\Gamma_0 l) - 1][R_2 \cosh(\Gamma_0 l) - 1] = R_1 R_2 \sinh^2(\Gamma_0 l)$$

即

$$(R_1 + R_2)\cosh(\Gamma_0 l) - R_1 R_2 = 1 \tag{4.6-26}$$

如果腔镜的反射率 R_1、$R_2 \approx 1$，且 $\cosh(\Gamma_0 l) \approx 1 + \frac{1}{2}\Gamma_0^2 l^2$，由上式可得

$$(\Gamma_0)_{th} l = \sqrt{(1-R_1)(1-R_2)} \tag{4.6-27}$$

再利用泵浦强度表示式

$$S_{\omega_3} = 2\sqrt{\frac{\varepsilon_0}{\mu_0}}\, n_3 |E(\omega_3)|^2 \tag{4.6-28}$$

及 Γ_0 的定义式(4.6-4)，可以得到双共振参量振荡器的阈值泵浦强度为

$$(S_{\omega_3})_{\text{th}} = \frac{1}{2}\left(\frac{\varepsilon_0}{\mu_0}\right)^{3/2} \frac{n_1 n_2 n_3}{\omega_1 \omega_2 l^2 (\varepsilon_0 \chi_{\text{eff}}^{(2)})^2}(1 - R_1)(1 - R_2) \tag{4.6-29}$$

应当指出的是，对于双共振参量振荡器来说，必须同时满足条件

$$\omega_3 = \omega_1 + \omega_2 \tag{4.6-30}$$

和式(4.6-25)所要求的

$$\left.\begin{aligned} k_1 l = \frac{\omega_1 n_1 l}{c} = m\pi - \frac{\varphi_1}{2} \\ k_2 l = \frac{\omega_2 n_2 l}{c} = n\pi - \frac{\varphi_2}{2} \end{aligned}\right\} \tag{4.6-31}$$

关系，这就对光学谐振腔的稳定性提出了一个十分严格的要求。因为，如果已满足了 $\omega_3=\omega_1+\omega_2$ 的要求，则当由于某种原因，如温度的漂移或外界振动引起腔长 l 发生微小变化 $\mathrm{d}l$ 时，为了能满足式(4.6-31)的要求，ω_1 和 ω_2 应按如下规律

$$\frac{\mathrm{d}\omega_1}{\omega_1} = \frac{\mathrm{d}\omega_2}{\omega_2} = -\frac{\mathrm{d}l}{l} \tag{4.6-32}$$

变化。可是这样一来，条件 $\omega_3=\omega_1+\omega_2$ 就不能再满足。所以，要同时满足式(4.6-30)和式(4.6-31)是十分困难的事。

2) 单共振参量振荡器的阈值条件

所谓单共振参量振荡器，是指只有一个频率的光波(如频率为 ω_1 的信号光)在腔镜处被反射返回形成振荡，而另一个频率的光波(空闲光 ω_2)只能在一个方向上传播的振荡器，它的典型原理装置如图 4.6-3 所示。这是一种非共线相位匹配的情况，三个光波的方向各不相同，便于将信号光与空闲光分开。这样的非共线相位匹配条件要求

$$\boldsymbol{k}_3 = \boldsymbol{k}_1 + \boldsymbol{k}_2 \tag{4.6-33}$$

式中，$\boldsymbol{k}_3$、$\boldsymbol{k}_1$ 和 $\boldsymbol{k}_2$ 分别是泵浦光、信号光和空闲光的波矢。在图 4.6-3 中，$\boldsymbol{k}_1$ 的方向被固定在腔轴方向上。

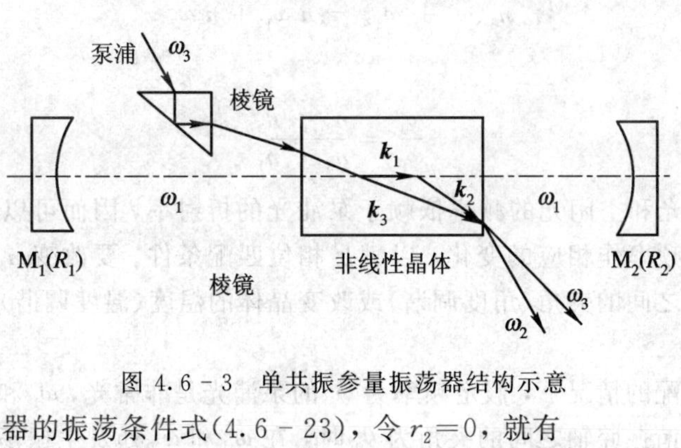

图 4.6-3　单共振参量振荡器结构示意

根据参量振荡器的振荡条件式(4.6-23)，令 $r_2=0$，就有

$$r_1^2 \cosh(\Gamma_0 l) \mathrm{e}^{\mathrm{i}2k_1 l} = 1 \tag{4.6-34}$$

这就是单共振参量振荡器的阈值条件。考虑到式(4.6-24)，我们又可以把式(4.6-34)分解为相位条件

$$2k_1 l + \varphi_1 = 2m\pi \tag{4.6-35}$$

和振幅条件

$$R_1 \cosh(\Gamma_0 l) = 1 \tag{4.6-36}$$

由此可见，单共振参量振荡器振荡的相位条件式(4.6-25)与双共振参量振荡器振荡的相位条件式(4.6-25)是相同的，只是对空闲光的相位 φ_2 没有限制。对于 $R_1 \approx 1$ 的情况，阈值条件式(4.6-36)又可写成

$$(\Gamma_0)_{th} l = \sqrt{2(1 - R_1)} \tag{4.6-37}$$

可见，单共振参量振荡器的阈值泵浦相对于双共振参量振荡器增大了，且有

$$\frac{((\Gamma_0)_{th} l)_{单}}{((\Gamma_0)_{th} l)_{双}} = \sqrt{\frac{2}{1 - R_2}} \tag{4.6-38}$$

假设两种情况的 R_1 相同，当 $R_2 \approx 1$ 时，这种增加是很大的。要指出的是，如果有足够的泵浦功率可以被利用，而且功率值显著地超过阈值时，这种增加是无害的，它可以使 ω_1 和 ω_2 的相干输出增加。

另外，对于单共振参量振荡器来说，由于只需要信号光满足式(4.6-35)的相位条件，所以其频率稳定性比双共振参量振荡器好。

4. 参量振荡器的频率调谐

光参量振荡器的最大特点是其输出频率可以在一定范围内连续改变，不同的非线性介质和不同的泵浦源，可以得到不同的调谐范围。当泵浦光频率 ω_3 固定时，参量振荡器的振荡频率应同时满足频率和相位匹配条件

$$\omega_3 = \omega_1 + \omega_2 \tag{4.6-39}$$

$$\boldsymbol{k}_3 = \boldsymbol{k}_1 + \boldsymbol{k}_2 \tag{4.6-40}$$

若三波波矢共线，则有

$$n_3 \omega_3 = n_1 \omega_1 + n_2 \omega_2 \tag{4.6-41}$$

将式(4.6-39)代入上式，得

$$n_3(\omega_1 + \omega_2) = n_1 \omega_1 + n_2 \omega_2$$

因而有

$$\frac{\omega_1}{\omega_2} = \frac{n_2 - n_3}{n_3 - n_1} \tag{4.6-42}$$

由该式可见，信号光和空闲光的频率依赖于泵浦光的折射率，因而可以通过改变泵浦光的折射率使 ω_1 和 ω_2 频率作相应的变化，以满足相位匹配条件。要改变 n_3，可以通过改变泵浦光与非线性晶体之间的夹角(角度调谐)或改变晶体的温度(温度调谐)等来实现。

1) 角度调谐

在共线相位匹配的情况下，假定频率为 ω_3 的泵浦光是非常光，ω_1 和 ω_2 光波是寻常光，又假定晶体光轴与谐振腔轴之间的夹角为 θ_0 时，在 ω_{10} 和 ω_{20} 处发生振荡，其折射率分别为 n_{1o} 和 n_{2o}，则按式(4.6-41)应有

$$\omega_3 n_{3e}(\theta_0) = \omega_{10} n_{1o} + \omega_{20} n_{2o} \tag{4.6-43}$$

现转动晶体使晶体相对原来的方向转过 $\Delta\theta$ 角度，就引起折射率 $n_{3e}(\theta)$ 变化。为满足相位匹配条件式(4.6-41)，ω_1 和 ω_2 必须稍有改变，这又导致折射率 n_{1o} 和 n_{2o} 的改变。这样，相对于 θ_0 时的振荡，新旧振荡之间有如下改变：

$$\omega_3 \rightarrow \omega_3$$

$$n_{3e}(\theta_0) \rightarrow n_{3e}(\theta_0) + \Delta n_3$$

$$n_{1o} \rightarrow n_{1o} + \Delta n_1$$

$$n_{2o} \rightarrow n_{2o} + \Delta n_2$$

$$\omega_{10} \rightarrow \omega_{10} + \Delta\omega_1$$

$$\omega_{20} \rightarrow \omega_{20} + \Delta\omega_2$$

并且，根据能量守恒条件式(4.6－39)，有

$$-\Delta\omega_2 = \Delta\omega_1$$

因为现在要求新的一组频率满足式(4.6－41)，故应有

$$\omega_3(n_{3e}(\theta_0) + \Delta n_3) = (\omega_{20} + \Delta\omega_2)(n_{2o} + \Delta n_2) + (\omega_{10} + \Delta\omega_1)(n_{1o} + \Delta n_1)$$

略去 $\Delta n\Delta\omega$ 的二阶小量，并利用式(4.6－39)，可得

$$\Delta\omega_1 = \frac{\omega_3\Delta n_3 - \omega_{10}\Delta n_1 - \omega_{20}\Delta n_2}{n_{1o} - n_{2o}} \tag{4.6－44}$$

按照假定，泵浦光是非常光，且 ω_3 不变，所以折射率 $n_{3e}(\theta)$ 只是 θ 的函数，而 ω_1 和 ω_2 是寻常光，折射率 n_1 和 n_2 与 θ 无关，只是频率的函数。因而有如下关系：

$$\Delta n_1 = \left.\frac{\partial n_{1o}}{\partial\omega}\right|_{\omega_{10}} \Delta\omega_1 \tag{4.6－45a}$$

$$\Delta n_2 = \left.\frac{\partial n_{2o}}{\partial\omega}\right|_{\omega_{20}} \Delta\omega_2 \tag{4.6－45b}$$

$$\Delta n_3 = \left.\frac{\partial n_{3e}(\theta)}{\partial\theta}\right|_{\theta=\theta_0} \Delta\theta \tag{4.6－45c}$$

利用式(4.6－45)，连同 $\Delta\omega_2 = -\Delta\omega_1$，代入式(4.6－44)后，可以得到振荡频率相对于晶体取向的变化率为

$$\frac{\partial\omega_1}{\partial\theta} = \frac{\omega_3\left(\dfrac{\partial n_{3e}(\theta)}{\partial\theta}\right)}{(n_{1o} - n_{2o}) + \left[\omega_{10}\left(\dfrac{\partial n_{1o}}{\partial\omega}\right) - \omega_{20}\left(\dfrac{\partial n_{2o}}{\partial\omega}\right)\right]} \tag{4.6－46}$$

再利用式(3.1－53)

$$\frac{1}{n_e^2(\theta)} = \frac{\cos^2\theta}{n_o^2} + \frac{\sin^2\theta}{n_e^2}$$

和微分关系 $\mathrm{d}\,\dfrac{1}{x^2} = -\dfrac{2\mathrm{d}x}{x^3}$，可得

$$\frac{\partial n_{3e}(\theta)}{\partial\theta} = -\frac{n_{3e}^2(\theta)}{2}\sin 2\theta\left[\frac{1}{n_{3e}^2} - \frac{1}{n_{3o}^2}\right] \tag{4.6－47}$$

式中，n_{3e} 和 n_{3o} 分别表示频率为 ω_3 的光波主折射率。现将式(4.6－47)代入式(4.6－46)，最后得到

$$\frac{\partial\omega_1}{\partial\theta}=-\frac{\frac{1}{2}\omega_3 n_{3e}^3(\theta_0)\left[\left(\frac{1}{n_{3e}}\right)^2-\left(\frac{1}{n_{3o}}\right)^2\right]\sin 2\theta_0}{(n_{1o}-n_{2o})+\left[\omega_{10}\left(\frac{\partial n_{1o}}{\partial\omega}\right)-\omega_{20}\left(\frac{\partial n_{2o}}{\partial\omega}\right)\right]} \tag{4.6-48}$$

图 4.6-4 给出了非线性晶体为 ADP 时，信号光频率 ω_1 随 θ 变化的实验曲线，θ 是 ADP 晶体光轴与泵浦光传播方向之间的夹角。图中的角度是在 $\omega_1=\omega_3/2$ 的情况下测得的，图中同时也给出了理论曲线。

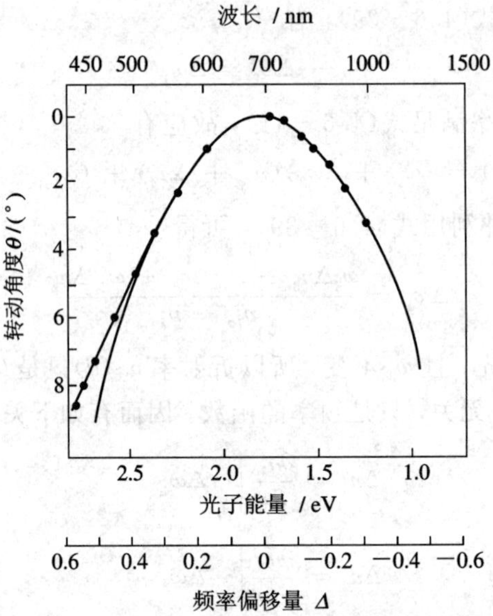

图 4.6-4 信号光频率 ω_1 随 θ 的变化曲线[19] $\left(\text{频率偏移量 }\Delta=\frac{\omega_1-\omega_3/2}{\omega_3/2}\right)$

2）温度调谐

在非临界相位匹配($\theta_m=90°$)的情况下，可以通过改变温度来改变光的折射率，从而使振荡频率发生变化。

在这种情况下，式(4.6-44)仍然适用，只不过折射率的改变 Δn_1、Δn_2 和 Δn_3 是由温度变化 ΔT 引起的，且有

$$\Delta n_1=\frac{\partial n_{1o}}{\partial T}\Delta T \tag{4.6-49a}$$

$$\Delta n_2=\frac{\partial n_{2o}}{\partial T}\Delta T \tag{4.6-49b}$$

$$\Delta n_3=\left[\left(\frac{\partial n_{3e}(\theta)}{\partial n_{3o}}\right)\left(\frac{\partial n_{3o}}{\partial T}\right)+\left(\frac{\partial n_{3e}(\theta)}{\partial n_{3e}}\right)\left(\frac{\partial n_{3e}}{\partial T}\right)\right]\Delta T \tag{4.6-49c}$$

将其代入式(4.6-44)，可以得到频移量 $\Delta\omega_1$ 与温度改变量 ΔT 的关系：

$$\frac{\Delta\omega_1}{\Delta T}=\frac{\omega_3\left[\cos^2\theta\left(\frac{n_{3e}(\theta)}{n_{3o}}\right)^3\frac{\partial n_{3o}}{\partial T}+\sin^2\theta\left(\frac{n_{3e}(\theta)}{n_{3e}}\right)^3\frac{\partial n_{3e}}{\partial T}\right]-\omega_{10}\frac{\partial n_{1o}}{\partial T}-\omega_{20}\frac{\partial n_{2o}}{\partial T}}{n_{1o}-n_{2o}} \tag{4.6-50}$$

图 4.6-5 给出了以 $LiNbO_3$ 作为参量振荡器中的非线性晶体，在共线非临界相位匹

配($\theta_m=90°$)情况下的温度调谐实验曲线。实验中，泵浦光波长为0.529 μm，传播方向为 $\theta=90°$。

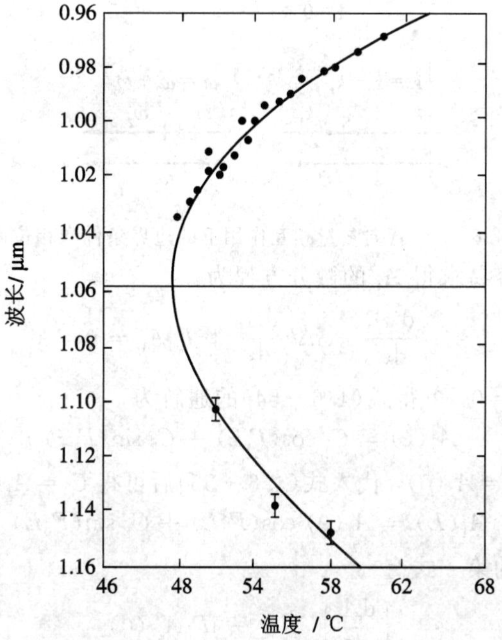

图 4.6－5　参量振荡器中信号光与空闲光的温度调谐曲线[18]

4.6.3　背向参量放大与振荡

前面讨论的参量过程都是前向散射的参量放大与振荡，通常的可调谐光参量振荡器都是采用前向散射的原理工作的。现在讨论信号光与空闲光在相反方向运行时的参量相互作用。

现令信号光在 $-z$ 方向上运行，空闲光沿 $+z$ 方向传播，有

$$\left.\begin{aligned} A_1(z,t) &= A_1(z)e^{-i(\omega_1 t+k_1 z)} \\ A_2(z,t) &= A_2(z)e^{-i(\omega_2 t-k_2 z)} \end{aligned}\right\} \tag{4.6－51}$$

类似于式(4.6－5)和式(4.6－6)，这里应有

$$\left.\begin{aligned} \frac{dA_1}{dz} &= -i\Gamma_0 A_2^* e^{i\Delta kz} \\ \frac{dA_2^*}{dz} &= -i\Gamma_0 A_1 e^{-i\Delta kz} \end{aligned}\right\} \tag{4.6－52}$$

式中

$$\left.\begin{aligned} \omega_3 &= \omega_1 + \omega_2 \\ \Delta k &= k_3 - k_2 + k_1 \end{aligned}\right\} \tag{4.6－53}$$

注意，式(4.6－52)与式(4.6－5)和式(4.6－6)的差别只是式(4.6－52)中第一式的符号不同，两者 Δk 的关系不同。此外，还有一个关键性的差别是，两者所应用的边界条件不同，如图 4.6－6 所示。

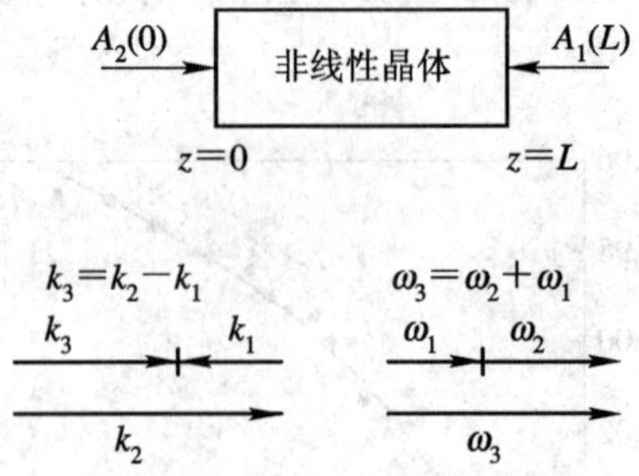

图 4.6－6 背向参量相互作用下的边界条件和相位匹配

由式(4.6－52)很容易求得 A_1 的微分方程为

$$\frac{\mathrm{d}^2 A_1}{\mathrm{d}z^2} + \mathrm{i}\Delta k \frac{\mathrm{d}A_1}{\mathrm{d}z} + \Gamma_0^2 A_1 = 0 \tag{4.6-54}$$

在相位匹配条件下，$\Delta k=0$，可得式(4.6－54)的通解为

$$A_1(z) = C_1 \cos(\Gamma_0 z) + C_2 \sin(\Gamma_0 z) \tag{4.6-55}$$

根据边界条件 $A_1(z=0)=A_1(0)$，代入式(4.6－55)后可得 $C_1=A_1(0)$。因而

$$A_1(L) = A_1(0) \cos(\Gamma_0 L) + C_2 \sin(\Gamma_0 L) \tag{4.6-56}$$

又根据式(4.6－52)中的第一式有

$$\left(\frac{\mathrm{d}A_1}{\mathrm{d}z}\right)_{z=0} = -\mathrm{i}\Gamma_0 A_2^*(0)$$

将式(4.6－55)代入上式，便给出 $C_2=-\mathrm{i}A_2^*(0)$。由此可得

$$\begin{aligned} A_1(z) &= A_1(0) \cos(\Gamma_0 z) - \mathrm{i}A_2^*(0) \sin(\Gamma_0 z) \\ &= \frac{1}{\cos(\Gamma_0 L)}\left[A_1(L) + \mathrm{i}A_2^*(0) \sin(\Gamma_0 L)\right]\cos(\Gamma_0 z) - \mathrm{i}A_2^*(0) \sin(\Gamma_0 z) \\ &= \frac{A_1(L)}{\cos(\Gamma_0 L)} \cos(\Gamma_0 z) + \frac{\mathrm{i}A_2^*(0)}{\cos(\Gamma_0 L)} \sin[\Gamma_0 (L-z)] \end{aligned} \tag{4.6-57}$$

同理可得

$$\frac{\mathrm{d}^2 A_2^*(z)}{\mathrm{d}z^2} = -\Gamma_0^2 A_2^*(z) \tag{4.6-58}$$

利用边界条件

$$A_2^*(z)\big|_{z=0} = A_2^*(0)$$

$$\left(\frac{\mathrm{d}A_2^*(z)}{\mathrm{d}z}\right)_{z=0} = -\mathrm{i}\Gamma_0 A_1(0)$$

可解得

$$A_2^*(z) = -\frac{\mathrm{i}A_1(L)}{\cos(\Gamma_0 L)}\sin(\Gamma_0 z) + \frac{A_2^*(0)}{\cos(\Gamma_0 L)} \cos[\Gamma_0 (L-z)] \tag{4.6-59}$$

这样，在信号光和空闲光反向运行时，在 $z=0$ 和 $z=L$ 处的输出场为

$$\left.\begin{aligned} A_1(0) &= \frac{A_1(L)}{\cos(\Gamma_0 L)} + \mathrm{i}A_2^*(0) \tan(\Gamma_0 L) \\ A_2^*(L) &= -\mathrm{i}A_1(L) \tan(\Gamma_0 L) + \frac{A_2^*(0)}{\cos(\Gamma_0 L)} \end{aligned}\right\} \tag{4.6-60}$$

在这里，特别有意义的情况是 $\Gamma_0 L=\pi/2$ 时的情形。这时，在每一端为有限的输入时，$A_1(0)$ 和 $A_2^*(L)$ 都变成无穷大。换句话说，即使没有输入，即 $A_1(L)=0$、$A_2^*(0)=0$，仍然可以得到有限的输出。

在 $\Gamma_0 L\to\pi/2$ 的极限情况下，式(4.6-57)和式(4.6-59)可以写为

$$\begin{aligned}A_1(z)&=\frac{A_1(L)}{\cos(\Gamma_0 L)}\sin[\Gamma_0(L-z)]+\frac{\mathrm{i}A_2^*(0)\sin[\Gamma_0(L-z)]}{\cos(\Gamma_0 L)}\\&=\frac{A_1(L)+\mathrm{i}A_2^*(0)}{\cos(\Gamma_0 L)}\sin[\Gamma_0(L-z)]\\&=A\sin[\Gamma_0(L-z)]\end{aligned}\tag{4.6-61}$$

和

$$\begin{aligned}A_2^*(z)&=-\frac{\mathrm{i}A_1(L)}{\cos(\Gamma_0 L)}\cos[\Gamma_0(L-z)]+\frac{A_2^*(0)}{\cos(\Gamma_0 L)}\cos[\Gamma_0(L-z)]\\&=\frac{-\mathrm{i}A_1(L)+A_2^*(0)}{\cos(\Gamma_0 L)}\cos[\Gamma_0(L-z)]\\&=-\mathrm{i}A\cos[\Gamma_0(L-z)]\end{aligned}\tag{4.6-62}$$

式中

$$A=\frac{A_1(L)+\mathrm{i}A_2^*(0)}{\cos(\Gamma_0 L)}\tag{4.6-63}$$

这时，$A_1(z)$ 和 $A_2^*(z)$ 在非线性介质中的变化规律如图 4.6-7 所示。

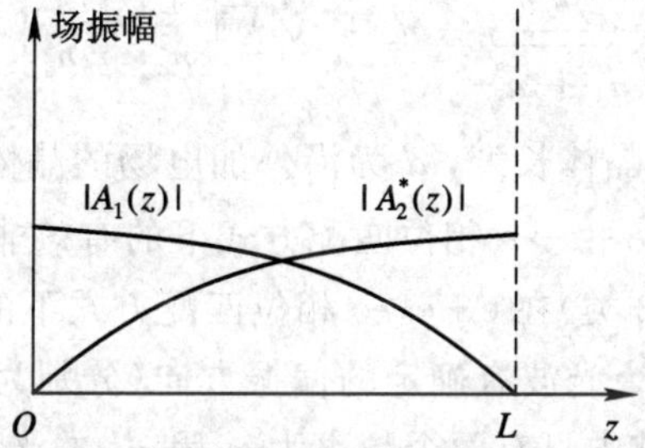

图 4.6-7　背向参量振荡器中的信号光 $A_1(z)$ 和空闲光 $A_2^*(z)$

如果 $A_2^*(0)=0$，$A_1(L)\neq 0$，则由式(4.6-60)可以得到信号光 A_1 经过非线性介质后的增益为

$$G=\left|\frac{A_1(0)}{A_1(L)}\right|^2=\frac{1}{|\cos(\Gamma_0 L)|^2}\tag{4.6-64}$$

当 $\Gamma_0 L=\dfrac{\pi}{2}$ 时，$G\to\infty$。

如果 $A_1(L)=0$，$A_2^*(0)\neq 0$，按式(4.6-60)又可以得到空闲光通过非线性介质后的增益为

$$G=\left|\frac{A_2(L)}{A_2(0)}\right|^2=\frac{1}{|\cos(\Gamma_0 L)|^2}\tag{4.6-65}$$

当 $\Gamma_0 L=\dfrac{\pi}{2}$ 时，增益 G 也趋于无穷大。

在此，我们要指出，增益趋于无穷大的物理意义是：即使没有信号输入，信号光和空闲光也可以产生振荡，并有输出，而 $\Gamma_0 L=\pi/2$ 就是振荡阈值。将这种振荡与前面讨论的前向参量振荡进行比较可以看到，在前向参量振荡中，为了产生振荡，需要在非线性介质外面加谐振腔，以提供反馈。而在背向参量振荡中，背向散射除了能对 ω_1 或 ω_2 的入射信号进行放大外，由于本身有反馈，在一定的泵浦条件下，并不需要外加谐振腔也可以产生振荡。这种背向行波振荡器的工作原理与分布反馈激光器的工作原理相类似。不过要制作出本节所讨论的参量振荡器还是有困难的，其原因是缺乏有足够双折射的非线性光学材料，使之满足相位匹配条件 $n_3\omega_3+n_1\omega_1=n_2\omega_2$。由图 4.6 - 6 可见，要满足相位匹配矢量图的关系，就必须有 $\omega_3 n_3<n_2\omega_2$，然而因 $\omega_3>\omega_2$，所以这种器件可能只限在 $\omega_1\ll\omega_2$、ω_3 的情况下运用。

习　题

4 - 1　$\bar{4}3m$ 晶体沿〈111〉方向外加直流电场 $\boldsymbol{E}_0$，试求光沿〈111〉方向传播时的本征值和本征矢。

4 - 2　BSO 晶体属 23 对称群，现沿 y 方向外加直流电场 $\boldsymbol{E}_0$，试利用折射率椭球方法确定该光沿 z 方向通过晶体的电光延迟。

4 - 3　试证明外加直流电场 $\boldsymbol{E}_y=E_0\boldsymbol{j}$ 的 KDP 晶体，光波在 zOx 面内、与 x 轴成 45°方向传播时的电光延迟为

$$\Delta\varphi\approx\frac{2\pi l}{\lambda}\left[\frac{\sqrt{2}\,n_o n_e}{\sqrt{n_o^2+n_e^2}}-n_o+\sqrt{2}\left(\frac{1}{n_o^2}+\frac{1}{n_e^2}\right)^{-3/2}\gamma_{41}U_y\frac{l}{d}\right]$$

式中，l 为沿光传播方向上的晶体长度，d 为沿外加电场的晶体厚度，U_y 为外加电压。

4 - 4　试求 $\bar{4}2m$ 晶体在 o+e→e 相位匹配方式下的有效非线性光学系数 d_{eff}。

4 - 5　试求石英晶体(32 类)在 e+e→o 相位匹配方式下的有效非线性光学系数 d_{eff}。

4 - 6　若相互作用的三个光波有确定的偏振方向(分别为 x、y、z 方向)，试写出这三个光波的耦合波方程。如果其中只有两个频率为 ω_1 和 ω_2 的光波有确定的偏振方向(分别为 x 和 y 方向)，三个光波的耦合波方程形式如何？

4 - 7　今利用 KDP 晶体进行参量放大，若其中有两个光波是非常光，第三个光波是寻常光，试推导其相位匹配角公式。这三个光波(信号、空闲和泵浦)中哪一个选为寻常光？利用 $\omega_3=10\,000\ \text{cm}^{-1}$，$\omega_1=\omega_2=5000\ \text{cm}^{-1}$能否实现这种形式的相位匹配？如果能的话，相位匹配角 θ_m 为多大？

4 - 8　试证明，如果二次谐波产生过程的基频光 ω 是寻常光，倍频光 2ω 是非常光，θ_m 是其相位匹配角，则有

$$\Delta k(\theta)L\big|_{\theta=\theta_m}=\frac{2\omega L}{c}\sin(2\theta_m)\frac{(n_e^{2\omega})^{-2}-(n_o^{2\omega})^{-2}}{2(n_o^{\omega})^{-3}}(\theta-\theta_m)$$

4 - 9　推导参量振荡器的温度调谐关系式(4.6 - 50)。

4 - 10　推导描述背向波频率上转换的方程，假设泵浦波频率为 ω_2，信号波频率为 ω_1，输入为 $A_1(0)$，并与背向波放大器进行定性比较。

参考文献

[1]　过巳吉. 非线性光学，西安：西北电讯工程学院出版社. 1986

[2]　Bass M，et al. Phys. Rev. Lett.，1962，9：446

[3]　Shapiro S L. Ultrashort Light Pulses，Picosecond Technigues and Applications. New York：Springeri-Verlag Berlin Heidelherg，1976，184

[4]　张希成，金亚红. 光致电磁辐射原理及应用. 物理. 1993，22：136

[5]　Jackson J D. 经典电动力学. 朱培豫，译. 北京：人民教育出版社，1978

[6]　Mclean T P. Linear and Nonlinear Optics of Condensed Matter，Interaction of Radiation with Condensed Matter. Vol. 1. Vienna：Interactional Atomic Energy Agency，1977，56

[7]　Giordmaine J A. Phys. Rev. Lett.，1962，8(19)

[8]　Maker P D，et al. Phys Rev. Lett.，1962，8(21)

[9]　Shen Y R. Nonlinear Infrared Generation. New York：Springer - Verlag Berlin Heidelberg，1977，82

[10]　姚建铨，徐德刚. 全固态激光及非线性光学频率变换技术. 北京：科学出版社，2007

[11]　Byer R L. Parametric Oscillators and Nonlinear Materials，in Nonlinear Optics，ed，Happer P G，Wherrett B S. Academic Press，1977

[12]　Boyd G D，et al. Phys. Rev.，1965，A137:1305

[13]　Boyd G D and Kleinman D A. Appl. Phys.，1968，39:3597

[14]　Midwinter J E. Appl. Phys. Lett.，1968，12:68

[15]　Kingston R H. Proc，IRE，1962，50:472

[16]　Kroll N M. Phys. Rev.，1962，127:1207；Proc，IEEE，1963，51:110

[17]　Wang C C and Racette G W. Appl. Phys. Latt.，1965，6:169

[18]　Giordmaine J A and Miller R C. Phys. Rev. Lett.，1965，14:973

[19]　Magde D and Mahr H. Phys. Rev. Lett.，1967，18:905

第5章 三阶非线性光学效应

第4章我们讨论了二阶非线性极化率引起的一些非线性光学现象，并指出，只有无对称中心的介质才存在二阶非线性极化效应。在讨论中，没有涉及介质与光场之间的能量交换问题。

在这一章中，我们将讨论由三阶非线性极化率引起的一些现象[1]。必须明确，对于三阶非线性极化率来说，不管介质具有什么样的对称性，总存在一些非零的三阶极化率张量元素。这一章讨论的非线性光学效应中，有类似三波混频的参量过程，例如三次谐波产生、四波混频效应，也有涉及介质与光场发生能量交换的非参量过程，例如双光子吸收效应、受激喇曼效应和受激布里渊效应等。

5.1 光致非线性折射率效应

这一节主要讨论非线性介质中，光场因三阶非线性极化率引起的介质折射率变化的效应，这种效应所产生的非线性光学现象有光克尔效应、自聚焦、自相位调制等。

5.1.1 克尔效应与光克尔效应

1. 克尔效应

克尔(Kerr)在1875年发现：线偏振光通过外加电场作用的玻璃时，会变成椭圆偏振光，如图5.1-1所示，当旋转检偏器时，输出光不消失。这种现象表明，玻璃在外加恒定电场的作用下，由原来的各向同性变成了光学各向异性，外加电场感应引起了双折射，其折射率的变化与外加电场的平方成正比，这就是著名的克尔效应。

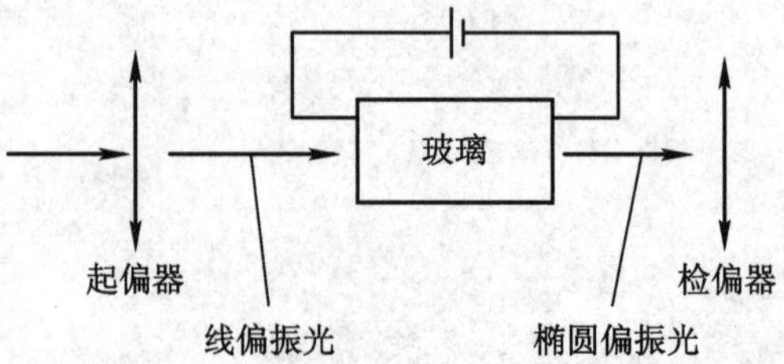

图5.1-1 克尔效应实验示意图

从非线性光学的角度来看，克尔效应是外加恒定电场和光电场在介质中通过三阶非线性极化率产生的三阶非线性极化效应。假定介质受到恒定电场 $\boldsymbol{E}_0$ 和光电场 $\boldsymbol{E}\exp(-\mathrm{i}\omega t)+$ c.c. 的作用，按式(1.1 - 42)和式(1.1 - 44)有

$$\begin{aligned}P_\mu(\omega,t) &= P_\mu^{(1)}(\omega,t) + P_\mu^{(3)}(\omega,t)\\ &= \varepsilon_0[\chi_{\mu\alpha}^{(1)}(\omega) + 3\chi_{\mu\alpha\beta\gamma}^{(3)}(\omega,0,0)E_{0\beta}E_{0\gamma}]E_\alpha \mathrm{e}^{-\mathrm{i}\omega t} + \mathrm{c.c.}\end{aligned} \tag{5.1 - 1}$$

这表示由于三阶非线性极化的作用，恒定电场的存在使得介质的介电张量元素 $\varepsilon_{\mu\alpha}$ 改变了 $\delta\varepsilon_{\mu\alpha}$，且

$$\delta\varepsilon_{\mu\alpha} = 3\varepsilon_0\chi_{\mu\alpha\beta\gamma}^{(3)}(\omega,0,0)E_{0\beta}E_{0\gamma} \tag{5.1 - 2}$$

式中，因子 3 是由于考虑了三阶极化率张量元素 $\chi_{\mu\alpha\beta\gamma}^{(3)}(\omega,0,0)$ 的本征对易对称性而出现的。与 4.1 节讨论线性电光效应的方法类似，克尔效应的讨论也可以采用分析恒定电场 $\boldsymbol{E}_0$ 的存在引起感应双折射效应的方法进行。

2. 光克尔效应

现在进一步讨论用另一光电场代替恒定电场 $\boldsymbol{E}_0$ 的光克尔效应。假定频率为 ω 的光电场作用于介质的同时，还有另一束频率为 ω' 的任意光电场作用于该介质，则由于 ω' 光电场的作用，会使介质对 ω 光波的作用有所改变。通过三阶非线性极化效应，将产生与频率为 ω' 的光电场平方有关的三阶非线性极化强度的复振幅 $\boldsymbol{P}^{(3)}(\omega)$ 为

$$\boldsymbol{P}^{(3)}(\omega) = 6\varepsilon_0\boldsymbol{\chi}^{(3)}(\omega,\omega',-\omega')\vdots\boldsymbol{E}(\omega)\boldsymbol{E}(\omega')\boldsymbol{E}^*(\omega') \tag{5.1 - 3}$$

式中，因子 6 是考虑到电极化率张量 $\boldsymbol{\chi}^{(3)}(\omega,\omega',-\omega')$ 的本征对易对称性而出现的。需要指出的是，不管频率 ω' 的值如何，总可以在介质中产生频率为 ω 的三阶非线性极化强度 $\boldsymbol{P}^{(3)}(\omega, t)$，并且与线性电光效应不同，这种效应在任何材料中都能产生。

光克尔效应的大小可以用克尔常数量度。对各向同性介质来说，克尔常数定义为

$$K_{\omega'}(\omega) = \frac{\Delta n_{/\!/}(\omega) - \Delta n_{\perp}(\omega)}{\lambda E_0^2(\omega')} \tag{5.1 - 4}$$

式中，$E_0^2(\omega')=4|E(\omega')|^2$，$\Delta n_{/\!/}(\omega)$ 和 $\Delta n_\perp(\omega)$ 分别是频率为 ω、偏振方向与频率为 ω' 的外加光电场平行和垂直的折射率 $n(\omega)$ 的改变量。这里所定义的克尔常数 $K_{\omega'}(\omega)$ 对各向同性介质来说，与外加光电场 $\boldsymbol{E}(\omega')$ 的方向无关，但对各向异性介质来说，与外加光电场的方向就有关了。

现在讨论各向同性介质的克尔常数。

假定频率为 ω 的光波沿 z 方向传播，由式(5.1 - 3)可得

$$\boldsymbol{P}^{(3)}(\omega) = 6\varepsilon_0\boldsymbol{\chi}^{(3)}(\omega,\omega',-\omega')\vdots\boldsymbol{a}(\omega)\boldsymbol{a}(\omega')\boldsymbol{a}(\omega')|E(\omega')|^2E(\omega)\mathrm{e}^{\mathrm{i}kz} \tag{5.1 - 5}$$

又假定频率为 ω' 的光电场在 y 方向偏振，其振动方向的单位矢量 $\boldsymbol{a}(\omega')=(0,1,0)$，则 $\boldsymbol{P}^{(3)}(\omega)$ 的分量形式为

$$P_\mu^{(3)}(\omega) = \frac{3}{2}\varepsilon_0E_0^2(\omega')E(\omega)\mathrm{e}^{\mathrm{i}kz}\sum_{\alpha=x,y,z}\chi_{\mu\alpha yy}^{(3)}(\omega,\omega',-\omega')a_\alpha(\omega) \tag{5.1 - 6}$$

对于各向同性介质，它的三阶极化率张量的非零元素是

$$\chi_{xxxx}^{(3)} = \chi_{yyyy}^{(3)} = \chi_{zzzz}^{(3)}$$

$$\chi_{yyxx}^{(3)} = \chi_{zzyy}^{(3)} = \chi_{zzxx}^{(3)} = \chi_{xxzz}^{(3)} = \chi_{xxyy}^{(3)} = \chi_{yyxx}^{(3)}$$

$$\chi_{yzyz}^{(3)} = \chi_{zyzy}^{(3)} = \chi_{zxzx}^{(3)} = \chi_{xzxz}^{(3)} = \chi_{xyxy}^{(3)} = \chi_{yxyx}^{(3)}$$

$$\chi_{yzzy}^{(3)}=\chi_{zyyz}^{(3)}=\chi_{zxxz}^{(3)}=\chi_{xzzx}^{(3)}=\chi_{xyyx}^{(3)}=\chi_{yxxy}^{(3)}$$

并有

$$\chi_{xxxx}^{(3)}=\chi_{xxyy}^{(3)}+\chi_{xyxy}^{(3)}+\chi_{xyyx}^{(3)}$$

因此，由式(5.1－6)得

$$P_x^{(3)}(\omega)=\frac{3}{2}\varepsilon_0E_0^2(\omega')\chi_{xxyy}^{(3)}(\omega,\omega',-\omega')a_x(\omega)E(\omega)e^{ikz} \tag{5.1－7a}$$

$$P_y^{(3)}(\omega)=\frac{3}{2}\varepsilon_0E_0^2(\omega')\chi_{yyyy}^{(3)}(\omega,\omega',-\omega')a_y(\omega)E(\omega)e^{ikz} \tag{5.1－7b}$$

这里已利用了频率为 ω 的光波沿 z 方向传播时，应有 $a_z(\omega)=0$、$a_x(\omega)\neq0$、$a_y(\omega)\neq0$。现将式(5.1－7)代入基本方程(3.3－23)，可以得到与频率为 ω' 的光波偏振方向相同的光电场分量方程为

$$\begin{aligned}\frac{dE(\omega,z)}{dz}&=\frac{i\omega^2\mu_0}{2k}\boldsymbol{a}(\omega)\cdot\boldsymbol{P}^{(3)}(\omega)e^{-ikz}=\frac{i\omega^2\mu_0}{2k}P_y^{(3)}(\omega)e^{-ikz}\\&=\frac{3}{4}\frac{i\varepsilon_0\mu_0\omega^2}{k}E_0^2(\omega')E(\omega)\chi_{yyyy}^{(3)}(\omega,\omega',-\omega')\end{aligned} \tag{5.1－8}$$

在假定 $E_0(\omega')$ 不变的条件下，有

$$E(\omega,z)\propto e^{i\frac{\omega}{c}\left[\frac{3\omega}{4kc}E_0^2(\omega')\chi_{yyyy}^{(3)}(\omega,\omega',-\omega')\right]z} \tag{5.1－9}$$

上式指数因子中括号内的量正是折射率的变化量，记为 $\Delta n_{/\!/}$，即有

$$\Delta n_{/\!/}(\omega)=\frac{3\omega}{4kc}E_0^2(\omega')\chi_{yyyy}^{(3)}(\omega,\omega',-\omega') \tag{5.1－10}$$

同理，对于偏振方向与频率为 ω' 的光波相垂直的光电场分量来说，有

$$\begin{aligned}\frac{dE(\omega,z)}{dz}&=\frac{i\omega^2\mu_0}{2k}\boldsymbol{a}(\omega)\cdot\boldsymbol{P}^{(3)}(\omega)e^{-ikz}=\frac{i\omega^2\mu_0}{2k}P_x^{(3)}(\omega)e^{-ikz}\\&=\frac{3}{4}\frac{i\varepsilon_0\mu_0\omega^2}{k}E_0^2(\omega')E(\omega)\chi_{xxyy}^{(3)}(\omega,\omega',-\omega')\end{aligned} \tag{5.1－11}$$

相应地有

$$\Delta n_{\perp}(\omega)=\frac{3\omega}{4kc}E_0^2(\omega')\chi_{xxyy}^{(3)}(\omega,\omega',-\omega') \tag{5.1－12}$$

由式(5.1－10)和式(5.1－12)可见，折射率的变化 $\Delta n_{/\!/}$ 和 $\Delta n_{\perp}$ 均与光电场平方 $E_0^2(\omega')$ 成正比，将式(5.1－10)和式(5.1－12)代入式(5.1－4)，便给出克尔常数 $K_{\omega'}(\omega)$ 与极化率张量元素的关系为

$$K_{\omega'}(\omega)=\frac{3\omega}{8\pi c}\left[\chi_{yyyy}^{(3)}(\omega,\omega',-\omega')-x_{xxyy}^{(3)}(\omega,\omega',-\omega')\right] \tag{5.1－13}$$

当 $\omega'=0$ 时，就得到通常外加恒定电场情况下的克尔常数 $K_0(\omega)$。

上述光克尔效应可用于构造一种超快光开关，其原理如图 5.1－2 所示。在正交偏振器之间放置光克尔介质(样品)，不加强激光脉冲(开关光束)时，任何光场都无法通过检偏器，开关处于关闭状态；一旦加上开关激光脉冲，由于感应双折射，探测光通过长度为 l 的光克尔介质时，在与开关光偏振方向平行和垂直方向的分量间将产生相位差：

$$\Delta\varphi=\frac{2\pi}{\lambda}(\Delta n_{/\!/}-\Delta n_{\perp})l \tag{5.1－14}$$

使得入射线偏振光变为椭圆偏振光，该光可以通过检偏器输出，开关处于开启状态。这种光克尔开关的输出光强取决于探测光和开关光的偏振状态、开关光强度和光克尔介质的非线性特性，开关的速度取决于光克尔介质对开关光脉冲的响应时间，可达飞秒量级(10^{-12} s～10^{-13} s)。这样短的时间分辨尺度，可使光克尔开关广泛应用于各种材料中的超快载流子动力学过程研究、超高速光调制器、超高速光开关、光运算器、脉冲诊断等诸多领域中。表5-1 列出了一些常见克尔介质的光学特性。

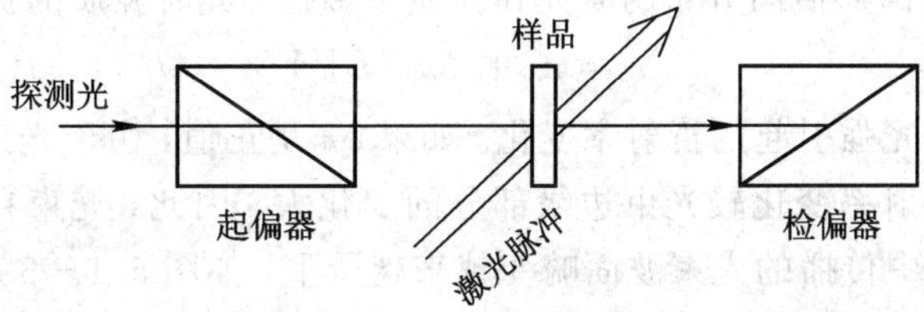

图 5.1-2　光克尔效应开关

表 5-1　常见克尔介质特性

克尔介质	响应时间/fs	$\chi^{(3)}$/esu	波长/nm
噻吩	＜400	2.2×10^{-13}	790
呋喃	＜400	1.0×10^{-13}	790
四氯化碳	＜200	4.0×10^{-14}	790
熔融石英	＜100	3.7×10^{-14}	800
ZnO	＜160	1.0×10^{-8}	800
SiO_2	＜150	$\sim10^{-14}$	800
BK-7	＜120	$\sim10^{-14}$	800
$PbO-SiO_2$	＜130	$\sim10^{-13}$	800
As_2S_3	＜200	$\sim10^{-12}$	800
BeF_2	＜140	$\sim10^{-15}$	800
Au/SiO_2	2×10^3	$\sim10^{-9}$	550
Cu/Al_2O_3	5×10^3	$\sim10^{-7}$	600
Ag/BaO	＜200	4.8×10^{-10}	820
硅酸盐玻璃	＜400	8×10^{-14}	638
碲酸盐玻璃	＜200	$\sim10^{-13}$	800
Pb-Bi-Ga	1×10^3	$\sim10^{-13}$	800
铋酸盐玻璃	＜90	3×10^{-13}	800
金钠米颗粒	＜210	2×10^{-8}	532
CS_2	1.6×10^3	2×10^{-12}	800

应当指出的是，上述光克尔效应中，传输光波的频率 ω 与产生感应双折射效应的光波频率 ω' 不相同，实际上，一束强的光波本身就能起到产生感应双折射效应的光波作用，即 $\omega'=\omega$。这时，一束强激光会因光克尔效应产生一些很重要的现象，例如自聚焦、自散焦和

自相位调制，或通称为光波的自作用。

5.1.2 激光束的自聚焦现象

1. 自聚焦现象

自聚焦现象是感生透镜效应，这种效应是由于通过非线性介质的激光束的自作用使其波面发生畸变造成的。

现假定一束具有高斯横向分布的激光在介质中传播，此时介质的折射率为

$$n = n_0 + \Delta n(|E|^2) \tag{5.1-15}$$

其中，$\Delta n(|E|^2)$是由光强引起的折射率变化。如果Δn是正值，由于光束中心部分的光强较强，则中心部分的折射率变化较光束边缘部分的变化大，因此，光束在中心比边缘的传播速度慢，结果使介质中传播的光束波面畸变越来越严重，如图5.1-3所示。这种畸变好像是光束通过正透镜一样，光线本身呈现自聚焦现象。但是，由于具有有限截面的光束还要经受衍射作用，所以只有自聚焦效应大于衍射效应时，光才表现出自聚焦现象。粗略地说，自聚焦效应正比于$\Delta n(|E|^2)$，衍射效应反比于光束半径的平方，因此，光束在介质中传播时，其自聚焦效应和衍射效应均越来越强。如果后者增强得较快，则在某一点处衍射效应克服自聚焦效应，在达到某一最小截面(焦点)后，自聚焦光束将呈现出衍射现象。但是在许多情况下，一旦自聚焦作用开始，自聚焦效应总是强于衍射效应，因此光束自聚焦的作用一直进行着，直至由于其它非线性光学效应使其终止。使自聚焦作用终止的非线性光学效应有受激喇曼散射、受激布里渊散射、双光子吸收、光损伤等。当自聚焦效应和衍射效应平衡时，将出现一种有趣的现象，即光束自陷，表现为光束在介质中传播相当长的距离，其光束直径不发生改变。实际上，光束自陷是不稳定的，因为吸收或散射引起的激光功率损失都可以破坏自聚焦和衍射之间的平衡，引起光束的衍射。与自聚焦效应相反，如果由光强引起的折射率变化Δn是负值，则会导致光束自散焦，趋向于使高斯光束产生一个强度更加均匀分布的光束，这种现象叫做光模糊效应。

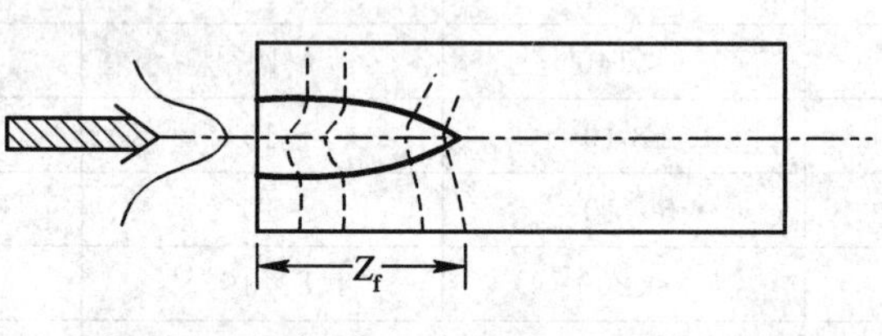

图5.1-3 光束在非线性介质中的光线路径(虚线为波面，实线为光线)

通常，远离介质吸收带处的Δn是正的，因而产生光束自聚焦。由于强光通过介质时会产生自聚焦效应，且一旦开始发生自聚焦，接着就是一个崩裂效应，因而可能导致固体材料的不可逆损伤。所以，自聚焦效应是设计高功率固体激光器时需要考虑的最重要因素之一。光模糊效应通常发生在吸收带的两翼。因为对于足够强的辐射来说，即使吸收非常弱，也会引起明显的能量被吸收，从而导致物质变热，特别是对于气体介质，变热会引起膨胀，使折射率减小，因而有一个负的Δn。在这种情况下，不可能使光束聚焦成更小的光斑。这种现象对于诸如大功率CO_2激光束通过大气的传播来说十分重要。因为大气中的CO_2分子对CO_2激光存在着吸收，这种光模糊效应将直接影响CO_2激光束的传播特性。

当输入到非线性介质中的激光是脉冲时，由于光脉冲强度是时间的函数，Δn也必然是

时间的函数，因此，光的相速(相位)将受到时间的调制，从而导致光谱的加宽，这就是所谓的自相位调制。

光强分布引起折射率变化还会造成光的群速度变化，图 5.1-4 表示一时域高斯光脉冲在非线性介质中传播一定距离后，脉冲后沿变陡的现象。这是由于脉冲峰值处折射率大，光速慢，而在后沿，光强逐渐下降，光速逐渐增大，以致后面部分的光“赶上”前面部分的光，造成光脉冲后沿变陡。这就是光脉冲的自变陡现象。

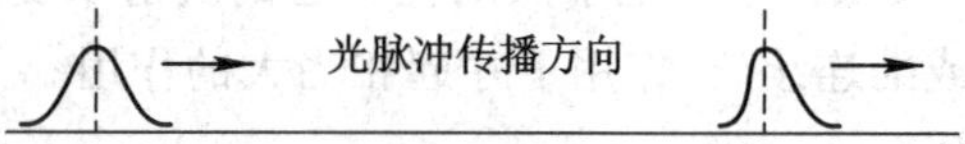

图 5.1-4　光脉冲在非线性介质中的自变陡现象

对于自聚焦现象的研究始于 1964 年，主要有以下两个因素促使了该项研究：

(1) 高功率密度激光在透明介质中传播时会发生所谓的丝状破坏。

(2) 在研究受激喇曼散射过程中观察到一些反常现象，如在许多固体和液体中，受激喇曼散射有一个非常尖锐的阈值，有异常高的增益，前、后向增益不对称，有反常的反斯托克斯环等。经研究表明，这些现象都与激光束自聚焦现象有关。

引起光束自聚焦的原因是光致折射率的变化，而光致折射率变化的物理机制是多种多样的，归纳起来主要有[2]：

(1) 强光场使组成介质的分子或原子中的外层电子云分布发生微小变化，导致介质宏观电极化的变化，从而使折射率发生变化。这种由于电子云分布变化而引起折射率变化的响应时间约为 10^{-15} s～10^{-14} s。

(2) 对许多由极性分子组成的液态光学介质，一般情况下分子是随机排列的，因而分子内原子实与外层电子构成的偶极矩也呈随机排列，故其宏观上没有电极性。在足够强的光电场作用下，杂乱分布的分子会克服随机的热运动，趋向于按光电场偏振方向重新排列分布，感应出非线性极化，引起折射率的变化。对于小极性分子组成的液态光学介质，例如 CS_2，其响应时间为 10^{-12} s；对于大极性分子组成的液态光学介质，例如液晶，响应时间一般为 10^{-3} s～10^{-2} s。

(3) 在强光场作用下的电致伸缩效应使介质密度发生起伏，从而引起折射率发生相应的变化。这种电致伸缩效应具有非局域性和非同时性，导致介质折射率变化的响应时间约为 10^{-9} s～10^{-8} s。

(4) 由于各种介质对入射光束均存在着不同程度的吸收，部分吸收能量会转化为介质的热能，导致介质温升，从而引起介质折射率变化。对于气态介质，温度升高总是引起折射率的减小；对于固态介质，温度升高后，介质折射率的变化与介质结构有关，可能增大也可能减小。这种由光吸收的热效应导致的折射率变化也具有非局域性和非同时性，响应时间约为 10^{-3} s～1 s。

(5) 光折变效应。光束照射到光折变晶体中，使处于晶体某处的电荷激发和再分布，电荷的再分布可以产生一内部电场，通过线性电光效应感生折射率的变化。显然，光折变效应与其它导致介质在光强作用下引起折射率改变的机理不同，它实质上是一种二阶非线性光学效应，而后者则是三阶非线性光学效应。由于光折变材料常被用于四波混频，所以由它引起的各种效应往往就是三阶非线性光学现象。在光折变材料中，折射率的改变仅与入射光能量的积分有关，而与其光强无关，入射光强仅影响折射率改变的速度。由于光折变效应是一种累积效应，所以其响应时间可以有几个数量级的变化，与入射光强和光折变材料有关，可以为 10^{-8} s，也可达数分钟。有关光折变效应，将在第 8 章专门讨论。

不同的非线性介质，不同宽度的输入激光脉冲，引起折射率变化的主要作用机理也不相同。例如，在固体中，对于 ns 量级的输入脉冲，往往是电子伸缩效应起主要作用，而对于 ps 光脉冲，电子云分布的畸变可能起主要作用。再如在极性分子的液体中，分子再分布极化是非线性折射率的主要贡献者，至于热效应引起的折射率变化，进而引起的自聚焦或自散焦，只有在连续波(或准连续波)作用下才起相当大的作用。

2. 自聚焦的稳态理论

现在我们讨论入射激光为连续的或为缓慢变化的长脉冲情况下的自聚焦现象，这时经自聚焦后的光束截面尺寸、焦点位置以及焦斑大小等均不随时间明显变化，故称为稳态自聚焦。下面，从麦克斯韦方程出发讨论高斯光束的稳态自聚焦。

考虑到三阶非线性效应，在光电场作用下各向同性介质的介电常数发生变化，总的相对介电常数为

$$\varepsilon_{总} = \varepsilon_r + \varepsilon_2 |\boldsymbol{E}_0|^2 \tag{5.1-16}$$

式中，ε_r 为线性相对介电常数，ε_2 为非线性相对介电常数系数，$|\boldsymbol{E}_0|^2$ 为光电场振幅平方。相应的极化强度可以表示成

$$\boldsymbol{P} = \varepsilon_0 \chi^{(1)}(\omega)\boldsymbol{E} + \frac{3}{4}\varepsilon_0 \chi^{(3)}(\omega,\omega,-\omega)|\boldsymbol{E}_0|^2\boldsymbol{E} \tag{5.1-17}$$

由此，在式(5.1-16)中

$$\varepsilon_r = 1 + \chi^{(1)}(\omega), \quad \varepsilon_2 = \frac{3}{4}\chi^{(3)}(\omega,\omega,-\omega) \tag{5.1-18}$$

介质的折射率为

$$\begin{aligned} n_{总} &= \sqrt{\varepsilon_{总}} = \sqrt{1 + \chi^{(1)}(\omega) + \frac{3}{4}\chi^{(3)}(\omega,\omega,-\omega)|\boldsymbol{E}_0|^2} \\ &= n_0 + \Delta n \end{aligned} \tag{5.1-19}$$

式中

$$n_0 = \sqrt{1 + \chi^{(1)}(\omega)} \tag{5.1-20}$$

是线性折射率，Δn 是非线性折射率。因为通常 $n_0 \gg \Delta n$，所以由式(5.1-19)可得

$$\Delta n = \frac{3}{8n_0}\chi^{(3)}(\omega,\omega,-\omega)|\boldsymbol{E}_0|^2 = \frac{1}{2n_0}\varepsilon_2|\boldsymbol{E}_0|^2 \tag{5.1-21}$$

若令

$$\Delta n = n_2 |\boldsymbol{E}_0|^2 \tag{5.1-22}$$

则

$$n_2 = \frac{\varepsilon_2}{2n_0} = \frac{3}{8n_0}\chi^{(3)}(\omega,\omega,-\omega) \tag{5.1-23}$$

通常称 n_2 为非线性折射率系数。

考虑了上述非线性效应后，麦克斯韦方程可以写成

$$\nabla \times \boldsymbol{H} = \varepsilon_0 \frac{\partial}{\partial t}[(\varepsilon_r + \varepsilon_2 |\boldsymbol{E}_0|^2)\boldsymbol{E}] \tag{5.1-24}$$

$$\nabla \times \boldsymbol{E} = -\mu_0 \frac{\partial \boldsymbol{H}}{\partial t} \tag{5.1-25}$$

由此得到波动方程为

$$\nabla^2 \boldsymbol{E} - \frac{n_0^2}{c^2}\frac{\partial^2 \boldsymbol{E}}{\partial t^2} - \frac{2n_0 n_2}{c^2}\frac{\partial^2}{\partial t^2}(|\boldsymbol{E}_0|^2 \boldsymbol{E}) = 0 \tag{5.1-26}$$

现假定光束沿 z 方向传播，振动方向为 x 方向，电场的表示式为

$$\boldsymbol{E} = \frac{1}{2}[E_0(\boldsymbol{r})\mathrm{e}^{-\mathrm{i}(\omega t - kz)} + \mathrm{c.c.}]\boldsymbol{a}_x \tag{5.1-27}$$

式中，$k=n\omega/c$。如果 $E_0(\boldsymbol{r})$随 z 的变化与 $\exp(\mathrm{i}kz)$相比是缓慢的，便有

$$\frac{\partial^2}{\partial z^2}(E_0 \mathrm{e}^{\mathrm{i}kz}) \approx \mathrm{e}^{\mathrm{i}kz}\left(-k^2 E_0 + 2\mathrm{i}k\frac{\partial \boldsymbol{E}_0}{\partial z}\right)$$

将该式代入式(5.1-26)后，可得

$$\nabla_T^2 E_0 + 2\mathrm{i}k\frac{\partial E_0}{\partial z} + \frac{2n_2 k^2}{n_0}|E_0|^2 E_0 = 0 \tag{5.1-28}$$

这里

$$\nabla_T^2 = \frac{\partial^2}{\partial x^2} + \frac{\partial^2}{\partial y^2}$$

如果没有非线性，即 $n_2=0$，则式(5.1-28)就变为描述透明介质内线性光束传播规律的方程，它的解是一组完全的高斯模，其最低阶的高斯光束形式为[3]

$$E_0(x,y,z) = A\frac{w_0}{w(z)}\mathrm{e}^{\mathrm{i}[kz-\varphi(z)]+\mathrm{i}\frac{kr^2}{2q(z)}} \tag{5.1-29}$$

式中，$q(z)$是高斯光束的 q 参数，且有

$$\frac{1}{q(z)} = \frac{1}{R(z)} - \mathrm{i}\frac{\lambda}{\pi n_0 w^2(z)} \tag{5.1-30}$$

w_0、$w(z)$和 $R(z)$分别是高斯光束束腰处的光斑大小、离束腰 z 处的光斑大小和 z 处高斯光束等相位面的曲率半径。这三者存在以下关系：

$$w^2(z) = w_0^2\left[1 + \left(\frac{\lambda z}{\pi n_0 w_0^2}\right)^2\right] = w_0^2\left(1 + \frac{z^2}{z_0^2}\right) \tag{5.1-31}$$

$$R(z) = z\left[1 + \left(\frac{\pi n_0 w_0^2}{\lambda z}\right)^2\right] = z\left(1 + \frac{z_0^2}{z^2}\right) \tag{5.1-32}$$

$$\varphi(z) = \arctan\left(\frac{\lambda z}{\pi n_0 w_0^2}\right) = \arctan\left(\frac{z}{z_0}\right) \tag{5.1-33}$$

式中

$$z_0 = \frac{\pi n_0 w_0^2}{\lambda} \tag{5.1-34}$$

现在假定高斯光束进入介质处的坐标为 $z=0$(如图 5.1-5 所示)，则式(5.1-29)中的 z 用($z-z_{\min}$)代替后，可重写为

$$\underset{z\leqslant 0}{E_0(x,y,z)}=\frac{A}{\left[1+\left(\dfrac{\lambda(z-z_{\min})}{\pi n_0 w_0^2}\right)^2\right]^{1/2}}$$

$$\times\,\mathrm{e}^{\mathrm{i}[k(z-z_{\min})-\varphi(z-z_{\min})]-r^2\left[\frac{1}{w_0^2\left[1+\left(\frac{\lambda(z-z_{\min})}{\pi n_0 w_0^2}\right)^2\right]}-\frac{\mathrm{i}k}{2\left[1+\left(\frac{\pi n_0 w_0^2}{\lambda(z-z_{\min})}\right)^2\right](z-z_{\min})}\right]} \tag{5.1-35}$$

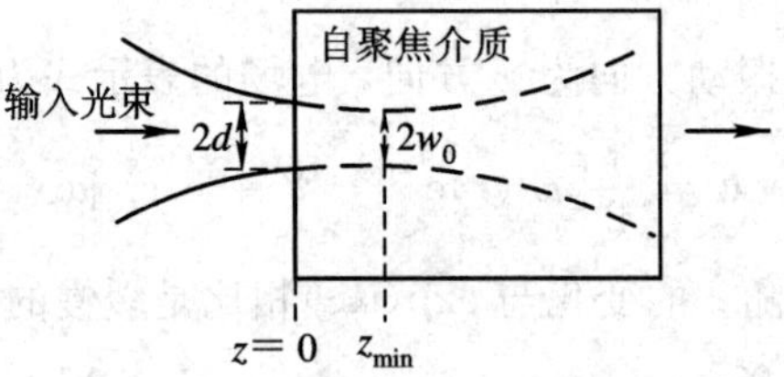

图 5.1-5 高斯光束进入自聚焦介质(虚线表示无自聚焦时光束的光斑大小)

这样，在 $z=0$ 处输入光束的电场强度 $E_0(x,y,0)$ 为

$$E_0(x,y,0)=\frac{A}{\left[1+\left(\dfrac{\lambda z_{\min}}{\pi n_0 w_0^2}\right)^2\right]^{1/2}}\mathrm{e}^{-\mathrm{i}[kz_{\min}+\varphi(-z_{\min})]-r^2\left[\frac{1}{w_0^2\left[1+\left(\frac{\lambda z_{\min}}{\pi n_0 w_0^2}\right)^2\right]}+\frac{\mathrm{i}k}{2z_{\min}\left[1+\left(\frac{\pi n_0 w_0^2}{\lambda z_{\min}}\right)^2\right]}\right]}$$

并且，可将 $z=0$ 处输入光束的场强简写成如下形式：

$$E_0(x,y,0)=A_0\mathrm{e}^{-\frac{r^2}{w_0^2}\frac{1+\mathrm{i}\frac{2z_{\min}}{kw_0^2}}{1+\left(\frac{2z_{\min}}{kw_0^2}\right)^2}} \tag{5.1-36}$$

若令 $z=0$ 处的输入光束半径为 d，则由式(5.1-31)有

$$w^2(z)=w_0^2\left\{1+\left[\frac{2(z-z_{\min})}{kw_0^2}\right]^2\right\}$$

因而有

$$d^2=w^2(0)=w_0^2\left[1+\left(\frac{2z_{\min}}{kw_0^2}\right)^2\right] \tag{5.1-37}$$

于是，可将式(5.1-37)写为

$$E_0(x,y,0)=A_0\mathrm{e}^{-\frac{r^2}{d^2}\left(1+\mathrm{i}\frac{2z_{\min}}{kw_0^2}\right)} \tag{5.1-38}$$

这表示在 $z=0$ 处的输入光束可用其半径 d 和到束腰处的距离 $z_{\min}$ 来确定。进一步，若引入聚焦参数

$$\theta=\frac{2z_{\min}}{kw_0^2} \tag{5.1-39}$$

可以使分析大大简化。利用式(5.1-39)，式(5.1-38)和式(5.1-37)可改写为

$$E_0(x,y,0)=A_0\mathrm{e}^{-\frac{r^2}{d^2}(1+\mathrm{i}\theta)} \tag{5.1-40}$$

$$z_{\min}=\frac{kd^2}{2}\frac{\theta}{1+\theta^2} \tag{5.1-41}$$

$$w_0=\frac{d}{(1+\theta^2)^{1/2}} \tag{5.1-42}$$

根据 θ 的定义式(5.1-39)，对于 $\theta=0$ 的光束，其束腰在 $z=0$ 处；如果 $\theta>0$，即 $z_{\min}>0$，表明在 $z=0$ 处的输入光束是收敛的，而对于 $\theta<0$ 的光束，则是发散的。

如果方程(5.1-28)中的 $n_2\neq0$，其一般解必须用数值求解法求得。我们现在所要分析的问题只是考虑一束对称的、具有式(5.1-40)形式的输入光束起始聚焦的性质。为获得光束的性质，我们可以在 $z=0$ 附近将光束强度 $|E_0(0,0,z)|^2$ 按级数展开，得到

$$|E_0(x=y=0)|^2=|E_0(0,0,0)|^2+\left(\frac{\partial|E_0|^2}{\partial z}\right)_{z=0}z+\left(\frac{\partial^2|E_0|^2}{\partial z^2}\right)_{z=0}\frac{z^2}{2}+\cdots \tag{5.1-43}$$

利用式(5.1-28)后，上式中的一、二阶偏导数可表示为

$$\frac{\partial|E_0|^2}{\partial z}=E_0\frac{\partial E_0^*}{\partial z}+E_0^*\frac{\partial E_0}{\partial z}=\frac{-\mathrm{i}}{2k}(E_0\nabla_T^2E_0^*-E_0^*\nabla_T^2E_0)$$

$$\frac{\partial^2|E_0|^2}{\partial z^2}=\frac{1}{4k^2}\Big\{(\nabla_T^2E_0)(\nabla_T^2E_0^*)-E_0\nabla_T^2(\nabla_T^2E_0^*)+\frac{2n_2k^2}{n_0}[E_0|E_0|^2\nabla_T^2E_0^*-E_0\nabla_T^2(|E_0|^2E_0^*)]+\text{c.c.}\Big\}$$

又利用式(5.1-40)作出其中的横向导数 $\nabla_T^2E_0$ 和 $\nabla_T^2E_0^*$：

$$\nabla_T^2E_0=-4A_0\frac{1+\mathrm{i}\theta}{d^2}$$

$$\nabla_T^2E_0^*=-4A_0^*\frac{1-\mathrm{i}\theta}{d^2}$$

式(5.1-43)可表示为

$$|E_0(x=y=0)|^2\approx A_0^2\left[1+4\theta\frac{z}{kd^2}+\frac{z^2}{k^2d^4}\left(-4+12\theta^2+\frac{4n_2k^2d^2}{n_0}A_0^2\right)+\cdots\right] \tag{5.1-44}$$

这个函数的倒数大小近似地反映了光束面积的大小。因此，利用展开式 $(1+x)^{-1}\approx1-x+x^2+\cdots$，可近似给出光束面积：

$$S(z)\propto\frac{1}{|E_0(x=y=0)|^2}\approx S(0)\left[1-4\theta\frac{z}{kd^2}+\frac{z^2}{k^2d^4}\left(4+4\theta^2-\frac{4n_2k^2d^2}{n_0}A_0^2\right)+\cdots\right] \tag{5.1-45}$$

式中，S 表示光束的截面积。

假定光束聚焦处的光束面积为零，则由式(5.1-45)可求得自聚焦焦点与输入平面的距离为

$$Z_{\mathrm{f}}=\frac{kd^{2}}{2}\frac{1}{\left(\sqrt{\frac{P}{P_{\mathrm{c}}}-1}+\theta\right)} \tag{5.1-46}$$

式中，P 是输入光束的总功率，有

$$P=\frac{\pi\varepsilon_{0}cn_{0}d^{2}}{2}A_{0}^{2} \tag{5.1-47}$$

P_{c} 称为临界功率，有

$$P_{\mathrm{c}}=\frac{\pi\varepsilon_{0}c^{3}}{2n_{2}\omega^{2}} \tag{5.1-48}$$

按式(5.1－46)，如果输入光束原来是收敛的($\theta>0$)，则当总功率 P 超过 P_{c} 时，它将突然地在 Z_{f} 处聚焦($S(Z_{\mathrm{f}})\to 0$)。在这里，自聚焦的临界功率与光束起始的收敛程度(即聚焦参数 θ)及起始光束直径 d 无关。如果光束起始是发散的($\theta<0$)，则自聚焦的临界功率为

$$P_{\text{临界}}(\theta<0)=P_{\mathrm{c}}(1+\theta^{2}) \tag{5.1-49}$$

这时自聚焦的临界功率与自聚焦参数 θ 有关，光束起始发散愈厉害($|\theta|$愈大)，$P_{\text{临界}}$ 愈大。

在 CS_2 液体中，$(n_2)_{\mathrm{esu}}\approx 10^{-11}$，利用单位制变换关系 $(n_2)_{\mathrm{SI}}=1/9\times10^{-8}\times(n_2)_{\mathrm{esu}}$，对于波长约为 1 μm($\omega$ 约为 $1.9\times10^{15}\ \mathrm{s}^{-1}$)的激光，由式(5.1－48)可求得 P_{c} 约为 2×10^{4} W。因此，在中等高的功率电平上也会发生自聚焦。

3. 动态自聚焦效应

上面讨论的稳态自聚焦理论适用于连续激光或脉冲持续时间较长(远大于折射率感应变化的响应时间)的激光，场强的形式由式(5.1－27)描述，场振幅与时间无关。如果入射激光脉冲比较短，其场振幅的包络函数与时间有关，它对时间的一阶导数必须考虑，则描述自聚焦效应的波方程与时间有关，称为动态自聚焦效应。

现假定输入的激光为准单色光，其光电场 $\boldsymbol{E}$ 的表示式为

$$\boldsymbol{E}=\frac{1}{2}[\bar{E}(x,y,z,t)\mathrm{e}^{-\mathrm{i}(\omega_{0}t-k_{0}z)}+\mathrm{c.c.}]\boldsymbol{a}_{x} \tag{5.1-50}$$

将该式代入式(5.1－26)，与讨论稳态时的情况一样，略去光电场振幅函数 $\bar{E}(x,y,z,t)$ 对 z 的二阶导数项($\partial^{2}\bar{E}/\partial z^{2}$)，同时，还略去光电场振幅函数对时间 t 的二阶导数项($\partial^{2}\bar{E}/\partial t^{2}$)和 $\partial^{2}(|\bar{E}|^{2}\bar{E})/\partial t^{2}$ 中含有光电场振幅函数对时间导数的项(包括对时间 t 的二阶导数项和两个对时间一阶导数的乘积项)，则给出与式(5.1－28)相似的方程：

$$\nabla_{T}^{2}\bar{E}+\left(2\mathrm{i}k_{0}\frac{\partial\bar{E}}{\partial z}+2\mathrm{i}k_{0}\frac{n_{0}}{c}\frac{\partial\bar{E}}{\partial t}\right)+\frac{2n_{2}k_{0}^{2}}{n_{0}}|\bar{E}|^{2}\bar{E}=0 \tag{5.1-51}$$

与式(5.1－28)相比，式(5.1－51)只多了对时间的导数项$\left(2\mathrm{i}k_{0}\frac{n_{0}}{c}\frac{\partial\bar{E}}{\partial t}\right)$。现作变量变换，令

$$t'=t-\frac{n_{0}z}{c} \tag{5.1-52}$$

则有

$$\begin{aligned}\frac{\partial}{\partial z}\bar{E}\left(x,y,z,t'+\frac{n_{0}z}{c}\right)&=\frac{\partial\bar{E}(x,y,z,t)}{\partial z}+\frac{\partial\bar{E}(x,y,z,t)}{\partial t}\frac{\partial t}{\partial z}\\&=\frac{\partial\bar{E}(x,y,z,t')}{\partial z}+\frac{\partial\bar{E}(x,y,z,t')}{\partial t}\frac{n_{0}}{c}\end{aligned} \tag{5.1-53}$$

将上式代入式(5.1-51)后，得到

$$\nabla_T^2\overline{E}(x,y,z,t') + 2\mathrm{i}k_0\frac{\partial}{\partial z}\overline{E}(x,y,z,t') + \frac{2n_2k_0^2}{n_0}|\overline{E}(x,y,z,t')|^2\overline{E}(x,y,z,t') = 0 \tag{5.1-54}$$

由上式可见，它与式(5.1-28)在形式上完全相同，只是在光电场振幅函数中含有时间参量 t'。因此，由稳态情况所求得的自聚焦的焦点位置公式也可直接应用于动态自聚焦的情况中，只是输入功率 P 是时间参变量 t' 的函数。按式(5.1-46)，有

$$Z_\mathrm{f}(t) = \frac{k_0d^2}{2}\frac{1}{\left(\dfrac{P(t')}{P_\mathrm{c}}-1\right)^{1/2}+\theta} = \frac{k_0d^2}{2}\cdot\frac{1}{\left[\dfrac{P\left(t-\dfrac{n_0}{c}Z_\mathrm{f}\right)}{P_\mathrm{c}}-1\right]^{1/2}+\theta} \tag{5.1-55}$$

该式表明，如果入射激光脉冲的功率 P 是时间的函数，则自聚焦焦点的位置也是时间的函数，也就是说，在动态情况下自聚焦焦点是运动的。

假设激光脉冲功率随时间的变化规律如图5.1-6(b)所示。因为产生自聚焦要满足阈值条件，所以对应图中 t_D 时刻进入介质($z=0$)的光功率 P_D 所引起的自聚焦焦点(焦距 $Z_{\mathrm{f}D}$)出现最早，如图5.1-6(a)中的 D 点。然后，自聚焦焦点沿着U形曲线的两个分支运动，运动速度由曲线的斜率确定。沿 DAE 的一支表示自聚焦焦点向着光束前进的方向运动，并且焦点运动的速度可大于介质中的光速 c/n_0(因为它们的切线斜率可大于光线运动的斜率)；沿 DBC 的另一支则表示自聚焦焦点首先迎着光束向入射表面方向运动，在到达最短焦距 $Z_{\mathrm{f}B}$ 后又返回，向着光束出射的方向运动(焦距 $Z_{\mathrm{f}B}$ 与输入脉冲峰值功率相对应)，并且在自聚焦焦点来回运动的整个过程中，其速度始终小于介质中的光速，特别是在 $Z_{\mathrm{f}B}$ 处的自聚焦焦点的运动速度为零。

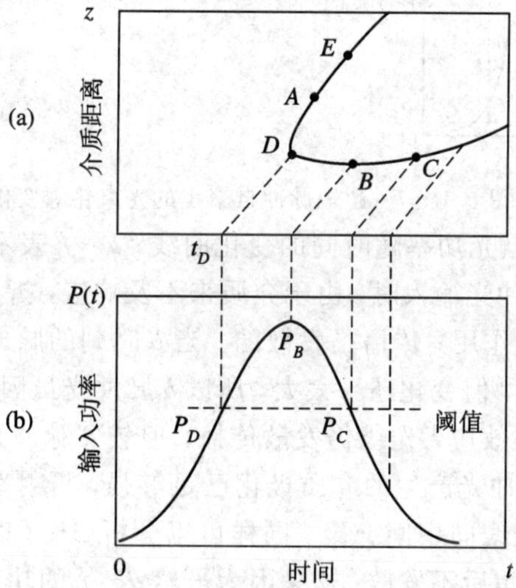

图5.1-6 (a) 自聚焦焦点位置随时间变化曲线
(b) 输入激光脉冲功率 $P(t)$ 变化规律

激光自聚焦更精确的结果可以通过对场方程数值求解得到。对于准平行入射并且截面上光强为高斯分布的情况来说，求得稳态和动态自聚焦焦距的公式分别为

$$Z_{\mathrm{f}}=\frac{kd^2}{2}\frac{1}{\left(\dfrac{P}{P_{\mathrm{c}}}\right)^{1/2}-1} \tag{5.1-56}$$

和

$$Z_{\mathrm{f}}=\frac{kd^2}{2}\frac{1}{\left[\dfrac{P\left(t-\dfrac{n_0}{c}Z_{\mathrm{f}}\right)}{P_{\mathrm{c}}}\right]^{1/2}-1} \tag{5.1-57}$$

最后说明几点：

(1) 因为自聚焦焦点处的光场来自介质内各点发出的光束的叠加，它并不代表各点光束的传播，不携带任何实际信息，所以自聚焦焦点的移动速度大于光速并不违背狭义相对论。

(2) 以上对于动态自聚焦的讨论实际上是假定介质对光场的响应非常快，认为只要一有激光场作用，介质的折射率就立即发生变化，当激光达到自聚焦阈值时，自聚焦现象就会随之发生。实际上，如果激光脉冲很短，例如几个皮秒，这时介质对光场的响应时间比激光脉冲宽度还要长，这样，介质折射率的变化就跟不上光场的变化，因此必须考虑介质对光场的响应时间，即必须考虑瞬态的自聚焦现象。下面通过图 5.1-7 来定性说明瞬态自聚焦现象。

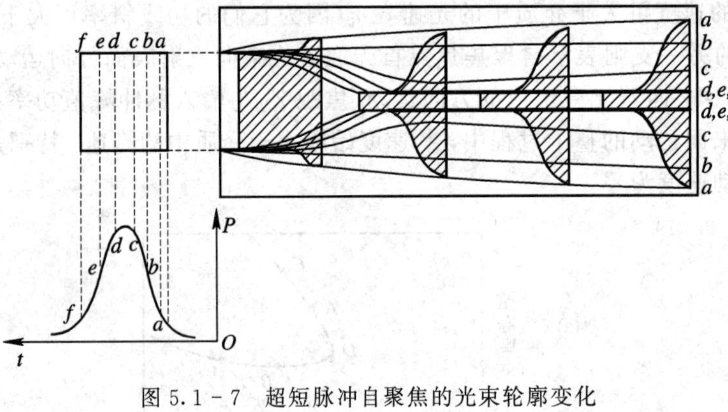

图 5.1-7 超短脉冲自聚焦的光束轮廓变化

图 5.1-7 左下方为激光功率随时间的变化曲线，$a\sim f$ 表示满足阈值条件的各个时刻的激光功率。当 a 时刻脉冲光输入时，由于介质来不及响应，折射率变化很小，所以 a 时刻的脉冲光主要因为衍射的作用，传播是发散的。当 b 时刻的脉冲光输入时，因前面脉冲光开始引起介质折射率变化，但变化还不太大，所以 b 脉冲光虽因自聚焦效应有收缩的趋势，但仍不足以克服衍射发散效应，光线仍发散传播，但较 a 脉冲光的发散小。当 c 脉冲光输入时，在它以前时刻的脉冲光产生的介质极化已足够强，折射率变化较大，所以自聚焦作用足以克服衍射效应使光线向中间会聚。同样可以分析 $d\sim f$ 时刻的脉冲光，它们的聚焦点一个比一个前移，且聚焦后不发散。这是因为虽然 $d\sim f$ 的功率较峰值小，但由于它们以前的脉冲对介质作用所引起折射率变化的累积结果，使介质中心处折射率变化非常大，所以即使 $d\sim f$ 时刻功率较小，仍可形成自聚焦焦点。随着脉冲的传播，由于前面部分的脉冲光是衍射发散的，所以脉冲中间部分所“感受”到的折射率变化会逐渐减小，自聚焦作用变弱，最后仍变为衍射发散。不过这种自聚焦变弱的过程是很缓慢的，因此自聚焦焦点很长，有几个厘米。焦点的最小直径取决于其它高阶非线性过程。如果我们在同一时刻把 $a\sim f$

各时刻脉冲光的各自波前连接起来，就得到输入激光脉冲在此时刻的形状。图5.1－7 右边给出了激光脉冲的横向轮廓，它们呈喇叭形状。由于由自聚焦最后演变为衍射发散的过程很慢，此喇叭形状相当稳定，可以传播好几厘米而其形状无重大变化。这个稳定的形状称为动态自陷，以区别于稳态自聚焦给出的稳态光束自陷。喇叭形的颈脖会在介质中造成直径约几微米的光丝。这种现象在实验中已被观察到。

5.1.3　光束的自相位调制

1. 时间自相位调制

实验发现，一个线宽很窄($0.1\ \text{cm}^{-1}\sim1\ \text{cm}^{-1}$)的激光脉冲自聚焦后，从细丝区出射的光有很强的谱线加宽。对毫微秒脉冲，加宽约几十个波数(cm^{-1})；对皮秒脉冲，加宽几千个波数以上；对亚飞秒脉冲，可加宽成白光连续谱。这种自聚焦光的谱线自加宽效应，是由其自相位调制引起的。

1）无自聚焦情况下的自相位调制

假定输入光脉冲是均匀平面波，则方程(5.1－54)可以写为

$$2\mathrm{i}k_0\frac{\partial\overline{E}(z,t')}{\partial z}+\frac{2n_2k_0^2}{n_0}|\overline{E}(z,t')|^2\overline{E}(z,t')=0 \tag{5.1-58}$$

该方程的近似解为

$$\overline{E}(z,t')=\overline{E}_0(t')\mathrm{e}^{\mathrm{i}\frac{n_2\omega_0}{c}|E_0(t')|^2z} \tag{5.1-59}$$

即

$$\overline{E}(z,t)=\overline{E}_0\left(t-\frac{n_0z}{c}\right)\mathrm{e}^{\mathrm{i}\frac{n_2\omega_0}{c}\left|E_0\left(t-\frac{n_0z}{c}\right)\right|^2z} \tag{5.1-60}$$

这里 $\overline{E}_0(t)$表示输入光电场幅度。

由式(5.1－60)可以看出，入射强激光脉冲通过三阶非线性极化产生了非线性折射率，导致了光束的相位调制，因其由光束自身产生，故称为自相位调制。由自相位调制造成的附加相移为

$$\Delta\phi(z,t)=\frac{n_2\omega_0}{c}\left|\overline{E}_0\left(t-\frac{n_0z}{c}\right)\right|^2z \tag{5.1-61}$$

因此，光束的瞬时频率变为

$$\omega(t)=\omega_0-\frac{\partial\Delta\phi}{\partial t}=\omega_0-\frac{n_2\omega_0z}{c}\frac{\partial\left|\overline{E}_0\left(t-\frac{n_0z}{c}\right)\right|^2}{\partial t} \tag{5.1-62}$$

由该式可见，光束的自相位调制使得脉冲光的瞬时频率随着时间变化，形成了啁啾脉冲。啁啾脉冲中，脉冲的前沿部分，$\frac{\partial|\overline{E}_0|^2}{\partial t}>0$，故 $\omega(t)<\omega_0$；脉冲的后沿部分，$\frac{\partial|\overline{E}_0|^2}{\partial t}<0$，故 $\omega(t)>\omega_0$；在脉冲峰值处，$\frac{\partial|\overline{E}_0|^2}{\partial t}=0$，$\omega(t_\mathrm{p})=\omega_0$；最大频移发生在功率曲线的拐点处，即在$\frac{\partial^2|\overline{E}_0|^2}{\partial t^2}=0$ 的时刻，如图 5.1－8 所示。

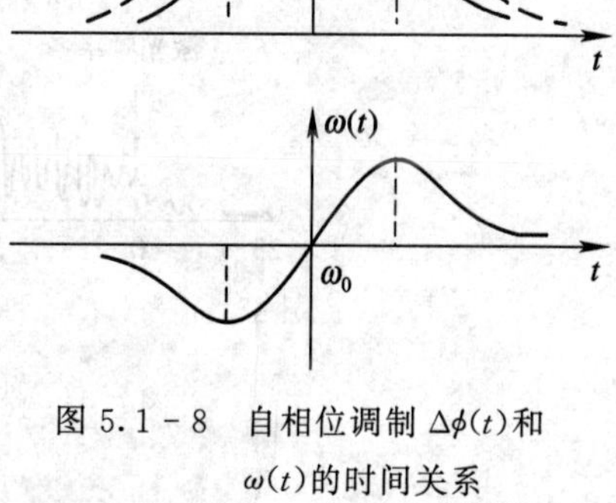

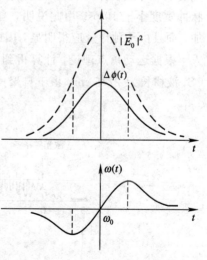

图 5.1－8　自相位调制 $\Delta\phi(t)$和 $\omega(t)$的时间关系

对式(5.1-60)表示的 $\bar{E}(z,t)$ 进行傅里叶变换，就可以得到它的频谱。自相位调制形成了啁啾脉冲，使得输出脉冲频谱加宽。若输入脉冲波形是对称的，则 $\bar{E}(z,t)$ 的频谱也是对称的。自相位调制引起的频谱加宽一般具有准周期结构。

上面的讨论仅对输入脉宽比介质非线性响应时间大很多的情况才是正确的。如果脉冲宽度与介质非线性响应时间为同一数量级，则 $\Delta\phi(t)$ 的值不能瞬时跟上光强的变化，而是要如图 5.1-9(a)所示那样迟后一段时间，其结果是光谱结构不再对称，如图 5.1-9(b)所示，大部分能量集中到(长波长的)斯托克斯分量一边，(短波长的)反斯托克斯分量的能量降低了。

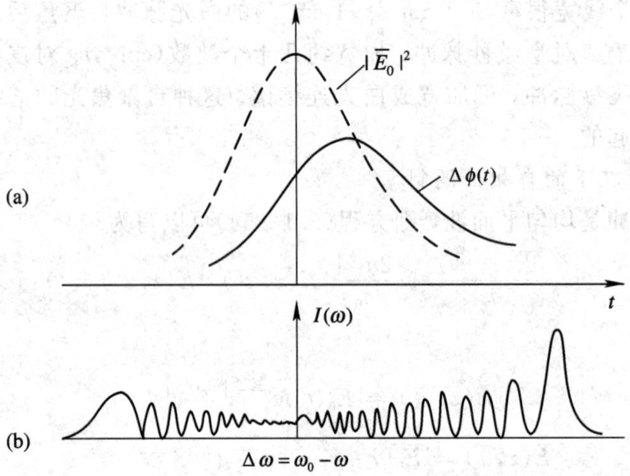

图 5.1-9 考虑响应时间后自相应调制的 $\Delta\phi(t)$ 和频谱图

(a) $\Delta\phi(t)$ 相对光脉冲迟后；(b) 频谱图

2) 有自聚焦情况下自相位调制的频谱加宽

自聚焦作用不仅使聚焦区的光强大大提高，而且由于焦点的运动，使得聚焦区光脉冲宽度只有非线性介质响应时间的数量级。例如，CS_2 的响应时间为 2 ps，因此焦点处光强的脉冲宽度小于 10 ps。由此说明，自聚焦情况下的自相位调制不仅使谱线的加宽量大大增加，而且由于弛豫效应很明显，因此谱宽集中在斯托克斯分量这一边。图 5.1-10 是沈等人[4]根据运动焦点理论，计算得到的 2 ns 的输入脉冲，在 CS_2 液体中所造成的谱线加宽。CS_2 液槽长为 22.5 cm，由于自聚焦作用可使谱线加宽几百 cm^{-1} 以上。

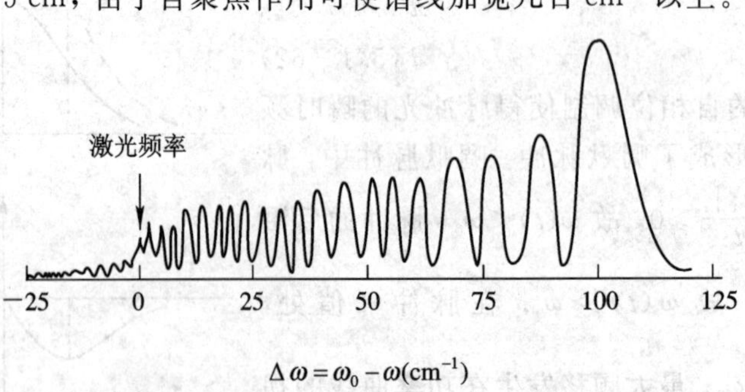

图 5.1-10 输入脉冲在 CS_2 中的谱线加宽[4]

2. 空间自相位调制

空间自相位调制是光束横截面上产生的自相位调制。对于高斯光束，由自相位调制造成的附加相移 $\Delta\phi(r)$沿径向 r 呈高斯分布，在 $r=0$ 中心处光最强，对应的 $\Delta\phi$ 最大。如果$[\Delta\phi(r)]_{max}$比 2π 大得多，则在横向输出功率谱上等 r 处出现中心对称的峰或谷，其远场投影呈现出因相长或相消干涉引起的亮暗相间的环形结构，亮环的数目近似等于或接近于$[\Delta\phi(r)]_{max}/2\pi$ 取整，而最外面那个环的直径由拐点处的 $\Delta\phi(r)$ 的最大斜率确定。这种效应已在向列液晶薄膜中得到证实[5]。

5.1.4　非线性折射率的 Z 扫描测量法

测量光致非线性折射率是研究介质三阶非线性光学性质的重要手段，而测量非线性折射率的方法已有很多：非线性干涉术、简并四波混频、自衍射、椭偏术及光束畸变的测量等。20 世纪 90 年代初发展起了一种 Z 扫描法[6]，这种测量方法不仅可以用单光束测量，而且可以用同一装置测出非线性折射率和非线性吸收系数，即三阶非线性极化率 $\chi^{(3)}$的实部和虚部，因而受到人们的青睐。

1. Z 扫描法测量原理

Z 扫描法实验装置如图 5.1-11 所示。一光强为 $I(z, r)$的单模会聚高斯激光束传输至远场一带有小孔的探测器 D_2，被测非线性介质(样品)放在会聚透镜的焦点附近，并可沿传输 z 方向前后移动。由于介质的非线性光学性质将引起光束的会聚或发散，从而引起透过小孔光功率的变化，所以可测得归一化透过率 $T(z)=P_T/P_i$，式中 P_i是无样品时测得的透过小孔的功率，P_T是有样品时测得的透过小孔的功率。如果让样品沿 z 方向在焦点前后连续移动，可测得归一化透过率 $T(z)$随 z 变化的曲线，从而可以确定样品非线性折射率的大小和性质。

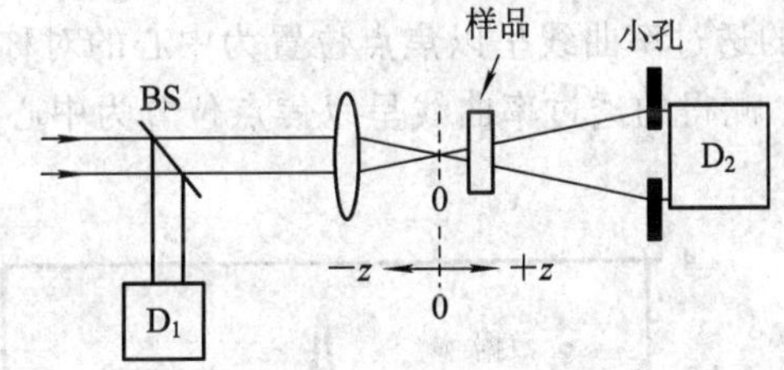

图 5.1-11　Z 扫描法实验装置

如前所述，由于介质的三阶非线性极化率作用，入射激光束的自作用将引起非线性折射率，且可表示为 $n(z, t)=n_0+n_2'I(z, t)$，其中 n_0是线性折射率，n_2'是非线性折射率系数。当 $n_2'>0$ 时出观自聚焦，当 $n_2'<0$ 时出观自散焦。若样品很薄，则可以忽略自聚焦(自散焦)效应引起的光束截面在样品中的变化。当样品移动位于光束束腰($z=0$)附近时，光强和折射率变化最快，变化幅值也最大；在远离束腰处，光强和折射率变化最慢，变化幅值也很小。图 5.1-12 给出了用厚 1 mm 液池盛装的 CS_2液体样品作 Z 扫描测量得到的两种$T(z)$曲线：图 5.1-12(a)是用波长为 10.6 μm、脉宽为 300 ns、单脉冲能量为 0.85 mJ 的激光得到的热效应自散焦曲线，样品自 $z=0$ 向 $+z$ 方向移动，远场光轴处光强变小，表明 $n_2'<0$，测得 $\Delta n=-1\times10^{-3}$；图 5.1-12(b)是用波长为 532 nm、脉宽为 27 ps、光功率密度为 2.6 GW/cm^2的激光得到的光克尔效应自聚焦曲线，样品自 $z=0$ 向 $+z$ 方向移动，远场光轴处光强变大，表明 $n_2'>0$，测得 $\Delta n=5.6\times10^{-5}$。

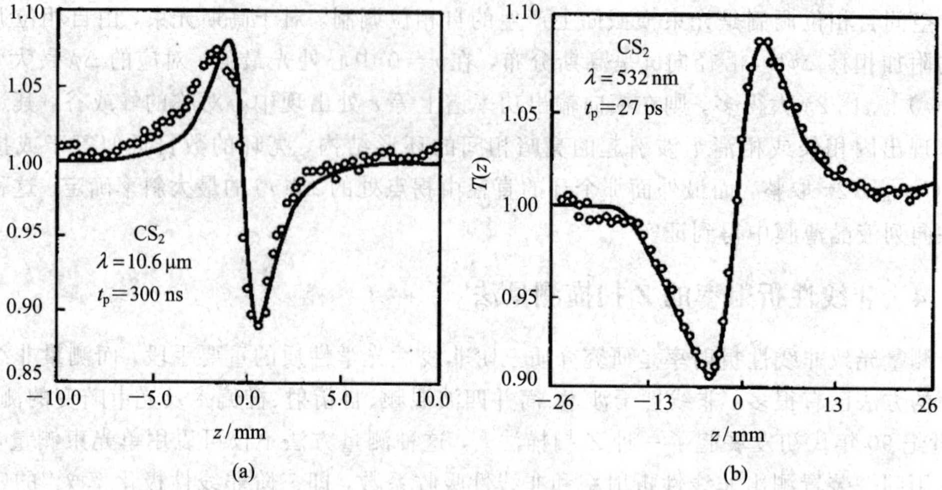

图 5.1-12　CS_2样品的归一化透过率曲线

(a) 自散焦特性；(b) 自聚焦特性

Z 扫描测量的灵敏度与光阑小孔的大小有关，小孔越大越不灵敏。如果移去小孔光阑(开孔)，光束全部进入 D_2，可用 Z 扫描法测量材料的非线性吸收。对于饱和吸收介质，测得的透过率曲线呈以焦点位置为中心的对称峰值曲线，而对于反饱和吸收或双光子吸收介质，测得的透过率曲线呈以焦点位置为中心的对称谷值曲线，如图 5.1-13 所示。

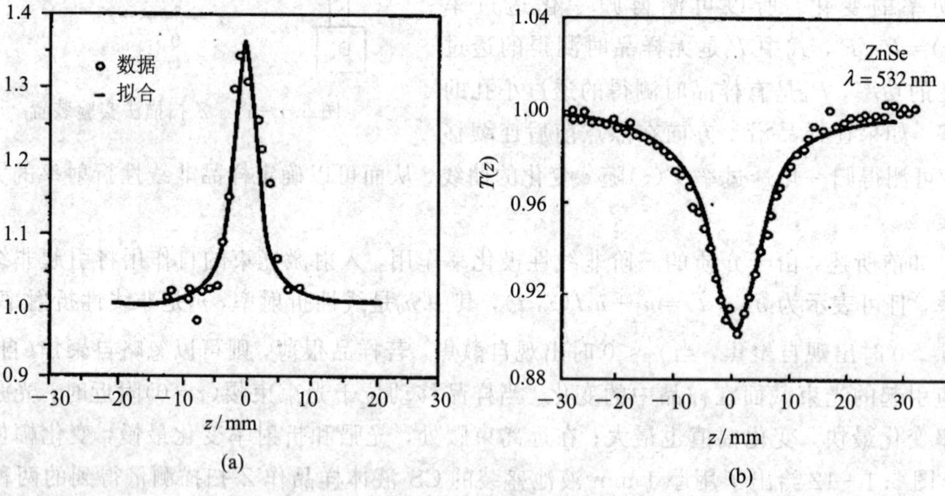

图 5.1-13　开孔法测量的归一化透过率曲线

(a) 对饱和吸收样品；(b) 对反馈和吸收或双光子吸收样品

如果材料同时存在非线性折射和非线性光吸收，则测得的 Z 扫描归一化透过率曲线形状受其影响而与图 5.1-12 曲线不同。在应用小孔法测量结果的基础上，减去用开孔法测得的结果(除法处理)，才能得到准确的非线性折射率的测量结果。

2. 定量分析

1）Z 扫描测量非线性折射率

设有一单模高斯光束沿 $+z$ 方向传播，其光电场为 $\boldsymbol{E}(z, r, t)$，光束半径为 $w(z)$。假设样品厚度 L 足够小（$L \ll z_0$，z_0 为高斯光束的共焦参数），可忽略样品内因衍射或折射率改变引起的光束半径的变化，则光束通过样品时由于 Δn 产生的波面相位变化为

$$\Delta\phi(z, r, t) = \Delta\phi_0(z, t)\mathrm{e}^{-\frac{2r^2}{w^2(z)}} \tag{5.1-63}$$

$$\Delta\phi_0(z, t) = \frac{\Delta\phi_0(t)}{1 + z^2/z_0^2} \tag{5.1-64}$$

其中，$\Delta\phi_0(t)$ 是波面在轴上焦点处的相位变化，即

$$\Delta\phi_0(t) = k\Delta n(t)L_{\mathrm{eff}} \tag{5.1-65}$$

式中，$k=2\pi/\lambda$；$\Delta n = n_2|E|^2$，$n_2 = 3\chi^{(3)}/2n_0$；L_{eff} 为样品的有效厚度：$L_{\mathrm{eff}} = (1-\mathrm{e}^{-\alpha L})/\alpha$，$\alpha$ 为介质的线性吸收系数。

样品出射平面处的光电场为

$$E_L(z, r, t) = E(z, r, t)\mathrm{e}^{-\alpha L/2}\mathrm{e}^{\mathrm{i}\Delta\phi(z, r, t)} \tag{5.1-66}$$

它已不再是高斯光束，但可以分解为一系列束腰不同的高斯光束的叠加。因此，将式(5.1-66)中的 $\mathrm{e}^{\mathrm{i}\Delta\phi(z, r, t)}$ 作台劳展开，利用惠更斯原理，计算得到远场小孔屏上的光电场为

$$E_a(z, r, t) = E(z, r=0, t)\mathrm{e}^{-\alpha l/2}\sum_{m=0}^{\infty}\frac{[\mathrm{i}\Delta\phi_0(z, t)]^m}{m!}\frac{w_{m_0}}{w_m}\mathrm{e}^{-\frac{r^2}{w_m^2}-\frac{\mathrm{i}kr^2}{2R_m}+\mathrm{i}\theta_m} \tag{5.1-67}$$

若定义 d 为样品到小孔平面自由空间的距离，并令 $g=1+d/R(z)$，则式(5.1-67)中的各参量为

$$\left.\begin{aligned}
w_{m_0}^2 &= \frac{w^2(z)}{2m+1}\\
w_m^2 &= w_{m_0}^2\left(g^2 + \frac{d^2}{d_m^2}\right)\\
d_m &= \frac{kw_{m_0}^2}{2}\\
R_m &= d\left(1 - \frac{g}{g^2 + d^2/d_m^2}\right)^{-1}\\
\theta_m &= \arctan\left(\frac{d/d_m}{g}\right)
\end{aligned}\right\} \tag{5.1-68}$$

将小孔屏上光电场对小孔半径积分，得到通过小孔的光功率为

$$P_{\mathrm{T}}(\Delta\phi_0(t)) = c\varepsilon_0 n_0\pi\int_0^{r_a}|E_a(r, t)|^2 r\,\mathrm{d}r \tag{5.1-69}$$

归一化的 Z 扫描透过率 $T(z)$ 为

$$T(z) = \frac{\int_{-\infty}^{\infty}P_{\mathrm{T}}[\Delta\phi_0(t)]\,\mathrm{d}t}{S\int_{-\infty}^{\infty}P_{\mathrm{i}}(t)\,\mathrm{d}t} \tag{5.1-70}$$

其中，$P_{\mathrm{i}}(t) = \pi w_0^2 I(t)/2$ 为射入样品的瞬时光功率，而

$$S = 1 - \mathrm{e}^{-\frac{2r_a}{w_a}} \tag{5.1-71}$$

r_a为小孔半径，w_a为小孔处的光束半径。相应于开孔和闭孔情形，分别为 $S=1$ 和 $S=0$。图 5.1-14 绘出了 $\Delta\phi_0=\pm 0.25$ 和 $S=0.02$ 时，式(5.1-70)计算的结果：随着样品沿 $-z$ 到 $+z$ 的移动，透过率 $T(z)$ 出现谷—峰($\Delta n>0$)和峰—谷($\Delta n<0$)的对称图形。计算还表明，对于给定的 $\Delta\phi_0$，$T(z)$ 曲线大小、形状与所使用激光波长及实验的几何条件无关，只要小孔屏的远场条件 $d\gg z_0$ 满足即可。

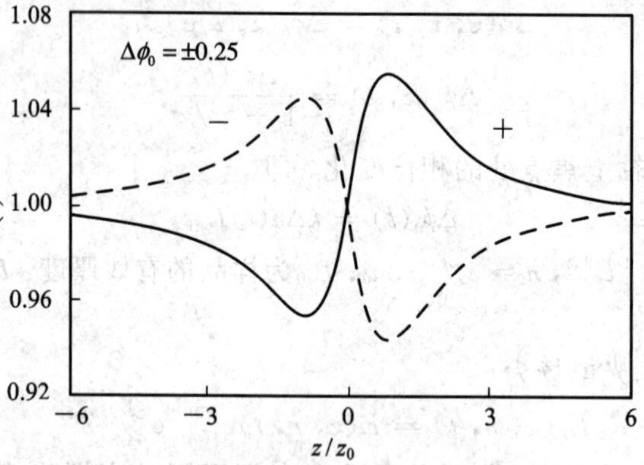

图 5.1-14 Z 扫描理论计算 $T(z)$ 曲线

理论计算证明，实际测量时，无需对 Z 扫描曲线进行数值拟合，只要测得 $T(z)$ 曲线峰谷处两透过率的差值 $\Delta T_{\text{P-V}}$，就可计算出非线性折射率 Δn：对孔较大的情况，$\Delta T_{\text{P-V}}\approx 0.406(1-S)^{0.25}|\Delta\phi_0|$（当 $\Delta\phi_0\leqslant\pi$ 时），利用式(5.1-65)，得到

$$\Delta n=\frac{\Delta T_{\text{P-V}}}{0.406(1-S)^{0.25}kL_{\text{eff}}} \tag{5.1-72}$$

对孔很小的情况，$S\approx 0$，$\Delta T_{\text{P-V}}\approx 0.406|\Delta\phi_0|$，此时

$$\Delta n=\frac{\Delta T_{\text{P-V}}}{0.406kL_{\text{eff}}} \tag{5.1-73}$$

2) Z 扫描测量非线性吸收

当材料中有非线性吸收时，其样品的吸收系数为

$$\alpha(I)=\alpha_0+\beta I \tag{5.1-74}$$

式中，α_0为线性吸收系数，β 为非线性吸收系数。强光作用下吸收系数的改变为 $\Delta\alpha=\beta I$。此时，通过样品后的输出光强为

$$I_L(z,r,t)=\frac{I(z,r,t)e^{-\alpha_0 L}}{1+q(z,r,t)} \tag{5.1-75}$$

式中

$$q(z,r,t)=\beta I(z,r,t)L_{\text{eff}} \tag{5.1-76}$$

开孔情况下，归一化透过率曲线 $T(z)$ 可表示为

$$T(z)=\sum_{m=0}^{\infty}\frac{(-q_0)^m}{(m+1)^{\frac{3}{2}}}\quad(\text{当 } q_0<1) \tag{5.1-77}$$

式中

$$q_0(z,t)=\frac{\beta I_0(t)L_{\text{eff}}}{1+(z/z_0)^2} \tag{5.1-78}$$

$I_0(t)$是 $z=0$ 处光轴上的瞬时光强。当 β 值不是很大时，上式取一级近似，可以得到

$$\beta = \frac{z^{\frac{3}{2}}[1 - T(z=0, S=1)]}{I_0 L_{\mathrm{eff}}} \tag{5.1-79}$$

5.2　三次谐波产生

5.2.1　平面波的三次谐波产生

设有一束频率为 ω 的线偏振光作用于非线性介质，光波电场为

$$\boldsymbol{E}(z,t) = \boldsymbol{E}(\omega)\mathrm{e}^{-\mathrm{i}\omega t} + \mathrm{c.c.} \tag{5.2-1}$$

复振幅 $\boldsymbol{E}(\omega)$为

$$\boldsymbol{E}(\omega) = E_0 \boldsymbol{a}(\omega)\mathrm{e}^{\mathrm{i}\frac{\omega n_1}{c}z} \tag{5.2-2}$$

式中，E_0、$\boldsymbol{a}(\omega)$和 n_1 分别为入射基波的振幅、振动方向的单位矢量和折射率。由三阶非线性效应产生的三次谐波极化强度的复振幅为

$$\boldsymbol{P}^{(3)}(3\omega, z) = \varepsilon_0 \chi^{(3)}(\omega,\omega,\omega) \vdots \boldsymbol{E}(\omega)\boldsymbol{E}(\omega)\boldsymbol{E}(\omega) \tag{5.2-3}$$

按式(3.3 - 23)，三次谐波光电场满足的耦合波方程为

$$\frac{\mathrm{d}E(3\omega,z)}{\mathrm{d}z} = \frac{\mathrm{i}(3\omega)^2\mu_0}{2k_3}\boldsymbol{a}(3\omega)\cdot\boldsymbol{P}^{(3)}(3\omega,z)\mathrm{e}^{-\mathrm{i}k_3 z} \tag{5.2-4}$$

式中 $k_3=3\omega n_3/c$。组合式(5.2 - 2)、式(5.2 - 3)和式(5.2 - 4)，并令

$$\chi_{\mathrm{eff}}^{(3)} = \boldsymbol{a}(3\omega)\cdot\chi^{(3)}(\omega,\omega,\omega) \vdots \boldsymbol{a}(\omega)\boldsymbol{a}(\omega)\boldsymbol{a}(\omega) \tag{5.2-5}$$

$$\Delta k = \frac{3\omega}{c}(n_1 - n_3) \tag{5.2-6}$$

可得

$$\frac{\mathrm{d}E(3\omega,z)}{\mathrm{d}z} = \frac{3}{2}\,\frac{\mathrm{i}\omega\mu_0\varepsilon_0 c}{n_3}\chi_{\mathrm{eff}}^{(3)}E_0^3\mathrm{e}^{\mathrm{i}\Delta kz} \tag{5.2-7}$$

在小信号近似情况下，求解方程(5.2 - 7)可得三次谐波光电场为

$$E(3\omega,z) = \frac{3}{2}\,\frac{\mathrm{i}\omega\mu_0\varepsilon_0 c}{n_3}\chi_{\mathrm{eff}}^{(3)}E_0^3\mathrm{e}^{\mathrm{i}\frac{\Delta kz}{2}}\frac{\sin\dfrac{\Delta kz}{2}}{\dfrac{\Delta k}{2}} \tag{5.2-8}$$

$z=0$ 时，$E(3\omega,0)=0$。由式(5.2 - 8)可见，如果 $\Delta k\neq 0$，则 $E(3\omega,z)$以正弦形式振荡。相位失配 Δk 可用来量度感应极化强度的“相速”和被辐射的三次谐波的相速之间的差别。相应于相干长度 $L_c=\pi/|\Delta k|$的介质长度，感应极化强度的相位和辐射的三次谐波光电场的相位相差 π。因此，相干长度 L_c 的物理意义是三次谐波产生长度第一次达到其最大值的路程长度，典型值为 1 mm～100 mm。在相位失配情况下，输出的三次谐波光波强度为

$$I_3(l) = \frac{(3\omega)^2}{16\varepsilon_0^2 c^4 n_1^3 n_3}|\chi_{\mathrm{eff}}^{(3)}|^2 I_1^3(0) l^2 \frac{\sin^2\dfrac{\Delta kl}{2}}{\left(\dfrac{\Delta kl}{2}\right)^2} \tag{5.2-9}$$

由该式可见，当 $\Delta k=0$，即完全相位匹配时，能够获得最大的三次谐波输出。但是如果我们采用的是聚焦激光束，则 $\Delta k=0$ 并不是最佳条件，相应于产生三次谐波功率最大的最佳 Δk 值是某一有限值。

5.2.2 高斯光束的三次谐波产生

我们采用式(4.4 - 43)形式的基波高斯光束：

$$E_{01}(x,y,z)=\frac{E_{10}}{1+\mathrm{i}\xi_1}\mathrm{e}^{\mathrm{i}k_1 z}\,\mathrm{e}^{-\frac{k_1 r^2}{b_1(1+\mathrm{i}\xi_1)}} \tag{5.2 - 10}$$

为了求出这种情况下的三次谐波强度，采用如下更一般的处理方法[7,8,9]。

根据非磁性介电晶体中的麦克斯韦方程，可以给出每个平面波分量的非线性极化强度及其产生的强迫波场所满足的波动方程为

$$\nabla\times\nabla\times\boldsymbol{E}-\frac{\omega^2}{c^2}\boldsymbol{\varepsilon}_{\mathrm{r}}\cdot\boldsymbol{E}=\frac{\omega^2}{c^2\varepsilon_0}\boldsymbol{P}(\boldsymbol{K})\mathrm{e}^{\mathrm{i}\boldsymbol{K}\cdot\boldsymbol{r}} \tag{5.2 - 11}$$

式中，$\boldsymbol{\varepsilon}_{\mathrm{r}}$ 是与频率 ω 相应的相对介电常数张量；$\boldsymbol{K}$ 是极化强度的“波矢”，$\boldsymbol{P}(\boldsymbol{K})$是“波矢”为 $\boldsymbol{K}$ 的非线性平面“极化波”。在这里，将“波矢”和“极化波”加了引号是因为从物理上来讲，极化强度并不是一个波动。与式(5.2 - 11)对应，称下面方程式的解为自由波：

$$\nabla\times\nabla\times\boldsymbol{E}-\frac{\omega^2}{c^2}\boldsymbol{\varepsilon}_{\mathrm{r}}\cdot\boldsymbol{E}=0 \tag{5.2 - 12}$$

它是离开“极化波源”在晶体中自由传播的波场。

设式(5.2 - 12)光电场解的振幅具有如下形式：

$$\boldsymbol{E}(\boldsymbol{r})=E\boldsymbol{a}\mathrm{e}^{\mathrm{i}\frac{\omega n}{c}\boldsymbol{k}_0\cdot\boldsymbol{r}} \tag{5.2 - 13}$$

式中，折射率 n 是波矢方向上单位矢量 $\boldsymbol{k}_0$ 的函数，$n=n(\boldsymbol{k}_0)$，波矢 $\boldsymbol{k}$ 为

$$\boldsymbol{k}=\frac{\omega n}{c}\boldsymbol{k}_0 \tag{5.2 - 14}$$

光电场振动方向 $\boldsymbol{a}$ 也是 $\boldsymbol{k}_0$ 的函数，$\boldsymbol{a}=\boldsymbol{a}(\boldsymbol{k}_0)$，并且满足以下关系：

$$\boldsymbol{\alpha}_{k_0}\cdot\boldsymbol{a}=0 \tag{5.2 - 15}$$

其中

$$\boldsymbol{\alpha}_{k_0}=n^2(\mathbf{I}-\boldsymbol{k}_0\boldsymbol{k}_0)-\boldsymbol{\varepsilon}_{\mathrm{r}} \tag{5.2 - 16}$$

$\mathbf{I}$ 是单位并矢。

我们可以按下式定义一个有效折射率 n'：

$$\boldsymbol{K}=\frac{\omega n'}{c}\boldsymbol{\sigma} \tag{5.2 - 17}$$

在一般情况下，$n'\neq n(\boldsymbol{\sigma})$表示非相位匹配情形。这种相位失配可以用下面的关系式描述：

$$n'\boldsymbol{\sigma}-n\boldsymbol{k}_0=\varphi_{\boldsymbol{K}}\boldsymbol{N} \tag{5.2 - 18}$$

式中，$\boldsymbol{N}$ 是晶体入射面法线方向的单位矢量；$\varphi_{\boldsymbol{K}}$ 称为失配函数，如果 $\varphi_{\boldsymbol{K}}=0$，表示完全相位匹配。在接近相位匹配的情况下，强迫波场为

$$\boldsymbol{E}_{\boldsymbol{K}}(\boldsymbol{r})=\boldsymbol{N}\cdot\boldsymbol{r}g(\mathrm{i}\psi_{\boldsymbol{K}})\boldsymbol{\gamma}_{\boldsymbol{K}}\cdot\boldsymbol{P}(\boldsymbol{K})\mathrm{e}^{-\mathrm{i}\boldsymbol{K}\cdot\boldsymbol{r}} \tag{5.2 - 19}$$

式中

$$\psi_K = \left(\frac{\omega}{c}\varphi_K\right)\boldsymbol{N}\cdot\boldsymbol{r} \tag{5.2-20}$$

$$\boldsymbol{\gamma}_K = \frac{\mathrm{i}\omega}{2nc\varepsilon_0}[\boldsymbol{N}\cdot\boldsymbol{\sigma}-(\boldsymbol{N}\cdot\boldsymbol{a})(\boldsymbol{\sigma}\cdot\boldsymbol{a})]^{-1}\boldsymbol{aa} \tag{5.2-21}$$

$$g(x) = \frac{1-\mathrm{e}^{-x}}{x} = \int_0^1 \mathrm{e}^{-xp}\,\mathrm{d}p \tag{5.2-22}$$

在激光束接近垂直入射晶体的情况下，$\boldsymbol{\gamma}_K$ 可以近似表示成

$$\boldsymbol{\gamma}_K = \frac{\mathrm{i}\omega}{2cn\varepsilon_0}\boldsymbol{aa} \tag{5.2-23}$$

在上述讨论的基础上，我们求式(5.2-10)表示的光电场所产生的三次谐波。

由式(5.2-10)可得三次谐波极化强度为

$$P_{03}(\boldsymbol{r}) = \frac{1}{4}\varepsilon_0\chi^{(3)}(\omega,\omega,\omega)E_{10}^3\,\mathrm{e}^{\mathrm{i}3k_1z}(1+\mathrm{i}\xi_1)^{-3}\,\mathrm{e}^{-\frac{3k_1r^2}{b_1(1+\mathrm{i}\xi_1)}} \tag{5.2-24}$$

如将 $\boldsymbol{P}_{03}(\boldsymbol{r})$ 傅里叶变换分解成不同“波矢”$\boldsymbol{K}$ 的平面“极化波”分量：

$$P_{03}(\boldsymbol{K}) = (2\pi)^{-3}\int_{-\infty}^{\infty} P_{03}(\boldsymbol{r})\mathrm{e}^{-\mathrm{i}\boldsymbol{K}\cdot\boldsymbol{r}}\,\mathrm{d}^3r \tag{5.2-25}$$

则每个平面“极化波”

$$P_{03\boldsymbol{K}}(\boldsymbol{r}) = P_{03}(\boldsymbol{K})\mathrm{e}^{\mathrm{i}\boldsymbol{K}\cdot\boldsymbol{r}} \tag{5.2-26}$$

将根据式(5.2-19)关系产生一个三次谐波场

$$E_{03\boldsymbol{K}}(\boldsymbol{r}) = \frac{\mathrm{i}3\omega}{2cn_3\varepsilon_0}P_{03\boldsymbol{K}}^{(3)}(\boldsymbol{r})g(\mathrm{i}\psi_{\boldsymbol{K}}'z)z \tag{5.2-27}$$

其中，n_3 为晶体对三次谐波的折射率；$\psi_{\boldsymbol{K}}'$为[10]

$$\psi_{\boldsymbol{K}}' = K_z + \frac{K_x^2+K_y^2}{6k_1} - 3k_1 - \Delta k \tag{5.2-28}$$

式中，$\Delta k = k_3 - 3k_1$，$k_3 = \frac{3\omega n_3}{c}$，而且假定了基波光束的发散角很小，$\Delta k$ 也很小，即 $|\Delta k| \ll 3k_1$、k_3。

现在，通过傅里叶变换就可以求出总的三次谐波场

$$E_{03}(\boldsymbol{r}) = \int_{-\infty}^{\infty} E_{03\boldsymbol{K}}(\boldsymbol{r})\,\mathrm{d}^3\boldsymbol{K} \tag{5.2-29}$$

为此，将式(5.2-27)的 $E_{03\boldsymbol{K}}(\boldsymbol{r})$ 重新写为

$$E_{03\boldsymbol{K}}(\boldsymbol{r}) = \frac{\mathrm{i}3\omega}{2cn_3\varepsilon_0}\int_0^1 P_{03\boldsymbol{K}}(\boldsymbol{r})\mathrm{e}^{-\mathrm{i}\psi_{\boldsymbol{K}}'zp}z\,\mathrm{d}p = \frac{\mathrm{i}3\omega b_1}{4cn_3\varepsilon_0}\int_{-\zeta}^{\xi_1} P_{03}(\boldsymbol{K})\mathrm{e}^{-\frac{\mathrm{i}}{2}b_1\left(\xi_1'+\frac{2f}{b_1}\right)\psi_{\boldsymbol{K}}'}\mathrm{e}^{\mathrm{i}\boldsymbol{K}\cdot\boldsymbol{r}}\,\mathrm{d}\xi_1' \tag{5.2-30}$$

此处$-\zeta=-\frac{2f}{b_1}$是晶体入射的位置。而由式(5.2-25)，$P_{03}(\boldsymbol{K})$为

$$P_{03}(\boldsymbol{K}) = \frac{\varepsilon_0\chi^{(3)}E_{10}^3b_1}{32\pi^2(3k_1)}\int_{-\infty}^{\infty}\mathrm{e}^{\mathrm{i}(3k_1-K_z)z}(1+\mathrm{i}\xi_1)^{-2}\,\mathrm{e}^{-\frac{b_1(1+\mathrm{i}\xi_1)(K_x^2+K_y^2)}{4(3k_1)}}\,\mathrm{d}z \tag{5.2-31}$$

将式(5.2-31)、式(5.2-30)组合代入式(5.2-29)，得

$$E_{03}(\boldsymbol{r}) = \frac{\mathrm{i}3\omega b_1 \chi^{(3)} E_{10}^3}{16cn_3}(1+\mathrm{i}\xi_1)^{-1}\,\mathrm{e}^{\mathrm{i}3k_1 z}\,\mathrm{e}^{-\frac{3k_1(x^2+y^2)}{b_1(1+\mathrm{i}\xi_1)}} I(\Delta k, \xi_1, \zeta) \tag{5.2-32}$$

式中

$$I(\Delta k, \xi_1, \zeta) = \int_{-\zeta}^{\xi_1} \mathrm{e}^{\mathrm{i}b_1 \Delta k(\xi_1 - \xi_1')/2}(1+\mathrm{i}\xi_1')^2\,\mathrm{d}\xi_1' \tag{5.2-33}$$

由式(5.2-32)可见，除积分 $I(\Delta k, \xi_1, \zeta)$ 外，三次谐波光电场也是 TEM_{00} 模式，和基波具有同样的共焦参数，但光斑是基波的 $1/\sqrt{3}$。积分 $I(\Delta k, \xi_1, \zeta)$ 表示聚焦所造成的相位失配及相位滞后对谐波的影响。

根据式(4.4-47)，入射基波光的总功率为

$$P_1 = \frac{1}{2}\pi w_{10}^2 I_{10} = \frac{1}{4}\pi w_{10}^2 c n_1 \varepsilon_0 |E_{10}|^2 \tag{5.2-34}$$

而由式(5.2-32)可知，非线性介质出射面处的三次谐波总功率为

$$\begin{aligned} P_3 &= \frac{1}{2}\pi w_3^2(\xi_1) I_3 = \frac{1}{4}\pi w_3^2(\xi_1) c n_3 \varepsilon_0 |E_{03}(\xi_1)|^2 \\ &= \frac{3\omega^4}{16\pi^2 c^6 \varepsilon_0 n_1 n_3} |\chi^{(3)}|^2 P_1^3 |I(\Delta k, \xi_1, \zeta)|^2 \end{aligned} \tag{5.2-35}$$

其中，$E_{03}(\xi_1)$ 是光束轴上的三次谐波场。积分 $I(\Delta k, \xi_1, \zeta)$ 的值在一般情况下要由数值计算给出，但在极限情况下，可以给出解析形式。在平面波近似情况下(共焦参数 b_1 比非线性介质长度大得多)，$|I(\Delta k, \xi_1, \zeta)|^2$ 可简化成[11]

$$|I(\Delta k, \xi_1, \zeta)|^2 = \frac{4l^2}{b_1^2}\,\mathrm{sinc}^2\left(\frac{\Delta k l}{2}\right) \tag{5.2-36}$$

于是在 $b_1 \gg l$ 时，高斯光束情况下的功率转换效率为

$$\frac{P_3}{P_1} = \frac{3\omega^4 l^2 |\chi^{(3)}|^2}{4\pi^2 c^6 \varepsilon_0^2 n_1 n_3 b_1^2} P_1^2\,\mathrm{sinc}^2\left(\frac{\Delta k l}{2}\right) \tag{5.2-37}$$

而对于平面波情况，若光束面积为 S，则由式(5.2-9)可知，功率转换效率应为

$$\frac{P_3}{P_1} = \frac{9\omega^2 l^2 |\chi^{(3)}|^2}{16 c^4 \varepsilon_0^2 n_1^3 n_3}\left(\frac{P_1}{S}\right)^2 \mathrm{sinc}^2\left(\frac{\Delta k l}{2}\right) \tag{5.2-38}$$

比较式(5.2-37)和式(5.2-38)可以看出，二式相似。如果将基波场的有效面积

$$S' = \frac{1}{2}\pi w_{10}^2 = \frac{\pi c b_1}{2 n_1 \omega} \tag{5.2-39}$$

代入式(5.2-37)中，可将其写成

$$\frac{P_3}{P_1} = \frac{3\omega^2 l^2 |\chi^{(3)}|^2}{16 c^4 \varepsilon_0^2 n_1^3 n_3}\left(\frac{P_1}{S'}\right)^2 \mathrm{sinc}^2\left(\frac{\Delta k l}{2}\right) \tag{5.2-40}$$

由此可见，只要以高斯光束的有效面积代入式(5.2-40)，则平面波情况和高斯光束平面波近似($b_1 \gg l$)时的功率转换效率表达式除相差因子 3 而外，是完全相同的。

另一个极限情况是强聚焦情形。此时可以取 ξ_1、$\zeta \to \infty$，$I(\Delta k, \xi_1, \zeta)$ 为

$$I(\Delta k, \xi_1, \zeta) = \begin{cases} 0 & ,\Delta k \geqslant 0 \\ -\pi b_1 \Delta k \mathrm{e}^{\frac{b_1 \Delta k}{2}} & ,\Delta k < 0 \end{cases} \tag{5.2-41}$$

现在的问题是，产生最大谐波功率的最佳聚焦如何决定。这个问题比前一章讨论的晶体中二次谐波产生的最佳聚焦问题要复杂得多，此处只略作说明。

根据式(5.2-41)可以看出，对于强聚焦情形，对给定的 Δk，$b_1\Delta k=-2$ 时，积分 I 取极大值，此时有 $|I|^2=5.3$。但如果使用气态介质，则必须取 $|\chi^{(3)}|^2|I|^2$ 的最佳值，因为它们随介质中粒子的数密度而变化。粗略地看，$b_1\Delta k=-2$ 这个条件可以认为是在反常色散介质中的聚焦，而共焦参数近似等于相干长度 $L_c=\pi/|\Delta k|$。产生的谐波功率则可以在式(5.2-35)中令 $|I(\Delta k,\xi_1,\zeta)|^2=5.3$ 来计算，进一步的情形可以参看有关文献[10]。

5.3　四波混频

5.3.1　四波混频概述

四波混频是介质中四个光波相互作用所引起的非线性光学现象，它起因于介质的三阶非线性极化。

四波混频相互作用的方式一般可分为如图 5.3-1 所示的三类。

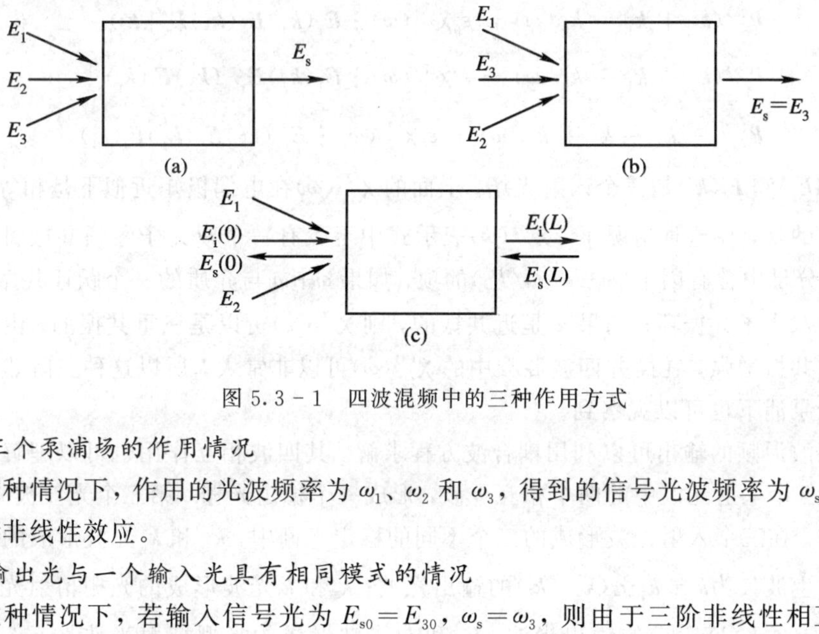

图 5.3-1　四波混频中的三种作用方式

1）三个泵浦场的作用情况

在这种情况下，作用的光波频率为 ω_1、ω_2 和 ω_3，得到的信号光波频率为 ω_s，这是最一般的三阶非线性效应。

2）输出光与一个输入光具有相同模式的情况

在这种情况下，若输入信号光为 $E_{s0}=E_{30}$，$\omega_s=\omega_3$，则由于三阶非线性相互作用的结果，E_3 将获得增益或衰减。

3）后向参量放大和振荡

这是四波混频中的一种特殊情况，其中两个强光波作为泵浦光场，而两个反向传播的弱波得到放大。这与二阶非线性过程中的参量放大相似，其差别只是这里是两个而不是一个泵浦光场，两个弱光分别是信号光和空闲光。在一定条件下，信号光和空闲光会产生振荡。

在四波混频中，相位匹配($\Delta k=0$)是非常重要的条件，因为它可以大大地增强信号光波的输出。相位匹配的方式可以是多种多样的，它可以根据泵浦光波的传播方向和实际的实验条件而定。相位匹配方式不仅要考虑最佳相位匹配，而且还要考虑最佳作用长度和空间的分辨率。

由于四波混频在所有介质中都能很容易地被观测到，而且变换形式很多，所以它已得到许多很有意义的应用。例如，利用四波混频可以把可调谐相干光源的频率范围扩展到红外和紫外；在简并情况下，四波混频可以用于自适应光学中的波前再现；在材料研究中，共振四波混频技术是非常有效的光谱和分析工具等。

5.3.2 简并四波混频(DFWM)理论

1. 简并四波混频作用

简并四波混频是指参与作用的四个光波的频率相等。这时，支配这个过程的三阶非线性极化强度一般有三个波矢不同的分量：

$$\begin{aligned}\boldsymbol{P}_s^{(3)}(\omega) =& \boldsymbol{P}_s^{(3)}(\boldsymbol{k}_1 + \boldsymbol{k}_1' - \boldsymbol{k}_i, \omega) + \boldsymbol{P}_s^{(3)}(\boldsymbol{k}_1 - \boldsymbol{k}_1' + \boldsymbol{k}_i, \omega)\\ &+ \boldsymbol{P}_s^{(3)}(-\boldsymbol{k}_1 + \boldsymbol{k}_1' + \boldsymbol{k}_i, \omega)\end{aligned} \tag{5.3-1}$$

式中

$$\boldsymbol{P}_s^{(3)}(\boldsymbol{k}_1 + \boldsymbol{k}_1' - \boldsymbol{k}_i, \omega) = \varepsilon_0 \chi^{(3)}(\omega) \vdots \boldsymbol{E}_1(\boldsymbol{k}_1)\boldsymbol{E}_1'(\boldsymbol{k}_1')\boldsymbol{E}_i^*(\boldsymbol{k}_i)$$

$$\boldsymbol{P}_s^{(3)}(\boldsymbol{k}_1 - \boldsymbol{k}_1' + \boldsymbol{k}_i, \omega) = \varepsilon_0 \chi^{(3)}(\omega) \vdots \boldsymbol{E}_1(\boldsymbol{k}_1)\boldsymbol{E}_1'^*(\boldsymbol{k}_1')\boldsymbol{E}_i(\boldsymbol{k}_i)$$

$$\boldsymbol{P}_s^{(3)}(-\boldsymbol{k}_1 + \boldsymbol{k}_1' + \boldsymbol{k}_i, \omega) = \varepsilon_0 \chi^{(3)}(\omega) \vdots \boldsymbol{E}_1^*(\boldsymbol{k}_1)\boldsymbol{E}_1'(\boldsymbol{k}_1')\boldsymbol{E}_i(\boldsymbol{k}_i)$$

$\boldsymbol{E}_1(\boldsymbol{k}_1)$、$\boldsymbol{E}_1'(\boldsymbol{k}_1')$和$\boldsymbol{E}_i(\boldsymbol{k}_i)$是三个入射光场。上面的$\chi^{(3)}(\omega)$在电偶极矩近似下是相等的。我们要特别提及的是，在这种情况下，$\chi^{(3)}(\omega)$表示式中至少有一个双光子零频共振引起的单共振项，即在分母中含有因子$(\omega-\omega+\mathrm{i}/T_1)$的项；如果$\omega+\omega$与介质的一个跃迁共振的话，也可能有一个双光子共振项；如果ω是近共振的，则$\chi^{(3)}(\omega)$可以是三重共振的。由于某些介质中有强的共振增强，在简并四波混频中的$\chi^{(3)}(\omega)$可以非常大，所以这种三阶非线性过程在连续激光泵浦下也可以观察到。

简并四波混频的输出可以利用耦合波方程求解。其四波相互作用也可以理解为如下的全息过程：三个入射光波中的两个相互干涉，形成一个稳定光栅，第三个光波被光栅衍射，得到输出波。在三个入射光波形成的三个不同的稳定光栅中，$\boldsymbol{k}_1$ 和 $\boldsymbol{k}_i$ 光波形成的光栅衍射光波 $\boldsymbol{k}_1'$，产生波矢为$\boldsymbol{k}_s=\boldsymbol{k}_1'\pm(\boldsymbol{k}_1-\boldsymbol{k}_i)$的输出光波；$\boldsymbol{k}_1'$和 $\boldsymbol{k}_i$光波形成的光栅衍射光波 $\boldsymbol{k}_1$，产生波矢为$\boldsymbol{k}_s=\boldsymbol{k}_1\pm(\boldsymbol{k}_1'-\boldsymbol{k}_i)$的输出光波；$\boldsymbol{k}_1$ 和 $\boldsymbol{k}_1'$光波形成的光栅衍射光波 $\boldsymbol{k}_i$，产生波矢为$\boldsymbol{k}_s=\boldsymbol{k}_i\pm(\boldsymbol{k}_1-\boldsymbol{k}_1')$的输出光波。图 5.3-2 中画出了 $\boldsymbol{k}_1'=-\boldsymbol{k}_1$ 特殊情况下的三个稳定光栅。虽然根据衍射理论可以得到三个衍射波，其波矢分别为 $\boldsymbol{k}_s=\boldsymbol{k}_1+\boldsymbol{k}_1'-\boldsymbol{k}_i$、$\boldsymbol{k}_s=\boldsymbol{k}_1-\boldsymbol{k}_1'+\boldsymbol{k}_i$ 和 $\boldsymbol{k}_s=-\boldsymbol{k}_1+\boldsymbol{k}_1'+\boldsymbol{k}_i$，但是由于$|\boldsymbol{k}_s|$一般不等于 $\omega n/c$，所以这三个输出光波不可能完全是相位匹配的。例如，考虑到 $\boldsymbol{k}_1=-\boldsymbol{k}_1'$，输出光波 $\boldsymbol{k}_s=-\boldsymbol{k}_i$ 总是满足相位匹配的，而另外两个输出光波 $\boldsymbol{k}_i\pm2\boldsymbol{k}_1$ 是不满足相位匹配的，因此，在这些输出中只需考虑输出光波 $\boldsymbol{k}_s=-\boldsymbol{k}_i$ 就可以了。

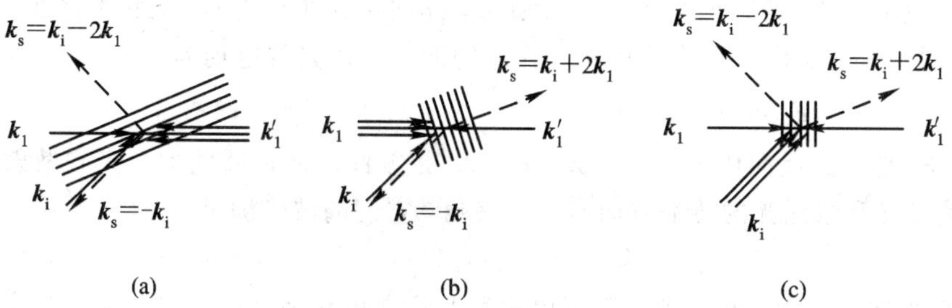

图 5.3－2　与简并四波混频过程相应的光栅图

上面的分析指出了简并四波混频与全息过程的相似性。除了了解这种相似性之外，必须明确它们之间存在的根本差别[12]。首先，普通全息的记录过程是通过参考光和信号光干涉，对记录介质曝光并调制其透明度实现的，所以参考光和信号光必须同频率，否则就会形成不稳定的运动光栅，在曝光过程中会将全息图擦除掉。而在四波混频过程中，相互作用的光波则不一定同频率。第二个差别是，四波混频过程中的四个光波是通过三阶非线性极化率发生相互作用的，在一般情况下，$\chi^{(3)}$是一个张量，它可以使不同偏振的光之间产生耦合。例如，对于各向同性介质来说，如果要求简并四波混频的输出光波的模式与任一泵浦波的模式都不同，则对于相位匹配的输出，必定有 $\boldsymbol{k}_1'=-\boldsymbol{k}_1$ 和 $\boldsymbol{k}_s=-\boldsymbol{k}_i$。从对称性考虑，可以把有效的非线性极化强度写成

$$\begin{aligned}\boldsymbol{P}_s^{(3)}(\boldsymbol{k}_s=-\boldsymbol{k}_i,\omega)&=\chi^{(3)}(\omega)\vdots\boldsymbol{E}_1(\boldsymbol{k}_1)\boldsymbol{E}_1'(-\boldsymbol{k}_1)\boldsymbol{E}_i^*(\boldsymbol{k}_i)\\&=A(\boldsymbol{E}_1\cdot\boldsymbol{E}_i^*)\boldsymbol{E}_1'+B(\boldsymbol{E}_1'\cdot\boldsymbol{E}_i^*)\boldsymbol{E}_1+C(\boldsymbol{E}_1\cdot\boldsymbol{E}_1')\boldsymbol{E}_i^*\end{aligned}\tag{5.3-2}$$

式中，A、B 和 C 是常数，其值与非线性介质的性质和相互作用场之间的夹角有关，并且 $B(\theta)=A(\pi-\theta)$。将式(5.3－2)与前面的光栅图进行比较，其前两项与前两个光栅图相对应：第一项相应于 $\boldsymbol{E}_1$ 与 $\boldsymbol{E}_i$ 干涉形成空间光栅，由 $\boldsymbol{E}_1'$再现；第二项相应于 $\boldsymbol{E}_1'$和 $\boldsymbol{E}_i$ 干涉形成空间光栅，由 $\boldsymbol{E}_1$ 再现。由于标量乘运算的要求，$\boldsymbol{E}_1$、$\boldsymbol{E}_i$ 和 $\boldsymbol{E}_1'$、$\boldsymbol{E}_i$ 波的偏振必须有一定重叠，这相应于全息记录过程中，为了产生空间干涉图，要求记录光同偏振。但是上式第三项没有相应的全息稳定光栅，它相应于 $\boldsymbol{E}_1$ 和 $\boldsymbol{E}_1'$形成的瞬时光栅(振动频率为 2ω 的时间调制光栅)，无固定的空间干涉图形。对于这一项，只要 $C\neq0$，$(\boldsymbol{E}_1\cdot\boldsymbol{E}_1')\neq0$，即使 $\boldsymbol{E}_1$ 与 $\boldsymbol{E}_i$ 正交偏振，也可以产生输出光波。

鉴于上面对两过程的讨论，可以将简并四波混频过程看做是一种实时的全息过程。在这种情况下，不仅要考虑全息光栅对再现参考光的衍射作用，而且还要考虑再现参考光、衍射光对全息光栅参量的影响。也就是说，不仅要求四个光波波矢满足相位匹配条件(布喇格条件)，还要求其振幅满足动态平衡条件，即四个光波通过介质相互作用满足动态平衡。

2. 非共振型简并四波混频过程

在非共振型四波混频过程中，光场将引起介质折射率的变化。通常所采用的介质，按其物理机制大致分为两类：一类对本地场响应(光克尔效应[13])，另一类对非本地场响应(热响应[14]、光折变效应[15, 16]、电致伸缩效应[17]等)。前者可以利用非线性极化率表征，后者不能直接利用非线性极化率表征。但是，这些介质中的四波混频过程都可以通过耦合波方程描述。

我们讨论的DFWM结构如图5.3-3所示，非线性介质是透明、无色散的类克尔介质，三阶非线性极化率是$\chi^{(3)}$。在介质中相互作用的四个平面光波电场为

$$\boldsymbol{E}_l(\boldsymbol{r},t)=\boldsymbol{E}_l(\boldsymbol{r})\mathrm{e}^{-\mathrm{i}(\omega t-\boldsymbol{k}_l\cdot\boldsymbol{r})}+\mathrm{c.c.}\qquad l=1,2,3,4\tag{5.3-3}$$

其中，$\boldsymbol{E}_1$、$\boldsymbol{E}_2$是彼此反向传播的泵浦光，$\boldsymbol{E}_3$、$\boldsymbol{E}_4$是彼此反向传播的信号光和散射光。一般情况下，信号光和泵浦光的传播方向有一个夹角，它们的波矢满足

$$\boldsymbol{k}_1+\boldsymbol{k}_2=\boldsymbol{k}_3+\boldsymbol{k}_4=0\tag{5.3-4}$$

如果这四个光波为同向线偏振光，则可以根据非线性极化强度的一般关系，得到相应于某一分量的感应非线性极化强度，例如：

$$\begin{aligned}P_4(\boldsymbol{r},t)=&\varepsilon_0\chi^{(3)}\{3[2|E_1(\boldsymbol{r})|^2+2|E_2(\boldsymbol{r})|^2+2|E_3(\boldsymbol{r})|^2+|E_4(\boldsymbol{r})|^2]E_4(\boldsymbol{r})\\&+6E_1(\boldsymbol{r})E_2(\boldsymbol{r})E_3^*(\boldsymbol{r})\}\mathrm{e}^{-\mathrm{i}(\omega t-\boldsymbol{k}_4\cdot\boldsymbol{r})}+\mathrm{c.c.}\end{aligned}\tag{5.3-5}$$

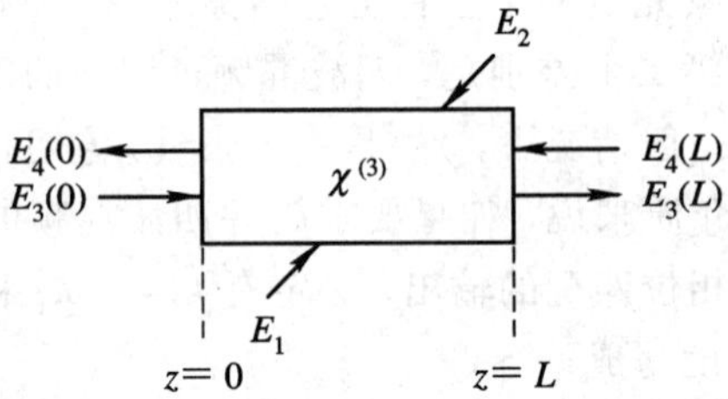

图5.3-3 简并四波混频结构示意图

在考虑到慢变化振幅近似的条件下，介质中光电场复振幅的变化规律满足式(3.3-23)耦合波方程，即

$$\frac{\mathrm{d}E_l(\boldsymbol{r})}{\mathrm{d}r_l}=\frac{\mathrm{i}\mu_0\omega^2}{2k_l}\boldsymbol{a}(\omega)\cdot\boldsymbol{P}'_{\mathrm{NL}}(\omega,\boldsymbol{r})\mathrm{e}^{\mathrm{i}\boldsymbol{k}_l\cdot\boldsymbol{r}}\tag{5.3-6}$$

式中，r_l是沿着波矢方向上的距离。若将非线性极化强度表示式代入该式，就得到非线性介质中四个光电场满足的耦合波方程：

$$\left.\begin{aligned}\frac{\mathrm{d}E_1(\boldsymbol{r})}{\mathrm{d}r_1}=&\frac{\mathrm{i}\mu_0\omega^2}{2k_1}\varepsilon_0\chi^{(3)}\{3[|E_1(\boldsymbol{r})|^2+2|E_2(\boldsymbol{r})|^2+2|E_3(\boldsymbol{r})|^2+2|E_4(\boldsymbol{r})|^2]E_1(\boldsymbol{r})\\&+6E_2^*(\boldsymbol{r})E_3(\boldsymbol{r})E_4(\boldsymbol{r})\}\\\frac{\mathrm{d}E_2(\boldsymbol{r})}{\mathrm{d}r_2}=&\frac{\mathrm{i}\mu_0\omega^2}{2k_2}\varepsilon_0\chi^{(3)}\{3[2|E_1(\boldsymbol{r})|^2+|E_2(\boldsymbol{r})|^2+2|E_3(\boldsymbol{r})|^2+2|E_4(\boldsymbol{r})|^2]E_2(\boldsymbol{r})\\&+6E_1^*(\boldsymbol{r})E_3(\boldsymbol{r})E_4(\boldsymbol{r})\}\\\frac{\mathrm{d}E_3(\boldsymbol{r})}{\mathrm{d}r_3}=&\frac{\mathrm{i}\mu_0\omega^2}{2k_3}\varepsilon_0\chi^{(3)}\{3[2|E_1(\boldsymbol{r})|^2+2|E_2(\boldsymbol{r})|^2+|E_3(\boldsymbol{r})|^2+2|E_4(\boldsymbol{r})|^2]E_3(\boldsymbol{r})\\&+6E_1(\boldsymbol{r})E_2(\boldsymbol{r})E_4^*(\boldsymbol{r})\}\\\frac{\mathrm{d}E_4(\boldsymbol{r})}{\mathrm{d}r_4}=&\frac{\mathrm{i}\mu_0\omega^2}{2k_4}\varepsilon_0\chi^{(3)}\{3[2|E_1(\boldsymbol{r})|^2+2|E_2(\boldsymbol{r})|^2+2|E_3(\boldsymbol{r})|^2+|E_4(\boldsymbol{r})|^2]E_4(\boldsymbol{r})\\&+6E_1(\boldsymbol{r})E_2(\boldsymbol{r})E_3^*(\boldsymbol{r})\}\end{aligned}\right\}\tag{5.3-7}$$

1）小信号理论

如果介质中的四个光电场满足$|E_1(\boldsymbol{r})|^2$、$|E_2(\boldsymbol{r})|^2 \gg |E_3(\boldsymbol{r})|^2$、$|E_4(\boldsymbol{r})|^2$，就可以忽略泵浦抽空效应。在这种情况下，只需考虑$E_3(\boldsymbol{r})$和$E_4(\boldsymbol{r})$所满足的方程即可。假设$E_3(\boldsymbol{r})$和$E_4(\boldsymbol{r})$沿着$z$轴以彼此相反的方向传播，相应的耦合波方程为

$$\left.\begin{aligned}\frac{dE_3(z)}{dz} &= \frac{i\mu_0\omega^2}{2k_3}\varepsilon_0\chi^{(3)}\{6[|E_1|^2+|E_2|^2]E_3(z)+6E_1E_2E_4^*(z)\}\\ \frac{dE_4(z)}{dz} &= -\frac{i\mu_0\omega^2}{2k_4}\varepsilon_0\chi^{(3)}\{6[|E_1|^2+|E_2|^2]E_4(z)+6E_1E_2E_3^*(z)\}\end{aligned}\right\}\tag{5.3-8}$$

因为三阶极化率是实数，所以上式右边第一项仅影响光电场的相位因子，对能量的变化没有贡献，故可以定义

$$\left.\begin{aligned}E_3(z) &= E_3'(z)e^{\frac{i3\mu_0\varepsilon_0\omega^2}{k_3}\chi^{(3)}(|E_1|^2+|E_2|^2)z}\\ E_4(z) &= E_4'(z)e^{-\frac{i3\mu_0\varepsilon_0\omega^2}{k_3}\chi^{(3)}(|E_1|^2+|E_2|^2)z}\end{aligned}\right\}\tag{5.3-9}$$

并可以得到$E_3'(z)$和$E_4'(z)$满足的方程。为了方便起见，在下面求解$E_3'(z)$和$E_4'(z)$的过程中，我们略去右上角的撇号，将$E_3'(z)$和$E_4'(z)$满足的方程改写为

$$\left.\begin{aligned}\frac{dE_3^*(z)}{dz} &= igE_4(z)\\ \frac{dE_4(z)}{dz} &= ig^*E_3^*(z)\end{aligned}\right\}\tag{5.3-10}$$

式中

$$g^* = -\frac{1}{k}3\mu_0\varepsilon_0\omega^2\chi^{(3)}E_1E_2\tag{5.3-11}$$

在这里已考虑到$k_3=k_4=k$。假设边界条件为

$$\left.\begin{aligned}E_3(z=0) &= E_{30}\\ E_4(z=L) &= 0\end{aligned}\right\}\tag{5.3-12}$$

可以解得

$$\left.\begin{aligned}E_3(z) &= \frac{\cos[|g|(z-L)]}{\cos(|g|L)}E_{30}\\ E_4(z) &= i\frac{g^*}{|g|}\frac{\sin[|g|(z-L)]}{\cos(|g|L)}E_{30}^*\end{aligned}\right\}\tag{5.3-13}$$

在两个端面上的输出光电场为

$$\left.\begin{aligned}E_3(L) &= \frac{1}{\cos(|g|L)}E_{30}\\ E_4(0) &= -i\frac{g^*}{|g|}\tan(|g|L)E_{30}^*\end{aligned}\right\}\tag{5.3-14}$$

由此可以得到如下结论：

(1) 在输入面($z=0$)上，通过非线性作用产生的反射光场 $E_4(0)$正比于入射光场 E_{30}^*。因此，反射光 $E_4(z<0)$是入射光 $E_3(z<0)$的背向相位共轭光。有关相位共轭技术问题，将在第 7 章中专门讨论。

(2) 若定义相位共轭(功率)反射率为

$$R=\frac{|E_4(z=0)|^2}{|E_3(z=0)|^2} \tag{5.3-15}$$

则由式(5.3-14)得到

$$R=\tan^2(|g|L) \tag{5.3-16}$$

在$|g|L$较小的情况下，随着$|g|L$的增大，R也增大。如果介质长度一定，则$|g|$愈大，R也愈大。g的大小反映了泵浦光对散射光耦合的强弱。

(3) 由式(5.3-16)可见，当$(3\pi/4)>|g|L>(\pi/4)$时，$R>1$。此时，可以产生放大的反射光，在介质中E_3和E_4的功率分布如图 5.3-4 所示。当$|g|L=\pi/2$时，$R\to\infty$，这相应于无腔镜自振荡的情况。在这种情况下，即使入射信号光为零，仍有有限的输出，相应于一个光学参量振荡器，E_3和E_4在介质中的功率分布如图 5.3-5 所示。

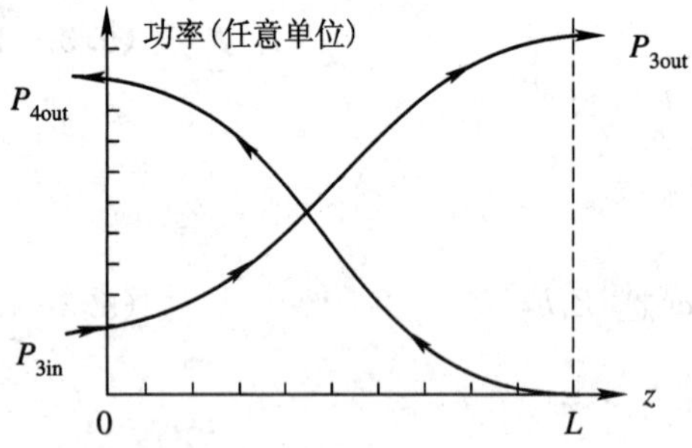

图 5.3-4　DFWM 的放大特性

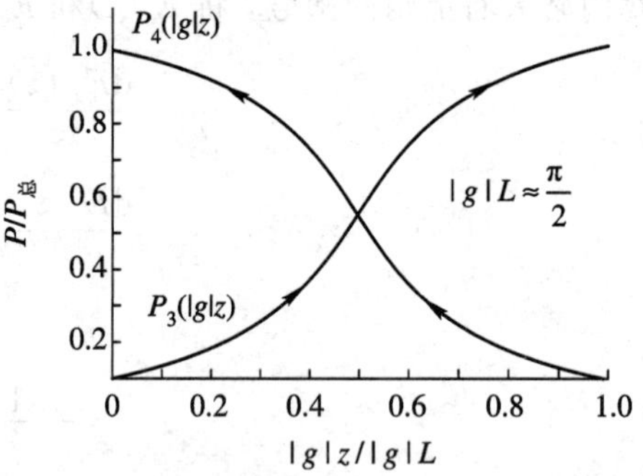

图 5.3-5　振荡时，介质中 E_3 和 E_4 的功率分布

2) 大信号理论[18, 19]

在 DFWM 过程中，如果必须考虑泵浦抽空效应，就应当同时求解式(5.3-7)的四个方程，这就是大信号理论。

我们讨论的 DFWM 作用结构如图 5.3-6 所示，E_1、E_2 是彼此反向传播的泵浦光，E_3、E_4 是彼此反向传播的信号光和相位共轭光，光电场仍采用式(5.3-3)的形式。

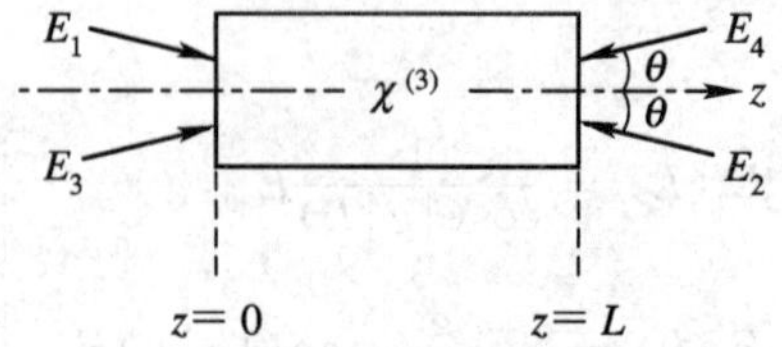

图 5.3-6　非共线 DFWM 结构示意图

为了分析简单起见，我们假设四个光电场同向线偏振，并且忽略光克尔效应引起的非线性折射率变化项。在这种情况下，式(5.3－7)变为

$$\left.\begin{aligned}\frac{\mathrm{d}E_1(\boldsymbol{r})}{\mathrm{d}r_1}&=\frac{\mathrm{i}}{k_1}3\mu_0\varepsilon_0\omega^2\chi^{(3)}E_2^*(\boldsymbol{r})E_3(\boldsymbol{r})E_4(\boldsymbol{r})\\\frac{\mathrm{d}E_2(\boldsymbol{r})}{\mathrm{d}r_2}&=\frac{\mathrm{i}}{k_2}3\mu_0\varepsilon_0\omega^2\chi^{(3)}E_1^*(\boldsymbol{r})E_3(\boldsymbol{r})E_4(\boldsymbol{r})\\\frac{\mathrm{d}E_3(\boldsymbol{r})}{\mathrm{d}r_3}&=\frac{\mathrm{i}}{k_3}3\mu_0\varepsilon_0\omega^2\chi^{(3)}E_1(\boldsymbol{r})E_2(\boldsymbol{r})E_4^*(\boldsymbol{r})\\\frac{\mathrm{d}E_4(\boldsymbol{r})}{\mathrm{d}r_4}&=\frac{\mathrm{i}}{k_4}3\mu_0\varepsilon_0\omega^2\chi^{(3)}E_1(\boldsymbol{r})E_2(\boldsymbol{r})E_3^*(\boldsymbol{r})\end{aligned}\right\}\tag{5.3-17}$$

在求解这些方程时，为了克服有多个坐标量的困难，可以引入共同坐标 z。对于平面波而言，有

$$\frac{\mathrm{d}}{\mathrm{d}r_l}=\frac{1}{\cos\theta_l}\frac{\mathrm{d}}{\mathrm{d}z}\tag{5.3-18}$$

而由图 5.3－6 有

$$\cos\theta_1=\cos\theta_3=\cos\theta,\qquad\cos\theta_2=\cos\theta_4=-\cos\theta$$

于是，式(5.3－17)可以改写为

$$\left.\begin{aligned}\frac{\mathrm{d}E_1(z)}{\mathrm{d}z}&=\mathrm{i}CE_2^*(z)E_3(z)E_4(z)\\\frac{\mathrm{d}E_2(z)}{\mathrm{d}z}&=-\mathrm{i}CE_1^*(z)E_3(z)E_4(z)\\\frac{\mathrm{d}E_3(z)}{\mathrm{d}z}&=\mathrm{i}CE_1(z)E_2(z)E_4^*(z)\\\frac{\mathrm{d}E_4(z)}{\mathrm{d}z}&=-\mathrm{i}CE_1(z)E_2(z)E_3^*(z)\end{aligned}\right\}\tag{5.3-19}$$

式中

$$C=\frac{1}{k}3\mu_0\varepsilon_0\omega^2\chi^{(3)}\cos\theta\tag{5.3-20}$$

如果将光电场复振幅表示为

$$E_l(z)=A_l(z)\mathrm{e}^{\mathrm{i}\varphi_l(z)}\tag{5.3-21}$$

并且设

$$\Phi=\varphi_1+\varphi_2-\varphi_3-\varphi_4\tag{5.3-22}$$

则将其代入式(5.3－19)，并利用欧拉公式，然后使等式两边的实部、虚部分别相等，就可以得到

$$\left.\begin{aligned}\frac{\mathrm{d}A_1(z)}{\mathrm{d}z}&=CA_2(z)A_3(z)A_4(z)\sin\Phi\\\frac{\mathrm{d}A_2(z)}{\mathrm{d}z}&=-CA_1(z)A_3(z)A_4(z)\sin\Phi\\\frac{\mathrm{d}A_3(z)}{\mathrm{d}z}&=-CA_1(z)A_2(z)A_4(z)\sin\Phi\\\frac{\mathrm{d}A_4(z)}{\mathrm{d}z}&=CA_1(z)A_2(z)A_3(z)\sin\Phi\end{aligned}\right\}\tag{5.3-23}$$

和

$$\left.\begin{aligned}\frac{d\varphi_1(z)}{dz}&=C\frac{A_2(z)A_3(z)A_4(z)}{A_1(z)}\cos\Phi\\\frac{d\varphi_2(z)}{dz}&=-C\frac{A_1(z)A_3(z)A_4(z)}{A_2(z)}\cos\Phi\\\frac{d\varphi_3(z)}{dz}&=C\frac{A_1(z)A_2(z)A_4(z)}{A_3(z)}\cos\Phi\\\frac{d\varphi_4(z)}{dz}&=-C\frac{A_1(z)A_2(z)A_3(z)}{A_4(z)}\cos\Phi\end{aligned}\right\}\tag{5.3 - 24}$$

对相位因子方程组式(5.3 - 24)进行运算可以得到

$$\frac{d}{dz}\{\ln[A_1(z)A_2(z)A_3(z)A_4(z)\cos\Phi]\}=0$$

考虑到 DFWM 相位共轭的工作中总是存在一个空闲光，所以应有 $\cos\Phi=0$，从而

$$\Phi=\varphi_1(z)+\varphi_2(z)-\varphi_3(z)-\varphi_4(z)=\pm\frac{\pi}{2}\tag{5.3 - 25}$$

如果泵浦光的相位因子是常数，则

$$\varphi_4(z)=\text{常数}-\varphi_3(z)\tag{5.3 - 26}$$

即不计光克尔效应的情况下，E_3、E_4 光波互成相位共轭关系。因此，我们在讨论相位共轭特性时，只需求解光电场的振幅耦合方程即可。

相应于我们讨论的 DFWM 结构，$\Phi=-\pi/2$。若假设 $I_l=A_l^2$，则振幅耦合方程变为

$$\left.\begin{aligned}\frac{dI_1(z)}{dz}&=-2C[I_1(z)I_2(z)I_3(z)I_4(z)]^{1/2}\\\frac{dI_2(z)}{dz}&=2C[I_1(z)I_2(z)I_3(z)I_4(z)]^{1/2}\\\frac{dI_3(z)}{dz}&=2C[I_1(z)I_2(z)I_3(z)I_4(z)]^{1/2}\\\frac{dI_4(z)}{dz}&=-2C[I_1(z)I_2(z)I_3(z)I_4(z)]^{1/2}\end{aligned}\right\}\tag{5.3 - 27}$$

若 E_4 为空闲光，即 $I_4(L)=0$，则曼利-罗关系为

$$\left.\begin{aligned}I_2(z)&=I_2(L)-I_4(z)\\I_1(z)&=I_1(L)+I_4(z)\\I_3(z)&=I_3(L)-I_4(z)\end{aligned}\right\}\tag{5.3 - 28}$$

显然，只要求出 $I_4(z)$的变化规律，就可以确定介质中各个光电场的变化规律。因此，只需求解式(5.3 - 27)中的第四个方程即可。

将式(5.3 - 28)关系代入式(5.3 - 27)的第四个方程，并进行积分。如果令

$$\left.\begin{aligned}\sin^2\beta &= \frac{I_4(z)}{I_2(L)}\\ p^2 &= \frac{I_2(L)}{I_1(L)}\\ q^2 &= \frac{I_2(L)}{I_3(L)}\\ \sin\alpha &= \frac{\sqrt{1+p^2}\,\sin\beta}{\sqrt{1+p^2\sin^2\beta}}\\ k^2 &= \frac{p^2+q^2}{1+p^2}\end{aligned}\right\}\tag{5.3-29}$$

则可以得到

$$L - z = \frac{1}{CI_2(L)}\frac{pq}{\sqrt{1+p^2}}\int_0^\alpha \frac{d\alpha}{\sqrt{1-k^2\sin^2\alpha}}\tag{5.3-30}$$

其中，积分项恰是勒让德第一类椭圆积分，改写成椭圆函数形式应为

$$\operatorname{sn}\left[CI_2(L)\frac{\sqrt{1+p^2}}{pq}(L-z),k\right] = \frac{\sqrt{1+p^2}\,\sin\beta}{\sqrt{1+p^2\sin^2\beta}}\tag{5.3-31}$$

进一步考虑到实际情况，式(5.3-29)中定义的 k 可大于或小于 1，而由于 $k>1$ 的情况不符合椭圆积分中模数的定义，因此需对椭圆积分参量进行一些变换。

由椭圆积分定义有

$$u = \int_0^x \frac{dt}{\sqrt{(1-t^2)(1-k^2t^2)}} = \int_0^{\varphi=\arcsin x}\frac{d\varphi}{\sqrt{1-k^2\sin^2\varphi}}$$

如果进行变量代换：$t\to kt$，$k\to 1/k$，上面的积分式变为

$$u = \frac{1}{k}\int_0^{kx}\frac{d(kt)}{\sqrt{[1-(kt)^2]\left[1-\frac{1}{k^2}(kt)^2\right]}}$$

从而，在 $k>1$ 的情况下，其反函数为

$$kx = \operatorname{sn}\left(ku,\ \frac{1}{k}\right)$$

或

$$k\sin\varphi = \operatorname{sn}\left(ku,\ \frac{1}{k}\right)$$

据此，在 $k>1$ 的情况下，可将式(5.3-30)写成下面的椭圆函数形式：

$$\operatorname{sn}\left[CI_2(L)\frac{\sqrt{p^2+q^2}}{pq}(L-z),\ \frac{1}{k}\right] = \frac{\sqrt{p^2+q^2}\,\sin\beta}{\sqrt{1+p^2\sin^2\beta}}\tag{5.3-32}$$

下面讨论图 5.3-6 所示的两端激励 DFWM 的功率特性。

首先定义几个参量：

$$\left.\begin{aligned}&\text{泵浦激励强度} && I_{\mathrm{p}} = C[I_1(0) + I_2(L)]L \\ &\text{信号激励强度} && I_{\mathrm{s}} = CI_3(0)L \\ &\text{信号增益} && G = \frac{I_3(L)}{I_3(0)} \\ &\text{相位共轭反射率} && R = \frac{I_4(0)}{I_3(0)} = G - 1 \\ &\text{泵浦抽空系数} && D = \frac{[I_1(0) - I_1(L)] + [I_2(L) - I_2(0)]}{I_1(0) + I_2(L)}\end{aligned}\right\} \tag{5.3-33}$$

根据上述定义及曼利-罗关系，有

$$\frac{I_{\mathrm{p}}}{I_{\mathrm{s}}} = \frac{2R}{D} \tag{5.3-34}$$

将上述定义的参量代入式(5.3-31)和式(5.3-32)中，得到

$$\left.\begin{aligned}&\mathrm{sn}\left\{\sqrt{\frac{1+R}{2}\,\frac{D}{2}\left(1-\frac{D}{2}\right)}\,I_{\mathrm{p}},\ k\right\} = \sqrt{\frac{(1+e)^2}{e}\,\frac{D}{2}\left(1-\frac{D}{2}\right)}, \quad k^2 < 1 \\ &\mathrm{sn}\left\{\sqrt{e + (1+e)\,\frac{D}{2R}}\,\frac{I_{\mathrm{p}}}{1+e},\ \frac{1}{k}\right\} = \sqrt{\frac{R}{1+R}\left(1 + \frac{D}{2}\,\frac{1+e}{Re}\right)}, \quad k^2 > 1\end{aligned}\right\} \tag{5.3-35}$$

式中

$$k^2 = \frac{1}{1+R}\,\frac{\dfrac{2R}{D}\,\dfrac{e}{1+e} + 1}{(1+e)\left(1-\dfrac{D}{2}\right)} \tag{5.3-36}$$

$$e = \frac{I_1(0)}{I_2(L)} \tag{5.3-37}$$

e 的大小反映了 DFWM 两端对称激励的程度。

在小信号工作的情况下，$I_1(0)$、$I_2(L) \gg I_3(0)$，泵浦抽空效应可以忽略不计，$D \to 0$。若将这个条件代入式(5.3-36)，得到 $1/k^2 \to 0$，因此式(5.3-35)中的椭圆函数变为正弦函数，即

$$\mathrm{sn}\left[\frac{\sqrt{e}}{1+e}I_{\mathrm{p}},\ 0\right] = \sin\left[\frac{\sqrt{e}}{1+e}I_{\mathrm{p}}\right] = \sqrt{\frac{R}{1+R}} \tag{5.3-38}$$

经过简单的运算，可以得到小信号近似的相位共轭反射率为

$$R = \tan^2\left[\frac{\sqrt{e}}{1+e}I_{\mathrm{p}}\right] \tag{5.3-39}$$

在一般情况下，DFWM 相位共轭特性可以通过对式(5.3-35)进行数值计算给出。图 5.3-7～图 5.3-10 分别为对称激励情况下计算得到的特性曲线，由这些曲线可以得到 DFWM 的如下特性：

(1) 饱和特性。由图 5.3-7 可见，在 I_{s} 固定的情况下，随着 I_{p} 的增大，相位共轭反射率 R 也增大，当 I_{p} 增大到一定程度时，出现饱和现象。这种饱和现象是由于非线性耦合效

应和泵浦抽空效应共同作用的结果。即随着 I_p 的增大，非线性耦合加强，同时，泵浦抽空效应也越来越显著，导致共轭反射率的饱和。

(2) 自振荡特性。在 $I_s=0$ 的情况下，I_p 增大到某一数值时，将产生自振荡输出($R\rightarrow\infty$)。如图 5.3-8 所示，$D=0$ 时，振荡阈值泵浦激励强度 $(I_p)_{th}=\pi$。随着 D 的增大(相应于产生的振荡信号输出增大)，$(I_p)_{th}$ 也增大，振荡阈值可由式(5.3-35)求出。

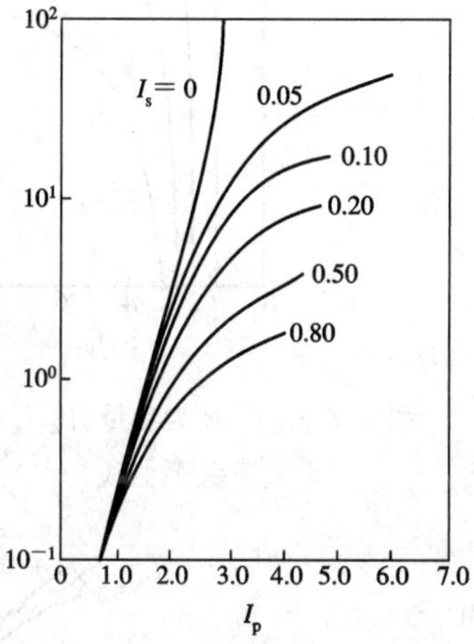

图 5.3-7　I_s 为参量时，R 与 I_p 的关系曲线

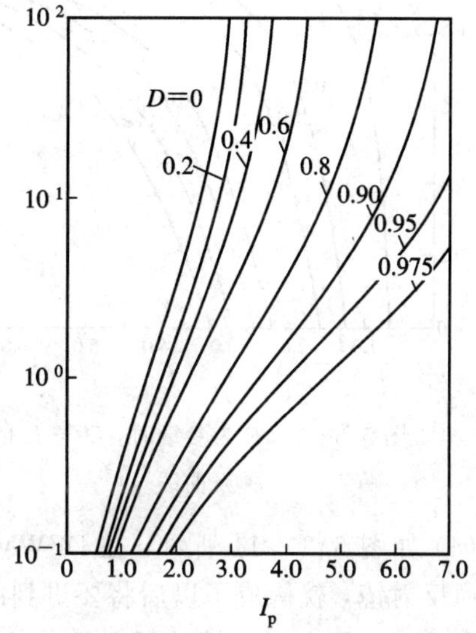

图 5.3-8　D 为参量时，R 与 I_p 的关系曲线

在 $e=1$ 的对称激励情况下，式(5.3-35)为

$$\mathrm{sn}\left[\sqrt{\left(1+\frac{D}{R}\right)}\,\frac{I_p}{2},\,\frac{1}{k}\right]=\sqrt{\frac{R}{1+R}\left(1+\frac{D}{R}\right)},\quad k^2>0 \tag{5.3-40}$$

自振荡时，$R\rightarrow\infty$，上式变为

$$\mathrm{sn}\left[\frac{(I_p)_{th}}{2},\,\frac{1}{k}\right]=1$$

根据椭圆函数的性质，应有

$$\frac{(I_p)_{th}}{2}=K$$

式中，K 为椭圆正弦的 1/4 周期值。于是，振荡阈值泵浦激励强度为

$$(I_p)_{th}=2K \tag{5.3-41}$$

又由式(5.3-36)，在 $e=1$ 及振荡的情况下，有

$$\frac{1}{k^2}=D(2-D) \tag{5.3-42}$$

由此，根据式(5.3-42)和式(5.3-41)可以确定振荡阈值。例如，在 $D=0$ 时，$1/k^2=0$，根据椭圆函数的性质，应有 $K=\pi/2$，故 $(I_p)_{th}=\pi$；在 $D=1$ 时，$1/k^2=1$，应有 $K\rightarrow\infty$，$(I_p)_{th}\rightarrow\infty$。

在此应强调指出，一旦有输入信号，必将因泵浦抽空导致饱和效应，从而 R 不可能趋于无限大。也就是说，只要 $I_s\neq0$，就不可能产生自振荡。

(3) 泵浦抽空特性。如图 5.3－9 所示，当 R 固定时，随着 I_p 的增大，泵浦抽空效应愈加显著。这是因为，如图 5.3－10 所示，在 R 固定时，I_p 增大，I_s 必定增大，从而泵浦抽空必然严重。图 5.3－9 中的 $D\to1$，表示泵浦能量趋于完全转化为信号能量。

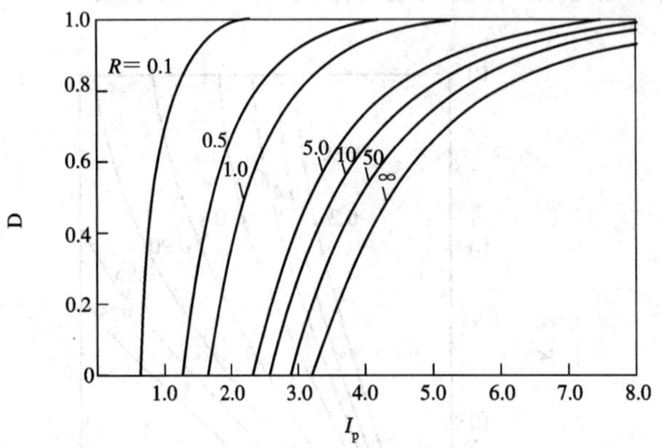

图 5.3－9 R 为参量时，D 与 I_p 的关系曲线

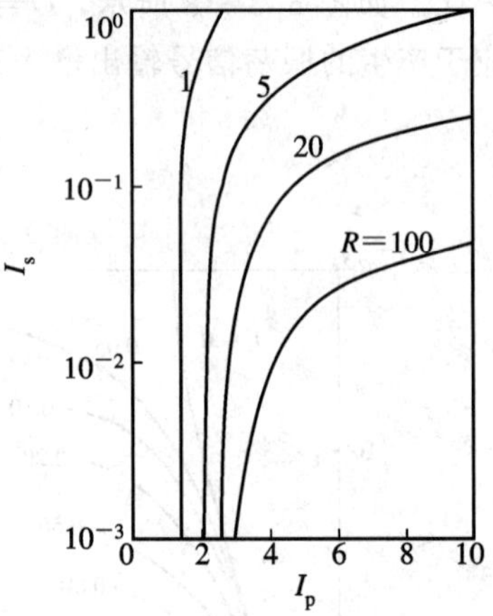

图 5.3－10 R 为参量时，I_s 与 I_p 的关系曲线

(4) 如图 5.3－11 所示，在 DFWM 结构外加一个普通反射镜，就构成了以后将要讲到的相位共轭谐振腔(PCR)。假定反射镜的反射系数为 r，在不考虑损耗的情况下，PCR 的振荡(也即 DFWM 自振荡)阈值条件为

$$r^2R=1 \tag{5.3-43}$$

相应于这种情况，DFWM 自振荡时的相位共轭反射率为

$$R_{th}=\frac{1}{r^2} \tag{5.3-44}$$

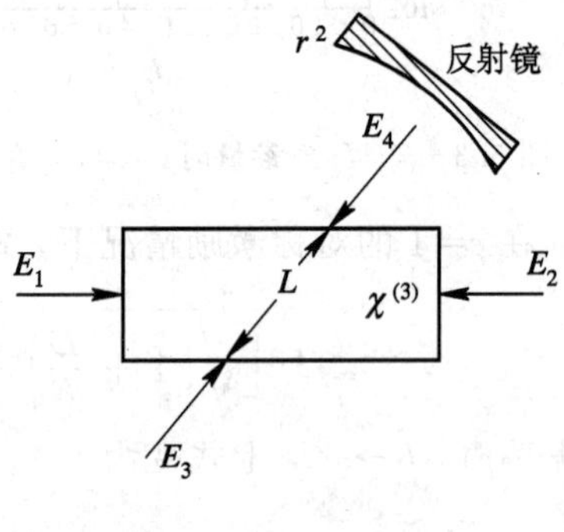

图 5.3－11 PCR 结构

例如，当 $r=1$ 时，DFWM 自振荡的反射率 $R_{th}=1$，由此，在小信号近似的情况下，通过式(5.3－39)求得相应的振荡阈值泵浦激励强度为 $(I_p)_{th}=\pi/2$。而当 $r=0$ 时，则如前讨论，要求 $(I_p)_{th}=\pi$。

3. 共振型简并四波混频过程

从上面的讨论可以看出，为了提高四波混频的效率，希望增大 $\chi^{(3)}$。但实际上，对于非共振型非线性介质来说，$\chi^{(3)}$ 不可能很大。如果采用共振型非线性介质，则由于极化率的共振增强，会大大提高四波混频效率，有可能在较低的泵浦强度下，获得较强的相位共轭波，甚至可以连续工作。

对于共振型四波混频过程，特别是当光强接近共振跃迁的饱和强度时，应当采用高强度激光理论分析。在这方面，陶一夫(Tao YiFu)和萨金特(Sargent Ⅲ)[20]已经进行了较严格的讨论。而艾布拉姆斯(Abrams)和林德(Lind)[21]则利用简单的近似方法进行了分析，得到了比较明确的概念。

下面，我们按照艾布拉姆斯和林德的处理思路，讨论一个有强泵浦光照射的二能级静止原子系统的简并四波混频过程。

假设四波混频结构如图 5.3-12 所示，$\boldsymbol{E}_1$、$\boldsymbol{E}_2$ 是沿着任意方向彼此反向传播的强泵浦光，$\boldsymbol{E}_3$、$\boldsymbol{E}_4$ 是沿着 z 轴彼此反向传播的弱信号光和相位共轭光，它们的波矢满足 $\boldsymbol{k}_1+\boldsymbol{k}_2=\boldsymbol{k}_3+\boldsymbol{k}_4=0$，并且波数相等，令其为 k。为了讨论方便起见，我们认为这四个光波同偏振，且不计泵浦抽空效应。

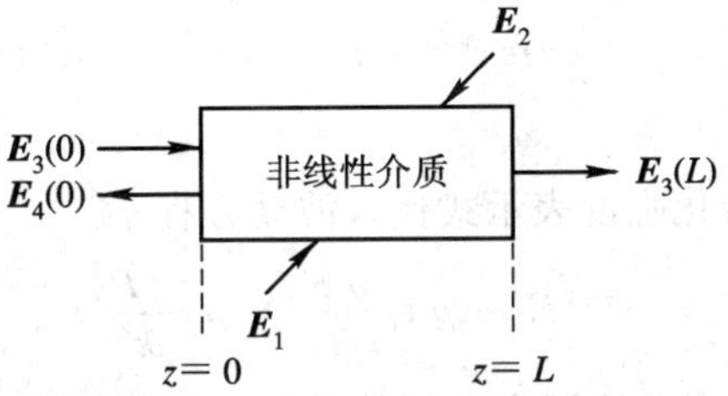

图 5.3-12　共振型 DFWM 结构示意图

根据第 2 章的讨论，在稳态情况下，二能级原子系统的极化率为

$$\chi(E)=\frac{2\alpha_0}{k}\frac{\mathrm{i}+\delta}{(1+\delta^2+|E/E_{s0}|^2)} \tag{5.3-45}$$

式中，$\delta=(\omega_0-\omega)T_2$ 为偏离谱线中心的归一化失谐频率；$|E_{s0}|^2=\hbar^2/(T_1T_2p^2)$ 为谱线中心饱和参量；$\alpha_0=p^2\Delta n_0T_2k/(2\varepsilon_0\hbar)$ 为谱线中心的小信号吸收系数；T_1、T_2 分别是纵向弛豫时间和横向弛豫时间；Δn_0 是无场时二能级的粒子数差，p 是原子偶极矩，k 为波数。由前面的假设，可以将介质中光电场表示为

$$E=E_0+\Delta E \tag{5.3-46}$$

其中，$E_0=E_1+E_2$ 是强泵浦光场，$\Delta E=E_3+E_4$ 是弱信号光场。因为 $E_0\gg\Delta E$，所以可将 $\chi(E)=\chi(E_0+\Delta E)$ 在 E_0 处展成台劳级数，并取到一次项，得

$$\chi(E_0+\Delta E)=\chi(E_0)-\frac{\chi(E_0)}{(1+\delta^2+|E_0/E_{s0}|^2)}\frac{E_0^*\Delta E+E_0\Delta E^*}{|E_{s0}|^2} \tag{5.3-47}$$

在这种情况下，极化强度为

$$\begin{aligned}P(\boldsymbol{r},t)=&\ \varepsilon_0\chi(E_0)(E_0+\Delta E)-\varepsilon_0\chi(E_0)\frac{E_0^*\Delta E+E_0\Delta E^*}{|E_{s0}|^2(1+\delta^2+|E_0/E_{s0}|^2)}E_0\\=&\ \frac{2\varepsilon_0\alpha_0(\mathrm{i}+\delta)}{k(1+\delta^2+|E_0/E_{s0}|^2)}[2E_1\cos(\boldsymbol{k}\cdot\boldsymbol{r})+E_3(z)\mathrm{e}^{\mathrm{i}kz}+E_4(z)\mathrm{e}^{-\mathrm{i}kz}]\mathrm{e}^{-\mathrm{i}\omega t}\\&-\frac{2\varepsilon_0\alpha_0(\mathrm{i}+\delta)}{k|E_{s0}|^2(1+\delta^2+|E_0/E_{s0}|^2)^2}\{4|E_1|^2\cos^2(\boldsymbol{k}\cdot\boldsymbol{r})\\&\times[E_3(z)\mathrm{e}^{\mathrm{i}kz}+E_3^*(z)\mathrm{e}^{-\mathrm{i}kz}+E_4(z)\mathrm{e}^{-\mathrm{i}kz}+E_4^*(z)\mathrm{e}^{\mathrm{i}kz}]\}\mathrm{e}^{-\mathrm{i}\omega t}\end{aligned} \tag{5.3-48}$$

显然，由于二泵浦光沿相反方向传播(已假设 $E_1=E_2$)，所以感应极化强度 $P(\boldsymbol{r},t)$ 是 $\cos(\boldsymbol{k}\cdot\boldsymbol{r})$ 的函数，它对 E_3、E_4 的贡献也是 $\cos(\boldsymbol{k}\cdot\boldsymbol{r})$ 的函数。为简化讨论，我们只考虑其平均贡献，即对极化强度取平均

$$\overline{P}=\frac{1}{2\pi}\int_0^{2\pi}P(\boldsymbol{r},t)\mathrm{d}(\boldsymbol{k}\cdot\boldsymbol{r})$$

因此，最后求得的 E_3、E_4 有平均的意义。将式(5.3-48)对($\boldsymbol{k}\cdot\boldsymbol{r}$)进行积分，得到

$$\overline{P}(z,t)=A+\frac{2\varepsilon_0\alpha_0(\mathrm{i}+\delta)}{k(1+\delta^2)\left[1+\dfrac{4|E_1|^2}{|E_{s0}|^2(1+\delta^2)}\right]^{1/2}}[E_3(z)\mathrm{e}^{\mathrm{i}kz}+E_4(z)\mathrm{e}^{-\mathrm{i}kz}]\mathrm{e}^{-\mathrm{i}\omega t}$$
$$-\frac{4\varepsilon_0\alpha_0(\mathrm{i}+\delta)(1+\delta^2)|E_1|^2}{k|E_{s0}|^2(1+\delta^2)^2\left[1+\dfrac{4|E_1|^2}{|E_{s0}|^2(1+\delta^2)}\right]^{3/2}}$$
$$\times[E_3(z)\mathrm{e}^{\mathrm{i}kz}+E_4(z)\mathrm{e}^{-\mathrm{i}kz}+E_3^*(z)\mathrm{e}^{-\mathrm{i}kz}+E_4^*(z)\mathrm{e}^{\mathrm{i}kz}]\mathrm{e}^{-\mathrm{i}\omega t}\qquad(5.3-49)$$

式中，A 是与 z 无关的量。

将介质中的光电场及极化强度表示式代入波动方程

$$\nabla^2E-\mu_0\varepsilon_0\frac{\partial^2E}{\partial t^2}=\mu_0\frac{\partial^2P}{\partial t^2}\qquad(5.3-50)$$

利用慢变化振幅近似，使等式两边同指数项的系数相等后得到

$$\left.\begin{aligned}\frac{\mathrm{d}E_4(z)}{\mathrm{d}z}&=-\frac{\alpha_0(1-\mathrm{i}\delta)\left(1+\dfrac{2I}{I_s}\right)}{(1+\delta^2)\left(1+\dfrac{4I}{I_s}\right)^{3/2}}E_4(z)+\frac{\alpha_0(1-\mathrm{i}\delta)\dfrac{2I}{I_s}}{(1+\delta^2)\left(1+\dfrac{4I}{I_s}\right)^{3/2}}E_3^*(z)\\ \frac{\mathrm{d}E_3^*(z)}{\mathrm{d}z}&=\frac{\alpha_0(1+\mathrm{i}\delta)\left(1+\dfrac{2I}{I_s}\right)}{(1+\delta^2)\left(1+\dfrac{4I}{I_s}\right)^{3/2}}E_3^*(z)-\frac{\alpha_0(1+\mathrm{i}\delta)\dfrac{2I}{I_s}}{(1+\delta^2)\left(1+\dfrac{4I}{I_s}\right)^{3/2}}E_4(z)\end{aligned}\right\}$$
$$(5.3-51)$$

式中，$I\propto|E_1|^2$ 是泵浦强度，$I_s\propto|E_{s0}|^2(1+\delta^2)$是与失谐有关的饱和强度。若令

$$\alpha=-\alpha_0\frac{(1-\mathrm{i}\delta)\left(1+\dfrac{2I}{I_s}\right)}{(1+\delta^2)\left(1+\dfrac{4I}{I_s}\right)^{3/2}}=\alpha_r-\mathrm{i}\alpha_i\qquad(5.3-52)$$

$$g^*=-\mathrm{i}\alpha_0\frac{(1-\mathrm{i}\delta)\dfrac{2I}{I_s}}{(1+\delta^2)\left(1+\dfrac{4I}{I_s}\right)^{3/2}}\qquad(5.3-53)$$

则耦合方程可以写成

$$\left.\begin{aligned}\frac{\mathrm{d}E_4(z)}{\mathrm{d}z}&=\alpha E_4(z)+\mathrm{i}g^*E_3^*(z)\\ \frac{\mathrm{d}E_3^*(z)}{\mathrm{d}z}&=-\alpha^*E_3^*(z)+\mathrm{i}gE_4(z)\end{aligned}\right\}\qquad(5.3-54)$$

假设边界条件为

$$\left.\begin{aligned}E_4(z=L)&=0\\ E_3(z=0)&=E_{30}\end{aligned}\right\}\qquad(5.3-55)$$

其解为

$$\left.\begin{aligned} E_4(z) &= \frac{\mathrm{i}g^* \sin[g_{\mathrm{eff}}(z-L)]\mathrm{e}^{-\mathrm{i}\alpha_i z}}{g_{\mathrm{eff}}\cos(g_{\mathrm{eff}}L)+\alpha_r\sin(g_{\mathrm{eff}}L)}E_{30}^* \\ E_3^*(z) &= \frac{\{g_{\mathrm{eff}}\cos[g_{\mathrm{eff}}(z-L)]-\alpha_r\sin[g_{\mathrm{eff}}(z-L)]\}\mathrm{e}^{-\mathrm{i}\alpha_i z}}{g_{\mathrm{eff}}\cos(g_{\mathrm{eff}}L)+\alpha_r\sin(g_{\mathrm{eff}}L)}E_{30}^* \end{aligned}\right\} \quad (5.5-56)$$

式中

$$g_{\mathrm{eff}} = \sqrt{|g|^2-\alpha_r^2} \quad (5.3-57)$$

由此可以得出共振型 DFWM 过程的如下特性：

(1) 当信号光 $E_3(z<0)$入射到共振介质上时，由于非线性作用，将产生其背向相位共轭光 $E_4(z<0)$。如果光波频率远离共振区，介质吸收可以忽略不计，其结果与非共振型 DFWM 相位共轭一致。

(2) 共振型 DFWM 过程中，入射光的透射率为

$$T = \frac{|E_3(L)|^2}{|E_3(0)|^2} = \frac{|g_{\mathrm{eff}}|^2}{|g_{\mathrm{eff}}\cos(g_{\mathrm{eff}}L)+\alpha_r\sin(g_{\mathrm{eff}}L)|^2} \quad (5.3-58)$$

背向相位共轭(功率)反射率为

$$R = \frac{|E_4(0)|^2}{|E_3(0)|^2} = \frac{|g\sin(g_{\mathrm{eff}}L)|^2}{|g_{\mathrm{eff}}\cos(g_{\mathrm{eff}}L)+\alpha_r\sin(g_{\mathrm{eff}}L)|^2} \quad (5.3-59)$$

由式(5.3-59)可见，共振型 DFWM 过程也可能产生自振荡($R\to\infty$)。

当$|g|^2>\alpha_r^2$，即非线性介质中光波间的耦合大于介质的共振吸收(或增益)时，共振 DFWM 过程的振荡条件为

$$\tan(g_{\mathrm{eff}}L) = -\frac{g_{\mathrm{eff}}}{\alpha_r} \quad (5.3-60)$$

对于共振吸收介质($\alpha_0>0$)，振荡条件要求

$$g_{\mathrm{eff}}L > \frac{\pi}{2} \quad (5.3-61)$$

对于共振增益介质($\alpha_0<0$)，振荡条件要求

$$g_{\mathrm{eff}}L < \frac{\pi}{2} \quad (5.3-62)$$

远离共振区($\alpha_0\approx 0$)时，振荡条件要求

$$g_{\mathrm{eff}}L \approx |g|L = \frac{\pi}{2} \quad (5.3-63)$$

这正是非共振型 DFWM 相位共轭的情况。

当$|g|^2<\alpha_r^2$，即介质中光波间的耦合小于介质的共振吸收(或增益)时，上面透过率和反射率表示式中的正、余弦函数变成相应的双曲函数，反射率为

$$R = \frac{|g\sinh(g_{\mathrm{eff}}L)|^2}{|g_{\mathrm{eff}}\cosh(g_{\mathrm{eff}}L)+\alpha_r\sinh(g_{\mathrm{eff}}L)|^2} \quad (5.3-64)$$

振荡条件变为

$$\tanh(g_{\mathrm{eff}}L) = -\frac{g_{\mathrm{eff}}}{\alpha_r} \quad (5.3-65)$$

由双曲函数的性质可知，只有 $\alpha_r<0$(即 $\alpha_0<0$)时，上式才能成立，故只有共振增益介质才能产生振荡。

(3) 影响相位共轭反射率 R 的主要参量是 $\alpha_0 L$、I/I_s 和 δ。

为了更明显地看出 R 的变化规律，对 R 关系式进行数值计算，得到了 R 的有关曲线[21,22]。

图 5.3-13 给出了在谱线中心($\delta=0$)，各种小信号吸收($\alpha_0 L$)值的 R 与(I/I_s)的关系曲线。在这种情况下，相位共轭反射仅由极化率的虚部——介质的共振吸收贡献。由图可见，R_{max}都发生在 I_s 附近。在 $\alpha_0 L$ 较小时，R 随着 $\alpha_0 L$ 的增大近似线性地增大；当 $\alpha_0 L$ 较大时，R 趋于饱和；在 $\alpha_0 L$ 很大、I/I_s 也很大的情况下，$R\to 1$。从物理上讲，这种特性是由于随着 $\alpha_0 L$ 的增大，R 既因共振吸收而增大，又因散射光和信号光通过介质时受到吸收而减小，在它们的共同作用下，便出现饱和。

图 5.3-14 表示失谐时，固定小信号吸收的情况下，R 与 I/I_{s0}的关系曲线。失谐时的小信号吸收为

$$\beta L = \frac{\alpha_0 L}{1+\delta^2} \tag{5.3-66}$$

在固定 βL 的情况下，失谐 δ 增大，要求 $\alpha_0 L$ 也相应地增大。由图可见，当偏离中心工作时，可以大大提高相位共轭反射率，如 $\beta L=1$、$\delta=8$ 时，$R_{max}\gg 1$。这是由于在偏离中心工作、固定小信号吸收的情况下，除了 $\alpha_0 L$ 增大外，共振介质的色散效应对非线性耦合逐渐起了重要作用。当然，由于失谐工作，与失谐有关的饱和强度 I_s 随$(1+\delta^2)$增大。所以，为了保证反射率增大，必须提高泵浦强度，如 $\beta L=1$、$\delta=8$ 时，为获得 R_{max}，要求 $I=60I_s$。

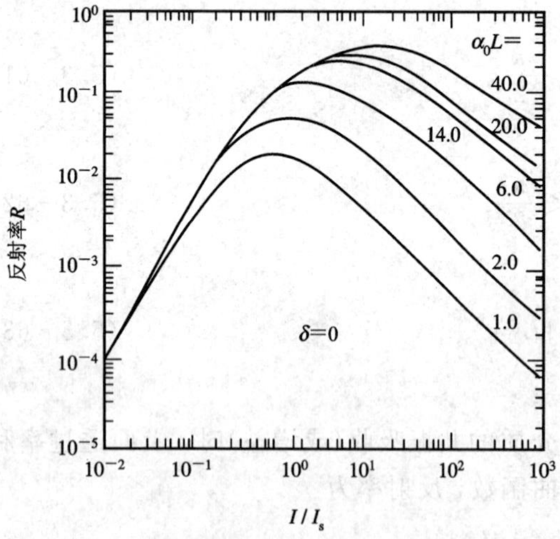

图 5.3-13 在谱线中心，以 $\alpha_0 L$ 为参量，R 与 I/I_s 的关系曲线

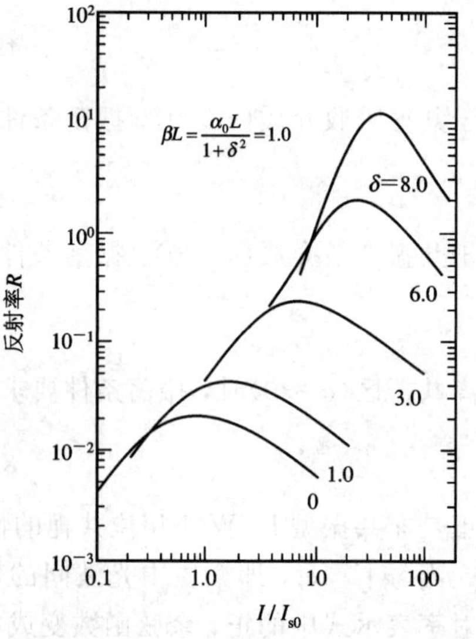

图 5.3-14 在 βL 固定、以失谐 δ 为参量时，R 与对线中心饱和强度归一化的泵浦强度 I/I_{s0}的关系曲线

除了采用如上所述偏离中心工作来获得 $R>1$ 的状态外，还可以采用激活(增益)介质($\alpha_0<1$)来获取 $R>1$ 的状态。图 5.3-15 给出了增益介质在谱线中心工作时，相应于不同

的 $\alpha_0 L$ 值，R 与 I/I_s 的关系曲线。与饱和吸收介质相比，增益介质除了因共振增强导致非线性耦合增强外，其光场还被放大，因此，R 可以很大。另外，因为在 $I/I_s \gg 1$ 时，饱和增益系数下降，所以峰值反射率发生在 $I \ll I_s$ 处。由图可见，当增益接近 4 时，呈现振荡状态。

(4) 前面的讨论属于小信号近似理论。当信号光与泵浦光强可以比拟时，需要同时求解四个耦合方程。计算结果[22, 23]表明，在考虑泵浦抽空和吸收效应时，对共振附近的反射率影响最大，这种情况如图 5.3-16 所示。在该图中，$\beta L=1$、$\delta=15$。A 曲线是根据式(5.3-59)计算出的振荡点附近的曲线，此时在两个泵浦强度值上反射率发散。B 曲线是考虑泵浦吸收，但未计及泵浦抽空的情况，此时仅有一个发散的泵浦强度值。C 曲线是同时考虑泵浦抽空和吸收的情况，该曲线是在信号光强为泵浦光强 1% 时的计算结果。曲线 C 与曲线 B 相比较可以看出，泵浦抽空的影响在振荡点附近最明显，此时的反射率不再发散，而为一有限值。从物理上看，这是很自然的。

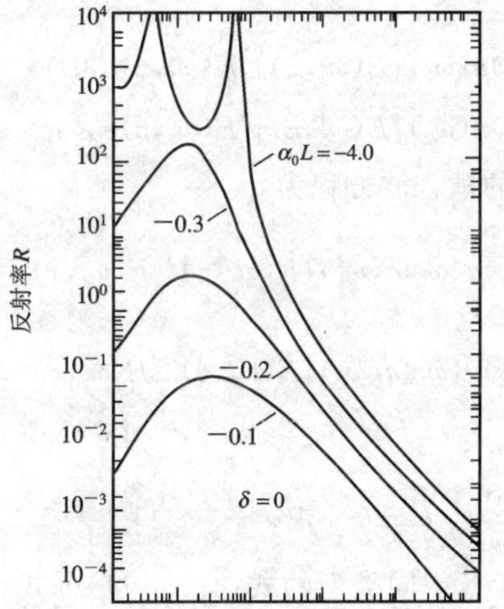

图 5.3-15　增益介质在谱线中心工作时，以 $\alpha_0 L$ 为参量，R 与 I/I_s 的关系曲线

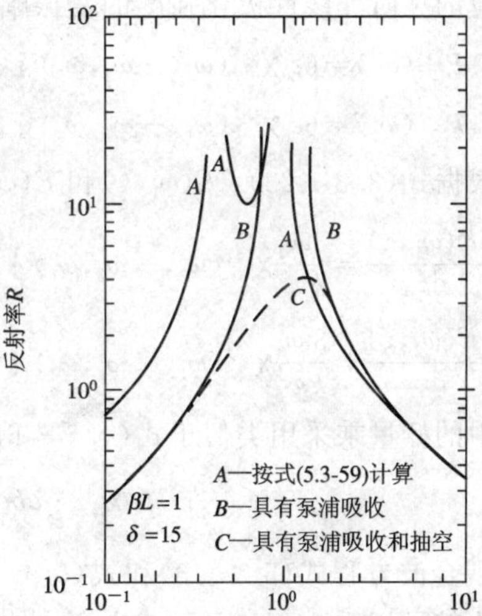

图 5.3-16　泵浦抽空、吸收效应对反射率 R 的影响

5.4　双光子吸收

5.4.1　双光子吸收

1. 双光子吸收现象

当用红宝石激光照射掺铕氟化钙晶体时，可以探测到相应于两倍红宝石激光频率跃迁的荧光。因为该晶体不存在与单个红宝石激光光子相对应的任何激发态，所以不能用连续吸收两个红宝石激光光子来解释这种现象。又由于掺铕氟化钙晶体属于立方晶体，所以不

可能发生二次谐波产生过程。因此，上述现象唯一的解释是同时吸收两个光子产生的效应。更一般的情况是，当具有频率为 ω_1 和 ω_2 的两束光通过非线性介质时，如果 $\omega_1+\omega_2$ 接近介质的某一跃迁频率，就会发现两束光都衰减。这是因为介质同时从每一束光中各吸收一个光子，即同时吸收两个光子，引起了两束光的衰减，这种现象称为双光子吸收。

2. 双光子吸收的耦合波方程

我们感兴趣的是 $\omega_1+\omega_2$ 接近介质的某个跃迁频率 ω_0 的情况。因为现在只有两个频率分量 ω_1 和 ω_2，介质中没有二阶非线性效应，或者不满足产生和频、差频和二次谐波的相位匹配条件，或者不满足产生三次谐波的相位匹配条件，所以只需考虑频率 ω_1 和 ω_2 这两个辐射场之间的耦合即可。

假定介质中频率为 ω_1 和 ω_2 的光电场表示式为

$$\boldsymbol{E}(\omega_1)=E(\omega_1,z)\boldsymbol{a}(\omega_1)\mathrm{e}^{\mathrm{i}k_1z} \tag{5.4-1}$$

$$\boldsymbol{E}(\omega_2)=E(\omega_2,z)\boldsymbol{a}(\omega_2)\mathrm{e}^{\mathrm{i}k_2z} \tag{5.4-2}$$

相应的三阶非线性极化强度的复振幅为

$$\boldsymbol{P}^{(3)}(\omega_1)=6\varepsilon_0\chi^{(3)}(\omega_2,-\omega_2,\omega_1)\vdots\boldsymbol{a}(\omega_2)\boldsymbol{a}(\omega_2)\boldsymbol{a}(\omega_1)|E(\omega_2,z)|^2E(\omega_1,z)\mathrm{e}^{\mathrm{i}k_1z} \tag{5.4-3}$$

$$\boldsymbol{P}^{(3)}(\omega_2)=6\varepsilon_0\chi^{(3)}(\omega_1,-\omega_1,\omega_2)\vdots\boldsymbol{a}(\omega_1)\boldsymbol{a}(\omega_1)\boldsymbol{a}(\omega_2)|E(\omega_1,z)|^2E(\omega_2,z)\mathrm{e}^{\mathrm{i}k_2z} \tag{5.4-4}$$

则根据式(3.3-23)，$E(\omega_1,z)$ 和 $E(\omega_2,z)$ 满足的耦合波方程为

$$\frac{\mathrm{d}E(\omega_1,z)}{\mathrm{d}z}=\frac{3\mathrm{i}\omega_1^2}{k_1c^2}\chi^{(3)}(\omega_2,-\omega_2,\omega_1)\vdots\boldsymbol{a}(\omega_1)\boldsymbol{a}(\omega_2)\boldsymbol{a}(\omega_2)\boldsymbol{a}(\omega_1)|E(\omega_2,z)|^2E(\omega_1,z) \tag{5.4-5}$$

$$\frac{\mathrm{d}E(\omega_2,z)}{\mathrm{d}z}=\frac{3\mathrm{i}\omega_2^2}{k_2c^2}\chi^{(3)}(\omega_1,-\omega_1,\omega_2)\vdots\boldsymbol{a}(\omega_2)\boldsymbol{a}(\omega_1)\boldsymbol{a}(\omega_1)\boldsymbol{a}(\omega_2)|E(\omega_1,z)|^2E(\omega_2,z) \tag{5.4-6}$$

式中的标量乘采用类似于式(4.3-14)的定义，有

$$\chi^{(3)}\vdots\boldsymbol{abcd}=\sum_{\alpha,\beta,\gamma,\delta=x,y,z}\chi^{(3)}_{\alpha\beta\gamma\delta}a_\alpha b_\beta c_\gamma d_\delta \tag{5.4-7}$$

将耦合波方程式(5.4-5)和式(5.4-6)与第4章中同类型的式(4.3-11)～式(4.3-13)相比较可以看出，上面两式中不存在与两束光波波矢 $\boldsymbol{k}_1$ 和 $\boldsymbol{k}_2$ 有关的因子，因此不需要考虑相位匹配问题。这就是所谓的非参量过程。

3. 双光子吸收特性

由式(5.4-3)和式(5.4-4)可见，$\boldsymbol{P}^{(3)}(\omega_1)$ 和 $\boldsymbol{P}^{(3)}(\omega_2)$ 分别与相同频率的光电场分量 $\boldsymbol{E}(\omega_1)$ 和 $\boldsymbol{E}(\omega_2)$ 对 kz 有相同的指数关系。因而 $\boldsymbol{P}^{(3)}(\omega_1)$ 和 $\boldsymbol{P}^{(3)}(\omega_2)$ 中与 $\chi^{(3)}$ 的实部和虚部有关的两部分总是分别地与 $\boldsymbol{E}(\omega_1)$ 和 $\boldsymbol{E}(\omega_2)$ 同相和相位相差 $\pi/2$，又由于双光子吸收是光与介质的共振作用导致的，$\chi^{(3)}$ 中的实部和虚部都是有限的，所以在方程中都必须予以考虑。

对于 $\chi^{(3)}$ 的实部，因其具有完全对易对称性，因而有

$$\begin{aligned}&\mathrm{Re}[\chi^{(3)}(\omega_2,-\omega_2,\omega_1)\vdots\boldsymbol{a}(\omega_1)\boldsymbol{a}(\omega_2)\boldsymbol{a}(\omega_2)\boldsymbol{a}(\omega_1)]\\&=\mathrm{Re}[\chi^{(3)}(\omega_1,-\omega_1,\omega_2)\vdots\boldsymbol{a}(\omega_2)\boldsymbol{a}(\omega_1)\boldsymbol{a}(\omega_1)\boldsymbol{a}(\omega_2)]\end{aligned} \tag{5.4-8}$$

我们令它等于 χ。

对于 $\chi^{(3)}$ 的虚部，我们可以从简单的经典模型所得到的式(1.2-31)出发进行讨论[24]。当 $\omega_1+\omega_2\approx\omega_0$，即 $|\omega_1+\omega_2-\omega_0|\leqslant h$ 时，有

$$\mathrm{Im}\chi^{(3)}(\omega_2,-\omega_2,\omega_1)=\mathrm{Im}\frac{ne^4}{\varepsilon_0 m^3}\left\{B+\frac{2}{3}A^2[F(0)+F(\omega_1-\omega_2)+F(\omega_1+\omega_2)]\right\}$$
$$\times F(\omega_2)F(-\omega_2)F(\omega_1)F(\omega_2-\omega_2+\omega_1) \quad (5.4-9)$$

因为按 $F(\omega)$的定义式(1.2－8)，有 $F(\omega)=1/(\omega_0^2-\omega^2-2\mathrm{i}h\omega)$，所以 $F(0)$是实数；又因为$(\omega_1+\omega_2)$接近共振频率 ω_0，所以 ω_1、ω_2 和 $\omega_1-\omega_2$ 都远离共振频率 ω_0，这样，$F(\omega_1)$、$F(\omega_2)$和$F(\omega_1-\omega_2)$等都是实数。从而，式(5.4－9)变为

$$\mathrm{Im}\chi^{(3)}(\omega_2,-\omega_2,\omega_1)=\frac{2ne^4A^2}{3\varepsilon_0 m^3}F^2(\omega_1)F^2(\omega_2)\mathrm{Im}F(\omega_1+\omega_2)$$
$$=\mathrm{Im}\chi^{(3)}(\omega_1,-\omega_1,\omega_2) \quad (5.4-10)$$

由此可见，$\chi^{(3)}(\omega_2,-\omega_2,\omega_1)$和 $\chi^{(3)}(\omega_1,-\omega_1,\omega)$的虚部相等，并且因为 $F(\omega_1)$、$F(\omega_2)$都是实数，$\mathrm{Im}F(\omega_1+\omega_2)>0$，所以 $\mathrm{Im}\chi^{(3)}$与二能级间的集居数密度差 n 有相同的符号。在热平衡条件下 n 是正的，而在集居数反转的条件下，n 为负值。于是，我们可以引入符号 χ_{TA}，且

$$\chi_{\mathrm{TA}}=\mathrm{Im}[\boldsymbol{\chi}^{(3)}(\omega_2,-\omega_2,\omega_1)\,\vdots\,\boldsymbol{a}(\omega_1)\boldsymbol{a}(\omega_2)\boldsymbol{a}(\omega_2)\boldsymbol{a}(\omega_1)]$$
$$=\mathrm{Im}[\boldsymbol{\chi}^{(3)}(\omega_1,-\omega_1,\omega_2)\,\vdots\,\boldsymbol{a}(\omega_2)\boldsymbol{a}(\omega_1)\boldsymbol{a}(\omega_1)\boldsymbol{a}(\omega_2)] \quad (5.4-11)$$

实际上，我们也可以利用量子力学方法导出的双光子吸收 $\chi^{(3)}_{\mu\alpha\beta\gamma}$的表示式(2.5－10)来分析其实部和虚部，得到完全相同的结论。这样，式(5.4－5)和式(5.4－6)可表示为

$$\frac{\mathrm{d}E(\omega_1,z)}{\mathrm{d}z}=\frac{3\omega_1^2}{k_1c^2}(\mathrm{i}\chi-\chi_{\mathrm{TA}})|E(\omega_2,z)|^2E(\omega_1,z) \quad (5.4-12)$$

$$\frac{\mathrm{d}E(\omega_2,z)}{\mathrm{d}z}=\frac{3\omega_2^2}{k_2c^2}(\mathrm{i}\chi-\chi_{\mathrm{TA}})|E(\omega_1,z)|^2E(\omega_2,z) \quad (5.4-13)$$

由式(5.4－12)和式(5.4－13)可以导出

$$\frac{k_1}{\omega_1^2}E^*(\omega_1,z)\frac{\mathrm{d}E(\omega_1,z)}{\mathrm{d}z}-\frac{k_2}{\omega_2^2}E^*(\omega_2,z)\frac{\mathrm{d}E(\omega_2,z)}{\mathrm{d}z}=0 \quad (5.4-14)$$

取式(5.4－14)的复数共轭，并与式(5.4－14)相加，再进行积分，便得到

$$\frac{k_1}{\omega_1^2}|E(\omega_1,z)|^2-\frac{k_2}{\omega_2^2}|E(\omega_2,z)|^2=\text{常数} \quad (5.4-15)$$

如果用光子通量表示，根据 $N(\omega)=\frac{2k}{\mu_0\hbar\omega^2}|E(\omega)|^2$ 的关系，式(5.4－15)可以表示为

$$N(\omega_1,z)-N(\omega_2,z)=N(\omega_1,0)-N(\omega_2,0)=\text{常数} \quad (5.4-16)$$

该式是一个曼利-罗型的关系式，它表明频率为 ω_1 和 ω_2 的辐射场必须同时被放大或衰减，这正是双光子吸收的规律性的反映。

关于式(5.4－12)和式(5.4－13)的一般解，可以用光子通量来表示。

用 $E^*(\omega_1,z)$乘以式(5.4－12)，并与其复共轭相加，可得

$$\frac{\mathrm{d}|E(\omega_1,z)|^2}{\mathrm{d}z}=-\frac{6\omega_1^2}{k_1c^2}\chi_{\mathrm{TA}}|E(\omega_1,z)|^2|E(\omega_2,z)|^2$$

或

$$\frac{\mathrm{d}N(\omega_1,z)}{\mathrm{d}z}=-\frac{3\omega_1^2\omega_2^2}{k_1k_2c^2}\mu_0\hbar\chi_{\mathrm{TA}}N(\omega_1,z)N(\omega_2,z)$$

由此得到光子通量 $N(\omega_1,z)$ 和 $N(\omega_2,z)$ 满足的方程为

$$\frac{\mathrm{d}N(\omega_1,z)}{\mathrm{d}z}=\frac{\mathrm{d}N(\omega_2,z)}{\mathrm{d}z}=-\alpha_{\mathrm{TA}}N(\omega_1,z)N(\omega_2,z) \tag{5.4-17}$$

式中

$$\alpha_{\mathrm{TA}}=\frac{3\omega_1^2\omega_2^2}{k_1k_2c^2}\mu_0\hbar\chi_{\mathrm{TA}} \tag{5.4-18}$$

将式(5.4-16)代入式(5.4-17)，有

$$\frac{\mathrm{d}N(\omega_1,z)}{\mathrm{d}z}=-\alpha_{\mathrm{TA}}N^2(\omega_1,z)+\alpha_{\mathrm{TA}}N(\omega_1,z)[N(\omega_1,0)-N(\omega_2,0)]$$

对该式积分，并利用积分公式

$$\int\frac{\mathrm{d}x}{a+bx+cx^2}=\frac{1}{\sqrt{-q}}\ln\frac{2cx+b-\sqrt{-q}}{2cx+b+\sqrt{-q}}$$

式中，$q=4ac-b^2$，在经过简单的运算后，可得光子通量 $N(\omega_1,z)$ 的表示式为

$$N(\omega_1,z)=N(\omega_1,0)\frac{N(\omega_1,0)-N(\omega_2,0)}{N(\omega_1,0)-N(\omega_2,0)\mathrm{e}^{-z/l_{\mathrm{TA}}}} \tag{5.4-19}$$

式中

$$l_{\mathrm{TA}}=\frac{1}{\alpha_{\mathrm{TA}}[N(\omega_1,0)-N(\omega_2,0)]} \tag{5.4-20}$$

是表征双光子吸收过程的一个特征长度。

再由式(5.4-16)和式(5.4-19)可得

$$N(\omega_2,z)=N(\omega_2,0)\frac{N(\omega_1,0)-N(\omega_2,0)}{N(\omega_1,0)-N(\omega_2,0)\mathrm{e}^{-z/l_{\mathrm{TA}}}}\mathrm{e}^{-\frac{z}{l_{\mathrm{TA}}}} \tag{5.4-21}$$

如果我们按习惯把两束光中较弱的一束的频率规定为 ω_2，则由式(5.4-20)可见，l_{TA} 是正值。所以，对于大的 z 值，$N(\omega_1,z)$ 趋于 $[N(\omega_1,0)-N(\omega_2,0)]$，$N(\omega_2,z)$ 趋于零。由式(5.4-19)和式(5.4-21)给出的 $N(\omega_1,z)$ 和 $N(\omega_2,z)$ 随 z 变化的关系曲线如图 5.4-1 所示。

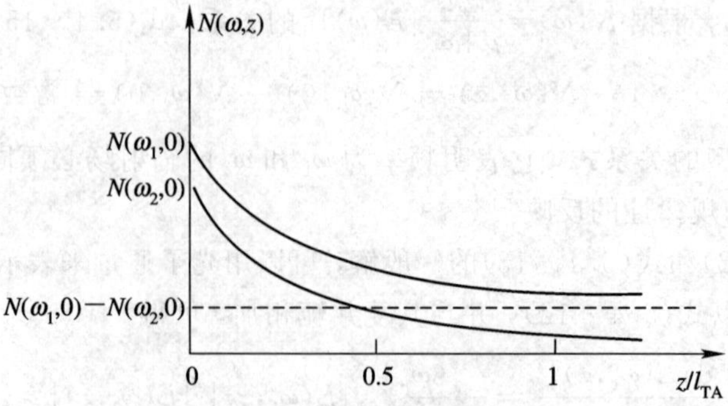

图 5.4-1 双光子吸收的衰减关系曲线

最后，有几个问题需要说明：

(1) 如果 $\omega_1=\omega_2$，这种情况可以作为上面讨论的一般情况的特例。这时，$N(\omega_1,0)=N(\omega_2,0)$。如果我们直接将该关系代入式(5.4 - 19)和式(5.4 - 21)，就会得出 $N(\omega_1,z)=N(\omega_2,z)=0$ 的错误结论。因此，对这种情况必须考虑 $\omega_2\to\omega_1$ 时方程的解。

由上述求解过程，可以认为 $\omega_2\to\omega_1$ 时，$N(\omega_2,0)\to N(\omega_1,0)$，$[N(\omega_1,0)-N(\omega_2,0)]$是一个小量。这样，式(5.4 - 19)中的指数项可以展开为

$$e^{-\frac{z}{l_{TA}}}=e^{-\alpha_{TA}[N(\omega_1,0)-N(\omega_2,0)]z}=1-\alpha_{TA}[N(\omega_1,0)-N(\omega_2,0)]z$$

将上式代回式(5.4 - 19)后，便得到

$$N(\omega_1,z)=\frac{N(\omega_1,0)}{1+\alpha_{TA}N(\omega_2,0)z}=\frac{N(\omega_1,0)}{1+\alpha_{TA}N(\omega_1,0)z} \tag{5.4 - 22}$$

对于小的 z 值，上式可表示为

$$N(\omega_1,z)=N(\omega_1,0)[1-\alpha_{TA}N(\omega_1,0)z] \tag{5.4 - 23}$$

这表示，在这种介质深度 z 内被吸收的光子数与 $N^2(\omega_1,0)$成正比，即与入射光强度的平方成正比。

凯泽(Kaiser)和加勒特(Garrett)在他们的实验[25]中观察到有 10^{-7}数量级的光子数被吸收，这足以说明 $\alpha_{TA}z$ 是一个小量。在上面的分析中，我们已经利用了这个条件。

(2) 在介质中，如果两束光的频率 ω_1 和 ω_2 具有$\omega_1-\omega_2\approx\omega_0$ 的关系，所发生的非线性过程就是后面要讨论的受激喇曼散射过程。

(3) 利用双光子共振吸收可以产生差频 ω_3 和 ω_4，如图 5.4 - 2 所示。简并的情况是 $\omega_1=\omega_4,\omega_2=\omega_3$。利用双光子共振吸收产生差频 ω_4 的三阶非线性极化率为 $\chi^{(3)}(-\omega_4,-\omega_3,\omega_2,\omega_1)$。

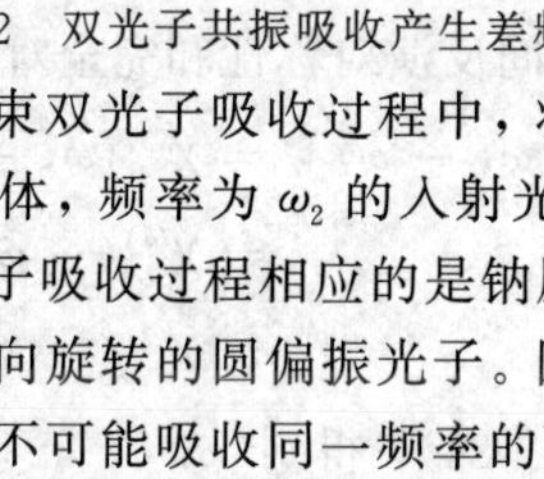

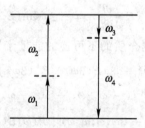

图 5.4 - 2 双光子共振吸收产生差频(ω_3 或 ω_4)

(4) 在一定条件下，在双光束双光子吸收过程中，将会改变其中一束光的偏振态。例如，假定非线性介质是钠原子气体，频率为 ω_2 的入射光是强的圆偏振光，频率为 ω_1 的光是弱的线偏振光，又假定与双光子吸收过程相应的是钠原子的 $s-s$ 跃迁，则按选择定则的要求，原子只能同时吸收两个反向旋转的圆偏振光子。因为 $\omega_1\neq\omega_2$，并假定二频差大于多普勒线宽，所以双光子吸收过程不可能吸收同一频率的两个光子，而只能吸收不同光束中旋向相反的不同频率的两个光子。如果将线偏振光视为由二旋向相反的圆偏振光组成，则由于双光子吸收过程，该二旋向相反的圆偏振光通过钠原子气体时，其衰减不同，这叫做二向色性效应。

(5) 双光子吸收过程可以消除多普勒增宽的影响，因而可以提高光谱分析的分辨率。如果用频率为 ω 的激光入射到待分析的气体介质中，由于多普勒效应，在光束轴线上具有

速度分量为 $\boldsymbol{v}$ 的那些分子的表观双光子吸收的跃迁频率为 $2\omega(1-v/c)$（$\boldsymbol{v}$ 与光传播方向相同）和 $2\omega(1+v/c)$（$\boldsymbol{v}$ 与光传播方向相反）。于是，用两束频率都是 ω 的反向传播的激光入射气体介质时，与其作用的介质中的分子可能从这两束光中各吸收一个光子，产生双光子跃迁，这时双光子跃迁频率为

$$\omega\left(1-\frac{v}{c}\right)+\omega\left(1+\frac{v}{c}\right)=2\omega$$

这表明，不管分子速度如何不同，双光子吸收的跃迁频率总是完全相同的，并且只有当光子频率 ω 满足 $2\omega=\omega_0$ 时，才发生窄的双光子吸收增强。因为 ω_0 是不存在多普勒效应时介质粒子的共振跃迁频率，因而上述过程消除了多普勒效应的影响。

5.4.2 参量过程和非参量过程

对于一个非线性光学过程，如果在过程前后，非线性介质原子保持在它的原始状态中，则这种过程叫做参量过程。例如，第 4 章讲的差频和和频产生过程，前面讲的三次谐波产生过程，都是参量过程。对于这些过程，只有满足相位匹配条件才能有效地产生。如果经过某非线性光学过程后，介质中原子的末态与其始态不同，则称该过程为非参量过程。例如，本节中所讲的双光子吸收过程就是一种非参量过程。正如前面指出的，对于这种过程不要求相位匹配。尽管有这种特性，如果用相位匹配的要求与否区分参量与非参量过程，是不严密的[26]，因为某些过程并不能如此明显地分类。

下面，简单地说明参量过程和非参量过程的特点。

(1) 在参量过程中，介质只起到媒介作用，而在非参量过程中，介质参与到非线性过程中，状态发生了变化。在此，以三次谐波产生过程为例予以说明。由于不存在任何共振效应，所以极化率可以取实数。根据对极化所消耗的功率关系式

$$W=-\langle\boldsymbol{E}\cdot\frac{\partial\boldsymbol{P}}{\partial t}\rangle=-2\omega\,\mathrm{Im}(\boldsymbol{E}\cdot\boldsymbol{P}^*)$$

可以得到由基波场和三次谐波场到介质的不可逆的能量流为

$$\begin{aligned}W&=-2\mathrm{Im}[\omega\boldsymbol{E}(\omega)\cdot\boldsymbol{P}^*(\omega)+3\omega\boldsymbol{E}(3\omega)\cdot\boldsymbol{P}^*(3\omega)]\\&=-2\mathrm{Im}[\omega\boldsymbol{E}(\omega)\cdot\{3\varepsilon_0\chi^{(3)}(-\omega,3\omega,-\omega,-\omega)\vdots\boldsymbol{E}(3\omega)\boldsymbol{E}^*(\omega)\boldsymbol{E}^*(\omega)\}^*\\&\quad+3\omega\boldsymbol{E}(3\omega)\cdot\{\varepsilon_0\chi^{(3)}(-3\omega,\omega,\omega,\omega)\vdots\boldsymbol{E}(\omega)\boldsymbol{E}(\omega)\boldsymbol{E}(\omega)\}^*]\end{aligned}\tag{5.4-24}$$

利用极化率张量的真实性条件、时间反演对称性和完全对易对称性，有

$$\begin{aligned}[\chi^{(3)}(-\omega,3\omega,-\omega,-\omega)]^*&=\chi^{(3)}(\omega,-3\omega,\omega,\omega)\\&=\chi^{(3)}(-\omega,3\omega,-\omega,-\omega)\\&=\chi^{(3)}(-3\omega,\omega,\omega,\omega)\end{aligned}\tag{5.4-25}$$

将式(5.4-25)的关系代入式(5.4-24)，得到

$$\begin{aligned}W&=-2\mathrm{Im}[3\varepsilon_0\omega\{\boldsymbol{E}(\omega)\cdot\chi^{(3)}(-3\omega,\omega,\omega,\omega)\vdots\boldsymbol{E}^*(3\omega)\boldsymbol{E}(\omega)\boldsymbol{E}(\omega)\\&\qquad+\boldsymbol{E}(3\omega)\cdot\chi^{(3)}(-3\omega,\omega,\omega,\omega)\vdots\boldsymbol{E}^*(\omega)\boldsymbol{E}^*(\omega)\boldsymbol{E}^*(\omega)\}]\\&=0\end{aligned}\tag{5.4-26}$$

这里已利用了上式括号中第一项是第二项复数共轭的关系。由此可见，对于三次谐波产生

过程，介质只起到媒介作用，在基波场和三次谐波场之间传递能流。而对于非参量过程，由于极化率存在虚部，根据式(5.4－24)和式(5.4－26)可知，传递到介质中的能流不再为零。

(2) 在参量过程中，通过非线性作用产生的辐射场与激励场处于不同的辐射模(即不是受激发射过程)，而非参量过程则可能是受激发射过程。

(3) 在参量过程中，例如由式(5.2－9)可以看出，所产生的三次谐波场的强度与 $|\chi^{(3)}(-3\omega,\omega,\omega,\omega)|^2=(\chi')^2+(\chi'')^2$ 有关，其极化率张量实部(χ')和虚部(χ'')的贡献方式相同。而对于非参量过程来说，极化率张量的实部与虚部可给出不同的物理含义。例如，在双光子吸收过程中，若不讨论式(5.4－12)和式(5.4－13)的一般解特性，可定性地认为式中右边的 $|E(\omega_1,z)|^2$ 和 $|E(\omega_2,z)|^2$ 是常数，$E(\omega_1,z)$ 和 $E(\omega_2,z)$ 的变化率与它们各自的量成正比。因此，$E(\omega_1,z)$ 和 $E(\omega_2,z)$ 有如下的指数变化规律：

$$E(\omega_1,z)\propto \mathrm{e}^{\frac{3\omega_1^2}{k_1c^2}|E(\omega_2,z)|^2(\mathrm{i}\chi-\chi_{\mathrm{TA}})z} \tag{5.4-27}$$

及

$$E(\omega_2,z)\propto \mathrm{e}^{\frac{3\omega_2^2}{k_2c^2}|E(\omega_1,z)|^2(\mathrm{i}\chi-\chi_{\mathrm{TA}})z} \tag{5.4-28}$$

指数项中的实部表示光电场振幅大小的变化，在热平衡条件下，χ_{TA} 为正值时，$E(\omega_1,z)$ 和 $E(\omega_2,z)$ 随 z 的增加按指数形式减少，减少的速度与另一光波的强度和 χ_{TA} 成正比；在集居数密度发生反转的条件下，χ_{TA} 为负值，$E(\omega_1,z)$ 和 $E(\omega_2,z)$ 随 z 的增加而增大。指数项中的虚部表示光波之间的非线性耦合将会导致每一束光的传播常数改变，这种改变正比于 χ，即正比于 $\chi^{(3)}$ 的实部，并正比于另一光束的强度。在远离共振区的条件下，光波不再衰减，只因 χ 不为零，使得传播常数稍稍改变。应当明确的是，每一束光的传播常数的改变，是由另一束光波的存在引起的。而这种传播常数的改变对应于介质有效折射率的改变，且折射率的改变与引起这种改变的光波振幅的平方成正比。实际上，这就是前面讨论的光克尔效应。由此可见，在双光子吸收这种非参量过程中，极化率的实部与虚部具有不同的物理含义：极化率的虚部导致双光子吸收，引起光电场振幅大小的改变；极化率的实部则导致光克尔效应，引起光电场传播相位的变化。

5.5　受激喇曼散射(SRS)

5.5.1　受激喇曼散射的基本特性

在光散射中，一束频率为 ω_p 的光波通过液态、气态或固态介质时，若其散射光谱中存在着相对入射光有一定频移的成分 ω_s，称为非弹性散射。对于 $\omega_s<\omega_p$ 的散射，称为斯托克斯散射；对于 $\omega_s>\omega_p$ 的散射，称为反斯托克斯散射。非弹性散射的频移量 $\omega_p-\omega_s=\omega_v$ 往往与介质分子的某些特定转动—振动(或纯转动)能级跃迁频率或者与晶体介质中晶格振动声子的频率相对应，前者称为喇曼散射，后者称为布里渊散射。通常，布里渊散射的频移量很小，一般的光谱仪很难探测到，而喇曼散射的频移量较大，比较容易探测。

喇曼散射中的斯托克斯散射和反斯托克斯散射的能级图如图 5.5－1 所示。其中图(a)表示分子原来处在基态 $\nu=0$ 上，一个频率为 ω_p 的入射光子被分子吸收，同时发射一个频率为 $\omega_s=\omega_p-\omega_\nu$ 的斯托克斯光子，而分子被激发到 $\nu=1$ 的振动能级上；图(b)表示分子原来处在 $\nu=1$ 的激发态上，一个频率为 ω_p 的入射光子被分子吸收，同时发射一个频率为 $\omega_s=\omega_p+\omega_\nu$ 的反斯托克斯光子，而分子回到 $\nu=0$ 的基态能级上。

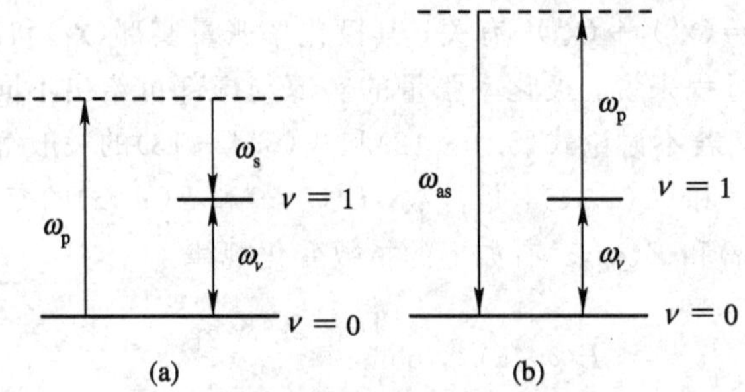

图 5.5－1　喇曼散射的能级跃迁示意图
(a) 斯托克斯散射；(b) 反斯托克斯散射

喇曼散射和布里渊散射的散射效率很低，散射光都是非相干光。

随着高强度激光束的产生，出现了受激喇曼散射(SRS)、受激布里渊散射(SBS)等受激散射现象，这些受激散射都显示出很强的与激光辐射类似的受激特性。

受激散射的基本特性是：

(1) 受激散射光的高强度性。所观察到的受激喇曼散射及受激布里渊散射的强度可以达到与入射激光强度同样的量级，甚至更高，其转换效率可以高达 60%～70%，理论上，效率趋于 1 也是可能的。这种受激发射极高的能量转换效率使得它成为与光的受激放大过程相类似的另一类相干光产生过程，提供了又一种具有重大应用价值的相干辐射光源。

(2) 受激散射光具有很好的方向性。这是受激过程区列于一般自发散射过程的重要标志。前向或背向的受激散射输出发散角与入射激光发散角有一定关系，可以优于毫弧度，甚至达到衍射极限。

(3) 受激散射光谱的高单色性。受激散射光谱的宽度明显变窄，可达到与入射激光单色性相当或更窄的程度。

(4) 受激散射的高阶散射特性。增大入射激光强度，选取有大的散射截面的介质或增加所用介质的长度，可以得到高阶斯托克斯及高阶反斯托克斯散射。

(5) 受激散射的相位共轭特性。所产生的受激散射光场的相位特性或者波阵面特性，与入射激光具有共轭关系，使得受激散射在自适应光学中有重要的应用价值，尤其是 SBS 更加突出。

(6) 具有明显的阈值性。只有当入射激光的强度超过一定激励阈值后，才能产生受激散射效应。

对于受激喇曼散射的机理可简单地理解为：在受激喇曼散射中，相干的入射光子主要不是被热振动(光学支)声子所散射，而是被受激(光学支)声子散射。受激声子的产生过程是，最初一个入射光子与一个热振动声子碰撞，产生一个斯托克斯光子，并增添一个受激声子；当入射光子再与这个增添的受激声子碰撞时，在再产生一个斯托克斯光子的同时，又增添一个受激声子；如此继续下去，便形成一个产生受激声子的雪崩过程，如图 5.5-2 所示。产生受激声子过程的关键是要有足够多的入射光子。由于受激声子所形成的声波是相干的，入射激光是相干的，所以所产生的斯托克斯光也是相干的。

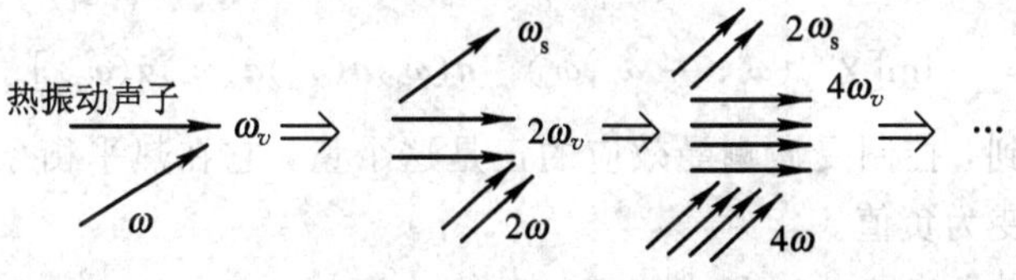

图 5.5-2　受激声子产生的雪崩过程示意

5.5.2　受激喇曼散射过程的电磁场处理

对于普通的喇曼散射过程，须采用量子理论进行讨论。而对受激喇曼散射过程来说，由于总是满足入射激光光子数 n_p 和受激喇曼散射光的光子数 n_s 远大于 1，因而可以利用经典电磁场理论进行讨论。根据电磁场理论分析受激喇曼散射效应时，其方法与讨论双光子吸收时的方法相同，只是对于该过程，辐射场的两个频率分量的差接近于介质分子的一个跃迁频率。假设激励光频率为 ω_p，散射光频率为 $\omega_s(\omega_p>\omega_s)$，则该二频率光电场满足的耦合波方程为

$$\frac{\mathrm{d}E(\omega_s,z)}{\mathrm{d}z}=\frac{3\mathrm{i}\omega_s^2}{k_s c^2}\chi^{(3)}(\omega_p,-\omega_p,\omega_s)\,\vdots\,\boldsymbol{a}(\omega_s)\boldsymbol{a}(\omega_p)\boldsymbol{a}(\omega_p)\boldsymbol{a}(\omega_s)\times|E(\omega_p,z)|^2E(\omega_s,z)\tag{5.5-1}$$

$$\frac{\mathrm{d}E(\omega_p,z)}{\mathrm{d}z}=\frac{3\mathrm{i}\omega_p^2}{k_p c^2}\chi^{(3)}(\omega_s,-\omega_s,\omega_p)\,\vdots\,\boldsymbol{a}(\omega_p)\boldsymbol{a}(\omega_s)\boldsymbol{a}(\omega_s)\boldsymbol{a}(\omega_p)\times|E(\omega_s,z)|^2E(\omega_p,z)\tag{5.5-2}$$

与双光子吸收过程的情况相同，在这里没有相位匹配条件的限制。

因为现在 $\omega_p-\omega_s$ 接近共振频率 ω_v，因而极化率 $\chi^{(3)}$ 是复数。相应的实部具有完全对易对称性，有

$$\begin{aligned}&\mathrm{Re}[\chi^{(3)}(\omega_p,-\omega_p,\omega_s)\,\vdots\,\boldsymbol{a}(\omega_s)\boldsymbol{a}(\omega_p)\boldsymbol{a}(\omega_p)\boldsymbol{a}(\omega_s)]\\&=\mathrm{Re}[\chi^{(3)}(\omega_s,-\omega_s,\omega_p)\,\vdots\,\boldsymbol{a}(\omega_p)\boldsymbol{a}(\omega_s)\boldsymbol{a}(\omega_s)\boldsymbol{a}(\omega_p)]\\&=\chi\end{aligned}\tag{5.5-3}$$

对于它的虚部，可以利用经典模型得到的式(1.2-31)，在 $|\omega_p-\omega_s-\omega_0|\leqslant h$ 时给出：

$$\begin{aligned}\mathrm{Im}\chi^{(3)}(\omega_s,-\omega_s,\omega_p)&=\frac{2ne^4}{3\varepsilon_0 m^3}A^2F^2(\omega_s)F^2(\omega_p)\mathrm{Im}F(\omega_p-\omega_s)\\&=-\frac{2ne^4}{3\varepsilon_0 m^3}A^2F^2(\omega_p)F^2(\omega_s)\,\mathrm{Im}F(\omega_s-\omega_p)\\&=-\mathrm{Im}\chi^{(3)}(\omega_p,-\omega_p,\omega_s)\end{aligned}\tag{5.5-4}$$

因为 $\omega_p-\omega_s>0$，所以 $\mathrm{Im}F(\omega_p-\omega_s)>0$，于是，由式(5.5－4)可见，$\mathrm{Im}\chi^{(3)}(\omega_s,-\omega_s,\omega_p)$ 和 n 的符号相同，$\mathrm{Im}\chi^{(3)}(\omega_p,-\omega_p,\omega_s)$ 和 n 的符号相反。实际上，通过分析式(2.5－34)也可以得到完全相同的结论。若将此结果应用于耦合波方程式(5.5－1)和式(5.5－2)时，保持 $\mathrm{Im}\chi^{(3)}(\omega_s,-\omega_s,\omega_p)$ 与 $\mathrm{Im}\chi^{(3)}(\omega_p,-\omega_p,\omega_s)$ 的符号相反，可定义

$$\begin{aligned}\chi_R &= \mathrm{Im}[\chi^{(3)}(\omega_s,-\omega_s,\omega_p)\vdots \boldsymbol{a}(\omega_p)\boldsymbol{a}(\omega_s)\boldsymbol{a}(\omega_s)\boldsymbol{a}(\omega_p)] \\ &= -\mathrm{Im}[\chi^{(3)}(\omega_p,-\omega_p,\omega_s)\vdots \boldsymbol{a}(\omega_s)\boldsymbol{a}(\omega_p)\boldsymbol{a}(\omega_p)\boldsymbol{a}(\omega_s)]\end{aligned} \tag{5.5-5}$$

在下面我们将会看到，控制受激喇曼效应的正是这个量，它在热平衡条件下是正值，在集居数反转的条件下变为负值。

在这种情况下，式(5.5－1)和式(5.5－2)简化为

$$\frac{\mathrm{d}E(\omega_s,z)}{\mathrm{d}z}=\frac{3\omega_s^2}{k_s c^2}(\mathrm{i}\chi+\chi_R)|E(\omega_p,z)|^2E(\omega_s,z) \tag{5.5-6}$$

$$\frac{\mathrm{d}E(\omega_p,z)}{\mathrm{d}z}=\frac{3\omega_p^2}{k_p c^2}(\mathrm{i}\chi-\chi_R)|E(\omega_s,z)|^2E(\omega_p,z) \tag{5.5-7}$$

这两个式子与双光子吸收的式(5.4－12)和式(5.4－13)的差别在于，在第一个式子中，χ_R 前面的符号与式(5.4－12)不同。正是这种差别，导出

$$\frac{k_s}{\omega_s^2}E^*(\omega_s,z)\frac{\mathrm{d}E(\omega_s,z)}{\mathrm{d}z}+\frac{k_p}{\omega_p^2}E(\omega_p,z)\frac{\mathrm{d}E^*(\omega_p,z)}{\mathrm{d}z}=0 \tag{5.5-8}$$

通过类似于求解式(5.4－16)的步骤，可以求得

$$N(\omega_s,z)+N(\omega_p,z)=N(\omega_s,0)+N(\omega_p,0)=\text{常数} \tag{5.5-9}$$

这又是一类曼利-罗型的关系。该式表明，频率为 ω_s 辐射场的光子数的任何增加或减少，恰好与 ω_p 的光子数的减少或增加相等。因此，由于非线性耦合作用，ω_s 和 ω_p 的两个光中，一个被放大，另一个被衰减。

由式(5.5－6)和式(5.5－7)可以看出，χ 的存在会引起每一束光的传播常数的改变，而这种改变实质上是由于存在着另一束光波的缘故；在热平衡条件下，$\chi_R>0$，使得较低频 ω_s 分量按指数形式增长，而较高频 ω_p 分量按指数形式衰减。

类似于式(5.4－12)和式(5.4－13)的求解过程，用两束光的平均光子流表示时，可求得

$$N(\omega_s,z)=N(\omega_s,0)\frac{N(\omega_s,0)+N(\omega_p,0)}{N(\omega_s,0)+N(\omega_p,0)\mathrm{e}^{-z/l_R}} \tag{5.5-10}$$

$$N(\omega_p,z)=[N(\omega_s,0)+N(\omega_p,0)]\frac{N(\omega_p,0)\mathrm{e}^{-z/l_R}}{N(\omega_s,0)+N(\omega_p,0)\mathrm{e}^{-z/l_R}} \tag{5.5-11}$$

式中，l_R 是表征受激喇曼散射过程中的一个特征长度，它定义为

$$l_R=\left\{\frac{3\omega_s^2\omega_p^2\mu_0\hbar}{k_sk_pc^2}[N(\omega_s,0)+N(\omega_p,0)]\chi_R\right\}^{-1} \tag{5.5-12}$$

$N(\omega_s,z)$ 和 $N(\omega_p,z)$ 一般解的图解示于图 5.5－3 中，可见其与 z 呈指数关系。对于小的 z

值，指数 $\exp\left(-\frac{z}{l_R}\right)=1-\frac{z}{l_R}$，代入式(5.5－10)和式(5.5－11)得到

$$N(\omega_s,z)=N(\omega_s,0)\left[1+\frac{N(\omega_p,0)}{N(\omega_s,0)+N(\omega_p,0)}\frac{z}{l_R}\right] \tag{5.5-13}$$

$$N(\omega_p,z)=N(\omega_p,0)\left[1-\frac{N(\omega_s,0)}{N(\omega_s,0)+N(\omega_p,0)}\frac{z}{l_R}\right] \tag{5.5-14}$$

这表示在小的 z 值和热平衡条件下，$N(\omega_s,z)$随 z 线性增加，而 $N(\omega_p,z)$随 z 线性减少。

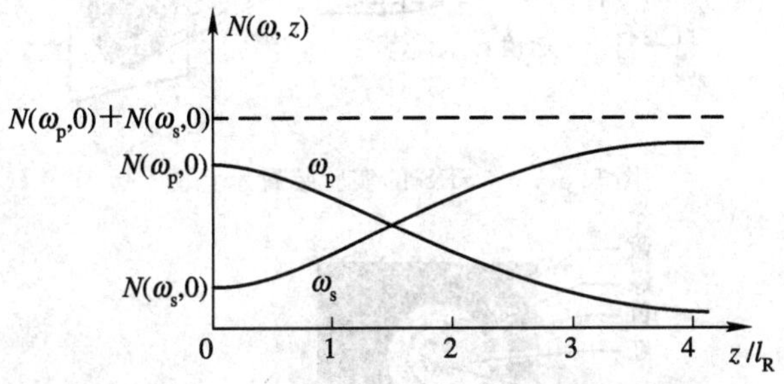

图 5.5－3　SRS 效应中 ω_s 和 ω_p 二光的放大和衰减曲线

5.5.3　受激喇曼散射的多重谱线特性

在受激喇曼散射的光谱实验中人们发现，除存在与普通喇曼散射光谱线相对应的谱线外，有时还有一些新的等频率间隔的谱线，如图 5.5－4 所示，这就是受激喇曼散射的多重谱线特性。图(a)表示普通喇曼散射产生的谱线，其中 A_s 线和 A_s'线对应同一对分子能级间的跃迁(A_s 是斯托克斯线，A_s'是反斯托克斯线)，B_s 线和 B_s'线对应着分子在另一对能级间的跃迁。图(b)表示受激喇曼散射光谱，其中除 A_s 线(即图中的 A_{s1}线)和 A_s'线(即图中的 A_{s1}'线)、B_s 线和 B_s'线外，还在 ν_0 的高频方向和低频方向出现了一些等间隔的新谱线，它们之间的频率间隔正好等于 A_s 线或 A_s'线相对于 ν_0 线的频率差。而且这些新谱线所对应的受激散射光只在一些特定的方向上产生。如果把与普通喇曼散射谱线相对应的 A_{s1}和 A_{s1}'线称为一级谱线，则其它谱线便依次称为二级、三级……谱线。

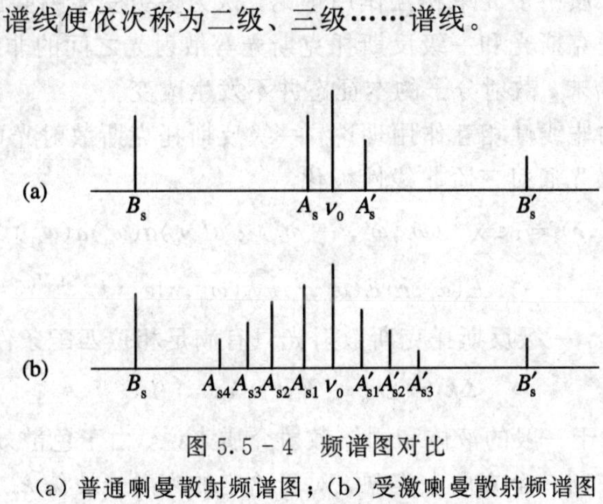

图 5.5－4　频谱图对比

(a) 普通喇曼散射频谱图；(b) 受激喇曼散射频谱图

利用红宝石激光束在苯中产生 SRS 的实验装置如图 5.5－5 所示，所产生的环状有色图案如图 5.5－6 所示。

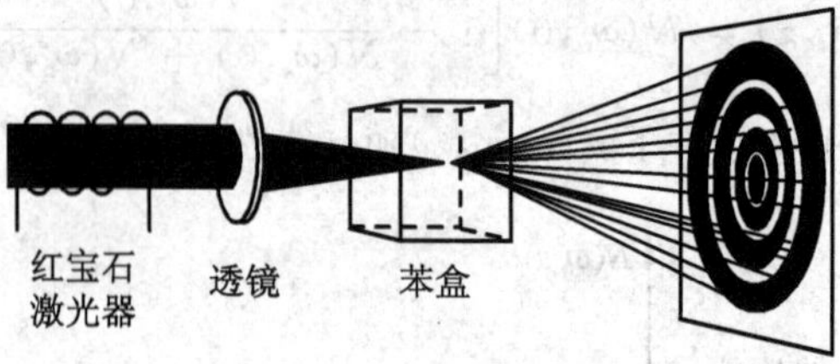

图 5.5－5 SRS 的实验装置示意图

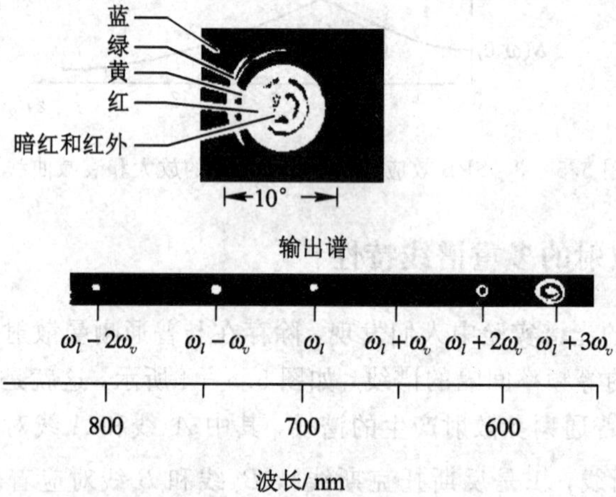

图 5.5－6 图 5.5－5 实验中产生的 SRS 光频率和方向分布

这里需要说明一个问题：在受激喇曼散射中，散射分子跃迁的高能级上粒子数与低能级上粒子数相比是可以忽略的，为什么在图 5.5－4 和图 5.5－5 所示的实验结果中仍能观察到很强的一级反斯托克斯谱线以及高阶斯托克斯线和反斯托克斯线呢？为说明这个问题，可以采用非线性介质中多光束相互作用理论，认为多级受激喇曼散射谱线的产生是由于入射激光、一级斯托克斯光和一级反斯托克斯光等散射光之间的非线性耦合的结果。在这种耦合作用过程的始末，散射分子的本征态并不发生改变。

例如，根据光波的非线性相互作用理论，一级反斯托克斯散射光可以认为是由一级斯托克斯散射光和入射激光通过三阶非线性极化

$$\boldsymbol{P}^{(3)}(\omega_{s1}',\boldsymbol{r})=3\varepsilon_0\chi^{(3)}(\omega_p,\omega_p,-\omega_{s1})\vdots\boldsymbol{a}(\omega_p)\boldsymbol{a}(\omega_p)\boldsymbol{a}(\omega_{s1})\times E(\omega_p,\boldsymbol{r})E(\omega_p,\boldsymbol{r})E^*(\omega_{s1},\boldsymbol{r})e^{i[(2\boldsymbol{k}_p-\boldsymbol{k}_{s1})\cdot\boldsymbol{r}]}\tag{5.5-15}$$

产生的。但由该式可见，一级反斯托克斯散射光只有满足相位匹配条件

$$\Delta\boldsymbol{k}=2\boldsymbol{k}_p-\boldsymbol{k}_{s1}-\boldsymbol{k}_{s1}'=0\tag{5.5-16}$$

时才能有效地产生。对于一般的液体和固体散射介质来说，由于色散效应，式(5.5－16)的相位匹配条件不可能在同一个方向上实现，对于给定的入射光波矢 $\boldsymbol{k}_p$ 来说，由于一级斯托克斯散射光可在较大的角度范围内产生，故可以在某一特定的 $\boldsymbol{k}_{s1}$ 和 $\boldsymbol{k}_{s1}'$ 方向上满足相位匹

配条件，如图 5.5－7 所示。根据该矢量图有

$$k_{s1}\cos\theta_{s1}-k_p=k_p-k'_{s1}\cos\theta'_{s1}\quad(5.5-17)$$

又根据能量守恒条件有

$$\omega_{s1}=2\omega_p-\omega'_{s1}\quad(5.5-18)$$

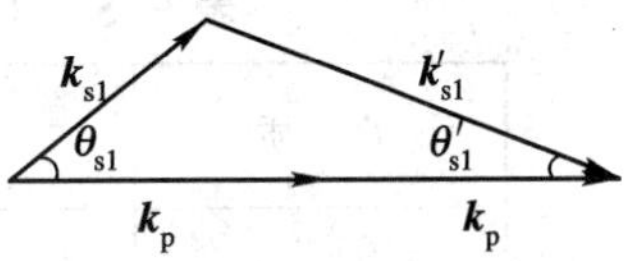

图 5.5－7　产生一级反斯克托斯散射光的相位匹配矢量图

假定一级斯托克斯光和一级反斯托克斯光的折射率分别为

$$n_{s1}=n+\Delta n_{s1}$$
$$n'_{s1}=n+\Delta n'_{s1}$$

则由式(5.5－17)给出

$$\left(1+\frac{\Delta n_{s1}}{n}\right)\left[1-\frac{(\theta_{s1})^2}{2}\right]\omega_{s1}+\left(1+\frac{\Delta n'_{s1}}{n}\right)\left[1-\frac{(\theta'_{s1})^2}{2}\right]\omega'_{s1}=2\omega_p\quad(5.5-19)$$

将式(5.5－19)减去式(5.5－18)，有

$$\theta^2=(\theta_{s1})^2\approx(\theta'_{s1})^2\approx\frac{2(\Delta n_{s1}\omega_{s1}+\Delta n'_{s1}\omega'_{s1})}{n(\omega_{s1}+\omega'_{s1})}\quad(5.5-20)$$

式中已考虑到 $\theta_{s1}\approx\theta'_{s1}$。可见，一级反斯托克斯散射光沿着与入射光成 θ 角的圆锥角方向射出。由此便解释了在某些实验条件下，在特定方向上可以观察到很强的一级反斯托克斯散射光的产生。

同理也可以解释在特定方向上产生的多级谱线。例如，二级斯托克斯光是由入射激光($\boldsymbol{k}_p$)和一级斯托克斯光($\boldsymbol{k}_{s1}$)通过三阶非线性极化

$$\boldsymbol{P}^{(3)}(\omega_{s2},\boldsymbol{r})=3\varepsilon_0\chi^{(3)}(-\omega_p,\omega_{s1},\omega_{s1})\vdots\boldsymbol{a}(\omega_p)\boldsymbol{a}(\omega_{s1})\boldsymbol{a}(\omega_{s1})$$
$$\times E^*(\omega_p,\boldsymbol{r})E(\omega_{s1},\boldsymbol{r})E(\omega_{s1},\boldsymbol{r})\mathrm{e}^{\mathrm{i}[(-\boldsymbol{k}_p+\boldsymbol{k}_{s1}+\boldsymbol{k}_{s1})\cdot\boldsymbol{r}]}\quad(5.5-21)$$

产生的，在相位匹配

$$\Delta\boldsymbol{k}=-\boldsymbol{k}_p+\boldsymbol{k}_{s1}+\boldsymbol{k}_{s1}-\boldsymbol{k}_{s2}=0\quad(5.5-22)$$

时，能有效地产生二级斯托克斯散射光。

由此可见，受激喇曼散射的多重谱线的产生都需要满足相位匹配条件，其波矢均应满足一定的矢量关系，所以它们都将相对于 $\boldsymbol{k}_p$ 以一定的角度发射。

以上讨论的受激喇曼散射都是由分子的振动、转动引起的，这种受激喇曼散射的频移量一般在 $10^2\ \mathrm{cm}^{-1}\sim10^3\ \mathrm{cm}^{-1}$量级，产生这种效应的物质有：

(1) 液体：主要是以硝基苯、苯、甲苯、CS_2 为代表的几十种有机液体，它们有较大的散射截面。

(2) 固体：主要是以金刚石、方解石为代表的晶体，另外还有光学玻璃和纤维波导等介质。

(3) 气体：主要是气压为几十到几百个大气压的 H_2、N_2、O_2、CH_4 等高压气体，采用较高气压是因为散射增益因子与分子密度成正比。

表 5.5－1 给出了若干介质的受激喇曼散射的频移量。

表 5.5－1 若干介质的受激喇曼散射的频移量

物 质	频 移 /cm^{-1}	物 质	频 移 /cm^{-1}
苯	3064±2	环己烷	2852±1
	990±2	金钢石	1325
	1980±4		2661
硝基(代)苯	1344±2	方解石	1075
	2×(1346±2)		2171
	3×(1340±5)	SiO_2	467
甲苯	1004±4	CS_2	655.6
1－溴(代)萘	1368	$Ba_2NaNb_5O_{15}$	650(655)
吡啶	992±2	液氮	2326.5
C_5H_5N	2×(992±5)	H_2	4155
液氧	1552		

5.5.4 受激电子喇曼散射(SERS)[27]

在受激喇曼散射效应中，如果介质是由原子系统组成的(如 Cs、K、Ba 等金属蒸气)，则散射过程前后原子所处能级属于不同的电子能级，因此将这类受激喇曼散射叫做受激电子喇曼散射。

图 5.5－8 示出了红宝石激光射入钾蒸气中产生受激电子喇曼散射的示意图。所观察到的喇曼跃迁是 $4p_{3/2}\rightarrow 5p_{3/2}$，即原子初始处在 $4p_{3/2}$能级上，在受激喇曼散射过程中，被激发到 $5p_{3/2}$能级上，跃迁能量为 11 677 cm^{-1}。因为 $4p_{3/2}$能级是一个激发态能级，故在热平衡状态下其集居数分布可以忽略不计。为使 $4p_{3/2}$能级上有显著的集居数分布，可以采用光泵浦的方法产生 $4s\rightarrow 4p_{3/2}$跃迁。例如，在红宝石激光器和钾蒸气盒之间，放置硝基苯液体盒，由于硝基苯会使红宝石激光产生受激(振动)喇曼散射光，喇曼频移为 1344 cm^{-1}，该光可激发钾原子，使之从 4s 跃迁到 $4p_{3/2}$；而通过液体盒未被频移的红宝石激光，则被用于激发钾原子，使之产生受激电子喇曼散射。

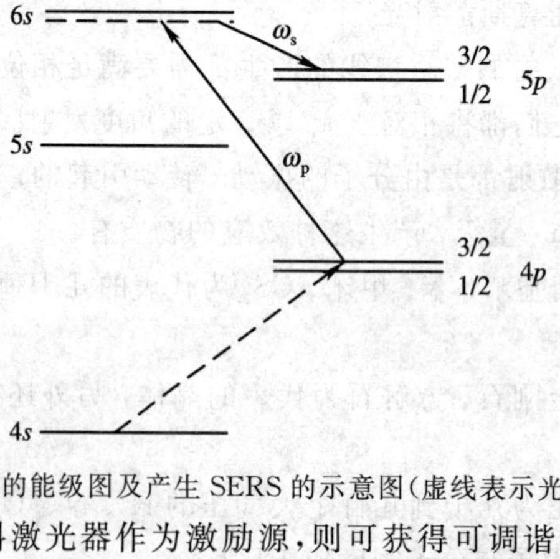

图 5.5－8 钾的能级图及产生 SERS 的示意图(虚线表示光泵浦 $4s\rightarrow 4p_{3/2}$)

如果采用可调谐染料激光器作为激励源,则可获得可调谐的受激电子喇曼散射光的输出。另外，由图 5.5－8 可见，由于红宝石激光频率接近钾原子的 $4p_{3/2}\rightarrow 6s$ 的跃迁频率，所以散射光强度显著增强。

利用受激电子喇曼散射可以产生调谐的红外辐射。以钾原子为例，如图 5.5-9 所示，用强的染料激光脉冲作为泵浦源，可以使钾原子在基态 g 和激发态 f 之间产生电子喇曼跃迁，这里 g 态和 f 态都是非简并的 s 态，对碱金属来说，喇曼频移的典型值为 20 000 cm^{-1}～30 000 cm^{-1}，因此工作在蓝光和近紫外区的染料激光均可直接用来产生可调谐的红外辐射(1 μm～20 μm)。

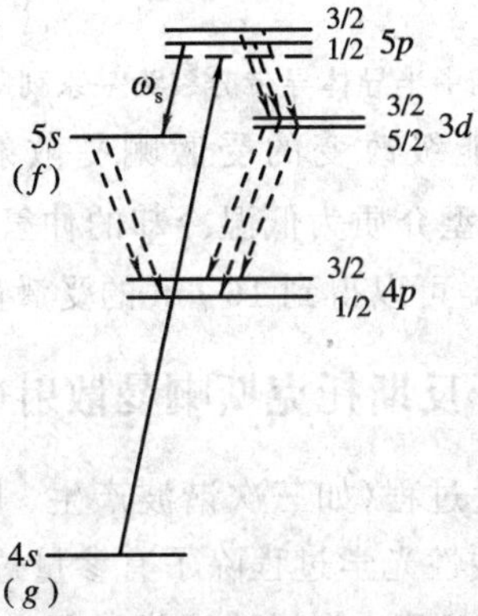

图 5.5-9　4s→5s 受激电子喇曼散射跃迁的能级图，可调谐输出为 ω_s
(虚线表示伴随产生的各种放大的自发辐射)

用作散射介质的金属蒸气由热管炉产生，它可以在大的长度范围内提供十分均匀的蒸气密度，还可以在较高的蒸气压下工作(典型值为 10Torr)很长时间(某些碱金属可达几个星期)，而不会在冷却窗口处存在由于蒸发物质淀积所引起的各种常见问题。

5.5.5　受激自旋反转喇曼散射和决定于分子纯转动能态改变的受激喇曼散射

受激自旋反转喇曼散射是基于半导体中迁移电子所产生的非线性光学效应。如果将半导体材料置于外磁场中，半导体导带会如图 5.5-10(a)所示，分裂成一系列分立的等间隔能级，间隔为 $\Delta E=\hbar\omega_c$(其中 ω_c 是回旋共振频率)，这些能级称为回旋共振能级(或朗道能级)，并用量子数 n 表征。如果进一步考虑电子自旋与磁场的作用，由于电子自旋有两种可能的取向，因而每一个回旋共振能级又相应于两个分裂的子能级，如图 5.5-10(b)所示，分别对应自旋磁量子数 $m_s=\pm(1/2)$。对于半导体材料锑化铟(InSb)来说，导带的大部分电子通常都处在 $n=0$ 能级中自旋为 $m_s=1/2$ 的子能级上，在频率为 ω_p 的泵浦光作用下，可以跃迁到同一回旋共振能级中自旋取向为 $m_s=-(1/2)$的子能级上，同时散射一个频率为 ω_s 的光子，且有

$$\hbar\omega_p=\hbar\omega_s+\hbar\omega_e$$

式中的 $\hbar\omega_e=g\beta B$，β 是玻尔磁子($\beta=e\hbar/2m_ec$)；B 是外加磁感应强度；g 是一个因子，叫做 g 因子，对 InSb 来说，在 10 Wb 的磁场中，$g=-50$。可见，改变磁感应强度 B 的大小就可以改变散射光频率 ω_s，调谐范围可达 10^2 cm^{-1}量级。

工作物质除 InSb(泵浦光可用 CO_2 或 CO 激光)外，还有 CdS(氩离子激光泵浦)、ZnTe(氪离子激光泵浦)和 InAs(HF 激光泵浦)等。

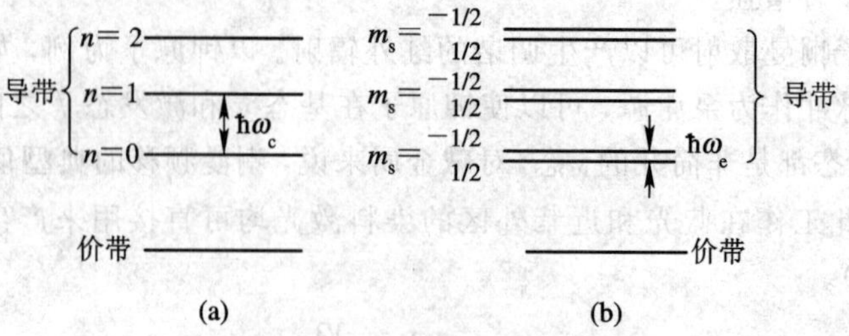

图 5.5-10 磁场中半导体导带分裂为一系列朗道能级的示意图

利用双原子分子的纯转动能级改变的受激喇曼散射可以得到较小的频移(一般为 0 到 10^2 cm^{-1}量级)。被研究的典型介质为低温冷却的仲氢气体，气压为几百托至几个大气压，用高功率脉冲 CO_2激光泵浦，可以得到 16 μm 的受激散射输出。

5.5.6 双谐泵浦过程和相干反斯托克斯喇曼散射(CARS)

前面我们已分别讨论了参量过程(如三次谐波产生、四波混频过程)和非参量过程(如受激喇曼散射)。实际上有些非线性光学过程除了有参量过程外，还包含有非参量过程，例如双谐泵浦过程或相干喇曼混频过程。在讨论这类过程之前，首先再对受激喇曼散射进行几点说明。

1. 几点说明

(1) 从量子力学观点看，喇曼散射过程首先是介质分子吸收一个入射光子，产生一个假想的“跃迁”，接着介质分子作第二个“跃迁”，到达终态，并发射一个散射光子，即斯托克斯光子。在整个过程中，场与物质的能量是守恒的。另外，也可以认为该过程首先发射一个散射光子，接着吸收一个入射光子。这里所讲的发射过程，可以是自发发生的，也可以是由于存在与发射的光子同类型的辐射而感应发生的。对于本节所讨论的喇曼散射，由式(5.5-8)可见，频率为 ω_s 的辐射光电场变化率 $dE(\omega_s,z)/dz$ 与同频率辐射场 $E(\omega_s,z)$成正比，所以属受激过程，故叫做受激喇曼散射。

(2) 从受激喇曼散射和参量放大的讨论可以看出，它们之间存在着某些类似之处：二者都是辐射场的低频分量被放大，又都是消耗辐射场的高频分量，而且该二分量的能量交换都是一个光子对一个光子进行的，即每有一对光子交换，就有一个总的能量损耗 $\hbar(\omega_3-\omega_1)$(参量放大)或 $\hbar(\omega_p-\omega_s)$(受激喇曼散射)。如果介质具有反演对称性，或者即使介质没有反演对称性，但相位匹配条件不满足，则所进行的过程不可能是参量放大过程。如果差频 ω_2 接近于非线性介质的共振频率，而同时又满足参量放大过程所要求的相位匹配条件，则信号光 ω_1(或 ω_s)的放大，不仅来自于参量放大(正比于 $\chi^{(2)}$)，也来自于受激喇曼效应(正比于 $\chi^{(3)}$)。

和频过程与双光子吸收现象也存在着类似的情况：如果两个频率之和接近于介质的一个共振频率，并且满足和频的相位匹配条件，则本来有区别的和频产生与双光子吸收过程就变得难以区分了。

(3) 受激喇曼散射过程和双光子吸收过程都属于非参量过程，它们没有像参量过程所要求的相位匹配条件，但是可以推广出另一种形式的相位匹配条件。通常所讲的相位匹配条件是指非线性过程中，光子间要满足动量守恒，如果我们引入与介质的激发态相联系的波矢，则动量守恒概念也可以应用于双光子吸收和受激喇曼散射过程。例如，根据能量守恒，这两个过程有

$$\hbar\omega_1 + \hbar\omega_2 = \hbar\omega_0 \quad \text{双光子吸收}$$

$$\hbar\omega_p - \hbar\omega_s = \hbar\omega_v \quad \text{受激喇曼散射}$$

如果引入 $\boldsymbol{k}_0$ 和 $\boldsymbol{k}_v$ 分别表示上述两种过程与激发介质相联系的一个波矢，则动量守恒条件要求

$$\boldsymbol{k}_1 + \boldsymbol{k}_2 = \boldsymbol{k}_0 \tag{5.5-23}$$

$$\boldsymbol{k}_p - \boldsymbol{k}_s = \boldsymbol{k}_v \tag{5.5-24}$$

所以，在通常所讲的相位匹配条件中，只含有辐射场分量的波矢，而在这里所推广的动量守恒条件，还包括着与激发介质相联系的波矢 $\boldsymbol{k}_0$ 和 $\boldsymbol{k}_v$。

2. 双谐泵浦过程

在图 5.5-11 中，输入的泵浦光频率为 ω_1 和 ω_2，与此相应地，可产生的斯托克斯光频率为 ω_{1s}和 ω_{2s}。特别有意义的情况是，如果频率为 ω_1 的泵浦光特别强，超过了能产生 ω_{1s}的受激散射过程的阈值，而频率为 ω_2 的泵浦光不够强，不足以产生 ω_{2s}的受激散射过程(没有 ω_1 的泵浦光输入时)，但当 ω_1 和 ω_2 同时输入时，频率为 ω_{2s}的辐射也可以由四波混频过程产生，即$\omega_{2s}=\omega_2-(\omega_1-\omega_{1s})=\omega_2-\omega_{fg}$。这个过程可以理解为：由频率为 ω_1 泵浦光产生的 SRS 在介质中建立了一个极化，其振动频率为 ω_{fg}，然后 ω_2 泵浦光与该极化相互作用，产生了差频 $\omega_2-\omega_{fg}$的极化，从而发射频率为 $\omega_2-\omega_{fg}$的辐射。

事实上，上述图 5.5-11 所示过程来可以用图 5.5-12 所示的一般过程来说明，并且还可以区分为相干反斯托克斯喇曼散射过程(CARS)和双谐泵浦过程或相干喇曼混频过程[28]。如果输入频率为 ω_1、ω_2 和 ω_3 的光波，产生频率为 ω_4 的光波，则图 5.5-12 所示的过程称为 CARS。通常 $\omega_3=\omega_1$，则 ω_4 就是反斯托克斯光的频率，且 $\omega_4=\omega_3+\omega_1-\omega_2=2\omega_1-\omega_2$。在 CARS 实验中，输入频率为 ω_1 的光强不应太强，以免产生显著的受激喇曼散射将 CARS 掩盖掉。如果输入光频率为 ω_1、ω_2 和 ω_4，产生的光波频率为 ω_3，则这个过程称为双谐泵浦或相干喇曼混频过程。

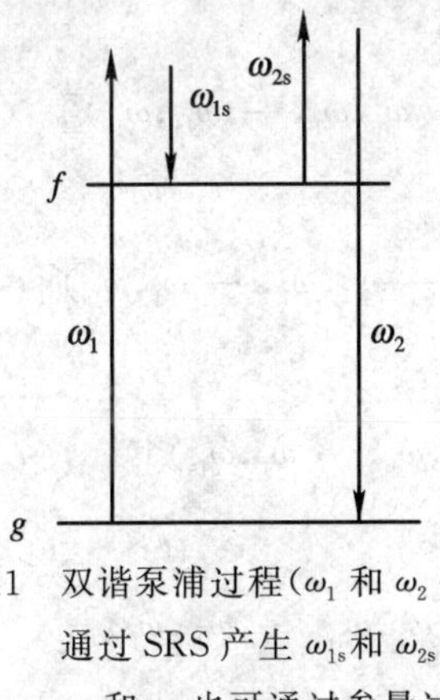

图 5.5-11　双谐泵浦过程(ω_1 和 ω_2 分别通过 SRS 产生 ω_{1s}和 ω_{2s}，同时 ω_{1s}和 ω_{2s}也可通过参量过程产生，$\omega_{1s}=\omega_1-(\omega_2-\omega_{2s})$)

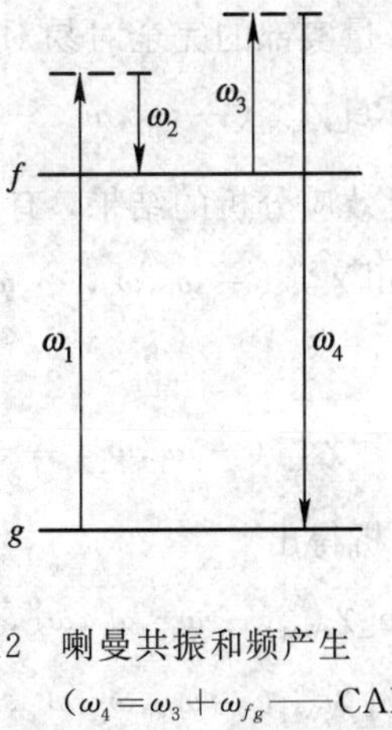

图 5.5-12　喇曼共振和频产生($\omega_4=\omega_3+\omega_{fg}$——CARS)与喇曼共振差频产生($\omega_3=\omega_4-\omega_{fg}$)

由上述可见，不管是双谐泵浦过程还是CARS过程，都同时存在非参量过程的受激喇曼过程和参量过程的四波混频过程。

人们只所以对双谐泵浦过程和CARS过程非常感兴趣，是因为前者能在红外波段产生受激的斯托克斯辐射，后者能将普通的喇曼光谱技术开拓形成所谓的相干反斯托克斯喇曼光谱学。相干反斯托克斯喇曼光谱学的主要特点是散射光的转换效率比普通喇曼光谱技术高得多；又因为散射光具有定向性，所以它对背景光和荧光背景光的抗干扰能力强得多。

3. 双谐泵浦过程的理论分析

下面，我们根据式(3.3-23)的耦合波基本方程导出双谐泵浦过程的耦合波方程组。

按图5.5-11，频率为ω_{1s}的光场由两个过程产生，即由频率为ω_1的泵浦光产生的受激喇曼散射过程(SRS_1)和四波混频过程(4WM)。由SRS_1过程引起光电场E_{1s}的变化规律按式(5.5-1)有

$$\frac{dE_{1s}}{dz}=\frac{3i\omega_{1s}}{cn_{1s}}\chi^{(3)}_{SRS_1}(-\omega_{1s},\omega_1,-\omega_1,\omega_{1s})|E_1|^2E_{1s} \tag{5.5-25}$$

由4WM过程引起E_{1s}的变化规律为

$$\frac{dE_{1s}}{dz}=\frac{3i\omega_{1s}}{cn_{1s}}\chi^{(3)}_{4WM}(-\omega_{1s},\omega_1,\omega_{2s},-\omega_2)E_1E_{2s}E_2^*e^{-i\Delta kz} \tag{5.5-26}$$

式中

$$\Delta k=(k_2-k_{2s})-(k_1-k_{1s}) \tag{5.5-27}$$

$$\chi^{(3)}_{SRS_1}(-\omega_{1s},\omega_1,-\omega_1,\omega_{1s})=\boldsymbol{a}(\omega_{1s})\cdot\chi^{(3)}(-\omega_{1s},\omega_1,-\omega_1,\omega_{1s})\vdots\boldsymbol{a}(\omega_1)\boldsymbol{a}(\omega_1)\boldsymbol{a}(\omega_{1s}) \tag{5.5-28}$$

$$\chi^{(3)}_{4WM}(-\omega_{1s},\omega_1,\omega_{2s},-\omega_2)=\boldsymbol{a}(\omega_{1s})\cdot\chi^{(3)}(-\omega_{1s},\omega_1,\omega_{2s},-\omega_2)\vdots\boldsymbol{a}(\omega_1)\boldsymbol{a}(\omega_{2s})\boldsymbol{a}(\omega_2) \tag{5.5-29}$$

将式(5.5-28)分为实部和虚部，即有

$$\chi^{(3)}_{SRS_1}=\mathrm{Re}[\chi^{(3)}_{SRS_1}]+i\mathrm{Im}[\chi^{(3)}_{SRS_1}] \tag{5.5-30}$$

根据极化率张量实部的完全对易对称性，有

$$\mathrm{Re}[\chi^{(3)}_{SRS_1}(-\omega_{1s},\omega_1,-\omega_1,\omega_{1s})]=\mathrm{Re}[\chi^{(3)}_{SRS_1}(-\omega_1,\omega_1,-\omega_{1s},\omega_{1s})] \tag{5.5-31}$$

利用受激喇曼效应分析的结果，有

$$\mathrm{Im}[\chi^{(3)}_{SRS_1}(-\omega_1,\omega_1,-\omega_{1s},\omega_{1s})]=-\mathrm{Im}[\chi^{(3)}_{SRS_1}(-\omega_{1s},\omega_1,-\omega_1,\omega_{1s})]$$

所以有

$$\chi^{(3)}_{SRS_1}(-\omega_1,\omega_1,-\omega_{1s},\omega_{1s})=[\chi^{(3)}_{SRS_1}(-\omega_{1s},\omega_1,-\omega_1,\omega_{1s})]^*$$

同理，可以分析得出

$$\mathrm{Re}[\chi^{(3)}_{4WM}(-\omega_{1s},\omega_1,\omega_{2s},-\omega_2)]=\mathrm{Re}[\chi^{(3)}_{4WM}(-\omega_1,\omega_{1s},-\omega_{2s},\omega_2)]$$

$$\mathrm{Im}[\chi^{(3)}_{4WM}(-\omega_{1s},\omega_1,\omega_{2s},-\omega_2)]=-\mathrm{Im}[\chi^{(3)}_{4WM}(-\omega_1,\omega_{1s},-\omega_{2s},\omega_2)]$$

所以$\chi^{(3)}_{4WM}(-\omega_{1s},\omega_1,\omega_{2s},-\omega_2)$是$\chi^{(3)}_{4WM}(-\omega_1,\omega_{1s},-\omega_{2s},\omega_2)$的复数共轭。如果简单地用$\chi_{4WM}$

表示 $\chi_{4WM}^{(3)}(-\omega_1,\omega_{1s},-\omega_{2s},\omega_2)$，用 χ_{SRS_1} 表示 $\chi_{SRS_1}^{(3)}(-\omega_{1s},\omega_1,-\omega_1,\omega_{1s})$，则将式(5.5－25)和式(5.5－26)组合后，给出光电场 E_{1s} 满足的耦合波方程简化式为

$$\frac{dE_{1s}}{dz}=\frac{3i\omega_{1s}}{cn_{1s}}[\chi_{4WM}^{*}E_1E_{2s}E_2^{*}e^{-i\Delta kz}+\chi_{SRS_1}|E_1|^2E_{1s}] \tag{5.5-32}$$

类似地，其它几个光电场的耦合波方程为

$$\frac{dE_1}{dz}=\frac{3i\omega_1}{cn_1}[\chi_{4WM}E_{1s}E_{2s}^{*}E_2e^{i\Delta kz}+\chi_{SRS_1}^{*}|E_{1s}|^2E_1] \tag{5.5-33}$$

$$\frac{dE_{2s}}{dz}=\frac{3i\omega_{2s}}{cn_{2s}}[\chi_{4WM}E_1^{*}E_{1s}E_2e^{i\Delta kz}+\chi_{SRS_2}|E_2|^2E_{2s}] \tag{5.5-34}$$

$$\frac{dE_2}{dz}=\frac{3i\omega_2}{cn_2}[\chi_{4WM}^{*}E_1E_{1s}^{*}E_{2s}e^{-i\Delta kz}+\chi_{SRS_2}^{*}|E_{2s}|^2E_2] \tag{5.5-35}$$

如果令式(5.5－32)～式(5.5－35)中的折射率都等于 1(这种假定并不影响说明问题的基本规律)，并作变换

$$E_l(\text{单位 Vm}^{-1})\rightarrow\left(\frac{2}{\varepsilon_0c}\right)^{1/2}E_l[\text{单位}(\text{Wm}^{-2})^{1/2}]$$

引入符号

$$\sigma_1=\frac{\overline{\alpha^{*}\beta}}{\overline{|\alpha|^2}},\quad \sigma_2=\frac{\overline{\alpha^{*}\beta}}{\overline{|\beta|^2}} \tag{5.5-36}$$

$$G_1=g_1I_{10},\ G_2=g_2I_{20} \tag{5.5-37}$$

式中，G_1 和 G_2 分别为 ω_{1s} 和 ω_{2s} 的喇曼功率增益系数(m^{-1})，I_{10} 和 I_{20} 分别是频率为 ω_1 和 ω_2 的泵浦光的强度，$\alpha=\alpha_{fg}(-\omega_{1s},\omega_1)$ 和 $\beta=\alpha_{fg}(-\omega_{2s},\omega_2)$ 是喇曼极化率[29]，可将式(5.5－32)～式(5.5－35)变为

$$\frac{dE_1}{dz}=-\frac{g_1\omega_1}{2\omega_{1s}}(\sigma_1E_{1s}E_{2s}^{*}E_2e^{i\Delta kz}+|E_{1s}|^2E_1) \tag{5.5-38}$$

$$\frac{dE_{1s}}{dz}=\frac{g_1}{2}(\sigma_1^{*}E_1E_{2s}E_2^{*}e^{-i\Delta kz}+|E_1|^2E_{1s}) \tag{5.5-39}$$

$$\frac{dE_{2s}}{dz}=\frac{g_2}{2}(\sigma_2E_1^{*}E_{1s}E_2e^{i\Delta kz}+|E_2|^2E_{2s}) \tag{5.5-40}$$

$$\frac{dE_2}{dz}=-\frac{g_2\omega_2}{2\omega_{2s}}(\sigma_2^{*}E_1E_{1s}^{*}E_{2s}e^{-i\Delta kz}+|E_{2s}|^2E_2) \tag{5.5-41}$$

在小信号近似下，泵浦光无抽空效应，我们只要讨论式(5.5－39)和式(5.5－40)对于 E_{1s} 和 E_{2s} 的一对耦合波方程即可。由这对耦合波方程可以导出 E_{1s} 和 E_{2s} 的二阶常微分方程，它们解的形式为[30]

$$E_{1s,2s}=A_{1,2}e^{\frac{G_+z}{2}}+B_{1,2}e^{\frac{G_-z}{2}} \tag{5.5-42}$$

式中

$$G_{\pm}=\frac{1}{2}(G_1+G_2)-i\Delta k\pm\left\{\left[\frac{1}{2}(G_1-G_2)+i\Delta k\right]^2+G_1G_2\right\}^{1/2} \tag{5.5-43}$$

因为我们最感兴趣的是参量过程满足相位匹配条件，即 $\Delta k=0$ 的情况，所以有 $G_-=0$，$G_+=G_1+G_2$，以及

$$I_{1s,2s} \propto e^{(G_1+G_2)L} \tag{5.5-44}$$

这表明，参量过程 $\omega_{1s}=\omega_1+\omega_{2s}-\omega_2$（或 $\omega_{2s}=\omega_2+\omega_{1s}-\omega_1$）为喇曼型双光子共振所加强，即 $\omega_2-\omega_{2s}$ 等于介质的一个喇曼跃迁频率，或 $\omega_1-\omega_{1s}$ 等于介质的一个喇曼跃迁频率。这也就是人们对双谐泵浦过程感兴趣的原因。

5.6 受激布里渊散射(SBS)

布里渊散射是指入射到介质的光波与介质内的弹性声波发生相互作用而产生的光散射现象。由于光学介质内大量质点的统计热运动会产生弹性声波，它会引起介质密度随时间和空间的周期性变化，从而使介质折射率也随时间和空间周期性地发生变化，因此声振动介质可以被看做是一个运动着的光栅。这样，一束频率为 ω 的光波通过光学介质时，会受到光栅的"衍射"作用，产生频率为 $\omega-\omega_s$ 的散射，这里的 ω_s 是弹性声波的频率。由此可见，布里渊散射中声波的作用类似于喇曼散射中分子振动的作用。

人们发现，频率为 ω 的强激光束通过某种介质（气体、液体和固体）时，会在介质内产生频率为 ω_s 的相干声波，同时产生频率为 $\omega-\omega_s$ 的散射光波。声波和散射光波沿着特定的方向传播，并且只有入射光强度超过一定值时才能发生上述现象。这种具有受激发射特性的布里渊散射，称为受激布里渊散射，它是在 1964 年才发现的。上述介质中产生的相干声波，乃是介质在强入射激光作用下产生电致伸缩效应的结果。

第一个用来探测受激布里渊散射的实验装置示意图如图 5.6-1 所示。因为受激布里渊散射光相对入射光的频移很小，一般小于 1 cm^{-1}，所以对散射光谱进行分析时，必须采用高分辨率的光谱分析仪器。一般情况下，测量大角度受激散射光的频移时，采用法布里-珀罗(Fabry-Perot)干涉仪进行光谱照相分析。当受激散射光的频移值更小或其具有更加精细的光谱结构时，则需采用光学外差或光电拍频的方法进行频谱分析。

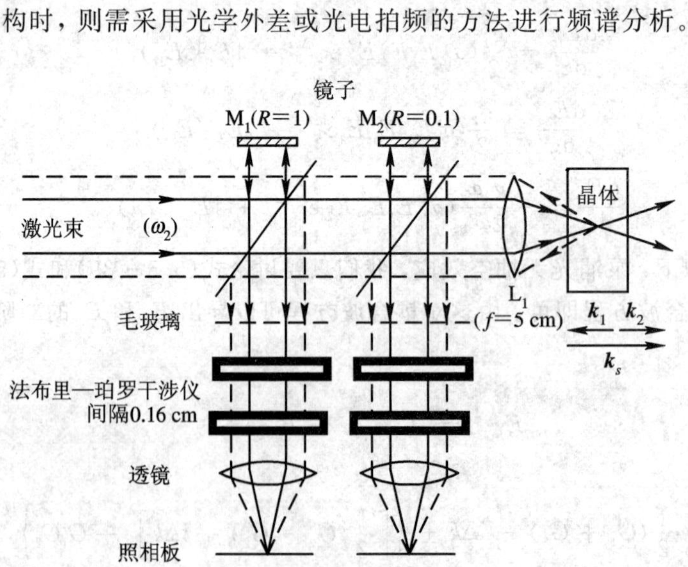

图 5.6-1 受激布里渊散射实验装置示意

受激布里渊散射效应和受激喇曼散射效应的产生都有一定的阈值，因而这两个过程是互相竞争的。对于这两个效应阈值可比拟的介质来说，两种过程可能同时出现。否则只能出现一种过程，另一过程被抑制。如 CS_2、苯、硝基苯以及丙酮等介质属于前者；而如水、CCl_4、石英和青玉等介质属于后者，它们的受激布里渊散射阈值比受激喇曼散射阈值低，所以当受激布里渊散射出现时，受激喇曼散射尚未出现。

下面对受激布里渊散射特性进行理论分析，首先导出基本方程。

5.6.1　受激布里渊散射效应的耦合波方程

1. 声波的运动方程

设 $u(x,t)$ 是介质内 x 处的质点偏离平衡位置的位移，介质密度为 ρ_m，弹性系数为 α，则在只有弹性力存在的情况下，沿 x 方向传播的声波波动方程为

$$\frac{\partial^2 u}{\partial t^2}=\frac{1}{\alpha\rho_m}\frac{\partial^2 u}{\partial x^2}\qquad(5.6-1)$$

实际上，当介质没有受到外电场的作用时，作用在介质单位面积上的力除弹性力外，还有阻尼力。如果介质还受到外加电场的作用，则电场的作用除使介质离子本身发生极化外，还可使晶胞中离子产生位移，使得晶体内产生应力，介质发生形变，这就是电致伸缩。

下面，我们推导介质受到弹性力、阻尼力和电致伸缩力时，介质中声波的波动方程。

外界电场作用引起介质的应变会导致其介电常数改变，从而使静电储能密度发生相应的改变，即

$$\delta w=\delta\left(\frac{1}{2}(\boldsymbol{E}\cdot\boldsymbol{D})\right)\qquad(5.6-2)$$

则介质总的电能改变为

$$\begin{aligned}\delta W&=\delta\int\frac{1}{2}\boldsymbol{E}\cdot\boldsymbol{D}\,\mathrm{d}V=\delta\int\frac{1}{2\varepsilon}D^2\,\mathrm{d}V\\&=-\frac{1}{2}\int E^2\delta\varepsilon\,\mathrm{d}V+\int\boldsymbol{E}\cdot\delta\boldsymbol{D}\,\mathrm{d}V\end{aligned}\qquad(5.6-3)$$

所以

$$\frac{\partial W}{\partial t}=-\frac{1}{2}\int E^2\frac{\partial\varepsilon}{\partial t}\,\mathrm{d}V-\int(\nabla\varphi)\cdot\frac{\partial\boldsymbol{D}}{\partial t}\,\mathrm{d}V\qquad(5.6-4)$$

式中，$\boldsymbol{E}=-\nabla\varphi$。因为

$$\begin{aligned}\int\nabla\cdot(\varphi\,\delta\boldsymbol{D})\,\mathrm{d}V&=\int(\nabla\varphi)\cdot\delta\boldsymbol{D}\,\mathrm{d}V+\int\varphi\nabla\cdot\delta\boldsymbol{D}\,\mathrm{d}V\\&=\oint_S\varphi\,\delta\boldsymbol{D}\cdot\boldsymbol{n}\,\mathrm{d}S\end{aligned}$$

并且，若取上述面积分的积分限远离介质，即当 $r\to\infty$ 时，由于 $\varphi\,\delta\boldsymbol{D}$ 按 r^{-3} 变化，所以面积分为零。又根据麦克斯韦方程 $\nabla\cdot\boldsymbol{D}=\rho$，有

$$\delta(\nabla\cdot\boldsymbol{D})=\nabla\cdot\delta\boldsymbol{D}=\delta\rho\qquad(5.6-5)$$

将式(5.6－5)代入式(5.6－4)后，得到

$$\frac{\partial W}{\partial t}=-\frac{1}{2}\int E^2\frac{\partial\varepsilon}{\partial t}\,\mathrm{d}V+\int\varphi\frac{\partial\rho}{\partial t}\,\mathrm{d}V\qquad(5.6-6)$$

根据功能原理，上述静电储能的改变意味着存在一个作用力 $\boldsymbol{F}$，该作用力所作的功率的负

值等于静电储能的变化率，即有

$$\frac{\partial W}{\partial t} = -\int \boldsymbol{F} \cdot \boldsymbol{v} \, \mathrm{d}V \tag{5.6-7}$$

式中，$\boldsymbol{v}$ 是介质中质点的速度。

现设介质的温度是恒定不变的，介质的质量密度 $\rho_{\mathrm{m}}(x,y,z,t)$ 和介电常数 $\varepsilon(x,y,z,t)$ 的时间变化率为

$$\frac{\mathrm{d}\varepsilon}{\mathrm{d}t} = \frac{\partial \varepsilon}{\partial x}\frac{\mathrm{d}x}{\mathrm{d}t} + \frac{\partial \varepsilon}{\partial y}\frac{\mathrm{d}y}{\mathrm{d}t} + \frac{\partial \varepsilon}{\partial z}\frac{\mathrm{d}z}{\mathrm{d}t} + \frac{\partial \varepsilon}{\partial t} = (\nabla \varepsilon) \cdot \boldsymbol{v} + \frac{\partial \varepsilon}{\partial t} \tag{5.6-8}$$

$$\frac{\mathrm{d}\rho_{\mathrm{m}}}{\mathrm{d}t} = (\nabla \rho_{\mathrm{m}}) \cdot \boldsymbol{v} + \frac{\partial \rho_{\mathrm{m}}}{\partial t} \tag{5.6-9}$$

当介质内部有振动时，质量密度 ρ_{m} 和电荷密度 ρ 均满足连续性方程，即有

$$\frac{\partial \rho_{\mathrm{m}}}{\partial t} + \nabla \cdot (\rho_{\mathrm{m}} \boldsymbol{v}) = 0 \tag{5.6-10}$$

和

$$\frac{\partial \rho}{\partial t} + \nabla \cdot (\rho \boldsymbol{v}) = 0 \tag{5.6-11}$$

由于

$$\begin{aligned}\frac{\mathrm{d}\varepsilon}{\mathrm{d}t} &= \frac{\mathrm{d}\varepsilon}{\mathrm{d}\rho_{\mathrm{m}}}\frac{\mathrm{d}\rho_{\mathrm{m}}}{\mathrm{d}t} = \frac{\mathrm{d}\varepsilon}{\mathrm{d}\rho_{\mathrm{m}}}\left[(\nabla \rho_{\mathrm{m}}) \cdot \boldsymbol{v} + \frac{\partial \rho_{\mathrm{m}}}{\partial t}\right] \\ &= \frac{\mathrm{d}\varepsilon}{\mathrm{d}\rho_{\mathrm{m}}}\left[(\nabla \rho_{\mathrm{m}}) \cdot \boldsymbol{v} - \nabla \cdot (\rho_{\mathrm{m}} \boldsymbol{v})\right] \\ &= -\left(\frac{\mathrm{d}\varepsilon}{\mathrm{d}\rho_{\mathrm{m}}}\right)\rho_{\mathrm{m}} \nabla \cdot \boldsymbol{v}\end{aligned} \tag{5.6-12}$$

因而将上式代入式(5.6-8)，就有

$$\frac{\partial \varepsilon}{\partial t} = \frac{\mathrm{d}\varepsilon}{\mathrm{d}t} - \nabla \varepsilon \cdot \boldsymbol{v} = -\left(\frac{\mathrm{d}\varepsilon}{\mathrm{d}\rho_{\mathrm{m}}}\right)\rho_{\mathrm{m}} \nabla \cdot \boldsymbol{v} - \nabla \varepsilon \cdot \boldsymbol{v} \tag{5.6-13}$$

现将式(5.6-11)和式(5.6-13)代入式(5.6-6)，便得到

$$\frac{\partial W}{\partial t} = \int \left\{ -\varphi \nabla \cdot (\rho \boldsymbol{v}) + \left(\frac{\mathrm{d}\varepsilon}{\mathrm{d}\rho_{\mathrm{m}}}\right)\rho_{\mathrm{m}} (\nabla \cdot \boldsymbol{v}) \frac{1}{2}E^2 + \frac{1}{2}E^2 (\nabla \varepsilon) \cdot \boldsymbol{v} \right\} \mathrm{d}V \tag{5.6-14}$$

利用关系

$$\nabla \cdot (\varphi \rho \boldsymbol{v}) = \varphi \nabla \cdot (\rho \boldsymbol{v}) + (\nabla \varphi) \cdot \rho \boldsymbol{v} = \varphi \nabla \cdot (\rho \boldsymbol{v}) - \rho \boldsymbol{E} \cdot \boldsymbol{v}$$

则有

$$\int \nabla \cdot (\varphi \rho \boldsymbol{v}) \, \mathrm{d}V = \oint_S \varphi \rho \boldsymbol{v} \cdot \boldsymbol{n} \, \mathrm{d}S = \int \varphi \nabla \cdot (\rho \boldsymbol{v}) \mathrm{d}V - \int \rho \boldsymbol{E} \cdot \boldsymbol{v} \, \mathrm{d}V = 0 \tag{5.6-15}$$

上式中，因为面积分的积分限可以取在介质以外，因此积分面上的电荷密度 ρ 为零，故面积分为零。同理有

$$\begin{aligned}\int \nabla \cdot \left(\frac{E^2}{2}\frac{\mathrm{d}\varepsilon}{\mathrm{d}\rho_{\mathrm{m}}}\rho_{\mathrm{m}} \boldsymbol{v}\right) \mathrm{d}V &= \oint_S \frac{E^2}{2}\frac{\mathrm{d}\varepsilon}{\mathrm{d}\rho_{\mathrm{m}}}\rho_{\mathrm{m}} \boldsymbol{v} \cdot \boldsymbol{n} \, \mathrm{d}S \\ &= \int \nabla \left(\frac{E^2}{2}\frac{\mathrm{d}\varepsilon}{\mathrm{d}\rho_{\mathrm{m}}}\rho_{\mathrm{m}}\right) \cdot \boldsymbol{v} \, \mathrm{d}V + \int \frac{1}{2}E^2 \frac{\mathrm{d}\varepsilon}{\mathrm{d}\rho_{\mathrm{m}}}\rho_{\mathrm{m}} (\nabla \cdot \boldsymbol{v}) \mathrm{d}V \\ &= 0\end{aligned} \tag{5.6-16}$$

将式(5.6－15)和式(5.6－16)代入式(5.6－14)，并利用式(5.6－7)，得到

$$\frac{\partial W}{\partial t}=-\int\rho\boldsymbol{E}\cdot\boldsymbol{v}\,\mathrm{d}V-\int\nabla\left(\frac{E^2}{2}\frac{\mathrm{d}\varepsilon}{\mathrm{d}\rho_{\mathrm{m}}}\rho_{\mathrm{m}}\right)\cdot\boldsymbol{v}\,\mathrm{d}V+\int\frac{1}{2}E^2(\nabla\varepsilon)\cdot\boldsymbol{v}\,\mathrm{d}V$$

$$=-\int\boldsymbol{F}\cdot\boldsymbol{v}\,\mathrm{d}V$$

所以有[31]

$$\boldsymbol{F}=\rho\boldsymbol{E}-\frac{E^2}{2}\nabla\varepsilon+\nabla\left(\frac{E^2}{2}\frac{\mathrm{d}\varepsilon}{\mathrm{d}\rho_{\mathrm{m}}}\rho_{\mathrm{m}}\right)\tag{5.6-17}$$

上式中第一项是静电力，第二项是由于介质不均匀产生的力，第三项是由于电场不均匀产生的力，即电致伸缩力。对于均匀介质，介电常数 ε 只是 ρ_{m} 和温度的函数，故可展开为

$$\nabla\varepsilon=\left(\frac{\partial\varepsilon}{\partial T}\right)_{\rho_{\mathrm{m}}}\nabla T+\left(\frac{\partial\varepsilon}{\partial\rho_{\mathrm{m}}}\right)_T\nabla\rho_{\mathrm{m}}$$

将上式代入式(5.6－17)，并考虑温度不变的条件，给出

$$\boldsymbol{F}=\rho\boldsymbol{E}+\frac{1}{2}\left(\frac{\mathrm{d}\varepsilon}{\mathrm{d}\rho_{\mathrm{m}}}\right)_T\rho_{\mathrm{m}}\nabla E^2\tag{5.6-18}$$

令式中

$$\frac{1}{2}\left(\frac{\mathrm{d}\varepsilon}{\mathrm{d}\rho_{\mathrm{m}}}\right)_T\rho_{\mathrm{m}}\nabla E^2=\frac{1}{2}\gamma\nabla E^2\tag{5.6-19}$$

其中，γ 称为介质的电致伸缩系数或弹性光学系数，且

$$\gamma=\left(\frac{\mathrm{d}\varepsilon}{\mathrm{d}\rho_{\mathrm{m}}}\right)_T\rho_{\mathrm{m}}\tag{5.6-20}$$

它是唯象引入的一个常数，用来描述由应变所引起的光介电常数的改变。如果考虑一维的情况，则式(5.6－19)右边可表示为 $\frac{\gamma}{2}\frac{\partial E^2}{\partial x}$。

于是，包括弹性力、阻尼力和电致伸缩力在内，介质中所产生的一维声波波动方程为

$$\frac{1}{\alpha}\frac{\partial^2 u}{\partial x^2}-\eta\frac{\partial u}{\partial t}+\frac{\gamma}{2}\frac{\partial E^2}{\partial x}=\rho_{\mathrm{m}}\frac{\partial^2 u}{\partial t^2}\tag{5.6-21}$$

式中，η 是对声波唯象引入的耗散常数。由此可见，在介质中，电磁场和弹性波通过电致伸缩力产生了耦合。

现在假定方程(5.6－21)中的电场 E 是由两束平面光波组成的，它们相对声波的运动方向是任意的。设二光波和声波表示式为

$$\left.\begin{aligned}E_1(\boldsymbol{r},t)&=E_1(r_1)\mathrm{e}^{-\mathrm{i}(\omega_1 t-\boldsymbol{k}_1\cdot\boldsymbol{r})}+\mathrm{c.c.}\\E_2(\boldsymbol{r},t)&=E_2(r_2)\mathrm{e}^{-\mathrm{i}(\omega_2 t-\boldsymbol{k}_2\cdot\boldsymbol{r})}+\mathrm{c.c.}\\u(\boldsymbol{r},t)&=u_{\mathrm{s}}(r_{\mathrm{s}})\mathrm{e}^{-\mathrm{i}(\omega_{\mathrm{s}} t-\boldsymbol{k}_{\mathrm{s}}\cdot\boldsymbol{r})}+\mathrm{c.c.}\end{aligned}\right\}\tag{5.6-22}$$

式中，r_1、r_2 和 r_{s} 是三列波各自沿自己的传播方向 $\boldsymbol{k}_1$、$\boldsymbol{k}_2$ 和 $\boldsymbol{k}_{\mathrm{s}}$ 所测量的距离，即 $r_l=\boldsymbol{k}_l\cdot\boldsymbol{r}/k_l$。这样，当式(5.6－21)中的 x 用 r_{s} 代替后，第一项变为

$$\frac{\partial^2 u}{\partial r_s^2}=-\left(k_s^2 u_s-2\mathrm{i}k_s\frac{\mathrm{d}u_s}{\mathrm{d}r_s}\right)\mathrm{e}^{-\mathrm{i}(\omega_s t-\boldsymbol{k}_s\cdot\boldsymbol{r})}+\mathrm{c.c.}\tag{5.6-23}$$

式中已利用了慢变化振幅近似：

$$k_s^2 u_s \gg \frac{\mathrm{d}^2 u_s}{\mathrm{d}r_s^2}$$

$$k_s\frac{\mathrm{d}u_s}{\mathrm{d}r_s} \gg \frac{\mathrm{d}^2 u_s}{\mathrm{d}r_s^2}$$

并略去了 $\mathrm{d}^2u_s/\mathrm{d}r_s^2$ 项。又

$$\frac{\partial u}{\partial t}=-u_s(r_s)\mathrm{i}\omega_s\mathrm{e}^{-\mathrm{i}(\omega_s t-\boldsymbol{k}_s\cdot\boldsymbol{r})}+\mathrm{c.c.}=-\mathrm{i}\omega_s u\tag{5.6-24}$$

$$\frac{\partial^2 u}{\partial t^2}=-\omega_s^2 u\tag{5.6-25}$$

$$\begin{aligned}\frac{\gamma}{2}\frac{\partial E^2}{\partial r_s}&=\frac{\gamma}{2}\frac{\partial}{\partial r_s}\{[E_1(\boldsymbol{r},t)+E_2(\boldsymbol{r},t)][E_1(\boldsymbol{r},t)+E_2(\boldsymbol{r},t)]\}\\&=\frac{\gamma}{2}\frac{\partial}{\partial r_s}\{[E_1(r_1)\mathrm{e}^{-\mathrm{i}(\omega_1 t-\boldsymbol{k}_1\cdot\boldsymbol{r})}+\mathrm{c.c.}+E_2(r_2)\mathrm{e}^{-\mathrm{i}(\omega_2 t-\boldsymbol{k}_2\cdot\boldsymbol{r})}+\mathrm{c.c.}]\\&\quad\times[E_1(r_1)\mathrm{e}^{-\mathrm{i}(\omega_1 t-\boldsymbol{k}_1\cdot\boldsymbol{r})}+\mathrm{c.c.}+E_2(r_2)\mathrm{e}^{-\mathrm{i}(\omega_2 t-\boldsymbol{k}_2\cdot\boldsymbol{r})}+\mathrm{c.c.}]\}\end{aligned}\tag{5.5-26}$$

当满足

$$\omega_2-\omega_1=\omega_s\tag{5.6-27}$$

并假定满足相位匹配条件

$$\boldsymbol{k}_s=\boldsymbol{k}_2-\boldsymbol{k}_1\tag{5.6-28}$$

时，式(5.6－26)便被简化为

$$\frac{\gamma}{2}\frac{\partial E^2}{\partial r_s}=\frac{\gamma}{2}\frac{\partial}{\partial r_s}\{E_2(r_2)E_1^*(r_1)\mathrm{e}^{-\mathrm{i}(\omega_s t-\boldsymbol{k}_s\cdot\boldsymbol{r})}+\mathrm{c.c.}\}\tag{5.6-29}$$

将式(5.6－23)～式(5.6－25)和式(5.6－29)代入式(5.6－21)，并考虑到

$$\left|\frac{\partial}{\partial r_s}[E_2(r_2)E_1^*(r_1)]\right|\ll|k_sE_2(r_2)E_1^*(r_1)|$$

又引入关系 $1/(\alpha\rho_m)=v_s^2$，这里的 v_s 为声波在介质中的自由传播速度，则式(5.6－21)变为

$$-2\mathrm{i}k_s v_s^2\frac{\mathrm{d}u_s(r_s)}{\mathrm{d}r_s}+\left(k_s^2v_s^2-\omega_s^2-\frac{\mathrm{i}\eta\omega_s}{\rho_m}\right)u_s(r_s)=\frac{\mathrm{i}\gamma k_s}{2\rho_m}E_2(r_2)E_1^*(r_1)\tag{5.6-30}$$

该式就是我们要求的介质中声波的运动方程。

2. 电磁波方程

如前所述，电磁场对介质的作用是激励起声波，而由声波所产生的介电常数的改变 dε 引起的附加非线性极化项为

$$P_{\mathrm{NL}}=(\mathrm{d}\varepsilon)E\tag{5.6-31}$$

根据式(5.6－20)，有

$$d\varepsilon = \gamma \frac{d\rho_m}{\rho_m} \to -\gamma \frac{dV}{V}$$

而对于一维运动的情况，应变($-dV/V$)就是($-\partial u/\partial r_s$)，所以有

$$d\varepsilon = -\gamma \frac{\partial u}{\partial r_s} \tag{5.6-32}$$

因此，由声波产生的附加非线性极化项式(5.6－31)变为

$$P_{NL} = -\gamma E(\boldsymbol{r},t) \frac{\partial u(\boldsymbol{r},t)}{\partial r_s} \tag{5.6-33}$$

根据电磁场理论，光波电场 $E_l(\boldsymbol{r},t)$所满足的波动方程为

$$\nabla^2 E_l(\boldsymbol{r},t) = \mu_0 \varepsilon \frac{\partial^2 E_l(\boldsymbol{r},t)}{\partial t^2} + \mu_0 \frac{\partial^2 (P_{NL})_l}{\partial t^2} \tag{5.6-34}$$

其中

$$\nabla^2 E_l(\boldsymbol{r},t) = -\left[k_l^2 E_l(r_l) - 2\mathrm{i}\boldsymbol{k}_l \cdot \nabla E_l(r_l) - \nabla^2 E_l(r_l)\right] e^{-\mathrm{i}(\omega_l t - \boldsymbol{k}_l \cdot \boldsymbol{r})} + \mathrm{c.c.} \tag{5.6-35}$$

若令式中 $l=1$，再略去$\nabla^2 E_1(r_1)$项，又考虑到

$$\boldsymbol{k}_1 \cdot \nabla E_1(r_1) = k_1 \frac{dE_1}{dr_1} \tag{5.6-36}$$

则波动方程(5.6－34)变为

$$2\left(k_1 \frac{dE_1(r_1)}{dr_1}\right) e^{-\mathrm{i}(\omega_1 t - \boldsymbol{k}_1 \cdot \boldsymbol{r})} + \mathrm{c.c.} = -\mathrm{i}\mu_0 \frac{\partial^2 (P_{NL})_1}{\partial t^2} \tag{5.6-37}$$

利用式(5.6－33)，上式右边项可表示为

$$-\mathrm{i}\mu_0 \frac{\partial^2 (P_{NL})_1}{\partial t^2} = -\mathrm{i}\mu_0 \frac{\partial^2}{\partial t^2}\left[-\gamma E_2(\boldsymbol{r},t) \frac{\partial u^*(r_s) e^{\mathrm{i}(\omega_s t - \boldsymbol{k}_s \cdot \boldsymbol{r})}}{\partial r_s} + \mathrm{c.c.}\right]$$

将该式代入式(5.6－37)，并利用式(5.6－27)和式(5.6－28)，便可给出含有指数因子 $e^{-\mathrm{i}(\omega_1 t - \boldsymbol{k}_1 \cdot \boldsymbol{r})}$的方程为

$$2k_1 \frac{dE_1(r_1)}{dr_1} = \mathrm{i}\omega_1^2 \gamma \mu_0 E_2 \left(\mathrm{i}k_s u_s^* - \frac{du_s^*}{dr_s}\right) \tag{5.6-38}$$

如果$\frac{du_s}{dr_s} \ll k_s u_s$，则式(5.6－38)变为

$$\frac{dE_1}{dr_1} = -\frac{\omega_1^2 \gamma \mu_0 k_s}{2k_1} E_2 u_s^* \tag{5.6-39}$$

如果考虑介质的损耗，则在式(5.6－39)中需附加一耗散项($-\beta E_1/2$)，其中 β 是唯象引入的光波耗散系数。这样就有

$$\frac{dE_1}{dr_1} = -\frac{\omega_1^2 \gamma \mu_0 k_s}{2k_1} E_2 u_s^* - \frac{\beta E_1}{2} \tag{5.6-40}$$

类似可得到

$$\frac{dE_2}{dr_2} = -\frac{\omega_2^2 \gamma \mu_0 k_s}{2k_2} E_1 u_s^* - \frac{\beta E_2}{2} \tag{5.6-41}$$

方程(5.6－40)、(5.6－41)和(5.6－30)就是我们要求的包括声波变量 $u_s(r_s)$、光电场振幅 $E_1(r_1)$、$E_2(r_2)$的一组耦合波方程。

5.6.2 受激布里渊散射特性

上述分析表明，一束频率为 ω_2 的强激光束作用于介质时，会产生频率为 ω_1 的散射光和频率为 $\omega_s=\omega_2-\omega_1$ 的声波。假定频率为 ω_2 的泵浦光比 ω_1 散射光和 ω_s 的声波强得多，则可认为 $E_2(r_2)$近似不变。这样，我们只要求解方程(5.6－30)和方程(5.6－40)即可。

现在，在方程(5.6－30)中取 $\omega_s=k_s v_s$，可得

$$\frac{\mathrm{d}u_s}{\mathrm{d}r_s}=-\frac{\eta}{2\rho_m v_s}u_s-\frac{\gamma}{4\rho_m v_s^2}E_2E_1^* \tag{5.6-42}$$

而频率为 ω_1 的散射光方程(5.6－40)可以改写为

$$\frac{\mathrm{d}E_1^*}{\mathrm{d}r_1}=-\frac{\beta E_1^*}{2}-\frac{\gamma k_1 k_s}{2\varepsilon_1}E_2^* u_s \tag{5.6-43}$$

可见，在上述耦合波方程中有两个变量 r_1 和 r_s。如果将坐标变换到沿 $\boldsymbol{r}_1$ 和 $\boldsymbol{r}_s$ 交角平分线的坐标ξ上，如图5.6－2所示，则耦合波方程中出现两个坐标变量的困难就可以消除。例如利用关系$q=r_1=r_2=\xi\cos\theta$，就可以将式(5.6－42)和式(5.6－43)改写为

$$\frac{\mathrm{d}u_s}{\mathrm{d}q}=-\frac{\eta}{2\rho_m v_s}u_s-\frac{\gamma}{4\rho_m v_s^2}E_2E_1^* \tag{5.6-44}$$

$$\frac{\mathrm{d}E_1^*}{\mathrm{d}q}=-\frac{\beta}{2}E_1^*-\frac{\gamma k_1 k_s}{2\varepsilon_1}E_2^* u_s \tag{5.6-45}$$

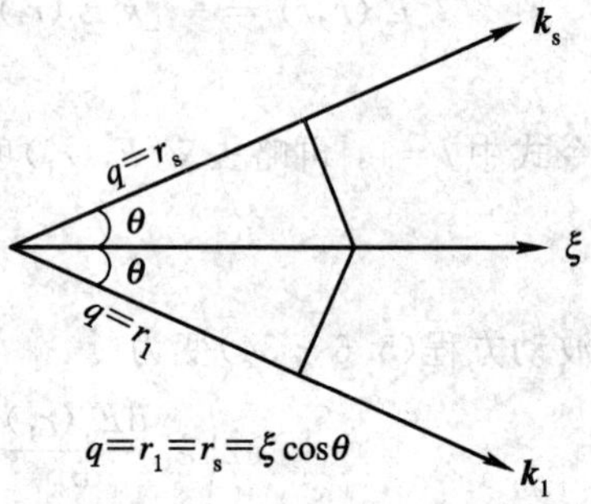

图 5.6－2 坐标变换关系

这两个方程描述了声振动位移 u_s 和光电场 E_1 的增长或衰减随变量 q 的变化规律。如果它们是按指数形式增长的，则可取

$$\left.\begin{aligned} u_s(q)&=u_s(0)\mathrm{e}^{gq}\\ E_1^*(q)&=E_1^*(0)\mathrm{e}^{gq}\end{aligned}\right\} \tag{5.6-46}$$

的形式，式中 g 是增益常数。将式(5.6－46)代入式(5.6－44)和式(5.6－45)后，得

$$gu_s(0)+\frac{\eta}{2\rho_m v_s}u_s(0)+\frac{\gamma}{4\rho_m v_s^2}E_2E_1^*(0)=0 \tag{5.6-47}$$

$$gE_1^*(0)+\frac{\beta E_1^*(0)}{2}+\frac{\gamma k_1 k_s}{2\varepsilon_1}E_2^* u_s(0)=0 \tag{5.6-48}$$

由此可见，方程有解的条件是

$$\left(g+\frac{\eta}{2\rho_m v_s}\right)\left(g+\frac{\beta}{2}\right)-\left(\frac{\gamma}{4\rho_m v_s^2}E_2\right)\left(\frac{\gamma k_1 k_s}{2\varepsilon_1}E_2^*\right)=0 \tag{5.6-49}$$

另外，由式(5.6－44)可见，如果 $E_2=0$，则声波指数衰减，衰减常数为 $\beta_s=\eta/(\rho_m v_s)$，于是，式(5.6－49)可写为

$$\left(g+\frac{1}{2}\beta_s\right)\left(g+\frac{1}{2}\beta\right)-\frac{\gamma^2 k_1 k_s}{8\rho_m v_s^2\varepsilon_1}|E_2|^2=0 \tag{5.6-50}$$

由此可得增益常数

$$g = -\frac{1}{4}(\beta_s + \beta) + \frac{1}{4}\left[(\beta_s + \beta)^2 - 4\left(\beta\beta_s - \frac{\gamma^2 k_1 k_s |E_2|^2}{2\rho_m v_s^2 \varepsilon_1}\right)\right]^{1/2} \qquad (5.6-51)$$

如果 $g \geqslant 0$，则表示沿 $\boldsymbol{k}_s$ 方向传播的声波和沿 $\boldsymbol{k}_1$ 方向运行的频率为 ω_1 的光波同时被放大，这时要求

$$|E_2|^2 \gg \frac{2\rho_m \beta\beta_s \varepsilon_1 v_s^2}{\gamma^2 k_1 k_s} = \frac{2\beta\beta_s\varepsilon_1}{\alpha\gamma^2 k_1 k_s} \qquad (5.6-52)$$

在式(5.6-52)的条件下，我们就说发生了受激布里渊散射。

如果用泵浦强度 I_2 表示受激布里渊散射阈值，因为 $I_2 = 2\varepsilon_2 v_2 |E_2|^2$，所以发生受激布里渊散射的条件为

$$I_2 \gg \frac{4\beta\beta_s\varepsilon_1\varepsilon_2 v_2}{\alpha\gamma^2 k_1 k_s} \qquad (5.6-53)$$

可见，对于散射光和声波衰减作用较小(即 β 和 β_s 较小)，同时又具有较大的电致伸缩系数 γ 的介质，其阈值泵浦强度较小，也就是说容易产生受激布里渊散射效应。

下面，以石英为例估计一下产生受激布里渊散射的阈值。固体的典型 α 值为 5×10^{10} N/m^3，电致伸缩系数的典型值为 $\gamma \approx \varepsilon_0 \approx 10^{-11}$(MKS)，如果取 $\lambda_2 \approx \lambda_1 = 1\ \mu$m，衰减系数 β 和 β_s 分别取 0.02 cm^{-1}和 20 cm^{-1}(这是根据石英的典型数据值估算得到的)，根据声速 $v_s = 3\times10^3$ m/s 和 $\lambda_2 \approx 1\ \mu$m，可给出 $\omega_s \approx \frac{2\omega_2 v_s n_2}{c} \approx 2\pi(6\times10^9)$。利用以上数据，根据式(5.6-52)给出[32]

$$\left(\frac{\text{功率}}{\text{面积}}\right)_{\text{阈值}} \approx 10^7\ \text{W/(cm)}^3$$

这样的功率电平可以由巨脉冲激光器得到。

最后要指出，因为 $\omega_s \ll \omega_2$，所以 $\omega_2 \approx \omega_1$，这样，在各向同性介质中就有 $k_2 \approx k_1$。由波矢矢量关系式(5.6-28)，可以给出如图 5.6-3 所示的像布喇格衍射那样的关系，即有

$$k_s = 2k_2 \sin\theta \qquad (5.6-54)$$

当 $\theta = \pi/2$ 时，即对应于背向散射的情况，声波的波矢 $\boldsymbol{k}_s = \boldsymbol{k}_2 - \boldsymbol{k}_1$ 最大。由式(5.6-51)可以得到其增益最大，并得到前向声波的频率为

$$(\omega_s)_{\max} = v_s k_s \approx 2v_s k_2 = 2v_s \frac{n_2\omega_2}{c} \qquad (5.6-55)$$

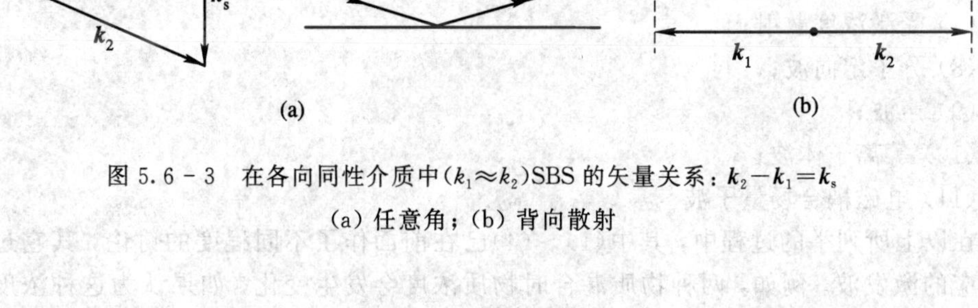

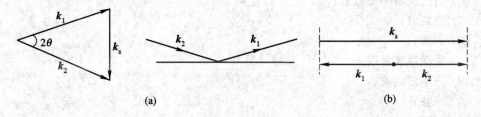

图 5.6-3　在各向同性介质中($k_1 \approx k_2$)SBS 的矢量关系：$\boldsymbol{k}_2 - \boldsymbol{k}_1 = \boldsymbol{k}_s$

(a) 任意角；(b) 背向散射

5.7 受激光散射现象的一般考虑

前面我们在用耦合波理论讨论受激布里渊散射现象时，明确地讲是频率为 ω_1 和 ω_2 的光波与频率为 ω_s 的声波之间的耦合。但是在讨论受激喇曼散射现象时，只分析了泵浦光和斯托克斯光的变化规律，并没有引入与物质激发相对应的振动波的耦合。如果我们认为激光入射到介质上时，在介质中激发起频率为 ω_v 的振动波 Q，则也可以把SRS看做是波之间的耦合问题，而且也可以用这种观点解释高阶SRS效应。例如，斯托克斯线是由泵浦光(ω_p)和振动波 $Q(\omega_v)$耦合产生的，如图 5.7-1(a)所示。反斯托克斯线产生的过程可如图 5.7-1(b)所示，视为两步进行：首先 ω_p 和 ω_s 相互作用，差频耦合产生振动波 ω_v，然后振动波再与 ω_p 作用，耦合产生频率为 $\omega_{as}=\omega_p+\omega_v$ 的光场。对于高阶SRS效应产生的场，只不过是 ω_s、ω_v 和 ω_p 相互多次耦合的结果，如图 5.7-1(c)所示。

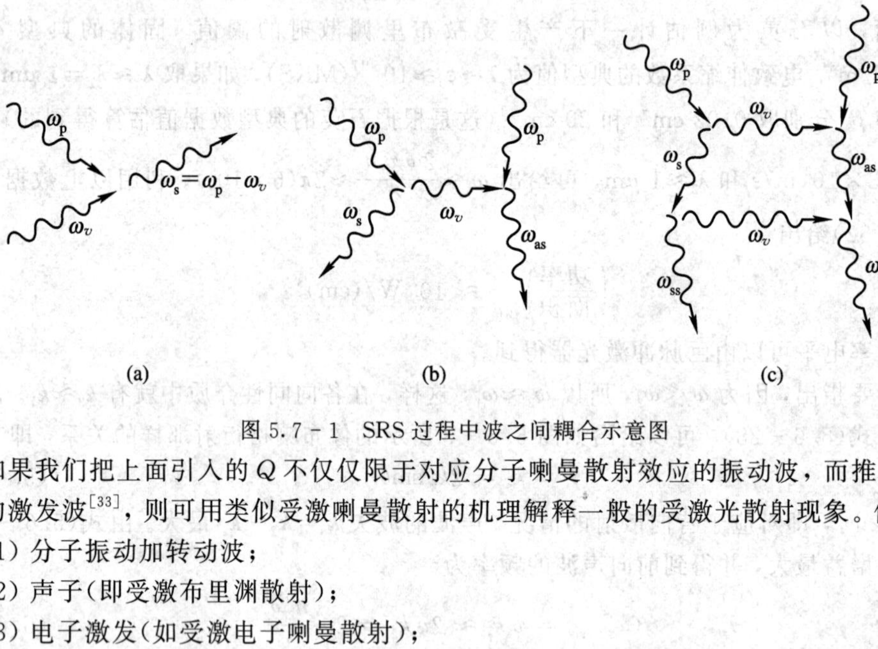

图 5.7-1 SRS过程中波之间耦合示意图

如果我们把上面引入的 Q 不仅仅限于对应分子喇曼散射效应的振动波，而推广到任意物质的激发波[33]，则可用类似受激喇曼散射的机理解释一般的受激光散射现象。例如：

(1) 分子振动加转动波；

(2) 声子(即受激布里渊散射)；

(3) 电子激发(如受激电子喇曼散射)；

(4) 自旋反转喇曼散射；

(5) 自旋波；

(6) 熵波；

(7) 受激浓度散射；

(8) 分子定向波；

(9) 声波；

(10) 等离子体波；

(11) 电磁耦合场量子波。

在以上所列举的过程中，其中(1)～(4)已在前面作了不同程度的讨论，其它过程也都有相应的激发波。例如，两种物质混合时物质浓度会发生变化，如果认为这种浓度变化是一种激发波，则浓度变化的过程相当于 SRS 过程。因此，可以用 E_p、E_s 场激励、改变物质的浓度分布，事实上，在实验中加激光场时也确实观察到了 SRS。由此可见，把浓度变化看做是物质激发波是正确的。对于一般的物质，浓度有变化，但当加激光场时却看不到 SRS 过程，这不是说不能发生 SRS，而是由于此类物质损伤阈值太低，当还未达到 SRS 阈值时就损坏了(或者说 SRS 阈值太高)。

又如，对受激电磁耦合量子波激发来说，已知固体受到外界激励以后，某些激发态在经过弛豫后，最终到达具有最低自由能的状态，在这样的状态下，固体仍存在某些固有振动激发，对应这些状态，其能级寿命非常大，称为物质的元激发。我们对此可用不同的能量载子把它量子化，这些能量载子可处于不同波段，处于红外波段的叫光学声子。当我们将光场入射到此类晶体时，将会使声子激发，产生声波(只能在晶格中运动)。显然，当用红外波段强度足够大的激光入射晶体时，声子被激发的几率非常大，它们彼此间进行耦合的结果，将产生所谓的电磁耦合量子波(Polariton)。可以把电磁耦合量子波看做激发波 Q，当入射激光足够强时，同样也能产生 SRS。它们彼此间满足关系

$$\omega_p = \omega_s + \omega_{ex}$$

$$\boldsymbol{k}_p = \boldsymbol{k}_s + \boldsymbol{k}_{ex}$$

式中，ω_{ex} 和 $\boldsymbol{k}_{ex}$ 分别表示激发波的频率和波矢。

总之，当我们引入物质的激发波概念后，许多物质中的受激散射过程都可以用与 SRS 过程相类似的机理加以解释。

习　题

5-1　推导高斯光束从输入面到自聚焦焦点的距离公式(5.1-55)。

5-2　在三次谐波产生过程中，当谐波增加到足够强时，会因光克尔效应破坏三次谐波产生的相位匹配条件，降低谐波输出，试说明之。

5-3　求出双光子吸收的 $\chi^{(3)}_{\mu\alpha\beta\gamma}$ 量子力学表示式，并分析它的实部和虚部特性。

5-4　由受激喇曼散射的 $\chi^{(3)}_{\mu\alpha\beta\gamma}$ 量子力学表示式分析它的实部和虚部特性。

5-5　以三次谐波产生和受激喇曼散射为例，比较参量过程和非参量过程的差异。

5-6　试证明在正常色散的各向同性介质中，为什么对于同方向传播的光波不能满足 $2\boldsymbol{k}_2 = \boldsymbol{k}_1 + \boldsymbol{k}_3$。

5-7　证明式(5.6-54)和式(5.6-55)。

参考文献

[1]　过已吉. 非线性光学. 西安：西北电讯工程学院出版社，1986

[2]　Svelto O. Self-Focusing, Self-Trapping, and Self-Phase Modulation of Laser Beam in Progress in Optics. Vol. Ⅻ, ed. by Wolf E.

[3]　Yariv A. Quantum Electronics. New York: John Wiley & Sons, Inc., 1975, 110

[4] Shen Y R and Loy M M T. Phys. Rev., 1971, A3: 2099
[5] Durbin S D, Arakelian S M and Shen Y R. Opt. Lett., 1981, 6: 411
[6] Sheik-Bahae M, Said A A, Wei T, et al. Opt. Lett., 1989, 14: 955
[7] Boya G D, et al. Phys. Rev., 1965, A137: 1305
[8] Bjorkholm J E. Phys. Rev., 1966, 142: 126
[9] Kleinman D A. Phys. Rev., 1962, 128: 1761
[10] Ward J F, et al. Phys. Rev., 1969, 185: 57
[11] Hanna D C, et al. Nonlinear Optics of Free Atoms and Molecules. New York: Springer-Verlag Berlin Heidelberg, 1979, 123
[12] Pepper D M. Opt. Eng., 1982, 21: 156
[13] Hellwarth R W. J. Opt. Soc. Am., 1977, 67: 1
[14] Martin G and Hellwarth R W. Appl. Phys. Lett., 1979, 34: 371
[15] Feinberg J, et al. J. Appl. phys., 1981, 52: 537
[16] Fischer B, et al. Opt. Lett., 1981, 6: 519
[17] Nelson K A, et al. Phys. Rev., 1981, B24: 3261; J. Appl. Phys., 1982, 53: 1144
[18] 石顺祥，等. 类克尔介质中非线性DFWM相位共轭的大信号理论. 西北电讯工程学院学报，1985，4：120
[19] 石顺祥，等. 非线性简并四波混频相位共轭的大信号理论. 量子电子学，1985，12：176
[20] Tao Yi Fu and Sargent M Ⅲ. Opt. Lett., 1979, 4: 366
[21] Abrams R L and Lind R C. Opt. Lett., 1978, 2: 94; Erratum, Opt. Lett., 1978, 3: 205
[22] Lind R C, et al. Opt. Eng., 1982, 21: 190
[23] Brown W P. J. Opt. Soc. Am., 1983, 73: 629
[24] Mclean T P. Interaction of Radiation with Condensed Matter. Vol. 1, Linear and Nonlinear Optics of Condensed Matter, International Atomic Energy Agency, Vienna, 1977, 72
[25] Kaiser W and Garrett C G B. Two-Photon Excitation in $CaF_2 \cdot Eu^{2+}$. Phys. Rev. Lett., 1961, 7(6): 229
[26] Hanna D C, et al. Nonlinear Optics of Free Atoms and Molecules. New York: Springer-Verlag Berlin Heidelberg, 1979, 4
[27] Hanna D C, et al. Nonlinear Optics of Free Atoms and Molecules. New York: Springer-Verlag Berlin Heidelberg, 1979, 187, 195
[28] Hanna D C, et al. Nonlinear Optics of Free Atoms and Molecules. New York: Springer-Verlag Berlin Heidelberg, 1979, 28, 97
[29] Hanna D C, et al. Nonlinear Optics of Free Atoms and Molecules. New York: Springer-Verlag Berlin Heidelberg, 1979, 27, 30
[30] Hanna D C, et al. Nonlinear Optics of Free Atoms and Molecules. New York: Springer-Verlag Berlin Heidelberg, 1979, 101

[31]　朗道 Л Д，栗弗席兹 E M. 连续媒质电动力学. 周奇，译. 北京：人民教育出版社，1979
[32]　Hanna D C，et al. Nonlinear Optics of Free Atoms and Molecules. New York：Springer-Verlag Berlin Heidelberg，1979，497
[33]　Shen Y R. The Principles of Nonlinear Optics. John Wileys & Sons，Inc.，1984，199

第 6 章 瞬态相干光学效应

前面几章我们讨论的光与原子系统相互作用的非线性光学过程都属于稳态现象，都认为相互作用时间较弛豫时间(T_1、T_2)长得多，因此，原子介质的响应用极化率 χ 描述。

在强超短脉冲光与介质发生共振相互作用，且其相互作用时间比驰豫时间还要短的情况下，光与原子系统的作用属于瞬态相干作用，将有诸如光学章动、光学自由感应衰变、光子回波和光学自感应透明等新的光学现象出现。这种情况下原子的极化不再是瞬时光电场的显函数，必须考虑因果性原理，可以采用形象化的矢量方法描述。

这一章将讨论几种瞬态相干光学效应，在讨论这些现象之前，首先引入描述光与物质相互作用的矢量描述方法。

6.1 瞬态相干光学作用概述

瞬态相干光学作用是指短激光脉冲与共振介质的相干相互作用过程，瞬态相干光学研究的就是这种瞬态相干光学作用过程的瞬时变化规律。

通常认为，入射光脉冲的长或短是与介质的共振跃迁弛豫时间相比较而言的。描述共振介质弛豫特性的参量有三个：T_1、T_2 和 T_2^*。T_1 是介质内产生共振跃迁作用的工作粒子的纵向弛豫时间，它主要决定于处在某能级上的粒子通过自发辐射跃迁到低能级的速率，一般可认为 T_1 等于该能级跃迁的自发辐射寿命；T_2 是工作粒子的横向弛豫时间，主要表征粒子的碰撞弛豫过程，仅表示相位的损失，不包含能量的交换，一般可认为它由介质均匀加宽的宽度 $\Delta\nu_H$ 决定，$T_2\approx 1/\Delta\nu_H$，故又称为均匀消相时间；T_2^* 是可逆的横向弛豫时间，它主要由谱线的非均匀加宽宽度 $\Delta\nu_I$ 决定，$T_2^*\approx 1/\Delta\nu_I$，故又称为非均匀横向弛豫时间或非均匀消相时间。对于一般处于低温条件的非均匀固体共振介质，有 $T_2^* < T_2 < T_1$；对于常温下的气体共振介质，有 $T_2^* \ll T_2 < T_1$。

瞬态相干光学作用中，入射光的上升时间(或下降时间)Δt、脉冲持续时间 τ_p 均远小于 T_1、T_2，即

$$\Delta t,\ \tau_p \ll T_2,\ T_1 \tag{6.1-1}$$

在这样短的相互作用时间内，介质粒子通过自发辐射及其它各种均匀加宽机制所导致的随机自发弛豫过程均可忽略，因而，可视所有工作粒子同步地与入射光发生作用。而入射光脉冲很短，其光谱宽度由脉冲持续时间决定，满足测不准关系，这意味着整个光脉冲的持续时间是光场的相干时间。因此，瞬态相干光学作用是指，完全相干的强光场与忽略随机

自发弛豫行为的共振吸收介质间的快速相干作用。

瞬态相干光学作用的最主要特点是共振介质对入射光场的响应特性，它不仅与所考察的时刻 t 的入射光场有关，而且与时刻 t 之前的所有光场都有关。相干光脉冲作用于共振介质，将原子系统预置到可相干叠加的状态中，由于状态的相干(同步)性，其偶极矩的相位将呈现有序的排列，并遵从麦克斯韦方程产生相干辐射。这种相干辐射将带有光与物质相互作用过程中的所有特征信息，即不仅带有辐射时的光和介质的特性，还“记忆”该时刻前的入射光和介质的特性。从数学上讲，在瞬态相干光学作用下，共振介质在某一时刻对光的响应特性，不仅决定于该时刻的光场瞬时值，还如式(2.8-32)所示，决定于该时刻前入射光场相对时间的积分，亦即决定于该积分面积的大小。因此，可以通过瞬态相干光学效应，研究介质的能级结构特性和弛豫过程。

6.2 光与二能级原子系统相互作用的矢量描述

这一节主要介绍描述瞬态相干作用的基本理论：布洛赫(Bloch)—麦克斯韦方程。

6.2.1 光学布洛赫方程

首先应当指出，早在激光出现之前，瞬态相干作用就已在核磁共振(NMR)中进行了深入的研究。光学共振激发和核磁共振激发的瞬态相干作用有许多相似之处，实际上，光学章动、光子回波等瞬态相干光学现象均可以看做是核磁共振中自旋章动、自旋回波的光学模拟。当然，由于核磁共振中样品尺寸与波长同数量级，而相干光学实验样品的尺寸远远大于光波长，因此光学瞬态效应更为复杂，某些核磁共振中没有的现象在瞬态相干光学效应中可能会出现(如自感应透明效应)。由于人们对核磁共振现象的描述已比较清楚和形象，所以喜欢将核磁共振现象的处理方法类比到光学共振中来[1]。这一节讨论的光学布洛赫方程，就可以看做是核磁共振基本方程的光学模拟。因此，为了使光学瞬态相干作用的讨论更加清楚，我们首先简单介绍处理核磁共振的一般方法，并由此引入光学布洛赫方程。

1. 核磁共振的基本方程

我们考察磁场作用于原子系统的情况。

假设原子的自旋角动量、轨道角动量和总角动量均为零，原子核的自旋量子数 $I=1/2$，磁量子数 $m_I=\pm 1/2$，它在直流磁场 $\boldsymbol{B}_0$ 的作用下，将产生塞曼(Zeeman)分裂，两个子能级间隔为

$$\Delta E = \gamma B_0 \hbar \tag{6.2-1}$$

式中，γ 为旋磁比。如果在该原子系统中施加一个圆频率 $\omega=\Delta E/\hbar$、垂直于直流磁场 $\boldsymbol{B}_0$ 的交流磁场 $\boldsymbol{B}$，则在相邻的塞曼能级之间将发生跃迁。现在，用经典运动的观点考虑磁矩的运动规律。在静磁场 $\boldsymbol{B}_0$ 的作用下，原子所受的转动力矩为

$$\boldsymbol{\tau} = \boldsymbol{\mu} \times \boldsymbol{B}_0 \tag{6.2-2}$$

式中，$\boldsymbol{\mu}$ 为原子磁矩。根据动量矩原理，可以得到磁矩的运动方程为

$$\frac{\mathrm{d}\boldsymbol{\mu}}{\mathrm{d}t} = \gamma(\boldsymbol{\mu} \times \boldsymbol{B}_0) = \boldsymbol{\omega}_{\mathrm{L}} \times \boldsymbol{\mu} \tag{6.2-3}$$

该式表示 μ 绕着 $\boldsymbol{B}_0$ 以角速度 $\omega_L=-\gamma\boldsymbol{B}_0$ 进动，其物理图像如图 6.2-1 所示，其中 μ 沿磁场的分量(通常定为 z 方向)保持不变，而它在垂直于 z 轴平面内的分量作匀速圆周运动。

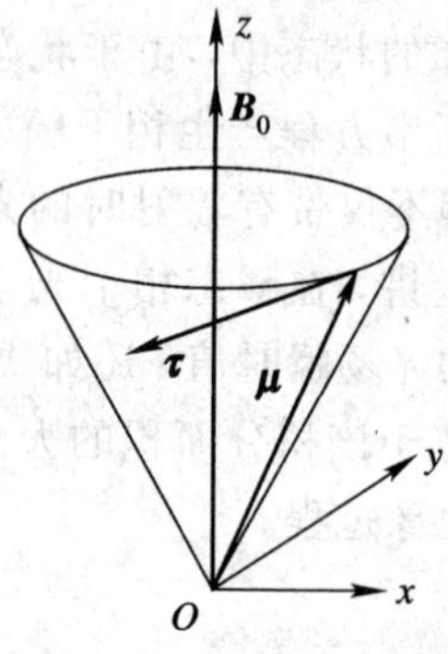

图 6.2-1 在恒定外磁场中磁矩进动

通常，对于磁矩运动的描述，在一个特定的旋转坐标系中更为有利。我们用$(\boldsymbol{i},\boldsymbol{j},\boldsymbol{k})$表示旋转坐标系的基矢量，此坐标系的原点固定在静止实验室坐标系$(\boldsymbol{i}_0,\boldsymbol{j}_0,\boldsymbol{k}_0)$中，并以恒速 Ω 旋转，因此有

$$\left.\begin{aligned}\frac{\mathrm{d}\boldsymbol{i}}{\mathrm{d}t}&=\Omega\times\boldsymbol{i}\\ \frac{\mathrm{d}\boldsymbol{j}}{\mathrm{d}t}&=\Omega\times\boldsymbol{j}\\ \frac{\mathrm{d}\boldsymbol{k}}{\mathrm{d}t}&=\Omega\times\boldsymbol{k}\end{aligned}\right\}\tag{6.2-4}$$

现考虑在坐标系$(\boldsymbol{i},\boldsymbol{j},\boldsymbol{k})$中的某个随时间变化的矢量 $\boldsymbol{A}$，它在静止坐标系中随时间的变化率为

$$\begin{aligned}\frac{\mathrm{d}\boldsymbol{A}}{\mathrm{d}t}&=\boldsymbol{i}\frac{\mathrm{d}A_i}{\mathrm{d}t}+\boldsymbol{j}\frac{\mathrm{d}A_j}{\mathrm{d}t}+\boldsymbol{k}\frac{\mathrm{d}A_k}{\mathrm{d}t}+A_i\frac{\mathrm{d}\boldsymbol{i}}{\mathrm{d}t}+A_j\frac{\mathrm{d}\boldsymbol{j}}{\mathrm{d}t}+A_k\frac{\mathrm{d}\boldsymbol{k}}{\mathrm{d}t}\\ &=\boldsymbol{i}\frac{\mathrm{d}A_i}{\mathrm{d}t}+\boldsymbol{j}\frac{\mathrm{d}A_j}{\mathrm{d}t}+\boldsymbol{k}\frac{\mathrm{d}A_k}{\mathrm{d}t}+\Omega\times(\boldsymbol{i}A_i+\boldsymbol{j}A_j+\boldsymbol{k}A_k)\\ &=\left(\frac{\mathrm{d}\boldsymbol{A}}{\mathrm{d}t}\right)_{\mathrm{R}}+\Omega\times\boldsymbol{A}\end{aligned}\tag{6.2-5}$$

式中，$\left(\frac{\mathrm{d}\boldsymbol{A}}{\mathrm{d}t}\right)_{\mathrm{R}}$ 表示矢量 $\boldsymbol{A}$ 在旋转坐标系中的时间变化率。对于在某个以特定角速度 Ω 旋转的坐标系中的磁矩 μ，在静止坐标系中的运动为

$$\frac{\mathrm{d}\mu}{\mathrm{d}t}=\left(\frac{\mathrm{d}\mu}{\mathrm{d}t}\right)_{\mathrm{R}}+\Omega\times\mu=\mu\times\gamma\boldsymbol{B}_0\tag{6.2-6}$$

因此，在旋转坐标系中的运动为

$$\left(\frac{\mathrm{d}\mu}{\mathrm{d}t}\right)_{\mathrm{R}}=\mu\times\gamma\boldsymbol{B}_0-\Omega\times\mu=\mu\times(\gamma\boldsymbol{B}_0+\Omega)\tag{6.2-7}$$

现在如果我们简单地选 $\Omega=-\gamma\boldsymbol{B}_0$，则有$\left(\frac{\mathrm{d}\mu}{\mathrm{d}t}\right)_{\mathrm{R}}=0$。这就是说，该磁矩在以角速度 Ω 转动的坐标系中是常量，其方向和数值不变，而 Ω 的数值等于拉莫尔(Larmor)进动频率$\omega_L=\gamma B_0$，其方向与磁场相反。因此，在这一坐标系中，由静磁场对磁矩作用产生的进动可以不计，

只需考虑交流磁场的作用。

现在我们来讨论垂直于静磁场方向的圆偏振磁场的作用。在静止坐标系中，这个磁场可以写成

$$\boldsymbol{B}_1(t) = B_{10}(\boldsymbol{i}_0\cos\omega t + \boldsymbol{j}_0 \sin\omega t) \tag{6.2-8}$$

按经典理论观点，磁矩的运动由

$$\frac{\mathrm{d}\boldsymbol{\mu}}{\mathrm{d}t} = \boldsymbol{\mu} \times \gamma[\boldsymbol{B}_0 + \boldsymbol{B}_1(t)] \tag{6.2-9}$$

描述，与此相应的量子力学方程是海森堡方程：

$$\frac{\mathrm{d}\hat{\mu}}{\mathrm{d}t} = \mathrm{i}\hbar[\hat{H}_0 + \hat{H}_1(t), \hat{\mu}] \tag{6.2-10}$$

对磁矩平均值而言，两者得到的结果相同。求解式(6.2-9)的最方便方法是把它变换到与$\boldsymbol{B}_1(t)$有相反相位、相同频率的旋转坐标系，并取其 x 轴与 $\boldsymbol{B}_1(t)$方向重合。于是，式(6.2-9)变成

$$\begin{aligned}\left(\frac{\mathrm{d}\boldsymbol{\mu}}{\mathrm{d}t}\right)_{\mathrm{R}} &= \boldsymbol{\mu} \times [\boldsymbol{k}(-\omega + \gamma B_0) + \boldsymbol{i}\gamma B_{10}] \\ &= \boldsymbol{\mu} \times \gamma\left[\boldsymbol{k}\left(B_0 - \frac{\omega}{\gamma}\right) + \boldsymbol{i}B_{10}\right] \\ &= \boldsymbol{\mu} \times \gamma\boldsymbol{B}_{\mathrm{eff}}\end{aligned} \tag{6.2-11}$$

该式表示，在旋转坐标系中磁矩绕着由$\boldsymbol{k}(B_0-\omega/\gamma)$和$\boldsymbol{i}B_{10}$矢量合成的新的有效场方向作进动，如图 6.2-2 所示。

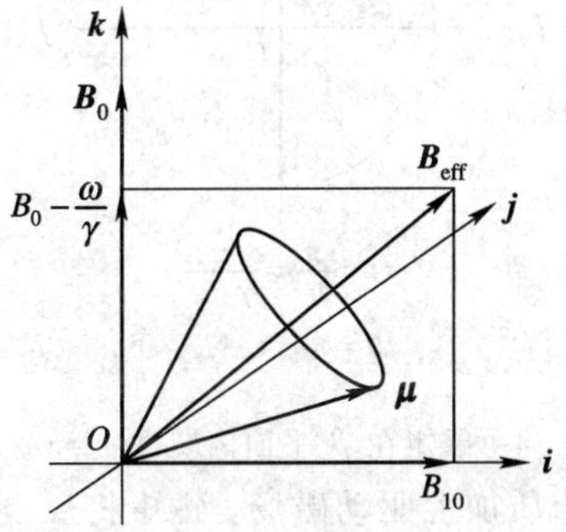

图 6.2-2　磁矩绕 $\boldsymbol{B}_{\mathrm{eff}}$方向进动

如果选 ω 等于拉莫尔进动频率 $\omega_{\mathrm{L}}=\gamma B_0$，则 $\boldsymbol{B}_{\mathrm{eff}}=\boldsymbol{B}_{10}$，如图 6.2-3 所示。此时，磁矩在转动坐标系的 jk 平面中作圆周运动，这正是共振情况下的运动。在共振频率的交流磁场作用下，可以使原来沿外场方向排列的磁矩变成反平行于外场，即由 $\boldsymbol{k}$ 变到$-\boldsymbol{k}$，或由 $m=\dfrac{1}{2}$变到 $m=-\dfrac{1}{2}$。实际上，如果观察得仔细，就会了解到交流磁场的作用结果依赖于它们加到体系上的时间长短。假如加上 $\boldsymbol{B}_1$ 的时间 $t=\dfrac{\pi/2}{\omega_{\mathrm{L}}}=\dfrac{\pi}{2\gamma B_{10}}$，则磁矩在 jk 平面上转动的角度 $\theta=\gamma B_{10}t=\dfrac{\pi}{2}$；假如 $t=\dfrac{\pi}{\omega_{\mathrm{L}}}$，则 $\theta=\pi$，这时，磁矩反向；假如 $t=\dfrac{2\pi}{\omega_{\mathrm{L}}}$，$\theta=2\pi$，则磁矩回到它原来的位置。

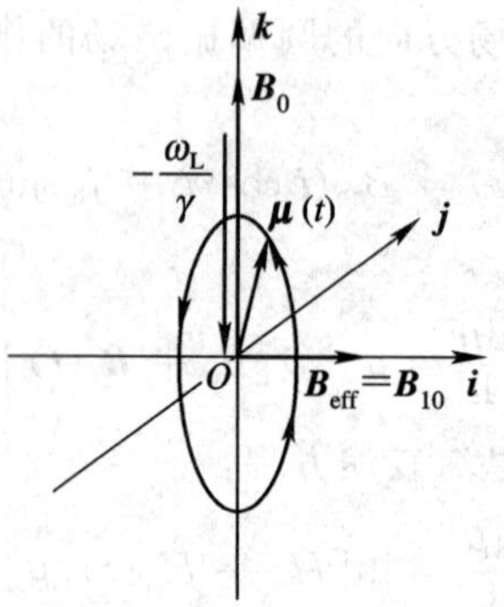

图 6.2-3 共振时，磁矩在 jk 平面内的运动

图 6.2-4 给出了这三种情况。通常定义

$$\theta = \frac{1}{\hbar}\int \mu \cdot \boldsymbol{B}_1 \mathrm{d}t \tag{6.2-12}$$

后面讨论瞬态相干光学过程时，将引入类似的定义。从本质上说，θ 是量度体系的特征磁矩和外加驱动场之间相互作用强度的量。

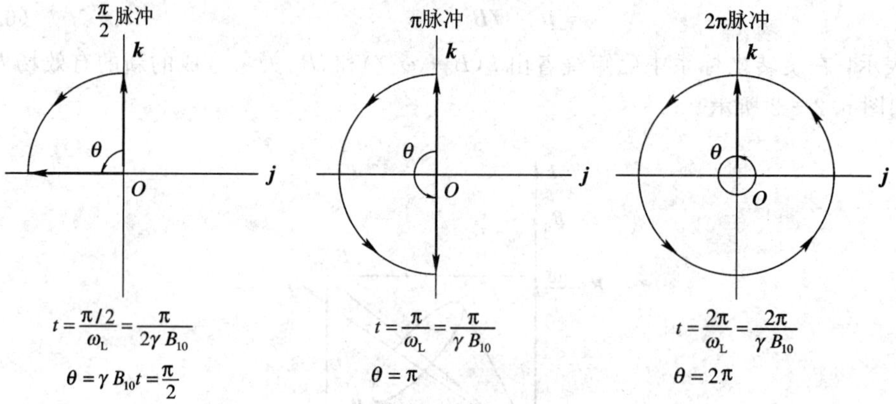

图 6.2-4 磁矩在 jk 平面内转过 $\theta=\pi/2$、π、2π

由图 6.2-4 可见，如果介质加上驱动磁场，磁矩将反复地自高能态到达低能态，再回到高能态，平均来说能量不会有净吸收或发射。但实际上，射频磁场一定有能量被吸收，为了弄清楚是如何吸收能量的，必须引进某种弛豫机制，这等于说我们不能只考虑磁场中单个磁矩，而必须考虑这种磁矩的系综。

布洛赫[2]最早提出了磁矩系综在共振条件下的运动可以用所谓的布洛赫方程描述。如果用 $\boldsymbol{M}$ 表示系综中所有磁矩的矢量和(称为体系的磁化强度)，则在式(6.2-3)中可以用宏观磁化强度代替微观磁矩，再加上唯象的弛豫项，得到布洛赫方程如下：

微观磁矩

$$\left.\begin{aligned} \frac{\mathrm{d}\mu_z}{\mathrm{d}t} &= \gamma(\mu \times \boldsymbol{B})_z \\ \frac{\mathrm{d}\mu_\perp}{\mathrm{d}t} &= \gamma(\mu \times \boldsymbol{B})_\perp \end{aligned}\right\} \tag{6.2-13}$$

宏观磁化强度

$$\left.\begin{aligned}\frac{\mathrm{d}M_z}{\mathrm{d}t}&=\gamma(\boldsymbol{M}\times\boldsymbol{B})_z+\frac{M_0-M_z}{T_1}\\\frac{\mathrm{d}M_\perp}{\mathrm{d}t}&=\gamma(\boldsymbol{M}\times\boldsymbol{B})_\perp-\frac{M_\perp}{T_2}\end{aligned}\right\}\tag{6.2-14}$$

上面方程中的纵向弛豫时间 T_1 是描述与外场平行的磁化强度的 z 分量，从它的某一瞬时值 M_z 弛豫到某个外场不存在时各磁矩平衡分布的定值 M_0 的特性参数。T_1 对磁化强度的作用如图 6.2-5(a)所示，在磁化强度 $\boldsymbol{M}$ 绕 $\boldsymbol{B}_0$ 进动时，矢量的顶点随 M_z 的减小而螺旋向下，直到 M_0 值。图 6.2-5(b)描述了横向弛豫时间 T_2 对磁化强度的作用。它表示横向磁化强度 $M_\perp$ 以指数螺旋向内旋到 z 轴，$M_\perp$ 的平衡值永远为零。T_2 过程的本质是破坏体系中激发分子间的相干性。在光学中，这是一个“消相位”过程。

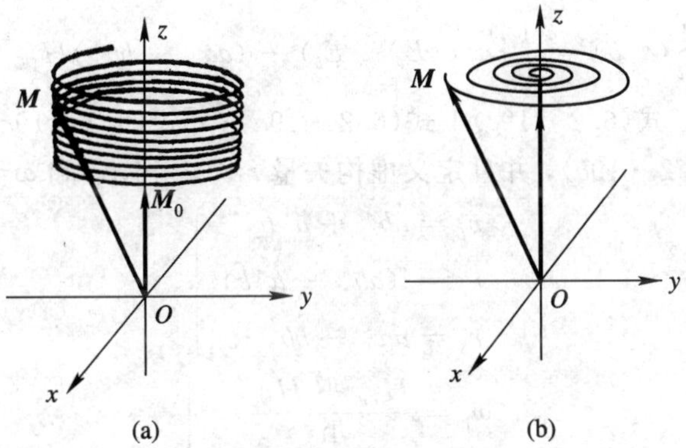

图 6.2-5　T_1、T_2 对磁化强度的作用

(a) T_1 的纵向弛豫过程示意；(b) T_2 的横向弛豫过程示意

2. 光学布洛赫方程

如前所述，由于光学共振激发与磁共振激发的瞬态相干作用很相似，所以可将核磁共振的描述方法推广到瞬态相干光学中，从而引进光学布洛赫方程。在讨论核磁共振时，处理的是磁矩作用，在光频区关心的则是电偶极矩。在这里，我们考虑的是一个二能级原子系统，将引入一个 $\boldsymbol{r}$ 矢量，它与核磁共振中的磁化强度 $\boldsymbol{M}$ 有相似的性质。

1) 二能级原子系统的 $\boldsymbol{r}$ 矢量方程

(1) 二能级原子系统的 $\boldsymbol{r}$ 矢量方程。一个二能级原子系统在光场作用下的状态变化由薛定谔方程描述：

$$\hat{H}\psi=\mathrm{i}\hbar\frac{\partial\psi}{\partial t}\tag{6.2-15}$$

式中

$$\hat{H}=\hat{H}_0+\hat{H}_1(t)\tag{6.2-16}$$

$\hat{H}_0$ 为无光场时原子系统的哈密顿算符，$\hat{H}_1(t)$是原子系统与光场相互作用的哈密顿算符，取电偶极矩近似可以写成

$$\hat{H}_1(t)=-\hat{\boldsymbol{\mu}}\cdot\boldsymbol{E}\tag{6.2-17}$$

式中，$\hat{\mu}$为原子的电偶极矩算符，$\boldsymbol{E}$ 为作用于原子系统的光电场。如果 u_a 和 u_b 是 $\hat{H}_0$ 的与时间无关的本征函数，则任意时刻原子的波函数为

$$\psi(t) = a(t)u_a + b(t)u_b \tag{6.2-18}$$

若引入该原子系统密度矩阵 $\boldsymbol{\rho}$ 及哈密顿矩阵 $\boldsymbol{H}$：

$$\boldsymbol{\rho} = \begin{bmatrix} aa^* & ab^* \\ a^*b & bb^* \end{bmatrix}, \quad \boldsymbol{H} = \begin{bmatrix} E_a & H_{1ab} \\ H_{1ba} & E_b \end{bmatrix}$$

此处已假定偶极矩对角矩阵元为零，则密度矩阵方程为

$$\frac{\mathrm{d}}{\mathrm{d}t}(aa^*) = -\frac{\mathrm{i}}{\hbar}(a^*bH_{1ab} - ab^*H_{1ba}) \tag{6.2-19a}$$

$$\frac{\mathrm{d}}{\mathrm{d}t}(bb^*) = \frac{\mathrm{i}}{\hbar}(a^*bH_{1ab} - ab^*H_{1ba}) \tag{6.2-19b}$$

$$\frac{\mathrm{d}}{\mathrm{d}t}(ab^*) = -\frac{\mathrm{i}}{\hbar}[ab^*(E_a - E_b) - (aa^* - bb^*)H_{1ab}] \tag{6.2-19c}$$

$$\frac{\mathrm{d}}{\mathrm{d}t}(a^*b) = \frac{\mathrm{i}}{\hbar}[a^*b(E_a - E_b) - (aa^* - bb^*)H_{1ba}] \tag{6.2-19d}$$

对以上方程进行组合：式(6.2-19c)+式(6.2-19d)；i[式(6.2-19c)-式(6.2-19d)]；式(6.2-19a)-式(6.2-19b)，并且定义虚构矢量 $\boldsymbol{r}=(r_1, r_2, r_3)$和 $\boldsymbol{\omega}=(\omega_1, \omega_2, \omega_3)$：

$$\left.\begin{aligned} r_1 &= ab^* + a^*b \\ r_2 &= \mathrm{i}(ab^* - a^*b) \\ r_3 &= aa^* - bb^* \end{aligned}\right\} \tag{6.2-20}$$

$$\left.\begin{aligned} \omega_1 &= \frac{H_{1ab} + H_{1ba}}{\hbar} \\ \omega_2 &= \mathrm{i}\,\frac{H_{1ab} - H_{1ba}}{\hbar} \\ \omega_3 &= \frac{E_a - E_b}{\hbar} = \omega_{ab} \end{aligned}\right\} \tag{6.2-21}$$

可将式(6.2-19)变换为

$$\left.\begin{aligned} \frac{\mathrm{d}r_1}{\mathrm{d}t} &= -\omega_3 r_2 + \omega_2 r_3 \\ \frac{\mathrm{d}r_2}{\mathrm{d}t} &= -\omega_1 r_3 + \omega_3 r_1 \\ \frac{\mathrm{d}r_3}{\mathrm{d}t} &= -\omega_2 r_1 + \omega_1 r_2 \end{aligned}\right\} \tag{6.2-22}$$

或表示成矢量形式：

$$\frac{\mathrm{d}\boldsymbol{r}}{\mathrm{d}t} = \boldsymbol{\omega} \times \boldsymbol{r} \tag{6.2-23}$$

形式上，这个方程完全类似于处在磁场 $\boldsymbol{B}$ 中的磁矩 μ 的运动方程(6.2-3)。它表示一个虚构矢量 $\boldsymbol{r}$ 在抽象空间(1，2，3)中围绕矢量 $\boldsymbol{\omega}$ 作角速度为 ω 的拉莫尔进动，这个空间是由 Feynman、Vernon 和 Hellwarth 建立的，所以称为 FVH 表象。

由上述讨论可见，处理二能级原子系统与光场的偶极矩相互作用问题，可归结为求解 $\boldsymbol{r}(t)$的矢量方程(6.2-23)，方程中 $\boldsymbol{\omega}$ 表征了光电场的作用，称为有效场。因为 $\boldsymbol{r}$ 与波函数

$\psi(t)$有唯一确定的关系，所以知道了 $\boldsymbol{r}$，在形式上就等价于完全(在量子力学意义上)确定了这个原子系统。在求解上述方程时，要求知道初始条件 $\boldsymbol{r}(0)$，这等价于求解薛定谔方程时应指定 $\psi(0)$。

正如前面指出的那样，处理这类问题最好采用旋转坐标系。现假设旋转坐标的角速度为 Ω，$\boldsymbol{r}$ 在旋转坐标系中的变化率为$\frac{\mathrm{d}\boldsymbol{r}_\mathrm{R}}{\mathrm{d}t}$，则式(6.2－23)在旋转坐标系中可表示为

$$\frac{\mathrm{d}\boldsymbol{r}_\mathrm{R}}{\mathrm{d}t}=(\boldsymbol{\omega}_\mathrm{R}-\boldsymbol{\Omega})\times\boldsymbol{r}_\mathrm{R} \tag{6.2-24}$$

在下面的讨论中，我们假设静止坐标系中的坐标为(1，2，3)，旋转坐标系中的坐标为(Ⅰ，Ⅱ，Ⅲ)。

(2) 在不同光场作用下 $\boldsymbol{r}(t)$的变化规律。

① 无光场时的 $\boldsymbol{r}(t)$。无光场时，有效场 $\boldsymbol{\omega}$ 为

$$\left.\begin{aligned}\omega_1&=0\\ \omega_2&=0\\ \omega_3&=\frac{E_2-E_1}{\hbar}=\omega_0\end{aligned}\right\} \tag{6.2-25}$$

在旋转坐标系中，矢量方程为

$$\frac{\mathrm{d}\boldsymbol{r}_\mathrm{R}}{\mathrm{d}t}=(\omega_0-\Omega)\boldsymbol{k}\times\boldsymbol{r}_\mathrm{R} \tag{6.2-26}$$

$\boldsymbol{k}$ 是相应于坐标Ⅲ的单位矢量。如果选取 $\Omega=\omega_0$，则方程(6.2－26)的解为

$$\boldsymbol{r}_\mathrm{R}=\text{常矢量} \tag{6.2-27}$$

该常矢量由初始条件决定。根据图 6.2－6 所示的静止坐标系与旋转坐标系之间的几何关系，该 $\boldsymbol{r}$ 矢量在静止坐标系中的三个分量为

$$\left.\begin{aligned}r_1&=r_\mathrm{I}\cos\omega_0 t-r_\mathrm{II}\sin\omega_0 t\\ r_2&=r_\mathrm{I}\sin\omega_0 t+r_\mathrm{II}\cos\omega_0 t\\ r_3&=\sqrt{1-r_\mathrm{I}^2-r_\mathrm{II}^2}\end{aligned}\right\} \tag{6.2-28}$$

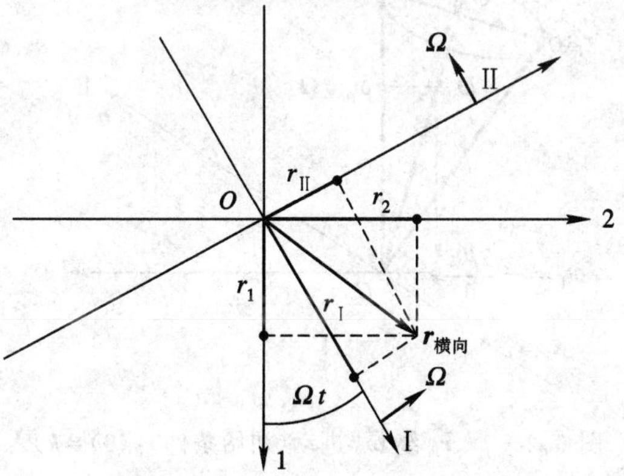

图 6.2－6　$\boldsymbol{r}$ 的横向分量在静止坐标系和旋转坐标系之间的关系

因此，在静止坐标系中 $\boldsymbol{r}(t)$ 的运动是以某一倾角绕 3 轴的进动，进动频率为 ω_0。

从物理上讲，因为 $r_{\mathrm{III}}=aa^*-bb^*$，所以，$\boldsymbol{r}_{\mathrm{R}}$ 为常矢量时表示无外光场，不发生 u_a 与 u_b 间的跃迁，即 $|a|^2$ 和 $|b|^2$ 是常数。

② 圆偏振光作用于原子系统的 $\boldsymbol{r}(t)$ 变化[3]。假设入射圆偏振光电场为

$$\left.\begin{aligned} E_x &= E_0\cos\Omega t \\ E_y &= E_0\sin\Omega t \end{aligned}\right\} \tag{6.2-29}$$

可以证明(见后面关于 u,v 物理含义的讨论)，由式(6.2-21)，$\boldsymbol{\omega}(t)$ 的分量为

$$\left.\begin{aligned} \omega_1 &= -\frac{2\mu E_0}{\hbar}\cos\Omega t \\ \omega_2 &= -\frac{2\mu E_0}{\hbar}\sin\Omega t \\ \omega_3 &= \omega_0 \end{aligned}\right\} \tag{6.2-30}$$

式中，μ 为原子的电偶极矩。因此，在 1、2 平面内，$\boldsymbol{\omega}(t)$ 的分量是圆振动矢量，以角速度 Ω 绕 3 轴旋转，并有恒定的大小 $2\mu E_0/\hbar$。在以角速度 $\boldsymbol{\Omega}(=\Omega\boldsymbol{k})$ 进行同步旋转的坐标系中，$\boldsymbol{\omega}(t)$ 是静止的，因而可假设 $\omega_{\mathrm{R}}=(-2\mu E_0/\hbar,\ 0,\ \omega_0)$，运动方程(6.2-24)为

$$\frac{\mathrm{d}\boldsymbol{r}_{\mathrm{R}}}{\mathrm{d}t}=\left[\boldsymbol{i}\left(\frac{-2\mu E_0}{\hbar}\right)+\boldsymbol{k}(\omega_0-\Omega)\right]\times\boldsymbol{r}_{\mathrm{R}}=\boldsymbol{\omega}_{\mathrm{eff}}\times\boldsymbol{r}_{\mathrm{R}} \tag{6.2-31}$$

于是，这个问题就简化为 $\boldsymbol{r}_{\mathrm{R}}$ 绕静止矢量 $\boldsymbol{\omega}_{\mathrm{eff}}=\boldsymbol{i}\left(-\frac{2\mu E_0}{\hbar}\right)+\boldsymbol{k}(\omega_0-\Omega)$ 的进动，进动角速度为

$$\omega_{\mathrm{eff}}=\sqrt{\left(\frac{2\mu E_0}{\hbar}\right)^2+(\Omega-\omega_0)^2} \tag{6.2-32}$$

图 6.2-7 给出了上述 $\boldsymbol{r}_{\mathrm{R}}(t)$ 的运动图像。因选择旋转坐标系的 Ⅰ 轴方向与 $\boldsymbol{\omega}(t)$ 在 1、2 平面上的投影一致，所以 $\omega_{\mathrm{II}}=0$。

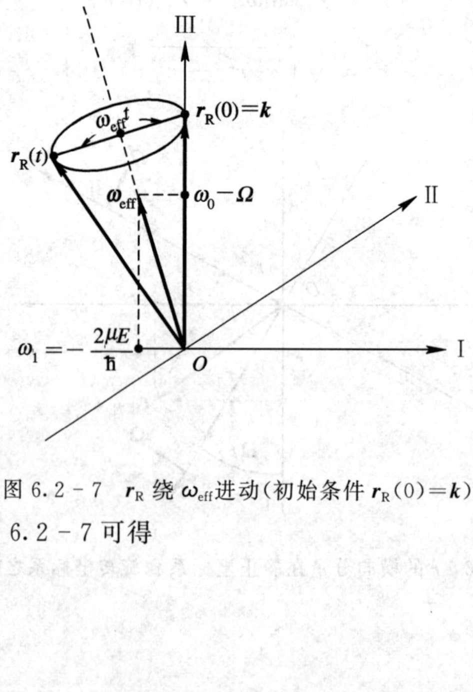

图 6.2-7 $\boldsymbol{r}_{\mathrm{R}}$ 绕 $\boldsymbol{\omega}_{\mathrm{eff}}$ 进动(初始条件 $\boldsymbol{r}_{\mathrm{R}}(0)=\boldsymbol{k}$)

利用三角关系，由图 6.2-7 可得

$$\left.\begin{aligned} r_{\mathrm{I}} &= \frac{\omega_{\mathrm{I}}(\omega_0-\Omega)}{\omega_{\mathrm{eff}}^2}(1-\cos\omega_{\mathrm{eff}}t) \\ r_{\mathrm{II}} &= -\frac{\omega_{\mathrm{I}}}{\omega_{\mathrm{eff}}}\sin\omega_{\mathrm{eff}}t \\ r_{\mathrm{III}} &= 1-2\left(\frac{\omega_{\mathrm{I}}}{\omega_{\mathrm{eff}}}\right)^2\sin^2\frac{\omega_{\mathrm{eff}}t}{2} \end{aligned}\right\} \tag{6.2-33}$$

式中，$\omega_{\mathrm{I}}=-2\mu E_0/\hbar$ 是负数。

利用式(6.2-33)、关系式 $r_{\mathrm{III}}=|a|^2-|b|^2$ 和归一化条件 $|a|^2+|b|^2=1$，可以得到原子初始处于上能态时，在外加圆偏振光作用下，它在 a 态(上能级)和 b 态的概率分别为

$$\left.\begin{aligned} |a|^2 &= 1-\left(\frac{\omega_{\mathrm{I}}}{\omega_{\mathrm{eff}}}\right)^2\sin^2\left(\frac{\omega_{\mathrm{eff}}t}{2}\right) \\ |b|^2 &= \left(\frac{\omega_{\mathrm{I}}}{\omega_{\mathrm{eff}}}\right)^2\sin^2\left(\frac{\omega_{\mathrm{eff}}t}{2}\right) \end{aligned}\right\} \tag{6.2-34}$$

在共振时($\Omega=\omega_0$)，$\omega_{\mathrm{eff}}=\omega_{\mathrm{I}}$，得

$$\left.\begin{aligned} |a|^2 &= \cos^2\left(\frac{\omega_{\mathrm{I}}t}{2}\right) \\ |b|^2 &= \sin^2\left(\frac{\omega_{\mathrm{I}}t}{2}\right) \end{aligned}\right\} \tag{6.2-35}$$

可以看出，当 $\omega_{\mathrm{I}}t=\pi$ 时，上、下能级粒子数发生一次交换，或者说，每经过 π/ω_{I} 时间，上、下能级粒子数交换一次，而经过 $2\pi/\omega_{\mathrm{I}}$ 时间，恢复到原粒子数分布状态。通常称 $2\mu E_0/\hbar$ 为拉比(Rabi)翻转频率，相应的 $|a(t)|^2$、$|b(t)|^2$ 变化规律如图 6.2-8 所示。

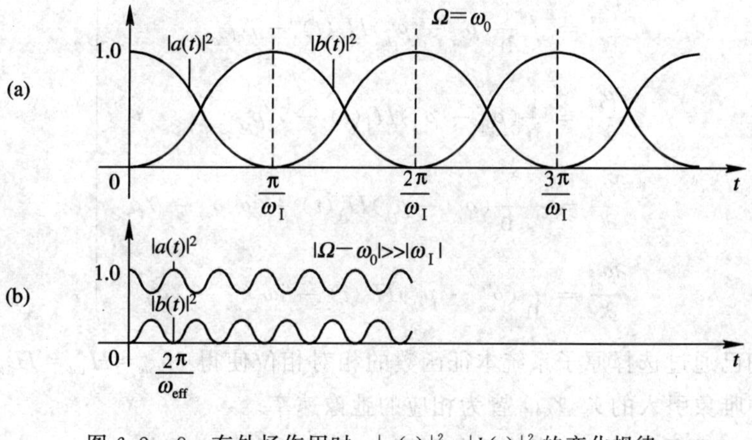

图 6.2-8　有外场作用时，$|a(t)|^2$、$|b(t)|^2$ 的变化规律

(a) $\Omega=\omega_0$；(b) $|\Omega-\omega_0|\gg|\omega_{\mathrm{I}}|$

③ 线偏振光作用于原子系统的 $\boldsymbol{r}(t)$。在大多数实验条件下，原子系统都是在线偏振光电场

$$E_x = E_0\cos\Omega t \tag{6.2-36}$$

的作用下，该线偏振光电场可以分解为两个方向相反的圆偏振光电场：

$$\left.\begin{aligned} E_{x_1} &= \frac{E_0}{2}\cos\Omega t \\ E_{y_1} &= \frac{E_0}{2}\sin\Omega t \end{aligned}\right\} \tag{6.2-37}$$

和

$$\left.\begin{aligned} E_{x_2} &= \frac{E_0}{2}\cos\Omega t \\ E_{y_2} &= -\frac{E_0}{2}\sin\Omega t \end{aligned}\right\} \tag{6.2-38}$$

在与式(6.2-37)光电场同步旋转的坐标系中，式(6.2-38)所示的光电场是以角速度 2Ω 旋转的，因此在一级近似下，它对 $\boldsymbol{r}$ 无平均"转矩"，可以忽略不计，这就是"旋转波近似"的几何含义。这样一来，$\boldsymbol{r}(t)$的运动如同上面②中的讨论，只是要将 E_0 代换成 $E_0/2$。

最后应当指出，如上所述，当将共振光场加到原子系统上时，只能使原子在上、下能级间翻转跃迁，并不会有净能量的吸收或发射，因此也就不会产生或吸收相干辐射。为了说明实际上的瞬态相干辐射，必须要引入弛豫机制，考虑原子系统的集合——原子系综与光的相互作用。

2）光学布洛赫方程

（1）光学布洛赫方程。原子系综的密度矩阵是原子系统密度矩阵的平均，即

$$\boldsymbol{\rho}_{\text{系综}} = \bar{\boldsymbol{\rho}}_{\text{系统}} = \begin{bmatrix} \rho_{aa} & \rho_{ab} \\ \rho_{ba} & \rho_{bb} \end{bmatrix}$$

其密度矩阵方程为

$$\left.\begin{aligned} \frac{\partial \rho_{aa}}{\partial t} &= -\frac{\mathrm{i}}{\hbar}(\rho_{ba}-\rho_{ab})H_1(t) - \gamma_a\rho_{aa} \\ \frac{\partial \rho_{bb}}{\partial t} &= \frac{\mathrm{i}}{\hbar}(\rho_{ba}-\rho_{ab})H_1(t) - \gamma_b\rho_{bb} \\ \frac{\partial \rho_{ba}}{\partial t} &= -\frac{\mathrm{i}}{\hbar}(\rho_{aa}-\rho_{bb})H_1(t) + \mathrm{i}\omega_0\rho_{ab} - \gamma\rho_{ba} \\ \frac{\partial \rho_{ab}}{\partial t} &= \frac{\mathrm{i}}{\hbar}(\rho_{aa}-\rho_{bb})H_1(t) - \mathrm{i}\omega_0\rho_{ab} - \gamma\rho_{ab} \end{aligned}\right\} \tag{6.2-39}$$

在这里，我们已通过选择原子系统本征函数的相对相位使得 $H_{1ab}=H_{1ab}^{*}=H_{1ba}=H_1(t)$，且为实数。式中唯象引入的 γ_a,γ_b,γ 皆为相应的弛豫速率。

对于二能级原子系综，两个能级分别用1、2表示，在偏振光

$$E_x(z,t) = E_0\cos(\Omega t - kz) \tag{6.2-40}$$

作用下，相互作用哈密顿矩阵元为

$$H_1(t) = -\mu_{12}E(t) = -\mu_{12}E_0\cos(\Omega t - kz) \tag{6.2-41}$$

相应的密度矩阵方程为

$$\left.\begin{aligned}\frac{\partial\rho_{22}}{\partial t}&=\mathrm{i}R(\rho_{12}-\rho_{21})\cos(\Omega t-kz)-\frac{\rho_{22}-\rho_{22}^{0}}{T_1}\\\frac{\partial\rho_{11}}{\partial t}&=\mathrm{i}R(\rho_{21}-\rho_{12})\cos(\Omega t-kz)-\frac{\rho_{11}-\rho_{11}^{0}}{T_1}\\\frac{\partial\rho_{12}}{\partial t}&=\mathrm{i}R(\rho_{22}-\rho_{11})\cos(\Omega t-kz)-\left(\mathrm{i}\omega_{12}+\frac{1}{T_2}\right)\rho_{12}\\\frac{\partial\rho_{21}}{\partial t}&=\mathrm{i}R(\rho_{11}-\rho_{22})\cos(\Omega t-kz)-\left(\mathrm{i}\omega_{21}+\frac{1}{T_2}\right)\rho_{21}\end{aligned}\right\}\qquad(6.2-42)$$

式中，$R=\mu_{12}E_0/\hbar$，为拉比翻转频率；T_1、T_2 分别表示相应于 $\gamma_a(\gamma_a\approx\gamma_b)$、$\gamma$ 过程的弛豫时间：纵向弛豫时间和横向弛豫时间；ρ_{11}^0、ρ_{22}^0 分别表示无外场时，原子处于能级 1、2 的概率。

进一步，我们采用如下的代换：

$$\left.\begin{aligned}\rho_{12}&=\bar{\rho}_{12}\mathrm{e}^{\mathrm{i}(\Omega t-kz)}\\\rho_{21}&=\bar{\rho}_{21}\mathrm{e}^{-\mathrm{i}(\Omega t-kz)}\end{aligned}\right\}\qquad(6.2-43)$$

并且忽略 $\exp[2\mathrm{i}(\Omega t-kz)]$ 这样的非共振高频项，就可将密度矩阵非对角元的高频振荡因子消掉，这就是“旋转波近似”的数学处理。由此可将式(6.2-42)变化为

$$\left.\begin{aligned}\frac{\partial\rho_{22}}{\partial t}&=\frac{\mathrm{i}R(\bar{\rho}_{12}-\bar{\rho}_{21})}{2}-\frac{\rho_{22}-\rho_{22}^{0}}{T_1}\\\frac{\partial\rho_{11}}{\partial t}&=\frac{\mathrm{i}R(\bar{\rho}_{21}-\bar{\rho}_{12})}{2}-\frac{\rho_{11}-\rho_{11}^{0}}{T_1}\\\frac{\partial\bar{\rho}_{12}}{\partial t}&=\frac{\mathrm{i}R(\rho_{22}-\rho_{11})}{2}+\left(\mathrm{i}\Delta-\frac{1}{T_2}\right)\bar{\rho}_{12}\\\frac{\partial\bar{\rho}_{21}}{\partial t}&=\frac{\mathrm{i}R(\rho_{11}-\rho_{22})}{2}-\left(\mathrm{i}\Delta+\frac{1}{T_2}\right)\bar{\rho}_{21}\end{aligned}\right\}\qquad(6.2-44)$$

式中

$$\Delta=\omega_{21}+kv_z-\Omega\qquad(6.2-45)$$

称为沿光传播方向运动、速度为 v_z 的原子群的共振调谐参量(对于气相共振介质)。若令

$$\left.\begin{aligned}u&=\bar{\rho}_{12}+\bar{\rho}_{21}\\v&=\mathrm{i}(\bar{\rho}_{21}-\bar{\rho}_{12})\\w&=\rho_{22}-\rho_{11}\end{aligned}\right\}\qquad(6.2-46)$$

可将式(6.2-44)进行类似于式(6.2-19)的组合，得到

$$\left.\begin{aligned}\frac{\partial u}{\partial t}&=-\Delta v-\frac{u}{T_2}\\\frac{\partial v}{\partial t}&=\Delta u+Rw-\frac{v}{T_2}\\\frac{\partial w}{\partial t}&=-Rv-\frac{w-w^{0}}{T_1}\end{aligned}\right\}\qquad(6.2-47)$$

方程组(6.2－47)即为二能级原子系综在旋转坐标系中的布洛赫方程。如果略去衰减项($T_1\to\infty$，$T_2\to\infty$)，便可写成

$$\frac{\mathrm{d}\boldsymbol{B}}{\mathrm{d}t}=\boldsymbol{\beta}\times\boldsymbol{B} \tag{6.2－48}$$

式中

$$\boldsymbol{B}=u\boldsymbol{i}+v\boldsymbol{j}+w\boldsymbol{k} \tag{6.2－49}$$

为布洛赫矢量，又称为赝偶极矩矢量，它是时间、空间和原子速度的函数；$\boldsymbol{\beta}$矢量为

$$\boldsymbol{\beta}=-R\boldsymbol{i}+\Delta\boldsymbol{k} \tag{6.2－50}$$

它表征了入射光场的特性，称为有效场。式(6.2－48)表示布洛赫矢量$\boldsymbol{B}$绕着矢量$\boldsymbol{\beta}$作进动，进动的频率为β。在不考虑能级弛豫时间影响时，矢量$\boldsymbol{B}$的模量保持不变；当考虑能级弛豫时间的影响时，矢量$\boldsymbol{B}$的模量将随时间逐渐变小。

纵向弛豫时间T_1和横向弛豫时间T_2对$\boldsymbol{B}$矢量的影响，与核磁共振中T_1、T_2对磁化强度的影响相似，可同样进行分析。

(2) u、v、w的物理含义。上面对于二能级原子系综与光场的偶极相互作用，建立起了密度矩阵方程(6.2－44)和矢量方程(6.2－48)，由于布洛赫矢量与密度矩阵或波函数是唯一对应的，所以从量子力学观点来看，求出了$\boldsymbol{B}$矢量，也就完全了解了系综的状态。虽然$\boldsymbol{B}$矢量是一个虚构的、在数学空间中的矢量，但其分量u、v、w都代表一定的物理含义。

为了讨论u、v的物理含义，我们首先考虑光场与二能级原子系统的偶极跃迁作用。

如果光电场在平面内振荡，则偶极矩与光电场的相互作用哈密顿算符为

$$\hat{H}_1=-\hat{\boldsymbol{\mu}}\cdot\boldsymbol{E}=-\hat{\mu}_xE_x-\hat{\mu}_yE_y \tag{6.2－51}$$

若定义

$$\hat{\mu}^{\pm}=\hat{\mu}_x\pm\mathrm{i}\hat{\mu}_y \qquad E^{\pm}=E_x\pm\mathrm{i}E_y \tag{6.2－52}$$

则哈密顿算符可改写为

$$\hat{H}_1=-\frac{1}{2}(\hat{\mu}^+E^-+\hat{\mu}^-E^+) \tag{6.2－53}$$

考虑到与光辐射相关的偶极跃迁所遵循的选择定则为$\Delta m=\pm1$，有

$$\left.\begin{aligned}\langle m+1|\hat{\mu}^+|m\rangle&=\hat{\mu}_{21}^+\\\langle m+1|\hat{\mu}^-|m\rangle&=\hat{\mu}_{21}^-=0\\\langle m|\hat{\mu}^+|m+1\rangle&=\hat{\mu}_{12}^+=0\\\langle m|\hat{\mu}^-|m+1\rangle&=\hat{\mu}_{12}^-\end{aligned}\right\} \tag{6.2－54}$$

因此，由式(6.2－52)和式(6.2－53)可得

$$\left.\begin{aligned}(H_1)_{21}&=-\frac{1}{2}\mu_{21}^+E^-=-\frac{1}{2}\mu_{21}^+(E_x-\mathrm{i}E_y)\\(H_1)_{12}&=-\frac{1}{2}\mu_{12}^-E^+=-\frac{1}{2}\mu_{12}^-(E_x+\mathrm{i}E_y)\end{aligned}\right\} \tag{6.2－55}$$

如果选择本征函数 u_2 和 u_1 的相位，使 μ_{21}^{+}为实正数，则有

$$\mu_{21}^{+} = (\mu_{21}^{+})^{*} = \mu_{12}^{-} = 2(\mu_x)_{21} = 2\mu \tag{6.2-56}$$

由此可以证明，式(6.2-30)中的

$$\omega_1 = \frac{(H_1)_{21} + (H_1)_{12}}{\hbar} = -\frac{2\mu E_x}{\hbar}$$

$$\omega_2 = \mathrm{i}\,\frac{(H_1)_{21} - (H_1)_{12}}{\hbar} = -\frac{2\mu E_y}{\hbar}$$

式中，$\mu=(\mu_x)_{21}=\langle u_2|\hat{\mu}_x|u_1\rangle$，并且可以看出，有效光电场矢量 $\boldsymbol{\omega}$ 在数学空间 1、2 平面上的行为，恰好是光电场矢量 $\boldsymbol{E}$ 在物理空间 xy 平面上行为的反映。

如果我们考察光场作用下偶极矩算符横向分量的期望值，则有

$$\begin{aligned}\langle\hat{\mu}_x\rangle &= \frac{1}{2}\langle\hat{\mu}^{+} + \hat{\mu}^{-}\rangle = \frac{1}{2}\int\psi^{*}(\hat{\mu}^{+} + \hat{\mu}^{-})\psi\,\mathrm{d}\tau \\ &= \frac{1}{2}\int(a^{*}u_2^{*} + b^{*}u_1^{*})(\hat{\mu}^{+} + \hat{\mu}^{-})(au_2 + bu_1)\mathrm{d}\tau \\ &= \mu r_1\end{aligned} \tag{6.2-57a}$$

$$\langle\hat{\mu}_y\rangle = \mu r_2 \tag{6.2-57b}$$

上式中已利用了式(6.2-54)的关系。由此可见，偶极矩算符的期望值在物理空间 xy 平面上的行为，相当于矢量 $\boldsymbol{r}$ 在虚构的数学空间 1、2 平面上的行为。

进一步，我们考察介质的极化关系。如果外加光电场表示式为

$$E_x(z,t) = \frac{1}{2}E_0(z,t)\mathrm{e}^{-\mathrm{i}(\Omega t-kz)} + \mathrm{c.c.} \tag{6.2-58}$$

介质极化强度表示式为

$$P_x(z,t) = \frac{1}{2}[U(z,t) - \mathrm{i}V(z,t)]\mathrm{e}^{-\mathrm{i}(\Omega t-kz)} + \mathrm{c.c.} \tag{6.2-59}$$

式中，$U(z,t)$表示极化强度中与光电场同相位的成分，$V(z,t)$表示极化强度中与光电场相位相差 $\pi/2$ 的成分。为方便起见，记$(\Omega t-kz)=\phi(z,t)$，则

$$\begin{aligned}P_x(z,t) &= \frac{1}{2}[U(z,t) - \mathrm{i}V(z,t)]\mathrm{e}^{-\mathrm{i}\phi} + \mathrm{c.c.} \\ &= U(z,t)\cos\phi - V(z,t)\sin\phi\end{aligned} \tag{6.2-60}$$

若原子系综中含有 N 个原子，应有

$$P_x = N\langle\hat{\mu}_x\rangle = N\mu r_1$$

再考虑旋转坐标系(Ⅰ，Ⅱ，Ⅲ)与静止坐标系(1，2，3)间的变换关系，则有

$$P_x = N\mu\langle r_{\mathrm{I}}\cos\phi - r_{\mathrm{II}}\sin\phi\rangle \tag{6.2-61}$$

比较式(6.2-60)与式(6.2-61)，有

$$\left.\begin{aligned}U(z,r) &= N\mu r_{\mathrm{I}} \\ V(z,t) &= N\mu r_{\mathrm{II}}\end{aligned}\right\} \tag{6.2-62}$$

如果考虑介质的驰豫机制，极化强度可由力学量算符期望值的定义计算：

$$P_x = N\langle\hat{\mu}_x\rangle = N\mathrm{tr}\{\hat{\rho}\hat{\mu}_x\} = N\mu(\rho_{12} + \rho_{21})$$
$$= N\mu(\bar{\rho}_{12}\mathrm{e}^{\mathrm{i}\phi} + \bar{\rho}_{21}\mathrm{e}^{-\mathrm{i}\phi}) \tag{6.2-63}$$

式中，$\mu=(\mu_x)_{21}=(\mu_x)_{12}$。将式(6.2－63)与式(6.2－60)比较，有

$$\left.\begin{aligned} N\mu\bar{\rho}_{12} &= \frac{1}{2}[U(z,t) + \mathrm{i}V(z,t)] \\ N\mu\bar{\rho}_{21} &= \frac{1}{2}[U(z,t) - \mathrm{i}V(z,t)] \end{aligned}\right\} \tag{6.2-64}$$

因此有

$$\left.\begin{aligned} U(z,t) &= N\mu(\bar{\rho}_{21} + \bar{\rho}_{12}) = N\mu u(z,t) \\ V(z,t) &= \mathrm{i}N\mu(\bar{\rho}_{21} - \bar{\rho}_{12}) = N\mu v(z,t) \end{aligned}\right\} \tag{6.2-65}$$

将式(6.2－62)与式(6.2－65)对比可见，在求系综平均的意义上，r_{I}与u、r_{II}与v相对应。将式(6.2－60)与式(6.2－65)对比可见，$u(z,t)$和$v(z,t)$分别对应于光电场所感应的极化强度P的两个成分：$u(z,t)$对应于与光电场同相位的成分，代表了介质在光电场作用下表现出的色散作用；$v(z,t)$对应于与光电场相位差$\pi/2$的成分，代表了介质在光电场作用下表现出的对光强度的影响。

至于w的物理含义，可以直接由其定义式(6.2－46)看出：它代表着介质上、下能级粒子数的概率密度之差，若单位体积中的粒子总数为N，则Nw表示上、下能级粒子数密度差。

6.2.2 瞬态相干光学作用的波动方程

根据式(6.2－59)和式(6.2－64)，可以将瞬态相干光电场产生的极化强度表示为

$$P(z,t) = N\mu\bar{\rho}_{21}\mathrm{e}^{-\mathrm{i}(\Omega t - kz)} + \mathrm{c.c.} \tag{6.2-66}$$

若进一步考虑到介质内各个原子不同的热运动速度所造成的谱线非均匀加宽，极化强度还需要对原子的热运动速度分布求统计平均，即

$$P(z,t) = N\mu\langle\bar{\rho}_{21}\rangle_v\mathrm{e}^{-\mathrm{i}(\Omega t - kz)} + \mathrm{c.c.} \tag{6.2-67}$$

式中，$\langle\bar{\rho}_{21}\rangle_v$表示对气体介质粒子热运动速度求平均，且有

$$\langle\bar{\rho}_{21}\rangle_v = \frac{1}{kv_r\sqrt{\pi}}\int_{-\infty}^{\infty}\bar{\rho}_{21}\mathrm{e}^{-(\Delta/kv_r)^2}\,\mathrm{d}\Delta \tag{6.2-68}$$

式中，$\Delta=\omega_{21}+kv_r-\Omega$为共振调谐参量，$v_r$为原子热运动的均方根值。又根据式(6.2－64)和式(6.2－65)，有

$$\bar{\rho}_{21} = \frac{1}{2}(u - \mathrm{i}v) \tag{6.2-69}$$

所以

$$\langle\bar{\rho}_{21}\rangle_v = \frac{1}{kv_r\sqrt{\pi}}\int_{-\infty}^{\infty}\frac{1}{2}(u - \mathrm{i}v)\mathrm{e}^{-(\Delta/kv_r)^2}\,\mathrm{d}\Delta \tag{6.2-70}$$

如果将极化产生的瞬态相干辐射光电场写成

$$E_s(z,t) = \frac{1}{2}E_{21}(z,t)\mathrm{e}^{-\mathrm{i}(\Omega t - kz)} + \mathrm{c.c.} \tag{6.2-71}$$

并将式(6.2－71)和式(6.2－67)代入波动方程

$$\frac{\partial^2 E(z,t)}{\partial z^2} - \mu_0\sigma\frac{\partial E(z,t)}{\partial t} - \mu_0\varepsilon_0\frac{\partial^2 E(z,t)}{\partial t^2} = \mu_0\frac{\partial^2 P(z,t)}{\partial t^2} \tag{6.2-72}$$

假设 $\sigma=0$，作慢变化包络近似

$$\left(\frac{\partial E}{\partial t} \ll \Omega E,\ \frac{\partial E}{\partial z} \ll kE,\ \frac{\partial^2 E}{\partial t^2} \ll \Omega\frac{\partial E}{\partial t},\ \frac{\partial^2 E}{\partial z^2} \ll k\frac{\partial E}{\partial z}\right)$$

在不计介质色散效应的情况下，可以得到信号光电场振幅所满足的方程为

$$\frac{\partial E_{21}}{\partial z} = \frac{\mathrm{i}\mu_0\Omega^2}{k}N\mu\langle\bar{\rho}_{21}\rangle_v \tag{6.2-73}$$

于是，一旦由布洛赫方程求出了布洛赫矢量 $\boldsymbol{B}$，即可知道密度矩阵元 $\langle\bar{\rho}_{21}\rangle_v$，从而可根据式(6.2－73)求出信号光电场。所以，式(6.2－47)(或式(6.2－48))和式(6.2－73)构成了描述瞬态相干光学作用的基本方程，有时称其为布洛赫—麦克斯韦方程组。

6.3　光学章动效应

光学章动效应是核磁共振技术中自旋章动效应的光学模拟。所谓光学章动，是指当脉冲前沿很陡的光波入射到共振吸收介质中时，介质对光并不是简单的吸收或放大，而是经过一段有限的弛豫振荡后过渡到稳定状态，如图 6.3－1 所示[4]。由图可见，经过共振吸收介质后的透射光脉冲的前沿，呈现为阻尼式的周期振荡，其振荡频率与入射光场有关，起伏振荡的阻尼时间由介质的横向弛豫时间 T_2 决定。

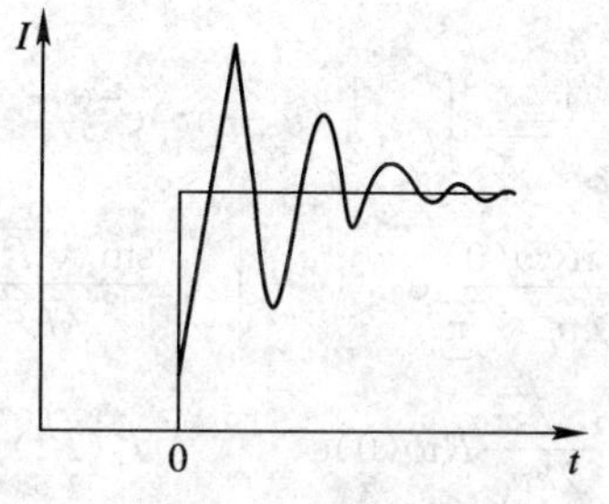

图 6.3－1　透射光随时间变化的示意图

光学章动的物理机制是相干光场与共振介质相互作用时，在其能量交换过程中所产生的弛豫振荡。也就是说，原子或分子在强共振光场照射下，重复地受激吸收和受激发射，导致透射光产生增强和减小的周期振荡。由于这种相干作用必须在相位相干的弛豫时间 T_2 内完成，因此振荡具有有限的阻尼时间。

光学章动效应可以通过布洛赫—麦克斯韦方程组描述。

6.3.1　忽略弛豫项的理论处理

因为光与介质相互作用的时间很短，$t \ll T_1$、T_2，所以可忽略弛豫。此时，布洛赫方程(6.2－47)变为

$$\left.\begin{aligned}\frac{\partial v}{\partial t} &= \Delta u + Rw \\ \frac{\partial u}{\partial t} &= -\Delta v \\ \frac{\partial w}{\partial t} &= -Rv\end{aligned}\right\} \tag{6.3-1}$$

若 $t=0$ 时的初始条件为 $u(0)=0$，$v(0)=0$ 和 $w(0)$，则可求解得到 $t>0$ 时，有

$$\left.\begin{aligned}u(t) &= \frac{\Delta R w(0)}{\beta^2}(\cos\beta t - 1) \\ v(t) &= \frac{R w(0)}{\beta}\sin\beta t \\ w(t) &= w(0)\left[1 + \frac{R^2}{\beta^2}(\cos\beta t - 1)\right]\end{aligned}\right\} \tag{6.3-2}$$

式中，$\beta=\sqrt{R^2+\Delta^2}$。任意时刻 t 的布洛赫矢量的振幅满足

$$B(t) = \sqrt{u^2(t) + v^2(t) + w^2(t)} = w(0) \tag{6.3-3}$$

布洛赫矢量 $\boldsymbol{B}(t)$将以频率 β 绕等效场矢量 $\boldsymbol{\beta}$ 进动。在严格共振时，$\Delta=0$，$\boldsymbol{\beta}=-R\boldsymbol{i}$，可得

$$\left.\begin{aligned}u(t) &= 0 \\ v(t) &= w(0)\sin Rt \\ w(t) &= w(0)\cos Rt\end{aligned}\right\} \tag{6.3-4}$$

此时，布洛赫矢量 $\boldsymbol{B}$ 绕 I 轴以拉比翻转频率 R 旋转。

进一步，由式(6.2-73)可以求出经过气体介质长度为 L 的瞬态辐射光电场振幅为

$$E_{21}(L,t) = \frac{\mathrm{i}\mu_0\Omega^2}{k}N\mu\langle\bar{\rho}_{21}\rangle_v L \tag{6.3-5}$$

其中

$$\begin{aligned}\langle\bar{\rho}_{21}\rangle_v &= \frac{1}{kv_r\sqrt{\pi}}\int_{-\infty}^{\infty}\frac{1}{2}(u - \mathrm{i}v)\mathrm{e}^{-(\Delta/kv_r)^2}\,\mathrm{d}\Delta \\ &\approx -\frac{\mathrm{i}Rw(0)}{kv_r\sqrt{\pi}}\mathrm{e}^{-(\Delta_1/kv_r)^2}\int_{-\infty}^{\infty}\frac{\sin\sqrt{R^2+\Delta^2}t}{\sqrt{R^2+\Delta^2}}\,\mathrm{d}\Delta \\ &\approx -\frac{\mathrm{i}\sqrt{\pi}}{2kv_r}Rw(0)\mathrm{e}^{-(\Delta_1/kv_r)^2}J_0(Rt)\end{aligned} \tag{6.3-6}$$

此处积分作了两点假设：一是入射激光对介质的激发主要集中在多普勒中心频率附近的 Δ_1 频带内，该 Δ_1 很小，故可近似有$\langle u\rangle\approx 0$；二是入射激光线宽小于多普勒线宽，因此高斯分布函数可直接将 Δ 用 Δ_1 替代，移至积分号外。式中的 $J_0(Rt)$是以 Rt 为变量的零阶贝塞尔函数。若将式(6.3-6)代入式(6.3-5)，即可得到瞬态相干辐射光电场为

$$E_s(L,t) = \frac{\mu_0\sqrt{\pi}\,\Omega^2}{2k^2v_r}N\mu LRw(0)\mathrm{e}^{-(\Delta_1/kv_r)^2}J_0(Rt)\cos(\Omega t - kL) \tag{6.3-7}$$

由此可见，激光通过共振介质时，在介质输出面上的光电场振幅随时间以 R 频率振荡。

为了更真实地反映瞬态相干辐射光场的弛豫振荡规律，必须考虑介质的弛豫效应。

6.3.2 考虑弛豫效应的光学章动[5]

考虑弛豫效应的布洛赫方程为

$$\left.\begin{aligned}\frac{\partial u}{\partial t}&=-\Delta v-\frac{u}{T_2}\\\frac{\partial v}{\partial t}&=\Delta u+Rw-\frac{v}{T_2}\\\frac{\partial w}{\partial t}&=-Rv-\frac{w-w^0}{T_1}\end{aligned}\right\}\tag{6.3-8}$$

为了得到解析解，假设 $T_1=T_2=T$。这样，对于 $t>0$，可以得到

$$\left.\begin{aligned}u(t)=&\ \mathrm{e}^{-t/T}\left\{u(0)-\Delta\left[v(0)-\frac{Rw^0/T}{R^2+\Delta^2+1/T^2}\right]\frac{\sin\beta t}{\beta}\right.\\&+\Delta\left[\Delta u(0)+Rw(0)-\frac{Rw^0/T^2}{R^2+\Delta^2+1/T^2}\right]\frac{\cos\beta t-1}{\beta^2}\\&\left.+\frac{\Delta Rw^0}{R^2+\Delta^2+1/T^2}\right\}-\frac{\Delta Rw^0}{R^2+\Delta^2+1/T^2}\\v(t)=&\ \mathrm{e}^{-t/T}\left\{\left[v(0)-\frac{Rw^0/T}{R^2+\Delta^2+1/T^2}\right]\cos\beta t\right.\\&\left.+\left[\Delta u(0)+Rw(0)-\frac{Rw^0/T^2}{R^2+\Delta^2+1/T^2}\right]\frac{\sin\beta t}{\beta}\right\}+\frac{Rw^0/T}{R^2+\Delta^2+1/T^2}\\w(t)=&\ \mathrm{e}^{-t/T}\left\{w(0)-w^0-R\left[v(0)-\frac{Rw^0/T}{R^2+\Delta^2+1/T^2}\right]\frac{\sin\beta t}{\beta}\right.\\&+R\left[\Delta u(0)+Rw(0)-\frac{Rw^2/T^2}{R^2+\Delta^2+1/T^2}\right]\frac{\cos\beta t-1}{\beta^2}\\&\left.+\frac{R^2w^0}{R^2+\Delta^2+1/T^2}\right\}+w^0\left(1-\frac{R^2}{R^2+\Delta^2+1/T^2}\right)\end{aligned}\right\}\tag{6.3-9}$$

在这里，假设 $t=0$ 时的初始条件为 $u(0)$、$v(0)$和 $w(0)$，而 $w^0=(\rho_{22}^0-\rho_{11}^0)$是外加场为零时的集居数概率差。在式(6.3－9)的三个表示式中，最后一项均与时间 t 无关，它们分别表示为外场一直加在介质上的稳定值。若 $t=0$ 时外加场为零，则 $\boldsymbol{B}(0)=(0,0,w(0))$。将该初始条件代入式(6.3－9)，并求多普勒平均密度矩阵元为

$$\begin{aligned}\langle\bar{\rho}_{21}\rangle_v=&\ \frac{1}{kv_r\sqrt{\pi}}\int_{-\infty}^{\infty}\frac{1}{2}(u-\mathrm{i}v)\mathrm{e}^{-(\Delta/kv_r)^2}\,\mathrm{d}\Delta\\=&-\frac{\mathrm{i}\sqrt{\pi}}{2kv_r}Rw(0)\mathrm{e}^{-(\Delta_1/kv_r)^2}\mathrm{e}^{-t/T}\left[J_0(Rt)+\frac{2w^0/w(0)}{T\sqrt{R^2+1/T^2}}\mathrm{e}^{t/T}\right.\\&\left.-\frac{2w^0/w(0)}{\pi T}\int_0^{\infty}\frac{\mathrm{d}\Delta}{R^2+\Delta^2+1/T^2}\left(\cos\sqrt{R^2+\Delta^2}t+\frac{\sin\sqrt{R^2+\Delta^2}t}{T\sqrt{R^2+\Delta^2}}\right)\right]\end{aligned}\tag{6.3-10}$$

该式中第一项比式(6.3－6)多了阻尼因子 $\mathrm{e}^{-t/T}$；第二项为稳态项，与时间无关，只影响场的固定大小，故暂可不计；第三项中的两个积分不能解析求解，但可将三角函数代之为 1

估计其大小：它们分别比第一项约小$\frac{1}{RT}$和$\frac{1}{(RT)^2}$，而因 RT 约为 10^2，所以通常可将它们忽略不计。因此，章动辐射光电场为

$$E_s(L,t) = \frac{\mu_0 \sqrt{\pi}\,\Omega^2}{2k^2 v_r} N\mu L R w(0) \mathrm{e}^{-(\Delta_1/kv_r)^2} \mathrm{e}^{-t/T_2} J_0(Rt)\cos(\Omega t - kL) \qquad (6.3-11)$$

通过介质的透射光强度为

$$I_T \propto (E_T)^2 = (E_0 + E_{21})^2 = E_0^2 + 2E_0E_{21} + E_{21}^2$$

其中，E_0是入射光场振幅，它不随时间变化；E_{21}是在入射光场作用下感应极化辐射的瞬态相干光电场振幅。因通常 $E_0 \gg E_{21}$，所以 $I_T \propto E_0^2 + 2E_0E_{21}$。

透射光电场中的瞬变光强度为

$$I_T(t) \propto \mathrm{e}^{-t/T_2} J_0(Rt) \qquad (6.3-12)$$

由此可见，光学章动是一个频率为 $R=\frac{\mu E_0}{\hbar}$的衰减的周期振荡，其阻尼系数为 T_2。在一般情况下，因入射光场 E_0 较小，往往观察不到这种现象。$t>T_2$ 后，样品将处于稳定状态，即在外场作用下，原子处于稳定分布状态。

6.3.3 光学章动实验

光学章动效应首先是由美国汤冲良等人[4]模拟核磁共振情况，提出和观察到的。为完成这个实验，要求激光脉冲有很陡的前沿。布瑞威尔(Brewer)和舒迈克(Shoemaker)[6]是利用气体介质内的斯塔克电场调制作用(见下节讨论)观察到光学章动效应的，实验装置如图 6.3-2 所示。

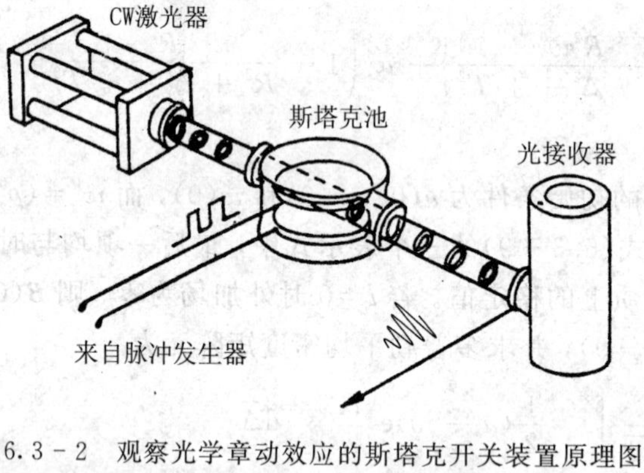

图 6.3-2　观察光学章动效应的斯塔克开关装置原理图

样品放在斯塔克池中，用连续激光器作为相干光源。开始，因入射激光频率与介质不共振，可视介质未受到光的作用。如果突然加入上升时间很短的斯塔克电场脉冲，使介质因斯塔克频移所产生的共振频率正好等于入射光频率，则等效于突然受到共振光的作用，即可观察到瞬态光学章动效应。由于开关突然打开和突然关掉时激发场是等效的，所以瞬态光学章动效应如图 6.3-3 所示。该图表示的是用连续 CO_2 激光器输出波长为 9.4 μm的激光照射 0.64 Pa 的$^{13}CH_3F$ 气体产生的光学章动效应，图中下半部分为介质施加的斯塔克电场，上半部分表示透射光强随时间变化的波形。这种现象是在激光线宽较介质多普勒宽度窄得多时发生的。

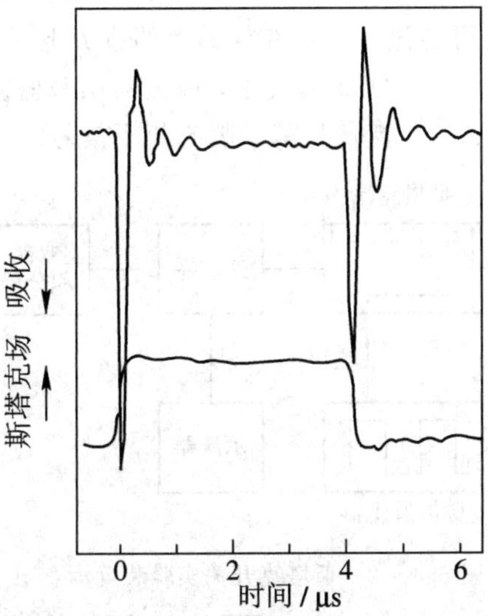

图 6.3－3　$^{13}CH_3F$ 光学章动现象[6]

6.4　光学自由感应衰减效应

光学自由感应衰减效应是指样品原子被一相干光共振激发处于相干态时，突然去掉相干光场，在 T_2 时间内辐射衰减的相干光波的现象。这种辐射与通常所讲的自发辐射不同，它是一种只在前向方向上的相干辐射，实际上是相干的自发辐射，其示意图如图 6.4－1 所示。

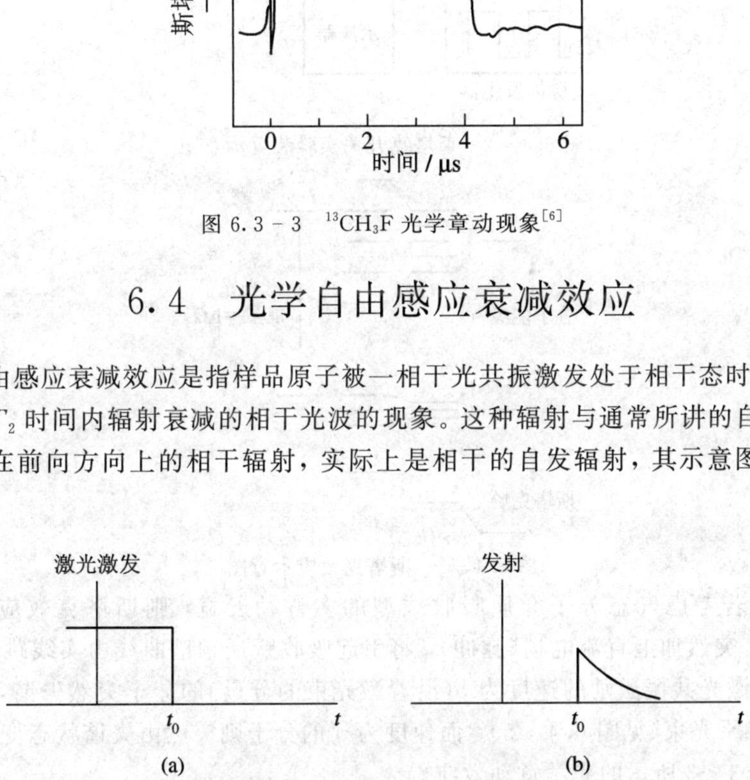

图 6.4－1　自由感应衰减效应示意图

(a) t_0 时刻去掉激光激发；(b) $t>t_0$ 期间的自由感应衰减信号

6.4.1　斯塔克开关技术

由上述讨论可见，瞬态光学章动和自由感应衰减效应都涉及光场的突然加上和突然去掉，即突然的开和关。实际上，如此快的过程利用任何机械手段都不能实现。但随着超短光脉冲技术的发展，这个问题得到了较好的解决。问题是在目前有限的激光器波段的情况下，对于工作物质要求实现所希望的共振作用是极难满足的。1971 年布瑞威尔和舒迈克提出了一种实际上可以实现瞬态相干效应的方法——斯塔克开关技术[6]。

如图 6.4－2 所示，用频率为 Ω 的连续激光照射气态激发介质时，因为气态分子具有极窄的共振线，所以只有 Ω 严格等于分子的跃迁频率 ω_0 时才会有强的吸收。斯塔克开关技术利用分子具有较大的一级斯塔克效应，即加在分子样品上的直流电场将使之产生较大的频移(见图 6.4－3)，因此可通过改变加在样品上的直流电场调节介质能级，使其与入射激光共振和非共振。在斯塔克开关实验装置中，探测器用来监测通过介质的入射光和样品介质的辐射光，在直流背景上的交流信号就是瞬态相干信号。

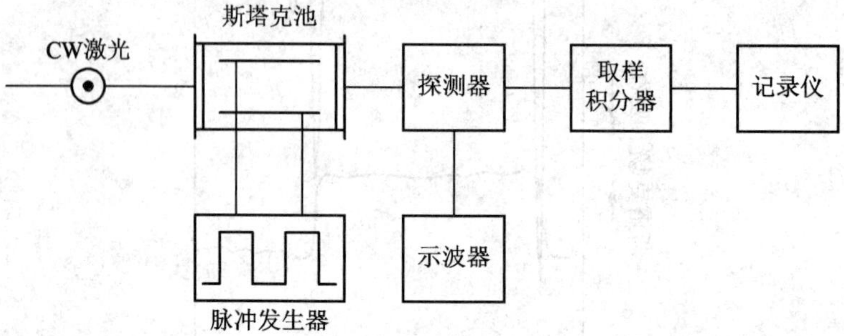

图 6.4－2　斯塔克开关实验装置示意图

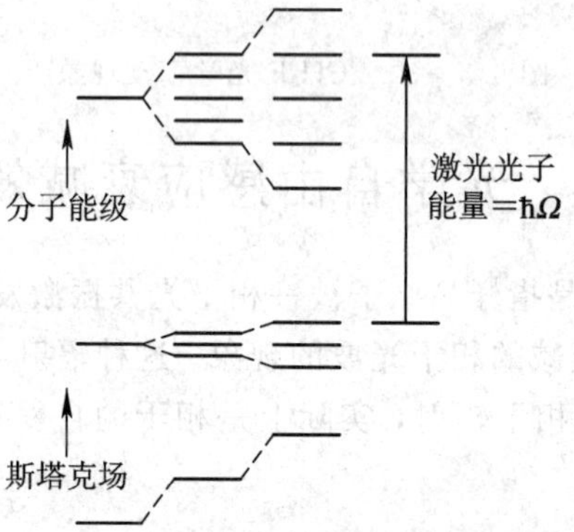

图 6.4－3　斯塔克效应示意图

进一步，若考虑气态分子介质吸收线型的多普勒展宽，则斯塔克效应示意图如图 6.4－4 所示。突然加上直流电场(脉冲)，将引起吸收跃迁频谱曲线由实线跳到虚线位置，此时，起始被激光共振激励的速度为 v(沿着激光束的分量)的分子突然失谐，并瞬时辐射频率为 Ω' 的相干光束(见图 6.4－5)，而速度为 v' 的分子则突然由失谐状态变为共振状态，并表现出图 6.3－3 所示的光学章动效应。

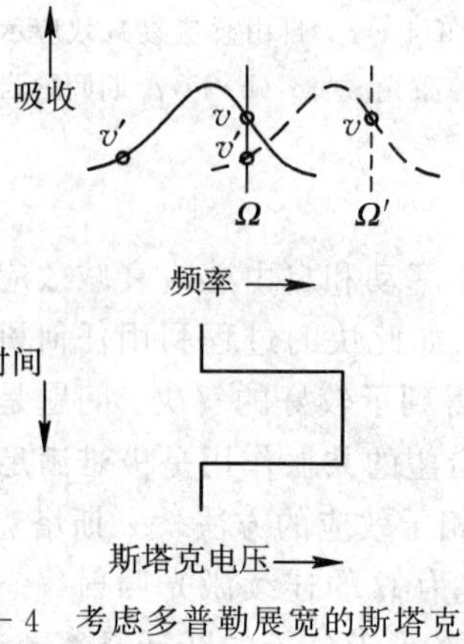

图 6.4－4　考虑多普勒展宽的斯塔克效应

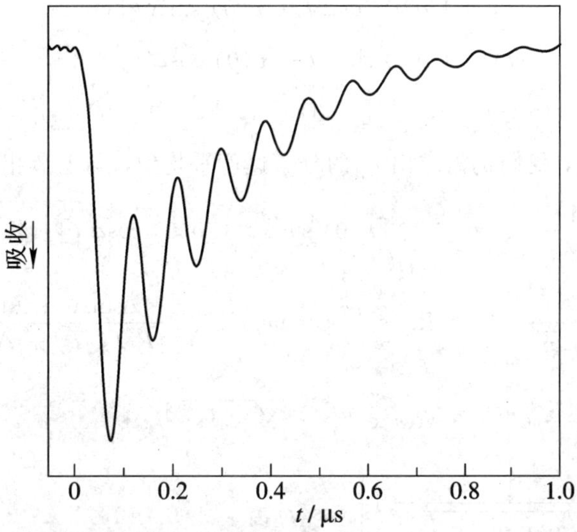

图 6.4 - 5　样品 NH_2D 在外加阶跃函数斯塔克电场时的光学自由感应衰减，其中差频为斯塔克频移。慢变化的背景是相应速度为 v' 的分子产生的光学章动信号

6.4.2　光学自由感应衰减效应

假设具有较宽的非均匀加宽气体共振介质，在 $t\leqslant 0$ 时，入射频率为 Ω 的激光与气体介质共振作用达到稳定状态，可由式(6.2 - 47)求得时间导数等于零的稳态解：

$$
\left.\begin{aligned}
u(0) &= -\frac{\Delta R w^0}{R^2 T_1/T_2 + \Delta^2 + 1/T_2^2} \\
v(0) &= \frac{R w^0/T_2}{R^2 T_1/T_2 + \Delta^2 + 1/T_2^2} \\
w(0) &= w^0\left(1 - \frac{R^2 T_1/T_2}{R^2 T_1/T_2 + \Delta^2 + 1/T_2^2}\right)
\end{aligned}\right\}
\tag{6.4 - 1}
$$

实际上，它们就是式(6.3 - 9)的三个与时间无关的项，只是此处没有 $T_1=T_2$ 的限制。

在 $t=0$ 时，由于瞬时加上了斯塔克开关电压，介质中心频率移动 $\Delta\omega_{21}$，此时失谐量由 Δ 突变为 $\Delta'=\Delta+\Delta\omega_{21}$，且存在的连续光场不再与介质发生共振作用，因而 $R=0$。因此在 $t>0$ 时，布洛赫方程有如下形式：

$$
\left.\begin{aligned}
\frac{\partial u}{\partial t} &= -\Delta' v - \frac{u}{T_2} \\
\frac{\partial v}{\partial t} &= \Delta' u - \frac{v}{T_2} \\
\frac{\partial w}{\partial t} &= -\frac{w - w^0}{T_1}
\end{aligned}\right\}
\tag{6.4 - 2}
$$

此方程的解为

$$\left.\begin{aligned}u(t)&=[u(0)\cos\Delta' t-v(0)\sin\Delta' t]\,\mathrm{e}^{-t/T_2}\\v(t)&=[u(0)\sin\Delta' t+v(0)\cos\Delta' t]\,\mathrm{e}^{-t/T_2}\\w(t)&=w^0+[w(0)-w^0]\,\mathrm{e}^{-t/T_1}\end{aligned}\right\}\tag{6.4-3}$$

为了得到辐射场，我们仍需求出 $\bar{\rho}_{21}$的分子速度平均值。与上节相似，有

$$\begin{aligned}\langle\bar{\rho}_{21}\rangle_v&=\frac{-\mathrm{i}}{2kv_r\sqrt{\pi}}\int_{-\infty}^{\infty}\mathrm{e}^{-(\Delta/kv_r)^2}[u(0)\sin\Delta' t+v(0)\cos\Delta' t]\,\mathrm{e}^{-t/T_2}\,\mathrm{d}\Delta\\&\approx\frac{-\mathrm{i}}{2kv_r\sqrt{\pi}}\mathrm{e}^{-(\Delta_1/kv_r)^2}Rw^0\mathrm{e}^{-t/T_2}\cos\Delta\omega_{21}t\int_{-\infty}^{\infty}\frac{-\Delta\sin\Delta t+(1/T_2)\cos\Delta t}{R^2T_1/T_2+\Delta^2+1/T_2^2}\,\mathrm{d}\Delta\\&\approx\frac{-\mathrm{i}\sqrt{\pi}}{2kv_r}\mathrm{e}^{-(\Delta_1/kv_r)^2}Rw^0\,\mathrm{e}^{-t/T_2\left(1+\sqrt{R^2T_1T_2+1}\right)}\\&\quad\times\left[\frac{1}{\sqrt{R^2T_1T_2+1}}-1\right]\cos\Delta\omega_{21}t\end{aligned}\tag{6.4-4}$$

在这里，已假设$\langle u\rangle\approx 0$，并且将多普勒因子提到积分号外。由式(6.2-73)，可以得到感应极化产生的场振幅为

$$E_{21}=\frac{\mathrm{i}\mu_0\Omega^2}{k}NL\mu\langle\bar{\rho}_{21}\rangle_v\tag{6.4-5}$$

而包含激光在内的总光场 E_T 为

$$E_T=\frac{1}{2}(E_0+E_{21})\,\mathrm{e}^{-\mathrm{i}(\Omega t-kz)}+\mathrm{c.c.}\tag{6.4-6}$$

因此，光强度中的交叉项或差拍项为

$$(E^2)_{\mathrm{b}}=2E_0E_{21}=E_0Q_{21}(t)\cos\Delta\omega_{21}t\tag{6.4-7}$$

式中

$$\begin{aligned}Q_{21}(t)=&\frac{\mu_0\Omega^2NL\mu w^0\sqrt{\pi}}{k^2v_r}E_0R\left[\frac{1}{\sqrt{R^2T_1T_2+1}}-1\right]\mathrm{e}^{-(\Delta_1/kv_r)^2}\\&\times\mathrm{e}^{-t/T_2\left(1+\sqrt{R^2T_1T_2+1}\right)}\end{aligned}\tag{6.4-8}$$

可以看出，差拍项强度的衰减特性有两种贡献：① 具有时常数 T_2 的均匀加宽部分；② 具有时常数 $T_2/\sqrt{R^2T_1T_2+1}$的非均匀加宽部分。后一种贡献反映了在稳态预置期间所激励的速度带宽。在中等高的激光强度上(几 $\mathrm{W/cm^2}$)，非均匀的消相可能为主，自由感应信号将快速衰减，并且呈现为一周期振荡，其振荡频率由斯塔克频移 $\Delta\omega_{21}$决定。在 NH_2D 中的自由感应衰减效应的实验曲线，如图 6.4-5 所示。

6.5 光子回波效应

在上述光学自由感应衰减效应中，指出了非均匀加宽对衰减的贡献。这种非均匀衰减

起因于气体分子在衰减时的速度不同，导致相位不同，因此是一种非均匀的消相过程。这种非均匀消相是一种可逆的现象，如果在时间上使消相过程反转，就可以瞬时地重新获得储存在样品中的相干电磁能量，这就是回波的概念。在光学领域内，若有两个强短激光脉冲相继入射到共振吸收介质中，经过一段时间会观察到第三个定向的光脉冲出射，这个光脉冲称为光子回波。

为简单地理解消相—重新同相的过程，考察图 6.5－1 所示的多普勒相位因子随时间的变化规律。假设 $t=0$ 时，样品受到激光脉冲的共振相干激发。$t>0$ 时，以速度 $\boldsymbol{v}$ 运动的气体分子的相对多普勒相位随时间变化为 $\boldsymbol{k}\cdot\boldsymbol{v}t$，$\boldsymbol{k}$ 是光辐射的传播矢量。如果在 $t=\tau$ 时对样品施加另一个脉冲，使相对多普勒相位变号，从 $\boldsymbol{k}\cdot\boldsymbol{v}\tau$ 变为 $-\boldsymbol{k}\cdot\boldsymbol{v}\tau$，则在 $t=2\tau$ 时，气体分子将重现 $t=0$ 时的初相位。若气体分子都以同样方式经历了这样一个过程，则宏观上该样品就会在 $t=2\tau$ 时相干地辐射一个光脉冲——光子回波。

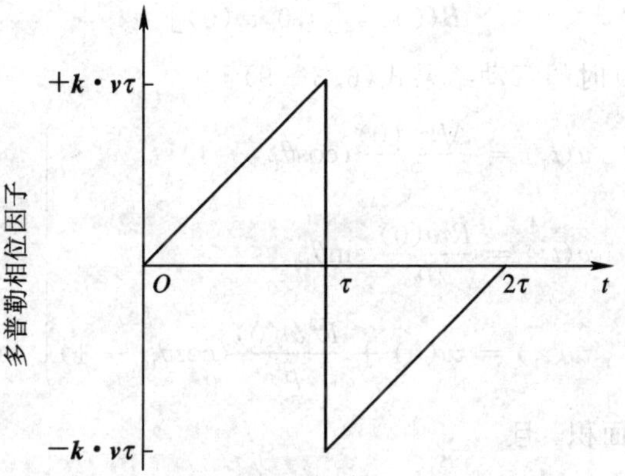

图 6.5－1　多普勒相位因子随时间的变化

下面，我们首先讨论利用斯塔克开关技术产生的光子回波理论，然后利用布洛赫矢量方法进行描述。

6.5.1　光子回波效应的理论分析

如图 6.5－2 所示，在 $0-t_1$，t_2-t_3 期间将二斯塔克脉冲电场加到气体分子样品上，则在此期间，气体分子与激光束发生共振作用，而在其它期间，偏离共振。在相应的时间区域内，频率失谐为

$$\left.\begin{array}{ll} 0<t<t_1 \quad 和 \quad t_2<t<t_3: & \Delta \\ t_1<t<t_2 \quad 和 \quad t_3<t: & \Delta'=\Delta+\Delta\omega_{21} \end{array}\right\} \tag{6.5-1}$$

式中，$\Delta\omega_{21}$ 是斯塔克频移。

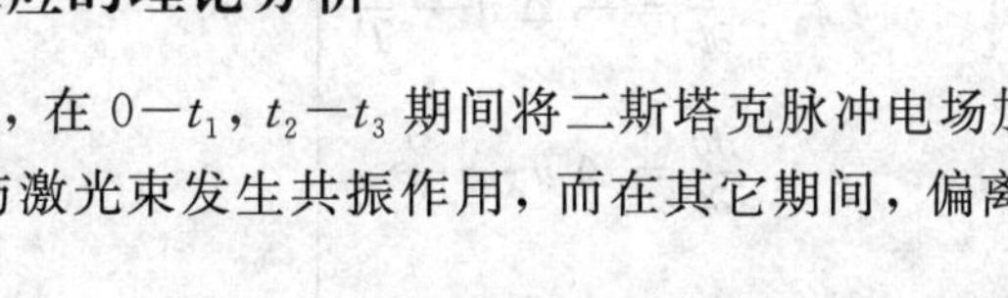

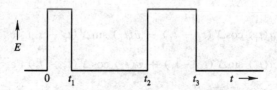

图 6.5－2　斯塔克电场振幅随时间的变化

下面，我们分时间区域进行讨论。

(1) $0<t<t_1$ 区域。

若脉冲非常短，$t_1 \ll T_2$、T_1，则布洛赫方程中的弛豫项可以忽略不计；由于 w^0 项对光子回波的形成没有贡献，可以不考虑，因此，布洛赫方程(6.2-47)简化为

$$\left.\begin{aligned}\frac{\partial u}{\partial t} &= -\Delta v \\ \frac{\partial v}{\partial t} &= \Delta u + Rw \\ \frac{\partial w}{\partial t} &= -Rv\end{aligned}\right\} \tag{6.5-2}$$

初始条件为

$$\boldsymbol{B}(0) = [0, 0, w(0)] \tag{6.5-3}$$

其解即为 $T\to\infty$、$w^0=0$ 时的章动结果式(6.3-9)：

$$\left.\begin{aligned}u(t_1) &= \frac{\Delta R w(0)}{\beta^2}(\cos\theta_{10} - 1) \\ v(t_1) &= \frac{R w(0)}{\beta}\sin\theta_{10} \\ w(t_1) &= w(0) + \frac{R^2 w(0)}{\beta^2}(\cos\theta_{10} - 1)\end{aligned}\right\} \tag{6.5-4}$$

式中，θ_{10}为第一个脉冲面积，且

$$\theta_{10} = \beta t_1 = \sqrt{R^2 + \Delta^2}\, t_1 \tag{6.5-5}$$

(2) $t_1<t<t_2$ 区域。

假设在这个时间间隔内，样品远偏离共振，R 近似为 0，布洛赫方程变为

$$\left.\begin{aligned}\frac{\partial u}{\partial t} &= -\Delta' v - \frac{u}{T_2} \\ \frac{\partial v}{\partial t} &= \Delta' u - \frac{v}{T_2} \\ \frac{\partial w}{\partial t} &= -\frac{w}{T_1}\end{aligned}\right\} \tag{6.5-6}$$

上面第三式中已将 w^0 略去。该方程与自由感应衰减时的布洛赫方程相同，初始条件为

$$\boldsymbol{B}(t_1) = [u(t_1), v(t_1), w(t_1)] \tag{6.5-7}$$

在 $t=t_2$ 时的解为

$$\left.\begin{aligned}u(t_2) &= [u(t_1)\cos\Delta'(t_2 - t_1) - v(t_1)\sin\Delta'(t_2 - t_1)]\,\mathrm{e}^{-(t_2-t_1)/T_2} \\ v(t_2) &= [u(t_1)\sin\Delta'(t_2 - t_1) + v(t_1)\cos\Delta'(t_2 - t_1)]\,\mathrm{e}^{-(t_2-t_1)/T_2} \\ w(t_2) &= w(t_1)\,\mathrm{e}^{-(t_2-t_1)/T_1}\end{aligned}\right\} \tag{6.5-8}$$

(3) $t_2<t<t_3$ 区域。

该区域与 $0<t<t_1$ 期间的情况相同，只是初始条件变为

$$\boldsymbol{B}(t_2)=[u(t_2),\ v(t_2),\ w(t_2)] \tag{6.5-9}$$

可以求得 $t=t_3$ 时的解为

$$\left.\begin{aligned}
u(t_3)&=u(t_2)-\frac{\Delta}{\beta}v(t_2)\sin\theta_{32}-\frac{2\Delta}{\beta^2}[\Delta u(t_2)+Rw(t_2)]\sin^2\frac{\theta_{32}}{2}\\
v(t_3)&=u(t_2)\cos\theta_{32}+\frac{1}{\beta^2}[\Delta u(t_2)+Rw(t_2)]\sin\theta_{32}\\
w(t_3)&=w(t_2)-\frac{R}{\beta}v(t_2)\sin\theta_{32}-\frac{2R}{\beta^2}[\Delta u(t_2)+Rw(t_2)]\sin^2\frac{\theta_{32}}{2}
\end{aligned}\right\} \tag{6.5-10}$$

式中，θ_{32}是第二个脉冲面积，且

$$\theta_{32}=\beta(t_3-t_2)=\sqrt{R^2+\Delta^2}(t_3-t_2) \tag{6.5-11}$$

(4) $t>t_3$ 区域。

对于第二个脉冲之后的该区域，类似于自由感应衰减式(6.5-8)，有

$$\left.\begin{aligned}
u(t)&=[u(t_3)\cos\Delta'(t-t_3)-v(t_3)\sin\Delta'(t-t_3)]\,\mathrm{e}^{-(t-t_3)/T_2}\\
v(t)&=[u(t_3)\sin\Delta'(t-t_3)+v(t_3)\cos\Delta'(t-t_3)]\,\mathrm{e}^{-(t-t_3)/T_2}\\
w(t)&=w(t_3)\,\mathrm{e}^{-(t-t_3)/T_1}
\end{aligned}\right\} \tag{6.5-12}$$

将式(6.5-10)和式(6.5-8)代入式(6.5-12)，就会得到 $u(t)$、$v(t)$和 $w(t)$的一般表示形式。在这些表示式中，有包括因子 $\cos\Delta'(t-2\tau)$的项，这里

$$2\tau=t_3+t_2-t_1 \tag{6.5-13}$$

这些项在

$$t=2\tau \tag{6.5-14}$$

时值最大，它们相应于因相对多普勒相位消失形成光子回波的项，即为回波项；而含有诸如 $\sin\Delta'(t-2\tau)$的其它项，在 $t=2\tau$ 时为零，它们相应于非重新同相的项，不必考虑。

在式(6.5-12)的一般表示关系中，$u(t)$的回波项是奇函数，因此，当光激励接近多普勒相移峰值的分子时，可认为多普勒平均量是

$$\langle u_{\mathrm{e}}\rangle\sim 0 \tag{6.5-15}$$

这里的脚标 e 表示所包含的重新同相位项，或回波项。在这种情况下，相应的极化(式(6.2-67))和 $t=2\tau$ 时产生的回波场(式(6.2-70))，完全由式(6.5-12)中的 v_{e} 分量决定，其多普勒平均量为

$$\langle v_{\mathrm{e}}(t)\rangle=-R^3w(0)\mathrm{e}^{-t/T_2}\cos\Delta\omega_{21}(t-2\tau)\left\langle\frac{1}{\beta^3}\sin\theta_{10}\sin^2\left(\frac{\theta_{32}}{2}\right)\cos\Delta(t-2\tau)\right\rangle \tag{6.5-16}$$

因为$\langle\tilde{\rho}_{21}\rangle_v=\dfrac{1}{2}\langle u-\mathrm{i}v\rangle$，回波场振幅为

$$E_{21}(L,t)=\frac{\mathrm{i}\mu_0\Omega^2}{k}NL\mu\langle\tilde{\rho}_{21}(t)\rangle_v$$

总光场为该回波场与激光场相加，所以相应的总光强中包含的差拍项为

$$[E_e^2(t)]_b = 2E_{21}(t)E_0 = \frac{\mu_0\Omega^2}{k}\hbar NLR^4 w(0)\ \mathrm{e}^{-t/T_2}\cos\Delta\omega_{21}(t-2\tau)$$

$$\times\langle\frac{1}{\beta^3}\sin\theta_{10}\sin^2\left(\frac{\theta_{32}}{2}\right)\cos\Delta(t-2\tau)\rangle \tag{6.5-17}$$

式中的差频是斯塔克频移 $\Delta\omega_{21}$。在 $t=2\tau$ 时，回波强度达到最大值，且近似为

$$[E_e^2(t=2\tau)]_b = \frac{\mu_0\Omega^2}{k}\hbar NLR^4 w(0)\mathrm{e}^{-t/T_2}\langle\frac{1}{\beta^3}\sin\theta_{10}\sin^2\frac{\theta_{32}}{2}\rangle \tag{6.5-18}$$

因此，回波信号的包络函数以时常数 T_2 衰减，它与自由感应衰减差拍项强度中包含的快速非均匀多普勒消相无关。由式(6.5-18)可见，当脉冲面积 $\theta_{10}=\pi/2$，$\theta_{32}=\pi$ 时，回波信号最大。

图 6.5-3 给出了 CH_3F 中的光子回波效应：上面曲线中的第三个光脉冲是光子回波，前两个脉冲是伴随下面曲线表示的两个斯塔克脉冲发生的光学章动信号。

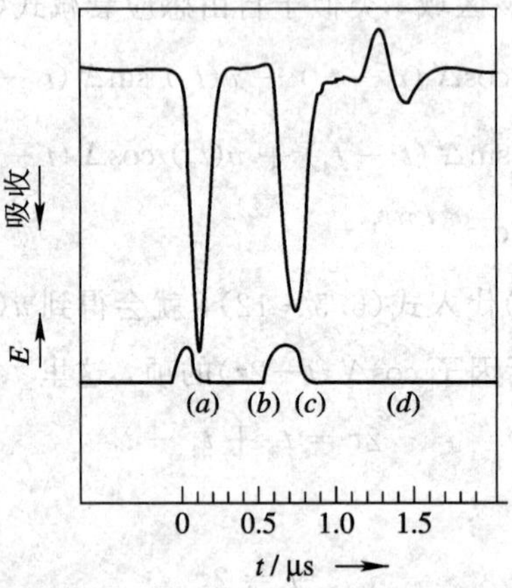

图 6.5-3 CH_3F 中的光子回波效应

6.5.2 光子回波效应的布洛赫矢量描述

光子回波的产生，可以通过布洛赫矢量随时间变化的物理图像直观地描述。处于不同多普勒运动状态的原子或分子具有不同的共振频率，这就引起非均匀加宽。在赝偶极子图像中，就是表示不同偶极子以不同频率进动。如果开始时所有原子或分子均处于相干激发态，则进动偶极子按同相位排列，从而其后如同自由感应衰减那样产生相干发射。但是，由于不同原子分子具有不同的进动频率，这些偶极子在 T_2^* 后很快就不再同相，亦即介质极化相位混乱，相干发射终止。如果用某种方法使相位混乱的偶极子重新同相，则相干发射又可产生。这种现象首先由哈恩(Hahn)在核磁共振的“自旋回波”现象中发现，而光子回波则是由库尔尼特(Kurnit)等人首先提出并观察到的[7]。

现在，考虑一个具有共振频率的二能级原子系统。最初所有原子均处于基态，布洛赫矢量(赝偶极矩矢量)$\boldsymbol{B}$ 如图 6.5-4(a)所示，方向向下，$\boldsymbol{B}=-\boldsymbol{k}$(宏观极化为零)。在 $0\leqslant t\leqslant t_1$ 期间，一个 x 方向线偏振的窄的方波脉冲作用于介质，若在共振激发下旋转坐标系中所

有的 $\boldsymbol{B}$ 都绕着有效场转过角度

$$\theta_0 = \int_0^{t_1} \frac{\mu E_0}{\hbar} \mathrm{d}t = \frac{\pi}{2}$$

则称该脉冲为 $\pi/2$ 脉冲。在这个脉冲作用下，由于 $T_2^* \gg \tau_p$(脉冲宽度)，可以忽略各种弛豫，原子在光脉冲作用下产生相干发射。于是，$\boldsymbol{B}$ 绕 x 轴转动 $\pi/2$，转到 $-y$ 轴方向，如图 6.5-4(b)所示。当 $\pi/2$ 脉冲过去之后，因介质中无外场作用，对应于不同原子的布洛赫矢量 $\boldsymbol{B}$ 将绕 z 轴以不同角速度(大小、方向)旋转，不同的原子彼此失去同相位关系，它们相对于原来同相位位置($-y$ 轴方向)旋转了不同的角度，如图 6.5-4(c)所示，$\boldsymbol{B}$ 呈扇形展开。在第一个 $\pi/2$ 脉冲过后的某一时刻 t_2，第二个 π 脉冲射入介质，在 π 脉冲作用下，旋转坐标系中的布洛赫矢量 $\boldsymbol{B}$ 绕 x 轴转动 π 角，$\boldsymbol{B}$ 分别转到它们在 $x-y$ 平面的镜像位置。π 脉冲过后，$\boldsymbol{B}$ 又将绕 z 轴以不同角速度旋转，如图 6.5-4(d)所示，由于 π 脉冲的反演作用，此时扇面收拢。在收拢扇面时间与展开扇面时间相等($t_4-t_3=t_2-t_1$)时，布洛赫矢量在 y 轴方向恢复到同相位状态，如图 6.5-4(e)所示。在这个时刻，介质中得到一个很大的偶极矩，发出一个相干光脉冲，这就是光子回波脉冲。

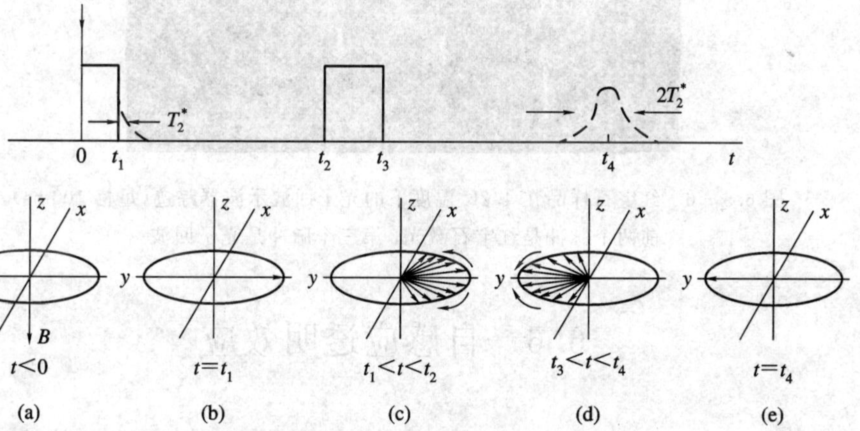

图 6.5-4　布洛赫矢量描述回波现象原理(上图表示脉冲激发顺序;下图表示布洛赫矢量在旋转坐标系中的进动)

光子回波实验装置如图 6.5-5 所示。由调 Q 激光器发出的短光脉冲，一部分直接通过透镜入射到样品上，另一部分经过光学延迟装置稍后入射到样品上。这两个脉冲成一定夹角，其波矢分别为 $\boldsymbol{k}_1$ 和 $\boldsymbol{k}_2$，同时调节分束器反射率，使其分别为 $\pi/2$ 和 π 脉冲，则在满足产生光子回波波矢相位匹配条件的 $\boldsymbol{k}_e$ 方向上，就可以观察到光子回波。产生光子回波的(波矢)相位匹配条件为

$$\boldsymbol{k}_e = 2\boldsymbol{k}_2 - \boldsymbol{k}_1 \tag{6.5-19}$$

它决定了光子回波传播的方向。

图 6.5-6 示出了早期在 4.2 K 温度下，以红宝石调 Q 激光照射红宝石样品，观察到的光子回波波形[7]。除了上述二脉冲光子回波外，还有三脉冲光子回波。目前已在红宝石、Nd^{3+}：YAG、Nd^{3+}：LaF_3、钕玻璃及低气压蒸气 SF_6、$^{13}CH_3F$、He、I_2、Na 等许多系统中观察到了光子回波效应。光子回波技术在研究弛豫过程、光脉冲延迟、光脉冲二位制进位及光学相位共轭技术等许多领域有重要的应用前景。

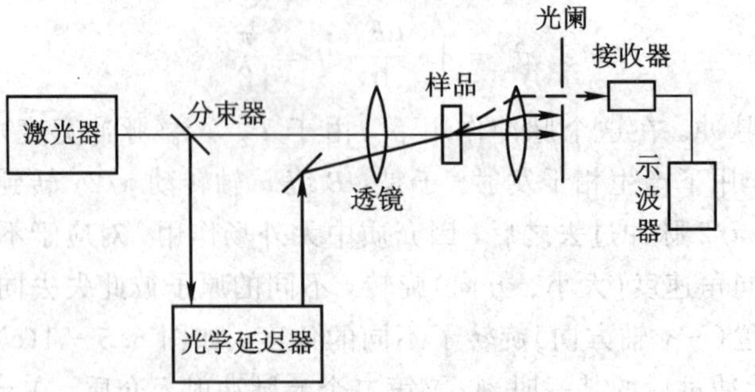

图 6.5-5 光子回波实验装置简图

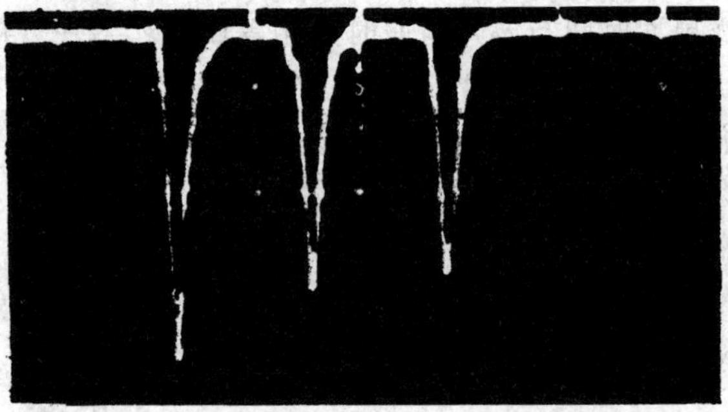

图 6.5-6 红宝石样品在 4.2K 温度下的光子回波示波器踪迹(每格 100 ns)，
前两个脉冲是红宝石激光，第三个脉冲是光子回波

6.6 自感应透明效应

到目前为止，我们均假设激励脉冲在介质中传播时不受介质对场的瞬态响应的影响。实际上，这只是一种较好的近似，假想介质很“薄”，以至于激励脉冲通过介质传播过程不可能发生可觉察到的畸变。当激发脉冲在“厚”介质中传播时，脉冲的畸变就可能是可以觉察到的了。迈考尔(McCall)等人发现[8]，如果脉冲面积 $\theta=\int_{-\infty}^{\infty}\frac{\mu E}{\hbar}\mathrm{d}t=2n\pi$ (n 是整数)，且具有确定的形状，则共振介质对入射强短脉冲无任何衰减，只要 T_1、T_2 弛豫可以忽略不计，脉冲形状也不发生变化，这种现象称为自感应透明效应。这种效应是脉冲的传播效应，它是核磁共振中没有对应现象的瞬态光学相干效应。

自感应透明的直观物理图像是，对于 2π 脉冲，在其传播过程中，前半部分被介质吸收的能量(用于共振激发粒子)在后半部分到来时以相干辐射的形式发射出来。所以不管传播多长的距离，其光电场包络面积总保持不变，亦即脉冲的能量和形状在传播过程中保持不变，而脉冲的传播速度则大大小于光在该介质中的传播速度。

自感应透明效应可以通过布洛赫方程和光波的波动方程来描述，只要忽略弛豫项，就可以得到自感应透明的数学表达式。

6.6.1　原子体系与辐射场相干作用的基本方程

1. 波动方程

假设在介质中传播的光脉冲标量电场为

$$E(z,t) = \frac{1}{2}E_0(z,t)\ \mathrm{e}^{-\mathrm{i}[\omega_0 t - kz - \varphi(z,t)]} + \mathrm{c.c.} \tag{6.6-1}$$

宏观极化强度为

$$P(z,t) = \frac{1}{2}[U(z,t) - \mathrm{i}V(z,t)]\ \mathrm{e}^{-\mathrm{i}[\omega_0 t - kz - \varphi(z,t)]} + \mathrm{c.c.} \tag{6.6-2}$$

式中，E_0、U 和 V 是实数。因为光脉冲在介质中传播时应遵循波动方程

$$\frac{\partial^2 E}{\partial z^2} - \frac{n^2}{c^2}\frac{\partial^2 E}{\partial t^2} = \mu_0 \frac{\partial^2 P}{\partial t^2} \tag{6.6-3}$$

将式(6.6-1)、式(6.6-2)代入该方程，并认为 E_0、U、V、φ 对空间、时间的二阶偏导数是二级小量，而相应的一阶偏导数是一级小量，利用慢变化包络近似，可以得到

$$\frac{\partial E_0}{\partial z} + \frac{n}{c}\frac{\partial E_0}{\partial t} = \frac{\omega_0 c \mu_0}{2n}V \tag{6.6-4}$$

$$E_0\left(\frac{\partial \varphi}{\partial z} + \frac{n}{c}\frac{\partial \varphi}{\partial t}\right) = \frac{\omega_0 c\mu_0}{2n}U \tag{6.6-5}$$

它们即是慢变化包络近似下的波动方程。

2. 布洛赫方程

在这里，主要讨论介质极化强度的 U、V 与光电场的关系，讨论的出发点是二能级原子系综的密度矩阵运动方程(2.9-14)和(2.9-11)。在不计弛豫时，这两个方程为

$$\frac{\partial}{\partial t}(\rho_{11} - \rho_{22}) = \frac{2\mathrm{i}\mu}{\hbar}E(\rho_{21} - \rho_{12}) \tag{6.6-6}$$

$$\frac{\partial}{\partial t}\rho_{21} = -\mathrm{i}\omega\rho_{21} + \frac{\mathrm{i}\mu}{\hbar}E(\rho_{11} - \rho_{22}) \tag{6.6-7}$$

式中所有变量都是 z、t 的函数。由于这两个方程适用于系综中共振频率为 ω 的原子，而介质中传播脉冲的中心频率 ω_0 相对 ω 的失谐为 $\Delta=\omega-\omega_0$，所以密度矩阵元还应是 Δ 的函数，即为 $\rho_{ij}(\Delta,z,t)$。

根据 6.2 节的讨论，若考虑共振频率 $\omega=\omega_0+\Delta$ 的原子对极化的贡献，则有

$$P(\Delta,z,t) = N\mu[\rho_{21}(\Delta,z,t) + \rho_{12}(\Delta,z,t)] \tag{6.6-8}$$

进一步，若考虑 Δ 对整个范围内原子的贡献，并利用式(6.6-2)的极化强度表示关系，应有

$$U(z,t) = \int_{-\infty}^{\infty} N\mu u(\Delta,z,t)g(\Delta)\,\mathrm{d}\Delta \tag{6.6-9}$$

$$V(z,t) = \int_{-\infty}^{\infty} N\mu v(\Delta,z,t)g(\Delta)\,\mathrm{d}\Delta \tag{6.6-10}$$

式中，$g(\Delta)$是原子非均匀加宽的归一化线型函数，于是，极化强度为

$$P(z,t) = \int_{-\infty}^{\infty} P(\Delta,z,t)g(\Delta)\,\mathrm{d}\Delta = N\mu\int_{-\infty}^{\infty}[\rho_{21}(\Delta,z,t) + \mathrm{c.c.}]g(\Delta)\,\mathrm{d}\Delta \tag{6.6-11}$$

由此可得

$$\rho_{21}(\Delta,z,t)=\frac{1}{2}[u(\Delta,z,t)-\mathrm{i}v(\Delta,z,t)]\,\mathrm{e}^{-\mathrm{i}(\omega_0 t-kz-\varphi)} \tag{6.6-12}$$

将式(6.6－12)代入式(6.6－7)，并使其虚、实部分别相等，可得

$$\frac{\partial u}{\partial t}=-v\left(\Delta+\frac{\partial\varphi}{\partial t}\right) \tag{6.6-13}$$

$$\frac{\partial v}{\partial t}=u\left(\Delta+\frac{\partial\varphi}{\partial t}\right)+\frac{\mu E_0}{\hbar}w \tag{6.6-14}$$

将式(6.6－1)和式(6.6－12)代入式(6.6－6)，忽略在 2ω 上振荡的非同步项，可得

$$\frac{\partial w}{\partial t}=-\frac{\mu E_0}{\hbar}v \tag{6.6-15}$$

方程(6.6－13)～方程(6.6－15)是无碰撞的布洛赫方程。若引入唯象的弛豫 T_1 和 T_2，则得到

$$\left.\begin{aligned}\frac{\partial u}{\partial t}&=-v\left(\Delta+\frac{\partial\varphi}{\partial t}\right)-\frac{u}{T_2}\\\frac{\partial v}{\partial t}&=u\left(\Delta+\frac{\partial\varphi}{\partial t}\right)+\frac{\mu E_0}{\hbar}w-\frac{v}{T_2}\\\frac{\partial w}{\partial t}&=-\frac{\mu E_0}{\hbar}v-\frac{w-w_0}{T_1}\end{aligned}\right\} \tag{6.6-16}$$

再将式(6.6－9)和式(6.6－10)代入式(6.6－5)和式(6.6－4)，得到

$$\left.\begin{aligned}\frac{\partial E_0}{\partial z}+\frac{n}{c}\frac{\partial E_0}{\partial t}&=\frac{\omega_0 c\mu_0 N\mu}{2n}\int_{-\infty}^{\infty}v(\Delta,z,t)g(\Delta)\,\mathrm{d}\Delta\\E_0\left(\frac{\partial\varphi}{\partial z}+\frac{n}{c}\frac{\partial\varphi}{\partial t}\right)&=\frac{\omega_0 c\mu_0 N\mu}{2n}\int_{-\infty}^{\infty}u(\Delta,z,t)g(\Delta)\,\mathrm{d}\Delta\end{aligned}\right\} \tag{6.6-17}$$

耦合方程组(6.6－16)和(6.6－17)及适当的边界条件和初始条件，可以用来描述原子与辐射场的相互作用特性。

进一步，若 $g(\Delta)$是偶函数，则由式(6.6－16) 和式(6.6－17)有：$u(\Delta,z,t)$是 Δ 的奇函数，$v(\Delta,z,t)$是 Δ 的偶函数，$w(\Delta,z,t)$是 Δ 的偶函数，$\varphi(z,t)=0$。此时，如果限定共振脉冲的宽度比弛豫时间 T_1 和 T_2 还要短，则可以认为式(6.6－16)中的 T_1、$T_2\to\infty$，方程组(6.6－16)、(6.6－17)变为

$$\left.\begin{aligned}\frac{\partial u}{\partial t}&=-\Delta v\\\frac{\partial v}{\partial t}&=\Delta u+Rw\\\frac{\partial w}{\partial t}&=-Rv\end{aligned}\right\} \tag{6.6-18}$$

$$\frac{\partial E_0}{\partial z}+\frac{n}{c}\frac{\partial E_0}{\partial t}=\frac{\omega_0 c\mu_0 N\mu}{2n}\int_{-\infty}^{\infty}v(\Delta,z,t)g(\Delta)\,\mathrm{d}\Delta \tag{6.6-19}$$

这就是我们讨论自感应透明效应的基本方程组。实际上，由这个基本方程组不但可以得到自感应透明效应的表达式，而且还可以得到一般的弱光情况下的比尔(Beer)定律。

为了讨论瞬态相干作用情况下的光脉冲传播规律，首先由上面得到的基本方程组导出脉冲面积遵从的面积定理。

6.6.2 面积定理

在导出面积定理之前，我们先给出如下两个推导过程中需要的结果：

(1) 对于 $\Delta=0$ 的原子，假设 $u(0,z,-\infty)=v(0,z,-\infty)=0$，由式(6.6-18)有

$$\left.\begin{aligned}\frac{\partial u}{\partial t}&=0\\ \frac{\partial v}{\partial t}&=Rw\\ \frac{\partial w}{\partial t}&=-Rv\end{aligned}\right\}\tag{6.6-20}$$

该方程组的解为

$$\left.\begin{aligned}u(0,z,t)&=0\\ v(0,z,t)&=w_0\sin\theta(z,t)\\ w(0,z,t)&=w_0\cos\theta(z,t)\end{aligned}\right\}\tag{6.6-21}$$

式中

$$\theta(z,t)=\frac{\mu}{\hbar}\int_{-\infty}^{t}E_0(z,t')\,\mathrm{d}t'\tag{6.6-22}$$

(2) 对于 $t\geqslant t_0$，$E_0(z,t)=0$，式(6.6-18)简化为

$$\left.\begin{aligned}\frac{\partial u}{\partial t}&=-\Delta v\\ \frac{\partial v}{\partial t}&=\Delta u\\ \frac{\partial w}{\partial t}&=0\end{aligned}\right\}\tag{6.6-23}$$

则 $t>t_0$ 时的解为

$$\left.\begin{aligned}u(\Delta,z,t)&=u_0\cos[\Delta(t-t_0)]-v_0\sin[\Delta(t-t_0)]\\ v(\Delta,z,t)&=u_0\sin[\Delta(t-t_0)]+v_0\cos[\Delta(t-t_0)]\\ w(\Delta,z,t)&=w(\Delta,z,t)\end{aligned}\right\}\tag{6.6-24}$$

式中

$$u_0=u(\Delta,z,t_0)$$
$$v_0=v(\Delta,z,t_0)$$

下面推导面积定理。

我们定义脉冲面积 θ 为

$$\theta=\lim_{t\to\infty}\theta(z,t)=\frac{\mu}{\hbar}\int_{-\infty}^{\infty}E_0(z,t')\,\mathrm{d}t'\tag{6.6-25}$$

并且假设 $t\to\infty$ 时，$E_0(z,t)\to0$。对式(6.6-25)求导数，有

$$\frac{\mathrm{d}\theta}{\mathrm{d}z}=\lim_{t\to\infty}\frac{\mu}{\hbar}\int_{-\infty}^{t}\frac{\partial}{\partial z}E_0(z,t')\,\mathrm{d}t'$$

将式(6.6－19)得到的 $\partial E_0/\partial z$ 表达式代入上式，得

$$\begin{aligned}\frac{\mathrm{d}\theta}{\mathrm{d}z}&=\lim_{t\to\infty}\frac{\mu}{\hbar}\int_{-\infty}^{t}\mathrm{d}t'\left\{\frac{\omega_0 c\mu_0 N\mu}{2n}\int_{-\infty}^{\infty}v(\Delta,z,t')g(\Delta)\,\mathrm{d}\Delta-\frac{n}{c}\frac{\partial E_0}{\partial t'}\right\}\\&=\lim_{t\to\infty}\left\{-\frac{n\mu}{c\hbar}[E_0(z,t)-E_0(z,-\infty)]+\frac{\omega_0 c\mu_0 N\mu^2}{2n\hbar}\int_{-\infty}^{\infty}\mathrm{d}\Delta g(\Delta)\right.\\&\quad\left.\times\int_{-\infty}^{t}\mathrm{d}t' v(\Delta,z,t')\right\}\end{aligned}$$

由于 $E_0(z,\infty)=E_0(z,-\infty)=0$，所以上式中括号内的项为零。同时，用式(6.6－18)中第一式的 v 的关系代替上式中的 $v(\Delta,z,t')$，上式可得

$$\begin{aligned}\frac{\mathrm{d}\theta}{\mathrm{d}z}&=-\frac{\omega_0 c\mu_0 N\mu^2}{2n\hbar}\lim_{t\to\infty}\int_{-\infty}^{\infty}\mathrm{d}\Delta\frac{g(\Delta)}{\Delta}\int_{-\infty}^{t}\mathrm{d}t'\frac{\partial u(\Delta,z,t')}{\partial t'}\\&=-\frac{\omega_0 c\mu_0 N\mu^2}{2n\hbar}\lim_{t\to\infty}\int_{-\infty}^{\infty}\mathrm{d}\Delta\frac{g(\Delta)}{\Delta}[u(\Delta,z,t)-u(\Delta,z,-\infty)]\\&=-\frac{\omega_0 c\mu_0 N\mu^2}{2n\hbar}\lim_{t\to\infty}\int_{-\infty}^{\infty}\mathrm{d}\Delta\frac{g(\Delta)}{\Delta}u(\Delta,z,t)\end{aligned}$$

这里已利用了 $u(\Delta,z,-\infty)=0$。对于自感应透明，可以选取 t_0 时刻，使得 $t\geqslant t_0$ 时，$E_0\approx 0$，因此 $u(\Delta,z,t)$ 即为式(6.6－23)的解。于是，上式可表示为

$$\begin{aligned}\frac{\mathrm{d}\theta}{\mathrm{d}z}=&-\frac{\omega_0 c\mu_0 N\mu^2}{2n\hbar}\lim_{t\to\infty}\int_{-\infty}^{\infty}\mathrm{d}\Delta\frac{g(\Delta)}{\Delta}\{u(\Delta,z,t_0)\cos[\Delta(t-t_0)]\\&-v(\Delta,z,t_0)\sin[\Delta(t-t_0)]\}\end{aligned}$$

考虑到 $\cos[\Delta(t-t_0)]$ 和 $\sin[\Delta(t-t_0)]$ 函数的振荡特性，在 $t\to\infty$ 时，上式积分的贡献主要来自 $\Delta=0$ 附近很小的范围。又因为 $u(\Delta,z,t_0)$ 是 Δ 的奇函数，可将其在 $\Delta=0$ 附近展开：

$$u(\Delta,z,t_0)\approx a_1\Delta+a_2\Delta^3$$

所以，上式中包含 u 的积分为

$$\begin{aligned}\lim_{t\to\infty}\int_{-\infty}^{\infty}\mathrm{d}\Delta\frac{g(\Delta)}{\Delta}u(\Delta,z,t_0)\cos[\Delta(t-t_0)]&=\lim_{t\to\infty}\left.\frac{g(0)a_1\sin[\Delta(t-t_0)]}{t-t_0}\right|_{-\infty}^{\infty}\\&=0\end{aligned}$$

进一步，考虑到 $v(\Delta,z,t_0)$ 是 Δ 的偶函数，所以有

$$\frac{\mathrm{d}\theta}{\mathrm{d}z}=\frac{\omega_0 c\mu_0 N\mu^2}{2n\hbar}v(0,z,t_0)g(0)\lim_{t\to\infty}\int_{-\infty}^{\infty}\mathrm{d}\Delta\frac{\sin[\Delta(t-t_0)]}{\Delta}$$

又因为上式的积分等于 π，并且由式(6.6－21)，有

$$v(0,z,t_0)=w_0\sin\theta(z,t_0)=w_0\sin\theta$$

所以 $\mathrm{d}\theta/\mathrm{d}z$ 可表示为

$$\frac{\mathrm{d}\theta}{\mathrm{d}z}=\frac{\omega_0\pi c\mu_0 N\mu^2}{2n\hbar}g(0)w_0\sin\theta \tag{6.6－26}$$

对于所讨论的情况，假设原子初始均在基态上，$w_0=-1$，并令

$$\alpha = \frac{\omega_0 \pi c \mu_0 N \mu^2}{n\hbar} g(0) \tag{6.6-27}$$

就可得到

$$\frac{\mathrm{d}\theta}{\mathrm{d}z} = -\frac{\alpha}{2}\sin\theta \tag{6.6-28}$$

该式即为面积定理。

下面，我们由面积定理出发，讨论脉冲传播过程的规律。

6.6.3　自感应透明现象

1. 低功率脉冲通过共振介质的情况

当脉冲功率很低时，$E_0(z,t)$很小，θ很小，$\sin\theta \sim \theta$，式(6.6-28)变为

$$\frac{\mathrm{d}\theta}{\mathrm{d}z} = -\frac{\alpha}{2}\theta \tag{6.6-29}$$

求解该方程可得

$$\theta(z) = \theta(0)\,\mathrm{e}^{-\alpha z/2} \tag{6.6-30}$$

相应的脉冲强度(或能量) 随 z 的变化规律为

$$I(z) = I(0)\mathrm{e}^{-\alpha z} \tag{6.6-31}$$

这就是通常的比尔吸收定律，α 为小脉冲的吸收系数。

2. 高功率脉冲通过共振介质的情况

对于高功率脉冲，由式(6.6-28)出发，直接进行积分可得

$$\tan\left(\frac{\theta(z)}{2}\right) = \tan\left[\frac{\theta(0)}{2}\right]\mathrm{e}^{-\alpha z/2} \tag{6.6-32}$$

该式是一个超越方程，只有知道脉冲的具体形状才能求解。但对于某些特殊情况，我们可以看出其变化规律。

首先我们由式(6.6-28)可以看到，面积定理存在着平衡解[$(\mathrm{d}\theta/\mathrm{d}z)=0$]：$\theta=m\pi$，$m=1,2,3,\cdots$。在这些解中，$m$ 为奇数时是不稳定的解，θ 稍微偏离 $m\pi$，就将导致 θ 有很大的变化；m 为偶数时，是稳定的平衡解。于是，一个具有给定初始面积的脉冲在介质中传播时，其面积将逐渐趋于最接近的偶数倍 π 的数值。

图 6.6-1(a)是根据式(6.6-28)绘出的 θ 与 z 的关系曲线。可以看出：当 $\theta<\pi$(例如 $\theta(0)=0.9\pi$)时，因$(\mathrm{d}\theta/\mathrm{d}z)<0$，脉冲面积 θ 随着距离 z 的增大而减小，最后 $\theta\to 0$，即脉冲在传播过程中逐渐被吸收掉；当 $\theta>\pi$ (例如 $\theta(0)=1.1\pi$)时，由于 $\mathrm{d}\theta/\mathrm{d}z>0$，脉冲面积 θ 随着距离 z 的增大而增大，但并非是无限增大，而是趋于 $\theta=2\pi$。这两种变化过程可通过图 6.6-1(b)所示的由计算机计算出的脉冲波形随 z 的变化看出。实际上，由于脉冲面积初始值不同，其变化情况也不同，但在传播过程中通过与介质的能量交换，脉冲最后变形，总要逐渐稳定在最靠近脉冲面积为 2π 的整数倍上，同时，脉冲在介质中传播时也有逐渐分裂成 n 个 2π 脉冲的趋势。

如果相干脉冲在放大介质中传播，图 6.6-1 仍可适用。此时如仍取 $\alpha>0$，则脉冲传播方向应取$(-z)$方向，在这种情况下，脉冲面积等于 π 值的奇数倍是稳定的平衡解，而 π 值的偶数倍脉冲面积是不稳定的平衡解。因此，相干脉冲在放大介质中传播时，能形成 π、

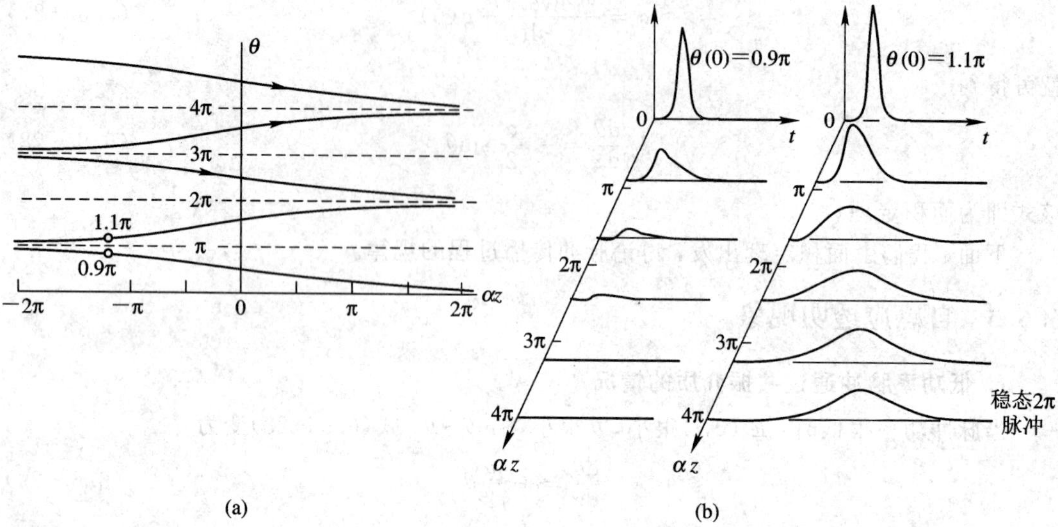

图 6.6-1 自感应透明效应的脉冲面积图

(a) 对于吸收介质($\alpha>0$)，沿 z 增加方向上脉冲面积趋于最接近的偶数倍 π 值；

(b) 由计算机计算出的输入 $\theta(0)=0.9\pi$ 和 $\theta(0)=1.1\pi$ 脉冲形状和面积随距离 z 的变化

3π、…、$(2m+1)\pi$ 脉冲，这是相干脉冲在放大介质和吸收介质中传播时的重要差别。

上面讨论的相干脉冲在介质中传播时，其脉冲面积趋于稳定不变的现象即为自感应透明现象。有关该稳定脉冲的形状、传播速度等特性，可以通过稳态的布洛赫方程和波动方程得到。

3. 稳态解

假设稳态脉冲的传播速度为 V，则 u、v、w、E_0 的稳态解可表示为如下变量 T 的函数：

$$T = t - \frac{z}{V} \tag{6.6-33}$$

因为脉冲的速度 V 是确定的量，所以对于任意函数 $f(T)$ 有

$$\frac{\partial f}{\partial t} = \frac{\mathrm{d}f}{\mathrm{d}T}$$

$$\frac{\partial f}{\partial z} = \frac{\mathrm{d}f}{\mathrm{d}T}\left(-\frac{1}{V}\right)$$

于是，运动方程(6.6-18)、(6.6-19)变为

$$\left.\begin{aligned}
&\frac{\mathrm{d}u}{\mathrm{d}T} = -\Delta v \\
&\frac{\mathrm{d}v}{\mathrm{d}T} = \Delta u + Rw \\
&\frac{\mathrm{d}w}{\mathrm{d}T} = -Rv \\
&\frac{\mathrm{d}E_0}{\mathrm{d}T}\left(\frac{n}{c} - \frac{1}{V}\right) = \frac{\omega_0 c\mu_0 N\mu}{2n}\int_{-\infty}^{\infty} v(\Delta,T)g(\Delta)\mathrm{d}\Delta
\end{aligned}\right\} \tag{6.6-34}$$

方程(6.6-34)的解[10]为

$$\left.\begin{aligned} u(\Delta,z,t) &= 2\,\frac{\Delta\tau_p}{1+\Delta^2\tau_p^2}\,\mathrm{sech}\left(\frac{t-\frac{z}{V}}{\tau_p}\right) \\ v(\Delta,z,t) &= 2\,\frac{1}{1+\Delta^2\tau_p^2}\,\tanh\left(\frac{t-\frac{z}{V}}{\tau_p}\right)\,\mathrm{sech}\left(\frac{t-\frac{z}{V}}{\tau_p}\right) \\ w(\Delta,z,t) &= 2\,\frac{1}{1+\Delta^2\tau_p^2}\,\mathrm{sech}\left(\frac{t-\frac{z}{V}}{\tau_p}\right)-1 \\ E_0(z,t) &= \frac{2\hbar}{\mu\tau_p}\,\mathrm{sech}\left(\frac{t-\frac{z}{V}}{\tau_p}\right) \end{aligned}\right\} \tag{6.6-35}$$

式中，脉冲宽度 τ_p 是任意的。由式(6.6－35)可见，介质中的稳态(2π)脉冲的形状是双曲正割函数。下面给式出(6.6－35)的证明。

假设 $v(\Delta,T)$解的形式为

$$v(\Delta,T)=v(T)f(\Delta) \tag{6.6-36}$$

其中，$v(T)$和 $f(\Delta)$是待求的，$f(0)$任意地取为 1。这个解的形式确定了其它变量的形式。由式(6.6－34)的第一式，考虑到上面解的形式，得到

$$\frac{\mathrm{d}u}{\mathrm{d}T}=-\,v(T)[\Delta f(\Delta)]$$

和

$$u(\Delta,T)=-\left[\int_{-\infty}^{T}v(T')\,\mathrm{d}T'\right][\Delta f(\Delta)]\equiv u(T)f(\Delta)\Delta \tag{6.6-37}$$

此处利用了 $u(\Delta,-\infty)=0$。由式(6.6－34)的第三式，考虑到 $v(\Delta,T)$的形式，得

$$\frac{\mathrm{d}w(\Delta,T)}{\mathrm{d}T}=-\,Rv(T)f(\Delta)$$

对其从 $-\infty$ 到 T 积分，并且利用 $w(\Delta,-\infty)=-1$ 后，得

$$w(\Delta,T)=-1-f(\Delta)\int_{-\infty}^{T}Rv(T')\,\mathrm{d}T'\equiv-1-w(T)f(\Delta) \tag{6.6-38}$$

最后，由式(6.6－34)的第四式，可得

$$\frac{\mathrm{d}E_0(T)}{\mathrm{d}T}=-\frac{\omega_0 c\mu_0 N\mu}{2n\left(\frac{1}{V}-\frac{n}{c}\right)}v(T)\int_{-\infty}^{\infty}f(\Delta)g(\Delta)\,\mathrm{d}\Delta\equiv-\frac{\hbar}{\mu\tau_p^2}v(T) \tag{6.6-39}$$

式中

$$\frac{1}{\tau_p^2}=\frac{\omega_0 c\mu_0 N\mu^2}{2n\hbar\left(\frac{1}{V}-\frac{n}{c}\right)}\int_{-\infty}^{\infty}f(\Delta)g(\Delta)\,\mathrm{d}\Delta \tag{6.6-40}$$

因此，由式(6.6－34)和关系式(6.6－36)、式(6.6－37)、式(6.6－38)可将运动方程简

化为

$$\left.\begin{aligned}&\frac{\mathrm{d}u(T)}{\mathrm{d}T}=-v(T)\\&\frac{\mathrm{d}v(T)}{\mathrm{d}T}=\frac{1}{f(\Delta)}[\Delta^2u(T)f(\Delta)-R-Rw(T)f(\Delta)]\\&\frac{\mathrm{d}w(T)}{\mathrm{d}T}=Rv(T)\\&\frac{\mathrm{d}E_0(T)}{\mathrm{d}T}=-\frac{\hbar}{\mu\tau_{\mathrm{p}}^2}v(T)\end{aligned}\right\}\tag{6.6-41}$$

由式(6.6-41)中的第一式和第四式，可得

$$\frac{\mathrm{d}u(T)}{\mathrm{d}T}=-v(T)=\frac{\mu\tau_{\mathrm{p}}^2}{\hbar}\frac{\mathrm{d}E_0(T)}{\mathrm{d}T}\tag{6.6-42}$$

两边进行积分，且因为 $u(-\infty)=E_0(-\infty)=0$，所以有

$$u(T)=\frac{\mu\tau_{\mathrm{p}}^2}{\hbar}E_0(T)\tag{6.6-43}$$

类似地，由式(6.6-41)中的第三式和第四式，可得

$$\frac{\mathrm{d}w(T)}{\mathrm{d}T}=Rv(T)=-\left(\frac{\mu E_0(T)}{\hbar}\right)\left(\frac{\mu\tau_{\mathrm{p}}^2}{\hbar}\right)\frac{\mathrm{d}E_0(T)}{\mathrm{d}T}=-\frac{\mu^2\tau_{\mathrm{p}}^2}{2\hbar^2}\frac{\mathrm{d}}{\mathrm{d}T}[E_0^2(T)]\tag{6.6-44}$$

两边进行积分，且因为 $w(-\infty)=E_0(-\infty)=0$，所以有

$$w(T)=-\frac{\mu^2\tau_{\mathrm{p}}^2}{2\hbar^2}E_0^2(T)\tag{6.6-45}$$

最后，将式(6.6-43)和式(6.6-45)代入式(6.6-41)中的第二式，得

$$\begin{aligned}\frac{\mathrm{d}v(T)}{\mathrm{d}T}&=\frac{\mu\tau_{\mathrm{p}}^2}{\hbar}E_0(T)\Delta^2-\frac{\mu}{\hbar f(\Delta)}E_0(T)+\frac{\mu^3\tau_{\mathrm{p}}^2}{2\hbar^3}E_0^3(T)\\&=\frac{\mu^3\tau_{\mathrm{p}}^2}{2\hbar^3}E_0^3(T)+\frac{\mu}{\hbar}E_0(T)\left[\Delta^2\tau_{\mathrm{p}}^2-\frac{1}{f(\Delta)}\right]\end{aligned}\tag{6.6-46}$$

因为 $v(T)$ 只是 T 的函数，所以上式成立时方括号内的项必然与 Δ 无关，即

$$\left[\Delta^2\tau_{\mathrm{p}}^2-\frac{1}{f(\Delta)}\right]=\text{常数}$$

考虑前面给出的任意归一化常数 $f(0)=1$，上式的常数应取为 -1，可得

$$f(\Delta)=\frac{1}{1+\Delta^2\tau_{\mathrm{p}}^2}\tag{6.6-47}$$

现在，我们可以求解 $E_0(T)$。

假设原子系综布洛赫矢量的初始条件为

$$u(-\infty)=v(-\infty)=0,\quad w(-\infty)=-1\tag{6.6-48}$$

因不计弛豫，布洛赫矢量的大小不变，所以有

$$u^2+v^2+w^2=w_0^2=1\tag{6.6-49}$$

又由式(6.6-36)、式(6.6-37)和式(6.6-38)，有

$$u^2+v^2+w^3=u^2(t)\Delta^2 f^2(\Delta)+v^2(T)f^2(\Delta)+1+2w(T)f(\Delta)+w^2(T)f^2(\Delta) \tag{6.6-50}$$

将上面两式相等，利用式(6.6-43)和式(6.6-45)消去 $u(T)$ 和 $w(T)$，对 $v(T)$ 求解可得

$$v(T)=-\frac{\mu\tau_p}{\hbar}E_0(T)\sqrt{1-\left[\frac{\mu\tau_p}{2\hbar}E_0(T)\right]^2} \tag{6.6-51}$$

另外，根据式(6.6-41)的最后一式，$v(T)$ 可表示如下：

$$v(T)=-\frac{\mu\tau_p^2}{\hbar}\frac{dE_0(T)}{dT} \tag{6.6-52}$$

所以

$$\frac{dE_0(T)}{dT}=\frac{1}{\tau_p}E_0(T)\sqrt{1-\left[\frac{\mu\tau_p}{2\hbar}E_0(T)\right]^2} \tag{6.6-53}$$

对上式进行积分(由任意的 $T_0 \rightarrow T$)，并利用积分公式

$$\int\frac{dx}{x\sqrt{1-a^2x^2}}=-\ln\left(\frac{1+\sqrt{1-a^2x^2}}{ax}\right)$$

可得

$$\frac{T-T_0}{\tau_p}=-\ln\left[\frac{1+\sqrt{1-\left[\frac{\mu\tau_p}{2\hbar}E_0(T)\right]^2}}{\frac{\mu\tau_p}{2\hbar}E_0(T)}\right]\Bigg|_{E_0(T_0)}^{E_0(T)}$$

或

$$e^{-(T-T_0)/\tau_p}=\frac{1+\sqrt{1-\left[\frac{\mu\tau_p}{2\hbar}E_0(T)\right]^2}}{1+\sqrt{1-\left[\frac{\mu\tau_p}{2\hbar}E_0(T_0)\right]^2}}\frac{E_0(T_0)}{E_0(T)}$$

因此有

$$\frac{e^{-(T/\tau_p)}E_0(T)}{1+\sqrt{1-\left[\frac{\mu\tau_p}{2\hbar}E_0(T)\right]^2}}=\frac{e^{-(T_0/\tau_p)}E_0(T_0)}{1+\sqrt{1-\left[\frac{\mu\tau_p}{2\hbar}E_0(T_0)\right]^2}}$$

又因为 T_0 是任意的，所以上式右边必定与 T_0 无关。若用 C 表示它，则有

$$Ce^{T/\tau_p}\left[1+\sqrt{1-\left[\frac{\mu\tau_p}{2\hbar}E_0(T)\right]^2}\right]=E_0(T)$$

因此

$$E_0(T)-Ce^{T/\tau_p}=Ce^{T/\tau_p}\sqrt{1-\left[\frac{\mu\tau_p}{2\hbar}E_0(T)\right]^2}$$

对该式求平方，并求解 $E_0(T)$，可以得到

$$E_0(T) = \frac{2}{\frac{1}{C}e^{-T/\tau_p} + \frac{\mu^2\tau_p^2}{4\hbar^2}Ce^{T/\tau_p}}$$

若由下式定义一个新常数 T_p：

$$C = \frac{2\hbar}{\mu\tau_p}e^{-T_p/\tau_p}$$

则 $E_0(T)$的最后表示式为

$$E_0(T) = \frac{2\hbar}{\mu\tau_p}\text{sech}\left(\frac{T-T_p}{\tau_p}\right) \tag{6.6-54}$$

因为 T_p 仅影响时间的零起点，在研究的问题中无关紧要，所以我们取其为零。另外，因为 $T=t-z/V$，所以上式又可表示为

$$E_0(z,t) = \frac{2\hbar}{\mu\tau_p}\text{sech}\left(\frac{t-z/V}{\tau_p}\right) \tag{6.6-55}$$

该式就是式(6.6-35)中的稳态场解。将该式代入式(6.6-43)，并利用式(6.6-47)关系，即可由式(6.6-37)得到

$$u(\Delta,z,t) = 2\frac{\Delta\tau_p}{1+\Delta^2\tau_p^2}\text{sech}\left(\frac{t-z/V}{\tau_p}\right) \tag{6.6-56}$$

类似地，将式(6.6-55)代入式(6.6-52)，可由式(6.6-36)得到

$$v(\Delta,z,t) = 2\frac{1}{1+\Delta^2\tau_p^2}\tanh\left(\frac{t-z/V}{\tau_p}\right)\text{sech}\left(\frac{t-z/V}{\tau_p}\right) \tag{6.6-57}$$

将式(6.6-55)代入式(6.6-45)，可由式(6.6-38)得到

$$w(\Delta,z,t) = 2\frac{1}{1+\Delta^2\tau_p^2}\text{sech}^2\left(\frac{t-z/V}{\tau_p}\right)-1 \tag{6.6-58}$$

式(6.6-56)、式(6.6-57)和式(6.6-58)就是式(6.6-35)的另外三个稳态解。

为了形象地理解稳态(2π)脉冲通过吸收介质时的形状及原子体系的瞬时状态变化，将式(6.6-55)绘制出来，如图6.6-2所示，其横坐标或取沿光路某一定点上的时间坐标，或取某一固定时间上的距离。在该图上取横坐标为时间 t/T。图(b)为在吸收介质中传播的稳定脉冲的形状，图(a)则表示了在介质中某一点上初始处在基态上、$\Delta=0$ 原子的赝矢量转动的历程，θ 坐标由式(6.6-22)给出。由图可见，对应(1)点，原子处在基态上；对应(5)点，赝矢量转动到 uv 平面上；在(6)点，原子处在上能级；在(11)点，原子又回到了基态。相应于(1)点，θ 为零；在(6)点，θ 为 π；在(11)点，θ 为 2π。由此可以说明，这个稳态(2π)脉冲通过吸收介质时，在(1)～(6)期间内，能量被吸收，而在(6)～(11)期间内，能量增大，但总的能量交换为零。当然，由式(6.6-58)可见，对于 $\Delta\neq0$ 的原子，在该脉冲作用下，不可能完全跃迁到上能级，但是在脉冲作用后，相同的原子都将严格返回基态($w(\Delta,t\to\infty,z)=-1$)。由此可见，对于所有原子，不考虑其 Δ，与脉冲的纯能量交换为零，也就是说，稳态脉冲能量在传播过程中保持不变。

下面，我们讨论脉冲包络的速度 V。

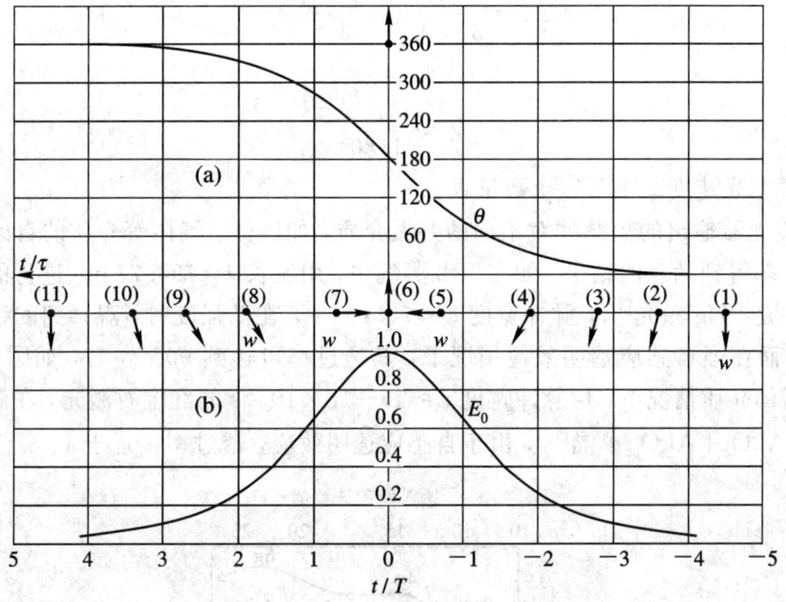

图 6.6－2　根据式(6.6－55)所绘制的图

(a) 吸收介质中初始处在基态上、$\Delta=0$ 的原子在稳态脉冲作用下的转动角；

(b) 在吸收介质中传播的稳态脉冲形状

由方程(6.6－34)可以导出

$$\frac{1}{V}=\frac{n}{c}+\frac{\omega_0 c\mu_0 N\mu^2\tau_p^2}{2n\hbar}\int_{-\infty}^{\infty}\frac{g(\Delta)}{1+\Delta^2\tau_p^2}\,d\Delta \tag{6.6-59}$$

进一步，利用 α 的定义式(6.6－27)，可以得到脉冲速度满足如下关系：

$$\frac{1}{V}=\frac{n}{c}+\frac{\alpha\tau_p^2}{2\pi g(0)}\int_{-\infty}^{\infty}\frac{g(\Delta)}{1+\Delta^2\tau_p^2}\,d\Delta \tag{6.6-60}$$

例如，考虑罗仑兹线型：

$$g(\Delta)=\frac{\Delta_a}{2\pi\left[\Delta^2+\left(\frac{\Delta_a}{2}\right)^2\right]} \tag{6.6-61}$$

式中，Δ_a 是 $g(\Delta)$ 的半最大值的全宽度。在 $\Delta_a\tau_p\gg1$（即宽跃迁）时，式(6.6－60)可简化为

$$\frac{1}{V}=\frac{n}{c}+\frac{\alpha}{2}\tau_p \tag{6.6-62}$$

在 $\Delta_a\tau_p\ll1$（对应于窄跃迁）时，式(6.6－60)可简化为

$$\frac{1}{V}=\frac{n}{c}+\frac{\alpha\Delta_a}{4}\tau_p^2 \tag{6.6-63}$$

可见，这种脉冲在介质中的实际传播速度比介质中光的传播速度小，构成了所谓的慢波，使得观察到的脉冲通过介质时有延迟。例如，脉冲宽度 $\tau_p=5\times10^{-9}$ s，通过吸收系数(在脉冲中心频率上)为 $\alpha=10^4\ \mathrm{m}^{-1}$ 的原子气体，均匀线宽 $\Delta\nu_a\left(=\frac{\Delta_a}{2\pi}\right)$ 为 1 MHz 时，由式(6.6－63)给出

$$\frac{1}{V} = \frac{n}{3\times 10^8} + \frac{1180}{3\times 10^8}$$

即

$$V \approx \frac{c}{1180}$$

脉冲速度比真空光速度减小了三个数量级。

用各种激光器输出的短脉冲对不同的共振介质，如固体、气体等介质的自感应透明效应进行研究，都得到满意的结果。如在 ^{87}Rb 蒸气中，用波长 $\lambda=794.77$ nm 进行的共振吸收实验，光脉冲是 ^{202}Hg 激光[11]，脉冲宽度 $\tau_p\approx 7\times 10^{-9}$ s，在低强度时，观察到的线性光透过率为 0.7%，而在强自感应透明效应情况下，其透过率可达到 90%左右，如图 6.6-3 所示。又如在固体介质情况下，用脉冲宽度 $\tau_p\approx 15\sim 18\times 10^{-9}$ s 的红宝石激光，在液氦温度下通过 Cr^{3+}:$LiAl_5O_3+Al_2O_3$ 单晶[12]，由于自感应透明效应，透过率接近于 1。

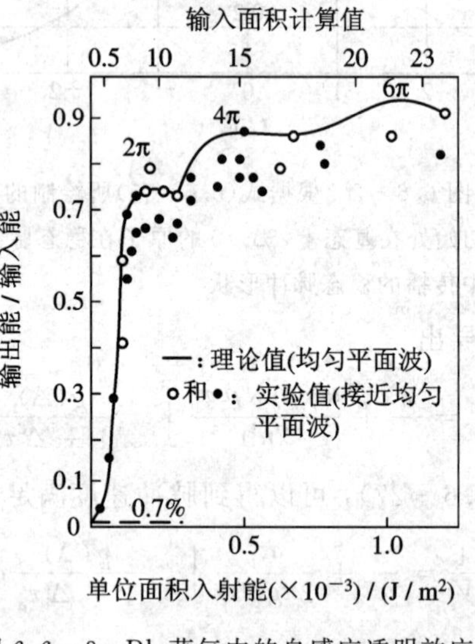

图 6.6-3 Rb 蒸气中的自感应透明效应

最后应当指出，当相干光脉冲在共振吸收(放大)介质中传播时，自感应透明效应将使得脉冲在介质内经过长距离的传播，能量和形状保持不变，这种现象与流体中的孤立波现象很相似。此外，超短脉冲在光纤中传播时的自持脉冲或光孤子现象也有类似的现象。所谓光孤子，是指在光纤内传播时能量和形状保持不变的脉冲。光孤子在光纤中传播时的优良特性，使之成为光纤通信发展中的重要研究课题。实际上，光孤子是光脉冲在光纤中传播时，由于折射率的非线性补偿了低损耗光纤中因色散引起的脉冲展宽效应而产生的，它是脉冲在光纤中传播时的特殊非线性光学效应。有关光纤中光孤子的形成和传播规律，以及孤子激光器等有关内容，本书将在第 9、10 章讨论。

习　题

6-1　若旋转坐标系是由固定坐标系绕 3 轴、以 Ω 速度、逆方向旋转而成的，试推导旋转坐标系中的 Bloch 方程表示式。

6-2　推导式(6.2-34)和式(6.2-35)。

6-3　试证明若原子初始处在低能态|b>上，即 $r_3(0)=-1$ 时，其 $\boldsymbol{r}(t)$是原子初始处在高能态|a>上时的 $\boldsymbol{r}(t)$的负值。

6-4　若入射圆偏振光场为

$$E_x = E_0 \cos\Omega t$$
$$E_y = - E_0 \sin\Omega t$$

试推导不计弛豫时布洛赫矢量的运动规律。

6-5　若入射线偏振光场为 $E_y=E_0\cos\Omega t$，试推导不计弛豫时布洛赫矢量的运动规律。

6-6　推导考虑弛豫项章动的 $u(t)$、$v(t)$和 $w(t)$的一般解。

6-7　推导(不采用斯塔克开关技术时)光学自由感应衰减效应的输出光强。

6-8　证明方程(6.6-20)和(6.6-23)的解分别为式(6.6-21)和式(6.6-24)。

6-9　推导面积定理。

6-10　试由光波的传播效应证明产生光子回波的(波矢)相位匹配条件为 $\boldsymbol{k}_e=2\boldsymbol{k}_2-\boldsymbol{k}_1$。

参 考 文 献

[1] Feynman R P, Vernon F L Jr and Hellworth R W. J. Appl. Phys., 1957, 28: 49

[2] Bloch F. Phys. Rev., 1946, 70: 460

[3] Yariv A. Quantum Electronics. New York: John Wiley & Sons, Inc., 1975, 379

[4] Tang C L, et al. Phys. of Quant. Electron. New York: McGraw-Hill, 1966, 280

[5] Brewer R G. Coherent Optical Spectroscopy. Nonlinear Optics, Ed, Harper P G and Wherrett B S. Academic Press, 1977, 307

[6] Brewer R G and Shoemaker R L. Phys. Rev. Lett., 1971, 27: 631; Phys. Rev., 1972, A6: 2001

[7] Kurnit N A, Abella I D and Hartmann S R. Phys. Rev. Lett., 1964, 13: 567; ibid. Phys. Rev., 1966, 144: 391

[8] McCall S L, et al. Phys. Rev., 1967, 183: 457

[9] Yariv A. Quantum Electronics. New York: John Wiley & Sons, Inc., 1975, 388

[10] Feher G, et al. Phys. Rev., 1958, 109: 221

[11] Slusher R E. Self-Induced Transparcecy. Progress in Optics, Wolf E, ed., Vol. XII (North Holland 1973)

[12] Саиарцев В В, Усианов Р Г. ЖЭТФ, 1977, 72: 1702

第7章 非线性光学相位共轭与光学双稳态

本章讲述20世纪70年代发展起来的非线性光学相位共轭技术和非线性光学双稳态技术。

7.1 非线性光学相位共轭技术

激光束在大气或光学元器件中传播时，由于大气或光学元器件的不均匀性，会引起激光束波前的畸变。这种畸变无论是对于激光束本身的质量还是对于激光束所携带的信息来说，都是一种噪声，必须将其消除。因此，修正传输介质不均匀引起的波前畸变，是激光应用中的一个重要任务。

实际上，修正波前畸变的课题早在无线电波的传播中就已提出。电磁波在大气中传播时，会因大气的不均匀引起波前畸变，人们为了消除这种波前畸变的影响，提出了微波自适应技术。其基本思想是首先对大气引起的微波波前畸变情况进行监测，然后利用可变形的天线阵发射由大气畸变信息调制的电磁波(实际上，这种电磁波就是被大气畸变了的电磁波的相位共轭波)，这样一种电磁波通过大气后，就消除了大气不均匀性的影响。在光波段，为了克服传输介质引起的波前畸变，人们曾根据微波自适应技术提出了相应的光学自适应技术[1]，这种光学自适应技术采用含有电—光器件、声—光器件以及可变形反射镜的补偿系统。它需要庞杂的监测系统、计算机控制系统和相应的伺服系统，结构极其复杂，工程上难以实现。

在20世纪60年代，人们在全息领域内定性地进行了光学相位共轭技术的研究，斯捷潘诺夫(Stepanov)[2]等人在进行实时全息实验中，观察到了与四波混频相位共轭现象类似的情形。随着非线性光学的发展，人们发现在某些非线性过程中，无需其它设备，即可实时地产生畸变光波的相位共轭波。20世纪70年代初，谢尔托维奇(Zeldovich)[3]等人首先在非线性光学领域证实、解释了SBS相位共轭现象；雅里夫(Yariv)[4]在进行光波导图像传递及再现的研究中，从理论上证明了三波混频相位共轭现象；随后，赫尔沃斯(Hellwath)[5]提出并研究了四波混频光学相位共轭现象。正是因为这些非线性过程产生的相位共轭波能够奇妙地修正大气、光学元器件及其它传输介质不均匀性引起的波前畸变，所以非线性光学相位共轭技术愈来愈受到人们的重视，并得到了广泛深入的研究。现在，人们已可以利用不同的非线性光学材料在不同的激光波段，采用不同的非线性光学过程实时地产生相位共轭光，并逐步开展了光学相位共轭技术的应用研究。

7.1.1　相位共轭波

相位共轭波是在振幅、相位(即波阵面)及偏振态三个方面互为时间反演的光波。在数学上相当于给光电场作用一个算符，使其复振幅转变为它的复共轭，并因此而得名。一频率为 ω_s 的单色光波沿 z 轴方向传播，其光电场表示式为

$$\boldsymbol{E}_s(\boldsymbol{r},t)=\boldsymbol{E}_s(\boldsymbol{r})e^{-i(\omega_s t-k_s z)}+\text{c.c.}\tag{7.1-1}$$

则该光波相位共轭波的光电场定义为

$$\boldsymbol{E}_p(\boldsymbol{r},t)=\boldsymbol{E}_s^*(\boldsymbol{r})e^{-i(\omega_s t\pm k_s z)}+\text{c.c.}\tag{7.1-2}$$

式中，“±”分别相应于 $\boldsymbol{E}_s(\boldsymbol{r},t)$的后向相位共轭波和前向相位共轭波。后向相位共轭波的传播方向与 $\boldsymbol{E}_s(\boldsymbol{r},t)$相反，复振幅为 $\boldsymbol{E}_s(\boldsymbol{r})$的复共轭(相位的空间分布与 $\boldsymbol{E}_s(\boldsymbol{r})$相同)；前向相位共轭波的传播方向与 $\boldsymbol{E}_s(\boldsymbol{r})$相同，复振幅分布也为 $\boldsymbol{E}_s(\boldsymbol{r})$的复共轭(相位的空间分布与 $\boldsymbol{E}_s(\boldsymbol{r})$呈镜像对称)。

在有些非线性光学过程如 SBS、SRS 中，在一定条件下的后向散射光场复振幅也是入射光场复振幅的复共轭，但是它们的频率不同。尽管如此，我们仍将其看做入射光的后向相位共轭光。在这种情况下，后向相位共轭光电场的表示式为

$$\boldsymbol{E}_p(\boldsymbol{r},t)=\boldsymbol{E}_s^*(\boldsymbol{r})e^{-i(\omega_p t+k_s z)}+\text{c.c.}\tag{7.1-3}$$

若把上述光电场的复振幅表示为

$$\boldsymbol{E}_s(\boldsymbol{r})=\frac{1}{2}A(\boldsymbol{r})e^{i\varphi(\boldsymbol{r})}\tag{7.1-4}$$

则其相位共轭光电场的复振幅为

$$\boldsymbol{E}_p(\boldsymbol{r})=\frac{1}{2}A(\boldsymbol{r})e^{-i\varphi(\boldsymbol{r})}\tag{7.1-5}$$

式中的 $A(\boldsymbol{r})$、$\varphi(\boldsymbol{r})$ 分别为光电场的振幅和相位，皆为实数。

由以上关于相位共轭波的定义可以看出，某光波的相位共轭波并不是该光电场表达式的复共轭，而仅仅是其复振幅的复共轭，完全不涉及光电场表达式中的时间相位因子。根据光电场的真实性，我们把光电场表示为

$$\boldsymbol{E}_s(\boldsymbol{r},t)=\boldsymbol{E}_s(\boldsymbol{r})e^{-i(\omega_s t-k_s z)}+\boldsymbol{E}_s^*(\boldsymbol{r})e^{i(\omega_s t-k_s z)}\tag{7.1-6}$$

其相应的后向相位共轭光电场为

$$\boldsymbol{E}_p(\boldsymbol{r},t)=\boldsymbol{E}_s^*(\boldsymbol{r})e^{-i(\omega_s t+k_s z)}+\boldsymbol{E}_s(\boldsymbol{r})e^{i(\omega_s t+k_s z)}=\boldsymbol{E}_s(\boldsymbol{r})e^{-i(-\omega_s t-k_s z)}+\boldsymbol{E}_s^*(\boldsymbol{r})e^{i(-\omega_s t-k_s z)}\tag{7.1-7}$$

比较以上两式可以看出，$\boldsymbol{E}_p(\boldsymbol{r},t)=\boldsymbol{E}_s(\boldsymbol{r},-t)$。因此，相位共轭波 $\boldsymbol{E}_p(\boldsymbol{r},t)$也称为 $\boldsymbol{E}_s(\boldsymbol{r},t)$的时间反演波。

7.1.2　相位共轭波修正波前畸变的物理过程

若式(7.1-1)所描述的光波为线偏振光，它在介电常数为 $\varepsilon(\boldsymbol{r})$的非均匀介质中传播时满足标量形式的波动方程：

$$\nabla^2 E_s(\boldsymbol{r},t)+\omega_s^2\mu_0\varepsilon(\boldsymbol{r})E_s(\boldsymbol{r},t)=0\tag{7.1-8}$$

将光电场表示式代入，得

$$\nabla^2 E_s(\boldsymbol{r}) + [\omega_s^2 \mu_0 \varepsilon(\boldsymbol{r}) - k_s^2] E_s(\boldsymbol{r}) + 2\mathrm{i}k_s \frac{\partial E_s(\boldsymbol{r})}{\partial z} = 0 \tag{7.1-9}$$

对该式取复共轭，有

$$\nabla^2 E_s^*(\boldsymbol{r}) + [\omega_s^2 \mu_0 \varepsilon(\boldsymbol{r}) - k_s^2] E_s^*(\boldsymbol{r}) - 2\mathrm{i}k_s \frac{\partial E_s^*(\boldsymbol{r})}{\partial z} = 0 \tag{7.1-10}$$

显然，式(7.1－10)正是光电场 $\boldsymbol{E}_p(\boldsymbol{r},t) = \boldsymbol{E}_s^*(\boldsymbol{r})\mathrm{e}^{-\mathrm{i}(\omega_s t + k_s z)} + \mathrm{c.c.}$ 所满足的标量形式波动方程。该光波与 $\boldsymbol{E}_s(\boldsymbol{r},t)$ 的传播方向相反，光电场在空间每一点的复振幅为 $\boldsymbol{E}_s(\boldsymbol{r})$ 的复共轭，因此它就是 $\boldsymbol{E}_s(\boldsymbol{r},t)$ 的后向相位共轭波。进一步分析可见，$\boldsymbol{E}_p(\boldsymbol{r},t)$ 和 $\boldsymbol{E}_s(\boldsymbol{r},t)$ 除了传播方向相反外，其场的空间分布完全相同，也就是说，如果入射波 $\boldsymbol{E}_s(\boldsymbol{r},t)$ 是畸变波，则 $\boldsymbol{E}_p(\boldsymbol{r},t)$ 也是畸变波；如果入射波是非畸变波，则 $\boldsymbol{E}_p(\boldsymbol{r},t)$ 也是非畸变波。这种一一对应性表明，在入射到非均匀性介质以前，由于入射波是非畸变波，因而 $\boldsymbol{E}_p(\boldsymbol{r},t)$ 也是非畸变波。因此，如果我们能够设法产生经非均匀介质后畸变了的光波 $\boldsymbol{E}_s(\boldsymbol{r},t)$ 的相位共轭波，就可以使该相位共轭波再次通过非均匀介质后，将介质非均匀性引起的波前畸变消除掉。

能够产生这种相位共轭波的装置被形象地称为相位共轭反射镜(PCM)和相位共轭透镜(PCTM)。为了说明相位共轭波修正波前畸变的物理过程，下面将普通反射镜和相位共轭反射镜对于入射光波的反射特性加以比较。图 7.1－1 所示为一点光源发出的发散球面波入射到普通反射镜、相位共轭反射镜和相位共轭透镜上的情形。光波入射到普通反射镜上时，其反射光波的传播方向遵循反射定律，反射光波继续发散(见图 7.1－1(a))；当光波入射到 PCM 上时，将产生该光波的后向相位共轭波，它严格地沿原光路返回，会聚到点源处(见图 7.1－1(b))；当光波入射到 PCTM 上时，将产生该光波的前向相位共轭波，相位共轭光波继续向前传播，并会聚到点源的镜像位置(见图 7.1－1(c))。

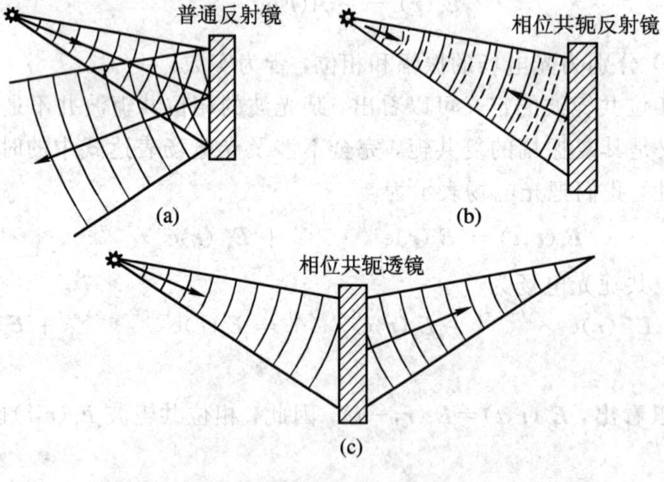

图 7.1－1　相位共轭反射镜和相位共轭透镜

图 7.1－2 为相位共轭波修正波前畸变的物理过程，图中分别示出了一平面光波通过非均匀介质(大气中有一玻璃棒)入射到普通反射镜、相位共轭反射镜和相位共轭透镜上的情形。平面波前 1 经过玻璃棒后变成畸变的波前 2，经普通反射镜反射后成为畸变的波前 3，再次通过玻璃棒后变成有二倍畸变的波前 4(见图 7.1－2(a))；经过玻璃棒后的畸变波前 2，经 PCM 反射，产生后向相位共轭波 3，它通过玻璃棒后，重现为均匀平面波前 4(见

图 7.1－2(b))；畸变的波前 2 入射到 PCTM 上后，产生前向相位共轭波 3，该前向相位共轭波 3 通过和玻璃棒 Ⅰ 完全相同的玻璃棒 Ⅱ 后，也重现为均匀平面波前 4(见图 7.1－2(c))。

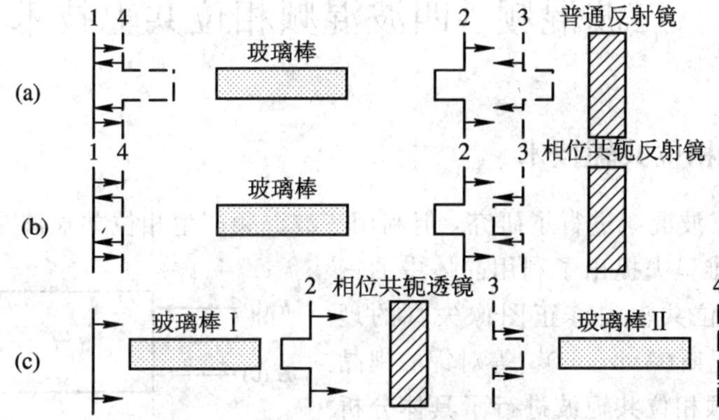

图 7.1－2　相位共轭波修正波前畸变的物理过程

图 7.1－3 所示为一高斯光束通过大气后入射到 PCM 上的情形。入射光电场为

$$E_1(\boldsymbol{r},t)=E_1\mathrm{e}^{-\frac{r_\perp^2}{w^2}}\mathrm{e}^{-\mathrm{i}\left(\omega t-kz-\frac{kr_\perp^2}{2\rho}\right)} \tag{7.1-11}$$

式中，$r_\perp^2=x^2+y^2$，w、ρ 分别为高斯光束的光斑尺寸和曲率半径。该光波传播通过大气后，由于大气的不均匀性变为具有复杂波前的畸变波 2，其光电场分布为

$$E_2(\boldsymbol{r},t)=E_2(\boldsymbol{r})\mathrm{e}^{-\frac{r_\perp^2}{w^2}}\mathrm{e}^{-\mathrm{i}\left(\omega t-kz-\frac{kr_\perp^2}{2\rho}\right)} \tag{7.1-12}$$

该畸变光波入射到 PCM 上后，产生背向相位共轭波 3，其光电场分布为

$$E_3(\boldsymbol{r},t)\propto E_2^*(\boldsymbol{r})\mathrm{e}^{-\frac{r_\perp^2}{w^2}}\mathrm{e}^{-\mathrm{i}\left(\omega t+kz+\frac{kr_\perp^2}{2\rho}\right)} \tag{7.1-13}$$

假如在我们所考虑的时间内，大气的光学性质可认为不变，则相位共轭波 3 再次通过大气后变为 4，光电场分布变为

$$E_4(\boldsymbol{r},t)\propto E_4\mathrm{e}^{-\frac{r_\perp^2}{w^2}}\mathrm{e}^{-\mathrm{i}\left(\omega t+kz+\frac{kr_\perp^2}{2\rho}\right)} \tag{7.1-14}$$

它是一个完全消除了大气影响的会聚高斯光束。

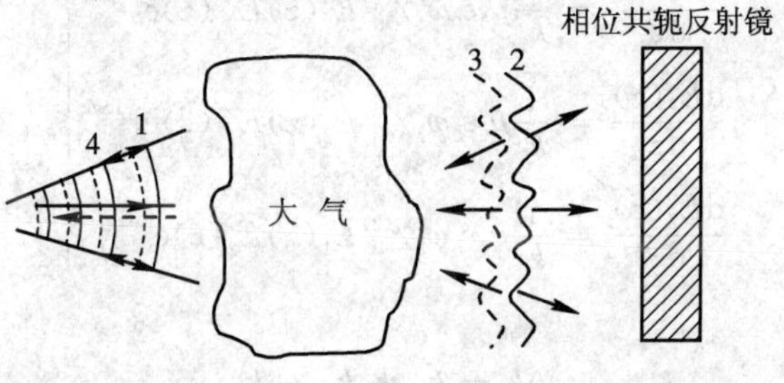

图 7.1－3　修正大气不均匀性产生的波前畸变的物理过程

由以上讨论可以看出，相位共轭技术可以用来修正波前畸变，并且应具备两个条件：① 必须产生畸变波前的相位共轭波；② 该相位共轭波通过的非均匀介质的性质必须与入

射波通过的非均匀介质的性质完全相同。这些要求对一般应用来说，基本上可以满足。

7.2 三波混频、四波混频相位共轭技术

7.2.1 三波混频相位共轭技术

人们很早就对三波混频进行了研究，但利用三波混频产生相位共轭波是在 20 世纪 70 年代中期。1976 年雅里夫提出了利用晶体中的三波混频过程产生相位共轭波修正图像失真的理论，1977 年阿维佐尼斯(Avizonis)[6]等对铌酸锂晶体中产生的三波混频相位共轭波进行了具体分析和实验验证。

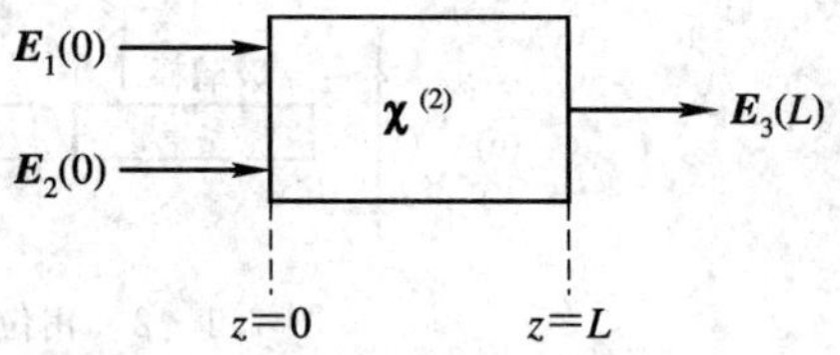

图 7.2-1 三波混频结构示意图

由第 4 章的非线性光学理论已知，三波混频过程是基于晶体中的二阶非线性极化率 $\chi^{(2)}$ 作用的参量过程。在相位匹配条件下，三波混频过程将产生前向相位共轭光。

三波混频结构示意图如图 7.2-1 所示。为了更清楚地讨论三波混频相位共轭特性，下面分别就三个光波皆为平面波和入射信号光有任意波前分布两种情况进行讨论。

1. 平面光波的三波混频相位共轭

设晶体中的三个光波均为沿 z 方向传播的平面波，光电场表示式为

$$\boldsymbol{E}_l(z,t) = \boldsymbol{E}_l(z)\mathrm{e}^{-\mathrm{i}(\omega_l t - k_l z)} + \text{c.c.}, \quad l = 1,2,3 \tag{7.2-1}$$

由二阶非线性极化强度的一般关系式(1.1-40)，可以得到相应于各个频率分量的非线性极化强度的复振幅为

$$\left.\begin{aligned}\boldsymbol{P}_1^{(2)}(z) &= 2\varepsilon_0\chi^{(2)}(\omega_3, -\omega_2) : \boldsymbol{E}_3(z)\boldsymbol{E}_2^*(z)\\ \boldsymbol{P}_2^{(2)}(z) &= 2\varepsilon_0\chi^{(2)}(\omega_3, -\omega_1) : \boldsymbol{E}_3(z)\boldsymbol{E}_1^*(z)\\ \boldsymbol{P}_3^{(2)}(z) &= 2\varepsilon_0\chi^{(2)}(\omega_1, \omega_2) : \boldsymbol{E}_1(z)\boldsymbol{E}_2(z)\end{aligned}\right\} \tag{7.2-2}$$

按照第 4 章的讨论方法，在考虑慢变化振幅近似条件下，这三个光电场满足如下方程：

$$\left.\begin{aligned}\frac{\mathrm{d}E_1(z)}{\mathrm{d}z} &= \frac{\mathrm{i}}{k_1}\mu_0\varepsilon_0\omega_1^2\chi_{\mathrm{eff}}^{(2)}E_3(z)E_2^*(z)\mathrm{e}^{-\mathrm{i}\Delta kz}\\ \frac{\mathrm{d}E_2(z)}{\mathrm{d}z} &= \frac{\mathrm{i}}{k_2}\mu_0\varepsilon_0\omega_2^2\chi_{\mathrm{eff}}^{(2)}E_3(z)E_1^*(z)\mathrm{e}^{-\mathrm{i}\Delta kz}\\ \frac{\mathrm{d}E_3(z)}{\mathrm{d}z} &= \frac{\mathrm{i}}{k_3}\mu_0\varepsilon_0\omega_3^2\chi_{\mathrm{eff}}^{(2)}E_1(z)E_2(z)\mathrm{e}^{\mathrm{i}\Delta kz}\end{aligned}\right\} \tag{7.2-3}$$

式中

$$\Delta \boldsymbol{k} = \boldsymbol{k}_1 + \boldsymbol{k}_2 - \boldsymbol{k}_3 \tag{7.2-4}$$

下面，考虑泵浦抽空效应，利用大信号理论求解式(7.2-3)，讨论三波混频相位共轭特性。

假设非线性介质中的三个光波满足相位匹配条件，即 $\Delta\boldsymbol{k} = \boldsymbol{k}_1 + \boldsymbol{k}_2 - \boldsymbol{k}_3 = \boldsymbol{0}$，式

(7.2 - 3)可改写为

$$\left.\begin{aligned}\frac{\mathrm{d}E_1(z)}{\mathrm{d}z}&=\mathrm{i}C_1E_3(z)E_2^*(z)\\\frac{\mathrm{d}E_2^*(z)}{\mathrm{d}z}&=-\mathrm{i}C_2E_3^*(z)E_1(z)\\\frac{\mathrm{d}E_3(z)}{\mathrm{d}z}&=\mathrm{i}C_3E_1(z)E_2(z)\end{aligned}\right\}\tag{7.2-5}$$

式中，$C_l=\dfrac{1}{k_l}\mu_0\varepsilon_0\omega_l^2\chi_{\mathrm{eff}}^{(2)}$，$l=1,2,3$。若令各光电场的复振幅为

$$E_l(z)=A_l(z)\mathrm{e}^{\mathrm{i}\varphi_l(z)}\qquad l=1,2,3\tag{7.2-6}$$

代入式(7.2 - 5)得到

$$\left.\begin{aligned}\frac{\mathrm{d}A_1(z)}{\mathrm{d}z}+\mathrm{i}A_1(z)\frac{\mathrm{d}\varphi_1(z)}{\mathrm{d}z}&=\mathrm{i}C_1A_2(z)A_3(z)\mathrm{e}^{\mathrm{i}\Phi(z)}\\\frac{\mathrm{d}A_2(z)}{\mathrm{d}z}-\mathrm{i}A_2(z)\frac{\mathrm{d}\varphi_2(z)}{\mathrm{d}z}&=-\mathrm{i}C_2A_1(z)A_3(z)\mathrm{e}^{-\mathrm{i}\Phi(z)}\\\frac{\mathrm{d}A_3(z)}{\mathrm{d}z}+\mathrm{i}A_3(z)\frac{\mathrm{d}\varphi_3(z)}{\mathrm{d}z}&=\mathrm{i}C_3A_1(z)A_2(z)\mathrm{e}^{-\mathrm{i}\Phi(z)}\end{aligned}\right\}\tag{7.2-7}$$

式中

$$\Phi(z)=\varphi_3(z)-\varphi_1(z)-\varphi_2(z)\tag{7.2-8}$$

在式(7.2 - 7)中应用欧拉公式 $\mathrm{e}^{\mathrm{i}\Phi}=\cos\Phi+\mathrm{i}\sin\Phi$，并使等式两边的实部、虚部分别相等，得到

$$\left.\begin{aligned}\frac{\mathrm{d}A_1(z)}{\mathrm{d}z}&=-C_1A_2(z)A_3(z)\sin\Phi(z)\\\frac{\mathrm{d}A_2(z)}{\mathrm{d}z}&=-C_2A_1(z)A_3(z)\sin\Phi(z)\\\frac{\mathrm{d}A_3(z)}{\mathrm{d}z}&=C_3A_1(z)A_2(z)\sin\Phi(z)\end{aligned}\right\}\tag{7.2-9}$$

和

$$\left.\begin{aligned}\frac{\mathrm{d}\varphi_1(z)}{\mathrm{d}z}&=C_1\frac{A_2(z)A_3(z)}{A_1(z)}\cos\Phi(z)\\\frac{\mathrm{d}\varphi_2(z)}{\mathrm{d}z}&=C_2\frac{A_1(z)A_3(z)}{A_2(z)}\cos\Phi(z)\\\frac{\mathrm{d}\varphi_3(z)}{\mathrm{d}z}&=C_3\frac{A_1(z)A_2(z)}{A_3(z)}\cos\Phi(z)\end{aligned}\right\}\tag{7.2-10}$$

对式(7.2 - 8)两边求导，并应用式(7.2 - 9)和式(7.2 - 10)，可以得到

$$\begin{aligned}\frac{\mathrm{d}\Phi(z)}{\mathrm{d}z}&=\frac{\mathrm{d}}{\mathrm{d}z}[\varphi_3(z)-\varphi_1(z)-\varphi_2(z)]\\&=\left(\frac{\mathrm{d}A_3(z)/\mathrm{d}z}{A_3(z)}+\frac{\mathrm{d}A_2(z)/\mathrm{d}z}{A_2(z)}+\frac{\mathrm{d}A_1(z)/\mathrm{d}z}{A_1(z)}\right)\frac{\cos\Phi(z)}{\sin\Phi(z)}\end{aligned}$$

经整理后变为

$$\frac{\mathrm{d}}{\mathrm{d}z}\{\ln[A_1(z)A_2(z)A_3(z)\cos\Phi(z)]\}=0 \tag{7.2-11}$$

因此有

$$A_1(z)A_2(z)A_3(z)\cos\Phi(z)=\text{常数} \tag{7.2-12}$$

上式表明，在三波相互作用非线性介质中的空间每一点，三个光电场振幅大小与总相位因子余弦的乘积保持不变。对于三波混频相位共轭过程来说，总存在一个空闲光(例如 $A_2(0)=0$)，所以上式中的常数应等于零。但由于三个光波振幅的大小不可能恒等于零，因此，必定 $\cos\Phi(z)=0$，即 $\Phi(z)$满足

$$\Phi(z)=\varphi_3(z)-\varphi_2(z)-\varphi_1(z)=\pm\frac{\pi}{2} \tag{7.2-13}$$

这表明，在相互作用区中的任一点，三个光波的相位关系确定。对于我们所讨论的情况，E_1、E_2 是信号光，E_3 是泵浦光，$\Phi(z)=-\frac{\pi}{2}$。如果 φ_3 是与坐标无关的常数，可得到 E_1 和 E_2 的相位关系

$$\varphi_2(z)=\frac{\pi}{2}+\varphi_3-\varphi_1(z)=\text{常数}-\varphi_1(z) \tag{7.2-14}$$

由此可见，$E_2(z,t)$是 $E_1(z,t)$的相位共轭波。

对于三波混频过程，非线性介质中三个光波的相位关系一定，所以在讨论三波混频相位共轭特性时，不必考虑相位耦合方程(7.2-10)，只需求解振幅耦合方程(7.2-9)即可。将 $\Phi(z)=-\frac{\pi}{2}$代入式(7.2-9)，得到

$$\left.\begin{aligned}\frac{\mathrm{d}A_1(z)}{\mathrm{d}z}&=C_1A_2(z)A_3(z)\\\frac{\mathrm{d}A_2(z)}{\mathrm{d}z}&=C_2A_1(z)A_3(z)\\\frac{\mathrm{d}A_3(z)}{\mathrm{d}z}&=-C_3A_1(z)A_2(z)\end{aligned}\right\} \tag{7.2-15}$$

对以上三式分别乘以 $2A_1(z)$、$2A_2(z)$和 $2A_3(z)$，经整理后变为

$$\left.\begin{aligned}\frac{1}{C_1}\frac{\mathrm{d}A_1^2(z)}{\mathrm{d}z}&=2A_1(z)A_2(z)A_3(z)\\\frac{1}{C_2}\frac{\mathrm{d}A_2^2(z)}{\mathrm{d}z}&=2A_1(z)A_2(z)A_3(z)\\\frac{1}{C_3}\frac{\mathrm{d}A_3^2(z)}{\mathrm{d}z}&=-2A_1(z)A_2(z)A_3(z)\end{aligned}\right\} \tag{7.2-16}$$

如果设边界条件为

$$\left.\begin{aligned}A_1(z=0)&=A_1(0)\\A_2(z=0)&=0\\A_3(z=0)&=A_3(0)\end{aligned}\right\} \tag{7.2-17}$$

对式(7.2-16)进行积分，并应用边界条件式(7.2-17)，可以得到如下三个等式：

$$\left.\begin{aligned}&\frac{A_1^2(z)}{C_1}-\frac{A_2^2(z)}{C_2}=\frac{A_1^2(0)}{C_1}\\&\frac{A_1^2(z)}{C_1}+\frac{A_3^2(z)}{C_3}=\frac{A_1^2(0)}{C_1}+\frac{A_3^2(0)}{C_3}\\&\frac{A_2^2(z)}{C_2}+\frac{A_3^2(z)}{C_3}=\frac{A_3^2(0)}{C_3}\end{aligned}\right\}\qquad(7.2-18)$$

上式即为我们这里所讨论情形的曼利-罗关系。由此可见，只要知道了非线性介质中某一点处泵浦光的振幅 $A_3(z)$，就可以求出相应的信号光的振幅$A_1(z)$和相位共轭光的振幅 $A_2(z)$。

下面我们首先求解 $A_3(z)$。将式(7.2-15)的第三个方程变形为

$$dz=-\frac{dA_3(z)}{C_3A_1(z)A_2(z)}$$

应用式(7.2-18)的关系，两边对 z 求积分可得

$$\int_0^z dz=-\frac{1}{C_3}\int_{A_3(0)}^{A_3(z)}\frac{dA_3(z)}{(C_1C_2)^{1/2}\left[\frac{A_1^2(0)}{C_1}+\frac{A_3^2(0)}{C_3}-\frac{A_3^2(z)}{C_3}\right]^{1/2}\left[\frac{A_3^2(0)}{C_3}-\frac{A_3^2(z)}{C_3}\right]^{1/2}}$$

若令

$$\sin\beta=\frac{A_3(z)}{A_3(0)}\qquad(7.2-19)$$

$$k^2=\frac{\dfrac{A_3^2(0)}{C_3}}{\dfrac{A_1^2(0)}{C_1}+\dfrac{A_2^2(0)}{C_2}}\qquad(7.2-20)$$

$$\Gamma=(C_1C_2C_3)^{1/2}\left[\frac{A_1^2(0)}{C_1}+\frac{A_3^2(0)}{C_3}\right]^{1/2}\qquad(7.2-21)$$

上面的积分式可化为勒让德(Legendre)第一类椭圆积分

$$\Gamma z=\int_\beta^{\pi/2}\frac{d\beta}{(1-k^2\sin^2\beta)^{1/2}}=K-\int_0^\beta\frac{d\beta}{(1-k^2\sin^2\beta)^{1/2}}\qquad(7.2-22)$$

式中

$$\begin{aligned}K&=\int_0^{\pi/2}\frac{d\beta}{(1-k^2\sin^2\beta)^{1/2}}\\&=\frac{\pi}{2}\left[1+\left(\frac{1}{2}\right)^2k^2+\left(\frac{1\cdot3}{2\cdot4}\right)^2k^4+\left(\frac{1\cdot3\cdot5}{2\cdot4\cdot6}\right)^2k^6+\cdots\right]\end{aligned}$$

是第一类完全椭圆积分。考虑到椭圆函数的定义，并利用式(7.2-19)，可以解得泵浦光的振幅

$$A_3(z) = A_3(0)\,\mathrm{sn}(K - \Gamma z) \tag{7.2-23}$$

进一步由曼利—罗关系式(7.2-18)，并应用椭圆函数的性质

$$\mathrm{cn}^2(K - \Gamma z) = 1 - \mathrm{sn}^2(K - \Gamma z)$$

$$\mathrm{dn}^2(K - \Gamma z) = 1 - k^2\,\mathrm{sn}^2(K - \Gamma z)$$

可以求得信号光和相位共轭光的振幅

$$A_1(z) = (1 - k^2)^{-1/2} A_1(0)\,\mathrm{dn}(K - \Gamma z) \tag{7.2-24}$$

$$A_2(z) = \left(\frac{C_2}{C_3}\right)^{1/2} A_3(0)\,\mathrm{cn}(K - \Gamma z) \tag{7.2-25}$$

上边两式和式(7.2-23)分别给出了非线性介质中三个光波电场振幅随 z 变化的规律。

2. 入射波前任意分布信号的相位共轭波的产生

如果入射泵浦光是均匀分布的平面波，入射信号光由于受到非均匀扰动，波前发生了畸变，其波矢中含有横向分量 $\boldsymbol{k}_\perp$，则将它们的光电场及相应的非线性极化强度表达式代入波动方程

$$\nabla^2 \boldsymbol{E} - \mu_0 \varepsilon \frac{\partial^2 \boldsymbol{E}}{\partial t^2} = \mu_0 \frac{\partial^2 \boldsymbol{P}^{(2)}}{\partial t^2}$$

并利用慢变化振幅近似条件后，就可以得到各个光电场满足的波动方程。其中相位共轭光 $E_2(\boldsymbol{r},t)$ 的复振幅满足

$$\left[\nabla_\perp^2 + 2\mathrm{i}(\boldsymbol{k}_{2\perp} \cdot \nabla_\perp) + 2\mathrm{i}k_{2z}\frac{\partial}{\partial z}\right] E_2(\boldsymbol{r}) = -2\mu_0 \varepsilon_0 \omega_2^2 \chi_{\mathrm{eff}}^{(2)} E_3 E_1^*(\boldsymbol{r})\mathrm{e}^{-\mathrm{i}\Delta \boldsymbol{k}\cdot \boldsymbol{r}} \tag{7.2-26}$$

式中，$\nabla_\perp^2 = \frac{\partial^2}{\partial x^2} + \frac{\partial^2}{\partial y^2}$，$\boldsymbol{r} = \boldsymbol{r}_\perp + \boldsymbol{z}$，$\boldsymbol{k}_{2\perp} = \boldsymbol{k}_{2x} + \boldsymbol{k}_{2y}$，$\Delta \boldsymbol{k} = \boldsymbol{k}_1 + \boldsymbol{k}_2 - \boldsymbol{k}_3$。因为式(7.2-26)中的 $E_2(\boldsymbol{r})$ 沿横向空间有任意分布，所以求解十分困难。为此，我们先将其进行傅里叶变换，求解该光电场的平面波分量，然后通过傅里叶逆变换求出该光电场的表达式。

由傅里叶分析可知，$E_{1,2}(\boldsymbol{r})$ 横向平面的空间傅里叶变换为

$$E_{1,2}(\boldsymbol{k}_\perp, z) = \frac{1}{(2\pi)^2}\iint_{-\infty}^{\infty} E_{1,2}(\boldsymbol{r})\mathrm{e}^{\mathrm{i}\boldsymbol{k}_\perp\cdot \boldsymbol{r}_\perp}\mathrm{d}^2\boldsymbol{r}_\perp \tag{7.2-27}$$

逆变换为

$$E_{1,2}(\boldsymbol{r}) = \iint_{-\infty}^{\infty} E_{1,2}(\boldsymbol{k}_\perp, z)\mathrm{e}^{-\mathrm{i}\boldsymbol{k}_\perp\cdot \boldsymbol{r}_\perp}\mathrm{d}^2\boldsymbol{k}_\perp = \iint_{-\infty}^{\infty} E_{1,2}(-\boldsymbol{k}_\perp, z)\mathrm{e}^{\mathrm{i}\boldsymbol{k}_\perp\cdot \boldsymbol{r}_\perp}\mathrm{d}^2\boldsymbol{k}_\perp \tag{7.2-28}$$

其复共轭为

$$E_{1,2}^*(\boldsymbol{r}) = \iint_{-\infty}^{\infty} E_{1,2}^*(-\boldsymbol{k}_\perp, z)\mathrm{e}^{-\mathrm{i}\boldsymbol{k}_\perp\cdot \boldsymbol{r}_\perp}\mathrm{d}^2\boldsymbol{k}_\perp \tag{7.2-29}$$

将式(7.2-28)代入式(7.2-26)，再交换积分和求导次序，得到

$$\iint_{-\infty}^{\infty}\mathrm{d}^2\boldsymbol{k}_\perp\left[-k_\perp^2 + 2(\boldsymbol{k}_{2\perp}\cdot \boldsymbol{k}_\perp) + 2\mathrm{i}k_{2z}\frac{\partial}{\partial z}\right] E_2(\boldsymbol{k}_\perp, z)\mathrm{e}^{-\mathrm{i}\boldsymbol{k}_\perp\cdot \boldsymbol{r}_\perp}$$
$$= -2\mu_0 \varepsilon_0 \omega_2^2 \chi_{\mathrm{eff}}^{(2)} E_3 E_1^*(\boldsymbol{r})\mathrm{e}^{-\mathrm{i}\Delta \boldsymbol{k}\cdot \boldsymbol{r}}$$

上式左端为函数$\left[-k_\perp^2+2(\boldsymbol{k}_{2\perp}\cdot\boldsymbol{k}_\perp)+2\mathrm{i}k_{2z}\frac{\partial}{\partial z}\right]E_2(\boldsymbol{k}_\perp,z)$的傅里叶逆变换。根据傅里叶变换的性质，再对其进行傅里叶变换，得到函数本身。故对上式两端同乘以 $\mathrm{e}^{\mathrm{i}\boldsymbol{k}_\perp\cdot\boldsymbol{r}_\perp}$，并对 $\boldsymbol{r}_\perp$ 积分得到

$$\frac{\partial E_2(\boldsymbol{k}_\perp,z)}{\partial z}+\frac{\mathrm{i}}{2k_{2z}}(k_\perp^2-2\boldsymbol{k}_{2\perp}\cdot\boldsymbol{k}_\perp)E_2(\boldsymbol{k}_\perp,z)=\frac{\mathrm{i}}{k_{2z}}\mu_0\varepsilon_0\omega_2^2\chi_{\mathrm{eff}}^{(2)}E_3E_1'^{\,*}(\boldsymbol{k}_\perp,z)\mathrm{e}^{-\mathrm{i}\Delta k_z z} \tag{7.2-30}$$

式中

$$E_1'^{\,*}(\boldsymbol{k}_\perp,z)=\frac{1}{(2\pi)^2}\iint_{-\infty}^{\infty}E_1^*(\boldsymbol{r})\mathrm{e}^{\mathrm{i}\boldsymbol{k}_\perp\cdot\boldsymbol{r}_\perp}\mathrm{e}^{-\Delta\boldsymbol{k}_\perp\cdot\boldsymbol{r}_\perp}\mathrm{d}^2\boldsymbol{r}_\perp$$

$$=E_1^*[-(\boldsymbol{k}_\perp-\Delta\boldsymbol{k}_\perp),z] \tag{7.2-31}$$

可见，$E_1'^{\,*}(\boldsymbol{k}_\perp,z)$是 $E_1[-(\boldsymbol{k}_\perp-\Delta\boldsymbol{k}_\perp),z]$的复共轭，而非 $E_1(\boldsymbol{k}_\perp,z)$的复共轭，它包含了相位失配因子 $\Delta\boldsymbol{k}_\perp$的影响。

对入射的信号光电场 $E_1(\boldsymbol{r})$进行类似的分析可得

$$\frac{\partial E_1^*[-(\boldsymbol{k}_\perp-\Delta\boldsymbol{k}_\perp),z]}{\partial z}-\frac{\mathrm{i}}{2k_{1z}}(k_\perp'^{\,2}+2\boldsymbol{k}_{1\perp}\cdot\boldsymbol{k}_\perp')E_1^*[-(\boldsymbol{k}_\perp-\Delta\boldsymbol{k}_\perp),z]$$

$$=-\frac{\mathrm{i}}{k_{1z}}\mu_0\varepsilon_0\omega_1^2\chi_c^{(2)}E_3^*E_2(\boldsymbol{k}_\perp,z)\mathrm{e}^{\mathrm{i}\Delta k_z z} \tag{7.2-32}$$

其中，$\boldsymbol{k}_\perp'=\boldsymbol{k}_\perp-\Delta\boldsymbol{k}_\perp$。

由式(7.2-30)和式(7.2-32)，即可得到 $E_2(\boldsymbol{k}_\perp,z)$满足的微分方程：

$$\frac{\partial^2E_2(\boldsymbol{k}_\perp,z)}{\partial z^2}-\mathrm{i}A\frac{\partial E_2(\boldsymbol{k}_\perp,z)}{\partial z}+(B-g)E_2(\boldsymbol{k}_\perp,z)=0 \tag{7.2-33}$$

其中

$$\left.\begin{aligned}A&=\frac{1}{2}\left(\frac{k_\perp'^{\,2}+2\boldsymbol{k}_{1\perp}\cdot\boldsymbol{k}_\perp'}{k_{1z}}-\frac{k_\perp^2-2\boldsymbol{k}_{2\perp}\cdot\boldsymbol{k}_\perp}{k_{2z}}-2\Delta k_z\right)\\B&=\frac{k_\perp^2-2\boldsymbol{k}_{2\perp}\cdot\boldsymbol{k}_\perp}{k_{2z}}\left(\frac{k_\perp'^{\,2}+2\boldsymbol{k}_{1\perp}\cdot\boldsymbol{k}_\perp'}{k_{1z}}-\Delta k_z\right)\\g&=\frac{1}{k_{1z}k_{2z}}\mu_0^2\varepsilon_0^2\omega_1^2\omega_2^2(\chi_{\mathrm{eff}}^{(2)})^2|E_2|^2\end{aligned}\right\} \tag{7.2-34}$$

微分方程(7.2-33)的通解为

$$E_2(\boldsymbol{k}_\perp,z)=(C\sinh\alpha_0z+D\cosh\alpha_0z)\mathrm{e}^{\mathrm{i}Az/2} \tag{7.2-35}$$

式中

$$\alpha_0=\frac{1}{2}[4(g-B)-A^2]^{1/2} \tag{7.2-36}$$

假设边界条件为

$$\left.\begin{aligned}E_2(\boldsymbol{r}_\perp, z=0) &= 0\\ E_1^*(\boldsymbol{r}_\perp, z=0) &= E_{10}^*\end{aligned}\right\} \tag{7.2-37}$$

相应于平面波分量的边界条件为

$$\left.\begin{aligned}E_2(\boldsymbol{k}_\perp, z=0) &= 0\\ E_1^*(-\boldsymbol{k}_\perp, z=0) &= E_1^*(-\boldsymbol{k}_\perp, 0)\end{aligned}\right\} \tag{7.2-38}$$

可求得相位共轭光的平面波分量光电场为

$$E_2(\boldsymbol{k}_\perp, z) = \frac{\mathrm{i}}{k_{2z}}\mu_0\varepsilon_0\omega_2^2\chi_{\mathrm{eff}}^{(2)}E_3\,\frac{\sinh\alpha_0 z}{\alpha_0}E_1^*[-(\boldsymbol{k}_\perp - \Delta\boldsymbol{k}_\perp), 0]\mathrm{e}^{\mathrm{i}Az/2} \tag{7.2-39}$$

显然，相位共轭光的平面波分量 $E_2(\boldsymbol{k}_\perp, z)$ 直接与 $E_1^*[-(\boldsymbol{k}_\perp-\Delta\boldsymbol{k}_\perp), 0]$ 耦合。由于参数 α_0、A 表示式中含有 Δk_z 和 $\Delta\boldsymbol{k}_\perp$，所以相位共轭光平面波分量光电场受到相位失配因子 $\Delta\boldsymbol{k}$ 的影响。

利用傅里叶逆变换，可求得相位共轭光电场为

$$E_2(\boldsymbol{r}_\perp, z>0) = \iint_{-\infty}^{\infty}\frac{\mathrm{i}}{k_{2z}}\mu_0\varepsilon_0\omega_2^2\chi_{\mathrm{eff}}^{(2)}E_3\,\frac{\sinh\alpha_0 z}{\alpha_0}E_1^*[-(\boldsymbol{k}_\perp - \Delta\boldsymbol{k}_\perp), 0] \times \mathrm{e}^{\mathrm{i}Az/2}\mathrm{e}^{-\mathrm{i}\boldsymbol{k}_\perp\cdot\boldsymbol{r}_\perp}\,\mathrm{d}^2\boldsymbol{k}_\perp \tag{7.2-40}$$

由上式可见，如果不满足相位匹配条件，则 $\Delta\boldsymbol{k}\neq 0$，$E_2(\boldsymbol{r}_\perp, z>0)$ 不是入射信号光 $E_1(\boldsymbol{r}_\perp, z=0)$ 的理想相位共轭光。这说明，即使我们在系统设计和制作中保证了晶体中沿 z 轴方向传播的三个平面波满足相位匹配条件，但是因为实际入射的信号光波有波前畸变，导致光束发散，从而 $\Delta\boldsymbol{k}\neq 0$，所以 $E_2(\boldsymbol{r}_\perp, z>0)$ 仍不是入射信号光波 $E_1(\boldsymbol{r}_\perp, z=0)$ 的理想相位共轭光。

如果入射信号光的波前发散很小，满足近轴传播条件，近似有 $\Delta\boldsymbol{k}_\perp\approx 0$，则当晶体的设计满足 $\Delta k_z=0$（取 $\omega_1=\omega_2$）时，便有 $A=0$，式(7.2-33)简化为

$$\frac{\partial^2 E_2(\boldsymbol{k}_\perp, z)}{\partial z^2} + (B-g)E_2(\boldsymbol{k}_\perp, z) = 0 \tag{7.2-41}$$

其解为

$$E_2(\boldsymbol{k}_\perp, z) = \frac{\mathrm{i}}{k_{2z}}\mu_0\varepsilon_0\omega_2^2\chi_{\mathrm{eff}}^{(2)}E_3\,\frac{\sinh\alpha_0 z}{\alpha_0}E_1^*(-\boldsymbol{k}_\perp, 0) \tag{7.2-42}$$

进一步，若 $g\gg B$，从而有 $\alpha_0\approx g^{1/2}$。在这种情况下，可以忽略由于波前发散引起的耦合下降，散射光的平面波分量是入射信号光相应平面波分量的相位共轭波。并且，散射光的 $\boldsymbol{k}_\perp$ 分量直接与入射光的 $-\boldsymbol{k}_\perp$ 分量耦合。相应于这种情况的相位共轭光可近似表示为

$$E_2(\boldsymbol{r}) \approx \frac{\mathrm{i}}{k_{2z}}\mu_0\varepsilon_0\omega_2^2\chi_{\mathrm{eff}}^{(2)}E_3\,\frac{\sinh\alpha_0 z}{\alpha_0}E_{10}^* \tag{7.2-43}$$

在晶体的输出面 $z=L$ 上的相位共轭光电场为

$$E_2(\boldsymbol{r}_\perp, L) \approx \frac{\mathrm{i}}{k_{2z}}\mu_0\varepsilon_0\omega_2^2\chi_{\mathrm{eff}}^{(2)}E_3\,\frac{\sinh\alpha_0 L}{\alpha_0}E_{10}^* \tag{7.2-44}$$

由以上讨论我们可以看出，在三波混频过程中，若入射信号光是平面波，则当满足相位匹配条件时，所产生的空闲光是入射光波的相位共轭光；若入射信号光有任意波前分布，则只有在入射信号波前的发散度较小，器件的设计使得沿 z 方向传播的三个平面波满足相位匹配条件，且 $g\gg B$ 时，所产生的空闲光才是入射信号光的相位共轭光，否则就不能得到理想的相位共轭光。因此，对三波混频相位共轭技术来讲，对入射信号光波前畸变的程度、相位匹配条件的程度有很高的要求。显然，这些苛刻的要求严重地限制了三波混频相位共轭技术的应用范围。

7.2.2 四波混频相位共轭技术

由第 5 章关于四波混频的讨论我们知道，当两个泵浦光和一个信号光入射到非线性介质时，由于三阶非线性作用，可以产生第四个光波——信号光的相位共轭光。因四个光波相互作用的结构不同，既可以产生前向相位共轭光，也可以产生后向相位共轭光。人们最感兴趣的是简并四波混频(DFWM)光学相位共轭。

有关 DFWM 中平面波的非共振型 DFWM 光学相位共轭和共振型 DFWM 光学相位共轭已在第 5 章中详细讨论过，在这里只讨论波前有任意分布的 DFWM 光学相位共轭和近 DFWM 相位共轭。

1. 信号光波前有任意分布的 DFWM 光学相位共轭

我们这里所讨论的 DFWM 结构如图 7.2-2 所示。非线性介质是透明、无色散的介质，三阶非线性极化率为 $\chi^{(3)}$。

如果入射到非线性介质的泵浦光 $\boldsymbol{E}_1$、$\boldsymbol{E}_2$ 为彼此反向传播的平面波，则在不考虑泵浦抽空效应的条件下，泵浦光电场可表示为

$$\boldsymbol{E}_{1,2}(\boldsymbol{r},t) = \boldsymbol{E}_{1,2}\mathrm{e}^{-\mathrm{i}(\omega t-\boldsymbol{k}_{1,2}\cdot\boldsymbol{r})} + \mathrm{c.c.} \tag{7.2-45}$$

其波矢满足

$$\boldsymbol{k}_1 + \boldsymbol{k}_2 = 0$$

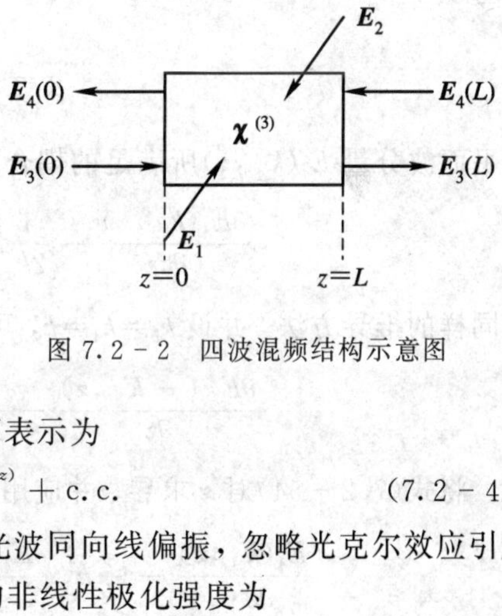

图 7.2-2 四波混频结构示意图

假设入射到介质上的信号光是沿 z 方向传播并有任意波前分布的近轴光波($\boldsymbol{k}_3\approx\boldsymbol{k}_{3z}$)，则信号光电场可表示为

$$\boldsymbol{E}_3(\boldsymbol{r},t) = \boldsymbol{E}_3(\boldsymbol{r})\mathrm{e}^{-\mathrm{i}(\omega t-k_3 z)} + \mathrm{c.c.} \tag{7.2-46}$$

为了分析简单起见，设介质中相互作用的四个光波同向线偏振，忽略光克尔效应引起的非线性折射率变化，则由以上三个入射光波产生的非线性极化强度为

$$P_4(\boldsymbol{r},t) = 6\varepsilon_0\chi^{(3)}E_1E_2E_3^*(\boldsymbol{r})\mathrm{e}^{-\mathrm{i}(\omega t-k_4 z)} + \mathrm{c.c.} \tag{7.2-47}$$

式中

$$\boldsymbol{k}_4 = -\boldsymbol{k}_3$$

将介质中的光电场和非线性极化强度表示式代入波动方程

$$\nabla^2 E - \mu_0\varepsilon\frac{\partial^2 E}{\partial t^2} = \mu_0\frac{\partial^2 P^{(3)}}{\partial t^2}$$

并应用慢变化振幅近似条件，即可得到 DFWM 过程产生的后向散射光复振幅满足的方程

$$\left(\nabla_{\perp}^{2}-2\mathrm{i}k_{4}\frac{\partial}{\partial z}\right)E_{4}(\boldsymbol{r})=-6\mu_{0}\varepsilon_{0}\omega^{2}\chi^{(3)}E_{1}E_{2}E_{3}^{*}(\boldsymbol{r}) \tag{7.2-48}$$

类似于三波混频的分析方法，我们仍然用傅里叶变换求出散射光场平面波分量的解，然后再求出散射光场 $E_4(\boldsymbol{r})$。

由傅里叶分析，$E_4(\boldsymbol{r})$的傅里叶变换为

$$E_{4}(\boldsymbol{k}_{\perp},z)=\frac{1}{(2\pi)^{2}}\iint_{-\infty}^{\infty}E_{4}(\boldsymbol{r})\mathrm{e}^{\mathrm{i}\boldsymbol{k}_{\perp}\cdot\boldsymbol{r}_{\perp}}\mathrm{d}^{2}\boldsymbol{r}_{\perp} \tag{7.2-49}$$

其逆变换为

$$E_{4}(\boldsymbol{r})=\iint_{-\infty}^{\infty}E_{4}(\boldsymbol{k}_{\perp},z)\mathrm{e}^{-\mathrm{i}\boldsymbol{k}_{\perp}\cdot\boldsymbol{r}_{\perp}}\mathrm{d}^{2}\boldsymbol{k}_{\perp}=\iint_{-\infty}^{\infty}E_{4}(-\boldsymbol{k}_{\perp},z)\mathrm{e}^{\mathrm{i}\boldsymbol{k}_{\perp}\cdot\boldsymbol{r}_{\perp}}\mathrm{d}^{2}\boldsymbol{k}_{\perp} \tag{7.2-50}$$

相应的 $E_4^*(\boldsymbol{r})$为

$$E_{4}^{*}(\boldsymbol{r})=\iint_{-\infty}^{\infty}E_{4}^{*}(-\boldsymbol{k}_{\perp},z)\mathrm{e}^{-\mathrm{i}\boldsymbol{k}_{\perp}\cdot\boldsymbol{r}_{\perp}}\mathrm{d}^{2}\boldsymbol{k}_{\perp} \tag{7.2-51}$$

将式(7.2-50)代入式(7.2-48)，得

$$\iint_{-\infty}^{\infty}\left(\nabla_{\perp}^{2}-2\mathrm{i}k_{4}\frac{\partial}{\partial z}\right)E_{4}(\boldsymbol{k}_{\perp},z)\mathrm{e}^{-\mathrm{i}\boldsymbol{k}_{\perp}\cdot\boldsymbol{r}_{\perp}}\mathrm{d}^{2}\boldsymbol{k}_{\perp}=-6\mu_{0}\varepsilon_{0}\omega^{2}\chi^{(3)}E_{1}E_{3}E_{3}^{*}(\boldsymbol{r})$$

上式两边同乘以 $\mathrm{e}^{\mathrm{i}\boldsymbol{k}_{\perp}\cdot\boldsymbol{r}_{\perp}}$，并对 $\boldsymbol{r}_{\perp}$ 积分，利用傅里叶变换的性质即可得到

$$\frac{\partial E_{4}(\boldsymbol{k}_{\perp},z)}{\partial z}-\frac{\mathrm{i}}{2k_{4}}k_{\perp}^{2}E_{4}(\boldsymbol{k}_{\perp},z)=-\frac{\mathrm{i}}{k_{4}}3\mu_{0}\varepsilon_{0}\chi^{(3)}E_{1}E_{2}E_{3}^{*}(-\boldsymbol{k}_{\perp},z) \tag{7.2-52}$$

若令

$$g=-\frac{1}{k_{4}}3\mu_{0}\varepsilon_{0}\chi^{(3)}E_{1}^{*}E_{2}^{*} \tag{7.2-53}$$

则平面波分量 $E_4(\boldsymbol{k}_{\perp},z)$所满足的耦合方程可改写为

$$\frac{\partial E_{4}(\boldsymbol{k}_{\perp},z)}{\partial z}-\frac{\mathrm{i}}{2k_{4}}k_{\perp}^{2}E_{4}(\boldsymbol{k}_{\perp},z)=\mathrm{i}g^{*}E_{3}^{*}(-\boldsymbol{k}_{\perp},z) \tag{7.2-54}$$

用同样的推导方法，并设 $k_3=k_4=k$，可以得到平面波分量 $E_3^*(-\boldsymbol{k}_{\perp},z)$满足的耦合方程为

$$\frac{\partial E_{3}^{*}(-\boldsymbol{k}_{\perp},z)}{\partial z}-\frac{\mathrm{i}}{2k}k_{\perp}^{2}E_{3}^{*}(-\boldsymbol{k}_{\perp},z)=\mathrm{i}gE_{4}(\boldsymbol{k}_{\perp},z) \tag{7.2-55}$$

将式(7.2-54)对 z 求导，并应用式(7.2-55)得到

$$\frac{\partial^{2}E_{4}(\boldsymbol{k}_{\perp},z)}{\partial z^{2}}-\frac{\mathrm{i}}{k}k_{\perp}^{2}\frac{\partial E_{4}(\boldsymbol{k}_{\perp},z)}{\partial z}-\left(\frac{k_{\perp}^{4}}{4k^{2}}-gg^{*}\right)E_{4}(\boldsymbol{k}_{\perp},z)=0$$

其通解为

$$E_{4}(\boldsymbol{k}_{\perp},z)=[C\sin(|g|z)+D\cos(|g|z)]\mathrm{e}^{\mathrm{i}\frac{k_{\perp}^{2}}{2k}z}$$

若设边界条件为

$$\left.\begin{aligned}E_{3}^{*}(\boldsymbol{r}_{\perp},0)&=E_{30}^{*}\\E_{4}(\boldsymbol{r}_{\perp},L)&=0\end{aligned}\right\} \tag{7.2-56}$$

相应的单一平面波分量满足的边界条件为

$$\left.\begin{aligned} &E_3^*(-\boldsymbol{k}_\perp, z=0) = E_3^*(-\boldsymbol{k}_\perp, 0) \\ &E_4(\boldsymbol{k}_\perp, z=L) = 0 \end{aligned}\right\} \tag{7.2-57}$$

则可以求得后向散射光的平面波分量为

$$E_4(\boldsymbol{k}_\perp, z) = \mathrm{i}\frac{g^*}{|g|}\frac{\sin[|g|(z-L)]}{\cos(|g|L)}E_3^*(-\boldsymbol{k}_\perp, 0)\mathrm{e}^{\mathrm{i}\frac{k_\perp^2}{2k}z} \tag{7.2-58}$$

在信号光的入射面 $z=0$ 处：

$$E_4(\boldsymbol{k}_\perp, 0) = -\mathrm{i}\frac{g^*}{|g|}\tan(|g|L)E_3^*(-\boldsymbol{k}_\perp, 0) \tag{7.2-59}$$

可见，在入射平面上，后向散射光的每一平面波分量 $E_4(\boldsymbol{k}_\perp, 0)$ 均为相应入射信号光平面波分量的复共轭。由傅里叶逆变换，可以求得入射面上的散射光场为

$$\begin{aligned} E_4(\boldsymbol{r}_\perp, 0) &= \iint_{-\infty}^{\infty}\left[-\mathrm{i}\frac{g^*}{|g|}\tan(|g|L)E_3^*(-\boldsymbol{k}_\perp, 0)\right]\mathrm{e}^{-\mathrm{i}\boldsymbol{k}_\perp\cdot\boldsymbol{r}_\perp}\mathrm{d}^2\boldsymbol{k}_\perp \\ &= -\mathrm{i}\frac{g^*}{|g|}\tan(|g|L)E_3^*(-\boldsymbol{r}_\perp, 0) \end{aligned} \tag{7.2-60}$$

在 $z<0$ 的空间有

$$E_4(\boldsymbol{r}_\perp, z<0) = -\mathrm{i}\frac{g^*}{|g|}\tan(|g|L)E_3^*(-\boldsymbol{r}_\perp, z<0) \tag{7.2-61}$$

由以上分析可见，具有任意复杂波前的入射信号光，在二泵浦光为反向传播的平面波的条件下，皆可通过 DFWM 的非线性作用产生其后向相位共轭反射光，与其入射方向无关。正因为如此，人们把这种相位共轭装置称为相位共轭反射镜。

这里必须指出，如果泵浦光不是平面波，则后向散射光不再是入射信号光的理想相位共轭光。特利比诺(Trebino)和西格曼(Siegman)[7]对这种情况进行了讨论，并对泵浦光为高斯光束 TEM_{00}模的情况进行了理论计算。

2. 近 DFWM 光学相位共轭

前面所讨论的内容都属于 DFWM 相位共轭。随着非线性光学相位共轭技术的发展，人们发现，当入射光频率近简并时，既具有较好的相位共轭特性，又具有较窄的频率特性，可以作为滤波器，所以近 DFWM 相位共轭受到了人们的重视。这里，我们仅介绍非共振型近 DFWM 相位共轭的小信号理论[8]。

近 DFWM 相位共轭结构仍如图 7.2-2 所示，四个光波场为

$$\boldsymbol{E}_l(\boldsymbol{r}, t) = \boldsymbol{E}_l(\boldsymbol{r})\mathrm{e}^{-\mathrm{i}(\omega_l t - \boldsymbol{k}_l\cdot\boldsymbol{r})} + \text{c.c.}, \quad l = 1,2,3,4 \tag{7.2-62}$$

其中，二相反方向传播的泵浦光 $\boldsymbol{E}_1(\boldsymbol{r},t)$ 和 $\boldsymbol{E}_2(\boldsymbol{r},t)$ 是在某 $\boldsymbol{r}$ 方向传播、频率为 ω 的平面波；信号光 $\boldsymbol{E}_3(z,t)$ 是沿 z 方向传播、频率为 $\omega+\delta$ 的平面波(设 $|\delta/\omega|\ll 1$)；散射光 $\boldsymbol{E}_4(z,t)$ 是沿 $-z$ 方向传播、频率为 $\omega_4=\omega+\omega-(\omega+\delta)=\omega-\delta$ 的平面波。为讨论方便，假设各光场同向线偏振，不考虑光克尔效应，则入射光感应产生的频率为 $\omega-\delta$ 的非线性极化强度为

$$P_{\omega-\delta}(\boldsymbol{r},t) = 6\varepsilon_0\chi^{(3)}E_1E_2E_3^*(z)\mathrm{e}^{-\mathrm{i}\{[\omega+\omega-(\omega+\delta)]t-(\boldsymbol{k}_1+\boldsymbol{k}_2-\boldsymbol{k}_3)\cdot\boldsymbol{r}\}} + \text{c.c.} \tag{7.2-63}$$

将光电场和极化强度表达式代入波动方程

$$\nabla^2E - \mu_0\varepsilon\frac{\partial^2E}{\partial t^2} = \mu_0\frac{\partial^2P^{(3)}}{\partial t^2}$$

中，并考虑到 $\boldsymbol{k}_3+\boldsymbol{k}_4=\Delta\boldsymbol{k}\neq0$、慢变化振幅近似条件 $\left|\frac{\partial^2E_l(z)}{\partial z^2}\right| \ll \left|k_l\frac{\partial E_l(z)}{\partial z}\right|$，在不计泵浦抽空效应情况下，可以得到信号光、散射光满足的耦合波方程为

$$\left.\begin{aligned} \frac{\mathrm{d}E_3^*}{\mathrm{d}z} &= \mathrm{i}g_3E_4(z)\mathrm{e}^{\mathrm{i}\Delta kz} \\ \frac{\mathrm{d}E_4}{\mathrm{d}z} &= \mathrm{i}g_4^*E_3^*(z)\mathrm{e}^{-\mathrm{i}\Delta kz} \end{aligned}\right\} \tag{7.2-64}$$

式中

$$g_l^* = -\frac{1}{k_l}3\mu_0\varepsilon_0\omega_l^2\chi^{(3)}E_1E_2 \tag{7.2-65}$$

式(7.2－64)的通解为

$$\left.\begin{aligned} E_3^*(z) &= (C_1\mathrm{e}^{\mathrm{i}\beta z} + D_1\mathrm{e}^{-\mathrm{i}\beta z})\mathrm{e}^{\mathrm{i}\Delta kz/2} \\ E_4(z) &= (C_2\mathrm{e}^{\mathrm{i}\beta z} + D_2\mathrm{e}^{-\mathrm{i}\beta z})\mathrm{e}^{-\mathrm{i}\Delta kz/2} \end{aligned}\right\} \tag{7.2-66}$$

其中

$$\beta = \left[\left(\frac{\Delta k}{2}\right)^2 + g_3g_4^*\right]^{1/2} \tag{7.2-67}$$

应用边界条件

$$\left.\begin{aligned} E_3^*(z=0) &= E_{30}^* \\ E_4(z=L) &= 0 \end{aligned}\right\} \tag{7.2-68}$$

可确定式(7.2－66)中的积分常数，求得

$$\left.\begin{aligned} E_3^*(z) &= \frac{\beta\cos[\beta(z-L)] - \mathrm{i}\frac{\Delta k}{2}\sin[\beta(z-L)]}{\beta\cos(\beta L) + \mathrm{i}\frac{\Delta k}{2}\sin(\beta L)}E_{30}^*\mathrm{e}^{\mathrm{i}\Delta kz/2} \\ E_4(z) &= \frac{\mathrm{i}g_4^*\sin[\beta(z-L)]}{\beta\cos(\beta L) + \mathrm{i}\frac{\Delta k}{2}\sin(\beta L)}E_{30}^*\mathrm{e}^{-\mathrm{i}\Delta kz/2} \end{aligned}\right\} \tag{7.2-69}$$

由以上推导可见：

(1) 当入射信号光 $E_3(z,t)$ 为平面波时，由非线性作用所产生的散射光 $E_4(z,t)$ 是与信号光反向传播的平面波，在 $z=0$ 的信号光输入面上，有

$$E_4(0) = -\frac{\mathrm{i}g_4^*\tan(\beta L)}{\beta + \mathrm{i}\frac{\Delta k}{2}\tan(\beta L)}E_{30}^* \tag{7.2-70}$$

因为 $\Delta k\neq 0$，所以 $E_4(z=0,t)$ 不是 $E_3(z=0,t)$ 的理想相位共轭光，仅只有近似相位共轭特性。Δk 越小，近似程度越好。由于这一特性，如果入射信号光含有空间噪声，因其传播方向随机地偏离信号方向，相位失配严重，所以不可能产生强的噪声反射波，故近 DFWM 过程同时具有空间滤波的作用，将噪声滤掉，可大大提高反射信号的信噪比。

(2) 当 $\Delta k=0$ 时，式(7.2-70)变为第 5 章讨论的 DFWM 光学相位共轭的关系式。

(3) 由(7.2-70)式可以得到相位共轭反射率 R 为

$$R=\frac{|E_4(0)|^2}{|E_3^*(0)|^2}=\frac{|g_4|^2\tan^2(\beta L)}{\beta^2+\left(\dfrac{\Delta k}{2}\right)^2\tan^2(\beta L)} \tag{7.2-71}$$

可见其大小为频率失谐 δ 和非线性增益 $|\beta|L$ 的函数。考虑到 $\delta\ll\omega$，有 $g_3\approx g_4=g$，所以式(7.2-67)可表示为

$$\beta^2=g^2+\left(\frac{\Delta k}{2}\right)^2 \tag{7.2-72}$$

从而得到

$$R=\frac{|gL|^2\tan^2(\beta L)}{|gL|^2+\left(\dfrac{\Delta kL}{2}\right)^2\sec^2(\beta L)} \tag{7.2-73}$$

对于适当的 g、Δk 值，R 可以大于 1。当非线性耦合很弱，即 $\dfrac{g}{\Delta k}\to 0$ 时，有 $\beta^2\approx\left(\dfrac{\Delta k}{2}\right)^2$，则

$$R=\frac{|gL|^2\sin^2\left(\dfrac{\Delta kL}{2}\right)}{\left(\dfrac{\Delta kL}{2}\right)^2} \tag{7.3-74}$$

这正是在相位失配、无抽空作用下的典型结果。

(4) 由式(7.2-73)可以看出，相位共轭反射率 R 与频率失谐 δ 有关，其频率特性具有带通性，因此，可以用作滤波器。

图 7.2-3 所示为以 $|g|L$ 为参量，相位共轭反射率 R 与归一化失谐量 Ψ 的关系曲线，其中，Ψ 定义为

$$\Psi=\frac{\Delta kL}{2\pi}=\frac{\Delta\lambda}{2}\frac{2nL}{\lambda^2} \tag{7.2-75}$$

式中，$\Delta\lambda$ 是 E_3、E_4 的波长差。在作用长度 $L=1$ cm，波长 $\lambda=500$ nm，折射率 $n=1.60$ 的情况下，图中横坐标的单位 1 相应于 $|\Delta\lambda/2|=0.007\,72$ nm。由图中曲线可以看出，当非线性增益 $|g|L$ 很小时，R 呈现 sinc^2x 函数形式；随着 $|g|L$ 增大，R 的峰值急剧增大，通带也越来越尖锐。当 $|g|L>\pi/4$ 时，在通带中的相位共轭反射率可以大于 1。

为了更明显地看出近 DFWM 过程的滤波特性，将图 7.2-3 中的每条曲线按 R 峰值归一化，得到归一化的相位共轭反射率 R 与归一化的波长失谐 Ψ 的关系曲线，如图7.2-4 所示。显然，随着 $|g|L$ 增大，通带带宽变窄，边瓣也随之减小，带通响应更加尖锐。在接近振荡（$|g|L\approx\pi/2$）时，通带带宽的极限为泵浦源的线宽。

由以上讨论可见，近 DFWM 过程可以作为具有放大作用的带通滤波器。由于入射信

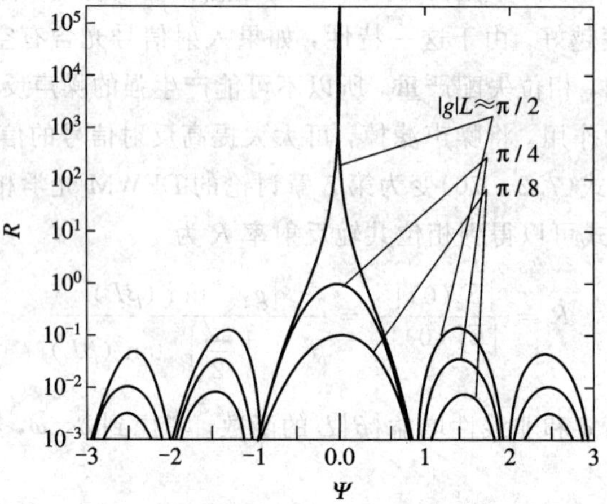

图 7.2-3 以 $|g|L$ 为参量，反射率 R 与归一化波长失谐量 Ψ 的关系曲线

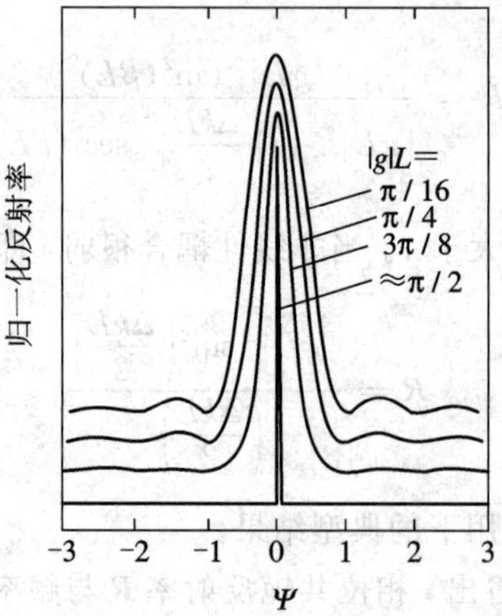

图 7.2-4 归一化反射率 R 与归一化波长失谐量 Ψ 的关系曲线

号光可以相对泵浦光以任意角度入射，所以用近 DFWM 过程可以制成大视场滤波器。如果给定了非线性介质，其频率特性取决于相互作用长度和泵浦强度，即 $|g|L$。此外，由于反射光有近相位共轭特性，所以可通过空间滤波提高空间信噪比。

以上分析是对非共振型近 DFWM 相位共轭特性进行的，对于共振型近 DFWM 光学相位共轭特性，可参看陶一夫和萨金特Ⅲ[9]以及尼尔森(Nilsen)和雅里夫[10]的讨论。前者研究了静止原子系统的强泵浦情形，后者研究了考虑多普勒效应的弱泵浦情形。

3. DFWM 相位共轭的全息描述

在第 5 章讨论四波混频时已经指出，可以把 DFWM 过程看做是一种动态实时的全息过程。因此，我们可以将 DFWM 相位共轭的物理过程描述如下：在非共振型 DFWM 相位共轭中，入射信号光与二反向传播的泵浦光之一干涉形成光强的空间分布，由于非线性极化率为实数，这种光强的空间分布导致折射率的空间分布，从而在非线性介质中形成了“相位栅”，与此同时，满足布喇格条件(即非线性光学过程中的相位匹配条件)的另一泵浦光被这一光栅衍射，形成与入射信号光反向传播的相位共轭光波；在共振型 DFWM 相位共轭中，由于非线性极化率为复数，所以介质对光场除了色散作用外，还有吸收(或放大)作用。入射信号光与二反向传播的泵浦光之一干涉形成光强的空间分布，既在介质中形成折射率空间分布，又调制原子系统集居数差的空间分布，也就是在介质中既形成“相位栅”，又形成“强度栅”，满足布喇格条件(即相位匹配条件)的另一泵浦光被衍射，形成与入射信号光反向传播的相位共轭光波。由于共振介质中存在两种光栅，特别是因共振增强作用，使“强度栅”的作用可能更显著，所以共振型相位共轭反射系数会更大。

通过以上分析，就可以进一步用图 7.2-5 所示的动态全息过程形象地说明 DFWM 相位共轭波的产生过程。如图 7.2-5(a)所示，当信号光 E 和泵浦光 E_1 都是平面波时，它们干涉形成全息光栅，光栅波矢 $\boldsymbol{K}=\boldsymbol{k}_1-\boldsymbol{k}_3$，光栅周期 $d=\lambda/[2\sin(\theta/2)]$。该光栅将泵浦光 E_2 衍射，形成了沿信号光反向传播的相位共轭光 E^*。如图 7.2-5(b)所示，若入射信号光 E 具有畸变波前，例如信号光的中央部分相位超前 Φ，这相应于空间距离超前 $\frac{\Phi}{2\pi}\frac{\lambda}{n}$，则信号光与平面泵浦光 E_1 干涉形成的全息光栅中央也有一凸出，凸出的位移为 $\Delta=\frac{\Phi}{2\pi}\frac{\lambda}{2n\sin(\theta/2)}$。当 $\theta\to\pi$ 时，$\Delta\approx\frac{\Phi}{2\pi}\frac{\lambda}{2n}$。此时，对于平面波 E_2 来说，因光栅中央凸出，所以中央部分反射光较其它部分多走了 $2\times\frac{\Phi}{2\pi}\frac{\lambda}{2n\sin(\theta/2)}\approx\frac{\Phi}{2\pi}\frac{\lambda}{n}$。所以反射光波前的中央部分比其它部分落后了 $\frac{\Phi}{2\pi}\frac{\lambda}{n}$，这种波前分布正好与入射信号光相同，因此，该反射光即为入射信号光的相位共轭光 E^*。

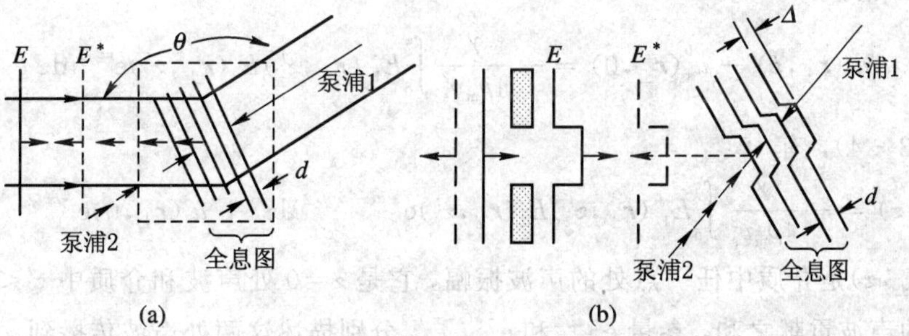

图 7.2-5　DFWM 的动态全息记录与再现

(a) 无扰动信号波的记录与再现；(b) 有扰动信号波的记录与再现

7.3　受激布里渊散射(SBS)光学相位共轭技术

除了利用三波混频过程和四波混频过程产生相位共轭光之外，也可以利用受激散射(SRS、SBS) 过程产生入射信号光的相位共轭光，只是相位共轭光相对入射信号光有一频移。1972 年，谢尔托维奇等[3]首先利用 SBS 过程实现了非线性光学相位共轭，此后，许多科学家对 SBS 光学相位共轭进行了深入的理论和实验研究，使其在诸多领域得到了广泛的应用。下面以 SBS 过程为例，讨论受激散射光学相位共轭技术。

为讨论方便，假设入射到非线性介质中的信号光波(也是泵浦光)和产生的散射光波以及相干声波皆为同向线偏振光，其波场表示式分别为

$$\left.\begin{aligned} E_1(\boldsymbol{r},t) &= E_1(\boldsymbol{r})\mathrm{e}^{-\mathrm{i}(\omega_1 t + k_1 z)} + \mathrm{c.c.} \\ E_2(\boldsymbol{r},t) &= E_2(\boldsymbol{r})\mathrm{e}^{-\mathrm{i}(\omega_2 t - k_2 z)} + \mathrm{c.c.} \\ u_s(\boldsymbol{r},t) &= u_s(\boldsymbol{r})\mathrm{e}^{-\mathrm{i}(\omega_s t - k_s z)} + \mathrm{c.c.} \end{aligned}\right\} \tag{7.3-1}$$

非线性介质中三个波的频率关系满足 $\omega_2=\omega_1+\omega_s$，波矢关系满足 $\boldsymbol{k}_2=\boldsymbol{k}_1+\boldsymbol{k}_s$。

根据第 5 章讨论的结论，声波所满足的方程为

$$\frac{\partial u_s(\boldsymbol{r})}{\partial z} + \frac{\eta}{2\rho_m v_s}u_s(\boldsymbol{r}) = -\frac{\gamma}{4\rho_m v_s^2}E_1^*(\boldsymbol{r})E_2(\boldsymbol{r}) \tag{7.3-2}$$

式中，η 是唯象引入的声波耗散常数，ρ_m 是介质质量密度，v_s 是声速，γ 是描述介质应变引起介电常数改变的常数。若设

$$\alpha = \frac{\eta}{\rho_m v_s} \tag{7.3-3}$$

为声波损耗，并令

$$u_s(\boldsymbol{r}) = u_s'(\boldsymbol{r})\mathrm{e}^{-\alpha z/2} \tag{7.3-4}$$

则式(7.3-2)简化为

$$\frac{\partial u_s'(\boldsymbol{r})}{\partial z} = -\frac{\gamma}{4\rho_m v_s^2}E_1^*(\boldsymbol{r})E_2(\boldsymbol{r})\mathrm{e}^{\alpha z/2} \tag{7.3-5}$$

将上式积分可得

$$u_s'(\boldsymbol{r}_\perp,z) - u_s'(\boldsymbol{r}_\perp,0) = -\frac{\gamma}{4\rho_m v_s^2}\int_0^z E_1^*(\boldsymbol{r}_\perp,z')E_2(\boldsymbol{r}_\perp,z')\mathrm{e}^{\alpha z'/2}\,\mathrm{d}z'$$

应用式(7.3-4)，有

$$u_s(\boldsymbol{r}_\perp,z) = -\frac{\gamma}{4\rho_m v_s^2}\int_0^z E_1^*(\boldsymbol{r}_\perp,z')E_2(\boldsymbol{r}_\perp,z')\mathrm{e}^{-\alpha(z-z')/2}\,\mathrm{d}z' + u_s(\boldsymbol{r}_\perp,0)\mathrm{e}^{-\alpha z/2} \tag{7.3-6}$$

式中，$u_s(\boldsymbol{r}_\perp,z)$是介质中任一点处的声波振幅，它是 $z=0$ 处声波和介质中 $z'<z$ 各处电场激励产生的声波贡献之和，参量 $\mathrm{e}^{-\alpha z/2}$和 $\mathrm{e}^{-\alpha(z-z')/2}$分别描述这两处声波传播到 z 处的衰减。

假设声波在介质中传播的损耗很大，则式(7.3-6)中积分号内由 $E_1^*(\boldsymbol{r}_\perp, z')$和 $E_2(\boldsymbol{r}_\perp, z')$激励所产生的声波只能传播很短距离，即对 z 处声波有贡献的距离 $z-z'$很小，因此可以忽略电场随 z 的变化，在计算中，可将其看做为常数。同理，式中右边第二项可忽略不计。于是，由式(7.3-6)得到介质中的声波为

$$u_s(\boldsymbol{r}_\perp,z) = \frac{\gamma}{2\eta v_s}E_1^*(\boldsymbol{r}_\perp,z)E_2(\boldsymbol{r}_\perp,z) \tag{7.3-7}$$

介质中光波场所满足的波动方程为

$$\nabla^2 E(\boldsymbol{r},t) - \mu_0\varepsilon\frac{\partial^2 E(\boldsymbol{r},t)}{\partial t^2} = \mu_0\frac{\partial^2 P_{\mathrm{NL}}(\boldsymbol{r},t)}{\partial t^2}$$

如同前面的讨论，利用慢变化振幅近似条件：

$$\left|\frac{\partial^2 E_1(\boldsymbol{r}_\perp,z)}{\partial t^2}\right| \ll \left|k_1\frac{\partial E_1(\boldsymbol{r}_\perp,z)}{\partial t}\right|,\ |k_1^2 E_1(\boldsymbol{r}_\perp,z)|$$

可以得到后向散射光电场复振幅所满足的方程为

$$\frac{\partial E_1(\boldsymbol{r}_\perp,z)}{\partial z}+\frac{\mathrm{i}}{2k_1}\nabla_\perp^2 E_1(\boldsymbol{r}_\perp,z)=\frac{\omega_1^2\gamma\mu_0 k_s}{2k_1}E_2(\boldsymbol{r}_\perp,z)u_s^*(\boldsymbol{r}_\perp,z)$$

将式(7.3－7)代入上式，得到

$$\frac{\partial E_1(\boldsymbol{r}_\perp,z)}{\partial z}+\frac{\mathrm{i}}{2k_1}\nabla_\perp^2 E_1(\boldsymbol{r}_\perp,z)=\frac{\omega_1^2\gamma^2\mu_0 k_s}{8\eta k_1 v_s}E_1(\boldsymbol{r}_\perp,z)|E_2(\boldsymbol{r}_\perp,z)|^2 \tag{7.3-8}$$

若令

$$g(\boldsymbol{r}_\perp,z)=\frac{\omega_1^2\gamma^2\mu_0 k_s}{4\eta k_1 v_s}|E_2(\boldsymbol{r}_\perp,z)|^2=A|E_2(\boldsymbol{r}_\perp,z)|^2 \tag{7.3-9}$$

则式(7.3－8)可改写为

$$\frac{\partial E_1(\boldsymbol{r}_\perp,z)}{\partial z}+\frac{\mathrm{i}}{2k_1}\nabla_\perp^2 E_1(\boldsymbol{r}_\perp,z)-\frac{1}{2}g(\boldsymbol{r}_\perp,z)E_1(\boldsymbol{r}_\perp,z)=0 \tag{7.3-10}$$

对于沿 z 向传播的泵浦光 $E_2(\boldsymbol{r}_\perp,z)$，如果忽略泵浦抽空效应及其他损耗，其满足的方程为

$$\frac{\partial E_2(\boldsymbol{r}_\perp,z)}{\partial z}-\frac{\mathrm{i}}{2k_2}\nabla_\perp^2 E_2(\boldsymbol{r}_\perp,z)=0 \tag{7.3-11}$$

由于抛物线型方程

$$\frac{\partial f_n(\boldsymbol{r}_\perp,z)}{\partial z}+\frac{\mathrm{i}}{2k_2}\nabla_\perp^2 f_n(\boldsymbol{r}_\perp,z)=0 \tag{7.3-12}$$

中的 f_n 构成一组完全正交归一化的函数，它们满足

$$\iint f_m^*(\boldsymbol{r}_\perp,z)f_n(\boldsymbol{r}_\perp,z)\mathrm{d}^2\boldsymbol{r}_\perp=\delta_{mn}=\begin{cases}0, & m\neq n\\ 1, & m=n\end{cases} \tag{7.3-13}$$

因此，比较式(7.3－11)和式(7.3－12)，选择一个函数 $f_0^*(\boldsymbol{r}_\perp,z)$，使它与泵浦光场之间只相差一个常数，即

$$E_2(\boldsymbol{r}_\perp,z)=Bf_0^*(\boldsymbol{r}_\perp,z) \tag{7.3-14}$$

又由于 $f_n(\boldsymbol{r}_\perp,z)$ 为完全正交归一化函数组，所以可将所要求的后向散射光场 $E_1(\boldsymbol{r}_\perp,z)$ 按其展开为

$$E_1(\boldsymbol{r}_\perp,z)=\sum_{n=0}^{\infty}C_n(z)f_n(\boldsymbol{r}_\perp,z) \tag{7.3-15}$$

把式(7.3－15)代入式(7.3－10)，得到

$$\sum_{n=0}^{\infty}\left\{\frac{\mathrm{d}C_n(z)}{\mathrm{d}z}f_n(\boldsymbol{r}_\perp,z)+C_n(z)\frac{\partial f_n(\boldsymbol{r}_\perp,z)}{\partial z}+\mathrm{i}\frac{C_n(z)}{2k_1}\nabla_\perp^2 f_n(\boldsymbol{r}_\perp,z)\right.$$
$$\left.-\frac{1}{2}AB^2|f_0(\boldsymbol{r}_\perp,z)|^2C_n(z)f_n(\boldsymbol{r}_\perp,z)\right\}=0 \tag{7.3-16}$$

令 $\alpha'=\dfrac{k_2-k_1}{k_1}$，则上式中的第二、三项变为

$$C_n(z)\left[\frac{\partial f_n(\boldsymbol{r}_\perp,z)}{\partial z}+\frac{\mathrm{i}}{2k_2}(1+\alpha')\nabla_\perp^2 f_n(\boldsymbol{r}_\perp,z)\right]$$

如果 $k_1 \approx k_2$，则 $\alpha' \ll 1$。在考虑式(7.3-12)后，式(7.3-16)简化为

$$\sum_{n=0}^{\infty}\left\{\frac{\mathrm{d}C_n(z)}{\mathrm{d}z}f_n(\boldsymbol{r}_\perp,z)-\frac{1}{2}AB^2|f_0(\boldsymbol{r}_\perp,z)|^2C_n(z)f_n(\boldsymbol{r}_\perp,z)\right\}=0$$

上式两边同乘以 $f_m^*(\boldsymbol{r}_\perp,z)$，对 $\boldsymbol{r}_\perp$ 进行积分，并利用 f_n 的正交性，得到

$$\frac{\mathrm{d}C_m(z)}{\mathrm{d}z}-\frac{1}{2}\sum_{n=0}^{\infty}g_{mn}(z)C_n(z)=0 \tag{7.3-17}$$

式中

$$g_{mn}(z)=AB^2\iint|f_0(\boldsymbol{r}_\perp,z)|^2f_n(\boldsymbol{r}_\perp,z)f_m^*(\boldsymbol{r}_\perp,z)\mathrm{d}^2\boldsymbol{r}_\perp \tag{7.3-18}$$

由此可见，如果入射光场为 $|E_2(\boldsymbol{r}_\perp,z)|^2$，亦即 $|f_0(\boldsymbol{r}_\perp,z)|^2$ 随 $\boldsymbol{r}_\perp$ 起伏剧烈，则只有

$$g_{00}(z)=AB^2\iint|f_0(\boldsymbol{r}_\perp,z)|^4\,\mathrm{d}^2\boldsymbol{r}_\perp \tag{7.3-19}$$

最大，其它 $g_{mn}(z)$ 因 $|f_0(\boldsymbol{r}_\perp,z)|^2$ 与 $f_m^*(\boldsymbol{r}_\perp,z)$、$f_n(\boldsymbol{r}_\perp,z)$ 函数不能很好重叠，其值都很小。在这种情况下，由式(7.3-17)可知，$C_0(z)$ 随距离 z 的增加速度比其它系数 $C_m(z)$ 都大，结果经过一段距离后，散射光 $E_1(\boldsymbol{r}_\perp,z)$ 中仅含有 $C_0(z)$ 项，即

$$E_1(\boldsymbol{r}_\perp,z)\approx C_0(z)f_0(\boldsymbol{r}_\perp,z)=\frac{C_0(z)}{B^*}E_2^*(\boldsymbol{r}_\perp,z) \tag{7.3-20}$$

如果入射光场为 $|E_2(\boldsymbol{r}_\perp,z)|^2$，亦即 $|f_0(\boldsymbol{r}_\perp,z)|^2$ 随 $\boldsymbol{r}_\perp$ 起伏不剧烈，则 g_{00} 与其它 g_{mn} 可能有相同的数量级。这样在后向散射光中，除有入射光的相位共轭光 $C_0(z)$ 项之外，还有入射光的非相位共轭光 $C_m(z)$ 项。因此在这种情况下，后向散射光不是理想的相位共轭光，不能用来修正波前畸变。所以，要利用 SBS 相位共轭技术修正波前畸变，可以在非线性介质前面人为地加一像差介质，使入射光波场随 $\boldsymbol{r}_\perp$ 起伏剧烈，从而保证后向散射光是入射信号光的理想相位共轭光，达到修正波前畸变的目的。

对于 SBS 产生相位共轭光的物理过程，可以用以下模型解释：当入射信号光强度超过阈值时，在非线性介质中产生受激声波；与信号光同向传播的受激声波可看做为一个移动的反射镜，入射光在它的作用下将产生一个有多普勒频移的后向散射光，在布里渊增益最大的条件下，入射到介质的畸变波前产生有相同畸变的声波波前，因此这一反射镜可视为形变了的反射镜，其表面恰使得散射光波前与入射光波前相同，所以散射光为入射信号光的相位共轭光。该物理过程的形象说明如图 7.3-1 所示。

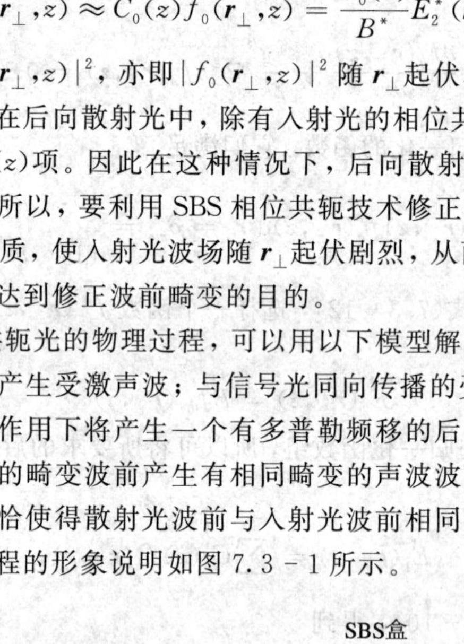

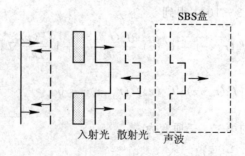

图 7.3-1　SBS 过程产生相位共轭波及修正波前畸变的物理模型

比较 SBS 相位共轭过程和 DFWM 相位共轭过程，可以看出：

(1) SBS 相位共轭过程存在一个信号光阈值强度，只有入射光强超过这一阈值强度时，非线性介质中才会产生受激声波，从而产生后向相位共轭光，而 DFWM 相位共轭过程没有信号光阈值限制。

(2) DFWM 相位共轭过程要求有两束泵浦光，而 SBS 过程则不需要额外的泵浦光，入射信号光本身具有泵浦光的作用，所以其结构非常简单。

(3) DFWM 相位共轭过程产生的相位共轭光与入射信号光频率相同，而 SBS 相位共轭过程所产生的相位共轭光相对入射信号光有一频移，使得 SBS 相位共轭应用受到了限制。

(4) DFWM 相位共轭反射率可以大于 1，而 SBS 相位共轭反射率只能接近于 1。一般 SBS 相位共轭反射率只能达到 50%～70%。

7.4　光学相位共轭技术的应用

由于光学相位共轭技术能够实时地产生相位共轭波，比较理想地修正波前，因此，从一开始就受到人们的重视，对其进行的研究也越来越深入。随着相位共轭技术的不断发展，逐渐显示出它在光计算、光通信、光学谐振腔、无透镜成像、激光核聚变、图像处理、时间信息处理、低噪声探测以及非线性激光光谱学等领域中的诱人应用前景。在这一节，我们仅举几例，说明光学相位共轭技术的应用。

7.4.1　相位共轭谐振腔

所谓相位共轭谐振腔(PCR)，是指普通光学谐振腔中，一个(或两个)反射镜由相位共轭反射镜(PCM)代替形成的谐振腔。这种代替，使其呈现出良好的光学性能[11]：可以补偿腔内各种像差元器件(如增益介质的不均匀性、有缺陷的光学元件等)引起的光束波前畸变，输出高质量、近衍射极限的光束；相对普通谐振腔而言，其纵模频率加倍，使有效输出功率增大。

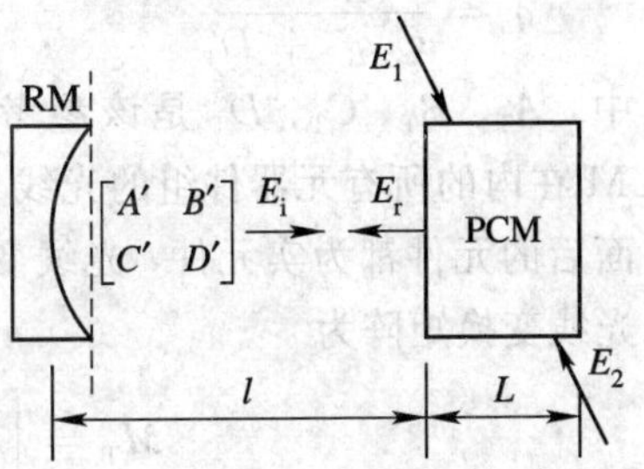

图 7.4-1　相位共轭谐振腔结构示意图

PCR 的结构原理如图 7.4-1 所示。其中 PCM 是四波混频相位共轭反射镜，两个反向传播的泵浦光为 E_1、E_2，当信号光 E_i 入射时，将产生后向相位共轭光 $E_r \propto E_i^*$。PCR 普通反射镜 RM 的曲率半径为 R_M，PCR 内的其它所有光学元器件用近轴光线变换矩阵元 A'、B'、C'、D' 描述。下面，利用光线变换矩阵法讨论 PCM 处于 DFWM 工作状态并忽略 PCR 衍射效应情况的(简并)PCR 特性。

1. PCR 的模结构及稳定性

1) PCM 的光线变换矩阵

假设入射到 PCM 上的高斯球面光波电场为

$$E_i(\boldsymbol{r},t) = \overline{E}_i(\boldsymbol{r})e^{-i\left(\omega t - kz - \frac{kr_\perp^2}{2q_i}\right)} \tag{7.4-1}$$

式中，q_i 为高斯光束复曲率半径，其倒数为

$$\frac{1}{q_i} = \frac{1}{\rho} - i\frac{\lambda}{\pi w^2} \tag{7.4-2}$$

其中，ρ、w 分别为高斯光束的等相面曲率半径和光斑半径。PCR 反射光电场的光斑尺寸不变，等相面曲率半径变号，因此反射光场为

$$E_r(\boldsymbol{r},t) \propto \overline{E}_i^*(\boldsymbol{r})e^{-i\left(\omega t + kz - \frac{kr_\perp^2}{2q_r}\right)} \tag{7.4-3}$$

其中，$\frac{1}{q_r}=-\frac{1}{\rho}-i\frac{\lambda}{\pi w^2}=-\frac{1}{q_i^*}$。所以

$$q_r = -q_i^* \tag{7.4-4}$$

根据光线变换矩阵的定义，可以得到 PCM 的光线变换矩阵为

$$\boldsymbol{M} = \begin{bmatrix} A & B \\ C & D \end{bmatrix} = \begin{bmatrix} 1 & 0 \\ 0 & -1 \end{bmatrix} \tag{7.4-5}$$

于是得到 PCM 的输入、输出光束之间的 q 参数关系为

$$q_r = \frac{Aq_i^* + B}{Cq_i^* + D} \tag{7.4-6}$$

比较上式与普通光学元件的相应变换关系可知，PCM 的变换关系中 q_i^* 代替了普通光学元件的 q_i。

如果进一步考虑在 PCM 前面放置任意光学元件，其光线变换矩阵元 A'、B'、C'、D' 均为实数，则相对任意参考面的输入、输出光束，q 参数都满足如下关系

$$q_0 = \frac{A_T q_i^* + B_T}{C_T q_i^* + D_T} \tag{7.4-7}$$

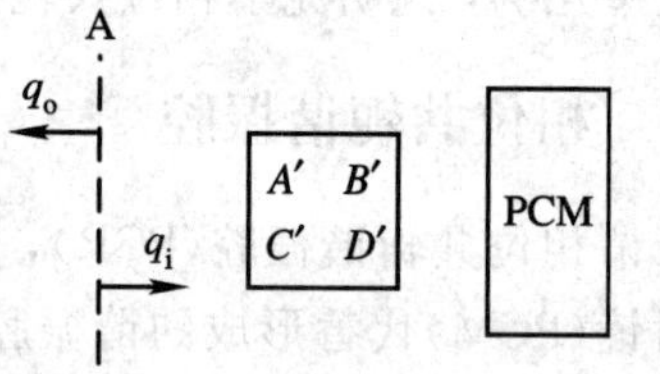

图 7.4-2 相对任意参考面的 q 参数关系分析模型

其中，A_T、B_T、C_T、D_T 是该参考面后包括 PCM 在内的所有元器件组的光线变换矩阵元。如图 7.4-2 所示，参考面选在 A 处，A 参考面后的元件都为实元件，光线变换矩阵元为 A'、B'、C'、D'，则参考面后所有元件组的总光线变换矩阵为

$$\boldsymbol{M}_T = \begin{bmatrix} D' & B' \\ C' & A' \end{bmatrix}\begin{bmatrix} 1 & 0 \\ 0 & -1 \end{bmatrix}\begin{bmatrix} A' & B' \\ C' & D' \end{bmatrix} = \begin{bmatrix} 1 & 0 \\ 0 & -1 \end{bmatrix} \tag{7.4-8}$$

因此，对于 A 面的输入、输出光束，q 参数满足

$$q_0 = -q_i^* \tag{7.4-9}$$

也就是说，式(7.4-4)总成立。

2) PCR 的一次往返高斯本征模

(1) PCM 上的高斯模参数。如图 7.4-3 所示，选 PCM 输入面为参考面，则光束向右出发，经过 PCM 后，在腔内往返一次的光线变换矩阵为

$$(\boldsymbol{M}_1)_{PCM}=\begin{bmatrix}A_r & B_r\\ C_r & D_r\end{bmatrix}\begin{bmatrix}1 & 0\\ 0 & -1\end{bmatrix}=\begin{bmatrix}A_r & -B_r\\ C_r & -D_r\end{bmatrix} \qquad (7.4-10)$$

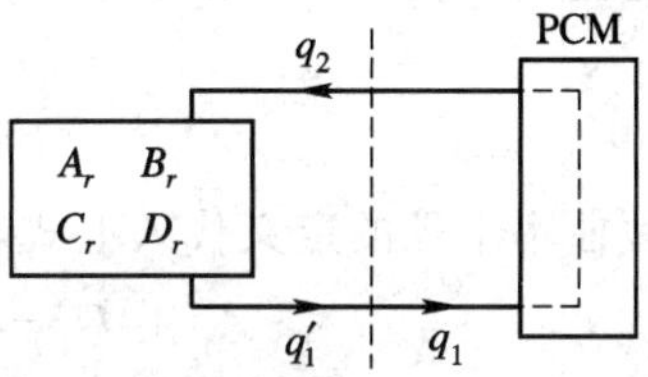

图 7.4-3　确定 PCM 上模参数的分析模型

式中

$$\begin{bmatrix}A_r & B_r\\ C_r & D_r\end{bmatrix}=\begin{bmatrix}A' & B'\\ C' & D'\end{bmatrix}\begin{bmatrix}1 & 0\\ -2/R_M & 1\end{bmatrix}\begin{bmatrix}D' & B'\\ C' & A'\end{bmatrix} \qquad (7.4-11)$$

是除 PCM 之外，腔内其它所有元件(包括普通反射镜)的光线变换矩阵。并且有

$$\left.\begin{aligned}A_r&=D_r\\ A_rD_r-B_rC_r&=1\end{aligned}\right\} \qquad (7.4-12)$$

考虑到 PCM 的作用，对于这些元件来说，相对该参考面的输入、输出光束，q 参数间的关系为

$$q_1'=\frac{A_rq_2+B_r}{C_rq_2+D_r}=\frac{-A_rq_1^*+B_r}{-C_rq_1^*+D_r} \qquad (7.4-13)$$

应用式(7.4-12)的关系，有

$$\frac{B_r}{q_1'}=\frac{A_r^2-1-(A_rB_r/q_1^*)}{A_r-(B_r/q_1^*)} \qquad (7.4-14)$$

若光束在 PCR 内往返一次自再现，应有 $q_1'=q_1=q$。因此，上式可改写为

$$\frac{B_r^2}{qq^*}-A_rB_r\left(\frac{1}{q}+\frac{1}{q^*}\right)+A_r^2-1=0 \qquad (7.4-15)$$

应用复曲率半径的定义得到

$$\left(\frac{B_r\lambda}{\pi w_{PCM}^2}\right)^2+\left(\frac{B_r}{\rho_{PCM}}-A_r\right)^2=1 \qquad (7.4-16)$$

在 PCR 内，凡满足该式的高斯光束均可存在。由于 PCM 上的 w_{PCM} 和 ρ_{PCM} 两个参量由一个方程决定，所以其解有无限多个。因此，满足式(7.4-15)的高斯模有无限多个。

(2) RM 上的高斯模参数。如图 7.4-1 所示，取普通反射镜前表面为参考面，光束由 RM 开始向右传播，一次往返的变换矩阵为

$$(\boldsymbol{M}_1)_{RM}=\begin{bmatrix}A_1 & B_1\\ C_1 & D_1\end{bmatrix}=\begin{bmatrix}1 & 0\\ -2/R_M & 1\end{bmatrix}\begin{bmatrix}D' & B'\\ C' & A'\end{bmatrix}\begin{bmatrix}1 & 0\\ 0 & -1\end{bmatrix}\begin{bmatrix}A' & B'\\ C' & D'\end{bmatrix}=\begin{bmatrix}1 & 0\\ -2/R_M & 1\end{bmatrix}\begin{bmatrix}1 & 0\\ 0 & -1\end{bmatrix} \qquad (7.4-17)$$

可见，由于 PCM 的特性以及无源元件的可逆性，任意无源无耗元件与 PCM 的组合的效应与 PCM 单独存在的情况一样。所以，在 PCM 前的任意相差元件对光波前的影响，皆可通过 PCM 消去。这样，就可以把式(7.4-7)改写为

$$q_0=\frac{A_1q_i^*+B_1}{C_1q_i^*+D_1} \qquad (7.4-18)$$

考虑到一次往返的自洽要求：$q_0=-q_i$，去掉脚标后得到

$$\frac{1}{q}=\frac{C_1+(D_1/q^*)}{A_1+(B_1/q^*)} \tag{7.4-19}$$

将复曲率半径的定义代入上式，并令等式两端的实部、虚部分别相等，得到

$$\left.\begin{aligned}&A_1+D_1=0\\&B_1\left[\frac{1}{\rho_{RM}^2}+\left(\frac{\lambda}{\pi w_{RM}^2}\right)^2\right]+(A_1-D_1)\frac{1}{\rho_{RM}}-C_1=0\end{aligned}\right\} \tag{7.4-20}$$

再把式(7.4－17)的矩阵元代入就得到

$$\rho_{RM}=-R_M \tag{7.6-21}$$

上式表明，在 RM 上，凡是波前曲率半径等于 RM 的曲率半径但符号相反的高斯光束，均可在 PCR 内一次往返后自洽。

根据以上讨论，可以得到(简并)PCR 中的一次往返自洽高斯模结构，如图 7.4－4 所示。由于式(7.4－16)、式(7.4－20)只给出了本征模曲率半径和光斑尺寸之间的关系，因而其解不是唯一的。同时，因为这两个方程对腔长、腔内元器件没有任何要求，所以 PCR 内的一次往返本征模是无条件稳定的。也就是说，腔的结构形式从普通谐振腔的角度看无论是稳定的还是不稳定的，就 PCR 来说，总是稳定的。

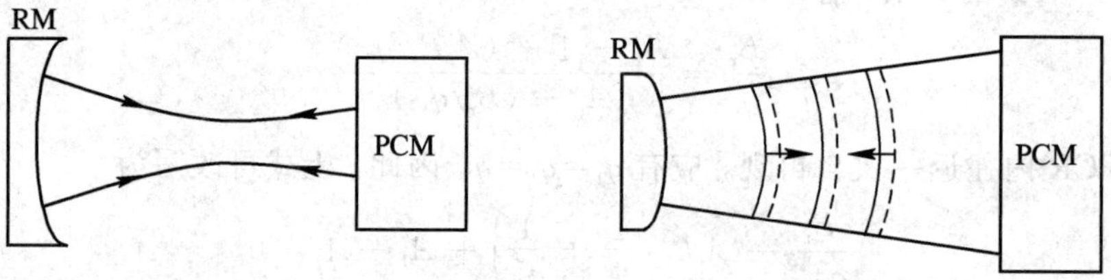

图 7.4－4　PCR 中一次往返自洽高斯本征模示意图

3) PCR 中的两次往返高斯本征模

与普通谐振腔不同，PCR 中存在两次往返高斯本征模，简要分析如下。

为求 PCR 中两次往返高斯本征模在 PCM 上的高斯模参数，考虑图 7.4－3 所示由参考面向右在 PCR 内经两次往返的情况，光线变换矩阵为

$$\begin{aligned}(\boldsymbol{M}_2)_{PCM}&=\begin{bmatrix}A_2 & B_2\\ C_2 & D_2\end{bmatrix}=(\boldsymbol{M}_1)^2_{PCM}\\&=\begin{bmatrix}A_r & B_r\\ C_r & D_r\end{bmatrix}\begin{bmatrix}1 & 0\\ 0 & -1\end{bmatrix}\begin{bmatrix}A_r & B_r\\ C_r & D_r\end{bmatrix}\begin{bmatrix}1 & 0\\ 0 & -1\end{bmatrix}\\&=I\end{aligned} \tag{7.4-22}$$

可见，无论高斯光束参数 q 如何，也无论腔内光学元件如何，光束在腔内两次往返总能自洽。这是由于光束在腔内两次往返中，两次受到 PCM 作用，q 参数经两次共轭运算，其值保持不变。必须指出，两次往返自洽高斯模在经过一次往返后，在 PCM 上并不要求再现，而应满足式(7.4－14)。对式(7.4－14)配方整理后得

$$\left(\frac{B_r}{q_1}-A_r\right)\left(\frac{B_r}{q_1'}-A_r\right)^*=1 \tag{7.4-23}$$

该式描述了在 PCM 输入面上，两次往返高斯模在一次往返前后的模参数 q_1、q_1'之间的关系。显然，一般情况下，$q_1 \neq q_1'$。

为求 PCR 中两次往返高斯本征模在 RM 上的高斯模参数，考虑图 7.4－1 所示由参考面向右在 PCR 内经两次往返的情况，光线变换矩阵为

$$(\boldsymbol{M}_2)_{\mathrm{RM}} = (\boldsymbol{M}_1)^2_{\mathrm{RM}} = I \tag{7.4-24}$$

显然，无论高斯光束 q 参数如何，在两次往返后，总是满足自洽条件。类似前面的讨论，在 RM 上一次往返的模参数满足

$$q' = \frac{A_1 q^* + B_1}{C_1 q^* + D_1} = -\frac{q^*}{1 + 2q^*/R_{\mathrm{M}}} \tag{7.4-25}$$

代入 q 参数的定义关系，得

$$\frac{1}{\rho'} - \mathrm{i}\frac{\lambda}{\pi w'^2} = -\left(\frac{2}{R_{\mathrm{M}}} + \frac{1}{\rho}\right) - \mathrm{i}\frac{\lambda}{\pi w^2} \tag{7.4-26}$$

由此可见，在 RM 上，两次往返自洽模在一次往返前后，曲率半径发生变化，光斑尺寸不变。

由以上讨论可见，PCR 内两次往返自洽高斯模不确定，有无限多个，其腔内光束结构如图 7.4－5 所示。由该图可以看出，PCM 的作用类似一个可调透镜。因为 PCM 对发散光起会聚透镜的作用，对会聚光起发散透镜的作用，所以 PCR 内的任意高斯光束，即使其曲率半径与普通反射镜不匹配，由于传播过程中两次受到 PCM 的作用，仍然可以自洽，其自洽原理如图 7.4－6 所示。进一步考察式(7.4－22)和式(7.4－24)，因为两次往返自洽模对腔长、腔内元件没有任何限制，所以两次往返自洽高斯模在腔内是无条件稳定的。

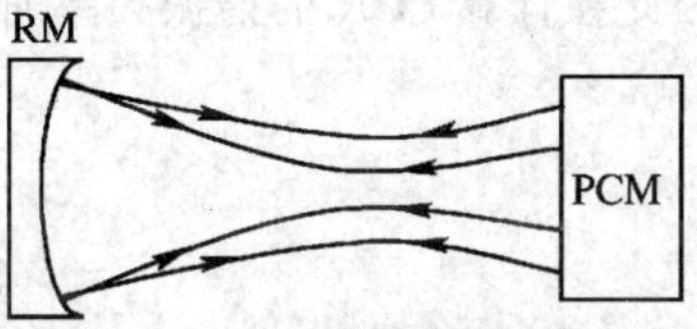

图 7.4－5　PCR 中两次往返自洽高斯本征模结构示意图

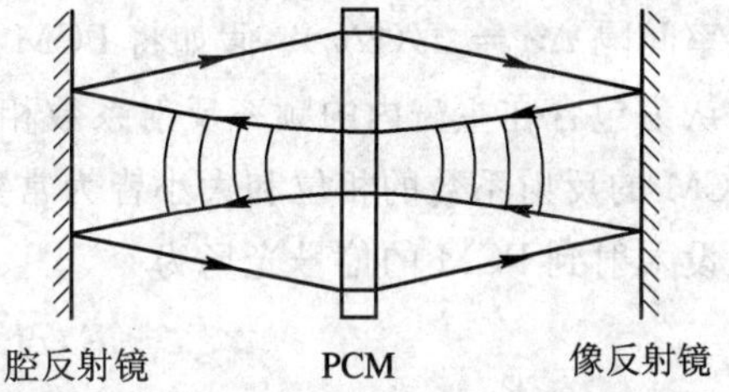

图 7.4－6　PCR 中两次往返自洽高斯本征模结构分析模型示意图

2. PCR 的谐振频率

由谐振腔理论我们知道，谐振腔的谐振频率取决于腔长等有关参数，其纵模频率间隔为

$$\Delta\nu_{\mathrm{m}} = \frac{c}{2n_l l} \tag{7.4-27}$$

式中，c 为光速；l 为谐振腔长；n_l 为折射率。对于 PCR，由于它既包含普通反射镜，又包含 PCM，所以它的谐振频率不仅与腔长有关，而且与 PCM 的频率特性有关。关于四波混频的频率特性，前面已讨论过：在近 DFWM 工作时，如果入射光频率为 $\omega \pm \delta$，则反射光频率为 $\omega \mp \delta$。反射光场与入射光场之间的关系为

$$E_r(z=0) = rE_i^*(z=0) \tag{7.4-28}$$

其中，振幅反射系数 r 可表示为

$$r = |r|e^{i\varphi_r} \tag{7.4-29}$$

功率反射率 R 为

$$R = \frac{|gL|^2 \tan^2(\beta L)}{|gL|^2 + \left|\frac{\Delta kL}{2}\right|^2 \sec^2(\beta L)} \tag{7.4-30}$$

在弱耦合情况下，反射率的频率关系为

$$R(\omega) \approx R(\omega_0) \frac{\sin^2\left[\frac{nL}{c}(\omega-\omega_0)\right]}{\left[\frac{nL}{c}(\omega-\omega_0)\right]^2} \tag{7.4-31}$$

式中，ω_0 为泵浦光频率。反射率随频率失谐 $\Delta\nu=(\omega-\omega_0)/2\pi$ 的变化关系如图 7.4-7 所示，相应的参量为 $L=40$ cm，$n=1.62$，$|gL|=\pi/4$。

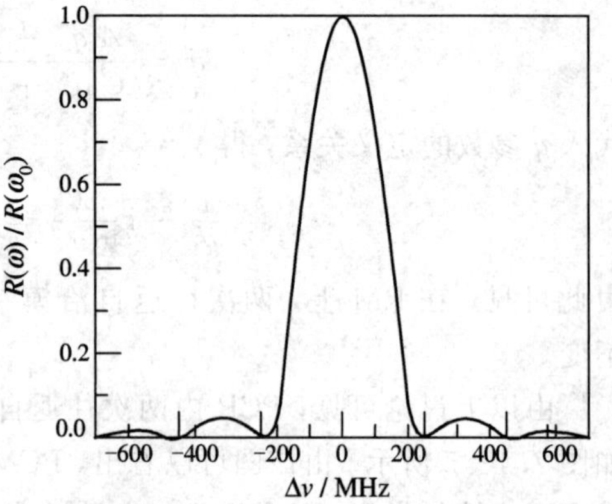

图 7.4-7 PCM 的频率特性

对于 PCR 来说，其频率特性可按两种情况讨论：一是 PCM 盒很短，谐振腔很长，满足 $l \gg L$；另一种是 PCM 盒很长，谐振腔很短，满足 $l \approx L$。

1) PCM 盒很短时谐振腔的频率特性[12]

如果 $l \gg L$，则 PCM 反射系数频率响应曲线的主瓣宽度 $\Delta\nu = c/(2Ln)$ 远大于谐振腔纵模频率间隔 $\Delta\nu_m = c/(2ln_l)$。假如将 PCM 的参考面($z=0$)选在盒中心，对于弱耦合情况，可以认为包含在主瓣内的频率反射系数相位相同，因此在计算 PCR 的谐振频率时，可以认为 PCM 的反射系数的相位和大小皆为常数。

设入射到 PCM 的信号光场为

$$E_i(t) = E_{0i}(t)e^{-i\omega_0 t} \tag{7.4-32}$$

在不考虑复振幅横向空间变化的情况下，由 PCM 反射的光电场为

$$E_r(t) = rE_{0i}(t)e^{-i\omega_0 t} \tag{7.4-33}$$

由于 $E_r(t)$光电场从 PCM 向腔内出发，通过腔内介质和普通反射镜，在经过一个渡越时间 $T=2ln_l/c$ 后，变为 $E_i(t+T)$ 入射 PCM，因此，$E_i(t)$和 $E_r(t)$之间的关系也可以表示为

$$E_i(t+T) = G^{1/2}E_r(t) \tag{7.4-34}$$

式中，G 是光束在腔内一次往返由增益介质引起的功率增益，并假设增益 G 无色散。对于我们所感兴趣的振荡情况有

$$|G^{1/2}r| = 1 \tag{7.4-35}$$

因此腔内本征模往返的自洽条件为

$$E_{0i}(t+T)e^{-i\omega_0 T} = E_{0i}^*(t)e^{i\varphi} \tag{7.4-36}$$

由这个条件出发，就可以确定 PCR 的谐振频率。

假设入射到 PCM 的光场频率等于泵浦光频率 ω_0，其复振幅可表示为

$$E_{0i} = A_i e^{i\theta_0} \tag{7.4-37}$$

则自洽条件变为

$$e^{i(\theta_0 - \omega_0 T)} = e^{i(\varphi - \theta_0)} \tag{7.4-38}$$

上式表明，只要频率为 ω_0 的入射光在 $z=0$ 处有确定的相位，并满足

$$2\theta_0 = \varphi + \omega_0 T + 2N\pi \tag{7.4-39}$$

则该光场总可以在腔内振荡，并且频率 ω_0 与渡越时间 T 或腔长无关。式(7.4-42)中，N 是任意整数。显然，腔内这个光场除了与泵浦光频率相同外，其时间相位 θ_0 也与泵浦光同步。

如果入射到 PCM 的信号光场频率为 $\omega_0+\omega_m$，则 $E_{0i}(t)$ 随时间的变换规律可表示为

$$E_{0i}(t) \propto e^{-i\omega_m t} \tag{7.4-40}$$

于是，PCM 的反射光场为

$$E_{0r}(t) = rE_{0i}^*(t) \propto e^{i\omega_m t} \tag{7.4-41}$$

这就是说，上偏频率 $\omega_0+\omega_m$ 分量通过 PCM 的作用后，变为下偏频率 $\omega_0-\omega_m$ 分量，这一频率为 $\omega_0-\omega_m$ 的反射光在腔内传播并返回后，变为频率为 $\omega_0-\omega_m$ 的入射光。因此，在稳定工作时，PCM 的入射光应包含两个频率分量，即

$$\left.\begin{aligned} E_{0+} &= E_{0-}^* e^{i\omega_m T} \\ E_{0-} &= E_{0+}^* e^{-i\omega_m T} \end{aligned}\right\} \tag{7.4-42}$$

对上面第二式取共轭后代入第一式，得到

$$e^{i2\omega_m T} = 1 = e^{im2\pi} \tag{7.4-43}$$

式中，m 是任意整数。因此有

$$\omega_m = m\frac{\pi}{T} = 2\pi m \frac{c}{4n_l l} \tag{7.4-44}$$

这说明，满足自洽条件的谐振频率或纵模频率间隔为 $c/(4n_l l)$，它是长度为 l 的普通谐振腔纵模频率间隔的一半，故称之为半纵(轴)模。

根据上面的分析，我们可以将腔内的一般光场 $E(t)$ 表示为谐振模之和：

$$E(t) = E_0(t)e^{-i(\omega_0 t - \theta_0)} = e^{i\theta_0}\sum_{-\infty}^{\infty} E_{0m} e^{-i\left(\omega_0 t + \frac{m\pi}{T}t\right)} \tag{7.4-45}$$

式中包含下述条件：

$$(E_0)_{-m} = (-1)^m (E_0)_m^* \tag{7.4-46}$$

由上面的讨论可以看出，在 PCR 内既含有与腔长无关而仅由泵浦光频率确定的中心谐振频率 ω_0，又包含间隔为 $c/(4n_l l)$ 并相对 ω_0 成对出现的半纵模，PCR 的这种谐振特性已从实验上得到了证实。

这种谐振频率特性可以理解如下：如图 7.4-8 所示，设开始在腔内沿两个方向传播的全是上偏频率 $\omega_0+\omega_m$ 分量的光波，当右行波入射到 PCM 上时，就产生频率为 $\omega_0-\omega_m$ 的反射波，经过一段时间后，腔内出现低频分量(见图 7.4-8(b))，在经过一次完全的往返(T)后，腔内传播的全是低频分量波(见图 7.4-8(c))；然后，这个低频 $\omega_0-\omega_m$ 光波入射

到 PCM 上，产生 $\omega_0+\omega_m$ 频率的反射光；依次又经过一个完整的往返后，状态重现。由于状态重现的时间间隔是普通谐振腔的 2 倍($2T$)，所以，其有效频率间隔为普通谐振腔的一半。

2) PCM 盒很长时谐振腔的频率特性

如果 $l\approx L$，则 PCM 反射率的频率响应主瓣宽度与纵模间隔相当。在这种情况下，虽然从理论上来说，偏离中心纵模的非简并谐振频率仍然可以存在，但是它们落在 PCM 反射率曲线的边带上，反射率很小，由于模式竞争，它们实际上不可能存在，所以，PCR 只能工作在中心频率上。

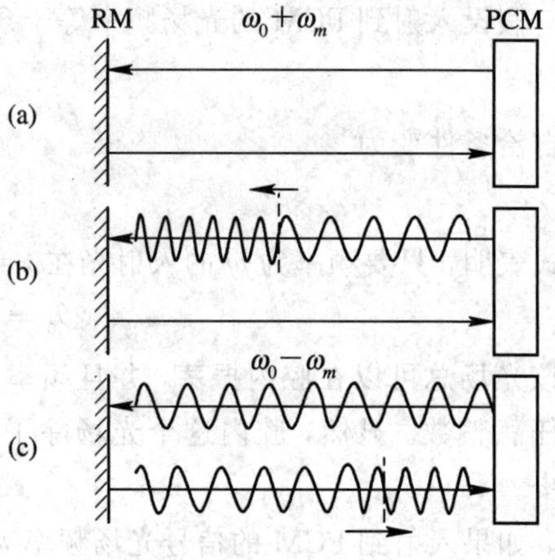

图 7.4-8 PCR 中谐振频率特性的物理图像

7.4.2 自适应光学

由于相位共轭波通过畸变介质后能够恢复到原来的波前状态，所以可将相位共轭技术应用到自适应光学。在这里，以图 7.4-9 所示的激光核聚变引爆过程来说明其基本原理。

由激光器产生的高质量光束，经过多级放大，达到引爆能量后，再经过一光学系统聚焦到靶子上，进行引爆，如图 7.4-9(a)所示。显然，任何光学元件的不均匀性以及调整的不准确性都将影响聚焦效果，从而影响引爆性能。所以，激光核聚变系统对激光放大器和准直聚焦元器件的均匀性、加工精度、调整精度等都有非常苛刻的要求。如果采用相位共轭技术，就可以解决系统中的上述问题。如图 7.4-9(b)所示，引入一舵光源，由舵光源产生的舵信号光照射到靶子上，靶子的漫反射光的一部分进入准直聚焦元器件及放大器，这部分光在被放大的同时，也在传播过程中带上了这些元件的不均匀性造成的畸变信息。这

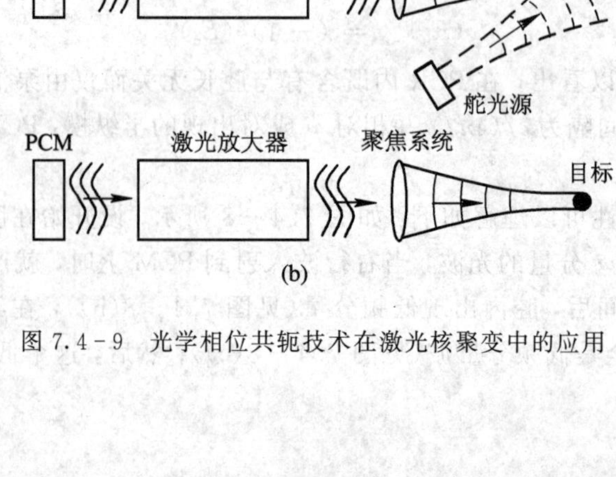

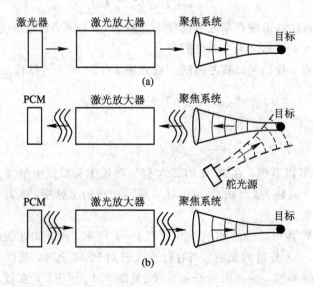

图 7.4-9 光学相位共轭技术在激光核聚变中的应用

个畸变了的舵信号光照射在 PCM 上，产生其相位共轭光，它将严格地沿舵信号的光路反向传播，通过放大器和准直聚焦元件后，一方面被放大，达到引爆所需要的能量，另一方面也消除了这些元器件不均匀性和调整不精确性带来的畸变，准确地聚焦在靶子上，其波前状态与目标漫反射的舵信号光完全相同。由此可见，一旦引入舵信号光和 PCM，对系统元器件的不均匀性及调整不精确性带来的波前畸变的修正过程自动完成，这与有复杂装置的经典自适应光学系统完全不同。显然，由于光学相位共轭技术的引入，大大降低了对组成系统的光学元器件均匀性、加工精度、调整精度的要求。

同样，还可以把光学相位共轭技术应用到激光大气通信中。如图 7.4 - 10 所示，如果要将地面 A 站的信息通过人造地球卫星传送到地面 B 站，可以首先由卫星向装有 PCM 的 A 站发射舵信号，该舵信号光传播到 A 站时，携带了大气的畸变信息。A 站的 PCM 产生舵信号的后向相位共轭光，经过信息调制后，沿着舵信号光路反向传播到卫星上。这样既消除了卫星和 A 站之间大气不均匀性的影响，又传递了信息。在人造地球卫星上，将欲传递的信息解调出来。然后，来自 B 站的舵信号光入射到人造地球卫星的 PCM 上，卫星上的 PCM 实时地产生其后向相位共轭光，后向相位共轭光经被传递的信息调制后，沿舵信号光路反向传播到 B 站，这样既消除了卫星和 B 站之间大气不均匀性的影响，又将信息传递到了 B 站。

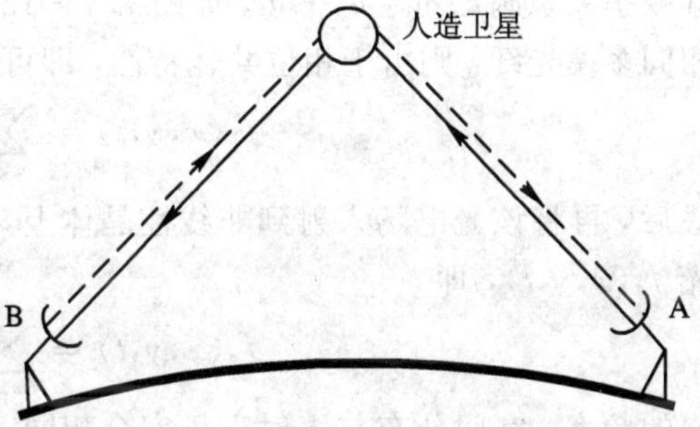

图 7.4 - 10　光学相位共轭技术用于激光大气通信

同样地，也可以把相位共轭技术用于高激光能量传递。目前，为了解决能源问题，许多科学家设想在空间轨道站上收集太阳能，然后将其转变为激光能量送到地面来。这不但要解决激光束发散角问题，也要消除大气不均匀性引起的畸变，而且要能够同时向不同(静止或运动)的地面接收站传递能量。如果在轨道站上采用 PCM，就可以解决这些问题，把激光能量准确地传送到各地面站。

7.4.3　图像传递

相位共轭技术在图像传递中应用的一个典型例子是多模光纤中的图像传递[13]。

设多模光纤中的复正交本征模为

$$E_{m,n}(x,y)e^{i\beta_{m,n}z}$$

其中，m、n 表示第(m, n)个本征模式，$\beta_{m,n}$为第(m, n)个本征模的传播常数。被传递图像信息调制的光波在 $z=0$ 处入射到光纤中，光电场表示式为 $f_0(x,y,t)$，按完全正交本征模展开为

$$f_0(x,y,t)=\sum_{m,n}A_{m,n}E_{m,n}(x,y)e^{-i\omega_1 t} \tag{7.4-47}$$

该光在光纤内传播长度 L 后，在输出面上的光场为

$$f_1(x,y,t)=\sum_{m,n}A_{m,n}E_{m,n}(x,y)e^{i\beta_{m,n}L}e^{-i\omega_1 t} \tag{7.4-48}$$

其中的每一个本征模都有一个相移 $\beta_{m,n}L$。由于光纤的模式色散，不同模式产生不同的相移，因此，$f_1(x,y,t)$相对 $f_0(x,y,t)$发生了图像失真。为了消除这种模式色散引起的图像失真，可以采用如图 7.4－11 所示的三波混频相位共轭方法，即将光纤 $z=L$ 面上的光波入射到非线性晶体上，同时还入射频率为 ω_3 的均匀平面波。由于二阶非线性极化作用，将产生一个频率为 ω_2 的散射光，它也可以展开为光线本征模的函数组合，其中每个分量皆为入射光相应本征模的相位共轭，即

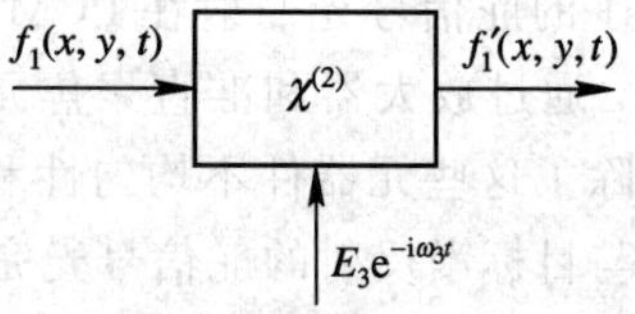

图 7.4－11　三波混频相位共轭结构示意图

$$f_1'(x,y,t)=\sum_{m,n}A_{m,n}^*E_{m,n}^*(x,y)\mathrm{e}^{-\mathrm{i}(\omega_2t+\beta_{m,n}L)} \tag{7.4-49}$$

其频率关系满足 $\omega_3=\omega_1+\omega_2$。如图 7.4－12 所示，若使这个光电场再传播经过长度为 L 的相同多模光纤，则由于相位共轭特性，即可消除模式色散的影响，输出光电场为

$$f_2'(x,y,t)=\sum_{m,n}A_{m,n}^*E_{m,n}^*(x,y)\mathrm{e}^{-\mathrm{i}\omega_2t} \tag{7.4-50}$$

最后，再将该光电场入射到非线性晶体上，利用三波混频过程产生 $f_2'(x,y,t)$的相位共轭光 $f_2(x,y,t)$，即

$$f_2(x,y,t)=\sum_{m,n}A_{m,n}E_{m,n}(x,y)\mathrm{e}^{-\mathrm{i}\omega_1t} \tag{7.4-51}$$

它的频率、空间分布与入射光场完全相同。因此，采用了相位共轭技术以后，光在多模光纤中传播 $2L$ 距离，就可以完全再现入射光电场分布，即

$$f_2(x,y,t)\propto f_0(x,y,t) \tag{7.4-52}$$

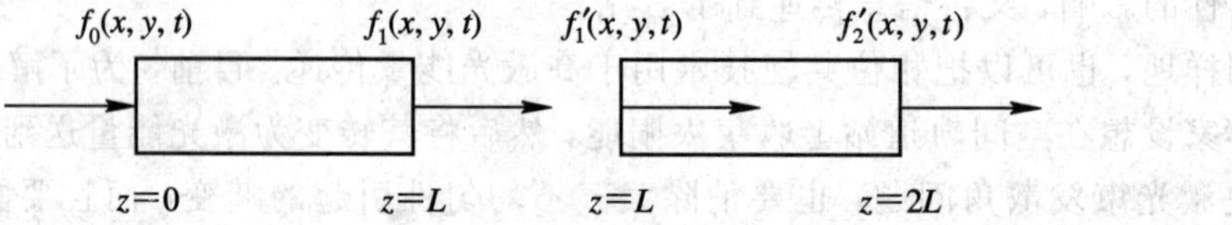

图 7.4－12　修正多模光纤图像传递失真的物理过程

当然，利用相位共轭技术实现光纤中图像无失真地传输仍有许多具体问题要解决，例如，寻找两根完全相同的光纤就有困难。

7.4.4　无透镜成像

在微电子工业的照相制版中，为了将复杂的电路图精确地投影到光刻胶上成像，对光学元件的均匀性、调整精度有严格的要求。实际上，要满足这种要求十分困难。如果采用相位共轭技术，利用无透镜成像系统，就可以解决这一问题。图 7.4－13 所示是无透镜成像系统的原理图。照明光束透过掩膜板，由分束器耦合到放大器中，经光放大后入射到 PCM，由于非线性作用产生的相位共轭反射光经放大器放大，再由分束器直接入射到晶片的光刻胶上成像。由于相位共轭特性，这种系统不需要昂贵的光学元件即可实现光的衍射极限成像，由于掩膜和光刻胶不接触，所以成像质量很高。这种无透镜成像系统的分辨率仅由照明波长决定，使用紫外光照明，可获得优于 1000 l/mm 的分辨率[14]。

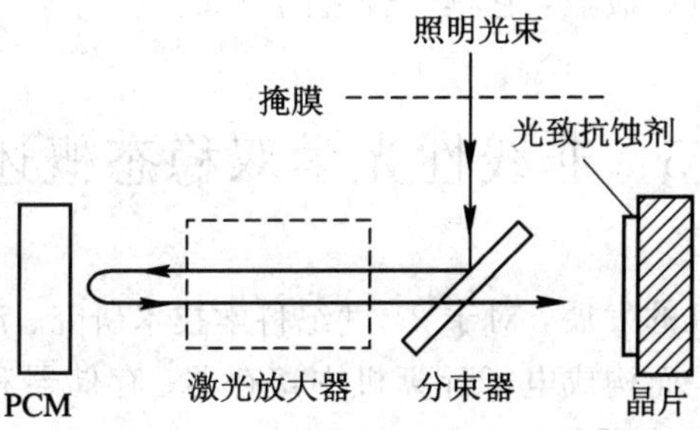

图 7.4－13　无透镜成像系统原理图

7.4.5　实时空间相关和卷积

光学相位共轭技术在空间信息处理中应用的一个实例是实时空间相关和卷积，其原理如图 7.4－14 所示[15]。在透镜 L_1 和 L_2 的公共焦平面上放置非线性介质，在透镜 L_1 和 L_2 的另外两个焦平面上放置三个空间(振幅或相位)编码的透明片，它们将三个同频率的平面波调制为具有不同振幅和相位信息的输入光波 $E_1(x, y)$、$E_2(x, y)$和 $E_3(x, y)$。通过透镜进行傅里叶变换，入射到非线性介质，介质中的光电场分别为入射光电场的傅里叶变换 $\widetilde{E}_1$、$\widetilde{E}_2$ 和 $\widetilde{E}_3$。由 DFWM 作用产生的非线性极化强度为

$$P \propto \chi^{(3)} \widetilde{E}_1 \widetilde{E}_2 \widetilde{E}_3^* \tag{7.4-53}$$

其输出场 E_4 即为入射光场的相关和卷积，它基本上沿 E_3 的反向传播，在透镜 L_1 的输出面上有

$$E_4 \propto \widetilde{\chi}^{(3)} * E_1 * E_2 \otimes E_3 \tag{7.4-54}$$

式中，$\otimes$、$*$ 分别为相关和卷积运算符号，$\widetilde{\chi}^{(3)}$ 为三阶非线性极化率 $\chi^{(3)}$ 的空间傅里叶变换。光学相位共轭技术的这种应用已得到实验证实[16]。

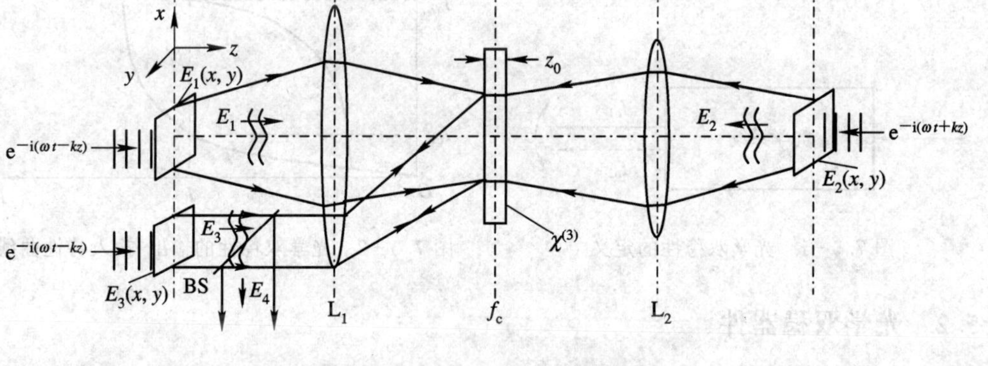

图 7.4－14　实时空间相关和卷积原理图

光学相位共轭技术除了用于空间信息处理外，还可用于频率滤波、时域信息处理、光学开关、时间延迟控制、双光子相干态低噪声量子限探测等。

综上所述，非线性光学相位共轭技术是相干光学中的一个新领域[17]，它的出现大大拓宽了光电子技术的应用范围。最后必须指出，非线性光学相位共轭的概念不仅适用于光学

波段，也适用于其他所有电磁波段，它具有普遍的意义。

7.5 非线性光学双稳态概述

众所周知，电子计算机的发展，对于21世纪科学技术研究、产业和管理领域的巨大变革，起了至关重要的作用。而构成电子计算机中寄存器、存储器和数字逻辑电路的最基本单元之一就是电子学的双稳态器件。

20世纪60年代，伴随着激光器的发明和发展，电子技术的各种基本概念几乎都移置到了光频段，人们逐渐认识到光计算具有特殊的并行能力和极高的运算速度。在光计算中，同样要有光学双稳态这样一种基本器件。基于光学双稳态的光学双稳器件不但具有逻辑运算和存储功能，并可用于光开关、光放大、光限幅、光整形、光调制和光振荡，因而在未来的神经网络计算机、全光通信、光传感和光信号处理系统中有极其诱人的应用前景。

7.5.1 光学双稳性[18, 19]

如果一个光学系统在给定输入光强的条件下，存在两种可能的输出光强状态，而且可以实现这两个光强状态间的可恢复性开关转换，则称该系统具有光学双稳性，如图7.5－1所示。光学双稳性表明系统的输出光强是输入光强的多值函数。

光学双稳性一般是指光强的双稳性，有时也被推广到其它光学量，如频率的双稳性等。光学双稳性的特征曲线(I_o-I_i曲线)如图7.5－2所示，类似于铁磁性或铁电性的滞后回线，具有以下两个特征：① 迟滞性，即输出光总是滞后于入射光，迟滞性决定其系统的稳定特性，来源于负反馈作用；② 突变性，即两状态间的快速开关转换，这种特性起源于正反馈作用。可见，反馈在光学双稳性中起着关键性作用。

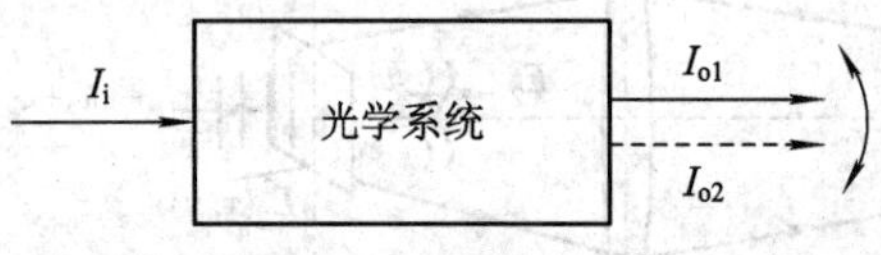

图7.5－1 光学双稳性的定义

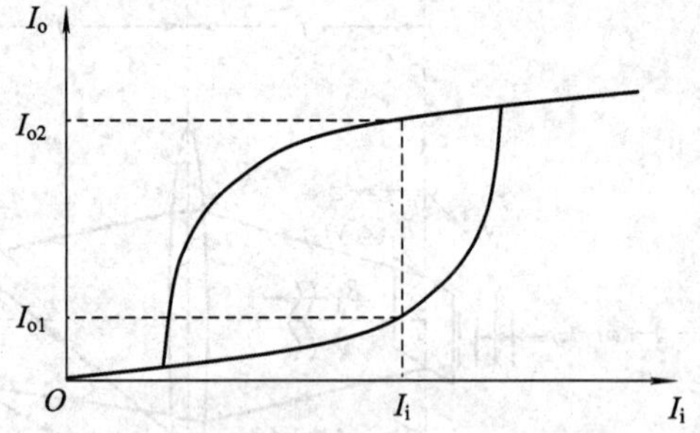

图7.5－2 光学双稳性的输出-输入特性曲线

7.5.2 光学双稳器件

具有光学双稳性的光学装置称为光学双稳器件(OBD)。一般光学双稳性是由光学非线性和反馈二者共同作用引起的，因此光学双稳器件是一种具有反馈的非线性光学器件。

构成光学双稳器件的三要素：非线性介质、反馈系统和入射光能，如图7.5－3所示。最简单的光学双稳器件是在F－P光学谐振腔中放置一块非线性介质构成的，其中F－P腔起反馈作用，如图7.5－4所示。

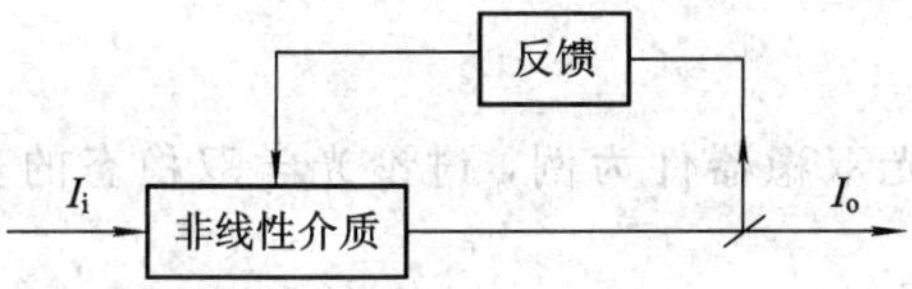

图 7.5-3　光学双稳器件的构成

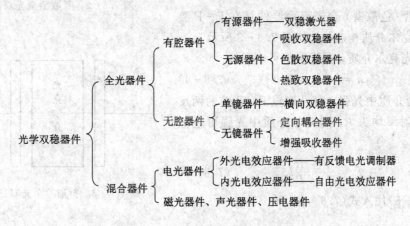

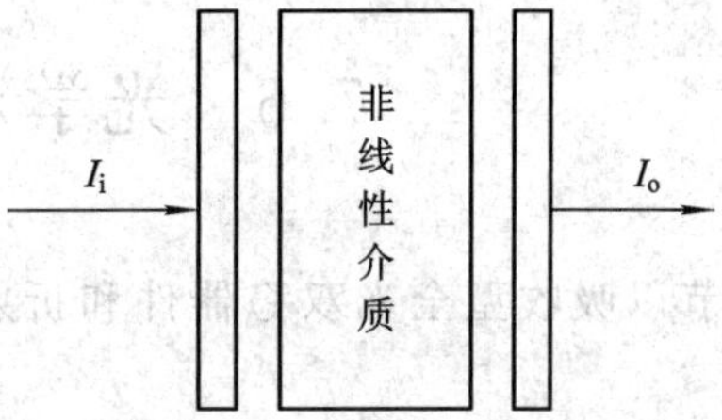

图 7.5-4　非线性 F-P 腔光学双稳器件

F-P 腔型光学双稳器件在结构上很像一个激光器。除了双稳激光器之外，一般光学双稳器件在 F-P 腔中放置的不是增益介质，而是被动的非线性介质。一般光学双稳器件与激光器的异同点如下：

① 结构上均有光学谐振腔，且提供反馈作用，但光学谐振腔在光学双稳器件中提供负反馈(有些情形提供正反馈)，在激光器中仅提供正反馈；

② 都存在光与物质的相互作用，但在光学双稳器件中主要是非线性光学过程，而在激光器中是激活介质的增益作用；

③ 都存在物质的光辐射过程，但在光学双稳器件中是超辐射，而在激光器中是受激辐射。

7.5.3　光学双稳器件的分类

光学双稳器件种类繁多，并且可以按不同方式分类。光学双稳器件按反馈方式可以分为两类：

(1) 全光型——纯光学反馈元件光学双稳器件。例如，含有非线性介质的 F-P 标准具。全光双稳器件按非线性机制不同，又可以分为以下几种：① 吸收型：由非线性吸收引起；② 色散型：由非线性折射引起；③ 热光型：由热致非线性引起。

(2) 混合型——混合反馈元件光学双稳器件。例如，具有反馈的电光调制器，以及其他电光、磁光、声光双稳器件等。

此外，还可以按非线性机制将光学双稳器件进行分类，比如可以分为有腔型和无腔型，有源型和无源型等。详细分类如图 7.5-5 所示。

- 光学双稳器件
  - 全光器件
    - 有腔器件
      - 有源器件——双稳激光器
      - 无源器件
        - 吸收双稳器件
        - 色散双稳器件
        - 热致双稳器件
    - 无腔器件
      - 单镜器件——横向双稳器件
      - 无镜器件
        - 定向耦合器件
        - 增强吸收器件
  - 混合器件
    - 电光器件
      - 外光电效应器件——有反馈电光调制器
      - 内光电效应器件——自由光电效应器件
    - 磁光器件、声光器件、压电器件

图 7.5-5　光学双稳器件的分类

7.6 光学双稳态的基本原理

本节以吸收型全光双稳器件和折射型全光双稳器件为例，讨论光学双稳态的基本原理。

7.6.1 吸收型全光双稳性

吸收型全光双稳器件是在F-P腔中放置一可饱和吸收体构成的，如图7.6-1所示。

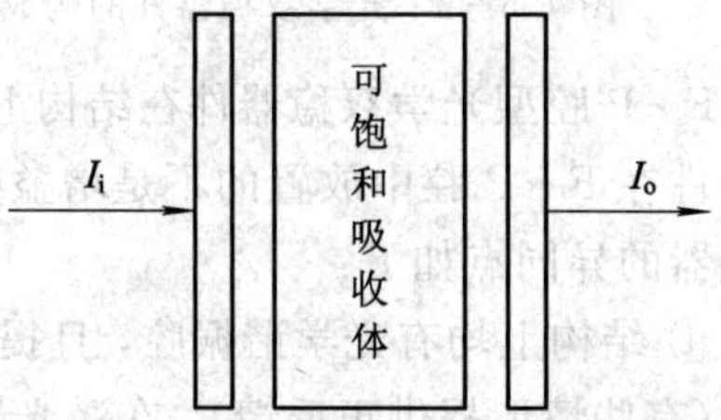

图7.6-1 吸收型全光双稳器件

可饱和吸收体介质的吸收系数 α 可表示为

$$\alpha=\frac{\alpha_0}{1+\frac{I_0}{I_s}} \qquad (7.6-1)$$

式中，α_0为线性吸收系数；I_0为介质中的光强；I_s 为 $\alpha=\alpha_0/2$ 时介质中的光强，称为饱和光强。

若设 I_i和 I_o分别为光学双稳器件的输入、输出光强，L 为器件厚度，则器件的透射率 T 为

$$T=\frac{I_o}{I_i}=e^{-\alpha L} \qquad (7.6-2)$$

根据式(7.6-1)和式(7.6-2)，若 $I_i\to 0$，$I_o\to 0$，$\alpha\to\alpha_0$，则

$$I_o=I_i e^{-\alpha_0 L}=kI_i \qquad (7.6-3)$$

I_o-I_i曲线的斜率较小，为 k，器件处于低态；若 $I_i\to\infty$，$I_o\to\infty$，$\alpha\to 0$，$I_o\approx I_i$，I_o-I_i 曲线的斜率为45°，器件处于高态，如图7.6-2所示。

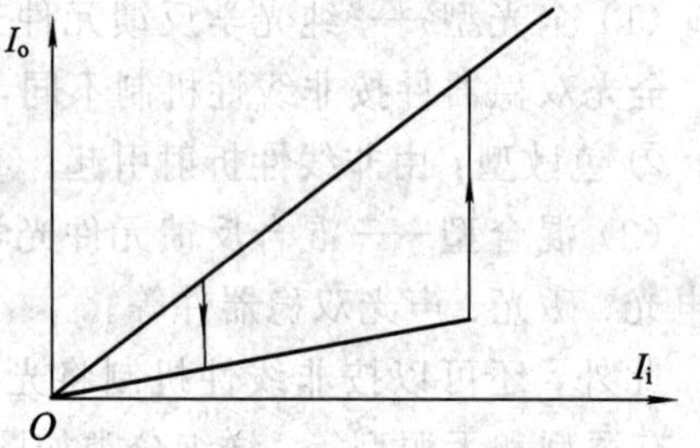

图7.6-2 吸收型全光双稳性

7.6.2 折射型全光双稳性

折射型(色散型)全光双稳器件是在F-P腔中放置光克尔介质构成的，如图7.6-3所示。

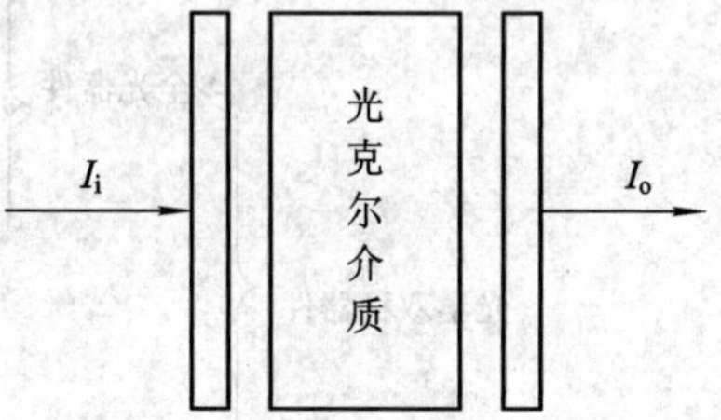

图7.6-3 折射型全光双稳器件

对于光克尔介质，其折射率可表示为

$$n=n_0+n_2 I_0 \qquad (7.6-4)$$

式中，I_0为介质中光强。假设构成F-P腔的两反射镜的反射率均为 R，则克尔介质中光强可近似表示为

$$I_0=\frac{1+R}{1-R}I_o \qquad (7.6-5)$$

将式(7.6-5)代入式(7.6-4)，有

$$n = n_0 + n_2 \frac{1+R}{1-R} I_o \tag{7.6-6}$$

若取

$$C = n_2 \frac{1+R}{1-R}$$

则

$$n = n_0 + C I_o \tag{7.6-7}$$

下面，我们由F-P干涉仪多光束干涉原理出发，讨论折射型全光双稳器件的双稳特性。图7.6-4给出了F-P干涉仪多光束干涉的光路图。

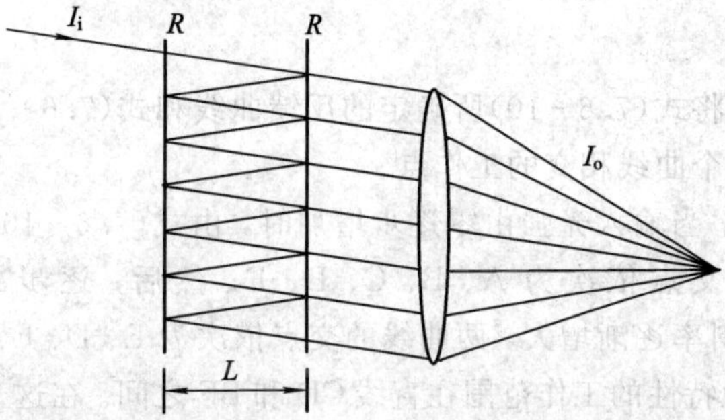

图7.6-4 F-P干涉仪多光束干涉示意图

因为两相邻透射光线间的相位差为

$$\phi = \frac{2\pi}{\lambda} n(2L) = \frac{4\pi}{\lambda} nL \tag{7.6-8}$$

将n的表达式(7.6-7)代入式(7.6-8)，可得

$$\phi = \phi_0 + K I_o \tag{7.6-9}$$

式中，常数$\phi_0 = \frac{4\pi}{\lambda} n_0 L$，$K = \frac{2\pi}{\lambda}\left(\frac{1+R}{1-R}\right) n_2 L$。因此，双稳器件透射率$T$与相位差$\phi$的关系可表示为

$$T = \frac{I_o}{I_i} = \frac{\phi - \phi_0}{K I_i} \tag{7.6-10}$$

在该式中，T与ϕ呈线性关系，斜率由入射光强的倒数确定。式(7.6-10)常被称为反馈关系式。

实际上，根据F-P干涉仪多光束干涉原理，双稳器件的透射率T是两相邻透射光线相位差ϕ的周期性函数：

$$T = \frac{I_o}{I_i} = \frac{1}{1 + \dfrac{4R}{(1-R)^2 \sin^2\left(\dfrac{\phi}{2}\right)}} \tag{7.6-11}$$

这一关系式称为调制关系式。$T-\phi$关系如图7.6-5所示。由图可见，双稳器件透射峰的周期为2π，半峰值宽度为$\delta\phi$，而初始相位差为ϕ_0。

以上关于F-P干涉仪透射率T的讨论，得到了双稳器件透射率T和相位差ϕ的两个关系：式(7.6-10)和式(7.6-11)。据此，可以由两种方法得到折射型全光双稳器件的双稳特性。

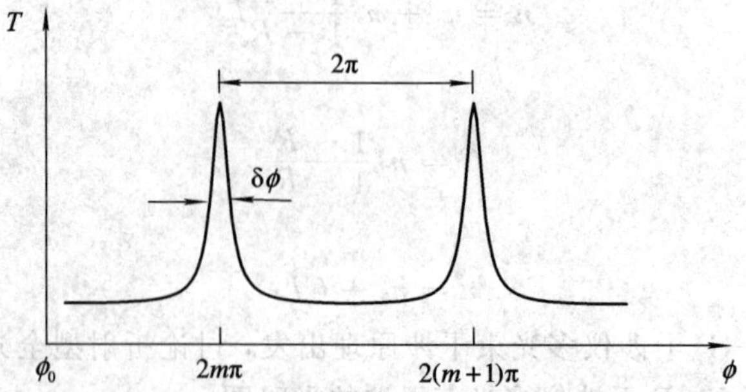

图 7.6-5 F-P 干涉仪的 $T-\phi$ 关系曲线

1. 作图法

所谓作图法，就是将式(7.6-10)所确定的反馈曲线和式(7.6-11)所确定的调制曲线绘于一张图上，得到两个曲线相交的工作点。

如图 7.6-6 所示，当输入光强由零逐步增加时，由式(7.6-10)，反馈曲线斜率逐渐减小，得到两曲线的交点依次为 A、B、C、D、E；然后，逐步减小输入光强，由式(7.6-10)，反馈曲线斜率逐渐增大，两曲线的交点依次为 E、D、F、B、A。这样，就确定了折射型全光器件双稳特性的工作范围在直线 CD 和 BF 之间。在这个范围内，对应于一个给定的输入光强 I_i，两曲线有三个交点 1、2、3，其中 2 是不稳定的工作点，1 和 3 是稳定的工作点。也就是说，对应于一个输入光强，存在着两个稳定的输出光强状态。

由此就得到了相应的输出光强 I_o依赖于入射光强 I_i的关系曲线，即折射型全光双稳性的特性曲线，如图 7.6-7 所示。可以证明，其中曲线 C2F 是不稳定的。由该图可见，I_o滞后于 I_i，在 C 点和 F 点发生开启和关闭的跳变。

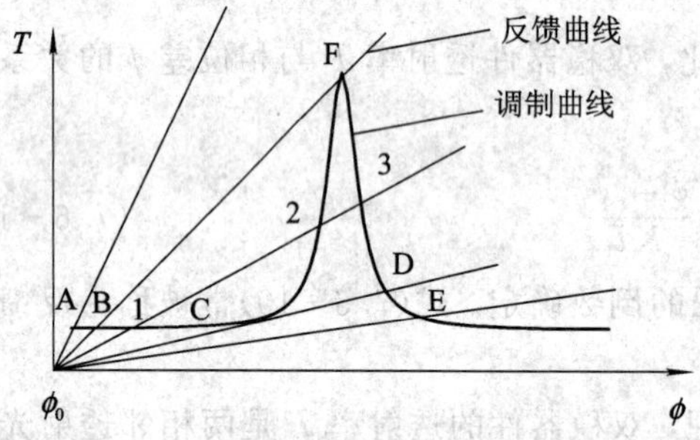

图 7.6-6 折射型全光双稳器件工作点的作图法

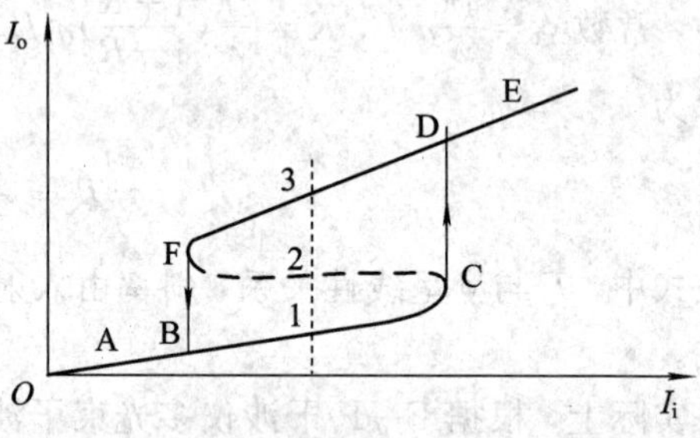

图 7.6-7 作图法求折射型全光双稳器件的双稳特性

2. 解析法

折射型双稳器件的双稳曲线也可以利用解析方法得到。

对于双稳器件的 $T-\phi$ 关系，在其透射峰 $\phi=2m\pi(m=0,1,2,\cdots)$值附近，近似有 $\sin(\phi/2)\approx\phi/2$，调制关系式(7.6-11)可表示为

$$T=\frac{I_o}{I_i}=\frac{1}{1+\dfrac{R\phi^2}{(1-R)^2}} \tag{7.6-12}$$

由此得到如下输入、输出光强间的关系：

$$I_i=\left[1+\frac{R\phi^2}{(1-R)^2}\right]I_o \tag{7.6-13}$$

另一方面，由式(7.6-9)可以得到

$$\phi=\phi_0\pm|\phi_2|I_o \tag{7.6-14}$$

对于图 7.6-8 中所示的峰值附近的相位关系(峰值处 $\phi=2m\pi$，$m=0$、1、2，…)，式(7.6-14)应取负号，即 $\phi=\phi_0-|\phi_2|I_o$，代入式(7.6-13)可得

$$I_i=\left[1+\frac{R}{(1-R)^2}(\phi-\phi_2 I_o)^2\right]I_o \tag{7.6-15}$$

这个关系式是关于 I_o 的三次方程。令

$$\left.\begin{aligned} I_I&=\frac{\phi_2}{\phi_0}I_i\\ I_O&=\frac{\phi_2}{\phi_0}I_o\\ k&=\frac{R\phi_0^2}{(1-R)^2}\end{aligned}\right\} \tag{7.6-16}$$

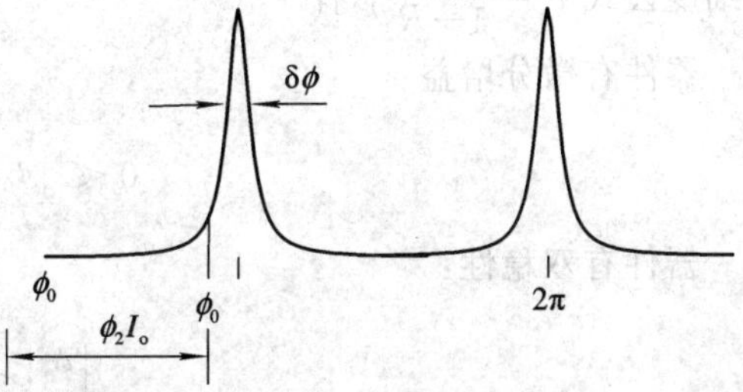

图 7.6-8　$\phi=2m\pi$ 峰值附近相位关系

则有

$$I_I=kI_O^3-2kI_O^2+(1+k)I_O \tag{7.6-17}$$

对于不同的初始相位 ϕ_0(即不同的 k 值)，存在着不同的折射型全光双稳曲线，如图 7.6-9 所示。图中取 F-P 腔反射镜反射率 $R=0.9$。左图中的 $\phi_0=0.185$ 曲线相应于右图中微分增益 $G=\dfrac{dI_O}{dI_I}=\infty$ 的曲线，是双稳的临界情况。曲线的斜率 $\dfrac{dI_O}{dI_I}$ 决定着双稳器件的性质：

当 $0<\dfrac{dI_O}{dI_I}\leqslant 1$ 或 $1\leqslant\dfrac{dI_I}{dI_O}<\infty$ 时，无增益，无双稳；

当 $1<\dfrac{dI_O}{dI_I}\leqslant\infty$ 或 $0\leqslant\dfrac{dI_I}{dI_O}<1$ 时，有微分增益；

当 $-\infty<\dfrac{dI_O}{dI_I}<0$ 或 $-\infty<\dfrac{dI_I}{dI_O}<0$ 时，有光学双稳性(负斜率区)。

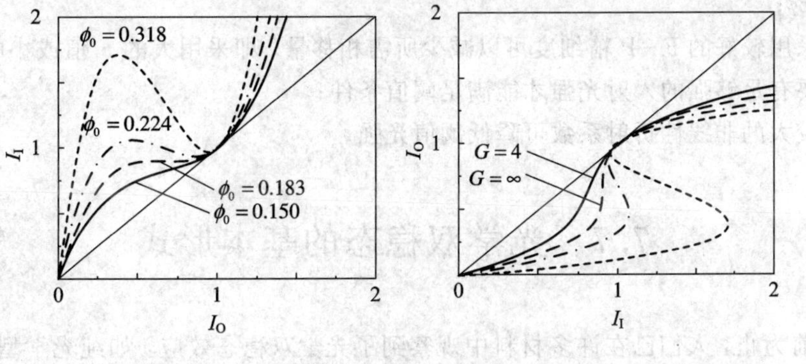

图 7.6-9　不同 ϕ_0 下的折射型全光双稳特性曲线

为求双稳态阈值条件，由$\frac{d^2I_I}{dI_O^2}=0$求拐点位置，得到

$$I_O=\frac{2}{3}$$

因此，微分增益与光学双稳态的临界点为

$$G=\frac{dI_O}{dI_I}=\left(\frac{dI_I}{dI_O}\right)^{-1}=[3kI_O^2-4kI_O+(1+k)]^{-1}\Big|_{I_O=\frac{2}{3}}=\left(1-\frac{k}{3}\right)^{-1}=\infty$$

为使上式成立，要求$k=3$，即$k=\frac{R\phi_0^2}{(1-R)^2}=3$，或$|\phi_0|=\frac{\sqrt{3}(1-R)}{\sqrt{R}}$。利用F-P标准具的精细度公式$F=\frac{\pi\sqrt{R}}{1-R}$，有

器件有微分增益：

$$0<|\phi_0|\leqslant\frac{\sqrt{3}\pi}{F} \tag{7.6-18}$$

器件有双稳性：

$$|\phi_0|>\frac{\sqrt{3}\pi}{F} \tag{7.6-19}$$

若利用F-P的精细度定义$F=\frac{2\pi}{\delta\phi}$，可以得到折射型全光双稳器件实现双稳态的条件为

$$|\phi_0|>\frac{\sqrt{3}\pi}{F}\approx\frac{2\pi}{F}=\delta\phi \tag{7.6-20}$$

可见，要使器件实现双稳态，其初始相移ϕ_0必须适当选择，使相移的大小大于半宽度$\delta\phi$。

将$I_O=\frac{2}{3}$，$k=3$代入式(7.6-17)，得到$I_I=\frac{8}{9}$。由此得到拐点坐标为

$$\left.\begin{aligned}I_{oc}&=\frac{2}{3}\frac{\phi_0}{\phi_2}=\frac{2}{3}\frac{\sqrt{3}\pi}{\phi_2F}=\frac{2}{\sqrt{3}}\frac{1-R}{\sqrt{R}}\frac{1}{\phi_2}\\I_{ic}&=\frac{8}{9}\frac{\phi_0}{\phi_2}=\frac{8}{9}\frac{\sqrt{3}\pi}{\phi_2F}=\frac{8}{3\sqrt{3}}\frac{1-R}{\sqrt{R}}\frac{1}{\phi_2}\end{aligned}\right\} \tag{7.6-21}$$

由以上分析可以得到折射型全光双稳器件的如下结论：

(1) 要适当选择初相ϕ_0才能满足阈值条件，即要求初相ϕ_0应大于周期型透射峰值的半峰值宽度$\delta\phi$；

(2) 采用较好的F-P精细度可以减少所需相移量，即采用大的F值或小的$\delta\phi$值；

(3) 要有足够强的入射光强才能满足阈值条件；

(4) 较大的非线性折射系数可降低阈值光强。

7.7 光学双稳态的基本形式

到目前为止，人们已在许多材料中观察到了光学双稳态效应，如纯光学型双稳态已在金属蒸气、克尔介质、滤光片和半导体材料的实验中得到；利用光电混合型系统也实现了多种类型的双稳态。下面简要介绍这几种双稳态的基本形式。

7.7.1　纯光学型双稳态

1. 钠蒸气——无源光双稳态

最早的纯光学型双稳态是 McCall，Gibbs 等人[20]于 1975 年在钠蒸气中实现的，其实验装置如图 7.7-1 所示，由一热管炉和两端的 F-P 腔镜组成，两腔镜间距为 11 cm。为了防止钠蒸气对窗口的污染，采用氩气作为缓冲气体注入热管炉，在热管炉中心区 3 cm 范围的钠蒸气气压为 10^{-4}～10^{-5}托(英文为 Torr。1 Torr＝133.3224 Pa)。输入光束采用 Ar^+激光器泵浦染料激光器的输出光，线宽为 2 MHz，波长调谐在钠原子 D_2线附近，入射 F-P 腔输入面的光功率为 13 mW。为了观察光致回线结构，入射激光束采用声光调制器调制成三角波。

对于没有 F-P 腔结构的钠蒸气池，其输入-输出光强是一种简单的饱和型关系，即输入光强增大时，输出光强呈现一定的饱和，这时不存在双稳效应。当加上 F-P 腔体结构后，则得到图 7.7-2 中实线所示的回线结构。如果将输入光强固定在某些数值，则可以清楚地看到输出光强与输入光强间的双稳关系，这表明双稳特性并不在输入迅变光场时才存在。

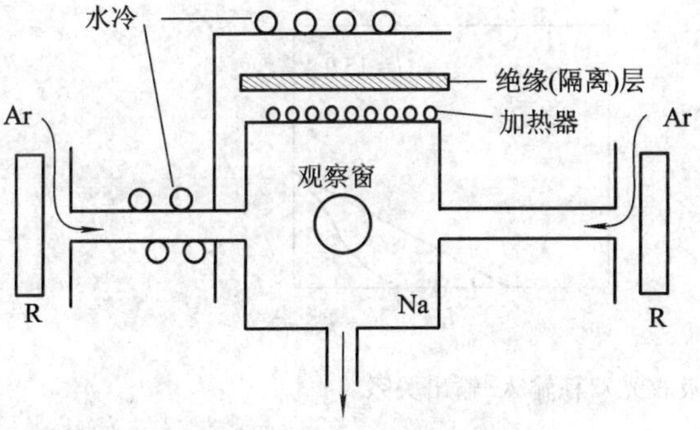

图 7.7-1　Na 光双稳装置示意图

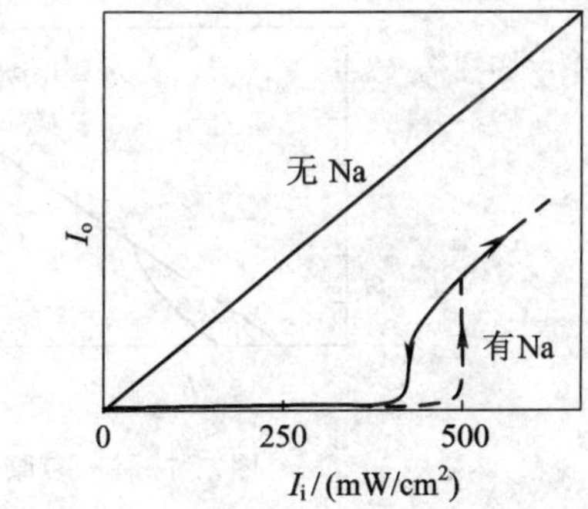

图 7.7-2　钠蒸气中观察到的色散型光学双稳态

当调节 F-P 腔，使其与入射激光频率失谐时，实验的输出-输入曲线从无光双稳到高增益，再经过光双稳回线直至光双稳消失的过程如图 7.7-3 所示。图中失谐量为 0 相应于最大回线时腔的位置，而不为 0 则表示相应于此位置时的失谐量。可以看出，对于一个方向的失谐，光学双稳很快消失，而对另一方向的失谐，光学双稳回线缓慢变小，输入光强的双稳上限值 I_{max}降低，随后光学双稳也消失。

利用共焦 F-P 腔中高度准直的钠原子束，消除了多普勒非均匀加宽和色散效应，观察到了吸收型光双稳态。50 束间隔为 1 mm 的钠原子束方向与 F-P 腔轴垂直，使吸收线宽减小到 14 MHz，接近于 10 MHz 的自然线宽。功率 6 mW、圆偏振的染料激光束，由声光调制器调制的宽度为 6 μs 的脉冲激光作为器件的输入。当 F-P 腔参数 $R=0.99$，自由光谱范围为 300 MHz 时，实验所测得的输出光强与输入光强的关系如图 7.7-4 所示(图中 C 是与吸收相关的参量)，所测数据与理论计算结果一致。

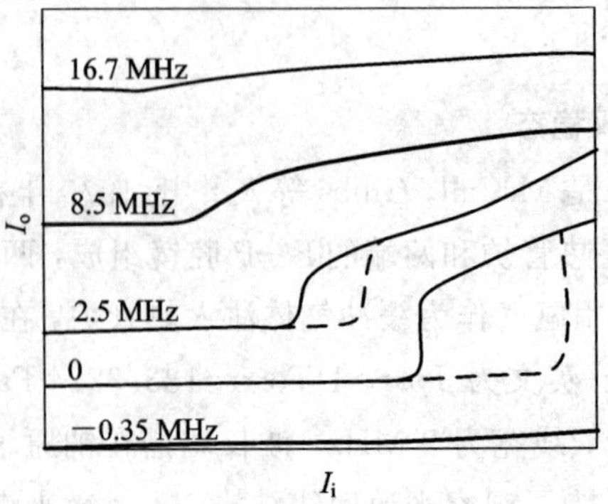

图 7.7-3 以激光频率和腔频失谐量为参数的钠蒸气中输入-输出光强的关系曲线

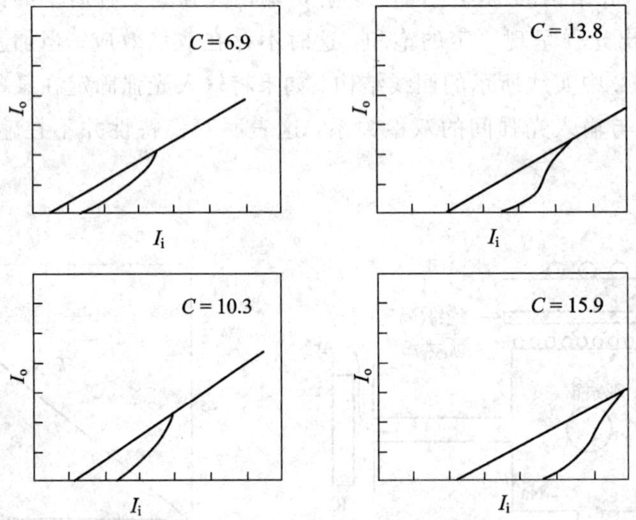

图 7.7-4 多原子束吸收光双稳输入-输出关系

2. 红宝石——全固态光双稳

1977 年，Venkatesan、McCall[21]利用包含红宝石的平凹 F-P 腔，在 85 K～296 K 温度范围内得到了光双稳、微分增益、鉴别器、斩波器和限幅器特性，实验装置如图 7.7-5 所示。红宝石的一端镀有高反射膜，该膜层和凹面石英反射镜构成 F-P 腔。石英垫片的作用是：当采用不同厚度的红宝石材料时，选用不同厚度的石英垫片，以保证腔长不变。

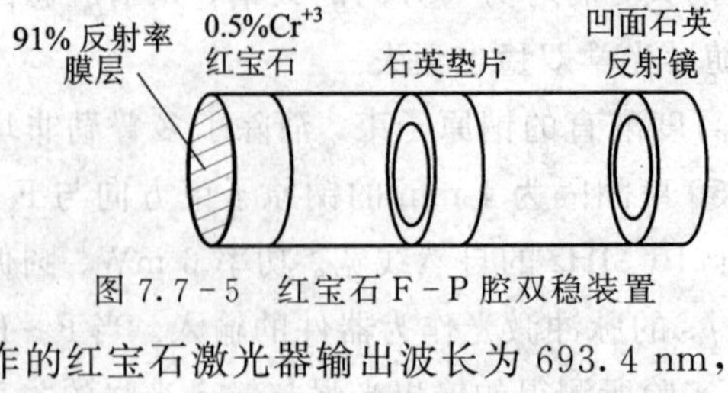

图 7.7-5 红宝石 F-P 腔双稳装置

77K 基横模连续工作的红宝石激光器输出波长为 693.4 nm，所产生的 20 mW 激光功率作为双稳器件输入，改变 F-P 腔的失谐，分别实现了限幅器、微分增益、鉴相器(即窄双稳)和双稳态运行，如图 7.7-6 所示。

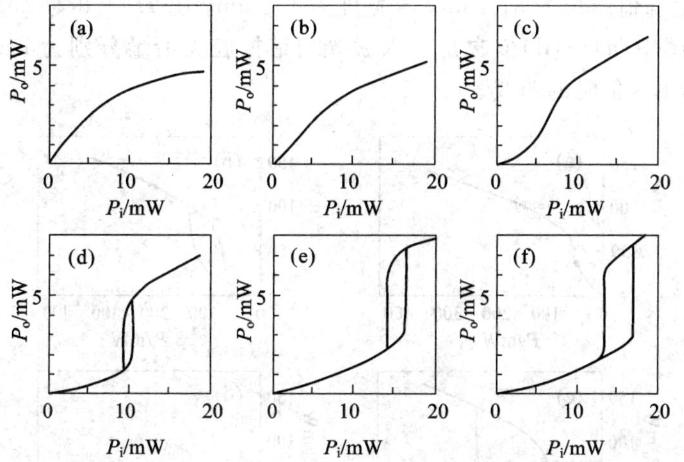

图 7.7-6　296 K 下红宝石光双稳装置的输入-输出特性曲线

(a)、(b) 限幅器；(c) 微分增益；(d) 鉴相器；(e)、(f) 光双稳器

3. 克尔介质——纯色散双稳

Bischhofberger 和沈元壤[22]在克尔液体 CS_2和硝基苯中观察到了纯色散光双稳。克尔液体 CS_2和硝基苯分别置于由间距为 1 cm、反射率为 98%的两平面反射镜构成的 F-P 腔中，以最大光强 25 MW/cm^{2}的红宝石激光脉冲作为输入。两类克尔介质中，强光场使分子重新取向，引起非线性折射率变化，产生纯色散光双稳。所得到的光双稳迟滞回线如图 7.7-7 所示。

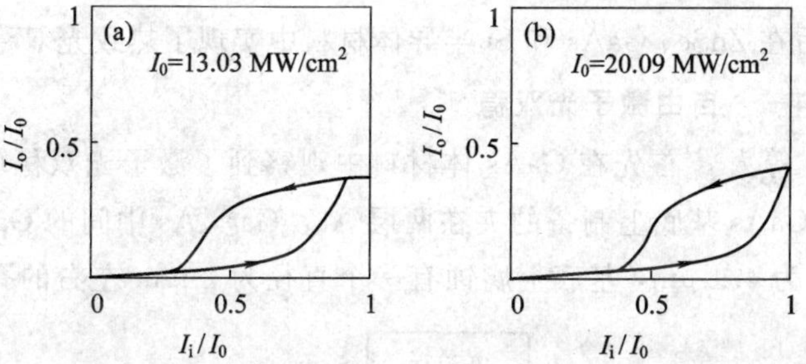

图 7.7-7　两类克尔介质中的光双稳迟滞回线

(a) CS_2；(b) 硝基苯

4. ZnS、ZnSe 干涉滤光片——热致光双稳

这是另一类能够显示光双稳特性的器件，其物理机制并不是严格意义上的非线性折射率，而是由热效应引起的折射率变化。当一些介质材料吸收光能后，其温度升高，随即引起折射率变化。如果这样的介质置于 F-P 腔中，也会改变光学腔长。这种基于热效应的折射率变化并不是瞬时的，即并不随介质中所加光电场值的变化而瞬时变化，而是取决于介质的厚度、热传导率及比热等参数。但对于很薄的介质层，热效应引起的温度变化会有较快的响应。

1978 年，Karpushko 等人[23]在 ZnS 层中观察到了光学双稳态效应，其双稳器件结构以厚度为 0.22 μm 的 ZnS 作为中间层，两侧是反射率为 98%的多层介质膜，构成了干涉滤光片，其滤光片透射峰值波长为 517 nm，半宽度为 1.1 nm。图 7.7－8 为 ZnS 干涉滤光片的双稳实验结果，图中(a)～(d)依次是输入激光与谐振腔失谐量分别为 F－P 腔半宽度的 0.6、1.2、1.4 和 1.8 倍时的曲线。

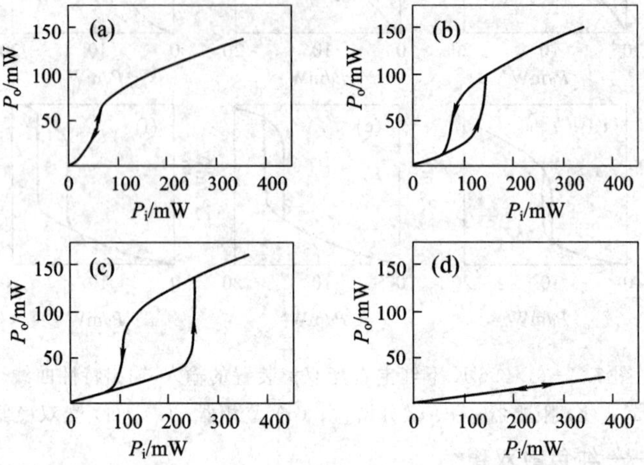

图 7.7－8 ZnS 干涉滤光片光学双稳特性(激光与谐振腔失谐量是 F－P 腔半宽度的 0.6、1.2、1.4、1.8 倍)

由热效应产生的光学双稳态的简单解释是，介质起初约有 5%～10%的非饱和吸收，它不会显著降低谐振腔的精细度，因此当输入光强增加时，F－P 腔的透射线型不会发生明显变化，但却会因腔长变化而移动，当移动到一定程度时，就会到达 F－P 腔共振区而出现光学双稳特性。

其后，人们先后在 ZnSe、GaAs 和 Si 半导体材料中实现了热致光双稳。

5. GaAs 体材料——自由激子光双稳

1979 年，Gibbs 等人[24]首先在 GaAs 体材料中观察到了激子光双稳现象，其实验装置如图 7.7－9 所示。GaAs 基底上制备的夹在两层 $Al_{0.42}Ga_{0.58}As$ 中间的 GaAs 层作为光双稳器件，GaAs 层厚度为 4.1 μm，基底上腐蚀有一个直径为 2 mm 左右的孔以消除基底吸收

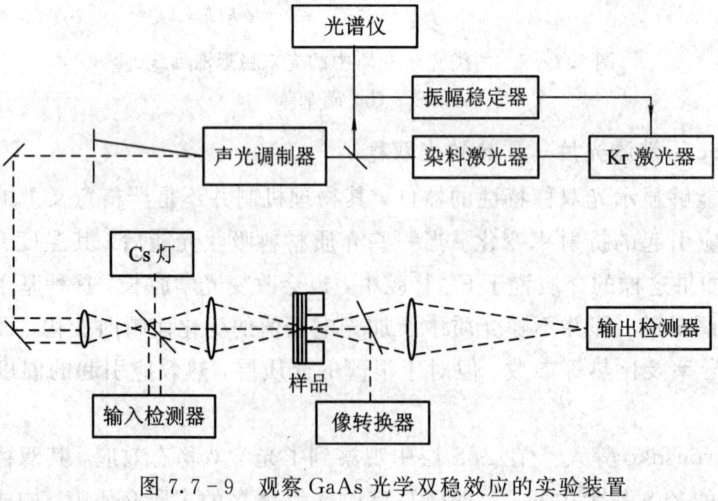

图 7.7－9 观察 GaAs 光学双稳效应的实验装置

的影响，反射层的反射率为 90%。作为输入光的染料激光器的输出波长可在 770 nm～870 nm 间调谐，线宽为 0.1 nm，功率为 600 mW。

当激光波长调谐在自由激子峰波长边 1.0 nm～2.0 nm 时，观察到了光学双稳现象，其结果如图 7.7-10 所示。

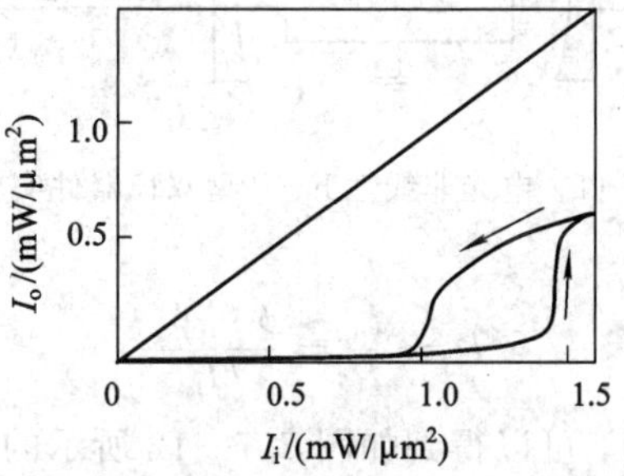

图 7.7-10　GaAs 中激子光学双稳态输入-输出光强间的关系

大量半导体材料已成为研究和实现光学双稳的一类重要介质，原因有两个：其一是半导体材料具有较强的非线性光学特性，使光学双稳易于实现；二是因为半导体材料的微结构在光集成中有巨大应用潜力。特别是半导体材料在带隙附近有很大的吸收系数，可以在很短的距离上得到 $\alpha L=1$ 的值(例如对于 $\alpha=10^4\ \mathrm{cm}^{-1}$，$L$ 仅为 1 μm)，而短的距离对应于很短的腔内往复时间，因而可以使腔的寿命达到皮秒量级，这对于制作高速响应器件十分重要。

7.7.2　电光混合型光学双稳

由 7.5 节的讨论已知，实现光学双稳效应，除去介质的非线性光学性质外，另外一个重要的因素是其反馈机制。正是 F-P 腔的特殊反馈特性，使得人们首先在这种装置中观察到了光学双稳现象。如果采用其它方法使介质的非线性性质得到一种反馈，光学双稳效应也应该可以实现。

1977 年，英国的 Smith 等人[25]首先利用电光效应、电子学放大与光学谐振腔相结合的方法成功地观察到了双稳现象，这就是电光混合型双稳。电光混合型双稳器件是用一个电光调制器实现电光混合反馈的，一般分为双光束干涉型和多光束干涉型两种。

1. 电光非线性 F-P 型光学双稳

图 7.7-11 是一种电光非线性 F-P 型双稳器件。电光晶体调制器被置于 F-P 腔中，部分输出光通过探测器转换成电信号，并经放大器放大后加到电光晶体的电极上，调制晶体的折射率和光的相位。这种光学双稳器件属于多光束干涉型。

设晶体介质单程损耗为 δ，F-P 腔多光束干涉透射率公式，即 $T-\phi$ 调制关系为

$$T=\frac{T_m}{1+C\sin^2\left(\dfrac{\phi}{2}\right)} \tag{7.7-1}$$

式中

$$T_m=\left(\frac{1-R}{1-R\delta}\right)^2\delta,\quad C=\frac{4R\delta}{(1-R\delta)^2} \tag{7.7-2}$$

另：计有线性反馈过程 $I_o\propto V\propto\Delta\phi$，线性电光效应 $\Delta\phi=\pi\dfrac{V}{V_{\lambda/2}}$($V_{\frac{\lambda}{2}}$ 为晶体的半波电压)，

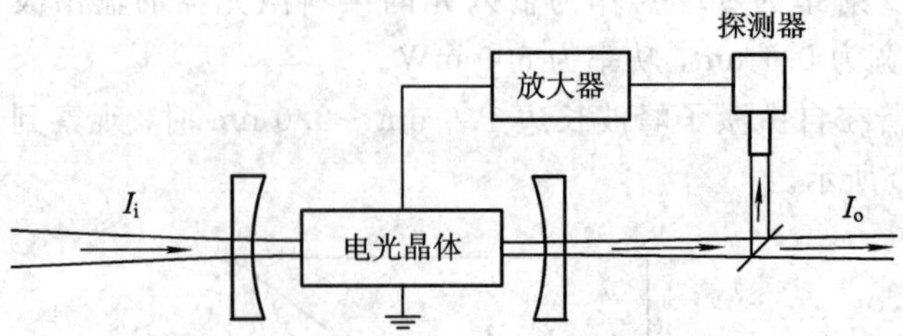

图 7.7-11 电光非线性 F-P 型双稳器件实验装置

$T-\phi$ 反馈关系为

$$T=\frac{I_o}{I_i}=\frac{\phi-\phi_0}{kI_i} \tag{7.7-3}$$

联立方程(7.7-1)和(7.7-3)，可以得到如图 7.7-12 所示的光学双稳曲线。

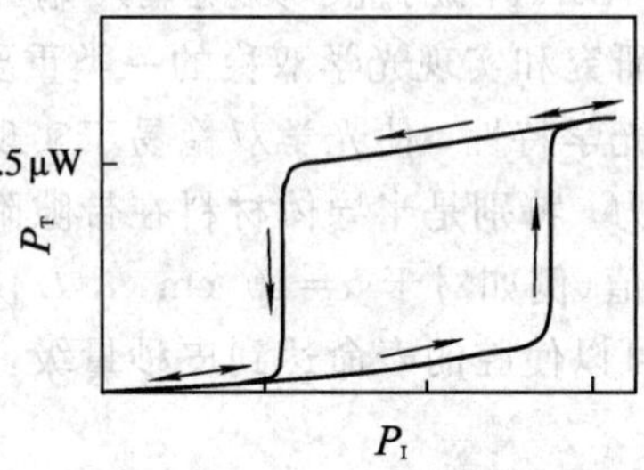

图 7.7-12 电光非线性 F-P 型双稳器件输入-输出关系

2. 偏振电光调制型光学双稳

图 7.7-13 是一种偏振电光调制型光学双稳实验装置。电光晶体置于两块正交的偏振片 P_2和 P_3之间，构成了光强调制器。由探测器 D_2接收输出光信号并将其转换为电信号，探测器输出的电信号部分输出接于示波器的 y 输入端，另一部分通过放大器加到电光晶体的电极上，反馈调制晶体的折射率和光的相位。来自 He-Ne 激光器的激光，经过一旋转的偏振片 P_1使输入光强周期性地变化，输入光强信号由 D_1转换成电信号接于示波器的 x 输入端，在示波器上可以观察到光双稳曲线。这种光学双稳器件属双光束干涉型。

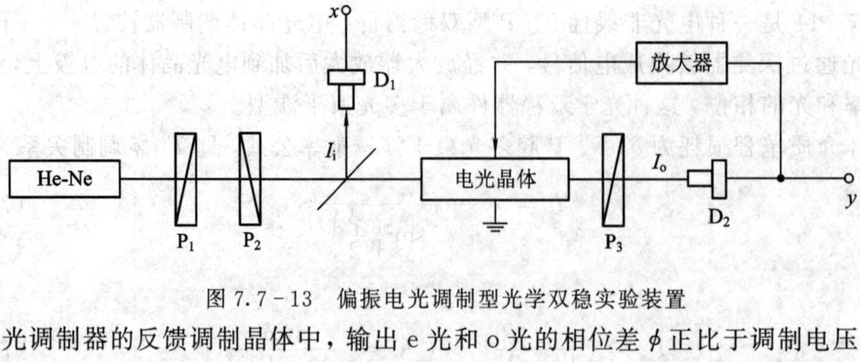

图 7.7-13 偏振电光调制型光学双稳实验装置

电光调制器的反馈调制晶体中，输出 e 光和 o 光的相位差 ϕ 正比于调制电压 V：

$$\phi=\pi\frac{V}{V_{\lambda/2}} \tag{7.7-4}$$

式中，$V_{\lambda/2}$为晶体的半波电压。电光调制器的透射率 T 的表示式为

$$T=\frac{1}{2}(1-\cos\phi)=\frac{1}{2}\left[1-\cos\left(\pi\frac{V}{V_{\lambda/2}}\right)\right] \tag{7.7-5}$$

考虑到线性反馈过程：$V=KI_o$，则有

$$T=\frac{I_o}{I_i}=\frac{V}{KI_i} \tag{7.7-6}$$

联立式(7.7-5)和式(7.7-6)，可以得到器件的光学双稳特性。

3. 电光 Maech-Zehnder 干涉仪型光学双稳

图 7.7-14 是一种混合型 Maech-Zehnder(简称 M-Z)干涉仪光纤双稳器件的实验装置图，它也是一种双光束干涉型双稳器件。该器件的一个条形光波导电光调制器置于干涉仪两臂之一，以改变两臂光束间的相位差；输出光通过探测器 D_2和放大器(可以调节初始相移)光电反馈到电光调制器的电极上；由电调制器调制的半导体激光器输出的光强周期性变化，并输入该双稳器件。该器件输入-输出光强的双稳关系由探测器 D_1和 D_2转变为电信号输入示波器显示。

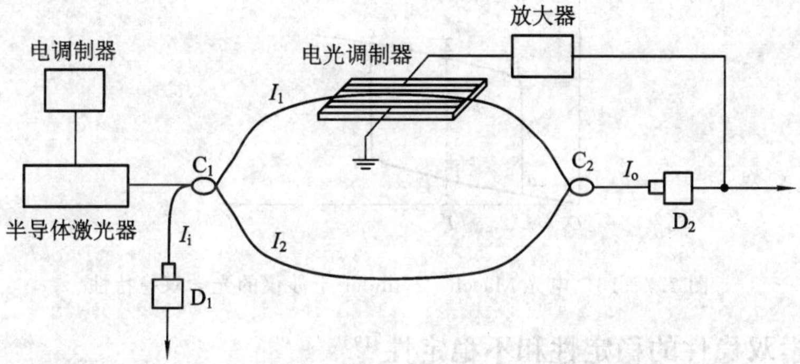

图 7.7-14　电光 Maech-Zehnder 干涉仪光学双稳器实验装置

M-Z 干涉仪中的两束光在耦合器 C_2中相遇，并发生干涉，总输出光强 I_o可表示为

$$I_o=I_i\alpha(1+M\cos\phi) \tag{7.7-7}$$

式中，I_i 为入射光强；α 为依赖于耦合器插入损耗和两束光分束比的参数；M 为对比度，定义为 $M=\frac{2\sqrt{I_1I_2}}{I_1+I_2}$；$\phi$ 是光强为 I_1和 I_2的两光束的相位差。式(7.7-7)表明，输出光强 I_o是相位差 ϕ 的余弦函数。

假若 I_1和 I_2两束光的初始相位差为 ϕ_0，输出光强 I_o通过线性光探测器 D_2转化为电压信号 V，加到电光调制器的两个电极上，引起光的相位差的变化 $\Delta\phi=\pi\left(\frac{V}{V_{\lambda/2}}\right)$，而 $V\propto I_o$，因此得到

$$\phi-\phi_0=KI_o \tag{7.7-8}$$

或

$$I_o=\frac{\phi-\phi_0}{K} \tag{7.7-9}$$

式中，K 是依赖于探测器 D_2、放大器、电光晶体参数的比例常数。由式(7.7-7)和式

(7.7-9)得到的 I_o-ϕ 关系的两种曲线如图 7.7-15 所示。

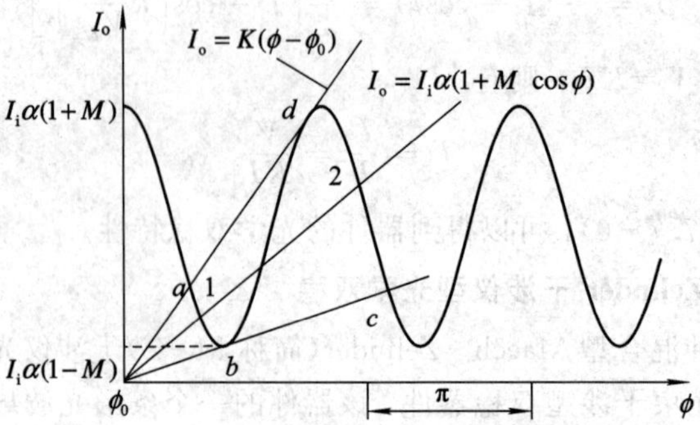

图 7.7-15　电光 Maech-Zehnder 干涉仪光学双稳器的两种 I_o-I_i 关系曲线

若周期性地改变输入光强，使反馈直线与调制余弦曲线相交于 $a-b-c-d$，就可得到如图 7.7-16 所示的 I_o和 ϕ 间的光学双稳曲线。

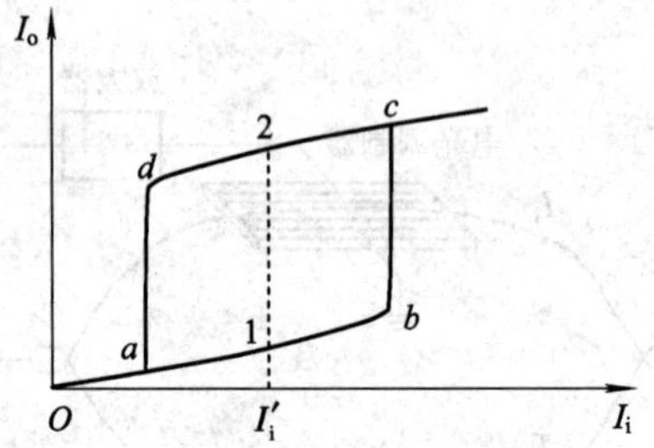

图 7.7-16　电光 Maech-Zehnder 干涉仪的光学双稳特性

7.7.3　光学双稳性的稳定性和不稳定性[19]

1. 光学双稳性的稳定性

全光光学双稳器件由非线性介质和全光反馈构成，而混合光学双稳器件则是由电光调制器与电光反馈构成，其基本工作原理可分别简化为图 7.7-17(a)和图 7.7-17(b)所示的非线性介质和反馈系统。

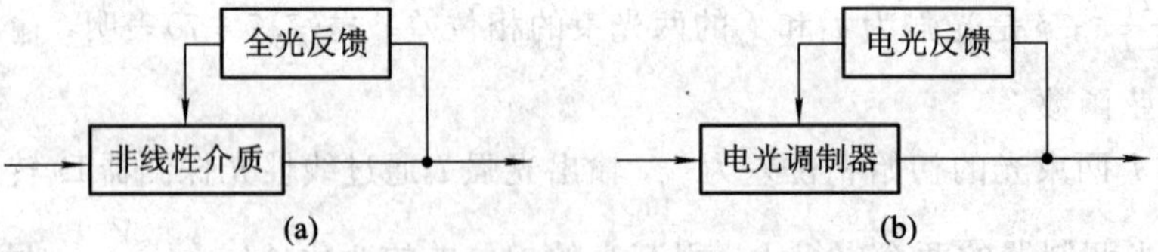

图 7.7-17　全光与混合光学双稳器件原理图

在稳态条件下，光学双稳性的调制作用和反馈作用可分别为

调制作用：

$$I_o = I_i T(\phi) \tag{7.7-10}$$

反馈作用：

$$\phi = \phi_0 + K I_o \tag{7.7-11}$$

由式(7.7-10)和式(7.7-11)，得到透射率 T 与相移 ϕ 的反馈关系为

$$T(\phi)=\frac{\phi-\phi_0}{KI_i} \tag{7.7-12}$$

式中，ϕ_0为初始相移。

另一方面，两类干涉仪型光学双稳器件的透射率与相移的调制关系分别为

多光束干涉型(F-P 干涉仪)：

$$T(\phi)=\frac{1}{1+F\sin^2\left(\dfrac{\phi}{2}\right)} \tag{7.7-13}$$

双光束干涉型(M-Z 干涉仪)：

$$T(\phi)=\alpha(1+M\cos\phi) \tag{7.7-14}$$

将式(7.7-12)与式(7.7-13)或式(7.7-14)联立，用作图法即可得到器件的光学双稳特性。

进一步的问题是，I_o-I_i曲线上各点是否稳定？

前面讨论中曾指出，当$\dfrac{\mathrm{d}I_o}{\mathrm{d}I_i}>0$，斜率为正时，是稳定的；当$\dfrac{\mathrm{d}I_o}{\mathrm{d}I_i}<0$，斜率为负时，是不稳定的。这一结论的证明，需要考虑动力学行为，即 I_o和 ϕ 皆为时间的函数，式(7.7-10)和式(7.7-11)可分别改写为

$$\left.\begin{aligned}\tau_M\dot{I}_o&=-I_o+T(\phi)I_i\\ \tau_F\dot{\phi}&=-\phi+\phi_0+KI_o\end{aligned}\right\} \tag{7.7-15}$$

式中，τ_M和 τ_F分别为调制系统和反馈系统的时间常数。令 $KI_o=u$、$KI_i=v$，则上面的耦合方程可简化为

$$\left.\begin{aligned}\tau_M\dot{u}&=-u+T(\phi)v\\ \tau_F\dot{\phi}&=-\phi+\phi_0+u\end{aligned}\right\} \tag{7.7-16}$$

采用线性近似法，将 $T(\phi)$在平衡点处展开为

$$T(\phi)=T(\phi_s)+T'(\phi_s)\Delta\phi+\frac{1}{2}T''(\phi_s)\Delta\phi^2+\cdots \tag{7.7-17}$$

取线性项(前两项)，并设

$$\left.\begin{aligned}u&=u_s+\Delta u\\ \phi&=\phi_s+\Delta\phi\end{aligned}\right\} \tag{7.7-18}$$

式中，u_s和 φ_s为平衡点的值，且满足式(7.7-10)和式(7.7-11)。将式(7.7-18)代入式(7.7-16)，再微分得

$$\left.\begin{aligned}\Delta\dot{u}&=-\frac{1}{\tau_M}\Delta u+\frac{1}{\tau_M}T'(\phi_s)v\Delta\phi\\ \Delta\dot{\phi}&=\frac{1}{\tau_F}\Delta u-\frac{1}{\tau_F}\Delta\phi\end{aligned}\right\} \tag{7.7-19}$$

式(7.7-19)为常系数微分方程，欲解方程需先求其本征方程之根。其本征方程为

$$\begin{vmatrix}-\dfrac{1}{\tau_M}-\lambda & \dfrac{1}{\tau_M}T'(\phi_s)v\\ \dfrac{1}{\tau_F} & -\dfrac{1}{\tau_F}-\lambda\end{vmatrix}=0 \tag{7.7-20}$$

其根满足的方程为

$$\tau_M\tau_F\lambda^2+(\tau_M+\tau_F)\lambda+[1-T'(\phi_s)]v=0 \tag{7.7-21}$$

解得本征值为

$$\lambda_{1,2}=\frac{1}{2\tau_M\tau_F}\left[-(\tau_M+\tau_F)\pm\sqrt{(\tau_M+\tau_F)^2-4\tau_M\tau_F(1-T'(\phi_s)v)}\right] \tag{7.7-22}$$

根据常系数微分方程的稳定性理论，由本征值的性质可以判断解是否稳定：如果本征值都有负的实部，那么零解是稳定的，而且是渐进稳定的；如果有一个具有正实部的本征值，那么零解是不稳定的。

对于本征值式(7.7-22)，若$1-T'(\phi_s)v<0$，则实根$\lambda_+>0$，不稳定。将式(7.7-10)改为$u=T(\phi)v$，代入式(7.7-11)，得

$$\phi=\phi_0+T(\phi)v \tag{7.7-23}$$

对两边微分，可得

$$d\phi=du=\frac{T(\phi)}{1-T'(\phi)v}dv \tag{7.7-24}$$

因此不稳定条件为

$$\frac{du}{dv}=\frac{dI_o}{dI_i}=\frac{T(\phi)}{1-T'(\phi_s)v}<0 \tag{7.7-25}$$

即$\frac{dI_o}{dI_i}<0$为不稳定条件。

对于根$\lambda_\pm<0$，$1-T'(\phi_s)v>0$，皆为负实根，那么零解为稳定的，即满足

$$\frac{du}{dv}=\frac{dI_o}{dI_i}=\frac{T(\phi)}{1-T'(\phi_s)v}>0 \tag{7.7-26}$$

也就是$\frac{dI_o}{dI_i}>0$为稳定条件。

综合以上分析，光学双稳曲线的负斜率区不稳定，正斜率区稳定。事实上，可以定义一个稳定度S来描述稳定性。稳定度S是相对输出光强和相对输入光强之比：

$$S=\lim_{\Delta I_i\to 0}\left(\frac{\dfrac{\Delta I_i}{I_i}}{\dfrac{\Delta I_o}{I_o}}\right)=\frac{T(\phi_s)}{\dfrac{dI_o}{dI_i}} \tag{7.7-27}$$

由式(7.7-25)，有

$$S=1-T'(\phi_s)v \tag{7.7-28}$$

所以，当$S>0$时，稳定性为稳定；$S<0$时，稳定性为不稳定，如图7.7-18所示。

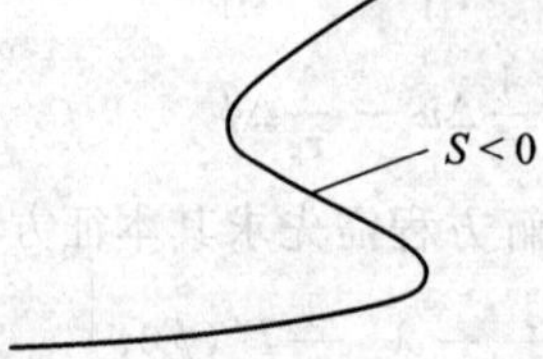

图7.7-18 稳定度S决定的光学双稳的稳定性($S>0$稳定，$S<0$不稳定)

2. 光学双稳性的不稳定性

在入射光不变的条件下，产生复现脉动、自脉冲、周期振荡、混沌等现象称为光学双稳性的不稳定性。光学双稳性的不稳定性可以分为三类：

MaCall 不稳定性——复现脉动(Regenerationpu1sations)。它起因于两种符号不同、时间常数不同的非线性折射率机制共同作用，或称双反馈机制。

Ikeda 不稳定性——倍周期振荡和混沌(Chaos)。它是延时反馈造成的不稳定性，形成了倍周期振荡直至混沌。

Bonifacio 不稳定性——自脉冲(Se1f - pu1sing)。它是环腔中由模间竞争和干涉形成的不稳定性，产生了倍周期振荡，直至混沌发生。

下面，以 MaCall 不稳定性为例，说明光学双稳性的不稳定性。

1978 年，MaCall 在数学上证明了一个光学双稳系统若具有两种符号相反的、时间常数不同的非线性机制，则在恒定入射光强下，可能产生一种弛豫振荡输出光的现象。其后，Okada 用混合双稳装置演示了双反馈不稳定性，实验装置如图 7.7 - 19 所示。

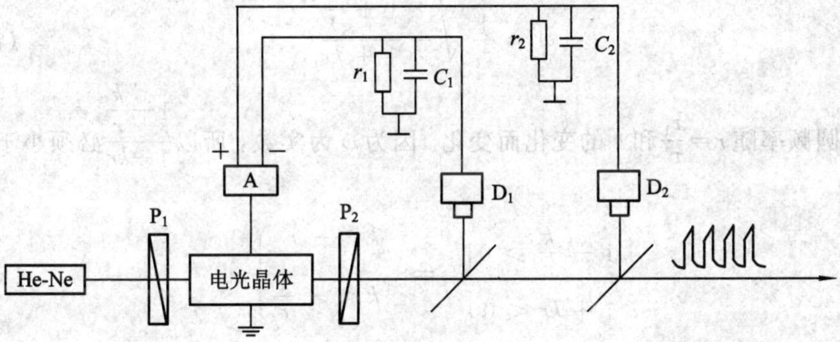

图 7.7 - 19　光学双稳态不稳定性的混合双稳实验装置示意图

图 7.7 - 19 的实验装置中，有两个反馈电路，分别由探测器 D_1和电阻 r_1、电容 C_1以及 D_2和 r_2、C_2来组成。通过改变电容 C_1、C_2来改变反馈时间 τ_1、τ_2；通过改变放大器的增益 g 和光电转换因子 k 来改变反馈量。

假设非线性介质的响应速度远快于反馈速度，由动力学方程

$$\left.\begin{aligned} \tau_1\dot{\phi}_1 &= \phi_{01} - \phi_1 + gI_o \\ \tau_2\dot{\phi}_2 &= \phi_{02} - \phi_2 + gkI_o \end{aligned}\right\} \tag{7.7 - 29}$$

令 $gI_o=U$，$gI_i=V$，$\Psi=\phi_1+\phi_2$，根据 $I_o=T(\Psi)I_i$，有 $U= T(\Psi)V$，则动力学方程可改写为

$$\left.\begin{aligned} \tau_1\dot{\phi}_1 &= \phi_{01} - \phi_1 + T(\Psi)V \\ \tau_2\dot{\phi}_2 &= \phi_{02} - \phi_2 + kT(\phi)V \end{aligned}\right\} \tag{7.7 - 30}$$

设 $\phi_1=\phi_{1s}+\Delta\phi_1$，$\phi_2=\phi_{2s}+\Delta\phi_2$，$\Psi=\Psi_s+\Delta\Psi$，对式(7.7 - 30)两边微分得到

$$\left.\begin{aligned} \Delta\dot{\phi}_1 &= \frac{1}{\tau_1}[-1 + T'(\Psi_s)V]\Delta\phi_1 + \frac{1}{\tau_1}T'(\Psi_s)V\Delta\phi_2 \\ \Delta\dot{\phi}_2 &= \frac{1}{\tau_2}kT'(\Psi_s)V\Delta\phi_1 + \frac{1}{\tau_2}[-1 + kT'(\Psi_s)V]\Delta\phi_2 \end{aligned}\right\} \tag{7.7 - 31}$$

式(7.7 - 30)可用矩阵表示为

$$\begin{bmatrix} \frac{1}{\tau_1}(-1-T'V) & \frac{1}{\tau_1}T'V \\ \frac{1}{\tau_2}kT'V & \frac{1}{\tau_2}(-1-kT'V) \end{bmatrix} \begin{bmatrix} \Delta\phi_1 \\ \Delta\phi_2 \end{bmatrix} = \begin{bmatrix} a & b \\ c & d \end{bmatrix} \begin{bmatrix} \Delta\phi_1 \\ \Delta\phi_2 \end{bmatrix} = \begin{bmatrix} \Delta\dot{\phi}_1 \\ \Delta\dot{\phi}_2 \end{bmatrix} \tag{7.7-32}$$

其本征方程为

$$\begin{vmatrix} a-\lambda & b \\ c & d-\lambda \end{vmatrix} = 0 \tag{7.7-33}$$

或

$$\lambda^2 - (a+d)\lambda + (ad-bc) = 0 \tag{7.7-34}$$

设 $\lambda=\alpha+\mathrm{i}\beta\left(\alpha=\frac{1}{2}(a+d),\ \beta=\frac{1}{2}[4(ad-bc)-(a+d)^2]^{1/2}\right)$，则当 $\alpha=0$，$\lambda=\pm\mathrm{i}\beta(\beta\neq0)$时，系统为稳定周期振荡。此时 $\beta=(ad-bc)^{1/2}>0$ 为实数，且振荡圆频率 $\omega=\beta$。若令 $r=\frac{\tau_1}{\tau_2}$，即可求得稳定周期振荡圆频率为

$$\omega = \frac{1}{\tau_2}\sqrt{-\frac{1+\frac{k}{r}}{1+kr}} \tag{7.7-35}$$

可见，振荡圆频率随 $r=\frac{\tau_1}{\tau_2}$ 和 k 的变化而变化。因为 ω 为实数，所以$\frac{1+\frac{k}{r}}{1+kr}$必须小于 0，这就要求

$$\left.\begin{aligned} 1+\frac{k}{r}>0 \\ 1+kr<0 \end{aligned}\right\} \Rightarrow \left.\begin{aligned} k>-r \\ k<-\frac{1}{r} \end{aligned}\right\}$$

即

$$-r<k<-\frac{1}{r}, \quad r>1 \tag{7.7-36}$$

或者要求

$$\left.\begin{aligned} 1+\frac{k}{r}<0 \\ 1+kr>0 \end{aligned}\right\} \Rightarrow \left.\begin{aligned} k<-r \\ k>-\frac{1}{r} \end{aligned}\right\}$$

即

$$-\frac{1}{r}<k<-r, \quad r<1 \tag{7.7-37}$$

显然，产生稳定周期振荡的条件与 $r=\frac{\tau_1}{\tau_2}$ 有关，所以当 $\tau_1>\tau_2$ 时，振荡条件为

$$-\frac{\tau_1}{\tau_2}<k<-\frac{\tau_2}{\tau_1} \tag{7.7-38}$$

当 $\tau_1<\tau_2$ 时，振荡条件为

$$-\frac{\tau_2}{\tau_1}<k<-\frac{\tau_1}{\tau_2} \tag{7.7-39}$$

综上所述，得到光学双稳性的不稳定条件如下：

(1) 要求 $k<0$，即两反馈电路的输出必须是反相的。

(2) 要求 $\tau_1 \neq \tau_2$，因为 $\tau_1 = \tau_2$，$r=1$ 时，ω 为虚数，无振荡，即要求两反馈电路的时间常数不相同。

(3) 当 $k=0$ 时，为单反馈时的情形，由式(7.7-35)可知，ω 为虚数，无振荡。

(4) 当 $k=-1$ 时，两反馈相互抵消，但振荡依然存在，振荡圆频率 $\omega=\frac{1}{\sqrt{\tau_1\tau_2}}$，且允许 $\tau_1=\tau_2=\tau$。当 $\tau_1=\tau_2=\tau$ 时，振荡圆频率 $\omega=\frac{1}{\tau}$。

(5) $r=\frac{\tau_1}{\tau_2}$ 的取值范围为 $0\to\infty$，k 的取值范围为 $-\infty\to 0$，ω 的取值范围为 $0\to\infty$。

McCa11 不稳定性可作如下定性解释：两个反馈系统对器件提供正负不同的反馈，由于它们的时间常数不同，导致在不同时刻只有一种反馈起主导作用，且这种主导作用周期性交替，导致输出光强呈现时起时伏的复现脉动。

习　题

7-1　试简述相位共轭波的特点以及相位共轭波与共轭波的异同之处。

7-2　设一相位共轭透镜和一正透镜的焦距相同，均为 f，试画出在透镜前距透镜为 $2f$ 的光轴上点源发出的光波经相位共轭透镜和正透镜变换后的光波等相面。

7-3　三波混频相位共轭光波有什么特点？要获得理想的相位共轭波，对入射光信号有什么要求？

7-4　以小信号理论推导近简并四波混频相位共轭反射率 R，并讨论影响相位共轭反射率 R 的参量和因素。

7-5　试比较 SBS 相位共轭光波和 DFWM 相位共轭光波的产生过程，这两个共轭波之间有何区别？

7-6　试讨论 PCM 很短时 PCR 的谐振频率特性。

7-7　简述光学相位共轭用于激光人造卫星通信的原理和方法，并画出原理图。

7-8　构成光学双稳器的要素是什么？光学双稳器件和激光器在结构上有哪些异同点？

7-9　简述光学双稳系统的主要特征和光学双稳器件的分类。

7-10　简述吸收型全光光学双稳器件实现光学双稳输出的基本原理。

7-11　简述折射型全光光学双稳器件实现光学双稳输出的基本原理。

7-12　什么是光学双稳性的不稳定性？都有哪些不稳定性？

参 考 文 献

[1]　Fried guest D L, et al. J. Opt. Soc. Am. 1977, 67

[2]　Stepanov B I, Ivakin E V and Rubanov A S. Sov. Phys. Dokl., 1971, 16: 46

[3]　Zeldovich B Y, Popovichev V I, Ragulskii V V, et al. Sov. Phys., JETP, 1972, 15:

109
[4] Yariv A. Opt. J. Am., 1976, 66: 301
[5] Hellwarth R W. Opt. J. Am., 1977, 67: 1
[6] Avizonis P V, et al. Appl. Phys. Lett., 1977, 31: 435
[7] Trebino R and Siegman A E. Opt. Lett., 1979, 4: 366
[8] Pepper D M and Abrams R L. Opt. Lett., 1978, 3: 212
[9] Tao Yi Fu and Sargent Ⅲ M. Opt. Lett., 1979, 3: 366
[10] Nilsen J and Yariv A. Appl. Opt., 1979, 18: 143
[11] Au Yeung J, et al. IEEE J. Quantum Electron., 1979, QE-15: 1180
[12] Belanger P A, Hardy A and Siegman A E. Appl. Opt., 1980, 19: 602
[13] Yariv A. Appl. Phys. Lett., 1976, 28: 88
[14] Levenson M D. Opt. Lett., 1980, 5:182; J. Opt. Soc. Am., 1981, 71: 737
[15] Pepper D M, et al. Opt. Lett., 1978, 3:7
[16] White J O and Yativ A. Appl. Phys. Lett., 1980, 37: 5
[17] Optical Phase Conjugation, ed. by Fisher R A, New York: Academic Press, Inc., 1983
[18] Gibbs H M. 光学双稳态：以光控光. 程希望，王诺，译. 西安：陕西科学技术出版社，1993
[19] 李淳飞. 非线性光学. 哈尔滨：哈尔滨工业大学出版社，2005
[20] McCall S L. Gibbs H M and Venkatesan T N C. J. Opt. Soc. Am., 1975, 65: 1184
[21] Venkatesan T N C and McCall S L. Appl. Phys. Lett., 1977, 30: 282
[22] Bischofberger T and Shen Y R. Phys. Rev., 1979, A19: 1169
[23] Karpushko F V and Sinitsyn G V. Zh. Prikl. Spektros, 1978, 29: 820
[24] Gibbs H M, et al. Solid State Commun., 1979, 30: 271; Appl. Phys. Lett, 1980, 37:5
[25] Smith P W and Turner E H. Appl. Phys. Lett. 1977, 30: 280

第 8 章　光折变非线性光学

光折变效应(photorefractive effect)是光致折射率变化效应(photo-induced refractive index change effect)的缩称。其含义是电光材料在光电场辐照下，折射率随光强的空间分布的变化而变化。光折变效应中的折射率变化与第 5 章讨论的强光作用下所引起的非线性折射率变化的机制不同，并非起因于光致瞬态非线性电极化。

光折变效应是由贝尔实验室的 Ashin[1]等人于 20 世纪 60 年代意外发现的。当时他们用 $LiNbO_3$ 和 $LiTaO_3$ 晶体进行光倍频实验，发现强光辐照会引起晶体折射率的变化，从而严重破坏相位匹配条件，因此把这种不期望的效应称为“光损伤”。这种“光损伤”可以在暗光条件下保留相当长的时间。基于这一性质，Chen[2]等人意识到“光损伤”材料是一种有价值的光数据存储材料，并对“光损伤”的微观机制进行了探讨。后来人们又发现，通过均匀光照或加热等办法，可将这种光损伤的痕迹擦除掉，从而使晶体恢复初态。为了与永久性的破坏损伤相区别，人们普遍把这一效应称为光折变效应。

随后人们发现电光晶体都有这种光折变效应，并先后在铁电晶体 $LiNbO_3$、$BaTiO_3$、$LiTaO_3$、$KNbO_3$、$Sr_xBa_{1-x}Nb_2O_6$(SBN)等铁电氧化物，顺电相晶体 $Bi_{12}SiO_{20}$(BSO)、$Bi_{12}GeO_{20}$(BGO)、$Bi_{12}TiO_{20}$(BTO)等立方硅族氧化物以及 GaAs、InP、CdTe 等半导体材料中都观察到了光折变现象。

由于光折变效应为非局域响应，用毫瓦量级的激光照射光折变晶体，也会产生明显的光致折射率变化，因此，自 20 世纪 60 年代发现后，就引起了人们的极大兴趣和普遍重视，对其进行了大量的研究，形成了一套完整的理论体系，并获得广泛的应用。目前已可用光折变材料制作成各种用途的非线性光学器件，如体实时全息存储器、光像放大器和振荡器、相位共轭器、空间光调制器等。本章介绍光折变效应的理论模型和相关应用技术基础。

8.1　光折变效应动力学基础

8.1.1　光折变效应动力学方程

1. 光折变效应

光折变效应是发生在电光材料中的一种复杂光电现象，其物理过程如图 8.1－1 所示。电光晶体中的杂质、空位或缺陷充当电荷的施主或受主，当晶体在调制的光电场辐照下

(见图 8.1－1(a))，光激发电荷进入邻近的能带，形成了光生载流子(电子或空穴)。这些光生载流子在导带(电子)和价带（空穴）中，或因浓度梯度扩散，或在电场作用下漂移，或因光生伏打效应而运动(见图 8.1－1(b))。迁移的电荷可以被(施主或受主)重新俘获，这样经过再激发，再迁移，再俘获，最后离开了光照区而集居于暗光区，形成了与晶体中光强分布相对应的调制的空间电荷分布(见图 8.1－1(c))。这些空间分离的电荷分布将按照泊松方程产生相应调制的空间电荷场，该空间电荷场相对光电场分布有一空间相移(见图 8.1－1(d))。尽管光致空间电荷密度并不算大，典型的变化量仅为百万分之一左右，但由它们所产生的空间电荷场可显著地引起晶格的畸变。如果晶体不存在反演对称性，空间电荷场将通过线性电光效应在晶体中形成折射率的空间调制变化，或者说在晶体中写入体相位光栅。显然，光束在写入体相位光栅的同时，又受到自写入相位光栅的衍射作用而被读出，因此，光束的读写过程在光折变晶体内是同时进行的。光折变晶体中这样记录的相位光栅是一种动态的、实时的全息体光栅。这种动态光栅对写入光束的自衍射，将引起入射光波的振幅、相位、偏振态甚至频率的变化。从这个意义上讲，动态光栅的自衍射为相干光的处理提供了全方位的可能性。

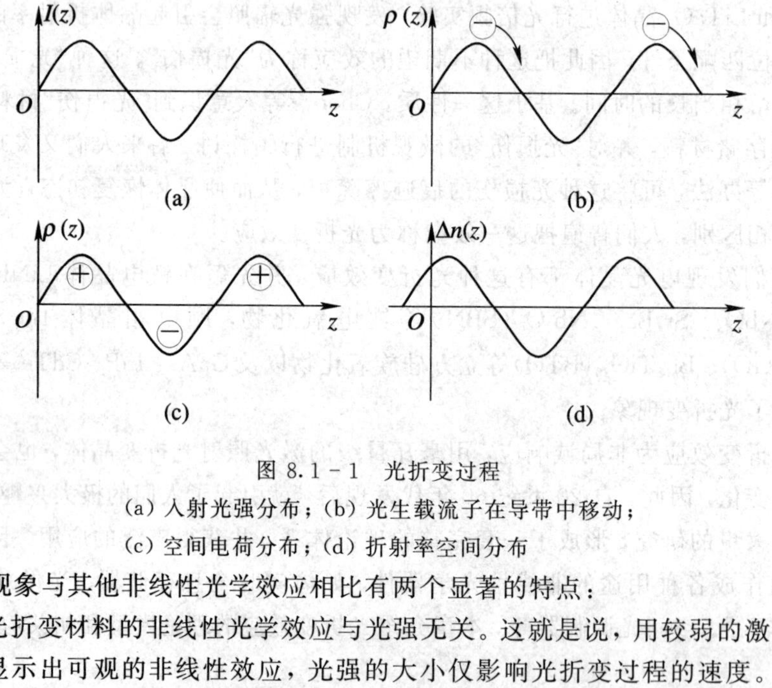

图 8.1－1 光折变过程

(a) 入射光强分布；(b) 光生载流子在导带中移动；

(c) 空间电荷分布；(d) 折射率空间分布

光折变现象与其他非线性光学效应相比有两个显著的特点：

第一，光折变材料的非线性光学效应与光强无关。这就是说，用较弱的激光束辐照晶体，同样会显示出可观的非线性效应，光强的大小仅影响光折变过程的速度。所以，在光折变晶体中进行双光束耦合，仅用毫瓦量级的激光功率就可以产生明显的光能不可逆转移。而前面讨论的受激布里渊散射和受激喇曼散射等过程，由于在通常的非线性材料(原子、分子或凝聚态体系)中，在光电场作用下电子云的形变只引起激发态的能级或跃迁矩阵的微扰变化，因此只有在极高功率的光电场作用下才能显示出明显的非线性光学效应。无疑，低功率光致折射率变化为非线性光学开创了更加广阔的研究和应用领域，并方便地提供了用小功率激光观察各种受激光学现象的机会。

第二，光折变材料的响应是非局域的。通过光折变效应建立折射率相位光栅不仅在时间响应上显示出滞后性，而且在空间分布上也是非局域响应的，即折射率的最大处并非光辐照的最强处。也就是说，动态光栅在波矢 $\boldsymbol{K}$ 方向相对于干涉条纹有一定的空间相移($\phi\neq0$)。由波耦合理论知，增益系数 Γ 正比于 $\sin\phi$，因此当相移 $\phi=\pi/2$ 时，将发生最大的光能不可逆转移。实验和理论都证明，用光折变晶体进行光耦合，其增益系数可高达 (10～100) cm^{-1}，这远大于激光物质如红宝石、钕玻璃等的增益系数。基于光折变效应的这种高增益性，仅用几毫米厚的光折变材料制作光放大器，就可将信号光放大成百上千倍。这种光放大器再加上适当的正反馈，还可以在光折变晶体中形成光学振荡，这就形成了不同于量子放大器的新型相干放大器。

2. 光折变效应动力学方程——带输运模型

基于图 8.1－1 所示的光折变效应的物理过程，Kukhtarev[3] 等人定量地给出了一组描述光折变过程的基本方程式，称为带输运模型。

为讨论简单起见，假定光激发载流子为电子，并设晶体导带中的电子数密度为 ρ，晶体内的施主数密度为 N_D，电离的施主(受主)数密度为 N_D^+。在光强 I 的辐照下，电子从施主心被激发到导带，其激发和复合过程如图 8.1－2 所示。电子的激发率为 $(N_D-N_D^+)(sI+\beta)$，其中，sI 为光激发概率；s 为光激发常数；β 为热激发常数。电子的俘获率为 $\gamma_R N_D^+\rho$，其中，γ_R 为复合常数。显然，不动的电离施主随时间的变化率应为电子的激发率与复合率之差，即

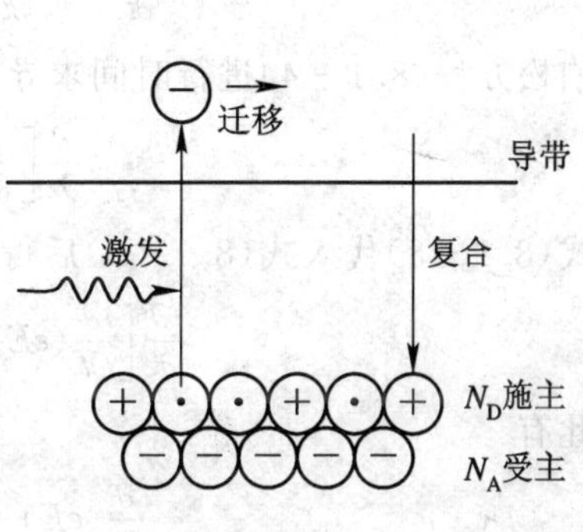

图 8.1－2　光电子激发和复合过程示意图

$$\frac{\partial N_D^+}{\partial t}=(N_D-N_D^+)(sI+\beta)-\gamma_R N_D^+\rho \tag{8.1-1}$$

导带中运动的电子满足连续性方程：

$$\frac{\partial\rho}{\partial t}=\frac{\partial N_D^+}{\partial t}+\frac{1}{e}\nabla\cdot\boldsymbol{J} \tag{8.1-2}$$

式中，e 是电子电量；$\boldsymbol{J}$ 是电流密度，一般情况下它由三部分组成，即扩散、漂移和光生伏打电流，即

$$\boldsymbol{J}=eD\nabla\rho+e\mu\rho\boldsymbol{E}+\boldsymbol{J}_{ph} \tag{8.1-3}$$

其中，D 为扩散系数；μ 为迁移率；$\boldsymbol{E}$ 为电场强度，包括外电场 $\boldsymbol{E}_0$ 和空间电荷场 $\boldsymbol{E}_{sc}$；$\boldsymbol{J}_{ph}$ 为光伏打电流密度。如果辐照光强 I 是空间调制的，则光生载流子经迁移、俘获形成调制的空间电荷分布。由空间电荷分布形成的局域电场满足泊松方程：

$$\nabla\cdot(\boldsymbol{\varepsilon}\cdot\boldsymbol{E})=e(N_D^+-N_A-\rho) \tag{8.1-4}$$

式中，$\boldsymbol{\varepsilon}$ 为晶体的介电常数张量；N_A 为负电荷数密度，它保证在无光照条件下至少有 N_A 个被电离的施主心 $N_D^+(I=0)=N_A$，以保持晶体的电中性。描述光波在晶体中传播的波方程为

$$\nabla^2E_{opt}+\frac{1}{c^2}n^2\frac{d^2E_{opt}}{dt^2}=0 \tag{8.1-5}$$

式中

$$n^2=n_0^2(1-n_0^2\gamma_{eff}E_{sc}) \tag{8.1-6}$$

为折射率方程，其中，n_0 为晶体的折射率，γ_{eff}为有效电光系数；E_{opt}为光电场振幅。对于一般的光折变晶体，折射率方程可近似表示为

$$n = n_0 - \frac{1}{2} n_0^3 \gamma_{eff} E_{sc} \tag{8.1-7}$$

式(8.1－1)～式(8.1－7)就是描述光折变效应的基本动力学方程，又称为Kukhtarev方程或带输运模型。

为了给出光致空间电荷场随时间的演化规律，我们进行适当的简化：取式(8.1－4)中 $\boldsymbol{\varepsilon}$ 为标量 ε；认为导带中的电子数密度很小，N_D、N_A 可看做常数；电荷场的空间变化是一维的。由连续性方程(8.1－2)和电流表示式(8.1－3)，可得

$$\frac{\partial \rho}{\partial t} = \frac{\partial N_D^+}{\partial t} + \frac{\partial}{\partial z}\left(D\frac{\partial \rho}{\partial z} + \mu\rho E + \frac{J_{ph}}{e}\right) \tag{8.1-8}$$

对泊松方程(8.1－4)进行时间求导，并注意到 N_A 为常数，有

$$\frac{\partial}{\partial z}\left[\frac{\partial}{\partial t}(\varepsilon E)\right] = e\frac{\partial}{\partial t}(N_D^+ - \rho) \tag{8.1-9}$$

将式(8.1－8)代入式(8.1－9)后得

$$\frac{\partial}{\partial z}\left[\frac{\partial}{\partial t}(\varepsilon E) + eD\frac{\partial \rho}{\partial z} + e\mu\rho E + J_{ph}\right] = 0$$

因此有

$$\frac{\partial}{\partial t}(\varepsilon E) + eD\frac{\partial \rho}{\partial z} + e\mu\rho E + J_{ph} = J_c \tag{8.1-10}$$

这里的 J_c 是积分常数，可由给定边界条件决定。式(8.1－10)即是描述光致空间电荷场随时间的基本演化方程。

8.1.2 光感生电场和光折变效应

由上所述，描述光折变效应的基本方程是一组非线性耦合方程，包含有许多参数，为了求解方程，需要做近似处理。下面就稳态和动态两种情况讨论其动力学性质，研究光致空间电荷场和光致相位光栅的形成。

1. 稳态空间电荷场和相位光栅

1) 调制光照和相位光栅的写入

为讨论方便，不考虑光伏效应，认为电流密度 J 仅由扩散和漂移两部分组成。现假设有两束同向线偏振的相干平面光入射到光折变晶体中，其光强分别为 I_R 和 I_S，它们在晶体内形成的光强分布为

$$I = I_0(1 + M\cos Kz) \tag{8.1-11}$$

式中，$M = 2\sqrt{I_R I_S}/I_0$；$I_0 = I_R + I_S$；K 为光栅波矢的大小。由于光生载流子(电子)在导带中的寿命 $\tau_R = (\gamma_R N_A)^{-1}$远小于光栅建立的时间 τ_{sc}，因此 $\rho \ll N_D - N_A$，$N_D^+ \approx N_A$。这个条件称为线性产生和复合条件。在这种近似下，考虑稳态情况，即不动的电离施主和导带中的电子数密度不随时间变化：

$$\frac{\partial N_D^+}{\partial t} = 0, \quad \frac{\partial \rho}{\partial t} = 0$$

由式(8.1－1)可得

$$\rho = \frac{N_{\rm D} - N_{\rm A}}{\gamma_{\rm R} N_{\rm A}}[sI_0(1 + M\cos Kz) + \beta] \qquad (8.1-12)$$

若令

$$\rho_0 = \frac{(N_{\rm D} - N_{\rm A})(sI_0 + \beta)}{\gamma_{\rm R} N_{\rm A}} = g(I_0)\tau_{\rm R} \qquad (8.1-13)$$

$$m = \frac{M}{1 + \beta/(sI_0)} = \frac{M}{1 + \sigma_d/\sigma_0} \qquad (8.1-14)$$

式中，$\sigma_d/\sigma_0 = \beta/(sI_0)$为暗-光电导比，则式(8.1－12)可简化为

$$\rho = \rho_0(1 + m\cos Kz) \qquad (8.1-15)$$

同样，由式(8.1－8)得到

$$\frac{\partial}{\partial z}\left(eD\frac{\partial\rho}{\partial z} + e\mu\rho E\right) = 0 \qquad (8.1-16)$$

对上式积分，并应用式(8.1－15)，即可以求得晶体中的空间电荷场为

$$E = \frac{J_c - eD\dfrac{\partial\rho}{\partial z}}{e\mu\rho} = \frac{J_c}{e\mu\rho_0}\frac{1}{1 + m\cos Kz} - \frac{DK}{\mu}\frac{m\sin Kz}{1 + m\cos Kz} \qquad (8.1-17)$$

式中，J_c为积分常数，由边界条件

$$\frac{1}{d}\int_0^d E\,{\rm d}z = \frac{U}{d} = E_0$$

决定，其中，d为晶体宽度；$E_0 = U/d$为外电场。如果在宽度为d的晶体内含有大量的整数个条纹，则利用以下两个公式：

$$\frac{1}{d}\int_0^d \frac{{\rm d}z}{1 + m\cos Kz} = \frac{1}{\sqrt{1 - m^2}} \qquad (8.1-18)$$

$$\frac{1}{d}\int_0^d \frac{m\sin Kz}{1 + m\cos Kz}\,{\rm d}z = 0 \qquad (8.1-19)$$

可确定积分常数$J_c = \sqrt{1-m^2}\;e\mu\rho_0 E_0 = \sqrt{1-m^2}\;\sigma_0 E_0$，则空间电荷场可表示为

$$E = E_0\frac{\sqrt{1 - m^2}}{1 + m\cos Kz} - E_{\rm D}\frac{m\sin Kz}{1 + m\cos Kz} \qquad (8.1-20)$$

式中，$E_{\rm D} = DK/\mu = k_{\rm B}T/e$为扩散场。这里已利用了爱因斯坦关系：$\mu = eD/(k_{\rm B}T)$，其中，$k_{\rm B}$为玻耳兹曼常数，$T$为热力学温度。由式(8.1－20)可见，空间电荷场与入射光干涉条纹之间有复杂的关系。为了更清楚地看出空间电荷场与写入光强之间的关系，仅考虑小调制度$M \approx m \ll 1$的情况(一般是这种情况)。在小调制度的条件下，空间电荷场除基频分量外，其它高频分量都很小，可以忽略。因此，将空间电荷场E展开为傅里叶级数

$$E = \sum_{l=-\infty}^{\infty} E_l {\rm e}^{{\rm i}K_l z} \qquad (8.1-21)$$

式中

$$E_l = (E_0 + {\rm i}E_{\rm D})\left(\frac{\sqrt{1 - m^2} - 1}{m}\right)^l,\quad l > 1 \qquad (8.1-22)$$

$$E_{-l} = E_l^* \qquad (8.1-23)$$

可以得到空间电荷场的基频分量为

$$E_{\rm sc}(z) = E_1{\rm e}^{{\rm i}Kz} + E_{-1}{\rm e}^{-{\rm i}Kz} = -2\frac{1 - \sqrt{1 - m^2}}{m}\sqrt{E_0^2 + E_{\rm D}^2}\cos(Kz + \phi) \qquad (8.1-24)$$

式中，$\phi=\arctan\dfrac{E_D}{E_0}$为空间电荷场相对于干涉条纹的空间相移。应用条件 $m\ll1$，得到小调制度条件下的空间电荷场为

$$E_{sc}(z)=-m\sqrt{E_0^2+E_D^2}\cos(Kz+\phi)=-mE_{sc}\cos(Kz+\phi) \qquad (8.1-25)$$

晶体中的空间电荷场通过线性电光效应，引起折射率的调制变化为

$$\Delta n(z)=-\frac{1}{2}n_0^3\gamma_{eff}E_{sc}(z)=\frac{1}{2}mn_0^3\gamma_{eff}\sqrt{E_0^2+E_D^2}\cos(Kz+\phi) \qquad (8.1-26)$$

这就是小调制度余弦光强分布写入光折变晶体中的稳态相位光栅。

由以上讨论我们可以看出：

(1) 一般情况下，光致空间电荷场由两部分组成，一部分是外电场 E_0，另一部分是扩散场 $E_D=DK/\mu$ 。

(2) 在小调制度近似下，空间电荷场(或相位光栅)与干涉条纹是线性响应的，但它们相对干涉条纹发生了 ϕ 的空间相移。如果 $E_0\gg E_D$，则 $\phi\approx0$，通常把这样的相位光栅称为局域响应的非相移型光栅；如果 $E_0\ll E_D$，则 $\phi\approx\pi/2$，通常称这样的相位光栅为非局域响应的相移型光栅。

(3) 应当指出，式(8.1-25)是在线性产生和复合近似下，仅仅由式(8.1-1)和式(8.1-2)得到的，并没有考虑泊松方程(8.1-3)。因此，使用式(8.1-25)是有条件的。

2) 均匀光照和相位光栅的擦除

如果入射光强是空间均匀分布的，经过一段时间光辐照后，光折变晶体中的 ρ、J 和 N_D^+ 将为常量。现仍假定导带中的电子密度 ρ 很小，即 $\rho\ll N_A$，N_D-N_A，因而有 $N_D^+\approx N_{D0}^+=N_A$，在这样的近似条件下，式(8.1-1)可简化为

$$\frac{\partial N_D^+}{\partial t}=g(I)-\frac{\rho}{\tau_R} \qquad (8.1-27)$$

式中，$g(I)=(N_D-N_A)(sI+\beta)$；$\tau_R=1/(\gamma_R N_A)$，为自由电子寿命或线性复合时间。因为 J 为常量，所以式(8.1-2)可简化为

$$\frac{\partial\rho}{\partial t}=\frac{\partial N_D^+}{\partial t} \qquad (8.1-28)$$

联立求解以上两式，并应用光照条件：$t<0$，$I=0$，$\rho=\rho_d$ 和 $t\geqslant0$，$I=I_0$，得到

$$\begin{aligned}\rho&=g(I_0)\tau_R-[g(I_0)\tau_R-\rho_d]e^{-t/\tau_R}\\&=\rho_d+(\rho_0-\rho_d)(1-e^{-t/\tau_R})\end{aligned} \qquad (8.1-29)$$

式中，$g(I_0)=(N_D-N_A)(sI_0+\beta)$，为线性产生率；$\rho_d=N_D-N_A$；$\rho_0=g(I_0)\tau_R$。上式表明，在均匀光照条件下，光激发电子随时间指数增加，直至达到 $\rho=\rho_0=g(I_0)\tau_R$ 为止。

下面，进一步考虑晶体内空间电荷分布随时间的变化。利用关系 $\boldsymbol{J}=\sigma_0\boldsymbol{E}$，并注意到 N_A 为常数，可将式(8.1-2)改写为

$$\frac{\partial(N_D^+-N_A-\rho)}{\partial t}=-\frac{1}{e}\nabla\cdot\boldsymbol{J}=-\frac{\sigma_0}{e}\nabla\cdot\boldsymbol{E} \qquad (8.1-30)$$

将式(8.1-4)代入上式后得

$$\frac{\partial(N_D^+-N_A-\rho)}{\partial t}=-\frac{\sigma_0}{\varepsilon}(N_D^+-N_A-\rho) \qquad (8.1-31)$$

对上式积分，可以得到晶体内空间电荷随时间的变化关系为

$$(N_D^+ - N_A - \rho) = N e^{-t/\tau_c} \tag{8.1-32}$$

式中，$\tau_c = \frac{\varepsilon}{\sigma_0} = \frac{\varepsilon}{e\mu\rho_0}$，为介质弛豫时间或麦克斯韦弛豫时间。上式结果表明，存在于介质内的空间电荷分布在均匀光照条件下将随时间衰减而消失，从而记录在晶体内的空间电荷场、相位栅也将消失。事实上，如不考虑光生伏打电流 J_{ph} 的影响，在均匀光照下，式(8.1-10)转化为

$$\varepsilon \frac{\partial E}{\partial t} + e\mu\rho_0 E = 常数 \tag{8.1-33}$$

其解为

$$E_{sc}(t) = E_{sc}(0) e^{-t/\tau_c} \tag{8.1-34}$$

可见，如在光照晶体中已记录了空间电荷场 $E_{sc}(0)$，那么均匀光照的作用将会擦除掉晶体中所记录的信息。光擦除的快慢程度取决于介质的弛豫时间 τ_c，而 τ_c 的大小与材料的性质和入射光强有关：一般高电导材料(如 BSO、BGO)在大功率脉冲激光辐照下，$\tau_c \approx 10^{-8}$ s；用连续激光照射时，$\tau_c \approx 10^{-2}$ s；对于低电导材料(如 $LiNbO_3$)，τ_c 可长达几分钟。实际上，影响光擦除的因素除介质的弛豫时间外，还要考虑平均漂移时间 $\tau_0 = (K\mu E_0)^{-1}$ 和扩散时间 $\tau_D = e/(\mu k_B T K^2)$。

光擦除的物理过程还可以由图 8.1-3 直观地说明。

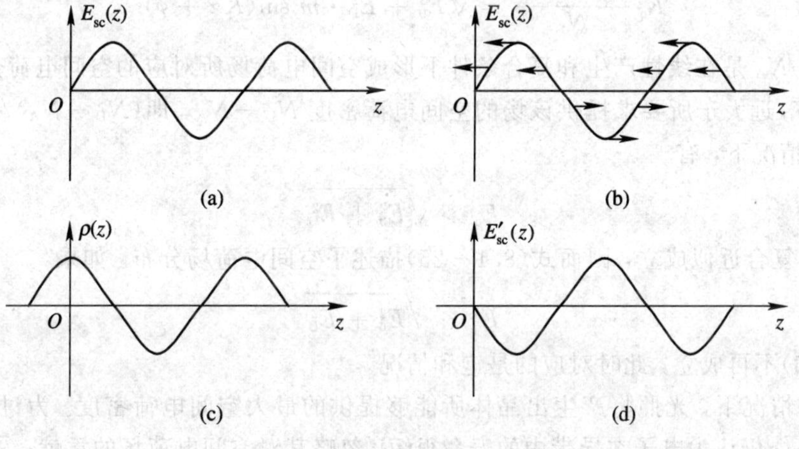

图 8.1-3　光擦除过程

(a) 晶体中已写入的空间电荷场；(b) 均匀光照下光生载流子的移动；
(c) 空间电荷分布；(d) 新建的空间电荷场

如果在光照前($t<0$)，晶体中已写入了如图 8.1-3(a)所示的周期分布空间电荷场 $E_{sc}(z) \sim \sin Kz$，在均匀光照下，光激发载流子(电子)在空间电荷场的作用下，形成如图 8.1-3(b)箭头方向所示的电流 $J = \sigma E_{sc}$，载流子被重新俘获后形成如图 8.1-3(c)所示的空间电荷分布

$$\rho(z) = \frac{1}{e} \int_0^t \frac{\partial J}{\partial z} \, dt$$

这些空间电荷分布又产生出如图 8.1-3(d)所示的新的空间电荷场

$$E'_{sc}(z) = -e\int_0^z \frac{\rho(z')}{\varepsilon}\,dz' \sim -\sin Kz$$

不难看出，新建立的空间电荷场与原场反相。随着新的空间电荷场的建立，原场将逐渐削弱，这一过程将一直进行到原场消失为止。

3) 饱和极限

由前面关于光栅写入的讨论可知，晶体内的空间电荷场由两部分组成，它们是 E_0 和 $E_D = DK/\mu \propto T/\Lambda$，其中，$\Lambda$ 为相位光栅周期。这意味着用增加外场 E_0 和减小干涉条纹密度的办法可以任意提高光折变晶体内的空间电荷场。而由式(8.1 - 4)可知，空间电荷场的大小应满足泊松方程，即应由晶体内的空间电荷密度来决定。所以，以上关于空间电荷场讨论的结果对于高陷阱密度情况才是正确的。如果晶体的陷阱密度很低，光致空间电荷场的形成因受其限制，将存在一个极限饱和场 E_s。在 $\rho \ll N_D - N_A$，$\rho \ll N_A$ 的条件下，忽略电子分布对空间电荷场的贡献，式(8.1 - 4)转化为

$$N_D^+ - N_A = \frac{\varepsilon}{e}\frac{\partial E}{\partial z} \tag{8.1 - 35}$$

将式(8.1 - 25)代入上式后，得

$$N_D^+ - N_A = \frac{\varepsilon K}{e}\sqrt{E_0^2 + E_D^2}\cdot m\sin(Kz + \phi)$$

如果引入峰-峰空间电荷场 $E_q = eN_D/(\varepsilon K)$，上式又可改写为

$$E_q\frac{N_D^+ - N_A}{N_D} = \sqrt{E_0^2 + E_D^2}\cdot m\sin(Kz + \phi)$$

式中，$N_D^+ - N_A$ 是在线性产生和复合条件下形成空间电荷场所对应的空间电荷分布。如果晶体内的 N_D 远大于所要求提供该场的空间电荷密度 $N_D^+ - N_A$，即 $(N_D^+ - N_A)/N_D \ll 1$，则在 $m \approx 1$ 的情况下，有

$$E_q \gg \sqrt{E_0^2 + E_D^2} \tag{8.1 - 36}$$

线性产生和复合近似成立，因而式(8.1 - 25)描述了空间电荷场分布。如果

$$E_q \ll \sqrt{E_0^2 + E_D^2} \tag{8.1 - 37}$$

式(8.1 - 25)不再成立，此时对应的是饱和情况。

在这种情况下，光照将产生出晶体所能够提供的最大空间电荷密度。为讨论饱和场，我们可以：① 仍认为电子在导带中的寿命很短，忽略其对空间电荷场的贡献；② 考虑余弦光照和稳态情况，即

$$\left.\begin{aligned} I(z) &= I_0(1 + M\cos Kz) \\ \frac{\partial N_D}{\partial t} &= 0 \end{aligned}\right\}$$

则式(8.1 - 1)可表示为

$$\frac{N_D - N_A}{N_D - N_A}(N_D - N_D^+)[sI_0(1 + M\cos Kz) + \beta] - \frac{N_D^+/N_D}{N_A/N_D}N_A\gamma_R\rho = 0 \tag{8.1 - 38}$$

令

$$W = \frac{N_D - N_D^+}{N_D},\quad W_c = \frac{N_D - N_A}{N_D}$$

$$g(I_0)=(N_D-N_A)(sI_0+\beta)$$

$$m=\frac{M}{1+\beta/(sI_0)},\quad \tau_R^{-1}=N_A\gamma_R$$

则在线性产生和复合条件下，且在 $\rho\ll(N_D-N_A)$，$\rho\ll N_A$ 和 $\rho=\rho_0$ 近似下，式(8.1-38)可改写为

$$\frac{W}{W_c}g(I_0)(1+m\cos Kz)-\frac{1-W}{1-W_c}\frac{\rho_0}{\tau_R}=0 \tag{8.1-39}$$

由上式可解得

$$W=\frac{\eta}{1+\eta}\left(1+\frac{m}{1+\eta}\cos Kz\right)^{-1} \tag{8.1-40}$$

其中

$$\eta=\frac{W_c}{1-W_c}\frac{\rho_0}{g(I_0)\tau_R}$$

将式(8.1-40)展开为傅里叶级数：

$$W=\sum_{l=-\infty}^{\infty}W_l e^{iKlz} \tag{8.1-41}$$

式中的系数分别为

$$\left.\begin{aligned}W_0&=\frac{\eta}{1+\eta}\frac{1}{\sqrt{1-\left(\frac{m}{1+\eta}\right)^2}}\\W_l&=\frac{\eta}{1+\eta}(-1)^l\frac{\frac{1-\sqrt{1-[m/(1+\eta)]^2}}{m/(1+\eta)}}{\sqrt{1-\left(\frac{m}{1+\eta}\right)^2}}\\W_{-l}&=W_l^*\end{aligned}\right\} \tag{8.1-42}$$

由于晶体总体电中性的要求，显然应有 $W_c=W_0$。由此可见，上面引入的 W 和 W_c 分别是有光照和无光照时的相对施主密度，并因此可求得 η 的表达式为

$$\eta=\frac{W_c}{1-W_c^2}\left(W_c+\sqrt{1+(1-W_c^2)m^2}\right) \tag{8.1-43}$$

当 $m\ll1$ 时，上式退化为 $\eta=W_c/(1-W_c)$。在同样忽略电子的贡献下，式(8.1-4)可借助于 W 和 W_c，表示为

$$K^{-1}\frac{\partial E}{\partial z}=-\frac{eN_D}{\varepsilon K}(W-W_c)=-E_q(W-W_c) \tag{8.1-44}$$

空间电荷场也可展开为傅里叶级数：

$$E=\sum_{l=-\infty}^{\infty}E_l e^{iKlz}$$

式中，$E_{-l}=E_l$。利用式(8.1-42)和式(8.1-44)，可求得

$$E_l=\frac{(-1)^l}{il}\frac{\eta}{1+\eta}\frac{\left(\frac{1-\sqrt{1-[m/(1+\eta)]^2}}{m/(1+\eta)}\right)^{-l}}{\sqrt{1-\left(\frac{m}{1+\eta}\right)^2}}E_q \tag{8.1-45}$$

对于 $m<0.8$ 的中等以下调制度，上式近似为

$$E_l=\frac{(-1)^l}{\mathrm{i}l}W_c(1-W_c)^l\left(\frac{m}{2}\right)^l E_q \tag{8.1-46}$$

空间电荷场的基频分量为

$$E_{sc}(z)=E_1\mathrm{e}^{\mathrm{i}Kz}+E_{-1}\mathrm{e}^{-\mathrm{i}Kz}=-mE_s\sin Kz \tag{8.1-47}$$

其中

$$E_s=W_c(1-W_c)E_q=\frac{eN_A}{\varepsilon K}\left(1-\frac{N_A}{N_D}\right) \tag{8.1-48}$$

为饱和场，在 $N_A/N_D\ll 1$ 条件下，上式近似为

$$E_s\approx\frac{eN_A}{\varepsilon K}=E_q$$

2. 空间电荷场的时间演化和动态光栅的写入

前面所讨论的空间电荷场及其相位光栅都是在稳态条件下得出的，因而空间电荷场和相位光栅都是静态的，不随时间变化。下面，讨论空间电荷场随时间的变化和已写入相位光栅对写入光的自衍射作用的瞬时变化。

1）空间电荷场的时间演化方程

为了简单起见，考虑光照开始不久的短时间内写入的极限情况。对于余弦分布的写入光强

$$I(z)=I_0(1+M\cos Kz)=I_0+\frac{I_0}{2}M(\mathrm{e}^{\mathrm{i}Kz}+\mathrm{e}^{-\mathrm{i}Kz}) \tag{8.1-49}$$

光折变晶体中的光激发电子密度分布 $\rho(z)$、被电离的施主心（带正电的受主）密度分布 N_D^+ 和空间电荷场分布 $E_{sc}(z)$ 也是空间调制的。对于小调制度 M 而言，主要贡献来自基频分量，高频成分的贡献很小。因此在 $M\ll 1$ 的条件下，其空间分布可近似取如下形式：

$$\left.\begin{aligned}\rho(z)&=\rho_0+\frac{\rho_0}{2}(a\mathrm{e}^{\mathrm{i}Kz}+a^*\mathrm{e}^{-\mathrm{i}Kz})\\ N_D^+(z)&=N_A+\frac{N_A}{2}(A\mathrm{e}^{\mathrm{i}Kz}+A^*\mathrm{e}^{-\mathrm{i}Kz})\\ E(z)&=E_0+E_{sc}(z)=E_0+\frac{1}{2}(E_{sc}\mathrm{e}^{\mathrm{i}Kz}+E_{sc}^*\mathrm{e}^{-\mathrm{i}Kz})\end{aligned}\right\} \tag{8.1-50}$$

式中，$\rho_0=g(I_0)\tau_R$ 为均匀光照（$I=I_0$）下晶体内的稳态光电子密度；$N_A\approx N_{D0}^+=\rho_0+N_A$，代表稳态时的平均受主密度；$E_{sc}(z)$ 为空间电荷场分布；E_0 为外加电场。将式（8.1－50）代入泊松方程（8.1－4），考虑在短时写入极限情况下，电子在导带中的密度不大，故可假定 $\rho\ll N_D-N_A$，$\rho\ll N_A$，忽略泊松方程中 ρ 的贡献，给出：

$$\mathrm{i}\varepsilon KE_{sc}=eAN_A \tag{8.1-51}$$

将该式代入方程（8.1－1）后，其右边第一项仍近似取为 $(N_D-N_A)(sI+\beta)$，略去第二项 $\gamma_R N_D^+\rho$ 中的二阶小量，得到

$$\frac{\partial A}{\partial t}N_A=mg(I_0)-(a+A)\rho_0\tau_R^{-1} \tag{8.1-52}$$

代入方程（8.1－2），并考虑到电子在导带中的寿命远小于光栅的建立时间，可认为电子在导带中分布的变化不明显，近似有 $\tau_R\partial\rho/\partial t\approx 0$，得到

$$mg(I_0)\tau_R-(a+A)\rho_0=-\mathrm{i}K\mu\rho_0(aE_0+E_{sc})\tau_R+K^2Da\rho_0\tau_R \qquad (8.1-53)$$

式(8.1－51)两边对时间求导，并把式(8.1－52)和式(8.1－53)代入，整理后得

$$\frac{\partial E_{sc}}{\partial t}=\frac{e}{\mathrm{i}\varepsilon K}\left[-\mathrm{i}K\mu\rho_0(aE_0+E_{sc})+K^2Da\rho_0\right] \qquad (8.1-54)$$

联立求解式(8.1－51)和式(8.1－53)得

$$a=\frac{mg(I_0)}{\rho_0\tau_R^{-1}+K^2D\rho_0-\mathrm{i}K\mu\rho_0E_0}-\mathrm{i}\,\frac{\left(\dfrac{\varepsilon K\rho_0\tau_R^{-1}}{eN_A}-K\mu\rho_0\right)E_{sc}}{\rho_0\tau_R^{-1}+K^2D\rho_0-\mathrm{i}K\mu\rho_0E_0} \qquad (8.1-55)$$

将上式代入式(8.1－54)，给出空间电荷场随时间的演化方程：

$$\begin{aligned}\frac{\partial E_{sc}}{\partial t}&=-\frac{1}{\tau_c}\left[(E_0+\mathrm{i}E_D)a+E_{sc}\right]\\&=-\frac{m(E_0+\mathrm{i}E_D)+(1+K^2l_s^2-\mathrm{i}Kl_0)E_{sc}}{(1+K^2L_D^2-\mathrm{i}KL_0)\tau_c}\end{aligned} \qquad (8.1-56)$$

其中，$\tau_c=\dfrac{\varepsilon}{e\mu\rho_0}$，为麦克斯韦弛豫时间；$E_D=\dfrac{KD}{\mu}=k_BT\,\dfrac{K}{e}$，为扩散场；$L_D=\sqrt{D\tau_R}$，$L_0=\mu\tau_RE_0$，分别为电子扩散长度和漂移长度；$l_s=\sqrt{\dfrac{\varepsilon k_BT}{e^2N_A}}$，$l_0=\dfrac{\varepsilon E_0}{eN_A}$，分别为德拜屏蔽长度和外电场对电子的牵引长度。利用 l_s 和 l_0，扩散场和外电场可用饱和电场 $E_s=\dfrac{eN_A}{\varepsilon K}$表示为

$$\left.\begin{aligned}E_D&=K^2l_s^2E_s\\E_0&=Kl_0E_s\end{aligned}\right\} \qquad (8.1-57)$$

式(8.1－56)揭示了几乎所有有关光折变相位光栅的性质。

2）空间电荷场及相位光栅的时变特性

(1) 稳态情况。对于稳态情况，$\partial E_{sc}/\partial t=0$，则空间电荷场的复振幅为

$$E_{sc}=-\frac{m(E_0+\mathrm{i}E_D)}{1+K^2l_s^2-\mathrm{i}Kl_0}=-m\,\frac{E_s(E_0+\mathrm{i}E_D)}{(E_D+E_s)-\mathrm{i}E_0} \qquad (8.1-58)$$

调制的空间电荷场分布为

$$E_{sc}(z)=-mE_s\left[\frac{E_0^2+E_D^2}{E_0^2+(E_D+E_s)^2}\right]^{1/2}\cos(Kz+\phi)=mE_{sc}\cos(Kz+\phi)$$

(8.1－59)

其中

$$\tan\phi=\frac{E_0^2+E_D^2+E_DE_s}{E_0E_s}$$

① 对于稳态纯扩散情况，$E_0=0$，则

$$\left.\begin{aligned}E_{sc}(z)&=m\,\frac{E_sE_D}{E_D+E_s}\,\sin Kz\\\phi&=\frac{\pi}{2}\end{aligned}\right\} \qquad (8.1-60)$$

② 对于稳态纯漂移情况，$E_D=0$，$E_0\neq0$，则

$$\left.\begin{aligned}E_{sc}(z)&=-m\,\frac{E_sE_0}{(E_0^2+E_s^2)^{1/2}}\cos Kz\\\phi&\approx0\end{aligned}\right\} \qquad (8.1-61)$$

③ 在 $E_0^2+E_D^2\gg E_s^2$ 的饱和极限情况下，近似有 $\frac{1+K^2l_s^2}{Kl_0}\approx\frac{E_D}{E_0}$，因此得到

$$\left.\begin{aligned} E_{sc}(z) &= mE_s \sin Kz \\ \phi &= \frac{\pi}{2} \end{aligned}\right\} \tag{8.1-62}$$

对于均匀光照情况，$m=0$，式(8.1-56)简化为

$$\frac{\partial E_{sc}}{\partial t}=-\frac{1+K^2l_s^2-\mathrm{i}Kl_0}{(1+K^2L_D^2-\mathrm{i}KL_0)\tau_c}E_{sc} \tag{8.1-63}$$

其解为

$$E_{sc}(t)=E_{sc}(t=0)\mathrm{e}^{-t/\tau_{sc}}\mathrm{e}^{-\mathrm{i}\Omega t} \tag{8.1-64}$$

其中

$$\left.\begin{aligned} \tau_{sc} &= \frac{[(1+K^2L_D^2)^2+(KL_0)^2]\tau_c}{(1+K^2L_D^2)(1+K^2l_s^2)+K^2L_0l_0} \\ \Omega &= \frac{KL_0-Kl_0}{[(1+K^2L_D^2)^2+(KL_0)^2]\tau_c} \end{aligned}\right\}$$

式(8.1-64)描述了光擦除过程，τ_{sc}为光擦除常数。

(2) 非稳态情况。对于一般的非稳态情况，式(8.1-56)的解为

$$E_{sc}(z,t)=-mE_{sc}[\cos(Kz+\phi)-\mathrm{e}^{-t/\tau_{sc}}\cos(Kz-\Omega t+\phi)] \tag{8.1-65}$$

其中

$$\left.\begin{aligned} E_{sc} &= \left[\frac{E_0^2+E_D^2}{(1+K^2l_s^2)^2+(Kl_0)^2}\right]^{1/2}=E_s\left[\frac{E_0^2+E_D^2}{(E_D+E_s)^2+E_0^2}\right]^{1/2} \\ \phi &= \arctan\frac{(1+K^2l_s^2)E_D+Kl_0E_0}{(1+K^2l_s^2)E_0+Kl_0E_D}=\arctan\frac{E_0^2+E_D^2+E_DE_s}{E_0E_s} \end{aligned}\right\}$$

由此可见，τ_{sc}为空间电荷场 E_{sc}建立或擦除的时间常数，因而也是光致折射率相位光栅建立和擦除的时间常数，所以也称为光折变响应时间。如果外加电场 $E_0\neq0$，则 $\Omega\neq0$，由式(8.1-65)可见，空间电荷场是指数衰减的波。沿电场($\boldsymbol{K}$ 方向)的波速为

$$v=\frac{\Omega}{K}=\frac{L_0-l_0}{[(1+K^2L_D^2)^2+(KL_0)^2]\tau_c} \tag{8.1-66}$$

① 对于纯扩散情况：

$$\tau_{sc}=\frac{1+K^2L_D^2}{1+E_D/E_s}\tau_0,\quad \Omega=0$$

空间电荷场的建立和擦除是指数形式的。达到稳态时，空间电荷场与干涉条纹之间的相移 $\phi=\pi/2$。空间电荷场的振幅为

$$mE_{sc}=m\frac{E_D}{1+E_D/E_s}=\frac{mE_D}{1+K^2l_s^2} \tag{8.1-67}$$

② 对 $E_D\ll E_0$，$E_0\ll E_s$ 的漂移情况：

$$\Omega\approx\frac{KL_0}{1+(KL_0)^2}\frac{1}{\tau_c}$$

所以空间电荷场是以衰减振荡方式建立的。达到稳态后，空间电荷场相对干涉条纹的相移 $\phi=0$，π。空间电荷场的最大振幅为 mE_0(非饱和情况)。

③ 对于饱和情况，即$(E_0^2+E_D^2)^{1/2}\gg E_s$，则$E_{sc}=mE_s$，$\phi\approx\pi/2$。因此，饱和情况的相位光栅也是相移型的。

最后还需指出，式(8.1-56)不仅适用于描述记录不动干涉条纹、恒定外场的情况，而且也可用来描述记录运动干涉条纹以及外加交变电场的情况。

8.2　光折变晶体中的二波混频和简并四波混频

8.2.1　光折变晶体中的二波混频

光折变晶体内的二波混频即是晶体内的双光束耦合。在光折变晶体中所记录的相位光栅与通常的全息光栅不同，当光波的干涉条纹通过光折变效应写入调制的折射率光栅时，光波又通过自写入的体相位光栅发生衍射，因此在光折变晶体内写入光栅和读出光栅是同时进行的，是一种自写入自衍射过程。这样写入的光栅是一种动态的体相位光栅。在自衍射过程中，辐射场的光强和相位分布将会随传播距离发生变化，并发生相互转移。描述这一过程的理论是耦合波理论。

1. 动态光栅的耦合波理论

1) 双光束耦合的耦合波方程

如图 8.2-1 所示，假设入射到光折变晶体内的光波是两束同频率的线偏振平面波，晶体内的光电场$\boldsymbol{E}=\boldsymbol{a}_1E_1(x)\mathrm{e}^{\mathrm{i}\boldsymbol{k}_1\cdot\boldsymbol{r}}+\boldsymbol{a}_2E_2(x)\mathrm{e}^{\mathrm{i}\boldsymbol{k}_2\cdot\boldsymbol{r}}$，这两束光在晶体内干涉，形成的光强分布为

$$I=\boldsymbol{E}\cdot\boldsymbol{E}^*=(I_1+I_2)\left(1+\boldsymbol{a}_1\cdot\boldsymbol{a}_2\frac{E_1E_2^*}{I_1+I_2}\mathrm{e}^{-\mathrm{i}\boldsymbol{K}\cdot\boldsymbol{r}}+\boldsymbol{a}_1\cdot\boldsymbol{a}_2\frac{E_1^*E_2}{I_1+I_2}\mathrm{e}^{\mathrm{i}\boldsymbol{K}\cdot\boldsymbol{r}}\right)\qquad(8.2-1)$$

式中，$I_{1,2}=|E_{1,2}|^2$，$\boldsymbol{K}=\boldsymbol{k}_2-\boldsymbol{k}_1$。按照上一节的光折变理论，在这种调制光强的作用下将形成空间调制的折射率相位光栅，其折射率分布为

$$n=n_0+\frac{n_1}{2}\mathrm{e}^{-\mathrm{i}\phi}\frac{E_1E_2^*}{I_1+I_2}\mathrm{e}^{-\mathrm{i}\boldsymbol{K}\cdot\boldsymbol{r}}+\frac{n_1}{2}\mathrm{e}^{\mathrm{i}\phi}\frac{E_1^*E_2}{I_1+I_2}\mathrm{e}^{\mathrm{i}\boldsymbol{K}\cdot\boldsymbol{r}}\qquad(8.2-2)$$

式中，ϕ是相位光栅相对于干涉条纹分布的空间相移。将式(8.2-2)代入标量波方程

$$\nabla^2E-\sigma\mu_0\frac{\partial E}{\partial t}-\varepsilon\mu_0\frac{\partial^2E}{\partial t^2}=0$$

取空间慢变化近似，并且在布喇格条件下，不考虑高阶模式，忽略$\mathrm{e}^{\mathrm{i}(\boldsymbol{k}_1-2\boldsymbol{k}_2)\cdot\boldsymbol{r}}$项和$\mathrm{e}^{\mathrm{i}(\boldsymbol{k}_2-2\boldsymbol{k}_1)\cdot\boldsymbol{r}}$

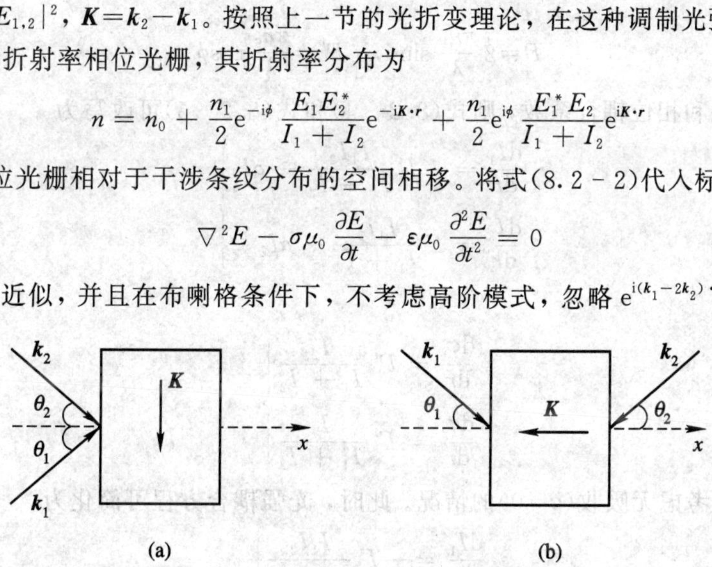

图 8.2-1　晶体中双光束耦合示意图

(a) 双光束同侧对称入射；(b) 双光束双侧对称入射

项，得到动态光栅的耦合波方程：

$$\left.\begin{aligned}\cos\theta_1\frac{\mathrm{d}E_1}{\mathrm{d}x}&=-\mathrm{i}\frac{\pi n_1}{\lambda}\mathrm{e}^{-\mathrm{i}\phi}\frac{E_1E_2^*E_2}{I_1+I_2}-\frac{\alpha}{2}E_1\\\cos\theta_2\frac{\mathrm{d}E_2}{\mathrm{d}x}&=-\mathrm{i}\frac{\pi n_1}{\lambda}\mathrm{e}^{\mathrm{i}\phi}\frac{E_1^*E_2E_1}{I_1+I_2}-\frac{\alpha}{2}E_2\end{aligned}\right\}\tag{8.2-3}$$

如果将复振幅表示为振幅和相位两部分，即 $E_{1,2}=\sqrt{I_{1,2}}\mathrm{e}^{-\mathrm{i}\varphi_{1,2}}$，由耦合波方程(8.2-3)可以得到光强耦合方程

$$\left.\begin{aligned}\cos\theta_1\frac{\mathrm{d}I_1}{\mathrm{d}x}&=-\frac{2\pi n_1}{\lambda}\sin\phi\frac{I_1I_2}{I_1+I_2}-\alpha I_1\\\cos\theta_2\frac{\mathrm{d}I_2}{\mathrm{d}x}&=\frac{2\pi n_1}{\lambda}\sin\phi\frac{I_1I_2}{I_1+I_2}-\alpha I_2\end{aligned}\right\}\tag{8.2-4}$$

和相位耦合方程

$$\left.\begin{aligned}\cos\theta_1\frac{\mathrm{d}\varphi_1}{\mathrm{d}x}&=\frac{\pi n_1}{\lambda}\cos\phi\frac{I_2}{I_1+I_2}\\\cos\theta_2\frac{\mathrm{d}\varphi_2}{\mathrm{d}x}&=\frac{\pi n_1}{\lambda}\cos\phi\frac{I_1}{I_1+I_2}\end{aligned}\right\}\tag{8.2-5}$$

由式(8.2-4)可以得到 $\frac{\mathrm{d}}{\mathrm{d}x}(I_1\cos\theta_1+I_2\cos\theta_2)+\alpha(I_1+I_2)=0$，这表明若 $\alpha=0$，则能流在 x 方向守恒。

2）双光束耦合的光放大特性

(1) 双光束同侧对称入射情况。对于双光束对称地从晶体的一个表面入射的情况，有 $\cos\theta_1=\cos\theta_2=\cos\theta$。若取 $r=x/\cos\theta$，并定义复耦合系数

$$\gamma=\mathrm{i}\frac{\pi}{\lambda}n_1\mathrm{e}^{-\mathrm{i}\phi}=\frac{1}{2}\Gamma+\mathrm{i}\Gamma'\tag{8.2-6}$$

式中

$$\Gamma=2\frac{\pi n_1}{\lambda}\sin\phi,\quad \Gamma'=\frac{\pi n_2}{\lambda}\cos\phi$$

它们分别为光强和相位耦合系数，则式(8.2-4)和式(8.2-5)可改写为

$$\left.\begin{aligned}\frac{\mathrm{d}I_1}{\mathrm{d}r}&=-\Gamma\frac{I_1I_2}{I_1+I_2}-\alpha I_1\\\frac{\mathrm{d}I_2}{\mathrm{d}r}&=\Gamma\frac{I_1I_2}{I_1+I_2}-\alpha I_2\end{aligned}\right\}\tag{8.2-7}$$

和

$$\left.\begin{aligned}\frac{\mathrm{d}\varphi_1}{\mathrm{d}r}&=\Gamma'\frac{I_2}{I_1+I_2}\\\frac{\mathrm{d}\varphi_2}{\mathrm{d}r}&=\Gamma'\frac{I_1}{I_1+I_2}\end{aligned}\right\}\tag{8.2-8}$$

下面，首先考虑无吸收($\alpha=0$)的情况。此时，光强耦合方程可简化为

$$\left.\begin{aligned}\frac{\mathrm{d}I_1}{\mathrm{d}r}&=-\Gamma\frac{I_1I_2}{I_1+I_2}\\\frac{\mathrm{d}I_2}{\mathrm{d}r}&=\Gamma\frac{I_1I_2}{I_1+I_2}\end{aligned}\right\}\tag{8.2-9}$$

并可求得

$$I_1 + I_2 = I_0 = I_{10} + I_{20} \tag{8.2-10}$$

对于边界条件 $I_1(x=0)=I_{10}$ 和 $I_2(x=0)=I_{20}$，式(8.2-9)的解为

$$\left.\begin{aligned} I_1 &= I_{10}\frac{I_{10}+I_{20}}{I_{10}+I_{20}\mathrm{e}^{\Gamma r}} = I_{10}\frac{1+m}{1+m\mathrm{e}^{\Gamma r}} = \frac{I_0}{1+m\mathrm{e}^{\Gamma r}} \\ I_2 &= I_{20}\frac{I_{10}+I_{20}}{I_{10}\mathrm{e}^{-\Gamma r}+I_{20}} = I_{20}\frac{1+m}{\mathrm{e}^{-\Gamma r}+m} = \frac{mI_0}{1+m\mathrm{e}^{\Gamma r}}\mathrm{e}^{\Gamma r} \end{aligned}\right\} \tag{8.2-11}$$

式中，$m=\dfrac{I_{20}}{I_{10}}$。考虑吸收时，光强耦合方程(8.2-7)的解可由上式表示为

$$\left.\begin{aligned} I_1 &= (I_1)_{\alpha=0}\mathrm{e}^{-\alpha r} = I_{10}\frac{I_{10}+I_{20}}{I_{10}+I_{20}\mathrm{e}^{\Gamma r}}\mathrm{e}^{-\alpha r} = \frac{I_0}{1+m\mathrm{e}^{\Gamma r}}\mathrm{e}^{-\alpha r} \\ I_2 &= (I_2)_{\alpha=0}\mathrm{e}^{-\alpha r} = I_{20}\frac{I_{10}+I_{20}}{I_{10}\mathrm{e}^{-\Gamma r}+I_{20}}\mathrm{e}^{-\alpha r} = \frac{mI_0}{1+m\mathrm{e}^{\Gamma r}}\mathrm{e}^{(\Gamma-\alpha)r} \end{aligned}\right\} \tag{8.2-12}$$

该式表明，如果增益足够克服介质吸收引起的损耗，即当 $\Gamma>\alpha$ 时，光束 2 的光强将随作用距离 r 的增加而增加，光束 1 的光强将随 r 而减小。由式(8.2-12)可以得到 $I_2=mI_1\mathrm{e}^{\Gamma r}$，这说明光束 2 从光束 1 获得能量，这就是相干光放大。据此，把光束 1 称为泵浦光，把光束 2 称为信号光。

如果 $\Gamma<0$，则式(8.2-11)和式(8.2-12)可分别表示为

$$\left.\begin{aligned} I_1 &= \frac{m^{-1}I_0}{1+m^{-1}\mathrm{e}^{|\Gamma|r}}\mathrm{e}^{|\Gamma|r} \\ I_2 &= \frac{I_0}{1+m^{-1}\mathrm{e}^{|\Gamma|r}} \end{aligned}\right\} \tag{8.2-13}$$

和

$$\left.\begin{aligned} I_1 &= \frac{m^{-1}I_0}{1+m^{-1}\mathrm{e}^{|\Gamma|r}}\mathrm{e}^{(|\Gamma|-\alpha)r} \\ I_2 &= \frac{I_0}{1+m^{-1}\mathrm{e}^{|\Gamma|r}}\mathrm{e}^{-\alpha r} \end{aligned}\right\} \tag{8.2-14}$$

在这种情况下，光能量不可逆地从光束 2 转移到光束 1。

由以上讨论可见，在双光束耦合中，光能量转移的方向取决于 Γ 的符号，而 $\Gamma\propto\sin\phi$，因此光能量转移的方向依赖于相位光栅相对于干涉条纹的空间相移 ϕ，后者又取决于载流子的迁移机制和相对于晶体光轴 c 的取向。对于扩散机制或大迁移长度，$\phi=\pm\pi/2$，将有最大的光能量转移。这种相位光栅就是非局域响应的相移型光栅。对于漂移机制，当 $\phi=0$，π 时，有 $\Gamma=0$，不发生光能量的稳态转移。但相位耦合系数 Γ' 有最大值，这导致双光束之间的相位转移。为求得相位随作用距离 r 的一般变化关系，将光强解式(8.2-11)代入相位耦合方程(8.2-5)后，积分给出

$$\left.\begin{aligned} \varphi_1 &= \varphi_{10} - \frac{\Gamma'}{\Gamma}\ln\left(\frac{1+m}{1+m\mathrm{e}^{\Gamma r}}\right) \\ \varphi_2 &= \varphi_{20} + \frac{\Gamma'}{\Gamma}\ln\left(\frac{1+m}{1+m\mathrm{e}^{\Gamma r}}\mathrm{e}^{\Gamma r}\right) \end{aligned}\right\} \tag{8.2-15}$$

及

$$\left.\begin{aligned}\varphi_1+\varphi_2&=\Gamma' r+\text{常数}\\ \varphi_2-\varphi_1&=\Gamma' r+2\ln\left(\frac{1+m}{1+m\mathrm{e}^{\Gamma r}}\right)+\text{常数}\end{aligned}\right\}\tag{8.2-16}$$

对于较大外加电场和较大的相位光栅条纹间距 Λ，有 $|\Gamma'|\gg|\Gamma|$，在这种情况下，相位光栅相对于干涉条纹的相移 $\phi\approx0$，π。如上所述，虽然此时不发生稳态的光能量转移，但由相位耦合方程(8.2-5)可知，若 $I_1\neq I_2$，则由

$$\frac{\mathrm{d}(\varphi_2-\varphi_1)}{\mathrm{d}r}=\Gamma'\frac{I_2-I_1}{I_2+I_1}\tag{8.2-17}$$

给出双光束之间相位转移的变化。这种相位转移导致双光束之间发生瞬态能量转移。在初始($t=0$)时刻，光致相位光栅对于相位变化所产生的影响尚不明显，双光束形成的干涉条纹仍平行于 x 轴，如图 8.2-2(a)所示。随着作用时间的增加，相位光栅对光束的自衍射作用逐渐增强，双光束的相位随入射距离按式(8.2-15)发生变化。这种变化将使干涉条纹相对于 x 轴发生倾斜，如图 8.2-2(b)所示。由于光折变效应的惯性，相位光栅滞后于干涉条纹，并随作用距离变化(如图 8.2-2(b)中虚线所示)，这将引起强光到弱光的瞬态能量转移。当 $t\to\infty$ 时，达到稳态，相位光栅赶上干涉条纹的倾斜变化，它们之间的相移消失，光能的转移也随之停止。

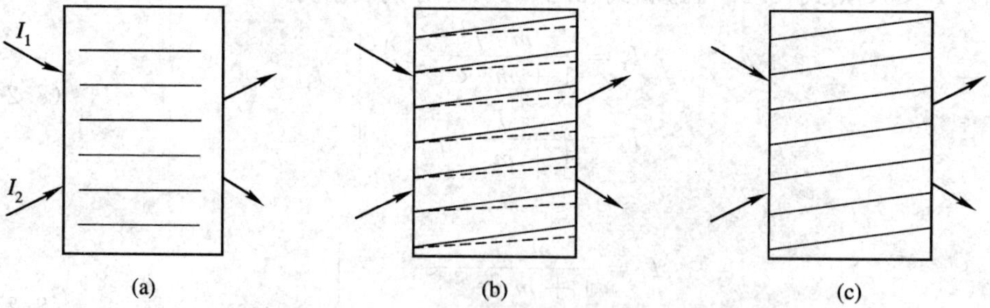

图 8.2-2 由于相位转移产生的瞬态能量转移示意图

(a) $t=0$；(b) $t=\tau_{sc}$；(c) $t\to\infty$

最后应指出，光强耦合系数 Γ 可以通过双光束耦合配置来测量。令 $r=L$，由光强耦合方程的解式(8.2-11)可以得出

$$\ln\left[\frac{I_{10}\,I_2(L)}{I_{20}\,I_1(L)}\right]=\Gamma L\tag{8.2-18}$$

所以，分别测量入射光强比 $\frac{I_{10}}{I_{20}}$ 和出射光强比 $\frac{I_2(L)}{I_1(L)}$，即可求得 Γ。特别是在泵浦非抽空近似条件($I_1(L)\approx I_{10}$)下，由 $I_2(L)=I_{20}\mathrm{e}^{(\Gamma-\alpha)L}$ 得到

$$\ln\left[\frac{I_2(L)}{I_{20}}\mathrm{e}^{-\alpha L}\right]=\Gamma L\tag{8.2-19}$$

这时，只需测量光束 2 的入射光强和出射光强，即可求得 Γ。

(2) 双光束双侧对称入射的情况。现在考虑如图 8.2-1(b) 所示的双光束对称地从晶体两个相对表面入射的情况($\theta_2=\pi\pm\theta_1$)，这对应于反射光栅的情况。在这种情况下，双光束的耦合方程(8.2-3)变为

$$\left.\begin{aligned}\cos\theta\,\frac{\mathrm{d}E_1}{\mathrm{d}x}&=-\mathrm{i}\,\frac{\pi n_1}{\lambda}\mathrm{e}^{-\mathrm{i}\phi}\,\frac{E_1E_2^*E_2}{I_1+I_2}-\frac{\alpha}{2}E_1\\\cos\theta\,\frac{\mathrm{d}E_2}{\mathrm{d}x}&=\mathrm{i}\,\frac{\pi n_1}{\lambda}\mathrm{e}^{\mathrm{i}\phi}\,\frac{E_1^*E_2E_1}{I_1+I_2}+\frac{\alpha}{2}E_2\end{aligned}\right\}\tag{8.2-20}$$

光强和相位耦合方程分别为

$$\left.\begin{aligned}\cos\theta\,\frac{\mathrm{d}I_1}{\mathrm{d}x}&=-\Gamma\,\frac{I_1I_2}{I_1+I_2}-\alpha I_1\\\cos\theta\,\frac{\mathrm{d}I_2}{\mathrm{d}x}&=-\Gamma\,\frac{I_1I_2}{I_1+I_2}+\alpha I_2\end{aligned}\right\}\tag{8.2-21}$$

和

$$\left.\begin{aligned}\cos\theta\,\frac{\mathrm{d}\varphi_1}{\mathrm{d}x}&=\Gamma'\,\frac{I_2}{I_1+I_2}\\\cos\theta\,\frac{\mathrm{d}\varphi_2}{\mathrm{d}x}&=-\Gamma'\,\frac{I_1}{I_1+I_2}\end{aligned}\right\}\tag{8.2-22}$$

如果不考虑介质的吸收($\alpha=0$)，由式(8.2-21)可得

$$I_2-I_1=I_2(0)-I_1(0)\tag{8.2-23}$$

这说明，双光束双侧对称入射时的净能流密度保持守恒。将式(8.2-23)代入式(8.2-21)解耦并积分，得到

$$\left.\begin{aligned}I_1&=-C+\sqrt{C^2+B\mathrm{e}^{-\Gamma r}}\\I_2&=C+\sqrt{C^2+B\mathrm{e}^{-\Gamma r}}\end{aligned}\right\}\tag{8.2-24}$$

该式表明，当 $\Gamma>0$ 时，$I_1(x)$、$I_2(x)$均随 x 的增加而增加。如果双光束的入射强度 $I_1(0)$和 $I_2(L)$已知，积分常数 B 和 C 可表示为

$$\left.\begin{aligned}B&=I_1(0)I_2(L)\,\frac{I_2(L)+I_1(0)}{I_2(L)+I_1(0)\mathrm{e}^{-\Gamma L}}\\C&=\frac{1}{2}\,\frac{I_2^2(L)-I_1^2(0)\mathrm{e}^{-\Gamma L}}{I_2(L)+I_1(0)\mathrm{e}^{-\Gamma L}}\end{aligned}\right\}\tag{8.2-25}$$

双光束的透射率为

$$\left.\begin{aligned}T_1&=\frac{I_1(L)}{I_1(0)}=\frac{1+m}{1+m\mathrm{e}^{\Gamma L}}\\T_2&=\frac{I_2(0)}{I_2(L)}=\frac{1+m^{-1}}{1+m^{-1}\mathrm{e}^{-\Gamma L}}\end{aligned}\right\}\tag{8.2-26}$$

式中，$m=I_2(L)/I_1(0)$。对于 $\Gamma>0$，$T_1<1$，$T_2>1$，光束 I_2 从光束 I_1 获得能量。相位随作用距离的变化关系可由式(8.2-22)得到

$$\frac{\mathrm{d}}{\mathrm{d}r}(\varphi_2-\varphi_1)=-\Gamma'\tag{8.2-27}$$

对该式求解，得

$$\varphi_2-\varphi_1=-\Gamma' r+\text{常数}\tag{8.2-28}$$

上式表明，双光束的相位差随作用距离呈线性变化关系。

如果考虑晶体介质的吸收($\alpha\neq0$)，由式(8.2-21)可以得到

$$\frac{\mathrm{d}}{\mathrm{d}r}(I_1 I_2) = -\Gamma I_1 I_2$$

或

$$I_1 I_2 = \mathrm{e}^{-\Gamma r} I_1(0) I_2(0) \tag{8.2-29}$$

上式与吸收系数无关。将式(8.2－29)代入式(8.2－21)并解耦，可求得关系

$$\left.\begin{aligned} \mathrm{e}^{-(\Gamma+2\alpha)r} &= \left[\frac{(\Gamma+2\alpha)I_1^2(0) - (\Gamma+2\alpha)I_1(0)I_2(0)}{(\Gamma+2\alpha)I_1^2\mathrm{e}^{\Gamma r} - (\Gamma+2\alpha)I_1(0)I_2(0)}\right]^{2\Gamma/(\Gamma+2\alpha)} \\ \mathrm{e}^{-(\Gamma-2\alpha)r} &= \left[\frac{(\Gamma+2\alpha)I_2^2(0) - (\Gamma-2\alpha)I_1(0)I_2(0)}{(\Gamma+2\alpha)I_2^2\mathrm{e}^{\Gamma r} - (\Gamma-2\alpha)I_1(0)I_2(0)}\right]^{2\Gamma/(\Gamma+2\alpha)} \end{aligned}\right\} \tag{8.2-30}$$

令 $r=L$，求解上式，可以得到输出 $I_1(L)$ 和 $I_2(0)$。如果令 $\alpha=0$，由上式可以给出式(8.2－26)。我们也不难看出，做变换 $I_2(0)\to I_2(L)$，式(8.2－30)就成为双光束对称地从晶体的一个表面入射时式(8.2－11)的结果。

2. 近简并二波混频

当入射到光折变晶体的两束平面光波的频率不同时，其干涉条纹不再静止，将会发生移动。如果两光波的频率差异不大(近简并情况)，干涉条纹运动速度相当缓慢，光致相位光栅仍能形成，但这时的相位光栅也将是运动的。不过，其调制度随干涉条纹运动速度的增大而减小。运动光栅不仅使衍射光波发生频率变化，而且在一定条件下，光栅可以是相移型的，从而有最大的衍射效率。

取光折变晶体内两束不同频率光波的电场为

$$\left.\begin{aligned} \boldsymbol{E}_1(r,t) &= \boldsymbol{a}_1 E_1 \mathrm{e}^{-\mathrm{i}(\omega_1 t - \boldsymbol{k}_1\cdot\boldsymbol{r})} \\ \boldsymbol{E}_2(r,t) &= \boldsymbol{a}_2 E_2 \mathrm{e}^{-\mathrm{i}(\omega_2 t - \boldsymbol{k}_2\cdot\boldsymbol{r})} \end{aligned}\right\} \tag{8.2-31}$$

相应的干涉光强分布为

$$I = |E_1|^2 + |E_2|^2 + (\boldsymbol{a}_1\cdot\boldsymbol{a}_2)(E_1E_2^*\mathrm{e}^{\mathrm{i}(\Omega t - \boldsymbol{K}\cdot\boldsymbol{r})} + E_1^*E_2\mathrm{e}^{-\mathrm{i}(\Omega t - \boldsymbol{K}\cdot\boldsymbol{r})}) \tag{8.2-32}$$

式中，$\boldsymbol{K}=\boldsymbol{k}_2-\boldsymbol{k}_1$，$\Omega=\omega_2-\omega_1$。可见，干涉条纹是一种行波，其波速为

$$v = \frac{\Omega}{K} = \frac{\Omega\Lambda}{2\pi} \tag{8.2-33}$$

式中，Λ 为条纹间距。只要 $\Omega\ll\omega_1$，$\Omega\ll\omega_2$，运动的干涉条纹将由光折变效应在晶体内建立起运动的相位光栅，其折射率的变化为

$$n = n_0 + \frac{n_1}{2}\mathrm{e}^{-\mathrm{i}\phi}\frac{E_1E_2^*}{I_0}\mathrm{e}^{\mathrm{i}(\Omega t - \boldsymbol{K}\cdot\boldsymbol{r})} + \frac{n_1}{2}\mathrm{e}^{\mathrm{i}\phi}\frac{E_1^*E_2}{I_0}\mathrm{e}^{-\mathrm{i}(\Omega t - \boldsymbol{K}\cdot\boldsymbol{r})} \tag{8.2-34}$$

式中

$$n_1\mathrm{e}^{-\mathrm{i}\phi} = \mathrm{i}n_0^3\gamma_{\mathrm{eff}}\frac{E_{\mathrm{s}}(E_0+\mathrm{i}E_{\mathrm{D}})}{E_0+\mathrm{i}(E_{\mathrm{D}}+E_{\mathrm{s}}) + \Omega\tau(E_{\mathrm{D}}+E_\mu-\mathrm{i}E_0)} \tag{8.2-35}$$

这里

$$E_\mu = \frac{\gamma_{\mathrm{R}}N_{\mathrm{A}}}{\mu K} = (\mu K\tau_{\mathrm{R}})^{-1}, \quad \tau = \frac{N_{\mathrm{A}}}{g(I_0)}$$

对于 $E_0=0$ 的纯扩散情况，光折变复耦合系数 γ 为

$$\gamma = \mathrm{i}\frac{\pi n_1\mathrm{e}^{-\mathrm{i}\phi}}{\lambda} = \frac{\gamma_0}{1-\mathrm{i}\Omega\tau'} \tag{8.2-36}$$

式中，γ_0 是静态记录条件下波的耦合系数，且有

$$\left.\begin{aligned}\gamma_0 &= \frac{\pi n_0^3 \gamma_{\text{eff}}}{2\lambda} \frac{E_s E_D}{E_D + E_s} \\ \tau' &= \frac{E_D + E_\mu}{E_D + E_s}\tau\end{aligned}\right\} \tag{8.2-37}$$

双光束耦合光强方程、相位耦合方程同式(8.2－7)和式(8.2－8)：

$$\left.\begin{aligned}\frac{\mathrm{d}I_1}{\mathrm{d}r} &= -\Gamma\frac{I_1 I_2}{I_1 + I_2} - \alpha I_1 \\ \frac{\mathrm{d}I_2}{\mathrm{d}r} &= \Gamma\frac{I_1 I_2}{I_1 + I_2} - \alpha I_2\end{aligned}\right\}$$

$$\left.\begin{aligned}\frac{\mathrm{d}\varphi_1}{\mathrm{d}r} &= \Gamma'\frac{I_2}{I_1 + I_2} \\ \frac{\mathrm{d}\varphi_2}{\mathrm{d}r} &= \Gamma'\frac{I_2}{I_1 + I_2}\end{aligned}\right\}$$

光强耦合系数 Γ 和相位耦合系数 Γ' 与波复耦合系数 γ 的关系也与式(8.2－6)相同。因此，对于 $E_0=0$ 的纯扩散情况，光强和相位耦合系数 Γ 和 Γ' 为

$$\left.\begin{aligned}\Gamma &= \frac{2\gamma_0}{1 + (\Omega\tau')^2} \\ \Gamma' &= \frac{\gamma_0 \Omega\tau'}{1 + (\Omega\tau')^2}\end{aligned}\right\} \tag{8.2-38}$$

3. 立方晶体内的光折变二波混频

由于光折变二波混频有广泛的应用，一些具有较大耦合系数的光折变晶体如 $BaTiO_3$、$LiNbO_3$、KNSBN 等受到人们普遍的重视，但这一类晶体对低功率的光强有响应速度慢的缺点，这又使它们的应用受到限制。而一些半导体材料如 GaAs 等不但响应速度很快，而且因为它们是一些立方晶体，电光张量系数具有对称性，可以在这类晶体内进行正交偏振的光耦合，实现偏振态的转移，所以下面我们以 $\bar{4}3m$ 点群的晶体为例，讨论立方晶体内光折变简并二波混频的耦合波理论。

假设晶体内的光电场表示式为

$$\boldsymbol{E} = (\boldsymbol{s}E_{1s} + \boldsymbol{p}_1 E_{1p})\mathrm{e}^{\mathrm{i}\boldsymbol{k}_1\cdot\boldsymbol{r}} + (\boldsymbol{s}E_{2s} + \boldsymbol{p}_2 E_{2p})\mathrm{e}^{\mathrm{i}\boldsymbol{k}_2\cdot\boldsymbol{r}} \tag{8.2-39}$$

其中，$\boldsymbol{k}_1$、$\boldsymbol{k}_2$ 为光束的波矢；$\boldsymbol{s}$ 为垂直入射面的单位矢量；$\boldsymbol{p}_1$、$\boldsymbol{p}_2$ 为平行入射面、垂直光束波矢的单位矢量；E_{1s}、E_{1p}、E_{2s}、E_{2p} 为光波偏振分量的振幅，如图 8.2－3 所示。

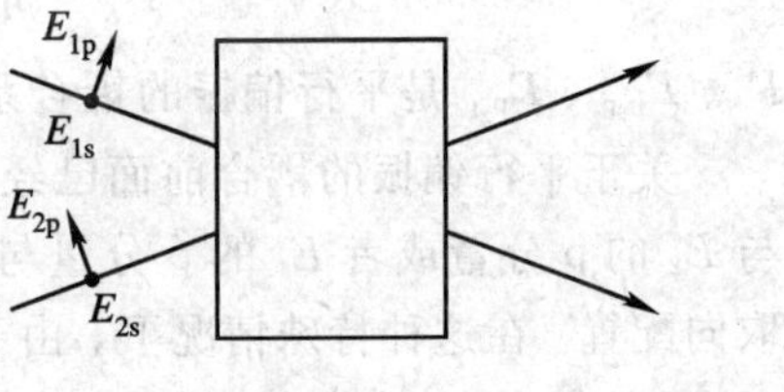

图 8.2－3　立方晶体内的双光束耦合示意图

晶体内光强的干涉条纹分布为

$$I = [E_{1s}^* E_{1s} + E_{1p}^* E_{1p} + E_{2s}^* E_{2s} + E_{2p}^* E_{2p} + (E_{1s}E_{2s}^* + E_{1p}E_{2p}^* \boldsymbol{p}_1 \cdot \boldsymbol{p}_2)\mathrm{e}^{-\mathrm{i}\boldsymbol{K}\cdot\boldsymbol{r}}] + \text{c.c.} \tag{8.2-40}$$

式中，$\boldsymbol{K}=\boldsymbol{k}_2-\boldsymbol{k}_1$，是光栅波矢。晶体内空间调制的光强通过光折变效应写入折射率相位光栅。对于立方晶体，由于光折变效应而引起的介电张量元的变化为

$$\Delta\varepsilon_{ij} = -n^4 \gamma_{ijk} E_k^{\text{sc}} \tag{8.2-41}$$

式中，γ_{ijk} 为电光系数；E_k^{sc} 为空间电荷场的 $k(k=x, y, z)$分量。其张量表示形式为

$$\Delta\boldsymbol{\varepsilon} = \frac{-\boldsymbol{\varepsilon}_1[(E_{1s}E_{2s}^* + E_{1p}E_{2p}^*\cos\theta_0)e^{-i(\boldsymbol{K}\cdot\boldsymbol{r}+\phi)} + \text{c.c.}]}{I_0} \tag{8.2-42}$$

式中，ϕ 是相位光栅相对于干涉条纹的空间相移；θ_0 是 $\boldsymbol{p}_1$ 和 $\boldsymbol{p}_2$ 的夹角；$\boldsymbol{\varepsilon}_1$ 是二阶张量：

$$\boldsymbol{\varepsilon}_1 = n^4\begin{bmatrix}0 & 0 & 0\\0 & 0 & 0\\0 & 0 & 0\\\gamma_{41} & 0 & 0\\0 & \gamma_{41} & 0\\0 & 0 & \gamma_{41}\end{bmatrix}\begin{bmatrix}E_x\\E_y\\E_z\end{bmatrix} = n^4\gamma_{41}\begin{bmatrix}0 & E_z & E_y\\E_z & 0 & E_x\\E_y & E_x & 0\end{bmatrix} \tag{8.2-43}$$

而 I_0 定义为

$$I_0 = E_{1s}^*E_{1s} + E_{1p}^*E_{1p} + E_{2s}^*E_{2s} + E_{2p}^*E_{2p} \tag{8.2-44}$$

将以上结果代入方程(8.1-5)，可以得到下面的耦合波方程：

$$\left.\begin{aligned}\frac{dE_{1s}}{dx} &= i\frac{\pi}{\lambda\cos\theta_1}e^{i\phi}\frac{(\Gamma_{ss}E_{2s} + \Gamma_{sp_1}E_{2p})(E_{1s}E_{2s}^* + E_{1p}E_{2p}^*\cos\theta_0)}{I_0}\\\frac{dE_{2s}}{dx} &= i\frac{\pi}{\lambda\cos\theta_2}e^{-i\phi}\frac{(\Gamma_{ss}E_{1s} + \Gamma_{sp_2}E_{1p})(E_{1s}^*E_{2s} + E_{1p}^*E_{2p}\cos\theta_0)}{I_0}\\\frac{dE_{1p}}{dx} &= i\frac{\pi}{\lambda\cos\theta_1}e^{i\phi}\frac{(\Gamma_{p_1s}E_{2s} + \Gamma_{p_1p_2}E_{2p})(E_{1s}E_{2s}^* + E_{1p}E_{2p}^*\cos\theta_0)}{I_0}\\\frac{dE_{2p}}{dx} &= i\frac{\pi}{\lambda\cos\theta_2}e^{-i\phi}\frac{(\Gamma_{p_2s}E_{1s} + \Gamma_{p_2p_1}E_{1p})(E_{1s}^*E_{2s} + E_{1p}^*E_{2p}\cos\theta_0)}{I_0}\end{aligned}\right\} \tag{8.2-45}$$

其中

$$\left.\begin{aligned}\Gamma_{ij} &= \langle i|\Gamma|j\rangle,\quad i, j = s, p_1, p_2\\\Gamma &= \frac{\boldsymbol{\varepsilon}_1}{n}\end{aligned}\right\} \tag{8.2-46}$$

Γ_{ss}、$\Gamma_{p_1p_2}$、$\Gamma_{p_2p_1}$是平行偏振的耦合系数；Γ_{sp_1}、Γ_{sp_2}、Γ_{p_1s}、Γ_{p_2s}是正交偏振的耦合系数。

关于平行偏振的耦合前面已经讨论过了，这里仅讨论正交偏振的耦合，即 E_1 的 s 分量与 E_2 的 p 分量或者 E_1 的 p 分量与 E_2 的 s 分量之间的耦合。为此，考虑图 8.2-4 所示的取向配置。在这种特殊情况下，由于光束在晶体内产生的相位光栅的波矢 $\boldsymbol{K}$ 平行于晶体的〈110〉方向，空间电荷场 $\boldsymbol{E}_{sc}$ 也平行于该方向，因此双光束的平行分量之间不会发生耦合。偏振单位矢量 **s** 平行于〈001〉方向，并取为 z 坐标轴，偏振单位矢量 $\mathbf{p}_1$、$\mathbf{p}_2$ 都垂直于 z 轴。这时，有

$$\boldsymbol{\varepsilon}_1 = n^4\begin{bmatrix}0 & 0 & 0\\0 & 0 & 0\\0 & 0 & 0\\\gamma_{41} & 0 & 0\\0 & \gamma_{41} & 0\\0 & 0 & \gamma_{41}\end{bmatrix}\begin{bmatrix}\dfrac{E_{sc}}{\sqrt{2}}\\\dfrac{E_{sc}}{\sqrt{2}}\\0\end{bmatrix} = \frac{1}{\sqrt{2}}n^4\gamma_{41}E_{sc}\begin{bmatrix}0 & 0 & 1\\0 & 0 & 1\\1 & 1 & 0\end{bmatrix} \tag{8.2-47}$$

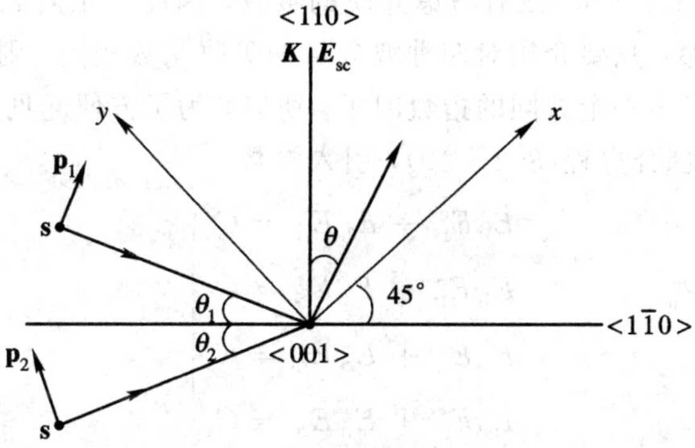

图 8.2-4　$\bar{4}3m$ 点群立方晶体正交偏振耦合示意图

以及

$$\Gamma=\frac{1}{\sqrt{2}}n^3\gamma_{41}E_{sc}\begin{bmatrix}0&0&1\\0&0&1\\1&1&0\end{bmatrix}\tag{8.2-48}$$

由此可得平行分量的耦合系数 $\Gamma_{ss}=\Gamma_{p_1p_2}=0$，例如：

$$\Gamma_{ss}=\frac{1}{\sqrt{2}}n^3\gamma_{41}E_{sc}[0\ 0\ 1]\begin{bmatrix}0&0&1\\0&0&1\\1&1&0\end{bmatrix}\begin{bmatrix}0\\0\\1\end{bmatrix}=0$$

这说明平行分量在图 8.2-4 的配置下不发生耦合。而各正交分量的耦合系数满足 $\Gamma_{sp_1}=\Gamma_{sp_2}=\Gamma_{p_1s}=\Gamma_{p_2s}$，其值为

$$\begin{aligned}\Gamma_{sp_1}&=\frac{1}{\sqrt{2}}n^3\gamma_{41}E_{sc}[0\ 0\ 1]\begin{bmatrix}0&0&1\\0&0&1\\1&1&0\end{bmatrix}\begin{bmatrix}\cos(45°-\theta)\\\sin(45°-\theta)\\0\end{bmatrix}\\&=n^3\gamma_{41}E_{sc}\cos\theta\end{aligned}\tag{8.2-49}$$

式中，$\theta=\theta_1=\theta_2=\theta_0/2$。将以上各耦合系数代入式(8.2-45)后，考虑 $\phi=\pi/2$ 的纯扩散情况，可以得到如下的耦合波方程式：

$$\left.\begin{aligned}\frac{dE_{1s}}{dx}&=\frac{-\gamma E_{2p}(E_{1s}E_{2s}^*+E_{1p}E_{2p}^*\cos\theta_0)}{I_0}\\\frac{dE_{2s}}{dx}&=\frac{\gamma E_{1p}(E_{1s}^*E_{2s}+E_{1p}^*E_{2p}\cos\theta_0)}{I_0}\\\frac{dE_{1p}}{dx}&=\frac{-\gamma E_{2s}(E_{1s}E_{2s}^*+E_{1p}E_{2p}^*\cos\theta_0)}{I_0}\\\frac{dE_{2p}}{dx}&=\frac{\gamma E_{1s}(E_{1s}^*E_{2s}+E_{1p}^*E_{2p}\cos\theta_0)}{I_0}\end{aligned}\right\}\tag{8.2-50}$$

式中，γ 是波的耦合系数，定义为

$$\gamma=\frac{\pi}{\lambda}n^3\gamma_{41}E_{sc}\tag{8.2-51}$$

耦合波方程(8.2-50)表明，耦合光波振幅的变化有两部分，分别由两种写入光栅引起。而能量交换发生在四个分量之间，依赖于入射光的偏振态。

由于耦合波方程(8.2-50)没有考虑介质的吸收，因而总光强 I_0 不随坐标 x 变化。如果介质的吸收不能忽略，只要介质对四种波分量的吸收系数相同，则耦合波方程的解比无吸收($\alpha=0$)情况的解只多一个共同的指数因子。所以，为了方便起见，不考虑介质的吸收，并令 $I_0=1$。为了求解耦合方程(8.2-50)，引入常数

$$\left.\begin{aligned} E_{1s}E_{1s}^* + E_{2p}E_{2p}^* &= C_1 \\ E_{1p}E_{1p}^* + E_{2s}E_{2s}^* &= C_2 \\ E_{1s}E_{1p}^* + E_{2s}^*E_{2p} &= C_3 \\ E_{1s}E_{2s}^* + E_{1p}E_{2p} &= C_4 \end{aligned}\right\} \tag{8.2-52}$$

并作变量代换

$$\left.\begin{aligned} f &= \frac{E_{1p}}{E_{1s}} \\ g &= \frac{E_{2p}}{E_{2s}} \\ C_0 &= C_3 - C_3^* \cos\theta_0 \end{aligned}\right\} \tag{8.2-53}$$

则耦合波方程化为

$$\left.\begin{aligned} \frac{d}{dx}f &= \gamma(f^2C_1\cos\theta_0 + fC_0^* - C_2) \\ \frac{d}{dx}g &= -\gamma(g^2C_2\cos\theta_0 + gC_0^* - C_1) \end{aligned}\right\} \tag{8.2-54}$$

对式(8.2-54)进行积分，给出

$$\left.\begin{aligned} f &= \frac{E_{1p}}{E_{1s}} = \frac{-C_0 + q\tanh\left(-\dfrac{q\gamma x}{2} + C\right)}{2C_1\cos\theta_0} \\ g &= \frac{E_{2p}}{E_{2s}} = \frac{-C_0^* + q\tanh\left(-\dfrac{q\gamma x}{2} + C'\right)}{2C_2\cos\theta_0} \end{aligned}\right\} \tag{8.2-55}$$

式中，C 和 C' 是积分常数，它们可以由 $x=0$ 的边界条件决定；$q^2=4C_1C_2+C_0^2$。一旦求得 f 和 g，便可以给出四个波分量的光强：

$$\left.\begin{aligned} |E_{1s}|^2 &= \frac{|E_{1p}|^2}{|f|^2} = \frac{C_1 - |g|^2C_2}{1-|fg|^2} \\ |E_{2s}|^2 &= \frac{|E_{2p}|^2}{|g|^2} = \frac{C_2 - |f|^2C_1}{1-|fg|^2} \\ |E_{1p}|^2 &= \frac{|f|^2C_1 - |fg|^2C_2}{1-|fg|^2} \\ |E_{2p}|^2 &= \frac{|g|^2C_2 - |fg|^2C_1}{1-|fg|^2} \end{aligned}\right\} \tag{8.2-56}$$

为了给出四个分量光强随作用距离变化的较简单的关系，下面考虑入射光只有 s 分量的特殊情况，即边界条件为 $E_{1p}(0)=E_{2p}(0)=0$。由式(8.2-52)和式(8.2-53)可得

$$f(0) = g(0) = 0, \quad C_0 = 0, \quad C_1 = |E_{1s}(0)|^2$$

$$C_2 = |E_{2s}(0)|^2, \quad C_3 = 0, \quad q = 2\sqrt{C_1C_2}$$

方程(8.2 - 54)的解为

$$\left.\begin{aligned} f &= -\frac{q\tanh\dfrac{q\gamma x}{2}}{2C_2\cos\theta_0} \\ g &= \frac{q\tanh\dfrac{q\gamma x}{2}}{2C_2\cos\theta_0} \end{aligned}\right\} \tag{8.2 - 57}$$

若进一步取 $\theta_0=0$，即两波均沿〈110〉方向入射，则有

$$\left.\begin{aligned} |E_{1s}|^2 &= |E_{1s}(0)|^2\frac{1}{1+\tanh^2\dfrac{q\gamma x}{2}} \\ |E_{1p}|^2 &= |E_{2s}(0)|^2\frac{\tanh^2\dfrac{q\gamma x}{2}}{1+\tanh^2\dfrac{q\gamma x}{2}} \\ |E_{2s}|^2 &= |E_{2s}(0)|^2\frac{1}{1+\tanh^2\dfrac{q\gamma x}{2}} \\ |E_{2p}|^2 &= |E_{1s}(0)|^2\frac{\tanh^2\dfrac{q\gamma x}{2}}{1+\tanh^2\dfrac{q\gamma x}{2}} \end{aligned}\right\} \tag{8.2 - 58}$$

四个波分量的光强随传播距离的变化情况如图 8.2 - 5 所示。由图可见，对于强耦合($\gamma d\gg1$)，入射泵浦光强$|E_{1s}(0)|^2$的一半转移到信号光束的 p 分量上，而信号光强$|E_{2s}(0)|^2$的一半转移到泵浦光束的 p 分量中。在泵浦光为任意线偏振光且信号光只有 s 分量的耦合情况下，在强耦合($\gamma d\gg1$)时，泵浦光束的能量几乎全部转移到信号光束中。能量的不可逆转移类似于前面讨论的二波耦合情况。

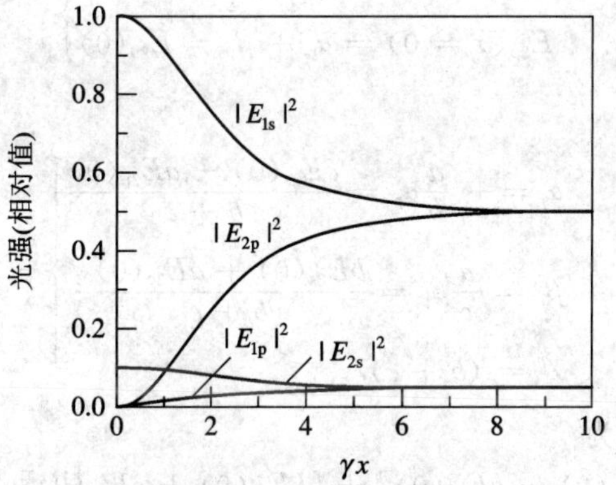

图 8.2 - 5　s 分量入射波的光强耦合分布($C_2/C_1=0.1$)

在弱耦合情况下($\gamma d\ll1$)，泵浦光束的能量抽空很小，故可认为 E_{1s}、E_{1p}在晶体内几乎不变。在这种近似下，耦合波方程为

$$\left.\begin{aligned}\frac{\mathrm{d}}{\mathrm{d}x}E_{2s}&=\gamma(aE_{2p}+bE_{2s})\\ \frac{\mathrm{d}}{\mathrm{d}x}E_{2p}&=\gamma(cE_{2p}+dE_{2s})\end{aligned}\right\}\tag{8.2-59}$$

式中，a、b、c 和 d 是无量纲常数：

$$\left.\begin{aligned}a&=\frac{|E_{1p}|^2\cos\theta}{I_0}\\ b&=\frac{E_{1s}^*E_{1p}}{I_0}\\ c&=\frac{E_{1s}E_{1p}^*\cos\theta}{I_0}\\ d&=\frac{|E_{1s}|^2}{I_0}\end{aligned}\right\}\tag{8.2-60}$$

取式(8.2－59)解的形式为

$$\left.\begin{aligned}E_{2s}&=\alpha_s+\beta_s e^{\gamma' x}\\ E_{2p}&=\alpha_p+\beta_p e^{\gamma' x}\end{aligned}\right\}\tag{8.2-61}$$

将其代入式(8.2－59)后给出

$$\left.\begin{aligned}a\alpha_p+b\alpha_s&=0\\ c\alpha_p+d\alpha_s&=0\end{aligned}\right\}$$

和

$$\left.\begin{aligned}\beta_s\gamma'&=\gamma(a\beta_p-b\beta_s)\\ \beta_p\gamma'&=\gamma(c\beta_p+d\beta_s)\end{aligned}\right\}$$

再利用边界条件

$$\left.\begin{aligned}E_{2s}(x=0)&=\alpha_s+\beta_s=E_{2s}(0)\\ E_{2p}(x=0)&=\alpha_p+\beta_p=E_{2p}(0)\end{aligned}\right\}$$

可求得

$$\left.\begin{aligned}\alpha_s&=-\frac{a}{b}\alpha_p=\frac{cE_{2s}(0)-aE_{2p}(0)}{b+c}\\ \beta_s&=\frac{a}{c}\beta_p=\frac{bE_{2s}(0)+aE_{2p}(0)}{b+c}\\ \gamma'&=(b+c)\gamma\end{aligned}\right\}\tag{8.2-62}$$

因此，式(8.2－59)的解为

$$\left.\begin{aligned}E_{2s}(x)&=\frac{[cE_{2s}(0)-aE_{2p}(0)]+[bE_{2s}(0)+aE_{2p}(0)]e^{(b+c)\gamma x}}{b+c}\\ E_{2p}(x)&=\frac{-b[cE_{2s}(0)-aE_{2p}(0)]+c[bE_{2s}(0)+aE_{2p}(0)]e^{(b+c)\gamma x}}{a(b+c)}\end{aligned}\right\}\tag{8.2-63}$$

如果进一步令 $E_{2p}(0)=0$，则有

$$\left.\begin{aligned} E_{2s}(x) &= E_{2s}(0)\,\frac{b\mathrm{e}^{(b+c)\gamma x}+c}{b+c} \\ E_{2p}(x) &= E_{2s}(0)\,\frac{bc(\mathrm{e}^{(b+c)\gamma x}-1)}{a(b+c)} \end{aligned}\right\} \tag{8.2-64}$$

在 $\gamma d \ll 1$ 的条件下，$\mathrm{e}^{(b+c)\gamma} \approx 1+(b+c)\gamma x$，式(8.2-64)简化为

$$\left.\begin{aligned} E_{2s}(x) &= E_{2s}(0)\left(1+\frac{E_{1s}^{*}E_{1p}}{I_0}\gamma x\right) \\ E_{2p}(x) &= E_{2s}(0)\,\frac{|E_{1s}|^2}{I_0}\gamma x \end{aligned}\right\} \tag{8.2-65}$$

由式(8.2-65)可见，信号光束的 s 分量 $E_{2s}(x)$ 随泵浦光束 E_1 的偏振态不同而可能增加，也可能减小，而信号光束的 p 分量 $E_{2p}(x)$ 则是 γx 的单调增函数。

以上推导是在假定 $\phi=\pi/2$ 条件下得出的，即相位光栅与干涉条纹相移为 $\pi/2$ 的纯扩散机制。对于 $\phi\neq\pi/2$ 的更一般情况，式(8.2-52)仍然成立。耦合波方程(8.2-50)的一般解为

$$\left.\begin{aligned} f &= \frac{E_{1p}}{E_{1s}} = \frac{-C_0+q\tanh\left(\dfrac{\mathrm{i}eq\gamma x}{2}+C\right)}{2C_1\cos\theta_0} \\ g &= \frac{E_{2p}}{E_{2s}} = \frac{-C_0^{*}+q^{*}\tanh\left(\dfrac{\mathrm{i}e^{*}q^{*}\gamma x}{2}+C'\right)}{2C_2\cos\theta_0} \end{aligned}\right\} \tag{8.2-66}$$

式中，$e=\mathrm{e}^{\mathrm{i}\phi}$，$C$ 和 C' 为积分常数。

8.2.2　光折变晶体中的简并四波混频

1. 光折变晶体中简并四波混频的耦合波方程

如图 8.2-6 所示，假定光折变晶体内传播的四个光波具有相同的频率和相同的偏振方向，且其传播方向是成对反向的，即 $\boldsymbol{k}_1=-\boldsymbol{k}_2$，$\boldsymbol{k}_3=-\boldsymbol{k}_4$，各光波电场为

$$E_l(\boldsymbol{r},t) = E_l(\boldsymbol{r})\mathrm{e}^{-\mathrm{i}(\omega t-\boldsymbol{k}_l\cdot\boldsymbol{r})},\quad l=1,2,3,4 \tag{8.2-67}$$

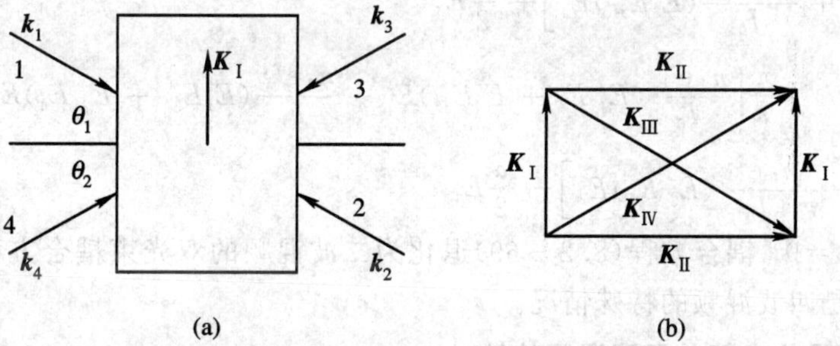

图 8.2-6　简并四波混频示意图

(a) 入射光光波矢方向示意图；(b) 写入的相位光栅波矢示意图

在晶体内，各波相干叠加形成干涉条纹，并通过光折变效应在晶体内写入各自的折射率相位光栅；一般情况下，相位光栅与干涉条纹之间有一定的相移。光致折射率光栅的基频分

量可表示为

$$\begin{aligned} n = n_0 &+ \frac{n_{\mathrm{I}}}{2}\mathrm{e}^{\mathrm{i}\phi_{\mathrm{I}}}\frac{E_1^* E_4 + E_2 E_3^*}{I_0}\mathrm{e}^{\mathrm{i}\boldsymbol{K}_{\mathrm{I}}\cdot\boldsymbol{r}} + \mathrm{c.c.} \\ &+ \frac{n_{\mathrm{II}}}{2}\mathrm{e}^{\mathrm{i}\phi_{\mathrm{II}}}\frac{E_1 E_3^* + E_2^* E_4}{I_0}\mathrm{e}^{\mathrm{i}\boldsymbol{K}_{\mathrm{II}}\cdot\boldsymbol{r}} + \mathrm{c.c.} \\ &+ \frac{n_{\mathrm{III}}}{2}\mathrm{e}^{\mathrm{i}\phi_{\mathrm{III}}}\frac{E_1 E_2^*}{I_0}\mathrm{e}^{\mathrm{i}\boldsymbol{K}_{\mathrm{III}}\cdot\boldsymbol{r}} + \mathrm{c.c.} \\ &+ \frac{n_{\mathrm{IV}}}{2}\mathrm{e}^{\mathrm{i}\phi_{\mathrm{IV}}}\frac{E_3^* E_4}{I_0}\mathrm{e}^{\mathrm{i}\boldsymbol{K}_{\mathrm{IV}}\cdot\boldsymbol{r}} + \mathrm{c.c.} \end{aligned} \tag{8.2-68}$$

式中

$$I_0 = \sum_{l=1}^{4} |E_l|^2$$

$$\boldsymbol{K}_{\mathrm{I}} = \boldsymbol{k}_4 - \boldsymbol{k}_1 = \boldsymbol{k}_2 - \boldsymbol{k}_3$$

$$\boldsymbol{K}_{\mathrm{II}} = \boldsymbol{k}_1 - \boldsymbol{k}_3 = \boldsymbol{k}_4 - \boldsymbol{k}_2$$

$$\boldsymbol{K}_{\mathrm{III}} = \boldsymbol{k}_1 - \boldsymbol{k}_2,\ \boldsymbol{K}_{\mathrm{IV}} = \boldsymbol{k}_4 - \boldsymbol{k}_3$$

将式(8.2-68)代入约化波方程$\nabla^2 E + \widetilde{K}^2 E = 0$，利用慢变化振幅近似，便给出如下耦合波方程组：

$$\left.\begin{aligned} \cos\theta_1 \frac{\mathrm{d}E_1}{\mathrm{d}x} &= -\mathrm{i}\frac{\pi}{\lambda}\Big[\frac{n_{\mathrm{I}}\mathrm{e}^{-\mathrm{i}\phi_{\mathrm{I}}}}{I_0}(E_1E_4^* + E_2^*E_3)E_4 + \frac{n_{\mathrm{II}}\mathrm{e}^{\mathrm{i}\phi_{\mathrm{II}}}}{I_0}(E_1E_3^* + E_2^*E_4)E_3 \\ &\quad + \frac{n_{\mathrm{III}}\mathrm{e}^{\mathrm{i}\phi_{\mathrm{III}}}}{I_0}(E_1E_2^*)E_2\Big] - \frac{\alpha}{2}E_1 \\ \cos\theta_1 \frac{\mathrm{d}E_2}{\mathrm{d}x} &= \mathrm{i}\frac{\pi}{\lambda}\Big[\frac{n_{\mathrm{I}}\mathrm{e}^{\mathrm{i}\phi_{\mathrm{I}}}}{I_0}(E_1^*E_4 + E_2E_3^*)E_3 + \frac{n_{\mathrm{II}}\mathrm{e}^{-\mathrm{i}\phi_{\mathrm{II}}}}{I_0}(E_1^*E_3 + E_2E_4^*)E_4 \\ &\quad + \frac{n_{\mathrm{III}}\mathrm{e}^{-\mathrm{i}\phi_{\mathrm{III}}}}{I_0}(E_1^*E_2)E_1\Big] + \frac{\alpha}{2}E_2 \\ \cos\theta_2 \frac{\mathrm{d}E_3}{\mathrm{d}x} &= \mathrm{i}\frac{\pi}{\lambda}\Big[\frac{n_{\mathrm{I}}\mathrm{e}^{-\mathrm{i}\phi_{\mathrm{I}}}}{I_0}(E_1E_4^* + E_2^*E_3)E_2 + \frac{n_{\mathrm{II}}\mathrm{e}^{-\mathrm{i}\phi_{\mathrm{II}}}}{I_0}(E_1^*E_3 + E_2E_4^*)E_1 \\ &\quad + \frac{n_{\mathrm{IV}}\mathrm{e}^{-\mathrm{i}\phi_{\mathrm{IV}}}}{I_0}(E_3E_4^*)E_4\Big] + \frac{\alpha}{2}E_3 \\ \cos\theta_2 \frac{\mathrm{d}E_4}{\mathrm{d}x} &= -\mathrm{i}\frac{\pi}{\lambda}\Big[\frac{n_{\mathrm{I}}\mathrm{e}^{\mathrm{i}\phi_{\mathrm{I}}}}{I_0}(E_1^*E_4 + E_2E_3^*)E_1 + \frac{n_{\mathrm{II}}\mathrm{e}^{\mathrm{i}\phi_{\mathrm{II}}}}{I_0}(E_1E_3^* + E_2^*E_4)E_2 \\ &\quad + \frac{n_{\mathrm{IV}}\mathrm{e}^{\mathrm{i}\phi_{\mathrm{IV}}}}{I_0}(E_3^*E_4)E_3\Big] - \frac{\alpha}{2}E_4 \end{aligned}\right\} \tag{8.2-69}$$

如果令$E_2 = E_4 = 0$，耦合方程(8.2-69)退化为二波混频的双光束耦合方程(8.2-3)。因此，二波混频是四波混频的特殊情况。

2. 光折变晶体中简并四波混频特性

1) 泵浦光能量非抽空的小信号解

为了求解耦合方程(8.2-69)，需要作如下两个简化假设。首先假设在光折变晶体内由四波混频写入的四种光栅系统中，只有一种起主要作用，它引起强烈的光耦合，而其他光栅的作用与之相比可以忽略。例如在耦合方程(8.2-69)中，取$n_{\mathrm{I}} \neq 0$，$n_{\mathrm{II}} = n_{\mathrm{III}} = n_{\mathrm{IV}} = 0$。

这个占优势的光栅可以通过选择各光波相对光轴和外场的传播方向，以及选择各光波的偏振态等方法来实现。若取 $\cos\theta_1=\cos\theta_2=\cos\theta$，则耦合方程(8.2-69)简化为

$$\left.\begin{aligned}\cos\theta\,\frac{dE_1}{dx}&=-\frac{\gamma}{I_0}(E_1E_4^*+E_2^*E_3)E_4-\frac{\alpha}{2}E_1\\\cos\theta\,\frac{dE_2^*}{dx}&=-\frac{\gamma}{I_0}(E_1E_4^*+E_2^*E_3)E_3^*+\frac{\alpha}{2}E_2^*\\\cos\theta\,\frac{dE_3}{dx}&=\frac{\gamma}{I_0}(E_1E_4^*+E_2^*E_3)E_2+\frac{\alpha}{2}E_3\\\cos\theta\,\frac{dE_4^*}{dx}&=\frac{\gamma}{I_0}(E_1E_4^*+E_2^*E_3)E_1^*-\frac{\alpha}{2}E_4^*\end{aligned}\right\}\tag{8.2-70}$$

其中，γ 是复耦合系数，定义为

$$\gamma=\mathrm{i}\,\frac{\pi}{\lambda}n_1\mathrm{e}^{-\mathrm{i}\phi_1}$$

其次，假设在四波混频中，泵浦光束 1、2 能量非抽空，即有 I_1，$I_2\gg I_3$，I_4。在这种情况下，式(8.2-70)中包含 $E_3E_3^*$、$E_4E_4^*$、E_3E_4、$E_3^*E_4^*$ 的项可以忽略，若取 $r=x/\cos\theta$ 作为相互作用距离的量度，式(8.2-70)可进一步简化为

$$\left.\begin{aligned}\frac{dE_1}{dr}&=-\frac{\alpha}{2}E_1\\\frac{dE_2^*}{dr}&=\frac{\alpha}{2}E_2^*\\\frac{dE_3}{dr}&=\frac{\gamma}{I_0}(E_1E_4^*+E_2^*E_3)E_2+\frac{\alpha}{2}E_3\\\frac{dE_4^*}{dr}&=\frac{\gamma}{I_0}(E_1E_4^*+E_2^*E_3)E_1^*-\frac{\alpha}{2}E_4^*\end{aligned}\right\}\tag{8.2-71}$$

式(8.2-71)中的前两个方程可以直接进行积分，并给出

$$\left.\begin{aligned}E_1(r)&=E_1(0)\mathrm{e}^{-\alpha r/2}\\E_2(r)&=E_2(L)\mathrm{e}^{\alpha(r-L)/2}\end{aligned}\right\}\tag{8.2-72}$$

及

$$I_0(r)=I_1(0)\mathrm{e}^{-\alpha r}+I_2(L)\mathrm{e}^{\alpha(r-L)}$$

为了求解式(8.2-71)中的后两个方程，需要先解耦。由式(8.2-71)可得

$$\frac{d}{dr}(E_1^*E_3-E_2E_4^*)=0$$

或

$$E_1^*E_3-E_2E_4^*\equiv C\tag{8.2-73}$$

式中，C 为积分常数。应用上式可将式(8.2-71)中的第三个方程改写为

$$\frac{dE_3}{dr}=\left(\gamma+\frac{\alpha}{2}\right)E_3-\frac{C\gamma}{I_0}E_1\tag{8.2-74}$$

将式(8.2-72)代入上式，积分后给出

$$E_3(r)=C\gamma E_1(0)\int_r^L\frac{\mathrm{e}^{(\gamma+\alpha/2)(r-r')}}{I_0(r')}\,dr'\equiv\frac{C\gamma E_1(0)}{J(r)}\tag{8.2-75}$$

式中应用了边界条件 $E_3(L)=0$。为了求得积分常数 C，将 E_3 代入式(8.2－73)，令 $r=0$，得到

$$C=\frac{E_2(L)E_4^*(0)e^{-\alpha L/2}}{\gamma I_1(0)/J(0)-1}$$

可见光波 3 是信号光波 4 的相位共轭光，相位共轭反射系数为

$$r=\frac{E_3(0)}{E_4^*(0)}=\frac{\gamma E_1(0)E_2(L)}{[\gamma I_1(0)-J(0)]e^{\alpha L/2}} \tag{8.2-76}$$

相位共轭反射率 $R=|r|^2$。一般情况下，介质的吸收会导致相位共轭反射率降低，而且 $\gamma L<0$ 较 $\gamma L>0$ 降低得更多。

如果不考虑介质的吸收($\alpha=0$)，耦合波方程(8.2－71)的解为

$$\left.\begin{aligned}E_1(r)&=E_1(0)\\E_2(r)&=E_2(L)\\E_3(r)&=\frac{E_2(L)E_4^*(0)}{E_1^*(0)}\frac{e^{\gamma(r-L)}-1}{e^{-\gamma L}+p}\\E_4^*(r)&=E_4^*(0)\frac{e^{\gamma(r-L)}+p}{e^{-\gamma L}+p}\end{aligned}\right\} \tag{8.2-77}$$

式中，$p=I_2(L)/I_1(0)$是泵浦光强比。同样可以看出，光波 3 是信号光波 4 的相位共轭光，相位共轭反射系数和相位共轭反射率为

$$\left.\begin{aligned}r&=\frac{E_2(L)}{E_1^*(0)}\frac{e^{-\gamma L}-1}{e^{-\gamma L}+p}\\R&=|r|^2=p\left(\frac{e^{-\gamma L}-1}{e^{-\gamma L}+p}\right)^2\end{aligned}\right\} \tag{8.2-78}$$

图 8.2－7 所示为 $\alpha=0$ 时，相位共轭反射率($\ln R$)随泵浦光强比($\ln p$)的变化关系。可以看出，在作变换 $p\to 1/p$ 和 $\gamma L\to-\gamma L$ 的条件下，相位共轭反射率 R 具有不变性。这表明，对于光折变四波混频相位共轭器，信号光束沿两个方向传播，有相同的相位共轭反射率 R。

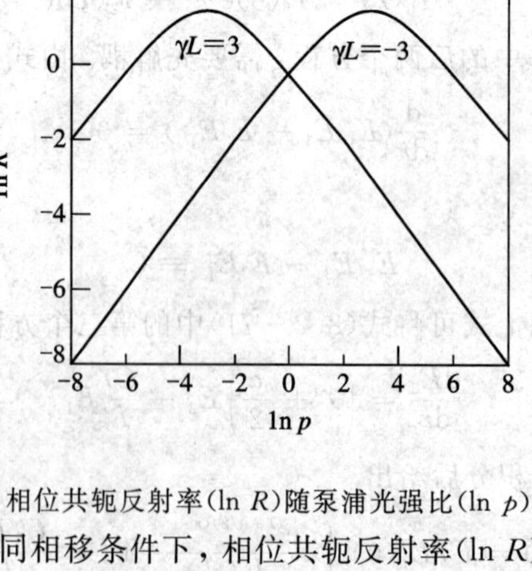

图 8.2－7 相位共轭反射率($\ln R$)随泵浦光强比($\ln p$)的变化关系

图 8.2－8 所示为在不同相移条件下，相位共轭反射率($\ln R$)在不同的相移下随泵浦光

强比($\ln p$)的变化关系。可见，对于 $\phi_I=0$ 的局域响应介质，复耦合系数 γ 为纯虚数，在泵浦光强比 $p=I_2(L)/I_1(0)=1$，即泵浦光强相等时，有最大的相位共轭反射率。如果进一步满足 $|\gamma L|=\pi$，则有 $R\to\infty$，即零输入给出有限输出，这就是所谓的自振荡效应。对于 $\phi_I\neq0$的非局域响应介质，当$|\gamma L|=3.627$ 时，相位共轭反射率的峰值出现在泵浦光强不相等的地方，这一点与局域响应介质的四波混频不同。由图 8.2-8 可以看出，自振荡效应出现在 $\phi_I=\pi/6$，$p=6.13$ 处。

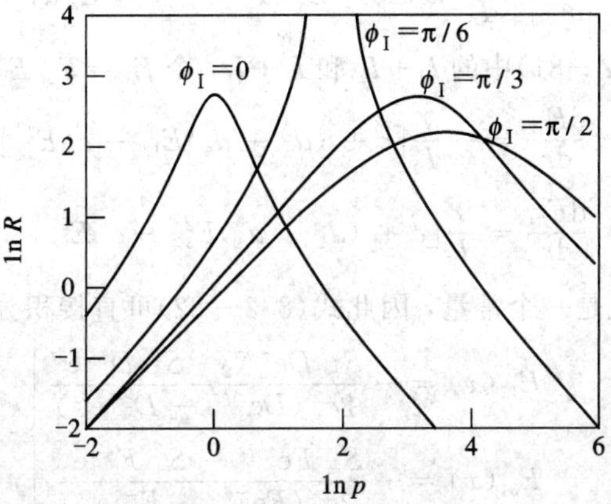

图 8.2-8　耦合强度$|\gamma L|=3.627$ 时，相位共轭反射率($\ln R$)在不同的相移下随泵浦光强比($\ln p$)的变化关系

2) 考虑泵浦光能量抽空的大信号解

现在讨论光折变晶体内简并四波混频耦合波方程(8.2-69)在考虑泵浦抽空情况下的解。为了求解方便，我们仍假定仅有一个光栅起主要作用，例如仅存在 n_1，并且认为介质无吸收，即 $\alpha=0$。对于对称入射($\theta_1=\theta_2=\theta$)情况，耦合波方程可简化为

$$\left.\begin{aligned}\frac{dE_1}{dr}&=-\frac{\gamma}{I_0}(E_1E_4^*+E_2^*E_3)E_4\\\frac{dE_2^*}{dr}&=-\frac{\gamma}{I_0}(E_1E_4^*+E_2^*E_3)E_3^*\\\frac{dE_3}{dr}&=\frac{\gamma}{I_0}(E_1E_4^*+E_2^*E_3)E_2\\\frac{dE_4^*}{dr}&=\frac{\gamma}{I_0}(E_1E_4^*+E_2^*E_3)E_1^*\end{aligned}\right\}\tag{8.2-79}$$

由式(8.2-79)不难求得如下四个相对 x 轴的守恒方程式：

$$\left.\begin{aligned}E_1E_2+E_3E_4&=c_1=c\\E_1E_3^*-E_2^*E_4&=c_2\\I_1+I_4&=d_1\\I_2+I_3&=d_2\end{aligned}\right\}\tag{8.2-80}$$

式中，c_1，c_2，d_1，d_2 为积分常数。利用上面的守恒方程，可以将耦合方程(8.2-79)解耦成为

$$\left.\begin{aligned}\frac{\mathrm{d}E_1}{\mathrm{d}r}&=-\frac{\gamma}{I_0}[E_1d_1-E_1(I_1+I_2)+E_2^*c]\\\frac{\mathrm{d}E_2^*}{\mathrm{d}r}&=-\frac{\gamma}{I_0}[E_1c^*-E_2^*(I_1+I_2)+E_2^*d_2]\\\frac{\mathrm{d}E_3}{\mathrm{d}r}&=\frac{\gamma}{I_0}[E_3d_2-E_3(I_3+I_4)+E_4^*c]\\\frac{\mathrm{d}E_4^*}{\mathrm{d}r}&=\frac{\gamma}{I_0}[E_3c^*-E_4^*(I_3+I_4)+E_4^*d_1]\end{aligned}\right\}\tag{8.2-81}$$

为了进一步消去式(8.2-81)中的 I_1+I_2 和 I_3+I_4，令 $E_{12}=E_1/E_2^*$，$E_{34}=E_3/E_4^*$，于是得到

$$\left.\begin{aligned}\frac{\mathrm{d}E_{12}}{\mathrm{d}r}&=-\frac{\gamma}{I_0}[c+(d_1-d_2)E_{12}-c^*E_{12}^2]\\\frac{\mathrm{d}E_{34}}{\mathrm{d}r}&=\frac{\gamma}{I_0}[c+(d_2-d_1)E_{34}-c^*E_{34}^2]\end{aligned}\right\}\tag{8.2-82}$$

注意到 $I_0=(d_1+d_2)$ 也是一个常量，因此式(8.2-82)可直接积分，积分后得到

$$\left.\begin{aligned}E_{12}(x)&=-\frac{S_-De^{-\delta x}-S_+D^{-1}e^{\delta x}}{2c^*(De^{-\delta x}-D^{-1}e^{\delta x})}\\E_{34}(x)&=-\frac{S_-Fe^{-\delta x}-S_+F^{-1}e^{\delta x}}{2c^*(Fe^{-\delta x}-F^{-1}e^{\delta x})}\end{aligned}\right\}\tag{8.2-83}$$

其中

$$\left.\begin{aligned}S_\pm&=\Delta\pm Q\\\Delta&=d_2-d_1\\Q&=(\Delta^2+4|c|^2)^{1/2}\\\delta&=\frac{\gamma Q}{2I_0}\end{aligned}\right\}\tag{8.2-84}$$

D、F 为积分常数，它们可以由边界条件确定。由于各光束在各自入射面 $x=0$ 和 $x=L$ 处的值已知，即 $E_1(0)$、$E_4(0)$、$E_2(L)$ 和 $E_3(L)=0$ 已知，因而功率流 $\Delta=d_2-d_1=I_1(L)-I_1(0)-I_4(0)$ 也为已知。因此，问题归结为求 D、F 和 c 三个常数。式(8.2-83)在边界 $x=0$ 和 $x=L$ 处的取值分别为

$$E_{12}(0)=-\frac{S_-D-S_+D^{-1}}{2c^*(D-D^{-1})}=\frac{E_1(0)}{E_2^*(0)}=\frac{I_1(0)}{c^*-r^*I_4(0)}\tag{8.2-85a}$$

$$E_{12}(L)=-\frac{S_-De^{-\delta L}-S_+D^{-1}e^{\delta L}}{2c^*(De^{-\delta L}-D^{-1}e^{\delta L})}=\frac{E_1(L)}{E_2^*(L)}=\frac{c}{I_2(L)}\tag{8.2-85b}$$

$$E_{34}(0)=\frac{S_-F-S_+F^{-1}}{2c^*(F-F^{-1})}=\frac{E_3(0)}{E_4^*(0)}=r\tag{8.2-85c}$$

$$E_{34}(L)=\frac{S_-Fe^{-\delta L}-S_+F^{-1}e^{\delta L}}{2c^*(Fe^{-\delta L}-F^{-1}e^{\delta L})}=\frac{E_3(L)}{E_4^*(L)}=0\tag{8.2-85d}$$

首先由式(8.2-85c)求得 F，

$$F=\left(\frac{S_+}{S_-}\right)^{1/2}e^{\delta L}=\left(\frac{\Delta+Q}{\Delta-Q}\right)^{1/2}e^{\delta L}=\left[\frac{\Delta+\sqrt{\Delta^2+4|c|^2}}{\Delta-\sqrt{\Delta^2+4|c|^2}}\right]^{1/2}e^{\delta L}\tag{8.2-86}$$

应用上式和式(8.2-85d)，即可求得相位共轭反射系数 r，

$$r=\frac{E_3(0)}{E_4^*(0)}=\frac{2c\,\tanh\delta L}{\Delta\,\tanh\delta L+\sqrt{\Delta^2+4|c|^2}} \tag{8.2-87}$$

相应的相位共轭反射率为 $R=|r|^2$。同样，我们由式(8.2－85a)可解出 D，

$$D=\left[\frac{\Delta+\sqrt{\Delta^2+4|c|^2}+2|c|^2/I_2(L)}{\Delta-\sqrt{\Delta^2+4|c|^2}+2|c|^2/I_2(L)}\right]^{1/2}\mathrm{e}^{\delta L} \tag{8.2-88}$$

并由式(8.2－85b)、式(8.2－87)和式(8.2－88)给出关于 $|c|^2$ 的方程式

$$\begin{aligned}|c|^2-I_1(0)I_2(L)\left|T\Delta+\sqrt{\Delta^2+4|c|^2}\right|^2+4|c|^2|T|^2I_4(0)I_2(L)\\+2|c|^2I_4(0)\sqrt{\Delta^2+4|c|^2}(T+T^*)=0\end{aligned} \tag{8.2-89}$$

式中，$T=\tanh\delta L$。由上式可以解出 $|c|^2$，代入式(8.2－87)可给出相位共反射系数 r 的具体表达式，将常数 D、F 和 c 代入式(8.2－83)，即可求得各光束随作用距离的变化关系。

由以上分析可见，在光折变晶体内，利用四波混频产生相位共轭波是通过在晶体内写入相位光栅实现的。就这一点来看四波混频与二波混频本质上是一样的。所不同的是在简并四波混频中，对于光束 1 和 4 写入的相位光栅，取光束 2 作为相位光栅的读出光束。为了满足布喇格条件，要求光束 2 必须与写入相位光栅的光束 1 反向传播，即 $\boldsymbol{k}_2=-\boldsymbol{k}_1$。这样由光束 2 读出相位光栅的衍射光束 3 与信号光 4 的传播方向也相反，是信号光 4 的相位共轭光。而在简并二波混频中，读出光束和写入光束是同一个光束，因而布喇格条件是自动满足的。简并四波混频和二波混频的比较可在图 8.2－9 中看出。

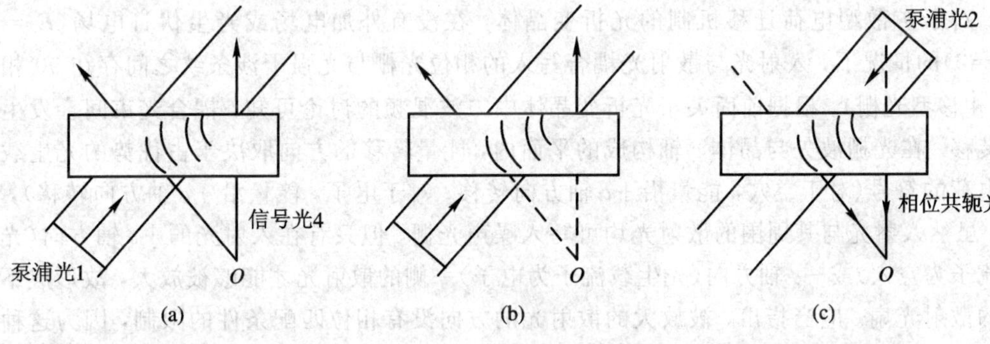

图 8.2－9　简并四波混频和二波混频的比较

(a) 相位光栅的记录；(b) 二波混频的自读出；(c) 四波混频的读出和相位共轭波

虽然简并四波混频与二波混频都是在光折变晶体内写入体相位光栅以及体相位光栅对读出光波的衍射，但是直接的二波混频与四波混频作用对光的放大特性却不同。这表现在四个方面：

(1) 二波混频只是在非局域响应的介质中才能对弱信号光进行放大，而四波混频既可在非局域响应介质中也可在局域响应介质中进行光放大。在前一种介质中四波混频的作用与二波混频相同，在后一种介质中的作用是基于两组光束所写入的相位光栅彼此有 $\pi/2$ 的空间相移。

(2) 在四波混频中，不仅可与二波混频一样将弱信号光进行放大，而且还可以同时产生与信号光传播方向相反的相位共轭光。所以，四波混频广泛地应用于光学相位共轭技术。

(3) 二波混频光能量转移的方向取决于耦合常数 Γ 的符号，而局域响应介质中的四波混频，其信号光的放大与耦合常数的符号无关。

(4) 在二波混频中，弱信号光放大与相互作用长度的关系呈指数形式，而在四波混频作用中，信号光强的增长与相互作用距离 γL 是幂次关系。

8.2.3 光感应光散射——扇形光散射光放大[4]

光感应光散射(light induced scattering)是指光折变材料在光辐照条件下，由于光折变效应引起的散射光放大，是一种非线性光散射过程，本质上不同于通常由大量散射中心或材料不均匀引起的光散射。光感应光散射的起因是入射光与光折变材料中的缺陷引起的散射光干涉，在光折变材料中写入了噪声相位光栅，入射光通过噪声相位光栅的衍射向散射光转移了能量，从而放大了散射光。

光感应光散射按照其空间分布可分为三大类：扇形效应(前向散射光放大)、光爬行效应(90°散射光放大)和散射光锥(锥形散射光放大)。这里仅介绍与光折变自泵浦相位共轭、互泵浦相位共轭形成机理密切相关的扇形效应。

扇形效应是一束激光入射光折变材料时，由于入射光与光折变材料中近前向散射光之间的双光束耦合形成的近前向具有一定空间分布、被放大的散射光扇。根据光生载流子的迁移机制的不同，扇形效应大致可分为以下三种。

1. 不对称的各向同性扇形效应

对于扩散型电荷迁移机制的光折变晶体，在没有外加电场或光生伏打电场($\boldsymbol{E}_0=0$，$\boldsymbol{E}_{ph}=0$)的情况下，入射光与散射光耦合写入的相位光栅与光强干涉条纹之间存在 90°相移(即相移型光栅)。根据前面关于光折变晶体中二波混频的讨论可知，耦合光束间会发生能量转移。在光栅波矢与晶体 c 轴构成的平面内，能量转移的方向取决于占优势的光生载流子电荷的符号(对于空穴，能量沿 $+c$ 轴方向转移；对于电子，能量沿 $-c$ 轴方向转移)，因此，虽然入射光与其周围的散射光均可写入噪声光栅，但只有在入射光的 $+c$ 轴方向(光生载流子为空穴)或 $-c$ 轴方向(光生载流子为电子)一侧的散射光才能够被放大，故形成不对称的散射光扇。应当指出，被放大的散射光的方向没有相位匹配条件的限制，因为这种散射是入射光束对于它和其散射光共同写入的噪声光栅的自衍射，自动满足布喇格条件。

各向同性扇形效应是指被放大的散射光的偏振方向与入射光的偏振方向相同，即 o→o，e→e。这种扩散机型电荷迁移机制形成的各向同性散射光扇在空间分布上是不对称的，因此称为不对称的各向同性扇形效应。

图 8.2-10 为计算得到的 $BaTiO_3$、SBN 和 KNSBN 晶体的光强耦合系数 Γ 的角分布曲线，其中 α_1、α_2 分别为入射光束和散射光束与晶体光轴 c 方向的夹角。这些理论计算结果和实验观察到的扇形不对称角分布一致，即 $\alpha_2<\alpha_1$ 时，$\Gamma>0$；$\alpha_2=\alpha_1$ 时，$\Gamma=0$；$\alpha_2>\alpha_1$ 时，$\Gamma<0$。计算所用晶体参数分别为：$BaTiO_3$：$n_o=2.30$，$n_e=2.27$，$N=2\times10^{16}\ cm^{-3}$，$\gamma_{13}=29\ pm/V$，$\gamma_{33}=97\ pm/V$，$\gamma_{42}=1640\ pm/V$，$\varepsilon_{//}=300$，$\varepsilon_{\perp}=3000$；SBN：$n_o=2.30$，$n_e=2.27$，$N=7\times10^{16}\ cm^{-3}$，$\gamma_{13}=55\ pm/V$，$\gamma_{33}=224\ pm/V$，$\gamma_{42}=80\ pm/V$，$\varepsilon_{//}=470$，$\varepsilon_{\perp}=1100$；KNSBN：$n_o=2.35$，$n_e=2.27$，$N=2\times10^{16}\ cm^{-3}$，$\gamma_{33}=200\ pm/V$，$\gamma_{42}=820\ pm/V$，$\varepsilon_{//}=588$，$\varepsilon_{\perp}=500$。

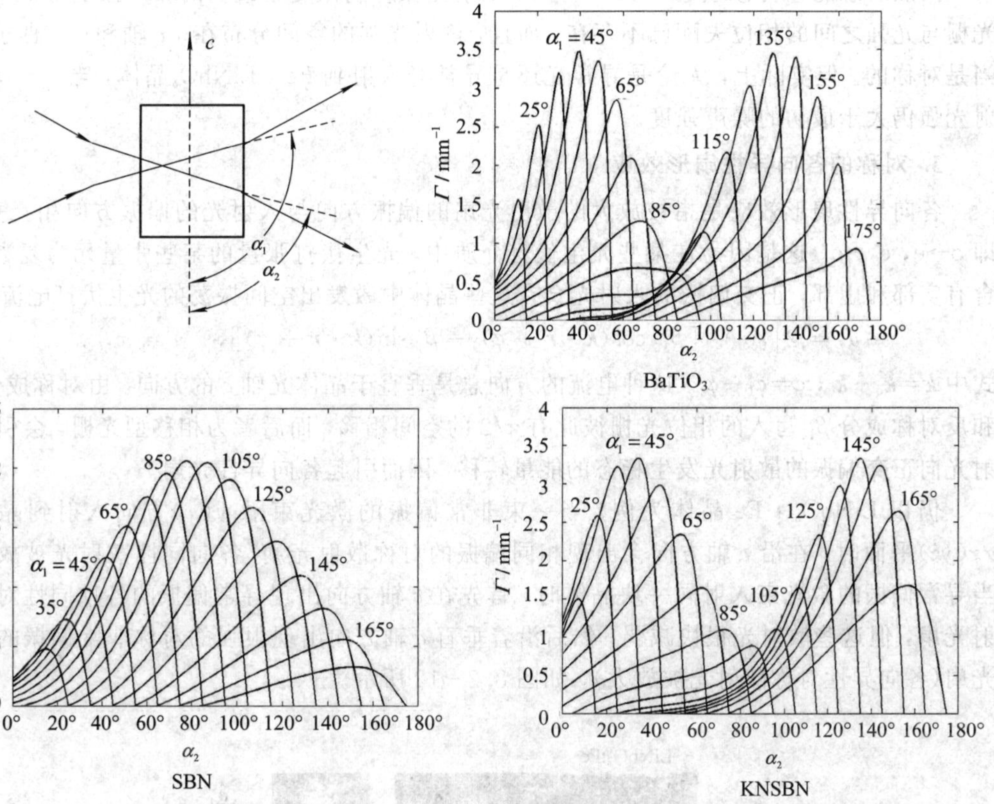

图 8.2-10　对应不同角度 α_1 理论计算得到的耦合系数 Γ 与角度 α_2 的关系曲线

2. 对称的各向同性扇形效应

对于具有较强光生伏打电场的光折变晶体(如 $LiNbO_3$，光生伏打电场 E_{ph} 高达 10^5 V/cm)，必须考虑光生伏打电场对光生载流子的影响。对各向同性散射光放大有贡献的是纵向光生伏打电流 $J_3^{ph} = \beta_{33} E_3 E_3^* = \beta_{33} I$。光生伏打电流沿 $-c$ 方向，其值正比于光强 I。光生伏打电场 $\boldsymbol{E}_{ph}$ 与外加电场 $\boldsymbol{E}_0$ 起相同的作用，区别仅在于前者是内在的电场，后者是外加电场。在光生伏打电场作用下，入射光与散射光写入的相位光栅与干涉光强分布一致，即非相移型的噪声光栅。在这种光栅的写入过程中，由于光栅与干涉条纹之间暂时的相位失配，会在入射光和散射光之间发生瞬态能量转移。

这种瞬态能量转移的特征是：① 只有当两束写入光束的光强不相等时才会发生；② 能量转移的方向总是由强光转移到弱光；③ 能量的再分配正比光生伏打电场(或外加电场)的平方 $|E_{ph}|^2$，所以与电场的方向无关。因此这种由强光(入射光)向弱光(散射光)的能量转移与晶体 c 轴的正、负方向无关，入射光两侧的散射光对称地被放大。无论是寻常还是非常偏振的激光束入射到 $LiNbO_3$ 的 xz 平面或 yz 平面，均可沿 c 轴方向观察到这种对称的、各向同性的散射光扇，如图 8.2-11 所示。

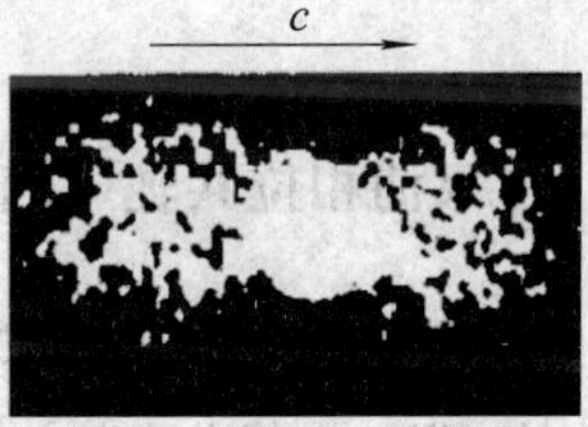

图 8.2-11　对称各向同性散射光扇的角分布

按照瞬态能量转移理论，当$t\to\infty$时，散射光强应当恢复到最初的噪声强度水平，因为光栅与光强之间的相位失配已不存在。而且，散射光强的空间分布在$+c$轴和$-c$轴方向应当是对称的。但实际上，无论是寻常光还是异常光入射到Fe：$LiNbO_3$晶体，当$t\to\infty$时散射光强仍大于最初的噪声强度。

3. 对称的各向异性扇形效应

各向异性扇形效应是指被放大的散射光扇的偏振方向与入射光的偏振方向相互垂直，即o→e，e→o。这是因为在某些光生伏打介质中，光生伏打张量的某些张量元为复数，包含有实部和虚部，正交偏振的入射光会在这些晶体中激发出空间振荡的光生伏打电流

$$J_i = 2|A_o A_e|[\beta_{15}^s \cos(\boldsymbol{k}\cdot\boldsymbol{r}+\varphi) - \beta_{15}^a \sin(\boldsymbol{k}\cdot\boldsymbol{r}+\varphi)], \quad i = x, y$$

式中$\boldsymbol{k}=\boldsymbol{k}_o-\boldsymbol{k}_e$，$\varphi=\varphi_1-\varphi_2$。这种电流的方向总是垂直于晶体光轴$c$的方向。由对称成分$\beta_{15}^s$和反对称成分$\beta_{15}^a$写入的相位光栅彼此有$\pi/2$的空间相移，而后者为相移型光栅，会引起入射光向正交偏振的散射光发生稳态的能量转移，因而引起各向异性光扇。

仍以$LiNbO_3$：Fe晶体为例，当一束非常偏振的激光束沿$y(x)$方向入射到晶体的$xz(yz)$平面时，在沿c轴方向会出现相同偏振的对称散射光扇(各向同性散射光被放大)。当寻常偏振的激光束入射同一块晶体时，首先在c轴方向出现寻常偏振的各项同性对称散射光扇，但这些散射光很快减弱，然后沿着垂直c轴方向出现很强的对称非常偏振的散射光扇(各向异性对称散射光被放大)，如图8.2-12所示。

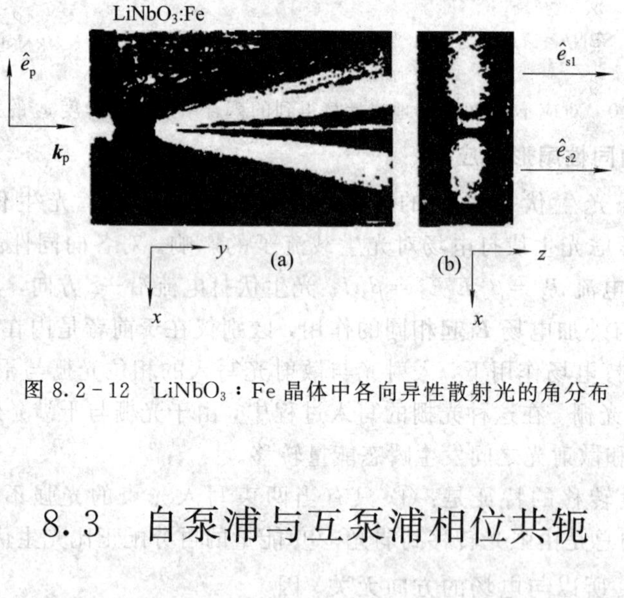

图8.2-12 $LiNbO_3$：Fe晶体中各向异性散射光的角分布

8.3 自泵浦与互泵浦相位共轭

8.3.1 自泵浦相位共轭(SPPC)

1. 自泵浦相位共轭器的样式

1982年White[5]等人首先实现了具有外镜的自泵浦相位共轭器，如图8.3-1(a)所示。光折变晶体放在由两个反射镜构成的谐振腔中，输入光波通过光折变晶体在两反射镜之间

产生一对反向传播的光束，它们作为泵浦光束通过四波混频产生输入光波的相位共轭光。这种相位共轭器一旦运转，构成谐振腔的两反射镜中的一个就可以撤去，如图 8.3 - 1(b)所示。同年，Feinberg[6]实现了不需要外镜，只由一块光折变晶体组成的自泵浦相位共轭镜，将一个畸变了的猫像复原如初，因此称为“猫”式共轭器，如图 8.3 - 1(c)所示。在 1983 年和 1989 年，Cronin-Golomb[7,8]等人实现了两种“环形”自泵浦相位共轭器。前者使用两个反射镜将入射光反射成一个环形回路再返回到光折变晶体(见图 8.3 - 1(d))，后者采用环形内反射，如图 8.3 - 1(e)所示。以上这些自泵浦相位共轭器都是通过四波混频产生相位共轭波的。

1985 年，Chang[9]等人提出了一种两波混频产生相位共轭波的自泵浦相位共轭器，如图 8.3 - 1(f)所示，这种配置类似于受激布里渊散射。此后，我国的张光寅等人[10]根据自泵浦相位共轭器中观察到的各种光径迹，提出了自弯曲光通道内相继四波混频多作用区机制。

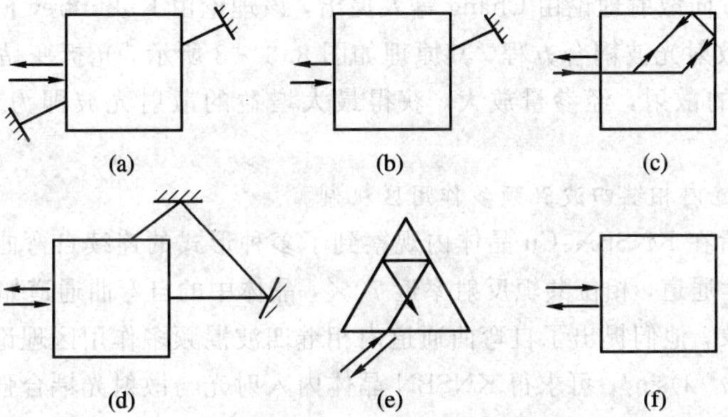

图 8.3 - 1 各种自泵浦相位共轭器

(a) 线型式：要求晶体处于一个谐振腔中；(b) 半线型式：要求一个反射镜和一块晶体；
(c)“猫”式：只要求一块晶体；(d) 环型式：要求光束从另一个方向再次进入晶体；
(e) 环型全内反射式：要求入射光束与其反射光束在晶体内相交；
(f) 背向散射式：要求入射光与背向散射光在晶体内产生它们的反射光栅

2. 自泵浦相位共轭的产生机制

虽然自 20 世纪 80 年代以来，自泵浦相位共轭器的研究进展迅速，但自泵浦相位共轭的形成机制仍存在较大争议，有多种理论，现介绍如下。

1) 双四波混频相互作用区理论

Feinberg 在实现“猫”式相位共轭器的同时，便对其机制提出了双四波混频相互作用区的理论。即在晶体内的入射光束通过扇形效应形成光回路，这个光回路在与入射光的两个相交处(A、B 相互作用区)，由四波混频产生入射光的相位共轭光。在晶体的一个角全内反射的光束 2、3 和 2′、3′分别为 A 区和 B 区的泵浦光束，光束 4 为光束 1 的相位共轭光，如图 8.3 - 2 所示。对于每一个四波混频作用区，均可按 8.2.2 节的简并四波混频理论进行分析。

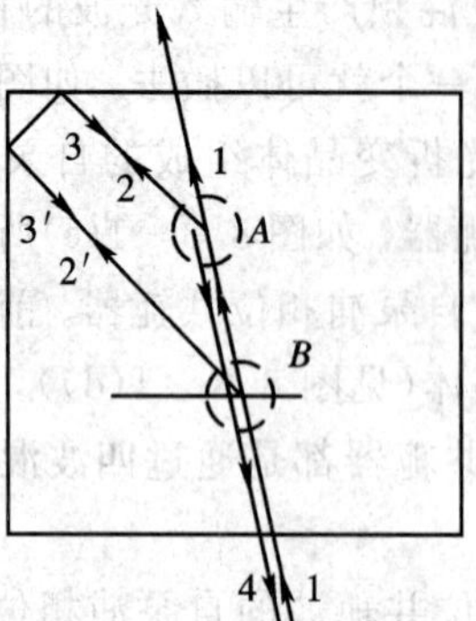

图 8.3－2 双作用区四波混频示意图

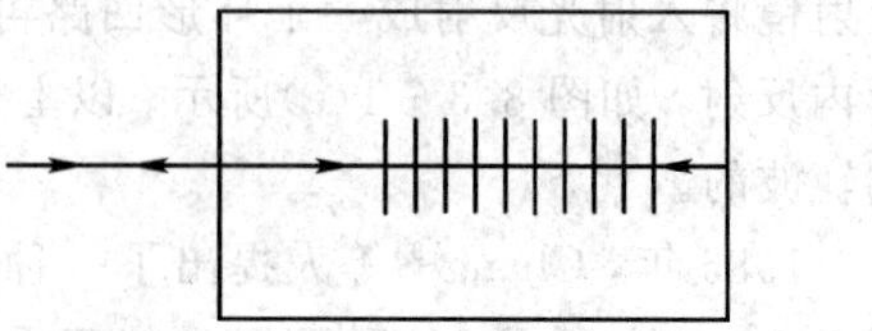

图 8.3－3 受激背向散射示意图

2）光折变受激背向散射理论

光折变受激背向散射理论由 Chang 等人提出，该理论由 Kukhtarev 模型出发，得到类似于受激布里渊散射光波耦合方程，其原理如图 8.3－3 所示。光折变晶体中的随机不均匀性引起入射光的散射，经参量放大，获得最大增益的散射光波即为入射光的相位共轭光。

3）自弯曲通道内相继四波混频多作用区机制

张光寅等先后在 KNSBN:Cu 晶体内观察到了多种形式的连续自弯曲光学通道，其中包括无回路的光学通道，相位共轭反射率近 70%，晶体中的自弯曲通道如图 8.3－4 所示。根据这一实验现象，他们提出了自弯曲通道内相继四波混频多作用区理论。由双光束强度耦合公式 $\Gamma=(2\pi n_1/\lambda)\sin\phi$，可求得 KNSBN 晶体内入射光与散射光耦合强度的角分布，并认为这种自弯曲通道的形成过程为：每一入射光方向 α_1 存在各个方向的散射光，其中散射光方向 α_2 为耦合最强的方向，即入射光的能量绝大部分转移到该方向的散射光上，然后这束光又作为入射光($\alpha_1'=\alpha_2$)，使另一束散射光(方向 α_2')被最大程度地放大，这样，入射光能量逐渐转移到具有耦合最大值所对应的一条自弯曲通道上。当这条自弯曲通道到达晶体的棱边或界面时，会产生强的背向散射光，它沿原路返回，通过相继四波混频，即前一点

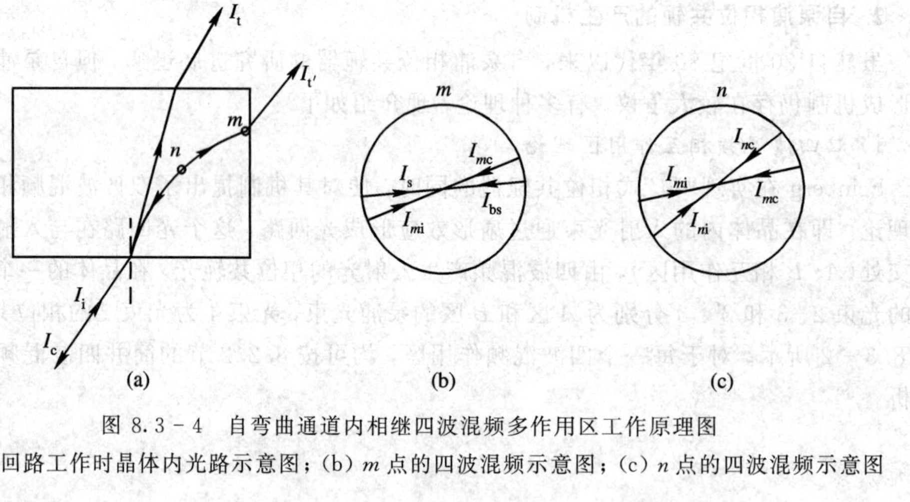

图 8.3－4 自弯曲通道内相继四波混频多作用区工作原理图

(a) 无回路工作时晶体内光路示意图；(b) m 点的四波混频示意图；(c) n 点的四波混频示意图

(m 点)的入射光与相位共轭光作为后一点(n 点)的一对泵浦光，使这条自弯曲通道成为一个相继四波混频多作用区，从而产生了相位共轭波。

3. 自泵浦相位共轭器的设计

优良的自泵浦相位共轭器应当具有如下特征：

(1) 高的相位共轭波反射率 R；

(2) 快的响应时间 τ；

(3) 成本低，结构简单，使用方便；

(4) 低的入射光功率阈值。

因此，设计自泵浦相位共轭器的结构时应遵循如下原则：

(1) 用作自泵浦相位共轭器的晶体材料应具有大的电光系数、高的光折变灵敏度和快的响应时间，同时要易生长，易加工，其物理性能可以人为控制和改变。

$BaTiO_3$ 晶体具有大的电光系数和高的光折变灵敏度，目前使用最多的自泵浦相位共轭器由它制作而成。但它的生长、加工难度大，周期长，存在 90°畴，极化困难，易于开裂，成品率低；存在低温(10 ℃)相变，使用、运输、保存都不方便。再加上它结构封闭，难于掺杂改良。这些原因限制了它的广泛应用。$KNbO_3$ 晶体也存在类似的问题。由我国山东大学首先生长成功的 KNSBN 晶体具有许多优良特性，它不仅有较大的横向电光系数 γ_{42}，而且还有较大的纵向电光系数 γ_{33}；它有较高的光折变灵敏度和较快的响应时间；没有 90°畴，不存在低温相变。此晶体易生长、易极化、易加工、易保存、成本低，而且其物理性能可由组分和掺杂元素及掺杂浓度来控制。KNSBN 晶体对 514.5 nm 的 Ar^+ 激光获得了近 70% 的自泵浦相位共轭反射率。因此，KNSBN 晶体是一种很有发展前途的光折变材料。

(2) 自泵浦相位共轭器的结构设计应充分利用晶体的最大电光系数，即使空间电荷场方向(光栅波矢方向)与最大电光系数所对应的电场方向一致。例如 $BaTiO_3$、KNSBN 和 $KNbO_3$，最大电光系数为 γ_{42}，因此要采用 45°晶体切割法或异形切割法，使光栅波矢与 c 轴成 45°；SBN 晶体的最大电光系数为 γ_{33}，因而采用环形全内反射法使光栅波矢沿 c 轴方向。

(3) 结构简单，尺寸要适当小。结构简单是从降低成本、容易加工和使用方便考虑的，目前晶体多为长方体或异形切割。尺寸要兼顾考虑入射光与散射光有足够长的相互作用距离，以便形成扇形光散射并发生入射光向相位共轭光的能量转移；同时还要考虑尽量减少晶体对入射光的吸收，以降低泵浦阈值。

(4) 泵浦光波长应位于晶体材料施主(或受主)吸收带边的"肩部"。如果泵浦光波长位于材料的透明区，则不会产生光生载流子，也不会写入光栅；如果泵浦光全部或大部被吸收，也不会通过四波混频产生相位共轭光。因此光吸收对自泵浦相位共轭器有如下两种作用：其一是光吸收会损失光能量，其二是光吸收使载流子密度增加，从而使 Δn、Γ 增大，响应时间 τ 缩短。所以只有当泵浦光波长位于晶体材料施主(或受主)吸收带边的"肩部"时，才能兼顾利、弊两个方面，获得最高相位共轭反射率。

综上所述，合理的自泵浦相位共轭器结构设计首先是要选用优良的晶体材料，在此基础上再充分考虑其他要求，这样方可设计出较为理想的自泵浦相位共轭器。表 8.3－1 给出了各种类型的自泵浦相位共轭器目前所达到的相位共轭反射率、响应时间及其相应的结构。

表 8.3－1　各种类型的自泵浦相位共轭器目前所达到的指标、结构和机制

晶　　体	R/(%)	结　　构	机　　制
$BaTiO_3$	30	"猫"式	双作用区四波混频
	60	45°	双作用区四波混频
	70	异形切割	双作用区四波混频
	~10	受激背向散射	两波耦合
SBN:Ce	25	"猫"式	双作用区四波混频
SBN	30	环形全内反射	单作用区四波混频
$KNbO_3$:Fe	30 70	外环形腔 异形切割	单作用区四波混频
KNSBN:Ce(充满型)	30	"猫"式	双作用区四波混频
KNSBN:Co(非充满型)	50	异形切割	单作用区四波混频
KNSBN:Cu(非充满型)	68	自弯曲无回路	相继多作用区四波混频

4. 自泵浦相位共轭器参数测量

衡量自泵浦相位共轭器的主要参数是相位共轭反射率 R 和响应时间 τ。它们可以用实验测量，其测量方法如下：

(1) 相位共轭反射率 R 的测量。由于自泵浦相位共轭光沿原光路返回，在激光器的介质镜和光折变晶体之间发生谐振，大大增加了激光器的输出功率，因而在测量相位共轭反射率时，必须考虑存在自泵浦相位共轭器后引起的激光器输出功率的变化，否则将会给测量带来较大误差。相位共轭反射率测量装置如图 8.3－5 所示。相位共轭反射率的测量公式为

$$R=\frac{I_c}{I_i}=\frac{\dfrac{I_{cr}}{R_2}}{\dfrac{I_{ir}}{R_1}T} \tag{8.3-1}$$

式中，$R_1=\frac{I_{ir}}{I_{i0}}$；$R_2=\frac{I_{cr}}{I_c}$；$T=\frac{I_i}{I_{i0}}$。测量时，在不存在自泵浦相位共轭光时分别测得分束器 BS_2 的 R_1、R_2 及 T，然后测量存在自泵浦相位共轭光时的 I_{cr} 和 I_{ir}，代入式(8.3－1)，便可求得相位共轭反射率 R。

(2) 响应时间 τ 的测量。响应时间 τ 定义为从入射光辐照到光折变晶体开始至自泵浦相位共轭光强达到饱和值的 90%或 1/e 所需要的时间。因此，可将图 8.3－5 中功率计探头与记录仪连接，绘出相位共轭光强随辐照时间的变化曲线，从而求出达到饱和值 90%或 1/e 所需要的时间。由于在不同入射功率密度下，τ 值明显不同，故应标明测量是在多大功率密度下进行的。

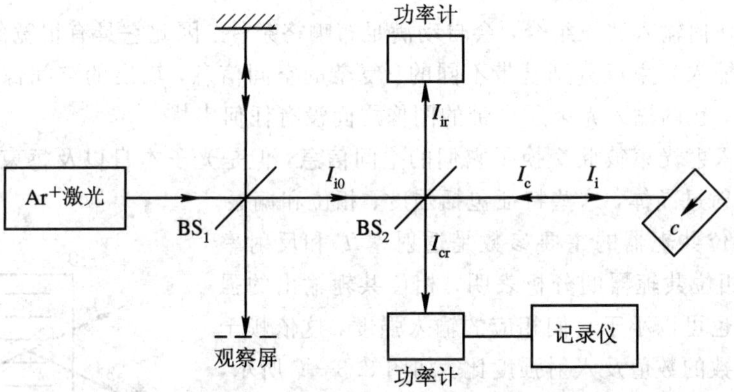

图 8.3-5　自泵浦相位共轭反射率 R、响应时间 τ 的测量装置图

8.3.2　互泵浦相位共轭(MPPC)

互泵浦相位共轭器是一种能够同时产生两束入射光的相位共轭光的装置。1987 年，Weiss[11]最早报导了互泵浦相位共轭器的双相位共轭镜运转实验。互泵浦相位共轭过程需要两束入射光，根据两束光的配置及实验条件的不同，形成了多种形式的互泵浦相位共轭器，如双相位共轭器、互不相干光束耦合器、鸟翼式互泵浦相位共轭器、桥式互泵浦相位共轭器和蛙腿式互泵浦相位共轭器等，其光路如图 8.3-6 所示。

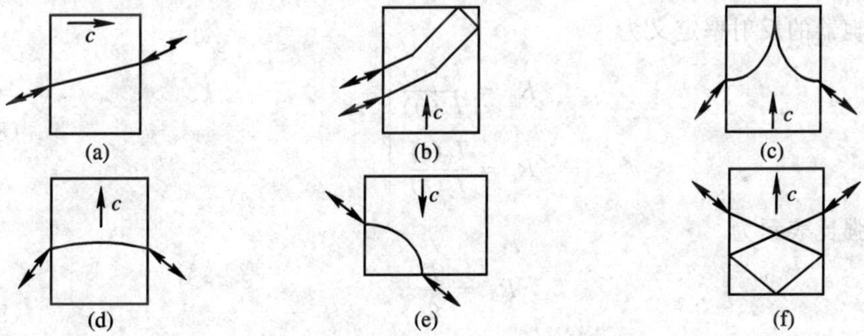

图 8.3-6　互泵浦相位共轭器两光束配置示意图

(a) 双相位共轭器；(b) 互不相干光束耦合器；(c) 鸟翼式互泵浦相位共轭器；
(d)、(e) 桥式互泵浦相位共轭器；(f) 蛙腿式互泵浦相位共轭器

所有的互泵浦相位共轭过程都依赖于光折变受激散射效应，它们形成的物理机制几乎是完全相同的。当入射光进入晶体时会产生光散射，入射光与散射光由于相干将在晶体中建立波矢方向各异的相位光栅。互泵浦相位共轭器的两束入射光都有自己的一套光栅，由于这些光栅之间的竞争，最后晶体中将存在一个或多个波矢特定取向的光栅，每一束入射光在光栅上衍射形成另一束光的相位共轭光，这就是所谓的光栅共享理论。根据晶体内光栅(作用区)的个数可将互泵浦相位共轭器分为两类：单区四波混频自振荡机制和双作用区机制。双相位共轭器属单区四波混频自振荡机制，其他均为双作用区机制。

互泵浦相位共轭器具有如下优点：

(1) 光折变晶体被两束完全独立的光束泵浦，这允许远程处理信息，不需要互相干的参考光源。

(2) 对于任何输入波长组合，会自动满足布喇格条件。因此它具有很宽的工作带宽。

(3) 两个输入光束可分别携带不同的、复杂的空间信息，输出的空间像与输入像是完全相位共轭的，在两输入光束所携带的图像之间没有任何串扰。

(4) 虽然入射光束彼此交换了它们的空间信息，但是光子本身以及每束光的其他特征都被保留并透射过晶体，这些特征包括强度、相位和偏振。

互泵浦相位共轭器的主要参数是透射率 T 和反射率 R。对互泵浦相位共轭器的分析表明，相位共轭输出的强度既可以大于也可以小于它们相应的输入强度，这依赖于晶体中耦合常数的数值及入射强度比。如图 8.3－7 所示，取 $I_4(z=0)=I_4(0)$，$I_2(z=l)=I_2(l)$，$I_1(0)=I_3(l)=0$ 以及 $q=I_4(0)/I_2(l)$，由于在晶体中反向传播的每一束光在两个方向上具有相同的复振幅透过率，因而对称的强度透过率定义为

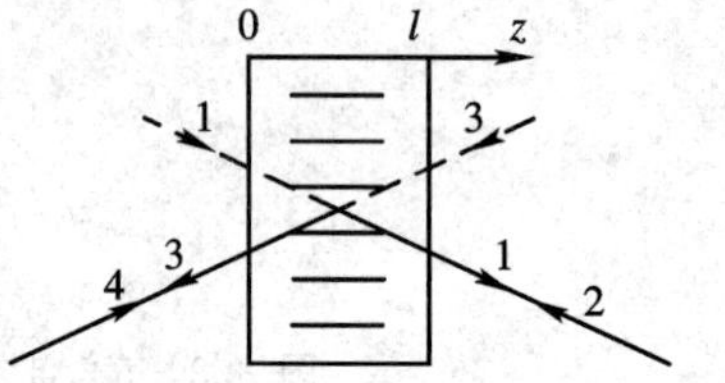

图 8.3－7 互泵浦相位共轭器双束作用示意图

$$T=\frac{I_3(0)}{I_2(l)}=\frac{I_1(l)}{I_4(0)} \tag{8.3-2}$$

可由入射光强比表示为

$$T=\frac{a^2(q^{-1/2}+q^{1/2})^2-(q^{-1/2}-q^{1/2})^2}{4} \tag{8.3-3}$$

式中，a 为与耦合强度有关的常数。

相位共轭器的反射率定义为

$$\left.\begin{aligned}R_0&=\frac{I_3(0)}{I_4(0)}\\R_l&=\frac{I_1(l)}{I_2(l)}\end{aligned}\right\} \tag{8.3-4}$$

可由入射光强比表示为

$$\left.\begin{aligned}R_0&=\frac{T}{q}\\R_l&=Tq\end{aligned}\right\} \tag{8.3-5}$$

由式(8.3－3)可以看出，当 $q=1$ 时，T 最大，并且等于 a，可得互泵浦相位共轭器工作时 q 的范围为

$$\frac{1-a}{1+a}<q<\frac{1+a}{1-a} \tag{8.3-6}$$

由式(8.3－3)和式(8.3－5)可求得最大反射率为

$$R_{\max}=\frac{a^2}{1-a^2} \tag{8.3-7}$$

当 $a\geqslant\frac{1}{\sqrt{2}}$，$q^{\pm1}=\frac{1+a^2}{1-a^2}$时，$R_{\max}>1$。这说明互泵浦相位共轭器的反射率可以大于 1，这时出现反射率放大。

以上这些方程忽略了光折变晶体的吸收效应，如果考虑晶体的吸收，透射率和反射率会明显下降。

上面讨论的自泵浦相位共轭器和互泵浦相位共轭器可用于联想存储，实现从非相干图

像到相干图像的转换，建立联合变换相关器，实现图像相减操作和瞬态条件下的信息交换以及自适应光学系统等。

8.3.3　自泵浦和互泵浦共存的相位共轭器

在光折变晶体中，除了能发生自泵浦相位共轭和互泵浦相位共轭现象外，还能发生自泵浦和互泵浦相位共轭共存的现象。自泵浦和互泵浦共存的相位共轭器是指晶体中自泵浦相位共轭与互泵浦相位共轭竞争并存，即晶体输出的相位共轭光中既有自泵浦相位共轭光又有互泵浦相位共轭光。1996 年，有人曾在实验中观察到了自泵浦相位共轭与互泵浦相位共轭共存的现象。其后，姜作宏等人[12]利用 632.8 nm 激光在 Ce：Fe：$LiNbo_3$中实现桥式自泵浦与互泵浦相位共轭共存实验研究，石顺祥等人[13, 14]利用 Ar^+离子和倍频 Nd：YAG 的连续、脉冲调制激光，对自泵浦和互泵浦相位共轭共存效应及其应用进行了较深入的实验、理论研究工作。

下面，简单介绍鸟翼式和桥式两种自泵浦和互泵浦共存的相位共轭器工作原理。

鸟翼式自泵浦与互泵浦相位共轭共存时的晶体光路如图 8.3-8 所示。适当地调整两个光束 2 和 2′，使之从晶体两侧入射，进入晶体后通过扇形效应扇开，并形成自泵浦相位共轭与鸟翼式互泵浦相位共轭共存。两个自泵浦相位共轭的入射光束 2 和 2′分别扇开至晶体底面的两棱角，产生各自的自泵浦相位共轭光 3 和 3′；互泵浦相位共轭的两个入射光束 2 和 2′扇开至晶体底面，并借助于底面的全反射产生鸟翼式互泵浦相位共轭光 4 和 4′。两种相位共轭光路在晶体内交叉覆盖，竞争并存，两个输出光束中均包含相应入射光的自泵浦相位共轭光和互泵浦相位共轭光。

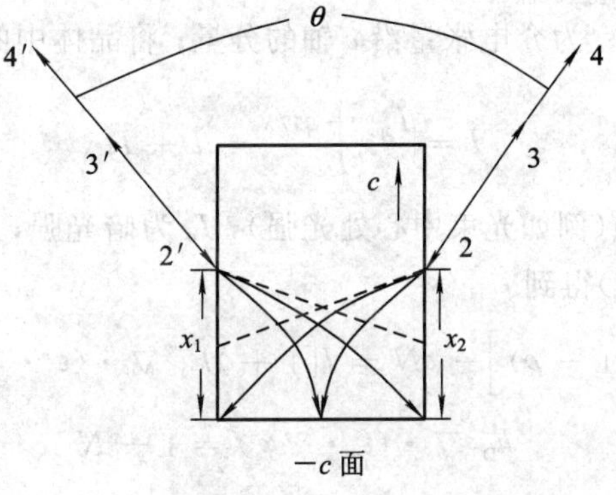

图 8.3-8　鸟翼式 SPPC 与 MPPC 共存光路图

桥式自泵浦与互泵浦相位共轭共存的晶体光路如图 8.3-9 所示，图中虚线为两入射光 1 和 2 在晶体中的散射光所形成的互弯曲耦合通道。入射光 1 和 2 由于光折变效应的耦合，其绝大部分光能量都转移到了散射光方向并形成一条自弯曲耦合通道，当入射光沿着自弯曲通道到达晶体的另一界面时，产生背向散射光，此散射光沿原路返回并相继地对入射光起到自感应光栅的作用，产生其自泵浦相位共轭光 3 和 4；两入射光束的扇开光相互构成一对共轭光，它们与两入射光一起在 A、B 两作用区形成四波混频，产生互泵浦相位共轭光 5 和 6。这两种相位共轭光路在晶体内交叉覆盖，竞争并存，两个输出光束中均包含相应入射光的自泵浦相位共轭光和互泵浦相位共轭光。

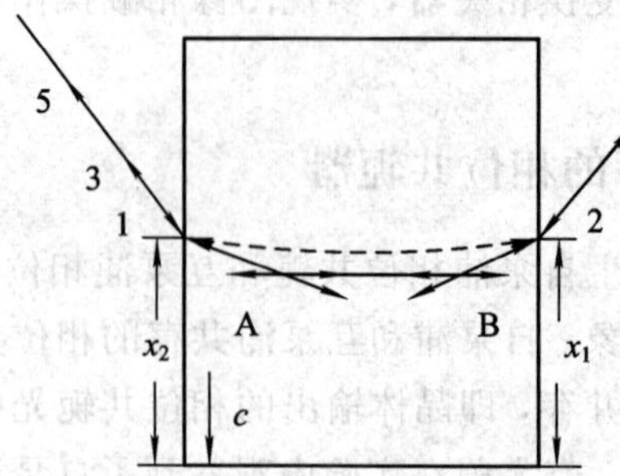

图 8.3-9 桥式自泵浦与互泵浦相位共轭共存的光路结构图

8.4 光折变空间孤子

当光折变晶体存在外电场或具有较强的伏打非线性时，对晶体中传播的光束加以特定限制，会引起晶体中空间电场的重新分布，从而出现光束的自陷、自聚焦，以及形成空间光孤子。

8.4.1 高斯光束传播的自聚焦现象

1. 光折变晶体中的折射率分布

首先，由 Kuhktarev 方程出发研究单光束在晶体中传播时的折射率分布。引入无量纲量[15]：$N=\dfrac{N_D^+}{N_A}$，$\rho=\dfrac{\rho_e}{\rho_0}$；定义无量纲的静电场电势 φ_s，且 $\nabla\varphi_s=-\dfrac{k_D\boldsymbol{E}}{\tilde{E}}$，$k_D=\left(\dfrac{e^2N_A}{k_BT\varepsilon_0\varepsilon_c}\right)^{1/2}$，$\tilde{E}=\dfrac{eN_A}{\varepsilon_0\varepsilon_c k_D}$，$\varepsilon_c$ 为介电张量沿 c 轴的分量；将晶体中的光强表示为

$$I=\frac{I_{opt}+\beta/s}{I_0}=\tilde{I}+I_d$$

式中，I_0 为某一特征光强(例如光束中心处光强)，I_d 为暗光强，并假设 $n_e\ll N_A$，就可以由式(8.1-1)～式(8.1-4)得到

$$\delta\frac{\partial N}{\partial\tau}=I\left[1+\frac{sI_0}{\xi\rho_0}(1-\rho)\right]-\rho N=I[1+\chi k_D^{-2}\nabla\cdot(\boldsymbol{\varepsilon}_n\cdot\nabla\varphi_s)]-\rho N \tag{8.4-1}$$

$$k_D^{-2}\nabla\cdot(\boldsymbol{\varepsilon}_n\cdot\nabla\varphi_s)=1-N \tag{8.4-2}$$

$$\nabla\cdot\left\{-\rho\nabla\varphi_s+\nabla\rho+\tilde{I}ck_D\frac{E_{ph}}{\tilde{E}}\left[1+\chi k_D^{-2}\nabla\cdot(\boldsymbol{\varepsilon}_n\cdot\nabla\varphi_s)-\frac{\partial}{\partial\tau}\boldsymbol{\varepsilon}\cdot\nabla\varphi_s\right]\right\}=0 \tag{8.4-3}$$

式中，$\tau=\dfrac{t}{t_0}$；$t_0=\dfrac{\varepsilon_0\varepsilon_c}{e\mu\rho_0}$；$\rho_0=\dfrac{sI_0(N_D-N_A)}{\gamma_RN}$；$\delta=\dfrac{e\mu}{\varepsilon_0\varepsilon_c\gamma_R}$；$\chi=\dfrac{N_A}{N_D-N_A}$；$\boldsymbol{\varepsilon}_n=\dfrac{\boldsymbol{\varepsilon}}{\varepsilon_c}$；$E_{ph}=\dfrac{\beta_{ph}\xi N_A}{e\mu s}$为光伏电场；$c$ 是光轴方向单位矢量。在应用中最感兴趣的是 $k_D^{-2}\nabla\cdot(\boldsymbol{\varepsilon}_n\cdot\nabla\varphi_s)\ll1$ 的情形，此时，上面三式可合并为一个方程：

$$\rho\approx\frac{I}{N}=\frac{I}{1-k_D^{-2}\nabla\cdot(\boldsymbol{\varepsilon}_n\cdot\nabla\varphi_s)}\approx I[1+k_D^{-2}\nabla\cdot(\boldsymbol{\varepsilon}\cdot\nabla\varphi_s)] \tag{8.4-4}$$

将该式代入式(8.4-3)，并利用 $1+\chi k_D^{-1}\nabla\cdot(\boldsymbol{\varepsilon}_n\cdot\nabla\varphi_s)\approx1$ 及 $\tilde{I}=I-I_d\approx I$，可得

$$I^{-1}\frac{\partial}{\partial T}\nabla\cdot(\varepsilon_n\cdot\nabla\varphi_s)+\nabla^2 U(\varphi_s, I)+\nabla\ \ln I\cdot\nabla U(\varphi_s, I)-k_D\frac{E_{ph}}{\widetilde{E}}\boldsymbol{c}\cdot\nabla\ \ln I=0 \tag{8.4-5}$$

式中

$$U(I, \varphi_s)=\varphi_s-k_D^{-2}\nabla\cdot(\boldsymbol{\varepsilon}_n\cdot\nabla\varphi_s)-\ln I \tag{8.4-6}$$

为研究光束在光折变晶体中的传播特性，假定光电场复振幅$E(\boldsymbol{r})$满足如下方程：

$$\left[\frac{\partial}{\partial z}-\frac{\mathrm{i}}{2k}\nabla_{\perp}^2-\mathrm{i}\upsilon(\boldsymbol{r})\right]E(\boldsymbol{r})=0 \tag{8.4-7}$$

式中，$\nabla_{\perp}^2$为垂直于传播方向的拉普拉斯算符；$\upsilon(\boldsymbol{r})$为光在晶体中传播时的折射率，并且

$$\upsilon(\boldsymbol{r})=\frac{k}{2k_D}n^2\widetilde{E}\boldsymbol{a}\cdot(\boldsymbol{\gamma}\cdot\nabla\varphi_s)\cdot\boldsymbol{a} \tag{8.4-8}$$

其中，$\boldsymbol{a}$为光波的偏振单位矢量；$\boldsymbol{\gamma}$为电光张量。

为了研究光波在光折变晶体中的传播规律，必须知道晶体中的折射率分布$\upsilon(\boldsymbol{r})$。为此，考虑如下几何结构配置：晶体沿晶轴切割，其c轴平行于x方向；一束x偏振光沿z方向传播，在$z=0$表面入射，在$z=L$表面出射，晶体的侧面位于无穷远处，即光束尺寸与晶体尺寸相比小得多；外加电场和光伏打电流均沿c方向。在这种情况下，式(8.4-8)中的非线性折射率由电光张量元$\gamma_{33}(\gamma_{zzz})$决定，因而式(8.4-8)可改写为

$$\upsilon(\boldsymbol{r})=\frac{k}{2}n^2\gamma_{33}\widetilde{E}G(\boldsymbol{r}) \tag{8.4-9}$$

式中

$$G(\boldsymbol{r})=k_D^{-1}\frac{\partial\varphi_s(\boldsymbol{r})}{\partial z}$$

由于$\upsilon(r)\propto G(\boldsymbol{r})$，可以把$G$视为归一化了的非线性折射率。若垂直于$x$轴的晶体两表面电势差为$V$，当晶体中无光束传播时，晶体中沿$x$轴方向的场强为$E_{ext}=-V/l$，$\varphi_s$的边界条件为$\varphi_s(x=l/2)=k_D V/(2\widetilde{E})$，$\varphi_s(x=-l/2)=-k_D V/(2\widetilde{E})$。为了求解上述几何配置下的折射率分布，引入函数

$$\left.\begin{aligned}\varphi_n&=\varphi_s+k_D\left(\frac{E_{ext}}{\widetilde{E}}\right)x\\ U_n&=U+k_D\left(\frac{E_{ext}}{\widetilde{E}}\right)x\end{aligned}\right\} \tag{8.4-10}$$

可以得到φ_n、U_n满足的方程形式如下：

$$I^{-1}\frac{\partial}{\partial t}\nabla\cdot(\varepsilon_n\nabla\varphi_n)+\nabla^2 U_n(\varphi_n, I)+\nabla\ \ln I\cdot\nabla U_n(\varphi_n, I)-k_D\frac{E_{ext}+E_{ph}}{\widetilde{E}}x\nabla\ \ln I=0 \tag{8.4-11}$$

可见，关于φ_n、U_n的方程与方程(8.4-5)具有相同的形式，函数$U_n(\varphi_n, I)$仍由式(8.4-6)决定，唯一的改变是进行了替换：$\varphi_s\to\varphi_n$，$U\to U_n$。若光强横截面分布为圆对称，在不考虑吸收，即$I(x, y, z)=I(r_\perp)$，$r_\perp=\sqrt{x^2+y^2}$时，由式(8.4-11)可得稳态方程为

$$\nabla^2 U_n+\nabla\ \ln I\cdot\nabla U_n-k_n\frac{E_{ext}+E_{ph}}{\widetilde{E}}\boldsymbol{c}\cdot\nabla\ \ln I=0 \tag{8.4-12}$$

设上式的解为$U_n(x, y, z)=(E_{ext}+E_{ph})\widetilde{E}^{-1}k_D xF(r_\perp)$，代入式(8.4－11)可得函数$F(r_\perp)$满足如下方程：

$$r_\perp \frac{d^2F}{dr_\perp}+\left[3+r_\perp \frac{d(\ln I)}{dr_\perp}\right]\frac{dF}{dr_\perp}+\frac{d(\ln I)}{dr_\perp}(F-1)=0 \tag{8.4-13}$$

式(8.4－13)的边界条件为$F(r_\perp=0)$有限，且$F(r_\perp\to\infty)\to 0$。在光束中心区域，函数$F(r_\perp)$近似为

$$F(r_\perp)\approx 1-8\alpha I_d \frac{r_\perp^2}{d^2}+\cdots \tag{8.4-14}$$

式中，$\alpha=\sqrt{\pi \ln I_d^{-1}}/4$，则由$F(r_\perp)$表示的$U(I, \varphi)$为

$$U=U_n-k_D\frac{E_{ext}}{\widetilde{E}}=k_D\frac{E_{ext}+E_{ph}}{\widetilde{E}}xF(r_\perp)-k_D\frac{E_{ext}}{\widetilde{E}}x \tag{8.4-15}$$

考虑到光束直径远大于k_D^{-1}，可忽略式(8.4－6)中第二项，有$U\approx\varphi_s-\ln I$及$\varphi_n=U_n+\ln I$，$\varphi_s=\varphi_n-k_D\dfrac{E_{ext}}{\widetilde{E}}k_D x$，所以

$$\varphi_n=U_n+\ln I-k_D\frac{E_{ext}}{\widetilde{E}}x=\ln I(r_\perp)+\frac{E_{ext}+E_{ph}}{\widetilde{E}}k_D xF(r_\perp)-\frac{E_{ext}}{\widetilde{E}}k_D x \tag{8.4-16}$$

因此光束中心附近电势φ_s近似表示为

$$\varphi_s=-\frac{8r_\perp^2}{d^2}+\frac{E_{ext}+E_{ph}}{\widetilde{E}}k_D x\left[1-8\alpha I_d\frac{r_\perp^2}{d^2}\right]-\frac{E_{ext}}{\widetilde{E}}k_D x \tag{8.4-17}$$

由此可以得到单光束在外加电场的晶体中传播时，其折射率分布为

$$\begin{aligned}\upsilon(\boldsymbol{r})&=-\frac{8kn^2\gamma_{33}\widetilde{E}}{d^2k_D}x+\frac{kn^2\gamma_{33}(E_{ext}+E_{ph})}{2}\left(1-8\alpha I_d\frac{y^2+3x^2}{d^2}\right)-\frac{k^2n^2}{2}\gamma_{33}E_{ext}\\&=-k\frac{x}{l_b}-\alpha\frac{k}{2}\frac{3x^2+y^2}{l_{NL}^2}+\frac{1}{2}kn^2E_{ph}\gamma_{33}\end{aligned} \tag{8.4-18}$$

式中

$$l_b=\frac{k_D d^2}{8n^2\gamma_{33}\widetilde{E}},\quad l_{NL}^2=\frac{d^2}{8n^2I_d\gamma_{33}(E_{ext}+E_{ph})}$$

在式(8.4－18)中，折射率分布的最后一项仅给出折射率的均匀调制，对光束的传播无影响，可以忽略。由于$l_{NL}^2\propto I_d^{-1}$，当$I_d\to 0$时第二项消失，在此情况下，尽管外电场和光伏打效应存在，但晶体中的折射率的非均匀变化为零；在暗光强I_d不为零时，外加电场和光伏打非线性效应将引起晶体中折射率的非均匀变化，从而影响晶体中传播光束复振幅的横向分布。

2. 高斯光束传播的自聚焦效应

下面，利用前面得到的关系研究高斯光束传播的自聚焦效应。假设晶体中传播的光束电场复振幅具有如下形式：

$$\begin{aligned}E(x, z)=\frac{1}{\sqrt{f(z)}}\exp\Big\{&-4\frac{[x-x_0(z)]^2}{w^2f^2(z)}+\mathrm{i}\frac{k}{2}[x-x_0(z)]^2\frac{df(z)/dz}{f(z)}\\&+\mathrm{i}k\theta(z)x+\mathrm{i}k\psi(z)\Big\}\end{aligned} \tag{8.4-19}$$

式中，w 为光束在 $z=0$ 处的直径；f、x_0、θ、ψ 为传播距离 z 的函数；$wf(z)$为光束在晶体中 z 处的直径；$x_0(z)$为 z 处光束中心；并且 $f(0)=1$，$x_0(0)=0$，$\theta(0)=0$，则在二维情形下有

$$\left.\begin{aligned}U_n(x)&=\frac{E_{\mathrm{ext}}+E_{\mathrm{ph}}}{\widetilde{E}}k_{\mathrm{D}}\left[x-\int_0^x\frac{I_{\mathrm{d}}}{I}\,\mathrm{d}x'\right]\\ \varphi_{\mathrm{s}}(x)&=\ln I+\frac{E_{\mathrm{ph}}}{\widetilde{E}}k_{\mathrm{D}}x-\frac{E_{\mathrm{ph}}+E_{\mathrm{ext}}}{\widetilde{E}}k_{\mathrm{D}}\int_0^x\frac{I_{\mathrm{d}}}{I}\,\mathrm{d}x'\end{aligned}\right\}\tag{8.4-20}$$

应用式(8.4-20)即可求得二维情况的 $v(x, z)$的表达式

$$v(x)=-\frac{kd^2}{16l_{\mathrm{NL}}^2}f-k\frac{x-x_0}{l_{\mathrm{b}}f^2}-\frac{k}{2}\frac{(x-x_0)^2}{l_{\mathrm{NL}}^2f}\tag{8.4-21}$$

及

$$I=\frac{1}{f(z)}\exp\left[-\frac{8[x-x_0(z)]^2}{d^2f^2(z)}\right]+I_{\mathrm{d}}\tag{8.4-22}$$

将式(8.4-19)、式(8.4-21)代入式(8.4-7)，经整理，由 x^2 的系数和为 0，可得

$$\frac{\mathrm{d}^2f}{\mathrm{d}z^2}-\frac{1}{l_{\mathrm{d}}^2f^3}+\frac{1}{l_{\mathrm{NL}}^2}=0,\quad l_{\mathrm{d}}^2=\frac{kd^2}{8}\tag{8.4-23}$$

由 x 的系数和为 0，可得

$$\frac{\mathrm{d}x_0}{\mathrm{d}z}=\theta,\qquad \text{实部}=0\tag{8.4-24}$$

$$-\frac{\mathrm{d}f/\mathrm{d}z}{f}\frac{\mathrm{d}x_0}{\mathrm{d}z}+\frac{\mathrm{d}\theta}{\mathrm{d}z}+\frac{\mathrm{d}f/\mathrm{d}z}{f}\theta+\frac{1}{l_{\mathrm{b}}f^2}=0,\qquad \text{虚部}=0\tag{8.4-25}$$

将式(8.4-24)代入式(8.4-25)，进行积分得

$$x_0=-\frac{1}{l_{\mathrm{b}}}\int_0^z\mathrm{d}z'\int_0^{z'}\frac{\mathrm{d}z''}{f^2(z'')}\tag{8.4-26}$$

$$\theta=x_0'=-\frac{1}{l_{\mathrm{b}}}\int_0^z\frac{\mathrm{d}z'}{f^2(z')}\tag{8.4-27}$$

由 x_0 的系数和为 0，可以得到

$$\psi=\int_0^z\left[\frac{x_0}{l_{\mathrm{b}}f^2(z')}-\frac{w^2}{16l_{\mathrm{NL}}^2}-\frac{4}{k^2w^2f^2(z')}-\frac{\theta^2}{2}\right]\mathrm{d}z'\tag{8.4-28}$$

以上各式的意义是：光束在晶体中传播时，其直径按式(8.4-23)关系改变，改变量由衍射长度 l_{d} 和非线性折射率长度 l_{NL}决定，而式中非线性折射率长度的平方 l_{NL}^2项可正可负，其符号由 $\gamma_{33}(E_{\mathrm{ext}}+E_{\mathrm{ph}})$决定。$l_{\mathrm{NL}}^2$取正值相应于非线性聚焦，$l_{\mathrm{NL}}^2$取负值相应于非线性散焦；式(8.4-26)表明光束在自聚焦或自散焦过程中逐渐朝晶体光轴方向弯曲；式(8.4-27)则表明波前的倾角正比于光束中心横向位移对 z 的微分。对于初始准直的光束，有 $f(z=0)=1$，$\mathrm{d}f(x=0)/\mathrm{d}z=0$。对式(8.4-23)积分一次得

$$\left(\frac{\mathrm{d}f}{\mathrm{d}z}\right)^2=\frac{f-1}{l_{\mathrm{d}}^2-f^2}(1+f-2Pf^2)\tag{8.4-29}$$

式中，$P=l_{\mathrm{d}}^2/l_{\mathrm{NL}}^2$。对 $P<0(l_{\mathrm{NL}}^2<0)$，随着光束的传播，其直径单调增加，为光束自散焦。对 $P>0(l_{\mathrm{NL}}^2>0)$，光束直径一般是传播距离的周期性函数，其直径的变化范围由下式决定：

$$\left.\begin{aligned} f_1 &= 1 \\ f_2 &= \frac{1}{4P}(1 + \sqrt{1 + 8P}) \end{aligned}\right\} \tag{8.4-30}$$

f_1 相应于晶体入射面处的光束直径，f_2 对于不同的 P 有不同的值。当 $P<1$ 时，$f_2>f_1$；当$P>1$时，$f_1>f_2$，为光束自聚焦；特别是当 $P=1$ 时，$f_2=1$，此时光束在晶体中传播，其直径保持不变，不发生任何衍射现象，即出现空间光孤子。

对于三维的一般情形，由式(8.4-21)可知，此时光束引起折射率的变化不再是圆对称的，在无像差近似条件下，随着光的传播，介质中光束横截面不是圆而是椭圆，其直径需要由两个方向表征，分别由 $w_x=wf_x(z)$和 $w_y=wf_y(z)$给出 x 和 y 方向的宽度。对于初始准直光束，$f_x(z=0)=f_y(z=0)=1$，$\mathrm{d}f_x(z=0)/\mathrm{d}z=\mathrm{d}f_y(z=0)/\mathrm{d}z=0$。应用式(8.4-20)，归一化的光斑尺寸、光束中心位置的横向位移 x 及波面倾角 θ 分别为

$$\left.\begin{aligned} f_x(z) &= 1 + \left[\frac{1}{l_{\mathrm{d}}} - \frac{3\alpha}{l_{\mathrm{NL}}^2}\right]\frac{z}{2} \\ f_y(z) &= 1 + \left[\frac{1}{l_{\mathrm{d}}^2} - \frac{\alpha}{l_{\mathrm{NL}}^2}\right]\frac{z}{2} \\ x_0(z) &= -\frac{z^2}{2l_{\mathrm{b}}} \\ \theta(z) &= -\frac{z}{l_{\mathrm{b}}} \end{aligned}\right\} \tag{8.4-31}$$

如果折射率的变化仅仅正比于静电场的 x 分量，则在晶体折射率与 E_{ext}及 E_{ph}无关的情况下，非线性效应不会影响传播光束横向 y 坐标分量。实际上，在一般情况下，只要折射率的改变与 E_{ext}和 E_{ph}有关，则 E_x 分量不仅影响光束横向 x 分布，而且影响其 y 分布，这源于式(8.4-11)的解 $U_n(\varphi_n, I)\propto xF(r_\perp)$的非圆对称性。

对于三维的普遍情况，无论 l_{NL}^2为正还是为负，若 $l_{\mathrm{NL}}^2\geqslant 3\alpha l_{\mathrm{d}}^2$，则光束在 x，y 方向均展宽(发散)；当 $3\alpha l_{\mathrm{d}}^2\geqslant l_{\mathrm{NL}}^2\geqslant \alpha l_{\mathrm{d}}^2$ 时，光束在 x 轴方向聚焦，在 y 轴方向展宽(发散)；当 $l_{\mathrm{NL}}^2\leqslant \alpha l_{\mathrm{d}}^2$ 时，光束在两个方向均聚焦。

8.4.2 一维标量光折变空间光孤子

1. 一维稳态光折变空间光孤子

前面的分析表明，在外加电场或光伏打效应存在的条件下，光折变晶体中传播的相干光束会因自聚焦效应补偿光束的衍射效应造成的光束展宽，形成所谓空间孤子。下面讨论光折变晶体中稳态一维空间光孤子。所谓一维空间光孤子，就是仅考虑光束在垂直于传播方向的某一个方向的自聚焦和衍射。

仍取前述几何配置，仅考虑光束在 x 方向的衍射和自聚焦，不考虑光伏打效应，研究诸如 SBN、KNSBN、$BaTiO_3$ 等晶体中的空间光孤子。此时，若施加的外电场电压满足

$$U = -\int_{-l/2}^{l/2} \boldsymbol{E}\cdot \mathrm{d}\boldsymbol{x} \tag{8.4-32}$$

则前面所讨论的光电场可表示为标量形式，光电场的复振幅具有如下形式的稳态孤子解：

$$E(x, z) = u(x)\exp(\mathrm{i}\Gamma z)I_{\mathrm{b}}^{1/2} \tag{8.4-33}$$

式中 Γ 为空间光孤子的传播常数。在稳态条件下，归一化复振幅 u 满足如下微分方程：

$$\frac{\mathrm{d}^2u(\xi)}{\mathrm{d}\xi^2}=\pm\left(\frac{\Gamma}{b}+E\right)u(\xi) \tag{8.4-34}$$

式中

$$E=\frac{|\boldsymbol{E}|}{U/l},\quad \xi=\frac{x}{d},\quad d=(\pm 2kb)^{-1/2},\quad b=\frac{k}{n}\cdot\frac{1}{2}n^3\gamma_{\mathrm{eff}}\frac{U}{l}$$

（1）对于小光强情况，即晶体中光激发载流子数密度远小于施主数密度时，有

$$E=-\frac{\eta}{u^2+1} \tag{8.4-35}$$

式中

$$\eta=\left[\frac{d}{l}\int_{-\frac{l}{2d}}^{\frac{l}{2d}}\frac{\mathrm{d}\xi}{(u^2+1)}\right]^{-1}$$

此时，关于 u 的非线性波动方程为

$$\frac{\mathrm{d}^2u}{\mathrm{d}\xi^2}\pm\left(\frac{\eta}{u^2+1}-\frac{\Gamma}{b}\right)u=0 \tag{8.4-36}$$

式中，“±”取决于非线性折射率 Δn_0 的符号：当 $\Delta n_0>0$ 时，取“+”号，形成所谓暗孤子；当 $\Delta n_0<0$ 时，取“-”号，形成所谓亮孤子。

（2）对于大光强情况，即晶体中光激发载流子数密度与施主数密度可比拟时，有

$$E=-\frac{\eta}{(u^2+1)^{1/2}} \tag{8.4-37}$$

式中

$$\eta=\left[\frac{d}{l}\int_{-\frac{l}{2d}}^{\frac{l}{2d}}\frac{\mathrm{d}\xi}{(u^2+1)^{1/2}}\right]^{-1}$$

大光强条件下关于 u 的非线性波动方程为

$$\frac{\mathrm{d}^2u}{\mathrm{d}\xi^2}\pm\left[\frac{\eta}{(u^2+1)^{1/2}}-\frac{\Gamma}{b}\right]u=0 \tag{8.4-38}$$

式中，“±”的选取以及形成孤子的形态同小光强情况。

（3）对于饱和光强情况，即光强大到足以把全部施主可能提供的载流子激发到导带时，空间电荷场为

$$E\approx-\left[1+\frac{1}{a(u^2+1)}\right] \tag{8.4-39}$$

式中，$a=sI_{\mathrm{d}}/(\gamma N_{\mathrm{D}})$。关于 u 的非线性波动方程为

$$\frac{\mathrm{d}^2u}{\mathrm{d}\xi^2}\pm\left[\frac{1}{a(u^2+1)}-\left(\frac{\Gamma}{b}-1\right)\right]u=0 \tag{8.4-40}$$

式中，“±”的选取以及意义同上。

2. 一维亮、暗空间孤子解

由前述讨论可见，小光强、大光强和饱和光强情形的空间光孤子所满足的非线性波动方程不同，应分别求解。这里我们仅考虑小光强情况。

（1）对于亮孤子，其边界条件为：① $u(\infty)=u'(\infty)=u''(\infty)=0$；② $u'(0)=0$；③ $u''(0)/u(0)<0$。第一个条件保证孤子函数 u 随 ξ 衰减，使函数及其各阶导数在远离 $\xi=0$ 处为零；第二、三个条件保证函数在 $\xi=0$ 处取最大值。对小光强情形的亮孤子有

$$\eta \approx 1 \tag{8.4-41}$$

将 η 代入式(8.4-36)并积分一次，可得

$$\frac{\Gamma}{b} = \frac{\ln(u_0^2+1)}{u_0^2} \tag{8.4-42}$$

该式表明，对于亮孤子光束的总传播常数，因 $\Delta n_0<0$，将减小 $\Delta k=2\pi\Delta n_0/\lambda$，并且因传播常数与 u_0 有关，所以在小光强情形下，不同强度的空间亮光孤子具有不同的群速度。

小光强亮孤子是满足边界条件

$$u(0)=u_0,\quad \frac{\mathrm{d}u(0)}{\mathrm{d}\xi}=0,\quad \frac{\Gamma}{b}=\frac{1}{u_0^2}\ln(u_0^2+1)$$

的非线性波动方程

$$\frac{\mathrm{d}^2u}{\mathrm{d}\xi^2}=-\left(\frac{\Gamma}{b}-\frac{1}{u^2+1}\right)u \tag{8.4-43}$$

的解。一般情况下，上式没有解析解，需要数值求解。当 $u_0^2\ll1$ 时，上式可简化为

$$\frac{\mathrm{d}^2u}{\mathrm{d}\xi^2}=\left(\frac{u_0^2}{2}-u^2\right)u \tag{8.4-44}$$

可以精确求解，其解为 $u(\xi)=u_0\,\mathrm{sech}(u_0\xi\sqrt{2})$，这是 $u_0\to0$ 的极限情况。

(2) 对于暗孤子，其边界条件为：① $u(\infty)=u_\infty$；② $u'(\infty)=u''(\infty)=0$；③ $u(0)=0$；④ $u'(0)$为实数且非零。前两个边界条件保证孤子空间分布在远离 $\xi=0$ 处为一确定值，而最后一个条件保证 u 为 ξ 的非周期函数。对于暗孤子，非线性波动方程中 η 的取值满足

$$\eta\approx(1+u_\infty^2) \tag{8.4-45}$$

而

$$\frac{\Gamma}{b}=1 \tag{8.4-46}$$

与 u_∞ 无关。与亮孤子情况不同，小光强暗孤子的传播常数由非线性折射率 Δn_0 唯一决定，不同强度的暗孤子具有相同的群速度。小光强暗孤子满足的非线性波动方程为

$$\frac{\mathrm{d}^2u}{\mathrm{d}\xi^2}=\left(1-\frac{u_\infty^2+1}{u^2+1}\right)u \tag{8.4-47}$$

边界条件为

$$u(0)=0,\quad \frac{\mathrm{d}u(0)}{\mathrm{d}\xi}=\left[(u_\infty^2+1)\ln(u_\infty^2+1)-u_\infty^2\right]^{1/2}$$

同样，当 $u_\infty^2\ll1$ 时，式(8.4-47)可近似为

$$\frac{\mathrm{d}^2u}{\mathrm{d}\xi^2}=(u^2-u_\infty^2)u \tag{8.4-48}$$

其解析解为 $u(\xi)=u_\infty\tanh[u_\infty\xi/\sqrt{2}]$。

8.4.3 光折变空间灰孤子

在理论上存在另外一类空间光孤子，它既不同于亮光孤子，也与暗光孤子有区别，即所谓的灰孤子。灰孤子在 $\xi\to\pm\infty$ 时，其复振幅趋于同一值，为 ξ 的偶函数。为了得到这一类孤子，可将晶体中的光波场表示为

$$E(x,z)=u(\xi)\exp\left\{\mathrm{i}\left[\Gamma z+\int\frac{B\,\mathrm{d}\xi}{u^2(\xi)}\right]\right\} \tag{8.4-49}$$

式中 B 为一待定实常数。灰孤子的边界条件为：① $u(\xi)$为 ξ 的偶函数；② $u(\xi\to\infty)=u_\infty$；

③ $u'(\xi\to\infty)=u''(\xi\to\infty)=0$；④ $u(\xi=0)=m\neq 0$，$u'(\xi=0)=0$。灰孤子的复振幅 u 满足的非线性波动方程的一般形式为

$$u''-\frac{B^2}{u^3}=\pm\left(\frac{\Gamma}{b}+E\right)u \tag{8.4-50}$$

对于灰孤子，不同光强情形的空间电荷场 E 不同，相应的非线性波动方程也不同。

小光强情形的空间电荷场为

$$E=-\frac{\eta}{u^2+1}$$

满足的非线性波动方程为

$$u''-\frac{B^2}{u^3}=\left(\frac{\Gamma}{b}-\frac{\eta}{u^2+1}\right)u \tag{8.4-51}$$

大光强情形的空间电荷场为

$$E=-\frac{\eta}{(u^2+1)^{\frac{1}{2}}}$$

满足的非线性波动方程为

$$u''-\frac{B^2}{u^3}=\left[\frac{\Gamma}{b}-\frac{\eta}{(u^2+1)^{\frac{1}{2}}}\right]u \tag{8.4-52}$$

饱和光强情形的空间电荷场为

$$E=-\left[1+\frac{1}{a(u^2+1)}\right]$$

满足的非线性波动方程为

$$u''-\frac{B^2}{u^3}=\left[\left(\frac{\Gamma}{b}-1\right)-\frac{1}{a(u^2+1)}\right]u \tag{8.4-53}$$

由于灰孤子的波前形状类似于暗孤子，所以不同光强范畴的非线性波动方程中，符号的选取类似于暗孤子，常数 η 要用与暗孤子基本相同的方法确定，而非线性波动方程中波的传播常数 Γ 必须由孤子波的边界条件确定。

考虑 $\xi\to\infty$ 时，$u''_\infty=0$，$u(\infty)=u_\infty$ 这一边界条件，可以得到常数 B 与 Γ、η 之间的关系：

$$B^2=-\begin{cases}\left(\dfrac{\Gamma}{b}-\dfrac{\eta}{u_\infty^2+1}\right)u_\infty^4, & \text{小光强}\\[2ex] \left[\dfrac{\Gamma}{b}-\dfrac{\eta}{(u_\infty^2+1)^{1/2}}\right]u_\infty^4, & \text{大光强}\\[2ex] \left[\left(\dfrac{\Gamma}{b}-1\right)-\dfrac{1}{a(u_\infty^2+1)}\right]u_\infty^4, & \text{饱和光强}\end{cases} \tag{8.4-54}$$

将上式代入不同条件下的非线性波动方程，各自积分一次，并利用边界条件 $u'(0)=0$，再考虑灰孤子与暗孤子的主要区别(其相位与 ξ 有关，例如沿 ξ 方向的相位变化为 $\exp\left[\mathrm{i}\int\frac{B}{u^2(\xi)}\,\mathrm{d}\xi\right]$，并且 $u(0)\neq 0$)以及灰孤子与暗孤子的相同之处(其波前形状有一定的相似性，振幅都在 $\xi\to\infty$ 时取最大值，在 $\xi=0$ 处取最小值，只是灰孤子的最小值不为零)，设灰孤子的最小值 $u(0)=u_0=cu_\infty$ $(0<c<1)$，常数 c 可用来描述孤子的"灰色度"，c 越接近于零，灰孤子就越接近于暗孤子。在引入常数 c，并将 u_0 用 c 和 u_∞ 表示后，应用 $\xi\to\infty$ 时，

$u'(\infty)=0$ 及 $u(\infty)=u_{\infty}$，就可求得由常数 c、η、u_{∞} 表示的传播常数：

$$\left.\begin{aligned}
&\text{小光强：}\frac{\Gamma}{b}=\eta\left[\frac{1}{(1-c^2)(u_{\infty}^2+1)}-\frac{c^2}{(1-c^2)^2u_{\infty}^2}\ln\frac{u_{\infty}^2+1}{c^2u_{\infty}^2+1}\right]\\
&\text{大光强：}\frac{\Gamma}{b}=\eta\left\{\frac{1}{(1-c^2)(u_{\infty}^2+1)^{\frac{1}{2}}}-\frac{2c^2}{(1-c^2)^2u_{\infty}^2}\left[(u_{\infty}^2+1)^{1/2}-(c^2u_{\infty}^2+1)^{1/2}\right]\right\}\\
&\text{饱和光强：}\frac{\Gamma}{b}=\frac{1}{a}\left[\frac{1}{(1-c^2)(u_{\infty}^2+1)}-\frac{c^2}{(1-c^2)^2u_{\infty}^2}\ln\frac{u_{\infty}^2+1}{c^2u_{\infty}^2+1}\right]+1
\end{aligned}\right\}$$

(8.4-55)

式(8.4-51)～式(8.4-53)中的常数 η 的近似求解，可用与暗孤子完全相同处理方法得到：

$$\left.\begin{aligned}
&\text{小光强：}\eta=1+u_{\infty}^2\\
&\text{大光强：}\eta=(1+u_{\infty}^2)^{1/2}\\
&\text{饱和光强：}\eta=1
\end{aligned}\right\}\qquad(8.4-56)$$

由式(8.4-55)和式(8.4-56)可以确定不同光强条件下灰孤子波的传播常数：对于小光强和大光强情形，灰孤子具有不同的 u_{∞} 和 c 值，以不同的群速度传播，只有当 $c\to0$ 时，$\Gamma/b=1$，这时即为暗孤子；对于饱和光强情形，传播常数总与 u_{∞} 有关，在 $c\to0$ 时，$\Gamma/b=\dfrac{1}{a(1+u_{\infty}^2)}+1$。所以，对于在饱和光强条件具有不同 u_{∞} 的灰孤子，总是具有不同的群速度。

8.4.4 一维矢量光折变空间光孤子

本节讨论小光强矢量光折变空间光孤子。与前节讨论相同的是，仍然考虑光束在光轴 c 平行 x 方向的晶体中沿 z 方向传播，光束在 x 方向衍射，不同的是光束的偏振方向不在 c 轴方向。这时晶体中传播的光波场不能再作为标量处理，必须按矢量处理，可用两正交偏振分量来表示：

$$\boldsymbol{E}_{\text{opt}}=E_x\hat{x}+E_y\hat{y}\qquad(8.4-57)$$

由于光折变晶体的非线性光学性质由张量形式决定，所以外加电场不但能引起光折变晶体中传播的偏振方向平行于外加电场的光束自聚焦，而且还能引起晶体中传播的偏振方向垂直于外加电场方向的光束自聚焦。这样，可以在光折变晶体中维持矢量光孤子，而矢量光孤子的两偏振分量可以通过空间电荷场耦合。

矢量光波电场满足的波动方程为

$$\nabla\boldsymbol{E}_{\text{opt}}=\mu_0\varepsilon_{\text{total}}\frac{\partial^2\boldsymbol{E}_{\text{opt}}}{\partial t^2}\qquad(8.4-58)$$

式中，光电场表示式为

$$\boldsymbol{E}_{\text{opt}}(x,y,z)=A_x(x,z)\exp[\mathrm{i}k_xz-\omega t]\hat{x}+A_y(x,z)\exp[\mathrm{i}(k_yz-\omega t)]\hat{y}+\text{c.c}$$

由于光波只在 x 方向发生衍射，因而有 $\dfrac{\partial}{\partial y}=0$。晶体的总介电常数张量 $\boldsymbol{\varepsilon}_{\text{total}}=\boldsymbol{\varepsilon}+\Delta\boldsymbol{\varepsilon}$。若选取光折变晶体的主轴坐标系$(x,y,z)$，介电常数张量只有三个非零分量：$\varepsilon_{xx}=\varepsilon_0n_x^2$，$\varepsilon_{yy}=\varepsilon_0n_y^2$，$\varepsilon_{zz}=\varepsilon_0n_z^2$，$n_x$、$n_y$、$n_z$ 为主折射率。介电常数张量的非线性变化为

$$\Delta\boldsymbol{\varepsilon}=-\frac{\boldsymbol{\varepsilon}\cdot(\boldsymbol{\gamma}\cdot\boldsymbol{E}_{\text{sc}})\cdot\boldsymbol{\varepsilon}}{\varepsilon_0}\qquad(8.4-59)$$

对于沿 z 方向传播的仅考虑 x 方向衍射的空间孤子，可以近似把空间场改写为

$\boldsymbol{E}_{sc}(x,y,z)=E_{sc}(z)\boldsymbol{i}$。若介电常数张量的非线性变化 $\Delta\boldsymbol{\varepsilon}$ 的非零分量也只有三个：$\Delta\varepsilon_{yy}=-\varepsilon_0\gamma_{yyx}n_y^4E_{sc}$，$\Delta\varepsilon_{xx}=-\varepsilon_0\gamma_{xxx}n_x^4E_{sc}$，$\Delta\varepsilon_{xy}=-\varepsilon_0 r_{xyx}n_x^2n_y^2E_{sc}$，并定义 $k_x=kn_x$，$k_y=kn_y$，且 $k=\dfrac{2\pi}{\lambda}$(λ 为真空中的光波长)，则由式(8.4-58)对不同偏振方向的光波在传播方向 z 上应用慢变化振幅近似，有

$$\left.\begin{aligned}2\mathrm{i}k_x\frac{\partial A_x}{\partial z}+\frac{\partial^2A_x}{\partial x^2}&=-k^2\{\Delta\varepsilon_{yy}A_x+\Delta\varepsilon_{yx}A_y\exp[-\mathrm{i}(k_x-k_y)z]\}/\varepsilon_0\\2\mathrm{i}k_y\frac{\partial A_y}{\partial z}+\frac{\partial^2A_y}{\partial x^2}&=-k^2\{\Delta\varepsilon_{yy}A_y+\Delta\varepsilon_{yx}A_x\exp[\mathrm{i}(k_x-k_y)z]\}/\varepsilon_0\end{aligned}\right\}\tag{8.4-60}$$

假设我们寻求的在 x 方向不发生衍射的矢量孤子形式为

$$\left.\begin{aligned}A_x(x,z)&=u(x)\exp(\mathrm{i}\Gamma_xz)(I_\mathrm{d}+I_\mathrm{b})^{\frac{1}{2}}\\A_y(x,z)&=v(x)\exp(\mathrm{i}\Gamma_yz)(I_\mathrm{d}+I_\mathrm{b})^{\frac{1}{2}}\end{aligned}\right\}\tag{8.4-61}$$

将上式代入式(8.4-60)，可以得到关于 u、v 的非线性耦合方程为

$$\left.\begin{aligned}-2k_x\Gamma_xu+u''&=-k^2[\Delta\varepsilon_{xx}u+\Delta\varepsilon_{yx}v\exp(-\mathrm{i}\delta z)]/\varepsilon_0\\-2k_y\Gamma_yv+v''&=-k^2[\Delta\varepsilon_{yy}v+\Delta\varepsilon_{yx}u\exp(\mathrm{i}\delta z)]/\varepsilon_0\end{aligned}\right\}\tag{8.4-62}$$

式中 $\delta=\Gamma_x-\Gamma_y+k_x-k_y$，是由光折变材料的双折射现象和不同的偏振分量之间的传播常数差别带来的相位失配。由于矢量孤子具有两个偏振分量，所以两偏振分量的振幅既可以具有相同空间分布，也可以具有不同的空间分布。下面仅讨论两偏振分量具有相同空间分布的空间光孤子。

矢量孤子的两偏振分量振幅分布相同，即 $u(x)$ 与 $v(x)$ 之间满足 $v(x)=\alpha u(x)$，关于 u、v 的非线性波方程可改写为

$$\left.\begin{aligned}-2k_x\Gamma_xu+u''&=-k^2[\Delta\varepsilon_{xx}+\Delta\varepsilon_{yx}\alpha\exp(-\mathrm{i}\delta x)]u/\varepsilon_0\\-2k_y\Gamma_yu+u''&=-k^2\left[\Delta\varepsilon_{yy}+\frac{\Delta\varepsilon_{yx}}{\alpha}\exp(\mathrm{i}\delta x)\right]u/\varepsilon_0\end{aligned}\right\}\tag{8.4-63}$$

1. 偏振分量自耦合矢量孤子

自耦合矢量孤子是仅仅由于空间电荷场与传播光波场两偏振分量发生耦合的矢量孤子。由式(8.4-63)知，要满足上述条件，一是要选择适当的晶体，使 $\Delta\varepsilon_{yx}=0$，二是要使在有限的传播距离 $L\gg\pi/\delta$ 内，交叉项 $\Delta\varepsilon_{yx}$ 贡献的平均值为零。若以上条件满足，则有

$$2(k_y\Gamma_y-k_x\Gamma_x)=\frac{k^2(\Delta\varepsilon_{yy}-\Delta\varepsilon_{xx})}{\varepsilon_0}\tag{8.4-64}$$

上式只有当 $k_y\Gamma_y=k_x\Gamma_x$，$\Delta\varepsilon_{yy}=\Delta\varepsilon_{xx}$ 时才成立，如果这些条件都满足，则式(8.4-63)退化为关于 u 的一个非线性方程：

$$\Gamma_xu-\frac{u''}{2k_x}=-\frac{k^2n_x^4\gamma_{xxx}E_{sc}u}{2k_x}\tag{8.4-65}$$

为求解方便，将上式改写为无量纲形式：

$$u''=\pm\left(\frac{\Gamma_y}{B}+E\right)u\tag{8.4-66}$$

式中，$B=b/n_x$；$\xi=x/d$；$E=E_{sc}/(V/l)$；$b=\dfrac{k}{2}n_x^2\gamma_{xxx}V/l$。其中，$E$ 可由小光强标量孤子 E 的形式推广得到：$E=-\dfrac{\eta}{u^2+v^2+1}=-\dfrac{\eta}{1+u^2(1+\alpha^2)}$；对于亮孤子，$\eta\approx1$，对于暗孤子，

$\eta=1+u_{\infty}^2(1+\alpha^2)$。将非线性波动方程积分一次，应用亮孤子边界条件：$u(\xi=0)=u_0$，$u(\infty)=u'(\infty)=0$，$u'(\xi=0)=0$，$\dfrac{u''(\xi=0)}{u_0}<0$，则有

$$\frac{\Gamma_x}{B}=\frac{\eta}{1+\alpha^2}\ln\frac{u_0^2(1+\alpha^2)+1}{u_0^2} \tag{8.4-67}$$

若要求解 v，可以取 $v=\alpha u$，及 $\varepsilon_{yx}=0$，则得到关于 v 的非线性波方程。

同理，可由式(8.4－66)求解矢量暗孤子：

$$\frac{\Gamma_x}{B}=\frac{\eta}{u_{\infty}^2(1+\alpha^2)+1}=1 \tag{8.4-68}$$

可见，Γ_x/B 与 u_{∞}^2、v_{∞}^2 及 α 无关，即不同强度的矢量暗孤子以相同群速度传播。但是，由于和亮孤子相同的原因，即由于 $\dfrac{\Gamma_x}{n_x^3\gamma_{xxx}}=\dfrac{\Gamma_y}{n_y^3\gamma_{yyx}}$，暗孤子的两偏振分量的传播常数一般不同，所以它们将以不同的群速度传播。矢量暗孤子在小光强条件下是非线性波方程

$$u''=\left[1-\frac{u_{\infty}^2(1+\alpha^2)+1}{u^2(1+\alpha^2)+1}\right]u \tag{8.4-69}$$

满足条件 $u(0)=0$，$u'(0)=\left\{\dfrac{u_{\infty}^2(1+\alpha^2)+1}{1+\alpha^2}\ln\left[u_{\infty}^2(1+\alpha^2)+1\right]-u_{\infty}^2\right\}$ 时的解，在给出 α 后，可用数值解法求解。在光折变晶体中，对于相同宽度的孤子所需外加电场等内容的讨论，与前节讨论小光强的情形完全相同，这里不再重复。自耦合矢量孤子的特征是其偏振的任意性，由于对 α 没有限制，可以是线偏振，也可以是圆偏振或椭圆偏振。

为实现自耦合矢量孤子，首先要求光折变晶体的电光张量具有形如 γ_{iii}、$\gamma_{jji}(i\neq j)$ 的两非零分量，这才能使空间电荷场 E_{sc} 通过电光效应同时调制平行 E_{sc} 的偏振分量和垂直于 E_{sc} 的偏振分量的折射率。对于诸如 422、222、622 类立方晶体，都不满足这一条件，而对于其它无对称中心的晶体，这一条件可以满足，但仍需满足条件 $\Delta\varepsilon_{xx}=\Delta\varepsilon_{yy}$，这可以通过改变晶体的外部环境，比如用温度补偿或用光束传播方向与晶体主轴不平行的办法满足。

2. 偏振分量互耦合矢量孤子

两正交分量互耦合的矢量孤子分别通过电光张量和空间电荷场耦合，这就是式(8.4－62)表示的一般情形：关于 u、v 的非线性波动方程中，除了有自耦合项之外，还有互耦合项。这里，我们只讨论互耦合矢量孤子的最简单情形，即 $\Delta\varepsilon_{xx}=\Delta\varepsilon_{yy}=0$ 的无自耦合的情形：

$$\left.\begin{aligned}-2k_x\Gamma_x u+u''&=-k^2\left[\Delta\varepsilon_{yx}\alpha\exp(-\mathrm{i}\delta x)\right]u/\varepsilon_0\\-2k_y\Gamma_y u+u''&=-k^2\left[\frac{\Delta\varepsilon_{yx}}{\alpha}\exp(\mathrm{i}\delta x)\right]u/\varepsilon_0\end{aligned}\right\} \tag{8.4-70}$$

上式中包含有相位失配因子 $\exp(\mathrm{i}\delta x)$，而对于稳态孤子解要求 $\delta=0$，且要求上式退化为一个非线性波方程，因此要求

$$\left.\begin{aligned}&\Gamma_x-\Gamma_y+k_x-k_y=0\\&\alpha^2=1\\&k_x\Gamma_x=k_y\Gamma_y\end{aligned}\right\} \tag{8.4-71}$$

上面的条件 $\alpha^2=1$，意味着互耦合矢量孤子的两偏振分量的复振幅必须相同，即矢量孤子必须为线偏振，其偏振方向与 x、y 的夹角为 45°，且这一偏振方向在传播过程不发生改变。其它两个条件只有当 $k_x=k_y$，$\Gamma_x=\Gamma_y$ 或者 $k_x=\Gamma_y$，$k_y=\Gamma_z$ 时才能满足，但后者违背慢变化近

似条件隐含着 Γ_x、Γ_y与 k_x、k_y相比要小得多这一要求，所以后一条件在物理上不现实。若满足式(8.4－71)条件，则式(8.4－70)退化为

$$\Gamma_y u - \frac{u''}{2k_y} = -\left(\pm\frac{k}{2}\right)\frac{n_y^2 n_z^2 2\gamma_{zyz} E_{sc} u}{2k_y} \tag{8.4-72}$$

式中的 ± 号，当 $\alpha=1$ 时取正号；当 $\alpha=-1$ 时取负号。若取 $b=\frac{k}{2}n_x^2 n_y^2 \gamma_{xyx}\frac{V}{l}$，$B=\frac{b}{n_x}$，用和以前相同的方法把式(8.4－72)改写为无量纲形式：

$$u'' = \pm\left(\frac{\Gamma_x}{B} - \frac{\eta}{1+2u^2}\right)u \tag{8.4-73}$$

该式的形式与以前讨论的小光强标量孤子相同，所以对于互耦合的矢量孤子，无论是亮孤子还是暗孤子，其每一个偏振分量的结论与小光强标量孤子完全相同。

为实现互耦合矢量孤子，由互耦合矢量孤子的条件 $\Delta\varepsilon_{xy}=\Delta\varepsilon_{yx}\neq 0$ 可见，必须要求光折变晶体的电光张量有形如 $\gamma_{ijj}=\gamma_{jij}(i\neq j)$ 的非零电光张量元，这一非零电光张量元能使平行于 E_{sc}的偏振分量直接耦合到垂直于 E_{sc}的偏振分量。在研究光折变孤子时，一般 E_{sc}的方向就是外加电场的方向，晶体中传播光束的两偏振分量之一必须在 E_{sc}方向，且传播方向垂直于 E_{sc}方向。

8.5　光折变材料

光折变材料通常是指能由光致空间电荷场通过线性电光效应引起折射率变化的电光材料。人们先后在 $LiNbO_3$、$LiTaO_3$、$BaTiO_3$、$KNbO_3$、$K(Nb, Ta)O_3$、$Ba_2NaNb_3O_{15}$、$Ba_{1-x}Sr_xNb_2O_6$、$Bi_4Ti_3O_{12}$、$Bi_{12}(Si, Ge)O_{20}$、KH_2PO_4、Rb_2ZnBr_4，陶瓷材料(PbLa)(ZrTi)O_3和半导体材料 GaAs、InP、CdS 等中观察到了显著的光致折射率变化。因而可以说，光折变效应是电光材料的一种普遍性质。其光折变效应的显著程度取决于材料的带宽、材料中杂质离子的施主能级和受主能级，以及辐照光源的波长范围。本节主要介绍光折变材料及其特性参数。

8.5.1　光折变材料的特性参数

1. 响应时间

光折变材料的响应时间是表征相位光栅写入或擦除快慢的重要特性参数。由于光折变效应是一电光过程，相继涉及光激发载流子的产生、迁移、俘获和线性电光效应等过程，而光激发载流子产生和迁移过程的完成需要时间，这个时间就决定了写入光栅所需的时间。光折变材料的这种非线性响应时间是区别于其它非线性光学介质的主要特征。光折变材料的响应时间 τ_{sc}可以由相位光栅形成的动力学方程(8.1－63)给出：

$$\tau_{sc} = \tau_c \frac{(1+K^2L_D^2)^2 + (KL_0)^2}{(1+K^2L_D^2)(1+K^2l_s^2) + K^2L_0l_0} \tag{8.5-1}$$

有时采用一些时间常数表示 τ_{sc}：

$$\tau_{sc} = \tau_c \frac{(1+\tau_R/\tau_D)^2 + (\tau_R/\tau_0)^2}{\left(1+\frac{\tau_R\tau_c}{\tau_D\tau_1}\right)\left(1+\frac{\tau_R}{\tau_D}\right) + \left(\frac{\tau_R}{\tau_0}\right)^2\frac{\tau_c}{\tau_1}} \tag{8.5-2}$$

式中

$$\tau_{\mathrm{D}}=\frac{e}{K^2\mu k_{\mathrm{B}}T}, \quad \tau_0=\frac{1}{K\mu E_0}$$

$$\tau_1=\frac{1}{sI_0+\gamma_{\mathrm{R}}\rho_0}=\frac{\tau_{\mathrm{R}}}{\rho_0(1+N_{\mathrm{A}}^{-1})}$$

显然，式(8.5-1)和式(8.5-2)是等同的。

在写入相位光栅时，空间电荷场 E_{sc} 随时间的演化过程可表示为 $E_{sc}(t)=mE_{sc}(1-e^{-t/\tau_{sc}})$，在均匀擦除过程中，$E_{sc}(t)=mE_{sc}e^{-t/\tau_{sc}}$，其中 E_{sc} 是初始记录在光折变晶体内的空间电荷场。显然，τ_{sc} 描述了相位光栅的建立和擦除速度。如果用连续(10～100) mW/cm^2 的蓝、绿 Ar^+ 激光照射 $Bi_{12}SiO_{20}$(BSO)晶体(通常认为 BSO 晶体为快响应和灵敏晶体)，则记录基本光栅的典型响应时间约为(10～100) ms，而慢响应的 $BaTiO_3$ 晶体约为数秒。

式(8.5-1)所给出的响应时间未涉及光激发载流子的产生时间，或者说是在高光强辐照下的响应时间。在低光强辐照下则必须考虑电荷的激发时间。例如，要在 $BaTiO_3$ 晶体内进行有效的光耦合，建立相位光栅所需要的载流子密度约为 10^{16} cm^{-3}，假定激发一个载流子至少需要吸收一个光子，若用 1 W 的可见光谱激光照射，光子通量约为 10^{19} s^{-1}，即使量子效率为 100%，也至少需要 1 ms 才能达到所需要的空间电荷密度。按照 Yeh[16]模型的估计，形成光栅的最短时间为

$$t=\frac{h\nu}{e}\frac{\lambda}{\Lambda}\frac{\Gamma}{\alpha}\frac{2}{\pi\eta_q}\frac{\varepsilon}{In^3\gamma_{\mathrm{eff}}} \tag{8.5-3}$$

式中，$h\nu$ 为光子能量；α 为吸收系数；Γ 为耦合常数；η_q 为量子效率。上式表明，光栅形成时间正比于耦合常数 Γ，反比于光强 I。式(8.5-3)也可表示为

$$t=\frac{h\nu}{e}\frac{\lambda}{\Lambda}\frac{\Gamma}{\alpha}\frac{2}{\pi\eta_q IS} \tag{8.5-4}$$

式中，S 为光折变灵敏度。可见，相位光栅的形成时间反比于光折变材料的灵敏度。对于 $BaTiO_3$、SBN、SBO 和 GaAs 晶体，灵敏度 S 的量级为 1(MKS 制)，若相位光栅的耦合常数为1 cm^{-1}，光子能量 $h\nu\approx 2$ eV，$\lambda/\Lambda\approx 0.1$，晶体的光激发系数为 0.1 cm^{-1}，量子效率 $\eta_q=100\%$，光强为 1 W/cm^2，则形成光栅的极限时间为0.15 ms，即耦合常数为 1 cm^{-1} 时形成相位光栅所需的最小时间为 0.15 ms。在低光强条件下，吸收足够的光子需要更长的时间，因此光折变效应是相当缓慢的。缩短时间的唯一办法是使用较高的光强。图 8.5-1是写入光栅的最小时间与光强的关系。

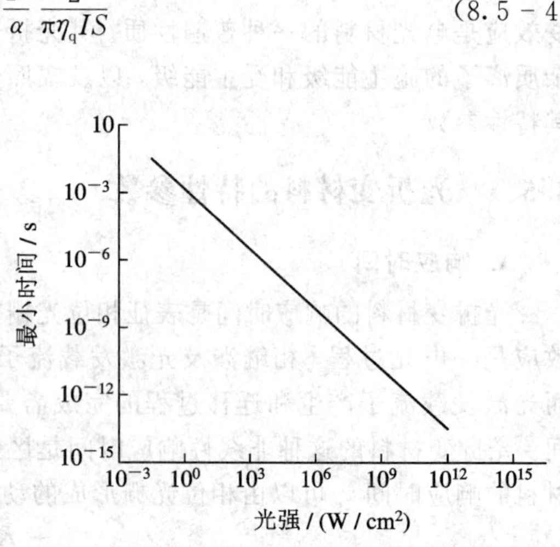

图 8.5-1 最小时间与光强的关系

实际应用中，响应时间是通过测量获得的。光折变响应时间通常取为从光辐照开始到光折变达到饱和的时间。测量时，从光辐照瞬间开始记录光强的透射或衍射曲线，以达到

饱和时的时间作为响应时间的测量值。一些光折变材料的响应时间和计算得到的最小时间的比较列于表8.5－1 中。

表 8.5－1 测量时间 t 与计算最小时间 t' 的比较[4]

材料	$\lambda/\mu m$	$\Lambda/\mu m$	α/cm^{-1}	Γ/cm^{-1}	t/s	t'/s
GaAs	1.06	1.0	1.2	0.4	80×10^{-6}	45×10^{-6}
GaAs：Cr	1.06	1.1	4.0	0.6	53×10^{-6}	31×10^{-6}
$BaTiO_3$	0.515	1.3	1.0	20.0	1.3	2×10^{-3}
BSO	0.568	23.0	0.13	10.0	15×10^{-3}	2×10^{-3}
SBN	0.515	1.5	0.1	0.6	2.5	6×10^{-3}
SBN：Ce	0.515	1.5	0.7	14.0	0.8	2×10^{-3}

2. 稳态相位光栅的衍射效率

如前所述，在光折变材料内光致相位光栅是一种体相位光栅，根据写入相位光栅的两光束相对入射方向的不同，可分为透射光栅和反射光栅。

对于透射光栅，可以求得衍射效率为

$$\eta = \sin^2 \frac{\pi d \Delta n}{\lambda \cos\theta} e^{-\frac{\alpha d}{\cos\theta}} \tag{8.5-5}$$

式中，d 为晶体厚度；Δn 为折射率相位栅的振幅，它不仅与光折变效应、电光系数有关，还依赖于外加(或材料内)电场以及光栅的运动状态。对于沿相反方向入射光束所记录的反射光栅，可以求得衍射效率为

$$\eta = \tanh^2 \frac{\pi d \Delta n}{\lambda \cos\theta} e^{-\frac{\alpha d}{\cos\theta}} \tag{8.5-6}$$

对于有较大电光系数的铁电材料，如 $BaTiO_3$、SBN(电光系数约为 10^3 pm/V)、$KNbO_3$(电光系数约为 380 pm/V)，其折射率变化 Δn 一般很大。而另一些材料，如 BSO、BGO、GaAs、InP，虽然其电光系数很小(电光系数约为(1～3) pm/V)，但可通过施加外电场 E_0 提高 Δn，当外电场达到饱和场 E_s 时，Δn 也达到饱和。通过外加电场，其衍射效率也可接近 100%。

稳态衍射效率 η 通常使用双光束耦合的方法进行测量，如图 8.5－2 所示。偏振方向平行于晶体 c 轴的等强度光束 I_1 和 I_2 在光折变晶体内写入光栅，I_1 经写入的相位光栅衍射得到其衍射光 $I_{1\eta}$，I_2 经衍射后得到它的衍射光 $I_{2\eta}$。待衍射光 $I_{1\eta}$(或 $I_{2\eta}$)达到饱和时，测量其光强，并与 I_1(或 I_2)的初始透射光强 I_{10}(或 I_{20})相比，给出体相位光栅透射光栅的衍射效率

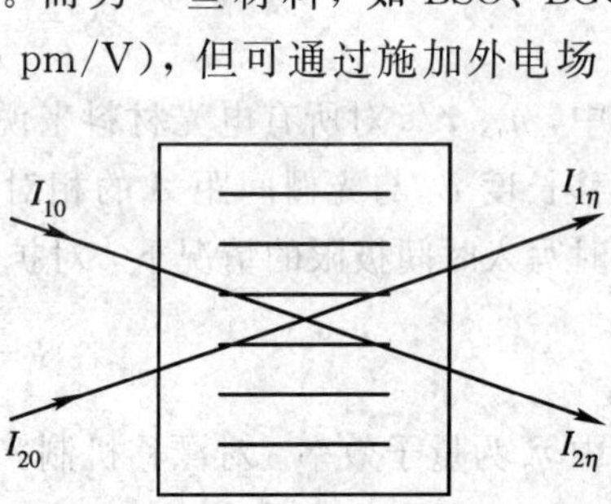

图 8.5－2 测量衍射效率 η 的光路图

$$\eta = \frac{I_{1\eta}}{I_{10}} = \frac{\text{衍射光强}}{\text{光栅形成前的透射光强}} \tag{8.5-7}$$

反射光栅的衍射效率也可用同样的办法测量。

3. 稳态折射率变化

稳态折射率变化又称最大折射率变化，它表示晶体在光照时间大于光折变响应时间 τ_{sc} 以后所达到的折射率变化值，即

$$\Delta n = \frac{1}{2} n_0^3 \gamma_{eff} E_{sc} \tag{8.5-8}$$

其中，n_0 为晶体的折射率。对于大多数光折变材料，n_0 的值约为 2.5。因此，Δn 的大小主要由 γ_{eff} 和 E_{sc} 决定。γ_{eff} 为有效电光系数，E_{sc} 为空间电荷场的振幅：

$$E_{sc} = mE_s \left[\frac{E_0^2 + E_D^2}{(E_D + E_s)^2 + E_0^2} \right]^{1/2} \tag{8.5-9}$$

在无外场($E_0=0$)和 $E_D<E_s$ 的情况下，$E_{sc}\approx E_D$，这时，稳态折射率变化 Δn 正比于 $\gamma_{eff}E_D$。对具有中等大小介电常数的材料，如 $LiNbO_3$、$LiTaO_3$、BSO、BGO，它们的 $\varepsilon\approx 50$，在陷阱密度为 10^{16} cm^{-3} 量级、光栅周期 $\Lambda>0.5$ μm 的情况下，$E_D<E_s$。对具有较大介电常数的材料，如 $BaTiO_3$、$KNbO_3$、SBN，当 $\Lambda=(1.5\sim 5)$ μm 时，在陷阱密度仍为 10^{16} cm^{-3} 量级的情况下，$E_D<E_s$ 也成立。对于上述两种情况，空间电荷场大小主要由 E_D 决定。当 $E_0>E_D$，但 $E_0<E_s$ 时，空间电荷场的大小主要由 E_0 决定。

但是，由于空间电荷场最终由晶体内的空间电荷通过泊松方程决定，所以当 $E_{sc}\approx E_s$（饱和场）时，折射率的变化将正比于 $\gamma_{eff}\dfrac{N_A}{\varepsilon}$。对于大多数光折变材料 $\gamma_{eff}\propto\varepsilon$，故 Δn 正比于陷阱密度 N_A。但是单纯地提高 N_A，会增长晶体的响应时间。

4. 光折变灵敏度

光折变灵敏度定义为每吸收单位能量密度引起的折射率变化 Δn，用 S 表示为

$$S = \frac{\Delta n}{\alpha I_0 \tau_{sc}} \tag{8.5-10}$$

其中，α 为记录波长为 λ 时晶体的吸收系数；τ_{sc} 为晶体的响应时间；I_0 为入射光强或入射功率密度。由于光折变材料的响应时间 τ_{sc} 由 τ_c、τ_0、τ_D 和 τ_R 等参量决定，因此有

$$S = \frac{1}{2} n_0^3 \frac{\gamma}{\varepsilon} f(\Lambda, l_0, l_s, L_0, L_D) \tag{8.5-11}$$

式中，n_0、γ/ε 对所有电光材料来说差不多是常量，因此 S 主要由记录条件和扩散长度 L_D、漂移长度 L_0 与光栅间距 Λ 的相对值来决定。对于正弦调制，$K=2\pi/\Lambda$，在调制度为 m 和短时写入时间极限的情况下，对扩散机制，光折变灵敏度为

$$S = \frac{1}{2} n_0^2 \frac{\gamma}{\varepsilon} e \frac{\eta_q}{h\nu} m \frac{KL_D^2}{1 + K^2 L_D^2} \tag{8.5-12}$$

式中 η_q 为量子效率。对漂移机制，光折变灵敏度为

$$S = \frac{1}{2} n_0^2 \frac{\gamma}{\varepsilon} e \frac{\eta_q}{h\nu} m \frac{L_0}{(1 + K^2 L_0^2)^{1/2}} \tag{8.5-13}$$

当光激发载流子的扩散和漂移长度等于或大于光栅间距($KL>1$)时，灵敏度 S 达到最大值，如果取 $m=1$（基本光栅）、$\eta_q=1$，则 S_{max} 为

$$S_{max} = \frac{1}{2} n_0^3 \frac{\gamma}{\varepsilon} \frac{e}{h\nu} \frac{1}{K} \tag{8.5-14}$$

当 $\lambda=0.5$ μm 时，$S_{max}\approx 0.1$ cm^3/J。对于线性吸收的光折变晶体 BSO、BGO 和 GaAs，都可

达到这个最大值。表 8.5－2 给出了一些光折变材料的灵敏度值。

表 8.5－2 一些光折变材料的灵敏度[4]

材料	$\lambda/\mu m$	$\gamma/(pm/V)$	n_e	相对介电常数	$S'=n^3\gamma/\varepsilon$ /(cm^3/J)
$BaTiO_3$	0.5	$\gamma_{42}=1640$	2.4	$\varepsilon_1=3600$	0.71
SBN	0.5	$\gamma_{33}=1340$	2.3	$\varepsilon_1=3400$	0.54
GaAs	1.1	$\gamma_{12}=1.43$	3.4	$\varepsilon_1=\varepsilon_2=\varepsilon_3=12.3$	0.53
BSO	0.6	$\gamma_{41}=5$	2.54	$\varepsilon_1=\varepsilon_2=\varepsilon_3=56$	0.17
$LiNbO_3$	0.6	$\gamma_{33}=31$	2.2	$\varepsilon_3=32$	1.16
$LiTaO_3$	0.6	$\gamma_{33}=31$	2.2	$\varepsilon_3=45$	0.83
$KNbO_3$	0.6	$\gamma_{42}=380$	2.3	$\varepsilon_3=240$	2.2

5. 记录 1%衍射效率光栅所需要的能量密度

这个特征参数是描述在 1 mm 厚的光折变晶体中，写入具有 1%衍射效率的基本光栅时单位面积所需要的能量 E。这个指标可用来比较快响应低电光系数材料与慢响应高电光系数材料的性质，在光数据处理中非常有用，因为在这类应用中不需要大的衍射效率。

由折射率变化公式(8.5－8)，有

$$\Delta n=\frac{1}{2}n_0^3\gamma_{\text{eff}}mE_{\text{sc}}(1-e^{-t/\tau_{\text{sc}}})\approx\frac{1}{2}n_0^3\gamma_{\text{eff}}mE_{\text{sc}}\frac{t}{\tau_{\text{sc}}},\quad t\ll\tau_{\text{sc}}$$

因为 τ_{sc} 正比于 τ_c，而 $\tau_c=\varepsilon/(e\mu\rho_0)\approx\varepsilon\gamma_R N_A/[e\mu(N_D-N_A)sI_0]$，所以 Δn 正比于 I_0t。令衍射效率 $\eta=1\%$，取 $d=1$ mm，可以计算出单位面积所需要的能量 I_0t。对于 $E_{sc}=E_0$ 或 E_D 的情况，$\Delta n\propto\gamma_{eff}/\tau_{sc}$，可见，具有快响应低电光系数的材料和慢响应高电光系数的材料在产生 1%衍射效率上是相当的。

记录能量 E 与灵敏度 S 的关系为

$$E=\sqrt{\eta}\,\frac{\lambda}{\alpha d}\frac{1}{nS}e^{\frac{\alpha d}{2}}\tag{8.5－15}$$

对于 S_{max}，最佳光栅的记录能量 $E=50\ \mu J/cm^2$ 量级(取晶体厚度 $d=10$ mm，$\alpha d\approx1$)。

8.5.2 常用的光折变材料

1. 氧八面体铁电晶体材料

氧八面体铁电晶体具有较大的电光效应及其它优良的性质，目前，有关光折变效应研究和应用的大多数工作都集中在这一类材料上。

1) 铌酸锂($LiNbO_3$)和钽酸锂($LiTaO_3$)

这两种晶体从室温到居里温度(分别为 $T_c=665$ ℃和 $T_c=1210$ ℃)都具有 $3m$ 点群对称性。直径达 6 cm、高质量的晶体可由提拉法长成。铁(Fe)是最通常的掺杂元素，除了铁之外，钴(Co)、镍(Ni)、铬(Cr)、铜(Cu)、锰(Mn)、铑(Rh)、铀(U)和铈(Ce)也可作为掺杂元素。掺杂铁以 Fe^{2+} 和 Fe^{3+} 两种价态形式进入晶格。Fe^{2+} 是施主心(满陷阱)，Fe^{3+} 是受主心(空陷阱)。光激发电子从 Fe^{2+} 杂质能级跃迁到导带，随后又被 Fe^{3+} 陷阱中心俘获。

$Fe^{2+} \Leftrightarrow Fe^{3+}$的激发和俘获过程就是这两种晶体的光折变过程。这两种杂质的浓度决定晶体的光折变行为，Fe^{2+}的浓度影响吸收系数。对于 2 mm 厚度的晶体，在 $\lambda=488$ nm 处的总吸收为 67%时，要求 Fe^{2+}的浓度为 10^{17} cm^{-3}。光折变灵敏度随 Fe^{2+}浓度的增加而增大。

另一方面，光电导率和暗光电导率都依赖于载流子的寿命 τ_R，而后者又反比于陷阱浓度(主要是 Fe^{3+}的浓度 $C_{Fe^{3+}}$)。当掺杂 Fe 浓度小于 0.19%时，光电导 $\sigma_p \approx C_{Fe^{2+}}/C_{Fe^{3+}}$。当掺杂浓度较大时，$\sigma_p$ 增长很快。暗光电导 σ_d 也随 $C_{Fe^{2+}}$的增加而明显增大。因此，通过控制 Fe^{2+}的浓度，可使暗光电导维持在$(10^{-8}\sim10^{-19})(\Omega\cdot cm)^{-1}$范围内。

2) 钛酸钡($BaTiO_3$)

$BaTiO_3$ 晶体是最早被认识的光折变材料之一。$BaTiO_3$ 晶体最显著的优点是具有较大的电光系数 γ_{42}，从而具有较大的双光束耦合增益系数和四波混频反射率。因此它是目前性能最佳、使用较广泛的光折变材料。

当温度高于 130 ℃时，$BaTiO_3$ 的晶型属立方系点群 $m3m$。当温度下降至居里温度($T_c=130$ ℃)以下时，晶格由立方系点群转变为四方系点群 $4mm$，在居里温度产生的相变是由顺电相到铁电相的转变。除了居里温度外，$BaTiO_3$ 还有两个过渡温度，它们分别是 −9 ℃和 −90 ℃。在这两个温度下，$BaTiO_3$ 发生从一个铁电相到另一个铁电相的转变。当温度先降到 −9 ℃时，晶格从四方系点群 $4mm$ 转变为正交系点群 $mm2$，在 −90 ℃时，晶格从正交系点群 $mm2$ 转变为三方系点群 $3m$。在 $BaTiO_3$ 的这三个铁电相中，自发极化方向分别沿〈001〉、〈011〉和〈111〉方向，并且 $BaTiO_3$ 的自发极化可随外场反向而不发生击穿。$BaTiO_3$ 的自发极化赋予它许多特性，诸如压电效应、热释电效应、电光效应和光折变效应。

$BaTiO_3$ 的四方相在室温下是稳定的，有许多实际应用。在 $BaTiO_3$ 晶体的四方相中，自发极化可指向原立方相中六个〈001〉方向中的任意一个。在这些方向上的极化形成一个个均匀极化区，称为电畴。因此整个晶体是多畴态，不显示净极化，因而压电、热释电效应都很小。研究多畴结构的 $BaTiO_3$ 晶体时发现，为了产生有效的电光性质，需对极化方向为 90°的双畴和极化方向互为 180°的双畴进行单畴化。

$BaTiO_3$ 晶体显著的光折变性能和慢响应性质与其介电和电光性质有关。显著的光折变效应归因于其有较大的电光系数 $\gamma_{42}=820\times10^{-12}$ m/V，较长的响应时间是由于其有较大的介电常数(见表 8.5 - 3)。$BaTiO_3$ 晶体有两种缺陷，即杂质和空位，它们形成带隙中的深能级，参与光折变过程。$BaTiO_3$ 晶体的通常掺杂元素为 Ca、Ce、Al、Si、Cr、Co、Ni、Fe 和 Cu 等。

3) 铌酸钾($KNbO_3$)和钽铌酸钾[$K(NbTa)O_3$]

铌酸钾和钽铌酸钾同属于钙钛矿结构的铁电体，随着温度的下降，它们有相同的相变顺序：立方→四方→正交→三方晶系。但 $KNbO_3$ 的相变温度较高，因此在室温下，$KNbO_3$ 晶体仍保持正交晶系，其对称点群为 $mm2$。由于 $KNbO_3$ 与 $KTaO_3$ 有相同的点阵常数，并且 $KTaO_3$ 晶体在任何温度下都是立方晶系，故可以形成混晶 $K(NbTa)O_3$，其相变温度可通过组分加以控制。室温下 $KNb_{0.37}Ta_{0.63}O_3$ 属立方晶系($T_c=20$ ℃)，$KNb_{0.4}Ta_{0.6}O_3$ 则属四方晶系($T_c=40$ ℃)。由于在相变温度附近它们有较大的介质极化率，因此这两种晶体具有相当好的电光性质。

虽然 $KNbO_3$ 和 $BaTiO_3$ 晶体具有显著的光折变性能，但这两种晶体的制备较 $LiNbO_3$

困难得多，目前最大的单畴样品体积仅限于(1～2) cm^3。

4) 铌酸钡钠($Ba_2NaNb_5O_{15}$(BNN))、铌酸锶钡($(SrBa)Nb_2O_6$(SBN))和钾钠铌酸锶钡(KNSBN)材料

BNN 具有可观的非线性光学性质和电光性质，是一种应用前景较好的铁电体。BNN 在 $T_c=560$ ℃以下时，其对称点群为 $4mm$，在 $T_c=300$ ℃处发生 $4mm\rightarrow mm2$ 的铁电相变。BNN 的光折变灵敏度比较低，因此适用于对光折变性能要求比较低的非线性光学应用场合。

SBN 是具有钨青铜矿结构的铁电体，对称点群为 $4mm$，相变温度可通过改变 Ba/Sr 的比例加以控制。相变温度的变化范围从 $T_c=205$ ℃(Ba/Sr=3)到 $T_c=60$ ℃(Ba/Sr=1/3)。目前高质量的 SBN 晶体可达直径为 1 cm、长为 7 cm 的尺寸。

KNSBN 晶体是源于 SBN 晶体的新型改型晶体。它由我国首先生长成功。KNSBN 晶体具有许多优良的特性。它不仅有较大的横向电光系数 γ_{51}，而且还有较大的纵向电光系数 γ_{33}。它的光折变灵敏度和响应时间与 $BaTiO_3$ 相当，但它容易生长，容易加工，也容易极化(只有 180°畴，无 90°畴)。其物理性能可通过组分和掺杂元素及其浓度加以控制。目前一般取 Co^{2+}、Co^{3+}、Cu^{2+} 和 Ce^{2+} 等作为 KNSBN 的掺杂剂，掺杂量一般控制在 0.1wt%以下。表 8.5-3 为一些光折变材料的光学和电光常数。

表 8.5-3　一些光折变材料的光学和电光常数[4]

材料	点群	工作波长/μm	电光系数/(pm/V)	折射率	介电常数
$LiNbO_3$	$3m$	0.633 1.15 3.39	(T) $\gamma_{13}=9.6$　(S) $\gamma_{13}=8.6$ $\gamma_{22}=6.8$　$\gamma_{22}=3.4$ $\gamma_{33}=30.9$　$\gamma_{33}=30.8$ $\gamma_{51}=32.6$　$\gamma_{51}=28$ $\gamma_c=21.1$ (T) $\gamma_{22}=5.4$ $\gamma_c=19$ (T) $\gamma_{22}=3.1$　(S) $\gamma_{33}=28$ $\gamma_c=18$　$\gamma_{22}=3.1$ $\gamma_{13}=6.5$ $\gamma_{51}=23$	$n_o=2.286$ $n_e=2.200$ $n_o=2.229$ $n_e=2.150$ $n_o=2.136$ $n_e=2.073$	(T) $\varepsilon_1=\varepsilon_2=78$ $\varepsilon_3=32$ (S) $\varepsilon_1=\varepsilon_2=78$ $\varepsilon_3=32$
$LiTaO_3$	$3m$	0.633 3.39	(T) $\gamma_{13}=8.4$　(S) $\gamma_{13}=7.5$ $\gamma_{22}=-0.2$　$r_{22}=1$ $\gamma_{33}=30.5$　$\gamma_{33}=33$ $\gamma_c=22$　$\gamma_{51}=20$ (S) $\gamma_{13}=4.5$ $\gamma_{22}=0.3$ $\gamma_{33}=27$ $\gamma_{51}=15$	$n_o=2.176$ $n_e=2.180$ $n_o=2.060$ $n_e=2.065$	(T) $\varepsilon_1=\varepsilon_2=51$ $\varepsilon_3=45$ (S) $\varepsilon_1=\varepsilon_2=41$ $\varepsilon_3=43$
$KNbO_3$	$2mm$	0.633	(T) $\gamma_{13}=28$　(S) $\gamma_{42}=270$ $\gamma_{42}=380$ $\gamma_{23}=1.3$ $\gamma_{33}=64$ $\gamma_{51}=105$	$n_1=2.280$ $n_2=2.329$ $n_3=2.169$	$\varepsilon_3=240$
$KTa_{0.35}$ $Nb_{0.65}O_3$ (KTN)	$4mm$	0.633	(T) $\gamma_{51}=8000$　(T_c-28) $\gamma_c=500$ (T) $\gamma_{51}=3000$　(T_c-16) $\gamma_c=700$	$n_o=2.318$ $n_e=2.277$ $n_o=2.318$ $n_e=2.281$	
$BaTiO_3$	$4mm$	0.546	(T) $\gamma_{51}=1640$　(S) $\gamma_{51}=820$ $\gamma_{13}=24$　$\gamma_{13}=8$ $\gamma_{33}=80$　$\gamma_{33}=28$ $\gamma_c=108$　$\gamma_c=23$	$n_o=2.437$ $n_e=2.365$	(T) $\varepsilon_1=\varepsilon_2=3700$ $\varepsilon_3=135$ (S) $\varepsilon_1=\varepsilon_2=2400$ $\varepsilon_3=60$

续表

材料	点群	工作波长/μm	电光系数/(pm/V)	折射率	介电常数
$Sr_{0.75}Ba_{0.25}Nb_2O_3$	$4mm$	0.633	(T) $\gamma_{13}=67$ $\gamma_{33}=1340$ $\gamma_{51}=42$	$n_o=2.3117$ $n_e=2.2987$	$\varepsilon_3=3400$ (15 MHz)
KNSBN	$4mm$	0.4578	(S) $\gamma_{51}=820$ $\gamma_{33}=200$	$n_o=2.35$ $n_e=2.27$	$\varepsilon_1=\varepsilon_2=588$ $\varepsilon_3=500$
$Bi_{12}SiO_{20}$ (BSO)	23	0.633	$\gamma_{41}=5.0$	$n=2.54$	$\varepsilon=56$
$Bi_{12}GeO_{20}$ (BGO)	23	0.633	(T) $\gamma_{41}=3.22$	$n=2.54$	
GaAs	$\bar{4}3m$	0.9 1.15 3.39 10.6	$\gamma_{41}=1.1$ (T) $\gamma_{41}=1.43$ (T) $\gamma_{41}=1.24$ (T) $\gamma_{41}=1.51$	$n=3.60$ $n=3.43$ $n=3.3$ $n=3.3$	(T) $\varepsilon=12.3$ (S) $\varepsilon=13.2$
CdTe	$\bar{4}3m$	1.0 3.39 10.6 23.35 27.95	(T) $\gamma_{41}=4.5$ (T) $\gamma_{41}=6.8$ (T) $\gamma_{41}=6.8$ (T) $\gamma_{41}=5.47$ (T) $\gamma_{41}=5.04$	$n=2.84$ $n=2.60$ $n=2.58$ $n=2.53$	(S) $\varepsilon=9.4$
InP	$\bar{4}3m$	1.06	$\gamma_{41}=5.04$	$n=3.29$	
$Pb_{0.814}La_{0.124}(Zr_{0.4}Ti_{0.6})O_3$ (PLZT)	∞m	0.546	$n_e^3\gamma_{33}-n_0^3\gamma_{13}=2320$	$n_0=2.55$	

注：T 代表低频；S 代表高频；$\gamma_c=\gamma_{33}-n_0^3\gamma_{13}/n_e^3$。

2. 铋硅族氧化物

硅酸铋 $Bi_{12}SiO_{20}$(BSO)和它的同型晶体锗酸铋 $Bi_{12}GeO_{20}$(BGO)、钛酸铋 $Bi_{12}TiO_{20}$(BTO)是一类很有前途的光折变材料。虽然它们的电光系数较小(例如 BSO 的 $\gamma_{41}=3.4$ pm/V)，但它们的响应时间很短。例如，用(10～100) mW/cm² 光强的 Ar^+激光器的蓝绿光记录基本光栅，其响应时间约为(10～100) ms。这种快响应和高灵敏度对于光存储和光处理来说是十分有用的。铋硅族氧化物具有立方 23 点群对称性，它们是顺电相晶体，且是光学各向同性的，只有在外电场作用下，才出现非零的线性电光系数 γ_{41}，成为各向异性的双折射晶体。同时，这类材料还显示出很高的旋光性。

在铋硅族氧化物中，BSO 是较常用的一种光折变材料。自然界也存在 BSO 晶体，人造晶体则是把按适当比例混合的纯氧化铋(Bi_2O_3)和二氧化硅(SiO_2)用感应加热法生长而成的，可生长出直径为几厘米、长度为十几厘米的圆柱晶体。BSO 呈黄棕色，对蓝绿光有吸收。其折射率随波长有规律地减小，在 $n=2.86(\lambda=400$ nm)到 $n=2.51(\lambda=700$ nm)之间变化。BSO 晶体光激发自由电子有足够的迁移率，它决定晶体的光电导性和光折变性能。BSO 的电光效应不仅与所加外场大小有关，而且与晶体晶轴的取向有关。用这种材料记录体相位栅时，有两种常用的组态，其光路配置如图 8.5 - 3 所示。两种组态的区别是，外电场和空间电荷场分别平行于和垂直于四次对称轴〈001〉方向。第一种组态(见图 8.5－3(a))常用在能量转换的实验中，所以又称为双光束耦合组态。如果取〈001〉方向为 y 方向，沿〈001〉方向加外场，则在 x 和 z 方向的折射率为

$$\left.\begin{aligned} n_x &= n_0 - \frac{1}{2}n_0^3\gamma_{41}E_{sc} \\ n_z &= n_0 + \frac{1}{2}n_0^3\gamma_{41}E_{sc} \end{aligned}\right\} \tag{8.5-16}$$

折射率在 y 方向不发生变化，即 $n_y=n_0$。因此，当读出光偏振沿 x 方向时，有最大的衍射效率，其衍射光也具有相同的偏振取向。第二种组态(见图 8.5－3(b))常用在测量衍射效率的实验中，在这种组态中，由于沿〈110〉(y 方向)加电场，会形成两个新的主轴 x' 和 y'，在这两个方向上折射率被调制为

$$\left.\begin{aligned} n_{x'} &= n_0 + \frac{1}{2}n_0^3\gamma_{41}E_{sc} \\ n_{y'} &= n_0 - \frac{1}{2}n_0^3\gamma_{41}E_{sc} \end{aligned}\right\} \tag{8.5-17}$$

当读出光的偏振取向沿 x 方向时，衍射光束也是线偏振光，但偏振方向相对读出光旋转了 90°。因此这可视为各向异性布喇格衍射。在这种组态中，总的折射率调制变化 $\Delta n=n_{x'}-n_{y'}=n_0^3\gamma_{41}E_{sc}$，为各向同性组态(见图 8.5－3(a))的四倍，因此有最大的衍射效率。至于偏振态 90°的旋转，可定性说明如下：将入射读出光沿 x 方向的偏振投影在 x' 和 y' 方向上，其每一分量都会被衍射。由于衍射光束的相位滞后读出光束 $\pi/2$，于是两衍射光束的出射相位差为 $(+\pi/2)-(-\pi/2)=\pi$，并具有相同的振幅，因此衍射光的偏振相对读出光束发生了 90°的旋转。从这个意义上来说，这种光栅的衍射相当于一个半波片。偏振态的这种旋转特性可以增加再现像的信噪比。

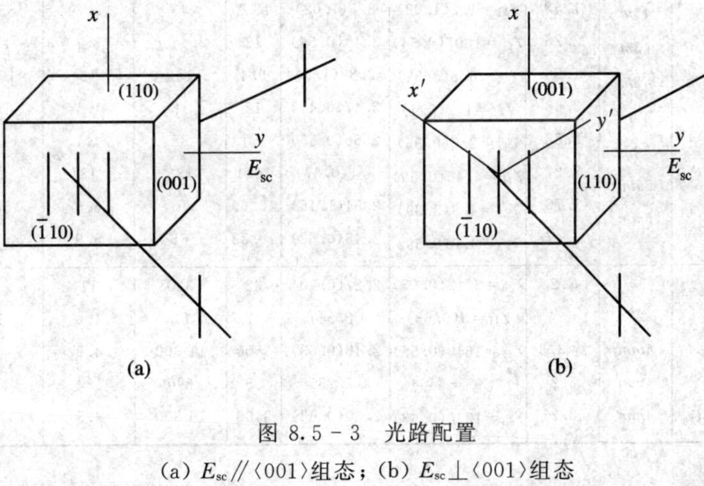

图 8.5－3　光路配置

(a) E_{sc} // 〈001〉组态；(b) $E_{sc}\perp$〈001〉组态

3. 半导体材料

光折变效应被发现以后，人们首先认识到它在光存储方面的应用，因为氧化物铁电体材料具有较高的电阻率(如 $LiNbO_3$ 晶体的电阻率约为 10^{20} Ω·cm 量级)，因此所记录的相位光栅存放可达一年之久。又由于氧化物铁电体材料具有较大的电光系数，因此早期的光

折变效应的应用主要集中在这一类材料中。然而，大的电光系数仅仅是光折变材料特性的一个指标，而光折变灵敏度就依赖于电光系数与介电常数的比值。

在光学记忆和光学处理等光折变效应应用中，还要求材料具有较短的响应时间。材料的响应时间与光激发载流子的迁移率有关，而多数氧化物铁电体材料的迁移率很小。人们对在Ⅲ～Ⅳ组半导体材料(如纯的和掺 Cr 的 GaAs，掺 Fe 的 InP 和 CdTe)的研究中，观察到了光致折射率变化。与氧化物铁电体材料迁移率($\mu\approx 1\ \mathrm{cm^2/(V\cdot s)}$)相比，半导体材料的 μ 在(100～10 000) $\mathrm{cm^2/(V\cdot s)}$范围。半导体材料的这种高迁移率，使其具有如下特性：① 高速的空间电荷分离；② 较高的光电导性；③ 较短的弛豫时间。又由于半导体材料可工作在近红外波段((0.95～1.35) μm)，因此半导体材料在光折变效应的应用上具有潜在的价值。

表 8.5－4 给出了一些半导体材料和一些氧化物材料在电光性能方面的比较。表中电光系数 γ_{ij}是在一定波长和恒应力状态下的数值；$n_i^3\gamma_{ij}$代表最大折射率变化；$n_i^3\gamma_{ij}/\varepsilon_j$ 代表最大灵敏度，其中 ε_j 是相对介电常数，n_i 是晶体的折射率。表中还涉及其它一些参数，如能隙 E_g、载流子的迁移率和晶体的一些对称性。由表可见：① 半导体光折变材料的电光系数相当小；② 半导体光折变材料的工作波长有很宽的选择余地，GaAs、InP 和 CdTe 是在近红外光波段工作的最合适材料，这对光通信来说十分重要；③ 铁电材料的最大折射率变化远大于半导体材料，但就光折变灵敏度而言，半导体材料 CdTe 是最大的，它高于$KNbO_3$晶体，约三倍于 $BaTiO_3$，InP 和 GaAs 也比 BSO 高两倍。

表 8.5－4 某些半导体光折变材料的光学和电学性质[4]

	材料	对称性	能隙宽 E_g/eV	$\gamma_{ij}(\lambda,\ \mu m)$	$n(\lambda,\ \mu m)$	ε	$n_i^3\gamma_{ij}$ /(pm/V)	$n_i^3\gamma_{ij}/\varepsilon_j$	(μ/(cm²/(V·s)) T_c=300K)	
									电子	空穴
半导体	InP	$\bar{4}3m$	1.35	γ_{41}=1.45(1.06)	3.29(1.06)	12.6	52	4.1	4600	150
	GaAs	$\bar{4}3m$	1.42	γ_{41}=1.2(1.02)	3.5(1.02)	13.2	43	3.3	8500	400
	GaP	$\bar{4}3m$	2.26	γ_{41}=1.07(0.54)	3.45(0.54)	12	44	3.7	110	75
	CdTe	$\bar{4}3m$	1.56	γ_{41}=6.8(3.39)	2.82(1.3)	9.4	152	16	1050	100
	ZnS	$\bar{4}3m$	3.68	γ_{41}=1.2(0.4)	2.47(0.45)	16	18	1.1	165	5
	ZnSe	$\bar{4}3m$	2.68	γ_{41}=2.0(0.55)	2.66(0.55)	9.1	38	4.1		
	ZnTe	6mm	2.27	γ_{41}=4.45(0.59)	3.1(0.57)	10.1	133	13		
	CdSe	6mm	1.70	γ_{33}=4.3(3.39)	2.54(1.15)	10.65	70	6.6	800	
	CdS		2.47	γ_{33}=4.0(0.59)	2.48(0.63)	10.33	61	5.9		
氧化物	$LiNbO_3$	3m	3.2	γ_{33}=32.2(0.63)	2.27(0.70)	32	320	11		
	$Bi_{12}SiO_{20}$	23		γ_{41}=5(0.63)	2.54	47	82	1.8	1	
	$BaTiO_3$	4mm	约 3.3	γ_{51}=1640(0.55)	2.40(0.63)	3600	11 300	4.9		
	$KNbO_3$	4mm	3.2	γ_{33}=64	2.23	55	690	1.4		
	$Sr_{0.75}Na_{0.25}Nb_2O_6$	4mm	3.2	γ_{33}=1340(0.63)	2.30(0.63)	3400	16 300	4.8		

4. 电光陶瓷

陶瓷材料由于具有许多优良的性能而备受人们重视。透明铁电陶瓷(TFC)因有独特的电光性质，已制作成各种固态电光器件，如高速光调制器、光滤波器、数字显示器、光电伏特计和大面积图像投影器。所谓透明铁电陶瓷，是指用 600 nm 的光照射 200 μm 厚度的抛光材料，其透射率不小于 50%。与液晶相比，TFC 响应速度快、抗蚀和抗辐照能力强。与前述的电光单晶材料相比，TFC 不需要高的控制电压，尤其是它的加工工艺简单，并可制成大块、大面积器件。其缺点是透明度低，机械韧性差。

TFC 材料具有钙钛矿结构或钾钨青铜结构。它们的相变温度相当低，约为 150 ℃，在室温下具有较大的介电常数和电光系数，它们是一族多晶电光材料。其中铅镧锆钛烧结体是目前研究和应用得最广泛的电光陶瓷材料(化学式为$Pb_{1-x}La_x(Zr_yTi_z)O_3$ 或缩记为$PLZT_{x/y/z}$，其中 x 代表La 的浓度，y/z 代表 Zr 与 Ti 的比率)，适当地控制 Zr 与 Ti 的比率和 La 的含量，可获得不同的电光效应。高 La 含量的 $PLZT_{x/y/z}$具有光学各向同性的立方顺电钙钛矿结构，且具有二次电光效应(Kerr 效应)。低 La 含量的 $PLZT_{x/y/z}$有两个铁电相，一个是富 Ti 四方形变的钙钛矿晶胞，另一个是富 Zr 的三角形变的钙钛矿晶胞。上述两种化合物都具有线性电光效应。

$PLZT_{x/65/35}$型透明铁电陶瓷不仅具有显著的电光效应，还显示出光电导性、光伏打效应。PLZT 透明铁电陶瓷与铁电单晶相比，具有如下特点：① 较小的光栅灵敏度 S，这是由于 PLZT 陷阱密度高，载流子漂移长度较小之故；② 较大的光栅耦合系数 Γ，这归因于 PLZT 在相变温度附近具有较大的电光系数和在外场下的最佳光栅相移；③ 光栅衍射效率 η、光栅灵敏度 S 和耦合系数 Γ 主要依赖于外场。表 8.5 - 5 为 PLZT 与电光单晶体电光性能的比较。

表 8.5 - 5　PLZT 与电光单晶体电光性能的比较[4]

材料	λ/nm	α/ cm^{-1}	σ/ $(\Omega^{-1}\cdot cm^{-1})$	n	ε_{ij}	S/ (cm^2/J)	N/ (线/mm)	E_0/ (kV/cm)	$\Lambda/\mu m$	Γ/ cm^{-1}
$LiNbO_3$	351	30	10^{-16}	2.26	29	16×10^{-5}	10^4	50		10
$KNbO_3$	488	3.8	10^{-9}	2.23	53	5×10^{-2}	10^4	7	10	14
BSO	488	2	10^{-15}	2.54	56	17×10^{-2}	10^4	6	5	1
BGO	488	2	10^{-14}	2.55	47	4×10^{-2}		6	5	
$K(Ta,Nb)O_3$	488		10^{-15}	2.36	10000	3×10^{-2}		10		
$PLZT_{x/65/35}$	441	1	10^{-15}	2.50	2000	6×10^{-5}	10^3	12	7	120

8.6　光折变的非线性光学应用

光折变效应为人们打开了一扇观察非线性过程的窗户，它允许人们在合适的时间尺度上，用低功率连续激光进行研究。众所周知，为了观察受激布里渊散射和受激喇曼散射，入射光强必须超过某一阈值，一旦触发，受激过程就以材料所固有的速率进行。而光折变效应则不然，它的非线性与入射光强几乎无关，即使用弱激光束也会显示出可观的非线性效应，光强只决定其进行的速度，并不决定非线性效应的大小。因此，光折变效应已被广泛应用于实时光学信息处理、光学存储、畸变修正、空间光调制器、光束转换、光学时间微分以及激光锁模等。本节介绍光折变效应的几种主要应用。

8.6.1　光学存储

几乎在光折变效应刚刚发现之际，$LiNbO_3$、SBN、$BaTiO_3$ 等晶体就用于体相位全息存储。所谓光折变体多重全息存储，就是应用二波混频过程在光折变晶体中写入相位光栅来实现信息的存储，利用已写入相位光栅对入射光束的衍射读出信息。光折变存储有如下特点：

(1) 存储容量大：光折变存储为三维存储，其极限存储容量为 V/λ^3，V 为存储材料体积。如果取 $\lambda=500$ nm，则在 $V=1$ cm^3 的材料中可存储 8×10^{12} bit 的信息。

(2) 并行性：光折变存储中数据以页的形式存储，因此每页的信息是并行写入、并行读出的。虽然光折变材料的响应慢，但由于其巨并行性，光折变存储的比特速率并不慢。

(3) 实时性：直接写入，不需要后处理，非常方便。

(4) 可擦除性：存储材料能循环使用。

(5) 基于体相位栅对读出光束的选择性，可进行有选择的信息检索，并实现联想记忆。

(6) 具有可接受的暗光保存时间：根据光折变材料不同，其存储信息的保存时间可以是几秒、几分、几小时到几天、几月以至一年。

为了充分利用光折变材料的信息存储容量，必须在同一块光折变晶体中记录多幅全息图，这些全息图在读出时要互不干扰，并有同样的衍射效率。为此，人们研究出了适合光折变体全息存储的编码方法和曝光方法。

1. 光折变多重全息存储的编码技术

到目前为止，有关光折变体全息存储的编码技术已近 10 种，以下仅介绍常用的几种编码技术。

1) 空间编码

光折变材料的信息存储容量大、分辨率高，在较小的空间体积就能记录足够多的信息。所以可以把不同图像存储于光折变材料空间分离的不同区域，如图 8.6-1 所示。这种编码方式适用于厚度较薄而面积较大的存储材料，其优点是存储的各幅图像都利用了光折变材料折射率变化的最大动态范围，衍射效率高。缺点是所能编码的图像幅数较少，不能充分利用材料的存储容量，记录和读出过程需要机械装置移动光折变材料。

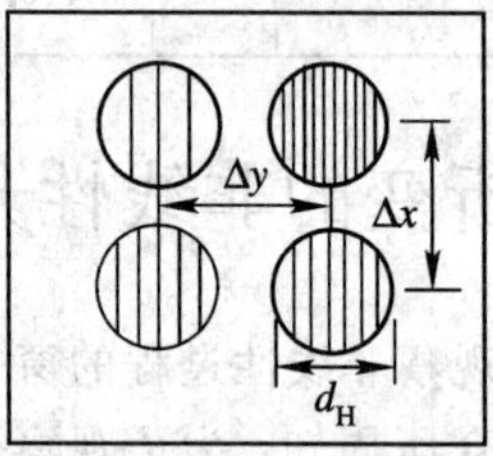

图 8.6-1 空间编码示意图

2) 角度编码

角度编码是一种把所存储的图像信息置于光折变材料的同一区域的编码方法。每幅全息图以不同的入射角的参考光写入，即改变每幅图像的空间载频以达到使各幅全息图分离的目的。为了减小各幅图像读出时的串扰，必须使记录相邻两幅全息图参考光束的偏离角度大于布喇格选择角的宽度。角度编码时，参考光的角度不仅可以在入射面内变化，而且可以在垂直于入射面的方向变化。角度编码的优点是可记录全息图的幅数多，能够充分利用光折变材料同一区域的存储容量。缺点是各幅图像分享折射率的动态范围，每幅图像的衍射效率低；需要声光器件或机械转镜改变参考光束方向，而声光器件的动态范围小，价格昂贵，机械转镜速度慢，精度低。

3）空间－角度编码

这种编码方式使光折变晶体中存储的图像不但在空间位置上存在偏离，而且其空间载频也不同，其编码原理如图 8.6－2 所示。如在光折变材料中可采用角度编码在同一位置记录 M 幅图像，可采用空间编码在材料的 N 个位置记录，则采用空间－角度编码后在同一材料中可记录 $M\times N$ 幅图像。空间－角度编码的优点是在同一材料中记录相同数量的图像时，每幅图像的折射率动态范围是采用纯角度编码的 N 倍，充分利用了光折变材料的空间带宽积。其缺点则集空间编码和角度编码的缺点于一身，即既要用声光装置或机械转镜改变参考光的入射角，又要采用机械方法来移动光折变记录材料。

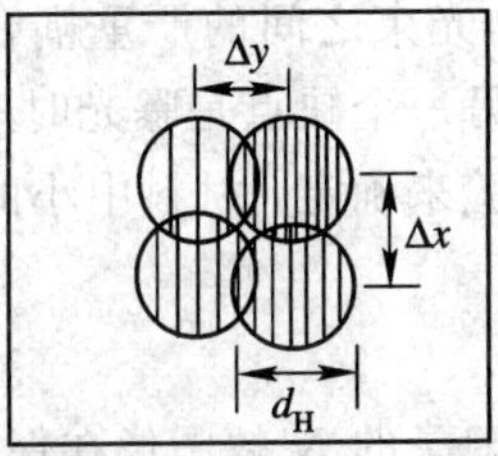

图 8.6－2　空间－角度编码示意图

4）其他编码技术

除上述三种编码技术外，常用的编码技术还有相位编码技术和波长编码技术。相位编码是通过改变参考光的空间相位分布来实现多重全息存储的。其按编码规则的不同又分为随机相位编码和确定型相位编码。波长编码实际上是保持参考光和物光波长不变，参考光和物光夹角不变，通过转动记录材料，在光折变晶体中记录波矢长度相同、方向变化的体相位光栅。读出时，保持参考光入射角不变，改变其波长，读出不同的图像。这两种编码技术的共同缺点是所能够编码的图像幅数较少。

2. 光折变存储的曝光技术

由光折变材料的写入特性和擦除特性可知，在光折变多重记录中，如果在光折变材料的同一空间位置记录多幅图像，则后面写入的信息会部分擦除材料中已经存储的信息，这时若不采用特殊的记录方法，最后记录的多幅全息图的衍射效率将会有明显差别。为了使所记录的多幅全息图具有均匀的衍射效率，一般采用如下两种曝光技术。

1）时间递减法

采用时间递减法进行多重全息记录，每幅图像的写入一次曝光完成。在保持总记录光强（参考光强加物光强）不变的条件下，所记录的各幅图像的曝光时间依次递减。由 8.2 节关于相位栅的写入和擦除讨论已知，光折变记录材料中相位栅的写入和擦除可近似为随时间做指数变化：

写入时：
$$\Delta n(t)=\Delta n_s(1-e^{-t/\tau}) \tag{8.6-1}$$

读出时：
$$\Delta n(t)=\Delta n_0 e^{-t/\tau} \tag{8.6-2}$$

其中，Δn_s 为材料的最大折射率变化；Δn_0 为开始擦除时的 Δn 值；τ 为写入和擦除时间常数。为使所记录的多重全息图具有相等的衍射效率，写入第 i 幅全息图的曝光时间为

$$t_i = \tau \ln\left[\frac{(i-1)\beta+1}{(i-2)\beta+2}\right] \tag{8.6-3}$$

式中，$\beta=\Delta n_1/\Delta n_s$，$\Delta n_1$ 为第一幅图像曝光后所引起的折射率变化。曝光结束后相应于第 N 幅图像的折射率相位栅为

$$\Delta n_N = \Delta n_s\left[\frac{\beta}{1+(N-1)\beta}\right] \xrightarrow{\beta=1} \frac{\Delta n_s}{N} \tag{8.6-4}$$

当 $\beta=1$，即记录第一幅全息图的最大折射率变化达饱和值 Δn_s 时，总记录时间为

$$T = t_1 + \sum_{m=2}^{N} t_m = t_1 + \ln[1+(N-1)\beta] \tag{8.6-5}$$

这种曝光方法的缺点是最初记录的全息图曝光时间较长，特别是第一幅全息图，这会引起光折变扇形效应和记录参考光与物光束之间的严重耦合，在材料中记录较强的噪声相位栅，严重影响存储图像的信噪比；另一个缺点是曝光时序依赖于记录材料的参量和记录条件(记录光强等)，曝光时序要由实验来确定，材料中小的参量起伏就能够引起衍射效率的不均匀性。

2) 循环曝光法

所谓循环曝光法，就是使所要记录的 N 幅图像在保持记录光强不变的条件下，依次曝光相同时间 Δt，然后再这样循环曝光足够多的次数，最后获得衍射效率均匀的多幅全息图。其原理是根据式(8.6-1)和式(8.6-2)的相位栅建立和擦除特性，使每幅全息图的曝光时间相同，擦除时间也相同，并利用了 Δt 很小时相位栅的写入和擦除的不对称性。Δt 的选取应遵循两个原则：Δt 应足够小，使第一个曝光周期结束后，所写入的第一幅全息图还不至于被严重擦除；Δt 又不能太小，不能使全息图衍射效率达到饱和所需的循环次数太多。这种曝光方法的优点是：每幅图像的写入和擦除有非常相近的记录条件，其衍射效率均匀性好，对材料的参量和记录条件依赖性不大。缺点是采用角度编码和空间－角度编码时，由于每一曝光循环都要求记录系统精确复位，对记录系统精度要求非常高。

以上两种曝光方法，在光折变材料中产生相同的折射率变化时，其总的记录时间相同。

8.6.2 自适应光外差探测

激光的高度相干性、单色性和方向性，使得光频波段的外差探测成为现实。光外差探测系统与直接探测系统相比，多了一个本振激光，即入射到光电探测器上的除了信号光外，还有本振激光，光电探测器起着光混频器的作用。光外差探测系统对信号光和本振光的差频分量响应，输出一个中频光电流。由于信号光和本振光在光电探测器上发生干涉，因此光外差探测又常称为光相干探测。

1. 光外差探测基本原理

假设信号光载波的频率为 ω_S，本振光频率为 ω_L，则信号光和本振光波可分别表示为

$$E_S(t) = E_S\cos[\omega_S t + \varphi_S(t)] \tag{8.6-6}$$

$$E_L(t) = E_L\cos[\omega_L t + \varphi_L] \tag{8.6-7}$$

式中，$\varphi_S(t)$包含频率调制或相位调制信号。对于正弦调制，$\varphi_S(t)=\beta\sin\omega_m t$，$\beta$ 为调制指数；对于 ASK(振幅键控)调制，$\varphi_S(t)$为常数，信号幅度则取 0 或 1；对于 FSK(频率键控)调制，

$\varphi_S(t)$取 $\omega_m t$，其中 ω_m 为调制信号频率。

设 $E_S(t)$和 $E_L(t)$振动方向相互平行，同时垂直入射在光电探测器，则探测器接收到的总光强为

$$
\begin{aligned}
I &= [E_S(t) + E_L(t)]^2 \\
&= \frac{1}{2}E_S^2\{1 + \cos[2\omega_S t + 2\varphi_S(t)]\} + \frac{1}{2}E_L^2\{1 + \cos[2(\omega_S + \omega_{IF})t + 2\varphi_L]\} \\
&\quad + E_S E_L \cos[\omega_{IF} t - \varphi_S(t) + \varphi_L] + E_S E_L \cos[\omega_S t + \varphi_S(t) + \varphi_L + \omega_{IF} t]
\end{aligned} \tag{8.6-8}
$$

式中，第一、二、四项的频率在 $2\omega_S$左右，大大超出了现有光电探测器的频率响应范围，因此没有检波输出，故式(8.6－8)可以简化为

$$I = \frac{1}{2}E_S^2 + \frac{1}{2}E_L^2 + E_S E_L \cos[\omega_{IF} t - \varphi_S(t) + \varphi_L] \tag{8.6-9}$$

式中，ω_{IF}为中频频率(一般为几十到几千兆赫兹)。注意到，式(8.6－9)中第三项表示信号光与本振光之间的差拍效应，其振幅正比于信号光和本振光的振幅，差拍的相位与信号光的相位变化成线性关系，因此信号光的振幅和相位信息都包含在差拍信号的强度之中。通常，本振光的强度比信号光的强度大得多，式(8.6－9)可简化为

$$I \approx \frac{1}{2}E_L^2 + E_S E_L \cos[\omega_{IF} t - \varphi_S(t) + \varphi_L] \tag{8.6-10}$$

由于入射光功率正比于光电场振幅的平方，而光电检测器输出的光电流正比于入射光功率，因此光检测器输出的电流为

$$i(t) = R_0 P \approx R_0\{P_L + 2\sqrt{P_S P_L}\cos[\omega_{IF} t - \varphi_S(t) + \varphi_L]\} \tag{8.6-11}$$

式中，R_0为光检测器的响应度；P 入射光电检测器的光功率；P_S和 P_L分别为信号光和本振光功率。第一项是不随时间变化的直流项。对于外差检测，本振频率 $\omega_L = \omega_S + \omega_{IF}$，信号电流为

$$i_{IF}(t) = 2R_0\sqrt{P_S P_L}\cos[\omega_{IF} t - \varphi_S(t) + \varphi_L] \tag{8.6-12}$$

对于零差检测，$\omega_{IF} = 0$，即 $\omega_L = \omega_S$。信号电流为

$$i_0(t) = 2R_0\sqrt{P_S P_L}\cos[\varphi_S(t) + \varphi_L] \tag{8.6-13}$$

由式(8.6－12)和式(8.6－13)可见，采用相干检测时，信号光电流不仅与信号光功率成正比，而且与本振光功率成正比。因此尽管信号光功率可能很小，但是只要增加本振光功率，仍然能够得到足够大的光信号电流，从而提高检测灵敏度，所以本振光起着信号放大器的作用，可使接收机达到散弹噪声极限的工作状态。但实际上，也不能通过无限增加本振光功率而无限提高接收灵敏度，这是因为本振光存在强度噪声，一般总有一个最佳本振光功率。

由以上分析可见，光频外差探测实际是一种全息探测技术。在光频外差探测中，信号光场的振幅 E_S、频率 ω_S、相位 φ_S所携带的信息均可探测出来。也就是说，一个振幅调制、频率调制以及相位调制的光束所携带的信息，通过光频外差探测方式均可实现解调，这是直接探测方式所不能比拟的。当然，实现光外差探测要比直接探测困难和复杂得多。

由光外差的基本关系式(8.6－11)可以看出，为了使光电探测器输出的中频电流最大，

要求信号光束和本振光束的波前在整个探测器光敏面上必须保持相同的相位关系。因为光波波长比光电探测器光混频面积小得多，所以光电探测器输出的中频光电流等于混频面上每一微分面元所产生的中频微分电流之和。显然，只有当这些中频微分电流保持相同的相位关系时，总的中频电流才能达到最大。光频外差探测的这种要求，只有满足下列条件才有可能实现：

(1) 信号光和本振光必须具有相同的模式结构，这意味着所采用的激光器应该单频基模运转。

(2) 信号光和本振光的波矢方向必须尽可能地保持一致，这意味着两束光必须保持空间上的角准直。

(3) 信号光束和本振光束在光混频面上必须互相重合；为提供最大的信噪比，它们的光斑直径最好相等。

(4) 在角准直，即传播方向一致的情况下，两光束的波前还必须曲率匹配，即或者都是平面，或者是有相同曲率的曲面。

(5) 在上述条件都得到满足时，有效的光混频还要求两光波同偏振，这是因为在光混频面上它们是矢量相加。

综上所述，光频外差探测技术在光雷达、光通信等诸多领域内有着十分诱人的应用需求，但其苛刻的要求又使得它的应用遇到了困难，特别是在远距离、不均匀信道中传输的应用中，由于信号光通过非均匀介质传输，会产生明显的波前畸变；信号光与本振光的不相干性，将使得这种外差探测难以实现。为此，人们进行了长期的自适应光学、非线性相位共轭技术等方面的研究，并在自适应光外差探测技术的研究中取得了许多进展。

2. 自适应光外差技术

通常，不采取特殊的措施，很难满足上述5个条件的要求，很难实现光外差探测。过巴吉、石顺祥等人[17, 18]经过长期非线性光学相位共轭技术的研究，基于光折变晶体的自泵浦相位共轭和互泵浦相位共轭原理，可以很方便地满足上述光外差探测的要求，并利用 Ar^+ 激光、0.53 μm 固体激光实现了连续、脉冲调制工作的自适应光外差探测。图 8.6－3 给出了几种光折变自适应光外差探测装置原理图。

图 8.6－3(a)所示为使用两个互泵浦相位共轭器实现的自适应光外差探测装置：待探测的信号光1经分束器 BS_1 分为两束2和6，本振光经分束器 BS_2 分为两束 2′和 3′；光束2和 2′入射互泵浦相位共轭器 $XPPCM_1$，得到光束2(或1)的相位共轭光束3(其能量和频率由泵浦光束 2′决定)；光束3经分束镜 BS_1 和光束 3′入射互泵浦相位共轭器 $XPPCM_2$，得到光束3的相位共轭光束4，光束4经 BS_1 反射作为本振光束5入射探测器，这样，本振光5和信号光1(或6)就具有相同的空间分布，即相同的波矢方向、相同的偏振方向和相同的波前曲率，并在探测器D的光混频面完全重合，实现了光外差探测。

图 8.6－3(b)所示为使用一个自泵浦相位共轭器和一个互泵浦相位共轭器实现的自适应光外差探测装置：待探测的信号光1经分束器 BS 分为两束2和3；光束2经自泵浦相位共轭器 SPPCM 得到光束2(或1)的相位共轭光束4，经 BS 反射后入射探测器D；光束3和本振光 3′入射互泵浦相位共轭器 XPPCM，得到光束3(或1)的相位共轭光束5(其能量和频率由泵浦光束 3′决定)；经 BS 透射后，光束5作为本振光束入射探测器D，这样，入射探测器D的本振光和信号光都是光束1的相位共轭光，除了频率和能量的差别外，两束光

具有相同的空间分布，即相同的波矢方向、相同的偏振方向和相同的波前曲率，并在探测器的光混频面完全重合，实现了光外差探测。

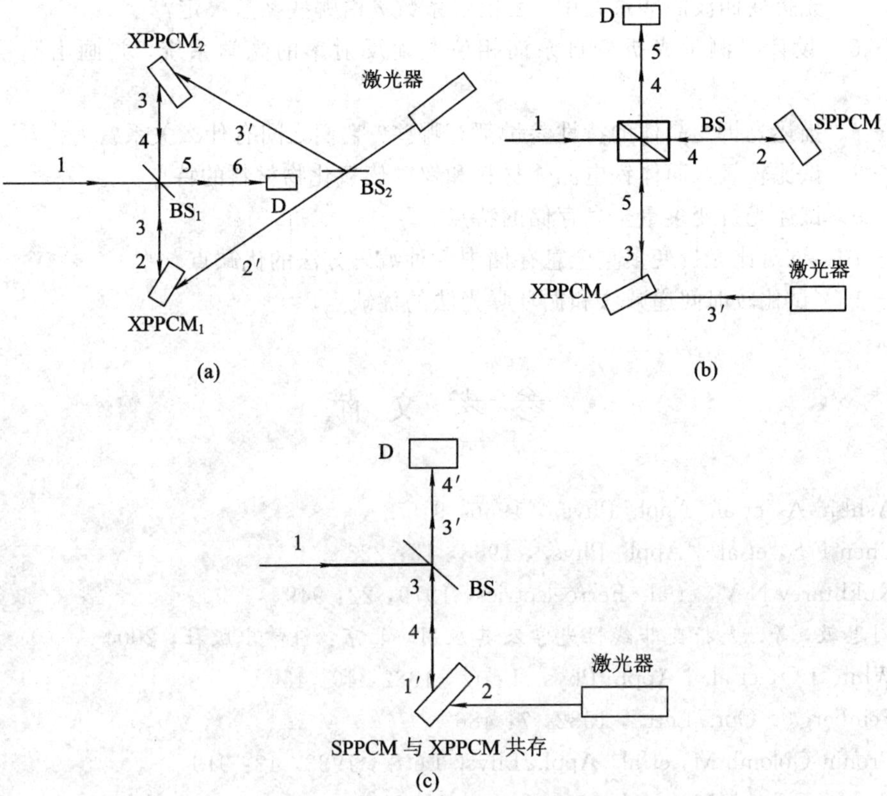

图 8.6－3　光折变自适应光外差探测系统

图 8.6－3(c)所示为利用自泵浦和互泵浦共存的相位共轭器实现的自适应光外差探测装置：待探测的信号光 1 经 BS 反射，其反射光 1′和本振光束 2 入射自泵浦和互泵浦共存相位共轭器，同时得到光束 1′(或 1) 的自泵浦相位共轭光束 3 和互泵浦相位共轭光束 4，光束 3 和光束 4 经 BS，其透射光 3′和 4′分别作为信号光和本振光入射探测器 D；由于入射探测器的信号光和本振光都是光束 1 的相位共轭光，除了频率和能量的差别外，两束光具有相同的空间分布，即相同的波矢方向、相同的偏振方向和相同的波前曲率，并在探测器的光混频面完全重合，因此实现了光外差探测。

习　题

8－1　光折变材料与一般意义上的非线性材料相比，具有哪些特点？

8－2　设光折变晶体中已写入了空间电荷场 $E_{sc}(0)$。如果一束光强空间均匀分布的平行光入射晶体，试求光照时间为 t 时光折变晶体中的空间电荷场。

8－3　由动态光栅的耦合波方程出发，不考虑介质损耗，求双光束耦合过程中两束光强随作用距离的变化关系，并指出这一结果的物理意义。

8-4　光折变四波混频过程中，一般情况下，在光折变晶体中写入几个光栅？为了得到理论结果，如何作简化处理？

8-5　光折变四波混频过程中，复耦合系数γ由哪些参量决定？

8-6　设计一测量光折变自泵浦相位共轭反射率的光学系统，并画出测量系统示意图。

8-7　描述光折变晶体的特性参量都有哪些？它们之间有什么关系？

8-8　试比较氧八面体铁电晶体材料和铋硅族氧化物材料的特点。

8-9　试述光折变多重全息存储的特点。

8-10　试对比光折变多重全息存储中各种编码方法的优缺点。

8-11　试比较时间递减法和循环曝光法的优缺点。

参考文献

[1] Ashkin A, et al. Appl. Phys., 1966, 9: 72
[2] Chen F S, et al., Appl. Phys., 1968, 13: 223
[3] Kukhtarev N V, et al. Ferroelectrics, 1979, 22: 949
[4] 刘思敏，等. 光折变非线性光学及其应用. 北京：科学出版社，2004
[5] White J O, et al., Appl. Phys. Lett., 1982, 40: 450
[6] Feinberg J. Opt. Lett., 1982, 7: 486
[7] Cronin-Golomb M, et al. Appl. Phys. Lett., 1983, 42: 919
[8] Cronin-Golomb M, et al. Opt. Lett., 1989, 14: 462
[9] Chan T Y, et al. Opt. Lett., 1995, 10: 408
[10] Zhang Guangyin, et al. International Topical Meeting on Photorefractive Materials Effects and Devices(July29～31, 1991, Beverly, Massachusetts, U. S. A.)
[11] Weiss S, Sternklar S and Fischer B. Opt. Lett., 1987, 12: 114
[12] 姜作宏，应捷，另国辉，等. 黑龙江大学自然科学学报，2001，18(3)：65-67
[13] 许海平，石顺祥，赵卫. 光子学报. 2001，30(5)：588-591
[14] 陈利菊，石顺祥，等. 光子学报. 2003，32(8)：940-942
[15] Segev M, et al. Phys. Rev. Lett., 1992, 68: 923
[16] Yeh P. Appl. Opt., 1987, 26: 602
[17] 李晓春，过巳吉，等，光学学报. 1995，15(8)：1132-1135
[18] 许海平，石顺祥，孙艳玲，等. 西安电子科技大学学报，2002，29(5)：569-571

第 9 章　超短光脉冲非线性光学

本章讨论的超短光脉冲非线性光学是指飞秒(fs)光脉冲引起的非线性光学现象。飞秒光脉冲是指持续时间为 10^{-12} s～10^{-15} s 的激光脉冲，这种激光脉冲具有极高的峰值功率、很宽的光谱宽度和极短的发射时间等特点，它们在介质中传播时会产生非常强的非线性光学效应，相应的过程十分复杂，且与介质本身的非线性光学系数、光脉冲的峰值功率、脉冲宽度、激光波长和光谱分布等特性相关。本章重点讨论飞秒光脉冲与非线性介质的非共振相互作用效应及其在飞秒激光产生与放大过程中的影响与作用。

9.1　超短光脉冲的传播方程[1]

9.1.1　光脉冲电场的复数表示

众所周知，电磁波可以用电场随时间和空间的变化完全描述，电场可表示为 $\boldsymbol{E}(\boldsymbol{r},t)$。如果忽略电场随空间的变化，则可表示为 $\boldsymbol{E}(t)$。尽管所测量的电场为实数，但若采用复数形式表示通常更加方便。

对于电场的完全描述，既可在时域中进行，也可在频域中进行。相对于时域中的实电场 $E(t)$，可以通过傅里叶变换在频域中定义其复函数谱 $E(\omega)$，且有

$$E(\omega)=\frac{1}{2\pi}\int_{-\infty}^{\infty}E(t)\mathrm{e}^{\mathrm{i}\omega t}\,\mathrm{d}t=|E(\omega)|\mathrm{e}^{\mathrm{i}\varphi(\omega)} \tag{9.1-1}$$

式中，$|E(\omega)|$表示光谱幅度，$\varphi(\omega)$表示光谱相位。因为 $E(t)$是实函数，所以有 $E(\omega)=E^*(-\omega)$。当给定 $E(\omega)$时，电场的瞬时变化可以通过逆傅里叶变换得到

$$E(t)=\int_{-\infty}^{\infty}E(\omega)\mathrm{e}^{-\mathrm{i}\omega t}\,\mathrm{d}\omega \tag{9.1-2}$$

在该式中，出现了负频率分量。对应用而言，采用这种含有负频率分量的函数是不方便的，通常希望采用复数电场表示。因此，引入电场 $E^+(t)$和相应的光谱场 $E^+(\omega)$，它们分别为

$$E^+(t)=\int_{0}^{\infty}E(\omega)\mathrm{e}^{-\mathrm{i}\omega t}\,\mathrm{d}\omega \tag{9.1-3}$$

$$E^+(\omega)=|E(\omega)|\mathrm{e}^{\mathrm{i}\varphi(\omega)}=\begin{cases}E(\omega), & \omega\geqslant 0\\ 0, & \omega<0\end{cases} \tag{9.1-4}$$

$E^+(t)$和$E^+(\omega)$之间通过方程(9.1－1)和方程(9.1－2)相互联系，即

$$E^+(t)=\int_0^{\infty}E^+(\omega)e^{-i\omega t}d\omega \tag{9.1-5}$$

$$E^+(\omega)=\frac{1}{2\pi}\int_{-\infty}^{\infty}E^+(t)e^{i\omega t}dt \tag{9.1-6}$$

对于实物理电场$E(t)$及其复光谱场，可以通过上二式给出的量$E^+(t)$、$E^+(\omega)$和相应的负频率量$E^-(t)$、$E^-(\omega)$来表示，其关系为

$$E(t)=E^+(t)+E^-(t) \tag{9.1-7}$$

$$E(\omega)=E^+(\omega)+E^-(\omega) \tag{9.1-8}$$

$E^+(t)$可以认为是实电场$E(t)$的复数表示形式。

通常，复电场$E^+(t)$由振幅函数和相位项的乘积表示。由于在大多数实际情况中，频谱振幅集中在以平均频率ω_l为中心的很小的频率间隔$\Delta\omega$内，所以在时域内$E^+(t)$可表示为

$$E^+(t)=\frac{1}{2}A(t)e^{-i[(\omega_l t+\varphi(t)]}=\frac{1}{2}A(t)e^{-i\varphi(t)}e^{-i\omega_l t}=\frac{1}{2}\overline{E}(t)e^{-i\omega_l t} \tag{9.1-9}$$

式中

$$\overline{E}(t)=A(t)e^{-i\varphi(t)} \tag{9.1-10}$$

是复电场包络，$\varphi(t)$是与时间有关的相位，$A(t)$为电场包络，ω_l为载波频率。在带宽$\Delta\omega$满足

$$\frac{\Delta\omega}{\omega_l}\ll 1 \tag{9.1-11}$$

的情况下，$A(t)$和$\varphi(t)$在一个光周期$T=\frac{2\pi}{\omega_l}$内变化很小，相应的复振幅$\overline{E}(t)$满足

$$\left|\frac{d}{dt}\overline{E}(t)\right|\ll\omega_l|\overline{E}(t)| \tag{9.1-12}$$

此时，$\overline{E}(t)$为慢变化包络。

下面，我们较详细地讨论相位函数$\varphi(t)$的物理意义。由于相位因子的一阶导数等于瞬时频率$\omega(t)$，所以根据式(9.1－9)应有如下关系：

$$\omega(t)=\omega_l+\frac{d}{dt}\varphi(t) \tag{9.1-13}$$

若$d\varphi(t)/dt=b=$常数，而且$b\neq0$，载频应修正为$\omega=\omega_l+b$。若$d\varphi(t)/dt=f(t)$，表示载频随时间变化，对应的光脉冲称为频率调制脉冲或啁啾脉冲。若$d^2\varphi/dt^2<(>)0$，载频沿脉冲减小(增加)，这种脉冲称为下啁啾(上啁啾)，有时称为负啁啾(正啁啾)。通常要求$d\varphi/dt$在强的脉冲期间为最小，ω_l为脉冲峰值上的载频，并定义为

$$\omega_l=\frac{\int_{-\infty}^{\infty}|\overline{E}|^2\omega\,dt}{\int_{-\infty}^{\infty}|\overline{E}|^2\,dt}=\frac{\int_{-\infty}^{\infty}|E^+(\omega)|^2\omega\,d\omega}{\int_{-\infty}^{\infty}|E^+(\omega)|^2\,d\omega} \tag{9.1-14}$$

即ω_l为强度加权的平均频率。

图 9.1－1 说明了正啁啾脉冲的各种符号，并示意出了实电场的瞬时关系。

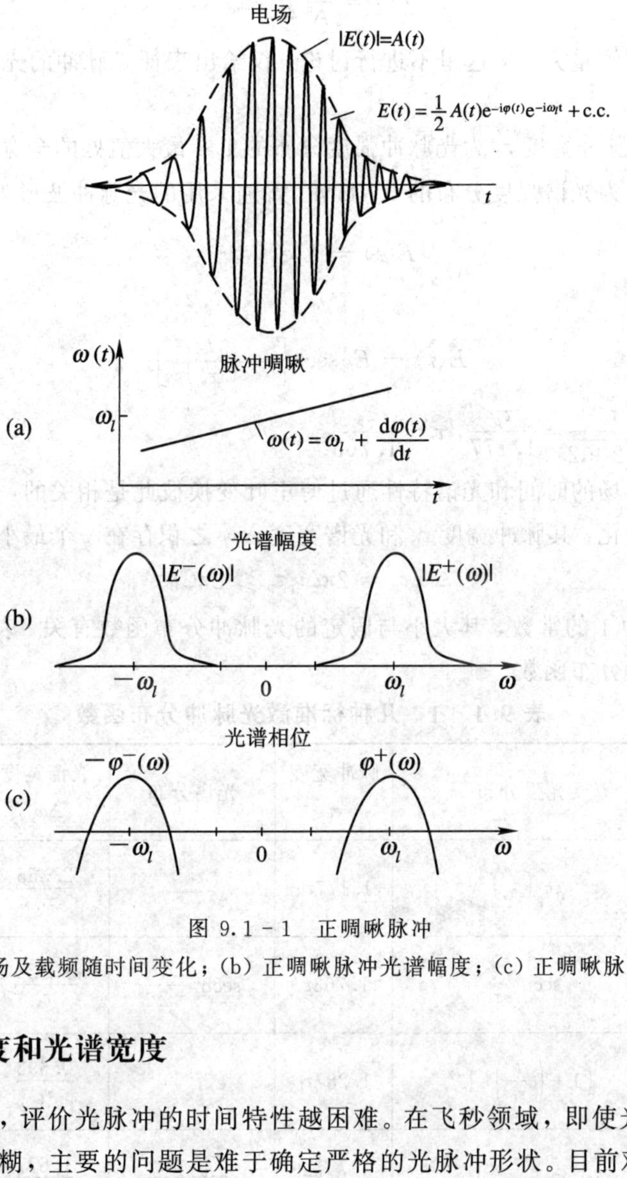

图 9.1－1　正啁啾脉冲

(a) 脉冲电场及载频随时间变化；(b) 正啁啾脉冲光谱幅度；(c) 正啁啾脉冲光谱相位

9.1.2　脉冲宽度和光谱宽度

激光脉冲越短，评价光脉冲的时间特性越困难。在飞秒领域，即使光脉冲宽度这种简单的概念都变得模糊，主要的问题是难于确定严格的光脉冲形状。目前对于超短光脉冲宽度的测量技术，能使激光脉冲专家接受的一个脉冲代表性的函数是强度自相关，即

$$A_{int}(\tau)=\int_{-\infty}^{\infty}I(t)I(t-\tau)\,dt \tag{9.1-15}$$

与其相应的傅里叶变换是实函数：

$$A_{int}(\omega)=I(\omega)I^*(\omega) \tag{9.1-16}$$

应该注意，$I(\omega)$是光脉冲强度 $I(t)$的傅里叶变换，由式(9.1－15)可知，自相关函数 A_{int}是对称的，因此，其傅里叶变换是实函数，所以它不包含形状的信息，即无法从这种强度自相关测量中提取脉冲形状信息。这种自相关测量技术不包含脉冲的相位或它的相干信息，它主要用在超短脉冲序列的情况(连续(CW)锁模)，其测量结果只能反映光脉冲序列的系

综平均值：

$$\overline{A}_{\mathrm{int}}(\tau)=\frac{1}{N}\sum_{j=1}^{N}A_{\mathrm{int},j}(\tau) \tag{9.1-17}$$

对于光脉冲特性的测量方法，这里不进行讨论，仅给出表征光脉冲的光脉冲宽度和光谱宽度的定义。

首先，定义光脉冲宽度 τ_p 为光脉冲强度分布的 1/2 最大值处的全宽度(FWHM)，光脉冲的光谱宽度 $\Delta\omega_p$ 为光谱强度分布的 FWHM。普遍采用的光脉冲波形为高斯型分布

$$\overline{E}(t)=\overline{E}_0\mathrm{e}^{-\left(\frac{t}{\tau_G}\right)^2} \tag{9.1-18}$$

和双曲正割型分布

$$\overline{E}(t)=\overline{E}_0\,\mathrm{sech}\left[-\left(\frac{t}{\tau_s}\right)^2\right] \tag{9.1-19}$$

其中，参数 $\tau_G=\frac{\tau_p}{\sqrt{2\ln 2}}=\frac{\tau_p}{1.177}$，$\tau_s=\frac{\tau_p}{1.763}$。

因为光脉冲电场的时间和光谱特性通过傅里叶变换彼此是相关的，所以光谱宽度和脉冲宽度不能单独变化，其脉冲宽度 τ_p 和光谱宽度 $\Delta\omega_p$ 之积存在一个最小值：

$$\Delta\omega_p\tau_p=2\pi\Delta\nu_p\tau_p\geqslant 2\pi C_B \tag{9.1-20}$$

式中，C_B 是近似为 1 的常数，其大小与假定的光脉冲分布函数有关。表 9.1-1 列出了几种标准激光脉冲的分布函数。

表 9.1-1 几种标准激光脉冲分布函数

电场包络	光强分布	脉冲宽度 τ_p	光谱分布	光谱宽度 $\Delta\omega_p$	常数 C_B
高斯	$\mathrm{e}^{-2\left(\frac{t}{\tau_G}\right)^2}$	$1.177\tau_G$	$\mathrm{e}^{-\frac{(\omega\tau_G)^2}{2}}$	$\frac{2.355}{\tau_G}$	0.441
双曲正割	$\mathrm{sech}^2\frac{t}{\tau_s}$	$1.763\tau_s$	$\mathrm{sech}^2\frac{\pi\omega\tau_s}{2}$	$\frac{1.122}{\tau_s}$	0.315
罗仑兹	$\left[1+\left(\frac{t}{\tau_L}\right)^2\right]^{-2}$	$1.287\tau_L$	$\mathrm{e}^{-2\|\omega\|\tau_L}$	$\frac{0.693}{\tau_L}$	0.142
非对称双曲正割	$\left[\mathrm{e}^{\frac{t}{\tau_a}}+\mathrm{e}^{-\frac{3t}{\tau_a}}\right]^{-2}$	$1.043\tau_a$	$\mathrm{sech}\frac{\pi\omega\tau_a}{2}$	$\frac{1.677}{\tau_a}$	0.278
矩形	1，$\left\|\frac{t}{\tau_r}\right\|\leqslant 1$ (0 除外)	τ_r	$\mathrm{sinc}^2(\omega\tau_r)$	$\frac{2.78}{\tau_r}$	0.443

9.1.3 超短光脉冲的传播方程

上面我们介绍了光脉冲的时间与光谱特性概念，下面讨论描述光脉冲在介质中传播特性的基本方程。

从麦克斯韦方程出发，可以得到光电场矢量 $\boldsymbol{E}$ 满足的波动方程为

$$\left(\frac{\partial^2}{\partial x^2}+\frac{\partial^2}{\partial y^2}+\frac{\partial^2}{\partial z^2}-\frac{1}{c^2}\frac{\partial^2}{\partial t^2}\right)\boldsymbol{E}(x,y,z,t)=\mu_0\frac{\partial^2}{\partial t^2}\boldsymbol{P}(x,y,z,t) \tag{9.1-21}$$

一般情况下，极化强度由两部分组成：

$$\boldsymbol{P}=\boldsymbol{P}_{\mathrm{L}}+\boldsymbol{P}_{\mathrm{NL}} \tag{9.1-22}$$

式中，$\boldsymbol{P}_{\mathrm{L}}$ 为线性极化强度；$\boldsymbol{P}_{\mathrm{NL}}$为非线性极化强度。$\boldsymbol{P}_{\mathrm{L}}$ 表征了经典光学的介质响应，如衍射效应、反射、折射、色散及线性损耗和线性增益等；$\boldsymbol{P}_{\mathrm{NL}}$表征了非线性光学的响应，如非线性吸收、非线性增益、谐波产生和喇曼过程及克尔效应等。通常方程(9.1-21)是相当复杂的，只能进行数值求解。如果采用适当的近似，可以推出简化的波动方程，这种简化的波动方程能使我们用相当简单的方法处理许多实际的光脉冲传播问题。

下面，我们讨论线性极化问题，有关非线性极化问题将在后面讨论。

假定光脉冲是沿着 z 方向传播的平面波，光电场在 x、y 方向上是均匀的，波动方程可简化为

$$\left(\frac{\partial^2}{\partial z^2}-\frac{1}{c^2}\frac{\partial^2}{\partial t^2}\right)E(z,t)=\mu_0\frac{\partial^2}{\partial t^2}P_{\mathrm{L}}(z,t) \tag{9.1-23}$$

由经典电动力学可知，介质的线性极化与电场的关系为

在频域内

$$P_{\mathrm{L}}(\omega,\ z)=\varepsilon_0\chi(\omega)E(\omega,\ z) \tag{9.1-24}$$

在时域内

$$P_{\mathrm{L}}(z,\ t)=\varepsilon_0\int_{-\infty}^{t}\mathrm{d}t'R(t-t')E(z,\ t') \tag{9.1-25}$$

式中有限的上积分限 t 表示介质响应是因果性的，对于非色散介质(即 χ 为无限的带宽)，介质响应是瞬时的，也就是说是无记忆介质。一般情况下，$R(t)$描述介质的有限响应时间，在频域内，表示非零色散。这一简单结论对短脉冲传播和随时间变化的辐射有重要的意义。

考虑到式(9.1-24)，方程(9.1-23)的傅里叶变换为

$$\left[\frac{\partial^2}{\partial t^2}+\frac{\omega^2}{c^2}\varepsilon_r(\omega)\right]E(z,\ \omega)=0 \tag{9.1-26}$$

式中的相对介电常数 $\varepsilon_{\mathrm{r}}(\omega)$为

$$\varepsilon_{\mathrm{r}}(\omega)=1+\chi(\omega) \tag{9.1-27}$$

对于沿 z 方向传播的光波，方程(9.1-26)的一般解为

$$E(\omega,\ z)=E(\omega,\ 0)\mathrm{e}^{\mathrm{i}k(\omega)z} \tag{9.1-28}$$

式中的传播常数 $k(\omega)$由线性光学的色散关系决定：

$$k^2(\omega)=\frac{\omega^2}{c^2}\varepsilon_{\mathrm{r}}(\omega)=\frac{\omega^2}{c^2}n^2(\omega) \tag{9.1-29}$$

将 $k(\omega)$在载频 ω_l 附近展开：

$$k(\omega)=k_l+\left.\frac{\mathrm{d}k}{\mathrm{d}\omega}\right|_{\omega_l}(\omega-\omega_l)+\frac{1}{2}\left.\frac{\mathrm{d}^2k}{\mathrm{d}\omega^2}\right|_{\omega_l}(\omega-\omega_l)^2+\cdots=k_l+\delta k \tag{9.1-30}$$

则式(9.1-28)变为

$$E(\omega,\ z)=E(\omega,\ 0)\mathrm{e}^{\mathrm{i}(k_lz+\delta kz)} \tag{9.1-31}$$

式中

$$k_l^2=\frac{\omega_l^2}{c^2}\varepsilon_r(\omega_l)=\frac{\omega_l^2}{c^2}n^2(\omega_l) \tag{9.1-32}$$

在大多数实际情况中，傅里叶振幅集中在平均 k_l 附近，并在与 k_l 相比很小的间隔 Δk 内有足够大的值。类似于时域情况，定义空间坐标中的慢变化振幅：

$$\overline{E}(\omega',z)=E(\omega,0)e^{i\delta kz} \tag{9.1-33}$$

式中 $\omega'=\omega+\omega_l$，则应有

$$\left|\frac{d}{dz}\overline{E}(\omega',z)\right|\ll k_l|\overline{E}(\omega',z)| \tag{9.1-34}$$

这表示波数谱足够小，满足

$$\left|\frac{\Delta k}{k_l}\right|\ll 1 \tag{9.1-35}$$

换言之，表示光波通过可与波长 $\lambda_l=2\pi/k_l$ 相比较的距离后，脉冲电场包络不发生明显变化。频域电场 $E(\omega,z)$的时域傅里叶变换为

$$E(t,z)=\left\{\int_{-\infty}^{\infty}E(\omega,0)e^{i\delta kz}e^{-i(\omega-\omega_l)t}\,d\omega\right\}e^{-i(\omega_l t-k_l z)} \tag{9.1-36}$$

它也可表示为

$$E(t,z)=\frac{1}{2}\overline{E}(t,z)e^{-i(\omega_l t-k_l z)} \tag{9.1-37}$$

式中 $\overline{E}(t,z)$是在空间和时间中的慢变化包络，且

$$\overline{E}(t,z)=2\int_{-\infty}^{\infty}E(\omega,0)e^{i\delta kz}e^{-i(\omega-\omega_l)t}\,d\omega \tag{9.1-38}$$

为了进一步简化波动方程，将 $\varepsilon_r(\omega)$在 ω_l 附近展成级数，则线性极化强度式(9.1-24)可表示为

$$P(\omega,z)=\varepsilon_0\left[\varepsilon_r(\omega_l)-1+\sum_{n=1}^{\infty}\frac{1}{n!}\frac{d^n\varepsilon_r}{d\omega^n}\bigg|_{\omega_l}(\omega-\omega_l)^n\right]E(\omega,z) \tag{9.1-39}$$

在时域内

$$P(t,z)=\frac{1}{2}\left\{\varepsilon_0[\varepsilon_r(\omega_l)-1]\overline{E}(t,z)+\varepsilon_0\sum_{n=1}^{\infty}(i)^n\frac{\varepsilon_r^{(n)}(\omega_l)}{n!}\frac{\partial^n}{\partial t^n}\overline{E}(t,z)\right\}e^{-i(\omega_l t-k_l z)} \tag{9.1-40}$$

式中

$$\varepsilon_r^{(n)}(\omega_l)=\frac{d^n\varepsilon_r}{d\omega^n}\bigg|_{\omega_l}$$

将大括号内的项定义为极化强度的慢变化包络 $\overline{P}$，把式(9.1-36)和式(9.1-37)代入方程(9.1-23)，并引入以群速度 $v_g=\left(dk/d\omega|_{\omega_l}\right)^{-1}$运动的坐标系$(\eta,\xi)$：

$$\xi=z,\quad \eta=t-\frac{z}{v_g} \tag{9.1-41}$$

和

$$\frac{\partial}{\partial z}=\frac{\partial}{\partial\xi}-\frac{1}{v_g}\frac{\partial}{\partial\eta},\quad \frac{\partial}{\partial t}=\frac{\partial}{\partial\eta} \tag{9.1-42}$$

可以得到最终结果为

$$\frac{\partial}{\partial\xi}\overline{E}+\frac{\mathrm{i}}{2}k_l''\frac{\partial^2}{\partial\eta^2}\overline{E}+D=\frac{\mathrm{i}}{2k_l}\frac{\partial}{\partial\xi}\left(\frac{\partial}{\partial\xi}-\frac{2}{v_{\mathrm{g}}}\frac{\partial}{\partial\eta}\right)\overline{E} \tag{9.1-43}$$

式中 D 包括了所有的高阶色散项：

$$D=\frac{-\mathrm{i}}{3k_lc^2}\sum_{n=3}^{\infty}\frac{(\mathrm{i})^n}{n!}\left[\omega_l^2\varepsilon_{\mathrm{r}}^{(n)}(\omega_l)+2n\omega_l\varepsilon_{\mathrm{r}}^{(n-1)}(\omega_l)+n(n-1)\varepsilon_{\mathrm{r}}^{(n-2)}(\omega_l)\right]\frac{\partial^n}{\partial\eta^n}\overline{E} \tag{9.1-44}$$

k_l''是群速色散(GVD)参数，且

$$\begin{aligned}k_l''&=\left.\frac{\mathrm{d}^2k}{\mathrm{d}\omega^2}\right|_{\omega_l}=-\frac{1}{v_{\mathrm{g}}^2}\left.\frac{\mathrm{d}v_g}{\mathrm{d}\omega}\right|_{\omega_l}\\&=\frac{1}{2k_l}\left[\frac{2}{v_{\mathrm{g}}^2}-\frac{2}{c^2}\varepsilon_{\mathrm{r}}(\omega_l)-\frac{4\omega_l}{c^2}\varepsilon_{\mathrm{r}}^{(1)}(\omega_l)-\frac{\omega_l^2}{c^2}\varepsilon_{\mathrm{r}}^{(2)}(\omega_l)\right]\end{aligned} \tag{9.1-45}$$

应该注意，群速色散通常定义为群速度 v_{g} 对波长 λ 的导数，它与 k''的关系为

$$\frac{\mathrm{d}v_{\mathrm{g}}}{\mathrm{d}\lambda}=\frac{\omega^2v_{\mathrm{g}}^2}{2\pi c}\frac{\mathrm{d}^2k}{\mathrm{d}\omega^2} \tag{9.1-46}$$

至此，我们没有采取任何近似，显然方程(9.1－43)是相当复杂的。

通常感兴趣的情况是，介电常数在脉冲光谱的整个频率范围内缓慢地变化，此时 $n\geqslant3$ 的高次项可以忽略，即 $D\approx0$。同时，光脉冲在传播时满足慢变化包络近似(SVEA)：

$$\left|\frac{1}{k_l}\left(\frac{\partial}{\partial\xi}-\frac{2}{v_{\mathrm{g}}}\frac{\partial}{\partial\eta}\right)\overline{E}\right|=\left|\frac{1}{k_l}\left(\frac{\partial}{\partial z}-\frac{1}{v_{\mathrm{g}}}\frac{\partial}{\partial t}\right)\overline{E}\right|\ll\overline{E} \tag{9.1-47}$$

可以推得简化的波动方程为

$$\frac{\partial}{\partial\xi}\overline{E}(\eta,\xi)+\frac{\mathrm{i}}{2}k_l''\frac{\partial^2}{\partial\eta^2}\overline{E}(\eta,\xi)=0 \tag{9.1-48}$$

9.2　超短光脉冲的二次谐波产生(SHG)

在非线性光学中，应用最广的技术是二次谐波产生(倍频)技术。二次谐波产生技术分为腔内倍频和腔外倍频两种方式：对连续激光而言，由于其峰值功率较低，为了获得高的倍频转换效率，一般都采用腔内倍频方式。对于 Nd：YAG、Nd：YLF、Nd：YVO_4 等激光器，采用腔内倍频一般都能获得 10 W 以上的连续倍频光输出；对调 Q 激光或锁模皮秒(10^{-12} s)和飞秒(10^{-15} s)激光，由于其峰值功率高，采用简单的腔外倍频技术即可获得很高的转换效率。

在超短光脉冲的二次谐波产生中，超短光脉冲与连续激光特性之间的差别，使得对于在连续光频率转换过程中不出现的许多特性必须进行考虑[2,3]。为了获得高的转换效率，除应满足二次谐波产生的相位匹配条件外，还要求基波的群速度 v_1 与二次谐波的群速度 v_2 一致。例如，对于满足第Ⅰ类相位匹配条件的情况，基波以 o 光(寻常光)或 e 光(非常光)传播，分别产生 e 光或 o 光的二次谐波。如果基波和二次谐波之间的群速度失配，将导致二次谐波产生转换效率的减小和脉冲展宽。但是在第Ⅱ类相位匹配条件下，当群速度失配时，它们仍可能保持高的转换功率和二次谐波光脉冲的有效压缩。

本节将由波动方程出发，导出二次谐波产生的耦合波方程，进而讨论满足相位匹配条件的二次谐波产生解。

9.2.1 第Ⅰ类相位匹配的二次谐波产生

首先，为了研究光脉冲在非线性介质中的传播，我们仍如上节所述，由波动方程(9.1-21)出发，得到光脉冲的传播方程：

$$\left(\frac{\partial}{\partial z}\bar{E}+\frac{\mathrm{i}}{2}k_l''\frac{\partial^2}{\partial t^2}\bar{E}+D\right)\mathrm{e}^{-\mathrm{i}(\omega_l t-k_l z)}+\mathrm{c.c.}=-\mathrm{i}\frac{\mu_0}{k_l}\frac{\partial^2}{\partial t^2}P \tag{9.2-1}$$

在该方程中，极化强度 P 包含了线性极化项和二次非线性极化项。

如果我们将极化强度表示为慢变化包络 $\bar{P}$ 与频率为 ω_p 的振荡因子 $\exp(-\mathrm{i}\omega_p t)$ 之积，则式(9.2-1)的右边项可写为

$$\frac{\partial^2}{\partial t^2}(\bar{P}\mathrm{e}^{-\mathrm{i}\omega_p t}+\mathrm{c.c.})=\left(\frac{\partial^2}{\partial t^2}\bar{P}-2\mathrm{i}\omega_p\frac{\partial}{\partial t}\bar{P}-\omega_p^2\bar{P}\right)\mathrm{e}^{-\mathrm{i}\omega_p t}+\mathrm{c.c.} \tag{9.2-2}$$

为了比较各项的大小，我们将 $\partial\bar{P}/\partial t$ 近似表示为 $\bar{P}/\tau_p$，则上面括号中相邻项之比为 $\omega_p\tau_p$。因此，如果脉冲宽度 τ_p 远大于光周期 T_p，即 $\omega_p\tau_p=2\pi\tau_p/T_p\gg1$，则 $\omega_p^2\bar{P}$ 较大，可以忽略前面两项。这样一来，传播方程将被简化。

现在考虑第Ⅰ类相位匹配的二次谐波产生过程。

1. 第Ⅰ类相位匹配的二次谐波产生的耦合波方程

假设有一光脉冲入射到二次谐波产生晶体上，在晶体内传播的光电场由基波光电场(用下标1表示)和二次谐波光电场(用下标2表示)组成，则总光电场满足类似于方程(9.2-1)的波动方程：

$$\begin{aligned}&\left[\left(\frac{\partial}{\partial z}+\frac{1}{v_1}\frac{\partial}{\partial t}+\frac{\mathrm{i}k_1''}{2}\frac{\partial^2}{\partial t^2}\right)\bar{E}_1+D_1\right]\mathrm{e}^{-\mathrm{i}(\omega_1 t-k_1 z)}\\&+\frac{k_2}{k_1}\left[\left(\frac{\partial}{\partial z}+\frac{1}{v_2}\frac{\partial}{\partial t}+\frac{\mathrm{i}k_2''}{2}\frac{\partial^2}{\partial t^2}\right)\bar{E}_2+D_2\right]\mathrm{e}^{-\mathrm{i}(\omega_2 t-k_2 z)}\\&+\mathrm{c.c.}=-\mathrm{i}\frac{\mu_0}{2k_1}\frac{\partial^2}{\partial t^2}P^{(2)}\end{aligned} \tag{9.2-3}$$

式中的二阶极化强度可以表示为

$$P^{(2)}=\varepsilon_0\chi^{(2)}\frac{1}{4}\left[\bar{E}_1\mathrm{e}^{-\mathrm{i}(\omega_1 t-k_1 z)}+\bar{E}_2\mathrm{e}^{-\mathrm{i}(\omega_2 t-k_2 z)}\right]^2+\mathrm{c.c.} \tag{9.2-4}$$

式(9.2-3)中，群速 v_1 和 v_2 不一定相等，因此，不存在基波和二次谐波二者都是静止的坐标系。所以，z 和 t 是实验室坐标系中的坐标。对极化强度 $P^{(2)}$ 进行如上所述的简化，同时忽略群速度弥散和高阶色散，我们得到如下两个耦合微分方程。

基波振幅耦合微分方程：

$$\left(\frac{\partial}{\partial z}+\frac{1}{v_1}\frac{\partial}{\partial t}\right)\bar{E}_1=\mathrm{i}\chi^{(2)}\frac{\omega_1^2}{2c^2k_1}\bar{E}_1^*\bar{E}_2\mathrm{e}^{-\mathrm{i}\Delta kz} \tag{9.2-5}$$

二次谐波振幅耦合微分方程：

$$\left(\frac{\partial}{\partial z}+\frac{1}{v_2}\frac{\partial}{\partial t}\right)\bar{E}_2=\mathrm{i}\chi^{(2)}\frac{\omega_2^2}{4c^2k_2}\bar{E}_1^2\mathrm{e}^{\mathrm{i}\Delta kz} \tag{9.2-6}$$

式中，$\Delta k=2k_1-k_2$，为波矢失配。因为 k_1 和 k_2 是波矢相对晶轴的方向函数，所以通常可以

通过选择晶体、光束结构和光束偏振，实现 $\Delta k=0$（相位匹配）。在超短光脉冲的情况下，k_1 和 k_2 在整个脉冲光谱带宽内发生变化，而在方程(9.2－5)和(9.2－6)中的波矢 k_l 随频率的变化仅（通过群速 v_1 和 v_2）考虑到一次项，所以，对于中心频率 ω_1 及其二次谐波（$2\omega_1$）成立的相位匹配条件，对于 $k_l(\omega)$ 展开式中的二次项和高次项并不成立。为简化对于典型的超短光脉冲转换影响的讨论，我们将忽略因聚焦效应引起的强度变化。这种近似适合于非线性介质比瑞利长度短的情况。

2. 第 I 类相位匹配的二次谐波产生的转换效率

1）低转换效率情况

假设二次谐波产生过程在光脉冲载频上严格相位匹配，则发生低转换效率的情况，或者是基波输入强度很小，或者是非线性介质的长度很短，或者是非线性极化率很小。在这种情况下，可以假设脉冲没有明显减小，$\bar{E}_1(z)\approx\bar{E}_1(0)$，直接积分方程(9.2－6)，得到 $z=L$ 处的二次谐波场为

$$\bar{E}_2\left(t-\frac{L}{v_2},\,L\right)=\mathrm{i}\chi^{(2)}\frac{\omega_2^2}{4c^2k_2}\int_0^L\bar{E}_1^2\left[t-\frac{L}{v_2}+\left(\frac{1}{v_2}-\frac{1}{v_1}\right)z\right]\mathrm{d}z \tag{9.2-7}$$

在 $\bar{E}_1$ 的宗量中，$(v_2^{-1}-v_1^{-1})z$ 项表示了二次谐波脉冲和基波脉冲因其群速度不同而产生的走离，其结果如图 9.2－1 所示，二次谐波的脉冲宽度被展宽。只有当晶体长度远小于走离长度 $L_{\mathrm{D}}^{\mathrm{SHG}}$，即

$$L\ll L_{\mathrm{D}}^{\mathrm{SHG}}=\frac{\tau_{\mathrm{p1}}}{|v_2^{-1}-v_1^{-1}|} \tag{9.2-8}$$

时，才能忽略群速失配的影响。在此情况下，由式(9.2－7)可知，二次谐波强度随晶体长度和基波强度乘积的平方变化。由于存在二次方关系，二次谐波脉冲宽度比基波脉冲宽度小。对于高斯形脉冲，基波脉冲宽度是二次谐波脉冲宽度的 $\sqrt{2}$ 倍。对于 $L\gg L_{\mathrm{D}}^{\mathrm{SHG}}$，二次谐波脉冲宽度由走离决定，近似值为 $L/|v_2^{-1}-v_1^{-1}|$。在这种情况下，脉冲峰值功率维持不变，能量随 L 线性增加。当然，如果要获得短的二次谐波脉冲，需要避免这种情况。在表 9.2－1 中列出了某些用于二次谐波产生的典型晶体的群速失配。

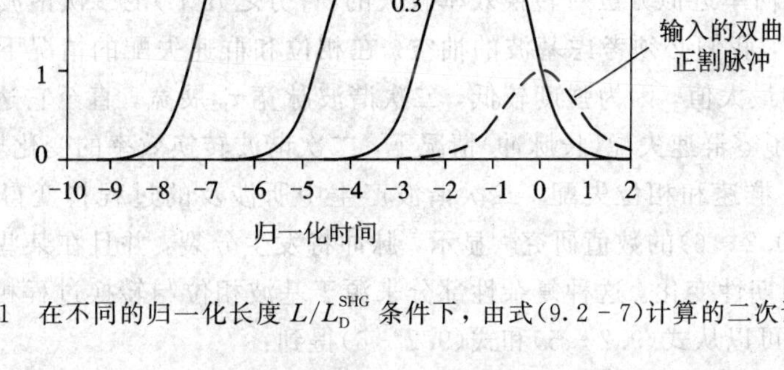

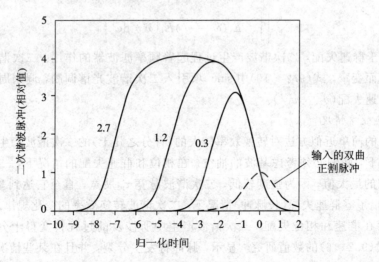

图 9.2－1　在不同的归一化长度 $L/L_{\mathrm{D}}^{\mathrm{SHG}}$ 条件下，由式(9.2－7)计算的二次谐波脉冲

表 9.2－1 几种常用晶体在第Ⅰ类相位匹配情况下的相位匹配角 θ 和群速失配 $(v_2^{-1}-v_1^{-1})$[4,5,6]

晶 体	λ/nm	θ/(°)	$(v_2^{-1}-v_1^{-1})$/(fs/mm)
KDP	550	71	266
	620	58	187
	800	45	77
	1000	41	9
$LiIO_3$	620	61	920
	800	42	513
	1000	32	312
BBO	500	52	680
	620	40	365
	800	30	187
	1000	24	100
	1500	20	5

如果不满足相位匹配条件，式(9.2－7)的积分包含周期函数 $\exp(i\Delta kz)$，这意味着将会产生周期变化的二次谐波输出。如果群速失配可以忽略，则周期的长度为

$$L_P^{SHP}=\frac{2\pi}{\Delta k} \tag{9.2-9}$$

在这种情况下，建议晶体的工作长度为 $L<L_P^{SHP}$。如果群速失配很严重，由式(9.2－7)计算得到的二次谐波光谱强度为

$$\begin{aligned}S_2(\omega)&=\frac{\varepsilon_0 cn}{4\pi}|\bar{E}_2(\omega, L)|^2\\&=\frac{\varepsilon_0 cn}{4\pi}\left(\frac{\chi^{(2)}\omega_2^2 L}{4c^2k_2}\right)^2\ \mathrm{sinc}^2\left\{\left[(v_2^{-1}-v_1^{-1})\omega-\Delta k\right]\frac{L}{2}\right\}\\&\quad\times\left|\int_{-\infty}^{\infty}\bar{E}_1(\omega-\omega')\bar{E}_1(\omega')\,d\omega'\right|^2\end{aligned} \tag{9.2-10}$$

该式表明，由于群速失配，二次谐波产生过程起着频率滤波器的作用。二次谐波带宽随晶体长度的增加而变窄。式(9.2－10)中 sinc^2 项引入二次谐波光谱调制，调制周期可用于估计晶体中的群速失配 $(v_2^{-1}-v_1^{-1})$。

2) 高转换效率情况

上面讨论的简单近似方法对转换效率较大的(百分之几十)的二次谐波产生过程不再适用。在此情况下，我们必须考虑基波的抽空。在相位和群速失配的情况下，二次谐波能量渐近地趋于它的最大值，因为强度较低，二次谐波脉宽 τ_{p2} 展宽，直至它达到基波脉宽 τ_{p1}。图 9.2－2 示出了零群速失配(长脉冲)情况下，二次谐波转换效率的变化规律。

若同时存在群速和相位失配，二次谐波产生中所涉及的过程将变得十分复杂。对式(9.2－5)和式(9.2－6)的数值研究[7]显示，脉冲将发生分裂，并且在某些情况下，转换效率随传播长度周期性变化。这种复杂性部分来源于基波相位与转换过程相关。对于连续光情况，基波相位可以从式(9.2－5)和式(9.2－6)得到：

$$\varphi_1(z) = \frac{1}{2}\arccos\left[\frac{c^2 k_1 \overline{E}_2(z)}{\chi^{(2)}\omega_1^2 \overline{E}_1^2(z)}\Delta k\right] - \frac{\pi - \Delta kz}{4} \qquad (9.2-11)$$

这个相位引起了新的相位失配 $\Delta k_{\mathrm{eff}}(z)=\varphi_2(z)-2\varphi_1(z)$，它与前边的 Δk 完全不同，是光电场振幅的函数。其结果是对应于 $\Delta k\neq 0$ 的光谱分量，其转换效率迅速下降。因此，二次谐波产生过程对短脉冲起到了与强度有关的光谱滤波器的作用，降低了转换效率并导致瞬时分布的畸变。对飞秒光脉冲的最大能量转换存在最佳的输入强度[8]，一般来说，其转换效率不超过百分之几十。

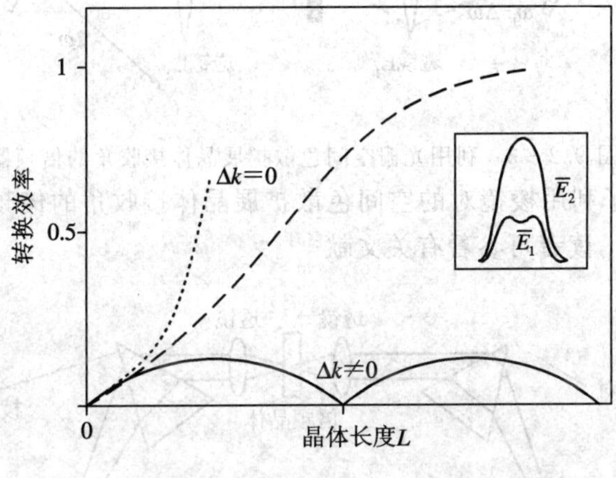

图 9.2 - 2　忽略(用……线表示)和考虑(用- - - -线表示)基波抽空的转换效率
(其中的小插图表示二次谐波和基波在晶体中的形状)

3. 第 I 类相位匹配中群速失配的补偿

群速失配限制了飞秒光脉冲的倍频效率，使之仅为百分之几十。应该指出，群速失配相当于相位匹配条件不能在整个脉冲光谱范围内获得满足的情况。一般来说，仅通过选择晶体材料，既要能在脉冲的中心波长上保持相位匹配($\Delta k=0$)，又同时实现群速匹配是不可能的(见表 9.2 - 1)。

在相位匹配的实验中，最常采用的方法是通过调节光束在非线性晶体上的入射角来实现的。不难想象，如果把超短激光脉冲的光谱用色散元件分开，在空间上按波长的顺序排列，进而用合适的聚焦透镜把这种光束聚焦在非线性晶体中，它们将以不同的角度入射，从而扩大了晶体的相位匹配范围。这种在空间上按波长顺序排列的方法，可称为空域内的频率啁啾。

飞秒光脉冲具有较宽的光谱带宽，通常应用色散元件，如光栅对[2]、棱镜对[8]把激光光谱展开，使不同光谱分量以不同入射角入射到倍频晶体上，实现不同光谱分量的相位匹配。

图 9.2 - 3 示出了萨伯(Szabo)等人[9]提出的超短激光脉冲倍频器的建议。在这种倍频器中，使用了两个光栅，其中一个用作色散元件，另一个用作准直色散光束。该倍频器所使用的两个消色差的透镜分别用作聚焦成像和准直成像，以保证无群速弥散，得到光束的光谱复原。图中的光栅 G_1 能使不同光谱分量以不同的入射角进入倍频晶体，透镜 L_1 的放大倍数由光栅的角色散 $\alpha_1=\mathrm{d}\beta/\mathrm{d}\omega$ 和相位匹配角的微分 $\alpha_2=\mathrm{d}\theta/\mathrm{d}\omega$ 决定：

$$M_1 = \frac{\mathrm{d}\theta/\mathrm{d}\omega}{\mathrm{d}\beta/\mathrm{d}\omega} \tag{9.2-12}$$

第二只透镜 L_2 的放大倍数在考虑晶体输出的倍频光条件下，以与 L_1 相同的方法进行选择。

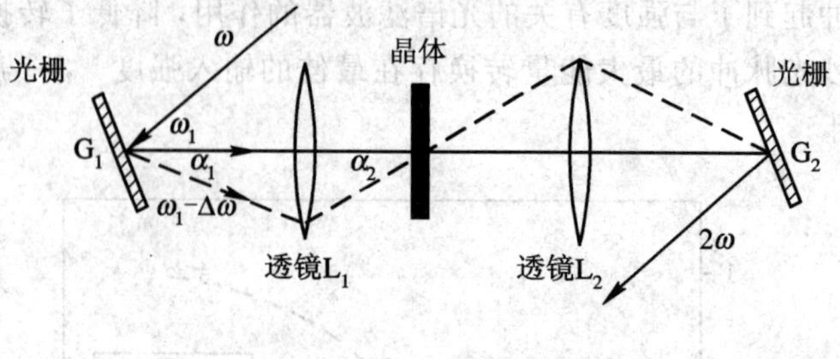

图 9.2-3 利用光栅空间色散扩展晶体接收角的倍频器

图 9.2-4 示出了利用棱镜对的空间色散扩展晶体接收角的倍频器结构示意图。有关这种系统的详细讨论，读者可参看有关文献[10]。

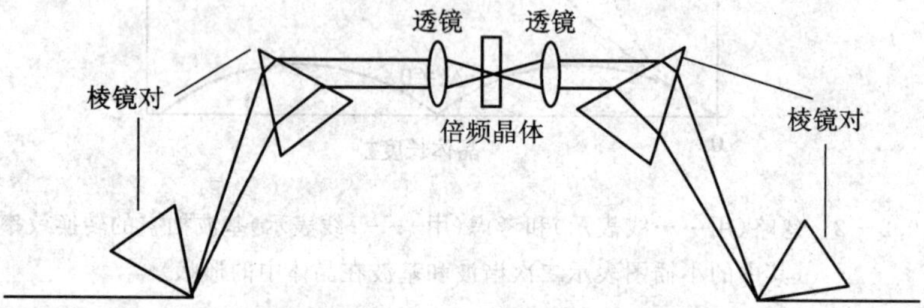

图 9.2-4 棱镜对倍频器

9.2.2 第Ⅱ类相位匹配的超短光脉冲的二次谐波产生

在第Ⅰ类相位匹配条件下的二次谐波产生中，基波和二次谐波在晶体中的群速失配总会造成光脉冲的展宽。但是在第Ⅱ类相位匹配条件下，这一论断不再成立。在满足相位匹配条件的情况下，足以抽空基波的强二次谐波短脉冲是在较长的基波脉冲的后沿产生的，如果二次谐波的群速度 v_2 比基波的群速度 v_1 大，二次谐波脉冲的前沿总可以认为不抽空基波，因此二次谐波脉冲的前沿较后沿获得更多的放大。采用第Ⅱ类相位匹配的二次谐波产生技术，既可获得压缩的二次谐波脉冲(与基波脉冲相比较)，又可获得高的转换效率。

把方程(9.2-5)和(9.2-6)推广到第Ⅱ类相位匹配情况，并选取以二次谐波速度 v_2 运动的坐标为时延参考坐标，基波脉冲的寻常光(o 光)分量 $\overline{E}_o(t)\exp[-\mathrm{i}(\omega_1 t-k_o z)]$以寻常光群速度 v_o 传播，基波的另一个分量——非常光(e 光)分量 $\overline{E}_e(t)\exp[-\mathrm{i}(\omega_1 t-k_e z)]$以非常光群速度 v_e 传播，则描述基波脉冲 $\overline{E}_o$ 和 $\overline{E}_e$ 衰减的方程及二次谐波增长的方程分别为

$$\left[\frac{\partial}{\partial z}+\left(\frac{1}{v_o}-\frac{1}{v_2}\right)\frac{\partial}{\partial t}\right]\overline{E}_o = \mathrm{i}\chi^{(2)}\frac{\omega_1^2}{c^2 k_o}\overline{E}_e^* \overline{E}_2 \mathrm{e}^{-\mathrm{i}\Delta kz} \tag{9.2-13}$$

$$\left[\frac{\partial}{\partial z}+\left(\frac{1}{v_e}-\frac{1}{v_2}\right)\frac{\partial}{\partial t}\right]\overline{E}_e = \mathrm{i}\chi^{(2)}\frac{\omega_1^2}{2c^2 k_e}\overline{E}_o^* \overline{E}_2 \mathrm{e}^{-\mathrm{i}\Delta kz} \tag{9.2-14}$$

$$\frac{\partial}{\partial t}\overline{E}_2 = \mathrm{i}\chi^{(2)}\frac{\omega_1^2}{c^2 k_2}\overline{E}_e\overline{E}_o \mathrm{e}^{\mathrm{i}\Delta kz} \tag{9.2-15}$$

式中，$\Delta k=k_o+k_e-k_2$，为波矢失配量。至此，我们尚没有就两个基波脉冲 $\bar{E}_o$ 和 $\bar{E}_e$ 的相对幅度、相位和位置作假定。在选择晶体时的重要参量是走离长度 $(L_D)_e=\tau_p/[v_e^{-1}-v_2^{-1}]$ 和 $(L_D)_o=\tau_p/[v_o^{-1}-v_2^{-1}]$，其中 τ_p 是基波脉冲宽度。

为了产生压缩的二次谐波脉冲[11]，在倍频时要求快光(e 光)相对于慢光(o 光)延迟后入射到(负单轴)倍频晶体中。这种开始的倍频脉冲“种子”光只在 e 光和 o 光重叠部分区域产生，此后，由于三个脉冲之间的重叠区增大，二次谐波通过晶体传播时被放大。由于二次谐波的群速度较快，可以认为二次谐波的前沿不抽空 o 光。很显然，二次谐波的压缩来源于脉冲前沿相对于后沿的不同放大。这种脉冲压缩机制的最大压缩系数约为 5。

为模拟导致较大压缩系数的机制，必须考虑方程(9.2 - 13)、(9.2 - 14)和(9.2 - 15)中的相位失配量 Δk 的频率关系。下面是一组在频域内，对 $\boldsymbol{k}$ 矢量的频率关系没有限制的耦合波传播方程组[1]：

$$\frac{\partial}{\partial z}\bar{E}_o(\omega)=\mathrm{i}\chi^{(2)}\frac{\omega_1^2}{2c^2k_o}\int_{-\infty}^{\infty}\bar{E}_e^*(\omega-\omega')\bar{E}_2(\omega')\mathrm{e}^{-\mathrm{i}\Delta k(\omega,\omega')z}\,\mathrm{d}\omega' \tag{9.2 - 16}$$

$$\frac{\partial}{\partial z}\bar{E}_e(\omega)=\mathrm{i}\chi^{(2)}\frac{\omega_1^2}{2c^2k_e}\mathrm{e}^{-\mathrm{i}\Delta k(\omega)z}\int_{-\infty}^{\infty}\bar{E}_o^*(\omega-\omega')\bar{E}_2(\omega')\mathrm{e}^{-\mathrm{i}\Delta k(\omega,\omega')z}\,\mathrm{d}\omega' \tag{9.2 - 17}$$

$$\frac{\partial}{\partial z}\bar{E}_2(\omega)=\mathrm{i}\chi^{(2)}\frac{\omega_1^2}{c^2k_2}\mathrm{e}^{\mathrm{i}\Delta k(\omega)z}\int_{-\infty}^{\infty}\bar{E}_e(\omega-\omega')\bar{E}_o(\omega')\mathrm{e}^{\mathrm{i}\Delta k(\omega,\omega')z}\,\mathrm{d}\omega' \tag{9.2 - 18}$$

式中，$\Delta k(\omega,\omega')=k_o(\omega_1+\omega')+k_e(\omega_1+\omega-\omega')-k_2[2(\omega_1+\omega)]$，是波矢失配量与全部频率的关系。

对于波长为 1.064 μm、脉冲宽度为 10 ps 的泵浦脉冲，通过对第 Ⅱ 类相位匹配二次谐波产生的计算机模拟可以预期，对长的 KDP 晶体(≥5 cm)和高的脉冲能量(30 mJ)，其压缩系数大于 60，转换效率为 30%。

9.3　超短光脉冲的参量作用与放大

如前所述，利用非线性晶体的参量作用可以实现光学频率变换。在光参量作用器件中，光参量振荡器(OPO)是指参与非线性频率变换的光至少有一个或两个在谐振腔内振荡，光参量放大器(OPA)是指利用非线性晶体的参量作用对注入的种子光进行非线性放大，OPA 本身不构成谐振腔。

图 9.3 - 1 示出了光参量过程频率变换的三种不同情况：图(a)为频率上转换(和频)，图(b)为频率下转换(差频)，图(c)表示光参量振荡中产生新的频率(下转换)。图示的参量上转换中，频率为 ω_1 和 ω_2 的两个光脉冲在相位匹配的条件下，通过非线性晶体后产生频

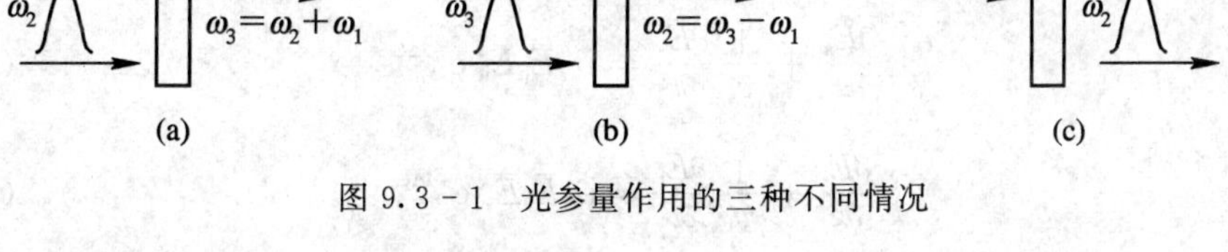

图 9.3 - 1　光参量作用的三种不同情况

率为 $\omega_3=\omega_1+\omega_2$ 的光脉冲；在参量下转换中，频率为 ω_1 和 ω_3 的两个光脉冲经过相位匹配的非线性晶体，产生差频为 $\omega_2=\omega_3-\omega_1$ 的光脉冲；在光参量振荡过程中，频率为 ω_3 的光脉冲经过相位匹配的晶体后产生频率为 ω_1 和 ω_2 的两个新的光脉冲，而且 $\omega_1+\omega_2=\omega_3$。利用光参量作用既可以产生可调谐、调谐范围极宽、单色性好的光源，又可以利用非线性晶体的光学变频特性产生新的相干光振荡。

20 世纪 80 年代后期，随着超短光脉冲技术的飞速发展和日趋成熟，以及非线性晶体研究的重大突破，晶体质量大大提高，新晶体不断出现(如 KTP、LBO、BBO 等)，使得小型全固化的光参量振荡器进入了实用化，并获得广泛应用。到目前为止，采用不同的泵浦波长、不同的非线性晶体及调谐方式已可获得调谐波长范围为 400 nm～1600 nm，谱线宽度为几个波数，再通过线宽压窄技术已达到 10^{-3}波数的相干光输出；利用啁啾脉冲参量放大技术的飞秒激光脉冲，可望达到 PW 量级。

9.3.1 光脉冲的参量作用与放大

在这里，只讨论基于光脉冲参量作用基本耦合波方程的光脉冲参量放大特性、同步泵浦光参量振荡器和光参量啁啾脉冲放大技术。

1. 光参量作用的基本耦合波方程

在图 9.3 - 1 所示的光参量作用中，原则上，利用参量上转换或下转换获得飞秒脉冲输出只要输入一个飞秒脉冲就足够了，第二个脉冲可以是长脉冲或者是连续光。当然，同时输入两个飞秒脉冲，仍然可以产生参量混频，获得上转换或下转换飞秒脉冲输出。对于第三种情况，如果泵浦脉冲光足够强，可以产生两个满足相位匹配条件、频率为 ω_1 和 ω_2 的脉冲。此时，非线性介质内总是在宽的光谱范围内存在噪声光子，这种噪声光子起着种子光的作用，它们在参量振荡腔内获得放大并形成振荡，这就是光参量振荡。所产生的脉冲称为信号光脉冲和空闲光脉冲，一般把波长短的光脉冲称为信号光脉冲。

假设非线性介质中的光脉冲电场为

$$\begin{aligned}E(t,z)&=E_p(t,z)+E_s(t,z)+E_i(t,z)\\&=\frac{1}{2}\overline{E}_p(t,z)e^{-i(\omega_p t-k_p z)}+\frac{1}{2}\overline{E}_s(t,z)e^{-i(\omega_s t-k_s z)}\frac{1}{2}\overline{E}_i(t,z)\\&\quad\times e^{-i(\omega_i-k_i z)}+c.c.\end{aligned}\tag{9.3-1}$$

其中下标 p、s 和 i 分别表示泵浦光、信号光和空闲光，三个波的频率和波矢满足下面的关系：

$$\omega_p=\omega_s+\omega_i,\quad k_p=k_s+k_i-\Delta k\tag{9.3-2}$$

则与推导二次谐波产生的耦合波方程类似，可以得到描述三个光脉冲参量作用的耦合波微分方程：

$$\frac{\partial\overline{E}_s}{\partial z}+\frac{1}{v_s}\frac{\partial\overline{E}_s}{\partial t}=i\gamma_s\overline{E}_p\overline{E}_i^*e^{-i\Delta kz}\tag{9.3-3}$$

$$\frac{\partial\overline{E}_i}{\partial z}+\frac{1}{v_i}\frac{\partial\overline{E}_i}{\partial t}=i\gamma_i\overline{E}_p\overline{E}_s^*e^{-i\Delta kz}\tag{9.3-4}$$

$$\frac{\partial \overline{E}_{p}}{\partial z}+\frac{1}{v_{p}}\frac{\partial \overline{E}_{p}}{\partial t}=\mathrm{i}\gamma_{p}\overline{E}_{i}\overline{E}_{s}\mathrm{e}^{\mathrm{i}\Delta kz} \tag{9.3-5}$$

其中

$$\gamma_{s}=\frac{\chi^{(2)}\omega_{s}^{2}}{2k_{s}c^{2}},\quad \gamma_{i}=\frac{\chi^{(2)}\omega_{i}^{2}}{2k_{i}c^{2}},\quad \gamma_{p}=\frac{\chi^{(2)}\omega_{p}^{2}}{2k_{p}c^{2}}$$

是非线性耦合系数。假如相位失配和群速失配都很小，则频率为 ω_s 和 ω_i 的弱光在高能泵浦光的电场中呈指数式增长。

2. 准稳态和瞬态参量放大特性

首先我们考虑最简单的情况，假设一束强的高频 ω_p 泵浦光和一束低频 ω_s 的弱信号光同时入射到非线性介质中，即

$$\overline{E}(t,0)=\overline{E}_{p}(t,0)+\overline{E}_{s}(t,0),\quad \overline{E}_{i}(t,0)=0$$

如果 $\Delta k=0$，并且走离效应可以忽略($v_s=v_i=v_p=v$)，则由方程(9.3－3)～方程(9.3－5)可以求出信号光 $\overline{E}_s(t, z)$和空闲光 $\overline{E}_i(t, z)$在泵浦场中随传播距离变化的增长规律。例如，信号光振幅为

$$\overline{E}_{s}(\eta,z)=\overline{E}_{s0}(\eta)\cosh[\gamma\overline{E}_{p0}(\eta)z] \tag{9.3-6}$$

其中，$\eta=t-z/v$，$\gamma^2=\gamma_s\gamma_i$，$\overline{E}_{p0}(\eta)=\overline{E}_p(\eta, z=0)$。在高增益耦合情况下的高斯泵浦光脉冲场中，由式(9.3－6)可得到

$$\overline{E}_{s}(\eta,z)=\frac{1}{2}\overline{E}_{s0}(\eta)\mathrm{e}^{\left(\Gamma_{0}z-\frac{t^{2}}{\tau_{s}^{2}(z)}\right)} \tag{9.3-7}$$

式中，$\Gamma_0=\gamma\overline{E}_{p0}(0)=L_a^{-1}$，$L_a$ 为信号放大长度；$\tau_s(z)=\tau_p/\sqrt{\Gamma_0 z}$是信号光脉宽，$\tau_p$ 是泵浦光脉宽。因此，信号光脉冲将有与它的初始结构无关的高斯形状。放大信号光的脉宽随距离按 $1/\sqrt{z}$ 的关系缩短，在实际中脉冲可以被压缩至原脉宽的几分之一。

在高能量转换条件下，放大脉冲的形状发生畸变。图 9.3－2[12]表明了信号光的能量是如何转移回到泵浦光脉冲，从而导致信号光脉冲形状中间凹陷的形成。

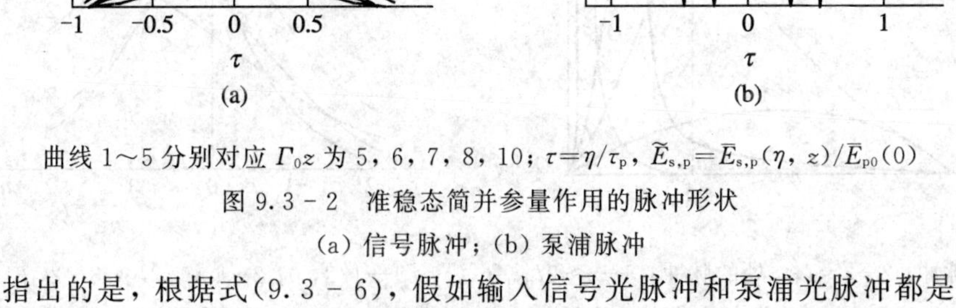

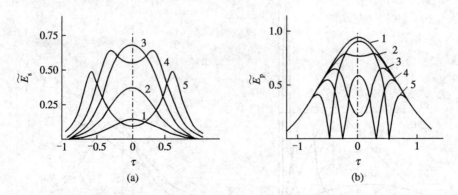

曲线 1～5 分别对应 $\Gamma_0 z$ 为 5，6，7，8，10；$\tau=\eta/\tau_p$，$\widetilde{E}_{s,p}=\overline{E}_{s,p}(\eta, z)/\overline{E}_{p0}(0)$

图 9.3－2　准稳态简并参量作用的脉冲形状

(a) 信号脉冲；(b) 泵浦脉冲

应当指出的是，根据式(9.3－6)，假如输入信号光脉冲和泵浦光脉冲都是相位调制的，则在参量放大过程中信号光脉冲的相位保持不变。但是，空闲光的情况则不同：

$$\overline{E}_{i}(\eta,z)=(\gamma_{i}/\gamma_{s})^{1/2}\overline{E}_{s0}^{*}(\eta)\sinh[\gamma\overline{E}_{p0}(\eta)z]\mathrm{e}^{-\mathrm{i}\varphi_{p0}(\eta)} \tag{9.3-8}$$

由式(9.3－8)可知，空闲光得到了泵浦脉冲的相位调制(参见因子 $\exp[-i\varphi_{p0}(\eta)]$)。同时可以证明，空闲光的波前相对于信号光的波前是共轭的。

3. 群速失配效应

光脉冲参量相互作用的瞬态分析首先考虑以下情况：信号光和空闲光在群速匹配($z<L_D^{(s,i)}$)的条件下传播，而它们相对泵浦光脉冲的群速失配足够大($z>L_D^{(s,p)}$，$L_D^{(i,p)}$)，则在泵浦光场无抽空的近似下，参照式(9.3－6)，由方程(9.3－3)～方程(9.3－5)可以得到

$$\overline{E}_s(\eta_s, z) = \overline{E}_{s0}(\eta_s)\cosh\left[\gamma\int_0^z \overline{E}_{p0}(\eta_s + \Delta v_{s,p}^{-1}x)\,dx\right] \tag{9.3-9}$$

其中，$\eta_s = t - \dfrac{z}{v_s}$，$\Delta v_{s,p}^{-1} = \dfrac{1}{v_s} - \dfrac{1}{v_p}$。由此可见，群速失配降低了增益；随着 z 的增加，脉冲的前沿(在 $v_s<v_p$ 时)或后沿(在 $v_s>v_p$ 时)产生明显的放大。结果是信号光脉冲被展宽，相互作用的脉冲在$z\gg L_D^{(s,p)}$，$L_D^{(i,p)}$ 时离开泵浦场区，能量转移停止。

类似于二次谐波产生，在走离比较明显的条件下，参量放大过程完全可能产生巨脉冲。图 9.3－3[13]说明了一个巨次谐波脉冲形成的动态过程(在参量放大的简并态中，$\omega_s=\omega_i=\omega_p/2$)。与倍频过程相比较，脉冲的压缩更有效。

最后应当指出，在短光脉冲的三频参量相互作用中，所谓的模放大稳态状态是可能的。实际上，它表明了非线性相互作用和色散之间特定的平衡。如果选择泵浦、信号和空闲光的群速度，使它们满足 $v_s<v_p<v_i$ 或 $v_i<v_p<v_s$，则在超过走离长度的距离上仍然保持呈指数式放大的状态。此外，在泵浦光脉冲的前沿和后沿，形成了频率为 ω_s 和 ω_i 的形状不变的光脉冲。图 9.3－4[14]表明了在相等群速失配($\Delta v_{s,p}^{-1}=\Delta v_{i,p}^{-1}=\Delta v^{-1}$)时，信号光波长上的模脉冲结构。模增益系数等于$-\exp(\Gamma_m z)$。脉冲变化由走离长度和放大长度的比值 m 决定，$m=L_D/L_a$，$L_D=\tau_p/|\Delta v^{-1}|$。当$m>1/2$ 时，脉冲形状保持不变，脉冲振幅随 m 指数增长，模脉冲的宽度相对于泵浦脉冲减小，$\tau_s^{(m)}=\tau_p/m$。在 $m=1/2$ 上，放大终止。

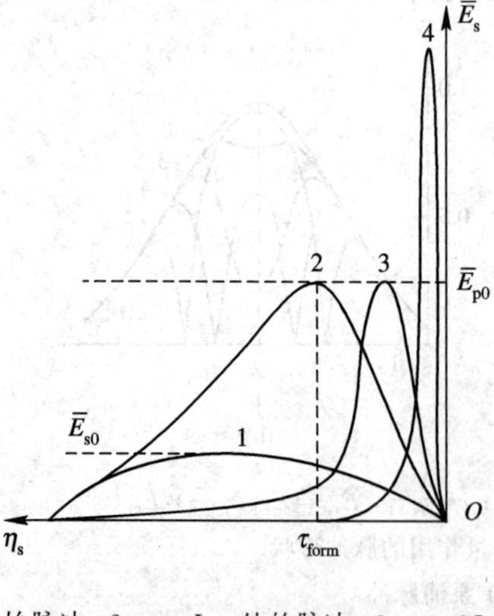

1—起始脉冲；2—$z=L_{form}$处的脉冲；3—$z\approx 2L_{form}$；4—$z>2L_{form}$；L_{form}是稳态脉冲形成的距离

图 9.3－3 在准连续泵浦场中巨次谐波的形成

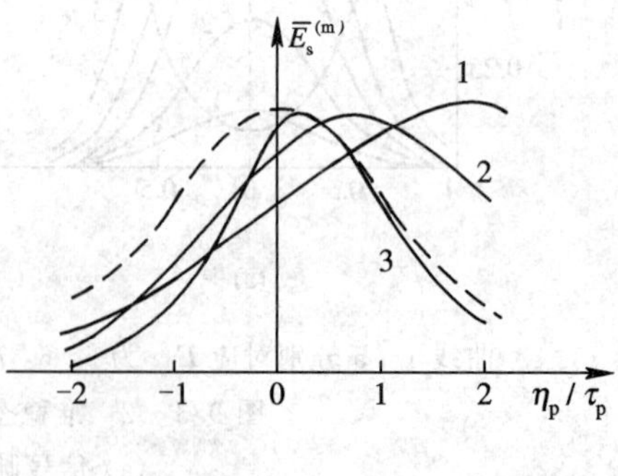

1—1/2，0；2—1，1/2L_a；3—2，3/2L_a

图 9.3－4 在不同参量 m 和 Γ_m 值上，泵浦场中参量信号的模

注意，为了过渡到模状态，必须满足条件 $z > L_D$。相应地，在放大的准稳态状态，脉宽 $\tau_s^{(m)}$ 超过 τ_s。稳态脉冲的峰值相对于泵浦光脉冲的最大值将产生 $-\tau_p/(2m)$ 的时间移动。

9.3.2　同步泵浦光参量振荡器

利用高功率皮秒或飞秒锁模激光器输出的序列脉冲作泵浦源，采用同步泵浦技术可以获得高转换效率的 OPO 振荡。所谓同步泵浦，是指用一确定工作频率的高强度激光序列脉冲泵浦非线性晶体，如果在 OPO 振荡器中振荡的信号光与泵浦光的周期相等，则当信号光每通过一次非线性晶体时，泵浦光也同时通过非线性晶体，所以信号光将获得放大。由于信号光在振荡腔内以严格的周期通过非线性晶体，并与泵浦光脉冲相互作用获得增益，因而当 OPO 的增益大于振荡腔的损耗时，信号光的能量将越来越大，最后获得参量光输出。

图 9.3－5 示出了一个同步泵浦飞秒光参量振荡器的原理图[15]。该飞秒参量振荡器利用掺钛蓝宝石飞秒激光器输出的重复率为 76 MHz、脉宽为 110 fs、平均功率为 800 mW、波长为 765 nm 的飞秒激光作泵浦光，通过精确调节泵浦光脉冲和光参量信号光脉冲之间的延迟，使两者精确同步。如果满足相位匹配条件，而且参量光的增益大于振荡腔的损耗，则信号光(参量光)在腔内多次经过放大晶体后，将从耦合输出镜输出脉宽为 62 fs、重复率为 76 MHz、平均功率为 175 mW、波长调谐范围为 1.2 μm～1.34 μm 的飞秒相干光。

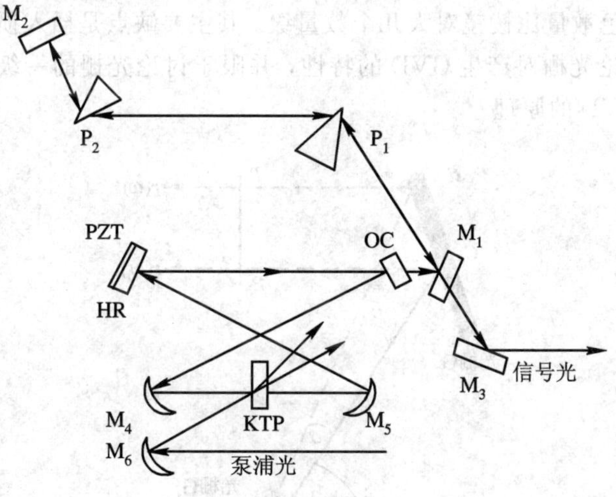

图 9.3－5　同步泵浦飞秒光参量振荡器的原理图

9.3.3　光参量啁啾脉冲放大(OPCPA)

OPCPA 是利用 OPA 技术放大超短脉冲，产生超强、超短光脉冲的最新技术。它有以下显著优点：大的增益带宽，且增益越大，增益带宽越大，因而可以支持脉宽极短的脉冲放大；无光谱窄化效应，可以得到近种子脉宽的放大脉冲；非线性过程能有效抑制自发辐射噪声放大，提高了激光脉冲的信噪比；单通能实现超宽带高增益，结构简单。

1. OPCPA 技术的基本概念

OPCPA 的基本结构框图如图 9.3－6 所示。将欲放大的一束低能量飞秒宽带种子信号光脉冲通过正啁啾色散的方法在时域上展宽(展宽后的脉冲在时域上表现为啁啾脉冲),然后使展宽的啁啾种子光和一束高能量纳秒量级的窄带泵浦光(泵浦光的典型脉宽约为 1 ns)在非线性晶体中进行参量耦合;耦合过程中能量从泵浦光脉冲转移到种子光脉冲,使种子光脉冲放大,同时产生第三束光,即空闲光;放大后的种子光脉冲再通过负啁啾色散的方法被压缩成飞秒脉冲输出。在 OPCPA 中,对飞秒信号光脉冲进行展宽,使得信号光脉冲和泵浦光脉冲之间实现脉宽匹配,可以提高参量转换效率。一般要求泵浦光脉宽略大于信号光脉宽。

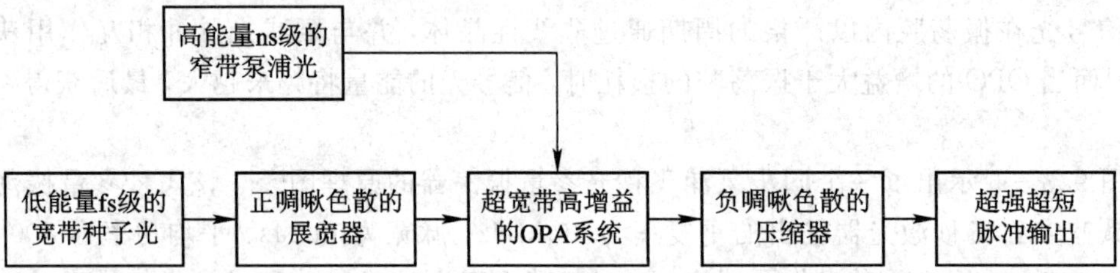

图 9.3-6 OPCPA 的基本结构框图

2. 光脉冲展宽和压缩器件的色散特性

在 OPCPA 中,可以利用色散器件实现光脉冲的展宽和压缩。通常采用的色散器件是光栅对和棱镜对。相比较而言,光栅对可提供比棱镜对更多的色散,而且不引入材料自身的色散,它提供的总色散量比棱镜对大几个数量级。其主要缺点是插入损耗较大。

在此,我们仅讨论光栅对产生 GVD 的特性,并限于讨论光栅的一级衍射。图 9.3-7 示出了光栅对产生 GVD 的原理。

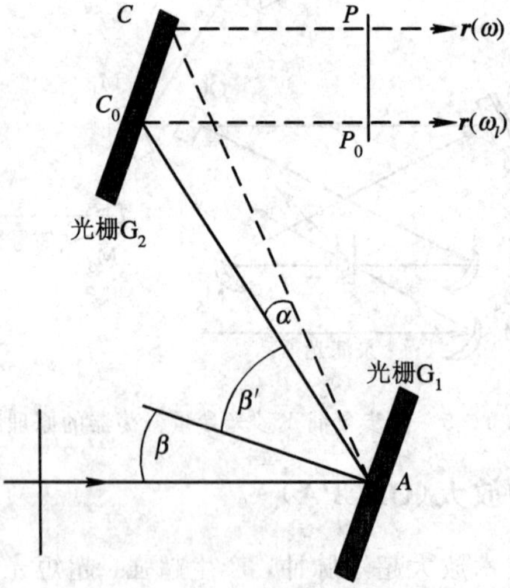

图 9.3-7 两个互相平行的光栅对产生 GVD 的原理图

由光栅理论,入射角和衍射角的关系可以通过光栅方程表示:

$$\sin\beta - \sin\beta' = -\frac{2\pi c}{\omega_l d} \tag{9.3-10}$$

$$\sin\beta - \sin(\beta' + \alpha) = -\frac{2\pi c}{\omega d} \tag{9.3-11}$$

式中 d 为光栅常数。光由 A 点通过光栅 G_2 的相移为

$$\varphi(\omega) = \frac{\omega}{c} P_{OL}(\omega) + 2\pi \frac{b}{d} \tan(\alpha + \beta') \tag{9.3-12}$$

式中 P_{OL} 是 A 和输出波前 $\overline{PP_0}$ 之间的光程，且

$$P_{OL}(\omega) = \overline{ACP} = \frac{b}{\cos(\beta' + \alpha)}[1 + \cos(\beta' + \beta + \alpha)] \tag{9.3-13}$$

式中，b 是光栅 G_1 和 G_2 之间的垂直距离；ω 是入射角为 β 时，与衍射角 $\beta' + \alpha$ 相对应的频率。相位 φ 的二阶色散为

$$\left.\frac{d^2\varphi}{d\omega^2}\right|_{\omega_l} = -\frac{\lambda_l}{2\pi c^2}\left(\frac{\lambda_l}{d}\right)^2 \frac{b}{\sqrt{r}} \frac{1}{r} \tag{9.3-14}$$

式中，$r = 1 - \left[\frac{2\pi c}{\omega_l d} - \sin\beta\right]^2 = \cos^2\beta'$，$\frac{b}{\sqrt{r}}$ 是两光栅沿 $\omega = \omega_l$ 光线的距离。相位 φ 的三阶色散为

$$\left.\frac{d^3\varphi}{d\omega^3}\right|_{\omega_l} = -\frac{3\lambda_l}{2\pi c r}\left[r + \frac{\lambda_l}{d}\left(\frac{\lambda_l}{d} - \sin\beta\right)\right]\left.\frac{d^2\varphi}{d\omega^2}\right|_{\omega_l} \tag{9.3-15}$$

由式(9.3-11)可以得到光栅的角色散为

$$\left.\frac{d\alpha}{d\omega}\right|_{\omega_l} = -\frac{2\pi c}{\omega_l^2 d \cos\beta'} \tag{9.3-16}$$

为了有一个量的概念，在表 9.3-1 中列出了几种典型光学器件的二阶和三阶色散值。

表 9.3-1　几种典型光学器件的二阶和三阶色散值

器　件	λ_l/nm	$\omega_l/(\text{fs})^{-1}$	$\frac{d^2\varphi}{d\omega^2}/(\text{fs})^2$	$\frac{d^3\varphi}{d\omega^3}/(\text{fs})^3$
石英玻璃(L=1 cm)	620	3.04	550	240
	800	2.36	362	280
石英玻璃布儒斯特棱镜对	620	3.04	−760	−1300
l=50 cm	800	2.36	−532	−612
光栅对，b=20 cm	620	3.04	-8.2×10^4	1.1×10^5
$\beta=0°$，d=1.2 μm	800	2.36	-3×10^6	6.8×10^6

3. 光参量啁啾脉冲放大

现在我们讨论光参量啁啾脉冲放大的基本问题——啁啾脉冲放大。图 9.3-8 给出了一般的啁啾脉冲放大原理图。对于一个线性放大器，必须满足两个基本条件：

(1) 放大器的带宽应超过被放大的脉冲带宽；

(2) 放大器不被饱和。

如果上述两个条件能完全满足，就可以采用共轭的色散延迟把被放大的脉冲压缩回原始的脉冲宽度，实现啁啾脉冲放大。

对于光参量脉冲放大器，通过分析方程(9.3-3)～方程(9.3-5)可知，啁啾放大可以

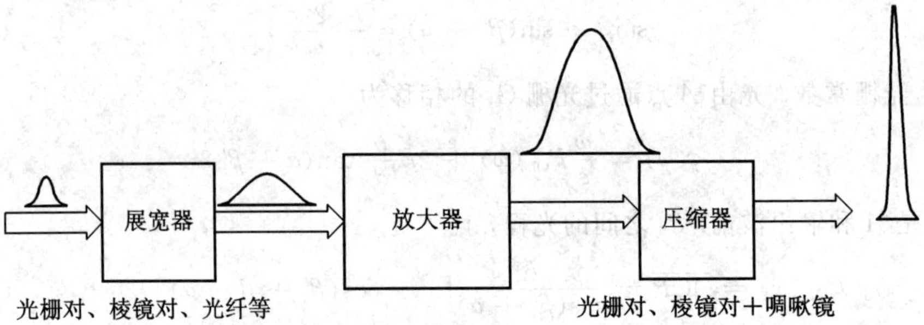

图 9.3-8 啁啾脉冲放大原理图

在参量过程中发生，而且脉冲功率越高，其转换效率越高。

在参量过程中，三个相互作用脉冲的频率满足如下关系：

$$\omega_p(t)=\omega_s(t)+\omega_i(t) \tag{9.3-17}$$

如果把上式与时间相关的频率改写成与相位的关系：

$$\omega_j(t)=\omega_j+\frac{d\varphi_j(t)}{dt},\quad j=s,\ i,\ p \tag{9.3-18}$$

然后将该关系代入式(9.3-17)中，可得如下相位关系式：

$$\frac{d\varphi_p(t)}{dt}=\frac{d\varphi_s(t)}{dt}+\frac{d\varphi_i(t)}{dt} \tag{9.3-19}$$

为了实现有效的参量振荡，必须满足相位匹配条件：

$$k_p[\omega_p(t)]=k_s[\omega_s(t)]+k_i[\omega_i(t)] \tag{9.3-20}$$

在$|d\varphi_p(t)/dt|\ll\omega_j$和线性啁啾泵浦光脉冲的条件下，式(9.3-20)的台劳展开式为

$$\left.\frac{dk_p}{d\omega}\right|_{\omega_p}\frac{d\varphi_p(t)}{dt}=\left.\frac{dk_s}{d\omega}\right|_{\omega_s}\frac{d\varphi_s(t)}{dt}+\left.\frac{dk_i}{d\omega}\right|_{\omega_i}\frac{d\varphi_i(t)}{dt} \tag{9.3-21}$$

因此，三个频率的啁啾是通过群速度 v_j 相联系的，并且由式(9.3-19)和式(9.3-21)可以看出，空闲光脉冲、信号光脉冲与泵浦光脉冲之间的瞬时频率关系为

$$\frac{d\varphi_i(t)}{dt}=P\frac{d\varphi_p(t)}{dt} \tag{9.3-22}$$

$$\frac{d\varphi_s(t)}{dt}=(1-P)\frac{d\varphi_p(t)}{dt} \tag{9.3-23}$$

$$P=\frac{v_p^{-1}-v_s^{-1}}{v_i^{-1}-v_s^{-1}} \tag{9.3-24}$$

式中，P 为啁啾增强系数；v_j(j=s, i, p)为相应于 ω_j 的光脉冲的群速度。

为了更直观地理解啁啾脉冲参量放大机理，可以考察图 9.3-9 给出的 BBO 晶体在Ⅰ、Ⅱ类相位匹配条件下的调谐曲线[16]。从该图可见，泵浦波长 λ_p 有小的变化，将导致信号波长剧烈变化，即小的泵浦脉冲啁啾会引起信号光和空闲光的强啁啾变化，且其符号可以相反。这种啁啾增强可达到两个数量级，而且这种增强的啁啾信号能用光栅对压缩器压缩。

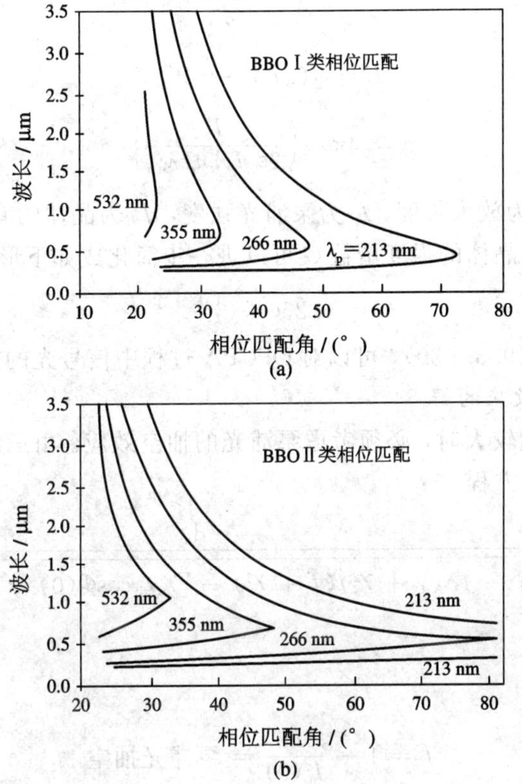

图 9.3-9　BBO 晶体在Ⅰ类和Ⅱ类相位匹配条件下的光参量振荡器的调谐曲线（泵浦光波长 λ_p=532 nm，355 nm，266 nm，213 nm）

4. OPCPA 基本理论概述

OPCPA 技术的核心是光参量放大。光参量放大过程属于差频效应的特例，其相位匹配条件和动量守恒条件为

$$\omega_p = \omega_s + \omega_i \tag{9.3-25}$$

$$\boldsymbol{k}_p = \boldsymbol{k}_s + \boldsymbol{k}_i \tag{9.3-26}$$

相位失配为

$$\Delta \boldsymbol{k} = \boldsymbol{k}_p - \boldsymbol{k}_s - \boldsymbol{k}_i \tag{9.3-27}$$

1）小信号近似特性

在三波混频的基本耦合波方程中，如果不考虑泵浦光的抽空效应，并且由于参量光脉宽都在纳秒量级，则群速度失配可以忽略不计。当满足相位匹配条件时，可以求解耦合波方程得到信号光通过非线性晶体后的强度增益 G 和相位变化 φ[17]：

$$G = 1 + (gL)^2\left(\sinh\frac{B}{B}\right)^2 \tag{9.3-28}$$

$$\varphi = \arctan\frac{B\sin A\cosh B - A\cos A\sinh B}{B\cos A\cosh B + A\sin A\sinh B} \tag{9.3-29}$$

其中

$$A = \frac{\Delta k L}{2}$$

$$B = [(gL)^2 - A^2]^{1/2}$$

$$g = 4\pi d_{\text{eff}}\left(\frac{I_{\text{p}}}{2\varepsilon_0 n_p n_s n_i c \lambda_s \lambda_i}\right)^{1/2}$$

g 为有效增益系数，L 为放大长度，I_{p} 为泵浦光强度，d_{eff}为晶体的有效非线性光学系数。

信号光通过非线性晶体的强度增益 G 可以进一步简化成如下形式：

$$G = 0.25\mathrm{e}^{2[g^2-(\Delta k/2)^2]^{1/2}L} \tag{9.3-30}$$

依据式(9.3-28)或式(9.3-30)，可以对 OPCPA 过程中信号光的放大进行近似计算。

2）考虑泵浦抽空效应的解

在光参量作用增益较大时，必须考虑泵浦光的抽空效应。由三波耦合方程的雅可比椭圆函数解可以推得如下方程[18]：

$$2gz = \pm\int_0^f \frac{\mathrm{d}f}{\sqrt{p(1-f)(f+\gamma_{\text{s}}^2)(f+\gamma_{\text{i}}^2) - [\gamma_{\text{s}}\gamma_{\text{i}}\cos\Phi(0)\sqrt{p} + f\Delta k/(2g)]^2}} \tag{9.3-31}$$

式中

$$f = 1 - \frac{I_{\text{p}}}{I_{\text{p}}(0)} = \text{泵浦光抽空}$$

$$\gamma_{\text{s}}^2 = \frac{\omega_{\text{p}} I_{\text{s}}(0)}{\omega_{\text{s}} I_{\text{p}}(0)}, \quad \gamma_{\text{i}}^2 = \frac{\omega_{\text{p}} I_{\text{i}}(0)}{\omega_{\text{i}} I_{\text{p}}(0)}$$

$$p = \frac{I_{\text{p}}(0)}{I_{\text{p}}(0) + I_{\text{s}}(0) + I_{\text{i}}(0)}$$

$$\Phi(t) = \varphi_{\text{p}}(t) - \varphi_{\text{s}}(t) - \varphi_{\text{i}}(t)$$

当 OPA 输入端的空闲光为 0 时，方程(9.3-31)可以简化成

$$2gz = \int_0^f \frac{\mathrm{d}f}{\sqrt{p(1-f)(f+\gamma_{\text{s}}^2)f - [\Delta k/(2g)]^2 f^2}} \tag{9.3-32}$$

参量放大作用一直持续到式(9.3-32)的分母变化到 0 为止，此时泵浦光抽空达到最大，其 z 值为 z_{a}。泵浦光抽空的最大值由下列方程给出：

$$f_{\max}^2 - \left[1 - \gamma_{\text{s}}^2 - \frac{1}{p}\left(\frac{\Delta k}{2g}\right)^2\right] f_{\max} - \gamma_{\text{s}}^2 = 0 \tag{9.3-33}$$

在完全相位匹配下($\Delta k=0$)，$f_{\max}=1$，泵浦光被完全抽空，泵浦光转换到信号光的能量转换效率为 $100\% \times (\omega_{\text{s}}/\omega_{\text{p}})$。随着相位失配的增加，转换效率降低。当 $z > z_{\text{a}}$ 时，参量过程由差频过程转换成和频过程，能量从信号光和空闲光转移回到泵浦光。式(9.3-30)只有雅可比椭圆函数解，在对参量过程进行计算时，可依据此方程求数值解。

依据能量守恒条件，泵浦光抽空的能量按信号光和空闲光的频率之比分配给它们，因

此信号光强可以写成：

$$I_s = fI_p(0)\frac{\omega_s}{\omega_p} + I_s(0) \tag{9.3-34}$$

对上式进行空间和时间积分，可以得到估算脉冲能量 W_s 的表达式：

$$W_s = \iint I_s \, dS \, dt \tag{9.3-35}$$

3) OPCPA 的参量带宽

由于参量放大后的信号光谱带宽越宽，再压缩后的飞秒脉冲宽度就越窄，因此要求参量放大器应具有较宽的本征参量带宽。参量带宽是由参量过程允许的相位失配决定的，参量放大器输出的光谱带宽主要受限于参量放大过程的参量带宽，它给出了增益带宽的最大可能值。通常，定义满足 $|\Delta k l_c/\pi| \leqslant 1$ 的参量光波长范围为参量带宽。由式(9.3-30)出发，将波矢按台劳级数展开为光频率的函数，可求得参量带宽的显式表示[19]：

$$\Delta\lambda = \begin{cases} \dfrac{\lambda^2}{c}\dfrac{|u_{si}|}{l_c}, & \dfrac{1}{u_{si}} \neq 0 \\ \dfrac{0.8\lambda^2}{c}\sqrt{\dfrac{1}{l_c|g_{si}|}}, & \dfrac{1}{u_{si}} = 0 \end{cases} \tag{9.3-36}$$

其中

$$\frac{1}{u_{si}} = \frac{1}{v_i\cos(\alpha+\beta)} - \frac{1}{v_s}$$

$$g_{si} = \left[\frac{1}{2\pi v_s^2}\tan(\alpha+\beta)\tan\beta\left(\frac{\lambda_s}{n_s} + \frac{\lambda_i\cos(\alpha+\beta)}{n_i}\right) - (g_s + g_i)\right]$$

$$g_j = \left(\frac{\partial^2 k_j}{\partial\omega_j^2}\right)\bigg|_{\omega=\omega_j}, \quad j = \mathrm{s}, \mathrm{i}$$

v_s 与 v_i 为群速度，g_j 为群速度色散，l_c 为晶体的有效长度，α 是泵浦光和信号光之间的夹角，β 是泵浦光和空闲光之间的夹角。α 和 β 满足矢量三角形的关系，共线作用时，$\alpha=0$，$\beta=0$。由式(9.3-36)可以看出，在简并或非共线相位匹配条件下，可以实现群速度匹配，从而可以获得极宽的参量带宽。在非简并情况下，利用非共线相位匹配来实现种子光和空闲光群速匹配，即实现空闲光群速在种子光传播方向上的投影值与种子光群速相等，这等价于

$$v_s = v_i\cos\theta \tag{9.3-37}$$

θ 为种子光和空闲光间的夹角，从而可以获得极宽的参量带宽，实现超宽带增益。

4) OPCPA 示例

图 9.3-10 是一个典型的皮秒钛宝石放大光泵浦的短脉冲多级 OPCPA 系统[20]。泵浦光采用与 OPCPA 种子光同步的皮秒钛宝石放大倍频光，能量为 10 mJ，波长为 400 nm；参量放大介质采用 3 mm 厚的 BBO 晶体。为获得种子光谱与增益带宽之间最大限度的重合，其参量放大种子光与泵浦光之间的内部非共线角设计为 2.6°。种子光经三级参量放大后能量达 1.5 mJ，重复频率为 1 kHz。采用 SF57 玻璃压缩器可获得很高的透过率，压缩后用 SPIDER 测量得到的脉宽达 6.4 fs，基本接近变换极限脉宽(6.1 fs)。

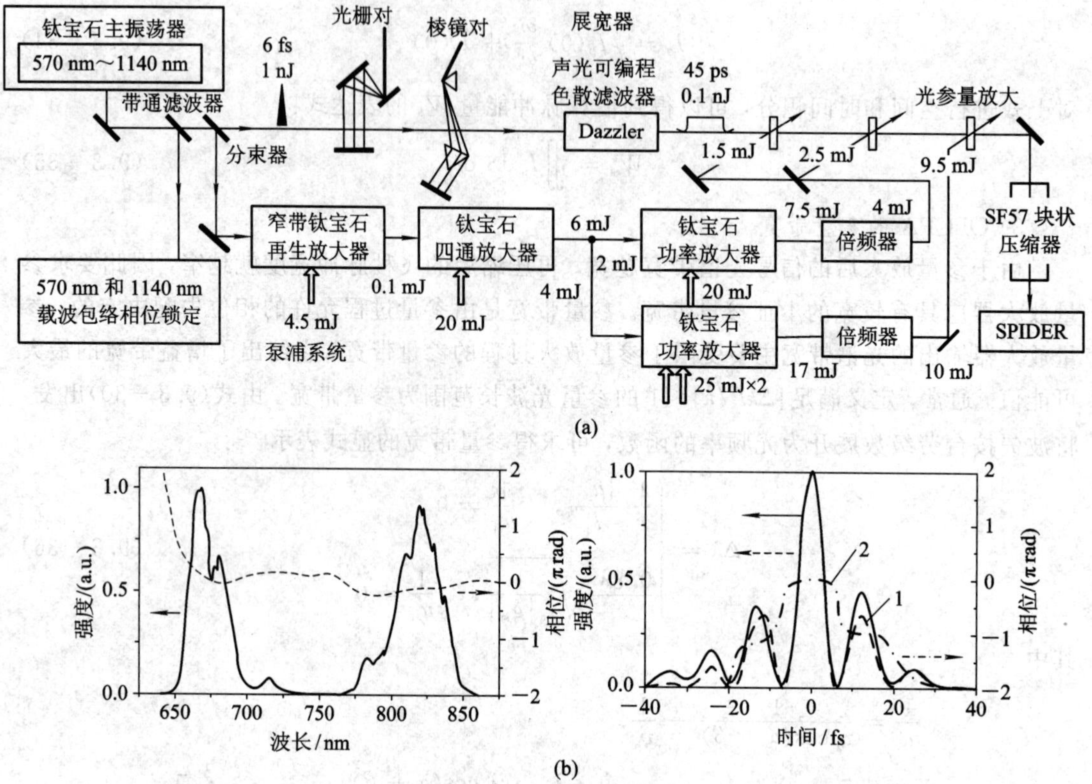

图 9.3-10　皮秒钛宝石放大光泵浦的短脉冲多级 OPCPA 系统

(a) 用于产生周期级光脉冲的 OPCPA 系统结构图；

(b) 经 OPCPA 放大再压缩后的光脉冲光谱和时间分布，其中曲线 1 为变换极限强度分布，曲线 2 为相位分布

9.4　非线性相位调制

9.4.1　理论基础

在许多材料的透明区域内，折射率与传播光场存在着非线性关系，并可以用下面相等的关系之一表示：

$$
\begin{aligned}
n &= n_0 + n_2|\bar{E}(t)|^2 \\
&= n_0 + 2n_2\langle E^2(t)\rangle \\
&= n_0 + \bar{n}_2 I(t)
\end{aligned}
\qquad (9.4-1)
$$

式中，$\bar{n}_2 = 2n_2/(\varepsilon_0 c n_0)$；$n_2$ 为非线性折射率系数，它表征了光场对折射率非线性的贡献。应当指出的是，许多不同的物理过程都可以解释这种与强度有关的折射率的变化，但对于飞秒脉冲而言，这种非线性主要是无惯性电子源的非共振非线性贡献。表 9.4-1 给出了几

种材料的非线性折射率参量。

表 9.4－1　几种材料的非线性折射率参量

非线性源	材　料	$\bar{n}_2/(\text{cm}^2/\text{W})$	响应时间/s
电子非共振	玻璃	$10^{-16}\sim10^{-15}$	$10^{-15}\sim10^{-14}$
共振	掺杂玻璃	10^{-10}	10^{-11}
分子运动	CS_2	10^{-12}	10^{-12}

非线性折射率是三阶非线性极化的结果。如果仅有一个脉冲入射到非线性介质，在瞬时响应的情况下，相应的极化强度为

$$\begin{aligned}P^{(3)} &= \varepsilon_0\chi^{(3)}E^3\\ &= \varepsilon_0\chi^{(3)}\left(\frac{3}{8}|\bar{E}|^2\bar{E}\mathrm{e}^{-\mathrm{i}\omega_l t}+\frac{1}{8}\bar{E}^3\mathrm{e}^{-3\mathrm{i}\omega_l t}\right)+\text{c.c.}\end{aligned}\qquad(9.4-2)$$

相应于指数函数宗量中 $3\omega_l$ 的项，描述了三次谐波产生效应。不过，在我们所讨论的大多数材料中，这种三次谐波产生效应很弱，可以忽略。在此条件下，由式(9.4－2)很容易得到

$$n_2=\frac{3\chi^{(3)}}{8n_0}\qquad(9.4-3)$$

进一步，由式(9.4－1)可见，折射率 n 与光的强度相关，这表明折射率随时间和空间变化。随时间的变化导致脉冲啁啾，随空间的变化引起透镜效应。这些过程分别称为自相位调制(SPM)和自聚焦(SF)。虽然在大多数情况下不希望发生自聚焦，通常总是采用最短样品材料长度或使用空间分布均匀的光束来避免，但是随着激光技术的发展，自聚焦效应可实现锁模脉冲激光器中的快速类可饱和吸收体的作用。由自聚焦效应构成的类可饱和吸收体，其响应速度极快(约 10^{-15} s)，极有利于产生超短的飞秒光脉冲。应用这一技术后，利用掺钛蓝宝石锁模激光器产生小于 10 fs 的光脉冲已经比较容易了。

为了描述自相位调制，可以把式(9.4－2)代入光脉冲传播方程(9.2－1)。但是应当记住这里简化描述的近似性：认为介质是瞬时响应。如果介质对光场不是瞬时响应，必须考虑因果性关系：

$$\begin{aligned}P^{(3)}(t)=\varepsilon_0\iiint &R^{(3)}(t_1,t_2,t_3)E(t-t_1)E(t-t_1-t_2)\\ &\times E(t-t_1-t_2-t_3)\,\mathrm{d}t_1\,\mathrm{d}t_2\,\mathrm{d}t_3\end{aligned}\qquad(9.4-4)$$

若材料的响应时间小于脉冲宽度，可将式(9.4－4)的傅里叶变换在 ω_l 附近按台劳级数展开，取到级数的第二项，并反变换到时域，根据场包络将极化强度表示为

$$P^{(3)}(t)=\frac{3}{8}\varepsilon_0\left[\chi^{(3)}|\bar{E}|^2\bar{E}+\mathrm{i}\left.\frac{\partial\chi^{(3)}}{\partial\omega}\right|_{\omega_l}\frac{\partial}{\partial t}(|\bar{E}|^2\bar{E})\right]\mathrm{e}^{-\mathrm{i}(\omega_l t-k_l z)}+\text{c.c.}\qquad(9.4-5)$$

为了研究非线性传播问题，通常利用如式(9.2－2)表示的极化强度的慢变化包络近似(SVEA)，并将式(9.4－5)代入式(9.2－2)的二阶导数中，得到

$$-\mathrm{i}\frac{\mu_0}{k_l}\frac{\mathrm{d}^2}{\mathrm{d}t^2}P^{(3)}=\left[\mathrm{i}\frac{n_2k_l}{n_0}|\bar{E}|^2\bar{E}-\beta\frac{\partial}{\partial t}(|\bar{E}|^2\bar{E})+\cdots\right]\mathrm{e}^{-\mathrm{i}(\omega_l t-k_l z)}+\text{c.c.}\qquad(9.4-6)$$

式中

$$\beta = \frac{n_2}{c}\left(2 - \frac{\omega_l}{\chi^{(3)}}\frac{\partial \chi^{(3)}}{\partial \omega}\bigg|_{\omega_l}\right) \tag{9.4-7}$$

应当注意，如果光波的周期与光脉冲宽度相比不可忽略时，方程式中的时间导数就变得很重要了。式(9.4－6)和式(9.4－7)表明，慢变化包络近似的一次修正与非线性极化率的有限响应时间对于光脉冲的传播有相同的作用。

9.4.2 自相位调制(SPM)[1]

1. 快速自相位调制

光脉冲在介质中传播时，折射率将随光强的大小发生变化，导致自相位调制。如果介质折射率的变化时间与光脉冲的变化时间可比拟，或比光脉冲的持续时间短，则光脉冲将会获得瞬时相位分布。如果折射率的变化是由相互独立的光信号引起的，这种现象称为交叉相位调制(XPM)。

对于大多数用于自相位调制的材料，折射率随强度的变化(式(9.4－1))是由光克尔效应造成的，其相应的电子非线性响应时间为飞秒量级，可视为瞬时非线性[21]。在这种情况下，波源项为式(9.4－6)的波动方程(9.2－1)可简化为

$$\frac{\partial}{\partial z}\overline{E}(z,t) = \mathrm{i}\,\frac{3\omega_l^2\chi^{(3)}}{8c^2k_l}|\overline{E}|^2\overline{E} = \mathrm{i}\,\frac{n_2k_l}{n_0}|\overline{E}|^2\overline{E} \tag{9.4-8}$$

考虑到 $\chi^{(3)}$ 是实数，将 $\overline{E}=A\exp(-\mathrm{i}\varphi)$ 代入方程(9.4－8)中，并将实部和虚部分离，可以得到脉冲的包络方程为

$$\frac{\partial}{\partial z}A = 0 \tag{9.4-9}$$

脉冲的相位方程为

$$\frac{\partial}{\partial z}\varphi = -\frac{n_2k_l}{n_0}A^2 \tag{9.4-10}$$

显然，在以群速度传播的坐标系中，脉冲振幅 A 是常数，即脉冲包络保持不变，$A(t,z)=A(t,0)=A_0(t)$。考虑到这一点，我们可以对式(9.4－10)进行积分，得到相位 φ 为

$$\varphi(t,z) = \varphi_0(t) - \frac{k_ln_2}{n_0}A_0^2(t)z \tag{9.4-11}$$

该式表明，强度瞬时分布的光脉冲沿非线性介质传播距离 z 后，其相位移除积累的线性相位移 φ_0 外，还附加有与脉冲光强分布成正比的非线性相位变化：

$$\Delta\varphi(t,z) = -\frac{k_ln_2}{n_0}A_0^2(t)z \tag{9.4-12}$$

通过求解相位分布的一阶导数，可以得到本征频率的变化为

$$\frac{\partial\Delta\varphi}{\partial t} = -\frac{k_ln_2}{n_0}\frac{\mathrm{d}A_0^2(t)}{\mathrm{d}t}z = \delta\omega(t) \tag{9.4-13}$$

可以这样解释这种自相位调制：因为折射率随光脉冲强度瞬时变化，所以脉冲的不同部分经受不同的折射率，就导致了相位沿整个脉冲变化。式(9.4－13)表明，自相位调制产生了新的频率分量，展宽了脉冲光谱。

为了表征自相位调制特性，引入非线性相互作用长度 L_{NL}，且

$$L_{NL} = \frac{n_0}{n_2 k_l A_{0m}^2} \tag{9.4-14}$$

式中，A_{0m}是脉冲的峰值振幅。参量 z/L_{NL} 表示在脉冲峰值处产生的最大相移(参看式(9.4-12))。图 9.4-1 示出了自相位调制高斯脉冲的频率调制及在几个不同传播长度 z/L_{NL} 下的光谱。

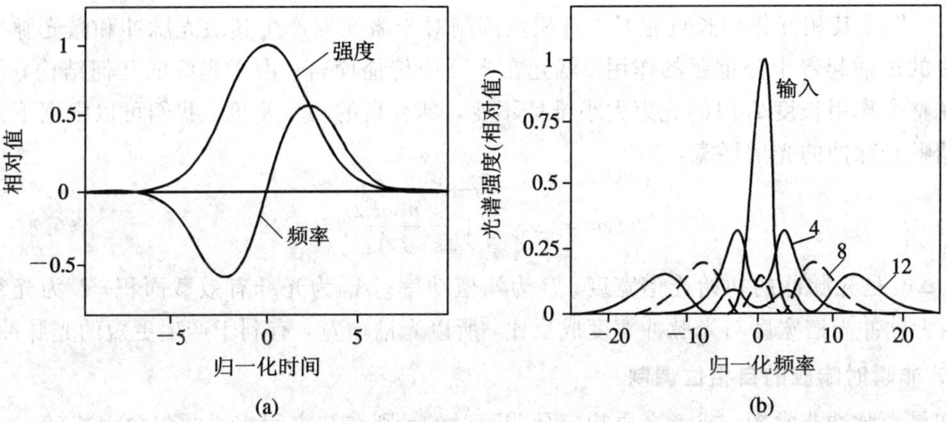

图 9.4-1　自相位调制高斯脉冲的频率调制和在不同传播长度(z/L_{NL})下的光谱

在此应当指出，自相位调制(或交叉相位调制)引起的频率啁啾与群速弥散引起的啁啾是不相同的：自相位调制是把某些频率分量漂移到新的频率，产生非线性啁啾，这种作用产生了新的频率光子，从而增大了光脉冲的光谱带宽；而群速弥散作用则是把光脉冲中不同频率分量重新分布，产生线性啁啾，不产生新的频率光子，因此不增大光脉冲的光谱带宽。图 9.4-2 示出了在不考虑群速弥散的条件下，自相位调制不使光脉冲展宽，但增大了光脉冲的光谱宽度的情况。这种自相位调制如同某些高阶非线性过程一样，可用来产生白光连续光谱。

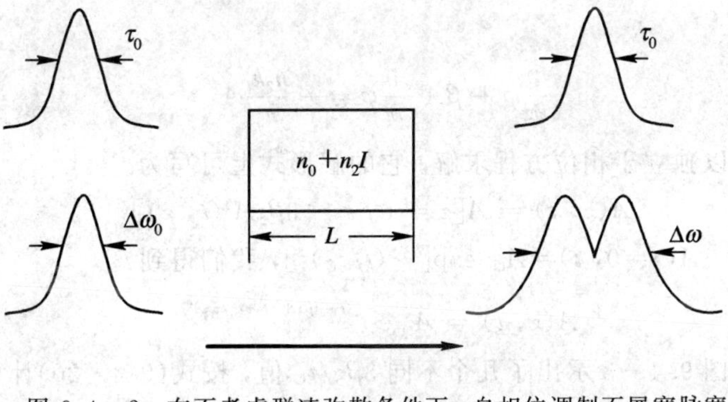

图 9.4-2　在不考虑群速弥散条件下，自相位调制不展宽脉宽，但增大了激光脉冲的光谱宽度

由于自相位调制能使激光脉冲光谱展宽，而宽的光谱带宽能支持更短的光脉冲，因此可以利用光脉冲的自相位调制特性产生更短的光脉冲。这种自相位调制也是光纤激光脉冲

压缩器和孤子脉冲形成的基础。应该注意，自相位调制过程中光脉冲能量是守恒的，所以只有自相位调制存在时，光脉冲能量才能维持不变。

大多数自相位调制是由光克尔效应的非线性折射率造成的，而大多数光学介质如熔融石英等，它们的非线性折射率系数 n_2 都很小(约 3.2×10^{-16} cm^2/W)，所以除作用长度相当长外，绝大多数情况下只有光脉冲信号相当强(大于 1 kW)时才能引起非线性相位变化。常见的自相位调制有两种情况：一是光脉冲在激光腔内振荡，光脉冲成千上万次通过长度仅为数毫米长的激光介质；另一种情况是光脉冲在光纤中传播数千米，虽然光脉冲只是单次通过，但是其相互作用长度很长。自相位调制对于激光器产生超短光脉冲和激光脉冲在光纤中的传播起着十分重要的作用。就光在光纤中传播而言，由于光纤的几何结构，使光脉冲在整个作用长度 L 内的光束大小维持不变，具有高的功率密度。我们可以根据下式估计上啁啾光脉冲的光谱展宽：

$$\Delta\omega = \Delta\omega_0\sqrt{1+\frac{\bar{n}_2\omega PL}{cA_{\text{eff}}}} \tag{9.4-15}$$

式中，$\Delta\omega_0$ 是光脉冲的初始光谱宽度；P 为峰值功率；A_{eff}为光纤有效截面积；L 为光纤长度。因为脉冲光谱宽度与光脉冲宽度成反比，所以光谱增宽，有利于产生更短的光脉冲。

2. 非瞬时响应的自相位调制

如果光脉冲非常短，或者介质响应是非瞬时的，则在波方程中必须包含由式(9.4-6)给出的具有 $\beta\neq0$ 的源项。此时，脉冲的传播特性由下列方程决定：

$$\frac{\partial}{\partial z}\bar{E} - \mathrm{i}\,\frac{n_2k_l}{n_0}|\bar{E}|^2\bar{E} + \beta\frac{\partial}{\partial t}(|\bar{E}|^2\bar{E}) = 0 \tag{9.4-16}$$

将该方程与方程(9.1-43)进行比较可知，具有时间导数的项可解释为与强度有关的群速度。对于 $\beta<0(>0)$，预期脉冲中心比后沿传播的较慢(快)，这将引起脉冲的后(前)沿变陡，称为“自变陡”。

为了求解方程(9.4-16)，我们仍由包络和相位函数的乘积代替复脉冲振幅，得到

$$\frac{\partial}{\partial z}A + 3\beta A^2\frac{\partial}{\partial t}A = 0 \tag{9.4-17}$$

和

$$\frac{\partial}{\partial z}\varphi + \beta A^2\frac{\partial}{\partial t}\varphi = -\frac{n_2k_l}{n_0}A^2 \tag{9.4-18}$$

对于包络方程，可以独立于相位方程求解。它的解形式上可写为[21]

$$A(z,t) = A[z=0,\ t-3\beta zA^2(t,z)] \tag{9.4-19}$$

对于高斯输入脉冲，$A(z=0,t)=A_{0\text{m}}\exp[-(t/\tau_{\text{G}})^2]$，我们得到

$$A(z,t) = A_{0\text{m}}\mathrm{e}^{-[(t-3\beta zA^2(t,z))/\tau_{\text{G}}]^2} \tag{9.4-20}$$

式中隐含着包络。图 9.4-3 示出了几个不同 $3\beta z/\tau_{\text{G}}$ 值，按式(9.4-20)计算得到的脉冲包络。应当指出，因为色散作用不可能避免(而这里为了简单起见已将其忽略)，所以实际上不能观察具有 $\mathrm{d}A/\mathrm{d}t=\infty$ 的冲击脉冲解。为了求得相位的隐含(解析)解，可将包络函数代入方程(9.4-18)，但这是相当复杂的。因为我们现在处理的是不对称脉冲的自相位调制，所以脉冲谱 $|F\{E(t,z)\}|^2$ 的数值解显示出不对称特性。

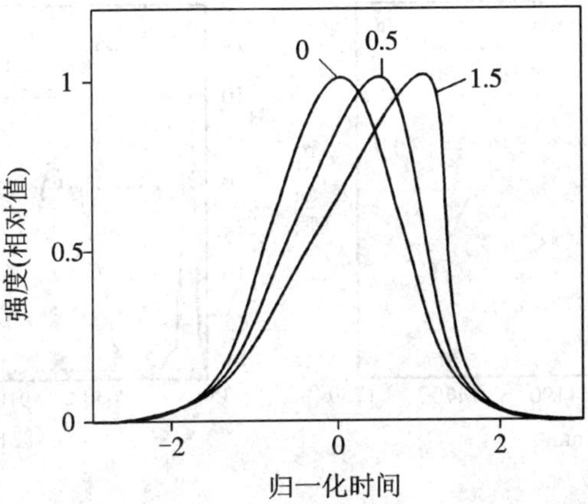

图 9.4－3　几个不同 $3\beta z/\tau_G$ 值的脉冲包络

9.4.3　白光连续谱发生

给人们印象最深刻(和最简单)的自相位调制实验之一是超短光脉冲白光超连续谱产生[22]。如果把高峰值功率的超短光脉冲聚焦，使聚焦后的峰值功率密度大于 10^{13} W/cm^2～10^{14} W/cm^2，然后把这束高峰值功率密度的光脉冲入射到透明介质(如熔融石英、水、光学玻璃等)，或耦合进高非线性光纤内，激光脉冲会转换成白光输出，其光谱范围可以从红外到紫外。这种超连续谱的飞秒光源已广泛用于时间分辨光谱学研究中的时间分辨光谱探针。图 9.4－4 是波长为 800 nm 的飞秒光脉冲在与熔融石英相互作用后产生的超连续光谱照片及其光谱分布曲线。图 9.4－5 是波长为 800 nm 的飞秒光脉冲在高非线性光子晶体光纤中传输时产生的宽带超连续谱光谱分布[23]，输入脉宽为 80 fs，输入平均功率为850 mW，输出超连续谱功率为 170 mW，光谱覆盖范围为 420 nm～1700 nm，超过两个倍频程。

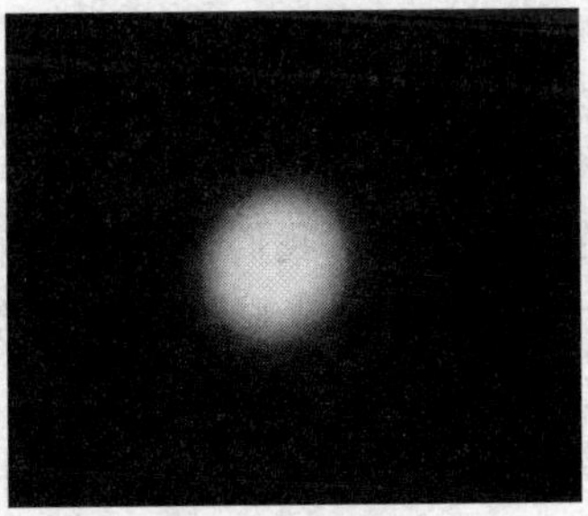
(a)

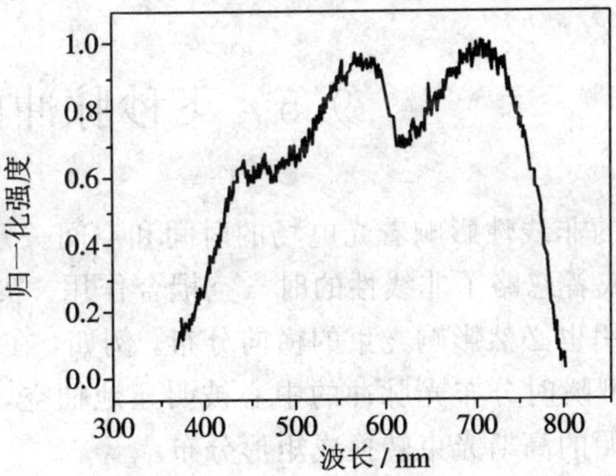

(b)

图 9.4－4　白光超连续谱实验照片

(a) 超连续谱飞秒光脉冲光斑；(b) 光谱分布

超连续谱的产生是一个包含光信号的时间和空间光束特性的复杂过程。飞秒光脉冲导致光谱展宽的主要过程和开始机理是由于折射率与强度有关所引起的自相位调制。当然，其它非线性效应也可能起作用。这是因为在实验中观察到的白光超连续谱的光谱特

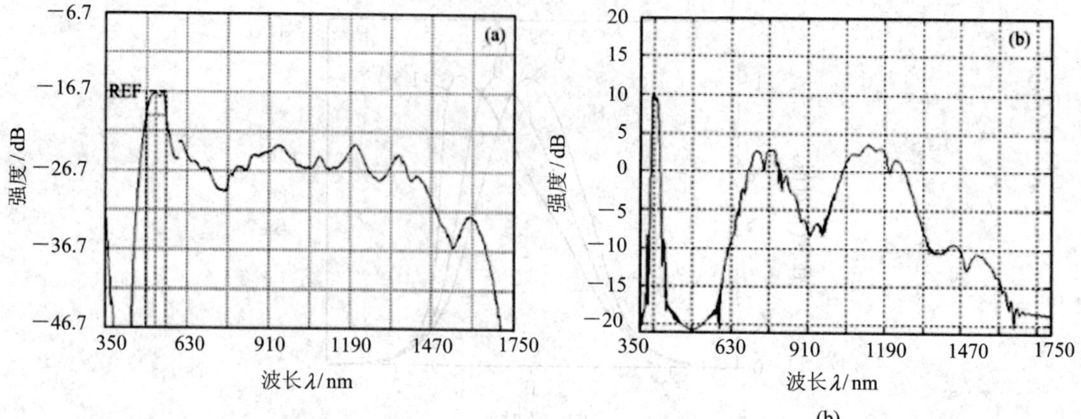

(a) (b)

图 9.4-5 典型的超连续谱产生的实验结果和模拟结果(泵浦波长为 800 nm，脉冲宽度为 80 fs，输入功率为 850 mW，输出功率为 170 mW)

(a) 实验结果；(b) 模拟结果

性，仅用自相位调制不能够完整地解释。如光谱分布的不对称和自陡化，两边光谱强度单调减少等，必须采用其它机理解释。对超连续谱贡献的其它非线性效应可能是参量四光子混频和喇曼散射，如果参与这一过程的波矢满足相位匹配，则这些非线性过程是特别有效的。出现在超连续谱中的光束畸变，是由于所有的波矢 $\boldsymbol{k}$ 或相位匹配波和入射脉冲的传播方向之间没有匹配所致。一般情况下，非线性过程必须与群速弥散结合起来讨论。采用薄的介质($L \ll L_D$，L_D 是由群速弥散引起的走离长度)，既可以减小群速弥散作用，又可以减小除 SPM 外的其它非线性的影响。采用自相位调制技术产生的宽谱带脉冲是强的啁啾脉冲，即它不是傅里叶变换脉冲。为了使这种脉冲成为优良的飞秒光源，必须用光脉冲压缩器压缩[24]。理想的飞秒连续谱脉冲是接近带宽极限的飞秒脉冲，这种脉冲比泵浦脉冲短得多。这种连续谱脉冲能使光谱仪具有优于 10 fs 的时间分辨率。

9.5 飞秒脉冲的自聚焦

介质的非线性影响着光电场的时间和空间关系。在上一节中，我们仅假设光束分布是均匀的，或者忽略了非线性的时—空耦合作用。实际上，强烈影响光脉冲时间分布的任何非线性作用也必然影响光束的横向分布。例如，在高效二次谐波产生中，正如图 9.2-2 所示，高斯型瞬时分布光脉冲的中心被明显地抽空，使脉冲形状平坦，而这种相互作用，还可能使起始的高斯光束转换成矩形分布。

作为一个例子，这一节将讨论光束的自聚焦问题。前面我们已多次提到介质的折射率与光强有关，当 $\bar{n}_2>0$ 时，原来准直的光束在介质中将变成自聚焦光束。这种现象与前节讨论的自相位调制起源相同，均因介质折射率与激光强度有关。下面，首先简单地回顾连续激光束的自聚焦，然后重点讨论超短脉冲的自聚焦。

9.5.1 CW 激光束的自聚焦

设有一束横向非均匀分布的激光通过介质，其光束分布会造成横向折射率变化，它的变化规律与光束的光强横向分布相关，这种横向折射率的变化将引起光束的聚焦或散焦。

假设光束的横向分布为高斯分布：

$$I(r,\ t) = I_0 e^{-2r^2/w_0^2} \tag{9.5-1}$$

起源于非共振电子非线性材料的非线性折射率系数 $\bar{n}_2$ 为正，则将式(9.5－1)代入式(9.4－1)，即可得到折射率随高斯光束分布的变化关系：

$$n = n_0 + \bar{n}_2 I_0 e^{-2r^2/w_0^2} \tag{9.5-2}$$

式中，r 为极坐标的径向变量；w_0 为高斯光束的束腰半径。由式(9.5－2)可见，折射率的横向变化随 r 的增加而单调地减小。为描述自聚焦效应，定义由衍射引起的波前弯曲被自聚焦透镜产生的波前弯曲精确地补偿所需要的功率为自聚焦临界功率 $P_{cr,1}$。假设高斯光束的束腰在非线性介质的输入面($z=0$)上，则在旁轴近似情况下，由衍射引起的球面弯曲为

$$\varphi_d = -\frac{k_l}{2R(z)} r^2 \tag{9.5-3}$$

式中，$R(z)$为高斯光束的曲率半径，$R(z)=z+z_0^2/z$。当 z 很小时，近似有

$$\frac{1}{R(z)} \approx \frac{z}{z_0^2} \tag{9.5-4}$$

式中，z_0 为高斯光束的共焦参数。由非线性折射率作用引起的相位弯曲为

$$\varphi_{SF}(r) = -\bar{n}_2 \frac{2\pi}{\lambda_l} z I_0 e^{-2r^2/w_0^2} \approx -\bar{n}_2 \frac{2\pi}{\lambda_l} z I_0 \left(1 - 2\frac{r^2}{w_0^2}\right) \tag{9.5-5}$$

于是，式(9.5－3)和式(9.5－5)中的相位弯曲彼此补偿时的临界功率为[25]

$$P_{cr,1} = I_0 \frac{\pi w_0^2}{2} = \frac{\lambda_l^2}{8\pi n_0 \bar{n}_2} \tag{9.5-6}$$

在这里，已利用了 $z_0 = \pi w_0^2 n_0/\lambda_l$ 的关系。

对于自聚焦临界功率还有另外一种定义方法：使径向光束分布近似为光束直径 d 的平方分布的功率[26]。如果光束内的光强 I_0 足够大，全反射的临界角($\theta_0 = \arccos[n_0/(n_0+\bar{n}_2 I_0)]$)等于衍射角($\theta_d = 1.22\lambda_l/(2n_0 d)$)，则由条件 $\theta_0=\theta_d$，可导出光束直径 d，因此导出临界功率 $P_{cr,2}$，即

$$P_{cr,2} = I_0 \frac{\pi d^2}{4} = \frac{(1.22)^2 \pi \lambda_l^2}{32 n_0 \bar{n}_2} \tag{9.5-7}$$

这两种定义的共同点是存在一个临界功率而不是临界强度。只有通过数值计算才能确定光束通过整个距离后的最终结果，计算结果已证明存在一个临界功率 P_{cr}：

$$P_{cr} \approx 3.77 P_{cr,1} = 1.03 P_{cr,2} \tag{9.5-8}$$

对于超过临界功率的光束，经有限传播距离 z_{SF} 后到达焦点，且

$$z_{SF} = \frac{0.5 z_0}{\sqrt{P/P_{cr}} - 1} \tag{9.5-9}$$

上式假定了光束的束腰处在非线性介质的入射面上($z=0$)。通过标定式(9.5－9)的参数 z_0，自聚焦长度不再由光束的功率决定，而是依赖于光强。对临界功率而言，通过数值计算给出 z_{SF} 更好的近似公式为[25]

$$z_{SF} = \frac{0.183 z_0}{\sqrt{(\sqrt{P/P_{cr}} - 0.852)^2 - 0.0219}} \tag{9.5-10}$$

9.5.2 超短脉冲的自聚焦

超短脉冲的自聚焦比连续光束的自聚焦更为复杂，除需考虑衍射和自透镜效应外，还必须考虑自相位调制引起的光谱展宽和色散。

设介质存在自聚焦非线性，但可忽略高于 $\bar{n}_2 I_0$ 的高阶非线性项，脉冲的时—空传播方程为

$$\left[\frac{\partial}{\partial z} - \frac{\mathrm{i}}{2k_l}\left(\frac{\partial^2}{\partial x^2} + \frac{\partial^2}{\partial y^2}\right) + \frac{\mathrm{i}}{2}k_l'' \frac{\partial^2}{\partial t^2} - \mathrm{i}\frac{n_2 k_l}{n_0}|\overline{E}|^2 - \alpha\right]\overline{E} = 0 \tag{9.5-11}$$

式中的 α 表示增益或损耗系数。

假定输入脉冲是无啁啾脉冲，因为群速度弥散(GVD)将引起脉冲展宽和峰值功率的减小，所以对飞秒光脉冲，预期会有更高的临界功率。对于超短脉冲，自聚焦完整的时—空特性计算十分复杂，而且是当前研究和有争论的课题。特别是对极短的高功率脉冲，用于推导方程(9.5-11)的某些近似甚至都是有疑问的。因为在极高功率条件下，对于更高次的线性弥散、更高次的非线性以及非线性的有限响应时间均需要考虑。现在采用的方程(9.5-11)包括了群速度弥散、衍射、自相位调制等主要物理机制，为了讨论自聚焦，假定介质既没有增益也没有吸收，即 $\alpha=0$。

以无啁啾的高斯脉冲作为初始条件，可对方程(9.5-11)进行数值计算。对于正常色散介质($k_l''>0$)情况，在自聚焦阈值附近进行数值计算表明，脉冲出现分裂。这是因为一开始由于群速度弥散，脉冲被展宽，当脉冲开始自聚焦时，在脉冲中心附近的区域经受最强的自相位调制，而色散又引起信号最强的调制部分偏离脉冲中心，结果造成初始高斯脉冲分裂成两个脉冲。

设初始的高斯脉冲为

$$\overline{E}(x, y, 0, t) = E_0 \mathrm{e}^{-t^2/\tau_G^2} \mathrm{e}^{-(x^2+y^2)/w_0^2}$$

路德(Luther)等人[27]证明方程(9.5-11)的解($\alpha=0$)仅与两个参量相关：

$$\gamma = \frac{z_0}{2L_d} \tag{9.5-12}$$

$$p = \frac{P_0}{P_{cr}} \tag{9.5-13}$$

式中，L_d 为色散长度；P_0 为脉冲峰值功率；P_{cr}为式(9.5-8)定义的 CW 光束的临界功率。这两个参量的物理意义是：γ 是色散强度相对于衍射强度的量度，p 表示输入脉冲强度与 CW 辐射的非线性临界强度的相对值。超短脉冲的自聚焦阈值为 $P_{th}=p_{th}P_{cr}$，在此阈值时，特征色散长度 z_{NLGVD}超过自聚焦长度 z_{SF}，即 $z_{NLGVD}>z_{SF}$。在不存在衍射的条件下，新的色散长度 z_{NLGVD}定义为由自相位调制和正常 GVD 共同作用，使脉冲峰值功率减少到临界功率($p=1$)的色散长度。由阈值条件 $z_{NLGVD}=z_{SF}$，导出色散长度 z_{NLGVD}和 γ 的关系式为

$$z_{NLGVD} \approx 0.5 z_0 \left[\frac{\sqrt{3.38 + 5.2(p^2 - 1)} - 1.84}{15\gamma p}\right]^{\frac{1}{2}} \tag{9.5-14}$$

和

$$\gamma \approx \frac{[\sqrt{3.38 + 5.2(p_{th}^2 - 1)} - 1.84][(p_{th}^2 - 0.852)^2 - 0.0219]}{2p_{th}} \tag{9.5-15}$$

图 9.5－1 示出了根据方程(9.5－11)数值计算自聚焦的结果及与式(9.5－14)和式(9.5－15)的比较。实验已观察到飞秒脉冲的自聚焦可使飞秒光脉冲以稳定的光弹(Light Bullets)形式在色散、非线性介质内无畸变地传输。当强度增加时，正如 CW 的情况一样，较高阶的非线性效应占优势。然而，引起 CW 辐射形成稳定细丝的负的 $\bar{n}_4 I^2$ 未必使光脉冲稳定。在脉冲经过特征距离 L_d 之后，脉冲开始色散，结果引起脉冲峰值的减小，从而减弱了自聚焦。

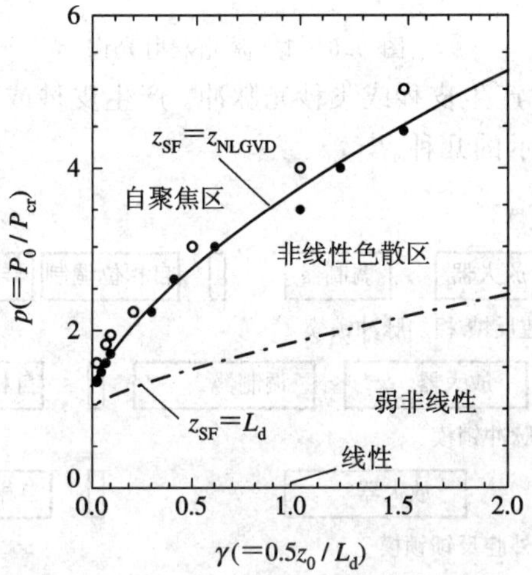

图 9.5－1　参考文献[27]根据方程(9.5－11)计算的结果(图中，• 和 ◦ 分别表示低于和高于自聚焦阈值；实线表示式(9.5－15)的估算值；虚线为因线性色散而使脉冲展宽后的估算值)

9.6　超短光脉冲的产生

9.6.1　激光锁模概述

产生皮秒和飞秒激光的通用技术是激光锁模技术。一般情况下，激光跃迁有一个有限的线宽，在这整个线宽内它能提供光增益，所以激光发射同样也有一个有限光谱宽度 $\Delta\nu$，如图 9.6－1 所示。在激光腔内，激光辐射频率被限制在许多分立的频率或所谓的纵模上，只有这些纵模才能在谐振腔内振荡，纵模间隔为 $\delta\nu$：

$$\delta\nu = \frac{1}{T_{RT}} = \frac{c}{2L} \tag{9.6－1}$$

式中，T_{RT}是光束在腔内的往返时间；c 是光速；L 是激光腔的光学长度。

如果不采取任何技术控制激光光谱发射，则激光器处于“自由运转”状态，这种“自由运转”激光器的激光振荡模的相位之间无任何关系，各自独立振荡。此时，激光器输出的是随机时间结构的噪声和非相干激光。如果在激光器光谱宽度范围内的一部分或全部模能够同相位(或恒定相差)辐射，则激光器输出相干脉冲，这些脉冲的持续时间(或称之为激光相干时间 t_{coh})约为 $1/\Delta\nu$，激光的相干长度近似为 ct_{coh}。在某些相干实验中，光源的相干时间或相干长度可被用来提供飞秒或微米分辨率。如果要求相干的光脉冲有极高的强度，最

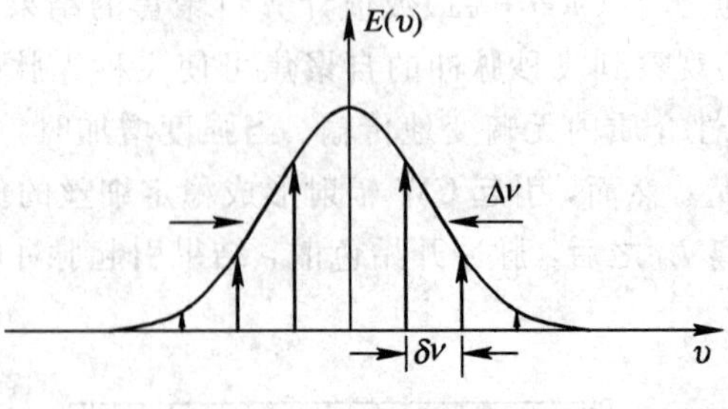

图 9.6－1　激光发射光谱

好的办法是通过锁模技术产生皮秒或飞秒光脉冲。产生皮秒或飞秒光脉冲的主要锁模技术可归纳为如图 9.6－2 所示的几种。

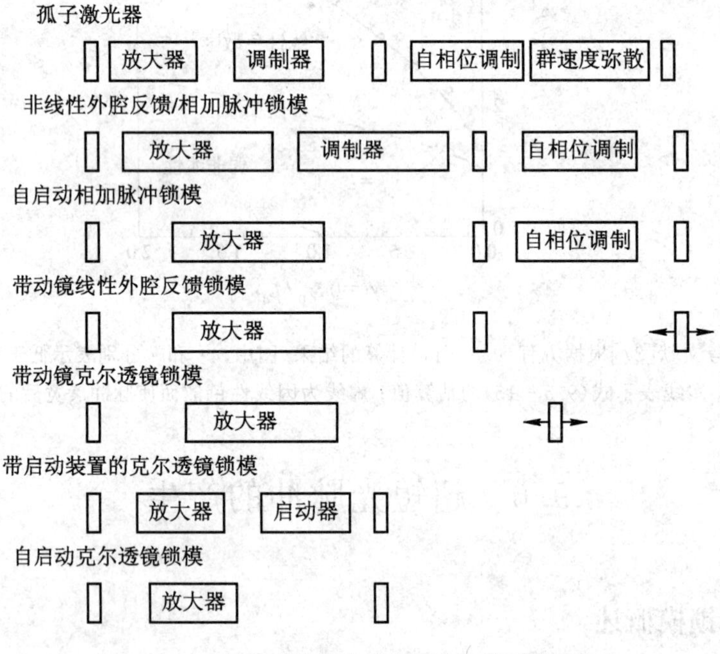

图 9.6－2　产生皮秒或飞秒光脉冲的常用锁模技术

如果激光振荡模能以相同的相位(或恒定相差)振荡，则称这些激光模是相位锁定的。此时激光器输出的光脉冲时间间隔精确地等于激光在腔内的往返时间，如图 9.6－3 所示。图中，$T_{RT}=2L/c$；τ_p 为激光脉冲宽度。

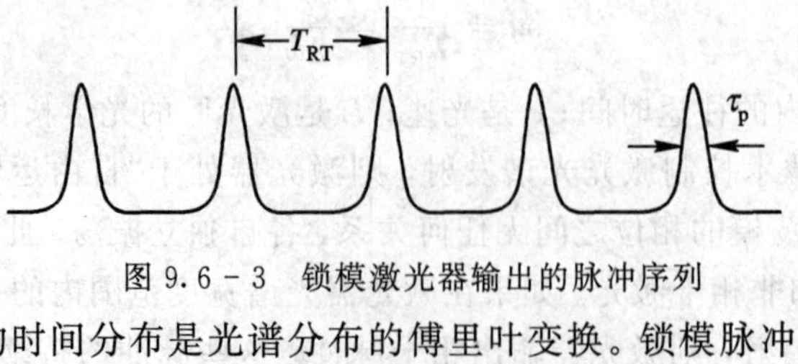

图 9.6－3　锁模激光器输出的脉冲序列

锁模激光脉冲的时间分布是光谱分布的傅里叶变换。锁模脉冲宽度与增益线宽有关，当全部激光模以同相位或模之间有恒定的相位差振荡时，我们把它称为变换极限激光脉冲。根据海森堡(Heisenberg)不确定原理，脉冲光谱宽度(FWHM)$\Delta\nu$ 和脉冲宽度 τ_p 的乘积

等于常数 K，即

$$\tau_p \Delta\nu = K \tag{9.6-2}$$

式中，常数 K 的大小与光脉冲的形状相关：对于高斯分布脉冲，$K=0.441$；对于双曲正割分布脉冲，$K=0.315$；对于单边指数分布脉冲，$K=0.11$。对于不完全锁模或脉冲存在群速度弥散的情况，时间-带宽乘积满足以下条件：

$$\tau_p \Delta\nu \geqslant K \tag{9.6-3}$$

虽然光电场 $E(t)$ 的时间分布是光谱场的傅里叶变换，但是，只有在变换极限脉冲的情况下，脉冲形状才能由光谱分布唯一确定。在其它所有情况下，如果要从光谱分布去计算时间分布，则必须知道脉冲的相位分布。

锁模技术可归纳为两类：主动锁模和被动锁模，如图 9.6-4 所示。

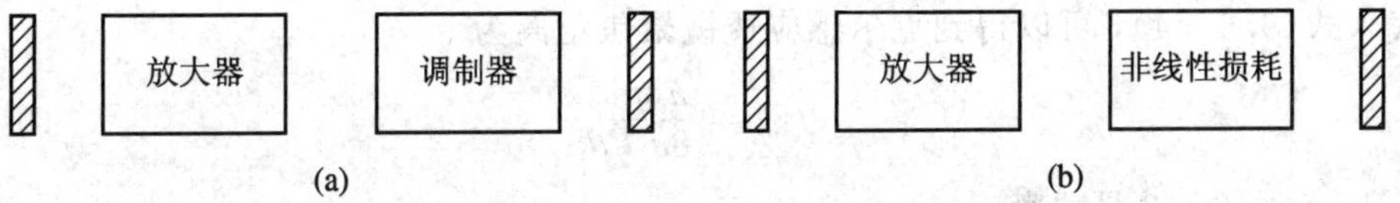

图 9.6-4　主动锁模(图(a))和被动锁模(图(b))原理图

主动锁模技术是在激光腔内放置一个激光调制器，该调制器的调制信号是与激光束往返时间匹配的时钟信号。因此激光经过这种调制器后，其光电场幅度或相位受到调制，从而实现激光锁模。被动锁模技术是通过放置在激光腔内的与光强有关的非线性器件，对激光场本身产生自动调制来实现锁模的。

下面重点讨论目前广泛采用的光克尔透镜锁模(KLM)技术。

9.6.2　光克尔透镜锁模技术

KLM 技术是在宽带固体激光器中，利用与可饱和吸收体类似的机理来实现激光脉冲被动锁模的重要技术。由于光克尔效应产生的类可饱和吸收体的恢复时间小于 1 fs，这种超快恢复时间对脉冲形成十分有利，因此它对脉冲的压缩从脉冲成形初期一直到稳定的脉冲输出都占统治地位。最终输出的脉冲宽度取决于增益带宽和腔体的总色散。

1. 自透镜效应的重要性

自透镜效应几乎在所有超短脉冲锁模激光器中都会发生。通常在激光腔中都有一个色散脉冲成形机制，它所导致的时间自相位调制意味着空间的波前调制，也就是自透镜效应。自透镜效应将改变腔模尺寸，从而或者因为通过光阑的透过率变化，或者因为腔模和泵浦模的空间重合程度发生变化，而导致损耗的变化。对于因自透镜效应从共焦腔变到平面平行腔的极端情况，腔模的间距变化了两倍。正如卡夫卡(Kafka)[28]指出的那样，锁模不要求激光器是单纯的横模，人们可以建立横模间距等于纵模间距的腔。其优点是模体积更大，能更有效地获取增益。

自透镜效应在固态激光器中很重要，尤其是钛宝石激光器，这主要是由于在 1 cm 或者更长(激光晶体的整个长度)的长度上发生了光克尔效应的缘故。一般非线性作用导致的相移，在一级近似下，可以假定为径向坐标的二次方关系：$\Delta\varphi = Br^2$，由于曲率半径为 R 的球面波的径向相位变化为 $\varphi(r) = -k_l r^2/(2R)$，所以若二次方的径向相位变化为 $B(t)r^2$，则光

束将聚焦在距离 f_{NL} 处：

$$f_{NL}=\frac{k_l}{2B(t)} \tag{9.6-4}$$

2. 光克尔透镜效应

假定光克尔介质厚度 d 与共焦参数 z_0 或感应焦距 f_{NL}（定义见后面）较小，高斯光束入射到样品上，其束腰 w_0 在输入端，则由非线性折射率产生的相移为

$$\Delta\varphi(r,t)=-k_l d\frac{\bar{n}_2 I(r,t)}{n_0}\approx -k_l d\frac{\bar{n}_2 I(t)}{n_0}\left(1-\frac{2r^2}{w_0^2}\right) \tag{9.6-5}$$

这里，$I(t)=I(r=0,t)$ 是轴上的光强度。从式(9.6-5)我们可以得到

$$B\approx 2\bar{n}_2 k_l\frac{I(t)d}{n_0 w_0^2}$$

将其代入式(9.6-4)，可以得到克尔感应透镜聚焦距离为

$$f_{NL}=\frac{n_0\pi w_0^4}{8\bar{n}_2 Pd} \tag{9.6-6}$$

式中，$P=\pi w_0^2 I(t)/2$ 是功率。

用 $ABCD$ 方法可以很方便地估计特定腔中由克尔透镜效应引入的与强度相关的损耗。假设谐振腔的 $ABCD$ 矩阵从位于克尔介质位置的参考面开始，且

$$\boldsymbol{M}_0=\begin{pmatrix}A_0 & B_0\\ C_0 & D_0\end{pmatrix}$$

为低强度下(忽略光克尔效应)的 $ABCD$ 矩阵，则在高强度时，非线性透镜效应对矩阵进行如下修正：

$$\boldsymbol{M}=\begin{pmatrix}1 & 0\\ -\dfrac{1}{f_{NL}} & 1\end{pmatrix}\begin{pmatrix}A_0 & B_0\\ C_0 & D_0\end{pmatrix}=\begin{pmatrix}A & B\\ C & D\end{pmatrix}$$

$$\approx \boldsymbol{M}_0+\begin{pmatrix}0 & 0\\ -\dfrac{A_0}{f_{NL}} & -\dfrac{B_0}{f_{NL}}\end{pmatrix} \tag{9.6-7}$$

式中 f_{NL} 是与时间相关的量。对于高斯光束，可由它的复光束参数 q 表征，光束在克尔介质处的逆复曲率半径 $s=\frac{1}{q}=\frac{1}{R}-\frac{i\lambda_l}{\pi w^2}$ 是腔往返方程的一个解(本征模)：

$$s=s_0+\delta s=\frac{C+Ds}{A+Bs} \tag{9.6-8}$$

式中 s_0 是无光克尔透镜效应时的本征模。将式(9.6-8)两边乘以分母后再进行微分，并注意在光克尔透镜情况下矩阵元素 A 和 B 为 0(见式(9.6-7))，可以得到

$$\delta s=\frac{\delta C+s_0\delta D}{A_0+2B_0 s-D_0}=\frac{1}{f_{NL}}\left[\frac{-(A_0+B_0 s_0)}{A_0+2B_0 s_0-D_0}\right]$$

$$=\frac{8\bar{n}_2 P\pi d|\mathrm{Im}\, s_0|^2}{n_0\lambda_l^2}\left[\frac{-(A_0+B_0 s_0)}{A_0+2B_0 s_0-D_0}\right] \tag{9.6-9}$$

这里已进行了代换：$\delta C=-\frac{A_0}{f_{NL}}$，$\delta D=-\frac{B_0}{f_{NL}}$ 和 $w_0^2=\frac{\lambda_l}{\pi|\mathrm{Im}\, s_0|}$。

复光束参数的变化 δs 意味着透镜效应导致了腔内任意位置光束尺寸的改变。一般来说，光阑应放置在腔内自聚焦效应导致的光束尺寸变化最大的地方，设

$$\boldsymbol{M}_{\mathrm{m}} = \begin{pmatrix} A_{\mathrm{m}} & B_{\mathrm{m}} \\ C_{\mathrm{m}} & D_{\mathrm{m}} \end{pmatrix}$$

为连接腔参考点(克尔透镜位置)和光阑位置的 $ABCD$ 矩阵，则光阑处的复光束参数为

$$s_{\mathrm{m}} = \frac{C_{\mathrm{m}} + D_{\mathrm{m}} s}{A_{\mathrm{m}} + B_{\mathrm{m}} s} \tag{9.6-10}$$

光阑处光束尺寸的相对变化量 $\delta w_{\mathrm{m}}/w_{\mathrm{m}}$ 和逆复曲率半径的变化 δs_{m} 有关：

$$\frac{\delta w_{\mathrm{m}}}{w_{\mathrm{m}}} = -\frac{1}{2}\frac{\mathrm{Im}(\delta s_{\mathrm{m}})}{\mathrm{Im} s_{\mathrm{m}}} \tag{9.6-11}$$

光阑处光束参数的变化量 δs_{m} 可以从参考点处的光束参数的变化量 δs 推出：

$$\begin{aligned}\delta s_{\mathrm{m}} &= \frac{[(A_{\mathrm{m}} + B_{\mathrm{m}} s_0)D_{\mathrm{m}} - (C_{\mathrm{m}} + D_{\mathrm{m}} s_0)B_{\mathrm{m}}]}{(A_{\mathrm{m}} + B_{\mathrm{m}} s_0)^2}\delta s \\ &= \frac{\delta s}{(A_{\mathrm{m}} + B_{\mathrm{m}} s_0)^2} \\ &= \left[\frac{-(A_0 + B_0 s_0)}{(A_0 + 2B_0 s_0 - D_0)(A_{\mathrm{m}} + B_{\mathrm{m}} s_0)^2}\right]\frac{8\bar{n}_2 P\pi d\,|\mathrm{Im}\, s_0|^2}{n_0\lambda_l^2}\end{aligned} \tag{9.6-12}$$

式(9.6-12)包含了所有分析腔中克尔透镜效应的信息。作为一个粗略的估计，可定义一个光阑的有效直径 w_{a}，则透射因子为 $\frac{P_2}{P_1}\approx\left(\frac{w_{\mathrm{a}}}{w_{\mathrm{m}}}\right)^2$，这里的 P_2 和 P_1 分别代表光处于光阑前与透过光阑后的功率，它们遵从以下规律：

$$\begin{aligned}\Delta P = P_2 - P_1 &= -P_1\left(1 - \frac{w_{\mathrm{a}}^2}{w_{\mathrm{m}}^2}\right) \\ &= -P_1\left[1 - \frac{w_{\mathrm{a}}^2}{w_{\mathrm{m0}}^2}\left(1 - 2\frac{\delta w_{\mathrm{m}}}{w_{\mathrm{m0}}^2}\right)\right] \\ &\approx \frac{aP_1}{1 + \frac{P_1}{P_{\mathrm{s}}}}\end{aligned} \tag{9.6-13}$$

式中，$a = 1 - \left(\frac{w_{\mathrm{a}}}{w_{\mathrm{m0}}}\right)^2$ 是光阑的功率损耗系数(低功率限)；w_{m0} 是光阑处($w_{\mathrm{m}} = w_{\mathrm{m0}} + \delta w_{\mathrm{m}}$)零功率时的光束尺寸；而

$$P_{\mathrm{s}} = \left(\frac{w_{\mathrm{a}}}{w_{\mathrm{m0}}}\right)^2 \mathrm{Im}(s_{\mathrm{m}})\left[1 - \left(\frac{w_{\mathrm{a}}}{w_{\mathrm{m0}}}\right)^2\right]\frac{P}{\mathrm{Im}(\delta s_{\mathrm{m}})} \tag{9.6-14}$$

是克尔透镜和光阑组合的等价饱和功率，它可以用式(9.6-12)代替 δs_{m} 来计算。式(9.6-13)中常数命名为 a 和 P_{s} 是因为其类似于饱和：克尔透镜和光阑的组合对光脉冲功率的作用类似于快可饱和吸收体对光脉冲强度的作用，正如在可饱和吸收体中，脉冲压缩来自于对脉冲前沿和后沿的吸收作用大于脉冲峰值的情况一样。

9.6.3 锁模自启动

在使用可饱和吸收体的被动锁模激光器中，振荡是从使吸收体饱和的噪声起伏中逐渐建立起来的。但对于通过色散过程的激光锁模的起始机制还不太清楚，尤其是增益介质具有长寿命的情况。有一些以色散脉冲压缩机制为主的激光器需要一个外启动机制，而另有

一些则是自启动的。

动态增益饱和在脉冲成形和启动机制中起着关键作用。在此，根据王氏(Wang)[29]方法建立起基于动态增益饱和的自启动判据。假定一个连续激光器包含可饱和增益(α_g)和吸收(α_a)元件，以及反射率为 R 的镜片，其平衡态的光子通量为 F，饱和增益为 $\alpha_g=\sigma_g\Delta\gamma_s d_g$，其中，$\sigma_g$ 是发射截面，$\Delta\gamma_s$ 是(饱和)反转密度，则激光器总的净增益 $G=\exp(\alpha_g+\alpha_a+\ln R)$。若只考虑增益介质，一个小的光子通量起伏 $\Delta F(t)$将导致增益的变化，其增益响应 ΔG 为

$$\Delta G = \Delta\alpha_g G = -\sigma_g G\int_{-\infty}^{t}\Delta F(t)\,\mathrm{d}t \tag{9.6-15}$$

该式假定了增益的恢复时间远慢于起伏 $\Delta F(t)$。当一个小的起伏 $\Delta F(t)$加在连续激光振荡的顶部时，它可导致增益下降。在慢可饱和吸收体情形下，我们可以设 $\alpha_a=0$，并定义 α_g 为整个激光器的净增益，腔内吸收体的饱和将引起净增益的增加 $\Delta\alpha_g$。现在，我们考虑的激光器具有由增益 α_g 表征的慢恢复增益介质和由 α_a 表征的快锁模机制。

一般来说，大部分被动锁模机制(如克尔透镜)的效应都具有在扰动 $\Delta F(t)$下产生净增益瞬时增加的特性：

$$\Delta G \approx \Delta\alpha_a = b\Delta F(t) \tag{9.6-16}$$

比例常数 b 是所考虑激光器(快饱和吸收、克尔透镜、附加脉冲锁模)锁模机制的特征参数。在这种情况下，激光器中光子通量起伏 $\Delta F(t)$可导致由式(9.6-15)和式(9.6-16)相加得到的总的增益变化 ΔG，而这个 ΔG 反过来会增大和减小平均强度。如果增益随起伏的变化 $\int\Delta G\Delta F\,\mathrm{d}t$ 为正，起伏 ΔF 就会增加，这就是锁模激光器的自启动条件，它可用式(9.6-15)和式(9.6-16)给出的 ΔG 代进复合积分 $\int\Delta G\Delta F\,\mathrm{d}t$ 中得出：

$$b\int_{-\infty}^{\infty}\Delta F^2\,\mathrm{d}t - \sigma_g G\int_{-\infty}^{\infty}\Delta F(t)\,\mathrm{d}t\int_{-\infty}^{t}\Delta F(t')\,\mathrm{d}t' > 0 \tag{9.6-17}$$

假定扰动是一个具有有限宽度 τ_p 的脉冲 $I(t)$，我们可以在整个扰动长度上重写式(9.6-17)：

$$\frac{b}{G} > \sigma_g\frac{\left[\int_{-\infty}^{\infty}\Delta F\,\mathrm{d}t\right]^2}{\int_{-\infty}^{\infty}\Delta F^2\,\mathrm{d}t} = \sigma_g\frac{\left[\int_{-\infty}^{\infty}I(t)\,\mathrm{d}t\right]^2}{\int_{-\infty}^{\infty}I^2(t)\,\mathrm{d}t} \tag{9.6-18}$$

如果扰动是强度为 I_0、宽度为 τ_p 的方脉冲，则很容易看出，式(9.6-18)右端等于 $\sigma_g\tau_p$；对于任意特殊形状的扰动，我们可以写出比例

$$\frac{\left[\int I(t)\,\mathrm{d}t\right]^2}{\int I^2(t)\,\mathrm{d}t} = \beta\tau_p$$

其中 β 是与形状相关的因子，自启动条件可以简化为如下不等式：

$$\frac{b}{G} > \sigma_g\beta\tau_p \tag{9.6-19}$$

不同锁模激光器的饱和增益因子 G(量级)没有多少变化，参数 b 决定于锁模机制，弱克尔透镜效应足以启动像钛宝石($\sigma_g=2.7\times10^{-19}\ \mathrm{cm}^2$)这样的增益截面较小的激光器，而同样的克尔透镜效应对于启动染料激光器则可能不够，因为染料激光器的增益截面是

10^{-16} cm^2量级。如果被动锁模激光器开始不能自启动，可以通过振动激光腔中的元件，或采用其它方式使激光辐射出现瞬时尖峰噪声，它们将会在增益竞争中赢得更多的增益，最后发展成为锁模脉冲序列。

自启动条件式(9.6－19)的增益相关性意味着锁模应该在阈值处开始，但一般激光器先有一个连续工作的阈值，然后有一个锁模运行的阈值。对于自锁模钛宝石激光器，第一个阈值可能在 100 mW 的量级，而第二个阈值(锁模工作)比第一阈值要高 2 到 3 倍，最佳(最短脉冲)工作需要大于 1.5 W 的泵浦功率。

9.6.4　掺钛蓝宝石克尔透镜锁模激光器

目前克尔透镜锁模技术是获得飞秒光脉冲的重要技术之一，现以掺钛蓝宝石激光器为例，讨论克尔透镜锁模。该激光器在足够高的泵浦强度下工作，腔内激光在钛宝石晶体中的功率密度约达到 1.0 MW/cm^2 时，由于高强度光场与介质的相互作用，导致光束自聚焦，产生光克尔透镜效应。由于光克尔透镜和光阑(狭缝)构成的幅度调制器的作用，脉冲前沿和后沿的损耗大于中部峰值损耗，从而使脉冲压缩。这种光脉冲在腔内循环被放大与压缩，并通过增益竞争可以输出稳定的飞秒光脉冲。但是实验证明，光脉冲越短，脉冲光谱带宽越宽，因此光脉冲在激光腔内传输时会发生群速度弥散，影响光脉冲的进一步压缩。为使激光器产生更短的光脉冲，必须在腔内插入群速度弥散补偿器。这种群速度补偿与自相位调制和克尔透镜相结合，使各种锁模机制之间达到最佳平衡，最终才能输出稳定的飞秒光脉冲。

掺钛蓝宝石的荧光带宽大于 400 nm(光谱范围为(690～1100) nm)，理论上，掺钛蓝宝石激光器可支持产生(1～2) fs 的光脉冲。实际上，由于超短脉冲形成机理之间的相互制约，一般获得的脉冲宽度约为 10 fs。如果采用啁啾镜和石英棱镜对共同补偿掺钛蓝宝石激光器中的群速度弥散，则可以进一步压缩脉冲宽度。现已产生 4.8 fs 的光脉冲[30]，这是迄今为止从激光振荡器中直接产生的最短光脉冲。

图 9.6－5 为常用的四镜式折叠腔掺钛蓝宝石飞秒激光器的结构示意图[31]。

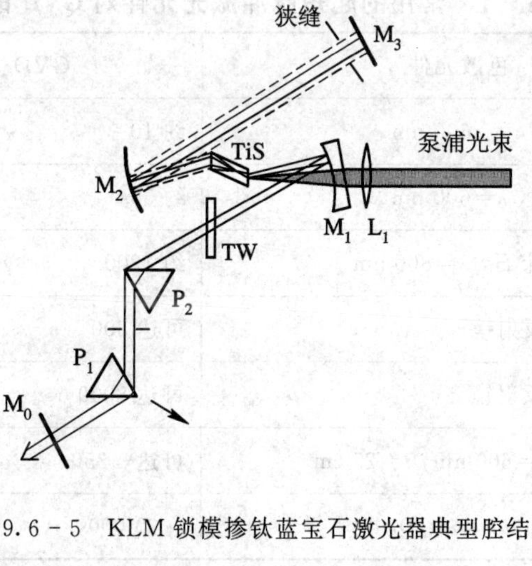

图 9.6－5　KLM 锁模掺钛蓝宝石激光器典型腔结构

为了获得极窄的脉冲，增益介质(TiS)应尽可能短，以减小三阶色散；为保证激光器有足够的增益，必须选择高掺杂浓度的短棒作为增益介质。例如选用掺钛蓝宝石晶体长度为3 mm，晶体端面被切成布氏角，掺钛蓝宝石被置于一对凹面镜的中心，腔的总光学长度为(1.5～1.8) m。M_0是输出耦合镜，在700 nm～900 nm光谱范围内的透过率为4%～8%，M_1和M_2的曲率半径为50 mm或100 mm，M_1、M_2、M_3在光谱范围700 nm～900 nm内的反射率大于或等于99.9%。泵浦光利用TEM_{00}氩离子全线激光或Nd:YVO_4的倍频光(0.532 μm)。由棱镜P_1和P_2组成群速度弥散补偿元件，通过调节光经过棱镜的光程，实现群速度弥散补偿。如果在此振荡腔内插入选模元件或在棱镜P_1和P_2之间插入狭缝，则在锁模状态下，激光可以在750 nm～850 nm范围内调谐。该激光器装置采用石英棱镜对补偿群速度弥散，可以产生12 fs的光脉冲。

图9.6-6给出了采用啁啾镜补偿群速度弥散的掺钛宝石激光振荡器输出的干涉自相关曲线和光谱分布曲线[32]。

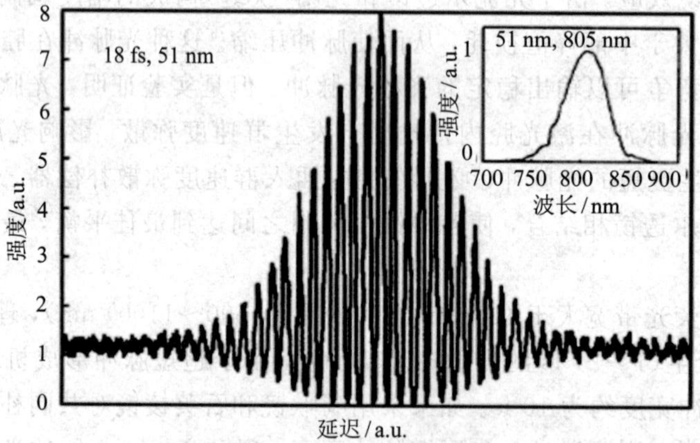

图9.6-6 18 fs光脉冲的干涉自相关曲线和光谱分布

表9.6-1给出了经常采用的补偿群速度弥散的超短脉冲激光元件及其对群速度弥散的贡献。

表9.6-1 常用的超短脉冲激光元件对GVD的贡献

色散元件	GVD/(fs)^2
1 mm熔融石英，λ=600 nm	约10
1 mm火石玻璃，λ=600 nm	约50
20 mm掺钛蓝宝石，λ=800 nm	约1200
单堆层介质膜反射镜	可达300
双堆层介质膜反射镜	可达8000
四棱镜系统，λ=600 nm，l=25 cm	可达-350
光栅对，λ=600 nm，b=10 cm	-60 000

9.7　飞秒激光器中的孤子

9.7.1　孤子的基本概念

首先考虑飞秒光脉冲在光纤中传播的情况。当飞秒光脉冲在具有负群速度弥散和正非线性折射率系数($\overline{n}_2>0$)的介质中传播时，将产生正的自相位调制。如果光脉冲强度很小，相位的自相位调制也很小($L\ll L_{NL}$)，然而因脉冲的群速度弥散很大($L\gg L_d$)，最终会造成飞秒光脉冲在光纤中传播时脉冲展宽。上述之 L_{NL} 和 L_d 分别为光纤非线性和色散的特征长度。反之，如果光脉冲的强度很高，或 $L\gg L_{NL}$，则自相位调制导致脉冲光谱展宽和频率啁啾，引起光脉冲压缩，其作用与正常 GVD 引起的脉冲展宽相反。因此，可以应用非线性自相位调制有效地压缩光脉冲，使飞秒激光脉冲更窄。

如果在某一特定的光强下，群速度弥散引起的脉冲展宽与自相位调制和群速度弥散共同作用导致的脉冲非线性压缩之间相互作用，使弥散效应达到平衡，则飞秒光脉冲将维持原来的形状传播，我们称在此条件下的激光功率为孤子功率，或称这种脉冲为孤子。

现定义光纤的非线性特征长度 L_{NL} 为因自相位调制使脉冲的光谱增大到 $\sqrt{2}$ 倍的长度，即

$$L_{NL}=\frac{cA_{eff}}{n_2\omega_0 P} \tag{9.7-1}$$

式中，P 为峰值功率；A_{eff} 为光纤的等效横截面积；ω_0 为角频率。定义光纤的色散特征长度 L_d 为因群速度弥散使脉冲宽度增大到 $\sqrt{2}$ 倍的长度，即

$$L_d=\frac{T_0^2}{|\beta_2|} \tag{9.7-2}$$

式中，T_0 为输入光脉冲宽度；β_2 为光纤色散。如果在介质中传播的光脉冲峰值功率 P 足够高，那么当由这个脉冲引起的非线性和色散效应达到平衡，即满足 $L_d\approx L_{NL}$ 时，即可实现孤子传输。此时，光脉冲峰值功率为

$$P_0=\frac{cA_{eff}|\beta_2|}{n_2\omega_0 T_0^2}=\frac{\pi cA_{eff}}{2n_2\omega_0 Z_0} \tag{9.7-3}$$

式中，P_0 为一阶孤子功率；Z_0 为一阶孤子周期。式(9.7-3)对估算孤子脉冲传播参数很有用处。

峰值功率等于 P_0 的光脉冲能精确平衡非线性压缩和群速色散对光脉冲的展宽，在此条件下，光脉冲在传播过程中不改变其脉冲宽度和光谱分布。如果脉冲峰值大于 P_0，则表明非线性压缩比色散展宽更强，脉冲光谱被展宽，在时间上被压缩。

孤子脉冲的传播用非线性薛定谔方程描述，非线性薛定谔方程的精确解为双曲正割函数。有关光纤孤子的基本理论，将在第 10 章中讨论。

对超短光脉冲产生而言，由介质引起的 SPM 和负的群速度弥散产生的脉冲压缩，可以认为是孤子成形或孤子压缩。也就是说，自相位调制和负的群速度弥散的相互作用，使得孤子脉冲能在激光腔内产生。

图 9.7－1 示出了用于描述孤子激光器的运行模型，在该模型中仅考虑了自相位调制(图的上部)和色散(图的下部)的贡献。在飞秒激光器中，一阶光孤子脉冲对能量的扰动、色散的变化和非线性是相当稳定的。然而，对于高阶孤子则是不稳定的，如果扰动周期接近孤子周期区，则全部孤子脉冲都不稳定，这种现象是限制激光振荡器直接产生极短的飞秒脉冲的因素之一。

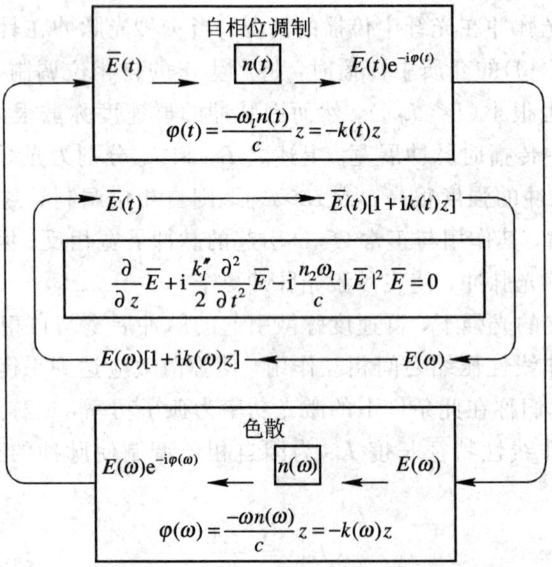

图 9.7－1　在增益和损耗达到平衡条件下非连续孤子激光器稳定运行的脉冲循环过程

9.7.2　超短脉冲孤子激光器

1. 群速度弥散补偿器

在超短脉冲孤子激光器中，经常采用的可提供群速度弥散调节的群速度弥散补偿器是光栅对、棱镜对、GTI(Gires-Tournois Interferometer)等。

众所周知，光珊的衍射特性可提供群速度延迟，采用光栅对结构可提供可变的 GVD。本书在 9.3 节中已简单介绍了光栅对的群速度弥散特性。光栅对群速度弥散补偿器的主要优点是，可提供很大的色散量，而且不存在材料色散；其缺点是插入损耗大，因而一般不在激光腔内使用，主要用于腔外脉冲的群速度弥散补偿。

布儒斯特角棱镜对也可以提供可变的群速度弥散。它的主要优点是插入损耗小，适用于激光腔内的群速度弥散补偿，其缺点是在有限的尺寸范围内没有光栅对提供的群速度弥散量大，而且还会引入材料的群速度色散。

图 9.7－2 给出了四个布儒斯特角棱镜构成的群速度弥散补偿器结构示意图。该补偿器的总 GVD 由下式给出[10]：

$$\frac{d^2\varphi}{d\omega^2}=-\frac{\lambda^3}{2\pi c^2}4L\left\{\left[\frac{d^2n}{d\lambda^2}+\left(\frac{dn}{d\lambda}\right)^2\left(2n-\frac{1}{n^3}\right)\right]\sin\beta-2\left(\frac{dn}{d\lambda}\right)^2\cos\beta\right\}\qquad(9.7-4)$$

式中，β 是色散光线与参考光线之间的夹角，一般情况下 β 很小，$\cos\beta\approx1$。

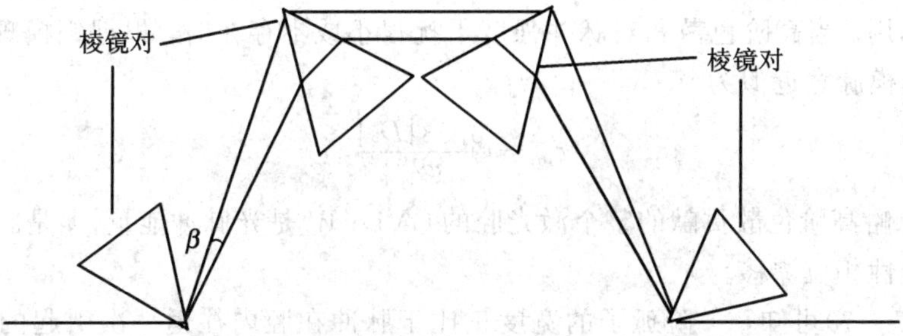

图 9.7－2　双棱镜对群速度弥散补偿器结构示意图

GTI 补偿器是由两个多层介质膜反射镜构成的，它是利用这两个反射镜之间的多次反射形成的多光束干涉原理来提供群速度弥散补偿的。其特点是结构紧凑，损耗极小，群速度弥散随 ωt_0 周期变化；缺点是不能提供大的群速度弥散。GTI 补偿器的群速度弥散由下式给出[33]：

$$\frac{\mathrm{d}^2\varphi}{\mathrm{d}\omega^2}=\frac{-2t_0^2(1-r^2)r\sin\omega t_0}{(1+r^2-2r\sin\omega t_0)^2} \tag{9.7-5}$$

其中 t_0 是干涉仪相邻两光束之间的时间差。由上式可见，GTI 的群速度弥散是 ωt_0 的周期函数，通过改变 ωt_0 可获得正的 GVD 或负的 GVD。图 9.7－3 示出了 GTI 群速度弥散补偿器的结构。

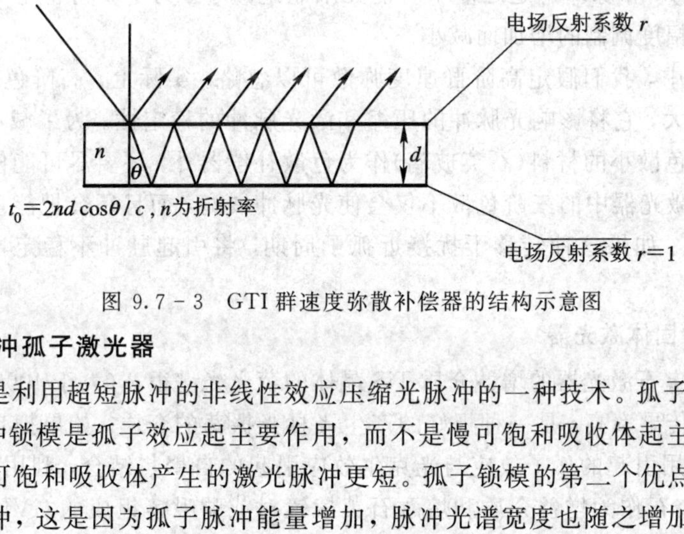

图 9.7－3　GTI 群速度弥散补偿器的结构示意图

2. 超短脉冲孤子激光器

孤子锁模是利用超短脉冲的非线性效应压缩光脉冲的一种技术。孤子锁模的第一个优点是，如果脉冲锁模是孤子效应起主要作用，而不是慢可饱和吸收体起主要作用，则这种激光器比由慢可饱和吸收体产生的激光脉冲更短。孤子锁模的第二个优点是，它能获得更稳定的激光脉冲，这是因为孤子脉冲能量增加，脉冲光谱宽度也随之增加，这就使得激光脉冲的有效增益减小，这种机理相当于提供脉冲能量负反馈作用，最终使孤子脉冲能量十分稳定。稳定的孤子锁模的脉冲临界能量可由下式表示：

$$W_{\mathrm{sat,L}}gK^2W_{\mathrm{p}}^3+W_{\mathrm{p}}^2=W_{\mathrm{p,crit}}^2>W_{\mathrm{sat,L}}W_{\mathrm{sat,A}}\Delta R \tag{9.7-6}$$

式中，W_{p} 为腔内脉冲能量；$W_{\mathrm{sat,L}}=h\nu(2\sigma_{\mathrm{L}})A_{\mathrm{L}}$ 是增益介质的饱和能量，σ_{L} 是发射截面，因子 2 表示脉冲在驻波腔中两次通过介质，A_{L} 是激光脉冲在增益介质中的面积；ΔR 是调制深度；$W_{\mathrm{sat,A}}$是慢可饱和吸收体的饱和能量；K 为脉冲光谱宽度与增益介质带宽之比除以能量 W_{p}；g 是增益。一般情况下，孤子效应可使 $W_{\mathrm{p,crit}}$减小为原来的 1/2～1/5。

在飞秒固体激光器中，由于固体激光器的增益介质是电子振动的介质，上能级寿命时间长，增益饱和机制对脉冲成形的作用很弱，自相位调制和群速度弥散相互作用对脉冲的压缩起主要作用。当高阶色散和对脉冲强度干扰很小或不存在时，根据锁模理论，具有强弧子成形的锁模脉宽近似为[34]

$$\tau_{10}=\frac{3.53|D_2|}{\varphi W} \tag{9.7-7}$$

式中，D_2 是忽略高阶色散贡献的整个激光腔的GVD；W 是光脉冲能量；φ 是脉冲在腔内往返一次的非线性相位漂移。

从式(9.7－7)可知，一阶孤子的宽度正比于脉冲在腔内往返一次引起的群速度弥散 $|D_2|$，反比于脉冲能量和非线性相位漂移。在上述条件下，脉冲成形机理可以用非线性薛定谔方程描述。然而在实际的飞秒固体激光器中，自相位调制和群速度弥散均来自各分立元件。自相位调制主要来自激光增益介质，而群速度弥散主要来自激光增益介质、棱镜对、啁啾反射镜等元件。实验已证明孤子宽度在腔内不同位置上各不相同。脉冲在腔内往返一周，其自相位调制和群速度弥散发生在不同元件上，也就是说，孤子成形机制不是连续作用的，这表明非线性薛定谔方程不成立。在这种情况下，稳定光脉冲持续时间为

$$\tau_{\mathrm{p}}=\frac{3.53|D_2|}{\varphi W}+\alpha\varphi W \tag{9.7-8}$$

式中，α 是脉冲在腔内不同位置经模拟获得的修正系数。

另外，由式(9.7－8)可见，减小 $|D_2|$ 可以获得更短的光脉冲。但实际上，$|D_2|$ 在GVD没有全部补偿SPM和脉冲稳定之前不可能无限制地减小。为了获得稳定的光脉冲，$|D_2|$ 的最小值随被动幅度调制的增加而减小。

在上述讨论中，我们假定高阶群速度弥散可以忽略。实际上，高阶色散总是存在的。如果高阶色散太大，它将影响光脉冲的压缩和激光脉冲的稳定性。为了减小三阶色散，除首先要选择高阶色散小的材料(石英玻璃)作为色散补偿器外，还要尽可能使用短的增益介质长度。在飞秒激光器中的三阶色散不仅会使光脉冲展宽，而且还会把能量从类孤子脉冲向色散背景转移。如果这种转移干扰接近孤子周期，将引起脉冲不稳定，结果造成孤子分裂。

3. 几种飞秒固体激光器

飞秒掺钛蓝宝石激光器的增益介质TiS晶体的荧光光谱很宽(大于400 nm)，其物理化学性能稳定，热传导率高，是一种极好的产生飞秒光振荡的介质。如果把自相位调制与群速度弥散相互作用引起的孤子效应与光克尔效应引起的自聚焦结合，利用长度为2 mm～3 mm的掺钛蓝宝石作为增益介质和熔融石英棱镜对或啁啾镜组成的GVD补偿元件构成飞秒激光器(见图9.7－4)，很容易产生小于10 fs的光脉冲。将啁啾镜和棱镜对相结合已获得4.8 fs[30]的最短光脉冲。

Cr^{4+}：YAG孤子激光器的结构如图9.7－5所示[35]，这是一个标准的像差补偿的线性折叠腔。增益介质 Cr^{4+}：YAG晶体按布儒斯特角切割，尺寸为20 mm×5 mm，利用半导体泵浦的Nd:YVO_4 激光器输出的1.064 μm激光纵向泵浦。全部高反镜(HR)均为低色散、宽带反射镜，中心波长为1.53 μm，其中聚焦准直凹面镜半径为75 mm。耦合输出镜O.C.的透过率为1.7%。低温生长的抗谐振的F－P半导体可饱和吸收体(A－FPSA)作为孤子锁模的非线性启动元件，它是在AlAs/GaAs布喇格反射镜上，由低温分子束外延生长

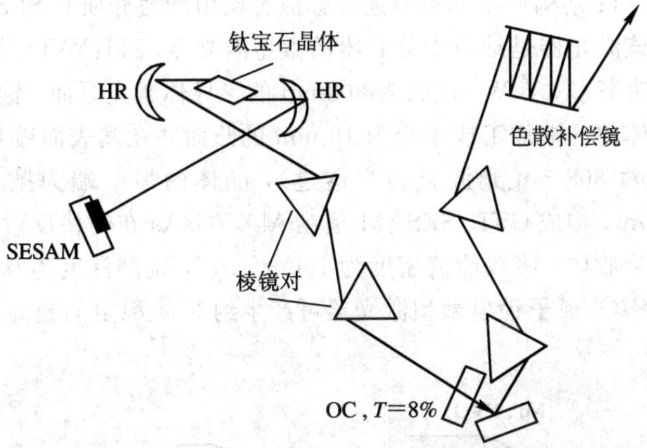

图 9.7-4 克尔透镜与孤子效应共同压缩光脉冲的掺钛蓝宝石激光器

的量子阱构成的。A-FPSA 的最快恢复时间为 0.5 ps，最慢恢复时间为 12 ps。如果在腔内插入熔融石英布儒斯特角棱镜对(棱镜顶角之间的距离为 155 mm)群速度弥散补偿器补偿脉冲的啁啾，则由该激光器可获得飞秒激光脉冲输出。这个结果比只用快速恢复时间的可饱和吸收体锁模产生的脉冲宽度窄得多。如果把激光腔中的 A-FPSA 用高反射镜代替，采用克尔透镜锁模技术，则该激光器不能锁模运转。从这些实验结果可以推断，Cr^{4+}：YAG 飞秒锁模既不是克尔透镜锁模，也不是完全由 A-FPSA 单独产生的，它必定是另外一种锁模机制。

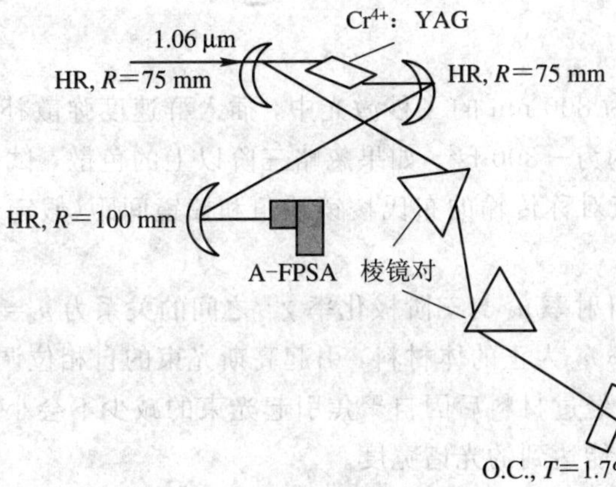

图 9.7-5 Cr^{4+}：YAG 孤子激光器结构

对 Cr^{4+}：YAG 飞秒锁模而言，获得稳定锁模的主要机制是孤子效应锁模，即用 A-FPSA做增益调制，在形成弱损耗调制的初始光脉冲后，经过自相位调制引起的脉冲啁啾和腔体的群速度弥散被群速度弥散补偿器补偿，使孤子脉冲形成机制达到最佳平衡的结果。这种脉冲形成机制属于孤子脉冲形成过程，这种短脉冲激光器称为孤子激光器。

另一个固体孤子激光器的例子如图 9.7-6 所示[36]，该激光器由 $Nd:YVO_4$ 晶体、GTI(干涉式群速度弥散补偿器)和半导体可饱和吸收镜(SESAM)组成。这种激光器能以极高的重复频率实现被动锁模运转。它是光时钟或电-光取样的重要光源。该激光器采用孤子锁模技术，即利用GTI结构产生的负群速度弥散补偿由增益介质和SESAM的自相位调制引起的脉冲啁啾。该激光器是结构十分紧凑的微型激光器，$Nd:YVO_4$ 晶体长为 9 mm，钕浓度为0.24%，用功率为 0.5 W、波长为 808 nm 的半导体激光泵浦，输出光束用双色镜从泵浦光中分离。晶体的一端加工成半径为 10 mm 的凸面并在其表面镀双色膜(对 1064 nm 光波长为高反射，对 808 nm 光波长为高透过)，晶体的另一端为抛光面，晶体平面与SESAM 距离为 5 μm，构成GTI。SESAM 是在 AlAs/GaAs 布喇格反射镜上用 MOCVD 生长的量子阱可饱和吸收体，吸收能流密度为 100 $\mu J/cm^2$，调制深度为 0.24%，恢复时间为 100 ps。这种 $Nd:YVO_4$ 孤子锁模微型激光器可产生约 3 ps 稳定的超高重复率(77 GHz)的光脉冲。

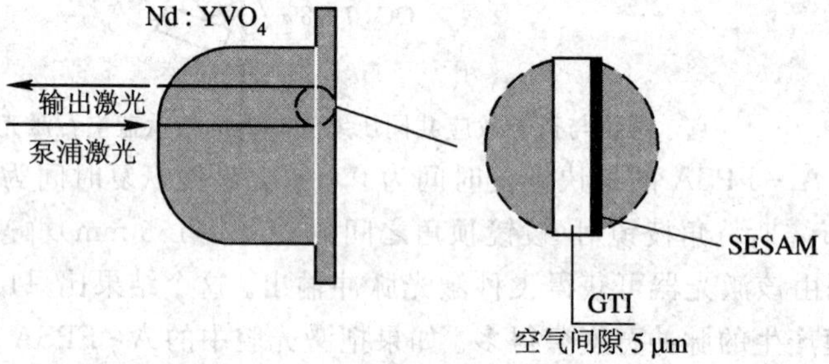

图 9.7-6 微型孤子激光器结构

习 题

9-1 在工作波长为 800 nm 的飞秒激光中，插入群速度弥散补偿棱镜对，要求棱镜对的可调群速度弥散量约为$-800\ fs^2$。如果忽略三阶以上的色散，试计算采用熔融石英材料做棱镜对时，满足光束对称传输的布氏棱镜顶角和棱镜间距(假定光束通过棱镜顶角的直径为 2 mm)。

9-2 证明非线性折射率 n_2 与三阶极化率 $\chi^{(3)}$之间的关系为 $n_2=3\chi^{(3)}/(8n_0)$。

9-3 非线性折射率 n_2 为正的体材料，引起高斯光束的自相位调制与自聚焦有关。求在忽略色散，并要求光束经过材料后因自聚焦引起光束的减少不会小于原光束直径的一半的条件下，高斯光脉冲可能达到的光谱宽度。

9-4 设计光纤-光栅对光脉冲压缩器。设光脉冲宽度 $\tau_p=5$ ps，光脉冲能量为 5 nJ，波长 $\lambda_l=600$ nm，单模石英光纤芯径为 4 μm，光栅常数为 2000/mm，试估算合适的光纤长度、光栅间距和压缩系数。

9-5 在被动锁模激光器中，当采用可饱和吸收体和可饱和增益材料压缩光脉冲时，这两种材料应满足什么条件？并定性描述压缩光脉冲的机理。

9-6 设计利用同步泵浦技术产生稳定的超短光脉冲的激光腔时应注意什么？

9-7 试解释Ⅱ类相位匹配产生二次谐波过程对光脉冲会产生压缩作用的机理。

9-8 根据飞秒脉冲形成机理，设计两种不同的飞秒激光振荡器，并说明各元件的基体结构和技术要求。

参 考 文 献

[1] Diels Jean-Claude, Rudoph Wolfgang. Ultrashort Laser Pulse Phenomeana. Academic Press. Inc., 1999

[2] Mider R C. Second harmonic generation with a broadband optical laser. Phys. Lett., 1968, A26: 177

[3] Glenn W H. Second Harmonic generation by ps optical pulses. IEEE. J. Quantum Electron., 1969, QE-5: 281

[4] Zernicke F. Refractive indices of ADP and KDP between 200nm and 1500nm. J. Opt. Soc. Am., 1969, 54: 1215

[5] Choy M and Byer R L. Accurate second-order susceptibility measurements of visible and infrared optical pulses. Phys, Rev., 1976, B14: 1693

[6] Kato K. Second harmonic generationg to 2058 in β-bariumborate. IEEE J. Quan. Electro., 1986, QE-22: 1013

[7] Eckardt R C and Reintjes J. Phase maching limitation of high efficiency second harmonic generation. IEEE J. Quan. Electro., 1984, QE-02: 1178

[8] Kuehlke D and Herpers U. Limitation of the second harmonic conversion of intense femtosecond pulses. Opt. Commum., 1988, 69: 75

[9] Szabo G and Bor Z. Broadband fequency doubler for femtosecond light pulses. Appl. Phys., 1990, B50: 51

[10] Fork R L, Marlinez O E et al. Opt. Lett., 1984, 19: 150

[11] Umbrasas A, et al. Generation of femtosencond pulses through second harmonic compression of the output of a Nd:YAG laser. Opt. Lett., 1995, 20:2228

[12] Piskarskas A, et al. Optical Parametric Ocsillators and Picosecond Spectroscopy. Mokslas Vilnius, 1983(Russian)

[13] Akhmonov S A, et. al. JETP. Lett., 1968, 7: 182

[14] Sukhorukov A P, et al. Sov. Phys., 1971, JETP33: 667

[15] Fu Q, Mak G and Van Driel H M. Opt. Lett., 1992, 17: 1006

[16] Fujian Castech Cystals Inc. Crystals, p5, P. R. China

[17] Ross I N, et al. Opt. Commum., 1977, 144: 125

[18] Ross I N, et al. CLF Annual Report 2000/2001: 181

[19] Liu H J, Chen G F, et al. Chinese Journal of Laser, 2002, 29: 21

[20] Adachi S, Ishii H, Kanai T, et al. Opt. Lett., 2007, 32: 2487

[21] Aanderlon D and Lilok M. Phys. Rev., 1983, A27: 1393

[22] 赵尚弘，陈国夫，等. 钛宝石飞秒脉冲产生及高重复率放大实验研究. 中国科学，1998，A27：1136

[23] 刘卫华，宋啸中，王屹山，等. 飞秒激光脉冲在高非线性光纤中产生超连续谱的实

验研究．物理学报，2008，57：917
［24］ Knox W H，Fork R L，Downer M C，et al. Optical pulse compression to 8fs at a 5 kHz repletion rate. Appl. Phys. Lett，1985，46：1120
［25］ Maburger J H，Sanders IN J H and Slendholm S，ed. Quantum Electron.，1977，4：35
［26］ Rothenberg J E，Space-time focusing breakdown of the slowly varying envelope approximation in self-focusing of femtosecond laser. Optics Lett. 1992，17：1340
［27］ Luther G G，Molony J V，Newell A C，et al. Self-focusing threshold in normally dispersion media. Optics Lett.，1994，19：862
［28］ Kafka J and Baer T. Multimode mode-locking of solid state lasers. in 1991 Technical Digest Seresm CLEO'91，Vol. 10，p2，Baltimore，1990，Optical Society of America
［29］ Wang J. Analysis of passive additive pulse mode locking with eigerimode theory. IEEE J. Q. E.，1992，28：562
［30］ Sutter D H，Steiumeyer G，Gallmann L，et al. Opt. Lett.，1999，24：631
［31］ 王屹山，陈国夫，等．宽带自锁模钛宝石飞秒激光脉冲的实验研究．光子学报，2000，29：203
［32］ 王屹山，等．利用SBS实现自启动锁模钛宝石飞秒激光脉冲的产生．物理学报，2005，54：5184
［33］ French P W M，Chen G F and Sibbett W. Opt. Commum. 1986，57：262
［34］ Haus H A，Fujimoto J G and Ippen E P. J. Opt. Soc. Am.，1991，B8：2068
［35］ Spalter S，Bonm M，Burk M，et al. Appl. Phys.，1997，B65：335
［36］ Paschotta K R，Moser M and Keller V. Electronics Letters，2000，36(22)：1846

第 10 章　光纤非线性光学

光纤非线性光学研究的是光波在光纤中传播时发生的非线性光学现象和效应。自 20 世纪 70 年代光纤实用化以来，伴随着光纤技术发展及光纤在光纤通信、光纤传感等领域内的应用，人们对光纤中的非线性光学效应进行了深入的基础和技术方面的研究，取得了巨大的成就，特别是利用光纤压缩技术已产生短于 6 fs 的光脉冲，研制出了光纤孤子激光器、光纤喇曼激光器等新型激光器，并已形成了非线性光学中的一个新的分支，称为非线性光纤光学。近年来，超短、超强光纤激光产生和传输已成为光纤非线性光学研究领域中的前沿热点之一。

本章在导出光纤中光传输波动方程的基础上，重点讨论光纤中的各种非线性光学效应，并介绍一些超短、超强光纤激光产生技术。

10.1　光纤的线性特性

光纤的损耗、偏振和色散对于光纤应用来说是十分重要的特性参量，因此，我们在研究光纤非线性效应之前，首先对光纤的损耗特性、偏振特性和色散特性进行较深入的了解。

10.1.1　光纤损耗与光纤的偏振特性

1. 光纤损耗

光纤的损耗主要由材料的吸收损耗和散射损耗确定，其本征损耗值 γ 由光纤材料的线性折射率 $n_0(\omega)$ 决定：

$$\gamma = \frac{\omega_0}{c}\,\mathrm{Im}\{n_0(\omega)\} \tag{10.1-1}$$

在工程上习惯用每公里功率损耗值的分贝数 α(dB/km)表示，它与 γ 的关系为

$$\alpha = 8.69\gamma\ \mathrm{dB/km} \tag{10.1-2}$$

由于光纤的线性折射率 $n_0(\omega)$ 是频率的函数，因而光纤损耗随波长变化。瑞利散射损耗是因为在光纤制造过程中产生的随机涨落导致了折射率起伏，从而使光波向各个方向散射引起的，它随 λ^{-4} 变化，在短波长处较高，其损耗值可按下式估计[1,2]：

$$\alpha_R = \frac{C}{\lambda^4}\quad \mathrm{dB/km} \tag{10.1-3}$$

式中，常数 C 在(0.4～0.5) dB/(km·μm^4)范围内，随纤芯成分而变。

2. 光纤的偏振特性

当光纤为理想的圆对称波导时，两个偏振正交的线偏振模是完全简并的，具有相同的传输常数。根据模式之间的正交性关系，它们各自独立地向前传播，相互不发生能量的交换和耦合。在这种情况下，这两个模式的同时存在对光纤的单模传输性质以及模式的偏振状态没有影响。但实际光纤的形状均略偏理想圆柱形，并存在微弱的各向异性特性，破坏了模式简并，产生两正交偏振模间的耦合，这种特性称为模态双折射。模态双折射程度 B 定义为

$$B=\left|\frac{\beta_x-\beta_y}{\beta_0}\right|=|n_x-n_y| \tag{10.1-4}$$

式中 n_x 和 n_y 分别为两正交偏振模的有效折射率。该式表明，对给定的 B 值，两正交模在光纤中传输时其合成模偏振态周期性地变换，周期为

$$L_B=\frac{2\pi}{|\beta_x-\beta_y|}=\frac{\lambda}{B} \tag{10.1-5}$$

式中，L_B 称为拍长。有效折射率小的方向轴称为快轴，沿此轴振动光的传输群速快；有效折射率大的轴称为慢轴，群速慢。可以通过适当的设计，使光纤中只允许单一的偏振模传输，这种光纤称为偏振保持光纤(PPF)或保偏光纤。

10.1.2 光纤色散

光纤的色散特性是光纤最主要的传输特性之一。一般而言，光纤色散是指构成光信号的各种成分在光纤中具有不同传输速度的现象，这种现象将直接导致光信号在光纤传输过程中的畸变。在数字光纤通信系统中，光纤色散将使光脉冲在传输过程中随着传输距离的增加而逐渐展宽。因此，光纤色散对光纤传输系统有着非常不利的影响，限制了系统传输速率和传输距离的增加。

在多模光纤中，光纤色散主要来自不同模式的传输速度不同所引起的模式色散，与模式色散相比，由其它因素引起的色散可以忽略不计。在单模光纤中，由于只传输基模，避免了模式色散的影响，因此具有远比多模光纤优良的色散特性，适用于大容量、长距离的光信号传输。单模光纤中的色散主要由光信号中不同频率成分的传输速度不同引起，包括材料色散和波导效应两种贡献，因此色散对单模光纤传输系统的影响随着光信号光谱宽度的增加而增大，这就是在大容量、大距离单模光纤通信系统中必须使用窄线宽的单纵模半导体激光器的主要原因之一。此外，在频率色散可以忽略的区域，由于两个正交偏振模式传输速度不同所引起的偏振模色散将成为单模光纤色散的主要贡献。

对各种折射率分布光纤的分析表明，抛物线型折射率分布光纤的模式色散接近其理论最小值，是阶跃折射率光纤的 $2/\Delta$(Δ 为光纤的相对折射率差)。因此，通常的多模光纤均采用抛物线型折射率分布。

在这里，仅讨论材料色散和波导效应色散。

1. 材料色散

光脉冲在光纤中以群速度 $v_g=\partial\omega/\partial k$ 传播，群速度随频率而变，光脉冲中不同频率的分量将以不同速度传播，导致脉冲弥散，称为群速色散。群速色散主要起因于光纤材料的

本征特性和光纤波导的结构特性，分别称为材料色散和波导色散。

介质折射率与光波频率或波长的函数关系可以通过介质中电子运动的简谐振子模型得到，其关系式为

$$n^2 = 1 + \sum_{j=1}^{N} \frac{\lambda^2 B_j}{\lambda^2 - \lambda_j^2} = 1 + \sum_{j=1}^{N} \frac{\omega_j^2 B_j}{\omega_j^2 - \omega^2} \tag{10.1 - 6}$$

式中，B_j 和 λ_j 是与介质组成有关的常数，称为介质的塞尔迈耶尔(Sellmaier)常数。式(10.1 - 6)即为塞尔迈耶尔定律或塞尔迈耶尔公式。通常在所感兴趣的一定波长范围内，只需要考虑 $N=2$ 或 $N=3$ 的塞尔迈耶尔公式即可获得足够的精度。纯石英材料的三项塞尔迈耶尔公式中的各材料常数为 $B_1=0.696\ 81$，$\lambda_1=0.068\ 53$，$B_2=0.408\ 17$，$\lambda_2=0.116\ 12$，$B_3=0.894\ 93$，$\lambda_3=9.9140$。当在石英中掺入 Ge、B、F 或 P 等微量杂质时，材料的塞尔迈耶尔常数也将发生相应的微小变化。已经证实，在石英中掺 Ge 或 P 可以提高其折射率，掺 B 或 F 可使其折射率降低，并且在微量掺杂时，折射率的改变量与掺杂剂的摩尔浓度呈线性变化关系。

在折射率为 $n(\omega)$ 的大块介质中，光波的传输常数为 $\beta=2\pi n/\lambda=\omega n/c$。由此可得光波在介质中传播的群时延为

$$\tau = \frac{\mathrm{d}\beta}{\mathrm{d}\omega} = \frac{1}{c}\left(n + \omega\frac{\mathrm{d}n}{\mathrm{d}\omega}\right) = \frac{n_g}{c} = \frac{1}{v_g} \tag{10.1 - 7}$$

式中

$$n_g = n + \omega\frac{\mathrm{d}n}{\mathrm{d}\omega} \tag{10.1 - 8}$$

$$v_g = \frac{c}{n_g} \tag{10.1 - 9}$$

它们分别是频率为 ω 的光波在介质中的群折射率和群速度。材料色散是指不同频率的光波在介质中具有不同的群速度或群时延的材料属性，通常用单位频率或波长间隔上群时延的变化来表示。根据式(10.1 - 7)，以群时延随频率的变化率表示的材料色散为

$$\beta_2 = \frac{\mathrm{d}\tau}{\mathrm{d}\omega} = \frac{\mathrm{d}^2\beta}{\mathrm{d}\omega^2} = \frac{1}{c}\left(2\frac{\mathrm{d}n}{\mathrm{d}\omega} + \omega\frac{\mathrm{d}^2 n}{\mathrm{d}\omega^2}\right) \approx \frac{\omega}{c}\frac{\mathrm{d}^2 n}{\mathrm{d}\omega^2} \tag{10.1 - 10}$$

其单位为 $\mathrm{ps^2/km}$。习惯上及实际工程应用中，更为常用的色散表述形式是群时延随波长的变化率：

$$D = \frac{\mathrm{d}\tau}{\mathrm{d}\lambda} = -\frac{2\pi c}{\lambda^2}\beta_2 \approx -\frac{\lambda}{c}\frac{\mathrm{d}^2 n}{\mathrm{d}\lambda^2} \tag{10.1 - 11}$$

单位为 ps/(km · nm)。在这里，已利用了光波频率和波长之间的关系 $\omega=2\pi c/\lambda$。

由式(10.1 - 11)可以看出，材料色散主要取决于材料参数 $\mathrm{d}^2 n/\mathrm{d}\lambda^2$，其值在某一特定波长位置上有可能为 0，这一波长称为材料的零色散波长。十分庆幸的是，石英光纤材料的零色散波长恰好位于 1.3 μm 附近的低损耗窗口内，这是获得同时具有低损耗和低色散石英光纤的根本基础。

2. 波导效应引起的色散

光在光波导中的传输特性与体材料不同。在阶跃折射率光纤中，传导模式的一部分电磁场在纤芯中传输，而另一部分则在包层中传输，各模式的光纤纤芯中传输功率所占比例

用光纤的功率限制因子 Γ 表示，它描述了光纤对该模式的约束作用的强弱。因此，光纤中传输的光波模式所感受的折射率既不是纤芯折射率 n_1，也不是包层折射率 n_2，而是介于两者之间的一个值。通常将其用模式的有效折射率 n_{eff} 表示，则 $n_2 \leqslant n_{\mathrm{eff}} \leqslant n_1$。模式的传输常数可以用相应的模式有效折射率表示为

$$\beta = \frac{2\pi n_{\mathrm{eff}}}{\lambda} = k_0 n_{\mathrm{eff}} \tag{10.1-12}$$

模式有效折射率的大小与该模式的功率限制因子密切相关。对于光纤中的基模，其功率限制因子随着频率的增加由 0 逐渐趋近于 1。在接近截止时，光纤对基模基本无约束作用，其电磁场几乎均匀地分布在整个光纤横截面上(与光波长相比为无限大)。由于纤芯面积与包层面积相比可以忽略不计，因而此时基模的功率限制因子趋近于 0，电磁场所感受的折射率基本上是包层的折射率，即 $n_{\mathrm{eff}} \approx n_2$。在远离截止时，光纤的功率限制因子趋近于 1，这表明光纤对场的约束非常充分，电磁场几乎被全部限制在纤芯内传播，因此，它所感受到的折射率基本上是纤芯的折射率，即 $n_{\mathrm{eff}} \approx n_1$。

由上所述，考虑光纤单模传输时由于波导效应(波导各区域的折射率不同)的存在，即使光纤的材料色散为零，基模中的不同频率成分在光纤中的传输速度也不相同，即光纤中依然存在色散。在阶跃折射率单模光纤中，由于高频成分比低频成分具有较高的有效折射率，因而具有较低的传输速度和较大的传输时延。这种由波导效应引起的色散称为波导色散，它与材料色散一起构成了单模光纤色散的主要部分。

波导色散的数值与光纤的具体折射率分布结构有很大关系。一般情况下，材料色散远大于波导色散，是单模光纤色散的主要部分。但在材料的零色散波长附近，二者的影响是可以比拟的。由于石英材料的零色散波长恰好位于光纤的低损耗窗口上，因此可以通过适当设计光纤结构，使得光纤的波导色散与材料色散在低损耗窗口内所希望的波长上相互抵消，从而制作出各种色散优化的光纤。

光纤色散是波导色散与材料色散之和，可以通过光纤结构设计，将零色散波长从 $\lambda=1.3\ \mu\mathrm{m}$ 移到具有损耗最小的波长 $\lambda=1.5\ \mu\mathrm{m}$ 处。这种光纤称为色散位移光纤，在光纤通信中具有极其重要的应用。

10.2 光纤传输的基本方程

要理解光纤中的非线性光学现象，首先要掌握非线性色散介质中电磁波的传输理论。根据光的电磁理论，光纤中光脉冲的传输特性应遵从如下麦克斯韦方程组

$$\nabla \times \boldsymbol{E} = -\frac{\partial \boldsymbol{B}}{\partial t} \tag{10.2-1}$$

$$\nabla \times \boldsymbol{H} = \frac{\partial \boldsymbol{D}}{\partial t} \tag{10.2-2}$$

$$\nabla \cdot \boldsymbol{D} = 0 \tag{10.2-3}$$

$$\nabla \cdot \boldsymbol{B} = 0 \tag{10.2-4}$$

及物质方程组

$$\boldsymbol{D} = \varepsilon_0 \boldsymbol{E} + \boldsymbol{P} \tag{10.2-5}$$

$$B = \mu_0 H + M \tag{10.2-6}$$

式中，ε_0 为真空中的介电常数；μ_0 为真空中的磁导率；$\boldsymbol{P}$、$\boldsymbol{M}$ 分别为感应电极化强度和磁极化强度，对光纤这样的无磁性介质，可认为 $\boldsymbol{M}=0$。

下面，我们从麦克斯韦方程组出发，导出用于描述光纤中光传输的波动方程[3]。

我们感兴趣的是(0.5～2) μm 波长范围的光纤非线性效应。若只考虑三阶非线性效应，则感应电极化强度由两部分组成：

$$\boldsymbol{P}(\boldsymbol{r},t) = \boldsymbol{P}_{\rm L}(\boldsymbol{r},t) + \boldsymbol{P}_{\rm NL}(\boldsymbol{r},t) \tag{10.2-7}$$

式中，线性部分 $\boldsymbol{P}_{\rm L}$ 和非线性部分 $\boldsymbol{P}_{\rm NL}$ 与场强的普适关系为

$$\boldsymbol{P}_{\rm L}(\boldsymbol{r},t) = \varepsilon_0 \int_{-\infty}^{t} \mathbf{R}^{(1)}(t-t') \cdot \boldsymbol{E}(\boldsymbol{r},t')\,\mathrm{d}t' \tag{10.2-8}$$

$$\boldsymbol{P}_{\rm NL}(\boldsymbol{r},t) = \varepsilon_0 \iiint \mathbf{R}^{(3)}(t-t_1,t-t_2,t-t_3) \vdots \boldsymbol{E}(\boldsymbol{r},t_1)\boldsymbol{E}(\boldsymbol{r},t_2)\boldsymbol{E}(\boldsymbol{r},t_3)\,\mathrm{d}t_1\mathrm{d}t_2\mathrm{d}t_3 \tag{10.2-9}$$

这些关系在电偶极矩近似下有效，并且这类介质响应是局域的。

对方程(10.2-1)两边取旋度，并利用方程(10.2-2)、(10.2-5)和(10.2-6)关系，可得

$$\nabla \times \nabla \times \boldsymbol{E} = -\frac{1}{c^2}\frac{\partial^2 \boldsymbol{E}}{\partial t^2} - \mu_0 \frac{\partial^2 \boldsymbol{P}}{\partial t^2} \tag{10.2-10}$$

式中 c 是真空中的光速。式(10.2-7)～(10.2-10)给出了处理光纤中最低阶非线性效应的一般公式。

考虑到阶跃光纤的纤芯和包层中折射率 $n(\omega)$ 与方位无关，可得

$$\nabla \times \nabla \times \boldsymbol{E} = \nabla(\nabla \cdot \boldsymbol{E}) - \nabla^2 \boldsymbol{E} = -\nabla^2 \boldsymbol{E} \tag{10.2-11}$$

于是，波动方程(10.2-10)可写成如下形式：

$$\nabla^2 \boldsymbol{E} - \frac{1}{c^2}\frac{\partial^2 \boldsymbol{E}}{\partial t^2} = \mu_0 \frac{\partial^2 \boldsymbol{P}_{\rm L}}{\partial t^2} + \mu_0 \frac{\partial^2 \boldsymbol{P}_{\rm NL}}{\partial t^2} \tag{10.2-12}$$

假定光场是准单色的，即对于中心频率为 ω_0 的频谱 $\Delta\omega$ 有 $\Delta\omega/\omega_0 \ll 1$，且 $\boldsymbol{P}_{\rm NL}$ 视为 $\boldsymbol{P}_{\rm L}$ 的微扰，光场沿光纤长度方向的偏振态不变，则在慢变包络近似下，光电场可表示为

$$\boldsymbol{E}(\boldsymbol{r},t) = \frac{1}{2}\boldsymbol{a}_x[\overline{E}(\boldsymbol{r},t)\mathrm{e}^{-\mathrm{i}\omega_0 t} + \mathrm{c.c.}] \tag{10.2-13}$$

式中，$\boldsymbol{a}_x$ 为 x 方向振动光的单位矢量；$\overline{E}(\boldsymbol{r},t)$ 为时间的慢变化函数(相对于光周期)。类似地，极化强度的表示式为

$$\boldsymbol{P}_{\rm L}(\boldsymbol{r},t) = \frac{1}{2}\boldsymbol{a}_x[\overline{P}_{\rm L}(\boldsymbol{r},t)\mathrm{e}^{-\mathrm{i}\omega_0 t} + \mathrm{c.c.}] \tag{10.2-14}$$

$$\boldsymbol{P}_{\rm NL}(\boldsymbol{r},t) = \frac{1}{2}\boldsymbol{a}_x[\overline{P}_{\rm NL}(\boldsymbol{r},t)\mathrm{e}^{-\mathrm{i}\omega_0 t} + \mathrm{c.c.}] \tag{10.2-15}$$

由式(10.2-9)和式(10.2-15)可得极化强度的非线性分量 $\overline{P}_{\rm NL}(\boldsymbol{r},t)$。假定非线性效应是瞬时响应的，则非线性极化强度可表示为

$$\boldsymbol{P}_{\rm NL}(\boldsymbol{r},t) = \varepsilon_0 \chi^{(3)} \vdots \boldsymbol{E}(\boldsymbol{r},t)\boldsymbol{E}(\boldsymbol{r},t)\boldsymbol{E}(\boldsymbol{r},t) \tag{10.2-16}$$

$\overline{P}_{\rm NL}(\boldsymbol{r},t)$ 的表示式为

$$\overline{P}_{\rm NL}(\boldsymbol{r},t) = \varepsilon_0 \varepsilon_{\rm NL} \overline{E}(\boldsymbol{r},t) \tag{10.2-17}$$

式中，ε_{NL}为介电常数的非线性部分，由下式给定：

$$\varepsilon_{NL} = \frac{3}{4}\chi^{(3)}_{xxxx}|\overline{E}(\boldsymbol{r},t)|^2 \tag{10.2-18}$$

为得到慢变化振幅 $\overline{E}(\boldsymbol{r},t)$满足的波方程，可将式(10.2-13)～式(10.2-15)代入波方程(10.2-12)中，并求其傅里叶变换 $\overline{E}(\boldsymbol{r}, \omega-\omega_0)$，有

$$\overline{E}(\boldsymbol{r}, \omega - \omega_0) = \int_{-\infty}^{\infty} \overline{E}(\boldsymbol{r}, t)e^{i(\omega-\omega_0)t}\,dt \tag{10.2-19}$$

它满足如下波动方程：

$$\nabla^2\overline{E}(\boldsymbol{r}, \omega - \omega_0) + \varepsilon(\omega)k_0^2\overline{E}(\boldsymbol{r}, \omega - \omega_0) = 0 \tag{10.2-20}$$

这个方程可以利用变量分离法求解。如果假设解的形式为

$$\overline{E}(\boldsymbol{r}, \omega - \omega_0) = F(x,y)\overline{A}(z, \omega - \omega_0)e^{i\beta_0 z} \tag{10.2-21}$$

式中 $\overline{A}(z,\omega)$是 z 的慢变化函数，β_0 是波数，则方程(10.2-20)可分离成如下两个关于 $F(x,y)$和 $\overline{A}(z,\omega)$的方程：

$$\frac{\partial^2 F}{\partial x^2} + \frac{\partial^2 F}{\partial y^2} + [\varepsilon(\omega)k_0^2 - \overline{\beta}^2]F = 0 \tag{10.2-22}$$

$$2i\beta_0\frac{\partial \overline{A}}{\partial z} + (\overline{\beta}^2 - \beta_0^2)\overline{A} = 0 \tag{10.2-23}$$

式中，$\overline{\beta}$ 为由光纤模式本征方程(10.2-22)确定的传播常数。利用式(10.2-13)及折射率 $\overline{n}=n(\omega)+n_2|\overline{E}|^2$ 关系，可以得到电场强度的表示式为

$$\boldsymbol{E}(\boldsymbol{r},t) = \boldsymbol{a}_x\frac{1}{2}[F(x,y)\overline{A}(z,t)e^{-i(\omega_0 t-\beta_0 t)} + \text{c.c.}] \tag{10.2-24}$$

其中，慢变化振幅 $\overline{A}(z,t)$的傅里叶变换 $\overline{A}(z, \omega-\omega_0)$所满足的方程(10.2-23)可表示为

$$\frac{\partial \overline{A}}{\partial z} = i[\beta(\omega) + \Delta\beta - \beta_0]\overline{A} \tag{10.2-25}$$

在这里已将 $\overline{\beta}^2-\beta_0^2$ 近似为 $2\beta_0(\overline{\beta}-\beta_0)$，并利用了 $\overline{\beta}(\omega)=\beta(\omega)+\Delta\beta$。对上式进行傅里叶逆变换，即可给出 $\overline{A}(z,t)$的传输方程。

如果在频率 ω_0 处把 $\beta(\omega)$展成台劳级数：

$$\beta(\omega) = \beta_0 + (\omega - \omega_0)\beta_1 + \frac{1}{2}(\omega - \omega_0)^2\beta_2 + \frac{1}{6}(\omega - \omega_0)^3\beta_3 + \cdots \tag{10.2-26}$$

式中

$$\beta_n = \left[\frac{d^n\beta}{d\omega^n}\right]_{\omega=\omega_0} \tag{10.2-27}$$

并且假设谱宽 $\Delta\omega\ll\omega_0$，则展开式中的三次项及更高次项可以忽略。在傅里叶变换中，用微分算符 $i(\partial/\partial t)$代替 $\omega-\omega_0$，可以得到 $\overline{A}(z,t)$的传输方程为

$$\frac{\partial \overline{A}}{\partial z} = -\beta_1\frac{\partial \overline{A}}{\partial t} - \frac{i}{2}\beta_2\frac{\partial^2 \overline{A}}{\partial t^2} + i\Delta\beta\overline{A} \tag{10.2-28}$$

式中

$$\Delta\beta = \frac{k_0\iint_{-\infty}^{\infty}\Delta n|F(x,y)|^2\,dx\,dy}{\iint_{-\infty}^{\infty}|F(x,y)|^2\,dx\,dy} \tag{10.2-29}$$

在这里，$\Delta\beta$(通过式中的 Δn)包括了光纤的损耗及非线性效应，因此可将方程(10.2－28)写成

$$\frac{\partial \overline{A}}{\partial z}+\beta_1\frac{\partial \overline{A}}{\partial t}+\frac{\mathrm{i}}{2}\beta_2\frac{\partial^2 \overline{A}}{\partial t^2}+\frac{\alpha}{2}\overline{A}=\mathrm{i}\gamma|\overline{A}|^2\overline{A} \tag{10.2-30}$$

式中的 γ 为非线性系数，定义为

$$\gamma=\frac{n_2\omega_0}{cA_{\mathrm{eff}}} \tag{10.2-31}$$

参量 A_{eff}称为有效纤芯截面，定义为

$$A_{\mathrm{eff}}=\frac{\left[\iint_{-\infty}^{\infty}|F(x,y)|^2\,\mathrm{d}x\,\mathrm{d}y\right]^2}{\iint_{-\infty}^{\infty}|F(x,y)|^4\,\mathrm{d}x\,\mathrm{d}y} \tag{10.2-32}$$

方程(10.2－30)描述了光脉冲在单模光纤中的传输，其中 α 反映了光纤损耗，β_1、β_2 反映了色散，γ 反映了光纤非线性特性。尽管方程(10.2－30)很好地解释了许多非线性效应，但仍有很多影响光纤传输的因素未考虑在内，如以后将要讨论的 SRS、SBS 那样的受激非弹性散射，以及脉宽小于 100 fs 的激光脉冲的传输情况。这些因素均与非线性响应有关，必须采用式(10.2－9)的非线性极化强度的一般形式。这样，在方程(10.2－30)中就增加了三项附加项，因此普遍适用的传输方程为如下形式[4]：

$$\begin{aligned}&\frac{\partial \overline{A}}{\partial z}+\beta_1\frac{\partial \overline{A}}{\partial t}+\frac{\mathrm{i}}{2}\beta_2\frac{\partial^2 \overline{A}}{\partial t^2}+\frac{\alpha}{2}\overline{A}\\&=\mathrm{i}\gamma|\overline{A}|^2\overline{A}+\frac{1}{6}\beta_3\frac{\partial^3 \overline{A}}{\partial t^3}-a_1\frac{\partial}{\partial t}(|\overline{A}|^2\overline{A})-a_2\overline{A}\frac{\partial|\overline{A}|^2}{\partial t}\end{aligned} \tag{10.2-33}$$

方程(10.2－33)中的后三个高阶项中，包含 β_3 的项是高阶色散效应引起的，由于超短脉冲的频谱宽，即使在波长相对于零色散波长相差较大时，高阶色散波长效应对超短脉冲也显得很重要；正比于 a_1 的项起因于式(10.2－12)中 $\overline{P}_{\mathrm{NL}}$的一阶导数，对应于脉冲沿的自陡峭效应；正比于 a_2 的项起因于延迟非线性响应，对应于自频移效应。

如果采用以群速度 v_{g} 移动的参考系(所谓的延时系)描述，将会很方便。进行变换：

$$T=t-\frac{z}{v_{\mathrm{g}}}=t-\beta_1 z \tag{10.2-34}$$

可以得到

$$\begin{aligned}&\frac{\partial \overline{A}}{\partial z}+\frac{\alpha}{2}\overline{A}+\frac{\mathrm{i}}{2}\beta_2\frac{\partial^2 \overline{A}}{\partial T^2}-\frac{1}{6}\beta_3\frac{\partial^3 \overline{A}}{\partial T^3}\\&=\mathrm{i}\gamma\left[|\overline{A}|^2\overline{A}+\frac{2\mathrm{i}}{\omega_0}\frac{\partial}{\partial T}(|\overline{A}|^2\overline{A})-T_{\mathrm{R}}\overline{A}\frac{\partial|\overline{A}|^2}{\partial T}\right]\end{aligned} \tag{10.2-35}$$

式中，T_{R} 对应于喇曼增益的斜率，该方程适合于描述脉宽短至 10 fs 的脉冲的传输。对光脉冲宽度 $T_0>100$ fs 的脉冲，$\omega_0 T_0\gg 1$，$T_{\mathrm{R}}/T_0\ll 1$，可采用如下简化方程：

$$\mathrm{i}\frac{\partial \overline{A}}{\partial z}=-\frac{\mathrm{i}}{2}\alpha\overline{A}+\frac{1}{2}\beta_2\frac{\partial^2 \overline{A}}{\partial T^2}-\gamma|\overline{A}|^2\overline{A} \tag{10.2-36}$$

在 $\alpha=0$ 的特殊条件下，方程(10.2－36)称为非线性薛定谔方程(NLSE)，它是研究光纤孤子产生的基本方程[5, 6]。进一步引申，方程(10.2－35)有时被称为广延非线性薛定谔方程。

非线性薛定谔方程能对弱非线性、皮秒(ps)孤子脉冲的传输进行描述，但不能描述强

非线性和飞秒(fs)孤子脉冲的传输。在强非线性情况下，光纤中将出现受激喇曼散射与受激布里渊散射，产生新的频率分量和交叉相位调制；在飞秒脉冲(脉宽 $\Delta t < 0.1$ ps)传输时，脉冲谱宽很宽(大于 5 THz，与其载频相当)，慢变包络近似条件失效，在这种情况下，必须考虑非线性延迟响应和非线性色散的影响。此外，方程中亦忽略了损耗和高阶色散的影响。若要考虑这些实际因素和条件的影响，就应采用扰动非线性薛定谔方程(10.2-35)来描述光脉冲包络演化过程。

10.3 光信号在色散光纤中的传输

10.3.1 光纤的非线性特性

折射率对光强的依赖关系，导致光电场在光纤中传输时相移发生变化，其相移可表示为

$$\varphi = (n_0 + n_2|\bar{E}|^2)\beta_0 L \tag{10.3-1}$$

式中，$\beta_0 = 2\pi/\lambda$；L 为光纤长度。与光场本身相关的非线性相移称为自相位调制(SPM)，可表示为

$$\varphi_{NL} = n_2\beta_0 L|\bar{E}|^2 \tag{10.3-2}$$

当两个不同波长的光脉冲同时注入光纤传播时，将产生另一种非线性相移。例如波长为 λ_1 的光电场的非线性相移由两部分构成：

$$\varphi_{NL} = n_2\beta_0 L(|\bar{E}_1|^2 + 2|\bar{E}_2|^2) \tag{10.3-3}$$

式中，第一项由波长 λ_1 的光电场的自相位调制产生；第二项由波长 λ_2 的光电场产生，称为交叉相位调制(XPM)。在同光强时，后者为前者的两倍。

光纤中还有两种非线性效应(SRS、SBS)，它们均属于受激非弹性散射，与石英光纤的振动激发态有关，对光信号的传输也将产生重要影响。这些重要的非线性特性，将在以后详细讨论。

10.3.2 光信号在色散非线性介质中的传输方程

下面，分三种情况分析光波在色散介质中的传输方程[7]：没有色散的非线性介质，没有非线性的色散介质，非线性和色散复合的介质。为了简化讨论，将光纤模式近似为平面波。

1. 非线性无色散介质

沿 z 方向传播的平面波可以由下述波方程描述：

$$\frac{\partial^2 E}{\partial z^2} = \frac{1}{c^2}\frac{\partial^2(n^2 E)}{\partial t^2} \tag{10.3-4}$$

式中，c 是真空中的光速；折射率 n 依赖于光的强度：

$$n = n_0 + n_2|\bar{E}|^2 \tag{10.3-5}$$

假设光电场 E 具有慢变化的包络 $\bar{A}(z,t)$，即

$$\bar{E}(z,t)=\bar{A}(z,t)\mathrm{e}^{-\mathrm{i}(\omega_0 t-\beta_0 z)} \tag{10.3-6}$$

式中

$$\beta_0=\frac{n_0\omega_0}{c} \tag{10.3-7}$$

包络 $\bar{A}(z,t)$ 的单位是 V/m，与电场的单位相同。将式(10.3-5)和式(10.3-6)代入到式(10.3-4)中，得到一个完全的复数方程。采用下列近似可以将该方程简化：

(1) $\bar{A}(z,t)$ 的二阶导数项可以忽略，因为它远小于 $\omega_0^2\bar{A}$ 和 $\beta_0^2\bar{A}$ 项；

(2) n_2^2 的项也可以忽略，因为 n_2 很小；

(3) 仅保留时间二阶导数项 $\partial^2[|\bar{A}^2|\bar{A}]/\partial t^2$ 中的第一项 $(-\omega_0^2|\bar{A}|^2\bar{A})$，因为所有辅助项和 n_2 的乘积均小到可以忽略。

简化方程为

$$\frac{\partial\bar{A}}{\partial z}+\beta_1\frac{\partial\bar{A}}{\partial t}=\mathrm{i}\,\frac{n_2}{n_0}\beta_0|\bar{A}|^2\bar{A} \tag{10.3-8}$$

式中

$$\beta_1=\left.\frac{\partial\beta}{\partial\omega}\right|_{\omega=\omega_0}=\frac{n_0}{c} \tag{10.3-9}$$

2. 线性色散介质

角频率为 ω 的平面波可表示为

$$E=\bar{E}_0\mathrm{e}^{-\mathrm{i}(\omega t-\beta z)} \tag{10.3-10}$$

根据傅里叶光学，光脉冲可视为许多单色平面波的叠加：

$$E=\int_{-\infty}^{\infty}\bar{E}_0(\omega)\mathrm{e}^{-\mathrm{i}(\omega t-\beta z)}\mathrm{d}\omega \tag{10.3-11}$$

考虑介质的色散性，β 依赖于 ω_0 的关系(除零色散点外)只取到级数展开式的前三项就足够了，于是有

$$\beta=\beta_0+\beta_1(\omega-\omega_0)+\frac{1}{2}\beta_2(\omega-\omega_0)^2 \tag{10.3-12}$$

将式(10.3-12)代入到式(10.3-11)中，可得

$$\bar{E}=\bar{A}(z,t)\mathrm{e}^{-\mathrm{i}(\omega_0 t-\beta_0 z)} \tag{10.3-13}$$

式中

$$\bar{A}(z,t)=\int_{-\infty}^{\infty}\bar{E}_0(\Delta\omega)\mathrm{e}^{-\mathrm{i}\left[(t-\beta_1 z)\Delta\omega-\frac{1}{2}\beta_2 z\right]}\mathrm{d}(\Delta\omega) \tag{10.3-14}$$

$\Delta\omega=\omega-\omega_0$。式(10.3-13)中的包络满足下列微分方程：

$$\frac{\partial\bar{A}}{\partial z}+\beta_1\frac{\partial\bar{A}}{\partial t}=-\frac{\mathrm{i}}{2}\beta_2\frac{\partial^2\bar{A}}{\partial t^2} \tag{10.3-15}$$

只要介质呈现为式(10.3-12)中的一阶色散，方程(10.3-15)就是精确的。

3. 非线性色散介质

方程(10.3-8)和(10.3-15)的左侧是相同的，它们皆描述一个任意形状 $\bar{A}(t,z)=f(t-\beta_1 z)$ 的行进光脉冲。方程(10.3-8)的右侧是非线性引起的波的修正，而方程(10.3-15)的右侧则是色散引起的修正。因为在通常的光纤中这两种效应都是微弱存在

的，可以认为它们的作用具有相加性：

$$\frac{\partial \overline{A}}{\partial z}+\beta_1\frac{\partial \overline{A}}{\partial t}=-\frac{\mathrm{i}}{2}\beta_2\frac{\partial^2 \overline{A}}{\partial t^2}+\mathrm{i}\frac{n_2}{n_0}\beta_0|\overline{A}^2|\overline{A} \tag{10.3-16}$$

只要非线性效应和色散效应较弱，方程(10.3－16)就近似成立。在后面的讨论(10.9节)中将看到，利用该方程可以给出孤子解。

10.3.3 光脉冲的色散展宽[3]

光信号经光纤传输后将产生损耗和畸变，因而输出信号和输入信号不同。对于脉冲信号，不仅幅度要减小，而且波形也会展宽。产生信号畸变的主要原因是光纤中存在色散，由色散引起的脉冲展宽将限制光通信号系统的通信容量和传输速率。

我们可以令非线性薛定谔方程(10.2－36)中的$\gamma=0$，考虑线性色散介质中光脉冲传输时的群速弥散(GVD)效应。如果利用下面的定义引入归一化振幅$U(z,T)$：

$$\overline{A}(z,t)=\sqrt{P_0}U(z,T)\mathrm{e}^{-\alpha z/2} \tag{10.3-17}$$

式中P_0为输入脉冲的峰值功率，α为光纤损耗系数，则由式(10.2－36)可得$U(z,T)$满足如下微分方程：

$$\mathrm{i}\frac{\partial U}{\partial z}=\frac{1}{2}\beta_2\frac{\partial^2 U}{\partial T^2} \tag{10.3-18}$$

其中$U(z,T)$可由其傅里叶分量叠加而成，即

$$U(z,T)=\int_{-\infty}^{+\infty}U(z,\omega)\mathrm{e}^{-\mathrm{i}\omega T}\,\mathrm{d}\omega \tag{10.3-19}$$

由此可以得到脉冲频谱的演化方程为

$$\mathrm{i}\frac{\partial U(z,\omega)}{\partial z}=-\frac{1}{2}\beta_2\omega^2U(z,\omega) \tag{10.3-20}$$

求解该方程可得

$$U(z,\omega)=U(0,\omega)\mathrm{e}^{\frac{\mathrm{i}}{2}\beta_2\omega^2 z} \tag{10.3-21}$$

上式表明，GVD改变了脉冲的每个频谱分量的相位，且其改变量依赖于频率及传输距离，尽管这种相位变化不会影响脉冲频率，但它能改变脉冲形状。把式(10.3－21)代入方程(10.3－18)，可得方程(10.3－18)的通解为

$$U(z,T)=\int_{-\infty}^{\infty}U(0,\omega)\mathrm{e}^{\left[\frac{\mathrm{i}}{2}\beta_2\omega^2 z-\mathrm{i}\omega T\right]}\,\mathrm{d}\omega \tag{10.3-22}$$

若考虑一峰值为1的无啁啾高斯型输入脉冲[8]：

$$U(0,T)=\mathrm{e}^{-T^2/(2T_0^2)} \tag{10.3-23}$$

利用式(10.3－22)和式(10.3－23)，可以得到在光纤中传输距离z后的输出脉冲振幅为

$$U(z,T)=\frac{T_0^2}{T_0^2-\mathrm{i}\beta_2 z}\mathrm{e}^{-T^2/[2(T_0^2-\mathrm{i}\beta_2 z)]} \tag{10.3-24}$$

该式表明，经光纤传输z距离后，光脉冲仍为高斯脉冲，但其宽度变为

$$T_1=T_0\left[1+\left(\frac{z}{L_\mathrm{d}}\right)^2\right]^{1/2} \tag{10.3-25}$$

式中，$L_d=T_0^2/|\beta_2|$，为光纤的色散长度。因此，GVD 展宽了脉冲，其展宽程度取决于色散长度 L_d。

10.3.4　光脉冲的色散啁啾效应

比较式(10.3－23)和式(10.3－24)可以看出，尽管入射脉冲是不带啁啾的(无相移)，但经光纤传输后的脉冲变成了啁啾脉冲，在输出脉冲中产生了一个随时间变化的相位因子，即 $U(z,T)$可表示为

$$U(z,T)=|U(z,T)|e^{i\varphi(z,T)} \tag{10.3-26}$$

式中

$$\varphi(z,T)=-\frac{\mathrm{sgn}(\beta_2)(z/L_d)}{1+(z/L_d)^2}\frac{T^2}{T_0^2}+\arctan\frac{z}{L_d} \tag{10.3-27}$$

其中，$\mathrm{sgn}(\beta_2)=\pm1$，正负号根据 GVD 参量 β_2 的符号确定。由此可见，输出脉冲被相位调制。这种相位调制作用使得脉冲的不同部位对其中心频率产生不同的偏离量 $\delta\omega(T)$，频率差恰好是时间的导数 $-\partial\varphi/\partial T$(负号是由于式(10.2－13)选择了 $\exp(-i\omega t)$的表示关系)，且有

$$\delta\omega=-\frac{\partial\varphi}{\partial T}=\frac{2\,\mathrm{sgn}(\beta_2)(z/L_d)}{1+(z/L_d)^2}\frac{T}{T_0^2} \tag{10.3-28}$$

上式表明，在经过光纤传输后，色散的影响使得光脉冲在不同位置上的频率是线性变化的。通常将 $\beta_2<0$ 的区域称为光纤的反常色散区，$\beta_2>0$ 的区域称为正常色散区。根据式(10.3－28)，在光纤的反常色散区，脉冲的高频成分将位于脉冲前沿($T<0$，$\delta\omega>0$)，而低频成分则位于脉冲的后沿($T>0$，$\delta\omega<0$)。在光纤正常色散区的情况正好相反。

脉冲的不同部位具有不同频率的现象称为脉冲的频率啁啾。由式(10.3－28)所表述的脉冲色散啁啾效应可以通过色散的定义获得很好的理解：在光纤的反常色散区，高频成分具有较快的传输速度和较小的传输时延，而低频成分的传输速度则较慢。因此，一个无啁啾脉冲(脉冲各部分的频率成分相同)在经过光纤传输后，其高频成分将位于脉冲前沿，低频成分则位于脉冲后沿。

此外，应当注意到，由色散引起的脉冲啁啾效应具有线性性质，而且啁啾效应的正或负取决于光纤色散 β_2 的符号。

根据上述分析，可以通过适当的设计来改善脉冲在色散光纤中的传输性质。例如，可以用一段正常色散光纤和一段反常色散光纤共同构成整个光纤传输线路，则两段光纤上的色散啁啾效应可以相互抵消，从而消除脉冲的色散展宽。另一方面，如果输入脉冲本身即具有一定正或负的啁啾性质，则可以选择具有相反色散性质(β_2 的符号与脉冲初始啁啾的符号相反)的光纤，在经过适当距离的传输后，部分或完全地使脉冲的啁啾消除，从而使脉冲的宽度得到压缩。

10.4　光纤中的光克尔效应

线性与非线性光纤系统的主要区别在于，在线性光纤传输系统中，光信号的各频谱分

量是各自独立传输的，信号畸变主要来自各频谱分量传输速度不同所导致的色散，而光纤的非线性效应不仅引起这种信号畸变，更重要的是它将导致新频率的产生和不同频率之间的相互耦合。这将对光信号的传输产生两个方面的不良影响：新频率的产生将损失信号光的功率，不同频率之间的相互耦合将导致波分复用(WDM)系统中不同波长通道间的串话。但是在另外一些场合，光纤中的非线性光学效应又可以起到不可替代的作用，如波长转换、光学相位共轭以及光孤子通信系统等。

石英本身并不是良好的非线性材料，实验测量表明，石英光纤的非线性折射率系数仅为 $2.3\times10^{-22}\ m^2/V^2$，远小于体光学中通常使用的非线性介质。但由于光纤具有极低的损耗和很小的光斑尺寸，因此只需很小的注入功率即可在光纤内获得较高的光功率密度，从而产生非线性光学现象；同时低损耗使得光场在光纤内可以获得相当长的有效非线性作用距离。而在体材料中，为了获得较高的光功率密度需要对光波进行聚焦，但是减小聚焦光斑的尺寸将同时导致有效作用距离的缩短。因此，在光纤中产生非线性光学现象要比在体材料中容易得多，其影响也较为严重。

光纤中的最低阶非线性效应起源于三阶电极化率 $\chi^{(3)}$，它是引起诸如三次谐波产生、四波混频以及非线性折射率等现象的主要原因。光纤中的大部分非线性效应起源于非线性折射率，折射率对光强的依赖关系导致了大量有趣的非线性效应，如 SPM 和 XPM 等。

光纤中的光克尔效应是非线性极化导致光纤中的折射率 n 随传输光功率变化的效应。在入射光电场 E 的作用下，光纤中产生的极化强度为

$$\overline{P}=\varepsilon_0\sum_{m=0}^{\infty}\chi^{(2m+1)}|\overline{E}|^{2m}\overline{E} \tag{10.4-1}$$

式中，$\chi^{(2m+1)}$ 为有效电极化率，它是单值标量函数(光纤材料是各向同性介质)。若对极化强度取前两阶近似，则光纤的介电常数为

$$\varepsilon=\varepsilon_0[\varepsilon_r+\varepsilon_2|\overline{E}|^2] \tag{10.4-2}$$

式中，ε_r 为线性相对介电常数；ε_2 为非线性相对介电常数系数。光纤的折射率为

$$n=n_1+n_2|\overline{E}|^2\approx\sqrt{\varepsilon_r}\left[1+\frac{\varepsilon_2}{2\varepsilon_r}|\overline{E}|^2\right] \tag{10.4-3}$$

其中

$$n_1=\sqrt{\varepsilon_r}=\sqrt{1+\chi^{(1)}} \tag{10.4-4}$$

为线性折射率，而

$$n_2=\frac{\varepsilon_2}{2\sqrt{\varepsilon_r}}=\frac{3}{8}\frac{\chi^{(3)}}{\sqrt{1+\chi^{(1)}}} \tag{10.4-5}$$

为非线性折射率系数。考虑损耗时，$\chi^{(1)}$ 为复数，可表示为 $\chi^{(1)}=\chi_R^{(1)}+i\chi_I^{(1)}$。因此，光纤折射率可写成

$$n=(n_1'+in_1'')+n_2|\overline{E}|^2 \tag{10.4-6}$$

式中

$$n_1'=\frac{1}{\sqrt{2}}\left[\sqrt{(1+\chi_R^{(1)})^2+(\chi_I^{(1)})^2}+(1+\chi_R^{(1)})\right]^{1/2} \tag{10.4-7}$$

$$n_1''=\frac{1}{\sqrt{2}}\left[\sqrt{(1+\chi_R^{(1)})^2+(\chi_I^{(1)})^2}-(1+\chi_R^{(1)})\right]^{1/2} \tag{10.4-8}$$

$$n_2 = \frac{\varepsilon_2(n_1' - \mathrm{i}n_1'')}{2[(n_1')^2 + (n_1'')^2]} \tag{10.4-9}$$

当损耗和非线性效应较小时，有

$$n_2 \approx \frac{\varepsilon_2}{2n_1'} = \frac{3\chi^{(3)}}{8n_1'} \tag{10.4-10}$$

由上述可见，非线性极化导致光纤折射率变化，从而引起附加的相位延迟，即

$$\Delta\varphi = \frac{2\pi}{\lambda} n_2 |\overline{E}|^2 L \tag{10.4-11}$$

式中，λ 为自由空间的光波波长；L 为传输距离。

当一强光脉冲在光纤中传输时，该光脉冲的光感应相位变化与时间有关，结果使透过光的谱加宽，且其加宽谱有半周期性的结构。此加宽谱中峰的数目由最接近于(但小于) $\Delta\varphi_{max}/(2\pi)$ 的整数决定，而两边最远峰的频移由 $|\partial\varphi/\partial t|_{max}$ 决定。

10.5　光纤中的自相位调制和交叉相位调制[3, 9]

10.5.1　光纤中的自相位调制(SPM)

1. SPM 的基本概念和理论

在时域内，光场较强时，光纤折射率将随光场幅度变化，这种变化又将通过光纤的传输常数转化为光场传输相位随光场幅度的变化。因此，随着光场在光纤中的传输，对光场的幅度调制将同时自发地产生对光场的相位调制。这种现象称为光场的自相位调制，简称 SPM。

光的自相位调制是一种非线性效应，如同光束的自聚焦一样，光的自相位调制要求有相当强的光才能观察到。SPM 对光纤中脉冲传输的影响可以通过求解非线性传输方程(10.2-30)进行分析。为了突出 SPM 对信号传输的影响，假定脉冲的中心波长位于光纤的零色散波长上，则在方程(10.2-30)中，$\beta_2=0$。同时，如前面几节的讨论，作下述变换，定义出归一化振幅：

$$T = t - \beta_1 z, \quad \overline{A}(z,T) = \sqrt{P_0}\,\mathrm{e}^{-\alpha z/2}U(z,T) \tag{10.5-1}$$

式中，P_0 为输入脉冲的峰值功率；α 为光纤损耗系数；$U(z,T)$是按随传输损耗减小的脉冲振幅峰值归一化后得到的信号脉冲形式，它将只反映脉冲的形状和相位信息。这样，方程(10.2-30)变为

$$\frac{\partial U}{\partial z} = \mathrm{i}\,\frac{\mathrm{e}^{-\alpha z}}{L_{NL}}|U|^2 U \tag{10.5-2}$$

式中的 $L_{NL}=(\gamma P_0)^{-1}$称为光纤的非线性特征长度。L_{NL}愈小，非线性效应愈明显。当传输距离 $z\geqslant L_{NL}$时，非线性所产生的影响将变得较为显著。方程(10.5-2)的解为

$$U(z,T) = U(0,T)\mathrm{e}^{\mathrm{i}\varphi_{NL}(z,T)} \tag{10.5-3}$$

式中

$$\varphi_{LN}(z,T)=\frac{1-e^{-\alpha z}}{\alpha L_{NL}}|U(0,T)|^2=\frac{Z_{eff}}{L_{NL}}|U(0,T)|^2 \qquad (10.5-4)$$

其中，$Z_{eff}=(1-e^{-\alpha z})/\alpha$，为由光纤损耗所决定的等效非线性作用长度，称为光纤的有效长度。

式(10.5－3)表明，SPM 使得相移随光强的增大而增大，且 SPM 效应并不影响脉冲的形状，但产生了随脉冲幅度变化的相位调制因子，这与光纤色散所造成的影响不同，光纤色散将同时影响脉冲的形状和相位。与色散所导致的脉冲啁啾效应式(10.3－28)类似，SPM 也将导致脉冲啁啾效应，使脉冲的不同部位具有与中心频率 ω_0 不同的偏移量：

$$\delta\omega(T)=-\frac{\partial\varphi_{NL}}{\partial T}=-\frac{Z_{eff}}{L_{NL}}\frac{\partial|U(0,T)|^2}{\partial T} \qquad (10.5-5)$$

应特别引起注意的是，由 SPM 引起的啁啾与色散啁啾效应的一个根本不同点在于，SPM 所导致的频率偏移将随着传输距离的增加而不断增大，即脉冲在传输过程中将不断产生出新的频率成分。这些新产生的光子扩大了脉冲激光光谱的带宽，意味着可产生更短的脉冲。而由色散引起的啁啾效应并不产生新的频率，它只是对脉冲所包含的各种频率成分进行重新安排。因此 SPM 对脉冲的最主要影响来自传输过程中脉冲的谱加宽。假如材料中不存在任何群速弥散，只存在单纯的自相位调制，则这时光脉冲的时间分布(光脉冲形状)不发生变化。脉冲在传输过程中光谱演化的具体情况可以通过式(10.5－3)并利用傅里叶变换得到：

$$S(z,\omega)=|U(z,\omega)|^2=\left|\int_{-\infty}^{+\infty}U(0,T)e^{i\varphi_{NL}(z,T)+i(\omega-\omega_0)T}\,dT\right|^2 \qquad (10.5-6)$$

2. 超高斯脉冲的 SPM 谱加宽

尽管许多激光器发射的脉冲都近似为高斯型，但通常还要考虑其它的脉冲形状，例如超高斯脉冲。对半导体激光辐射来说，超高斯脉冲是典型的脉冲，它的形状可表示成如下形式：

$$U(0,T)=\exp\left[-\frac{1+iC}{2}\left(\frac{T}{T_0}\right)^{2m}\right] \qquad (10.5-7)$$

式中，C 为啁啾参量，决定着脉冲啁啾；m 反映了沿的锐度。当 $m=1$ 时，上式变为无啁啾高斯脉冲。由式(10.5－5)，SPM 产生的频率啁啾为

$$\delta\omega(T)=\frac{2m}{T_0}\frac{Z_{eff}}{L_{NL}}\left(\frac{T}{T_0}\right)^{2m-1}\exp\left[-\left(\frac{T}{T_0}\right)^{2m}\right] \qquad (10.5-8)$$

图 10.5－1 给出了 $Z_{eff}=L_{NL}$ 时，非线性相移 φ_{NL} 与频率啁啾 $\delta\omega(T)$ 在整个脉冲宽度内的变化曲线。由图可见，$\delta\omega$ 随时间的变化具有以下特征：SPM 使脉冲的低频成分位于前沿，而高频成分位于后沿；在高斯脉冲的中心区域产生线性增长啁啾，脉冲前、后沿越陡，啁啾越大；超高斯脉冲的频率啁啾只出现在脉冲沿附近，且不是线性变化的，这与高斯脉冲情形有很大的不同。

由图 10.5－1 中 $\delta\omega$ 的峰值可以估算出 SPM 所致频谱展宽的大小。令 $\delta\omega$ 对时间的导数为 0，可以得到 $\delta\omega$ 的最大值为

$$\delta\omega_{max}=\frac{fm}{T_0}\varphi_{max} \qquad (10.5-9)$$

式中，$\varphi_{max}=Z_{eff}/L_{NL}=\gamma P_0 Z_{eff}$，是由 SPM 所导致的最大相移，它描述了 SPM 效应的强弱；

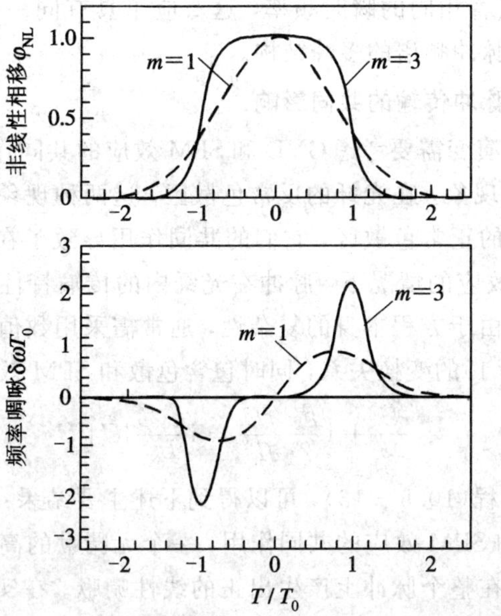

图 10.5-1　高斯脉冲(虚线)与超高斯脉冲(实线)的相移与频移啁啾随时间的变化曲线

f 为与输入脉冲形状有关的常数，对于超高斯脉冲，有

$$f = 2\left[1 - \frac{1}{2m}\right]^{1-\frac{1}{2m}} e^{-\left(1-\frac{1}{2m}\right)} \tag{10.5-10}$$

当 $m=1$ 时，$f=0.86$，对于更大的 m，f 趋近于 0.74。对于无啁啾高斯脉冲，脉冲的 1/e 点谱宽为 $\Delta\omega = T_0^{-1}$，式(10.5-9)可表示为

$$\delta\omega_{max} = 0.86\Delta\omega\varphi_{max} \tag{10.5-11}$$

图 10.5-2 示出了无啁啾高斯脉冲根据式(10.5-6)计算的在不同 φ_{max} 值(相当于不同传输距离)下脉冲光谱的演化情况[10]。对于超强短脉冲情形，这种频谱展宽可达 100 THz。由图可见，SPM 所致频谱展宽在整个频率范围内伴随着振荡结构。通常，频谱由许多峰组成，且最外层峰值强度最大，而峰的数目 M 与最大相移有下面的近似关系[11]：

$$\varphi_{max} \approx \left(M - \frac{1}{2}\right)\pi \tag{10.5-12}$$

这种振荡结构的原因可由图 10.5-1 解释：在两个不同的时间，存在着相同的啁啾，表明

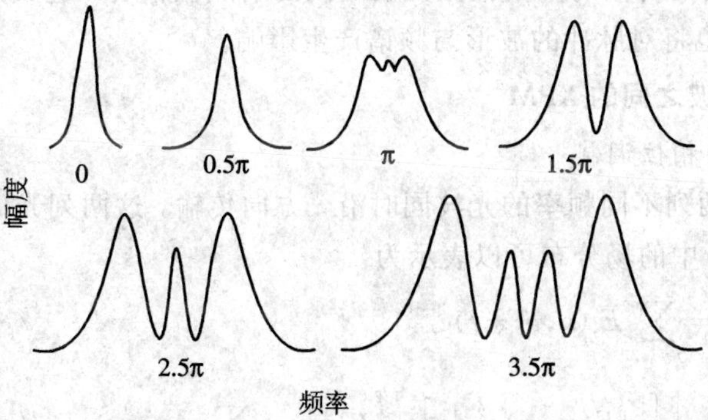

图 10.5-2　由 SPM 引起的高斯脉冲频谱在不同 φ_{max} 值下的展宽情况

脉冲在两个不同点存在着相同的瞬时频率，这对应于具有同一频率但相位不同的两列光波，它们的叠加导致了脉冲频谱的多峰结构。

3. 色散与 SPM 对脉冲传输的共同影响

光脉冲在光纤中的演变需要考虑 GVD 和 SPM 效应的共同作用，由于 GVD 和 SPM 的共同作用产生了一些新现象。在光纤的反常色散区，这两种现象共同作用的结果导致光纤中能形成孤子。在光纤的正常色散区，它们的共同作用导致了在脉冲压缩方面的应用。在同时存在色散和 SPM 效应的情况下，脉冲在光纤内的传输特性应当通过求解非线性传输方程(10.2 - 30)分析。由于方程本身的复杂性，通常需采用数值方法对脉冲的演变特性进行求解。采用式(10.5 - 1)的变换关系，同时包含色散和 SPM 效应的脉冲传输方程为

$$\frac{\partial U}{\partial z}+\mathrm{i}\,\frac{\beta_2}{2}\,\frac{\partial^2 U}{\partial T^2}=\mathrm{i}\,\frac{\mathrm{e}^{-\alpha Z}}{L_{\mathrm{NL}}}\,|U|^2U \tag{10.5 - 13}$$

用数值方法求解方程(10.5 - 13)，可以得到下述主要结果：首先，在光纤的正常色散区($\beta_2>0$)，由于色散和 SPM 效应的共同作用，一个无啁啾的高斯脉冲将逐渐演变为一个接近矩形的脉冲，同时在整个脉冲上产生出正的线性啁啾。在实验上，这一特性已经被成功地运用于脉冲压缩技术。这是因为具有正线性啁啾的脉冲可以用具有负线性啁啾的色散元件(如线性啁啾光纤光栅或具有反常色散的光纤)进行压缩，并获得最大的压缩效率。其次，根据式(10.3 - 28)和 $m=1$ 时的式(10.5 - 8)，在光纤的反常色散区($\beta_2<0$)，SPM 将在脉冲中部产生正线性啁啾，而反常色散则在整个脉冲上产生负线性啁啾，因此光纤色散所造成的脉冲展宽可以在一定程度上从 SPM 效应得到补偿。不仅如此，在适当的条件下，SPM 效应可以和光纤的反常色散达到精确的平衡，实现脉冲在光纤中的无畸变传输，并构成光孤子传输。

10.5.2 光纤中的交叉相位调制(XPM)

当两个或多个不同频率的光波在非线性光纤介质中同时传输时，每一频率光波的幅度调制都将引起光纤折射率的相应变化，而其它频率的光波也会感受到这种变化，从而对这些光波产生非线性相位调制。这种现象称为交叉相位调制，简称 XPM。XPM 一般总伴随着 SPM 产生，因此光波的有效折射率将不仅与自身光强有关，而且依赖于其它频率光波的强度。XPM 的出现将对光纤传输特性产生重要的影响，例如将引起 WDM 系统通道之间的信号干扰，导致同向传输的不同偏振光波之间的非线性耦合，造成光纤传输的偏振不稳定性。同时，XPM 也将对脉冲的波形与频谱产生影响。

1. 不同频率光波之间的 XPM

1) XPM 引起的相位调制

假定光纤中有两列不同频率的光波同时沿 z 方向传输，这两列光波均为沿 x 方向振动的线偏振光，则光纤中的场分布可以表示为

$$\begin{aligned}E&=\sum_{j=1,2}\overline{E}_j(u,v,z,t)\mathrm{e}^{-\mathrm{i}(\omega_j t-\beta_{j0}z)}\\&=\left[\int_s|F(u,v)|^2\,\mathrm{d}s\right]^{-1/2}F(u,v)\sum_{j=1,2}\overline{A}_j(z,t)\mathrm{e}^{-\mathrm{i}(\omega_j t-\beta_{j0}z)}\end{aligned} \tag{10.5 - 14}$$

式中，$F(u,v)$为光纤内光场的横向分布，$\overline{A}_1$ 和 $\overline{A}_2$、ω_1 和 ω_2、β_{10}和 β_{20}分别为两列波的复振幅、中心频率以及中心频率上的传输常数。在式(10.5－14)中已经假定 ω_1 和 ω_2 的差别不是很大，因而具有近似相同的归一化横向场分布 $\left[\iint_s |F(u,v)|^2 \mathrm{d}s\right]^{-1/2} F(u,v)$ 。这两列光波在光纤中引起的非线性极化强度为

$$\begin{aligned}\overline{P}_{\mathrm{NL}} = &\overline{P}_{\mathrm{NL}}(\omega_1)\mathrm{e}^{-\mathrm{i}(\omega_1 t-\beta_{10}z)} + \overline{P}_{\mathrm{NL}}(\omega_2)\mathrm{e}^{-\mathrm{i}(\omega_2 t-\beta_{20}z)} \\ &+ \overline{P}_{\mathrm{NL}}(2\omega_1-\omega_2)\mathrm{e}^{-\mathrm{i}[(2\omega_1-\omega_2)t-(2\beta_{10}-\beta_{20})z]} \\ &+ \overline{P}_{\mathrm{NL}}(2\omega_2-\omega_1)\mathrm{e}^{-\mathrm{i}[(2\omega_2-\omega_1)t-(2\beta_{20}-\beta_{10})z]}\end{aligned} \tag{10.5-15}$$

对应于各频率成分上的极化强度复振幅分别为

$$\overline{P}_{\mathrm{NL}}(\omega_1) = \frac{3\varepsilon_0}{4}\chi^{(3)}_{xxxx}(|\overline{E}_1|^2 + 2|\overline{E}_2|^2)\overline{E}_1 = \varepsilon_0\varepsilon^{(1)}_{\mathrm{NL}}\overline{E}_1 \tag{10.5-16}$$

$$\overline{P}_{\mathrm{NL}}(\omega_2) = \frac{3\varepsilon_0}{4}\chi^{(3)}_{xxxx}(|\overline{E}_2|^2 + 2|\overline{E}_1|^2)\overline{E}_2 = \varepsilon_0\varepsilon^{(2)}_{\mathrm{NL}}\overline{E}_2 \tag{10.5-17}$$

$$\overline{P}_{\mathrm{NL}}(2\omega_1-\omega_2) = \frac{3\varepsilon_0}{4}\chi^{(3)}_{xxxx}\overline{E}_1^2\overline{E}_2^* \tag{10.5-18}$$

$$\overline{P}_{\mathrm{NL}}(2\omega_2-\omega_1) = \frac{3\varepsilon_0}{4}\chi^{(3)}_{xxxx}\overline{E}_2^2\overline{E}_1^* \tag{10.5-19}$$

其中，式(10.5－18)和式(10.5－19)表明，频率为 ω_1 和 ω_2 的入射光除在自身频率上产生极化响应外，还将产生频率为$(2\omega_1-\omega_2)$和$(2\omega_2-\omega_1)$的两个新频率成分。这两个新的频率成分来自光纤中的非线性四波混频效应，在不满足相位匹配条件(相位匹配条件是指$2\beta_{10}-\beta_{20}$或 $2\beta_{20}-\beta_{10}$具有近似为 0 的值)的情况下，这一效应可以忽略。因此，这里先不考虑来自四波混频的影响，而主要考虑光纤在入射光频率上的非线性效应。

根据式(10.5－16)和式(10.5－17)，光纤在频率 ω_1 和 ω_2 上的非线性相对介电常数的表达式不相同，分别为

$$\varepsilon^{(j)}_{\mathrm{NL}} = \frac{3}{4}\chi^{(3)}_{xxxx}(|\overline{E}_j|^2 + 2|\overline{E}_{3-j}|^2),\quad j=1,2 \tag{10.5-20}$$

在 ω_1 和 ω_2 相差不大的情况下，可以认为两个频率上折射率的线性部分近似相等(n_1)，则频率 ω_1 和 ω_2 上的非线性折射率可以表示为

$$\Delta n_j = \frac{\varepsilon^{(j)}_{\mathrm{NL}}}{2n_1} = n_2(|\overline{E}_j|^2 + 2|\overline{E}_{3-j}|^2),\quad j=1,2 \tag{10.5-21}$$

相应地，由非线性效应引起的相位调制为

$$\varphi^{(j)}_{\mathrm{NL}} = \frac{\omega_j z}{c}\Delta n_j = \frac{\omega_j n_2 z}{c}(|\overline{E}_j|^2 + 2|\overline{E}_{3-j}|^2),\quad j=1,2 \tag{10.5-22}$$

式中，括号内第一项表示频率为 ω_j 的光波对其自身的相位调制(SPM 效应)；第二项表示另一列光波对其相位的调制作用，它来自 XPM 的贡献。同时，XPM 的效率是 SPM 的两倍。这里又一次看到了非线性的两个重要特征，即它与光强有关，是一种强光效应，同时非线性可以在长距离上进行累积。

2) 两个光波场的 XPM 耦合传输方程

现在考虑在两个频率 ω_1 和 ω_2 上的脉冲传输演化方程。这些方程可由方程(10.2－23)

和方程(10.2－28)导出，但在两个频率上，光场传输常数的线性和非线性部分均不相同，即$\bar{\beta}_j=\beta_j+\Delta\beta_j$。因此$\overline{A}_1$或$\overline{A}_2$的频域传输方程为

$$\frac{\partial \overline{A}_j(z,\omega-\omega_j)}{\partial z}-\mathrm{i}(\beta_j-\beta_{j0})\overline{A}_j(z,\omega-\omega_j)=\mathrm{i}\Delta\beta_j\overline{A}_j(z,\omega-\omega_j),\quad j=1,2 \tag{10.5-23}$$

根据式(10.2－29)和式(10.5－21)可以得到传输常数的非线性部分为

$$\Delta\beta_j=\frac{\omega_j}{c}\frac{\int_s \Delta n_j|F|^2\,\mathrm{d}s}{\int_s |F|^2\,\mathrm{d}s}=\gamma_j(|\overline{A}_j|^2+2|\overline{A}_{3-j}|^2),\quad j=1,2 \tag{10.5-24}$$

式中，$\gamma_j=n_2\omega_j/(A_{\mathrm{eff}}c)$，$n_2$和$A_{\mathrm{eff}}$由式(10.4－10)和式(10.2－32)给出。将β_j在其中心频率ω_j上展开，并利用$(\omega-\omega_j)\overline{A}_j=\mathrm{i}(\partial\overline{A}_j/\partial t)$，即可由式(10.5－23)得到$\overline{A}_1$和$\overline{A}_2$的时域传输方程为

$$\frac{\partial \overline{A}_j}{\partial z}+\beta_{j1}\frac{\partial \overline{A}_j}{\partial t}+\mathrm{i}\frac{\beta_{j2}}{2}\frac{\partial^2 \overline{A}_j}{\partial t^2}+\frac{\alpha}{2}\overline{A}_j=\mathrm{i}\gamma_j(|\overline{A}_j|^2+2|\overline{A}_{3-j}|^2)\overline{A}_j,\quad j=1,2 \tag{10.5-25}$$

其中

$$\beta_{jn}=\left.\frac{\partial^n\beta_j}{\partial\omega^n}\right|_{\omega=\omega_j} \tag{10.5-26}$$

上述方程是由XPM导致的$\overline{A}_1$和$\overline{A}_2$之间的耦合微分方程，其中也包含了光纤色散、损耗以及SPM效应对两列光波在光纤中传输的影响。通常需要采用数值方法对耦合微分方程(10.5－25)进行求解，以获得脉冲演化和相互干扰的具体信息。

2. 色散对XPM效应的影响

求解XPM耦合方程(10.5－25)得到的结果表明，光纤色散可以对光纤中不同频率脉冲之间的XPM起到一定的限制作用。这是因为光纤色散的存在使得中心频率为ω_1和ω_2的两个光脉冲具有不同的传输速度$v_1=1/\beta_{11}$和$v_2=1/\beta_{21}$，在经过一定距离的传输后，两个脉冲将完全分离而不再重叠，这时两个脉冲之间的XPM相互作用也不复存在。这一距离称为脉冲的走离长度L_{D}，它可以用脉冲的群时延或色散表示为

$$L_{\mathrm{D}}=\frac{T_0}{|\beta_{11}-\beta_{21}|}\approx\frac{T_0}{|\beta_2(\omega_1-\omega_2)|} \tag{10.5-27}$$

式中，T_0为脉冲宽度；群时延$1/\beta_{11}$和$1/\beta_{21}$由式(10.5－26)给出。上式最后一步假定ω_1和ω_2相差不大，因此两个脉冲具有近似相等的色散，即$\beta_{12}\approx\beta_{22}=\beta_2$。由此可见，增大光纤色散可以削弱XPM的影响。

3. 光纤的非线性双折射

1) XPM引起两偏振分量的非线性双折射

现在考虑中心频率为ω_0、具有任意偏振态的相干光场在各向同性光纤中传输的情况。这里光场可以假设为沿x和y方向线偏振的光场叠加，即

$$\boldsymbol{E}=\frac{1}{2}(\boldsymbol{a}_x\overline{E}_x+\boldsymbol{a}_y\overline{E}_y)\mathrm{e}^{-\mathrm{i}(\omega_0 t-\beta_0 z)}+\mathrm{c.c.} \tag{10.5-28}$$

考虑到光纤是各向同性的，可以得到光纤中的非线性极化强度为

$$\boldsymbol{P}_{\mathrm{NL}} = \frac{1}{2}(\boldsymbol{a}_x \overline{P}_x + \boldsymbol{a}_y \overline{P}_y)\mathrm{e}^{-\mathrm{i}(\omega_0 t - \beta_0 z)} + \mathrm{c.c.} \tag{10.5-29}$$

式中，沿 x 和 y 方向的极化强度分量为

$$\overline{P}_i = \frac{3\varepsilon_0}{4}\left(\chi_{iiii}^{(3)}\overline{E}_i\overline{E}_i\overline{E}_i^* + \chi_{iijj}^{(3)}\overline{E}_i\overline{E}_j\overline{E}_j^* + \chi_{ijij}^{(3)}\overline{E}_j\overline{E}_i\overline{E}_j^* + \chi_{ijji}^{(3)}\overline{E}_j\overline{E}_j\overline{E}_i^*\right)$$
$$i,j = x,y,\ i \neq j \tag{10.5-30}$$

在各向同性的石英光纤中，上述三阶极化率张量 $\chi^{(3)}$ 的各分量间有如下关系：

$$\chi_{iijj}^{(3)} \approx \chi_{ijij}^{(3)} \approx \chi_{ijji}^{(3)} \approx \frac{\chi_{iiii}^{(3)}}{3},\quad i,j = x,y \tag{10.5-31}$$

据此，式(10.5－30)可简化为

$$\overline{P}_i = \frac{3\varepsilon_0}{4}\chi_{iiii}^{(3)}\left[\left(|\overline{E}_j|^2 + \frac{2}{3}|\overline{E}_j|^2\right)\overline{E}_i + \frac{1}{3}\overline{E}_i^2\overline{E}_i^*\right],\quad i,j = x,y;\ i \neq j \tag{10.5-32}$$

与式(10.5－18)和式(10.5－19)一样，上式中最后一项对应于不同偏振态光波之间的四波混频效应，这里再次假定其不满足相位匹配条件而将其忽略。由此得到光纤在不同方向上的非线性相对介电常数为

$$\left.\begin{aligned}\varepsilon_{\mathrm{NL}}^x &= \frac{3}{4}\chi_{xxxx}^{(3)}\left[|\overline{E}_x|^2 + \frac{2}{3}|\overline{E}_y|^2\right]\\ \varepsilon_{\mathrm{NL}}^y &= \frac{3}{4}\chi_{yyyy}^{(3)}\left[|\overline{E}_y|^2 + \frac{2}{3}|\overline{E}_x|^2\right]\end{aligned}\right\} \tag{10.5-33}$$

在两个偏振态上相应的非线性折射率为

$$\left.\begin{aligned}\Delta n_x &= n_2\left[|\overline{E}_x|^2 + \frac{2}{3}|\overline{E}_y|^2\right]\\ \Delta n_y &= n_2\left[|\overline{E}_y|^2 + \frac{2}{3}|\overline{E}_x|^2\right]\end{aligned}\right\} \tag{10.5-34}$$

其中，n_2 仍由式(10.4－5)的定义给出。一个光波的两个正交偏振分量之间的非线性耦合，导致了折射率两个分量发生不同的改变，这种现象称为自感应双折射现象或非线性双折射。利用式(10.5－22)的关系式可以得到非线性相移，并发现两个偏振分量之间的 XPM 比两个不同频率波之间的 XPM 小，这是因为包含的因子是 2/3 而不是 2。特别是当入射脉冲是椭圆偏振光时，XPM 引起的非线性双折射将使偏振态发生改变，表现为偏振椭圆的旋转，这种现象称为椭圆旋转。

一般情况下，$|\overline{E}_x|$ 与 $|\overline{E}_y|$ 并不相等，因此式(10.5－33)描述了由光纤非线性引起的光纤双折射现象。均匀介质中各偏振光场的非线性传输相移 $\varphi_{\mathrm{NL}}^{(j)} = \omega_0 z \Delta n_j / c$，因此式(10.5－34)同时也反映了各偏振光场的 SPM 和 XPM 效应。

2) 同一光波两正交偏振分量的非线性耦合方程

同一光波两正交偏振分量的复振幅可以表示为

$$\overline{E}_i(u,v,z,t) = \left[\iint_s |F(u,v)|^2\,\mathrm{d}s\right]^{-1/2} F(u,v)\overline{A}_i(z,t),\quad i = x,y \tag{10.5-35}$$

这里假定了各偏振分量具有近似相同的场分布。根据式(10.2－29)和式(10.5－34)可以得

到不同偏振态上的非线性传输常数为

$$\Delta\beta_i = \frac{\omega_0}{c}\frac{\int_s \Delta n_i |F|^2 \,\mathrm{d}s}{\int_s |F|^2 \,\mathrm{d}s} = \gamma\left(|\overline{A}_i|^2 + \frac{2}{3}|\overline{A}_j|^2\right), \quad i,j = x,y;\ i \neq j \quad (10.5-36)$$

式中，$\gamma = n_2\omega_0/(A_{\mathrm{eff}}c)$，$n_2$ 和 A_{eff} 由式(10.4－10)和式(10.2－32)给出。如果将各偏振分量间的四波混频效应也包括在内，则可以得到光场各偏振分量之间的非线性耦合方程为

$$\frac{\partial \overline{A}_i}{\partial z} + \beta_1\frac{\partial \overline{A}_i}{\partial t} + \mathrm{i}\frac{\beta_2}{2}\frac{\partial^2 \overline{A}_i}{\partial t^2} + \frac{\alpha}{2}\overline{A}_i = \mathrm{i}\gamma\left[\left(|\overline{A}_i|^2 + \frac{2}{3}|\overline{A}_j|^2\right)\overline{A}_i + \frac{1}{3}\overline{A}_j^2\overline{A}_i^*\right]$$

$$i,j = x,y,\ i \neq j \quad (10.5-37)$$

该方程是在假定两个偏振分量具有相同的中心频率、光纤无线性双折射的情况下得到的，此时各偏振态具有相同的线性群时延和色散。该方程中最后一项表征了满足相位匹配条件的四波混频效应，因此方程(10.5－37)包含有四波混频效应的贡献。

在更一般的情况下，两个偏振方向上的光场可能具有不同的频率 ω_x 和 ω_y，光纤也可能存在模式双折射，即 $\beta_{xn} \neq \beta_{yn}$。经过相似的推导可以得到此时两偏振光场之间的非线性耦合方程为

$$\frac{\partial \overline{A}_i}{\partial z} + \beta_{i1}\frac{\partial \overline{A}_i}{\partial t} + \mathrm{i}\frac{\beta_{i2}}{2}\frac{\partial^2 \overline{A}_i}{\partial t^2} + \frac{\alpha}{2}\overline{A}_i$$

$$= \mathrm{i}\gamma_i\left[\left(|\overline{A}_i|^2 + \frac{2}{3}|\overline{A}_j|^2\right)\overline{A}_i + \frac{1}{3}\overline{A}_j^2\overline{A}_i^*\,\mathrm{e}^{-2\mathrm{i}(\beta_{i0}-\beta_{j0})z}\right]$$

$$i,j = x,y,\ i \neq j \quad (10.5-38)$$

XPM 导致的光纤双折射也称为非线性克尔效应，它可以引起光纤偏振态之间的耦合，产生偏振的不稳定性。但另一方面，来自 XPM 效应的这种光致双折射现象，可以用于制作克尔光开关和光功率鉴别器等非线性功能器件。

4. 反向传输光之间的 XPM

前面已考虑了两个同向传输光波间的 XPM，这两个光波具有不同的波长或不同的偏振。还有另外一种情况，即两光波具有相同的波长和偏振态，但在光纤中以相反的方向传输，前向和后向传输的光波通过 XPM 发生相互作用，这样的互作用导致了新的特性，如光学双稳态、光学不稳定性和混沌等。具有特殊意义的是，XPM 产生的非互易性可影响光纤陀螺仪和光纤喇曼激光器的性能。

对于光纤中沿相反方向传输的短光脉冲，由于脉冲重叠只发生在很短的距离上，XPM 效应对脉冲传输的影响可以忽略。但对于反向传输的准连续光波，XPM 对光场传输的影响与同向传输的情形基本相同。此外，因反向准连续光波之间的相互作用距离不可能很长，所以在考虑反向 XPM 效应时，光纤损耗通常可以忽略。

假定两列反向线偏振光波具有相同的频率和偏振方向，正、反向光波的传输因子分别为 $\overline{A}_+\exp[-\mathrm{i}(\omega_0 t-\beta_0 z)]$ 和 $\overline{A}_-\exp[-\mathrm{i}(\omega_0 t+\beta_0 z)]$，则耦合传输方程中正、反向光场对 z 的导数将具有相反的符号，方程的其它内容保持不变。同时，考虑到光场的准连续性，光场对时间的导数均趋近于 0，可以忽略。另一方面，在这种情况下四波混频效应将由于严重

相位失配而受到遏制。因此，反向传输准连续光场之间的耦合传输方程为

$$\left.\begin{aligned}\frac{\partial \overline{A}_+}{\partial z} &= \mathrm{i}\gamma(|\overline{A}_+|^2 + 2|\overline{A}_-|^2)\overline{A}_+ \\ \frac{\partial \overline{A}_-}{\partial z} &= -\mathrm{i}\gamma(|\overline{A}_-|^2 + 2|\overline{A}_+|^2)\overline{A}_-\end{aligned}\right\} \tag{10.5 - 39}$$

假定正、反方向光场的功率分别为 P_+ 和 P_-，则上述方程的解为

$$\overline{A}_\pm(z) = \sqrt{P_\pm}\mathrm{e}^{\pm\mathrm{i}\varphi_\pm} \tag{10.5 - 40}$$

式中，正、反向光场的非线性传输相位分别为

$$\left.\begin{aligned}\varphi_+(z) &= \gamma(P_+ + 2P_-)z \\ \varphi_-(z) &= \gamma(P_- + 2P_+)z\end{aligned}\right\} \tag{10.5 - 41}$$

显然，当正、反向光场功率不相等时，它们经过相同距离所获得的非线性相移不相同。这种来自 XPM 的非互易性，能够对环形萨格奈克(Sagnac)光纤陀螺仪的测量精度产生严重的影响。因此，通常在萨格奈克光纤陀螺仪中需要对光源进行适当的调制，以有效地遏制 XPM 效应对其工作特性的影响。

10.6　光纤中的四波混频(FWM)效应

参量过程起源于光场作用下介质束缚电子的非线性响应，三阶参量过程涉及四个光波的相互作用，如三次谐波产生、四波混频和参量放大等。由于光纤中的四波混频过程能有效地产生新的波长，具有许多优良性质，所以人们对它进行了深入和广泛的研究。

10.6.1　FWM 效应及相位匹配条件[9]

考虑相互作用光是四个不同频率 ω_1、ω_2、ω_3 和 ω_4 的线偏振光场的一般情形。如果四个光场具有相同的偏振方向 $\boldsymbol{e}_x$，则光纤中的光场可以表示为

$$\overline{E} = \sum_{j=1}^{4} \overline{E}_j \mathrm{e}^{-\mathrm{i}(\omega_j t - \beta_j z)} \tag{10.6 - 1}$$

通过三阶非线性光学效应，可以得到 x 方向上光纤的非线性极化强度为

$$\overline{P}_{\mathrm{NL}} = \sum_{j=1}^{4} \overline{P}_j \mathrm{e}^{-\mathrm{i}(\omega_j t - \beta_j z)} \tag{10.6 - 2}$$

式中，$\overline{P}_j$ 表示光纤在频率 ω_j 上的非线性极化响应，它由很多不同频率光场的乘积项组成，其中频率 ω_4 上的非线性响应为

$$\begin{aligned}\overline{P}_4 = \frac{3\varepsilon_0}{4}\chi^{(3)}_{xxxx}\Big\{&[|\overline{E}_4|^2 + 2(|\overline{E}_1|^2 + |\overline{E}_2|^2 + |\overline{E}_3|^2)]\overline{E}_4 \\ &+ 2\sum_{(ijk)} \overline{E}_i\overline{E}_j\overline{E}_k^* \,\mathrm{e}^{-\mathrm{i}\theta_{ijk}} + \sum_{\substack{i,j=1\\ i\neq j}}^{3} \overline{E}_i^2\overline{E}_j^* \,\mathrm{e}^{-\mathrm{i}\theta_{ij}}\Big\}\end{aligned} \tag{10.6 - 3}$$

式中，方括号内的项表示了 SPM 和 XPM 对光纤非线性极化的贡献；其余的项描述了 FWM 效应；求和号下标$(ijk)=(123)$，(312)，(231)，表示指标 1、2 和 3 的循环引用。与各 FWM 因子相联系的相位因子为

$$\theta_{ijk} = (\omega_i + \omega_j - \omega_k - \omega_4)t - (\beta_i + \beta_j - \beta_k - \beta_4)z \tag{10.6-4}$$

$$\theta_{ij} = (2\omega_i + \omega_j - \omega_4)t - (2\beta_i + \beta_j - \beta_4)z \tag{10.6-5}$$

在上述众多的四波混频因子中，并非所有的因子都能对频率为 ω_4 的光场 $\overline{E}_4$ 产生影响，而只有那些与 $\overline{E}_4$ 同步或基本同步的项才能在 ω_4 频率上产生有效的四波混频效应。即在式(10.6-3)中，只有 θ_{ijk} 或 $\theta_{ij}\approx 0$ 的项才能在频率 ω_4 上产生有效的 FWM。根据式(10.6-4)和式(10.6-5)，这意味着

$$\left.\begin{aligned} \omega_i + \omega_j &= \omega_k + \omega_4 \\ \beta_i + \beta_j &= \beta_k + \beta_4 \end{aligned}\right\} \tag{10.6-6}$$

和

$$\left.\begin{aligned} 2\omega_i &= \omega_j + \omega_4 \\ 2\beta_i &= \beta_j + \beta_4 \end{aligned}\right\} \tag{10.6-7}$$

其中的频率条件规定了能够发生 FWM 的光场频率之间应当满足的关系。由于光纤色散的存在，各光场的传输常数之间一般并不满足上述条件，通常将传输常数对上述条件的偏离称为相位失配：

$$\left.\begin{aligned} \Delta\beta &= \beta_i + \beta_j - \beta_k - \beta_4 \\ \Delta\beta &= 2\beta_i - \beta_j - \beta_4 \end{aligned}\right\} \tag{10.6-8}$$

而将 $\Delta\beta=0$ 称为 FWM 的相位匹配条件。

FWM 在微观上对应于由四个光子参与的散射过程。与 $\overline{E}_i\overline{E}_j\overline{E}_k^*$ 相关的 FWM 过程在微观上对应于频率为 ω_i 和 ω_j 的两个入射光子湮灭，同时产生出频率为 ω_k 和 ω_4 的两个出射光子的过程，式(10.6-6)为该过程的能量守恒和动量守恒条件。由量子力学观点，与 $\overline{E}_i^2\overline{E}_k^*$ 相关的过程是湮灭两个频率为 ω_i 的光子，同时产生频率为 ω_k 和 ω_4 的光子的过程，相应的能量守恒和动量守恒条件为式(10.6-7)。由于在后一过程中两入射光子具有相同的频率，因此被称为简并的 FWM。根据这一分析，FWM 过程总是有四个光子参与，因此 FWM 又称为四光子混频，或简称 FPM。与后一节将要讨论的两种受激过程相比，这两个过程之间的主要不同是，在受激喇曼散射和受激布里渊散射情况下，相位匹配条件自动满足，非线性介质作为主动介质参与了此散射过程，而参量过程则要求选择特定的频率和折射率。

10.6.2 准连续波的 FWM 传输方程

光纤中各频率光波的场分布可以表示为[12]

$$\overline{E}_j(u,v,z,t) = \left[\int_s |F(u,v)|^2\,\mathrm{d}s\right]^{-1/2} F(u,v)\overline{A}_j(z,t)\mathrm{e}^{-\alpha z/2}, \quad j=1,2,3,4 \tag{10.6-9}$$

其中假定了四个频率上的横向场分布和光纤损耗基本相同，这在各频率相差不大的情况下是成立的。由于光纤色散的存在，式(10.6-3)中各 FWM 因子的相位匹配条件一般情况下均很难完全满足，只有个别项能够满足近似的相位匹配条件，即 $\Delta\beta\approx 0$。假定在式(10.6-3)中只有 $(ijk)=(123)$ 的项满足 $\Delta\beta=0$ 的条件，则其余 FWM 因子的影响均可以忽略。另一方面，考虑到光波的准连续性，$\overline{A}_j$ 对时间的导数近似为 0。因此，可以得到光纤内准连续波的 FWM 非线性传输方程为

$$\frac{d\overline{A}_1}{dz}=i\gamma_1\left[\left(|\overline{A}_1|^2+2\sum_{k\neq 1}|\overline{A}_k|^2\right)\overline{A}_1+2\overline{A}_3\overline{A}_4\overline{A}_2^*e^{-i\Delta\beta z}\right]e^{-\alpha z} \tag{10.6-10}$$

$$\frac{d\overline{A}_2}{dz}=i\gamma_2\left[\left(|\overline{A}_2|^2+2\sum_{k\neq 2}|\overline{A}_k|^2\right)\overline{A}_2+2\overline{A}_3\overline{A}_4\overline{A}_1^*e^{-i\Delta\beta z}\right]e^{-\alpha z} \tag{10.6-11}$$

$$\frac{d\overline{A}_3}{dz}=i\gamma_3\left[\left(|\overline{A}_3|^2+2\sum_{k\neq 3}|\overline{A}_k|^2\right)\overline{A}_3+2\overline{A}_1\overline{A}_2\overline{A}_4^*e^{i\Delta\beta z}\right]e^{-\alpha z} \tag{10.6-12}$$

$$\frac{d\overline{A}_4}{dz}=i\gamma_4\left[\left(|\overline{A}_4|^2+2\sum_{k\neq 4}|\overline{A}_k|^2\right)\overline{A}_4+2\overline{A}_1\overline{A}_2\overline{A}_3^*e^{i\Delta\beta z}\right]e^{-\alpha z} \tag{10.6-13}$$

式中，$\gamma_j=n_2\omega_j/(A_{\text{eff}}c)$；相位失配因子为

$$\Delta\beta=\beta_1+\beta_2-\beta_3-\beta_4 \tag{10.6-14}$$

方程(10.6-10)～(10.6-13)为FWM效应对光纤中准连续光波之间相互作用的最一般化的描述，其中也包括了SPM和XPM效应。在具体应用时，可根据实际情况进行适当的简化。

10.6.3 FWM参量增益

在许多实际应用中，常常存在$|\overline{A}_3|$，$|\overline{A}_4|\ll|\overline{A}_1|$，$|\overline{A}_2|$的情形，有时甚至在输入光中没有频率为$\omega_4$的分量，它是其它三个频率的光在传输过程中通过FWM效应产生出来的。这时，在光纤中注入频率为ω_1和ω_2的光，可能是为了对ω_3的信号光进行放大。根据前面的分析，这一过程将同时产生无用的光场ω_4。为了对信号光提供足够的增益，一般需要很强的$\overline{A}_1$和$\overline{A}_2$，以产生较强的FWM效应。在这种情况下，习惯上将$\overline{A}_1$和$\overline{A}_2$称为泵浦光，$\overline{A}_3$称为信号光，$\overline{A}_4$称为空闲光。但是，有时这种安排也常常用于信号光的波长转换，即将信号光从ω_3转换至ω_4，此时获得较强的$\overline{A}_4$输出成为整个任务的核心。

在上述两种应用中，泵浦光$\overline{A}_1$和$\overline{A}_2$一般为连续波，而$\overline{A}_3$和$\overline{A}_4$则带有调制信息。为了尽量满足FWM相位匹配条件，通常各频率均应位于零色散波长附近，因此在$\overline{A}_3$和$\overline{A}_4$的传输方程中可以忽略色散项，而方程中$\overline{A}_3$和$\overline{A}_4$对时间的一阶导数则可通过变换$T=t-\beta_1 z$予以消除。因此，光纤中的FWM传输方程仍可用方程(10.6-10)～(10.6-13)进行描述，同时，为了简化分析，在方程中忽略了光纤损耗。

由于$|\overline{A}_3|$，$|\overline{A}_4|\ll|\overline{A}_1|$，$|\overline{A}_2|$，因此方程(10.6-10)和(10.6-11)中的FWM项及$|\overline{A}_3|^2$和$|\overline{A}_4|^2$项可以忽略(忽略泵浦抽空)，$\overline{A}_1$和$\overline{A}_2$的传输将只与SPM和XPM效应有关。若忽略光纤损耗，则方程(10.6-10)和(10.6-11)的解为

$$\left.\begin{aligned}\overline{A}_1&=\sqrt{P_1}e^{i\gamma_1(P_1+2P_2)z}\\ \overline{A}_2&=\sqrt{P_2}e^{i\gamma_2(P_2+2P_1)z}\end{aligned}\right\} \tag{10.6-15}$$

其中$P_j=|\overline{A}_j|^2(j=1,2)$为泵浦光的输入功率。在频率间隔不大的情况下，各频率上的非线性系数近似相等，均用γ表示，则方程(10.6-12)和(10.6-13)变为

$$\frac{d\overline{A}_3}{dz}=2i\gamma[(P_1+P_2)\overline{A}_3+(P_1P_2)^{1/2}\overline{A}_4^*e^{i\Delta\varphi z}] \tag{10.6-16}$$

$$\frac{d\overline{A}_4}{dz}=2i\gamma[(P_1+P_2)\overline{A}_4+(P_1P_2)^{1/2}\overline{A}_3^*e^{i\Delta\varphi z}] \tag{10.6-17}$$

其中，$\Delta\varphi=\Delta\beta+3\gamma(P_1+P_2)$。若令

$$\left.\begin{aligned}\bar{B}_3 &= \bar{A}_3 e^{-2i\gamma(P_1+P_2)z} \\ \bar{B}_4 &= \bar{A}_4^* e^{2i\gamma(P_1+P_2)z}\end{aligned}\right\} \tag{10.6-18}$$

可以得到

$$\frac{d\bar{B}_3}{dz} = i\kappa \bar{B}_4 e^{-i\delta z} \tag{10.6-19}$$

$$\frac{d\bar{B}_4}{dz} = -i\kappa \bar{B}_3 e^{-i\delta z} \tag{10.6-20}$$

方程(10.6-19)和(10.6-20)为 $\bar{B}_3$ 与 $\bar{B}_4$ 耦合微分方程的标准形式，耦合强度 $\kappa = 2\gamma(P_1P_2)^{1/2}$，相位失配 $\delta = \Delta\beta + \gamma(P_1+P_2)$。由此可见，如果考虑来自泵浦光的非线性相位调制作用的影响，严格的FWM相位匹配条件应为 $\delta=0$，即当 $\Delta\beta = -\gamma(P_1+P_2)$ 时，四波混频作用将使信号光和空闲光得到最快的增长，FWM具有最大的效率。在给定的边界条件下，可以根据方程(10.6-19)和(10.6-20)得到信号光与空闲光的具体增长形式。

在部分简并情形，即只有一个泵浦光的情况下，有 $\omega_1 = \omega_2$ 及 $P_1 = P_2$，上述结果全部适用。由方程(10.6-19)和(10.6-20)可得其通解，并由边界条件最后得到参量增益为[3]

$$g = [(\gamma P_0 r)^2 - (\kappa/2)^2]^{1/2} \tag{10.6-21}$$

这里引入了参量 r 和 P_0：

$$r = 2(P_1P_2)^{1/2}/P_0, \quad P_0 = P_1 + P_2 \tag{10.6-22}$$

$$\kappa = \Delta\beta + 2\gamma P_0 \tag{10.6-23}$$

P_0 为总入射泵浦功率。上式表明，在 $\kappa=0$ 或 $\Delta\beta = -2\gamma P_0$ 处有最大增益($g=\gamma P_0$)，增益范围对应 $0 > \Delta\beta > -4\gamma P_0$。

10.6.4　FWM光学相位共轭和光谱反转

在利用FWM效应进行光信号的波长转换时，输入端只有泵浦光和信号光，并且在整个FWM作用过程中有 $|\bar{A}_4| \ll |\bar{A}_3| \ll |\bar{A}_1|, |\bar{A}_2|$。如果信号光为调制的脉冲信号，则应当考虑方程(10.6-10)～(10.6-13)的频域形式。考虑光纤损耗，此时，各光场可近似地表示为

$$\bar{A}_1(\omega_1) = \sqrt{P_1} e^{i\gamma(P_1+2P_2)z} e^{-\alpha z/2} \tag{10.6-24}$$

$$\bar{A}_2(\omega_2) = \sqrt{P_2} e^{i\gamma(P_2+2P_1)z} e^{-\alpha z/2} \tag{10.6-25}$$

$$\bar{A}_3(\omega_3) = \bar{B}_3(\omega_3) e^{2i\gamma(P_1+P_2)z} e^{-\alpha z/2} \tag{10.6-26}$$

$$\bar{A}_4(\omega_4) = \bar{B}_4^*(\omega_4) e^{2i\gamma(P_1+P_2)z} e^{-\alpha z/2} \tag{10.6-27}$$

由于 $\bar{A}_1$ 和 $\bar{A}_2$ 为连续波，上述光场表示式中的SPM和XPM效应并不改变光场的频谱。混频信号的频率 ω_4 满足

$$\omega_4 = \omega_1 + \omega_2 - \omega_3 \tag{10.6-28}$$

将式(10.6-24)～式(10.6-27)代入方程(10.6-13)，得到

$$\frac{d\bar{B}_4(\omega_4)}{dz} = -2i\gamma(P_1P_2)^{1/2} \bar{B}_3(\omega_3) e^{-\alpha z} c^{-i\delta z} \tag{10.6-29}$$

在光纤零色散波长附近，可以忽略 $\bar{B}_3(\omega_3)$ 随 z 的变化。对上式直接积分，可以得到 $\bar{B}_4(\omega_4)$

随 z 的变化关系为

$$\overline{B}_4(z,\omega_4) = 2\mathrm{i}\gamma(P_1P_2)^{1/2}\overline{B}_3(\omega_3)\frac{1-\mathrm{e}^{-(\mathrm{i}\delta+\alpha)z}}{\mathrm{i}\delta+\alpha} \tag{10.6-30}$$

式(10.6-30)的结果具有多方面的重要意义。根据式(10.6-30)和式(10.6-27)可以得到

$$\overline{A}_4(z,\omega_4) = 2\mathrm{i}\gamma(P_1P_2)^{1/2}\overline{A}_3^*(\omega_3)\mathrm{e}^{4\mathrm{i}\gamma(P_1+P_2)z}\frac{1-\mathrm{e}^{(\mathrm{i}\delta-\alpha)z}}{\mathrm{i}\delta-\alpha} = f(z)\overline{A}_3^*(\omega_3) \tag{10.6-31}$$

另一方面，式(10.6-28)表明，信号光中频率为 $\omega_3+\delta\omega$ 的分量所产生的混频信号频率分量将位于 $\omega_4-\delta\omega$ 处。因此，如果忽略在信号谱宽内相位失配的变化，则有

$$\begin{aligned}\overline{A}_4(z,T) &= \int_{-\infty}^{+\infty}\overline{A}_4(z,\omega_4+\delta\omega)\mathrm{e}^{-\mathrm{i}\delta\omega T}\mathrm{d}(\delta\omega)\\ &= f(z)\int_{-\infty}^{+\infty}\overline{A}_3^*(\omega_3-\delta\omega)\mathrm{e}^{-\mathrm{i}\delta\omega T}\mathrm{d}(\delta\omega)\\ &= -f(z)\left[\int_{-\infty}^{+\infty}\overline{A}_3(\omega_3+\delta\omega')\mathrm{e}^{-\mathrm{i}\delta\omega' T}\mathrm{d}(\delta\omega')\right]^*\\ &= -f(z)\overline{A}_3^*(0,T)\end{aligned} \tag{10.6-32}$$

即波长转换后输出的混频信号脉冲与输入信号脉冲的复共轭成正比。因此通过光学 FWM 可以获得输入脉冲的光学相位共轭脉冲。

根据式(10.6-31)，输出脉冲的光谱功率为

$$\begin{aligned}\overline{P}_4(z,\omega_4) &= |\overline{A}_4(z,\omega_4)|^2\\ &= 4\gamma^2\overline{P}_1\overline{P}_2|\overline{A}_3(\omega_3)|^2\frac{\alpha^2Z_{\mathrm{eff}}\mathrm{e}^{-\alpha z}}{\alpha^2+\delta^2}\left[1+\frac{4\mathrm{e}^{-\alpha z}\sin^2(\delta z/2)}{(1-\mathrm{e}^{-\alpha z})^2}\right]\\ &= |f(z)|^2\overline{P}_3(\omega_3)\end{aligned} \tag{10.6-33}$$

由式(10.6-28)，混频输出光谱功率与输入信号相应的光谱功率之间满足

$$\overline{P}_4(z,\omega_4+\delta\omega) = |f(z)|^2\overline{P}_3(\omega_3-\delta\omega) \tag{10.6-34}$$

上式表明，混频信号中的高频分量与输入信号光中对应的低频分量成正比，即通过光学 FWM 所获得的输出信号与输入信号相比，其光谱关于中心频率发生了反转，如图 10.6-1 所示。

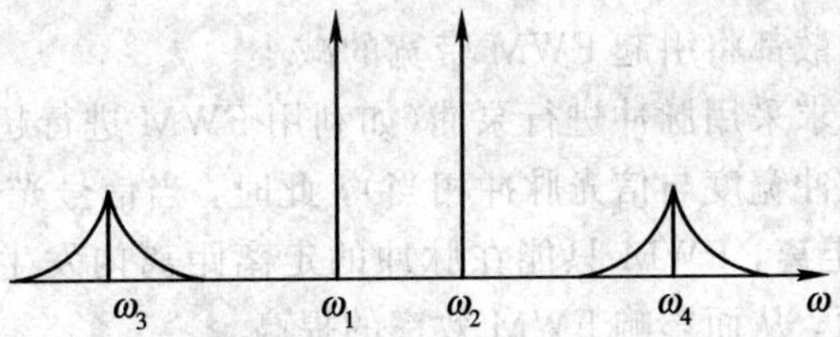

图 10.6-1　光纤 FWM 光谱反转示意图

FWM 效应的上述特性可以被用于光纤线路的中途光谱反转色散补偿技术。例如，在反常色散光纤中传输的脉冲将在传输过程中产生负脉冲啁啾，即低频分量传输速度慢，将位于脉冲后沿，而高频分量则位于脉冲前沿。如果在整个光纤线路中点，利用 FWM 产生色散展宽脉冲的相位共轭脉冲，则获得的脉冲具有正的啁啾，其高频分量将位于脉冲后沿，而低频分量则位于前沿。该脉冲在经过另外一半反常色散光纤传输后，其宽度将重新恢复到输入端的水平。这一方法对于单一波长通道高速光纤通信系统的色散补偿是十分有

效的。

10.6.5 色散对光纤 FWM 的影响

根据式(10.6-19)和式(10.6-20)，FWM 的相位失配可以表示为

$$\delta = \Delta\beta + \gamma(P_1 + P_2) \tag{10.6-35}$$

其中，第一项来自光纤色散的贡献，第二项来自光纤非线性的贡献。对于通常的泵浦功率，来自光纤非线性的贡献远远小于色散所引起的相位失配，在大多数情况下可以忽略。

根据式(10.6-28)，输入信号光频率 ω_3 与混频信号光频率 ω_4 对称地分布于泵浦频率 ω_1 和 ω_2 两边，并且满足

$$\Omega = \omega_1 - \omega_3 = \omega_4 - \omega_2 \tag{10.6-36}$$

通常 Ω 最多只有数百吉赫兹(GHz)，此时可以认为光纤在四个频率上具有近似相等的群时延和色散。对于单模光纤，将 β 在中心频率 $\omega_0=(\omega_1+\omega_2)/2$ 上展成台劳级数，并取到二次项，代入式(10.6-8)即可得到单模光纤中 FWM 的相位失配为

$$\delta \approx \Delta\beta \approx \frac{2\pi c}{\omega_0^2} D\Omega(\omega_2 + \omega_4 - 2\omega_0) \tag{10.6-37}$$

D 为 ω_0 上的光纤色散(ps/(km・nm))。由此可见，如果光纤的零色散点选择在 ω_0 上，则相位匹配条件可以得到近似的满足。此时，FWM 的相位失配需要将 β 展开至三次项进行计算。

相位失配不仅直接影响 FWM 的效率，而且根据式(10.6-19)和式(10.6-20)，相位失配可以在距离上累积，因而影响 FWM 总的作用距离。通常定义 $\delta z=\pi$ 时的长度为光纤 FWM 的相干长度 L_c，且

$$L_c = \frac{\pi}{\delta} \tag{10.6-38}$$

只有当光纤长度 L 小于 L_c 时才能产生有效的 FWM 信号，当 $L>L_c$ 时，混频信号中的功率将逐渐反馈回泵浦之中。根据式(10.6-38)和式(10.6-37)，可以得到长度为 L 的光纤所允许的最大频率偏移为

$$\Delta\omega = \Omega = \frac{\omega_0^2\delta}{2\pi c D(\omega_2 + \omega_4 - 2\omega_0)} = \frac{\omega_0^2}{2D(\omega_2 + \omega_4 - 2\omega_0)cL} \tag{10.6-39}$$

因此，增加光纤长度或色散都将引起 FWM 带宽的减小。

在某些应用场合，要求采用脉冲进行泵浦(如利用 FWM 进行超高速 OTDM 系统的解复用时，要求泵浦光的脉冲宽度与信光脉冲相当)，此时，当信号光为窄的光脉冲时，光纤色散将引起脉冲之间的走离，FWM 只能在脉冲的走离距离内发生。当光纤色散较大时，脉冲的走离距离将非常短，从而影响 FWM 效率的提高。

10.7 光纤中的受激非弹性散射[3,9]

10.7.1 概述

前面所讨论的 SPM、XPM 和 FWM 等非线性光学现象，均起源于光纤介质对光的三

阶非线性极化响应。除此之外，还存在另一类重要的光与介质非线性相互作用的形式，即受激非弹性散射。由三阶非线性极化所导致的非线性效应与受激非弹性散射过程之间最本质的区别在于：在前一类非线性光学过程中，光场与介质之间不发生能量交换，是介质中的光子之间发生了能量和动量转移；而受激非弹性散射过程则起源于光场与介质振动态(声子)之间的相互作用，是光子与声子之间所发生的能量和动量交换。当入射光子(通常称为泵浦光)将一部分能量转移给声子(对应于分子从低振动能态跃迁至高振动能态)时，散射光子(通常称为斯托克斯光)的频率将相应降低，产生所谓斯托克斯频移。与此相反的频率上转换(相当于光场从介质中获得能量)过程，在光纤中发生的概率可以忽略。因此，光纤中的受激非弹性散射过程将产生较低频率的光子，或者对较低频率上的光场提供光增益作用。这种新频率的产生或增益作用，是以消耗泵浦光的功率为代价的。

根据参与散射过程的介质振动态性质的不同，受激非弹性散射可以分为受激喇曼散射(SRS)和受激布里渊散射(SBS)两类。SRS所描述的是光子与分子振动态(光学声子)之间的相互作用，由于光学声子具有较高的振动频率，光纤中SRS所引起的喇曼增益谱带宽可达40 THz量级。当入射光子波长为1 μm时，喇曼增益谱峰值所对应的频移约为13 THz。SBS所描述的则是光子与晶体振动态(介质中的声波，通常称为声学声子)之间的相互作用，由于声学声子的振动频率较低，光纤中的布里渊增益谱带仅约10 MHz数量级，布里渊增益的峰值所对应的频移约为10 GHz。总之，由于光学声子和声学声子性质的不同，导致了SRS和SBS之间具有很多不同的性质。

10.7.2 受激喇曼散射(SRS)

在非线性介质中，自发喇曼散射将一小部分入射功率由一光束转移到另一频率下移的光束，频率下移量由介质的振动模式决定，此过程称为喇曼效应。量子力学将该过程描述为入射光子被一个分子散射成另一个低频光子，同时分子完成振动态之间的跃迁，即入射光作为泵浦光产生称为斯托克斯波的频移光。

如果材料中的分子振动态具有几乎确定的能级，则通过受激喇曼散射所产生的斯托克斯光谱为分立谱，即受激喇曼散射光子位于某特定的频率上。受激喇曼散射的这一特性被广泛应用于分子振动能级的研究。但光纤中的情况与此十分不同：光纤材料为熔融状态的无定型非晶态石英玻璃，其分子之间相互作用的无规性，使得分子的振动能级受到扩展并相互重叠，因此光纤中的喇曼增益谱为连续谱，并分布在一个较宽的频率范围上。

1. 稳态及准连续波情形

为得到喇曼阈值，应考虑泵浦光波和斯托克斯光波之间的相互作用。考虑光纤损耗，光纤中泵浦光和斯托克斯光满足如下的耦合微分方程[13, 14]：

$$\left.\begin{aligned}\frac{\mathrm{d}I_s}{\mathrm{d}z} &= g_R I_p I_s - \alpha_s I_s \\ \frac{\mathrm{d}I_p}{\mathrm{d}z} &= \frac{\omega_p}{\omega_s} g_R I_p I_s - \alpha_p I_p\end{aligned}\right\} \tag{10.7-1}$$

式中，I_p和I_s分别为泵浦光和斯托克斯光的强度，单位为W/m^2；g_R为喇曼增益系数，单位为m/W；α_p和α_s分别为光纤在泵浦光波长和斯托克斯光波长上的损耗系数，单位为m^{-1}；ω_p和ω_s分别为泵浦光和斯托克斯光频率。图10.7-1给出了$\lambda_p=1\ \mu m$时，熔融纯石

英中 g_R 与斯托克斯频移 $\omega_p-\omega_s$ 的关系曲线。当 λ_p 增大时，喇曼增益将相应减小，满足

$$\lambda_p g_R(\lambda_p) = g_R(\lambda_p = 1\ \mu\text{m}) \tag{10.7-2}$$

式中 λ_p 为以微米表示的泵浦光波长值。由图可见，喇曼增益谱 g_R 的带宽达 40 THz，主增益峰宽度约为 13 THz。如果忽略光纤损耗所造成的光子数损失，则根据方程(10.7－1)可以得到

$$\frac{\mathrm{d}}{\mathrm{d}z}\left(\frac{I_s}{\hbar\omega_s}+\frac{I_p}{\hbar\omega_p}\right)=0 \tag{10.7-3}$$

式中，$\hbar$ 为普朗克常数，$\hbar\omega$ 表示频率为 ω 的光子所携带的能量。因此，上述方程表明，在 SRS 过程中，湮灭的泵浦光子数等于产生的斯托克斯光子数，总光子数守恒。

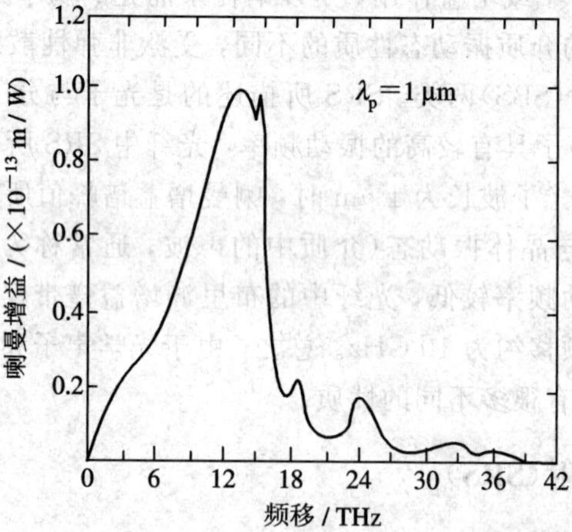

图 10.7－1　光纤中喇曼增益 g_R 与频移 $\omega_p-\omega_s$ 的关系曲线

当 $I_s \ll I_p$ 时，方程(10.7－1)第二式中的 SRS 项可忽略，因此近似有 $I_p = I_0 \cdot \exp(-\alpha_p z)$，将其代入式(10.7－1)的第一式，并在整个光纤长度上积分，可以得到

$$I_s(L) = I_s(0)\mathrm{e}^{g_R I_0 L_{\text{eff}} - \alpha_s L} \tag{10.7-4}$$

式中，$I_s(0)$为输入端斯托克斯光的强度；L 为光纤长度；$L_{\text{eff}} = [1-\exp(-\alpha_p L)]/\alpha_p$ 为光纤有效长度。如果在输入端没有斯托克斯光入射，则 $I_s(0)$将来自喇曼增益带宽内的随机光子起伏。

通常将在没有斯托克斯光入射、由 SRS 产生的斯托克斯光与泵浦光在光纤输出端功率相等时所需的入射泵浦光功率定义为 SRS 的阈值，即

$$P_s(L) = P_p(L) = P_0\mathrm{e}^{-\alpha_p L} \tag{10.7-5}$$

其中，入射泵浦光功率 $P_0 = I_0 A_{\text{eff}}$，A_{eff}为光纤的有效光斑面积。若假设 $\alpha_s \approx \alpha_p$，则阈值条件为

$$P_{s0}\mathrm{e}^{g_R P_0 L_{\text{eff}}/A_{\text{eff}}} = P_0 \tag{10.7-6}$$

其中，P_{s0}为来自 SRS 增益带宽内光子随机起伏所提供的斯托克斯光初始功率。如果假定喇曼增益谱具有罗仑兹线型，则对于斯托克斯光与泵浦光同向的情形，可以得到 SRS 的阈值泵浦功率$(P_0)_{\text{th}}$满足

$$\frac{g_R(P_0)_{\text{th}} L_{\text{eff}}}{A_{\text{eff}}} \approx 16 \tag{10.7-7}$$

对于反向 SRS，上述表达式的值应为 20。需要指出，上述结论只适用于光纤中泵浦光和斯托克斯光偏振方向一致并保持不变的情况。如果偏振方向发生变化，则喇曼阈值将增大 1～2 倍，在完全没有偏振相关性的情况下，阈值将增大 2 倍。

在长距离单模光纤系统中，若 $\lambda_p=1.55\ \mu m$，光纤损耗 $\alpha_p=0.2$ dB/km，相应的光纤有效作用长度 $L_{eff}\approx 20$ km，光纤有效面积 $A_{eff}=50\ \mu m^2$，则 SRS 的阈值约为 600 mW，所以在一般情况下不会出现 SRS。当在泵浦光达到阈值功率时，功率迅速由泵浦光转化为斯托克斯光，所产生的斯托克斯光将作为新的泵浦继续产生下一级斯托克斯光，直至其功率低于 SRS 阈值。产生斯托克斯光的级数决定于初始入射泵浦光的功率。

2. 脉冲泵浦情形

当入射泵浦光为窄光脉冲时，连续波理论需要修改。对连续波情形，受激布里渊散射(SBS)的阈值较低，所以 SBS 是主要的，并且抑制 SRS。当脉冲(宽度小于 10 ns)泵浦时，可减少或抑制 SBS。光纤色散、SPM 和 XPM 等效应都将对光纤中的 SRS 造成影响。其中反向斯托克斯光将由于脉冲之间的走离距离很短而不会产生。由于 $\omega_p-\omega_s$ 在太赫兹(THz)量级，泵浦光和斯托克斯光的传输群速度将存在较大的差别，因此，一方面 FWM 效应将由于严重的相位失配而对脉冲的传输没有影响，另一方面，同向 SRS 的作用长度将严重地受到脉冲走离距离的限制，即光纤色散对脉冲 SRS 的限制作用是很明显的。

根据前面的讨论，在不考虑光纤的传输时延、光纤色散、SPM 和 XPM 的情况下，光纤中的 SRS 效应由耦合微分方程(10.7-1)描述。由于 $I_j=P_j/A_{eff}=|\overline{A}_j|^2/A_{eff}$，其中 $\overline{A}_j(j=\mathrm{p,s})$分别为泵浦光和斯托克斯光的复振幅，则根据方程(10.7-1)可得

$$\left.\begin{aligned}\frac{d\overline{A}_s}{dz}&=-\frac{\alpha_1}{2}\overline{A}_s\\ \frac{d\overline{A}_p}{dz}&=-\frac{\alpha_2}{2}\overline{A}_p\end{aligned}\right\}\tag{10.7-8}$$

其中

$$\left.\begin{aligned}\alpha_1&=\alpha_s-g_s|\overline{A}_p|^2\\ \alpha_2&=\alpha_p+g_p|\overline{A}_s|^2\end{aligned}\right\}\tag{10.7-9}$$

分别为 SRS 所导致的斯托克斯光和泵浦光的净吸收系数。上式中，增益系数 g_s 和 g_p 与 g_R 的峰值关系为 $g_s=g_R/A_{eff}$，$g_p=\omega_p g_s/\omega_s$。其物理意义十分明显：斯托克斯光受到来自泵浦光的增益作用，其增益系数与泵浦光功率成正比；泵浦光则由于能量通过 SRS 不断转移至斯托克斯光，造成了除 α_p 以外的附加衰减，其 SRS 衰减系数正比于所产生的斯托克斯光功率。

根据方程(10.5-25)、方程(10.7-8)和式(10.7-9)可以得到脉冲情况下，包括光纤色散、SPM 和 XPM 等效应在内的 SRS 耦合传输方程：

$$\frac{\partial\overline{A}_s}{\partial z}+\beta_{s1}\frac{\partial\overline{A}_s}{\partial t}+\mathrm{i}\frac{\beta_{s2}}{2}\frac{\partial^2\overline{A}_s}{\partial t^2}+\frac{\alpha_s}{2}\overline{A}_s=\mathrm{i}\gamma_s(|\overline{A}_s|^2+2|\overline{A}_p|^2)\overline{A}_s+\frac{g_s}{2}|\overline{A}_p|^2\overline{A}_s\tag{10.7-10}$$

$$\frac{\partial\overline{A}_p}{\partial z}+\beta_{p1}\frac{\partial\overline{A}_p}{\partial t}+\mathrm{i}\frac{\beta_{p2}}{2}\frac{\partial^2\overline{A}_p}{\partial t^2}+\frac{\alpha_p}{2}\overline{A}_p=\mathrm{i}\gamma_p(|\overline{A}_p|^2+2|\overline{A}_s|^2)\overline{A}_p-\frac{g_p}{2}|\overline{A}_s|^2\overline{A}_p\tag{10.7-11}$$

式中，β_{j1} 和 $\beta_{j2}(j=\mathrm{s},\mathrm{p})$ 分别为光纤在斯托克斯光和泵浦光频率上的时延和色散。由于 ω_s 和 ω_p 之间的偏离较大，用 $\gamma_j=n_2\omega_j/A_{\mathrm{eff}}c(j=\mathrm{s},\mathrm{p})$ 分别表示两个频率上的非线性系数。光纤在脉冲泵浦情况下的 SRS 效应，可以通过用数值方法求解上述耦合方程获得其所有性质。对于飞秒脉冲，由于其谱宽超过了喇曼增益带宽，因此上述方程不再适用。

SRS 效应在光纤通信中有很多方面的应用，如利用喇曼增益可以制作出光纤喇曼激光器，也可以制成分布式光纤喇曼放大器以对光信号提供分布式宽带放大。另一方面，SRS 也会对通信系统产生一定的负面影响，例如在波分复用系统中，短波长信道的光会作为泵浦光将能量转移至长波长信道中，形成通道间的喇曼串扰。

10.7.3 受激布里渊散射(SBS)

受激布里渊散射是一种能在光纤内发生的非线性散射过程，所需的入射功率远低于 SRS 所要求的泵浦水平。一旦达到受激布里渊散射阈值，SBS 将把绝大部分输入功率转换为后向斯托克斯波。SBS 对光通信有害，但利用它可制作成光纤布里渊激光器和放大器。

SBS 起源于入射光(泵浦)与介质中声学声子(声波)的相互作用。在这种相互作用过程中，一个泵浦光子被湮灭，同时产生一个声学声子和一个散射的斯托克斯光子。散射过程的能量和动量守恒条件要求：

$$\left.\begin{aligned}\omega_p &= \omega_A+\omega_s\\ \boldsymbol{k}_p &= \boldsymbol{k}_A+\boldsymbol{k}_s\end{aligned}\right\}\qquad(10.7-12)$$

其中，ω_p、ω_A 和 ω_s 以及 $\boldsymbol{k}_p$、$\boldsymbol{k}_A$ 和 $\boldsymbol{k}_s$ 分别为泵浦光子、声子和斯托克斯光子的频率和波矢量。与光频相比，声波的频率几乎可以忽略，因此对于 SBS，有

$$\omega_A\ll\omega_s、\omega_p,\quad \omega_s\approx\omega_p,\quad |\boldsymbol{k}_s|\approx|\boldsymbol{k}_p|\qquad(10.7-13)$$

若泵浦光的方向与斯托克斯光方向之间的夹角为 θ，声波在介质中传播的速度为 v_A，则有

$$\left.\begin{aligned}|\boldsymbol{k}_A| &= 2|\boldsymbol{k}_p|\sin\frac{\theta}{2}\\ \omega_A &= v_A|\boldsymbol{k}_A| = 2v_A|\boldsymbol{k}_p|\sin\frac{\theta}{2}\end{aligned}\right\}\qquad(10.7-14)$$

由于光纤内只有正反两个参考方向，式(10.7-14)表明 SBS 只能产生反向($\theta=\pi$)的斯托克斯光波，同时，其布里渊频移由介质中声波的速度 v_A 和泵浦波长 λ_p 决定：

$$f_B=\frac{\omega_A}{2\pi}=\frac{2n_{\mathrm{eff}}v_A}{\lambda_p}\qquad(10.7-15)$$

式中，n_{eff} 为泵浦波长上的有效折射率。若取 $\lambda_p=1.55\ \mu\mathrm{m}$，$n_{\mathrm{eff}}=1.45$，$v_A=5.96\ \mathrm{km/s}$，则对应布里渊峰值增益的频移 $f_B=11.1\ \mathrm{GHz}$。

实验表明，石英光纤的 SBS 峰值增益 $g_B(f_B)\approx5\times10^{-11}\ \mathrm{m/W}$，而且基本上与泵浦波长无关。这一数值比光纤 SRS 的峰值增益约大三个数量级。光纤 SBS 增益的具体形状以及增益谱宽度与光纤结构的芯区掺杂情况有关。图 10.7-2 给出了不同结构及纤芯不同掺锗水平的三种光纤的 SBS 增益谱测量结果。通过适当设计光纤，可使 SBS 增益谱宽 $\Delta\nu_B$ 达 100 MHz。

由于 SBS 的斯托克斯信号只在反方向上产生，因此光纤的布里渊增益与泵浦光的光谱宽度 $\Delta\nu_p$ 关系十分密切。当泵浦光为皮秒(ps)量级的窄光脉冲时，SBS 的增益将小于 SRS

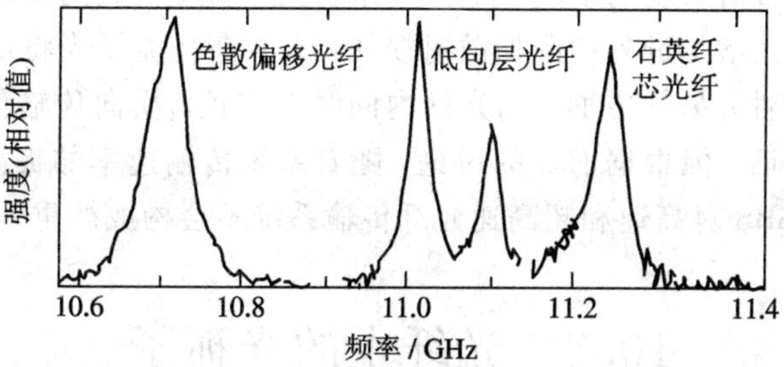

图 10.7-2　$\lambda_p=1.525\ \mu m$ 处三种光纤的布里渊谱

的增益，这时泵浦光脉冲将产生前向的喇曼散射，SBS 效应将不会发生。另一方面，实验还发现，即使是泵浦光为连续波的情形，如果其相位随时间快速变化，使得其谱宽 $\Delta\nu_p$ 超过 SBS 增益谱宽 $\Delta\nu_B$，则光纤的布里渊增益也将显著降低。可以证明[15]，如果泵浦光的光谱为罗仑兹线型，其 FWHM 谱宽为 $\Delta\nu_p$，则光纤 SBS 的峰值增益可表示为

$$\bar{g}_B=\frac{\Delta\nu_B}{\Delta\nu_B+\Delta\nu_p}g_B(f_B) \tag{10.7-16}$$

根据该式可知，增加泵浦光的光谱宽度是抑制 SBS 的一条基本途径。无论对泵浦进行何种方式的调制(ASK、FSK 或 PSK)，都将使 SBS 效应得到有效的遏制。

由于 SBS 所产生的斯托克斯信号是沿 $-z$ 方向传播的，因此泵浦光与斯托克斯光之间的强度耦合方程为[16, 17]

$$\left.\begin{aligned}\frac{dI_s}{dz}&=-g_BI_pI_s+\alpha I_s\\ \frac{dI_p}{dz}&=-g_BI_pI_s+\alpha I_p\end{aligned}\right\} \tag{10.7-17}$$

式中，g_B 为布里渊系数。考虑到 $\omega_p\approx\omega_s$，因此有 $\alpha_s\approx\alpha_p=\alpha$。忽略光纤损耗所造成的光子数损失，上式给出 SBS 的能量守恒方程为

$$\frac{d}{dz}(I_s-I_p)=0 \tag{10.7-18}$$

即泵浦光在前向上损失的光子数等于斯托克斯光在后向上增加的光子数。

通过类似于 SRS 阈值泵浦功率的推导过程，可以得到光纤 SBS 的阈值泵浦功率 $(P_0)_{th}$ 满足

$$\frac{\bar{g}_B(P_0)_{th}L_{eff}}{A_{eff}}\approx 21 \tag{10.7-19}$$

式中，L_{eff} 为有效光纤长度；$\bar{g}_B$ 为式(10.7-16)所给出的 SBS 峰值增益。对于长途光纤通信系统中广泛使用的普通单模光纤，在 $\lambda_p=1.55\ \mu m$ 处的典型参数为 $L_{eff}\approx 20$ km，$A_{eff}\approx 50\ \mu m^2$。对于准连续相干泵浦光，$\bar{g}_B\approx 5\times10^{-11}$ m/W。此时，由式(10.7-19)所给出的 SBS 阈值泵浦功率 $(P_0)_{th}\approx 1$ m/W。这一数值与通常通信系统中的光信号功率相当，因此 SBS 效应在通常的光纤通信系统中必须加以适当的考虑。

由于光纤中的 SBS 效应具有极低的泵浦阈值，因此它可以方便地在各种光纤系统中得到利用。利用 SBS 效应可以制成光纤布里渊激光器和放大器，尤其是其反向散射特性可以在环形腔光纤陀螺中得到重要的应用。

SBS效应对光纤通信系统的不利影响主要来自两个方面：反向斯托克斯散射光的产生将使正向传输的信号光增加额外的附加散射损耗，同时斯托克斯光将反馈回光发送机而引起信号光源的不稳定性；另一方面，当光纤内同时存在正、反向传输信号时，SBS将引起反向传输通道间的串话。但根据前面的讨论，随着系统传输速率的提高，SBS的峰值增益将显著降低，因此，SBS对高速和超高速光纤传输系统不会构成严重的影响。

10.8 光纤中的光孤子

10.8.1 孤子的基本概念

在介质中波的叠加会形成波包。在线性介质中形成的波包，会因介质的色散效应而在传播过程中逐渐弥散消失。如果介质是非线性的，则有可能形成一种不弥散的波包——孤立波或“孤子”。

“孤子”是Soliton的中文译名。英国海军工程师罗素(Russell)于1834年偶然发现船舶在河流中航行时形成一种形状不变的水波，称之为孤波。由此开始，人们对这种现象进行了一个多世纪的深入研究，建立了描述各种孤波现象的非线性方程。

1895年两位德国科学家科特韦格(Korteweg)和德弗里斯(de Vries)对孤波的形成作出了合理的解释，他们设计了一个数学模型，取介质中的波动方程为

$$\frac{\partial y}{\partial t}-6y\frac{\partial y}{\partial x}+\frac{\partial^3 y}{\partial x^3}=0 \qquad (10.8-1)$$

该方程现在通称为KdV方程，它的一个特解是

$$y=-\frac{v}{2}\mathrm{sech}^2\left[\frac{\sqrt{v}}{2}(x-vt)\right] \qquad (10.8-2)$$

这个解所表示的波形就是一个以恒定速度 v 传播，其振幅 $v/2$ 为定值的波包，它就是一种孤波的数学表示式。

就物理起因来说，方程(10.8-1)中第三项表示介质的色散效应，因而叫色散项，它使波包弥散；方程(10.8-1)中的第二项是非线性项，它的作用是使波包能量重新分配，从而使频率扩展，波包被压挤。如果介质中这两种相反的效应相互抵消，就会形成形状不变的孤波。由式(10.8-2)表示的“单孤子”就是这样形成的。

应当指出的是，方程(10.8-1)还有其它形式的特解，其中“双孤子解”可以说明孤波的一个重要特征，即碰撞不变性：两个孤子在传播过程中相遇，碰撞后各自的波形和速度都不变。正是这种碰撞不变性表明了孤波的稳定性，类似于两个粒子的碰撞，所以孤波又叫“孤立子”或简称“孤子”。

光学中的孤波现象研究始于1965年，先后发现了自聚焦空间孤子及非线性介质波导中的传输(时间)孤子。在光学中，孤子这个词用以描述光脉冲包络在非线性介质中传播时类似于粒子特性的特征，在数学上它是非线性波动方程的局域行波解。在一定条件下，这种包络孤波不仅不失真地传播，而且像粒子那样经受碰撞后仍保持原形继续存在，称为光学孤子或光孤子。

美国贝尔实验室的哈瑟加法(Hasegava)首先提出将光孤子用于光通信的思想，并开辟

了这一领域的研究[18]。1980 年摩勒奥尔(Mollenauer)用实验方法在光纤中观察到了孤子[19]，并提出将光纤孤子用作传递信息的载体，构建一种新的光纤通信方案，称为光纤孤子通信。由于光纤孤子通信具有容量大、误码率低、抗干扰能力强、传输距离长等许多优点，所以有极其广阔的应用潜力。

10.8.2　基态孤子和高阶孤子的基本特性[3,5]

首先简化传输方程，即非线性薛定谔方程(10.2 - 36)。如果忽略光纤的损耗，此方程可写成

$$\mathrm{i}\,\frac{\partial \overline{A}}{\partial z}=\frac{1}{2}\beta_2\,\frac{\partial^2 \overline{A}}{\partial T^2}-\gamma|\overline{A}|^2\overline{A} \tag{10.8-3}$$

式中，$\overline{A}$ 是脉冲包络的振幅；β_2 是 GVD 参量；γ 是对应于 SPM 的非线性参量。

非线性薛定谔方程属于一种特殊类型的方程，可以采用逆散射方法求解[20]。逆散射方法实质上与傅里叶变换方法类似，它用 $z=0$ 处的入射场得到初始的散射数据，然后通过求解线性散射问题获得沿 z 向传播的变化，再由变化的散射数据重新建立传播场。为了数学处理上的方便，首先通过下面的变量代换将方程(10.8 - 3)标准化。设

$$U=\frac{\overline{A}}{\sqrt{P_0}},\quad \xi=\frac{z}{L_{\mathrm{d}}},\quad \tau=\frac{T}{T_0} \tag{10.8-4}$$

方程(10.8 - 3)可改写为

$$\mathrm{i}\,\frac{\partial U}{\partial \xi}=\mathrm{sgn}\beta_2\frac{1}{2}\,\frac{\partial^2 U}{\partial \tau^2}-N^2|U|^2U \tag{10.8-5}$$

式中

$$N^2=\frac{L_{\mathrm{d}}}{L_{\mathrm{NL}}}=\frac{\gamma P_0T_0^2}{|\beta_2|} \tag{10.8-6}$$

其中，P_0 是脉冲峰值功率；T_0 是入射脉冲宽度；$L_{\mathrm{d}}=T_0^2/|\beta_2|$ 是色散长度；$L_{\mathrm{NL}}=1/(\gamma P_0)$ 是非线性效应长度。由于 N^2 是非线性效应长度与群速色散长度的比值，因此参量 N 的大小直接反映了这两种效应的作用程度，如果 $N=1$，则表示这两种效应均衡。在反常 GVD 情况下，$\mathrm{sgn}\ \beta_2=-1$，通过定义

$$u=NU=\left[\frac{\gamma T_0^2}{|\beta_2|}\right]^{\frac{1}{2}}\overline{A} \tag{10.8-7}$$

可将方程(10.8 - 5)表示为如下的非线性薛定谔方程的标准化形式：

$$\mathrm{i}\,\frac{\partial u}{\partial \xi}+\frac{1}{2}\,\frac{\partial^2 u}{\partial \tau^2}+|u|^2u=0 \tag{10.8-8}$$

1. 基态孤子

对于 $N=1$，取初始条件 $u(0,0)=1$，即假设初始脉冲的振幅为 1，利用逆散射方法求解方程(10.8 - 8)，可以得到基态孤子的典型表达形式为

$$u(\xi,\tau)=\mathrm{sech}\ \tau\ \mathrm{e}^{\mathrm{i}\xi/2} \tag{10.8-9}$$

上式表明，如果一脉宽为 T_0 的双曲正割脉冲入射到理想无损耗光纤中，基态孤子形状将不会发生变化，只改变其脉冲的相位。正是这一特性，使基态孤子在光通信系统中具有潜

在的重大应用，引起了人们极大的关注，使其成为研究的热点和前沿课题。

基态孤子所需的峰值功率 P_{01} 可通过式(10.8-6)令 $N=1$ 得到：

$$P_{01}=\frac{|\beta_2|}{\gamma T_0^2}\approx\frac{3.11|\beta_2|}{\gamma T_{\text{FWHM}}^2} \tag{10.8-10}$$

T_{FWHM} 是脉冲波形的半极大全宽度值，$T_{\text{FWHM}}=1.76T_0$。对于 1.55 μm 波长处的石英光纤参数 β_2 和 γ 的典型值，当 $T_0=1$ ps 时，P_{01} 大约为 5 W，当 $T_0=10$ ps 时，P_{01} 减小约为 50 mW。如果使用色散位移光纤，$\beta_2=-2\ \text{ps}^2/\text{km}$，$P_{01}$ 进一步减小到 5 mW。脉冲宽度的增加意味着 GVD 效应的减弱，所以为补偿 GVD 效应所需的光功率也随之大幅下降。

2. 高阶孤子

对于初始条件

$$u(\xi=0,\tau)=N\,\text{sech}\tau \tag{10.8-11}$$

且 N 为大于 1 的正整数，方程(10.8-8)的通解仍为孤子解，称为高阶孤子。$N=2$ 为二阶孤子，$N=3$ 为三阶孤子，以此类推。

由式(10.8-6)可以得到发射 N 阶孤子所需的峰值功率，它是基态孤子所需功率的 N^2 倍。对于二阶孤子，光脉冲的场分布为

$$u(\xi,\tau)=\frac{4(\cosh3\tau+3e^{4i\xi}\cosh\tau)e^{(i\xi/2)}}{\cosh4\tau+4\cosh2\tau+3\cos4\xi} \tag{10.8-12}$$

上式场分布的明显结果是，场 $u(\xi,\tau)$ 随传播距离 ξ 呈现周期性的变化，其强度 $|u(\xi,\tau)|^2$ 变化的周期为 $\xi_0=\pi/2$。并且，对于所有高阶孤子都存在这种周期性的振幅变化。利用定义 $\xi=z/L_\text{d}$，孤子周期 Z_0 的表达式为

$$Z_0=\frac{\pi}{2}L_\text{d}=\frac{\pi}{2}\frac{T_0^2}{|\beta_2|}=0.322\frac{\pi T_{\text{FWHM}}^2}{2|\beta_2|} \tag{10.8-13}$$

图 10.8-1(a)、(b)画出了基态孤子和高阶孤子脉冲的变化情况。对于基态孤子，其脉冲轮廓在传播过程中不变形，即不随 z/Z_0 变化。但对于高阶孤子，例如 $N=3$ 的孤子，脉

(a)

(b)

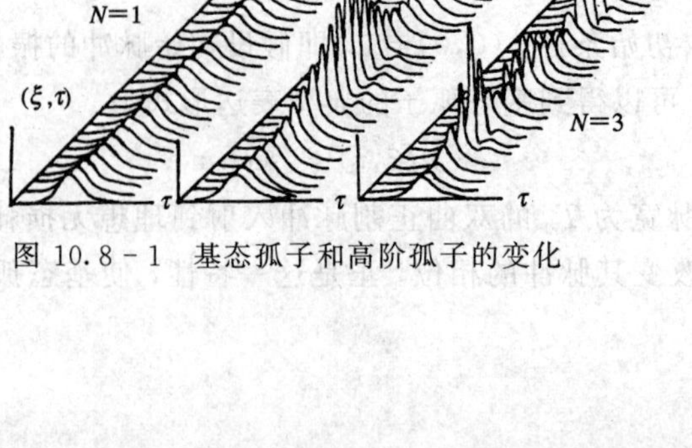

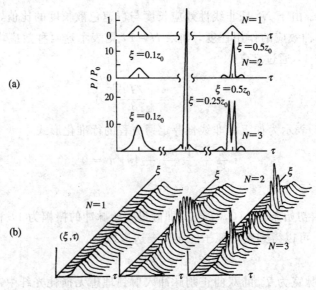

图 10.8-1 基态孤子和高阶孤子的变化

冲轮廓随 z/Z_0 发生周期性变化：在 $z=Z_0/4$ 处，脉冲变窄；在 $z=Z_0/2$ 处，脉冲分裂为两个窄脉冲；在 $z=3Z_0/4$ 处，脉冲又变成单脉冲；在 $z=Z_0$ 处，脉冲恢复原状。此过程在每个长度 Z_0 段内重复进行。为了解释这一过程的物理意义，图 10.8-2 画出了 $N=3$ 的孤子在时域和频域内相应变化的情况。

实质上，孤子脉冲在时域和频域中的变化都是由于 SPM 和 GVD 之间的相互作用造成的。SPM 产生一个正的频率啁啾，使脉冲的前沿相对中心频率产生红移，脉冲的后沿产生紫移。正如图 10.8-2 所示，在 $z=Z_0/0.2$ 处，SPM 使频谱展宽，并且有典型的振荡结构。显然，如果此时不存在 GVD，则脉冲形状保持不变。但当有反常 GVD 存在时，因脉冲具有正啁啾，脉冲将被压缩，而且由于只是在中间部分啁啾才近似为线性的，因此仅仅在脉冲中部出现变窄效应。这表明，对于高阶孤子的传输，起初起作用的只是 SPM，其后 GVD 逐渐起作用，以致与 SPM 相平衡。这种 SPM 与 GVD 从平衡到不平衡，又由不平衡到平衡的过程周而复始，就使脉冲轮廓发生周期性的变化。而对于基态孤子，由于 SPM 与 GVD 自始至终是平衡的，因此基态孤子就保持原始轮廓，不会发生改变。

(a)

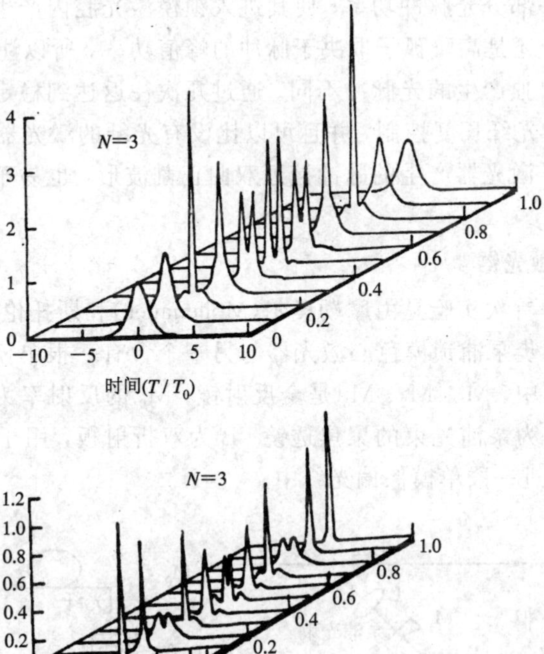

(b)

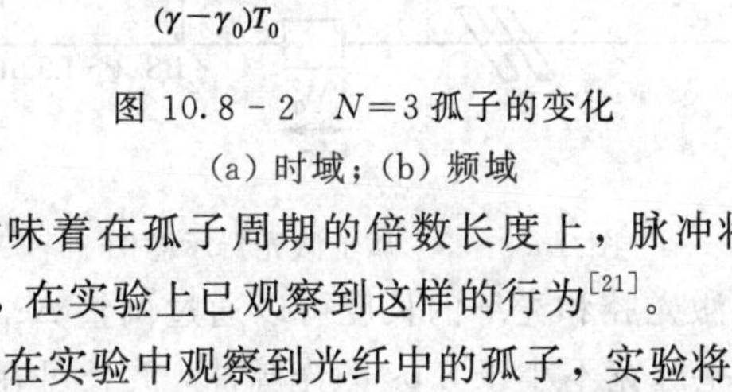

图 10.8-2　$N=3$ 孤子的变化

(a) 时域；(b) 频域

高阶孤子的周期性意味着在孤子周期的倍数长度上，脉冲将恢复其初始的波形和频谱。对于二阶和三阶孤子，在实验上已观察到这样的行为[21]。

摩勒奥尔等人[19]首次在实验中观察到光纤中的孤子，实验将一个锁模色心激光器获得的 1.55 μm 附近的窄脉冲（$T_{FMWH}\approx 7$ ps）输入到一段 700 m 长、芯径为 9.3 μm 的单模光纤中，实验所用的光纤参数为 $\beta_2=-20.4\ ps^2/km$，$\gamma\approx 1.3\ W^{-1}km^{-1}$。实验中，峰值功率在（0.3～25）W 范围内变化，在 0.3 W 的较低功率水平情况下，脉冲在传播过程中表现为色散展宽，随着功率的增加，输出脉冲稳定地变窄，直到 $P_0=1.2$ W 时脉宽减小到等于输入脉宽，此功率对应于形成基态孤子的功率，和由孤子理论得到的理论值 1 W 相当。

对于更高的功率情况，脉冲波形发生急剧变化，形成多峰结构，最终由于光孤子之间的相互作用，形成时间间隔均匀的基频锁模重复率整倍数的高阶谐波锁模光脉冲。

最后应当指出，孤子的形成需要反常色散，所以当波长小于零色散波长（≈ 1.3 μm）时，光纤中不能产生光孤子。可是，当方程(10.8-5)取 $\beta>0$，即 $\mathrm{sgn}\beta_2=+1$，为正常色散时，仍可得到一种解，它表现为在均匀背景上出现一个局部的下陷，即所谓的暗孤子。相对应而言，上述所有的光孤子均称为亮孤子，它是在暗背景中的一个亮点，而暗孤子则恰好相反。分析表明，暗孤子也可用于光纤通信，而且其传输特性更优越，因此引起了人们极大的关注[22]。

10.8.3 光纤孤子激光器

光纤形成孤子能力的一个十分重要的应用就是构成光纤孤子激光器，其基本思想是利用光纤同步反馈一部分光脉冲功率，使其进入锁模激光腔内产生孤子脉冲。因为光纤使光脉冲形成基态孤子还是高阶孤子取决于脉冲的峰值功率，所以注入的光脉冲在形状和宽度上与锁模激光器单独产生的光脉冲不同。通过几次往返达到稳定态后，光脉冲具有孤子形状，其脉冲宽度由光纤长度控制，并且可以比没有光纤的激光器的输出脉冲窄得多。由于锁模光纤环形孤子激光器产生的脉冲接近双曲正割波形，也易于产生，因而此类激光器近年来发展很快。

1. 光纤孤子激光器

孤子激光器的首次实验是由摩勒奥尔(Mollenauer)和斯托伦(Stolen)[23]于 1984 年进行的。他们将一个同步泵浦锁模色心激光器与另一个含有一根单模保偏光纤的腔耦合，如图 10.8-3 所示。图中，M_1、M_2、M_3 是全反射镜；M_0 的反射率为 70%；分束镜 BS 具有约 50%的透过率；L 为泵浦光束的聚焦透镜；B 为双折射板，用于调谐激光波长；显微物镜 L_1 和 L_2 将光耦合进一段单模保偏光纤中。

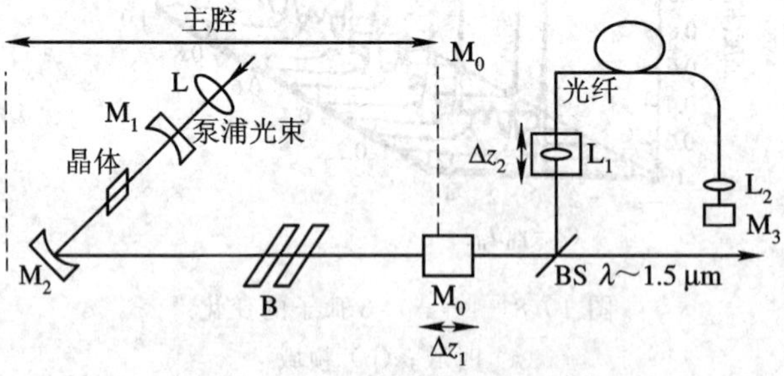

图 10.8-3 孤子激光器示意图

由图 10.8-3 可知，激光腔和光纤的长度可以通过调整 Δz_1 和 Δz_2 达到同步。在不加光纤腔时，色心激光器产生脉宽不小于 8 ps 的光脉冲，波长可在 1.4 μm～1.6 μm 范围内调谐。当利用光纤给激光器提供同步反馈时，由于工作波长在石英光纤的负色散区，以及光脉冲在光纤中引起的自相位调制和负群速弥散补偿作用，激光器可产生更短的光脉冲，此脉冲具有近似双曲正割波形，表明它们在光纤中是以孤子形式传输的。因为孤子的产生是基于非线性效应和色散效应之间的平衡，所以如果脉冲要保持其孤子的特性，就必须保持其峰值功率不变，而光在光纤中传播其峰值功率随光纤长度呈指数下降，结果使基态孤子的脉宽在传输过程中展宽。为了补偿传输过程中的损耗，维持光孤子的长距离传输，要求在传输过程中对光孤子脉冲进行适当的放大。

在光纤激光器中，能产生超短光脉冲的一种腔体结构是用正色散掺铒光纤作增益介质、负色散石英光纤作补偿的环形全光纤激光器(见图 10.8－4)[24]。该激光器引入了一段正色散光纤，除能展宽工作在石英光纤负色散区内的激光脉冲外，还可以防止由孤子效应引起的脉冲窄化而限制激光输出功率。这种激光器通过调节两个偏振控制器，使由于光纤的非线性效应引起的与光强有关的偏振旋转等效一个偏振相加脉冲锁模，使峰值功率高的噪声信号获得放大，加速脉冲形成，最终产生高功率飞秒光脉冲。

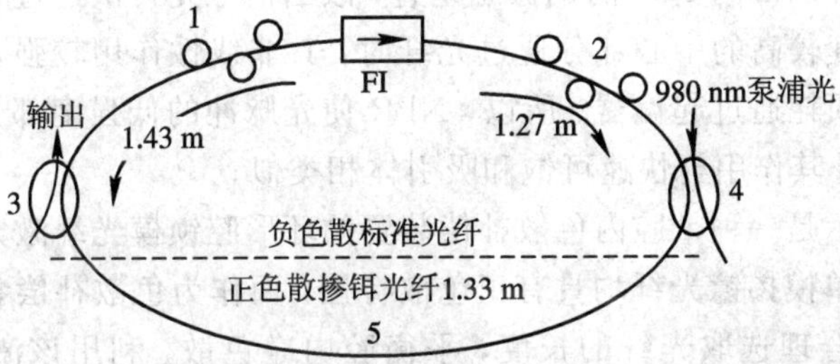

1、2—偏振控制器；3、4—波分复器；5—正色散掺铒光纤；FI—偏振敏感光隔离器

图 10.8－4　正色散掺铒光纤与标准光纤构成的环形光纤激光器实验原理图

自 1996 年开始，我们利用孤子效应，采用偏振相加锁模的方法研制成功了我国第一台光纤飞秒激光器[25, 26]。泵浦源采用一只输出波长为 980 nm、输出功率为 90 mW 的半导体激光器，得到了 260 fs 的光脉冲输出，脉冲重复频率为 21.37 MHz，中心频率为1.531 μm，光谱宽度为 10.1 nm。

2. 被动锁模光纤环形孤子激光器[27]

被动锁模光纤环形孤子激光器是目前主要研究的光纤孤子激光器之一。它采用类可饱和吸引体原理作为锁模机制，利用激光器内的非线性元件使脉冲的损耗随强度的增大而减小。与此锁模机制相对应的有两种不同的腔结构：以非线性偏振旋转(NPR)作为锁模机制的单环形光纤孤子激光器和以非线性放大镜(NALM)作为锁模机制的双环形光纤孤子激光器。

1) NPR 锁模光纤环形孤子激光器

(1) NPR 锁模光纤环形孤子激光器结构。NPR 锁模光纤环形孤子激光器的结构如图 10.8－5 所示，由普通单模光纤、掺铒光纤、泵浦光源、耦合器、偏振控制器、起偏器、

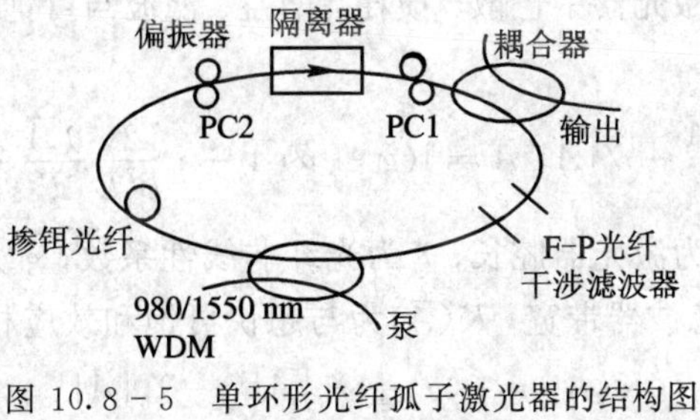

图 10.8－5　单环形光纤孤子激光器的结构图

F-P 光纤干涉滤波器和光隔离器组成。激光器的腔长(L)由普通单模光纤长度 L_1 和掺铒光纤长度 L_2 构成，掺铒光纤用于补偿光纤中的损耗。最为重要的一点是，普通石英光纤和掺铒光纤在波长1.33 μm 处的色散恰恰相反，这就为孤子产生与形成提供了重要的基础和环境。另外，光隔离器使环中光信号单向传输，起偏器与偏振控制器用来将线偏振光变成椭圆偏振光，产生附加脉冲锁模，起到类似于快速可饱和吸收体的作用。

利用非线性偏振旋转(NPR)效应进行锁模时，光脉冲先经起偏器(PC2)变成线偏振光，该线偏振光经偏振控制器(PC1)后成为椭圆偏振光，椭圆偏振光可分解为两个反方向旋转的圆偏振光。这两个圆偏振光沿光纤传输，受到光纤中非线性效应的作用，它们的合成矢量沿光纤不断旋转，当它们再次通过起偏器后又成为线偏振光。非线性偏振旋转的角度与光信号的强度有关，脉冲强度较低的部分通过光纤时，因其所受非线性作用小，其偏振态不会旋转，又因 PC2 与 PC1 的偏振态垂直，故当信号光再次通过 PC1 时，传输损耗很大；而当光脉冲强度较高的中心部分通过光纤时，其非线性作用较强，椭圆偏振态就会旋转，因而能以较小损耗通过起偏器。所以，NPR 使光脉冲的低强度部分在腔内损耗大，而高强度部分损耗小，其作用与快速可饱和吸引体相类似。

图 10.8-6 所示是一种带腔内色散补偿装置的环形腔锁模光纤激光器[28]，环形腔中的单模传导光纤以及单模掺镱光纤均具有正色散特性，而作为色散补偿装置的光栅对为腔内提供负色散。通过合理选取光纤的长度，平衡腔内净色散，利用该激光器可获得脉宽为 36 fs，中心波长为 1031 nm 的锁模激光。

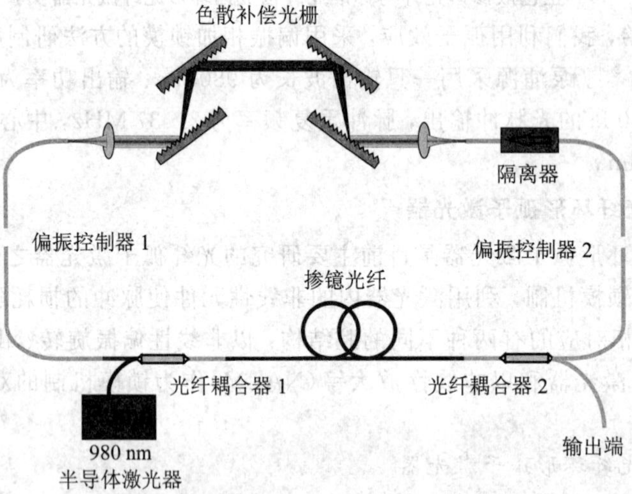

图 10.8-6　带腔内色散补偿装置的环形腔锁模光纤激光器

(2) 理论分析。考虑激光器中色散、损耗、增益、滤波与可饱和效应时，非线性薛定谔方程可表示为如下形式：

$$\mathrm{i}\,\frac{\partial \overline{A}}{\partial z}-\frac{1}{2}\beta_2\,\frac{\partial^2 \overline{A}}{\partial T^2}+\gamma|\overline{A}|^2\overline{A}=\mathrm{i}(g-\alpha)\overline{A}+\mathrm{i}\,\frac{2}{B^2L}\,\frac{\partial^2 \overline{A}}{\partial T^2}+\mathrm{i}K(\overline{A})\overline{A} \qquad (10.8-14)$$

式中，β_2 为光纤色散；L 为激光器腔长；γ 为光纤非线性系数；g 为放大器增益对 L 的平均值；α 为光纤损耗；B 为滤波器带宽；$K(\overline{A})$为与超快可饱和效应相关的系数，可表示为

$$K(\overline{A})=-\alpha'+\gamma_3|\overline{A}|^2-\gamma_5|\overline{A}|^4 \qquad (10.8-15)$$

对于 NPR 锁模，采用琼斯矩阵方法，有

$$\left.\begin{aligned}\alpha' &= \frac{1}{L}(1-J)\\ \gamma_3 &= -\frac{1}{2L}K_c J^2(1-J^2)\sin 2(\varphi+\psi)\\ \gamma_5 &= \frac{1}{2L}K_c^2(1-2J^2)(1-J^2)\cos^2(\varphi+\psi)\end{aligned}\right\} \tag{10.8-16}$$

式中，ψ 为输出的椭圆偏振光两个垂直分量的相位差；K_c 为圆偏振光的 Kerr 系数；J 与 φ 分别为

$$\left.\begin{aligned}J &= \sqrt{\cos^2\frac{\sigma}{2}+\sin^2\frac{\sigma}{2}\cos^2 2\theta}\\ \varphi &= \arctan\frac{1+\cos\sigma}{\sin\sigma\cos 2\theta}\end{aligned}\right\} \tag{10.8-17}$$

其中，θ 为入射偏振光的电场矢量与偏振控制器快轴之间的夹角；σ 为偏振控制器快轴与慢轴之间的相位延迟。

在反常色散区，将方程(10.8-14)归一化后变为

$$\mathrm{i}\frac{\partial U}{\partial z}+\frac{1}{2}\frac{\partial^2 U}{\partial T^2}+|U|^2U=\mathrm{i}\left\{\delta U+\beta\frac{\partial^2 U}{\partial T^2}+\alpha_1|U|^2U-\alpha_2|U|^4U\right\} \tag{10.8-18}$$

其中，$U=\overline{A}/\sqrt{P_0}$，$P_0$ 为脉冲峰值功率；$\delta=(g-\alpha-\alpha')L_d$；$\beta=2L_d/(B^2T_0^2L)$，$T_0$ 为入射脉宽，L_d 为光纤色散长度；$\alpha_1=\gamma_3/\gamma$；$\alpha_2=\gamma_5/(\gamma^2L_d)$。利用守恒量扰动法求解上述方程，可以得到孤子脉宽对各参数的依赖关系：

$$\tau_0=\left\{\frac{1}{6\delta}\left[-(2\alpha_1-\beta)+\sqrt{(2\alpha_1-\beta)^2+\frac{96\delta\alpha_2}{5}}\right]\right\}^{\frac{1}{2}} \tag{10.8-19}$$

这个关系对激光器设计及孤子脉冲的产生具有重要的理论指导作用。

被动锁模光纤环型激光器有两种平衡态：一种为连续波(CW)工作状态；另一种为锁模工作状态。激光器工作于何种状态与其结构参数设计有关。对于锁模激光器能否自启动，首先必须确定激光器的连续波运行及锁模运行两种可能的平衡态，通过激光器参数选择和优化设计，可使连续波状态不稳定，而锁模工作状态能够稳定运行，实现激光器的锁模运行和自启动。

2）基于非线性光纤环形镜的“8”字形腔锁模光纤激光器

在诸多光纤激光器中，目前应用最广并能产生脉宽小于 50 fs 的超短光脉冲的激光器结构形状如同“8”字，称为“8”字形腔被动锁模光纤激光器(见图 10.8-7)[29, 30]。它是由一个非线性放大环形反射镜、一个控制脉冲循环的线性环形反射镜、一个对偏振不敏感的隔离器和一个透过率为 30%的输出耦合器组成的。该激光器用波长 980 nm 的激光泵浦时，可产生宽度为 30 fs 的光脉冲，其输出功率的大小与泵浦功率有关。这种非线性光纤环形镜(非线性放大环形镜)主要利用了萨格奈克(Sagnac)干涉仪原理和光纤的非线性效应实现其可饱和吸收的功能，而光纤的非线性效应直接与光强对应，响应时间可达到飞秒量级，比可饱和吸收体快得多。

在如上的 Sagnac 干涉仪的环中加入增益光纤及泵浦光源，而在副环中仅保留传导光

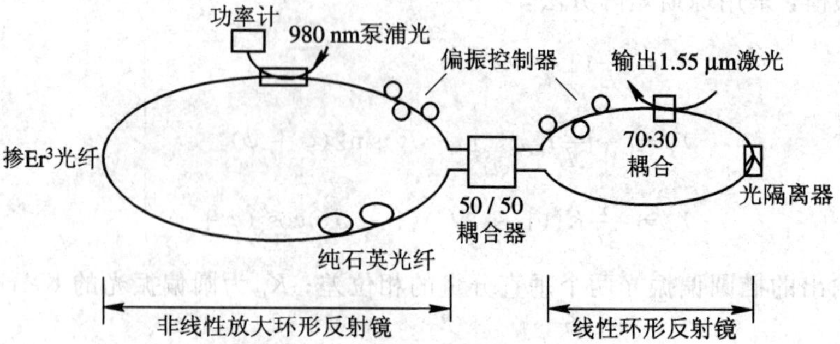

图 10.8-7 "8"字形腔被动锁模掺 Er^{3+} 光纤激光器原理图

纤，且使用分束比不为 50∶50 的光纤耦合器连接两个环，这样构成的副环中的两路相向传播的光束强度不同，二者循环一周所经历的非线性相移也不同。通过调节安置在环中的偏振控制器，也可以实现可饱和吸收效应。

被动锁模激光器存在的一个很大的缺陷是锁模脉冲的重复频率无法控制，经常会有几个脉冲同时在谐振腔内循环，并且它们的间距往往是不均匀的。为了解决这个问题，可在 Sagnac 干涉仪旁边再加一个附带隔离器的附加环，使得总环路的长度是附加环的 N 倍，如此可成倍提高附加环中的重复频率。附加环每提供一个种子脉冲，主环内就形成 N 个等间隔锁模脉冲，从而稳定激光器的重复频率。

图 10.8-8[31]所示是我们研制的非线性光学环形镜"8"字形腔锁模脉冲激光器，为了获得短脉冲输出，在 Sagnac 环中加入了一个光栅对作为色散管理器件，最终获得了重复频率为 24 MHz、脉冲宽度为 177 fs 的飞秒激光。

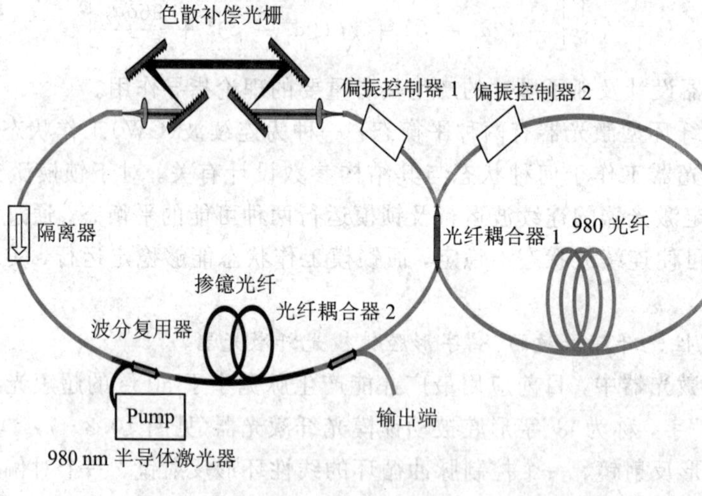

图 10.8-8 带有色散延迟线的"8"字形腔锁模光纤激光器实验装置图

3. 耗散孤子

人们对光纤脉冲激光器的初期研究，主要集中于传统的负色散孤子光纤激光器：工作于负色散区的被动锁模激光器，利用腔内反常色散和光克尔非线性效应(自相位调制)的平衡，实现稳定的孤子锁模输出。这种传统孤子激光器具有的能量量子化效应限制了它的最大单脉冲能量，根据孤子面积理论，其能量通常在 0.1 nJ 以下；当光脉冲能量较高时，会发生光波分裂。此外，根据传统孤子的哈密顿理论，工作在正色散区的光纤激光器不能产生孤子脉冲。

为了解决光纤激光器输出孤子脉冲的低能量问题，人们[32]基于诺贝尔奖获得者普里高津(Prigogine)创立的耗散系统(是一个远离平衡状态的开放系统，由于不断和外界环境交换能量物质和熵而能持续维持平衡的系统)理论，研究了腔内具有较大正色散和较小负色散的新型光纤脉冲激光器，通过激光器增益和损耗的平衡，产生了一种新型的孤子脉冲——耗散孤子(Dissipative soliton)。耗散孤子的产生和演变遵循耗散系统理论，不遵循哈密顿理论，完全不同于传统孤子的守恒系统。如图 10.8-9(b)所示，在耗散孤子的形成和演变过程中，除了非线性与色散的平衡外，还必须达到损耗和增益的动态平衡，它突破了传统光纤激光器的能量峰值限制，极大地提高了脉冲能量和峰值功率，可实现高能量脉冲输出。

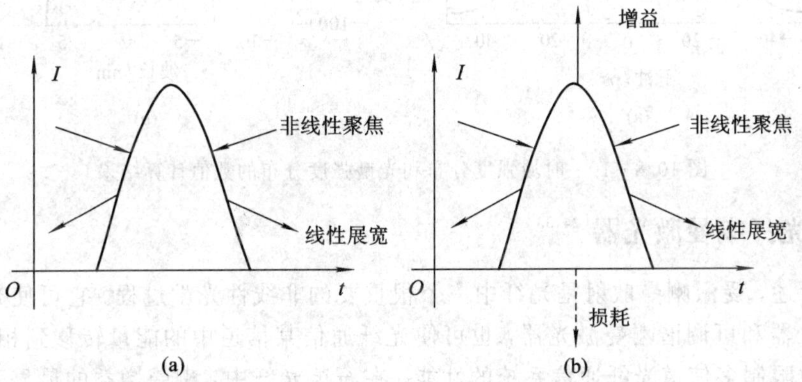

图 10.8-9　传统孤子与耗散孤子形成机理示意图

(a) 传统孤子；(b) 耗散孤子

对于具有微弱双折射效应的光纤，描述耗散孤子在光纤中传输、耦合、放大的方程如下[32]：

$$\frac{\partial \overline{A}_1}{\partial z}=-\frac{\alpha}{2}\overline{A}_1-\delta\frac{\partial \overline{A}_1}{\partial T}-\mathrm{i}\frac{\beta_2}{2}\frac{\partial^2 \overline{A}_1}{\partial T^2}+\mathrm{i}\gamma\left(|\overline{A}_1|^2+\frac{2}{3}|\overline{A}_2|^2\right)\overline{A}_1+\frac{g}{2}\overline{A}_1+\frac{g}{2\Omega_g^2}\frac{\partial^2 \overline{A}_1}{\partial T^2}$$

$$\frac{\partial \overline{A}_2}{\partial z}=-\frac{\alpha}{2}\overline{A}_2-\delta\frac{\partial \overline{A}_2}{\partial T}-\mathrm{i}\frac{\beta_2}{2}\frac{\partial^2 \overline{A}_2}{\partial T^2}+\mathrm{i}\gamma\left(|\overline{A}_2|^2+\frac{2}{3}|\overline{A}_1|^2\right)\overline{A}_2+\frac{g}{2}\overline{A}_2+\frac{g}{2\Omega_g^2}\frac{\partial^2 \overline{A}_2}{\partial T^2}$$

(10.8-20)

式中，$\overline{A}_1$ 和 $\overline{A}_2$ 表示光脉冲在光纤中两正交偏振模式的电磁场幅度分量，α 是光纤的损耗，δ 是两偏振模的群速度差，β_2是光纤的色散，γ 是光纤介质的非线性系数，Ω_g是增益带宽，T 和 z 表示时间和距离变量，g 是描增益光纤的增益函数：

$$g=g_0\exp\left(-\frac{E_\mathrm{p}}{E_\mathrm{s}}\right) \tag{10.8-21}$$

式中，g_0是小信号增益系数，它与增益光纤的掺杂浓度有关；E_s是增益饱和能量，E_p是脉冲能量：

$$E_\mathrm{p}=\int_{-T_\mathrm{R}/2}^{T_\mathrm{R}/2}(|\overline{A}_1|^2+|\overline{A}_2|^2)\,\mathrm{d}\zeta \tag{10.8-22}$$

式中，T_R是脉冲往返腔的时间。

通过对上面方程的数值计算，当 $E_s=2.4$ nJ 时，耗散孤子的强度和光谱分布如图 10.8－10 所示。理论和实验测量结果均表明，耗散孤子不同于传统孤子的双曲函数(sech)分布，具有高斯分布。

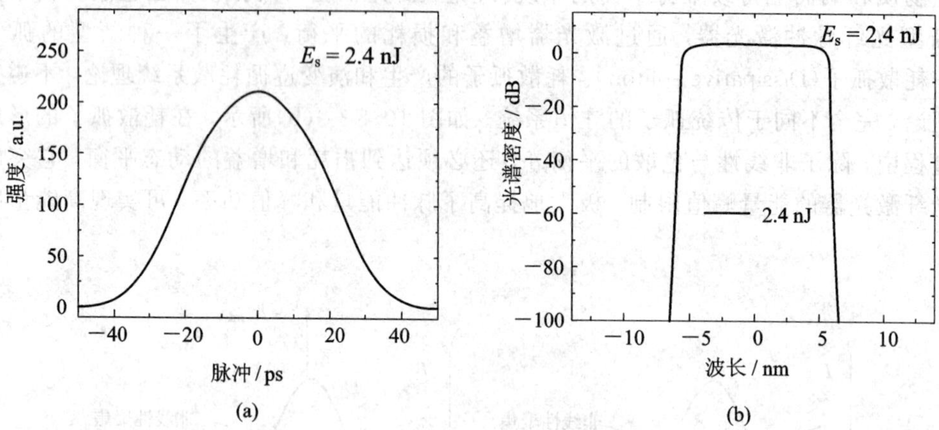

图 10.8－10 时域强度分布和光谱强度分布的数值计算结果

10.8.4 光纤喇曼激光器[24,33]

如前所述，受激喇曼散射是光纤中一个很重要的非线性光学过程。它可使光纤组成宽带喇曼放大器和可调谐喇曼激光器，也可使光纤通信某信道中的能量转移到相邻信道中，从而严重地限制多信道光纤通信系统的性能。在石英光纤中，喇曼增益的最显著特性是有很宽的频率范围(达 40 THz)，并且在 13 THz 附近有一个较宽的主峰，因此利用石英光纤或掺稀土金属的石英光纤可作为激光增益介质产生激光和放大激光。利用光纤中的受激喇曼散射设计的激光器称为光纤喇曼激光器。这种激光器不但具有很低的阈值，而且可以在很宽的频率范围内调谐。图 10.8－11 是一个光纤喇曼激光器的示意图。该激光器由反射镜 M_1、M_2 和光纤 F 构成谐振腔，透镜 L_1 和 L_2 除用来准直从光纤端出射的激光外，还把泵浦光束和激光光束聚焦输入到光纤中，而棱镜 P 作为色散元件，提供不同波长的斯托克斯光的空间色散，通过调节棱镜来实现激光调谐。

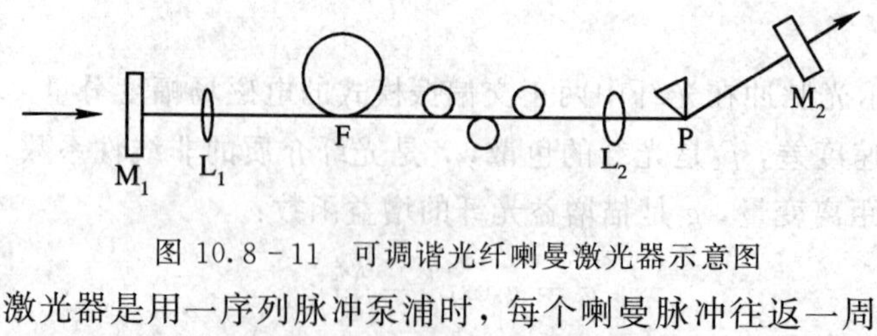

图 10.8－11 可调谐光纤喇曼激光器示意图

当光纤喇曼激光器是用一序列脉冲泵浦时，每个喇曼脉冲往返一周后应同随后的一个泵浦脉冲适当同步，这时光纤喇曼激光器输出超短光脉冲。在光纤喇曼激光器的喇曼增益峰值附近有很宽的光谱范围，加之光纤激光器的增益介质为光纤，即增益介质很长，可认为激光腔完全被光纤充满，所以在调谐过程中总存在一个特定的波长，可以满足同步泵浦的需要。通常通过改变激光腔的长度来实现同步泵浦光纤激光器的调谐，这种技术被称为时间-色散调谐技术，它和棱镜-色散调谐不相同。时间-色散调谐技术对同步泵浦宽范围调谐脉冲光纤喇曼激光器非常有效。利用皮秒光脉冲同步泵浦光纤喇曼激光器将产生飞秒量级的光脉冲。在此情况下，必须考虑群速弥散(GVD)、群速度失配、自相位调制(SPM)和交叉相位调制(XPM)。如果喇曼光脉冲的波长位于光纤的反常色散区，对石英光纤而言，激光脉冲中心波长应大于 1.313 μm，则孤子效应可对光脉冲进行压缩，产生小于 100 fs 或更窄的脉冲。利用这种效应产生短光脉冲的激光器称为光纤喇曼孤子激光器，图 10.8－12 是它的结构示意图[34]。图中，M_0 为双色反射镜，对 1.313 μm 泵浦光的透过率大于 95%，对光纤喇曼激光的反射率大于 99%；F 为石英光纤；L_1、L_2 为准直聚焦透镜；M_1、M_2 为全反射镜，用来构成时间-色散调谐装置；M_3 为输出反射镜，对光纤激光的透过率约为 10%；PC 为偏振控制器。

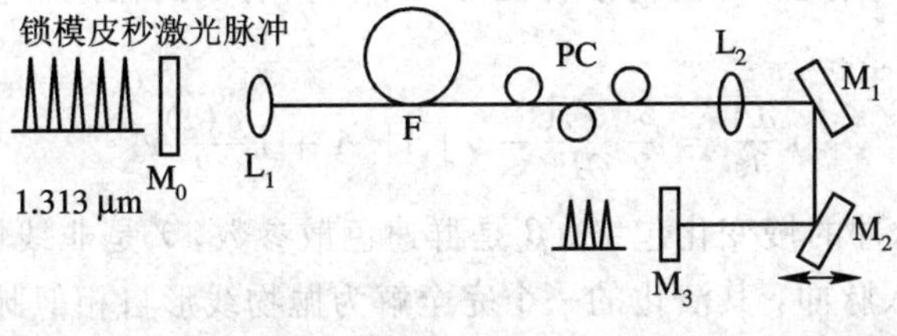

图 10.8－12　同步泵浦时间-色散调谐光纤喇曼飞秒孤子激光器

图 10.8－13 是使用环形腔的另一种光纤喇曼孤子飞秒激光器的结构示意图。图中，BS 为双色分束镜；M_1、M_2 是反射率大于 99%的反射镜；L_1、L_2 是显微物镜，用来准直和聚焦光脉冲进入光纤中；M_3、M_4 构成了时间-色散调谐系统。

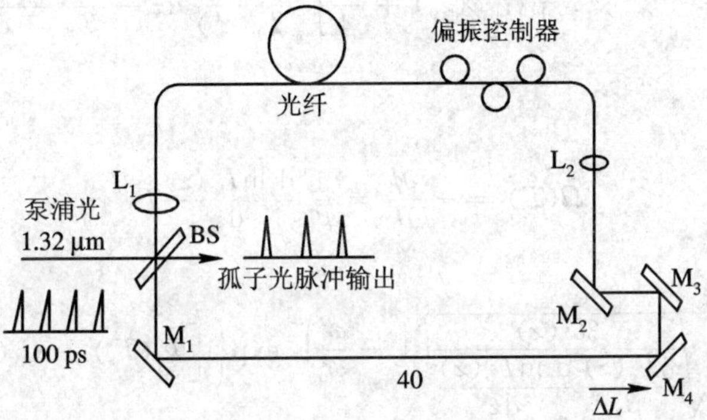

图 10.8－13　时间-色散调谐光纤喇曼孤子激光器的环形腔结构示意图

10.9　超短超强光纤激光的产生及非线性效应

超短超强光纤激光是光纤激光器研究的一个重要方向，它在高能物理和原子物理学研究、分子动力学研究、生物技术、双光子微加工等许多领域都有着重要的应用前景。下面介绍几种新型的超短超强光纤激光产生及相关的非线性效应。

10.9.1 抛物线形自相似脉冲的形成

近几年来，产生和传输高功率、严格线性啁啾特性的光脉冲激光是光纤光学研究领域的前沿热点之一。自相似脉冲产生作为锁模激光器中的一种新型脉冲成形机制，受到人们的重视。自相似脉冲成形不同于孤子、色散管理孤子区成形的机制。孤子是非线性薛定谔方程的静态解，色散管理孤子是呼吸解，而抛物线形自相似脉冲则是当传输距离为无穷远时带有增益的非线性薛定谔方程的渐进解[35]。实验中，获得近似的抛物线形时间轮廓、近线性啁啾、典型的方形光谱形状及时间轮廓的演化方式，都是确定自相似脉冲形成的标志。

今若有一光脉冲在没有增益饱和的正色散光纤放大器中传播，假定入射脉冲的光谱带宽比放大器的带宽小，则光脉冲的传播特性可用下面具有纵向任意增益的非线性薛定谔方程描述：

$$\mathrm{i}\,\frac{\partial \overline{A}}{\partial z}=\frac{\beta_2}{2}\,\frac{\partial^2 \overline{A}}{\partial T^2}-\gamma|\overline{A}|^2\overline{A}+\mathrm{i}\,\frac{g(z)}{2}\overline{A} \tag{10.9-1}$$

其中，$\overline{A}(z, T)$是光脉冲的慢变化包络，β_2是群速色散参数，γ是非线性参数，$g(z)$是纵向增益。对于任意的输入脉冲，其演化的一个完全解为抛物线形自相似脉冲：

· 在高强度的区域($|T|\leqslant T_{\mathrm{p}}(z)$)

脉冲包络为

$$\begin{aligned}\overline{A}(z, T)=&\left[\frac{3U(z)}{4T_{\mathrm{p}}(z)}\right]^{\frac{1}{2}}\left\{1-\left[\frac{T}{T_{\mathrm{p}}(z)}\right]^2\right\}^{\frac{1}{2}}\\&\times\exp\left\{\mathrm{i}\left[\varphi(z_0)+\frac{3\gamma}{4}\int_{z_0}^{z}\frac{U(z')}{T_{\mathrm{p}}(z')}\,\mathrm{d}z-\frac{1}{\beta_2}\,\frac{\mathrm{d}\,\ln T_{\mathrm{p}}(z)}{\mathrm{d}z}T^2\right]\right\}\end{aligned} \tag{10.9-2}$$

啁啾为

$$\Omega(T)=-\frac{\partial\phi}{\partial T}=\frac{1}{\beta_2}\,\frac{\mathrm{d}\,\ln T_{\mathrm{p}}(z)}{\mathrm{d}z}T \tag{10.9-3}$$

光谱为

$$\overline{A}(z, \omega)=\sqrt{\frac{3U(z)}{\dfrac{8T_{\mathrm{p}}(z)}{\beta_2}\,\dfrac{\mathrm{d}\,\ln T_{\mathrm{p}}(z)}{\mathrm{d}z}}}\left(1-\frac{\omega^2}{\omega_{\mathrm{p}}^2}\right)^{\frac{1}{2}}\exp\left\{\mathrm{i}\left[\Phi_1(T_{\mathrm{s}})+C_1(z)-\frac{\pi}{4}\right]\right\} \tag{10.9-4}$$

· 在低强度的区域($|T|>T_{\mathrm{p}}(z)$)

脉冲包络为

$$\overline{A}(z, T)=\frac{\rho}{\sqrt{z}}\exp\left[\frac{1}{2}\int_{z_0}^{z}g(z')\,\mathrm{d}z'\right]\exp\left(-\eta\,\frac{|T|}{z}\right)\exp\left[\mathrm{i}\left(\varphi_0+\frac{\beta_2\rho^4 b_0}{2z}-\frac{T^2}{2\beta z}\right)\right] \tag{10.9-5}$$

啁啾为

$$\Omega=-\frac{\partial\phi}{\partial T}=\frac{T}{\beta z} \tag{10.9-6}$$

光谱为

$$\overline{A}(z,\ \omega)=\frac{\rho}{\sqrt{2\pi z}}\exp\left[\frac{1}{2}\int_{z_0}^{z}g(z')\,\mathrm{d}z'\right]\exp(-2\beta_2\eta|\omega|)$$
$$\times\exp\left\{\mathrm{i}\left[\Phi_2(T_{\mathrm{s}})+C_2(z)-\frac{\pi}{4}\right]\right\} \tag{10.9-7}$$

式中，$T_{\mathrm{p}}(z)=3U(z)/f^2(z)$为有效脉冲宽度，$U(z)$为放大器中脉冲能量的演化，$f(z)$为描述脉冲最大振幅随传播距离 z 变化的函数，$\varphi(z_0)$为起点 $z=z_0$处脉冲包络的相位，ρ 是一个依赖脉冲和放大器参数的振幅参量，$\eta=\sigma\rho^2$，$\sigma=\sqrt{b_0}$，φ_0、b_0是两个任意常数，$C_1(z)=\varphi(z_0)+\dfrac{3\gamma}{4}\displaystyle\int_{z_0}^{z}\frac{U(z')}{T_{\mathrm{p}}(z')}\,\mathrm{d}z$，$\Phi_1(T)=\omega T-\dfrac{1}{\beta_2}\dfrac{\mathrm{d}\ \ln T_{\mathrm{p}}(z)}{\mathrm{d}z}T^2$，$C_2(z)=\varphi_0+\dfrac{\beta_2\rho^4b_0}{2z}$，$\Phi_2(T)=\omega T-\dfrac{T^2}{2\beta z}$，$T_{\mathrm{s}}=\dfrac{\omega\beta}{\dfrac{2\mathrm{d}\ \ln T_{\mathrm{p}}(z)}{\mathrm{d}z}}$，$\omega_{\mathrm{p}}=\dfrac{2T_{\mathrm{p}}(z)}{\beta_2}\dfrac{\mathrm{d}\ \ln T_{\mathrm{p}}(z)}{\mathrm{d}z}$。自相似变量 ϑ 为

$$\vartheta=f^2(z)T\frac{U(z_0)}{U(z)} \tag{10.9-8}$$

抛物线形自相似脉冲最吸引人的特点是脉宽和谱宽随激光脉冲传输和放大距离呈指数增长，最终形成具有线性啁啾特性的抛物脉冲，它的时间强度分布和时间相位分布呈抛物线形状，由于其线性啁啾特性，利用线性色散补偿器件易于实现近变换极限压缩，从而得到比种子输入脉冲更短的压缩脉宽。抛物线形自相似脉冲的另一个特点是其理论渐进解的脉冲分布特性(峰值功率、脉宽和啁啾量）只决定于种子脉冲能量和放大器参数，其放大过程不需对种子脉冲参数(如脉宽、脉冲形状等)作特别设计。与普通光孤子在功率提高时会产生光波分裂而无法获得高功率传输不同，抛物线形自相似脉冲在高功率传播时，脉冲形状不改变，具有抵御光波分裂的能力。另外，因所有的脉冲能量都转化在输出的自相似脉冲之中，因而与众所周知的非线性薛定谔方程在没有增益的情况下的孤子解不同，在没有增益的情况下，抛物线形自相似脉冲给定的初始脉冲最终将演化成一个具有固定振幅的孤子，而其余的能量将以色散波形式辐射掉。

在我们进行的抛物线脉冲放大与压缩实验中[36]，采用了两种有不同群速色散系数和非线性系数的商用掺铒光纤进行级联放大(见图 10.9－1)。之所以采用不同的掺铒光纤，是因为能够进行分步色散与非线性管理，以利于抛物线脉冲的产生。

实验中，放大器种子光源采用中心波长位于 1570 nm 的飞秒掺铒光纤环形激光器，光脉冲谱宽为 20 nm，脉宽为 316 fs，脉冲重复率为 82 MHz，输出平均功率为 1.69 mW。放大增益介质采用两种不同的掺铒光纤级联，并采用 1480 nm 半导体激光器双向泵浦结构分别泵浦。采用正向泵浦方式的第一段掺铒光纤(4.7 m，Er30)具有较大非线性系数和较小色散系数($\gamma=3.6\times10^{-3}\ \mathrm{W^{-1}m^{-1}}$，$\beta_2=1.25\times10^{-2}\ \mathrm{ps^2/m}$)，因此非线性效应占据主导地位，脉冲光谱得到有效展宽；采用反向泵浦方式的第二段掺铒光纤(5.8 m，EDFL)具有较小非线性系数和较大色散系数($\gamma=2.958\times10^{-3}\ \mathrm{W^{-1}m^{-1}}$，$\beta_2=2.30\times10^{-2}\ \mathrm{ps^2/m}$)，脉冲展宽效应占主导地位。由于两段掺铒光纤的长度分别根据正向和反向泵浦的最佳吸收确定，因此两段掺铒光纤的放大增益可以分别通过调节正向和反向泵浦功率来单独调整。采用这种增益可调的级联放大结构设计，可以有效抑制在正常色散光纤放大中容易发生的光波分裂效应，同时激光放大总增益分布在两段光纤上有利于抛物线脉冲的放大形成。

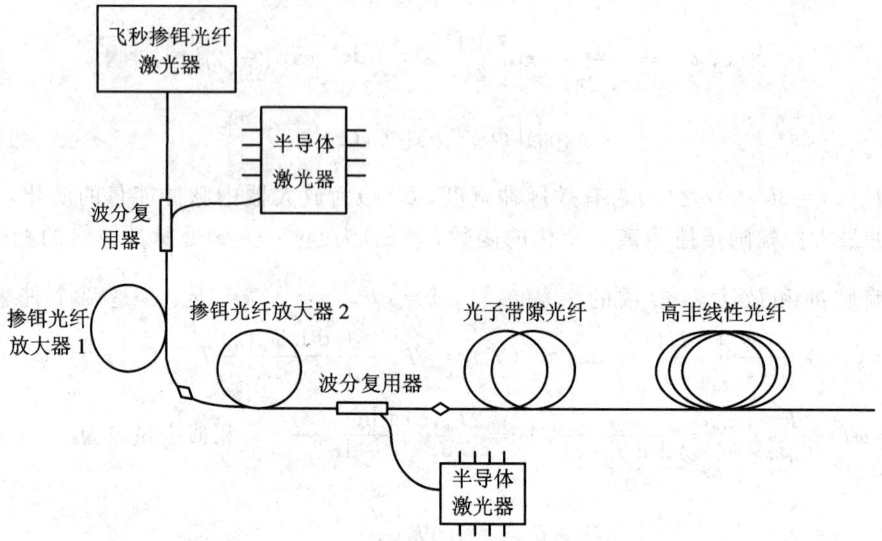

图 10.9－1　抛物线脉冲光纤放大器和两级压缩器结构

图 10.9－2 给出了放大输出功率达 400 mW 时的放大输出脉冲的自相关曲线和光谱曲线，相应的正向和反向泵浦功率分别为 400 mW 和 700 mW，自相关脉宽为 7.7 ps。自相关曲线呈现三角形形状表明放大脉冲接近理想抛物线脉冲[37]，同时光谱带宽明显展宽到 45 nm。

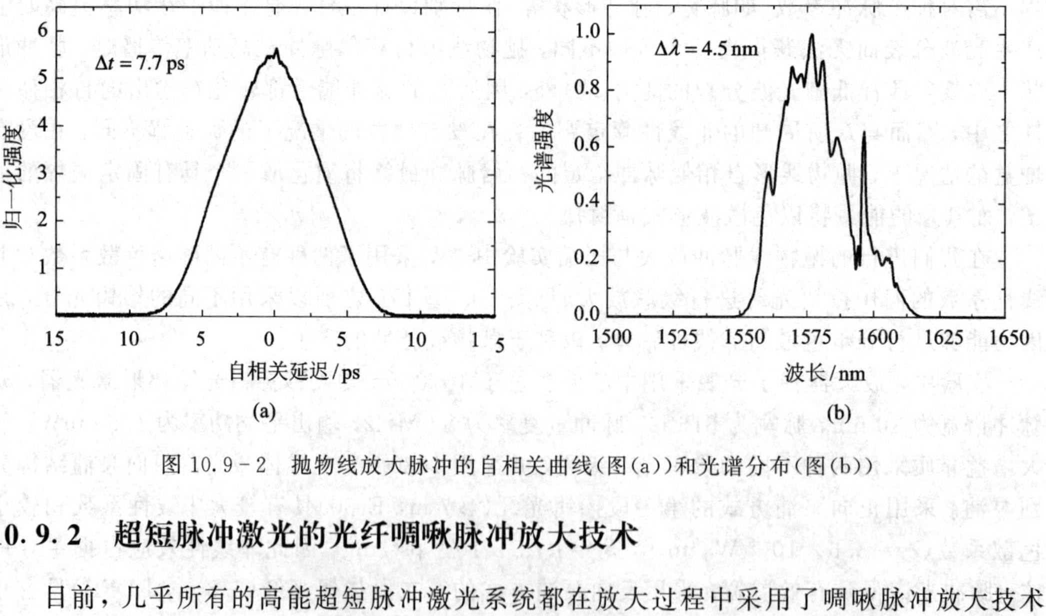

图 10.9－2　抛物线放大脉冲的自相关曲线(图(a))和光谱分布(图(b))

10.9.2　超短脉冲激光的光纤啁啾脉冲放大技术

目前，几乎所有的高能超短脉冲激光系统都在放大过程中采用了啁啾脉冲放大技术(CPA)，然后对放大的高能量激光脉冲进行色散补偿，在时域中将其压缩。在啁啾脉冲放大中，既要将脉冲的能量放大，又要避免其峰值功率过高，所以其技术方案均采用展宽脉冲的方法，用色散元件给予待放大光脉冲一个啁啾，使脉冲在时间上获得展宽。展宽后的脉冲在放大过程中可以有效提取放大介质的储能，又可保持相对较低的峰值功率，远离材料的光损伤阈值以及各种非线性效应的阈值。

啁啾脉冲放大系统的工作流程如图 10.9－3 所示。系统的振荡源(锁模激光器)产生数十甚至数百兆赫兹重复频率的低能(nJ 量级)超短激光脉冲，其脉宽为数十飞秒到皮秒量级。脉冲展宽器一般为衍射光栅对或光纤，它们作为色散延迟器件，为振荡源输出的飞秒脉冲提供正或负的色散，使脉冲具有啁啾特性而得到展宽。多级的激光放大器将展宽的激光脉冲能量放大几个数量级。脉冲压缩器采用衍射光栅对放大的激光脉冲进行色散补偿，将其“去啁啾”，使脉冲宽度恢复至飞秒量级。

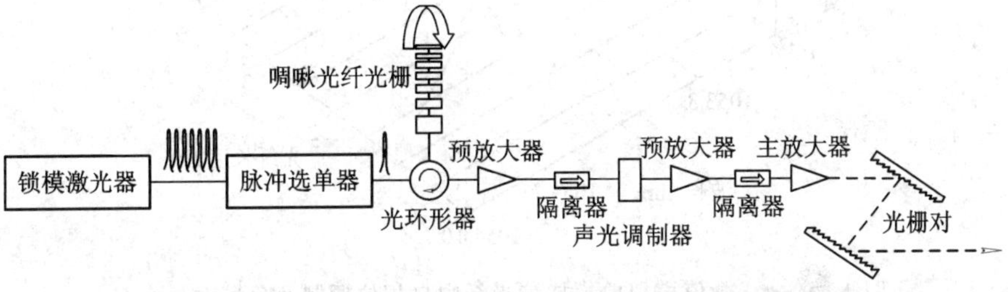

图 10.9－3　啁啾脉冲放大系统结构示意图

啁啾脉冲放大系统中光纤放大器的光波导结构将逐渐增强的激光限制在很小的空间范围内传输，造成了石英光纤内极高的光峰值功率密度，因而将产生各种非线性光学效应。对于超短脉冲激光，各种非线性效应中自相位调制(SPM)和受激喇曼散射(SRS)是最容易被激发的，它们将严重影响放大光脉冲的传输特性。下面，稍详细讨论一下光纤啁啾脉冲放大系统中的这两种非线性效应。

1. 自相位调制效应

如10.5 节所述，自相位调制效应会在激光脉冲中产生新的频谱成分，进而引入非线性相移，造成了光脉冲的非线性啁啾成分，影响着光脉冲的时域特性，并且对超短脉冲激光的光谱造成一定调制。这些非线性效应对啁啾脉冲放大系统造成了不利影响，并制约了光纤放大系统的运行质量。

为了评估自相位调制对光脉冲造成的影响，可以通过数值求解非线性薛定谔方程，预测单模掺镱光纤放大器内光脉冲的演化特征。所求解的非线性薛定谔方程为

$$\frac{\partial \overline{A}}{\partial z}-\frac{g}{2}\overline{A}+\frac{\mathrm{i}}{2}\beta_2\frac{\partial^2 \overline{A}}{\partial T^2}-\mathrm{i}\gamma|\overline{A}|^2\overline{A}=0 \tag{10.9-9}$$

其中，β_2为相应光脉冲中心频率 ω_0的二阶色散系数；$\gamma=\omega_0 n_2/(cA_{\mathrm{eff}})$为非线性系数，熔融石英材料非线性折射率系数 n_2为 $2.6\times10^{-20}\ \mathrm{m^2/W}$，$A_{\mathrm{eff}}$表示有效模场面积。数值模拟的激光脉冲：脉冲峰值功率 $P_0=12$ W，初始脉冲啁啾 $C=0$，中心波长 $\lambda_0=1054$ nm；单模掺镱石英光纤：光纤纤芯直径 $D=5\ \mu$m，非线性系数 $\gamma=7.89\ \mathrm{W^{-1}km^{-1}}$，色散系数 $D=-34.418$ ps/(nm · km)，二阶色散 $\beta_2=-D\lambda^2/(2\pi c)=20.284\,567\ \mathrm{ps^2/km}$；模拟光纤长度为 4 m。在数值计算中，假设入射脉冲为经过展宽后的 500 ps 的宽脉冲，因此可以忽略高阶非线性效应，如脉冲自陡峭效应、脉冲内喇曼散射效应。同时，在方程中考虑了增益光纤的增益特性，线性增益系数估算为 $g=1.625\,57\ \mathrm{m^{-1}}$。

采用分步傅里叶法编程，计算机数值求解方程(10.9－9)，得到了考虑色散和自相位调制效应时脉冲包络及频谱随传输距离的演化规律[38]。图 10.9－4 示出了单模掺镱光纤中自

相位调制及色散对放大过程的超短脉冲频谱的影响。

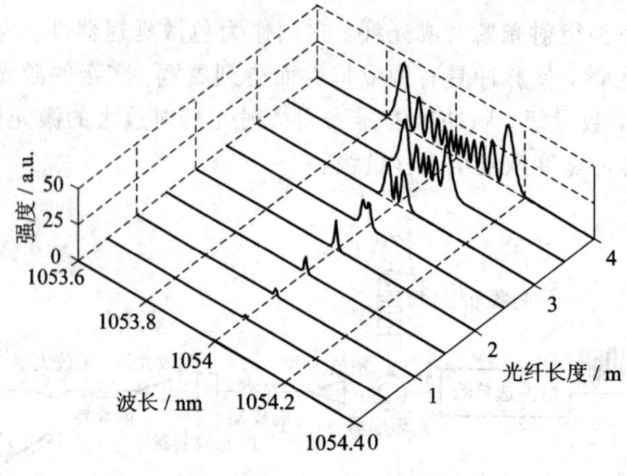

图 10.9－4　数值模拟单模掺镱光纤中自相位调制及色散对放大过程的超短脉冲频谱的影响

计算结果表明，在 4 m 掺镱单模光纤放大器中，自相位调制对光脉冲频谱的影响是使光谱出现了多峰结构，且随着传输距离的增加，光谱的调制小峰数目也在增加，并沿着中心波长向两边对称扩展。由图 10.9－4 还可见，因为激光在增益光纤内传输，激光强度随着传输距离逐渐增强。显然，光纤放大器内自相位调制对放大脉冲的影响主要是在频域上附加的调制特性，这样会对 CPA 系统的放大激光光谱带来新的成分，并影响光脉冲的啁啾特性，引入的非线性啁啾利用普通光栅对作为脉宽压缩器很难补偿。

这一效应及对脉冲压缩的不利影响在实验中也获得证实。图 10.9－5 是参考文献[38]报道的在 20 m 增益光纤内进行啁啾脉冲放大并进行压缩后的自相关曲线。光栅对压缩器调至最佳位置，在不同的峰值功率下，压缩后的脉冲质量有差别：对于低峰值功率的放大

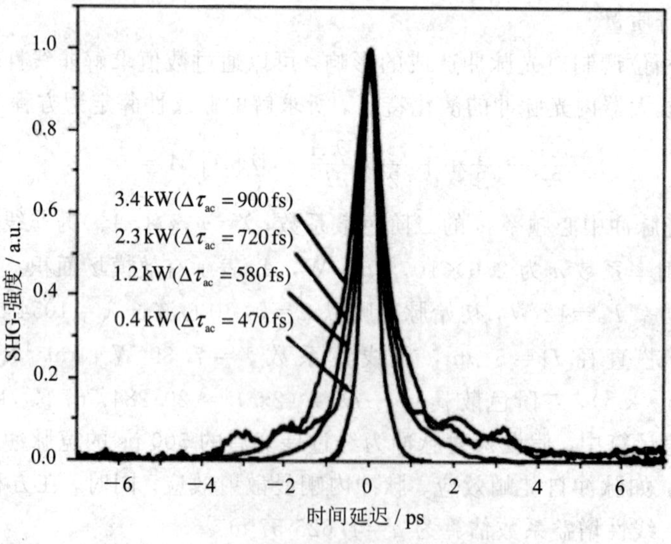

图 10.9－5　实验中测得的 CPA 光纤系统放大输出脉冲经压缩后的自相关曲线

脉冲，压缩后的曲线无底部基座；而随着放大脉冲峰值的提高，压缩后的自相关曲线的底部基座越来越明显。原因正是由于高峰值功率脉冲在光纤内引起的强自相位调制，积累了更多的非线性相移，造成压缩脉冲质量下降。

2. 受激喇曼散射的影响

光纤中的 SRS 指射入光纤内的信号光被光纤内的石英分子散射成为低频的斯托克斯光，信号光与斯托克斯光间的频移由石英分子的振动能级决定。从时域上看，该过程为光功率由信号光转移给低频的斯托克斯光，同时部分能量被介质吸收用于振动能级间的跃迁；从频谱上看，该过程为信号光频谱得到展宽。喇曼增益系数是喇曼频移的函数，其大小由纤芯成分和泵浦波长决定，与泵浦波长成反比。石英光纤的喇曼增益谱可由实验测得，谱宽可达 40 THz，且在频移 13 THz 附近有较宽的增益峰值。

在大能量光纤放大系统中，除了自相位调制，受激喇曼散射是阈值较低的非线性效应，其阈值估算公式为式(10.7－7)。对 1 μm 左右的波长，喇曼增益可取值 $g_R=0.95\times 10^{-13}$ m/W。该估算公式是针对信号和斯托克斯光在光纤中保持不变的情形，如果光纤中传播的光束偏振方向发生变化，喇曼阈值将增大 1～2 倍，特别是当偏振完全混乱时将增大 2 倍。

图 10.9－6 是 CPA 放大系统的输出光谱图[39]，不同峰值功率下对应不同的光谱特征。从实验光谱对应的脉冲峰值功率可看出，光纤放大器中受激喇曼散射对放大光谱造成较大的影响，当光纤内的激光峰值功率超过受激拉曼散射阈值时，放大的信号会急剧向斯托克斯光波转移能量，使得有用的放大信号光成分降低。

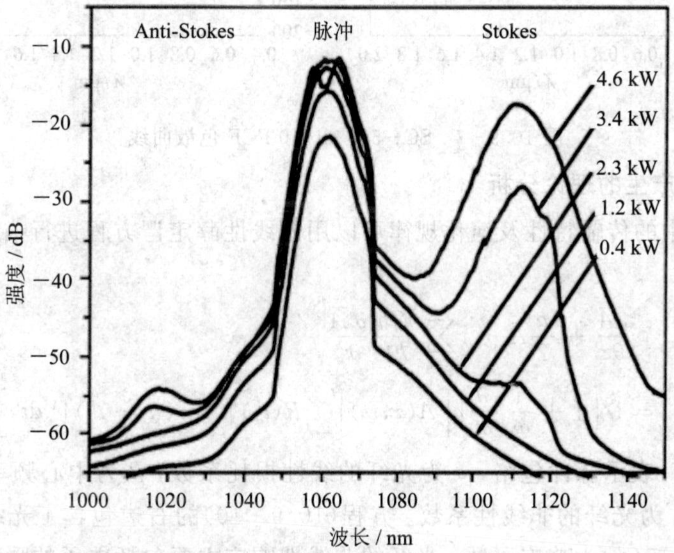

图 10.9－6　实验中测得的 CPA 光纤系统放大输出的含 SRS 的光谱

上述两种非线性效应是在光纤放大器中最容易激发的非线性效应。根据其产生机理和阈值特征，可以采取适当的方法避免这些效应的产生或是降低在 CPA 放大过程中这些效应对系统信号的不良影响。其中，最有效和直接的避免非线性效应的方法是降低光纤中激光的峰值功率密度。

10.9.3　超连续谱的产生

超短超强激光脉冲的一个十分重要的应用是研究它与物质的相互作用。微结构光纤由于其良好的导光能力，强的非线性和可控的色散特性，成为研究非线性效应作用下脉冲传输特性的良好介质。近年来，由于在超短脉冲产生、光学显微和频率计量等领域的应用，利用微结构光纤产生超连续谱得到了广泛的理论和实验研究。本小节基于微结构石英光纤，分析超连续谱的产生机理。

1. 光子晶体光纤色散特性

不同于传统的弱导石英光纤，光子晶体光纤(PCF)称为微结构光纤，其横截面是由周期排列的空气孔构成的。由于空气孔的存在，空气-石英微结构的折射率小于实芯熔融石英材料的折射率，从而保证光波在纤芯中传输时全反射条件能够得到满足。光子晶体光纤具有两个自由度：空气孔直径 d 和孔与孔之间的距离(栅距)Λ。通过调节这些几何结构参数可以改变波导色散，从而控制光纤的色散特性。

图 10.9-7 给出一种商用 PCF(SC-5.0-1040，NKT Photonics)计算的色散曲线。

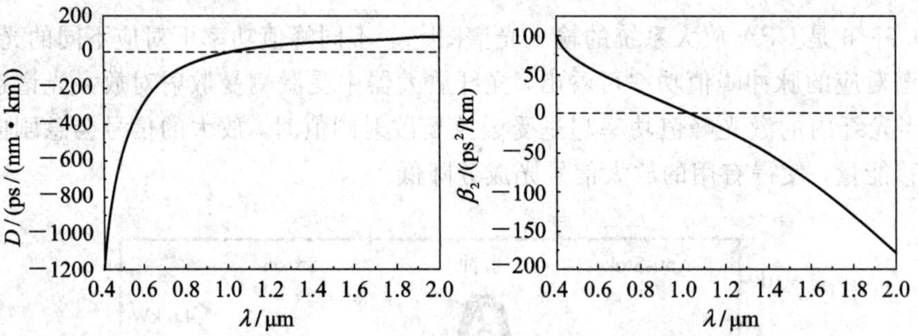

图 10.9-7　SC-5.0-1040 PCF 色散曲线

2. 超连续谱产生的理论分析

脉冲在光纤中的传输特性及演化规律可以用非线性薛定谔方程进行描述，其一般形式可表示为[40]

$$\frac{\partial \overline{A}}{\partial z}+\frac{\alpha}{2}\overline{A}-\mathrm{i}\sum_{k\geqslant 2}\frac{\mathrm{i}^k\beta_k}{k!}\frac{\partial^k\overline{A}}{\partial t^k}$$
$$=\mathrm{i}\gamma\left(1+\frac{\mathrm{i}}{\omega_0}\frac{\partial}{\partial t}\right)\left[\overline{A}(z,t)\int_{-\infty}^{t}R(t')\,|\overline{A}(z,t-t')|^2\,\mathrm{d}t'\right]\qquad(10.9-10)$$

式中，$\overline{A}=\overline{A}(z,t)$ 表示脉冲包络，α 为光纤的线性损耗系数，β_k 为中心频率 ω_0 处光纤的群速度色散系数，γ 为光纤的非线性系数。方程(10.9-10)的右边包含了光纤介质对光场的非线性响应特性，$R(t')$ 为响应函数。光纤的非线性响应主要包括电子的瞬时响应和分子振动（响应时间为 50 fs～100 fs)的驰豫响应。电子的响应是克尔效应，若考虑响应的瞬时性，可用 $\delta(t)$ 表示；分子振动的响应特性（喇曼过程）由光学声子的寿命决定，用函数 $h_R(t)$ 表示。故响应函数可表示为

$$R(t)=(1-f_R)\delta(t)+f_R h_R(t)\qquad(10.9-11)$$

系数 $f_R=0.18$，表示延迟的喇曼响应对非线性极化率的贡献比例。喇曼响应函数可表示为

$$h_R = \frac{\tau_1{}^2 + \tau_2{}^2}{\tau_1\tau_2{}^2}\exp\left(-\frac{t}{\tau_2}\right)\sin\frac{t}{\tau_1} \tag{10.9-12}$$

式中，$1/\tau_1$表征声子频率，$1/\tau_2$为罗仑兹线型函数的宽度。理论计算表明，熔融石英光纤的τ_1和τ_2值可近似取为 12.2 fs 和 32 fs。

方程(10.9-10)通常采取数值方法进行求解。线性作用项包括损耗和色散项，可以在频率域进行处理，对时间的求导可以利用傅里叶变换关系$\frac{\partial}{\partial t}\leftrightarrow -\mathrm{i}\omega$进行代换。非线性作用项可表示为如下形式[41]：

$$\frac{\partial \overline{A}}{\partial z} = \mathrm{i}\gamma\left(1 + \frac{\mathrm{i}}{\omega_0}\frac{\partial}{\partial t}\right)(\overline{A}R * |\overline{A}|^2) \tag{10.9-13}$$

其中卷积项

$$R * |\overline{A}|^2 = \int_{-\infty}^{t} R(t')|\overline{A}(z,\ t-t')|^2\,\mathrm{d}t' \tag{10.9-14}$$

变量 z 的范围为 $z_0 < z < z_0 + \delta z$，区间间隔为 δz。方程(10.9-13)中对时间的求导项(光学冲击)可视为微扰，因而引入一个新函数 $V(z,\ t)$：

$$V(z,\ t) = \overline{A}(z,\ t)\exp[\mathrm{i}\gamma R * |\overline{A}_0|^2(z - z_0)] \tag{10.9-15}$$

初始条件为

$$V_0 = \overline{A}_0 = \overline{A}(z = z_0,\ t) \tag{10.9-16}$$

对式(10.9-15)两端进行求导，并利用方程(10.9-13)可得到函数 $V(z,\ t)$ 满足的偏微分方程：

$$\frac{\partial V}{\partial z} = \mathrm{i}\gamma VR * (|V_0|^2 + |V|^2) - \frac{\gamma}{w_0}\frac{\partial}{\partial t}(VR * |V|^2) \tag{10.9-17}$$

偏微分方程(10.9-17)可利用改进的尤拉算法求解，得到相应的函数 V 的计算公式为

$$V_1 = V_0 + 2\mathrm{i}\gamma\delta z V_0 R * |V_0|^2 - \frac{\gamma\delta z}{w_0}\frac{\partial}{\partial t}(V_0 \cdot R * |V_0|^2) \tag{10.9-18}$$

$$\begin{aligned} V = {} & V_0 + \mathrm{i}\gamma\delta z V_0 R * |V_0|^2 + \frac{\mathrm{i}\gamma\delta z}{2}V_1 R * (|V_0|^2 + |V_1|^2) \\ & - \frac{\gamma\delta z}{2w_0\cdot}\frac{\partial}{\partial t}(V_0 R * |V_0|^2) - \frac{\gamma\delta z}{2w_0}\cdot\frac{\partial}{\partial t}(V_1 R * |V_1|^2) \end{aligned} \tag{10.9-19}$$

进一步，利用式(10.9-15)可以得到传输距离 δz 后脉冲包络的解。此外，对于方程中的卷积项可在频率域进行处理，即卷积的傅里叶变换在频率域对应傅里叶变换的乘积，从而避免在时域进行卷积运算。

3. 超连续谱产生的数值模拟[42]

利用光纤中描述脉冲传输的非线性薛定谔方程(10.9-10)，我们可以数值模拟不同参数(脉冲宽度、脉冲峰值功率和中心波长)情况下，脉冲在各种非线性光纤中的传输特性。

1) 基于飞秒脉冲泵浦的超连续谱产生

假设所使用的微结构光纤是前面提到的 SC-5.0-1040 PCF，入射脉冲包络取为双曲正割函数：

$$A(0,\ T) = \sqrt{P_0}\,\mathrm{sech}\left(\frac{T}{T_0}\right) \tag{10.9-20}$$

其中，P_0表示输入脉冲的峰值功率，T_0为入射脉冲宽度 (1/e 强度半宽度)，则对于脉宽

T_{FWHM}为 50 fs、峰值功率为 10 kW 的入射飞秒脉冲，通过数值求解方程(10.9-10)，可以得到光脉冲在长度为 50 cm 的非线性光子晶体光纤中的光谱和脉冲演化特性，如图 10.9-8 所示。

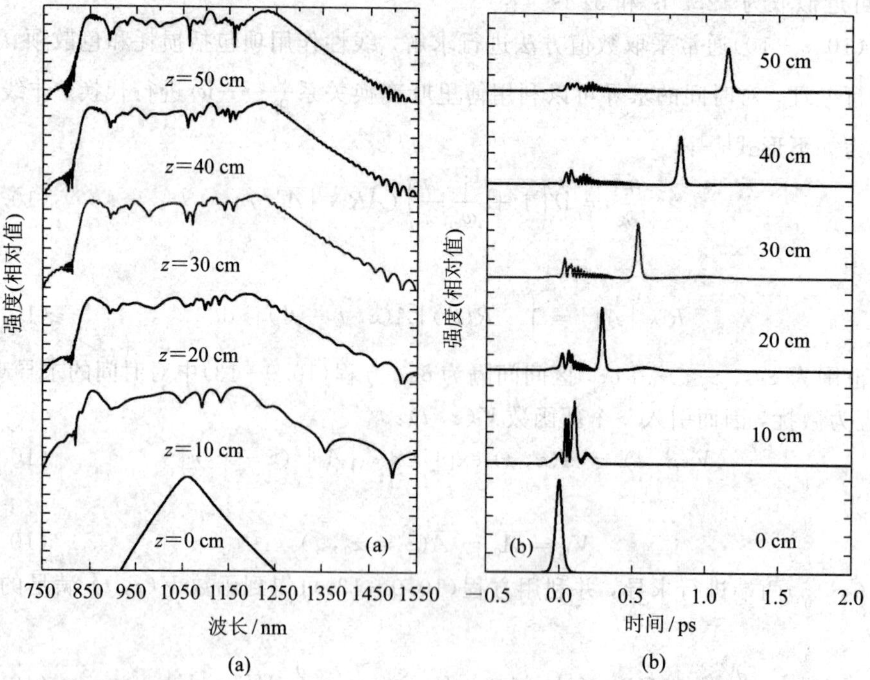

(a)　　(b)

图 10.9-8　入射 50 fs、10 kW 双曲正割脉冲在 50 cm 长 PCF 中的光谱(图(a))和脉冲(图(b))演化特性

由于入射脉冲中心波长 1060 nm 位于光纤的反常色散区，自相位调制效应提供的正啁啾(脉冲前沿红移，后沿蓝移)能够补偿反常色散提供的负啁啾(脉冲前沿蓝移，后沿红移)，因而脉冲能以孤子波的形式在光纤中传输，相应的孤子阶数 N 由式(10.8-6)确定。由图 10.9-8 可见，考虑高阶色散和非线性效应(如自陡峭、喇曼散射效应)时，高阶孤子的周期性演化被打破，传输一定距离后即发生分裂，分解为相应的孤子成分，此时，在频率域内光谱迅速展宽。这说明，当利用飞秒脉冲泵浦非线性光纤产生超连续谱时，高阶孤子的分裂在光谱展宽过程中起着重要的作用。同时，值得注意的是，随着传输距离的增加，在时域可以观察到一个稳定传输的脉冲包络，由于脉冲内喇曼散射效应的作用，喇曼孤子在光纤中传输时会使光谱不断向长波方向扩展，这种现象称为孤子自频移。红移量随传输距离的变化关系为[40]

$$\Delta\nu_R(z) = -4|\beta_2|\frac{T_R z}{15\pi T_0^{\ 4}} \qquad (10.9-21)$$

该式表明，喇曼孤子的红移量正比于传输距离 z 和群速色散系数 β_2的大小，反比于脉冲宽度 T_0的四次方。

图 10.9-9 给出了入射飞秒脉冲在非线性光子晶体光纤中传输 50 cm 后的输出光谱和时域脉冲图，并给出了频域和时域的对应关系。红移的喇曼孤子标记为 A，图中示出了它的高幅值窄脉宽的时域包络形式，相应的中心波长为 1233 nm。

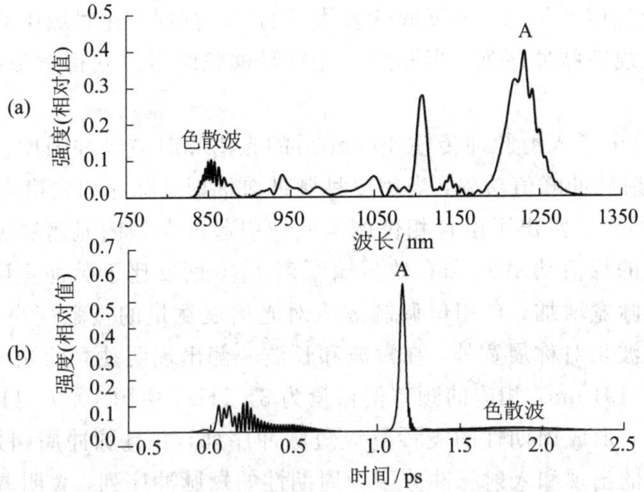

图 10.9-9　入射 50 fs、10 kW 双曲正割脉冲在 PCF 中传输 50 cm 后的光谱(图(a))和脉冲(图(b))

2）基于皮秒脉冲泵浦的超连续谱产生

为了研究皮秒脉冲泵浦的超连续谱产生特性，我们数值模拟了脉宽为 10 ps、峰值功率为 10 kW 的双曲正割脉冲，在 100 cm 长的非线性光子晶体光纤 SC-5.0-1040 PCF 中的光谱和脉冲演化特性，如图 10.9-10 所示。

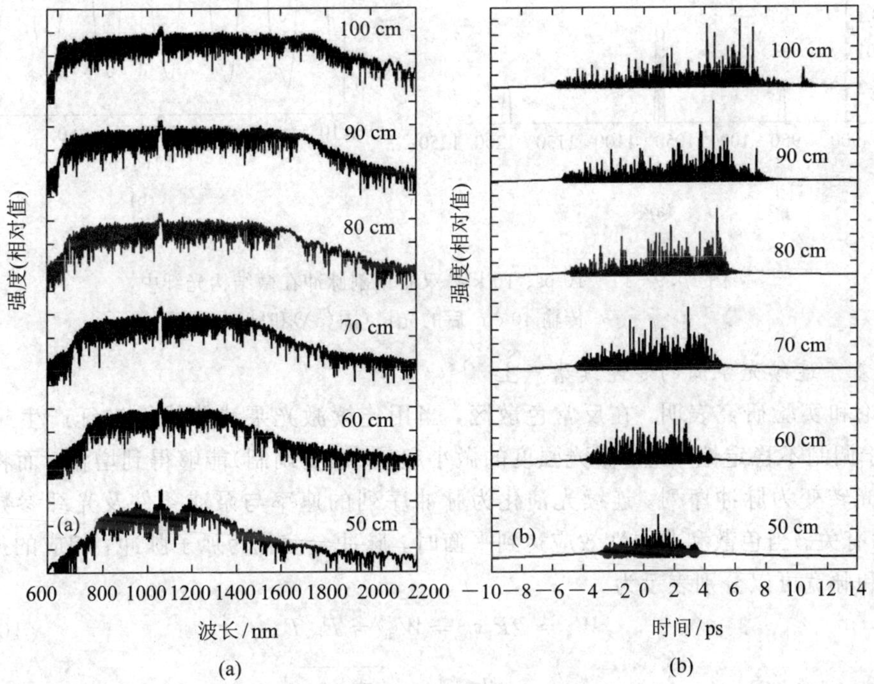

图 10.9-10　入射 10 *ps*、10 *kW* 双曲正割脉冲在 100 *cm* 长 *PCF* 中的光谱(图(*a*))和脉冲(图(*b*))演化特性

由图可见，不同于飞秒脉冲泵浦时清晰的光谱轮廓，当用皮秒脉冲泵浦时，在整个带宽内除泵浦波长处光谱平坦外，强度起伏较大(噪声)。同时，在时域中脉冲发生分裂，表现为强度不等的无规则脉冲序列。当非线性光纤足够长时可以获得宽带的超连续谱输出，带宽大于 1000 nm。

图 10.9－11 给出了入射脉冲传输 40 cm 后的光谱和时域脉冲强度包络曲线。由图可见，对于相同的入射脉冲峰值功率，当用皮秒脉冲泵浦时，脉冲和光谱表现出了不同的演化规律。图 10.9－11(a)给出了由自相位调制效应引起的典型的光谱展宽特征，由于光谱展宽量正比于脉冲的峰值功率 P_0和有效传输距离 L_{eff}，而反比于脉冲宽度 T，故当用皮秒脉冲泵浦时，由于脉宽增加，自相位调制效应对光谱展宽量的贡献变小。值得注意的是，除了光谱围绕泵浦波长对称展宽外，在短波和长波一侧出现两独立的光谱边带，中心波长分别为 954 nm 和 1191 nm，相应的频率偏移量为 31 THz。由图 10.9－11(b)可见，入射的皮秒脉冲发生分裂，形成周期性的飞秒量级短脉冲序列，并且脉冲周期是频移量的倒数。上述对称光谱边带的出现和入射脉冲分裂为周期性的短脉冲序列，表明调制不稳定性效应在脉冲的初始传输过程中起着重要的作用。

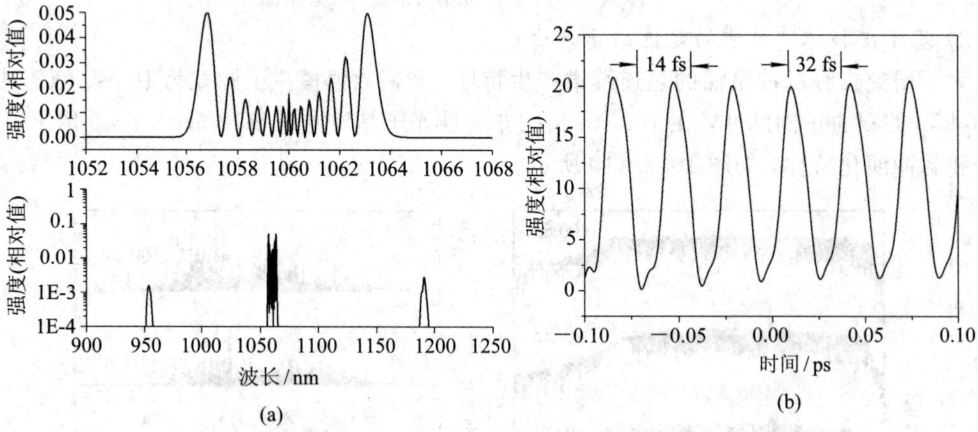

图 10.9－11　10 ps、10 kW 双曲正割脉冲在微结构光纤中传输 40 cm 后的光谱(图(a))和脉冲(图(b))

3) 基于连续光泵浦的超连续谱产生[43]

理论和实验研究表明，在反常色散区，当用连续激光泵浦非线性光纤产生超连续谱时，由于调制不稳定性效应，激光强度的微小起伏(幅度调制)能够得到增益，而将入射的连续激光转变为脉冲序列。连续光演化为脉冲序列的速率与泵浦条件及光纤参数(色散、非线性)有关。当色散和非线性效应达到平衡时，脉冲会演化为孤子脉冲，相应的孤子脉冲的能量和脉宽可以分别表示为

$$W_s = 2P_0\tau_0 = W_m = P_{cw}T_m \tag{10.9-22}$$

$$T_m = \frac{2\pi}{\Delta\omega_m} = \sqrt{\frac{2\pi^2|\beta_2|}{\gamma P_{cw}}} \tag{10.9-23}$$

$$\tau_0 = \frac{T_m}{\pi^2} \tag{10.9-24}$$

其中，P_0和 τ_0分别表示孤子脉冲的峰值功率和脉宽（1/e 强度对应的半宽度），T_m为脉冲序列的周期。入射连续激光转化为脉冲序列后，由于脉宽变小，峰值功率增强；由于喇曼散射效应的作用，光谱会向长波方向扩展；由于满足相位匹配条件的色散波辐射及满足群速度匹配条件时，孤子对色散波的“俘获”和通过交叉相位调制与色散波的相互作用，光谱会向短波方向扩展。

当考虑三阶色散时，相应的相位匹配条件 $\beta_s=\beta_r$可表示为

$$\frac{\gamma P_0}{2}=\frac{(\omega_r-\omega_{sol})^2}{2}\beta_2+\frac{(\omega_r-\omega_s)^3}{6}\beta_3 \tag{10.9-25}$$

其中，$\beta_s=\frac{\gamma P_0}{2}=\frac{|\beta_2|}{2T_0^{\ 2}}$表示基孤子的波矢，$\omega_s$和 ω_r分别表示孤子和辐射的色散波的圆频率。通过式(10.9－25)就可以求解出孤子脉冲辐射的色散波的频率。

对于连续激光泵浦的情况，孤子碰撞在光谱展宽过程中起着非常重要的作用。由于喇曼散射效应，发生红移的孤子脉冲在反常色散区由于群速度变小，会与泵浦脉冲或红移量小的孤子脉冲在时间上发生重叠，此时红移量大的孤子脉冲的能量会得到增强，这种现象称为孤子碰撞现象。能量得到增强的孤子脉冲脉宽变小，峰值功率进一步增强，这将导致光谱继续红移。值得注意的是，在碰撞过程中转移的能量通常不一定恰好等于孤子维持其脉冲包络所需要的能量，多余的能量会被孤子以色散波的形式辐射出来，从而增加短波方向的光谱成分。

不同于脉冲泵浦情况，当用连续激光泵浦非线性光纤产生超连续谱时，其主要特点是：高的平均谱功率密度；对泵浦激光噪声的依赖性；对光纤参数（色散和非线性系数）敏感；平滑的光谱特征；时间相干性差；需要长的非线性光纤，通常使用的非线性光纤长度在 10 m 到 1000 m 之间。

4. 超连续谱产生的实验研究

2000 年贝尔实验室的 Ranka 等人[44]在实验中首次报道了微结构光纤中的超连续谱产生现象。实验中所用的微结构光子晶体光纤纤芯的直径为 1.7 μm，空气孔的直径为 1.3 μm，光纤的色散零点相应的波长为 767 nm。通过注入 800 pJ、100 fs 脉冲，在长度为 75 cm 的光子晶体光纤中实现了 550 THz 超连续谱输出。产生的超连续谱波长范围从 390 nm 到 1600 nm，涉及可见及近红外波段。这相对于传统的超连续谱产生需要兆瓦峰值功率(毫焦能量)的输入脉冲参数，是一个极大的进步。

考虑实际应用时，往往希望产生的超连续谱达到一定的平均功率和谱功率密度，这就要求非线性光纤的泵浦光有较高的平均功率，同时单个脉冲峰值功率达到数百瓦至上千瓦。我们[45]通过将全光纤放大系统输出的 100 W 皮秒脉冲信号注入 5 m 长的微结构光纤中，最终获得了 49.8 W 的高平均功率超连续谱，其光谱范围从 500 nm 到 1700 nm。图 10.9－12 给出了实验系统的结构示意图，种子源采用皮秒级锁模脉冲激光器。为实现高平均功率的放大信号输出，实验中采用了多级放大的方案。同时，为了有效抑制非线性效应如受激喇曼散射等，提高放大过程的信噪比，在功率放大阶段的增益光纤采用了芯径为 25 μm 的大模场面积掺镱双包层光纤。此外，采用合束放大的方式将多路泵浦光有效地耦合到增益光纤，从而获得高平均功率的放大光输出。实验中，当总的泵浦功率为 130 W 时，

输出放大信号光功率为 100.3 W。考虑到非线性光子晶体光纤和大模场面积双包层光纤之间的模场失配问题，实验中采用一个模式匹配器(输出端为单模光纤)将放大级输出的信号光有效地耦合到非线性光子晶体光纤中。实验测得模式匹配器输出的单模光纤和非线性光子晶体光纤之间的熔接损耗为 0.5 dB，实际耦合到非线性光子晶体光纤的功率为76.6 W。

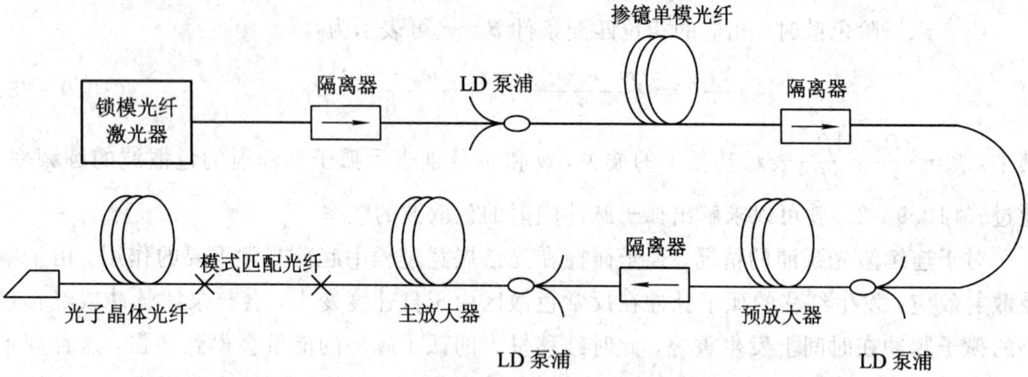

图 10.9-12　全光纤结构高平均功率超连续谱产生实验结构示意图

图 10.9-13 和图 10.9-14 分别给出了实验中测得的不同输出功率情况下的光谱演化图。

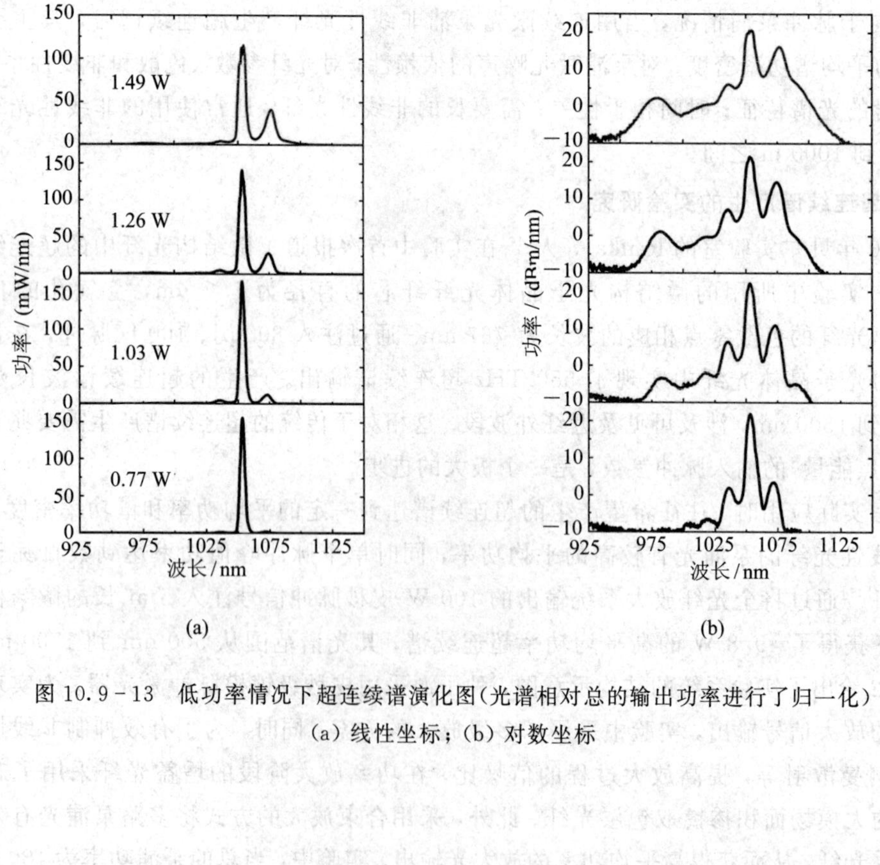

图 10.9-13　低功率情况下超连续谱演化图(光谱相对总的输出功率进行了归一化)

(a) 线性坐标；(b) 对数坐标

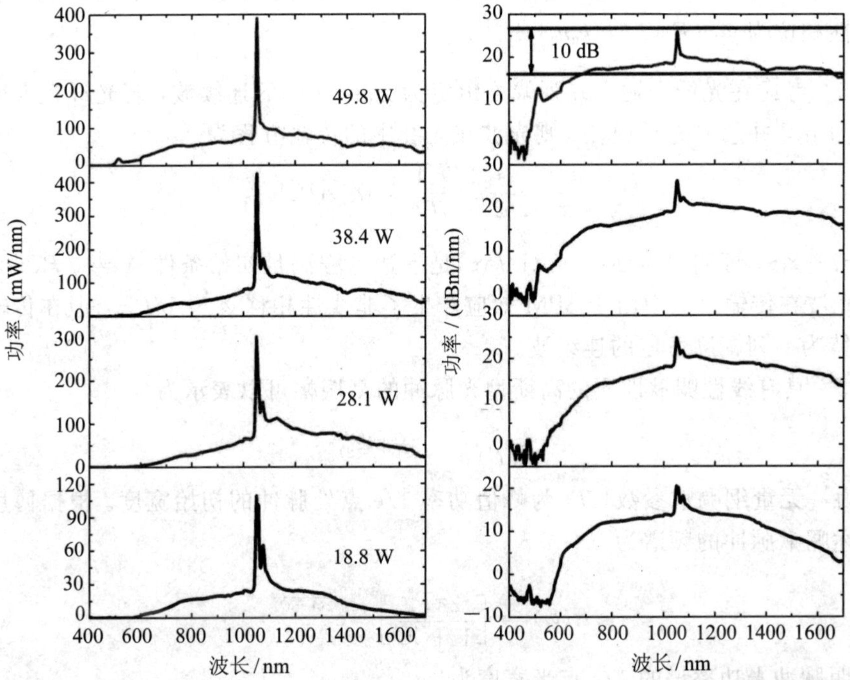

图 10.9-14　高功率情况下超连续谱演化图(光谱相对总的输出功率进行了归一化)
(a) 线性坐标；(b) 对数坐标

习　题

10-1　试分析比较体介质和光纤中非线性光学效应之差别。

10-2　试分析光纤中光孤子形成的机理及其特点。

10-3　光纤损耗能导致孤子展宽。光纤损耗的影响可以由非线性薛定谔方程(10.8-8)中添加一个附加项来描述：

$$i\frac{\partial u}{\partial \xi}+\frac{1}{2}\frac{\partial^2 u}{\partial \tau^2}+|u|^2 u=-i2\Gamma u$$

(1) 证明，当 $e^{2\Gamma\xi}\gg\tau$ 时

$$u(\xi,\tau)=\frac{e^{-2\Gamma\xi}}{\cosh(\tau e^{-2\Gamma\xi})}e^{i(1-e^{-4\Gamma\xi})/(8\Gamma)}$$

是上面的非线性薛定谔方程的解；

(2) 证明孤子的时间宽度是随距离 z 指数增加的，并求孤子时间宽度加倍时的距离；

(3) 证明孤子的振幅是随距离 z 指数下降的；

(4) 如果能量为 W_{in} 的孤子注入进光纤，传输 1 km 后其能量是多少？

10-4　考虑无限大自由介质空间中沿 z 方向传播的均匀平面波 $E=\bar{E}_0 e^{ikz}$，其传输常数为 $k=k_0 n=2\pi n/\lambda$。当光强 $|\bar{E}_0|^2$ 相当可观时，介质将呈现出非线性效应，其折射率与光

强$|E_0|^2$有关。若忽略介质损耗，证明平面波在介质中传播距离 L 以后，由 SPM 效应所引起的非线性相位为 $\varphi_{NL}(E_0,L)=k_0n_2|E_0|^2L$。

10-5 考虑在光纤中输入一列幅度恒定为 $A_0=\sqrt{P_0}$ 的连续波，若光纤在入射光波长上的色散为 β_2，并忽略光纤损耗，则光波在光纤中的传输方程为

$$\frac{\partial \overline{A}}{\partial z}+\frac{\mathrm{i}}{2}\beta_2\frac{\partial^2 \overline{A}}{\partial T^2}=\mathrm{i}\gamma|\overline{A}|^2\overline{A}$$

其中，$T=t-\beta_1 z$。证明 $\overline{A}=\sqrt{P_0}\exp(\mathrm{i}\gamma P_0 z)$ 是上述方程满足初始条件 $\overline{A}_0=\sqrt{P_0}$ 的解。这表明，虽然光波在传输过程中由于 SPM 效应产生了非线性相移 $\varphi_{NL}=\mathrm{i}\gamma P_0 z$，但在传输过程中将一直保持为一列幅度恒定的连续波。

10-6 具有线性啁啾性质的高斯型光脉冲的复振幅可以表示为

$$f(T)=\mathrm{e}^{-(1+\mathrm{i}C)\frac{T^2}{2T_0^2}}$$

其中，C 为一无量纲啁啾参数；T_0 为峰值功率 1/e 点处脉冲的初始宽度。根据傅里叶变换证明，上述啁啾脉冲的频谱为

$$F(\omega)=\left[\frac{2\pi T_0^2}{1+\mathrm{i}C}\right]^{1/2}\mathrm{e}^{\frac{\omega^2T_0^2}{2(1+\mathrm{i}C)}}$$

并由此证明脉冲光功率谱的 1/e 点半宽度为

$$\Delta\omega=\frac{(1+C^2)^{1/2}}{T_0}$$

10-7 对于上题中的线性啁啾高斯脉冲，证明在一单模光纤中传输 z 距离后的脉冲复振幅为

$$F(z,T)=\left[\frac{T_0^2}{T_0^2-\mathrm{i}\beta_2 z(1+\mathrm{i}C)}\right]^{1/2}\mathrm{e}^{-\frac{(1+\mathrm{i}C)T^2}{2T_0^2-\mathrm{i}\beta_2 z(1+\mathrm{i}C)}}$$

其中 β_2 为光纤色散。并据此证明与初始脉冲相比，经光纤传输后的脉冲展宽倍数为

$$\eta=\frac{T_1}{T_0}\left[\left(1+\frac{C\beta_2 z}{T_0^2}\right)^2+\left(\frac{\beta_2 z}{T_0^2}\right)^2\right]^{1/2}$$

10-8 分析材料中的色散与光纤中的色散有何共同点和不同点。多模光纤和单模光纤中色散的主要来源是什么？

10-9 目前光通信为什么采用以下三个波长：$\lambda_1=0.85\ \mu$m，$\lambda_2=1.31\ \mu$m，$\lambda_3=1.55\ \mu$m？光纤通信为什么向长波长、单模光纤方向发展？

10-10 一光孤子通信系统要求孤子脉冲的宽度 $T_0=10$ ps，假定在工作波长上光纤的非线性系数 $\gamma=2(\mathrm{W}\cdot\mathrm{km})^{-1}$。计算当光纤在脉冲中心波长上的色散值 β_2 分别为 $-20\ \mathrm{ps^2/km}$ 和 $-2\ \mathrm{ps^2/km}$ 时，在光纤中产生一阶孤子效应所需的脉冲峰值功率。

10-11 考虑一喇曼光纤放大器，当泵浦波长为 1 μm 时，放大器在峰值增益波长上的喇曼增益系数 $g_R=1.0\times1.0^{-13}$ m/W。

(1) 当泵浦波长 $\lambda_p=1.7\ \mu$m 时，求放大器峰值增益波长上的喇曼增益系数；

(2) 当 $\lambda_p=1.7\ \mu$m 时，峰值增益波长上的光纤损耗为 0.25 dB/km，模斑半径为 4.5 μm，求光纤中受激喇曼散射的泵浦功率。

参考文献

[1] Loudon R. The Quantum Theory of Light. section 8.7, Oxford, Clarendon press, 1983

[2] Kanamori H, Yokota H, Tanaka G, et al. J. Lightwave Technol., 1986, J-LT-4(8): 1140

[3] Agrawal G D. Nonlinear Fiber Optics. San Diego, California, Academic Press, Inc., 1989

[4] Kodamm Y and Hascgawa A. IEEE J. Quan. Electron., 1987, QE23:510

[5] Zakharov V E and Shabat A B. Sov. Phys., 1972, JETP 34: 62

[6] Hasgeawa A and Tappert F. Appl. Phys. Lett., 1973, 23: 142

[7] Kazovsky L G, et al. Optical Fiber Communication System(光纤通信系统). 张肇仪, 等, 译. 北京: 人民邮电出版社, 1999

[8] Marcuse D. Appl. Opt., 1980, 19, 1653

[9] 陈根祥. 光波技术基础. 北京: 中国铁道出版社, 2000

[10] Stolen R H, et al. Phys. Rev, 1978, A17: 1448

[11] Cubeddu R, et al. Phys. Rev., 1970, A2: 1955

[12] Stolen R H and Bjorkholm J E. IEEE J. Quantum Electron, 1982, QE18: 1062

[13] Smith R G. Appl. Opt., 1972, 11: 2489

[14] Stolen R H. Proc. IEEE., 1980, 68: 1232

[15] Lichtman E and Fricscm A A. Opt. Commun., 1987, 64: 544

[16] Tang C L. J. Appl. Phys., 1966, 37: 2945

[17] Inns R H and Batra I P. Phys. Lett., 1969, A28: 591

[18] Hasegawa A and Tappert F. Appl. Phys. Lett., 1973, 23: 142

[19] Mollenauer L F, Stolen R H and Gordon J P. Phys. Rev. Lett., 1980, 45: 1095

[20] Gardner C S, et al. Phys. Rev. Lett., 1967, 19, 1095; Commun. Pure Apple. Math., 1974, 27: 97

[21] Stolen R H, Mollenauer L F and Tomiluson W J. Opt. Lett., 1983, 8: 186

[22] Hasgeawa A and Tappert F. Appl. Phys. Lett., 1973, 23: 171

[23] Mollenauer L F and Stolen R H. Opt. Lett., 1984, 9: 13

[24] 侯洵. 瞬息万变: 飞秒激光技术和超快过程研究. 长沙: 湖南科学技术出版社, 2001

[25] Dongfeng Liu, Chen Guofu, Wang Xianhu, et al. Science in China(A), 1999, 42(9): 980

[26] 刘东峰, 陈国夫, 等. 中国科学(A辑), 1999, 29(8):735

[27] 杨祥林, 温杨敬. 光纤孤子通信理论基础. 北京: 国防工业出版社, 2000

[28] Ilday F , Buckley J, Kuznetsova L, et al. Opt. Exp., 2003, 11: 3550

[29] Duling. Electron. Lett., 1991, 27: 544

[30] Richardson, et al. Electron. Lett., 1991, 27: 542
[31] Zhao W, Ma H, et al. Optics Communications, 2007, 273(1): 242
[32] Xueming Liu. Physical Review A, 2010, 81: 023811
[33] Stolen R H, Lin C and Jain R K. Appl. Phys. Lett., 1977, 30: 340
[34] Islam M N, Mollenauer L F and Stolen R H. In Ultrafast Phenomena V, Springer, Berlin, 46, 1986
[35] Kruglov V I, Peacock A C, Harvey J D, et al. J. Opt. Soc. Am., 2002, B 19: 461
[36] Wang Y, Lim J, Amezcua-Correa R, et al. in Frontiers in Optics, OSA Technical Digest (CD)(Optical Society of America, 2008), paper FWF5
[37] Plotski A Yu, Sysoliatin A A, Latkin A I, et al. JETP LETT., 2007, 85: 319
[38] Stolen R H and Lin C. Phys. Rev., 1978, A17(4): 1448
[39] Tunnermann A, Limpert J and Nolte S. Top. App. Phys., 2004, 96: 35.
[40] Agrawal G P. Nonlinear fiber optics. Third Edition, Academic Press, New York, 2001
[41] Blow K J and Wood D. IEEE J. Quantum Electron. 1989, 25: 2665
[42] Hu X, Wang Y S, Zhao W, et al. Appl. Opt., 2010, 49: 4984
[43] Dudley J M and Taylor J R. Supercontinuum generation in Optical Fibers, First Edition, Cambridge University Press, 2010
[44] Ranka J K, Windeler R S, Stentz A J. Opt. Lett., 2000, 25: 25
[45] Hu X H, Zhang W, Yang Z, et al. Opt. Lett., 2011, 36: 2659

附录　各类晶体的极化率张量形式

附录 A　七类晶体和各向同性介质的线性极化率张量 $\chi^{(1)}(\omega)$ 形式

注：每一个元素只用其指标表示，圆括号内的数字表示非零的独立元素数目。

1. 三斜晶系

$$\begin{bmatrix} XX & XY & ZX \\ XY & YY & YZ \\ ZX & YZ & ZZ \end{bmatrix} \quad (6)$$

2. 单斜晶系

$$\begin{bmatrix} XX & 0 & ZX \\ 0 & YY & 0 \\ ZX & 0 & ZZ \end{bmatrix} \quad (4)$$

3. 正交晶系

$$\begin{bmatrix} XX & 0 & 0 \\ 0 & YY & 0 \\ 0 & 0 & ZZ \end{bmatrix} \quad (3)$$

4. 正方晶系

5. 三角晶系

6. 六角晶系

$$\begin{bmatrix} XX & 0 & 0 \\ 0 & XX & 0 \\ 0 & 0 & ZZ \end{bmatrix} \quad (2)$$

7. 立方晶系各向同性介质

$$\begin{bmatrix} XX & 0 & 0 \\ 0 & XX & 0 \\ 0 & 0 & XX \end{bmatrix} \quad (1)$$

附录 B 七类晶体和各向同性介质的二阶极化率张量 $\chi^{(2)}(\omega_1,\omega_2)$ 形式

注：没有列出具有中心对称的晶体，这是因为它们的二阶极化率张量为 0。同样，每一个元素只用它们的指标表示，并且用上横线表示负值。圆括号内的数字表示非零元素的数目。

1. 三斜晶系

晶类 $1(C_1)$

$$\begin{bmatrix} XXX & XYY & XZZ & XYZ & XZY & XZX & XXZ & XXY & XYX \\ YXX & YYY & YZZ & YYZ & YZY & YZX & YXZ & YXY & YYX \\ ZXX & ZYY & ZZZ & ZYZ & ZZY & ZZX & ZXZ & ZXY & ZYX \end{bmatrix} \qquad (27)$$

2. 单斜晶系

晶类 $2(C_2)$

$$\begin{bmatrix} 0 & 0 & 0 & XYZ & XZY & 0 & 0 & XXY & XYX \\ YXX & YYY & YZZ & 0 & 0 & YZX & YXZ & 0 & 0 \\ 0 & 0 & 0 & ZYZ & ZZY & 0 & 0 & ZXY & ZYX \end{bmatrix} \qquad (13)$$

晶类 $m(C_s)$

$$\begin{bmatrix} XXX & XYY & XZZ & 0 & 0 & XZX & XXZ & 0 & 0 \\ 0 & 0 & 0 & YYZ & YZY & 0 & 0 & YXY & YYX \\ ZXX & ZYY & ZZZ & 0 & 0 & ZZX & ZXZ & 0 & 0 \end{bmatrix} \qquad (14)$$

3. 正交晶系

晶类 $222(D_2)$

$$\begin{bmatrix} 0 & 0 & 0 & XYZ & XZY & 0 & 0 & 0 & 0 \\ 0 & 0 & 0 & 0 & 0 & YZX & YXZ & 0 & 0 \\ 0 & 0 & 0 & 0 & 0 & 0 & 0 & ZXY & ZYX \end{bmatrix} \qquad (6)$$

晶类 $mm2(C_{2v})$

$$\begin{bmatrix} 0 & 0 & 0 & 0 & 0 & XZX & XXZ & 0 & 0 \\ 0 & 0 & 0 & YYZ & YZY & 0 & 0 & 0 & 0 \\ ZXX & ZYY & ZZZ & 0 & 0 & 0 & 0 & 0 & 0 \end{bmatrix} \qquad (7)$$

4. 正方晶系

晶类 $4(C_4)$

$$\begin{bmatrix} 0 & 0 & 0 & XYZ & XZY & XZX & XXZ & 0 & 0 \\ 0 & 0 & 0 & XXZ & XZX & \overline{XZY} & \overline{XYZ} & 0 & 0 \\ ZXX & ZXX & ZZZ & 0 & 0 & 0 & 0 & ZXY & \overline{ZXY} \end{bmatrix} \qquad (7)$$

晶类 $\overline{4}(S_4)$

$$\begin{bmatrix} 0 & 0 & 0 & XYZ & XZY & XZX & XXZ & 0 & 0 \\ 0 & 0 & 0 & \overline{XXZ} & \overline{XZX} & XZY & XYZ & 0 & 0 \\ ZXX & \overline{ZXX} & 0 & 0 & 0 & 0 & 0 & ZXY & ZXY \end{bmatrix} \qquad (6)$$

晶类 $422(D_4)$

$$\begin{bmatrix} 0 & 0 & 0 & XYZ & XZY & 0 & 0 & 0 & 0 \\ 0 & 0 & 0 & 0 & 0 & \overline{XZY} & \overline{XYZ} & 0 & 0 \\ 0 & 0 & 0 & 0 & 0 & 0 & 0 & ZXY & \overline{ZXY} \end{bmatrix} \quad (3)$$

晶类 $4mm(C_{4v})$

$$\begin{bmatrix} 0 & 0 & 0 & 0 & 0 & XZX & XXZ & 0 & 0 \\ 0 & 0 & 0 & XXZ & XZX & 0 & 0 & 0 & 0 \\ ZXX & ZXX & ZZZ & 0 & 0 & 0 & 0 & 0 & 0 \end{bmatrix} \quad (4)$$

晶类$\overline{4}2m(D_{2d})$

$$\begin{bmatrix} 0 & 0 & 0 & XYZ & XZY & 0 & 0 & 0 & 0 \\ 0 & 0 & 0 & 0 & 0 & XZY & XYZ & 0 & 0 \\ 0 & 0 & 0 & 0 & 0 & 0 & 0 & ZXY & ZXY \end{bmatrix} \quad (3)$$

5. 三角晶系

晶类 $3(C_3)$

$$\begin{bmatrix} XXX & \overline{XXX} & 0 & XYZ & XZY & XZX & XXZ & \overline{YYY} & \overline{YYY} \\ \overline{YYY} & YYY & 0 & XXZ & XZX & \overline{XZY} & \overline{XYZ} & \overline{XXX} & \overline{XXX} \\ ZXX & ZXX & ZZZ & 0 & 0 & 0 & 0 & ZXY & \overline{ZXY} \end{bmatrix} \quad (9)$$

晶类 $32(D_3)$

$$\begin{bmatrix} XXX & \overline{XXX} & 0 & XYZ & XZY & 0 & 0 & 0 & 0 \\ 0 & 0 & 0 & 0 & 0 & \overline{XZY} & \overline{XYZ} & \overline{XXX} & \overline{XXX} \\ 0 & 0 & 0 & 0 & 0 & 0 & 0 & ZXY & \overline{ZXY} \end{bmatrix} \quad (4)$$

晶类 $3m(C_{3v})$

$$\begin{bmatrix} 0 & 0 & 0 & 0 & 0 & XZX & XXZ & \overline{YYY} & \overline{YYY} \\ \overline{YYY} & YYY & 0 & XXZ & XZX & 0 & 0 & 0 & 0 \\ ZXX & ZXX & ZZZ & 0 & 0 & 0 & 0 & 0 & 0 \end{bmatrix} \quad (5)$$

6. 六角晶系

晶类 $6(C_6)$

$$\begin{bmatrix} 0 & 0 & 0 & XYZ & XZY & XZX & XXZ & 0 & 0 \\ 0 & 0 & 0 & XXZ & XZX & \overline{XZY} & \overline{XYZ} & 0 & 0 \\ ZXX & ZXX & ZZZ & 0 & 0 & 0 & 0 & ZXY & \overline{ZXY} \end{bmatrix} \quad (7)$$

晶类$\overline{6}(C_{3h})$

$$\begin{bmatrix} XXX & \overline{XXX} & 0 & 0 & 0 & 0 & 0 & \overline{YYY} & \overline{YYY} \\ \overline{YYY} & YYY & 0 & 0 & 0 & 0 & 0 & \overline{XXX} & \overline{XXX} \\ 0 & 0 & 0 & 0 & 0 & 0 & 0 & 0 & 0 \end{bmatrix} \quad (2)$$

晶类 $622(D_6)$

$$\begin{bmatrix} 0 & 0 & 0 & XYZ & XZY & 0 & 0 & 0 & 0 \\ 0 & 0 & 0 & 0 & 0 & \overline{XZY} & \overline{XYZ} & 0 & 0 \\ 0 & 0 & 0 & 0 & 0 & 0 & 0 & ZXY & \overline{ZXY} \end{bmatrix} \quad (3)$$

晶类 $6mm(C_{6v})$

$$\begin{bmatrix} 0 & 0 & 0 & 0 & 0 & XZX & XXZ & 0 & 0 \\ 0 & 0 & 0 & XXZ & XZX & 0 & 0 & 0 & 0 \\ ZXX & ZXX & ZZZ & 0 & 0 & 0 & 0 & 0 & 0 \end{bmatrix} \quad (4)$$

晶类$\bar{6}m2(D_{3h})$

$$\begin{bmatrix} 0 & 0 & 0 & 0 & 0 & 0 & 0 & \overline{YYY} & \overline{YYY} \\ \overline{YYY} & YYY & 0 & 0 & 0 & 0 & 0 & 0 & 0 \\ 0 & 0 & 0 & 0 & 0 & 0 & 0 & 0 & 0 \end{bmatrix} \quad (1)$$

7. 立方晶系

晶类 $432(O)$

$$\begin{bmatrix} 0 & 0 & 0 & XYZ & \overline{XYZ} & 0 & 0 & 0 & 0 \\ 0 & 0 & 0 & 0 & 0 & XYZ & \overline{XYZ} & 0 & 0 \\ 0 & 0 & 0 & 0 & 0 & 0 & 0 & XYZ & \overline{XYZ} \end{bmatrix} \quad (1)$$

晶类$\bar{4}3m(T_d)$

$$\begin{bmatrix} 0 & 0 & 0 & XYZ & XYZ & 0 & 0 & 0 & 0 \\ 0 & 0 & 0 & 0 & 0 & XYZ & XYZ & 0 & 0 \\ 0 & 0 & 0 & 0 & 0 & 0 & 0 & XYZ & XYZ \end{bmatrix} \quad (1)$$

晶类 $23(T)$

$$\begin{bmatrix} 0 & 0 & 0 & XYZ & XZY & 0 & 0 & 0 & 0 \\ 0 & 0 & 0 & 0 & 0 & XYZ & XZY & 0 & 0 \\ 0 & 0 & 0 & 0 & 0 & 0 & 0 & XYZ & XZY \end{bmatrix} \quad (2)$$

由附录 B 可知，在 32 种宏观对称类型中，只有 21 种晶体对称类型没有反演对称性。

附录C　32种晶类和各向同性介质的三阶极化率张量 $\chi^{(3)}(\omega_1,\omega_2,\omega_3)$ 形式

注：每一个元素只用它们的指标表示，用上横线表示负值。

1. 三斜晶系

对于晶类 1 和 $\bar{1}$，都有 81 个独立的非零元素。

2. 单斜晶系

对于晶类 2、m 和 $2/m$，有 41 个独立的非零元素。其中指标相同的有 3 个；指标成对相同的有 18 个；有两个 Y 指标、1 个 X 指标和 1 个 Z 指标的元素有 12 个；有 3 个 X 指标和 1 个 Z 指标的元素有 4 个；有 3 个 Z 指标和 1 个 X 指标的元素有 4 个。

3. 正交晶系

对于晶类 222、$mm2$ 和 mmm，有 21 个独立的非零元素。其中指标都相同的元素有 3 个，指标成对相同的元素有 18 个。

4. 正方晶系

对于晶类 4、$\bar{4}$和 $4/m$，有 41 个非零元素，其中有 21 个是独立的，这些元素是

$XXXX=YYYY$	$ZZZZ$
$ZZXX=ZZYY$	$XYZZ=\overline{YXZZ}$
$XXYY=YYXX$	$XXXY=\overline{YYYX}$
$XXZZ=YYZZ$	$ZZXY=\overline{ZZYX}$
$XYXY=YXYX$	$XXYX=\overline{YYXY}$
$ZXZX=ZYZY$	$XZYZ=\overline{YZXZ}$
$XYYX=YXXY$	$XYXX=\overline{YXYY}$
$XZXZ=YZYZ$	$ZXZY=\overline{ZYZX}$
$ZXXZ=ZYYZ$	$ZXYZ=\overline{ZYXZ}$
$XZZX=YZZY$	$XZZY=\overline{YZZX}$
$YXXX=\overline{XYYY}$	

对于 422、$4mm$、$\frac{4}{m}mm$ 和$\bar{4}2m$ 类晶体，有 21 个非零元素，其中仅有 11 个是独立的，这些元素是

$XXXX=YYYY$	$ZZZZ$
$YYZZ=ZZYY$	$ZZXX=XXZZ$
$XXYY=YYXX$	$YZYZ=ZYZY$
$ZXZX=XZXZ$	$XYXY=YXYX$
$YZZY=ZYYZ$	$ZXXZ=XZZX$
$XYYX=YXXY$	

5. 三角晶系

对于 3 和$\bar{3}$两类晶体，有 73 个非零元素，其中只有 27 个是独立的，这些元素是

$ZZZZ$

$$XXXX = YYYY = XXYY + XYYX + XYXY \begin{cases} XXYY = YYXX \\ XYYX = YXXY \\ XYXY = YXYX \end{cases}$$

$$YYZZ = XXZZ \qquad XYZZ = \overline{YXZZ}$$
$$ZZYY = ZZXX \qquad ZZXY = \overline{ZZYX}$$
$$ZYYZ = ZXXZ \qquad ZXYZ = \overline{ZYXZ}$$
$$YZZY = XZZX \qquad XZZY = \overline{YZZX}$$
$$YZYZ = XZXZ \qquad XZYZ = \overline{YZXZ}$$
$$ZYZY = ZXZX \qquad ZXZY = \overline{ZYZX}$$

$$XXXY = \overline{YYYX} = YYXY + YXYY + XYYY \begin{cases} YYXY = \overline{XXYX} \\ YXYY = \overline{XYXX} \\ XYYY = \overline{YXXX} \end{cases}$$

$$YYYZ = \overline{YXXZ} = \overline{XYXZ} = \overline{XXYZ}$$
$$YYZY = \overline{YXZX} = \overline{XYZX} = \overline{XXZY}$$
$$YZYY = \overline{YZXX} = \overline{XZYX} = \overline{XZXY}$$
$$ZYYY = \overline{ZYXX} = \overline{ZXYX} = \overline{ZXXY}$$
$$XXXZ = \overline{XYYZ} = \overline{YXYZ} = \overline{YYXZ}$$
$$XXZX = \overline{XYZY} = \overline{YXZY} = \overline{YYZX}$$
$$XZXX = \overline{XZYY} = \overline{YZXY} = \overline{YZYX}$$
$$ZXXX = \overline{ZXYY} = \overline{ZYXY} = \overline{ZYYX}$$

对于 $3m$、$\bar{3}m$ 和 32 三类晶类，有 37 个非零元素，其中只有 14 个是独立的，这些元素是

$$ZZZZ$$

$$XXXX = YYYY = XXYY + XYXY + XYYX \begin{cases} XXYY = YYXX \\ XYYX = YXXY \\ XYXY = YXYX \end{cases}$$

$$YYZZ = XXZZ \qquad ZZYY = ZZXX$$
$$ZYYZ = ZXXZ \qquad YZZY = XZZX$$
$$YZYZ = XZXZ \qquad ZYZY = ZXZX$$
$$YYYZ = \overline{YXXZ} = \overline{XYXZ} = \overline{XXYZ}$$
$$YYZY = \overline{YXZX} = \overline{XYZX} = \overline{XXZY}$$
$$YZYY = \overline{YZXX} = \overline{XZYX} = \overline{XZXY}$$
$$ZYYY = \overline{ZYXX} = \overline{ZXYX} = \overline{ZXXY}$$

6. 六角晶系

对于 6、$\bar{6}$和 $6/m$ 三类晶类，有 41 个非零元素，其中仅有 19 个是独立的，这些元素是

$$ZZZZ$$

$$XXXX = YYYY = XXYY + XYYX + XYXY \begin{cases} XXYY = YYXX \\ XYYX = YXXY \\ XYXY = YXYX \end{cases}$$

$$YYZZ = XXZZ \qquad XYZZ = \overline{YXZZ}$$
$$ZZYY = ZZXX \qquad ZZXY = \overline{ZZYX}$$
$$ZYYZ = ZXXZ \qquad ZXYZ = \overline{ZYXZ}$$

$YZZY = XZZX \qquad XZZY = \overline{YZZX}$

$YZYZ = XZXZ \qquad XZYZ = \overline{YZXZ}$

$ZYZY = ZXZX \qquad ZXZY = \overline{ZYZX}$

$$XXXY = \overline{YYYX} = YYXY + YXYY + XYYY \begin{cases} YYXY = \overline{XXYX} \\ YXYY = \overline{XYXX} \\ XYYY = \overline{YXXX} \end{cases}$$

对于 622、$6mm$、$\frac{6}{m}mm$ 和$\bar{6}m2$ 四类晶体，有 21 个非零元素，其中仅有 10 个是独立的，这些元素是

$ZZZZ$

$$XXXX = YYYY = XXYY + XYYX + XYXY \begin{cases} XXYY = YYXX \\ XYYX = YXXY \\ XYXY = YXYX \end{cases}$$

$YYZZ = XXZZ \qquad ZZYY = ZZXX$

$ZYYZ = ZXXZ \qquad YZZY = XZZX$

$YZYZ = XZXZ \qquad ZYZY = ZXZX$

7. 立方晶系

对于 23 和 $m3$ 两类晶类，有 21 个非零元素，其中只有 7 个是独立的，这些元素是

$XXXX = YYYY = ZZZZ$

$YYZZ = ZZXX = XXYY$

$ZZYY = XXZZ = YYXX$

$YZYZ = ZXZX = XYXY$

$ZYZY = XZXZ = YXYX$

$YZZY = ZXXZ = XYYX$

$ZYYZ = XZZX = YXXY$

对于 432、$\bar{4}3m$ 和 $m\,\bar{3}m$ 三类晶类，有 21 个非零元素，其中只有 4 个是独立的，这些元素是

$XXXX = YYYY = ZZZZ$

$YYZZ = ZZYY = ZZXX = XXZZ = XXYY = YYXX$

$YZYZ = ZYZY = ZXZX = XZXZ = XYXY = YXYX$

$YZZY = ZYYZ = ZXXZ = XZZX = XYYX = YXXY$

8. 各向同性介质

有 21 个非零元素，其中只有 3 个是独立的，这些元素是

$XXXX = YYYY = ZZZZ$

$YYZZ = ZZYY = ZZXX = XXZZ = XXYY = YYXX$

$YZYZ = ZYZY = ZXZX = XZXZ = XYXY = YXYX$

$YZZY = ZYYZ = ZXXZ = XZZX = XYYX = YXXY$

$XXXX = XXYY + XYXY + XYYX$

由附录 C 可以看到，在 32 类晶体类型中，按三阶极化率张量的形式分为 11 个不同的群，每一个群的三阶极化率张量的形式是相同的。这 11 个不同的群是：

(1) 晶类 1 和$\bar{1}$；

(2) 晶类 2、m 和 $2/m$；

(3) 晶类 222、$mm2$ 和 mmm；

(4) 晶类 4、$\bar{4}$和 $4/m$；

(5) 晶类 422、$4mm$、$(4/m)mm$ 和$\bar{4}2m$；

(6) 晶类 3 和$\bar{3}$；

(7) 晶类 $3m$、$\bar{3}2/m$ 和 32；

(8) 晶类 6、$\bar{6}$和 $6/m$；

(9) 晶类 622、$6mm$、$(6/m)mm$ 和$\bar{6}m2$；

(10) 晶类 23 和 $m3$；

(11) 晶类 432、$\bar{4}3m$ 和 $m3m$。

此外，对辐射的线性响应来说，属于立方晶系的物质和各向同性的介质是不可区分的，它们的一阶极化率张量 $\chi^{(1)}$都是

$$\begin{bmatrix} XX & 0 & 0 \\ 0 & XX & 0 \\ 0 & 0 & XX \end{bmatrix}$$

但考虑了非线性响应后，它们就可区分了。对于立方晶系的 432、$\bar{4}3m$ 和 23 类晶体类型，有非零的二阶极化率张量元素。但对各向同性的介质来说，二阶电极化率张量等于 0。并且，立方晶系晶类中的 $\chi^{(3)}$比各向同性介质所受的限制少，例如各向同性介质的 $\chi^{(3)}$中只有 3 个是独立的非零元素，而立方晶系中有 4 个独立的非零元素。